suhrkamp taschenbuch 1221

Dr. Hans Bahlow (1900–1982) war in den Jahren 1926 bis 1950 Bibliotheksrat und stellv. Direktor an der Universitätsbibliothek Rostock, ab 1948 auch Lehrbeauftragter für Namenforschung und Handschriftenkunde an den Universitäten Rostock und Hamburg, und hat sich durch eine ganze Reihe von Abhandlungen und Büchern zur Namenkunde den Ruf eines bedeutenden Namenforschers erworben.

Hans Bahlow legt mit diesem Lexikon die Ergebnisse langjähriger Quellenforschung und intensiver Studien alter Orts- und Flußnamen Deutschlands vor und damit ein methodisch fundiertes Nachschlagewerk über die vorgeschichtliche Verwurzelung zahlreicher Bach-, Fluß-, Flur-, Wald-, Berg-, Orts- und Landschaftsnamen, das es bisher nicht gab.

Bahlow fördert eine Fülle verschollenen Wortgutes zutage, Bezeichnungen für Wasser, Quelle, Bach, See, Sumpf, Schilf, Moor, Ried, Moder, Fäulnis, Schmutz, Schlamm usw., die mit dem Wandel des Landschaftsbildes und dem Wechsel der Bevölkerung früh versunken sind. Er kommt zu Forschungsergebnissen, die besonders für die Germanistik von Interesse sind. Soweit die sprachliche Zuordnung der Namen gelingt, werden auch Rückschlüsse auf die Völkergeographie der Vorzeit möglich. Viele Texte lassen deutlich die gemeinsame Wurzel vieler der ältesten Namen mit denen Frankreichs, Belgiens, Hollands, Englands, Spaniens, Italiens, Österreichs und zum Teil auch des Baltikums und Polens erkennen.

Hans Bahlow

Deutschlands geographische Namenwelt

Etymologisches Lexikon der Fluß- und Ortsnamen alteuropäischer Herkunft

Suhrkamp

suhrkamp taschenbuch 1221
Erste Auflage 1985

Lizenzausgabe mit freundlicher Genehmigung des
Verlags Vittorio Klostermann, Frankfurt am Main
Suhrkamp Taschenbuch Verlag

Druck: Nomos Verlagsgesellschaft, Baden-Baden
Printed in Germany
Umschlag nach Entwürfen von
Willy Fleckhaus und Rolf Staudt

2 3 4 5 6 – 90 89 88 87 86

D. Dr. Ferd. Bahlow
Marie Bahlow geb. Weinholtz
zur 100. Wiederkehr
ihrer Geburtstage
gewidmet

VORWORT

Ein streng methodisch fundiertes Nachschlagewerk über die vorgeschichtliche Verwurzelung zahlreicher Bach-, Fluß-, Flur-, Wald-, Berg-, Orts- und Landschaftsnamen Süd-, West- und Norddeutschlands hat es bisher nicht gegeben, obwohl schon vor 300 Jahren der geniale Leibniz den Wert der ältesten Gewässernamen Europas für die Erkenntnis der Vorzeit vorausahnend nachdrücklich betont hat. Sie sind neben den Bodenfunden die einzige Quelle, die uns noch Aufschlüsse über die *Sprach- und Völkergeographie Alteuropas* zu liefern vermag! Daß der Ursprung dieser Namen weit vor der Zeit liegt, aus der noch schriftliche Kunde zu uns dringt, davon zeugt schon die Tatsache, daß sie aus dem Wortschatz der europäischen Einzelsprachen vielfach nicht deutbar sind, also z. T. auf ein Alter von 3000 bis 4000 Jahren Anspruch erheben können!

Es war daher das besondere Anliegen des Verfassers, möglichst unabhängig von allen Wörterbüchern, Tendenzen und Theorien, die sich immer wieder als fortschrittsfeindlich erweisen, das Namenmaterial selber zur Auskunft über den Wortsinn und die ethnographische Herkunft zu zwingen, vor allem an Hand durchsichtiger morphologischer Parallelen, deren Glieder sich gegenseitig erläutern; der topographische Befund und die geographische Verbreitung dienen dann zur Bestätigung des Ergebnisses.

So ist es auf exakt methodischem Wege gelungen, eine *Fülle verschollenen Wortgutes der LaTène- und Hallstatt-Zeit* zutage zu fördern: Appellativa für Wasser, Quelle, Bach, See, Sumpf, Schilf, Moor, Ried, Moder, Fäulnis, Schmutz, Schlamm, Schleim und dergl., die mit dem *Wandel des Landschaftsbildes* und dem *Wechsel der Bevölkerung* früh verklungen sind, von der Forschung aber noch immer mit klangähnlichen Wörtern verwechselt werden. Da diese Namen von Bächen, Flüssen, Sümpfen oder Mooren nicht selten auch auf anliegende Fluren, Waldbezirke, Anhöhen, Berge und Ortschaften übergegangen, ja sogar an Landschaften und Völkerstämmen hängengeblieben sind, so stellen sie vielfach auch für Flur-, Wald-, Berg- und Landschaftsnamen den Schlüssel zum Verständnis dar.

Soweit die sprachliche Zuordnung dieser Namenwörter gelingt, werden aber auch Rückschlüsse auf die Völkergeographie der Vorzeit möglich; dabei zeigt sich, daß auf heute deutschem Boden die Zahl der vorgermanischen Spuren weit größer ist, als man bisher wahrhaben wollte! Zwar hat schon im vorigen Jahrhundert Arbois de Jubinville Spuren *ligurischer* Vorbevölkerung bis zur Unterelbe nachweisen wollen, während der Altertumsforscher Karl Müllenhoff bis zur Leine und Aller *keltische* Siedlungen suchte (mit Maspe als östlichstem Punkt). Aber die Germanistik (angefangen bei Jacob Grimm) konnte sich auf norddeutschem Boden, ja sogar im Harz (wo allein schon die Indrista, mit venet.-illyrischem st-Suffix, in vorgermanische Zeit zurückweist), seit Urzeiten nur Germanen vorstellen. Erst in unseren Tagen bricht sich die Einsicht Bahn, daß nicht nur in Württemberg, Baden, Hessen und Rheinland Kelten gesessen haben, sondern auch im Emsland, und daß „zwischen Kelten und Germanen" zeitweilig andere Völker ansässig gewesen sein müssen, worauf einerseits die Namen mit *P-Anlaut* deuten (wie Paderborn, Pungenhorst, Püning, Peine), da idg. *p* im Germanischen als *f* erscheinen müßte, während es im Keltischen geschwunden ist; anderseits auch die Namen mit *st-Suffix* wie Argista (Ergste/Ruhr), Segeste (Leine) und mit *r-Suffix* wie Blender und Gümmer im Raum von Verden a. Aller. Aus der moorreichen Bremer Gegend sei nur die urtümliche *Lismona* (Lesum) genannt, die der *Alcmona* (Altmühl) in Bayern entspricht, aus dem Sauerland nur die *Nagira* (Neger), die der *Agira* (Eger) entspricht, aus dem Siegerland Bachnamen wie *Astrafa, Bristrafa,* aus dem Emsland Körben, Meppen, Lingen, Ems *(Amisa),* aus Holland Schingen (wie *Scingomagus* in Piemont). — Daß auch die Namen mit *H-Anlaut* (wie Harplage, Hümmling, Herford usw.) sich der Deutung bisher vielfach entzogen haben, sei hier nur angedeutet; Gleiches gilt für die Namen mit *F-Anlaut.* Nicht zu vergessen die Namen der Waldberge, mit denen wir Einblicke in die allerälteste Vorzeit gewinnen wie Rhön, Vogelsberg, Schmücke, Schmacht, Schilling, Beping, Süsing. Auch sie zeugen von der *gewässerreichen Waldlandschaft der Vorzeit,* — dem alleinigen Quellgrund alteuropäischer Namenschöpfung! Auch wenn es uns Nachgeborenen angesichts des gewandelten Landschaftsbildes mitunter kaum glaubhaft erscheint, daß es eine ferne Zeit gegeben hat, „wo Wald und Sumpf noch als souveräne Herren regierten und die Vorstellungswelt der Namenschöpfer beherrschten" (Edward Schröder). — Und so wird letzten Endes offenbar, daß der einzelne Name nicht lediglich ein „sprachliches Gebilde" ist, dem man mit Wörterbuch, Grammatik und linguistischer Akrobatik beikommen könnte, sondern ein Produkt des vorgeschichtlichen Lebensraumes, das erst bei *geographischer, großräumiger Betrachtungsweise* Leben und Aussagekraft gewinnt!

Dankbar gedenke ich zum Schluß der fördernden Anteilnahme meiner lieben Frau U r s u l a, meines Bruders Dr. H e l m u t B. (Bibl.-Rat, UB Marburg) und meines Sohnes H e n n i n g B., Buch- und Kunstantiquar in Marburg). Besonderer Dank gebührt dem Herrn Verleger Dr. h. c. V. K l o s t e r m a n n, ein Lob der Druckerei für die Bewältigung des mühevollen Satzes.

Hamburg, im Herbst 1964 Dr. Hans B a h l o w, Univ.-Bibl.-Rat

(Lehrbeauftragter für Namenforschung)

SPUREN VORGESCHICHTLICHER BEVÖLKERUNG

Ein landschaftlicher Überblick.

In Anbetracht der alphabetischen Anlage dieses Nachschlagewerkes dürfte dem Benutzer eine systematische Zusammenfassung des im Vorwort Angedeuteten auf geographischer Grundlage willkommen sein.

Beginnen wir im Rhein-Mosel-Raum, wo es von keltischen und vorkeltisch-ligurischen Namen wimmelt, so treten uns als allerälteste Schicht die Bachnamen auf *-andra* entgegen, die vom ligur. Rhonegebiet her (vgl. Colandre, Camandre) über Mosel und Rhein bis nach Westfalen und Holland ausstrahlen und schon zu Homers Zeiten in Kleinasien begegnen (vgl. den Skamandros b. Troja und den Maiandros: Mäander). So steckt in **Trarbach** (urkdl. Travender-bach) ein Bachname *Travandra,* in Kolvender-bach ein *Colvandra,* in **Mallendar** ein *Malandra,* in **Hellenthal** ein *Celandra* (vgl. Hellendoorn in Holld), in **Odenthal** ein *Udandra,* in **Attendorn** ein *Atandra* usw., lauter Sinnverwandte. — Dazu gesellen sich am Mittel- und Ober-Rhein (bis nach Baden, Württemberg und Bayern) die zahlreichen Bachnamen auf *-antia* (vgl. lat. elegantia) und (ligur.) auf *-ontia,* oft nur noch in Ortsnamen fortlebend, unkenntlich z. B. in **Sermersheim:** *Sarmantia!* — analog zu **Ergersheim** a. Ergers: *Argantia,* die am Bodensee als **Ergolz,** in Frkr. als Argence, in Spanien als Arganza wiederkehrt! Vgl. die *Murgantia*/Sizilien, ohne Endung: *Murga* (Oberrhein) bzw. *Arga* (Spanien, Lit.): eingedeutscht **Argenbach, Morgenbach!** Und so auch die **Alsenz, Elsenz** *(Alisantia),* die **Pegnitz** (*Bagantia*), die **Schefflenz** (*Scaplantia*), die **Gersprenz** (*Caspantia,* vgl. das Kaspische Meer!), auch **Bregenz** (*Brigantia*) usw., durchweg Wasserbegriffe enthaltend, sodaß jeder andere Deutungsversuch von vornherein hinfällig ist. Auf *-ontia* vgl. *Segontia, Visontia, Triontia* (im Wallis), der die **Trienz** (zur Elz) entspricht.

Auch *Andreda:* die **Endert**/Mosel, *Ausava:* die **Oos,** *Bilerna:* die **Bühler,** *Taberna:* die **Zaber** in Württemberg sind an den Endungen schon als kelt. bzw. ligur. erkennbar; neben Suffixlosen wie *Antia* (die **Enz**) — vgl. die Anza bei Mailand und *Antium* bei Genua — stehen solche mit kelt. *s-Suffix* wie *Armisa:* die *Erms*/Württ., *Carisa:* die **Körsch** ebda, *Ramisa, Glamisa:* die **Rems** und **Glems** ebda, die mindestens so alt sind wie das keltische

Großreich, das in Württ. um 500 v. Chr. in Blüte gestanden hat. Eindeutschung und Umdeutung haben die fremde Herkunft oft völlig vertuscht: so beim **Körbelbach** (vgl. irisch *corbaim* „besudle“, *Corbeil:* von Sümpfen umgeben) oder gar beim köstlichen Kompromißbach für *Kombermies-bach:* zu kelt. *combr:* „Sumpf“ (er fließt noch heute durch sumpfiges Gelände! Vgl. Combres, Combreuil in Frkr.). Völlig lautgerecht haben sich die ON. **Zarten** und **Kempten** aus kelt. *Tarodunum* und *Cambodunum* entwickelt (vgl. *Lugudunum, Virodunum, Magodunum:* Lyon, Verdun, Méhun bzw. Magden, lauter befestigte Orte an (sumpfigen) Gewässern); auch **Ladenburg** a. Neckar: das keltische *Lopodunum.* Ähnlich **Remagen** (kelt. *Rigomagus* „Wasserfeld“), **Worms** (ligur.-kelt. *Borbetomagus* „Feld a. d. Bormeta“).

Daß die zahlreichen südwestdt. Ortsnamen auf *-ingen* größtenteils nichts mit altdeutschen Personennamen zu tun haben, sondern vielfach aus keltischen Namen auf *-iacum* eingedeutscht sind (z. T. auch aus endungslosen), vermehrt um solche aus deutschem Wortgut wie Finningen oder Mödingen, ist eine der wichtigen methodischen Erkenntnisse. Der Pferdefuß urkundlicher Zeugnisse wie *Lutiacum* für **Lüttingen**/Lothr. wird so zum wertvollen Wegweiser bei Ermittlung vorgerm. Namenwörter. **Lullingen** entspricht somit *Luliacum,* wie z. B. Loeuilly b. Laon hieß, **Schabringen** deutet auf *Scabria(cum),* vgl. Scabrona/Frkr., Scabris/It., und **Köndringen** auf *Condriacum,* vgl. die Condrusi (kelt. Volk) und Condomo (wie Mosomo: Mouzon). Gleiches gilt für die rhein. ON. auf *-ig* wie **Billig, Bruttig, Kettig:** kelt. *Biliacum, Bruticum, Catiacum,* alle auf Gewässer bezüglich, und auf *-nich* wie **Keldenich:** *Caldiniacum;* Sevenich: *Saviniacum* (Savigny, ca. 80 mal!); Lövenich: Louvigny; Rövenich: Rouvigny usw. — Zu **Altrich** (*Altriacum*) vgl. Bertrich, Wintrich (*Bertriacum, Vintriacum*).

Auch die Namen auf *-heim* wären oft gar nicht zu verstehen, würden uns nicht die volleren urkdl. Formen das Bildungsprinzip, nämlich die Ableitung von vorgerm. Gewässernamen, verraten: so *Ulvenes-:* **Ilvesheim**/Rhein vom nahen Bache *Ulvana, Gamenes-:* **Gambsheim**/Elsaß nebst *Namenes-:* **Nambsheim** von *Gamana, Namana;* oder *Basines-:* **Bensheim,** *Budenes-:* **Büdesheim,** *Isanes-:* **Eisesheim** (am Bache *Isana!),* wo das *-s-* der Kompositionsfuge immer wieder einen Personennamen vortäuscht, der im übrigen erst erfunden werden müßte!

Auf prähistorische Gewässernamen deutet auch die morphologische und geographische Geschlossenheit der oberrheinischen ON. auf *-ingheim* wie *Basinc-, Budinc-, Obrinc-, Sterinc-, Tubinc-, Turinc-, Ubinc-, Ussinc-heim,* heute Besig-, Bietig-, Obrig-, Düppig-, Eubig-, Issig-, Türkheim (Dürkheim), letzteres allein 5 mal — ein sicheres Kriterium! Fremdes und deutsches

Wortgut finden wir in Ohnen-, Linken-, Nacken-, Kogen-, Sesen-, Metten-, Mauchen-, Heppenheim, alle auf Wasser, Sumpf, Moder, Riedgras u. dergl. bezüglich.

Auch rechts des Rheines, im Taunus, in der Wetterau, in der Schwalm, im Marburger und Kasseler Raum und weiterhin bis Thüringen zeugen zahlreiche Gewässer-, Flur- und Ortsnamen von der keltischen (und vorkeltischen: offenbar italisch-ligurischen) Vergangenheit der hessisch-thüringischen Lande. Erinnert sei hier an die drei Hauptflüsse **Eder, Lahn** und **Sieg,** ursprünglich *Adrana, Logana, Sigana* (vgl. Fluß Adranos/Sizilien, Logasca/Ligurien); dazu die kleineren wie **Ohm** *(Amana),* **Orke** *(Orcana),* **Werbe,** und die mit *-apa, -afa* „Bach" eingedeutschen wie **Antreff, Notreff** (gegenüber *Antra* und *Notra, Nodra* in Frkr.! Vgl. die Glotter/Württ. und die brit. Glodder in E.), im Sinne von „Sumpfwasser". **Werbe, Küche** *(Cuca),* **Losse** *(Lossa)* begegnen auch in Brit. bzw. Schottland, **Asse** *(Assa)* auch in Frkr., desgl. die **Besse,** während die **Baune** *(Bune),* Zufluß der Fulda, in Oberitalien mit der *Bunia* (Bogna), in Irland mit dem *Bunlin* River wiederkehrt. Prähistorische Reliktgebiete sind die **Rhön** und der Vogelsberg, beides undeutsche Namen, und dem entsprechen die Gewässernamen **Fulda, Felda, Thulba, Schondra, Brend, Streu** usw.; und die **Schwalm** *(Swalmana!)* ist so uralt wie die *Salmana, Sulmana, Galmana, Walmana* usw. Höchst beachtenswert ist der Bachname *Marta* (der Martbach b. Fulda): schon Plinius nennt einen Marta zwischen Tiber und Arno! Vgl. den étang de *Marthe*/Rhone. In Oberhessen zeugt vor allem die **Kinzig** *(Centica, Cintica)* — wie die Kinzig in Baden — von keltischer (oder gar ligurischer) Vorzeit, vgl. die *Centa* mit *Centusca* in Ligurien und kelt. *Centobriga* in Spanien; auch ihr Zufluß im Spessart: die **Kahl** *(Calda)* — vgl. *Calduba*/Spanien! — entsprechend der **Ahl** *(Aldaha)*/Kinzig, vgl. kelt. Alderne, Aldania. Dazu die Waldhöhe „das **Kluhn"** b. Schlüchtern, vgl. Fluß *Clun*/Brit., *Clunia*/Spanien, *Cluniacum: Cluny*/Rhone! — In der Wetterau erinnert **Karben** a. d. Nidda an kelto-ligur. *Carbona, Carbava* (vgl. auch Kerben, Korben, Kurben), und **Leihgestern** (*Leit-cester*) am Limes ist das römische castra am Sumpfwasser Leit (Leta), vgl. Leicestre, Worcestre usw. in Brit. Auch **Kölbe** und **Kehna** b. Marburg entsprechen keltoligurischen Bachnamen *Cena*/Sizilien (vgl. *Cenacum*/Belgien) und *Colva (Colvandra).* Zu **Bieben** *(Bibana)* a. Schwalm vgl. kelt. *Bibacum,* ligur. *Bibosco; Bibesia*/Spanien; zu **Konken**/Waldeck (auch Pfalz): *Conca*/It. und *Concana*/Spanien.

Im Westerwald (Nassau) ist **Selters** *(Saltrissa)* am Suffix als prähistor. Bachname erkennbar, analog zur *Lovissa*/Frkr. und *Tvetonissa*/Spanien; auch für **Diez** *(Theotissa)* a. Lahn ist schon seit der Hallstatt-Zeit kontinuierliche Besiedlung erwiesen! Zu **Kaden** b. Selters (nebst Kadenbach/Koblenz) vgl. Fluß *Cadan*/Schottland, *Cadapa*/Calais. — Das anschließende Siegerland und Südwestfalen mit ihren LaTène- und Hallstatt-Spuren liefern uns die große Gruppe der mit *-apa* eingedeutschten Bachnamen, die vom Lenne-, Ruhr- und Sieg-Raum bis zur Lahn und Eder ausstrahlen und in Frkr., Belgien, Britannien ohne -apa wiederkehren; wie der *Antrafa, Notrafa* in Hessen die *Antra, Notra* in Frkr. entspricht, so hier der *Sorapa* (**Sorpe**) die *Sora*/Brit., der *Nenapa* (Nennep) die *Nena*/Brit., der *Urdafa* (**Urft**) die *Urda*/Frkr., und die **Asdorf**, Preisdorf, Ferndorf im Siegerland sind umgedeutet aus *Astrafa, Bristrafa, Ferntrafa!* Auch die Namen auf *-lar* und *-mar* gehören zur ältesten Schicht, so *Aslar, Fritzlar, Geismar, Weimar* u. v. a. — Kontinuität der Besiedlung seit der Bronzezeit um 1200 v. Chr. ist auch fürs Sauerland durch seine Namen gesichert (wo mangelnde Bodenfunde viel eher im Stich lassen): so im Raum Olpe durch die *Nagira:* die **Neger,** die der gleichalten *Agira:* **Eger** entspricht, oder die *Namara:* **Nahmer** analog zur *Tamara, Samara,* vgl. *Namare* im kelt. Noricum. Genau so vorgerm. sind **Emscher, Ruhr** und **Lippe:** für die Emscher *(Amb-iscara,* mit kelt. Doppelsuffix) beweist es die Analogie von *Wediscara* (Weischer) und *Cariscara* (Kersch), — *amb, wed, car* meinen „Wasser, Sumpf"; für die *Rura* vgl. *Rurada, Cesada, Bursada, Varada* in Spanien (lauter „Sumpfgewässer") und die *Rurica* in Polen; für die Lippe *(Lupia!):* Parallelen von Frkr. bis Polen. Auf eine vorgerm.-vorkeltische Schicht stoßen wir mit dem venet.-illyr. *st-Suffix* von *Argeste:* **Ergste** a. Ruhr nebst *Vilgeste:* Villigst wie in *Segeste* (Teckl., Harz, Sizilien!), *Plegeste*/Zwolle, *Tiugeste:* Thüste/Leine, *Indrista:* Innerste/Harz, *Ladeste, Bigeste*/Dalmatien usw.

In gleiche Richtung und Zeit weist als auffallendes Kriterium der *P-Anlaut* im westfäl.-niederld. Raum (mit Ausstrahlung nach England), der nur venetischer bzw. ligurischer Herkunft sein kann: denn im Germanisch-Deutschen ist altes *p* zu *f* geworden, im Keltischen aber gänzlich geschwunden. Undeutsch sind daher *pun, pen, pan* „Moder, Sumpf" in **Püning**/Westf. (wie *Puninga*/E.), *Pena* (die Peene, in Belgien und Pommern) — vgl. *Penasca*/ Ligurien —, und Pente: *Panithi* (vgl. *Panissa,* Fluß in Thrakien, *Paniacum*/ Frkr., *Panhale*/E.); auch *Pendenhorst* (wie Pendeford in E.), *Pungenhorst* (wie Pungewood/E., Pfungstadt/Darmstadt), sowie **Paderborn** (vgl. *Padus:* der Po!), **Peine** *(Pagina),* **Pömbsen** *(Pumessun)* — vgl. Pomelasca/Ligurien —, **Postey,** Posteholz (wie *Post-lo*/Belgien, *Post(el)-cumbe*/E.), **Perbach,** Persiep (wie *Perona:* Péronne, *Perusia:* Perugia) usw.

Prähistorisch sind auch *wand, wend, wind* (vgl. idg.-lit. *wand-* „Wasser"): in den Bachnamen *Wande, Wende* (Westf. usw.); *wind* ist auch keltisch. Kelten sind auch im Emsland (nebst Holland/Belgien) bezeugt: dazu die **Ems** *(Amisia)* und ON. wie **Körben, Lingen, Meppen.** Zur *Bersa* (in Bersede/Ems und Bersenbrück) vgl. *Dersa* und *Nersa* (die Niers) und die *Bersula* z. Po.

Auch das Mündungsgebiet der Weser (vorgerm. *Wisura, Wisurgis,* gleich der *Vezère* in Frkr.!) liefert um **Bremen** (vgl. *Bremenion*/Brit.) Namen aus ältester Vorzeit (vgl. die Harpstedter Kultur der Bronzezeit!): so vor allem *Lismona* (die **Lesum**), ein Moorfluß, analog zur *Alcmona:* Altmühl/Donau *(lis, alk* = „Sumpfwasser"). Und die Geeste *(Gesta)* kehrt als *Gestupis* in Litauen wieder. Vgl. *Gesticke* b. Kassel.

Aus den Moorlandschaften östlich und südlich Bremens (um die Wümme und Böhme mit Fallingbostel!) seien die prähistor. Flußnamen auf *-ana, -ina* besonders hervorgehoben: so (neben der Wimene: **Wümme,** die in Nordfrkr. wiederkehrt, und der *Bomene:* **Böhme**) auch die *Abene,* die *Arsene* (auch in Istrien und Spanien: *Arsia*), die *Bilene:* **Bille** (vgl. die *Bilerne:* Bühler in Württ.), die *Versene* (**Veerse**), die *Fusene, Sidene, Bestene, Travene, Ostene, Estene* usw. Im Raume Verden auch ON. wie **Blender** *(Blandere)* und **Gümmer** *(Gumere)* mit vorgerm. *r-Suffix* (vgl. die *Blanda* in *Lit.*, die *Gumove* ebda, auch *Gumisa:* Gümse im Wendland, die Gumme b. Bonn). — Urtümliche, vorgerm. Flußnamen liefert schließlich auch der **Harz** (alt Hart, in germ. Munde aus idg. *Kart* nur im Anlaut verschoben): vor allem *Indrista* (die **Innerste**) — mit venet.-balt. *st-Suffix* wie die *Andrista*/Lombardei, vgl. die *Indraja*/Lit. — und die *Ovacra:* **Oker** entsprechend der *Gudacra* in Meckl., auch die **Söse** *(Suse,* vgl. *Susato:* Soest und *Susasca* in Ligurien!), die Gande, die Rhume usw. Im Reliktgebiet des Eichsfeldes haben die **Linke** und die **Ohne** fremden Klang: vgl. Fluß *Linkmena*/Lit., Fluß *Ona*/Frkr./Irland; im Unstrutraum die **Wipper** (*Wipra,* auch in Westf. und Pommern), wie die *Kupra:* Kupfer in Württ. (vgl. die *Kupa* in Lit.). Gleichaltes Wortgut steckt in vielen N. auf *-leben* und den Kollektiven auf *-idi, -ede* zwischen Harz und Thüringen (vgl. Kölleda, Tilleda, Tüngeda) und in denen mit *r-Suffix: Badra, Monra, Kelbra,* auch in vielen der zahlreichen *ungen*-Namen wie **Kaufungen,** Wechsungen, Heldrungen a. d. Heldra. Und in dem prähistor. Zentrum am Südwesthang des Thüringer Waldes (Schmalkalden/Meiningen) künden nicht nur die Gleichberge mit der kelt.-vorkelt. Wallanlage der Steinsburg von fremder Vorbevölkerung, sondern auch Namen wie die **Jüchsen** *(Juchsina)* entsprechend der Öchse(n): *Uchsina,* oder **Themar:** *Tagamere* (zum Flußn. *Taga*/Bayern, *Tagus*/Spanien!).

Eine beachtenswerte Fundgrube sind nicht zuletzt die Namen der Bergwälder und Waldberge: auch sie nehmen auf Gewässer und Bodennatur Bezug, enthalten also nicht den Begriff der Höhe! So **Süntel, Deister, Ith, Hils,** oder auf -er: *Eidler, Göttler, Vogler, Seiler, Selter,* personifiziert auch mit *-ing:* **Beping,** *Biening, Ruping, Schilling, Süsing!* Dazu die vielen *As-, Fach-, Latt-, Rött-, Schleif-, Sehl-, Süll-Berg* oder *Düsen-, Quennen-, Eilen-, Schlippen-, Sesen-Berg,* auch *Bieden-, Kuden-, Lauchen-, Uhren-Kopf.* Nicht zu vergessen die eingedeutschten (Hohen-) *Höwen, Karpfen, Lupfen* in Württ., der *Kermeter* im Rhld usw.

Für die Frage nach dem Anteil des Germanischen an verklungenem Wortgut der Vorzeit dürften (vor allem im norddeutschen Raum) die Namen mit *H-Anlaut* und mit *F-Anlaut* verwertbar sein: denn *h* und *f* sind die germ. Entsprechungen zu idg. *k* und *p.* So stehen *hal, hel, hol* im Sinne von „Moor, Moder" (dem Wörterbuch unbekannt und der Forschung nicht geläufig) neben idg. *kal, kel, kol,* desgl. *han, hen, hon, hun* (gewöhnlich mit „Hahn, Huhn" verwechselt!) neben idg. *kan, ken, kon, kun,* oder *har, her, hor, hur* neben idg. *kar, ker, kor, kur,* oder *harp* neben idg. *karp* (vgl. *Harpene: Herpen* neben *Carpina: Kerpen;* ist doch *Herven* zur Römerzeit als *Carvium* bezeugt!). Und ähnlich beim *F*-Anlaut: *fal, fel, fil, fol, ful* neben idg. *pal, pel, pil, pol, pul* oder *fer, fir* neben idg. *per, pir* oder *fin, fun* neben idg. *pin, pun* (wie *fan, fen* neben *pan, pen);* während andere weder aus germ. noch aus idg. Wortschatz deutbar sind, wie z. B. *frid* in *Frideren:* Freren, *Fridislar:* Fritzlar, *Fredelake* wie Dudelake, und *Frede:* Waldberg i. W. In solchen Fällen liegt es nahe, ans Venetisch-Ligurische zu denken, wo *f* dem idg. *bh* entspricht, so daß *frid* auf *brid* beruhen könnte, wie *frod* auf *brod;* vgl. Flania: Blania; die Friniates: Briniates. Hier wird an einem Beispiel deutlich, welches Licht von solchen prähistorischen Namen bei methodischer Betrachtung auf die *Völkergeographie Alteuropas* fallen kann. Auch das Italische (Oskisch-Umbrische und Faliskische) kann für vorgerm. Namen mit F-Anlaut in Frage kommen; sind doch die Italiker erst um 1000 v. Chr. von Norden her in die Apennin-Halbinsel eingewandert.

Was schließlich die Ermittlung des Wortsinnes unbekannten Namengutes betrifft, dessen sprachliche Zuweisung nicht ohne weiteres möglich ist, so kann oft nur das vergleichende Studium morphologischer Parallelen (unterstützt vom topographischen Befund) Aufhellung und Gewißheit verschaffen. Es haben sich dabei *methodische Grundsätze* herausgebildet, die uns davor bewahren, ohne Rücksicht auf ein sinnvolles Ergebnis an ähnlich klingendes Wortgut des Indogerm. Wörterbuches anzuknüpfen und der Phantasie die Zügel schießen zu lassen.

So ist es mit dem Wesen ältester Namenschöpfung vor allem unvereinbar, in Gewässernamen Erzeugnisse menschlicher Technik und Kultur zu suchen! Es ist immer nur das Wasser selber gemeint. *Braubach* a. Rh. läßt sich also nicht mit dem Braugewerbe in Verbindung bringen und *Fleschenbach*/Hessen nicht mit Flaschenfabrikation! Von „kulturgeschichtlich bedeutungsvollen Namen" kann somit keine Rede sein. Genau so unmöglich sind „Mauer- oder Dammflüsse": so ist natürlicherweise der Name des Baches *Digentia*, den Horaz als Zufluß des Tibers erwähnt, um vieles älter als ein etwaiger Damm, den linguistische Akrobatik mit Hilfe von griech. τεῖχος an ihm errichten möchte; man braucht nur morpholog. Parallelen zu vergleichen: wie *Digentia - Brodentia - Cosentia* oder *Digena - Brakena - Rupena - Logena* oder *Digenes-, Logenes-, Budenes-, Rudenes-, Gamenes-, Namenes-heim*, die mit aller Eindeutigkeit auf den Begriff „Schmutz- oder Sumpfwasser" führen. Dieselbe Erscheinung läßt sich bei *Vacha, Fachingen, Fachbach* beobachten, wo man das uralte *fak, fach* „Moder" mit einem deutschen Wort für „Fischwehr" verwechselt hat, um eine ganze Geographie des Lachszuges herauslesen zu können. — Auch vor den vielen „schnellen, reißenden" oder gar „bösen" Gewässern sollte man sich hüten, wenn sie in Wirklichkeit ruhig und träge durch sumpfige oder moorige Niederungen dahinfließen wie die *Vecht*, die *Ijssel, Isère*, die *Ruhr*, die *Schunter* u. v. a. Der Realbefund ist neben der Morphologie immer wieder ausschlaggebend, so auch im Falle *Bregenz (Brigantia* keltisch) am flachen Ufer des Bodensees, also unmöglich zu kelt. *bri(g)* „Berg"! Vgl. die Parallelreihe *Amantia, Albantia, Armantia, Lodantia, Palantia, Cosantia*, und viele andere Gleichungen, die für *brig* den Wortsinn „Sumpf" sichern (analog zu *breg, brag, brog, brug)*. Zahlreiche ähnliche Fälle findet der Leser im folgenden alphabetischen Textteil.

A

Abbe: Mit dem Harzflüßchen Abbe (wie die Ecker und die Bode am Brokkenfeld entspringend) ist in kürzester Form das prähistor.-idg. Wasserwort *ab* auf uns gekommen; vgl. auch die einstige *Abbabike* Kr. Iserlohn. So werden verständlich **Abbenfleth, Abbendonk,** Abbenhorn, -kamp, büren in Westfalen, Abbenhusen: Abbensen a. d. Fuse b. Peine (Sumpfgegend!); desgl. in England: *Abbanwelle* 996, *Abbenhale* („nasser Winkel", wie Suckenhale), *Abintune:* Abington (wie Wasentune: Washington, was „Sumpf"). — In prähistor. Zeiten zurück reicht auch die *Abene* 1309 b. Winsen a. Luhe (entsprechend der *Bilene:* Bille b. Hamburg, bil „Sumpf"). Vgl. auch die Flüsse *Abona:* Avon (mehrfach in Brit.), *Abuona, Abista, Abawa* in Lettland, *Abas* in Albanien, See *Aba* (Loch Avich) in Schottland, auch die Nymphe *Aba* in Thrakien; mit l-Suffix: die *Abala/* Sizilien, die *Abela/*Memel, der *Abelebach* 1048 im Westerwald, die *Abelica/*Saarpfalz (wie die *Budelica:* die Büdelich b. Trier, bud „Schmutz") und die **Ablach,** Zufluß der Donau b. Sigmaringen (entsprechend der Bamlach, Kamlach, Mettlach, Umlach). Eine **Aflenz** *(Ablantia)* fließt zur Enns (vgl. die *Scaflenza:* Schefflenz!), eine **Abens** (750 *Abusna)* mit Abensberg zur Donau ö. Ingolstadt (zum Suffix vgl. die belg. Afsna: 941 *Absna).* — **Abenmoos**/Bayern stellt sich zu Anken-, Siren-, Tettenmoos, **Abenheim** b. Worms zu Finen-, Linken-, Onenheim, lauter Sinnverwandte! *Abn-oba* hieß bei den Kelten der gewässerreiche Schwarzwald! **Abersee** (598 *Abria)* ist der uralte Name des St. Wolfgang-Sees ö. Salzburg (vgl. den Attersee und den Ammersee! *ab, at, am* sind prähistor. Wassertermini. Vgl. auch irisch *ab,* gäl. *abhainn* „Fluß").

Abenmoos, -heim siehe Abbe!

Abens, Zufluß der Donau (mit Abensberg, bekannt durch den bayer. Geschichtsschreiber Aventinus), hieß 750 *Abusna,* ein vorgerm. Flußname wie die Afsna (941 *Absna)* in Belgien, zu idg. *ab* „Wasser"; zum Suffix vgl. die *Alisna/*Frkr., die *Antisna:* Andiesen/Ö. usw.

Abersee (598 *Abria*), der ursprüngliche, vorgerm. Name des St. Wolfgangsees östl. Salzburg, entspricht dem Attersee, dem Ammersee u. ä.; denn *ab, ad (at), ambr* sind idg.-prähistorische Wörter für Wasser.

Ablach, Zufluß der Donau ö. Sigmaringen, mit gleichn. Ort, siehe Abbe!

Achenbach, Achalm, Achern, Achim, Achmer siehe Echzel!

Adelfurt a. d. Mangfall/Tegernsee, **Adelwang/OÖ., Adelstetten** b. Salzburg, **Adelberg**/Württ. haben mit „Adel" ebenso wenig zu tun wie **Edelstetten, Edelweiler** und die **Edelberge** (4 mal!) in Württ. mit „edel". Des Rätsels Lösung liefern uns die Adel- und **Edelbäche** u. **-gräben** (auch

Adels- und Edelsbäche) in Württ. und im Elsaß, die auch keine adligen oder edlen Wässerlein sind (so Springer 1930, S. 179), sondern „Schmutzwässer“ (zu obd. *adel* „Jauche“, ndd. ädel, ags. adela „Schmutz“)! Zugrunde liegt idg. *ad* „Wasser“. **Adelhorn** b. Diepholz entspricht Bal-, Druch-, Gifhorn usw., **Adelstedt**/Bever entspricht Buttel-, Sel-, Harpstedt usw., lauter Sinnverwandte. Zum Adelsbach vgl. den **Adelsberg** im Schwarzwald; *mons Adulas* hieß der St. Gotthard als Wasser- und Quellberg.

Aden (bach), Adenstedt u. ä. siehe unter **Eder!**

Adersleben siehe unter **Eder!**

Adernbach, Zufl. des Mindelsees (z. Bodensee), siehe unter **Eder!**

Adlum: Adlum südw. Peine beruht auf *Adenem,* d. i. *Aden-heim* „Dorf am Wasser oder Bach“ wie **Lucklum** ebda. auf *Luckenem* (zu luk „Sumpf“).

Affeln b. Iserlohn wie **Effeln** b. Lippstadt und **Uffeln** b. Arnsberg/Ruhr, urkdl. *Af-loh(un), Uf-loh(un),* sind Synonyma für „feuchtes, modriges Gehölz“ (zu *af, ef, uf* „feuchter Schmutz, Morast“, vgl. mhd. *afel* „Eiter“, nordisch *efia* „Schlick“). Beweisend sind auch die Flur *Affa-pidele, Effepidele* in England, der Sumpf *Afwidel* a. 1004 b. Ülzen und die **Effengrube** in Lübeck (a. d. Trave). Dazu **Effey** südl. Wesel a. Rhein, alter Bachname wie Elsey, Postey, Swaney, Saley usw., lauter Sinnverwandte; **Efferen** bei Köln (wie Doveren: Duveric, duv „Wasser“); **Effeloh** b. Valbert; Effringen/Nagold. **Afferde** a. d. Hamel hieß *Af-furdi* „Sumpffurt“ (auch bei Unna), vgl. Afferden/Holland. Ein **Affler** b. Bitburg. **Affnang** nebst Attnang, Ottnang in Ö. (wang „Wiese“).

An den Donauquellen begegnet 854 ein Gau *Affa pagus,* d. i. „Wassergau“. Im Schongau liegt **Affen** a. d. Illach, am Main: **Affenbach,** in Bayern: **Affing** a. Ach b. Augsburg a. Lech und **Affheim** (3mal!).

Affeltrach siehe Affoldern!

Affing siehe Affeln! Als sinnverwandt vgl. ebda: Mering, Merching, Derching.

Affoldern a. d. Eder entspricht Waroldern ebda, Affaltern und Trosaltern in Schwaben, lauter Sinnverwandte, denn *war, tros, af* sind Wasserbezeichnungen. Verfehlt ist daher die Anknüpfung an das zufällig anklingende mhd. Wort apfal-ter „Apfelbaum“, zumal der Name (so oder ähnlich) allenthalben so oft wiederkehrt, ohne daß es daneben Birn-, Pflaum- oder Kirschbaumbäche gäbe! Die Endung ist somit nicht -ter „Baum“, sondern -olter wie in mhd. speicholter neben speiche für „Speichel“! Auch das Vorkommen als Simplex (Affoldern u.ä.) bestätigt es; denn wer wird ein Gewässer „Apfelbaum“ nennen! Bezeichnenderweise wurden auch Waldbezirke und feuchte Wiesen mit Aff-olter benannt: so die Lahn-Niederung „Im **Affhöller**“ b. Marburg nebst Affhöllerbach b. Darmstadt und **Offalter** b. Heidelberg mit dem **Affolterbach.** Dazu ON. wie Affalterbach a. Ilm, a. Schwabach, am Neckar, auch Affalter-**ried** und -wangen b. Aalen am Kocher, **Affeltrang** (Bayern u. Thurgau), mit -aha „Bach“: **Affeltrach** a. Mindel, a. Thur, a. Sulm, mit Umlaut: **Effeltrich** b. Erlangen, auch **Effeldern**/Thür. (2mal), **Effolderbach** b. Büdingen. Auf nd.-ndld. Boden entsprechen: Apeldorn usw. Siehe dies!

Aflenz, Zufluß der Enns, siehe Abbe!

Agenbach, -suhl, -wang siehe Eger! **Agger** siehe Echzell!

Ahden siehe Eder!

Ahl (urkdl. *Aldaha*), Bach und Ort b. Wächtersbach a. Kinzig/Hessen, entspricht der *Caldaha:* **Kahl** im Spessart; auch die **Altach** (zur Weschnitz) hieß 917 *Aldaha. ald, kald* (wie *al, kal)* sind prähistor. Wörter für Wasser und Sumpf. Vgl. *Alderne*/Frkr., *Aldania*/Belgien wie *Saldania*/Spanien. *Aldene* hieß die **Ollen,** Moorbach b. Elsfleth. Zu **Aldingen**/Württ. vgl. Saldingen/Hirsau (*sald* „Sumpf“). Eine Flur **Aldey** b. Arolsen.

Ahlbach, -beck, Ahlden Ahle siehe Aller!

Ahlen (im Moor von Meppen) hieß urkdl. *Anlide* (zu *an* „Sumpf, Moor“), vgl. *Genlide:* Gellen im Moor der Hunte-Mündung (zu *gen,* desgl.).

Ahlen-moor, -bach, -dung siehe Aller!

Ahlhorn *(Alehorn)* i. O: entspricht Bal-horn (zu *al, bal* = Sumpf, also „Sumpfwinkel“).

Ahlsen: urkdl. *Alehusen,* wie **Bahlsen:** *Balehusen* und **Vahlsen:** *Valehusen,* zu *al, bal, val* „Sumpf-, Moorwasser“; vgl. unter Aller!

Ahlten b. Lehrte entspricht Gilten und Ilten (ebda), siehe Aller!

Ahlum b. Wolfenbüttel ist verschliffen aus *Aden(h)em,* zu *ad* „Wasser“, desgl. **Adlum** b. Hildesheim (an einem Bruch!) wie **Lucklum** b. Brschwg aus *Luken(h)em,* zu *luk* „Sumpf“!

Ahme i. W. siehe Ems!

Ahmsen am Moor der Radde (auch b. Herford) ist altes *Amehusen* (zu *am* „Wasser“ wie Ahlsen altes Alehusen (zu *al,* desgl.). Vgl. ebda Biemsen b. Herford, ebenso Amenhorst: Biemenhorst!

Ahne, urspr. *Ane,* Zuflüsse der Fulda und der Jade, zu *an* „Sumpfwasser“, siehe Enns!

Ahr (828 *Ara),* Nbfl. des Rheins, mit **Ahrweiler** und Neuenahr: Mit der Verbreitung des Flußnamens *Ara* in Spanien, Frankreich, England, Schottland, Holland und Italien verrät sich auch die rheinische **Ahr**

gleich der schweizerischen **Aar** im Aargau als vorgerm.-alteuropäisch. *ar* meint „Wasser“ (vgl. altind. *arnas* „Bach“). Auch ein Wald *Ara* 893 b. Prüm. Zum Wortsinn vgl. auch **Arles** a. Rhone, von Sümpfen umgeben! urkdl. *Ar-el-ate,* mit ligur. l-Infix wie Can-el-ate/Korsika, can „Sumpf-, Schilfwasser“: *Are-lape,* die heutige **Erlauf** in Ö., entspricht der *Wisilapa,* der **Wieslauf** in Württ. und der *Tergo-lape* (ON.) in Noricum (Kärnten), wo *wis, terg* „modriges Wasser“ meinen.

In Italien fließt eine *Aronia,* in Frkrch begegnen die Flüsse *Ara, Arar, Arida, Arlenc, Arumna, Arantia,* welch letztere in Luxemburg als **Ernz** (*Erenza*) wiederkehrt; auch **Ernst** b. Bruttig/Mosel hieß *Erneza!* Vgl. den Ernstberg b. Daun/Eifel! Ein **Ernsbach** fließt in Baden wie in Württ. (z. Kocher), so schon a. 1037, so daß hier die Erweiterung *arn* vorliegen dürfte, bzw. die Variante *ern,* wie in *Erne* (Fluß in Irland), *Erneia, Ernodurum* in Frkrch. Auf Umlaut beruht **Erwitte** b. Lippstadt, alt *Arawite* wie *Threcwiti* 859 u. a.; zu *Erelithe:* **Erlte** b. Vechta vgl. *Werelithe:* **Werlte,** von Mooren umgeben (*wer* „Sumpfwasser“). Ein „feuchtes Gehölz“ das **Arloh** liegt nö. Celle, vgl. **Arlage** Kr. Bramsche („feuchtes Gelände“ wie die Amlage, die Harplage usw.). Zu *arn* siehe unter Erft!

Ahse, Zufluß der Lippe b. Hamm i. W., hieß *Arsene* (wie auch die Erse ö. Celle, zu vorgerm. *ars* (*ar* „Wasser“), vgl. die *Arsia*/Istrien, *Arsa*/Spanien, *Arsisse*/Frkr., *Arsada*/Lykien, wie *Bursada, Cesada*/Span. (burs, ces „Sumpf“!).

Aidlingen/Württ. liegt an der **Aid,** einem Bachnamen vorgermanischer Herkunft, vgl. **Aidenbach** (2mal) in Bayern. Aidlingen stellt sich zu Möttlingen, Merklingen, Dußlingen, Gültlingen im selben Raum, lauter Sinnverwandte!

Ailingen a. d. Rotach (zum Bodensee) enthält ein vorgerm. Gewässerwort wie der *Ailenbach,* Zufluß der Rems (der vorgerm. *Ramisa),* z. Neckar.

Aisch, Nbfl. der Regnitz südl. Bamberg, ist wie diese (alt *Ragantia)* vorgermanischer Herkunft *(eisc, esc, isc* meint „Sumpfwasser“, vgl. die *Isca* Isch u. ä.; desgl. *asc!*). Mehrere *Aischbäche* fließen in Württ. (zur Körsch, zur Metter, zur Ammer, zum Beutenbach/Glems usw.)., ein Aischenbach zum Neckar.

Aist *(Agista),* Zufluß der Donau ö. Linz (auch in Spanien!), enthält das prähistorische Wasserwort *ag,* siehe Eger!

Aitrach, Zufluß der Iller westl. Memmingen, siehe Eitra!

Alach, Bach b. Straubing, siehe Aller! **Aland,** Zufluß der Elbe, siehe Aller!

Alemannen siehe Aller!

Alba, Albe, Albig, Albachten, Albungen siehe Elbe!

Albisheim siehe Elbe! (Urkdl. *Albenesheim,* vgl. Rudenes-, Budenesheim!).

Alchen, Alchenbach siehe Altmühl!

Aldingen siehe Ahl! **Aldrup** (890 *Alathorp)* siehe Aller!

Alf a. d. Alf b. Bullay hieß 1128 **Alf-lo.** Siehe unter Alflen!

Alfeld siehe Aller!

Alfen a. d. Alme b. Paderborn (vgl. Ahden u. Elsen ebda!) beruht auf *Alvene,* vgl. die *Alvena* (z. Dender), siehe Alfter *(Alveter)* unter Elberfeld! Vgl. Alfstedt, Alfhausen!

Alferde südl. Hannover meint Al-förde: Al-furt (**al** „Wasser, Sumpf") wie Lafferde *(Lat-ferde,* desgl.) w. Brschwg, Afferde b. Hameln, Leiferde *(Litferde)* b. Gifhorn, lauter Sinnverwandte im gleichen Raum.

Alflen b. Cochem a. Mosel wie Gamlen nö. Cochem deutet auf einen Bach namens *Albula* (bzw. *Gamela),* zu *alb* bzw. *gam,* vorgerm. Wasserbezeichnungen. Vgl. die Alfenz/Vorarlbg *(Albantia)*! Zum Wandel *lb: lf* siehe Hubschmid (Vox Romanica 3, 1938, 136 ff.)

Alfter b. Bonn (urkdl. *Alveter),* mit Umlaut **Elfter** *(Elveter)* in **Brab.** siehe Elberfeld! Vgl. auch *Alve-lar* 1313 b. Medebach/Brilon.

Alken, Alkmaar siehe Altmühl!

Allagen a. d. Möhne (1072 *Anlage)* siehe Enns!

Allenbach (Mosel, Siegerland) und **Allendorf,** (soweit nicht aus Aldendorf!) (mehrfach in Hessen) enthalten das idg. Wasserwort *al;* vgl. die Allna sw. Marburg und die Allmecke *(Alenbeke)* i. W. Siehe auch unter Aller!

Allenz b. Mayen (dem kelt. Magina) ist der vorgerm. Bachname *Alantia;* mit Umlaut: Ellenz b. Cochem/Mosel.

Aller (urspr. *Alara),* größter Nbfl. der Weser, nö. Verden mündend, auf ihrem Lauf vielfach von Sumpf- und Moorstrecken begleitet, führt wie ihre Zuflüsse **Leine** *(Lagina),* **Oker** *(Oveker),* **Fuse** *(Fusene),* **Böhme** *(Bomene)* usw. einen prähistorisch-vorgerm. Namen. Wie auch die Flußnamen *Alistra* (vgl. **Alster,** Elster, Ulster!) und *Alantia* (die **Elz, z.** Neckar) mit ihren undeutschen Suffixen erkennen lassen, reicht die Bezeichnung *al* für Wasser in die älteste Vorzeit Europas zurück (vgl. noch lettisch *aleti* „überschwemmt werden"). Eine *Alanta* begegnet in Lettland, eine **Aland** als Zufl. der Elbe; eine *Alapa:* **Alpe** fließt zur Aller, eine *Alr-apa:* **Alraft** in Waldeck (vgl. die *Alrantia:* Alrance in Frkrch), eine *Alne* in England, eine **Allna** b. Marburg (mit gleichn. Ort), eine *Alosta* (Aalst) in Holland, eine *Alubra* in Italien, dazu in Frankreich die *Alauna, Alisna, Alisa, Ala,* nebst *Alamnus, Alesia, Alesate!*

Eine *Ala:* **Ahle** fließt b. Uslar am Solling, vgl. *Ala* a. d. Fuse; eine **Aal** (mit **Aalen)** zum Kocher, eine **Alach** b. Straubing, eine *Alebeke* zur Emscher (vgl. ON. **Ahlbeck**), verschliffen: **Allmecke** i. W.; auch **Ahlbach** (ON.) b. Limburg u. im Westerwald. Ein **Ahlenbach** fließt zum Main. Ein **Ahlenmoor** bei Bremen. Auf Sumpfwasser deuten auch **Ahlendung** (wie Ochtendung, Ursidung, Corsendonk) im Rhld, *Almere*/Holland, (vgl. Almern/Eder), *Al-slade*/England, *Al-brok* 1359 b Höxter, *Alehorn:* **Ahlhorn** i. O. (wie Balhorn). Dazu *Alehusen:* **Ahlsen** wie *Balehusen:* Bahlsen — *Valehusen: Vahlsen!* **Alfeld** a. Leine: **Ahlden** a. d. Aller wie **Ahlde** a. d. Ems; **Aldrup** (890 *Alathorp)* b. Münster. Vgl. auch *Alabrunno* 788 b. Straßburg und die *Alamanni:* **Alemannen!**

Allerstedt zwischen Unstrut und Finne stellt sich zu Lieder-, Auer-, Schwegerstedt ebda, lauter Synonyma zu Gewässerbegriffen!

Allna a. d. Allna sw. Marburg ist ein prähistor. Bachname *Alna,* vgl. die *Alne* in England, zu *al* „Wasser, Sumpf" mit n-Formans. Vgl. unter Aller! Ein **Allner** liegt b. Hennef/Siegburg! Eine *Alna* 1251 in Ostpr.

Alm, Bach in Ober-Österreich, hieß urkdl. *Albana;* siehe unter Elbe!

Alme, Nbfl. der Lippe b. Paderborn, hieß prähistorisch *Alm-ana,* zu *al* „Wasser, Moder, Sumpf", mit demselben Suffix wie die Flüsse *Ulmana, Sulmana, Salmana, Galmana, Helmana, Amana* (die Ohm) usw. Vgl. die *Almona*/Litauen, *Almancum* a. Alma in Ligurien, die *Alma* (zur Maas). Dazu **Almena** b. Rinteln a. d. Weser, **Alme** a. d. Alme b. Brilon, Im **Almen** (Flur in Hessen), **Almsiek, Almhorst, Almstedt.** In Holland: Almen a. Berkel u. Almelo. In England: Almeley, -ford, -horn, -stede.

Almern b. Volkmarsen/Waldeck meint *Al-mere* „Sumpfsee". Das Almerod (Wiesen/Hessen) siehe Alme!

Almke südl. Wolfsburg beruht auf dem Bachnamen *Alenbeke* (siehe Aller!), wie Steimke ebda auf **Stenbeke.**

Alpe (d. i. *Al-apa),* Zufluß der *Al-ara:* Aller, siehe diese!

Alpfen b. Waldshut/Südbaden (wo eine *Alba* fließt), im alten *Alpegouwe,* enthält das prähistor. Wasserwort *alb (alp);* zur Form vgl. Wimpfen *(Wimpina),* Lupfen (Berg), Karpfen (Berg) u. ä., alles Eindeutschungen prähistorischer Gewässernamen! Vgl. auch den **Alpersbach** (Alpenes-?) 3 mal in Baden!

Alraft a. d. keltischen Werbe ö. Korbach/Waldeck (urkdl. *Alr-apa)* siehe Aller! Vgl. die *Alr-antia:* Alrance/Frkr.

Alsbach siehe Alsenz!

Alsenz, Nbfl. der Nahe *(Nava),* und **Elsenz,** Nbfl. des Neckars, ursprünglich *Alsantia* bzw. *Alisantia,* gehören zu den ältesten Flußnamen aus vorgerm. Zeit, wie die Endung *-antia* verrät, vgl. lat. *elegantia, arrogantia* und sinnverwandte Flußnamen wie *Albantia* (die Aubance/Frkrch),

Alrantia (die Alrance/Frkrch), *Argantia* die (Argence/Frkrch, die Arganza/Spanien, auch die Ergers im Elsaß u. die Ergolz/Bodensee!), *Amantia* (die Amance/Frkrch) *Murgantia*/Sizilien, usw. Auch die **Alzette** ist eine *Alsantia. als* ist Erweiterung zu idg. *al* „Wasser", Sumpfwasser.

Ein Bach *Alsa* floß bei Aquileja; vgl. *Alsuca*/Rätien (wie Acuca, Albuca, Veluca). **Alssiefen** b. Waldbröl, **Alsmoos** in Bayern, *Alsmar* in Holland beziehen sich deutlich auf Sumpfwasser. Dazu **Alswede** „Sumpfwald" b. Lübbecke i. W., **Alsbach**/Westerwald, **Alsweiler** b. Trier, **Alsen** b. Siegburg, **Alsum** b. Bremen (wie Filsum, fil „Sumpf"). Zu *Alsede* a. d. Elsse Kr. Wittlage (mit Kollektiv-Suffix -ede) vgl. Ilsede b. Peine (Fluß Ilse, zu *il* „Schlamm, Morast"). Zur Umlautform *els* aus *alisa* siehe unter **Elspe!**

Alsfeld a. Schwalm *(Alahesfeld)* siehe Altmühl!

Alsheim *(Alahesheim)* siehe Altmühl!

Alst in Westf. (mehrfach) entspricht Aalst in Holland: d. i. *Alosta*, vorgerm. Bachname *(al* „Wasser" + st-Suffix).

Alster siehe Aller! **Alswede** siehe Alsenz!

Altbach a. d. Fils (783, 813 *Alahbach*) siehe Altmühl!

Altdorf *(Altrapa)* b. Jülich siehe Alzey. Altdorf/Württ. (856 *Alechdorf)* siehe Altmühl!

Altmühl, Nbfl. der Donau, ist umgedeutet aus *Alcmune, Alcmona* „Sumpfwasser" (Vgl. *Lismona:* die Lesum bei Bremen u. *Casmona* in Ligurien), ebenso **Altbach** b. Eßlingen aus *Alahbach* 813 und **Altdorf** am Kocher aus *Alechdorf* (vgl. *Alacfurdi* 1022 b. Hildesheim). So werden verständlich auch **Alsheim** (urkdl. *Alahesheim)* im Speyer- und Wormsgau und **Alsfeld** a. d. Schwalm (urkdl. *Alahesfeld*) mit eindeutschendem Fugen-s wie Harahesheim: Harxheim b. Mainz (zu hark, idg. kark „Kot"). Aufs Keltoligurische weisen **Alchen(bach)** a. Sieg wie **Alken** a. Mosel (939 Alcana), vgl. Aucenna und *Alciacum* mehrfach in Frkr. Zu Alkenrath/Rhld. vgl. Colvenrath (Bach Colva). Ein Sumpf *Alke Pohl* bei Osnabrück, ein Sumpfsee**Alkmaar** in Holland (urkdl. Alacmer). Ein Ahlken-Moor b. Bremen. Vgl. norw. *alka* „besudeln"! In Litauen: Fluß *Alkupis* und alksna „Sumpf". Auch der Elch (lat. alces) ist ein Sumpftier! In Württ. vgl. zu Alechdorf auch Alechingen: Elchingen im Ried(!) u. Elchen-: Ellwangen. Ein *Elechenbach* fließt 1059 zur Orbaha: Orb. Umlaut zeigen auch *Elkenhorst* i. W. u. die *Elkgruben* b. Alsfeld.

Altona b. Hamburg ist wie **Altena** a. d. Lenne (auch Landschaft in Holland!) ein prähistor. Bachname! (Wahrscheinlich die spätere Pepermölenbeke). Zu *alt* „Wasser, Sumpf" siehe Alzey!

Altrich siehe Alzey!

Alvesse b. Peine u. Brschwg entspricht Mödesse, Edesse ebda *(alv, ed, mod* meinen „Wasser, Sumpf, Moder"!). Alvensleben siehe Alfen!

Alz, Alzen(bach) siehe Alzey!

Alzey im Wormsgau (a. d. Selz) entpuppt sich mit der urkdl. Form *Alteia* um 800 als Bachname aus vorgerm. Zeit, denn auch die Authie, Nbfl. der Somme, hieß *Alteia!* Genau so entspricht die **Alz**, Zufluß des Inns, aus dem Chiemsee (832 *Alzissa)* der *Altissa* oder Authisse in Frkrch; vgl. auch Alzbach b. Mainz, Alzenbach a. d. Sieg, Alzen nö. Wissen, und **Alznach/** Württ. Auch die *Altra* (: Autre in Frkrch) kehrt (eingedeutscht mit -apa „Bach") als *Altrapa* (: **Altdorf** b. Jülich) wieder; und so entspricht **Altrich** (Mosel) dem keltischen *Altriacum:* Autrey (nebst Altrum: Autre Ardennen). Was *alt* (dem Wörterbuch unbekannt) meint, wird deutlich, wenn wir *Alteia, Ateia, Celeia, Veleia* nebeneinander halten oder *Altoilum* (Auteuil) mit *Anoilum, Vernoilum* usw. vergleichen, die alle auf „sumpfiges" Wasser Bezug nehmen, wie die *Altumna* (: Authonne) und die Garumna: Garonne. Topographisch stimmt dazu *Altinum:* Pfahlbauort in einer Lagune am Silis/Venetien.

Alznach in Württ. ist eingedeutschter Bachname *(Altenaha)* wie die *Ankenaha:* Ecknach (z. Inn), die Bolgenach/Württ. usw. (zu *alt* siehe Alzey!).

Amblach, Bach und Ort in Bayern entspricht der **Mettlach**/Saar (j.ON.), der **Ablach** (zur Donau/Württ.), der **Kamlach** (zur Mindel, im Donauried) und der **Umlach** in Württ., lauter Sinnverwandte! Ein **Ambelenbach** fließt in Baden (zur Schwarza/Schlücht), eingedeutscht aus *Ambla,* einem prähistor.-keltoligur. Bachnamen, vgl. die *Amblava* (Amblève) in Belgien, wie die **Amel**/Rhld. *Amblisa:* **Emmels** b. Malmedy und *Ambla* insula: Ameland b. Leeuwarden/Holland (dort, ablautend, auch ein Gau *Umb(a)laha). amb* meint „Wasser" (schon im Altindischen), offenbar Variante zu *ab!*

Amdorf (urkdl. *Ambr-afa),* Bach und Ort b. Herborn a. Dill, — vgl. die *Ambr-aha* in Württ. u. Thür. —, entspricht der Asdorf: *Astrafa* und der Preisdorf: *Bristrafa* im Siegerland, lauter prähistor. Bachnamen. Siehe unter Ammer!

Amecke a. d. Sorpe/Sauerland beruht wie Admecke in Waldeck auf *Adenbeke,* zu prähistor. *ad* „Wasser":

Ameln b. Jülich meint *Ame-lo* „feuchte Niederung".

Amel a. d. Amel ö. Malmedy ist die keltoligurische *Ambl-ava* (wie die Amblève in Belgien). Siehe Amblach!

Amerang/Bayern nö. vom Chiemsee meint Amer-wang „Wasserwiese".

Ammensen b. Alfeld/Leine ist gleich Ammenhausen b. Hildesh. u. Arolsen, zu *am* „Wasser“. Vgl. die **Amlage.** Siehe Ems! **Ammeln** siehe Ems!

Ammer (urspr. *Ambra),* Zufluß des Neckars b. Tübingen (im alten *Ambrachgau),* gehört zu den prähistor. Flußnamen Alteuropas, daher auch in Italien und England wiederkehrend (jetzt Amber, mit Amberley, Amberdene, Amberton). Bekannt heute durch **Ammergau** in Oberbayern mit dem **Ammersee** und der **Ammer.** Dazu **Ammerbach** in Bayern u. Thür., **Amorbach** im Odenwald und **Amer(w)ang** am Chiemsee. Ein Ammersbach fließt zur Rems/Württ. Auch **Ammern** a. d. Unstrut ist alter Bachname: urkdl. *Ambr-aha.* Eine **Amdorf** (urspr. *Ambr-afa)* fließt b. Herborn a. Dill, eingedeutscht durch *-apa, -afa* „Bach, Wasser“ und dann umgedeutet wie die *Astrafa:* die Asdorf und *Bristrafa:* die Preisdorf im benachbarten Siegerland, lauter Zeugen fremder Vorbevölkerung in diesem prähistor. Siedelgebiet!

Ammerich b. Neuwied a. Rh. und **Emmerich** a. Rh. beruhen auf *Ambriki* (wie Mederich auf Medriki und Elverich auf Albriki usw.). Vgl. auch den *Ambergau* 974 im Harz; dazu auch den Volksnamen *Ambrones* (nach Holder und Bremer „keltisch“). Eine **Emmer** (mit **Emmern)** fließt ö. Pyrmont zur Weser. Dazu **Emmerke** b. Hildesheim und **Emmerstedt** b. Helmstedt. Umlaut zeigen auch **Embt** b. Köln und **Empte** b. Dülmen: 890 *Emnidi,* urspr. also *Am-n-idi* (vgl. lat. *amnis* „Fluß“!), analog zu *As-n-idi:* Essen. Auch die Holz-**emme** b. Halberstadt am Harz hieß **Holt-emne** (hat also mit der Holt-menni, so E. Schröder S. 117, nichts zu tun). An einer Emme liegt auch **Emmendingen,** urkdl. Amoding.

Amönau, Amöneburg im Marburger Lahngebiet sind entstellt aus *Amene (Amana),* — so hieß die heutige *Ohm* dort! Zum prähistor. Wasserwort *am* siehe Ems! **Amorbach** siehe Ammer!

Ampen b. Soest (urkdl. *An(a)dopun)* beruht offensichtlich auf einem prähistor. Bachnamen *And-apa* „Sumpfwasser“; siehe unter Andenbach!

Amper, Nbfl. der Isar, durchs Dachauer Moos fließend, nebst der **Ampfer** stellt eine Variante zur Amber oder Ammer (vorgerm. *Ambra)* dar, vgl. dazu die **Umpfer** (zur Tauber) und Fluß *Umbre*/Italien (*Umbrien!*), griech. *ombros,* lat. *imber* = „Regen“: Dem **Ampferbach,** westl. Bamberg zur Ebrach, entspricht der **Umpferbach,** dem **Umpfenbach** ö. Miltenberg der **Empfenbach.** Dazu **Empfingen** südl. Horb a. Neckar neben **Ampfing** im Inntal/Bayern und die **Empfing.** Eine *Amphaha* floß einst im Fuldischen. Kollektiva dazu sind *Ampl-idi:* **Empelde** b. Hannover und **Empede** a. Leine (am Moor des Steinhuder Meeres!).

Ampfer, Ampferbach siehe Amper!

Amtern i. O. hieß *Amethorn* „Wasserwinkel“ *(amet = am* „Wasser“). Vgl. *Ametwilere* 975: Antweiler.

Andenbach (Elsaß): wie der Mundenbach eine vorgermanische Munda (so in Spanien) voraussetzt, der Urdenbach/Rhld eine Urda (so in Frkrch), der Argenbach 948 im Rhld eine Arga, der Morgenbach/Rhld eine Morga (so bei Genf), vgl. den Morgon b. Lyon, so ist auch der **Andenbach** b. Schlettstadt i. Elsaß eine vorgerm. Anda. Ebenda fließt die **Andlau** (urkdl. *Andelaha)* durch versumpftes Ried zur Ill, und zur Mosel fließt bei Cochem eine *Andrida,* heute **Endert.** In Westfalen begegnen *Andepe* und *Andrepe,* alte Bachnamen auf -apa, nebst *Anden,* heute *Annen* b. Dortmund. Dazu **Andervenne** im Moorgebiet von Lingen a. Ems, **Anderten** am Lichtenmoor, auch *Anderne* im Moorgau Drente, womit zugleich Licht auf den Wortsinn von *and, andr* fällt, das am ehesten als Variante zum Wasserwort *ad, adr* (mit n-Infix) zu begreifen ist, analog zu *ant, antr* und zu *gand, gandr* oder zu *mand, mandr* gegenüber *gad, gadr* bzw. *mad, madr!*

Der Sumpf *Andiba(c)is mariscus* a. d. Somme und der Sumpfort Anderby in the Myre/England bestätigen den Wortsinn, während das Wörterbuch (wie so oft) völlig versagt! Dazu viele morphologische Gleichungen, so *Andavum*/Südfrkrch — Gandavum/Belgien; *Andabrum*Frkrch — Velabrum/Italien — Licabrum/Spanien; *Andusia*/Südfrkrch — Bandusia/Apulien — Venusia/Lukanien — Tedusia u. Pedusia/Ligurien; oder (mit ligur. *-n-) Andeno* a. d. Etsch — Blandeno/Lig. — Toleno/Sabinum; auch *Andiacum* wie Saniacum, Coniacum (Cognac), wo san u. con modriges, schmutziges Wasser meinen; oder *Androiol* wie Vernoiol (vern = „Sumpf“). Mit venetisch-ligurischem st-Suffix: *Andeste*/Venetien wie Ateste, Tergeste (d. i. Triest), Bareste/Lig. usw., oder *Andrista*/Lombardei entsprechend der *Indrista* im Harz. *Andria* (Bach b. Calais) kehrt auch in Phrygien wieder, vgl. *Androsia* im kelt. Galatien. *Andoca*/Südfrkrch stellt sich zu *Napoca,* Fluß in Dakien. Die *Andella*/Frkrch entspricht der Indella, Mosella, Cosella (wo cos = „Schmutz“, mos = „Sumpf“), die *Andrida* (Endert) dem *Gundridus* (: Gondré, zu gund „Fäulnis“), mit demselben Suffix wie die Flußnamen *Andreda, Ledreda, Pedreda* in Brit. und *Mandreda* in Südfrkrch! Lauter Sinnverwandte!

Andernach (urkdl. *Antunacum)* entspricht Manternach in Luxbg, Medernach ebda, lauter Ableitungen von vorgerm. Gewässernamen, mit der kelt. Endung *-acum.* Durch Andernach fließt eine Antel!

Anderten a. Wölpe am Lichtenmoor (auch ö. Hannover), urkdl. *Andertune,* enthält wie **Andervenne** das prähistorische Moorwort *and-r,* vgl. *Andrapa*

i. W., Anderby in the Myre (Sumpfort in England) und *Androiolum*/Frkr., *Andria* (Bach b. Calais), *Andrida* (die Endert, zur Mosel) usw. Siehe Andenbach! Zu Anderten vgl. formell und inhaltlich synonym: Hämerten.

Andersleben b. Oschersleben in sumpfiger Gegend hieß *Andisleben*, (so bei Erfurt) zu *and* „Sumpfwasser", mit sekundärem -r- wie Gaters-, Guders-, Baders-leben! Lauter Sinnverwandte.

Andiesen, Zufluß des Inns (mit Andishofen!), urkdl. *Antisna,* siehe Antreff!

Andisleben a. d. Gera nö. Erfurt siehe Andersleben! Zur Form vgl. Rudisleben (a. Gera, südl. Erfurt), zu *rud* „Sumpf"!

Andlau, Nbfl. der Ill im Elsaß, durchs Andlauried (einst versumpft) fließend (zu *and* „Sumpfwasser", siehe Andenbach!). Ein **Andelbach** fließt in Württ. (z. Leudelsbach/Enz), ein *Andelsbach* in Baden (z. Rhein, z. Steina/Wutach).

Anemolter b. Hoya/Weser verrät sich durch molter „weicher Boden" als feuchter, mooriger Ort (zu *an* siehe Enns!).

Angel, mehrfach alter Bachname, z. B. im Münsterland (mit **Angelmodde,** mod = Morast), bei Speyer (zum Rhein) usw., erscheint auch als **Angelbach** (zur Nagold/Württ.), **Angelbeck** b. Quakenbrück, **Anglach**/Südbaden (im alten Anglachgau, 8: Jh.) analog zur Ablach, Kamlach, Mettlach. Eine **Anglupe** fließt in Litauen. Zugrunde liegt idg. *ang* „Schmiere, Salbe" (vgl. auch *ung,* lat. unguis, ndd.-hess. ungel und *ing, ingel);* auch der „Anger" als feuchte Wiese gehört dazu, mit demselben Bedeutungswandel wie idg. *wis-* „Sumpf", sumpfiges Grasland zu „Wiese"! *Aquae Angae*/Bruttium und *Angitula*/Italien enthalten dasselbe Wasserwort, haben also mit lat. angustus „Enge" (so Krahe), angor „Angst" nichts zu tun, — wieder ein Beweis dafür, daß die alten Flußnamen gewöhnlich älteres Wortgut bewahren als die historisch bekannten Einzelsprachen! Ein Fluß *Angros* floß in Illyrien, eine **Angerap** (mit Angerburg) in Ostpreußen. Deutlich sind die Flurnamen *Angerschlade, Ungerschlade* im Siegkreis! (schlade meint Röhricht, Sumpfstelle). Auch die Zusätze *mere* und *lar* bestätigen *ang* als Wasserwort: So *Ang-mere*/England und *Anglare.* Über die umgelauteten Formen **Engern,** Engerda usw. siehe unter Engern!

Angenbach, Zufluß der Wiese/Südbaden, siehe Angel!

Anger, Bach b. Düsseldorf (mit Angermund) u. ö. siehe Angel!

Angstädt a. Ilm und Wohlrose b. Arnstadt/Thür. hieß *Ankenstedt (ank* „Wasser, Moor"!); siehe Ankum!

Ankum an den wasserreichen Niederungen der Hase/Bersenbrück (auch in Overijssel) gehört in eine Reihe mit Balkum, Basum, Winkum, Wachtum,

Dersum, Achum, Belum, Dutum, Lutum, Loccum, Latum, Marum, Pelkum, Rottum, lauter Sinnverwandten für Wasser, Moor u. Sumpf. Deutlich zum Ausdruck bringt es **Anke-veen** b. Amsterdam (veen = Moor), **Ankelaar** b. Apeldoorn, und **Anken-moos** in Baden analog zu Atten-, Augen-, Filden-, Siren-, Tetten-, Hechen-Moos, mit *moos* „Sumpf" als Erläuterung. Schon altind. meint *ankura* „Wasser", schweiz. *anke* „Schmiere, Butter", altpreuß. *ancte.* So werden verständlich: **Anken** b. Hoya, **Ankensen** b. Peine (wie Adensen, Pattensen usw.), *Ankenstede:* **Angstedt** a. Ilm (wofür man einen Pers.-Namen erfinden wollte, so R. Fischer und E. Schwarz, obwohl die alten stede-Namen durchweg Naturbegriffe enthalten!) wie *Dudenstede, Bliden-, Fabben-, Malen-, Paden-, Holenstede.* Zu **Ankeloh** ö. Bremerhaven vgl. Dudeloh, Senkeloh usw. Aus vorgerm. Zeit stammt die *Ankinaha,* die heutige **Ecknach,** Zufluß des Inn in Ö. (wie die Alznach/Württ., Bolgnach ebd. Bachenach, Isenach, desgl. *Ankarac(h)a:* **Enkirch** a. Mosel gleich den Synonymen *Tincaracha:* Dinkrich (Tincrey)/Mosel, vgl. schweizer. tink „feucht", *Bacaraca:* Bacharach a. Rhein, *Sisaraca, Pisoraca*/Spanien! Aufs Britisch-Keltische weist der Flußname *Anker*/England, und der ON. *Anciacum:* Ancy/Yonne wie Alciacum, *alk* „Sumpf"; eine kelt. Gottheit *Ancamna* wurde bei Trier verehrt.

Ann: die finstere Ann nö. Cölbe/Marburg siehe Enns!

Annelsbach b. Höchst a. Mümling (Odenwald) hieß **Onoldsbach,** so auch Ansbach, siehe dies!

Annen b. Dortmund (urkdl. *Andum, Anden)* siehe Andenbach!

Annweiler a. d. Queich/Pfalz entspricht Ahrweiler, Aßweiler, Bettweiler, Hottweiler, Erfweiler, Maßweiler usw. ebenda, lauter Sinnverwandte: Zus.-setzungen mit alten, z. T. verklungenen Gewässerbezeichnungen!

Anraff a. d. Eder b. Wildungen ist vorgerm. Bachname: *Anr-apa* (vgl. die *Anara,* zur Lahn), 1047 *Anrepe,* entsprechend der *Alr-apa:* Alraft in Waldeck. Zu *an* siehe Enns! Die *Auara* lebt in Wein-Ähr/Lahn!

Anrath b. Gladbach nebst Anroth *(Ananroth)* entspricht Benrath: *an, ben* sind prähistorische Sumpfwörter; -rath, -roth meint -rode „Rodung".

Anslar/Brabant enthält das vorgerm. Wasserwort *an-s,* vgl. Fluß *Ansa*/Brit.; vgl. Enselbach/Kocher.

Ansbach in Franken hieß *Onoldsbach,* genau wie **Annelsbach** im Odenwald. Schon die Wiederholung deutet auf ein Gewässerwort: kelt. *on* meint Sumpf. Ein Pers.-N. Onold ist nicht bezeugt!

Anstadt b. Hersfeld wie **Anstedt** b. Bassum/Ob. Hoya enthält *an* „Wasser, Sumpf".

Anten b. Osnabrück entspricht **Hanten** i. W. (Hantum/Holld wie Genum, Marrum, Wierum). Vgl. *Antina* b. Lüttich (zu prähistor. *ant* „Sumpfwasser"). Siehe Antreff! *Antupis* wie Alkupis, Alsupis/Lit.!

Antreff: 2 Flüsse in Hessen (zur Schwalm und zur Wohra), aus vorgerm. Zeit, eingedeutscht *(Antrafa)* aus *Antra* (Nbfl. der Aisne!) wie Altrafa bei Jülich aus Altra/Frkrch. Vgl. auch *Antraca* auf Korsika! und *Antreuil/* Frkrch, also auf kelto-ligurischem Boden. Ihre Sinndeutung empfängt die Antrafa: **Antreff** durch Vergleichung mit der Bentrafa: **Bentreff** (gleichfalls Zufluß der Wohra) und der Notrafa: *Notreff* im Kaufunger Walde, die der *Nodra, Notra* in Frkrch u. Brit. entspricht: *nod, not* (noch elsässisch node) meint „Sumpfwasser" und *bent* „Moorwasser": Damit wird auch der alte Gauname *Enteri* an der Weser nebst *Enter* in Holland verständlich, beide mit Umlaut wie Entringen/Württ. und Entersbach/Baden.

Der geheimnisvolle Schleier, der dies prähistorische Gewässerwort *ant, antr* (analog zu *and, andr)* bis heute umgab, lüftet sich auch durch morphologische Gleichungen wie *Anteuil* (3 mal) — *Antreuil* — *Mareuil* — *Verneuil* in Frkrch oder *Antemna* — *Celemna* in Italien oder *Antan-, Hodan-, Cudan-, Lortanhlaw* in England, die durchweg auf sumpfiges, schmutziges Wasser deuten. Damit erledigt sich der linguistische Versuch, etymologisch an altind.-griech. anti, lat. ante „gegen(über)" (vgl. „Antwort") anzuknüpfen mit dem seltsamen Ergebnis von lauter „Gegenbächen", aus denen man mit reichlich Phantasie den abstrakten Begriff des „Grenzbaches" hervorzaubert (so Krahe: BzN. 6, 1955); *ant* dürfte vielmehr uralte Variante zu *at* sein, mit n-Einschub (n-Infix), wie *and* zu *ad* „Wasser", *ind* zu *id* oder *cant* zu *cat* usw. Daher *Antinum* neben *Atinum* in Altitalien. Zu *at: ant* vgl. auch *lat: lant* und *nat: nant* als Synonyma; daher die Parallelreihe Anten-, Lanten-, Nantenbach, heute **Anzen-, Lanzen-, Nanzenbach!** Ein **Anzbach** fließt zur Donau; mit Umlaut entsprechen in Württemberg die **Enzbäche** und nicht zuletzt die **Enz** (urkdl. *Antia)* wie die **Anza** in Mailand. Vgl. Anzio südl. Rom und An*tium* in der sumpfigen Gegend von Genua, einst Grenzstadt Liguriens. Ein *Antumnus* (: Antone) fließt in Frkrch, ein Bach *Antilanca* in Ligurien, dazu die **Antenlang** bei Straubing; ein Bach *Antiliolus* 820 b. St. Goar; an einer *Antela liegt Antunacum:* Andernach. **Anten** b. Osnabrück wiederholt sich mit *Antina* b. Lüttich, vgl. Antwerpen (wie Salewerpen/England, wo sal „Schmutzwasser" meint). Dazu auch **Antweiler (2 mal im** Rhld). Eine *Antisna:* Andiesen fließt zum Inn (b. Passau, dort Andishofen!), sie entspricht der Avisna und der Alisna in Frkrch, wo av und al gleichfalls Wasserbegriffe sind! Topographisch beachtenswert ist *Antis-*

sa „circa paludem Maeotidam": an den mäotischen Sümpfen! Auch Völker nannten sich nach Gewässern, vgl. die slawischen *Antae.*

Antweiler (b. Adenau u. b. Euskirchen) entspricht Als-, Belg-, Dud-, Brau-, Lud-, Merschweiler, alle auf Wasser und Sumpf bezüglich. Zur Schreibung *Ametwilere* 975 vgl. *Amethorn:* Amtern i. W.

Anzbach, Anzenbach siehe Antreff!

Anzefahr a. d. Ohm ö. Marburg siehe Anzbach, Antreff!

Apeldorn am Moor der Radde ö. Meppen/Ems wie Apeldoorn b. Zütphen (793 *Apoldro,* vgl. in England 893 *Apuldre)* und **Apeldern** in der einst sumpfigen Niederung zw. dem Bückeberg und dem Deister enthalten eine verklungene Ableitung von idg. *ap* „Wasser, Sumpf"; siehe die obd. Form **Affoldern!** Dazu *Apelderbeke:* **Aplerbeck** b. Dortmund, *Apelderstede:* **Apelnstedt** a. d. Wabe *(Wavene, wab* „Sumpf"!) b. Braunschweig, Appelderbrook b. Putten/Gelderld und *Apeldure cumbe*/Engld, wo *brok, cumbe* den Wortsinn bestätigen, von Äpfeln also keine Rede sein kann! Auch **Apolda** b. Weimar hieß *Apolder.*

Apen, Apenbeke, Apengoor, Apede siehe Appel!

Apfel(bach, -städt) siehe Appel!

Aplerbeck siehe Apeldorn! **Apolda** siehe Apeldorn!

Appel, Zufluß der Nahe ö. Kreuznach, führt wie diese *(Nava)* einen Namen aus vorgerm. Zeit, nämlich *Apula,* entsprechend der *Vidula* oder Vèsle/Frkr, der *Albula*/Schweiz, der *Arula, Adula, Urula* usw., lauter prähistor. Wassertermini. Gleiches gilt für die *Aplosta,* entstellt zu **Apfelstädt** südl. Gotha, mit venet. st-Suffix (auch die Nachbarflüsse Leina, Gera, Ohre, Wipfra, lauter Sinnverwandte, stammen aus ältester Vorzeit). Eine *Apulia:* Pouille fließt in Südfrankreich (vgl. Apulien: ital. Pouglie, mhd. Pülle); eine *Apantia:* **Apance** ebda (wie die Arantia: Arance; Amantia: Amance usw., alle auf Wasserbegriffe bezüglich); eine Quelle *Aponus* in Venetien, ein *Apilas* in Mazedonien, ein *Apsus* in Illyrien, ein *Apus* in Dakien, eine *Apeva* in Pannonien, eine *Aprusa* in Italien; eine **Apenke** im Harz (ebda ein Goldenke). *Apenest*/Apulien (Rupenest, Widenest)!

Umlaut zeigen *Apica:* **Epfich** im Elsaß und der **Epfenbach** in Württ. (z. Elsenz), auch *Epfach* am Lech.

Auf norddt.-ndld. Boden seien genannt: die **Apolmicke** b. Olpe (d. i. *Apelnbeke),* die Wasser- und Wiesennamen: das **Aap** b. Datteln a. Lippe, die **Ape** in der Davert (feuchte Niederung südl. Münster) und ON. wie *Aperne* b. Soest, **Apen** (mit Marsch) in Oldbg, **Apenbeke, -horst** in Westf. **Apengoor** in Holld (goor = Morast!) nebst **Apede; Apensen** (-husen) b. Buxtehude. Dazu (mit geminiertem p): **Appen** u. die **Appe** in Holld, der

Wald *Appe* 1173 im Taunus, Appenhorn, -feld, -dorf, -hain, -rode/Hessen, Appichseifen/Wied, das Appelgoor/Holld, **Appeln** im sumpf. Vieland/Weser, wie Appleford, -thweit in England. Siehe auch unter **Affeln** u. Apelder!

Arbach, Arborn, Arfurt siehe Ahr!

Ardey, bewaldeter Höhenzug an der Ruhr, gegenüber der Lenne-Mündung südl. Dortmund, gehört wie die benachbarten Orte Ergste (Argeste) und Villigst (Vilgeste) mit vorgerm. st-Suffix zu den ältesten prähistor. Namen dieser Gegend. Mit der Endung *-ey* stellt er sich zu den westfäl. Namen *Saley, Salvey, Elsey* usw., die durchweg Wasserbegriffe enthalten. *Ard-* kann daher nur das idg. Wasserwort *ard* meinen, das in altindisch *ardati,* griech. *ardo* „bewässern" vorliegt, wozu auch lat. *ardea* „Reiher" als Sumpfvogel gehört! So sind auch die **Ardennen** *(Arduenna silva)* nach ihren Quellen und Sümpfen benannt, analog zu den Argonnen *(Arguenna silva)!*

Ein *Ardiscus* fließt zur Donau (vgl. den Flußgott *Ardeskos!*), eine *Ardeca* (Ardèche) zur Rhone, eine *Ardaha* (heute **Aar**) zur Dill und zur Lahn, fortlebend auch in *Erdehe:* **Erda** a. d. Lahn, mit Umlaut wie **Erden** a. d. Mosel u. in England (urkdl. *Ardene*), auch **Erder** in Lippe neben *Ard(r)a* in Flandern u. *Arderne* in E. In der Schweiz vgl. *Arduna* und *Ardetia* (: Ardetz). So werden verständlich auch *Erdinebach* (Erdbach b. Herborn) und das **Erdinger** Moos (Sumpflandschaft der Isar).

Argen, Argenbach, Argersbach (zum Kocher) siehe Ergolz!

Argonnen siehe Ergolz!

Arke siehe Erkrath! **Arkenstedt** siehe Erkrath!

Arlebach, Bach b. Entringen/Tübingen, und der **Arlenbach** in Vorarlberg (nach dem die Landschaft ihren Namen hat!), enthalten eine Erweiterung *ar-l* zum prähistor. Wasserwort *ar,* vgl. *ber-l* zu *ber,* und *kur-l* zu *kur!* (Also Arlebach wie Berlebach, Lerlebach, Merlebach, Kurlebach).

Arloff a. Erft b. Euskirchen, 1222 *Arnafa,* wie **Horloff:** *Hurnafa,* s. Erft!

Arloh, das, nö. Celle meint feuchtes Gehölz analog zu Ver-loh u. ä.

Armensbach, Zufluß der Elz in Baden, siehe Erms!

Arnbach (Bayern, Württ.) siehe Ahr! **Arnum** b. Hannover s. Ahr! Arnhem/Holland hieß kelt. *Arniacum!* Auch *Örner*/Mansfeld hieß *Arnari!* Siehe auch die *Erft* (alt *Arnafa!*).

Arolsen/Waldeck liegt an einer Aar!

Arpe a. d. Arpe (zur Unne) b. Meschede ist eine prähistorische *Ar-apa;* s. Ahr! **Arpke** zw. Lehrte und Peine dürfte auf *Ar-beke* beruhen.

Arpen(bach) siehe Erpe!

Artern a.d. Unstrut gehört wie **Gottern** a.d. Unstrut, **Ammern** a.d. Unstrut, **Sömmern** nahe der Unstrut zu den allerältesten Spuren aus der vorgerm. Zeit Thüringens, wo vor den Germanen bekanntlich Kelten und vor diesen wohl Veneter gesessen haben. Die urkdl. Form *Ambraha* für Ammern lehrt, daß hier lauter alte Bachnamen mit r-Suffix zugrunde liegen! Auch **Göttern** und **Öttern** südl. Weimar gehören dazu.

Art (vgl. auch *ard)* ist ein Jahrtausende altes Wasserwort: Eine *Artia:* Arce fließt in Frankreich, eine Quelle *Artaca* einst in Armenien, und *Artemis* war den alten Griechen die Göttin der Waldquellen und Waldsümpfe, dann auch der Jagd. Ein *Artiaca* lag in Ob.Italien, ein *Artana* in Etrurien (nach Livius), ein *Artenia* (Ort der Carni) in Noricum (nach Strabo), *Artusa, Artesona* in den Pyrenäen (vgl. *Tergosona*/Venetien, zu terg „Morast, Schlamm"!), *Artobriga* und die *Artabri* in Nordspanien (vgl. die *Velabri, Cantabri, Calabri,* lauter Sinnverwandte!).

Artlenburg a. Elbe hieß *Erteneburg,* zu einem Bachnamen *Erthene,* der 1228 ebenda begegnet. Zugrunde liegt prähistorisch *art* (zu *ar* „Wasser"), vgl. *Artana*/Etrurien. Siehe Artern!

Arzbach, Zufluß der Bibers (zum Kocher/Württ.), auch ON. östl. Koblenz, wo auch **Arzheim,** und a. d. Isar b. Tölz: urkdl. *Aruzza(pach),* also vorgermanisch, zum Wasserwort *ar.*

Asbach, verbreiteter Bach- und Ortsname (im Wied-, Sieg-, Mosel-, Nahe-, Donau-Raum, auch im Eichsfeld) nebst **Asbeck** bzw. Asmecke im westfäl.-norddt. Raume meint, was die Komposita *Asbrok, Asfleth, Asdonk, Assiepen* deutlich zum Ausdruck bringen: „Schmutzwasser", sei es sumpfig, schleimig, schlammig oder modrig (vgl. altindisch *asiti* „Schmutz", griech. *asis* „Schlamm, Schmutz", auch altind. *asra,* lat. *assir,* lett. *asins* „klebriger Saft, Blut"). Von höchster Altertümlichkeit dieses *as* zeugt insonderheit *Asendere* (1196 b. Coesfeld), urspr. *As-andra,* einer der prähistor.-vorgerm. Bachnamen auf *-andra,* die vom ligur. Rhonegebiet herüberreichen, vgl. *Atendere:* Attendorn, *Gisendere:* Geseldorn, *Isendere:* Ijseldoorn usw. In Altgriechenland vgl. *Asopos,* Name von Bächen u. Nymphen, in Thrakien Fluß *Asamos,* in Dalmatien *Asamum,* auf Korsika *Asinco* (ligurisch), in Spanien *Asido.*

Eine *As-apa:* **Asphe** fließt b. Asphe z. Wetter nö. Marburg; dazu **Aspe** i. Westf. und Waldeck (a. d. Diemel); auch **Assbach** b. Waldbroel hieß 1169 *Assapa.*

Dazu mit geminierter Spirans (vgl. lat. assir) mehrere Bäche **Asse,** so b. Gotha und zur Lippe, denen in Frkrch mehrere *Assa* entsprechen! Eine *Asseke* fließt am Westharz, vgl. *Assiki* b. Marsberg i. W. (wie Biliki,

Gesiki). Dazu *Assebroek* b. Brügge, der *Assa-wald* b. Schöppenstedt, der *Assaberg* a. d. Diemel, in die auch eine *Assina:* **Esse** mündet; auch **Essen** a. d. Hase hieß 968 *Assini,* während **Essen** a. d. Ruhr über Essende aus *Assenide, Astnide* (874) entstanden ist. **Asslar** b. Wetzlar entspricht Uslar, Goslar a. d. Gose. In England vgl. Assewurth und Assin(g)ton. Umlautloses **Assen** (Westf. u. Drente) setzt die Form Asna voraus, vgl. den Bach *Asna* amnis i. W. wie *Asna* in Spanien; dazu *Asnoth* b. Gent, *Asnapia* b. Calais. Altind. *asnati* „Dickflüssiges trinken"!

Asbeck siehe Asbach!

Aschaff, Zufluß des Mains bei **Aschaffenburg,** ist eine alte *Asc-afa,* gehört also zu den prähistorischen Bachnamen auf *-apa, -afa* „Wasser, Bach", einen sekundären Zusatz, dem auf obd. Boden *-aha* entspricht. Daß die Bedeutung des zugrunde liegenden *Asca* nicht „Esche" (althd. asci) sein kann, ergibt sich schon daraus, daß Esche, Buche, Eiche, Linde usw. keine Wassernamen sind, aber auch daraus, daß in ältester Zeit Gewässer niemals nach Baumarten benannt wurden; auch die *apa*-Namen bieten keinen einzigen Fall, sondern sind durchweg Ableitungen von Wasserbegriffen wie Hornaffa 8. Jh. (wo horn = „Schmutz"!). Ein solcher ist auch das verklungene *asc* (zu *as)* für „Schmutz- oder Sumpfwasser", wozu wohl auch die Äsche (ahd. *asco),* ein Fisch und schweiz. *ascher* „unrein" gehören; vgl. die Varianten *esc, isc, osc, usc!* Ein Sumpf *Ascbroc palus* begegnet 786 bei Stade, ein „Sumpfsee" *Ascmeri:* **Aschmer** a. Hase bzw. **Eschmar** bei Siegburg, mit i-Umlaut wie **Eschebruch** b. Vöhl/Eder, **Eschbach, Eschborn** (897 *Ascabach, Ascobrun)* in Nassau, **Eschendonk** b. *Esca*/Belgien (analog zu Corsendonk: cors „Sumpf", donk „Hügel im Sumpf"), **Eschede** a. d. Ascha ö. Celle, **Eschenz** *(Ascantia!)* im Thurgau, **Esch** bei Ahrweiler (854 *Asc),* **Esch** im Taunus (1300 *Eschphe,* d. i. Ascafa).

Ascari: **Aschara** b. Gotha stimmt zu *Vanari:* Fahner b. Gotha, *Arnari:* Örner a. Wipper, *Cornari:* Körner a. Notter/Mühlhausen, *Dudari*/Lahn, Comari/Istrien, lauter Sinnverwandte! Und **Aschhorn** in Kehdingen stimmt zu Balhorn, Druchhorn, Muckhorn usw., lauter „sumpfig-modrige Winkel"! Auch **Aschern** i. W. hieß *Asch-horn* 1535. Dazu *Aschen* b. Diepholz (Sumpf- und Moorgegend!), das Aschenblick wie Dissenblick b. Meschede, der **Aschenbach** b. Morles (!)/Rhön, die **Aschbäche,** -gräben, -wiesen (Hessen, Württemberg, Baden usw.), die **Aschkuppe** b. Vöhl/Eder, das **Asched** in Waldeck, das **Asch,** ein See (!) im Habichtswald, die Aschriehe b. Rinteln. Auch Esch b. Ahrweiler und **Äsch** b. Zürich hießen *Ascia.* Eine **Ascha** fließt im Oberpfälzer Wald wie bei Lüttich a. Maas. Keltisch ist *Asciacum:* Essey/Marne, ligurisch: *As-*

cona (wie Verona, Perona usw., lauter Synonyma); in Spanien lag *Ascua*, am Inn: *Ascituna* 777 (vgl. Murgatuna: Morgarten).

Aschara b. Gotha/Gräfentonna siehe Aschaff!

Aschbach, -graben, -horn siehe Aschaff!

Aschersleben a. Wipper wie Oschersleben a. Bode sind Ableitungen vom prähistorischen Wasserwort *asc;* es sind ausgesprochen sumpfige Gegenden! Siehe Aschaff!

Asdorf (*Astr-afa)* siehe Astbrock!

Asmecke i. W. meint Asbeke, siehe Asbach!

Aspe (b. Werl i. W. usw.) beruht auf dem Bachnamen *As-apa*. Siehe Asbach!

Aspenstedt am Huy b. Halberstadt entspricht Eilenstedt, Veckenstedt usw. ebenda, lauter Zusammensetzungen mit Gewässernamen. Die versumpften **Aspewiesen** in Weickartshain Kr. Gießen sowie die Komposita *Aspeleg, Aspedene* in England bestätigen *asp* als Variante zu *as* „Sumpf-, Schmutzwasser" (siehe Asbach!). Ein **Asperden** liegt b. Goch/Kleve, es entspricht den Synonymen Nütterden, Pannerden u. ä. ebenda! Zu **Aspisheim** sö. Bingen vgl. ebenda Büdes-, Rüdes-, Sarmsheim, lauter Sinnverwandte. Aspes- und Aspenbäche in Württ. Zu keltisch *asp* vgl. *Aspavia* in Spanien (Baetica) wie Balavia (bal „Sumpf") u. *Aspona* in Galatien!

Asphe, Bach und Ort b. Wetter/Marburg, hieß As-apa „Schmutzbach", vgl. Disphe, Dautphe usw.

Asslar, Asseln, Asse(n) u. ä. siehe Asbach!

Astbrock b. Höxter meint nichts anderes als **Asbrock,** wie sich auch aus dem Nebeneinander von *Astapa* und *Assapa*, von *Astenide* und *Assenide* ergibt: *ast* ist wie *as* ein verklungenes prähistorisches Wort für „Schmutz- und Sumpfwasser", so in den Flußnamen *Astura* (Spanien, Italien: Latium), *Astagus* (Astico) in Venetien, *Aston* in Frkrch (zur Ariège), *Astapa* in Spanien; dazu ON. *Asta* (am Tanarus + Urbis!), heute Asti b. Genua/Ligurien! In England bestätigen den Wortsinn: *Astley* („sumpf. Wiese"), *Asthale*, *Astenovre* (wie Codenovre, cod „Schmutz"). Eine *Astener Marsch* begegnet in Holland, ein altes **Astene** 950 (seit 1643 Holzappel) beim LaTène-zeitlichen Diez a. Lahn; auch **Eisten** am moorigen Hümmling hieß *Asten*. Dazu **Astenbeck** a. d. Innerste, Astenheim (Austum/Ems), Astenfeld b. Usseln/Waldeck, Astfeld a. d. Grane/Leine, Astheim südl. Mainz, Asterode/Schwalm, Astert (= -rode) a. Nister; auch der **Astenberg** oder Kahle **Asten** am Rothaargebirge mit der Lennequelle! Ein **Astelbach** fließt zur Wurm b. Aachen. **Asselborn**/Lux. (auch im Bergischen) ist entstellt aus *Astenburno* a. 1035. Ein **Astsee** liegt an der Mur im Lungau. — Prähistorisch-vorgerm. ist die *Astr-afa:* die heutige **As-**

dorf b. Fischbach Kr. Altenkirchen/Wied (La Tène - Gegend!) entsprechend der *Bristrafa* oder Preisdorf (vgl. *Bristra:* Preist/Eifel! zu *brist* „Schmutz"; auch *Astrepe* 1096 im Bergischen. Dazu *Aster* um 1100 b. Gießen, Asterbach (Flur b. Malmedy), *Asternbeke* 1443 b. Meschede/Ruhr, *Astarnascheid* 856 b. Bonn. Vgl. auch *Esterne* i. W.

Astert im Westerwald ist verschliffen aus **Asterode** (so bei Treysa/Schwalm), wie Rettert, Odert, Heddert, Laudert. Zu *ast* siehe Astbrock!

Astrup b. Vechta: 1050 *Adisthorp* wie *Bönstrup: Bunisthorp: ad = bun!*

Attendorn a. d. Bigge, im ältesten prähistor. Siedelraum um Olpe, urkdl. *Atendere,* d. i. Atandra, gehört wie die Synonyma *Asendere, Gisendere, Isendere, Kolvendere* zu den vorgerm. Bachnamen auf -andra, die vom ligur. Rhonegebiet herüberreichen (vgl. Balandre, Camandre usw., auch den Skamander und Mäander in Kl.-Asien! Lauter sumpfige, schmutzige Gewässer!) Bei Attendorn liegen *Attepe* (d. i. At-apa „Schmutzbach"), **Attenbach** und der **Attenberg.** Zu Attenbach in Thür. vgl. **Atzenbach** in Baden. **Atteln** i.W. entspricht Affeln (urkdl. Af- bzw. At-lohun „modriges Gehölz"). Auch Ateia (12 mal) u. der Aturus in Frkr., der Aternus in It., Ateste (Este) in Venetien und Atesis (die **Etsch**) bezeugen *at* als idg. Wasserwort. Vgl. *Atina* 850 (Eten/Brab.)!

Attersee, Österreich, ursprünglich *Adra* oder *Atra,* siehe Abersee!

Attnang (nahe dem Attersee/Ö.) entspricht Bettnang, Bottnang, Backnang, Tettnang usw., lauter nasse oder sumpfige Wiesenhang-Orte (wang = Wiese). Dort auch Affnang, Ottnang.

Attenhausen (mehrfach) in Bayern, Schwaben, Hessen, sowie Attenhofen, -weiler, -feld lassen schon durch ihre Wiederholung erkennen, daß hier das uralte Wasserwort *at* (ad) vorliegt, wie bei Attenmoos, Attenbach, Attendorn, Attersee usw.

Atzbach b. Gießen, **Atzenbach** ö. Dermbach a. Felda (vgl. Attenbach!) und der **Atzelbach** (zur Weschnitz u. z. Rhein), urkdl. *Athelinesbach* 1291, enthalten das uralte Wasserwort *at* (siehe Attendorn!). Desgl. **Atzenweiler** (Württ. u. Baden), **Atzerath**/Rhld (wie Utzerath) u. das deutliche **Atzseifen** b. Prüm.

Aubingen/Hohenzollern meint Aue-Siedlung (urkdl. *Owingen!).*

Auderath b. Cochem/Mosel entspricht Möderath, Kolverath! *ud, od* = Wasser.

Auel, mehrfach im Rheinland und im Siegkreis, ist alte Sumpfbezeichnung; vgl. auch *Degern-auel,* 893, Sumpfstelle im Ahrtal.

Auerbach, mehrfach in Bayern, Württ., Baden, Rheinhessen usw., urkdl. *Urbach,* bisher als „Auerochsenbach" mißdeutet, enthält das idg. Wasserwort *ur*, das schon Plinius für schmutzig-sumpfiges Wasser bezeugt. Desgl. **Aurach** *(Ur-aha)* in Bay., Württ., Ö., **Aura** a. d. frk. Saale, **Auerstedt** a. Saale *(Ur-stede)*, **Auernheim**/Württ. (wie Dauern-, Schauernheim).

Aufbach, Zufluß der Lahn b. Marburg, siehe Uffe!

Augenmoos/Neckar entspricht Anken-, Atten-, Tettenmoos; *aug* ist also altes Sumpfwort, vgl. Auggen/ObRh.

Aula a. d. Aula (Zufluß der Fulda sw. Hersfeld), urkdl. *Awil-aha*, enthält das prähistor. Sumpfwort *aul (ul)*. Vgl. Aulhausen/Weser, Aulwangen/Württ., Aulbach, Aulenbach/Trier.

Aura a. Ulster, a. frk. Saale, a. Aura b. Orb siehe Auerbach!

Aumenau a. Lahn südl. Weilburg stellt sich zu **Auma** südl. Gera/Thür., zum Wasserwort *aum* (am, um), vgl. die *Oumenza:* Ems in Nassau, ein vorgerm. Bachname!

Auroff a. d. Auroff (Ur-afa) b. Idstein/Taunus siehe Auerbach!

Ausnang/Allgäu (urkdl. **Usen-wang**) entspricht Backnang, Bottnang, Tettnang; wang = Wiese. (Vgl. die Use!)

Avenstrot, Avenhövel, Avenhorn in Westf. deuten auf feuchtes, sumpfiges Gelände: *av* ist ndd. Variante zu *ab* „Wasser" (siehe Abbe!) wie *ev* zu *eb*. So entsprechen sich *Avenstrot, Singenstrot, Bulenstrut, Sälenstrut*, lauter „sumpfige Gehölze". Zu *Avenhövel* vgl. *Rassenhövell (Ras-huvel)*, zu *Avenhorn: Battenhorn*. In England vgl. *Avesford, Avesthwaite* „Wasserwiese". Während *av* hier sekundär ist, gab es bereits in der Vorzeit eine (primäre) Variante *av* (vgl. altind. *avatas* „Quelle", lett. avuots), so im Ethnikon *Aviones* „Wasser-Anwohner" (Dithmarschen) wie die *Curiones*, und in zahlreichen Fluß- und Ortsnamen: *Avo* (mit Avobriga/Spanien), *Avesa*/It., Frkr., *Avanta*/Lit., *Avantia*/Frkr. (vgl. Aventicum: Avenches), *Avera:* die Yèvre, *Avaricum* (sumpfig! Cäsar), *Avriacum*/Savoyen, *Avridum:* Avroy, *Avricourt* 2mal (wie *Arnicourt*, z. Fluß Arne!): bisher irrig als „Hof des Eberhard" aufgefaßt (widerlegt von J. Johnson, Diss. Göteborg 1946, S. 25 f.).

Axtbach (urkdl. *Acarse*, also vorgerm.), auch in Baden (z. Lierbach/Rench), enthält das prähistor. Wasserwort *ak*. Vgl. Echzel!

B

Babstadt westl. Wimpfen a. Neckar wie auch **Bobstadt** a. Weschnitz in der Rheinebene ö. Worms und **Bobstadt** westl. Mergentheim a. Tauber deuten schon durch ihre Wiederholung auf ein zugrunde liegendes Naturwort, wie es auch vorliegt in *Baboth* a. d. Somme (wie Spiloth, Rosuth, Hornuth, Elsuth, lauter Synonyma für sumpfige, schmutzige Orte). Gleiches besagen die *Babbelake* (Bablock) in England, die**Babbelage** („morastige Fläche") b. Levern und *Baben-ol:* Bamen-ohl b. Finnentrop/Lenne (wie Rumen-ohl b. Ennepe/Ruhr, rum „Morast"). Auf roman. (ligur.-ital.) Boden entspricht *bob, bub* „breiige Masse" bzw. *bov, buv* (frz. bove: boue „Schlamm"), auch *bav* (frz. bave „Schleim", mlat.-roman. bava) im Flußnamen *Bavona,* Zufluß der Maggia im Tessin u. ON. Bavon/Wallis. Und so auch **Babberik** a. Ndrh. (wie Mederik), **Babbenhausen** b. Oeynhausen (wie Abbenhausen i. O.), **Babenhausen** (Westf., Hessen, Schwaben).

Bacharach a. Rhein (urkdl. *Bacaraca)* wie Baccarat a. Meurthe/Vogesen verrät sich als Spur vorgermanischer Bevölkerung durch die Parallelen *Tincaraca* (Tincray oder Dinkirch/Mosel) - *Ankaraca* (Enkirch a. Mosel), *Sisaraca* und *Pisoraca* in Spanien, lauter Sinnverwandte auf kelto-ligur. Boden: Zu *tink* (noch schweizer. „feucht"), vgl. Tincontium, zu *ank* (idg. „Salbe, Schmiere") vgl. Anke-veen; Anciacum: Ancy; Ancamna, kelt. Gottheit b. Trier! auch *sis, pis* meinen „Sumpf, Morast". Zu *bac* „Sumpf" vgl. *Bacuntius,* Zufl. der Save, *Bacasis*/Spanien, *Baciacum*/ Frkr. Siehe auch unter Backnang!

Bachra a. d. Finne (einem modrig-feuchten Höhenzug südl. der Unstrut), ist wie die benachbarten ON. **Monra, Nebra, Steigra, Wippra, Badra, Kelbra** schon am undeutschen r-Suffix als prähistor.-vorgermanisch erkennbar, u. zwar als urspr. Bachname, vgl. die **Heldra** ebda. (Badera kehrt z. B. b. Toulouse wieder!). *bad, mon, neb, wip* usw. sind Synonyma für Sumpf, Moder u. dergl. Zu idg.-kelt. *bac* vgl. *Bacasis*/Spanien, *Baciacum* 852/Frkr., *Bacina* im Bachnamen *Bachinaha* 903 nahe der Enns/OÖ. (wie *Ancinaha:* die Ecknach, zum Inn, *ank „Moor"!),* und *Bacuntius,* Nbfl. der Save b. Sirmium. Dasselbe Sumpf- oder Moorwort steckt in **Backnang** usw., siehe dies!

Backleben siehe Backnang!

Backnang a. d. Murr gehört in eine Reihe mit Bettnang, Bottnang, Tettnang, Ausnang (Usen-wang), alles Bezeichnungen für sumpfige Wiesenhänge. Als Sumpf- oder Moorwort wird *back* bestätigt durch *Backe-moor* b. Leer/Friesland, **Bakkeveen** am Wase-meer/Holld, *Bakepuz:* Bacquepuis; *Baccancelda* 7. Jh./England nebst *Bakkebroc* 1225 ebda. So werden verständlich: **Backerde,** Moorort nahe der Hase, **Backum** b. Lingen/Ems, **Bakede** b. Hameln, Bakum b. Vechta, *Bac-lo* (Backelde?). Auch **Backleben** im Unstrutraum, entsprechend Gor-, Freck-, Hun-, Hem-, Mem-leben, lauter Sinnverwandte! Siehe auch Bachra!

Bade (Moorfluß, mit Badenstedt) siehe Badra! Aber **Badenborn**/Eifel hieß 1098 *Bardenbrunno!*

Bade(rs)leben siehe Badra!

Badra mit dem benachbarten **Kelbra** im Tal der Goldenen Aue/Thür., einer fruchtbaren, weil einst sumpfigen Niederung, verrät sich durch das r-Suffix als Spur vorgerm. Bevölkerung, bestätigt durch die Wiederkehr auf kelto-ligur. Boden, als *Badera* b. Toulouse a. Garonne! Dazu auf venet. Boden **Badrina** nö. Lpzg. und Badresch/Vorpommern. Zugrunde liegt ein Bachname *Badra,* analog zu *Gadra, Ladra, Wadra,* lauter Sinngleiche! Vgl. auch die **Heldra,** Trebra, Ebra, Netra, Sontra. Zur Wortbedeutung des idg. *bad* „Wasser bzw. Sumpf" vgl. lat. *baditis* „Seerose", irisch *bath* „See". Das Nebeneinander von *Badelike:* Belecke a. Möhne und *Schadelike:* Schalke b. Gelsenkirchen und *Badelar*/Holland wie *Ankelar* usw. bestätigt es; desgl. Baddington: Waddington (wad = Sumpf); Badbury: Cadbury; Badewelle, Badenhale, Badendene/England, Fluß *Badewe* (wie Belewe, Calewe) ebda. Ein Moorfluß **Bade** mit **Badenstedt** fließt zur Oste westl. Zeven. Auch die Harzer **Bode** hieß *Bade.* Zum Kollektiv *Bathedi* 9. Jh. (: Forstort Bade b. Höxter) vgl. *Stathede, Sulede* usw., zu Badelachen b. Vacha (786 *Badalacha):* Wer-lachen (sumpfig) bei Dieburg; zu **Badeleben**/Helmstedt: Dede-, Inge-, Gorleben, lauter Sinnverwandte; und *Baders*leben (1084 *Badesleva)* entspricht Gudes-: Gudersleben; Gates-: Gatersleben; Germes-: Germersleben, lauter Synonyma, mit sekundärem r, als ob Personennamen dahinter steckten! Ein *Badenach*-Gau lag in Ostfranken.

Bagband siehe Bägen!

Bägen (Hogen-) nö. Vechta i. O., in Moorgebieet, urkdl. *Baginni,* heute amtlich Hogen-Bögen geschr., enthält wie **Bögge** b. Hamm (um 1000 *Baggi)* ein prähistor. *bag* „Sumpf" (vgl. russisch *bagno),* dessen Wortsinn auch in *Bagslate, Bagshot, Bagworth* (wie Lapworth) in England deutlich zutage tritt, geminiert in *Baggemere, Baggeput, Baggeleg*/England (vgl. ndl. *bagger* „Schlick, Schlamm"). Dazu gehören auch *Bagband* b. Aurich (d. h. sumpf. Wiese), *Bagaloso* 714 b. Utrecht, *Bagarda* (Somme, wie Wermarda, werm „Sumpf"), Bagacum (kelt.): Bavay (Hauptort der belg. Nervier!), *Bagerna:* Bernes/Frkr., *Baga*/Spanien, *Bagantia:* die Baganza

(Zufluß der Parma, zum Po), der in Bayern die **Pegnitz** (912 Paginza) entspricht (analog zur Rednitz: urkdl. *Radantia,* zu *rad* „Moor"). Mit aller Deutlichkeit bezeugen es auch die sinnverwandten Flußnamen *Bagenna — Ravenna — Tavenna — Rasenna — Cremenna — Clarenna — Licenna* im ligur.-kelt. Ober-Italien und Südfrkr. Vgl. auch den Jupiter *Baginates* (als J. pluvialis: Revue celtique 4, 22).

Bahlum in der Weserniederung südl. Bremen entspricht Morsum im selben Raum: *bal, mors* meinen sumpfiges Wasser (siehe Balhorn!). Vgl. Balow (Bahlow) in Meckl.

Bahra, Zufluß der von der Süd-Rhön kommenden Streu, gehört wie diese zu den prähistor.-vorgerm. Namen des thür.-hess. Grenzraumes südl. Meiningen, wo auch die Gleichberge mit der Steinsburg, die Jüchse usw. an fremde Vorbevölkerung erinnern! Sie kehrt als Zufluß der Donau wieder: heute **Paar** (1141 *Baraha). bar* meint „Sumpfwasser" (wie *bara* im Slaw. noch bezeugt). An der B. liegen *Bahra* und *Barungen,* heute **Behrungen. Barnten** *(Barin-tune* 12. Jh.) a. Leine südl. Hannover entspricht Anderten ebda und a. Wölpe am Lichtenmoor (wie Anderton/E., zu andr „Sumpf, Moor"), tun = umzäunte Niederlassung. Dazu *Barinrieth* 1143 b. Ravensburg, *Barunwilare* 783 im Elsaß; *Barweiler/*Ahr; auch wohl der Landschaftsname die **Baar** in Württ. (bisher ungedeutet). Ein *Bar-bach* floß 816 am Prümer Wald; ein *Barus* zur Maas. Dazu ON. wie kelt. *Baromagus* „Sumpfwasserfeld"/Brit., *Bareuil, Bareste, Baroscus* (986) im ligur. Südfrkrch, *Baretium* in Apulien (wie Baletium in Kalabrien, bal = Sumpf!).

Baien, Baienbach, -furt, -holz a. d. Schussen b. Weingarten-Ravensburg bezieht sich auf die Lage im Ried: *bai (boi)* meint schwäb. „Riedgras", daher mehrere Bai-Wiesen („auf den Bayen", „in Baien"). Vgl. kelt. *boi* im N. der *Boii* (daher *Boiohem: Böhmen* und *Bayern)!* Auch im N. der *Boiates* in Südfrkr.

Baisingen b. Horb/Württ. siehe Beise!

Bakede, Bakum siehe Backnang!

Balborn siehe Balde!

Balde, ein prähistor. Bachname b. Laasphe a. Lahn (dem prähistor. *Las-apa,* d. i. „Sumpfwasser"), zum verklungenen Wasserwort *bald* gehörend, das sich zu idg. *bal* „Sumpf" verhält wie *sald* zu *sal,* desgl.; daher **Baldern** wie Saldern und **Baldingen** wie Saldingen! Vgl. auch: in *Baldan* 955 b. Lüttich, in *Baldenen* b. Duisburg, **Baldeney**-See b. Essen. In *Baldeborn* b. Meschede hat man im Banne Jacob Grimms eine Spur altgermanischer

Mythologie entdecken wollen, nämlich den Sonnengott *Baldr*. Der Name lautet aber auch anderwärts stets *Baldeborn:* so im Elsaß (jetzt **Balbronn**), in Württ. (jetzt **Balborn**), in Lux. *(Baldabrunno)*. **Baldenheim** b. Schlettstadt/Elsaß (schlat = Sumpf) entspricht den benachbarten Ohnen-, Elsen-, Grussen-, Hilsen-, Saasenheim, lauter Sinnverwandte für Wasser-, Moder-, Sumpforte. **Baldingen** in Baden u. Württ. stellt sich zu Mödingen, Schabringen, Röttingen, Elchingen, Wechingen, Bahlingen, Saldingen usw., *Baldenstat:* **Ballstedt** b. Gotha und **Ballenstedt** am Harz zu Döllstedt, Gierstedt, Klettstedt, Bruchstedt ebenda, alle auf Sumpf und Moor bezüglich. Ein **Baldfeld** liegt bei Gandersheim (vgl. das Bilefeld, das Odfeld usw.). *Baldes-leg* 1086, *Baldes-sol* 944, und *Marsh Baldon* in England bestätigen den Wortsinn „Morast, Sumpf".

Zur Erweiterung *bald-r* gehören *Balderi:* **Beller** Kr. Höxter, **Ballern** b. Merzig/Saar, **Baldern** b. Bopfingen/Württ., Balderen/Schweiz wie *Balderia*/Ob. Italien. Zu **Baldringen** b. Saarburg vgl. Schabringen, Bettringen, Nebringen usw.

Balgheim südl. Nördlingen entspricht Sorheim, Fleinheim, Glauheim ebda, lauter Sinnverwandte; auch *balg* ist ein uraltes Wasserwort, das auch außerdeutsch begegnet, so in Schottland mit dem Sumpfteich Linne **Balgaidh** u. gleichnamigem Fluß (analog zu Scoraidh, Lonaidh, Mucaidh!); ein *Balga* in Ostpr., ein **Balgau** im Elsaß, ein **Balgach** im Thurgau. Auch Balingen a. Eyach hieß urkdl. (867—1350) *Balginga*. **Balgstädt** a. d. Unstrut stellt sich zu Lauchstädt, Pettstädt, Buttstädt usw., alle auf Wasser und Sumpf bezüglich. Ein **Balg-See** liegt b. Bremen, ein **Balge b. Nienburg a.** Weser, eine Ebene **Balget** b. Brilon. Noch ndd. meint **balge** „feuchte Niederung"!

Balhorn (urkdl. *Balehorn)* westl. Kassel (auch mehrere Wüstungen in Hessen und Westfalen) verrät schon durch seine Häufung, daß ein Naturbegriff zugrunde liegt: es kann nur idg. *bal* (noch litauisch *bala)* „Sumpf" sein; die Sinnverwandten Ahlhorn, Druchhorn, Gethorn usw. bestätigen es (horn meint „Winkel"), aufs anschaulichste auch die Gleichung *Balehusen:* **Bahlsen** - *Alehusen:* Ahlsen - *Valehusen:* Vahlsen, desgl. *Balithi:* Belle wie *Halithi:* Helle - *Swalithi:* Schwelle! Dazu **Balenbach, -horst, siefen** in Westf. (siefen „sumpf. Bachstelle"), auch **Bahlum** östl. Syke, **Bahlen** u. **Balow** in Meckl. (vgl. Fam. N. **Bahlow)**.

Ein *Bale* lag 1322 b. Fulda; vgl. **Baal** in Holland; ein *Balefeld* b. Melle; ein Fluß **Bale** begegnet in England mit dem deutlichen *Balecumbe* „Sumpfkuhle oder -tümpel" analog zu *Cude-cumbe, Madecumbe, Love-cumbe, Bove-cumbe* usw., lauter Synonymen!

Auf ligurischem Boden sind beachtenswert die Flüsse *Balandre* und *Balisa:* **Baise**/Südfrkrch, der Sumpf *Balistra/*Korsika und *Balasco/*Nordspanien analog zu *Salasco, Marasco, Rosasco, Lodasco, Croviasco* (vgl. Cröv. a. Mosel), lauter Sinngleiche mit dem ligur. Suffix *-asc.* Dazu *Baletium* u. *Balavia/*Ardennen. Fl. *Balupe/*Lettld.

Balingen/a. Eyach/Württ. (867 *Balgingen)* — siehe unter Balgheim — entspricht den Sinnverwandten Hechingen, Mössingen, Dettingen, Wessingen, Mühringen ebda.

Balkum nw. Bramsche entspricht Ankum, Basum, Wachtum, Dutum, Dersum, Latum, Lutum usw., lauter Sinnverwandte für Wasser, Moor, Sumpf mit ndd.-fries. -um statt -heim. Auch im Provencalischen begegnet das idg. *balk* (balc) für „feucht": terra balca. Deutlich ist *Balken-slede* 13. Jh. b. Borgloh Kr. Iburg (slade = Sumpfstelle, Röhricht). Dazu auch **Balksen** b. Soest (d. i. Balkhusen), **Balken** b. Solingen, Balkburg a. d. Reest/Drente, **Balkhausen** b. Darmstadt.

Ballenstedt siehe **Balde! Ballern** siehe Balde!

Balsenz, z. Donau/OÖ., *Balsa/*Span.: *bal-s* (wie *al-s)* = Sumpf.

Balve a. d. Hönne i. W. meint „Sumpfwasser" *(bal-v),* vgl. *Balvara/*Gelderld (wie Halvara, Colvara).

Bambach siehe Böhme! **Bamlach** siehe Böhme!

Bamenohl siehe Babstadt! **Bammenthal** siehe Banfe!

Bampfen siehe Bempflingen!

Bandekow und **Bandenitz,** beide a. d. Sude (sud = Schmutzwasser!) südl. bzw. nördl. von Hagenow i. Meckl., und **Bandelow** am Ücker-Bruch/Uckermark (wo auch Werbelow, zu slaw. wrba „Weide"!) enthalten ein idg.-venetisches Wasserwort *band,* das schon bei Horaz in *Bandusia* (Quelle auf seinem Landgut in Apulien!) begegnet (vgl. Venusia/Lukanien, Pedusia, Tedusia, Andusia, lauter Sinnverwandte!). Variante zu *band* ist *bind.*

Banfe a. d. Banfe westl. Laasphe a. Lahn und **Benfe** (urkdl. *Banefe)* a. d. B. nahe der Eder-, Sieg- und Lahnquelle, mit dem Wörterbuch nicht deutbar, gehören zu den prähistorischen Bachnamen auf *-apa (-afa)* „Wasser, Bach", die vielfach (in germ. Zeit schon verklungene) Gewässertermini aus idg. Urzeit enthalten, hier *ban* (als Variante zu *ben,* siehe unter Benrath!) im Sinne von „Sumpf", vgl. die *Banisa:* Banise in Südfrkrch (wie die Anisa: Enz, zu an = „Sumpf") und *Banatia/*Brit. So verstehen wir *Banebach:* **Bambach**/Wetterau, *Banemaden:* **Bombaden**/Westerwald bzw. **Bammenthal** b. Hdlbg, auch **Bahnbrücken** im Kraichgau (wie *Banbrugge/*Flandern und **Bansleben** südl. Helmstedt (wie Hunesleben,

Gunsleben, Wansleben), lauter Sinnverwandte! Ein **Bann-See** (mit dem Rött-See, rott = Moder!) liegt am Steinhuder Meer.

Banteln a. d. Leine nö. Alfeld (wie Rinteln, Wesseln, Nutteln) beruht auf *Bant-lo: Bent-lo,* siehe Bentheim!

Barbach siehe Bahra!

Barblenbach, Zufluß der Fils (in Gingen/Württ.) meint „Schlammbach" (zu *barb* „Schlamm"), vgl. den Fisch „Barbe", auch Fluß *Barbanna* u. *Barbisca,* auch *Barbesola/Spanien.* Dazu **Barbelroth**/Pfalz, **Barbing**/Bay.

Bardenfleth nebst **Bardewisch,** Marschen-Moororte a. d. Unterelbe nö. Bremen (wie Elsfleth und Warfleth ebda) sowie *Bardamara* (nunc Salechem) a. 1036 in Flandern (analog zu *Benemara*/E.) liefern für *bard* den Begriff des Sumpfigen, Morastigen (vgl. auch pyrenäisch *bardo* „Schlamm", wallonisch *berdouie),* mit den Varianten *bord, burd. Bardelaghe*/Holstein, **Bardelo(h)** b. Hemer/Iserlohn wie Dudeloh ebda (dude = Sumpfgras) und *Bardeslo* 1491 i. W. wie *Odeslo* neben Odelo bestätigen den Wortsinn. Und so entspricht **Bardesche** i. W. den Synonymen Heldesche, Liedesche, Mepesche, Schildesche!

Bardenbach (schon 867) begegnet b. Aachen (nebst Bardenberg) u. b. Wadern/Saar (wad = Sumpf), *Bardenbike:* **Barmke** b. Helmstedt, *Bardenbrunno* 1098: heute Badenborn b. Bitburg/Eifel; ein *Bardestat* lag im 8. Jh. b. Straßburg. Baardwijk/Brabant entspricht Bardowick a. d. Ilmenau/Elbe im alten Bardengau. In England deuten *Barde, Bardwell, Bardley, Bardney* 890 *Beardan-ea* (wie Sidney, Godney usw.) auf denselben Sinn, auch *Berdewelle, Berdewurth.* Siehe auch unter Bordesholm und Burdenbach!

Bardesche siehe Bardenfleth!

Barel i. O. entspricht **Varel** i. O. (Moorort am Jadebusen): *ber* wie *ver (vor)* sind verklungene Bezeichnungen für Sumpf, Moor, Morast. Urkdl. hießen die Orte *Ber-lo, Ver-lo* (bzw. *Vor-la),* mit der Erläuterung *lo* „Sumpfstelle"! Ebenso **Barle** b. Ahaus und **Barlo** b. Bocholt. Der Wandel *er : ar* ist ndd.

Bärenbruch, Quellsumpf der Innerste im Harz (am Brocken), urspr. *Bernbrok,* eine öfter wiederkehrende Bezeichnung für sumpfige Stellen, verrät schon durch seine Häufigkeit, daß ein Naturwort zugrunde liegt: *ber* ist uralte Bezeichnung für Sumpf, Morast (siehe unter **Berne!).** Ein Bärbroich b. Bergisch-Gladbach. Ein großes *Barnbruch* a. d. Aller (zw. Gifhorn und Wolfsburg). Auch *Berendonk* b. Kevelaer bestätigt den Wortsinn (donk meint Sumpfhügel!), ebenso *Berendrecht*/Holld usw.

Bargen am Randen (Schaffhausen) und im Kraichgau erinnert an die ligur. *Bargusii,* die sich nach einem Gewässer nannten (vgl. *Andusia, Bandusia, Venusia,* alles Ableitungen von Wasser- und Sumpfwörtern, so daß auch *barg* nichts anderes meinen kann; vgl. ligur. *berg, birg, burg.).* Zu *bar-g* vgl. auch ligur. *ar-g, lar-g!* Ein **Bargau** b. Schwäb. Gmünd.

Barleben b. Magdeburg hieß *Bardeleben;* zu *bard* siehe Bardenfleth!

Barlo, Barle siehe Barel!

Barmbeck b. Hamburg hieß *Bernebeck,* d. i. „sumpfiger Bachlauf"; siehe Bärenbruch.

Barmen (urspr. Berme) ist alter Gewässername (zu *ber-m* „Morast, Schlamm"). Vgl. die *Barme* (heute Baarbach) b. Iserlohn. Ein **Barme** (urkdl. **Berme)** b. Verden u. b. Jülich. Ein *Bermetvelde* 1280 i. W. **Barmke** nö. Helmstedt ist urkdl. Bardenbek, siehe Bardenfleth!

Barnten a. Leine *(Barintune* 12. J.) siehe Bahra!

Barwedel ö. Gifhorn hieß 888 *Beri-widi,* d. i. „sumpf. Gehölz" (genau wie Marwedel *(Meriwidi)* und Harwedel *(Heriwidi)!* Vgl. unter Berne und Bärenbruch!

Barweiler/Ahr siehe Bahra!

Basmoor: Mit dem **Basmoor** im sumpfigen Vie-land an der Unterweser *(vie* meint Sumpf!) und dem Pfuhl *Basa pol* b. St. Goar a. Rhein (vgl. **Basepohl** in Meckl.!) ist für *bas* (dem Wörterbuch unbekannt!) der Wortsinn „Sumpf, Moor" gesichert; auch das **Basenried** in Schwaben, **Basford, Basmere,** Baseby in the **Marsh**/England lassen an Deutlichkeit nichts zu wünschen übrig. Dazu **Basbeck** im Kehdinger Marschland, das **Basi** in der Schweiz (nebst Basel). **Basum** b. Ankum entspricht Baasem/ Eifel. Ein *Bas-Berg* (u. Düt-Berg) b. Hameln.

Auf kelto-ligur. Boden begegnen *Basa* in Spanien, *silva Basiu* und Sumpfort *Basna:* Baisne (wie Asna: Aisne) in Frkrch, *Basiacum:* Basieux (wie *Lasiacum:* Leysieu, las „Sumpf"!) in Belgien, *Basiasco* in Ligurien, *Basiago* u. Fluß *Basentus* bzw. Busento in Italien.

In der Eifel haben wir **Baasem** (867 *Basanheim)* b. Bitburg analog zu *Masenheim* b. Worms (vgl. auch **Baselt** b. Prüm, in Westfalen: *Basinseli:* **Bösensell** b. Münster entsprechend Boden-sele: Böddensell ö. Helmstedt, Ripan-seli 890: Riepensell im feuchten Dreingau und Masensele in Brabant (denn *bod, rip, mas, bas* sind sinnverwandt).

Ein *Basenbach:* **Bosenbach** fließt am Bosenberg b. St. Wendel/Saar (wo man grundverkehrt einen Pers.-Namen sucht, so E. Christmann; Berge wurden nach ihren Gewässern benannt, vgl. den Britzenberg mit der Britznach, den Rattberg am Rattbach!). Dazu *Basanbrunn*/Bayern wie

Basebrun/England; aber auch (mit *-ing* erweitert): *Basinc-heim:* **Besigheim**/Württ. wie *Basingham, -burn, -ford* in E. und *Basing-sele* in Fldrn Sumpfiger Lage verdankt auch *Basinesheim:* **Bensheim** b. Lorsch ö. Worms (urkdl. *Basinesheim!)* seinen Namen, wie der dortige Sumpfwald saltus *in palude* iuxta B. um 850 beweist! Zum Fugen-s, das einen Pers Namen im Genitiv vortäuscht, vgl. *Isenesheim:* Eisesheim am Fluß *Isana*/Bayern sowie *Ulvenes-:* Ilvesheim und Bach *Ulvena*/Hdlbg.

Eine Erweiterung *basc* liegt vor in *Basciacum* 860 (: Baissey/Marne), analog zu *Asciacum* (: Essey/Marne); vgl. dazu Basket(-Ball) = Korb (aus Schilfrohr!). Siehe auch *bes-k* unter Besse!

Daß auch *bast* nichts anderes meinen kann, liegt auf der Hand: Eine **Bastau** (mit Bastorp) fließt b. Minden; ein *Basthusen* lag b. Soest, *Bastwiler* b. Geilenkirchen; ein **Bastheim** liegt am Elsbach/Südrhön. Vgl. *Bastonia*/Lux., die *Bastuli* und *Bastetani* (ON. Basti) in Spanien und die aus der germ. Geschichte bekannten *Bastarni!*

Bassenheim w. Koblenz (vgl. Massenheim!) siehe Basmoor!

Bastau, Bastheim siehe Basmoor!

Batten in der Rhön verhält sich zu **Ratten** am Rattbach (!) wie Motten zu Schotten; denn *bat* ist sinnverwandt mit *rat,* wie *mot* mit *scot; bat* (wie *bad)* „Sumpfwasser" (= pool: Smith I, 17, 1956) ergibt sich einwandfrei auch aus dreimaligem *Bate-cumbe*/England analog zu *Bove-, Love-Bride-, Wete-, Made-, Cude-cumbe,* lauter modrig-sumpfigen Kuhlen oder Tümpeln! Desgl. aus *Bate-pool, Bate-mere, Bate-ley, Batenhale*/England. Und so sind die einstigen *Bataver* keine „besseren" Leute, wie man seit Jacob Grimm glaubte (zu got. *batiza* „besser"), sondern Bewohner der sumpfigen Insellandschaft an den Rheinmündungen: der *Batavia,* heute **Betuwe.** Vgl. die *Batini* in Böhmen wie die Sudini, — auch sud meint „Morast, Schmutz". Ein Fluß *Bathinus* in Pannonien, dazu *Batinum* (wie Antinum), *Batum* in Italien. **Bathey** b. Hagen/Ruhr entspricht Saley, Salvey, Postey, Elsey, lauter moorige, sumpfige Wasser. Deutlich ist **Bat(t)enbrock** b. Bottrop u. Stade; dazu der **Batenbach,** Oberlauf der Hörsel/Eisenach (vgl. die synonymen Betten-, Bottenbäche!); **Battenfeld**, -horn, horst i. Westf., **Battenberg**/Eder, Battenhausen/Eder, Höxter u. ö. (wie Bettenhausen!).

Batzenhofen a. d. Schmutter (!) b. Augsburg entspricht Motzenhofen ebd. denn *bat (batz,* bairisch batzig) meint wie *mot (motz)* „Sumpf, Moor" Vgl. auch Batzendorf westl. Hagenau/Elsaß (wie Etten-, Dauendorf ebd.) und den Batzenberg b. Freiburg.

Bauerbach siehe Burbach!

Baufnang siehe Böblingen! **Baumbach** siehe Böhme!

Baune a. d. Baune (urkdl. *Bune)*, Zufluß der Fulda, und **Baunach** a. d. Baunach, Zufluß des Mains (urkdl. *Bunaha)*, die noch Edw. Schröder für undeutbar hielt, weil sie der vorgerm. Zeit angehören, werden verständlich durch Vergleich mit der *Hune:* **Haun** und der *Rune:* **Raun** nebst der *Lune* und *Mune*, die alle auf Sumpf und Moder Bezug nehmen; auch die *Bun-slade* 1438 in E. (slade = Röhricht!) bestätigt es. In Oberitalien entspricht die *Bunia:* Bogne, in Irland der *Bunlin River;* im Harz (die) *Bune:* **Bühne** (ON.), auch b. Warburg, wie die Brühne im Harz, die Lühne und die Rühne. Dazu *Bunebach* 1196 b. Fritzlar, *Bunlar* (: Buldern) in Westf. u. Fldrn wie *Hunlar*/Wetterau, **Bünthe** i. W. wie Rünthe (mit Dentalsuffix) und **Bünde** nö. Herford (urkdl. *Bunithi).* Zu Bun-: Baunscheid/Rhld vgl. Hun-: Haunscheid. Ein *Bunasos* in Illyrien (vgl. Vidasus, illyr. Gottheit; Kaukasus usw.). Der *Buhn* a. Weser/Höxter!

Bauschlott nö. Pforzheim (urkdl. *Bu-slat!)* und **Baustert** b. Bitburg (urkdl. *Bu-stat)*, auch **Baustetten** (978 *Bu-stedi)* b. Laupheim/Württ., enthalten wurzelhaftes *bu* für *bun* „Sumpf" analog zu *hu: hun - lu: lun!* Der Zusatz *slat* „Röhricht" bestätigt es. Baustetten entspricht daher Heuch-, Mön-, Haun-, Lot-, San: Söhnstetten, lauter Sinnverwandte! Zu *Bustede* vgl. *Hustede! Zu Bustat: Lustat!* Ein **Bubächle** fließt zur Fils in Württ.

Baustert siehe Bauschlott!

Baustetten siehe Bauschlott!

Bavenstedt b. Hildesheim kann, da die Namen auf -stede durchweg Ableitungen von Wasserbegriffen sind (wie Bliden-, Bucken-, Anken-, Fabben-, Duden-, Holen-, Malen-, Paden-, Wessenstedt), nur zum idg. *bab, bav* „Schleim" (mlat.-rom. *bava,* frz. bave) gehören. So auch **Bavenhausen** bei Lemgo, wo auch Potten- und Waddenhausen (zu pot, wad „Sumpf"!), und das Simplex **Baven** a. d. Örtze, nö. Celle. Ein **Bavendorf** ö. Lüneburg. Siehe auch unter Babstadt! Zu *bab, bav* vgl. *ab, av.* Ein **Baflo** nö. Groningen.

Bebber am Deister siehe Bettwar!

Bebra siehe Biebern!

Bechen im Bergischen (vgl. Brechen, Drechen, Frechen) beruht auf prähistor. *Bakina: Bekene* „Sumpfwasser" (vgl. die *Bekena* 1036 z. Moorbach Wümme!).

Bechingen, sumpfig a. d. Donau, auch am Donau-Moos! Württ. entspricht Mörsingen (ebd.), Fechingen, Hechingen, Wechingen, Wachingen, Mödingen, Finningen, alle auf Wasser, Moder, Moor bezüglich.

Bechstedt südl. Erfurt entspricht Butt-, Eck-, Hettstedt usw.

Bechtheim nö. Worms ist sinnverwandt mit Rohrheim, Gundheim, Horchheim im selben Raum, alles Orte an sumpfig-schmutzigen Gewässern der Rhein-Ebene.

Beckum, mehrfach in Westfalen, meint Bek-heim, „Dorf am Bache", vgl. Ankum, Dutum, Latum, Lutum usw.

Bedburg siehe Bettwar!

Beddingen b. Salzgitter (dem prähistor. Getere, zu get „Morast, Schmutz") entspricht Weddingen b. Goslar (an der Wedde, wed = Sumpfwasser). Zu *bed* siehe Bettwar! Vgl. auch **Bedum** nö. Groningen.

Bedra b. Mücheln/Merseburg (much „Moder") entspricht Badra, Nebra, Heldra usw. Zu *bed* siehe Bettwar.

Beelen i. Westf. siehe **Belm!**

Beer, Beerlage siehe Berne!

Bega siehe Bickenbach! **Beegden** a. Maas siehe Bickenbach!

Behre, Harzflüßchen b. Ilfeld, siehe Berne!

Behrste b. Bremervörde ist verschliffen aus *Ber-stede* wie Deinste, Helmste, Wohnste ebenda aus *Den-, Helm-, Wodene-stede,* alle auf Wasser und Moor bezüglich! Zu *ber* siehe unter Berne!

Behrungen a. d. Bahra südl. Meiningen siehe **Bahra!**

Beidweiler siehe Biedenbach!

Beiertheim b. Karlsruhe im Wiesengrund der Alb, in der einst sumpfigen Rhein-Ebene, ist entstellt aus *Burtan* (vorgerm.) wie Neugartheim/Elsaß aus vorgerm. *Nugerte.* Zum Wasserwort *burt: Burtenbach, Burtscheid!*

Beihingen (Nagold und Neckar) entspricht Weihingen, Vaihingen; s. dies!

Beilngries a. d. Altmühl (der vorgerm. *Alcmona),* wo die Sulz („Schmutzbach") mündet, urkdl. *Bilin-gries* a. 1007, dürfte *bil* „Sumpf" enthalten.

Beilstein, Bielstein siehe Bille!

Beinheim a. Rhein westl. Rastatt, urkdl. *Beinenheim,* entspricht den benachbarten Sinnverwandten Roppenheim, Sesenheim usw. Ein Fluß *Beina* in Brit.

Beinhorn, Moorort nö. Lehrte/Hannover, urspr. *Ben-horn,* meint „Sumpfwinkel", wie Balhorn, Alhorn, Muckhorn usw. Zu *ben* siehe Benrath! Ein **Beinum** *(Ben-heim)* liegt bei Salzgitter.

Beise, Nbfl. der Fulda südl. Melsungen, mit **Beisheim** und **Beiseförth** (vgl. das benachbarte Binsförth) enthält ein vorgerm. Wort für „Sumpfwasser" (vgl. lit. *bais* „Schmutz" und Baisingen b. Horb/Württ.). In der Nähe liegt auch Morschen (zu mors „Sumpf").

Belchen, bewaldeter Berg in den Vogesen, enthält wie alle uralten Bergnamen eine Gewässerbezeichnung, vgl. *Belcha*/Belgien und die *Belca:*

Beauche/Frkr. *belc* ist = *bel* „Sumpf". Zur Bestätigung vgl. das ablautende **Bolchen** (Lothr. u. Saar), auch Belcke a. d. Bolkam. Ebenso der **Malchen** (auch Ort b. Darmstadt), zu *malc* „Moder, Sumpf", vgl. den **Melchen** am Moor w. Dülmen. Ein Belchen auch in Baden: mit dem **Belchenbach** (zur Wiese)!

Beldengraben/Württ. enthält wie das **Beldech** am Rhein ein verklungenes *beld* „Sumpf" (vgl. das Beldach „Weidicht"/Württ. u. *Beldwas*/Engld). Ein **Belder**-bach fließt b. Lingen. Siehe auch Bald-!

Belecke a. d. Möhne/Westf., urkdl. *Badelike,* siehe Badra!

Belgenbach entspricht dem vorgerm.-kelt. Bachnamen *Belg(is),* z. B. in der Eifel (heute Kyll), wie der Argenbach der Arga, der Morgenbach der Murga, der Mundenbach der Munda, der Urdenbach der Urda. Ein **Belgetbächle** fließt in Baden (zur Wolfach/Kinzig). Dazu **Belg** b. Bullay/Koblenz und **Belgweiler** im Hunsrück (wie Boll-, Kor-, Lock-, Schleidweiler, lauter Sinnverwandte). *Belg* ist Variante zu *balg, bilg, bulg.* Es begegnet auch im Namen der keltischen **Belgii** (Cäsar, Bellum Gallicum) und im ON. *Belgeda*/Spanien, analog zu Aveda (Fluß in Frkr.: Avèze), Coveda/Mosel usw. Zur Form vgl. das synonyme keltische *selg* in *Selgiacum, Selgovae* (Volk in Irland), *Selgum* castrum (heute Seligenstadt a. Main!).

Belcke a. d. Bolkam siehe Belm!

Belle ö. Detmold hieß urkdl. *Balithi, Bellethe,* analog zu Halithi: Hellethe: Helle und Swalithi: Swellethe: Schwelle, alles Kollektivbildungen auf -ithi, -ede von Wörtern für sumpfiges Wasser. Zu *bal* siehe auch unter **Balhorn!**

Beller Kr. Höxter, urkdl. *Balderi,* siehe **Balde!** Vgl. den Belderbach bei Lingen!

Belleben südöstl. Aschersleben beruht auf *Beneleben* wie Holleben s. Halle auf *Hunleben; ben* wie *hun* meinen Moder, Sumpf, Moor.

Belm b. Osnabrück, verschliffen aus *Beleheim,* entspricht **Selm** *(Seleheim)* a. d. Funne südl. Münster, wo *sel* „Sumpf" meint (vgl. griech. ἕλος). So auch *bel* (verklungen und dem Wörterbuch unbekannt!), als Variante zu *bil* (noch russ. = Sumpf!); daher **Bilm** b. Hannover und **Bilme** *(Bileheim)* b. Werl i. W. wie *Sileheim;* aber auch *Bulihem:* Bühlheim i. W., denn auch *bul* ist Synonym! Vgl. auch *bal* und *bol!* Zu *Beleheim* vgl. **Belum** a. d. Oste (Moor!) und Belheim im Dachauer Moos (!). *Belehorst:* **Bölhorst** b. Minden stellt sich zu *Selehorst:* Seelhorst b. Hannover, d. i. „sumpfiges Gehölz" wie *Beleholt* 1147 b. Wiedenbrück, und *Bele-scheid* (b. Prüm, Düsseld., Hessen) zu *Sele-scheid.* Eine *Bel(en)beke* steckt in

Belmicke westl. Olpe analog zur Del-, Hel-, Selmecke, lauter Sinnverwandte! Vgl. auch die *Bulmecke:* Bülmke. Deutlich ist *Belebrunno* fons. In England entsprechen *Beleford, Belestede, Bele-was* (was = Sumpf, als Erläuterung!). **Beelen** am Beilbach westl. Gütersloh kehrt im Moorgau Drente als **Beilen** (1139 *Bele*) wieder, in Belgien als marais (d. i. Sumpf) de *Beele (Bela),* ein eindeutiges topographisches Zeugnis.

Auf ligur.-kelt. Gebiet bezeugen das Wort: der See *Belesta* mit *Beliac:* Belley a. Rhone, die *Belaci* in Ligurien und die *Beletani* um *Belia* in Spanien, entsprechend den *Cosetani, Edetani, Lusitani,* lauter Ableitungen von Sumpfwörtern!

Belna 1352: Böllen am Böllenbach in Baden (einst Bachname) verrät sich als vorgerm. durch die *Belna:* **Beaune** in Frkr. (und England). Vgl. auch *Belca:* la Beauche und *Belica: Belcke* a. d. Bolkam. Ebenso *Belsa:* la **Beauce,** sumpfige Landschaft südl. Paris nebst Belsinum/Spanien. Dazu **Belsen** b. Tübingen u. ä.

Belsen, Belsenbrunn, Belsenberg in Württ. enthalten dasselbe Sumpfwort *bels* wie *Belsinum/*Spanien und *Belsa:* la Beauce, eine ehemals sumpfreiche Landschaft südl. Paris. *Bels* verhält sich zu *bel* „Sumpf" wie *bals* zu *bal* „Sumpf" u. *als* zu *al,* desgl. Dem Wörterbuch ist es unbekannt! *Bel* siehe Belm!

Bempflingen südl. Stuttgart kann wie die benachbarten Reutlingen, Tenzlingen, Bettlingen, Böblingen, Möttlingen nur ein Wasserwort enthalten: es findet sich im Bachnamen **Bampfen,** Zufluß des Schussen (z. Bodensee), und deutet topographisch auf den Wortsinn Moor oder Sumpf. Zur Form vgl. das sinnverwandte **Wimpfen** (aus Wimpina) am Neckar.

Bendelbach, Zufluß des Neckars b. Epfendorf nö. Rottweil, mit der Bendelhalde, enthält ein uraltes Wasserwort *band, bend, bind,* wie das *Bendel-, Bindelmeer/*Holland. Vgl. den illyr. Flußgott *Bindus* u. d. Quelle *Bandusia* auf Horazens Landgut in Apulien. Ein **Bendeleben** (nebst Rottleben, rott „Faulwasser"!) liegt a. d. Wipper/Nordthür.

Bennefeld nö. Fallingbostel, **Bennhausen**/Pfalz, **Benningen**/Württ. **(2 mal),** Bennungen a. d. Helme (wo auch Leinungen, Morungen, Wechsungen, Schiedungen, lauter Sinnverwandte!) und **Bennstedt** w. Halle (wo auch Fienstedt, Höhnstedt u. ä.) sind alles Moororte (zu *benn* „Torfmoor").

Bennungen siehe Bennefeld!

Benrath a. Rhein (Düsseldorf-Süd), mit dem Wörterbuch nicht deutbar, klärt sich im Rahmen der vielen zugehörigen rheinischen Namen auf *-rath* (d. i. -rode „Rodung"), die durchweg Gewässertermini enthalten wie Mödrath, Rösrath, Jackerath, Randerath, Süggerath, Hatterath, Gillrath,

Boverath, Granterath. Auch **Benscheid, Benfeld, Benhausen** und das Kollektiv *Benethe:* **Benthe** am Deister gehören dazu. Daß *ben* idg. Ursprungs ist, lehren die Flüsse *Benawa* (Nbfl. der Weichsel) und *Bene:* **Bean**/Brit. analog zu *Tene:* Tean und *Dene:* Dean, wo *ten, den* gleichfalls prähistor. Wörter für „Feuchtigkeit, Moder, Moor" sind. Komposita wie *Bene-combe, -mara, -fleet, -well, -hale* in England beweisen denn auch, daß *ben* ein verklungenes Synonym für Sumpf- oder Moorwasser ist, von „Bohnen" (engl. bean) also keine Rede sein kann (wie die Anglisten bisher glaubten, so Ekwall, Smith, v. Lindheim), zumal Bohnen nicht in Gruben (combe) oder gar im Wasser (mar, fleet usw.) wachsen! Auch *Benes-eie* verglichen mit *Liches-eie* „Sumpfaue" bestätigt es, ebenso *Benintone:* Bennington analog zu *Wasentune:* Washington (was „Sumpf") u. v. a.! In Belgien (Brabant) auch *Benemala* verglichen mit *Dutmala, Wisemala, Litmala, Rosmala, Halmala, Wanemala,* lauter Ableitungen von Sumpfgewässern! Dazu die ligur. Namen *Benasca* (wie Pantasca, Langasca, Cerviasca, Croviasco, Marasco) und *Beneium* (wie Duteium, Caleium, Wapeium), alles Sinnverwandte! *Lacus Benacus* hieß der Gardasee. Zu *Benestede*/E. vgl. *Benestat:* **Bönstadt**/Wetterau (wie Mockstadt, Ockstadt ebda, lauter Synonyma). *Beneleba* ist heutiges Billeben! Eine Ableitung von *ben* ist *bent* „Moor, Riedgras", siehe **Bentheim, Bentreff!**

Bensheim siehe Basmoor!

Bentheim im Moorgebiet der Vechte (Mittel-Ems), **Bentlage** i. W., Bentley in England, **Benteler** nö. Lippstadt, **Bentwisch** usw. enthalten alle das Moorwort *bent* (vgl. auch *ben!),* deutlich auch im Torfmoor **Bente in** Lippe. Es steckt auch in der **Bentreff** (Nbfl. der Wohra/Hessen), urspr. *Bentrafa,* analog zur Antreff und zur Notreff (gleichfalls zur Wohra), siehe unter Antreff! Ein *Bent-Berg* (u. Sülte-Berg) nö. Höxter.

Bentreff, Zufluß der Wohra/Hessen, siehe Antreff!

Benzenbach, Name zweier Bäche in Württ. (zur Brettach u. zur Fischach/Kocher) meint wie die **Benzach** (z. Sulzbach/Körsch) mit der Benzwiese laut urkdl. Form (1379 *Binsach!)* einen mit Binsen bewachsenen Bach! Ein **Benzgraben** fließt zur Schwippe (Würm/Nagold). So werden verständlich auch Benzenzimmern b. Bopfingen, **Benzingen**/Schwäb. Alb und **Benzweiler** im Hunsrück. Vgl. auch Binzenbach, Binzwangen/Württ. u. Bintzensachsen/Hessen, Benzenzimmern am Ries.

Beppen siehe **Bippen!**

Berdel i. W. siehe Berne! **Berdum,** *Berdine* (berd, bird „Kot") s. Bard-!

Berenbach, Berenbrock siehe Berne! **Berfa** (Schwalm) siehe Berne!

Bergede b. Soest siehe Birgden!

Berka a. d. Werra Kr. Eisenach (auch Kr. Northeim), urkdl. *Berkaha,* also ursprünglich Bachname, wird gewöhnlich als „Birkenwasser“ gedeutet, ohne Erklärung des seltsamen *e*! Die „Birke“ hat im Ahd. wie im Mhd. vielmehr *i*! Wie auch der Flußname **Berkel** in Gelderland lehrt, liegt in **Berka** ein Wasserwort *berk* zugrunde, und **Berkley**/England (nebst Berchewelle) bestätigt es analog zu Shirley, Bentley, Quedley, lauter Sinnverwandte auf -leg „nasse Wiese“. Dazu **Berken** a. d. Jagst, wie Borken (Westf. u. Hessen), **Berkum** b. Peine wie Ankum, Dutum, Lutum, Marum, alles Wasser- und Sumpforte! Auch **Berkel** (Berk-lo) in der Moorgegend von Sulingen (sul „Suhle“) ö. Vechta.

Berlar ö. Meschede u. **Berl** b. Telgte siehe Berne!

Berleburg am **Berlebach** (Rothaar-Gebirge) und **Berlebeck** an der Berlebeck südl. Detmold enthalten ein verklungenes, prähistor. Wasserwort *berl,* eine Erweiterung zu *ber* „Morast, Schlamm“ (wie Lerlebach b. Weinheim: ler-l und Merlebach: mer-l, Körlebach: kur-l, lauter Synonyma!). Eine Quelle *Berlebrun* fons *begegnet* 1169 bei Wittlich a. Mosel, ein *Berlehare* 1353 b. Bentheim. Das keltoligurische *Berleta* bestätigt den Wortsinn analog zu *Bormeta:* Worms, denn *borm* meint Sumpf, Morast eines Quellbezirks, und deutet zugleich auf vorgerm. Herkunft! Dazu auch **Birlenbach** b. Siegen u. Diez in prähistor.-LaTène-zeitl. Gegend!

Berme siehe **Barme!**

Bermbeck siehe Berne!

Berne a. d. Berne, im Stedinger Marschland westl. Bremen, und die **Berne** als Zufluß der Emscher enthalten ein verklungenes prähistor. Wort *ber* für „Schlamm, Morast“ (noch erhalten in holld. *beer!),* erweitert mit n-Formans, wie auch in ligur. *Bernasca!* Dazu die prähistor. *Bern-afa:* heute **Berfa** a. d. B. bei Alsfeld/Schwalm und die **Perf** b. Laasphe a. Lahn; desgl. *Bernebeke:* **Bermbeck** b. Herford wie **Barmbeck** b. Hbg, **Bernbach** im Schwarzwald, (mehrere Bern-: Bärenbäche z. Neckar, Bühler, Rems), auch **Bermbach**/Thür., Bernbronn in Baden, *Bernewide* „Modergehölz“ b. Vechta, **Bernte** (1353 *Berniti)* Kr. Lingen/Ems, *Bernstrut* (Wiesen) in Hessen; dort auch *Berinscote* (wie Bernescote in Flandern) „Sumpfwinkel“! (heute zu Bärenschießen entstellt!). So wird verständlich das **Bärenbruch,** Quellsumpf der Innerste im Harz (urspr. *Berenbrok,* mehrfach begegnend!), vgl. das **Barnbruch** ö. Gifhorn a. Aller! Auch *Berendrecht*/Holld, *Berendonk* b. Kevelaer (donk = Hügel im sumpf. Gelände!) wie Corsendonk (cors „Sumpf“). Die *Bernisse/Holld* entspricht *Vornesse, Scornece.* In E. vgl. *Berneca, Bernleg.*

Für das Grundwort *ber* ergibt sich der Sinn auch aus Gleichungen wie *Beriwidi* 888: **Barwedel** b. Gifhorn — Meriwidi: Marwede(l) b. Celle — *Heriwidi:* Harwedel a. d. Oker, lauter Sinnverwandte für „sumpfiges Gehölz"! Oder *Ber-seten* wie Mor-seten; **Berscheid**/Eifel wie Herscheid/ Lenne; **Berstadt** im Taunus wie Mockstadt, Ockstadt ebda.; *Ber-lage* wie Herlage i. W.; *Ber-lar* ö. Meschede u. Fldrn wie Dorlar, Verlar; *Ber-lo:* **Berl** u. **Berdel** b. Telgte; Be(e)rhorn b. Bielefeld; **Berwick** mit der Wiese „de **Beer**" b. Soest; die **Behre** (1190 *Bera)* b. Ilfeld/Harz u. in Württ., der *Berbach*/Thür., die *Bermicke* mit Berstede b. Brilon, die *Barmicke* z. Lenne; **Barmke** b. Helmstedt; *Barehorst* 1588 in Ihorst Kr. Vechta.

Berscheid siehe Berne!

Berschweiler (Saarpfalz u. Nahe) siehe Bersenbrück! Vgl. Ferschweiler, Merschweiler!

Bersenbrück a. d. Hase setzt wie Quakenbrück und Osnabrück ebda einen Bachnamen voraus. Gleiches gilt für **Bersede** nö. Meppen a. Ems analog zu Elvede, Eschede, Borsede, Bleckede, Dunede, lauter Sinnverwandte! Eine *Bersa* (heute **Birs,** mit der **Birsig**) fließt b. Basel zum Rhein, eine *Bersula* zum Po, was auf keltoligur. Herkunft deutet. Vgl. auch **Berßel** a. d. Ilse nördl. vom Harz. *Bers* verhält sich zu *ber* „Schlamm, Morast" wie *ners* (vgl. *Nersa:* die Niers/Rh.) zu *ner* und *ders (Dersa)* zu *der,* lauter Synonyma.

Das Irrlicht des Wörterbuchs freilich gaukelt ein idg. bheres „eilen" vor (daher H. Krahe irrig: „die Eilende", im Widerspruch zum Realbefund!). Die **Beerze** in Brabant ist eine *Berese* (ber „Modder" + s-Suffix wie die Hunse ebda eine Hunese, zu hun „Moder")!

Berstadt siehe Berne!

Bertrich a.d.Üß/Mosel, wo eine keltische Quellgöttin *Vercana* verehrt wurde, führt auf kelt. *Bertriacum* zurück wie Wintrich/Mosel auf *Vintriacum,* und **Altrich**/Mosel (a. d. Römerstraße) auf *Altriacum* (= Autrey/Frkr.!), lauter Ableitungen von Gewässernamen! So kann auch *bert* nur erweitertes *ber* darstellen (vgl. ebenso *bers, berl, bern!).* **Berterath** b. Malmedy entspricht denn auch Boverath, Greimerath, Möderath, lauter Sinnverwandte! Dazu auch **Birten** b. Mörs: um 600 *Bertunum* sowie *Berten, Bertesflet* in Flandern.

Berwangen (Baden, 2mal) entspricht Binzwangen, Daßwangen usw.; denn *ber* ist altes Sumpfwort. Siehe Berne! Ebenso **Berweiler**/Lothr. wie Merschweiler.

Besigheim siehe Bietigheim u. Basmoor!

Besch a. Mosel siehe Besse!

Besse südl. Kassel, im Mündungsgebiet der Eder (zur Fulda), gehört wie die Nachbarorte **Baune, Ritte, Deute, Dissen,** die gleichfalls aus deutschem Wortgut nicht deutbar sind, zu den höchst altertümlichen Zeugen vorgermanischer Bevölkerung im Ederraum. **Besse** in der Auvergne/Südfrkrch bestätigt es! Desgl. die thrakischen *Bessi!* Daß ein Gewässerwort vorliegt, lehrt die *Bessage* 1513 in Lippe, mit dem vorgerm. Suffix -ag wie die *Russagie:* Riß in Württ. und die *Pantagies*/Sizilien (wo *rus, pant* „Sumpf" meinen); daß auch *bes(s)* ein Sumpfwort ist, verrät auch die Parallele Besse (1122 *Bessehe!)* — Fenne *(Vennehe)* im selben Raum, denn *venn* meint „Moor"!

Dazu **Besseford**/England, Besson/Schweiz, Bessoncourt b. Belfort, **Bessenbach** b. Aschaffenburg, **Bessenich** b. Euskirchen (vgl. Lessenich und die Lesse, zu *les* „Sumpfwasser"!), *Besslich* b. Trier, *Besch* a. d. Mosel: 893 *Bessiaco;* **Bessingen** b. Lich/Wetterau, *Bessungen* bei Darmstadt, während Bessingen/Lothr. urkdl. 699 *Bisanga* hieß. Zur Variante *bis* vgl. **Bissingen** am Neckar, Bislingen/Malmedy (690 *Bisancum!* mit ligur. Suffix!), Bislich b. Wesel, **Bissen** b. Mersch (!) in Lux., **Bisses b.** Echzel/Nidda, **Bissel** i. O., Bisley und **Biss** Brook in England, *Biselre:* Bisholder in Lux. (wie Kavelre!), und ligurisch *Bisusco* b. Como.

Einfaches *bes* liegt vor in *Beseda*/Spanien, *Besua fons, Besinum*/ Frkrch, *Besetune:* Beeston/E., *Besges* b. Fulda, *Besenfeld*/Schwarzwald. Vgl. den Besen! Eine Erweiterung *besk* (vgl. *basc!)* liegt vor in *Besconum*/Frkr., *Besk-hale, Besk-wud*/E.; dazu *fesc* in *Fescennia,* faliskische (!) Stadt in Etrurien. Zu *bes: besc* vgl. auch *nes: nesc; ses: sesc; les: lesc; mes: mesc!* Siehe auch **Besch** (oben!)

Beste (1263 *Bestene, Bistene),* Nbfl. der Trave *(Travene),* schon durch die Endung als vorgerm. erkennbar, kehrt in Lettland als Zufluß der Windau wieder, was auf baltisch-venetische Herkunft schließen läßt; so entspricht denn auch der **Bisten-See** nö. Rendsburg dem *Bistonis lacus* im Lande der *Bistones* (d. i. in Thrakien), nach Herodot. Den Wortsinn verrät das urkdl. *Hor-bistene* 1065 in Holstein: altdt. *horo* „Schmutz, Kot", daher auch „die faule Beste". Und so auch **Bestwig** b. Meschede/Ruhr, **Besten** Kr. Lingen/Ems und der **Bestenbach** in Baden, auch Bestewelle: Bestwall in England, urkdl. 1086 auch Beastewelle geschrieben neben Byestewalle, was Ekwall phantastisch als „east on the wall" deuten wollte! (Kurzes e wurde graphisch durch ia wiedergegeben! Vgl. Biastene um 1000 neben Bestene 1150 für Besten).

Betten, Bettenbach, Bettelbach, Bettnang u. ä. siehe Bettwar!

Bettwar a. d. Tauber, urkdl. *Bedebur,* — bisher wegen Anklanges an ahd. petabur „Bethaus“ irrtümlich als Zeugnis für altchristliche Kultstätten gewertet! (so noch A. Bach/Bonn) — ist schon morphologisch als sinnverwandt mit **Bottwar** a. d. Bottwar, urkdl. *Bodebur,* — alter Keltenort! — und mit **Dittwar** *(Ditebur)* a. d. Tauber erkennbar; *bod* und *dit* aber sind prähistor. Wörter für „Sumpf, Morast“. Das altprovencalische *bedosca, bodosca* „Kot“ bestätigt *bed* als Lautvariante zu *bod;* vgl. auch *bid, bud, bad!* —

Ein *Bedesis* ist Nbfl. des *Bodincus* (wie der Po ligurisch hieß!), vgl. die Flüsse *Veresis*/Latium und *Atesis* (die Etsch), zu *ver, at* „Wasser bzw. Sumpf“. Dazu in Frkr. die Flüsse *Bedus* (Bièd) und *Bedonia* (wie Aronia, Bononia), in Asturien: *Bedunia;* auch ON. wie kelt. *Bederiacum* (It., Bern, Baden), *Bedernacum* 709 b. Verdun u. *Bediscum*/Ob.It. (wie Tibiscum, Tiriscum, Lambiscum, Radiscum/Loire, Rhone, lauter Sinnverwandte für Sumpf, Moor, Moder! sodaß auch für *bed* dieser Wortsinn gesichert ist, während das Irrlicht des Wörterbuchs völlig auf Abwege führt, indem es uns ein ganz heterogenes idg. *bhedh* (lit. bedu) „graben“ präsentiert! (so z. B. H. Krahe 1963). Ein *Bethebur* und ein *Bothebur* lagen auch dicht bei Straßburg, ein *Bedebur* a. 633 b. Weißenburg i. E.; genau so hießen **Bettborn** in Lux. und **Bettberg** in Baden; dazu *Betebur* b. Zürich und b. Cleve. Ein **Bettbrunn** liegt nö. Ingolstadt. **Bedburg a.** d. Erft (mit Wasserburg!) entspricht **Bitburg**/Eifel (urkdl. *Beda* u. *Bidana!*). Auf *Bedebur* beruht auch **Bebber** am Deister; zu *Bedenburen:* **Bembüren** Kr. Höxter vgl. *Bodenburen: Bommern* a. Ruhr. Dazu: *Beden-:* Bendorf b. Koblenz. *Bettenbol* wie Binsenbol!

Denselben Ablaut *e : o* zeigen **Bettenbach** : **Bottenbach**/Pfalz und **Bettnang** (1535 b. Konstanz): **Bottnang** (am Quellsumpf des Feuerbachs, analog zu Backnang, Ausnang (Usenwang), Tettnang usw., lauter Sinnverwandte! (wang = Wiesenhang). *Bettebäche* und *Bettel(s)bäche* fließen im Elsaß, in Baden u. Württ., ein *Bettichenbach* 975 im Ahrtal, **Bettenbäche** b. Lorsch (zur sumpf. Weschnitz) und b. Eisenach (zur Hörsel, hurs „Sumpf“!), ein *Bettgraben* in Württ., ein **Betzgraben** zur Dreisam/Brsg., ein **Betzenbach** zur Speltach/Jagst (spelt „Moder“).

Dazu viele ON. wie **Bettenbrunn**, -feld, -wiesen, **Bettenhausen** (4mal, b. Kassel, Gießen, Neckar), **Bettendorf** (4 mal, Taunus, Aachen, Elsaß: urkdl. *Bedendorf).* Desgl. **Bettingen** (6 mal! Eifel, Lux., Sieg, Saar) wie Dettingen nebst Böttingen/Württ. (2 mal, 771 *Bettingen)* und **Bettringen**/Schwaben (wie Ettringen, Schabringen, Lüttingen, Mödingen, lauter Synonyma!). Den Bettenbächen entsprechen die **Bettenberge** (und der

Betten!) in Württ., wie den Ettenbächen die Ettenberge. Zu **Bettweiler**/Elsaß vgl. Dettweiler ebda, zu **Bettlach**/Elsaß: Mettlach/Saar (med, met „Moder"), zu **Bettrath** b. Gladbach: Mödrath (mod „Moder"), zu **Bettrum**/Hildesh.: Luttrum ebda (lut „Schmutz"), zu **Bettmar** b. Hildesh. u. Brschwg: Rettmar, Wettmar ebda, alles Synonyma! In England vgl. *Bettes-cumbe* (wie Ceoles-, Grenes-, Stintes-cumbe, lauter „Schmutztümpel"). Ein Bettenhoven b. Jülich, ein **Bettenachen** a. d. Agger/Sieg analog zu *Geldenaken*, *Lodenaken*/Belgien (zur Geldene, Lodene, geld, lod = Sumpf!).

Betzenbach, Zufluß der Speltach (Jagst) in Württ., meint nichts anderes als der **Bettenbach** (b. Lorsch a. Rh. wie b. Eisenach), nämlich „sumpfig-schmutziges Wasser", zu idg *bed (bet)*. So auch der **Betzgraben** (zur Dreisam/Baden).

Beuel a. Rhein b. Bonn *(Bule)*. **Beulich**/Mosel, **Beulke**/Eifel siehe Bulmke!

Beuster *(Bodester)* siehe Bottwar! **Beuerbach** siehe Burbach!

Beutelreusch b. Ulm *(Bütelrüsch)* siehe Buttlar! **Beutelsbach** siehe Buttlar!

Beutenbach siehe Buttlar! Vgl. auch Deutenbach (zu dut „Röhricht")!

Bevensen (nebst Beverbeck) b. Nienburg a. Weser u. b. Ülzen entspricht **Evensen**, wo ev = av „Wasser", sowie Pattensen, Wettensen usw., lauter Sinnverwandte.

Bever(n), **Beverungen**, Beverstedt siehe Biebern!

Bexten b. Herford wie b. Lingen geht zurück auf *Beken-seten* (Bachsiedlung) analog zu **Loxten** b. Bielefeld (alt *Lok-seten*, Sumpfsiedlung).

Biberach siehe Biebern!

Bibers, Zufluß des Kochers, und die **Bibersch**, b. Solothurn/Schweiz, urkdl. *Biberussa* (vgl. die *Gunussa:* Göns b. Wetzlar und die *Undussa* 763 z. Elz in Baden), verraten sich durch das Suffix *-ussa* als Spuren aus vorgerm. Zeit. Gleiches gilt für **Bibisch**/Lothr., d. i. kelt. *Bib-isca,* alter Bachname wie die *Iv-isca* ebda (1261 Ivesche, j. Irsche), womit *bib, biv* als sinnverwandt mit *ib, iv,* d. i. „Sumpfwasser" erwiesen ist! — bestätigt auch durch die *Barbisca* (zum Doubs), wo *barb* „Schlamm" meint. In Gallien vgl. *Bibacum,* in Ligurien *Bibosco,* in Spanien *Bibesia.* Zu kelt. *bib: ib* vgl. auch **Bibra** a. d. Bibra u. Meiningen wie **Ibra** a. d. Ibra b. Hersfeld. Auch **Biblis** (urkdl. *Bibilos,* a. d. sumpf. Weschnitz ö. Worms a. Rh. wird so als keltisch erkennbar. Vgl. m.lat. *biblosus,* „mit Binsen bewachsen".

Bickenbach (am einstigen *Bickunbach* 874) in der Rhein-Ebene zw. Darmstadt und Bensheim, auch im Hunsrück und im Bergischen, meint ohne

Zweifel Moder- oder Moorbach, zu einem verklungenen, dem Wörterbuch unbekannten prähistorischen *bick*. Vgl. die Erläuterung durch marsch usw. in *Bickmarsh, Bickley, Bickford, Bickere*/Engld, *sol* „Suhle, Sumpf" in **Bickensohl** b. Freiburg, und die Parallele **Bickerath** b. Aachen - Möderath - Wickerath - Kolverath - Alverath usw. Dazu **Bicken** b. Herborn, **Bickern** b. Bochum, **Bickenriede** in Thür. (wie die Eilen-, Hehlenriede: Moorbach b. Gifhorn! zu *hel, el* „Moder, Moor", u. d. Possenriede b. Vechta, vgl. Poss-moor!), auch Bickendorf b. Bitburg. Eine **Bicke** fließt zur Wilde (Eder), auch *wild* meint „Moor"; eine **Bigge** b. Olpe/Attendorn zur Lenne (gg für ck, vgl. die Agger für Akker). Auch die **Bega** b. Detmold meint nichts anderes, vgl. *Begede:* **Beegden** a. Maas u. *Begeleg*/E., desgl. die **Biegenbäche**/Südbaden u. Schweiz (dort der Biglenbach u. Bichelsee mit Mooren! Vorgerm. *big* bezeugt *Bigeste*/Dalmatien (wie *Tergeste:* Triest, *Ateste* usw., lauter Sinnverwandte!

Bieben b. Alsfeld (Schwalm), 1231 *Bibenahe,* also ursprünglich Bachname: vorgerm. *Bibana,* wie Amana: die Ohm, Logana: die Lahn; *bib, am, log* = Sumpfwasser. Vgl. kelt. *Bibacum,* ligur. *Bibosco; Bibesia!*

Biebern b. Simmern/Hunsrück stellt wie *Sim-ara* einen kelt. Bachnamen *Bib-ara* dar, zu *bib* „Sumpfwasser" (siehe unter **Bibers!**). Ebenso **Bibern** a. d. Biber (865 *Bibara)* b. Schaffhausen, **Bieber** b. Gelnhausen, Offenbach, Gießen, **Biberach** a. d. Riß, auch b. Neckarsulm, wo der Grundelbach einst (782) *Biberaha* hieß, und a. d. Kinzig/Baden. *Bibra* a. d. Bibra bei Meiningen (wie Ibra a. d. Ibra! b. Hersfeld). Dazu die Komposita **Biebernheim** b. St. Goar analog zu Sobernheim a. Nahe, Bindernheim im Elsaß, Gadernheim b. Bensheim, lauter Sinnverwandte, eingedeutscht mit -heim „Dorf". Ebenso **Biebelnheim** b. Alzey, **Biebelsheim** b. Kreuznach und **Biebesheim** b. Gr. Gerau (aus *Bibenesheim* analog zu Rudenes-: Rüdesheim, Budenes-: Büdesheim; Niedesheim, Blödesheim, Hildesheim usw.; ein **Biebelhausen** b. Saarburg. Prähistor. Herkunft verrät die *Biverna:* **Bever,** ein Moorfluß wie die *Stiverna:* Stever; vgl. dazu **Beverungen** a.d. Bever b.Höxter, **Bevern** am Oste-Moor (u.ö.), *Beverde* i. W. (wie Elverde, Cliverde), **Bevergern** a. d. Flöthe/Ems, **Beverstedt** a. Lune/Bremerh. (wie Sell-, Lox-, Heer-, Hipstedt ebda, alles Synonyma!); nicht zuletzt **Bebra** a. d. Fulda. Aber auch (ohne r): **Bevensen** (Moorort nö. Ülzen, wie Pattensen, Sittensen, Wettensen, lauter Sinnverwandte). Vgl. auch *Beffede* 1338 b. Marsberg/Diemel.

Ein idg.-keltisches *beb, bev* liegt vor in *Bebronna* (nebst Calonna, Quellbäche in Frkr.); *Bevero:* Beuvron; Fluß *Beveris:* **Bièvre** (wie Lièvre und Nièvre); und *Beverum:* Bevers/Graubünden!

Biedenbach (urkdl. *Bidenebach)* in der Schwalm und bei Hersfeld/Fulda nebst **Biedenkopf** a. d. Lahn (in vorzeitl. Siedelgebiet!) und **Biedentrup** i. Westf. deuten auf einen prähistor. Bachnamen *Bidene,* wie er vorliegt im ON. **Biene** (urkdl. *Bidene)* im Emsgebiet und *Bidenowe* im Taunus. Als Flußname begegnet **Bid** in England (nebst *Bidewelle, Bidelond, Bideholt,* als Ortsname *(Bidis,* heute Bidini) bei Syrakus (schon von Cicero erwähnt: *Bidini,* Einwohner von B.).

Ein **Biederbach** findet sich in Baden, ein *Bidweiler,* heute **Beidweiler** in Luxemburg, ein *Biderich* in Südbaden, das an kelt. *Bederiacum*/Italien und an Büderich b. Soest erinnert, wie *Bidene* (Biene) an *Bodene* (Böen b. Leer). *bid* kann daher nur Variante zu *bed* und *bod, bud* sein, im Sinne von „Sumpf- oder Schmutzwasser" (vgl. südfrz. *bedosca, bodosca* „Kot").

Damit erledigt sich die phantastische, sprachlich unmögliche Deutung „zum (die Grenze) bietenden (!) Kapf bzw. Bach" (so Edw. Schröder, Dt. Namenkunde, 2. A. 1944, S. 241 f., inspiriert von G. Wrede und H. Bender), denn *bid* hat kurzes *i,* ist also mit „bieten (ahd. biotan) unvereinbar! **Biedenkopf** entspricht denn auch deutlich dem **Brenden-, Kuden-, Lauchenkopf,** die alle nach Quell- und Sumpfwasser benannt sind!

Biederbach, Zufluß der Elz (z. Rhein in Baden), siehe Biedenbach!

Biedesheim westl. Worms (analog zu Büdesheim w. Alzey) enthält das Wasserwort *bid* (siehe Biedenbach!). **Biegenbach** siehe Bickenbach.

Bielefeld, Biel siehe Bille!

Biemenhorst b. Bocholt entspricht Kodenhorst, Kusenhorst, Mussenhorst lauter Sinnverwandte. Dazu **Biemsen** d. i. Biem-husen (nebst Ahmsen, am = Wasser!) bei Herford. *bim* (dem Wörterbuch unbekannt) ist also Variante zu *bam, bom,* d. i. „Sumpf, Moder"; vgl. auch Bimerton/England nebst *bymera cumbe* a. 672; d. i. „Moderkuhle" (kein Dorf voller „Trompeter", wie Ekwall dachte wegen ags. byme „Trompete"!).

Bienen ö. Emmrich/Ndrh. und **Biene**/Ems (urkdl. *Bidene)* entspricht **Bönen** *(Bodene),* denn *bid* meint wie *bod* (und *bed, bad, bud)* „Sumpf, Moder".

Bienwald, großes Waldgebiet zwischen Karlsruhe und Weißenburg, hat mit Bienen nichts zu tun, sondern enthält wie der *Bienbach* 852 *(Biunbach* 747), jetzt **Bimbach** b. Fulda, ein keltoligur. Moderwort *bi, bin!* Dem entspricht seine einstige, morastige Natur! So auch der **Biening,** Bergwald w. Fritzlar (wie der Beping), *Bin-ole*/Lenne, *Binenheim*/Elsaß (wie Onenheim, on „Sumpf"!), ligur. *Binasco* (wie Salasco, Palasco, Casasco), kelt. *Biniacum:* Bignac (wie Liniacum: Lignac)!

Bierbach a. d. Blies westl. Zweibrücken/Pfalz (an gleichn. Bache), **Bierscheid**/Eifel und **Bierwang**/Bayern sind Varianten zu **Berbach**, **Berscheid** und **Berwang**, wo *ber (bir)* „Schlamm, Morast" meint. Deutlich sind **Biervliet, Bierkreek** in Holland (kreek = geul „Pfütze"). Dazu *Bierahurst* (11. Jh.): Berhorst b. Beckum i. W., **Bierenbach** im Siegkreis, **Bieringen** in Württ. (mehrfach), **Bierstetten** an Bachquelle ö. Saulgau/ Württ., auch **Bierum** (nebst Biesum, Marsum!) am Dollart. Siehe auch unter **Bierth!**

Bierde, Bieren, Bieringen siehe Bierth! Bierbach!

Bierth b. Siegburg führt zurück auf *Birete* wie **Sürth** b. Olpe und b. Köln auf *Surete* und Deerte auf *Derete,* alle mit Dentalsuffix. Da *sur* und *der* „Sumpf" und „Morast" meinen, liegt für *bir* (dem Wörterbuch unbekannt) das Gleiche nahe. *Biervliet, Bierkreek* in Holland und die **Bierbäche** (Eifel) bestätigen es, analog zu den Be(e)rbächen; *bir* ist also Variante zu *ber* „Schlamm, Morast". Eine *Bire* fließt zur Weser b. Minden, eine *Birau* zur Neger b. Olpe (in prähistor. Gegend!). Dazu ON. wie **Bieren** b. Herford, **Bierde** (mit Kollektivsuffix) b. Fallingbostel und b. Minden, **Bierum** a. d. Emsmündung (wie Wierum, Ankum, Dutum, Dersum!), Bierenbach im Siegkreis, **Bierbach** und Bierfeld/Saar, Bierstetten und Bieringen in Württ., **Bierscheid**/Eifel. Zu **Bierstadt**/Taunus vgl. Ber-: Bärstadt, Mockstadt, Ockstadt ebenda, lauter Sinnverwandte!

Bierwang siehe Bierbach! **Biesenbach** siehe Biesheim!

Biesheim/Elsaß (am Rhein b. Breisach), vgl. Bliesheim a. d. Blies, enthält ein vorgerm. Gewässerwort *bis,* das in ligur. *Bisancum* (690 b. Malmedy) analog zu *Carancum: car* „Sumpf" und *Bisusco* b. Como zutage tritt. Dazu auch **Biesingen** b. Donaueschingen (wie Baldingen, Spaichingen, Hüfingen, Dauchingen, Schwenningen, lauter Sinnverwandte ebda), und das deutliche **Bieswang** (b. Treuchtlingen a. d. Altmühl) analog zu Binswang (wang = Wiesenhang). Ein **Biesum** neben Bierum, Marsum am Dollart, enthält ndl. bies „Binse"! Siehe auch **Besse!**

Bietigheim b. Rastatt und b. Ludwigsburg/Stuttgart ist entstellt aus *Butinc-heim* (991) wie Besigheim aus *Basincheim,* Obrigheim aus *Obrinc-heim,* Düppigheim aus *Tubinc-heim,* Eubigheim aus *Ubinc-heim,* Königheim aus *Keninc-heim,* Türk-, Dürkheim aus *Turinc-heim,* lauter Ableitungen von prähistor.-vorgerm. Bezeichnungen für Wasser, Sumpf, Moder, Schlick, mit der sekundären oder auch primären Endung *-ing* (vgl. ligur. *-inc* in *Bodincus,* Name des Padus oder Po; *Obrincus,* ein Bach am Mittelrhein; *Bosinca:* die Ohe b. Künzig usw.). Zu *but* vgl. mlat. *butina* „Pfütze", noch schweizerisch *bütze* „Sumpf", auch *Buten-sulz!* (b. Tüb.

u. Luzern) wie das synonyme Diet-sulz, und Büttelbrunn u. ä. (siehe unter Buttlar!).

Bietingen (Hegau und Südbaden) siehe Bietigheim bzw. Biedenbach!

Bigge siehe Bickenbach!

Bildechingen b. Horb am Neckar kann nichts anderes meinen als die benachbarten Baisingen, Bieringen, Börstingen, Schietingen, Dettingen usw., — alles Ableitungen von Wasser- und Sumpfwörtern. Zugrunde liegt prähistor. *Bildeca* wie in *Bildchen* b. Aachen (analog zu Büttgen, Rüttgen, Littgen). *bild* wird als Sumpfwort bezeugt durch *Bild-was (Beldwas)*/England. **Bilderlahe** b. Seesen am Harz siehe unter Billerbeck! Zu *bild: bil* vgl. *bald: bal* „Sumpf"! Ein **Bildjibach** fließt zur Albula/Hinterrhein!

Bille (786 urkdl. *Bilene),* Nbfl. der Elbe ö. Hamburg, verrät sich als prähistor. durch die Endung *-ene* (urspr. -ana, -ina), die eine stattliche Gruppe sinnverwandter Flußnamen (insonderheit balto-venetischer Herkunft) zusammenhält: so *Abene* (1309 b. Winsen), *Arsene* (Erse u. Ahse), *Almene* (Alme), *Bomene* (Böhme), *Fusene* (Fuse), *Imene* (Ihme), *Flidene* (Fliede), *Ostene* (Oste), *Sevene* (Seeve), *Sidene* (Siede), *Versene* (Verse), *Wimene* (Wümme) u. v. a. Genau so vorgerm. ist *Bilerna* (die **Bühler,** Nbfl. des Kochers in Württ.), analog zur *Uterna, Beverna, Stiverna* in norddt. Moorgegenden. *bil* „Sumpf" lebt noch im Litauischen u. Russischen. So werden verständlich: *Bilistat:* Bellstedt a. Helbe/Thür., *Bili-sele:* **Bilsen/** Stormarn, *Bilefurt* (9. Jh.), *Bilisti* 1016 u. *Bilici* 799: **Bilk** i. W., *Bileheim:* **Bilme** i. W. u. **Bilm** b. Hann., **Billmerich** i. W., das Bielefeld b. Exter u. so auch **Bielefeld** a. Lutter (lut = „Schmutz"). **Billig** b. Euskirchen und b. Trier (:Wasser-Billig!) entspricht Bruttig/Mosel, Kettig w. Koblenz (768 Catiacum, kelt. wie Brutiacum, Biliacum, vgl. Billac/Frkr), zu *brut, cat* „Schmutzwasser"! Vgl. auch *Bilitio:* Bellinzona b. Mailand in sumpfiger Ebene! Zum Bielefeld vgl. auch den Flurnamen „Auf der Bielen" in Lippe; somit auch **Biel** a. Lahn u. in Gelderland wie **Biel** am Bieler See. Dazu die **Bil-** und **Bielsteine** in Hessen/Westfalen.

Billeben/Nordthür., urkdl. *Bene-leba,* entspricht Hun-: Holleben, Pon-: Polleben usw. ebda; zu *ben* „Sumpf" siehe Benrath!

Billerbeck (b. Coesfeld, Detmold, Hildesheim, Northeim), urkdl. auch *Bilderbeck* (vgl. Bilderlahe b. Seesen am Harz), enthält eine Erweiterung *bil-r* zu *bil* „Sumpf", wie in England: *Bilre-brok* (Billbrook) und *Billerica!* **Billig** siehe Bille!

Billigheim (Pfalz und Baden): siehe unter Bietigheim! Vgl. aber auch Billingsley/England: urkdl. 1055 *Bylges-leg,* wie *Bylges-dene* 995, *Byli-*

gan-fen 972, *Bylian-pol, -wurth* 949, 933, wo *pol, wurth, fen, dene, leg* auf den Wortsinn *bilg* = Sumpf, Moor hindeuten!

Billmerich b. Unna i. W. siehe Bille! **Bilm(e)** siehe Bille!

Bilmersbach, Zufluß der Steppach (z. Kocher): zum Verständnis der verschliffenen Form vgl. den Ergersbach, den Albersbach, den Kelbersbach, den Bittersbach, den Gebersbach, den Ledersbach, den Emersbach, den Sarmersbach (Eifel, Elsaß, aus Sarmenza!) usw., alles Ableitungen von prähistor.-vorgerm. Bachnamen! Zu *bilm (bil* = Sumpf) vgl. **Billmerich** b. Unna, urkdl. *Bilmerki* 890 (wie der Gauname pagus *Humerki*/Holld, wo *hum* = Moder, Moor!), vgl. auch Emmerich *(Ambriki,* zu *ambr* „Wasser"!), Elverich *(Albriki,* zu *alb* „Schlamm, Morast").

Bilsen siehe Bille!

Bilstein siehe Bielstein! (Lenne, Ruhr, Rheinland, Hessen).

Bimbach b. Fulda, Schweinfurt, hieß *Bienbach,* siehe Bienwald!

Bindernheim/Elsaß wird nur verständlich, wenn wir morphologisch zugehörige Namen vergleichen wie Schauernheim, Dauernheim, Sobernheim, Bladernheim, Biebernheim, Odernheim, Gadernheim (neben Gadern, zum Bachnamen Gadra!), alles Ableitungen von prähistor. Gewässerbezeichnungen! Auch *bind* gehört dazu (ablautend zu *band, bend, bund),* vgl. altindisch *bind* „Wasser, Tropfen" und den illyr. Flußgott *Bindus!* Dazu das *Bendel-, Bindel-meer* in Holland u. der *Bendelbach*/Neckar. Vgl. unter Bendelbach und Bandekow! Ein **Binder** (vgl. Verder, Blender) liegt bei Hildesheim, Bindersleben b. Erfurt (mit unorgan. s wie Gaters-, Guders-, Baders-leben, lauter Ableitungen von Wasserbegriffen!), auch **Bindersbach**/Pfalz (wie Ergers-, Leders-, Sarmersbach!). In der Altmark vgl. **Binde,** in der Mark: **Bindow.**

Bindsachsen b. Büdingen/Oberhessen hieß *Bintzen-sassen* „Siedlung am Binsenwasser"! Vgl. Binzwangen.

Bingen am Rhein, schon zur Römerzeit *Bingum,* also vorgerm. Ursprungs, wird deutbar durch **Bingeley**/England, wo ley (leg) „Wiese" auf ein Gewässerwort deutet, desgl. durch Moorort(!) **Bingerden** in Gelderland (nebst Pannerden, zu pan „Sumpf"!) mit dem Suffix -ard wie die Synonyma *Wermarda*/Brabant, *Caldarde, Sconarde* u. ä., alle prähistorisch. Dazu **Bingum** bei Leer (wie Ankum, Bedum, Lutum, Latum, Klinkum, Marum, lauter Sinnverwandte auf -heim). Und so auch **Bingenheim** a. d. Horloff/Wetterau (hor „Kot") analog zu Wachen-, Waten-, Ohnen-, Linken-, Finen-heim. Zu *bing* vgl. *ling, sing, ming, ding, ring, ting, ging,* lauter prähistor. Wassertermini. Ein *Binge-Berg* b. Haubern/Eder.

Binningen b. Cochem (auch Lothr. u. Elsaß) verrät sich schon geogr. als eingedeutscht. Siehe Bienewald!

Binsfeld, Binswangen, Binsenbach usw. beziehen sich auf binsenreiche Wasser und Gegenden. Dasselbe meint **Binz-, Benz-,** siehe Benzenbach!

Bippen, Quellort an einem Zufluß der Hase (zwischen Ankum u. Hahnenmoor) nebst **Beppen** westl. Verden (im Weserbogen, mit den Nachbarorten Morsum, Blender, Hustedt, Martfeld, lauter auf Sumpf und Moor deutende Namen aus prähistor. Zeit!) enthält ein Gewässerwort von höchstem Alter, das sonst nur in der Schweiz (als **Bipp** b. Solothurn) und in Hessen (als Bergname: der **Beping**) begegnet und vorgerm. zu sein scheint, vgl. die *Bipedimui* in Aquitanien/Südwestfrkr.! Der **Beping** entspricht dem Schilling (ebenda), dem Solling, Seuling, Biening, lauter Bergwaldnamen, die auf sumpfig-schlüpfrigen Boden Bezug nehmen *(bip, bep* also = *scil, sol, sul, bin).* Zu **Beppen** vgl. als Synonym **Heppen** und **Meppen** im selben moorreichen Raume zwischen Ems und Weser. Vgl. auch *bop* unter Bopfingen!

Bire, Birau siehe Bierth!

Birgden b. Geilenkirchen und b. Lennep wie **Birgte**/Tecklbg (1088 *Bergithi*) und **Bergede** b. Soest — ohne Berge und ohne heil. Brigitte — gehören zu den Kollektiven auf *-ithi, -ede,* die sich durchweg auf Gewässer beziehen! Es gibt daher auch kein Thalidi und kein Grundidi! Zum Wasserwort *birg, berg, barg, burg* siehe unter **Birgel!**

Birgel b. Düren und an der Kyll/Eifel (im 8. Jh. auch b. *Birgidestat*: Bürstadt b. Worms) nebst **Birgelen** westl. Erkelenz/Ndrhein (analog zu Brachelen, Säffelen, Alflen, Gamlen, Sufflen, lauter ursprüngliche Bachnamen im vorgerm. linksrheinischen Gebiet) enthält ein verklungenes kelto-ligur. Wasserwort *birg, berg,* dem Wörterbuch unbekannt, aber bezeugt durch Fluß *Birgus*/Irland, durch *Birgesbach* (1031) und *Birgesbura:* **Birresborn** a. Kyll/Eifel, ebenso *berg* durch die ligur. Namen *Bergusia* (wie Bandusia, Venusia!), *Bergintrum, Bergiema, Bergomum* (Bergamo/Ob.-It.), wo noch Krahe harmlos unmethodisch das deutsche „Berg" sucht!). Auch **Bürgelen** a. Ohm (der prähistor. Amana!) nö. Marburg hieß *Birgele.* So werden verständlich das **Bürgel** b. Maden/Fritzlar (mad = Moder), die **Bürgelwiesen** (!) im Quellbezirk der Baune, der **Bürgelsgraben** b. Heringen/Hersfeld. Vgl. auch Cramer, Rheinische Ortsnamen (1901), zum Wort *birg.*

Birlenbach b. Diez a. Lahn (dem prähistor. *Theotissa!*) und b. Siegen meint nichts anderes als **Berlebach,** siehe dies!

Birnbach/Westerwald siehe Bernbach, Berne! **Birresborn**/Eifel siehe Birgel!

Birs, Birsig (*Bersa*) siehe Bersenbrück.

Birten b. Mörs siehe Bertrich! **Bissen, Bissingen** siehe Besse!

Bisterschied stellt sich zu Reifferscheid, Lenderscheid, Liederscheid, Möderscheid, Rederscheid, Reckerscheid, lauter Ableitungen von Gewässerbegriffen. **Bisten** (**-See**) siehe Beste!

Bitburg siehe Bettwar! **Bittelbronn, -schieß** siehe Buttlar!

Bitsch/Lothr., urkdl. *Bites,* mit romanischem -s, enthält ein prähistor. *bit* „Sumpfwasser", vgl. Fluß *Bite*/Litauen und engl. *bitore* „Rohrdommel"! Dazu gehören **Bittstädt** b. Arnstadt (analog zu Buttstädt b. Weimar), die **Bit(t)enbäche** in Baden (Wutach) und Württ. (heute Beutenbach!) mit Flur *Bitunwiese* 1527, a. d. Glems. Mit Lautverschiebung auch der **Bitzigraben**/Bodensee, der **Bitzelbach** (z. Apfelbach, *Apula!*) bei Kreuznach a. Nahe und der **Bitzlenbach** (z. Föllbach/Aich) in Württ. Ein **Bitzfeld** a. d. Brettach ö. Heilbronn; ein **Bitzen** b. Wissen a. d. Sieg.

Bladernheim am Gelbach/Nassau (Westerwald) entspricht **Gadernheim** b. Bensheim nebst Bindern-, Dauern-, Schauernheim, lauter Sinnverwandte. *blad, blad-r* (wie gad, gadr) ist ein verklungenes Wasserwort, dem Wörterbuch unbekannt, aber bezeugt durch Fluß *Bladene*/England, *Bladenhorst* („modriges Gehölz") b. Bochum wie Kodenhorst, **Bladersbach** b. Waldbroel (wie Fladersbach/Wied, zu flad „Binse"), *Bladra-mersch* (!) in Flandern, **Bladel**/Brabant; dazu *Bladenacum*/Frkr., **Bladiau**/Ostpr. (wie Tapiau, zu tap „Moder, Morast")· *Blader-: Blaardonk!*

Blandow, Blanbach siehe Blender (*Blandere*)!

Blasbach nö. Wetzlar wie **Blasweiler** a. Ahr, **Blasheim** u. **Blasum** in Westf. nebst **Blasen** b. Diepholz (Moorgegend) werden verständlich durch **Blas-seifen** b. Waldbroel/Siegkreis, wo auch Karseifen (zu *kar* „Nässe, Sumpfwasser"), mit der Erläuterung durch seifen „sumpf. Bachniederung"! Daher entspricht *Blas-heri* (1030 b. Münster) den Parallelen *Bukheri, Huk-heri* (Hücker) usw., wo *buk, huk* = Moder, Moor! Auch *Blaswag* in Württ. bestätigt durch *wag* „Tümpel" den Wortsinn des dem Wörterbuch unbekannten prähistorischen *blas,* nämlich „Sumpfwasser" (als Variante zu dem ligur.-kelt. *bles,* vgl. *Blesa:* die Blies; *Blesum:* Blois/a. Loire, *Blesinon*/Korsika!).

Blattenbach, Name mehrerer Bäche, so b. Zürich und b. Weil im Allgäu, meint nichts anderes als **Blettenbach,** nämlich „modrig-faules Gewässer", zu idg. *blad, blat* bzw. *bled, blet* (vgl. slaw. *blato* „Sumpf", lat. *blatea* „Kot", frz. *blette* „morsch": eine *Blette* fließt zur Meurthe, eine *Bletisa* in Spanien). So auch die **Blettenwiese**/Württ., im **Blettich** ebd. Neben Blettenbach auch **Bletzenbach** (wie Betten-: Betzenbach!). Dazu

Blattscheidt in Hessen und *Blatriot*/OBayern; **Blatzheim**/Ndrh. Zu kelt. *blat* vgl. *Blatobulgion*/Brit., *Blatusagum, Blatomagus*/Frkr. (wie Rigomagus „Wasserfeld": Remagen!) und *Blaterne*/England. Zu Blatzheim vgl. **Blotzheim**/Basel und Blotzgraben b. Meckbach im Seuling (*blotz* meint dial. „Sumpf", slaw. *blot*).

Blatzheim siehe Blattenbach!

Blau, Nbfl. der Donau, deren Zuflüsse durchweg Namen aus vorgerm. Zeit tragen, kann schon aus diesem Grunde kein „blaues" Wasser meinen! Zugrunde liegt vielmehr eine idg.-kelt. Form *Blava* (vgl. die *Blavia* und *Blavetta*/Frkr. nebst *Blavatum*). *Blava:* **Blau** entspricht der *Nava:* **Nau,** Zufl. des Neckars b. Ulm, auch im Elsaß, sowie der **Drau** *(Dravus)* und der **Sau** (*Savus*), lauter prähistor. Wassernamen.

Bleckede a. d. Unter-Elbe südl. Boizenburg bezeugt sowohl topographisch (als Moorort!) als auch morphologisch (als Kollektiv auf -idi, -ede) das verklungene *blek* als Bezeichnung für Faul- oder Moorwasser (vgl. Dieffenbachs Glosse „Bleckichen = Faulung, lat. tabes!). Die Sinnverwandten *Brackede, Dritede, Hachede*/Elbe bestätigen es; desgl. die Komposita **Bleckmar** (9. Jh. *Blecmeri)* a. d. Meisse b. Soltau (wie Alkmar, Bettmar, Hademar, Schötmar, Versmar, Vilmar, Weimar, wo *mar* = Sumpfstelle!) und **Bleckwedel** wie Flotwedel, Bar-, Har-, Marwedel, wo wede(l), Furt, Wald. Dazu **Bleck**hausen/Eifel und **Bleckenstedt** b. Salzgitter (wie Veckenstedt, Gadenstedt, Schmedenstedt, auch Anken-, Bliden-, Bucken-, Duden-, Fabben-, Holen-, Malen-, Padenstedt, lauter Ableitungen von Wasser-, Moor- und Sumpfbegriffen!). Auch **Blecking** nö. Borken i. W. und *Blekking-pole* (!„pfuhl") 1225/Holland mit sekundärem -ing wie *Tellingmere* neben *Telmeri* b. Lüneburg. Eine Landschaft *Blekinge* im moorigen Südschweden. In älteste Vorzeit zurück weist das *s-Suffix* von *Blekisi* 9. J. b. Soest (wie *Anisi:* Ense b. Soest, *Linisi:* Linse a. Lenne/Weser, *Herisi:* Heerse usw., lauter Sinnverwandte!). Vgl. auch die Flurnamen „das Bleck" b. Versmold, „auf dem Bleck (Blick)" a. Twiste, „am Bleck" b. Gelsenk., *Bleke* (15. Jh.) b. Senden i. W.

Bledeln, *Bledesbach* siehe Bliedungen!

Bleichenbach b. Bad Selters (dem prähistor. *Saltrissa!*)/Wetterau wie das wüste *Blechenbach* um 1200 b. Haina/Eder ist kein „bleicher Bach", hat auch nichts mit einer „Tuchbleiche" zu tun, wie z. B. O. Springer für den **Bleichgraben** in Württ. (zur Würm) annahm, sondern ein Faulwasser (vgl. *blekinge* = Faulung, Glosse b. Dieffenbach), analog zum Fleschenbach/Ob.-Hessen, wo auch keine Flaschen gemacht wurden (flasc „Sumpf"!). Zur Bestätigung vgl. auch **Bleichstetten**/Württ. analog zu

Heuchstetten usw. (huch „Moor, Moder"!). Dazu **Bleicherode** im Eichsfeld wie Wipperode u. ä. Eine uralte Bleiche (*Bleicha* um 800, *Bleichaha* 1155) fließt zur Elz in Baden; an ihr liegt **Bleichheim.**

Bleidenbach, -stadt siehe Bliedungen! **Blein(es)** siehe Blenhorst!

Blender (urkdl. *Blandere*) am Weserbruch westl. Verden gehört zu den eindeutigen Spuren vorgermanischer Bevölkerung, wie schon das r-Suffix verrät, genau wie **Gümmer** (*Gumere*) im selben Raume, dessen fremder Ursprung auch durch die *Gumove* in Litauen, die *Gumisa:* Gümse im Wendland und die Gumme bei Bonn bestätigt wird. Zugrunde liegt der prähistor. Bachname *Blanda:* so in Litauen (vgl. **Blandow** auf Rügen), in Württ. 1160 (heute **Blanbach** b. Malmsheim), in Belgien (heute Blombay, 533 *Blandibaki),* bei Calais *(Blandeca),* auch (als ON.) in Tarragonien, Lukanien, Liburnien.

Dazu in Ligurien: *Blandeno* (wie *Andeno* a. Etsch, *Armeno* b. Trient, *Toleno* in Sabinum, lauter Bachnamen), in Gallien: *Blandiacum, Blandevilla* 1150, in Flandern: *Blandinium*/b. Gent.

Zum Wortsinn vgl. spanisch *blando* „weich", lat. *blandire* „schmeicheln", grödnerisch *blandé* „befeuchten". Zu *bland* (neben blad) vgl. auch *and* (neben ad), *gand* (neben gad), *rand* (neben rad), *mand* (neben mad), *wand* (neben wad), lauter prähistor. Bezeichnungen für Wasser, Sumpf u. dergl.

Blenhorst i. Westf. nebst Blanhorst meint wie alle horst-Namen „feuchtes, modriges oder sumpfiges Gehölz" (vgl. Bladen-, Koden-, Mussenhorst, auch Scharnhorst u. v. a.). Ebenso *Blennei* i. W. analog zu Elsey, Postey usw. (ei meint „Wasser, Aue"). *blan,* als Wasserwort deutlich auch in *Blane-cumbe, ford, worth, -wood* (nebst **Blaney**) in England, ist vor allem auf keltoligur. Boden bezeugt: vgl. Blean/Irland (irisch *blean* = geul „Schmutzwasser"), *Blanum* (6. Jh.) in Frkr., wo auch *Blaniacus, Blanoilum, Blanuscus, Blanis:* Blainville a. d. Meurthe wie Blandevilla/Vogesen (vgl. Fluß Glanis: Glain); dazu *Blaniobriga* und *Blanona* (Ptolemäus) wie das venet. *Flanona.* Auch **Blein** *(Blani-)* b. Kreuznach, die **Bleines** *(Blanisa)* zur Erft/w. Köln und **Blens** b. Düren gehören hierher. Zur Variante *blen* vgl. griech. *blennos* „Schleim", lat. *blennosus* „schleimig" und *Blenina*/Arkadien. Zur Erweiterung *blans* (vgl. *an: ans!)* gehört **Blansingen** b. Müllheim/Baden analog zu Ensingen, Münsingen, Gensingen a. Nahe.

Blerick, Blerichen siehe Blersum!

Blersum, Moorort im Jeverland, entspricht Dersum i. Westf. (-um = -heim), wo der-s ein prähistor. Wort für „Moor, Morast, Schlick" ist. Zu vergleichen ist *Blera* in Etrurien (!) sowie *Blerichen* b. Köln analog zu **Blerick** a. d. Maas b. Venlo/Holld (ven = Moor!), das urkdl. *Blariacum* hieß. Eine Variante zu *blar, bler* ist *blor* in *Blore* (Elsaß u. England).

Blessenbach b. Weilburg a. Lahn und **Blessenohl** b. Meschede (analog zu Bamen-ohl/Lenne) nebst **Blessem** a. d. Erft b. Euskirchen (in uraltem ligur.-kelt. Siedelgebiet!) enthalten ein vorgerm. Sumpfwort *bles,* wie das parallele *bam* und der Zusatz *-ol* bestätigen; vgl. die Variante *blas!* Zu Blessenbach stellt sich als sinnverwandt **Bessenbach,** Massenbach, Wissenbach; zu Blessem: **Vussem,** Üdem, Mehlem usw. Zu *bles* siehe auch unter **Blies!**

Blettenbach siehe Blattenbach!

Blickstedt nö. Kiel, **Blickwedel** zwischen Ülzen u. Celle, **Blickweiler** a. d. Blies/Pfalz, „Auf dem Blick (Bleck)" a. d. Twiste siehe Bleckede!

Bliedungen a. d. Helbe, in der fruchtbaren „Goldenen Aue", einer alten Sumpfniederung nördl. der Unstrut, entspricht den übrigen nordthür. Ortsnamen auf *-ungen* wie Heldrungen a. d. Heldra, Thyrungen (a. d. Thyra), Gerstungen a. d. Gersta, Madelungen a. Madel, Madungen (zu mad "Moder") usw., enthält also ein Wasserwort *blid* wie *Blidenbach:* **Bleidenbach** b. Nassau/Lahn u. *Blidenstat:* **Bleidenstadt** nö. Wiesbaden; dazu auch *Blidriche*/Rhld wie die sinnverwandten *Duveriche, Everiche, Boderiche, Medriche* ebenda. Blied heißt ein Arm der Breusch im Elsaß. Ein Polderwasser *Blytha:* **Blije** begegnet in Holland, ein Fluß *Blide*: **Blythe** (vgl. kymrisch *blith* „Milch"!) in England mit den ON. **Blideford, -wurth, -bury,** *Blida, Blidinga, Blithen-hale* (Blethnall) analog zu Bucken-, Hucken-, Suckenhale (Sugnall), lauter Sinnverwandte! Für den Begriff des Weichen in *blid* vgl. auch die Varianten *bled* in Fluß *Bledona:* Bléonne/Frkr. u. *Bledney*/E. sowie *blad* in Fluß *Bladene*/E., *Bladenhorst* usw. (auch *Bledesbach*/Kusel, **Bledeln** b. Hannover. Vgl. βλίτον: das Weiche der Blätter! *Bledan-hlaw*/E. wie Cudan-, Hodan-, Lortanhlaw!

Blies, Nbfl. der Saar, mit **Bliesen** und **Blieskastel** hieß urkdl. *Blesa* (wie die **Blaise,** zur Marne), ist also vorgerm. Herkunft; auch *Blesum:* **Blois** a. Loire und *Blesinon* auf Korsika, also auf ligur. Boden, bestätigen es. Dazu **Bliesheim** (1059 *Blisena,* wie Werheim: Wirena) a. d. Erft b. Euskirchen, wo auch **Blessem** liegt. Siehe auch Blessenbach, Blasbach.

Blindheim am Donauried (!) nordöstl. Dillingen verrät schon durch die Nachbarorte Glauheim, Gremheim, Tapfheim, daß ein Gewässerwort zugrunde liegt. **Blindgallen** a. d. **Blinde** in Ostpr. bestätigt es; vgl. **Blindow** am Ückerbruch nö. Prenzlau (analog zu Bindow, wo *bind* gleichfalls Wasserwort ist). Ein **Blindsee** liegt in Tirol („da Seen keine

Augen haben, können sie auch nicht blind sein", bemerkte schon vor 100 Jahren treffend der Namenforscher Obermüller!). Ein **Blindenbach** fließt zum Würzbach/Enz in Württ.; er ist nicht anders zu beurteilen als der Bodenbach, der Deutenbach, der Daukenbach, der Hattenbach, der Ettenbach, der Luttenbach, der Madenbach usw. alles Ableitungen von uralten Wasser-, Sumpf-, Moder- oder Schlammbezeichnungen! Ein idg. *blind* ist in der Tat gesichert durch irisch *blinn* „Schleim", das ein keltisches *blind* voraussetzt! *Blindhurst*/England meint also „modriges Gehölz" (analog zu *Blenhorst, Midhurst, Selehurst, Scharnhorst,* lauter Sinnverwandte). Vgl. auch die Variante *bland* unter Blender! **Blindert** b. Adenau (Ahr) beruht auf *Blinderath (-rod)* analog zu Astert, Rettert usw. **Blintrop** (Lenne) stellt sich zu Küntrop, Finnentrop ebda (-trop = dorp).

Blotzheim im Elsaß (nw. Basel) - vgl. **Blatzheim**! - wird verständlich durch den **Blotzgraben** (Zufluß der Fulda). *blotz* (vgl. *slaw. blot!)* meint „Sumpf" (so noch im Eifeldialekt!); vgl. dazu *mot: motz!*

Böblingen westl. Stuttgart (wo auch Möttlingen, Aidlingen, Heuchlingen, lauter Sinnverwandte!) wie **Böbingen** am Kocher (wo auch Iggingen, Göggingen, Schechingen. desgl.) und **Bobingen** a. Wertach/Lech (wo auch Inningen, Wehringen usw.) verraten durch ihre Häufung wie durch die genannten Parallelen, daß ein Naturwort, eine Gewässerbezeichnung zugrunde liegt. Gleiches gilt für **Bübingen**/Saar (wo auch Bettingen, Fechingen, Güdingen, Kriechingen, Möhringen, lauter Sinnverwandte, *bub* als Wasserwort bestätigen: Bübingen beruht auf vorgerm. *Bubiacum* (so a. 981 a. d. Mosel!) wie **Tübingen** (an Neckar und Ammer!) auf *Tubiacum* (zu tub „Kot", Fluß Tuva/Frkr.), **Schäbringen** auf *Scabriacum* (scabr „Schmutz) und **Lüttingen**/Lothr. urkdl. auf *Lutiacum* (lut „Schlamm"). *bubu* meint noch südromanisch „dicke Flüssigkeit", *boba* „Eiter", *bobbia* „Brei" (vgl. **Bobbio**/Italien), dazu die *Bubetani,* ein Volk in Latium, der Bachname *Bubula* (mehrfach in Gallien!) u. ON. *Bublione:* **Bouillon** (Belg. u. Lux.), auch *Bub-sele* 1188 in Belgien (wie Mor-sele, Her-sele, Dude-sele ebda, alle auf sumpfig-mooriges Wasser bezüglich).

Und so entspricht *Bufnang* (heute **Baufnang**/Württ.) dem synonymen Backnang a. Murr, zu der ein **Bufenbach** fließt! Dazu das **Bufbächle** (z. Biederbach/Elz in Baden); ebenso **Bufleben** b. Gotha den dortigen Sinnverwandten Molsch-, Nott-, Trüg-, Tütt-, Wiegleben!

Siehe auch *bov* unter Boverath und *bav* unter Babstadt!

Bochingen/Neckar (Süd-Schwarzwald) stellt sich zu Balingen, Dettingen, Hechingen, Mössingen, Mühringen, Vöhringen im selben Raume, lauter Ableitungen von Wasser-, Moder-, Sumpf-Bezeichnungen. Zu *boch, buch* vgl. irisch *bocc* „weich, modrig", altbret. *buc* „faulig, modrig". Daher auch **Bochum** (altkeltische Gegend!), nicht = Buchenheim! Ein **Böchingen** liegt b. Landau/Pfalz.

Böddiger b. Wabern/Kassel hieß *Bodegern* „Sumpffeld" wie *Swale-gern:* heute Schwelgern/Ruhr und *Walegern:* Welgern i. W., denn auch *swal, wal* sind Sumpfwörter. Vgl. auch Edegern/Mosel, *ed* = Sumpf!

Böddenstedt b. Ülzen und **Böddensell** b. Helmstedt enthalten *bod, bud* „Sumpf, Morast".

Bodelschwing i. W. hieß *Budelswich (bud:* „Morast"). *Budelio:* Budel/Maas!

Bode, Harzflüßchen, urkdl. auch *Bade,* gehört zu idg. *bod (bad)* „Sumpfwasser".

Bode b. Ülzen hieß 1149 *Bodwide* „Sumpfgehölz"! Vgl. den Wald *Bodenlohe!*

Bodenbach (mehrere Bäche in Württ., Westerwald usw.) meint „sumpfiges Wasser" (vgl. ndl. *bodde* „Morast"). Dazu auch *Bodenbeke:* **Bombeck** i.W. und *Bodene:* **Böen** i. W. (wie *Bidene:* Bienen i. W.). Deutlich sind *Bodelake, Bodegrave.* Der **Bodensee** ist nach dem Uferort Bodman *(Bodama)* benannt.

Bödigheim a. d. Seckach (Jagst) stellt sich zu Bietigheim, siehe dies!

Bögeholz (1590 *Bogeholt)* in Lippe, bisher ungedeutet, entspricht *Aneholt, Beleholt,* Wachholz *(Wakholt),* Diepholz, Siekholz, Wahlholz, lauter Sumpfgehölze! Vgl. engl. irisch *bog* „Sumpf". Dazu *Boggi:* Bögge und *Bogadium* i. W., **Bogel** ö. St. Goar, *Bogilo* b. Nizza. *Bogastalla/*Gent!

Bögge, Bögen siehe Bägen! **Bogen** a. Donau siehe Bögeholz!

Böhme, urkdl. *Bomene,* Nbfl. der Aller, im prähistor. Raume Soltau-Fallingbostel, mit den Orten Böhme, Bomelsen und **Bomlitz,** gehört deutlich zu den vorzeitlichen Flußnamen *Bilene* (Bille), *Fusene* (Fuse), *Arsene* (Erse, Ahse), *Wimene* (Wümme), *Gardene, Abene, Sidene* (Siede), lauter Sinnverwandten für sumpfig-mooriges Wasser. So auch *bom,* dem Wörterbuch unbekannt! *Bom-mere, Bomkreek, Bomsloot, Bombraak* in Holland bestätigen es, zumal die dortige Gegend „het Land de **Bom**" genannt wird! Ebenso das Kollektiv *Bomede* in Gelderland (wie *Bomethe* 1147 b. Osnabrück) analog zu Velmede, Sermethe, Tremethe usw. **Bohmte** a. d. Hunte hieß 1446 *Bomwede* (mit brok!), 1086 *Bamwide,* analog zu Lemwede, Merwide, Bodwide usw., lauter „sumpfige, modrige Wälder". — Daß die Variante *bam* dasselbe meint, ergibt sich aus *Bam-furlong/*England, d. i. „Modergraben" wie *Cletefurlong, Crestefurlong* usw. Eine *Bamestra:* Beemster fließt in Holland, mit prähistor. Suffix wie die Alster; eine **Bamlach** zur Dreisam in Baden (mit gleichn. Ort: urspr. **Bamenanc,**

vgl. Schröder S. 229). So wird auch *Bambach* a. 981, heute **Baumbach** b. Rotenburg a. Fulda verständlich (auch Name mehrerer Bäche Bombach, Baumbach in Hessen); ein *Bambiki* 1066 in Westf. Dazu *Bammagen:* **Bombogen** b. Trier.

Bolchen siehe Belchen!

Bolheim a. d. Brenz/Schwaben entspricht Fleinheim, Nattheim, Schnaitheim ebenda, alles Ableitungen von Wasserbegriffen. *bol* (nicht zu verwechseln mit obd. bol „Hügel" in Binsenbol, Bettenbol) ist als Sumpfwort (vgl. *bel, bil, bal, bul)* auf ligur. Boden nachweisbar: denn *Bolincum*/Ob. Italien (Bolengo) ist synonym mit *Marincum* (Marengo), *Donincum, Sanincum*/Korsika usw., lauter Sinnverwandte! Dazu *Bolentium*, mit ligur. Endung und *Bola:* Beule/Seine. So werden die süddt. **Boll(en)-bäche** verständlich; auch Bollenbach a. d. Blies (analog zu Hollenbach (z. Kinzig, z. Argen usw.), vgl. das Hollenmoor!) und **Bollendorf** b. Bitburg/Eifel; auch **Bollweiler**/Ob.-Elsaß (wie Morschweiler, Korweiler usw.), **Bollingen** b. Ulm (wie Finningen, Mödingen, Schabringen am Donauried), und das mehrfache **Boll**/Württ., **Bollstedt**/Unstrut entspricht Sollstedt ebda. (nebst Bruch-, Hüp-, Klettstedt, lauter Sinngleiche). Zu **Bollen** a. Weser b. Bremen vgl. **Hollen** b. Verden (hol = Moor!), zu **Bollensen:** Pattensen, Wettensen, Engensen; zu **Bolsehle**/Weser: Bul-, Bil-, Har-se(h)le. Nicht zuletzt das deutliche **Boll-moor** ö. Hamburg (an mehreren Seen), wie das Haßmoor, das Hävelmoor usw. Eine *Bölle* fließt zur Leine nö. Northeim.

Bölhorst siehe **Belm!**

Boll-moor siehe Bolheim! **Bollenbach, Bollingen** siehe Bolheim!

Bollingstedt wie Hollingstedt sind „Moor-Orte" im Gebiet der Treene/Schleswig, die selber „Moorwasser" meint! -ing ist sekundär wie auch in Tellingstedt am Moorgebiet der Eider/Dithmarschen (vgl. *Telinghorst, Telingmer:* Tellmer b. Lüneburg). *bol, hol, tel* meinen „Moor, Moder"!

Bollstedt a. d. Unstrut entspricht Sollstedt, beide b. Mühlhausen. *bol- sol* = Sumpf, Moor. Vgl. auch **Bellstedt** a. d. Helbe (*bil, bel* „Sumpf").

Bolstern, Quellort b. Saulgau *(Sulg* „Sumpf") in Württ. enthält ein Sumpfwort (vgl. ligur. *bol!),* wie aus dem Wiesennamen „Im Bolster" am Neckar erkennbar. **Bolsternang**/bayr. Schwaben meint also „sumpfiger Wiesenhang". Zu **Bolstrach**/Schweiz vgl. die sinnverwandten Ostrach, Istrach u. ä. Ein *Bolsterbach* 1191/93 (z. Ammer/Württ.). Ein *Bülstringen* ö. Helmstedt (wie Horsingen, Flechtingen ebda).

Bombach, Bombogen, Bomlitz siehe Böhme! **Bombaden** siehe Banfe!

Bommern (urkdl. *Bodenbure)* a. Ruhr entspricht *Bedenbure:* Bembüren b. Höxter; *bod, bed* = Sumpf.

Bön(en), urkdl. *Bodene,* siehe **Bottwar!**

Bonrath meint dasselbe wie **Benrath** und alle übrigen rhein. Namen auf -rath (d. i. -rode): nämlich Rodung an sumpfigem Wasser. Auch *Bonschlade* b. Gladbach (wie *Bunschlade*/Engld) bestätigt *bon* als (vorgerm. u. kelto-ligur.) Sumpfwort. So werden verständlich **Bonlanden**/Württ., **Bonstetten** b. Augsbg., **Bonnweiler,** die *Boninaha* (wie die *Ankinaha),* **Bonamös** b. Nidda; zu **Bonn,** Bonndorf vgl. Bonnenbroich! Eine *Boneta:* Bonnette fließt in Frkr., wo auch *Bonoilum* (wie Vernoilum, vern „Sumpf"!), *Bon(n)ava* und *Bononia:* Boulogne (und Bologna!) wie die Aronia, Agonia, Limonia und *Bonorto* 670 wie Camborto 860 den Wortsinn bestätigen! Vgl. auch *Bonnerveen* in Drente (nebst Eexter, Gieter veen). **Bönstadt** *(Benestat)*/Wetterau siehe Benrath!

Bonstetten b. Augsburg u. b. Zürich siehe Bonrath! Vgl. als Sinnverwandte: Heuchstetten, Erbstetten, Lotstetten usw.

Bopfingen am Ries westl. Nördlingen läßt sich nur im Rahmen der zugehörigen -ingen-Orte desselben Raumes verstehen, wie Röttingen, Wechingen, Möttingen, Finningen, Elchingen, Merkingen, Deggingen, Schabringen, Mörslingen, Bissingen, Dettingen, Memmingen, Zöschingen usw., lauter Sinnverwandte, nämlich Ableitungen von Wasser-, Moor-, Moder- oder Sumpf-Bezeichnungen! Vgl. auch **Opfingen** im Breisgau *(op* ist vorgerm. Wasserwort!)

Boppard am Rhein beruht auf keltisch *Bodobriga* (zu *bod* **„Sumpf"**); **ebenso Bupprich** b. Trier. Vgl. **Bouderath** wie Möderath, Schelmerath.

Borbeck b. Essen/Ruhr hieß 801 *Borchbeki,* d. i. „Sumpfbach"! Burgen gab es damals noch nicht! Zu *burk* siehe Borken!

Bördel *(Burdala)* siehe Bordesholm!

Bordesholm, gelegen an großem See (wo auch Wattenbek, zu wat „Sumpf"!) halbwegs zwischen Kiel und Neumünster am Oberlauf der Eider, ist gebildet wie *Bordeslo* b. Fallingbostel (vgl. *Odeslo,* od „Wasser") und *Bordesleg*/England (vgl. *Bardesleg, Huckesleg* usw.), wo schon *lo, leg* auf sumpfiges Gelände deuten. *bord* ist wie *bard* und *burd* ein verklungenes hochaltertümliches Wort für Sumpf- oder Moorwasser (vgl. auch galloromanisch *borda* „Riedgras", 8. Jh.).

Als Fluß- und Seename begegnet *Bordine:* heute **Boorne** in Holland, ein Bach *Borden-ou* 1260 b. Minden a. Weser, ein *Bordene* in England; ein *Borda* bei Paris. Dazu *Bordewyk* i. Westf., *Bordewisch* „Riedwiese" 1682 b. Rahden nö. Lübbecke; mit r-Suffix *Bordhere* 1241 b. Schlüsselburg/Weser (alt Slotesborch: *slot* „Morast"!), wie *Verdere, Blandere* u. ä. Synonyma; auch *Bordhrun* 9. Jh.; **Bördel**, Landstrich b. Schapen ö. d. Ems. Ein **Bordenau** a. d. Leine am Moor des Steinhuder Meeres!

Börger (urkdl. *Burgiri,* ein Gehölz) mit Börgermoor (!) am Hümmling und **Borger**/Drente (1381 *Borgheren,* wie Velheren, vel „Sumpf") enthalten ein bisher unbeachtetes Gewässerwort *burg, borg* (ablautend zu *birg, berg, barg!*) aus prähistor. Zeit, bezeugt mit dem Gewässer *Burgh* 1370, 1258 in Holland (Schönfeld S. 181), später *Borgsloot,* sowie *Borgvliet!* Eine Gracht „die *Burgel*" in Kampen! Dementsprechend **Bürgel** (1019 *Burgela)* im Bergischen (wie Langel, Mickeln ebda!) und **Borgeln** *(Burgelon* 1166) b. Soest mit Sumpfsee! (lacus, quem vulgo *Broil* vocant). Zu **Borgler** i. W. vgl. *Burgelier*/Yonne, *Burclari,* 9. Jh. Fldrn. Auch **Borgelde** (Holld.). *Burgolium*/Bourgueil am Lotion entspricht *Vernolium (vern* „Sumpf")!

Borken in Westf. (a. 1000 *Burcnun)* und Hessen (b. Fritzlar) wie **Burken** und Burkwang in Württ. und **Berken** ebda (a. d. Jagst) enthalten dasselbe prähistor. Wasserwort *burk, berk* wie **Börkede** b. Schwelm (mit Kollektivsuffix wie Bleckede, Dritede u. ä., alles Sinnverwandte), auch die Insel **Borkum** (*Burchana* b. Plinius). Bestätigend sind *Burkmeer, Burclar* 630/Fldrn, *Borculo* a. Berkel u. der *Burucbac* 926 (z. Elz/Baden).

Borler b. Adenau (Ahr) stellt sich zu *Cur-lar, Ber-lar, Lie-ler, Wewe-ler, Mar-lere* (Marlier), lauter „Sumpforte". Siehe unter Burbach!

Bormecke siehe Burbach!

Bornich b. St. Goar a. Rhein wie *Bornacha* 1182 (**Borny** b. Metz) u. *Burneche* 893 b. Trier erweisen sich geogr. und morphologisch (durch das k-Suffix) als vorgermanisch, — Erweiterung zu *bur, bor* (= bar, ber, bir) „Sumpf, Moder"! Vgl. *Corniche:* Körrig/Saar (z. Flußn. *Corno*/It., *Borno*/Maas).

Borsfleth, Borsum, Borscha, Börste siehe Bursfelde!

Börstingen b. Nagold (wie Baisingen, Dettingen, Schietingen ebda) siehe Bursten! Eine **Börstlach** fließt zur Schwippe/Württ.

Borsum siehe Bursfelde!

Bösel *(Bose-lo)* am Veene-moor sw. Oldenbg entspricht *Rose-lo* (Reuzel/ Holld), *bos* ist also = *ros* „Sumpf", bestätigt durch *Bose-mere, -cumbe, -leg, -worth* in England. Vgl. auch den ligur. *Bosinc* (die Ohe b. Künzig), auch die *Bosna* (z. Save).

Bosenbach siehe Basmoor! **Bösensell** siehe Basmoor!

Bösperde *(Burspede)* siehe Bursfelde!

Böttigheim im Taubergrund (wo auch Dittigheim, Eubigheim usw.) siehe Bietigheim! **Böttingen** siehe Bettingen: Bettwar!

Bottenbach, Bottnang siehe Bottwar!

Bothmer im Leine-Aller-Winkel enthält, worauf schon *mer* deutet, das verklungene Sumpfwort *bot (bod)* wie **Bothfeld**/Hann. und **Bothel** am Wümme-Moor!

Bottwar a. d. Bottwar (z. Murr) in Württ. (wo noch im 3. Jh. Kelten bezeugt sind!) hieß bis um 1400 *Botebor*, 873 *Bodibura*, und entspricht mit Ablaut **Bettwar** a. d. Tauber (der keltischen *Dubra)*, urkdl. *Bedebur* (siehe unter Bettwar!). Zur Bedeutung vgl. altprov. *bedosca, bodosca* „Kot"! (span. budeo: „Pfütze"). *bod* „Kot, Morast, Sumpf" begegnet ligur.-keltisch mit *Bodincus* (dem ligur. Namen des Padus oder Po, - auch pad meint Sumpf!), mit *Bodetia*/Oberit. (wie Bonetia, Brugetia, Lutetia: Paris, lut „Schlamm"), *Boderia*/Schottld und *Bodobriga:* **Boppard** a. Rh. und **Bupprich** b. Trier. So werden verständlich: *Bodinga*/Lothr., *Bodegern:* **Böddiger** b. Wabern/Kassel (wab = Sumpf) wie Swalegern: Schwelgern/Ruhr (swal = Sumpf); auch *Bodester:* **Beuster**/Elbe.

Bodene: **Boen** b. Leer a. Ems u. **Böenen** b. Bögge i. W. entspricht *Bidene:* Biene/Ems (zu *bid = bed, bod, bud, bad* „Sumpfwasser"). Deutlich sind *Bodemar, Bodelake, Bodegraven* in Holland (holld. bodde „Morast"). Dazu *Bodenbure:* Bommern/Ruhr, *Bodenlohe* (Wald b. Rüthen/Möhne), *Bodenbeke:* **Bombeck** i. W., Bodenbach im Westerwald, die **Bodenbäche** in Württ.; auch **Bottenbach**/Pfalz (wie der Bettenbach), **Bottnang** b. Stuttgart/Württ. (wie Bettnang!), **Bottwar** wie Bettwar. Der **Bodensee** ist nach dem Uferort Bodman: *Bodoma* (um 800) benannt.

Bovenden siehe Boverath!

Boverath b. Daun/Eifel wird verständlich im Rahmen der übrigen zahlreichen rhein. Namen auf *-rath* (d. i. *-rode)* wie Möderath, Kolverath, Randerath, Schelmerath, lauter Ableitungen von Gewässerbezeichnungen für Moder, Moor, Sumpf. Zugrunde liegt ligur.-kelt. *bov* (roman. boba „Eiter frz. *boue* „Schlamm", vgl. die *Boviates* in Ligurien, *Bovianum* (Bojano) in Samnium, Fluß *Bovi*/Brit. mit den ON. *Boviet, Bovewood, Boveney* (analog zu Coveney, Oveney, zu *cov, ov* „Sumpf"!) und *Bove-cumbe*/ England (analog zu Love-, Cude-, Madecumbe, lauter Moor- und Schlammtümpel!). Auch die Parallele *Boviniacum:* Bouvigny - *Saviniacum:* Savigny in Frkr. bestätigt den Wortsinn (bov = sav, d. i. feuchter Schmutz). Vgl. auch das deutliche *Bovenmoor* a. d. Oste, *Bovenbeke* 1257 in Schaumburg und *Bovenden* a. Leine b. Göttingen (auch in England!).

Boxbrunn siehe Buxbach! **Brabant** siehe Bracht!

Brachbach (an der Sieg, an der Jagst und an der Werra) enthält ein idg. Wasserwort *brac* (vgl. lat. brac-, irisch bracht „weiche Masse", auch *bric,* *brec, broc)*, wie kelt. *Bracara*/Spanien (Keltenstadt) und ligur. *Bracoscus* (neben Bricoscus). So auch der alte Landschaftsname *Brac-bant:* heute **Brabant,** d. h. „sumpfiges Wiesenland", nicht anders als Bursibant und Teisterbant! Vgl. **Brabeck**/Sauerland. Dazu **Bracheln** b. Geilenkirchen/ Ndrh., beruhend auf *Brac-loh* „sumpfiges Gehölz" (vgl. *Braclog* silva 801 in der Velau!) und **Brachtrup** i. W. Als Spuren vorgerm. Bevölkerung verraten sich durch die Endungen *-ina und -isa: Brachina* 772 (heute **Brechen** am Emsbach/Lahn) entsprechend der *Fachina, Fechene* (der Fecht im Elsaß, fach = Moder!), und *Brachisa* 959 (der **Brexbach** b. Sayn) entsprechend der *Juchisa* oder Jüchse/Thür. (juch = Jauche). Vgl. auch Brackenheim a. d. Brack b. Lauffen/Neckar und Breckenheim b. Wiesbaden.Auch *Brakena, Digena, Rupena*/Schelde sind Synonyma.

Bracht (850 *Brahtaha),* Zufluß der hess. Kinzig vom Vogelsberg her, enthält ein prähistorisches, dem Wörterbuch unbekanntes *bracht* (zweifellos Erweiterung von *brac* „Sumpf, Moor"). Ebenso — mit *apa* „Bach" eingedeutscht — **Brachtpe** b. Olpe (in ältestem Siedelgebiet!) und *Brachtefe:* jetzt **Bracht** b. Marburg, auch b. Meschede, St. Vith usw. Dazu **Braschoß** b. Siegburg (wie Merschoß, d. i. „Sumpfwinkel"), **Brabeck** b. Recklgh. *(Brachtbeki),* die **Brachtenbeck** (zur Lenne), Brachtenbach/Lux., Brachtendorf usw. Als sinnverwandt mit *bracht* vgl. *smacht* (Schmacht im Solling) und flacht (Flachtungen usw.). Eine Moorlandschaft **Brechte** südl. Bentheim.

Brackenheim siehe Brachbach!

Brackede b. Lüneburg entspricht Bleckede ebd. (a. Elbe), Hachede a. Elbe usw., alle auf Moder und Sumpf bezüglich. Dazu auch **Brackstedt** am Barnbruch b. Wolfsburg, **Brackwede** („Sumpfwald") b. Bielefeld und die verschiedenen **Bra(c)kel** in sumpfig-marschigen Gegenden (*Brak-lo*). Siehe auch Brachbach!

Bramsche in den Moorgebieten der Hase und der Ems entspricht den morphologisch zugehörigen Sinnverwandten *Bardesche, Heldesche, Liedesche, Mepesche, Schildesche, Schornesche, Ternesche. bram* (mit kurzem a! bisher mit altdt. brām „Dorn- oder Brombeerstrauch" verwechselt!) ist also Synonym für „Moor", „Moder", wie schon das ligur. *Bramoscus* beweist (analog zu *Bracoscus* 976, *Bricoscus, Baroscus* 986 usw.); vgl. die Varianten *brem* „Sumpf", *brom, brum* „Faulwasser" (mlat. bromosus „faulig, stinkend", brumalia „stagnierendes Wasser").

Dazu der Wald **Bram** b. Bonn, **Bramey** b. Unna (wie Saley), die *Bramaha* 819 im Odenwald (zur Mudau! mud = „Moder"), die **Bramau** beim Moorort **Bramstedt**/Holst., *Bramlage* 1498 b. Moorort Vechta i. O.,

Bramhorn a. 1000 (**Bramhar**) b. Lingen/Ems, *Bram-seli* 9. Jh. b. Schwelm, auch *Bramaren* um 1000/Thür. *Bramford, Bromeleg*/E.

Bran(d)bach, Brandschied siehe Brenig!

Braschoß *(Brahtschoß)* siehe Bracht!

Braubach a. Rhein wie der **Braubach** *(Bru-bach)*, Zufluß des Mains b. Frkf. den man noch kürzlich als Zeugen einstigen Brauereibetriebes werten wollte (so H. Krahe), obwohl schon vor 100 Jahren W. Arnold die Herkunft aus vorgerm. Zeit erkannt hatte, ist in Wirklichkeit ein mit -bach eingedeutschter prähistor. Gewässername *Bru*, so z. B. in Britannien: 744 *Bru*, heute **Brue**; vgl. ON. *Brua* 445 am Ndrhein, *Bru*/Vogesen und Fluß *Bruenna* in Frkr. (wie Nivenna/Calais u. Ravenna, Tavenna/ Ob. It. lauter Sinnverwandte für Sumpf, Moder u. dergl. Auch das wurzelhafte *bru* meint nichts anderes, mit dem Begriff des Vergorenen oder Gärschmutzes (vgl. unser brauen, Brühe, brunzen), also Lauge oder Schmutzwasser. Eine *Bru-beke* begegnet in Waldeck, eine *Bru-wiese* 1450 im Kr. Dieburg, ein *Bru-mare* in der Normandie. Dazu **Bruschied** b. Simmern/Nahe (wie das synonyme Huschied/Eifel!), **Bruscheid** i. W., **Brubach** im Elsaß (b. Schlierbach, schlier „Schlamm"!), **Brauweiler** b. Köln, wie Aß-, Ant-, Ahr-, Bar-, Bett-, Hott-, Kor-, Zinsweiler a. Zinsel.

Braunlauf *(Brunafa)* siehe Brünen! **Brebber** siehe Bredelar!

Brechen (772 *Brachina)* siehe Brachbach!

Breckenheim b. Wiesbaden stellt sich zu Delken-, Erben-, Budenheim ebda, lauter Ableitungen von Wasserwörtern. Zu *delk* vgl. die *Delkana:* Dalke, zu *brek* vgl. kelt. *em-brek-to* „Eingeweichtes"! Varianten sind *brik (Brica:* die Brèche/Frkr.) und *brak, brok. Breckland*/Brit.: sumpfig!

Bredelar b. Brilon, in prähistorischer Siedelgegend, gehört in eine Reihe mit *Ankelar, Badelar, Covelar, Mudelar, Ovelar, Roslar, Dreislar, Geislar* usw., die durchweg Wasserwörter enthalten. Als solches ist auch *bred* gesichert, so durch die Flüsse *Bredanna, Bridene* (heute Brenne/Frkr.) und *Bredupe*/Litauen (wie Budupe, Alkupis, Kakupis, Rudupis ebda, lauter Synonyma für Sumpf und Schmutz); auch durch die Orte **Breda**/Brabant am Moor, *Bredaer Bruch*/Lemgo, *Bredene* 1087: *Breeden*/Flandern wie **Großen-Breden** westl. Höxter (in vorzeitlicher Gegend!), denen deutlich ein Bachname *Bredene* zugrunde liegt (vgl. *Bradene*/England und *Brudene*/Württ., — auch *brad* und *brud* meinen „Schmutz"!). Und so entspricht *Bredenem (-hem):* **Bredelem** b. Goslar den Sinnverwandten Adelem, Luckenem (Lucklum) u. ä. Zu *Brethbere:* **Brebber** b. Verden/Aller vgl. Swekbere: Schwöbber und Retbere: Rabber, alles Sinnverwandte!

Bregenz, Brege, Bregenbach siehe Brigach!

Breisach a. Rhein ist das keltische *Brisiacum,* wie auch **Breisig** a. Rhein südl. Sinzig (kelt. *Sentiacum,* wo *sent* Wasserwort ist!). So auch *bris,* vgl. die Nymphe *Brisa!* Ein Wald *Brisagus* in den Alpen. Dazu **Brischweiler/** Sundgau (wie Morschweiler ebda, zu morsch „Sumpf, Moder"!). Vgl. auch die *Bristrafa:* Preisdorf im Siegerland und *Bristrich:* Preist b. Bitburg/Eifel. Ebenso die *Astrafa:* Asdorf.

Breitungen a. d. Werra b. Schmalkalden (auch an der Goldenen Aue, dem einst sumpfigen Helmetal!) wird nur dann verständlich, wenn wir die zahlreichen sonstigen Namen auf *-ungen* im nordthür. Unstrutraum vergleichen, wie *Bliedungen, Barungen, Bodungen, Dudungen, Erungen, Fladungen, Heldrungen, Gerstungen, Faulungen, Kaufungen, Leinungen, Morungen, Rüstungen, Schiedungen, Teistungen, Wechsungen,* die sämtlich auf Wasser, Sumpf, Moor, Moder usw. Bezug nehmen! Dieser Systemzwang läßt auch für Breitungen keine andere Deutung zu: *breit* meint „Moder, Moor, Sumpf" (vgl. *bred!* unter Bredelar!). Zu demselben Ergebnis führt der Vergleich von **Breitgen** b. Waldbroel/Sieg mit *Büttgen, Rüttgen, Littgen, Schildgen, Elfgen* im Rhld, lauter Sinnverwandte (urspr. *Budica, Rudica, Lidica* usw.); desgl. **Breitscheid** (b. Bingen, Herborn, Linz a. Rh., Düsseld., Wissen) verglichen mit den übrigen Namen auf *-scheid* (= Wald) wie *Bar-, Brau-, Der-, Eb-, Hott-, Hu-, Kur-, Mer-, Per-, Pungel-, Sel-, Wan-, Wattenscheid,* alles Ableitungen von Wasser- und Sumpfbegriffen! Dazu **Breitingen** b. Ulm (wie *Bredinge* 1101 b. Werdohl/Lenne); auch Rotenburg a. Fulda hieß urspr. *Breitingen!* **Zu Breydt** b. Siegbg. vgl. Rheydt.

So wird auch die auffallende Tatsache verständlich, daß die **Breitenbäche** ausgesprochen schmale, kleine Quellbäche sind (vgl. E. Schröder S. 358) und die gleichnamigen Orte am Oberlauf unbedeutender Gewässer liegen (so b. Schlüchtern, Wetzlar, Kassel, Hersfeld, Bebra, Höchst).

Bremen am sumpfigen Unterlauf der vorgerm. Weser „gehört noch zu den ganz dunkeln Namen", meinte einst E. Förstemann. Eine **Breme** fließt bei Geisa/Hünfeld (mit Ort Bremen), auch b. Duderstadt und b. Alzey. Dazu **Bremen** bei Soest u. Minden. Auch Brehmen am Brehmbach in Baden. Die **Bremschlade** (eine Sumpfstelle a. d. Nienze b. Frankenberg/ Eder) und der **Bremenpfuhl** im Elsaß verraten uns den Wortsinn „Sumpf". Dazu Bremelbach/Elsaß, auf'm Brehm und Bremengraben (Flurnamen) in Hessen, **Bremhorst** i. W., Bremscheid b. Meschede u. Neuwied, **Bremoy**/Frkr., **Bremesgrave,** Bremeton, Bremenion, Bremetonacum in Brit. (mit Fl. Bremish). Vgl. auch in Ligurien: Fluß **Brembo** (zur Adda), Brembio b. Mailand; auch Bremm b. Cochem hieß Brembe.

Bremke (mehrfach) meint Bredenbeke, siehe Bredelar!

Brend siehe Brenz!

Brenden östl. St. Blasien/Schwarzwald ist vergleichbar mit **Brüden** am Brüdenbach b. Backnang, wo deutlich ein Bachname zugrunde liegt! Ein **Brendebach** liegt b. Wissen a. Sieg, und der **Brendenkopf** b. St. Blasien(!) meint dem entsprechend einen wasser- oder quell- und sumpfhaltigen Bergkopf, genau wie (der) Biedenkopf/Lahn, der Kudenkopf in Waldeck, der Uhrenkopf a. Eder, der Lauchenkopf a. Lauch/Elsaß. Prähistor. Herkunft ist damit gegeben; es dürfte das keltische *brend* (irisch brenn) „quellen" vorliegen. Auch der **Brenten** im Schwarzwald gehört deutlich hierher.

Brenig Kr. Bonn (und **Breinig,** wenn nicht Breidenich) entsprechen *Brenacus*/Rhone bzw. *Branica*/Italien, sind also Zeugen vorgermanischer Bevölkerung, und zwar Ableitungen von einem Wasserwort: kelto-ligur. *bran, bren.* Ein *Bran* fließt in Wales/Brit., eine *Branila* in Frkr., eine *Branica* in Italien, ein *Brenon* in Frkr., ein *Bren* zur Weichsel. So werden verständlich das **Brenbächlin** (zur Lauch) im Elsaß, der **Brensbach** (zur Gersprenz) ö. Darmstadt, der **Bran(d)bach** z. Main, **Brandscheid** b. Prüm neben **Branscheid** b. Waldbroel und **Brenscheid** (Lenne/Ruhr).

Brensbach, Brenscheid siehe Brenig!

Brenschelbach/Saar deutet auf eine vorgerm. *Braniscal* Vgl. den Brensbach!

Brenten (Berg) siehe Brenden!

Brenz, von der Schwäbischen Alb, wo auch der Kocher entspringt, durch Heidenheim, Giengen und Brenz zum Donau-Moos fließend, hieß *Brantia*, ist also vorgermanisch wie die **Enz** (*Antia*); vgl. auch die *Scantia* (Scance) in Frkr. Auch die **Brend** in der Rhön, deren Gewässernamen wie Streu, Ulster, Fulda, Felda aus grauer Vorzeit stammen, hieß *Brante* 889 und in Oberitalien fließt eine **Brenta!** Auf kelto-ligur. Boden haben wir in Südfrkr.: *Brantoilum, Brantosama* u. ä. (analog zu Vernoilum, Brigoilum, Belisama, Cantosama usw., lauter Sinnverwandte für Wasser, Sumpf u. dergl.).

Bretten im Kraichgau (1336 *Brettene),* mit gleichn. Fluß, verrät sich als keltisch durch die *Bretona:* Bretonne und die *Bretula:* Bresle in Frankreich; und somit auch die **Brettach** nö. Heilbronn mit den ON. Brettach, Brettheim, Brettenfeld und die Bodensee-Halbinsel **Brettnau** (wie die *Bitenau).* Mit obd. Lautverschiebung auch **Bretzingen** a. Erfa/Baden (wie Schwetzingen zu *swet* „Sumpf"), *Bretzwil* (Mutzwil), *Bretzenacker*, vgl. Bretzenheim a. Nahe (752: *Brittenheim!*). *bret* ist Variante zu *brit, brat, brut* „Schmutz- oder Sumpfwasser" (siehe unter Britten!). Vgl. auch die Bretonen und die **Bretagne**! *(Britania in paludibus!* Geogr. Rav.).

An der Unstrut (in vorgeschichtlichem Raume!) liegt **Brettleben:** urkdl. *Bretulaho!* also alter Bachname auf *-aha* „Wasser".

Bretzenacker, Bretzenheim siehe Bretten!

Breuna siehe Brünen!

Breusch, von den Vogesen her durchs Unter-Elsaß fließend und bei Straßburg in die Ill mündend, urkdl. *Briusca,* führt einen vorgerm. Namen, wie der Fluß *Bruscio:* **Brusson** in Frankreich und der ON. *Brusca* in Spanien lehren. Dazu gehört auch **Brüscheren**/Schweiz. *brusc* dürfte wie *rusc* (lat. ruscus „Binse") und *musc* (lat. muscus „Moos") etwa „Sumpfgras" meinen, — ein keltisch-lat. Wort, das ins Englische als *brush* „Borste" übergegangen ist, vgl. *Brushy furlong:* mit Sumpfgestrüpp bewachsener Graben! Eine **Brüskenheide** nö. Münster.

Brexbach siehe Brachbach!

Breyell (urkdl. *Breidele)* westl. Krefeld siehe Bredelar!

Brieden, Briedern, Briedel b. Cochem a. Mosel (urkdl. *Brid-, Bredala)* erweisen sich als Ableitungen von einem prähistor. Gewässerwort *brid* (als Variante zu *bred, brod, brud, brad!)* durch den Flußnamen *Bride* in Lothr. und England und die aufschlußreichen Komposita *Bridan-cumbe* 937, *Bride-mere, Brideford, Bride-, Brede-lep,* die alle auf schmutzig-sumpfiges Wasser deuten: bei *Bridemere* liegt noch heute ein Sumpf! *Bride-, Brede-cumbe* „Sumpfkuhle, -tümpel" entspricht *Bove-, Love-, Creve-, Bude-, Cude-, Ode-, Morte-, Made-cumbe,* lauter Sinnverwandte!

Brienen (1177 Briene) b. Kleve (in feuchter Umgebung) deutet auf kelto-ligur. Herkunft; denn *brin* (ein seltenes Gewässerwort, vgl. *bren, bran, brun)* begegnet sonst nur auf ligur. Boden: so *Briniacus*/Rhone, *Brinosc*/ Isère und die ligur. *Briniates, Friniates* (bei Livius).

Brigach, Quellbach der Donau zwischen Schwenningen und Donau-Eschingen im östl. Schwarzwald, gleich der **Brege** ebenda zu den Spuren keltischer Vorbevölkerung zählend, enthält ein Gewässerwort *brig,* das man mit irisch *bri* „Berg" verwechselt hat! Sie stellt sich mit der urkdl. Form *Brigana* 1095 zu den sinnverwandten Flußnamen *Cochana* (Kocher), *Logana* (Lahn) — *Adrana* (Eder) — *Amana* (Ohm) usw., alle nur Wasserbegriffe enthaltend! Auch die niedrige Uferlage von **Bregenz** am Bodensee schließt den Begriff des Bergigen aus!

Bregenz *(Brigantion* b. Ptolemäus) ist nach dem aus Vorarlberg kommenden Flüßchen **Bregenz** *(Brigantia)* benannt. *Brigantia* gehört wie *Argantia,*

Bagantia, Arantia, Palantia usw. zu den uralten vorgerm. Flußnamen auf *-antia*, lauter Gebilde von Wasser- u. Sumpfbegriffen! Auch *Briginnum* (wie Morginnum), *Brigoilum* (wie Vernoilum), *Brigetium* (wie Sanetium) *Brigomagus* (wie Rigomagus) bestätigen *brig* als sumpfiges oder schlammiges Wasser; ebenso *Brigesley* (wie Topesley)/England und *Briganhale:* Brignall/E: (wie Bucken-, Hucken-, Suckenhale). Dazu die *Brigia:* **Brie** bei Paris, eine fruchtbare (einst sumpfige) Wiesenlandschaft! Vgl. auch unter Bregenbach! Wie *brig, breg* so auch *brag, brog, brug.*

Brilon, an der oberen Möhne, in prähistor. Waldgegend, entspricht Medelon u. *Hurlon: bri* „Sumpf"! *Briheim i. W.*, die *Briona, Bria,* Frkr. **Brey!**

Britten b. Wadern/Saar (wad „Sumpf") nebst **Brütten** (973 *Brittona)* im Thurgau verhält sich zu **Schwitten** i. W. und **Schmitten** im Taunus wie *Britwell* zu *Switwell* und *Smitemersh* in England. Mit *swit* und *smit* „feuchter Schmutz" ist auch *brit* (dem Wörterbuch unbekannt und auf linguistischem Wege nicht deutbar!) als sinnverwandt gesichert und damit auch der Name der **Briten** erstmalig gedeutet, zumal den alten Völkernamen durchweg Gewässernamen zugrunde liegen! Morphologische Reihen wie *Brites-hale: Cates-, Cames-, Cormes-hale* in England und *Britoilum* (Breteuil): *Vernoilum* (Verneuil), *Arcoilum, Arnoilum* in Frankreich bestätigen *brit* als (verklungenes) Sumpfwort, nicht zuletzt der Pfuhl *brytta pol* bei Britwell/E; denn *cat, cam, corm, vern, arc, arn* sind prähistorische Bezeichnungen für Schleim, Schlamm, Moder, Moor, Sumpf u. dergl. Nach Specht (Kühn's Ztschr. 1937) wäre *brit* keltisch; vgl. auch Gelling (1953, S. 105).

So werden verständlich der **Brittelbach** (z. Sasbach/Murg) in Baden, **Brittenbach** b. Trier, *Brittenheim* 752 (j. Bretzenheim) a. d. Nahe und b. Mainz, **Brittheim** in Württ. (vgl. Brettheim a. d. Brettach!), und **Britzingen**/Südbaden mit der **Britznach:** 902 *Britzina,* qui oritur in monte Britzenberg!

Brochterbeck Kr. Tecklbg. i. Westf., erinnert an die Bructeri, die in Westfalen saßen und zweifellos (wie alle uralten Völkerstämme) nach einem Gewässerbegriff benannt sind, vgl. die *Tencteri,* für die das Gleiche gilt, zu idg.-kelt. *tenk-to* „geronnen"! (mir. techt). So muß auch *bruc (broc)* „Sumpf" meinen; *broc* (Krahe irrig: gall. brocc „Dachs") liegt z. B. vor in keltoligur. *Brocavus* und *Broco-magado:* Brumath im Elsaß. Vgl. die Varianten *brac, brec, bric!* Zu Brochterbeck stellt sich als synonym *Slochterbeck!* Ein **Brocht**hausen liegt b. Duderstadt.

Brockhausen meint Bruchhausen.

Brodenbach b. Koblenz wie der **Brodbach** in Londorf b. Gießen enthalten idg. *brod* „gäriges, schmutziges Wasser" (wie russ. *brud* „Schmutz"). In England vgl. *Brodesworth,* wie Blides-, Iddesworth. Siehe auch Brüdenbach! In Ligurien saßen die *Brodontii;* ebenda floß eine *Brodentia!*

Broel siehe **Bröggel!**

Bröggel Kr. Bochum (altkelt. Gegend!) und der **Bröggel** (1168 *Brogil*), ein Gehölz b. Beckum i. Westf. enthalten das gallische Sumpfwort *brogilus* (auch mlat.), ital. broglio, franz. *breuil,* das noch im Mhd. als *brüel* „Sumpf(wiese)" fortlebte (vgl. schweizer. Brüel „Bachwiese", und den Sumpf „im **Brüel**"/Thurgau, auch die Sumpffläche **Brüel** 1580 in Waldeck, jetzt in der Talsperre); **Brühl** heißen noch heute tiefliegende Stadtteile in Worms, Kassel, Erfurt, Eschwege usw., **Brühlgräben** und **Brühlbäche** fließen in Baden wie in Württ. Andere Formen sind *Bröel:* Waldbroel im Siegkreis, und **Brohl** nö. Karden/Mosel, ein **Broelbach** fließt b. Hennef zur Sieg. Eine Flur „Im Brögling" in Württ.

Varianten zu *brog* sind kelt. *brug* (urkelt. *brugno* „Sumpfpflanze, Binse") und *brag* (vgl. griech. *bragos* „Sumpf"): dazu kelt. *Bragodurum* (zw. Donau u. Bodensee) und *Bragoilum*/Frkr. (wie Vernoilum, vern „Sumpf") sowie *Brugetia*/Frkr. (wie Bodetia/Oberit. zu bod „Sumpf"). die **Brugga,** Zufluß der Dreisam/Südbaden, auch die **Brug** in Holld. **Brugeren**/Schweiz entspricht daher Brüscheren, Bützeren, Horberen, Moseren! Zu *breg, brig* vgl. Bregenz und Brigach!

Brohl siehe Bröggel!

Brombach (Taunus, Odenwald, Baden) entspricht Brambach. Zu *brom* (wie *bram, brem)* vgl. *Bromeleg* „Moorwiese"/England und mlat. *bromosus* „faulig"!

Brötzingen siehe Bretzingen: Bretten!

Bruchsal „inter paludes Rheni" (1105) meint Sumpfort (vgl. Brüssel!).

Brüchter siehe Brochterbeck!

Brüden am **Brüdenbach** ö. Backnang/Württ. gehört zu den Spuren vorgerm. Bevölkerung. *brud* begegnet noch im Kl.-Russischen für „Schmutz". Auch **Brodenbach** a. Mosel südl. Koblenz meint nichts anderes als der **Brodbach** in Londorf b. Gießen, nämlich schmutzig-sumpfiges Wasser. *Brodes-worth*/England entspricht denn auch *Blidesworth, Iddesworth* usw. Auf ligur. Boden gehören dazu die *Brodentia* und die Völkerschaft *Brodontii.* Synonyma zu *brud, brod* sind auch *brad, brid, bred. brad* (vgl. noch hessisch *bradch* „Schlamm"!) ist gesichert durch die Flußnamen *Bradesa, Bradumas* in Litauen und *Bradanus* bei Venusia/Tarent, auch durch *Bradeia*/Seine (wie Alteia); in England durch foresta de *Bradene* 1250 (was Ekwall für „obscure" hielt), *Brade(ne)brok, Brade-mere, -welle, -was, -pol, -sole, -ker, -ford!*

Brügelgraben/Württ. siehe Bröggel!

Brugga, Zufluß der Dreisam/Südbaden, führt wie diese einen vorgerm.-kelt. Namen: *brug* (bisher ungedeutet!), auch im N: der **Brug**/Holland, erweist sich als Variante zu kelt. *brog, breg, brig, brag,* lauter Sumpfbezeichnungen, angesichts der morpholog. Reihe **Brugeren,** Brüscheren, Bützeren, Horberen, Moseren, Müseren, Sumfteren, Süderen/Schweiz, die sich durchweg auf versumpfte Stellen beziehen! Vgl. auch kelt. *Brugetia*/Frkr. analog zu *Bodetia*/Ob. It. (bod = Sumpf, Morast). Ein urkelt. *brugno* wird auch durch kymr. brwin „Sumpfpflanze, Binse" vorausgesetzt!

Brühl siehe Bröggel! **Brühne** siehe Brünen!

Brumath a. d. Zorn (kelt. *Sorna,* zu *sor* „Sumpf") ist das kelt. *Brocomagus* „Sumpffeld".

Bründeln b. Peine (in sumpfiger Lage!) gehört zu den ältesten prähistor. Namen, aus vorgerm. Zeit; denn *brund* begegnet sonst nur in England mit *Brundala* und in Italien mit *Brundulum* (Brondolo) b. Padua sowie *Brundisium:* Brindisi/Apulien (wie *Assisium*/It.), deutet also aufs Ligur.-Illyrische. *brund* entspricht somit *ass,* d. i. „Schmutzwasser". Zu **Bründersen** b. Kassel vgl. Bellersen, Hullersen, Hummersen.

Brünen b. Wesel a. Rhein und **Brün** b. Olpe enthalten dasselbe Gewässerwort *brun* wie die **Brühne** (Zufluß des Medebachs, z. Oker im Harz), die ihrerseits der **Rühne** (*Runa*), Zufluß der Ohm/Hessen, und der **Lühne** *(Luna)* b. Höxter entspricht. *run, lun, brun* sind Sumpfwörter, vgl. *im Brunsieke* 1498 Lippe (zur Wurzel *bru* „gären", wie *lun* zur Wurzel *lu* „Schmutz"). Daher die bestätigende Parallele **Breuna** in Waldeck: **Leuna** b. Merseburg, **Deuna** *(Duna)* im Eichsfeld. Und so entspricht die *Brunafa:* **Braunlauf** der*Hunafa:* Honnef und allen übrigen prähistor. Namen auf *-apa, -afa* „Wasser, Bach", die niemals eine Farbbezeichnung wie „braun" enthalten. Keltisch *Bruniacum:* Brugnac bestätigt das hohe Alter des Wortes, analog zu *Cuniacum:* Cognac; *cun* „Schmutz". Zu *Brun-sele* b. Brschwg vgl. *Hun-sele.* Mit Fugen-s: *Brunslar* a. Eder, *Brunslake, Brunishor* (hor „Kot"); in E.: *Brunes-mere, -ford!*

Brunkhorst/Ndrhein und Brunkensen am Külf b. Alfeld (wie Wettensen, zu wet „Sumpf, Moder"!), auch *Brunkes-eye* (Insel in Engld) wie Lichеseye (lich „Sumpf"!) enthalten das Sumpfwort *brunk* (so holld.), *brunkel* (so elsässisch). Vgl. *brink, brenk!*

Brüscheren siehe Brugga! **Bruschied** b. Kirn a. Nahe siehe Braubach!

Brütten/Thurgau siehe Britten!

Bruttig a. Mosel beruht auf kelt. *Brutiacum* wie **Kettig** nw. Koblenz auf *Catiacum* und **Billig** a. Mosel auf **Biliacum,** lauter Sinnverwandte, denn *bil* meint „Sumpfwasser“, *cat* und *brut* „Schmutzwasser“ (brut noch im Romanischen! Vgl. auch irisch *bruth* „Brühe“, lat. defrutum „Most“, thrakisch brytos „Bier“). Dazu die Flüsse *Brutara* und *Brutona* in Schottland (j. Bruar und Bruthain), auch ON. *Brutobriga*/Spanien wie Catobriga, und die Landschaft *Bruttium*/Italien. Vgl. auch die Synonyma *brit, bret, brat!*

Bübingen siehe Böblingen!

Bückeburg (im alten *pagus Bucki* 9. Jh., der bis zur Leine hin eine sumpfig-moorige Waldlandschaft war!) wird verständlich, wenn wir die Komposita *Buck-mere, -slade, -fenn, -worth* in England daneben halten; sie bezeugen **buk** (vgl. φυκ — „See-Tang“) als verklungenes Wort für „Moder, Moor, Sumpf“. Anschaulich bestätigt es *Bucstede:* **Buxtehude** im Moor der Este (dazu ausführlich Bahlow im „Buxtehuder Tageblatt“, Dez. 1959, 2. Sonderheft zur 1000-Jahr-Feier). Dazu stimmen auch **Bücken** a. Weser (890 Bukkiun, wie die sinngleichen Veliun, Seliun, Linniun), **Bückelte** (Ems), urkdl. Buclithi, wie Drüggelte (Druchlithi) und Gittelde (Getlithi) sowie Bucseten: **Büxten** i. W. (wie Broc-seten: Broxten und Loc-seten: Loxten). Nicht zuletzt die Gleichung *Bucken-, Hucken-, Suckenhal,* nasse Wiesenorte in E. (zu *huk, suk* „Moor, Sumpf“)! Gleiches ergibt sich aus der Reihe *Buk(k)es-lo* (heute **Buxel** und **Buxlo** i. W.) — *Rokes-lo* (Roxel und Rauxel) — *Gokes-lo* (Goxel) — *Odes-lo* (Aussel i. W. und Oldesloe/Holst.), lauter Sinnverwandte! Und so auch *Buc-heri* (10. Jh. i. W.) wie *Huc-heri:* Hücker b. Herford. Die Beweiskette schließt sich mit *Bukenstede* analog zu *Arken-, Bliden-, Fabben-, Harpen-, Holen-, Malen-, Padenstede,* und *Bukstede* analog zu *Al-, Dur-, El-, Her-, Hor-, Hark-, Kake-, Sab-, Wal-, Wepstede,* alle auf Wasser, Moder, Moor und Sumpf bezüglich!

Buddenbrock siehe Büdelich!

Büdelich a. d. Büdelich (Zufluß der Dhron/Mosel), urkdl. *Budelica* (vgl. *Budeliacum* 633/Lothr.), entspricht der *Abelica* (: Albe/Pfalz), zu idg. *ab* „Wasser“. Beide sind vorgerm., wie schon das Suffix -ic verrät, genau wie *Budica:* **Büttgen** b. Neuß (vgl. Bütgenbach/Eifel) analog zu *Rudica:* **Rüttgen** und *Lidica:* Littgen, lauter Sinnverwandte! *bud* und *rud* begegnen auch in litauischen Flußnamen: *Budupe* und *Rudupis* (ein Sumpf!). Gemeint ist Sumpf- oder Schmutzwasser, bezeugt durch spanisch *budeo*

„Pfütze", kymr. *budro* „beschmutzen" und südfrz. *budusco* „Kot, Treber"! Vgl. auch *Budua*/Spanien (wie Vacua, Burdua ebda). **Büderich** (3 mal Ndrhein/Westf.) stellt sich zu Bidrich/Baden, *Bedric* b. Bern, kelt. *Bederiacum*/Italien, siehe unter Bettwar! Eine Salz**büde** fließt zur Lahn. Zu **Büden** b. Magdebg. vgl. Rhüden w. Goslar (rud „Sumpf"), und so auch *Budines-:* **Büdesheim** a. d. Nidder wie *Rudines-:* **Rüdesheim** (zu Bachnamen wie *Budene, Rudene!)*. Auch das 4 malige **Büdingen** (Hessen, Saar, Lothr.) wird damit verständlich. Eine *Budenbeke* steckt in **Büemke** südl. Meschede, entsprechend der *Ludenbeke* oder Lümke, denn *lud* meint „Schlamm". Auch *Budanfliet* 961 b. Brügge und *Budan-cumbe/Engld* („Schmutztümpel") nebst *Buddeleg, -brok, Buddanbrok* 978/E. bestätigen den Wortsinn; wie **Buddenbrock, Buddensiek.** Dazu **Büdenfeld** b. Bramsche, *Budenstede:* **Böddenstedt** b. Ülzen, **Büddenstedt** b. Helmstedt und **Böddensell** a. Spetze ö. Helmstedt (analog zu Bösensell, Varensell, Ripensell, lauter Sinnverwandte). **Büecke** b. Soest ist verschliffen aus *Budeke.*

Büdesheim siehe Büdelich! (4 mal! a. Nidder, b. Bingen, Alzey, Prüm).

Büdingen am Semen/Oberhessen u. b. Merzig/Saar siehe Büdelich!

Bufnang, Bufenbach, Bufbächle, Bufleben siehe Böblingen!

Buge: Eine *Bughe* ist 1420 b. Bremen bezeugt, eine *Bugele* (im Sinne von plas, dobbe, geul) in Holland; auch *Bugmyre/England* deutet auf den Wortsinn „Sumpfwasser" hin. Dazu *Bugeninge* 1217 (**Beugelen** in Drente) u. *Buginithi* b. Herford wie *Meginithi* 890 b. Dortmund. In Frkr. vgl. *Bugey,* in Piemont *Bugella. Buggenum*/Maas wie *Sevenum* ebda!

Bühler (urkdl. *Bilerna*), Nbfl. des Kochers, siehe Bille!

Bühlheim Buhlbach Bühlingen siehe Bulmke!

Bühne i. W. siehe Baune! Ein Waldbezirk **Buhn** a. Weser nö. Vlotho.

Bulach siehe Bulmke!

Buldern b. Münster (urkdl. 890 *Bunlar)* siehe Baune!

Bulgenbach und **Bülgen-auel** b. Siegburg beziehen sich, wie schon **auel** andeutet (vgl. Tegern-auel, Sumpfstelle im Ahrtal) und *venn* „Moor" in *Bulge-ven*/England (nebst *Bulges)* bestätigt, auf sumpfig-mooriges Wasser. *bulg* begegnet auch im ligur. *Bulgiate*/Rhone! (Vgl. die ligur. Boviates, zu bov „Schlamm"). So wird verständlich auch der Bachname **Bolgenach** (2 mal, zum Bodensee und zur Iller) analog zu **Ankenach,** Bachenach, Isenach.

Bulkendorf/Ndrhein entspricht Wachendorf u. Odendorf/Rhld, Warendorf u. Krudendorp i. Westf., alle auf Wasser, Moor, Sumpf bezüglich. Gleiches besagt *Bulkehoved*/Holstein analog zu Born-, Bern-, Wessel-,

Visselhövel/Wümmemoor (hoved „Haupt, Quellort"!) und **Bülkau** im Marschenland Hadeln! *Bulkan pyt, Bulkeleg, Bulkewurth, Bulkin(g)ton* in England wie Washington bestätigen *bulk* eindeutig als Wasserwort.

Bulmke b. Gelsenkirchen, **Bülmke** (ein Bach b. Talle in Lippe) und **Bullmecke** b. Herscheid i. W. beruhen auf der Form *Bulenbeke,* wie Belmecke auf *Belenbeke; bul* (dem Wörterbuch unbekannt) ist Variante zu *bel, bil, bal, bol,* alles prähistor. Wörter für Sumpf und Moor. *Bulenstrut* (N. sumpfiger Wiesen im Büdinger Wald) entspricht daher *Sälenstrut, Singenstroth, Avenstroth* usw.; *Bul-seten:* **Bulsten** entspricht *Hul-seten:* Hulsten :hul „Hüle, Sumpflache"; und so auch *Bulihem:* **Bühlheim** wie *Bele-, Bile-heim:* Belm, Bilm i. W.; *Bul-sele/*Flandern wie *Bili-sele.*

Mit aller Eindeutigkeit wird der Wortsinn bestätigt durch Komposita wie *Bule-mere, -leg, -ford, -well, -worth, -dene, -snape* („sumpfige Stelle"), *-heved, -lough, -strode,* alle in England. Eine *Bulaha* floß im Odenwald, vgl. **Bulach** b. Karlsruhe und Calw und Bülach b. Zürich; ein **Buhlbach** fließt zur Murg/Südbaden. Dazu ON. wie **Bülingen** b. Neuwied a. Rh., **Bühlingen** a. Neckar u. **Büllingen** (Rhld, Lux.): *Bulinga* im 9. Jh. Aber auch *Bule:* **Beuel** b. Bonn a. Rh. (in niedriger Lage, also unmöglich zu mhd. bühel „Hügel"! so A. Bach) mit ndrhein.-holld. *eu* für *u, ü* (vgl. Gulia: Geule; Dulia: Deule/Brabant); und so auch **Beulich/** Mosel und die **Beulke** (*Bulica*) b. Schleiden. Auf ligur.-illyr. Boden begegnen die *Bulini, Bulnetia* und das beweisende *Bulentum,* analog zu *Alentum, Carventum, Narentum, Tarentum, Tridentum,* lauter Sinnverwandte! In Bruttium auch ein Fluß *Bulotus* (nebst *Lametus: lam* „Sumpf"!). Vgl. **Bullay** a. Mosel. **Bülstringen** siehe Bolstern!

Bünde i. W. siehe Baune! **Bunde** am Dollart ist Moorort wie **Bündheim** a. Harz. **Bunte** (Bünte) i. W. ist Variante zu *Bente* „Moor"! Daher **Buntlage** wie Bentlage; **Bunte-Berg** wie Bent-Berg; der **Buntebach**/Hagen. Vgl. *Buntes-hale, -pyt* in E. Ein *Buntio* (9.) z. Schelde.

Bunnen i. O. entspricht *Finnen* u. *Tinnen* ebda, lauter „Moororte", desgl. **Bunne**/Holland u. **Bünne** am Moor von Vechta (890 *Bunni)* wie Lunne u. Lünne (890 *Lunni): bun, lun* = Sumpf, Moor. Siehe auch *Buhn, Baune!*

Burbach (Eifel, Westerwald, Nahegau) nebst *Burbeck:* **Burmecke** (Waldeck) und **Bormecke** (Möhne), „verhochdeutscht" **Bauerbach** (urkdl. *Burbach*) in Württ., Kraichgau, Hessen, Thür. nebst Bauergraben/Baden und **Beuerbach** (Bayern, Öst.) haben mit „Bauern" (mhd. bur)" natürlich nichts zu tun. Auch **Burscheid** b. Solingen, Bitburg, Luxbg. erscheint (umgedeutet) als **Bauerscheid** (b. Lollar/Gießen), vgl. den Bergwald **Bauernschütt** (*Buriscute*) b. Brilon! Der Wortsinn ergibt sich eindeutig aus

Burepoel/Holld, *Burmarsh, -wash, -ley, -ford, -well, -sea, -dene, -scough*/ England, *Burlo, -lage, -welle*/Westf., die alle auf Sumpfwasser deuten. Daher entspricht *Bur-sati* 1105 (heute **Börsten**/Unterweser) dem sinnverwandten *Vore-sati:* Förste am Harz (*vor* = Moder). *bur* erscheint als *bor* in *Borth* b. Mörs, **Bormecke** a. Möhne, **Borwede** i. O., **Borler** b. Adenau/Ahr, vgl. Wep-ler, Lie-ler, Weweler, Oudler, Andler, lauter Sinnverwandte (im Raum Eifel/Lux.), -ler (-lar) deutet stets auf Wasser und Sumpf! Urkdl. gehören hierher auch Bayerfeld/Pfalz (1220 *Burevelt*) und Baierlach/Bayern (*Burin-loh*, d. i. sumpfiges Gehölz)! Deutlich vorgerm. ist *Bureche:* **Beurig**/Saar analog zu *Corneche:* Körrig (corn = Sumpf); vgl. *Bureia:* Burée/Frkr. wie Alteia: Alzey usw. Auch die alten Völkernamen pflegen sich auf Gewässer zu beziehen, so die *Buri* (Ostgermanien), die *Borani*, die *Boresti*/Schottld.

Burdenbach b. Altenkirchen a. Wied ist eine eingedeutschte *Burda* (so z. B.: in der Schweiz, j. Biordaz) wie der Urdenbach eine vorgerm. Urda, der Argenbach eine Arga, der Morgenbach eine Murga, der Mundenbach eine Munda, lauter prähistor. Bachnamen ligur.-kelt.-illyrischer Herkunft! *burd* (dem Wörterbuch unbekannt) ist Variante zu *bord, bard, berd, bird* im Sinne von „sumpfiges, schmutziges, schlammiges Wasser". Der aus *Burdigala:* Bordeaux gebürtige Kelte Ausonius (4. Jh.) bezeugt für *burda* die Bedeutung „Schilfrohr". Zu *Burdua* in Lusitanien vgl. die Sinnverwandten Vacua, Masua, Nerua, Titua, Dudua, alle auf kelt. Boden! Dazu *Burdapa*/Pannonien (a. 772), d. i. „Schmutzwasser", *Burdinal* (Bach b. Lüttich), *Burdist* fluvius a. 755 (Bach b. Remagen, dem kelt. Rigomagus!). Zu *Burdala* 1093: **Bördel** b. Jühnde sw. Göttingen vgl. *Brundala:* Bründel b. Peine, gleichfalls vorgerm. Bachname. Ein **Bürden** ö. Themar.

Bürgel(n) siehe Birgel!

Bursfelde a. d. Weser (gegenüber dem Reinhardswald) enthält einen Bachnamen *Bursa,* bezeugt z. B. als Zufluß der Luzerner Sees, und in der Form *Bursita* (9. Jh.) in Belgien, (vgl. die Argita/Irland!) wo bei Namur auch *Bursina, Bursbeke, Burste* begegnen; *Bursina* (Bourseigne) (ein prähistor. Bachname) ist auch die urkdl. Form von **Borsum** a. d. Ems und **Börssum** b. Wolfenbüttel (vgl. Ahlum, Lucklum, Dettum, Eilum, Ohrum ebda), dazu Borsum b. Hildesheim. Auch **Burschla** b. Wanfried/Werra und **Borscha** b. Geysa a. d. Ulster (ul „Moder") gehören dazu. *Bors-combe Bors-ley*/E. (816 **Borsaha**) deuten auf sumpfig-mooriges Wasser, ebenso *Burspede* (heute **Bösperde** b. Iserlohn) analog zu *Rurpede*/Möhne, wo *pede* „morastige Niederung" meint! *Bors-ethe* 1150 (: **Börste** b. Recklgh) wie Bersede; auch **Börslage.** Und der alte Gauname *Bursibant* (838) im

Moorgebiet der Vecht und der Ems stellt sich zu *Bra(c)bant* und *Teisterbant*, die alle „sumpfiges Wiesenland“ meinen. *Bursada/Spanien* verhält sich zur *Bursa* wie *Rurada/*Spanien zur Rura: Ruhr! Vgl. auch *Cesada, Varada/*Spanien zu *ces, var* „Sumpfwasser“!

Bursten im Siegkreis, **Bürsten** in Württ. und der *Burstenbach*, ein Wald im Lahnkreis, dürften auf sumpfige Natur deuten, denn *burst* (thür. Porst) ist eine Sumpfpflanze! (Vgl. E. Schröder S. 140). *Burstaburg* hieß dementsprechend das heutige Stettin an der Oder. Vgl. die **Börstlach** (Württ.)

Burtenbach b. Günzburg wie **Burtscheid** b. Aachen enthalten ein vorgerm. Gewässerwort (kelt. Herkunft), vgl. auch *bert, birt.*

Burtscheid b. Aachen (wie Wanscheid, Marscheid, Ehlscheid, Kurtscheid, lauter Orte an „Sumpfwassern“) siehe Burtenbach! *bur-t, kur-t* = Sumpf!

Bürvenich b. Düren deutet auf keltisches *Burbiniacum*, wie das benachbarte **Nörvenich** auf keltisches *Norbiniacum:* prov. *burbo*, mlat. *borba* = *barba* „Schlamm, Kot“ und norb (vgl. *Norba/*Italien und *Narbona)* sind kelto-ligur. Gewässertermini!

Busenbach (Baden u. Siegkr.), **Busenborn** (Vogelsberg), der **Buselbach** (zur Brugga/Baden) und der **Bußbach** (Neckar), vgl. Mußbach/Pfalz, enthalten ein vorgerm. Wasserwort wie der *Busento (Basentus)* in Unteritalien und die *Busau* in Rumänien! Varianten sind *bos, bes, bis, bas!* **Bussnang** im Thurgau entspricht Mosnang, Usnang, Backnang; **Bußweiler** wie Busenweiler. Vgl. Buse-: **Büssleben.**

Bütgenbach/Eifel siehe Büttgen unter Büdelich! Vorgerm.-kelt. *Budica!* Vgl. den Bettichenbach 975/Ahr *(Bedica!)* und den Iffigenbach (*Ivica!*), lauter Synonyma!

Büttelbronn, Buttelstädt, Buttenhausen, Butterstadt siehe Buttlar!

Buttlar a. d. Ulster gehört wie die benachbarten Geblar, Weilar, Motzlar zu den zahlreichen *lar*-Namen, die durchweg Ableitungen von Wasser-, Moder- oder Sumpfbegriffen sind. Also ist auch *but*, dem Wörterbuch unbekannt und der Forschung daher nicht geläufig!, ein Wort für Sumpf- oder Schmutzwasser, vgl. mlat. *butina* „Lagune, Pfütze“ und noch schweizerisch *bütze* „Sumpf“ (mit Flur-Ortsname **Bützeren**)! *tz* beruht hier auf obd. Lautverschiebung; **Bützfleth** b. Stade (mit Moor!) dagegen beruht auf urkdl. *Butes-flet*, mit Fugen-s wie *Butes-lar:* **Botzlar** i. W., *Butes-:* **Butzheim** b. Neuß, Botzheim im Elsaß, **Butzweiler** b. Trier und *Butines-:* **Butzbach** in der Wetterau. Neben einfachem *Butine* stehen *Butinestat:* **Butterstadt** b. Hanau (vgl. Mutterstadt a. Rh., zu *mut* „Moder“!), auch **Buttstädt** und **Buttelstedt** nö. Weimar (nebst Gebstedt, Hottelstedt, Zottelstedt: *Zutestat* ebda, lauter Sinnverwandte!), desgl. **Buttenheim**

b. Bamberg, **Buttenhausen**/Württ. (wie Bettenhausen ebda!), **Buttenwiesen** b. Donauwörth, *Bütensülz* b. Tübingen (entstellt zu Buttisholz b. Luzern). In Süddeutschland erscheint *but(in)* heute vielfach als *büttel: Butinbronn* lautet heute **Büttelbronn**/Württ. (schon Buck hatte 1880 gemerkt, daß dieser N. viel zu häufig ist, als daß ein Pers.-N. vorliegen könnte!), auch Büttelborn b. Gr.-Gerau und **Bittelbronn** wie *Butel-:* **Bittelschieß** (d. i. „Sumpfwinkel"); ebenso **Beutelreusch** (*Bütelrüsch*, wie Tegenrüsch/Schwaben, zu *rüsch*, lat. ruscus „Binse, Röhricht"!) und der **Beutelsbach***: Butelsbach* um 1200, urspr. *Butel*, z. Rems, wie der *Büten-:* **Beutenbach** ebda.

Bützfleth siehe Buttlar!

Buweiler/Saar: zum Verständnis vgl. *Bu-slat:* Bauschlott (*slat* = „Röhricht").

Buxbach, Buxach/Iller (b. Memmingen) enthält ein kelto-ligur. Wort *bux* für „Moor, Moder", erwiesen durch *Buxentum*/Italien (analog zu Malventum, Tridentum, Alentum, Tarentum, Lucentum, Agentum, Vergentum, lauter Sinnverwandte!). Dazu **Buxheim** b. Ingolstadt. Vgl. auch *box* in Boxmeer a. Maas, Boxbrunn/Main, Boxford, Boxley, Boxor (821)/ Engld, desgl. *hux, hox: Huxor:* Höxter! Huxley, Hoxne/E. Auch *lux, lox:* Fl. Loxne/E., Luxeuil/Frkr. wie Buxeuil, Verneuil.

Buxtehude, Büxten, Buxtrup (Buckesthorp) siehe Bückeburg!

C siehe K

D

Daaden südl. Betzdorf-Siegen entspricht dem benachbarten Derschen; beide enthalten prähistor. Wörter für Feuchtigkeit (lit. *dade* „geronnene Milch", got. daddjan „saugen"), deutlich in *Dadenbrok, Dadenberg*. Ein **Dadenborn** b. Kreuznach. **Datteln** a. d. Lippe beruht auf *Dade-lo(h)* „feuchtes Gehölz" analog zu Atteln, Affeln usw. Vgl. Fluß **Dadou**/Frkr.

Daberstädt b. Erfurt entspricht Schwe(ge)rstedt, Auerstedt, Isserstedt, Gosserstedt, Umpferstedt im Weimarer Raum, lauter Sinnverwandte, zu verklungenen Wasserbezeichnungen! Zu *dab(r)* vgl. Fluß *Dabruolis*/Litauen und Fluß *Dabrona*/Irland, *Dabornaha* 786/Lahn. Siehe auch Davert!

Dachau am Dachauer Moos, einer alten Sumpffläche der Isar, enthält wie der **Dachbach** (zur Lein) und der **Dappach** in Württ. das idg. *dak* (ahd. tacha) "Morast, Schlamm, Lehm", vgl. mhd. dach-gruobe „Lehmgrube". So werden verständlich **Dackscheid** b. Prüm/Eifel, **Dakhorst**/Holld, **Dackey** i. W. (wie Saley, Elsey usw.), **Dackmar** *(Dagmathe*, wie Letmathe) i. W., **Dackenheim** westl. Worms (wie Dauten-, Mauchen-, Wattenheim), lauter Sinnverwandte für Sumpf, Moder, Schlamm u. dergl. Zu Dachau, Dachbach vgl. auch **Dachwig** und **Dachrieden** im Unstrutraum sowie **Dächingen**/Württ. (wie Gächingen, Hechingen usw. ebda). Vgl. auch das synonyme *dag* in *Dagrisbach*, heute **Darsbach** (Zufluß des Neckars b. Hdlbg), *Dagworth, Dagenhal*/E., *Dagon-: Dainville*/Frkr., und **Dagersheim**/Württ. (wie Lomersheim). Auch *Dagenbruch*: Dambroich/Sieg.

Dadenborn siehe Daaden!

Dahenfeld am **Dahbach** (zur Brettach/Kocher) siehe Dachau!

Dahlenbeck siehe Dalbke!

Dahn a. d. Lauter/Pfalz und **Dahnen** b. Prüm/Eifel, höchst altertümliche Spuren aus der vorgerm. Zeit, werden deutbar mit den **Dahnbächen** der Pfalz und Württembergs. Das verklungene Wasserwort *dan* begegnet in altindisch *danvati* „rinnt" und ist Variante zu *den* in ags. *dennian* „feucht werden", mnd. *dene* „feuchte Niederung".

Daisbach am Daisbach b. Sinsheim/Baden (auch b. Idstein im Taunus) entspricht dem dortigen **Maisbach** (b. Wiesloch); *dais* und *mais* sind Wörter für Sumpf- oder Riedwasser. Ein **Daisendorf** liegt b. Meersburg am **Bodensee.**

Dalbke b. Delbrück/Paderborn, verschliffen aus *Dal-beke*, entspricht **Salbke** aus *Sal-beke*, denn *dal* ist sinnverwandt mit *sal*, d. i. „feuchter Schmutz, Sumpfwasser". Deutlich erhellt es aus *Dal-merschen*/Holland analog zu Lie-merschen u. ä. (vgl. auch Dithmarschen!). Dazu Dal-mer i. W., **Dal-**

berg b. Kreuznach, **Dalborn** in Lippe, **Dahlbruch** b. Siegen, **Dahlenbeck** b. Schwelm, der Dahlensprung (Quelle), Dahlenburg ö. Lüneburg.

Auch **Dahlen** mit Veen („Moor") in Drente und Flußnamen wie **Dala** im Wallis (mit den*Daliterni)*, **Dael** in Belgien, *Dalmannius:* Daumignon in Frankreich, *-manio* „Bach" wie in *Vidumannios*/Brit. Varianten sind *del, dil, dul.*

Dalke *(Delchana)*, Moorbach b. Gütersloh, siehe Delkenheim.

Dangast b. Varel i. O. (mit Dangaster Moor!) ist vorgerm. Herkunft, wie schon die Endung verrät. Vgl. lettisch *dang* „Kot, Morast" (idg. dhong, dheng „Feuchtigkeit") und die Variante *ding, deng!*

Dankerath b. Adenau/Ahr entspricht Möderath, Kolverath usw.; vgl. engl. *dank* „feucht" (-rath = -rode).

Dapfen a. d. Lauter südöstl. Reutlingen/Württ., urspr. *Tapfen*, meint wie **Tapfheim** im Donau-Ried einen schlammigen, morastigen Ort, zu idg. *tap* (noch lombard.-provencalisch = „Schlamm", spanisch = „Lehm"), vgl. die *Tapori* in Lusitanien (wie die *Talori* in Spanien, auch *tal* meint „Wasser, Moder") und ON. wie *Tapuria:* Tahure/Marne, *Tapetun, Tapewelle, Tapeley*/E., **Tapiau**/Ostpr., **Tap(e)horn** b. Dinklage (horn „Winkel", wie Balhorn, Gifhorn, Druchhorn usw.). Siehe auch Tappenbach!

Darme b. Lingen/Ems beruht auf einer Moorbezeichnung *dar, der, darm, derm.* Vgl. Barme (urkdl. Berme) als Synonym, desgl. Garm- Germ-.

Darmstadt (am Bache Darm!) entspricht Pfungstadt, Klett-: Kleestadt, Umstadt, Crumstadt im selben Raume, lauter Ableitungen von Bachnamen bzw. Sumpfbezeichnungen! Vgl. auch Darmsheim w. Stuttgart (wie Sarmsheim b. Bingen).

Darsbach (Dagrisbach) siehe Dachau!

Darscheid b. Daun/Eifel entspricht Derscheid! Vgl. *Dar-lo* 890: Daarle.

Dasbach (Taunus, Rhld) meint „Schmutzbach", siehe auch **Daßwang!**

Daspe a. Weser ö. Pyrmont entspricht **Aspe**, Laspe, Maspe usw., lauter prähistor. Bachnamen auf *-apa* „Wasser, Bach", also *Das-apa,* zu *das* „Moor", vgl. *des, dis, dus, dos.* Daher **Dassen**/Rhön wie *Dissen, Dussen.*

Dassel Kr. Einbeck, am Nordhang des Sollings, an e. Zufluß der Leine, entspricht Assel b. Stade (d. i. *Ass-lo,* „Moorniederung"), also urspr. *Dass-lo,* zu *das* (wie **Daspe**, siehe dies!). **Daspel** (Gehölz), **Dasenpfütze** u. ä.

Daßwang/Bayern (wie Döllwang ebd.) meint „Moorwiese"; vgl. Dasbach

Datteln a. d. Lippe siehe Daaden! **Datum** b. Hbg. siehe Dettum!

Dattingen/Südbaden entspricht Dettingen (häufig), zu *dat* = *det* „Morast, Schlamm". Dazu auch Dattenhausen/Schwaben, Dattenfeld/Sieg (wie Battenfeld).

Daubringen b. Gießen (vgl. Schabringen, Egringen, Ebringen) enthält dasselbe Gewässerwort *dub(r)* wie Daubhausen b. Wetzlar, Daubenrath b. Jülich.

Dauchingen (1179 *Dochingen)* b. Rottweil enthält schwäb. *doch, dauch* „Moos".

Daudenheim b. Alzey, **Daudenzell** b. Mosbach/Baden siehe Dautenheim!

Dauernheim b. Nidda/Wetterau (alt *Durenheim)* entspricht Schauernheim/Pfalz (alt *Scurheim)*, Bindernheim, Sobernheim usw., lauter Sinnverwandte; *dur* wie *scur* usw. meint Sumpfwasser. Vgl. **Dorheim!**

Daufenbach b. Selters/Nassau wie b. Trier, urspr. *Duvenbach*, enthält das vorgerm. Wasserwort *dub, duv* (vgl. Fluß *Dubis:* Doubs/Frkr.). Dazu auch Duvendrecht/Holland, Dubenscheid/Rhld usw., auch *Duverich:* Dovern/Rhld. Zur Form vgl. Weifenbach b. Biedenkopf/Lahn, zu *wiv* „Sumpf"; ebenso *Thufen* 1131 für *Duvina*/Holld; *Duveland* ebda!

Daun a. d. Lieser/Eifel (auch **Dhaun** a. d. Simmer im Nahegau) hieß einst *Dune.* Der Wortsinn dieses prähistor.-vorgerm. *dun* ergibt sich aus der morphologischen Reihe *Dune: Daun — Rune: Raun — Hune: Haun — Bune: Baune*, lauter Sinnverwandte! Auch *Lune: Luhne, Lüne* gehört dazu. Alles sumpfig-moorige oder modrige Gewässer. So auch die **Düna** im Baltikum (lett. *duna* „Sumpf"!); auch die Landschaft **Dunois** in Frkrch nebst ON. *Dunum:* **Dun** und **Dunières.** Im urtümlichen Eichsfeld liegt *Dunide:* **Deuna** (vgl. *Lune:* **Leuna**!) und der „modrig-feuchte" Höhenzug **Dün.** Und wenn das Kollektiv *Dunede* b. Herford und Mülheim/Ruhr heute **Dünne** lautet (vgl. auch **Dünn** b. Gladbach), dann ist auch der Bach namens **Dhünn** b. Köln kein „dünner" (so noch H. Dittmaier 1955), sondern ein schmutzig-sumpfiger! Die **Dünnern** südl. Basel (mit undt. r-Suffix) bestätigt es. **Dünschede** b. Olpe entspricht Enschede: *Aneschede* (zu *an* „Sumpf"). In Westf. auch *Dunope:* **Donop** b. Lemgo, *Duna:* heute Donau b. Medebach und *Donuwe:* Dono (wie *Flotuwe:* **Vlotho** a. d. Weser). — In England verraten *Dune-heved, Dun(n)e-pol, Dun(n)ecumbe, Dun(n)e-slaed* den gleichen Wortsinn! In Württ. vgl. **Dunningen,** im Elsaß: *Dunenheim:* **Donnenheim** (wie *Dinen-, Finen-, Linken, Onenheim,* lauter Sinnverwandte!), in Württ.: **Donn**stetten (wie Heuch-, Pum-, Sanstetten). Eine **Donne** fließt im Reinhardswald (zur Holz-ape; schon W. Arnold hielt sie für keltisch), vgl. die synonyme Monne ö. Kassel und die Munne b. Mörs. Siehe auch **Donrath!**

Zur Variante *don* vgl. ligur. *Donincum, Donobrium*/Südfrkr., den Don in Rußld und die Insel *Donusa* ö. Naxos („rohrreich?" fragt Menge-Güthling).

Dausenau b. Nassau/Lahn wie **Dausfeld** b. Prüm/Eifel gehören zum prähistorischen Wasserwort *dus*, vgl. die **Duse** (in Waldeck) und Düsseldorf!

Dautenheim *(Dudenheim)* b. Alzey entspricht Aben-, Metten-, Mauchen-, Undenheim ebenda; *dut (daut)* war verbreitete Bezeichnung für „Röhricht", s. Dautphe! Ein **Dauden-Berg** am Eder-See!

Dautphe *(Dud-afa)* siehe Duderstadt!

Davert, Name einer feuchten Niederung b. Münster, gehört zum prähistor. Sumpfwort *dab, dav* (vgl. schwed. *dave* „Pfütze"). Eine sumpfige **Dave** fließt b. Namur/Belgien, ein **Daven** in England (mit Daventry, wie Coventry: cov „Sumpf"), vgl. *Daventre* 772 (Deventer a. Ijssel), auch *Davacus* (Devey) und *Daviniacum* wie Saviniacum: Savigny, zu sab, sav schleimiger Schmutz". In Irland vgl. Fluß *Dabrona,* in Litauen Fluß *Dabruolis.*

Debstedt siehe Diepholz!

Deckenbach b. Grünberg/Oberhessen wie Deckenpfronn b. Calw, Deckenhardt/Saar, Deckbergen b. Rinteln, Decksbach b. Amöneburg/Hessen, Dechbetten/Bayern, bisher ungedeutet, beziehen sich alle auf sumpfiges Wasser.

Dedenborn b. Monschau/Eifel wie **Dedenbach** südl. Neuenahr enthalten das Wasserwort *did, ded:* wie *Dedelar* u. *Edelar*/Fldrn.

Deensen siehe Deinstedt! **Deerte** (Derete) siehe Dern!

Deesen b. Selters/Nassau (am Sayn) u. **Deesem** b. Siegburg siehe Deister! Desgl. Deesbach/Thür.

Degerloch, Degernbach, Degerschlacht siehe Tegernsee!

Dehme südl. Minden hieß *De(de)heim;* wie Pe(de)heim: pede „Sumpf". Vgl. Dehmke: *Dedenbeke.*

Dehmke b. Hameln a. Weser (mit dem Dehmker Brook!) deutet auf urspr. *Dedenbeke* „Sumpfbach" (vgl. Dedenbachh a. Ahr, Dedenborn/Eifel) wie **Mehmke** auf *Medenbeke,* zu *med* „Moder".

Dehnsen siehe Deinstedt! **Dehrn** siehe Dern!

Deidesheim/Pfalz (urkdl. *Dideneshelm)* entspricht Biebes-, Biedes-, Büdes-, Rüdes-heim *(Rudenesheim),* lauter Sinnverwandte; *did* meint „Morast".

Deilbach (urkdl. *Didele),* Zufluß der Ruhr b. Neviges, in prähistor. Gegend, siehe Deidesheim! Vgl. das Diedel, Waldort b. Sontra.

Deimern b. Soltau entspricht *Meinern* u. *Schülern* ebda. Vgl. auch **Demern** b. Ratzeburg u. die **Deime**/Ostpr., auch **Diemen** (1226 *Demen*)/Holld.

Deinbach, Zufluß des Rotenbachs (zur Rems/Württ.) hieß im Mittelalter *T(h)ainbach,* zu einem verklungenen Wasserwort, das auch vorliegt in

Deimbach b. Kreuznach, im **Deinenbach** b. Sontheim a. Neckar. **Deinheim** b. Colmar, **Deinwil** b. Luzern, **Deinschwang, Deiningen** usw.

Deindrup, Deinsen siehe Deinstedt!

Deinstedt südl. Bremervörde und **Deinste** (urspr. *-stede*, wie Fleeste statt Flee-stede, Wohnste statt Wodenstede!) südl. Stade, beide in den Moorgebieten der Oste bzw. Schwinge, spiegeln mit ihrem Namen ihre feuchte Lage wieder. Zugrunde liegt der ndd.-westfäl. Flurname **Deine,** eine Nebenform von **Dehne, Denne,** zu mittelniederdt. *dene* „feuchte Niederung", vgl. ags. dennian „feucht werden". So wird auch **Deindrup** b. Vechta u. **Deinum**/Holld verständlich. Dazu **Dehnsen** (Denehusen) b. Lüneburg und Alfeld/Leine wie *Deensen* b. Holzminden/Weser. Deutlich sind *Dene-brok*/Flandern, *Dene-kamp*/Holland, *Deneford, -lac, strod, -furlong* in England (wie *Clete-furlong);* vgl. auch **Dänemark! In rheinischen** Namen wie **Denrath** (vgl. Donrath) und **Densborn**/Eifel, wo auch **Denn** und ein Dennbach, ist *den* keltischer Herkunft wie auch im brit. Flußnamen *Dene:* Dean (analog zu *Bene:* Bean und *Tene:* Tean, denn *ben* und *ten* sind gleichfalls uralte Wörter für Sumpf und Moor), mit kelt. Suffixen: *Denre* und *Denet!*

Deissel siehe Deister!

Deister (urkdl. *Desther* nemus), bewaldeter Höhenzug zwischen Leine und Weser, mit zahlreichen Quellflüssen, ist gleich dem benachbarten **Süntel** eine Spur vorzeitlicher Bevölkerung, daher aus dem Deutschen nicht deutbar. Wie bei allen Wald- und Bergnamen der Vorzeit liegen auch hier Bezeichnungen für „Wasser" zugrunde. Wie *sunt* nichts mit „Süd" zu tun hat (wie H. Kuhn noch kürzlich meinte), sondern sich durch die *Suntelbeke* b. Osnabrück und durch *Sunteri* 834 analog zu *Salteri* (dem Bergwald **Selter)** als „Sumpfwort" zu erkennen gibt (vgl. auch *Sunte* in E. und *Suntstedt),* so auch *des* als Variante zu *dis* und *dus,* d. i. „Moder" (altind. *dus-* „Fäulnis"); daher neben *destr-* (vgl. auch den Gau *Desterich*/Pfalz) ein *dustr-:* im Flußn. *Dustris* (zur Dordogne), — ein Dustebach b. Lünen. Und zur **Desmecke** b. Brilon (1281 *Dessenbeke)* gesellt sich die **Düsmecke** (z. Lenne). Eine **Despe** (*Des-apa*) fließt zur Leine, eine **Desna** in Rußland! So werden verständlich der **Desem** Kr. Vechta als feuchtes, modriges Gehölz. Dazu **Deesem** (Des-heim) b. Siegburg, **Deesen** am Sayn b. Selters, **Deesbach**/Thür., auch Deselberg im Reinhardswald, **De(i)ssel** a. d. Diemel (um 900 *Desla*), **Des(t)el** Kr. Lübbecke (962 *Thesla),* Des(t)elbergen und *Desseldonk* in Flandern (*donk* „Hügel im Sumpf"). Zu **Desloch**/Pfalz vgl. Wiesloch. In England: Deaseland und Thesehulle furlong. Nicht zuletzt das ligurische *Desuvium* wie *Lanuvium, Iguvium, Senuvium,* lauter Sinnverwandte!

Delbrück b. Paderborn u. b. Köln (nebst der Delbrügge b. Marpe) verhält sich zur **Delmecke** in Waldeck wie Halbrügge (1763 Kr. Melle) zur Halmecke in Waldeck, wo *hal* „Sumpfwasser" meint. Der gleiche Wortsinn kommt dem verklungenen *del* zu (vgl. irisch *del(t)* „feucht"); eine **Delte** fließt in Holland, eine **Dele** in England. Und so entspricht die **Delmecke** (*Delenbeke*) der Selmecke b. Olpe, der Helmecke b. Brilon und der Gelmecke, denn *sel, hel, gel* sind Synonyma für Sumpf und Moder. Ein *Delbach* floß 852 b. Fulda (heute ON. **Döllbach**). Zu *Delebrunno* 852 ebda vgl. Belebrunno (bel „Sumpf"), zu **Delstern** b. Hagen: Gelstern. Dazu **Delecke** a. d. Möhne, **Delwig** i. W. mit der Wiese „im Ohl"! **Delrath** b. Neuß (rath = rode) und das **Deller** Bruch (!) b. Schwelm, **Delden** i. W. entspricht Helden b. Olpe. Eine Erweiterung *delk* steckt in *Delchana:* der heutigen **Dalke** (zur Ems) b. Gütersloh. Vgl. **Delkenheim** b. Wiesbaden und **Dilkrath**/Rhld.

Zur **Delve** in Lauenburg (urkdl. *Delvunda,* wie Isunda: Sumpf der Ise) vgl. die Helve (Helve-siek und die Helbe); zur **Delme** (mit Delmenhorst in sumpfiger Lage westl. Bremen) die synonyme **Helme** (*Helmana*), Zufluß der Unstrut.

Delden, Delme, Delve, Delstern siehe Delbrück!

Demern bei Ratzeburg, wie **Deimern** b. Soltau u. Diemen (1226 *Demen)* in Holld enthalten ein Moorwort, vgl. die *Deime* in Ostpr.

Denekamp u. a. siehe Deinstedt!

Denkte (*Deng-di*) b. Wolfenbüttel gehört zu den Kollektiven auf -ide, die stets Wasser- und Sumpf-Begriffe enthalten; siehe Dingden!

Denrath b. Euskirchen entspricht *Benrath* wie **Donrath:** *Bonrath.*

Densborn/Eifel, **Densberg** b. Treysa/Schwalm sind vorgerm. Ursprungs, zum Wasserwort *den.* Vgl. die brit. Flußnamen *Dene, Denre, Denet!*

Dente, Bach b. Jülich wie die **Dintel**/Brab., *Dinthere*/Holld, *Dinthenschede:* **Dinschede** i. W. deuten auf Moor; ein *Dindebach:* **Dimbach**/Württ.

Derkum b. Euskirchen/Rhld (urspr. *Derkheim*) ist als Spur vorgermanischer Bevölkerung erkennbar, denn *derk* findet sich sonst nur auf ligurisch-kelt. Boden, so in *Derceia* b. Marseille (wie Alteia: Alzey oder Celeia, Veleia) und im Flußn. *Dercenna* (zum Ebro/Spanien) wie Ravenna, Tavenna, Rasenna, Bagenna, Cremenna, Clarenna, lauter Synonyma, so daß auch *derc* „Schmutz- oder Sumpfwasser" bezeichnen muß (wie *ders, dert, dern);* vgl. litauisch *dercti* „besudeln". Ein *Derching* liegt bei Augsburg.

Dermbach b. Vacha siehe Dern!

Dern, uralter Bachname (so in England), zum verklungenen idg. *der* „Schlamm, Morast", liegt vor in den Ortsnamen **Dern**/Ndrhein, **Derne** b. Dortmund, **Dehrn** b. Limburg, **Dernbach** b. Neuwied, Landau, Selters, Wetzlar nebst **Dermbach** b. Vacha a. Werra u. b. Siegen, **Derneburg** a. Innerste, **Dernekamp** Kr. Coesfeld, **Der(n)born** b. Höxter, **Derbeke,** Bach in Waldeck, Derlike in Flandern, **Dermecke** im Lennetal, ebenda (mit niederdt. Wandel von *er* zu *ar)* die **Darmicke** (wie die *Darenbeke* 1318 b. Lübbeke), und so auch Dahrenstedt b. Stendal, **Daren** b. Vechta, **Darum** b. Osn. und der **Darn-See** b. Bramsche; im *Darenbroke* 1712 w. Herford.

Der Zusatz -schlade bestätigt den Wortsinn: so *Derschlade,* jetzt **Derschlag** a. d. Agger im Siegkreis; dazu **Derscheid** im Siegerland. In England vgl. *Derenslade, Dernhale, Derneford, Derneleg.* Zu *Derlike*/Fldrn vgl. *Badelike* (Belecke), wo *bad* „Sumpf" meint. *Derete:* **Deerte,** mit Dentalsuffix, entspricht Lerete: Lehrte usw.

Dersum/Ems am Bourtanger Moor (!), *Dersia* (851 b. Vechta am Moor), **Derschen** südl. Siegen, **Dersau** b. Plön verraten sich mit der **Dersenze** (*Ders-antia!*) im Wallis als vorgermanisch. *der-s* entspricht *der-n,* s. dies! Vgl. auch *bers, ners, vers!*

Dertmoor in Westfalen und England (jetzt **Dartmoor** mit Dartington und Fluß **Dart** (urkdl. *Derte*) erweist sich als vorgerm. durch *Dertona* b. Genua, *Dertosa* (Tortosa am Ebro) und *Dertum*/Apulien. Dazu **Dertingen** b. Wertheim a. Main. *dert* = *ders, dern* (s. dies!).

Desem, Gehölz b. Vechta, *Desmecke, Despe, Destel, Desterich* siehe Deister!

Detmold in Lippe (783 *Theotmelli,* sp. *Detmelle)* seit Grimms Tagen als „Volksthingplatz" mißverstanden, verrät seine wahre Bedeutung schon durch die morphologische Zugehörigkeit zu **Getmold, Gesmold, Versmold** (urkdl. *Get-, Ges-, Vers-melle!*), lauter Kompositionen mit prähistor. Bachnamen (vgl. die *Versene, Getene, Detene*), entsprechend den sinnverwandten *Dor-, Lo-, Mas-, Pit-, Red-melle* in Belgien (Brabant). Auch *Theotbach, Theotfurt, Theothorn, Theotenen, Theotissa* bestätigen den Wortsinn „Moor oder Sumpf". Siehe **Dithmarschen, Diez, Dietfurt.**

Dettingen, öfter in Württ., **Dettensee,** entspricht **Bettingen,** desgl. die **Dettenbäche** den **Bettenbächen** und **Dettelbach** wie **Bettelbach!** Vgl. *Dettelkolb* = *Schilfkolben* (wie ahd. tutilcholbo). Dazu der **Detzelbach** u. der **Detschelgraben**/Baden.

Dettum b. Wolfenbüttel (wie Ankum, Datum, Lutum) siehe Detmold!

Deufringen westl. Stuttgart entspricht den benachbarten Sinnverwandten Nufringen, Nebringen, Entringen, Schabringen, kann also nur ein Wasserwort enthalten: als solches bietet sich *duvr* analog zu *nuvr, nevr, avr,* alle aus vorgerm. Zeit.

Deuna im Eichsfeld siehe Daun!

Deusen b. Dortmund, urkdl. *Dusene, Dusna,* ist prähistor. Bachname; siehe Düsseldorf!

Deute: zählt wie die Nachbarorte Dissen, Ritte, Baune, Besse im Raume südl. Kassel zu den allerältesten Bach-Ortsnamen dieser einst vorgerm.-keltischen Gegend. Zu *dut* vgl. den *Duteius* fluvius (: le Dué/Frkr.), *Dutmala* (die Dommel/Belgien), *Duthene:* **Deuten** Kr. Recklgh. usw.; eine **Deutmecke** (*Dutenbeke*) fließt b. Finnentrop/Lenne (vgl. die Jeutmecke: Jutenbeke b. Soest, zu *jut* (idg.-kelt. „Brei, Brühe"). Die Resignation E. Schröders (Dt. Namenkde, 1938, S. 143) ist damit schon heute überholt.

Deutwang b. Stockach (Bodensee) siehe Deute, Deutenbach! Sinnverwandt sind Berwang, Horwang, Luttenwang (wang = Wiese).

Deutelmoos hieß *Tutelmos,* vgl. ahd. *tutilcholbo* „Schilfkolben"!

Deutz b. Köln (778 *Diutia,* 869 *Diuza)* entspricht **Jeutz** (alt *Jutia).*

Deven, Dever, Devese siehe Dievenmoor!

Dhron, Nbfl. der Mosel (mit gleichn. Ort), vom Kelten Ausonius im 4. Jh. *Draconus* genannt, führt wie alle Flüsse dieser Gegend einen uralten Namen aus vorgerm. Zeit. Ein *Dracus* fließt auch zur Isère im ligur.-kelt. Rhonegebiet! Zugrunde liegt ein verschollenes idg. *drak* für schmutziges Wasser, erkennbar in lat. *fracidus* „morsch, faul". Vgl. auch *drok* in Drocae: Dreux a. Blaise b. Paris und ags. *droh* „ranzig, faul" (siehe unter Druchhorn). Es steckt auch im alten Landschaftsnamen *Drachgowe* 8. Jh. bei Lorsch in der Rheinebene, in *Drachere, Drechere* b. Koblenz und in *Drachenach:* **Dreck**enach b. Mayen (dem kelt. *Magina*). Gleichen Sinn hat **Drechen** (890 *Threcni)* i. Westf. zwischen Werl und Hamm, wo von sumpfigem Gelände auch Bögge, Pelkum, Flierich, Bönen, Wambeln usw. zeugen! Dazu *Threcwiti* 859 Kr. Iburg i. W. wie Arawiti: Erwitte (vgl. das deutsche „Dreck"). Sinnverwandt ist auch der Wassername **Dracht** (Drecht mit ON. Drachten in Holland nebst **Drechtern** (Drechterland) ebda, analog zu Rechtern, Lechtern, alle auf Moorwasser bezüglich. Vgl. auch Drochter-, Druchter- unter Druchhorn!

Dichtelbach siehe Dickschied!

Dickschied westl. Bad Schwalbach entspricht Ramschied ebda (wie auch Huschied, Habschied, Ebschied, Sohrschied/Hunsrück), — alle auf Wasser, Moor, Sumpf Bezug nehmend. Zu *dick* vgl. „dicke Milch" = geronnene Milch! Auch *dicht* beruht auf idg. *tenkto* (irisch techt) „geronnen", vgl. (den) Dichtelbach westl. Bacharach. Ein Dickenschied b. Simmern/Hunsrück; ein **Dickesbach** b. Idar. Vgl. auch **Dickede!**

Diebach (mehrfach: ON. Jagst, Tauber, Aisch), auch Bachname in Württ. (z. Kocher, z. Rot), wie *Theotbach* 718/zur Eichel/Elsaß meint „Sumpfbach", vgl. **Dieburg** a. d. Gersprenz (Caspenza) 1208 *Ditburg*, in feuchter Niederung!

Dieblich a. d. Mosel w. Koblenz stellt ein prähistorisches *Diveliac* dar (vgl. den kelt. Bachnamen *Ivel*, zu ib „Sumpfwasser"). *divel* meint Sumpfwasser (zu *dib, div)*, vgl. *Dyvel-aha:* Diel/Nassau, *Diwelenheim:* Dielheim b. Wiesloch und *Diveles-water, -brok, -ton* (Dilston) in England. Auch **Diefflen**/Saar wie Alflen, Gamlen b. Cochem.

Diedenhofen a. Mosel/Lothr. entspricht Dudenhofen b. Speyer und b. Offenbach; denn *did* wie *dud* ist ein verklungenes Wort für sumpfiges Wasser, vgl. das Diedel b. Sontra und den Didel-: Deilbach b. Neviges/Ruhr, auch Diedelkopf b. Kusel/Pfalz, **Diedesfeld** b. Neustadt a. Hardt u. *Didenes* - **Deidesheim** nördl. davon; Diedesheim/Neckar. *Diedene* 1181 b. Goslar. *Dideren:* Dieren/Ijssel wie *Lideren:* Lyhren *(lid* = Morast!) Deutlich ist *Didengroven* 1221/Adenau.

Diel (Dorn-diel) in Nassau ist alter Bachname: urkdl. *Dyvel-aha*, d. h. „Sumpfbach". Siehe auch Dieblich!

Dielfe (*Dil-afa*), Zufluß der Sieg, siehe Dillenburg!

Diemke *(Dinbeke)* i. W. wie **Liemke, Riemke** siehe Dienheim.

Diemarden siehe Diestedde! **Diemboth** siehe Dienheim!

Diemel, Nbfl. der Weser in Waldeck, gehört zu den prähistor. Flußnamen: *Timella.* Vgl. *Timavus,* Fluß in Istrien, *Timeworth*/E. *Timena*/Donau *(tim,* schon altindisch, meint wie *tam, tem, tum,* „Nässe, Moder").

Dienethal a. Lahn ö. Bad Ems siehe Dienheim!

Dienheim in der Rhein-Ebene zwischen Mainz und Worms, urkdl. *Dinenheim,* wird verständlich nur im Rahmen der zugehörigen Nackenheim, Bodenheim, Undenheim, Abenheim, Mettenheim, lauter Sinnverwandten im selben Raume, auch (weiter südlich) Bobenheim, Huttenheim, Linkenheim, (im Elsaß:) Onenheim, Dunenheim, Sesenheim, Sufflenheim usw., alle auf Wasser, Sumpf oder Moder Bezug nehmend. *din* (dem Wörterbuch unbekannt, aber mit Dehnstufe in irisch *dinim* „sauge" und ags. *dinan* „feucht werden" vorliegend) begegnet auf ligur. Boden mit *Dinia* (Ptolemäus, Plinius), heute **Digne** b. Genua und dem Bergwald *Dinium* saltus in Piemont. Für den Wortsinn aufschlußreich ist die Parallele *Di-*

niacum: **Digny** und Dignac/Frkr.: *Liniacum:* **Ligny,** wo *lin* (also auch *din*) uralte Bezeichnung für schleimigen Schmutz ist (lat. linere „beschmieren", griech. lineus „Schleimfisch"). Einen See *Dine* in Argolis erwähnt Pausanias. Deutlich sind *Din(n)enried*/Württ. und *Dinmuos*/Baden; dazu **Dienstadt** a. d. Tauber und *Dienbunt:* **Diemboth**/Bayern analog zu *Selbunt:* Söllboth, wo *sel* „Sumpf" meint! In England sind *Dine-mor* und *Dine-ley* (nebst Dinsley) bestätigend. Vgl. auch die Abhandlung „Dienheim im Wormsgau" vom Verfasser in den „Beiträgen z. Geschichte d. dt. Sprache" (PBB) Jg. 1958 (Tübingen).

Diepholz a. d. Hunte, inmitten eines ausgedehnten Moorgebietes, meint nicht etwa ein „tiefes", sondern ein „mooriges" Gehölz; denn *dip, dep* (vgl. *dib, deb* unter Dievenmoor!) ist ein verklungenes Wort für „Moor, Morast", deutlich greifbar in **Diepen-veen** b. Deventer/Holland (wie Andervenn, Hadenvenn) nebst Diepenheim ebda, in *Dipe-sele* (721 b. Calais) wie Germe-, Hune-, Lite-, Serme-sele (lauter Sinnverwandte!) und in **Deepen** a. d. Veerse am Wümmemoor! Dazu stimmen in England: **Deeping-Fen,** Depedene: Dibden; Depeford 1086: Defford; Depebek 1086; *Depenhale:* Dippenhall. Vgl. auch **Debstedt** b. Bremerhaven. Zu **Dipshorn**/Wümme vgl. Mulmshorn ebd.

Neben *dip* erscheint *dif* (vgl. *gip, gif; sip: sif*) in **Diffelen** (*Diflo*)/Holland analog zu *Gif-lo:* Geffeln, *Af-lo:* Affeln usw., wo gif und af „Schmutzwasser" meinen. Vgl. kelt. *Diffeca* 1129: Difques/Belg.

Dierdorf am Holzbach westl. Selters/Nassau (dem prähistor. *Saltrissa!*) enthält ein altes Wasserwort (*dir* wie *der* „Schlamm, Morast"), wie auch **Dierscheid,** Dierfeld im Moselraum! Vgl. Bierscheid, Bierfeld.

Dieren a. Ijssel (urkdl. *Dideren*) wie Lyhren (*Lideren*), zu *lid, did* „Sumpf, Morast", siehe Diedel, Diedenhofen usw.

Dies am Gelbach westl. von **Diez** a. Lahn (dem prähistor. *Theodissa, Dietese)* ist wie dieses hochaltertümlich, also vorgermanisch, zumal die urkdl. Form *Thyeza* 959 (mit s-Suffix) auf einen prähistor. Bachnamen deutet, analog zu *Erpeza* 1125: Erps in Brabant; das wurzelhafte *di* (= Sumpf, Moder) begegnet auch in amnis *Dia* 1208 b. Zülpich und in *Di-ana:* Dienne, Bach in Frkr, (wie *Vi-ana:* Vienne).

Diestedde i. W. entspricht *Walstedde, Alstedde,* wo *wal, al* = Sumpf". Auf den gleichen Wortsinn deutet **Diebrock** b. Herford (1352 Dyebroke), **Diekirch**/Lux., **Diemarden** b. Göttgn.

Dieten südl. Laasphe a. Lahn und die Dietenbäche/Württ./Baden siehe Dietfurt!

Dietfurt (auch Ditfurt, Detfurt) a. d. Altmühl, a. d. Laber, a. d. Bode, a. d. Lamme, a. d. Thur (wie Thetford/Engld: 975 *Thiutforda),* bisher ungedeutet, hat mit ahd. diot, mhd. diet „Volk" natürlich nichts zu tun („Volksfurten" wären ein Nonsens! Also auch nicht „Furt an einem Dietwege", so E. Schröder S. 255 aus Verlegenheit!). *diet* meint vielmehr „Sumpf, Morast, Moor", genau wie in **Dithmarschen,** wie schon „marsch" als erläuternder Zusatz verrät. So auch *Detbeke* 1157: **Diebeck** b. Querfurt; **Ditmold** b. Kassel u. **Detmold** i. W.; *Ditburg* 1208: **Dieburg** b. Darmstadt. Siehe auch **Diez** a. Lahn (prähistor. *Theotissa!*).

Diethe b. Stolzenau a. Weser ist alter Bachname: urkdl. *Thet-linge* (wie Gropelinge), beides meint „Schmutzbach"! Siehe Dietfurt!

Dieven-moor am Dümmer, in der großen Moorebene zwischen Diepholz und Osnabrück, a. 1050 *Div-brok,* besagt, was der Zusatz *moor* und die Lage deutlich zum Ausdruck bringen. **Dieven, Deven** ist auch der Name von sumpfigen Wiesen bei Engter/Bramsche nö. Osnabrück, wo auch die Namen Schmittenhöhe, Schleptrup und der Darnsee auf morastiges Gelände deuten. Gleiches besagen *Deven-lo, Deven-rieden* Kr. Osnabrück. Flur- und Wiesenname ist mehrfach auch **Dever, Diever** (auch ON. im Moorgau Drente/Holland analog zu *Drever, Bever, Hever, Lever, Pever, Stever,* lauter Sinnverwandten (mit ndd. *e* für *i*). Ein *Deverlage* in Langen i. W., ein *Diverntal,* jetzt **Derental** südl. Höxter a. Weser. Dazu **Devese** (d. i. *Deven-husen*) b. Hannover, wie *Pedese:* Päse (ped „Morast"). **Devel** und Duvel sind in Holland auch alte Bachnamen. Vgl. Fluß *Deben* in England und **Debstedt** nö. Bremerhaven (wie Drang-, Kühr-, Ring-, Heer-, Sellstedt ebenda, lauter Sinnverwandte!). *dib* „Morast" begegnet noch im Englischen.

Eine Variante ist norw. *dyvel* „Pfuhl". Dazu stellen sich *Dyvel-aha:* **Diel** in Hessen (Dorn**diel** b. Dieburg), *Diwelenheim* 8. J.: Dillheim b. Wiesloch, *Diveles-water, -brok, -ton:* Dilston in England, *Devel* in Holld. Zur Variante *dab, dav* siehe Davert!

Diez a. d. Lahn westl. Limburg verrät sich durch die urkdl. Form *Theotissa,* 790, später *Dietese,* und durch die Lage in LaTène-Zeitlicher Gegend (!) als prähistorisch-vorgermanisch, - kann also nichts mit ahd. diot, mhd. diet „Volk" zu tun haben, wie noch A. Bach tendenziös glaubt! *Theotissa* entspricht vielmehr eindeutig den morphologisch zugehörigen Gewässernamen *Saltrissa:* heute Selters im Westerwald, *Nebrissa*/Spanien, *Lovissa*/Frkr., *Armissa:* Erms/Württ. u. v. a., wo *saltr, nebr, lov, arm* sumpfig-schmutziges Wasser meinen, womit auch für *theot* (idg.

teut), später *diet,* der Wortsinn gegeben ist; siehe auch unter Dietfurt, Die(t)bach, Dithmarschen! Zu Dietsulz siehe Buti-sulz unter Buttlar!

Diffelen a. d. Vecht/Holland (wie Giffeln: Gif-lo) siehe Diepholz!

Differten b. Völklingen/Saar (vgl. Diefflen b. Dillingen/Saaar) wird verständlich durch **Iferten** im Waadt (kelt. *Eburodunum:* „Sumpfburg"!); zum Sumpfwort *dib, div* siehe Diever, Dieven-moor!

Digisheim östl. Rottweil, alt *Digenesheim* (wie Didenes-: Diedesheim/Nekkar, Büdenes-: Büdesheim, Rüdenes-: Rüdesheim usw., lauter Sinnverwandte), enthält den vorgerm. Bachnamen *Digena* (so 726 in Holld), zu *dig* (= deg, dag) „Sumpf, Morast" vgl. Fluß *Digentia*/Italien (also kein „Mauerfluß", wie H. Krahe phantasiert). Den Wortsinn bestätigt die Gleichung *Digena: Brakena: Rupena* (750) Schelde; *Digeneswelle*/E.

Dillenburg im Westerwald liegt an der **Dill,** Zufl. der Lahn, die einst *Dilene* hieß und sich damit gleich der *Logana:* Lahn als prähistorisch-vorgerm. verrät wie die *Bilene:* **Bille** b. Hamburg (zu **bil** „Sumpf"), die Arsene, Bomene, Fusene, Gardene usw., lauter Sinnverwandte. *dil,* dem Wörterbuch unbekannt, ist Variante zu *del, dal, dul* (siehe unter Dülmen und Delbrück!). Eine *Dilia:* Dijle fließt in Brabant, vgl. die *Dulia:* Deule ebenda; eine *Dil-afa:* **Dielfe** zur Sieg; verschiedene **Dielbäche** in Hessen, Pfalz und Odenwald. Am Oberlauf der Dill liegen **Offdilln** und **Dillbrecht.** Dazu **Dillich** b. Wabern/Kassel, **Dill** und Dillendorf zwischen Idar- und Soonwald, **Dillingen** a. Saar und a. Sauer/Lux. (wenn nicht Tiliacum), **Dilmar** b. Saarburg/Remich (Mosel), **Dillendorf** (Hunsrück und Südbaden).

Dillingen siehe Dillenburg! Vgl. Millingen/Rhld, (2 mal, zu *mil* „Sumpf, Morast, Schlamm"; Millendonk!) und Illingen, mehrfach.

Dimbach ö. Heilbronn, am Dimbach (Zufluß des Schwabbachs, zur Brettach/Kocher), urkdl. *Dinde-bach* 1311, 1390, *Tindebach* 1289, meint „Sumpfbach" (wie auch der Schwabbach u. die Brettach!).

Dingden, Bachort zwischen Wesel und Bocholt, urkdl. *Dingede,* gehört zu den zahlreichen Kollektiven auf *-idi, -ede* im ndsächs.-nordthür. Raume, die durchweg Ableitungen von Wasserbegriffen sind, wie *Vinnede, Dritede, Urede, Selede, Gelede, Dunede, Virede, Swabede, Scarbede, Colede, Tulede, Palede, Lengede, Bomede, Velmede, Ilsede, Isede, Helpede* usw. Schon hieraus folgt, daß *ding* ein verklungenes Wasserwort sein muß, mit altgerm. Thing- oder Gerichtsstätten also nichts zu tun hat (wie man bisher mangels methodischer Erfahrung glaubte: so noch E. Schröder, ZONF 4, 1928, S. 110). Auch erläuternde Zusätze wie marsh, leg (Wiese), slat (Röhricht), horn (feuchter Winkel), *lo* „sumpfige Niederung" bestätigen *ding* als „Sumpf oder Moor, Marsch": so *Dingemarsh, Dingley* in England, *Ding-slaet* 1387 b. Groningen, **Dinghorn** b. Stade (wie Ilhorn, Balhorn, il „Schlamm, Morast", bal „Sumpf"), *Dingelo:* **Dingel** i. O. (wie Ringelo: Ringel), auch **Dingstede** i. O. (wie Ringstede am Ahlenmoor! Vgl. den Ring-See in Litauen!), denn sämtlichen stede-Namen liegen Naturwörter zugrunde! Dazu **Dingfurt** am Isen/Bayern, **Dingsleben**/Thür., **Dingelbe** b. Hildesheim, **Dingelstedt** im Eichsfeld und am Huy. Topographische Bestätigungen sind die **Dingau** am sumpfigen Federsee in Schwaben und **Ding** am Erdinger Moos! *ding* ist zweifellos = idg. *dheng* in kymrisch dew „Nebel, Feuchtigkeit" und *dhong* in lett. *danga* „Morast, Kot", vgl. **Dangast** (er Moor!) am Jadebusen und *Dengdi:* **Denkte** ö. Salz-Gitter, wo auch *Langide:* **Lengede** wie **Lengden** b. Göttgn (lang = Sumpf!). Es steckt auch in engl. *dingy* „schmutzig"! Vgl. auch dän. *dyng*, schwed. *dungen* „feucht".

Dinklar ö. Hildesheim und **Dinklage** westl. Vechta (Moorort), die man gern als Zeugnisse altgermanischer Thing-stätten deuten wollte, verraten schon durch *-lar-* und *-lage,* daß *dink* vielmehr ein (dem Wörterbuch freilich unbekanntes) Wasserwort sein muß: Es ist bezeugt mit der **Dinkel,** die bei Horstmar (Münster) aus einem morastigen Grunde entspringt und in Holland in die moorige Vecht mündet! Eine *Dinclaha* floß im 11. Jh. auch b. Fulda. Zur **Dinkel** vgl. die **Sinkel** (idg. *sink* „Feuchtigkeit"). So werden verständlich auch **Dinke** b. Recklinghausen und **Dinker** a. d. Ahse (der vorgerm. *Arsene*!) zwischen Soest und Hamm, mit prähistor. r-Suffix wie *Blender, Gümmer, Verder, Morter, Nutter, Sieker, Geter, Vechter, Jechter,* lauter Sinnverwandte aus ältester Zeit. Zu *Dinkelbeck* vgl. Rad(el)-, Mesch(el)-, Seß(el)beck, lauter „moorige, modrige" Bäche. Ein Dinkelberg b. Melsungen a. Fulda, ein Dinkelburg b. Warburg i. W., ein Dinkelhausen b. Uslar, ein Dinkelrode im Kr. Hersfeld (1240 Tinchenrod). *Dinkolder* 1230 in Franken stellt sich zu Warolder(n)/Waldeck und Affolder(n)/Eder, wo *war* und *af* gleichfalls „Moorwasser" meinen. Zu Dinklar vgl. als synonym: Ankelar, Asslar, Mudelar; zu Dinklage: die Amlage, die Babbelage, die Harplage! (lage = lo „feuchtes Gelände"). Zu *dink: ding* vgl. *sink: sing; link: ling; rink: ring; tink: ting* (schweizer, *tink* „feucht", lat. *tingere* „befeuchten"). Zu *dink* vgl. auch *dank, donk, dunk!*

Disphorn, Dipe-sele siehe Diepholz! **Dippach**/Thür.: 811 *Dikbach!*

Dissen am Teutoburger Wald (urkdl. *Disna,* vgl. *Gisna)* mit dem benachbarten Müschen *(musc* „Sumpf, Moder) — auch bei Cottbus a. d. Spree liegen Dissen und Müschen beieinander! — kann nichts anderes meinen als Müschen, worauf auch die dortigen Sümpfe „der grote und der korte Fley (alt *Flage*) a. 1722 deuten! Auch im Kr. Lübbecke lag ein *Dyssene*, während **Dissen** Kr. Fritzlar (gleichfalls höchst altertümlich) als *Dussin(un)* überliefert ist, zur Variante *dus*, die im Altindischen für „Fäulnis" bezeugt ist. Ein **Dissau** liegt nö. Lübeck, ein **Dissenbach** (auch Wüstung b. Marburg) fließt im Siegkreis; dort lag auch ein uraltes **Disphe** (882 *Disapha*), ein Bachname auf *-apa* wie *Visphe* (Fischbach) im Siegerland und die *Nispe* in Brabant, wo *vis, nis* Sinnverwandte sind. Vgl. auch die *Dissenblike* (9. Jh.) b. Bückeburg u. *Dissenroth* (Fliede). In England bestätigen **Disney**, Disley und **Dissington** (wie Liddington, Washington usw.) *dis* als verklungenes Moorwort. Siehe auch unter **Deister** und **Düsseldorf**! Ein *Disna* auch im Dünagebiet!

Ditfurt siehe Dietfurt!

Dithmarschen, wasser- und moor-reiches Marschenland in West-Holstein, in lat. Urkunden der Karolingerzeit *Thiatmaresca*, a. 1059 *Thietmaresca* geschrieben, bisher (seit Karl Müllenhoff) irrig als „Volksmarsch" oder „große Marsch" aufgefaßt (wegen ahd. diot „Volk", das lediglich anklingt!), verrät seinen wahren Sinn nur im Rahmen der übrigen Namen auf -marschen, die sich vor allem in den wasser- und sumpfreichen Landschaften Flanderns, Brabants, Frieslands, Englands und Schottlands finden; so im niederld. Raume (vom 8.—12. Jh.): *Claromarasc, Illumarisca, Forismarische, Liemerscha, Dalmersce, Blachramersch,* — lauter alteuropäische Termini für Sumpf, Moor, Morast, mit dem erläuternden Zusatz *marsch*. Dazu in engl. Urkunden: *Dingemersh 774, Stodmersche 686, Bicanmersh 967* (:Bickmarsh), *Hattemerse 1220, Littermers, Lammersh, Menemersh, Smithemers 1299, Cademersh 1412, Henmarsh, Saltmarsh, Burmarsh* und nicht zuletzt **Tidmarsh** *(Tydemershe)* nebst *Thetmersh 1217*, lauter Sinnverwandte! Näheres darüber in des Verfassers Amsterdamer Kongreßvortrag „Dithmarschen" vom August 1963. Siehe auch unter **Diez** *(Theodissa)*, Di(e)tfurt, Ditmold usw.

Ditmold siehe Detmold! **Dittelbach** siehe Dettelbach!

Ditterke b. Hannover a. Leine entspricht Lechterke, Mederke, Elverike usw., lauter Sinnverwandte für Sumpf- oder Moorort. Siehe Dithmarschen, Ditfurt!

Dittwar a. Tauber siehe Bettwar! **Dittigheim** siehe Bietigheim!

Dittweiler/Pfalz (wie Eß-, Lett-, Maßweiler) u. **Ditscheid** b. Mayen siehe Dittwar!

Dockweiler b. Daun/Eifel, Dockendorf b. Bitburg/Eifel werden deutbar durch *Dokfurlong*/England (analog zu Cletefurlong, Sorfurlong, lauter feuchte, sumpfige Gräben). Vgl. auch **Dokkum**/Holland (wie Wierum, Latum usw.). Dockweiler entspricht den Synonymen Hockweiler, Lockweiler usw. (hok „Moor", lok „Sumpf"). Zu Döckingen (Ries) vgl. Wechingen, Polsingen ebda, zu wech, pol „Sumpf".

Dodenau b. Battenberg/Eder entspricht dem dortigen **Röddenau,** denn röd meint Sumpf, Moder, und *dod* „Sumpfgewächs, Schilf" (engl. dodd), vgl. in E.: Doddeleg, Doddeswelle, Doddendene, Dodebrok). Dazu *Dodes-lo* i.Westf. (wie *Odes-lo,* zu *od* „Wasser, Sumpf"!). **Dodeleben** a. d. Dode/Thür., *Dodapa*/Hessen, *Dodnesta*/Belgien (wie Rupenest, Widenest, mit prähistor. Suffix!), *Dodemar*/Holland, also kein „totes", sondern „schilfiges" Meer, See. Und so auch **Dodenhausen** b. Treysa/Schwalm (Bachort am Kellerwald).

Dohrenbach südl. Witzenhausen a. Werra enthält wie die Dormecke (Dorenbeke)/Lenne, Dorlar, Dorheim u. ä. das prähistor. Wasserwort *dor (dur),* auch *dorn, durn!*

Döllen (urkdl. *Duliun* 890) i. O. entspricht dem Moorort **Völlen** (Vuliun) a. d. Ems; *dul, vul* sind Synonyma zu *gul* „schmutziges, mooriges Wasser", vgl. *Dulia* (die Deule/Belgien) entsprechend der *Gulia:* Geule/Holland. Siehe auch unter Dülmen (*Dulmenni*)! Der **Döllbach** b. Kassel ist also kein „tollwütiger" Bach (so E. Schröder). Und die **Döls** b. Verden ist eine prähistorische *Dulisa!* Ein **Dol(l)enbach** fließt z. Wolfach und z. Rench/Baden, eine *Dole* fließt zum Doubs!

Dollern (urkdl. *Olruna!),* Bach u. Ort im Ober-Elsaß, gehört wie die *Visruna, Sidruna, Saldruna* zu den vorgerm. Flußnamen auf -ona, una; *ol* meint „Sumpf".

Döllstädt nö. Gotha gehört wie Klettstedt, Bruchstedt, Ballstedt, Buttstedt, Schwerstedt usw. (alle im nordthür. Unstrutraum) zu den zahlreichen *stede*-Namen, die Gewässertermini enthalten. Vgl. Döllen, Döllbach!

Dolmar, Berg b. Meiningen, in ältester prähistorischer Siedelgegend! Dazu der Kleine Dolmar bei Schmalkalden. Ungedeutet, offenbar keltisch oder vorkeltisch (vgl. die **Dole,** z. Doubs/Frkr.).

Döls siehe Döllen!

Dommel (urkdl. *Dutmala),* Fluß in Brabant, siehe Dude!

Donau, vorgermanischer Flußname. Vgl. Dahn, Daun!

Donebach im Odenwald, zum Wasserwort *don, dun.* Vgl. die Donne.

Donnenheim b. Brumath/Elsaß (urkdl. *Dunenheim*) stellt sich zu den Sinnverwandten Finen-, Beinen-, Ohnenheim ebda. Zu *dun* siehe Daun *(Dune)!*

Donnstetten/Württ. entspricht Heuch-, Erb-, San-: Söhnstetten ebda, alles Ableitungen von Wasserbegriffen. Siehe Donnenheim!

Donrath a. d. Agger verhält sich zu **Bonrath** wie **Denrath** zu **Benrath,** siehe dies! Vgl. auch *Donincum* unter Daun!

Dörenthe b. Brochterbeck/Ibbenbüren i. W. ist ein altes Kollektiv *Dornithi* wie **Dören**/Paderborn: *Thurnithi.*

Dörentrup b. Lemgo entspricht den benachbarten Dehlentrup, Wellentrup, Währentrup, Krenen-: Krentrup, lauter Ableitungen auf -dorp von Gewässerbegriffen: auch *dor (dorn)* ist ein solcher, so daß schwerlich „Dorn" zugrunde liegt. Vgl. auch Dörenhagen südl. Paderborn und Dörnhagen südl. Kassel wie Mudden-, Sorenhagen! *Thornspich* wie Leunspich, Herispich = „Sumpftümpel"; *Thurnapa* „Sumpfbach".

Dorffen, Bach in Bayern, ist vorgermanisch; vgl. die *Dorbia* (Dourbie) in Frkr. (nebst Dorbonacum b. Lyon); zu *dor-b* vgl. *sor-b* (sor „Sumpf").

Dorheim/Wetterau, von der Wetter umflossen, und **Dorweiler** (2 mal) im Rheinland enthalten das prähistor. Wasserwort *dor* wie die **Dormecke,** Zufluß der Lenne, und **Dorlar** b. Meschede und b. Gießen. Ein Dorheim liegt (sumpfig) auch bei Jesberg/Treysa an der Quelle des Merrebachs (mer „Sumpf"). Vgl. *Dauernheim!*

Dorlar siehe Dorheim! -lar tritt nur an Gewässerbegriffe, vgl. Asslar, Uslar, Goslar (a. d. Gose).

Dorla b. Kassel entspricht **Werla** (zu idg. *wer* „Wasser, Sumpf").

Dormagen siehe Dörspe!

Dörmbach/Rhön = **Dermbach** a. d. Felda (*dern* „Morast, Schlamm).

Dörpe ö. Hameln beruht auf *Dorepe, Duripa;* alter Bachname auf *-apa* „Bach"; vgl. die Wörpe! Eine *Duripa:* **Dörpe** (mit der *Durisa:* Dürsch) fließt bei Dürscheid/Gladbach, siehe Dörspe!

Dörspe, Zufluß der Agger ö. Gummersbach/Sieg, gehört wir die **Kerspe** (Kierspe, zur Volme ebenda) zu den prähistor.-vorgerm. Bachnamen auf *-apa* „Bach". Wie die Kerspe eine keltische *Carisa* darstellt (zu *car* „Sumpf"), — vgl. die *Carisa* oder Kersch in Württ. — so die Dörspe eine kelt. *Durisa* (zu *dur* „Sumpfwasser"), vgl. die *Durisa* oder **Dürsch** b. **Dürscheid**/Gladbach mit der *Duripa* oder **Dörpe.** Auf kelto-ligur. Boden fließen die *Duria* zum Po (gleich der *Sturia* in Piemont), der *Durius* (Duero) in Nordspanien und *Duranus* (die Dordogne, wie *Rodanus,* die Rhone); dazu ON. wie *Duretia (— Curetia — Ardetia)* und *Duronum*

(Lemonum — Cambonum), lauter Sinnverwandte! Door in Irland ist noch heute ein wasser- und sumpfreicher Bezirk. In Holland vgl. Duur *(Dure)* mit Durlede und *Dure-:* **Dordrecht**; in Belgien: **Dormael** analog zu Vormael (vur = Moor).

Deutlich sind **Duhrbruch** b. Fallingbostel (mit 4000jähr. Steingräbern) und **Dur(ch)schlacht**/Ob. Bayern (vgl. Degerschlacht, slat meint Röhricht! und Zihlschlacht, Til-slat, zu til „Moder"). Dazu **Durlangen**/Schwaben wie Erlangen, Dürrwangen und **Dur(r)**weiler in Württ. **Dürrheim** a. d. Musel/Baden, **Durlach** am Durrbach b. Karlsruhe, **Durbach** am Durbach/Südbaden, das Durenbächle (zur Schutter)/Baden. *Durstede* entspricht Horstede, Alstede usw. **Dormagen** am Ndrhein ist keltischer Herkunft wie Remagen (Rigo-magus „Wasserfeld"). Dazu **Dorweiler** (2 mal) im Rhld. Eine **Dormecke** fließt zur Lenne und bei Meschede, wo **Dorlar** liegt (vgl. Verlar).

Vgl. die **Dorsmecke** i. W., dazu in England: Dorsington am Dore. Ein **Dorsten** liegt a. d. Dorste und Lippe, vgl. Selsten b. Aachen (zu sel „Sumpf"), ein **Dorste** b. Northeim. Von der Wetter umflossen ist **Dorheim**/Wetterau (vgl. Durham in England); auch **Dauer(n)**heim a. d. Nidda meint dasselbe, analog zu Schauernheim/Pfalz, alt Scurheim, zu scur „Pfütze". Ein **Dauerwang** „Wasserwiese" in Württ.

Dorsten a. d. Dorste siehe Dörspe!

Dortelweil (urkdl. *Thurchila villa*) a. d. Nidda/Wetterau ist kein Haus mit „durch"brochener Tür, wie man allen Ernstes gemeint hat, sondern kelt. Herkunft: wie *Dorchenwilare* 1196 Württ. (Torkenweiler) u. *Tourqueville.* Vgl. die Flüsse *Dorc, Turc* in England nebst ON. *Thurkleby.* Die Parallelen Gred-wiler: Griedel und *Rand-wiler:* Rendel in der Wetterau bestätigen die Deutung aus einem vorgerm. Flußnamen, denn *gred* und *rand* sind prähistor. Moorwörter!

Dortmund (urkdl. *Drotmenni*) a. d. Emscher (ein *Drodmenni* einst auch a. d. Leine!) verrät seinen Wortsinn nur im Rahmen der zugehörigen Namen: *Rotmenni:* die Rottmünde; *Dulmenni:* Dülmen; *Vole-menni:* die Volme; *Hademenni:* Hedemünden usw., lauter ursprüngliche Bachnamen aus prähistorischer Zeit mit der Endung *-manio (-menni, -minni)*, vgl. den *Vidumanios* in Britannien, zu *vid* „Sumpf". *had, vol, dul, rot* sind Sinnverwandte für „Sumpf, Moor, Moder, Schmutz", also auch *drot:* vgl. die **Drootbeke**/Flandern, den Drôt und Droude in Frkr., das *Drothwater* in Lippe, *Droten:* **Dratum** b. Melle und die Flur „die **Drotte**". *drot* ist somit Variante zu *drit* „Kot". Vgl. auch idg.-bulg. *trod* (lett.-lit. *tred, trid*) „Durchfall".

Dorweiler siehe Dorheim!

Dose, Zufluß der Ems, wie **Dosenbek** b. Preetz meint „Moorbach", bestätigt durch **Dosen-moor.** Dazu (das) **Dos(s)e-meer** in Belg. Eine **Dosse** fließt in Mecklbg (mit Dossow u. Wittstock). Dossenheim (Elsaß u. Hdlbg) entspricht Dossenbach b. Schopfheim/Baden, das von 1250 bis um 1500 *Tossenbach* geschrieben wurde (auch *tos* meint „Moder, Moor"). Ein **Dossingen** im Jagstkreis.

Dosse, Dossenheim siehe Dose! **Döthen** *(Theotenen* 1224) s. Detmold!

Dottenheim a. d. Aisch stellt sich zu den benachbarten Deutenheim, Sugenheim, Weigenheim usw., die auf Wasser und Sumpf Bezug nehmen; ebenso **Dottingen**/Schwaben (u. Brsg.) zu den benachbarten Dettingen, Bettingen, Gächingen usw. Zu *dot, (dut)* vgl. Dotzlar *(Duteslar).* Ein **Dotzheim** b. Wiesbaden. Aber **Döttelbach**/Rench hieß *Dettelnbach.*

Dotzlar, Dotzheim siehe Dottenheim und Dude.

Doveren b. Erkelenz (urkdl. *Duveric*) enthält wie **Dover** das kelt. Wasserwort *dub-r.* Vgl. Fluß *Dovera:* Douvre/Frkr. u. *Doeveren*/Holld.

Drackenstedt (nebst Haken-, Bregensedt b. Oschersleben meint „Moorort", vgl. in England *Drac, Dracton, Dracanhlaw* (wie Cudan-, Hodan-, Lortanhlaw, den *Drachgau* b. Lorch usw. Siehe Dhron!

Drage b. Winsen a. d. Luhe enthält idg. (lit.) *drag-* „Bodensatz, Schlamm", vgl. unter Drein-! **Drais** siehe Treis!

Drantum i. O. u. b. Melle sind „Moor-Orte", vgl. **Drentwede** „Moorwald" b. Bremen und die Moorlandschaft Drente *(Thrianta* 900: *ia = e!).*

Drebber mit dem Drebber**bruch** in der Moorgegend von Diepholz a. d. Hunte gibt sich schon topographisch als Bezeichnung für Moor oder Morast zu erkennen. *dreb* (vgl. griech. τρέφω „gerinnen") ist Variante zu ndld.-engl. *drab* „Bodensatz, Schmutz" (vgl. unser „Treber"!) und russ. *droba* (ON. Drobitz). Ein Nord-Drebber (990 *Thriveri*) liegt bei Winsen a. Luhe, ein Stöcken-Drebber (1029 *Dribura*) am Toten Moor (Steinhuder Meer), ein **Drewer** b. Belecke a. Möhne, eine Mark **Drever** (um 1100 *Drivere, Dribure*) b. Recklgh., ein **Driever** bei Leer im Lede-Ems-Moor! Vgl. auch norw. *drevja* „weiche Masse".
Drübber a. Weser b. Hoya könnte dagegen auf *Drit-bere* beruhen (*drit* = Kot) in Analogie zu Schwöbber **(Swec-bere)** und Rabber **(Ret-bere)** als Sinnverwandten! Ein **Drüber** liegt b. Northeim.

Drechen b. Werl i. W. entspricht **Frechen** b. Köln (*drek, drech* ist Variante zu *drak, drach*).

Drehle b. Bersenbrück, 917 *Threli,* meint wie *Driel* „Moor"; *Drilisden*/E.

Dreileben nö. Oschersleben, urkdl. *Dregleben*, wird verständlich im Rahmen der übrigen *leben*-Orte wie *Gorleben, Memleben, Wiegleben*, die durchweg auf Wasser, Moor und Sumpf Bezug nehmen. *dreg* ist Variante zu *drag* bzw. Umlautform, vgl. *Dragmere*/E. Gleiches gilt für den **Drei-Berg** am Solling entsprechend dem Rött-, Seim-, Wahr-Berg, u. für **Dreye** b. Bremen. Zu *Drag:* Drey wie *Flag: Fley* s. Dreingau! Ein **Drestedt** liegt südl. von Buxtehude a. d. Este, einem Moorfluß; es entspricht Malstedt, Deinstedt, Harpstedt, Sellstedt usw., denn sämtliche stede-Namen sind komponiert mit Wasserbegriffen.

Dreingau, alte Bezeichnung des südl. Münsterlandes, an die noch der ON. **Dren-steinfurt** a. d. Werse (auf dem Drene) erinnert, hieß urkdl. *Dragin*, wie die dortige *Dragin-beke:* **Dreinbeck**. Im Namen spiegelt sich die einst noch viel feuchtere Bodennatur der Landschaft, denn *drag* meint (wie im Isländ.) „sumpfige Niederung", deutlich in *Drage-mere, Drag-ley*/E., auch Dragwurt (10. Jh.). Zu *Dragin-:* Drein- vgl. *Lagin-:* die Leine. Slaw. ist *dreg: Dregovici* „Sumpfleute".

Dreis in der Eifel (b. Daun u. b. Wittlich), auch b. Siegen, nebst **Dreisbach** (Saar, Baden, Westerwald, Lahn), **Dreisborn** b. Arnsberg/Ruhr, **Dreislar** b. Brilon sind mit dem Wörterbuch nicht zu deuten, da *dreis* (wie *treis*) ein verklungenes, prähistorisches Wasserwort ist (in der Eifel bezeichnet es eine Mineralquelle); ursprünglich wohl im Sinne von „sumpfbildendes Quellwasser". Zu Dreislar vgl. als sinnverwandt Asslar, Uslar, Goslar (a. d. Gose) usw. Ein **Dreisen** liegt in der Pfalz. Vgl. auch Drais b. Mainz. Dazu **Dreisel** b. Waldbröl, **Dresel** b. Werdohl/Lenne; auch **Dresbach,** Dreslingen, **Drespe** b. Waldbröl/Gummersbach, d. i. *Dres-apa;* vgl. *Drisphe* (wie *Disphe, Visphe*).

Dreisam (864 Dreisima, 1008 Treisama, 1352 Treiseme), Nbfl. der Elz im Breisgau, mit dem kelt. *Tarodunum:* Zarten, entspricht der Mettema (med „Moder"). Vgl. den Dreisbach z. Murg! Siehe Dreis!

Dremme, Zufluß der Salzböde (z. Lahn) zw. Gießen u. Marburg, enthält ein verschollenes prähistor. Wasserwort *trem* wie **Dremmen** a. Ruhr nö. Aachen und **Drempt** (*Trem-ethe*) an der Ijssel/Holland, wo auch Drimmeln (*Tremele*). In England vgl. Tremworth, Tremeney, in Frkr. Tremeux, Tremeuil. Siehe auch Trimbs!

Dren-steinfurt siehe Dreingau! **Drentwede** siehe Drantum!

Drespe, Dresbach siehe Dreis! **Drestedt** siehe Dreileben!

Drever, Drewer siehe Drebber! **Dreye** siehe Dreileben!

Driburg i. W. siehe Iburg! **Driever** siehe Drebber! **Drisphe** siehe Dreis!

Drittenbach, ein Zufluß der Glatt östl. Freudenstadt im Schwarzwald, meint „Schmutzbach“, zu altdt. *drit* „Schmutz, Kot“ (engl. dirt, vgl. ags. dritan, altnord. drita „cacare“), deutlich in *Drit-pol* 1086/England (pol = Pfuhl). Von einem Personennamen Dritto, den O. Springer (1930) S. 170 erfinden wollte, kann also keine Rede sein. Dasselbe Wort steckt in dem unkenntlich gewordenen **Drütte** b. Fümmelse/Salz-Gitter, urspr. *Dritede,* ein Kollektiv auf *-idi, -ede* wie im selben Raume: Flotide: Flöthe; Dengidi: Denkte; Gelidi: Gielde; Uridi: Ürde; Selidi: Sehlde usw., lauter Sinngleiche! Auch **Drübber** a. Weser b. Hoya könnte hierher gehören, wenn es auf *Dritbere* beruht (wie Schwöbber b. Hameln urkdl. auf Swecbere und Rabber auf Ret-bere, — beide auf Moorwasser bezüglich).

Drochtersen b. Stade ist Moorort, wie schon der N. zum Ausdruck bringt. Siehe Druchhorn! Vgl. auch den Gewässernamen Dracht, Drecht, Drocht in Holld! Zur Form vgl. das synonyme *slocht, slochter!* (Schlüchtern).

Drömling (*Thrimining*), großes Sumpfgebiet ö. Wolfsburg/Obisfelde (Aller). Zu *drim, drem* siehe Dremme und Trimbs! **Drope**/Ems meint „Moor“.

Dröschede b. Letmathe/Lenne entspricht Loschede (nebst *Loscapa!*) b. Coesfeld (*los-c* = „Sumpf“), mit Kollektivsuffix -idi, -ede. Ebenso **Drösede**/Elbe, zu ndld. *droesem,* engl. *drosn* „Schmutz“ *(Drosn-cumbe* „Schmutztümpel“). Vgl. alem. *drusen* „Bodensatz, Schlamm“.

Drübber siehe Drittenbach!

Drübeck b. Ilsenburg/Harz (m. d. „Sumpfrücken“ im Drübecker Forst) deutet auf *Drubeke* „Moorbach“! Vgl. auch *Dru-hem:* Feldrom/Lippe. Eine *Dru-antia* in Frkr., eine *Druja* in Lit.!

Druchhorn (1188 *Drochorn*) im Moor der Hase b. Bersenbrück entspricht Balhorn, Dinghorn, Gethorn, Muckhorn, lauter feuchte, modrige „Winkel“. *Druchi-reod* 9. Jh. b. Würzburg entspricht daher *Hasa-reod* (Herrieden a. Altmühl), wo *has* „Moder, Moor“ meint. Ein *Druchheim* lag b. Höxter (vgl. Muchheim, much = „Moder“). Zu **Drüggelte** Kr. Soest (urkdl. *Druchelte)* vgl. Bückelte (Buclithi), buk = Moder, Schwichelt (Swec-lithi), swek = Gestank, usw. Eine Flur „in der Drucht“ im Kr. Düsseldorf wiederholt sich im Moorgau Drente mit *Druchte* 1316 (mit der **Drochtzee**). *Druchterbeck* b. Gifhorn (Sumpfgegend!) stellt sich zu Brochterbeck/Tecklbg. und zur Uchterbeke b. Belm i. W. Auch **Drochtersen**/Stade ist Moorort! Deutlich ist *Drughemere* 1217/Brab.!

In England bestätigen *Droc-mere, -cumbe, -dene, -leg, -ford* den Wortsinn, auch einfaches Through, vgl. Slough (sloc „Morast, Sumpf“). Idg.-keltisch entspricht *trok* (vgl. trok-to: kymrisch troeth „Lauge, Urin“) im brit. Flußnamen *Troci:* Troggy und im kelt. Volksnamen *Trocmi*/Galatien!

Druffel a. d. Wapel ö. Wiedenbrück beruht auf einem Moorbegriff (-lo „Sumpfstelle“ bestätigt es: 1088 *Thruflo*). Ebenso **Druffelbeck** b. Gifhorn (in sumpfigem Gelände).

Drüggelte siehe Druchhorn!

Drunge 1256 in Waldeck, bisher ungedeutet, entspricht **Drongen** in Gelderland, das 821 *Truncina* hieß und wie brit. Trunchet/E. nebst Tronche, Tronchay, Troncaria/Frkr. auf keltisch *tro(n)c* (kymrisch trwnc) „Urin, Bodensatz“ zurückgehen muß! Vgl. auch unter Druchhorn!

Drusenheim a. Rhein ö. Hagenau entspricht den benachbarten Sinnverwandten Sesenheim, Roppenheim usw. (auch Dienen-, Finen-, Linken-, Ohnenheim); alemannisch *drusen* (mhd. druosene) meint „Bodensatz, Schlamm“ (= ndld. droesem, engl. drosn „Schmutz“: Drosn-cumbe). Vgl. die **Truse** (Druse) mit *Truosna-steti* b. Schmalkalden und die **Drusel** im Habichtswald b. Kassel. Ein **Drusweiler** b. Bergzabern/Pfalz.

Drütte siehe Drittenbach!

Dubenscheid b/Ob.-Aula/Hessen hat mit der Taube ebenso wenig zu tun wie **Duvendrecht** in Holland; denn die scheid-Namen wie die drecht-Namen sind durchweg mit Wasserbegriffen gebildet! Ein solcher ist auch *dub, duv;* vgl. den *Dubis:* Doubs/Frkr., *Duveric:* Dovern/Rhld wie Dover, Eine *Duva:* Douve fließt zur Leie, eine *Duva:* Dove in Brit.

Duchroth sw. Kreuznach entspricht Wahlroth, Oleroth, Benroth, alle auf Sumpfwasser deutend.

Dudelsbach, Zufl. der Möhlin/Baden, siehe Düdelsheim u. Duderstadt!

Düdelsheim b. Büdingen/Hessen hieß *Dudinesheim,* analog zu *Budenes-, Rudenes-:* Büdes-, Rüdesheim, — lauter Ableitungen von Gewässernamen *(Dudene, Budene, Rudene).* Ein *Dudene:* Duddon fließt z. B. in England. Siehe Duderstadt!

Dudenbach siehe Duderstadt!

Dudenhofen b. Speyer und b. Offenbach stellt sich (da es einen Pers.-Namen Dudo auf obd. Boden nicht gibt!) zu den Sinnverwandten Dieden-, Duten-, Detten-, Hatten-, Utten-, Atten-, Batzen-, Motzenhofen (batz, motz „Sumpf“). Zu *dud* siehe Duderstadt!

Duderstadt im Eichsfeld (urkdl. *Dudunstede*!) liegt am Zusammenfluß der Hahle und der Brehme. Wie *hal* und *brem* so ist auch *dud* ein verklungenes, einst weit verbreitetes Sumpfwort. Schon der heimatkundige Namenforscher M. R. Buck (Obd. Flurnamenbuch 1880, 2. Aufl. 1931. S. 51) hat zu dem Flurnamen **Dude** (Daude) in Württ. festgestellt, daß „alle Örtlichkeiten dieses Klanges Sümpfe sind“. Topographie und Morphologie bestätigen es auch sonst: So finden sich in Moorgebieten: eine *Dude,* jetzt **Düte** (als Zufluß der Hase), ein *Dudi* a. 1000, jetzt **Düthe** a. d. Ems, eine *Dudelake* 1338 b. Bremen. Auch Dodeleben/Thür. (937 *Dudulon*) ist nach einem Bache Dude benannt; ein *Dudeloh* „sumpfiges Gehölz" verbirgt sich in **Dullo** b. Hemer i. W. *Dudenbäche* begegnen in Hessen, ein *Dudenbrunnen* 1200 im Rhld (auch **Düttenbronn** b. Würzburg hieß 1014 so), ein Fluß *Dudene* 1160 (jetzt Duddon) in England, womit auch *Dudinesheim* (: **Düdelsheim** b. Büdingen) verständlich wird analog zu *Budenes-*, *Rudenesheim* (: Büdes- und Rüdesheim), denn auch *Budene*, *Rudene* sind prähistorische Bachnamen (zu *bud*, *rud* „Sumpf"). Ein **Dudelsbach** fließt zu Möhlin in Baden. Vgl. den Gamines-: Gammelsbach zum Neckar.

Von höchstem Altertum ist im Lahngau **Dautphe** (südl. Biedenkopf, 1238 *Dudephe*, also Bachname auf -apa „Wasser, Bach", wie Utphe b. Gießen, zu *ud* „Wasser"); dazu (ebenso alt) *Dudari* wie *Vanari:* Fahner b. Gotha, *Arnari:* Örner b. Mansfeld, *Cornari:* Körner b. Gotha, *Comari*/ Istrien, lauter Sinnverwandte für Moor- und Sumpfwasser! *Duthungen* 9. Jh. (: **Duingen** b. Alfeld/Leine) entspricht Madungen, Teistungen, Heldrungen a. d. Heldra, lauter Ableitungen von Gewässerbezeichnungen. *Dudece* a. d. Ohre stellt sich zu *Sceplece* (Schepelse), *Scornece* usw. (scep, scorn = Schmutz, Sumpf).

Zu *Dude-sele*/Flandern vgl. *Germe-*, *Lite-*, *Mor-*, *Sweve-*, *Wake-sele*, lauter Synonyma. Mit Dudenbach und Dudenbrunnen klären sich auch *Dudanheim:* **Dautenheim** b. Alzey (vgl. Dautphe!) und **Dudenhofen** (nebst Dudweiler u. Ludweiler im Saarland) b. Speyer, b. Offenbach usw. analog zu Dieden-, Duten-, Detten-, Atten-, Utten-, Batzen-, Motzenhofen (siehe Dudenhofen! Auch W. Müller, Hess. ON.-Buch 1937, S. 150). Auch die Dommel in Brabant (mit der morastigen Uferlandschaft Mallepie), urkdl. *Dudmala*, bestätigt den Wortsinn „Sumpf": sie entspricht den Synonymen *Bene-*, *Hal-*, *Lit-*, *Wane-*, *Wise-mala!* Als *dut*, *deut* erscheint das Wort in **Dutum** a. Ems (wie Ankum, Belum, Lutum), in *Duteslar:* **Dotzlar** b. Berleburg/Eder (wie *Butes-:* Botzlar und *Mutes-:* Motzlar!), in *Duthene:* **Deuten** b. Dorsten a. Lippe, **Deutmecke** (*Dutenbeke)*/Lenne wie Jeutmecke (Jutenbeke), **Deute** b. Kassel. Auch **Deutenheim** in Franken meint nichts anderes (wie ebda Dotten-, Sugen-, Kaubenheim), vgl. den **Deutenbach** (zur Rems/Württ.) und **Deutelmoos** (*Tutelmos*), — ahd. *tutilcholbo* „Schilfkolben"! Ein *Dutilunbrunnu* 960 b. Mersch/Lux., vgl. Duttenbrunn b. Würzburg. Ein *Duteius* fluvius: Dué fließt in Frkr.

Duingen siehe Dudungen: Duderstadt! **Duisburg** siehe Düsseldorf!

Dülmen, an einem Moorbach nördl. von Haltern a. d. Lippe, verrät sich durch die Form *Dul-menni* 889 als prähistorischer Bachname von höchster Altertümlichkeit! Seinen Wortsinn empfängt er nur im Rahmen morphologisch zugehöriger Namen wie *Drot-menni:* Dortmund, *Vole-menni:* die Volme, *Rot-menni:* die Rottmünde, *Vir-menni:* Viermünden a. Eder, *Hade-menni: Hedemünden* a. Werra, lauter Sinnverwandte, durchweg auf Sumpf, Moor, Moder Bezug nehmend, *manio: menni* = Bach. Auch die Gleichung *Duliun* 890: **Döllen** — *Vuliun:* **Völlen,** Moorort a. d. Ems, bestätigt *dul* als Synonym zu *vul,* d. i. „Moor oder Moder". So entspricht denn auch die *Dulia:* **Deule** in Brabant der *Gulia:* Geule ebda (zu *gul* „Schmutzwasser", vgl. das Gully). Eine *Dulisa:* **Döls** fließt bei Verden a. Aller, mit vorgerm. s-Suffix wie die Gumisa oder Gümse im Wendlande, die Amisa oder Ems usw. Vgl. auch *Dules* (Dowles), brit. Bachname/Engld. Dazu **Dülken** b. M.-Gladbach: *Dulica* (Embken: Amica), **Dölme** a. Weser, Dulingen, das **Duhla-Holz** (nemus *Duil*) b. Rinteln a. Weser; auch *Thul-heri:* **Dulder** nö. Enschede analog zu Buc-heri (buk „Moder"). Ein **Dullbach** fließt bei Iburg i. W.

Dumme, Zufluß der Jeetze b. Salzwedel, meint Sumpf- oder Moorbach (wie die Jeetze!); dazu der Flurname „In der Dumme" in Westfalen, der ON. *Dumete:* Dumpte u. **Dümpten** b. Mülheim/Ruhr ebda (wie Tremete: Drempte) und der **Dümmer,** großer See südl. Diepholz mit der moorigen Hunte; ein Dümmer-See auch in Meckl. (nö. Hagenow); ein Dümmersbach fließt in der Davert b. Senden/Münster. Vgl. **Dümmerten** b. Lübbecke i. W. und Sumpfort **Dümde** ö. Luckenwalde. Norw. *dumma* „Nebel".

Dün, feuchter Höhenzug im Eichsfeld, siehe Daun!

Dundenheim b. Lahr: vgl. ligur. *Dundava*/Saar wie Anava, Genava!

Düngen a. d. Innerste und **Dungen** a. Weser b. Bremen nehmen auf ihre moorige Lage Bezug. Ein **Dungelbeck** liegt b. Peine (Sumpfort!); vgl. Rad(el)-, Mesch(el)-, Seß(el)beck, lauter Moorbäche.

Dünn(e) siehe Daun!

Dünsbach am D. (Zufluß der Jagst), 1226 *Tuntzebach,* siehe Dünzebach!

Dünzebach b. Eschwege a. Werra (1299 *Tunzebach*) wie der **Dünsbach**/Jagst (1226 *Tuntzebach*) meinen „Schmutzbach" (zu idg. *tunt,* so lit., = griech. *tüntlos* „Kot"). Ebenso **Dünzelbach,** Sumpfort zw. München und Landsberg a. Lech, **Dünzling** b. Regensburg, Dünzlau und **Dünzing** b. Ingolstadt a. Donau, *Dunzelshusen* (wüst in Hessen), Dunzendorf (Jagst), **Dunzenheim**/Elsaß (*Tuntesheim* im 8. Jh.), der **Duntzenbach** in Baden b. Egelbach und **Dunzweiler**/Pfalz. Ein *Tuntinga* 1128 in Lux.

Düppigheim b. Molsheim/Elsaß (alt *Tubingheim*) siehe Bietigheim! Vg Tübingen! *tub (tuv)* meint „Kot" (mlat. tubeta!) wie in Tubney, Tubbar ford, Tub Mead, Tub Hole/England. Vgl. Fluß *Tuva:* Etuve/Frkr.

Durbach, Zufluß des Holchenbachs/Baden (schon 1342 *Dur-* neben *Tur-* enthält vorgerm. *dur* „Wasser". Eine **Durbeke** in Lippe.

Dürbheim b. Spaichingen (speiche = Schmutz) südöstl. Rottweil mein „Moorort": Vgl. den Flurrnamen „bei dem **Durben**" b. Gengenbach Baden. Ein kelt. Flußname *Durbis* in Britannien. Vgl. auch die Flüss *Durbion* und *Dourbie (Dorbia)* nebst Dorbonacum in Frkr.

Durchschlacht/Ob. Bayern entspricht Degerschlacht/Württ.: schlacht is entstellt aus *slat* „Röhricht", *durch* aus *dur* „Wasser, Sumpf"! Ebenso is Durchhausen (b. Wasserburg u. b. Tuttlingen) als *Durrhausen* bezeug

Düren b. Saarlouis u. b. Sinzheim klärt sich mit dem **Durenbach** (zur Schut ter/Baden); vorgerm. *dur* = Wasser, Sumpf. Ein **Durlesbach** fließt zu Schussen/Baden, ein Dorlesbach z. Kocher. **Düren** a. Rur hieß 770 *Duri* gleichfalls auf altkeltischem Boden. Über *dur* siehe ausführlich unte **Dörspe!**

Dürkheim a. d. Isenach/Pfalz (urkdl. *Turinc-, Durinc-heim)* siehe Bietig heim! Schon die Häufigkeit dieses *Turinc-heim* (5 mal, vgl. auch **Türk heim** am Neckar/Württ. und an der Fecht/Elsaß nebst **Thürken**/Lothr wo weder Türken noch Thüringer gehaust haben!) beweist, daß hier ei Wasserwort *(tur, dur)* zugrunde liegt (vgl. die Thur/Elsaß/Schweiz Siehe auch Türkheim!

Durlach a. d. Pfinz b. Karlsruhe enthält wie **Durlangen/**Württ. (vgl. Er langen) und (der) Durbach/Baden das prähistor. Wasserwort *dur.*

Durmersheim b. Rastatt a. Rhein entspricht Würmers-, Leimers-, Sermer heim (817 *Sarmenza,* Elsaß), enthält also den Bachnamen *Durme/*Scheld Dourme/Frkr. und **Dürrmenz** *(Durmantia)/*Württ., auch **Dürmentinge** wie Sulmetingen.

Dürsch, Bach b. Dürscheid/Berg.-Gladbach, ist eine kelt. *Durisa* (wie di Kersch/Württ. kelt. *Carisa); dur, car* „Wasser, Sumpf". Zur Dürsch flieſ eine **Dörpe** *(Duripa)!*

Düsseldorf liegt an einem Bache **Düssel** (urspr. *Dusila*) mit dem Düssel bruch! Auch **Dössel** b. Warburg hieß *Dusele. dus,* ein prähistor,-vorgern Wort, ist im Altindischen als Bezeichnung für „Fäulnis, Eiter, Gift" be zeugt. Ein *Dusius* fließt zur Rhone (wie der *Cusius* zum Po, *c* „Schmutz"!), vgl. *Dusiaca* b. Toul; eine *Duseta* in Litauen (analog zur Co deta/It., cod „Schmutz", eine **Duse** (über die Erpe) zur Diemel, ei **Dusenbach** im Ober-Elsaß (auch ON. im Odenwald), ein **Düsbach** zu

Lippe, eine **Düsmecke** zur Lenne (wie die Desmecke b. Brilon), eine *Dusna:* **Dussen** in Holland (vgl. *Gusna:* Guissen i. W.); auch **Dissen** Kr. Fritzlar hieß *Dussin(un)*. Vgl. Dausenau b. Nassau.

Dazu **Düsse** Kr. Soest (aber auch **Düssin** am Faulenbach! b. Cammin), die Dußmühle a. d. Hunte, **Düste** b. Diepholz (Moorgegend!), Duissern, **Duisburg,** *Düsene:* Deusen b. Dortmund und **Düshorn** b. Fallingbostel (nebst *Dushorn* 1322 b. Minden) analog zu Druchhorn, Gethorn, Balhorn, lauter Sinnverwandte (Moder, Moor, Sumpf). Zum **Dustebach** b. Lünen (wie die Guste b. Herford) vgl. den Fluß *Dustris* (zur Dordogne!). Ein **Düsen-Berg** (nebst Sesen-Berg) b. Driburg.

Düte *(Dude),* Zufluß der Hase, siehe Duderstadt! Ein *Düt-Berg* a. Hamel!

Dütlenheim b. Molsheim/Elsaß meint „Sumpfort" (zu *tut, dut,* vgl. ahd. *tutilcholbo* „Schilfkolben"!).

Duttweiler (nebst Kirrweiler!)/Pfalz, westl. Speyer, siehe Duderstadt!

Dutum a. d. Ems entspricht Lutum, Loccum, Marum, Klinkum, Ankum, Latum usw., lauter Ableitungen von Wasser-, Moor- und Sumpfbezeichnungen (-um = -heim). **Duvenbeck** i. W. siehe Dubenscheid!

Dwergte sw. Garrel (*Gor-lo*!) in Oldbg. ist kein „quer-gelegener" Ort, sondern ein „morastiger", entsprechend *Twergen* (heute Zwergen a. Diemel) und *Tweren* (Zwehren b. Kassel). Vgl. in England *Thwere-gile!* Siehe unter Zwehren!

E

Eb: der Kahle **Eb** b. Bielefeld wie die Rauhe **Ebbe** im Sauerland spie geln im Namen ihre einstige feuchte Bodennatur wieder (wie scho 1883 E. Lohmeyer in Herrigs Archivs 70 richtig vermutete). Denn *eb* is Variante zu *ab*, einem verbreiteten idg. Wasserwort. Zur Bestätigung vgl *Ebschied*/Eifel (wie Schlierschied, Göttschied). **Eb-Berg** b. Gertenbach.

Ebbe, rauhes Waldgebirge im Sauerland südlich der Lenne, siehe Eb! Zum Wasserwort *eb, ebb* (= ab, abb!) vgl. Fluß *Ebble*/England (nebst *Ebban-ea* „Wasseraue" und *Ebbe-cestre*). Dazu die **Ebbelage** (wie die Am-Harp-, Schiplage), lauter nasse Gefilde! Auch Ebbenbracht/Lenne, **Ebbenhorst,** *Ebbenhusen:* **Ebbinghausen** südl. Paderborn (nebst Gellinghausen also mit sekundärem -ing-! Vgl. Lenning-hoven a. d. Lenne! In Bayern vgl. 3 mal Ebenhausen und 2 mal Ebenried, in Württ. *Ebenemoos* 1437 zu Ebenhofen/Schwaben vgl. Dettenhofen ebda (dett = Morast); z Ebenweiler (Riedort! südl. Saulgau): Ruschweiler ebda (rusch „Binse").

Ebeleben a. d. Helbe b. Sondershausen entspricht Rott-, Uth-, Gorleben lauter Sinnverwandte (rott „Moder", gor „Morast", ud „Wasser"); zu *eb* siehe Eb! Vgl. *„auf der Ebe"* b. Erndtebrück.

Eberbach, mehrfach Bachname in Württ., Baden usw. meint schwerlich einen Bach, in dem sich Eber suhlen; *eb-r* (vgl. *ab-r*!) ist vielmehr ur alte Bezeichnung für sumpfiges Wasser (daher z. B. 786 *Eburinbach!* Auch die **Ebernburg** b. Kreuznach (*Aberinburg!*) ist nach einem Gewässe benannt! Zur Bestätigung vgl. **Ebermergen** a. Wörnitz (und Dautmerge a. Schlichem b. Rottweil (daut = dut, d. i. Sumpf, Schilf!).

Ebern a. d. Baunach beruht auf einem Bachnamen wie (Kalten-)**Eber** un Kreuz-**Ebra** im Eichsfeld; vgl. die **Ebrach** Kr. Bamberg entsprechen der Aurach, Baunach, Schleichach usw. ebenda, lauter Sinnverwandt (zu *ebr, ur, bun, slich* = schmutzig-schleimiges Wasser). Vgl. auch **Eberbach.** Vgl. auch irisch *ebrach* „sumpfig"!

Eberschütz (*Ever-scote*) a. d. Diemel meint „morastiger Winkel" entsprechend *Vorescute:* Vorschütz südl. Kassel. Vgl. die Nachbarorte Muddenhagen und Lam(m)erden, — zu mud „Moder" und lam „Sumpf"!

Eberstadt a. Modau b. Darmstadt (mod „Moder"!), auch b. Heilbronn Gießen, Schlierstadt a. Seckach (slier = Schlamm!), siehe Eberbach! Z Eberstedt/Thür. vgl. Daber-, Sinderstedt.

Ebig, Waldort b. Völkershain/Homberg, bezieht sich wie alle uralte Waldortnamen auf feuchte, sumpfige Gegend; siehe Eb! Ein Waldber **Ebig** a. Albe (Pfalz).

Ebingen a. d. Schmiecha/Schwaben entspricht Hechingen, Balingen, Wehingen, Böttingen ebda, — alle auf Gewässer Bezug nehmend. Siehe Eb!

Ebra siehe Ebern! **Ebrach** desgl. Wie Ebra so auch Nebra, Gebra, Trebra!

Ebringen b. Freiburg entspricht Egringen, Efringen/Südbaden, Schabringen Württ., Köndringen a. Elz, lauter Sinnverwandte. Siehe Ebra, Ebern!

Ebschied im Hunsrück nö. Simmern entspricht Schlierschied südl. Simmern (slier = Schlamm). Zu *Eb(el)sdorf*/Marbg. vgl. Eichelsdorf a. Eichel!

Echaz, Nbfl. des Neckars, siehe Echzel!

Echerschwang im Lechgebiet entspricht *Ketterschwang, Gamerschwang:* urkdl. Katris-, Gamenes-wang, d. i. „Wasserwiese".

Echbeck, Bachort w. Pfrungen im Ried (nö. vom Bodensee), beruht auf i-Umlaut aus *Achibach,* zu *ach* „Wasser", wie die **Echaz** aus Achenz.

Eching am Ammersee entspricht Finning, Inning, Utting ebda; *ech* ist umgelautet aus *ach;* vgl. Echbeck, Echaz usw. Ein **Eching** auch im Dachauer Moos(!), wo auch Moching (much = Moder).

Echtbach, Zufluß der Bühler (Kocher), siehe Echbeck!

Echte (Bad), Bachort nö. Northeim, meint wie **Echtrop** b. Soest u. Echthausen a. Ruhr „Wasserort" (ech = ek, ak); zum t-Suffix vgl. Külte (Kulete, zu kul „Moder"). Vgl. **Echten** im Moorgau Drente nebst **Echteler** a. Vechte.

Echternach a. d. Sure (Sauer) in Luxbg entspricht Medernach, Manternach ebenda; zugrunde liegt ein vorgerm. Wasserwort: urkdl. *Epternacum,* später Efternach, dann Wandel von ft zu ndd. cht. Vgl. ligur. *Aptia.* Zum Umlaut vgl. den Epfenbach in Württ.

Echzel a. d. Horloff, Wetterau, die um 800 *Hornaffa* „Sumpfbach" hieß, ist 951 als *Achizwila* bezeugt, analog zu Griedel *(Gredwiler)* und Rendel *(Randwiler)* ebda, wo *gred* und *rand* Wasserbezeichnungen sind. Gleiches gilt für *ach* (idg. *ak),* süddt. Ache = Bach, kymr. ach-ddu „Schwarzwasser", vgl. lat. *aqua* (akwa) „Wasser". Zur Form *Achiz-* vgl. *Achaza* 938: die heutige **Echatz,** Zufluß des Neckars, die wie die Parallele der **Wiesatz** (1484 *Wysentz)* lehrt, aus *Achenze,* d. i. Ach-antia, verstümmelt ist, also zu den prähistor.-vorgerm. Bachnamen auf *-antia* gehört! Achizwila: Echzel ist also „Dorf an der Achenz" (vgl. auch *Acontia*/Spanien). Parallelen sind auch *Germenz* (Girmes b. Wetzlar), Eschenz/Thurgau, Alsenz, Lodenz usw., lauter Gewässernamen aus vorgerm. Zeit! Wie Echzel und die Echaz stammt auch der N. des Harzflüßchens **Ecker** aus der ältesten Vorzeit, ursprünglich zweifellos *Ekerne, Akerne* wie die **Eekeren** (*Akerne*) in Belgien! Vgl. die Bever(ne), die Uter(ne), die Biler(ne), lauter Sinnverwandte. Dazu **Eckersten** *(Acrista)* b. Rinteln a. Weser und *Acarse:* die **Axe** i. W. Eine vorgerm. *Akara* ist die Acker oder **Acher** b. Aachen (nebst Achersiefen, Ackersiepen!) und im Siegkreis (geschr. **Agger**), desgl. die Acher in Württ., **Achern** a. d. Acher b. Karlsruhe und der **Achernbach**/Tirol, Zufluß der Ziller. Auch der **Achalm**, ein Berg b. Reutlingen, dürfte als Wasser- oder Quellenspender zu deuten sein, vgl. die **Achenberge**/Schweiz und den **Achensee** in Tirol.

Dazu **Achenbach** b. Biedenkopf/Lahn, *Achenbrok:* Achelbrok b. Osnabrück, *Achenburen:* **Achmer** b. Bramsche, *Achenstede:* **Axstadt** a. d. Geeste nebst **Achelstädt**/Thür., auf *Achistide* (12. Jh.) beruht auch **Eckstedt**/Unstrut! **Achstetten**/Württ. stellt sich zu Erb-, Lot-, Pum-, San-: Söhnstetten, lauter Sinnverwandte. **Achenheim** (a. d. Breusch/Elsaß) erscheint b. Bremen als **Achim** mit Bruch, b. Bückeburg als **Achum** analog zu Hachum, Ankum, Dersum, Finnum, alle auf Wasser, Moder, Moor bezüglich. Eine *Akebeke* fl. b. Elze, eine *Acke* zur Oker. In E. vgl. *Akedene, Akeley;* in Frkr. *Aculiacum;* in It. *Acuca, Acesis, Acincum.*

Eckbach, Name mehrerer Bäche in Südbaden, und Eckenbach im Westerwald sind zu beurteilen wie **Eckweiler** b. Kreuznach, Eckenweiler b. Horb (Neckar) und **Eckstedt** ö. Erfurt (urkdl. *Achistede,* also „Wasserort“ wie die Nachbarorte Ball-, Ott-, Schwer-, Rude-, Hottelstedt!). *Ekesbeke* (890) ist zu **Eichenbeck** (b. Münster) umgedeutet; ein *Ekesbeke* 1106 auch Kr. Brilon.

Ecker, Flüßchen im Harz, zweifellos verkürzt aus *Ekerne,* mit prähistor. -rn-Suffix, entspricht dem Fluß **Eekeren**/Belgien (urkdl. *Akerne!),* zu idg. *ak* „Wasser“, analog zur *Bilerne, Beverne, Uterne,* lauter prähistor. Flußnamen.

Eckerde b. Calenberg am Deister entspricht den Sinnverwandten Elveride (9. Jh.), Exterde, Halverde, Hemmerde, Cliverde, Vesperde, Seggerde, Stelerede, lauter Kollektiva auf *-idi, -ede,* zu Gewässernamen. Siehe Ecker!

Eckersten (urkdl. *Acrista*) b. Rinteln a. Weser ist deutlich prähistor. Bachname mit st-Suffix, wie die *Polista* (Baltikum), die *Indrista* (Innerste im Harz) usw., zu *ak-r, ind-r, pol* = Sumpf, Moor, Wasser. Siehe Echzel!

Ecknach (urkdl. *Ankinaha*), Zufluß des Inns, meint „Moorbach“ wie *Bachinaha, Rinchnaha;* zu idg. *ank* vgl. Ankenmoos, Ankaraca unter Ankum!

Eckstedt, Eckweiler siehe Eckbach!

Eddesse nö. Peine (in sumpfiger Umgebung) verrät seinen Sinn durch die Nachbarorte **Mödesse** und **Alvesse,** die mit *mod* und *alv* unverkennbar auf modriges, sumpfiges Gelände deuten, während die Endung -esse aus

-husen kontrahiert ist: *Eddehusen* wie *Redehusen! ed* — dem Wörterbuch unbekannt — ist in der Tat gleichfalls als Sumpfwort erweisbar: so mit dem *Edenkolk* 847/Rhld und dem *Eddanriad palus*, einer Kette von Moorsümpfen b. Oldbg. Vgl. auch die ligur.-kelt. Belege: Fluß *Edus* b. Genua, die *Edetani*/Spanien und die *Edenates*/Alpen. *Ede-lar*/Flandern stellt sich zu *Bredelar* (bred „Morast"). Und so entspricht *Ederen:* **Ehren** a. Hase dem synonymen *Rederen:* **Rehren** b. Rinteln (ein **Ederen** auch b. Jülich). Auf *Edana: Edene* beruhen urkdl. **Een** im Moorgau Drente und **Eiden**/Lippe, vgl. **Eidenborn**/Trier und den **Eideler**/Waldeck. In England entsprechen: *Edene-water, -worth, -burne, -hope, -hale: Edenhall!* Dazu der brit. Fluß *Edwy*. **Eddinghausen** (2mal!) b. Elze und Göttgn und *Edinkloh* b. Bielefeld wird verständlich durch *Edingworth*/E., das früher *Edene-worth* hieß, -ing ist also wie so oft sekundär! Genau wie in Ebbinghausen für urkdl. *Ebanhusen!* Vgl. auch Lenninghoven a. d. Lenne!

Edesheim b. Northeim — vgl. die *Edesbeke* 1361 b. Blomberg i. W. — wie die Ekesbeke, die **Salvesbeke!** entspricht Hildesheim, hild = Moor! Und so auch **Edesbüttel** b. Gifhorn, Sumpfgegend! Zu **Edersleben** vgl. die Synonyma Heders-, Germers-, Aders-leben, alle mit sekundärem -r-! **Ederheim** am Ries gehört zur Gruppe der Aler-, Lier-, Balg-, Hol-, Sorheim ebda, lauter Wasser- und Sumpforte. Zu **Ediger** a. Mosel vgl. Bödiger b. Wabern/Kassel, Walegern, Swalegern (Schwelgern/Ruhr), alle auf Sumpf deutend!

Edelbach, Edelsbach, Edelgraben = Adelbach usw. Siehe Adelfurt!

Edel(s)berg, mehrmals Bergname in Württ., siehe Edelbach: Adelfurt!

Edemissen b. Peine und b. Northeim entspricht **As(e)missen** in Lippe, Dachtmissen, Deilmissen, Garmissen, Harkemissen, Algermissen, lauter Ableitungen von Wasser- u. Moorwörtern!

Edenbach, Edenstetten siehe Edel- unter Adelfurt!

Eder, ursprünglich *Adrana* (so bei Tacitus), südlich Kassel in die Fulda mündend, bildet mit der **Schwalm** (*Swalmana*), der **Lahn** (*Logana*), der **Sieg** (*Sigana*) und der **Ohm** (*Amana*) deutlich eine morphologische Einheit, — schon an der Endung als prähistorisch erkennbar und durchweg bekannte Wasserwörter von höchster Altertümlichkeit enthaltend! Die Wiederkehr des Flußnamens *Adrana* in Sizilien (als *Adranos*) und in Spanien (als *Adrus*) — vgl. auch *Adria* — schließt Anknüpfung an den deutschen Wortschatz (ahd. ātar „schnell", so A. Bach 1953) von vornherein aus, zumal die Silbe *ad* kurz ist! Schon im Altindischen meint *adu* „Wasser".

Vgl. dazu die Flußnamen *Addua* (z. Po), *Adda* (zur Nude/Brdbg: nud „Sumpf"!), *Adula*/Lettld, *Adosia* (z. Loire) und ON. wie *Adeba*/Spanien, *Aderco*/Iberien, *Adesate*/Ligurien, *Adanus:* Ain/Frkr. und die *Adanates* (ligur. Alpenvolk). *Adra* ist die Urform für **Attersee** und *Adula* für die **Attel** (zum Inn/Bayern). In Engld. vgl. *Admere, Adewell, Adde-slade!*

Eine *Adana* (: **Adenau**) fließt zur Ahr; auch **Aden** Kr. Hamm und **Ahden** Kr. Büren hießen 1020 *Adana*, analog zu **Maden** (*Madana*) b. Fritzlar *(mad* „Nässe, Moder"). Ein **Adenbach** fließt zur Eder, eine *Adenbeke:* **Admecke** in Waldeck, vgl. **Amecke** b. Arnsberg/Ruhr. So verstehen wir *Adenborn* 1291 a. Lenne, **Adenbüttel** b. Gifhorn (Sumpfgegend), **Adenstedt** b. Peine (desgl.), *Adenheim* (heute **Ahlum** und **Adlum** sw. Peine) mit Bruch! *Adenhusen:* Ahusen, *Adathorp:* **Addrup** (a. Hase). Auch **Adersleben** wie Eders-, Heders-, Gatersleben mit sekundärem -r-. Zu **Adstetten**/Bay. vgl. die Synonyma Gram-, Heuch-, San-: Söhnstetten!

Ederen b. Jülich (wie *Ederen:* **Ehren** a. Hase) siehe Eddesse!

Edersleben a. d. Helme nö. Artern/Unstrut entspricht Aders-, Baders-, Gaters-, Germers-, Heders-leben, alle mit sekundärem -r-! (Urkdl. *Edes-leben, Ades-, Bades-, Gates-, Germes-, Hades-leben!)* Lauter Ableitungen von Wasser-, Moder-, Sumpfbegriffen. Zu *ed* siehe Eddesse! Zum Fugen-s von *Edes-leben* vgl. die *Edesbeke* (1361 b. Blomberg i. W.), die *Ekes-beke* (890 b. Münster und 1106 b. Brilon), die *Salvesbeke* i. W., lauter Synonyma!

Edesheim/Pfalz *(Edenesheim)* entspricht Deides- *(Didenes-)*, Biedes- *(Bidenes-*, Büdes- *(Budenes-)* heim ebenda, lauter Sinnverwandte (zu alten Bachnamen). Siehe Edesleben!

Ediger/Mosel siehe Eddesse!

Edigheim b. Mannheim entspricht Ötigheim u. Bietigheim b. Rastatt; siehe Bietigheim!

Effelder(n) siehe Affoldern! **Effeln** siehe Affeln!

Efferen b. Köln siehe Effringen!

Effringen/Nagold und **Efringen**/Südbaden stellen sich zu Deufringen, Nufringen, Nebringen, Schabringen, Köndringen, Egringen *(Agringa)* u. ä. lauter Ableitungen von vorgerm. Gewässerbezeichnungen! Zugrunde liegen dürfte kelt. *Avriacum* (so in Savoyen!), zum Flußn. *Avera:* Yèvre/Frkr.! Vgl. auch *Avricourt!* Auch **Effern** b. Köln beruht (da urkdl. *Everiche)* auf *Avriacum* (wie Dovern a. Rur, urkdl. *Duveriche*, zu kelt. *dubr* „Wasser"). Vgl. auch kelt. *Eb(o)riacum*, heute Evry/Frkr., zu *eb-r*

„Sumpf" (wie in *Eboredia:* Ivrea, Moorort, und *Eburodunum:* Ifferten). Zu **Effern** vgl. als Parallele: **Seffern**/Eifel (urkdl. *Sabrina,* kelt. Flußname, zu *sab-r* „feuchter Schmutz").

Eft b. Saarburg (*Evetha* um 1150) entspricht **Eefde** (*Eveda*) b. Deventer vgl. die *Aveda:* Avèze und die *Oveda:* Ouvèze/Frkr. *av, ev, ov* sind Varianten des Wasserwortes *ab, eb, ob.*

Efze (1267 *Effesa*), Zufluß der Schwalm/Hessen, urspr. wohl *Af(f)isa,* verrät sich durch das s-Suffix als vorgermanisch; zu *ap, ab* „Wasser, Sumpf". Vgl. die rhein. Namen Effern, Effelt, Efferoth, Effeln.

Egau, Zufluß des Donaurieds, enthält das idg. Wasser- und Sumpfwort *eg* (der Forschung noch immer nicht geläufig, aber erwiesen durch *Egitania*/Port., *Egosa, Egera*/Spanien und lit. *ezera* „Sumpf"!). Zuweilen liegt bei den Eg-Namen Umlaut aus *ag* vor, siehe Eger, Egel(n), Egen.

Egelbach, Bach b. Überlingen a. Ried (!), Egelsbach nö. Darmstadt und der **Egenbach** (z. Kaibenbach/Kinzig in Baden) entsprechen den **Edel-,** Edels-, Edenbächen: *eg* (z. T. aus *ag* umgelautet) und *ed* (wie *ad)* sind verklungene Bezeichnungen für Wasser, insbesondere schmutzig-sumpfiges. Siehe unter Egge bzw. Eger! Zum Umlaut *egel* aus *agil* vgl. das **Egelmeer** in der sumpfreichen Veluwe/Holld: 950 *Agilmare!* Ein **Egelsbach** auch am Kocher und a. d. Aisch. So werden verständlich der **Egelberg** b. Bern (entsprechend den Edelbergen), der **Egelsberg** b. Weinheim, der **Egelsee** (ein Bergwald! auf dem Hertfeld, hert = Sumpf!), Egelfurt (Hessen) und (zur Bestätigung) der **Egelpfuhl.** (Schon vor 100 Jahren hat der Karlsruher Archivar Mone diesen Sachverhalt erkannt: *ag-l, ag-n* = Sumpfwasser). Ein Fluß *Eglupis*/Lit. wie Alkupis, Kakupis!

Egeln a. d. Bode (*Egulon* 941) siehe Egelbach und Egge!

Egenbach, -first, -hausen, -hofen, -brunn siehe Egelbach und Egesheim!

Egenfirst, Berg b. Neidlingen/Württ. (vgl. den Einfirst/Eder) wird verständlich durch den Egenbach und den Egenbrunnen (OÖ.). Siehe Egelbach! Vgl. den Pettenfürst im Hausruck.

Eger (urspr. *Agira*), Nbfl. der Elbe in Nordböhmen, gleich dem Main und der Naab *(Nava)* am Fichtelgebirge entspringend, führt wie diese einen idg. Namen ältester Prägung! Kein Wunder, wenn das Wörterbuch versagt und die Deutungsversuche der Linguisten völlig in die Irre gehen, die von einem „schnellen, reißenden" Fluß fabeln (so H. Krahe u. Nicolaisen: BzN. 8, 1957, S. 243) oder gar an illyr. ahi „Kuh" (so Pokorny) oder an lat. ager „Feld" (so E. Schwarz) anzuknüpfen suchen, unbekümmert um eindeutige morphologische Parallelen, die uns den wahren Wortsinn verraten. *Agira* hieß nicht nur die Eger, sondern auch die **Aire**

b. Verdun, dazu die *Agira* 762 (Eger b. Bopfingen) als Zufluß der Wörnitz und die **Ager** (schon 819) am Attersee. Der *Agira* oder **Eger** entspricht genau die *Nagira* oder **Neger** b. Olpe, wo *nag* (vgl. die Nagold/Württ. und Nagnata/Irland) gleichfalls in idg. Urzeit zurückreicht und mit altind. *nagn-* „Gärschlamm" vergleichbar ist! Gleiches besagt die morpholog. Reihe *Agista* (die **Aist,** Nbfl. der Donau) — Abista, Alista, Polista, Umista, lauter Synonyma für Wasser und Sumpf, oder *Agonia* (die Agogna/Ob.-It.) wie *Aronia* (die Arogne), *Bononia* (Bologna), oder *Aginnum* (Agen/Garonne) wie Albinnum, Briginnum, Morginnum im ligur. Südfrankreich, wo neben *Agate* dreimaliges *Agentum* den Synonymen *Taventum* (ebda), *Tarentum, Carventum, Alentum, Ugentum, Vergentum* und *Tridentum* (Trient) entspricht, also auch *ag* nur Bezeichnung für das Wasser als solches sein kann (sei es sumpfiges, modriges, schlammiges oder schmutziges)!

Vollends beweisend ist der „Suhlort" **Agenstuhl** b. Zürich (schon 774 Agin-sulaga); dazu **Agenbach**/Enz, **Agenwang** b. Augsburg.

Zum Flußn. Agonia vgl. die Völkerschaft Agones in Gallia transpadana (wie die Synonyma Senones, Quenones, Sulones, Sidones usw.).

Egesheim (nebst Digisheim) a. d. Bära ö. Rottweil wie **Egisheim** b. Colmar /Elsaß (urkdl. *Egenes-, Agenes-heim!)* stellen sich zu Regisheim/Elsaß, Bibenes-: Biebesheim, Budenes-: Büdesheim usw., lauter Zus.setzungen mit vorgeschichtl. Wasserbezeichnungen. Siehe Egelbach!

Egge, bewaldeter Höhenzug, Südausläufer des Teutoburger Waldes, erschließt sich dem Verständnis, wenn wir Komposita vergleichen wie **Eggebeck** in Angeln, **Eggescheid** in Westf., **Eggemere,** -dene, -ford, -wurth in England, auch **Eggestedt** nö. Bremen analog zu Alf-, Heer-, Kühr-, Ring-, Sellstedt ebenda, lauter Sinnverwandte für Wasser, Moor und Sumpf! Dazu ON. **Egge** b. Bentheim (Moorgegend) u. b. Hameln. Eine **Egau** fließt zum Donauried, eine **Egene** in England und zur Rhone! Dazu *Egena* (Thurgau und Bern). Vgl. *Egosa, Egera* in Spanien, *Egitania*/Portugal. **Egeln** a. d. Bode (941 *Egulon*) könnte auf Umlaut aus *Agilon* beruhen (zu *ag* „Wasser, Sumpf"). **Eggingen** westl. Ulm ist sinngleich mit den benachbarten Ermingen, Beiningen, Mähringen, Ringingen, Wippingen, alle auf Wassertermini bezüglich (obd. egg vertritt hier wohl (wie so oft) eck in gleicher Bedeutung. Ein Eggenbach fl. z. Haslach/Baden.

Eggenstedt südöstl. Helmstedt (nebst Eggestedt nö. Bremen) entspricht den übrigen N. auf -stede: -stedt wie Anken-, Bliden-, Duden-, Fabben-, Holen-, Malen-, Paden-, Wodenstede, lauter Ableitungen von Gewässerbegriffen! Siehe Egge!

Eggerscheidt b. Düsseldorf entspricht Möder-, Mander-, Reifferscheid, die alle auf uralte Wasserbezeichnungen Bezug nehmen. Siehe Egge!

Eggingen westl. Ulm siehe Egge! Vgl. das sinnverwandte Deggingen!

Eglingen in Württ. (2mal) gehört zu der großen Gruppe sinnverwandter Namen auf -(l)ingen, denen Gewässernamen zugrunde liegen, wie Mörs-, Mött-, Med-, Dett-, Ett-, Hech-, Heuchlingen usw., denen auch l-lose Formen zur Seite stehen (wie Möttingen, Dettingen, Eggingen, Hechingen).

Egringen b. Lörrach (758 *Agringa*) siehe Effringen! Vgl. auch Segringen!

Egnach am Ufer des Bodensees stellt einen alten Bachnamen *Egen-aha* dar, vgl. Egenbach!

Ehebach, Zuflüsse des Bodensees und des Rheins (in Vorarlberg), auch b. Heitersheim/Württ. **Ehegraben** b. Thaingen/Baden, **Ehestetten**/Württ., **Ehingen** (mehrfach in Württ.-Bayern) enthalten wie **Ehnheim**/Elsaß (urkdl. *Ahinheim)* ein Wasserwort. (Nach Buck S. 53 soll E-bach, E-graben mhd. e = Gerichtsbezirk meinen?). Vgl. die **Ehe** b. Neustadt a. Aisch!

Ehingen siehe Ehebach! Vgl. auch Wehingen, Vaihingen, Maihingen!

Ehlbeck a. Luhe b. Lüneburg, **Ehlscheid** b. Neuwied meinen, was **Ehlenbruch** (1188 *Elenbrok*) b. Lage deutlich zum Ausdruck bringt: *el* ist ein verklungenes idg. Wort für „Moder, Fäulnis, Sumpf", vgl. die **Ehle** (wie die **Ihle**) b. Magdeburg zur Elbe fließend. Auch in England fließt ein **Eel** Beck, mit Eel Sike *(Ele-sik* 1176), *sik* „Sumpf"! Ellsiepen und der *ele-puol* (15. Jh.) b. Planig/Kreuznach bestätigen den Wortsinn! Desgl. (die) **Eilbek** b. Hamburg (urkdl. Ilen-, Eylenbeke!) und die **Eilenriede b.** Hannover. *El-sele*/Brabant entspricht Germe-, Lite-, Sweve-, Wakesele!

Ehlen b. Kassel hieß 1123 *Alehene,* um 1200 *Elhene,* enthält also das alte Sumpfwort *alh* (idg. *alk);* zur Lautentwicklung *-lch-* zu *-lh-*, *-l-* vgl. mhd. schilchen, schiln „schielen"! Vgl. anderseits *Alechingen:* Elchingen! Auch den *Elechenbach* 1059 (zur Orb). Ein zweites **Ehlen** liegt am Bückeberg.

Ehlenz (Ellenz) b. Cochem ist der vorgerm. Flußname *Alantia,* — so hieß auch die **Elz,** Nbfl. des Neckars, 773 (1143 *Elinza*)! Zum Wasserwort *al* siehe die Aller! Die Flußnamen auf *-antia (-enz)* gehören zu den allerfrühesten alteuropäisch-keltoligurischen, wie *Bagantia* (die Pegnitz), *Argantia* (die Ergolz und die Ergers), *Alisantia* (die Elsenz u. Alsenz), *Radantia* (die Rednitz), *Albantia* (die Aubance/Frkr.), *Amantia* (die Amance/Frkr.), *Arantia* (Arance/Frkr.), *Cosantia* (die Cousance/Frkr.), *Palantia* (Spanien) usw.

Ehlscheid siehe Ehlbeck! Vgl. auch **Ehlingen** (Ahr u. Saar).

Ehmen nahe dem Barnbruch b. Fallersleben/Wolfsburg deutet wie **Emen** a. Ems (a. 1000 **Embini**) auf ursprüngliches *Amina: Emene,* einen prähistor. Bachnamen. Zu *am, amb* siehe die Ammer!

Ehnen a. Mosel/Lux. deutet auf einen alten Bachnamen, vgl. **Ehnheim** im Elsaß und **Ehningen** (2mal) in Württ. (a. Würm und b. Urach).

Ehnheim/Elsaß siehe Ehnen und Ehebach!

Ehr, Bachort südl. Boppard a. Rh., an der Ehr (Eer), ist vorgerm. und entspricht dem Bachnamen *Era* b. Pisa! Das prähistor. Wasserwort *er* steckt auch in **Ehrang** a. Kyll/Eifel (vgl. *Celtang:* Zeltingen/Mosel); in andern Fällen liegt auch Umlaut aus dem synonymen *ar* vor.

Ehra nö. Gifhorn (mit Moorteich!) kann nur das Wasserwort *er* enthalten, vgl. Ehrich/Thür.

Ehrang a. Kyll/Eifel (urkdl. *Iranc*) siehe Ehr! Zur Endung -ang (auch in *Celtang:* Zeltingen/Mosel usw.) vgl. das ligur. *-anc* in *Bisancum* 690 (Bislingen b. Malmedy), *Antilanca* (Bach in Ligurien), *Calanca*/Ligurien usw. Zu *ir* (= *er*) vgl. die Ira/St. Gallen, den **Ihrbach**/Lothr. usw.

Ehren b. Quakenbrück/Hase hieß *Ederen* wie Rehren b. Rinteln: *Rederen; red, ed* = Sumpfwasser!). Vgl. auch **Ederen** b. Jülich.

Ehrenbach, Zufluß der Wutach/Baden (auch b. Tübingen), — als ON. bei Idstein/Taunus —, und das Ehrenbächle (z. Lierbach/Rench/Baden) sind umgelautet aus *Arinbach* (zum idg. Wasserwort *arn);* dazu Ehrenstetten b. Freiburg. Vgl. **Ehrenz**/Lux.: aus *Arenza* (Bach Arantia). Ein **Erens-** u. **Ernsbach** in Württ.

Ehrenstetten siehe Ehrenbach! Vgl. Parallelen wie Meidel-, Heuch-, San-: Söhnstetten, lauter Sinnverwandte!

Ehrental a. Rh. (1783 Ehrenter!) ist umgedeutet aus vorgerm. *Erintra* 881! wie **Hellenthal** *(Helandra)*/Eifel u. **Odenthal** ö. Köln (urkdl. *Udendra),* alles vorgerm. Bachnamen auf *-andra!* Siehe Ehr! Vgl. *Daventer!*

Ehrhorn a. d. Luhe nö. Soltau entspricht Schierhorn ebda: *scir* meint Sumpf- oder Schmutzwasser. Zu *er* siehe Ehr, Ehrenbach, Ehrich! horn meint Winkel.

Ehrich (Großen-Ehrich) nahe der Helbe/Unstrut, urkdl. um 1000 *Erike,* ist prähistor. Bachname mit k-Suffix; zu *er* siehe Ehr, Ehrenbach, Ehringen!

Ehringen a. d. Erpe ö. Arolsen hieß schon 1018 *Erungen,* so daß *er* nicht aus *ar* umgelautet, sondern ursprünglich sein dürfte. Wie Madungen, Kaufungen, Heldrungen a. d. Heldra und viele andere nordthür. Namen auf -ungen (vgl. dazu **Bahlow** im Nd. Kbl. 1961!) enthält auch **Erungen,** ein altes Gewässerwort; siehe Ehr, Ehrich!

Ehrlich a. d. Nister südl. Wissen stellt sich zu Ehrich, Ehr u. ä.

Ehrsten zw. Hofgeismar und Kassel (1065 *Ersten*) läßt sich mit Dorsten a. d. Dorste (+ Lippe) und Selsten b. Aachen vergleichen: *er, dor, sel* sind prähistor.-vorgerm. Bezeichnungen für sumpfiges Wasser; auch das st-Suffix ist undeutsch!

Ehrwang am Lech entspricht Ber-, Heiter-, Lutten-, Pinswang, lauter feuchte, sumpfige Wiesenhangorte. Zu *er* siehe Ehr, Ehrich, Ehrenbach!

Ehrzell b. Essen (966 *Eric-sele*) enthält das prähistor. Wasser- und Sumpfwort *erk* (urspr. *ark)* und entspricht *Germe-sele* (Sumpf b. Zyfflick Kr. Cleve), sowie *Serme-, Sweve-, Wake-, Vor-, Mor-, Mene-sele,* lauter Sinnverwandte!

Eiba b. Meiningen ist alter Bachname *Ib-aha* wie Geba, Helba, Schwarza ebda. Siehe Eyb, Eibelstadt.

Eibelstadt a. Main südl. Würzburg, der Eibelskopf/Isar und **Eibstadt** (urkdl. *Ibistat*) enthalten dasselbe Wasserwort wie der **Eibsee,** der Eibe(n)sbach in Württ., Eibesbrunn/Ö., und der Eibelsbach am Bodensee, nicht zuletzt die **Eyb** (urkdl. *Ib-aha*), Zufluß der Fils/Württ. (m. ON. Eybach). Auch **Eibingen** b. Rüdesheim hieß 1074 *Ibingen.* Vgl. die **Iba** b. Rotenbg. a. Fulda! *ib, iv (ib-l, iv-l)* ist idg.-keltisch! Der Baum Eibe (*iwa*) muß also aus dem Spiele bleiben.

Eibenwag a. d. Ybbs/OÖ. bestätigt *eib (ib)* als Wasserwort; siehe Eibelstadt, Eibingen, Eibach, Eyb! *wag* meint stehendes Wasser, See, Tümpel.

Eich b. Worms, Pfungstadt und Andernach beruht entsprechend der **Eichel,** Zufluß der Saar, urkdl. *Achila,* auf einem Bachnamen (*Ach-*), wie schon Buck (Obd. Flurn. 1880, S. 54) erkannt hat; auch **Eichstätt** a. d. Altmühl hieß *Achistat!* Gleiches gilt für **Eicherscheid** (2mal) im Rhld (analog zu Egger-, Lieder-, Möder-, Reifferscheid, lauter Sinnverwandte)!

Eichel, urkdl. *Achila!*, Zuflüsse der Saar und der Nidda/Oberhessen, siehe Eich! An der Eichel/Nidda liegen Eichelsdorf und Eichel-sachsen *(-sassen),* vgl. in der Nähe: Bindsachsen, früher Bintzen-sassen, d. i. Siedlung im Binsicht!

Eichenbeck b. Münster (890 *Ekesbiki!*) siehe Eckbach!

Eichsfeld, gewässerreiche Landschaft in Nordthüringen, Wasserscheide zwischen Leine, Werra und Unstrut, hat nichts mit Eichen zu tun, wie schon das Fugen-s verrät, sondern enthält ein Gewässerwort! Dort entspringen Bäche mit typisch vorgerm.-prähistor. Namen wie Linke, O(h)ne usw. Siehe Eich und Eichenbeck.

Eichstätt siehe Eich!

Eichtersheim westl. Sinsheim/Kraichgau ist zu beurteilen wie die sinnverwandten Mechtersheim/Pfalz, Oftersheim b. Schwetzingen, Meddersheim a. Nahe, Sermersheim/Elsaß (817 *Sarmenza!*), — alles Entstellungen aus vorgerm. Bachnamen!

Eideler, bewaldeter Berg b. Usseln a. Diemel/Waldeck, entspricht gleichartigen Bergnamen auf -er wie dem Götteler in Württ., dem Seiler b. Wolfhagen/Waldeck, dem Vogler u. ä., die alle auf die feuchte Bodennatur Bezug nehmen! *ed, sel, got* meinen „Sumpf, Morast". Zum *ei* für *e* vgl. Seilbach, Seilmecke, Seile, bzw. Eiden: alt *Edene.* In Württ. vgl. die Edelberge und -bäche! Siehe auch den Eseler i. W. (es = Moor).

Eidelstedt b. Hamburg wie Eydelstedt b. Diepholz u. Eielstädt b. Bohmte a. Hunte (beide in Moorgebieten!) enthalten dasselbe Wort für Sumpf- oder Moorwasser wie der Eideler! Siehe dies!

Eiden b. Lippstadt, urkdl. *Edene,* ist alter Bachname, wie Eisten (Estene, Astene). Zu *ed* siehe Eideler! Eddesse! Auch Een im Moorgau Drente hieß 890 *Edana.* Vgl. auch *Edenes-:* Idesheim b. Bitburg und *Edineswilare* (9. Jh.): Edliswil im Thurgau; auch *Edishusen:* Eissen b. Warburg. Ein Edenbühl in Württ.; Eidenborn b. Trier. Weiteres unter Eddesse!

Eider (urkdl. *Egidora*), einst Grenzfluß zwischen Schleswig und Holstein, ist ein typischer Moorfluß, dessen unerklärter Name nichts anderes meinen kann. Gleiches gilt für ihre Zuflüsse *Treene, Sorge* usw.

Eierbäche, -berge, -gräben begegnen in Württ. (zur Bühler, zur Echaz) und in Baden. Sie dürften wie **Euerbach** und Auerbach das alteurop. *ur* „sumpfig-schmutziges Wasser" enthalten; andernfalls meinen auch *ir, er, ar* dasselbe! Ein **Eiersbach** fließt b. Lörrach/Baden, ein **Eirisbach** in Württ. (Kocher). Nach Buck S. 53 hieß Eierbach urspr. *Arbach.*

Eiersheim nahe der Tauber (alt *Iersheim*) entspricht Igers-, Retters-, Schäftersheim im Taubergrund, lauter Ableitungen von alten Gewässernamen. Vgl. dazu den Eiersbach/Baden, den Eirisbach/Württ.!

Eifa, Bach- und Ortsname (urkdl. *Ifa, Ypha,* d. i. *I-afa*), — Zuflüsse der Eder nö. Biedenkopf und der Schwalm b. Alsfeld. *I* ist altes Wasserwort. Vgl. die *Yaha:* Eyach (Württ. und Baden), die I-berge und Ei-berge.

Eifel, die gewässerreiche Berg- und Waldlandschaft zwischen Mittelrhein, Mosel und den Ardennen, führt wie ihre Flüsse und Bäche einen Namen aus vorgerm. Zeit, um 800 in pago *Aflense, E(i)flense.*

Eilbeck siehe Ehlbeck!

Eilenriede, Wiesengelände b. Hannover, eigtl. Bachlauf (riede), entspricht der Hehlenriede und der Possenriede: *el (il), hel, pos* = Moder, Moor!

Eilenstedt b. Oschersleben entspricht Bliden-, Malen-, Holen-, Paden-, Ankenstede, — alle auf Moor und Sumpf bezüglich. Siehe Eilenriede, Eilbeck. Ein **Eilen-Berg** (nebst Schlippen-Berg!) am Süntel.

Eilpe, Zufluß der Volme b. Hagen, ist altes *Il-apa* oder *El-apa* (zu *il, el* „Moder, Schmutz, Schlamm"). Vgl. Eilbeck! Siehe auch Elpe!

Eilsbrunn a. Altmühl (der vorgerm. Alcmona) hieß *Eigelesbrunn,* gleich *wie* **Eilschwang** b. Mchn: *Egiles-wang,* zu *egil (agil)* „Sumpf", vgl. in E.: *Aegeles-pit, -worth:* Ailsworth! Siehe auch Egel(s)bach! Vgl. Eilsleben/ Aller!

Eilte a. Aller ö. Rethem deutet auf altes Kollektiv *Elete, Ilete* wie **Külte alt** *Culete,* Seelte: *Selete;* el, kul, sel meinen Moder, Moor.

Eilum b. Schöppenstedt entspricht Ahlum, Dettum, Lucklum ebda, alle auf Moor und Sumpf bezüglich.

Eilvese am Toten Moor (Steinhude) entspricht **Elvese** b. Northeim a. d. Rhume, d. i. *Elve(n)husen,* zum Wasserwort *elv (alb),* analog zu Alvesse, Pedesse, Mödesse, Sibbesse, lauter Sinnverwandte!

Eime b. Elze nahe der Leine und **Eimen** am Hils südl. Alfeld beruhen auf altem Bachnamen *(Emene* bzw. *Imene),* zu *am, em, im* „Wasser" mit prähistor. Endung. Vgl. auch **Eimer** (*Imbere*) b. Arnsberg/Ruhr!

Eimbeck a. d. Ilme wie **Eim(b)ke** westl. Ülzen sind assimiliert aus *Einbeck,* zum Wasser- und Sumpfwort *en* (Variante zu *an*), vgl. Steimke aus Steinbeke. Ebenso **Einste** (d. i. *En-stede* wie Deinste für Deinstede „Moorstätte", zu *dene, deine* „Moor, Sumpf"!) b. Verden a. Aller, **Einum** b. Hildesheim (wie Borsum, Harsum ebda), **Einem** b. Winsen (-em, -um = -heim).

Eimsen b. Alfeld a. Leine siehe Eime, Eimen!

Eimsheim, urkdl. *Oumenesheim,* in der Rheinebene zw. Mainz und Worms, enthält wie die sinnverwandten Gimbsheim, Alsheim, Biebesheim, Blödesheim, Biedesheim (ebenda) deutlich einen prähistor.-vorgerm. Bachnamen *(Aumana),* vgl. Aumenau a. Lahn südl. Weilburg und Auma/ Ostthür.

Einbeck a. Ilme, nahe der Leine nö. Northeim, alte Hanse- und Bierstadt, siehe Eimbeck! Der **Einbach** (schon 1148 so), Zufluß der Kinzig/Baden, könnte auf Egin-, Aginbach beruhen. Zu *ag, eg* siehe Eger! Zum Eyenbach am Bodensee (b. Bregenz) vgl. die Eyach (i = Wasser)!

Eine (1321 *Ena),* Zufluß der Wipper, siehe Einecke!

Einecke b. Werl i. W. (wie Gesecke, Bileke u. ä.) beruht auf einem alten Wasserwort *en* bzw. *an,* wie **Einen** a. Ems ö. Münster (954 *Anion!),* Einhorst b. Hagen, Einbeck (siehe dies!), Eineborn und die Eine/Thür.

(1321 *Ena!* z. Wipper), *Ene-lehe:* Elle b. Korbach, *En-donk* 1187 (donk „Sumpfhügel"), Enschede *(Ane-schede)*, Einern *(En-heri)* b. Schwelm.

Einen a. Ems ö. Münster und b. Vechta (Moorort!), siehe Einecke!

Einern b. Schwelm (urkdl. *En-here*, wie *Bukheri, Hukheri, Manheri* in Westf.) siehe Einecke!

Einig b. Mayen (dem kelt. *Magina)* hieß *Inica*, gehört somit zu den rhein. Namen vorgerm. Herkunft mit k-Suffix, wie Bruttig, Kettig, Planig u. ä., denen durchweg Gewässertermini zugrunde liegen. Zu *in* siehe die Ihne (z. Bigge/Lenne), die *Ina* (Oignon), die Ihna/Pommern, die *Inessa/* Sizilien, Inewurth/E. Inica: Einig wie *Rinica:* **Reinig!**

Eining a. Donau südwestl. Kelheim, altes Römerkastell am Limes, entspricht Marching, Matting, Essing, Alling, Sinzing ebenda, lauter Ableitungen von Wasserbegriffen. Siehe Einig und Einecke!

Einste b. Verden siehe Eimbeck!

Einum siehe Eimbeck!

Eisack, Nbfl. der Etsch *(Atesis)*, mit Brixen und Bozen, hieß *Isarcus;* ein prähistor.-keltischer Flußname, wie die Endung verrät (vgl. gallisch adarc „Schilfschaum", alarc „Schwan", emarcus u. ä., auch Userca/Frkr., lat. noverca „Schwiegermutter"); zu *is* „Schmutzwasser" siehe Isar! Auch Eisenach!

Eisbach, Bach b. Worms, hieß *Isanaha,* — vorgerm.-kelt. Name; siehe Eisenach!

Eischen a. Eisch/Lux. ist eine kelt. *Isca* (*isc, esc* „Sumpfwasser").

Eischleben b. Gotha: 8. Jh.*Egis-leiba*, wie Eisbergen a. W.: 1029 *Egisberga* (*eg* „Sumpf") wie *Buckes-: Boxbergen* i. W. (buk „Moor").

Eisenach/Thür. an Hörsel u. Nesse (wo bis 400 v. Chr. noch Kelten saßen!) wie **Isenach** b. Trier (!) stellen einen vorgerm.-keltischen Bachnamen dar: eine Isenach fließt b. Dürkheim/Pfalz; auch der Eisbach b. Worms hieß *Isanaha*, d. i. „Schmutzwasser"! Zu *is* siehe die Isar! Eine *Isa* (la Hise) z. Ariège/Frkr.

Eisenbach (Schwarzwald, Taunus, Pfalz, Hessen) sind z. T. gar nicht „eisenhaltig", sondern „schmutzhaltig", zu prähistor. *is* „Schmutz"; siehe Eisenach! Ein **Eisbach** fließt z. Kocher (auch b. Worms: *Isanaha!*), ein **Eiselbach** zur Wiesatz südl. Tübingen.

Eisesdorf/Bay. hieß *Isenesdorf*, weil am Bach Isen (*Isana*) gelegen!

Eisesheim am Neckar (b. Neckar-sulm) entspricht Biedes-, Diedes-, Niedes-, heim usw., Ableitungen von den prähistor. Bachnamen *Isene, Bidene, Didene, Nidene.*

Eisingen nö. Pforzheim meint nichts anderes als ebenda Ersingen, Eutingen, Nöttingen, Söllingen, Wössingen, alles Ableitungen von Wasser- und Sumpfbegriffen aus prähistor.-vorgerm. Zeit. Ein Eisingen auch b. Würzburg.

Eisleben (urkdl. *Isleiba*) im Mansfelder Seekreis, einer gewässerreichen Gegend, entspricht den Sinnverwandten Polleben, Belleben, Holleben, Freckleben, Memleben, Hemleben usw. Zu *is* „sumpfig-schmutziges Wasser" siehe *Isenach:* Eisenach, Isar u. ä.

Eislingen a. d. Fils b. Göppingen steht neben Eisingen wie Dettlingen neben Dettingen, - Mettlingen neben Mettingen, - Eßlingen neben Essingen, lauter Ableitungen von Gewässerbezeichnungen.

Eispe (1364 *Eysepe*), Bach b. Mörs/Ndrh., urspr. *Esepe* (*Es-apa*), meint „sumpfig schmutziges Wasser"; *es* ist Variante zu *as, is, os, us!*

Eissel b. Verden a. Aller, an deren Mündung in die Weser (!), in Nachbarschaft ältester prähistorischer Siedelnamen wie Blender, Beppen, Kreepen, Dreeßel, entspricht Varrel, Garrel, Firrel u. ä., lauter Ableitungen von Wasserbezeichnungen auf *-lo,* also urspr. *Es-lo,* d. i. „Moor-Niederung", vgl. Eslohe am Esselbach b. Meschede, und *Isselo, Yslo* (wüst b. Unna u. Geseke). In Holland: *Ees-veen!*

Eissen b. Warburg a. Diemel hieß 974 *Edishusen* (zum Sumpfwort *ed,* wie die *Edesbeke* 1361 b. Blomberg i. W.).

Eisten, Moor-Ort am Hümmling, hieß *Estene, Astene,* wie *Astene* (j. Holzappel) b. Diez a. d. Lahn, vgl. die Astener Marsch/Holland; *ast* ist vorgerm.-idg. Wort für Schmutzwasser.

Eitelsbach, Zufluß der Teinach/Nagold in Württ. (auch Ort a. d. Ruwer b. Trier) ist zu beurteilen wie der Gittelsbach, der Dietelsbach, der Edelsbach, der Dudelsbach (alle in Württ./Baden), zu den Wasserwörtern *git, dit, ed, dud, ud,* vgl. *Udel-:* **Eitelborn** b. Koblenz wie Göttelborn/Saar (zu *got* „Sumpf").

Eiterbach im Odenwald meint nichts anderes als der Euterbach und der Itterbach ebenda (zum Neckar), die 773 *Ütraha* lauteten: *eitr-, utr-* sind prähistor. Termini für Wasser, Moor, Moder. Auch Eiterfeld b. Hünfeld liegt an einer **Eiter** *(Eitr-aha)* m. d. sumpfigen *Soraha!* Dazu **Eitra** a. d. Eitra b. Hersfeld, und **Eitrach** (heute Aitrach), mehrfach in Bayern-Württ. Die Eiter b. Hünfeld fließt zur dortigen Haun (*Hune*), auch *hun* meint „Moder"! Auch die Eiter b. Hoya (die *Eterna* hieß, entsprechend der *Uterna:* Otter) ist ein Moorfluß (siehe Scheer, Diss. S. 62). Ein **Eiteren** (um 1000 *Eitera*) in der Prov. Utrecht, analog zu Anderen, Donderen,

Gasteren, Lieveren, Rechteren, lauter Sinnverwandte. Eiterberge gibt es in Württ. und in den Vogesen. Siehe auch Aiterbach, Aitrach (773 *Eitraha*) Synonyma: *Notra, Matra, Catra, Antra, Scuntra* m. undt. r-Suffix!

Eitzum b. Elze u. b. Brschwg entspricht Ankum, Hörsum, **Luttrum, lauter** heim-Namen zu Moor und Sumpfwörtern. Vgl. **Eitzen** b. Ülzen (mit Zetazismus aus *Eccanhusen* entstellt!) und **Eitze** b. Verden.

Elbe: Die übliche Deutung der **Elbe** (bei Tacitus und Plinius: *Albis),* die ihren Namen natürlich längst vor dem Eintreffen der Germanen hatte und eher schmutzig als weiß ist, als „weißer" Fluß — lediglich auf Grund des Anklanges an lat. *albus* „weiß", ahd. *elbis* „Schwan" — ist ein Musterbeispiel für das Versagen des rein linguistischen Verfahrens, das nur aufs Wörterbuch schwört. Solche Deutung widerspricht schon der Grunderkenntnis, daß der Mensch der Vorzeit kein Farbenromantiker war, sondern das Wasser nur als solches benannte, sie widerspricht auch der geogr. Verbreitung der *alb*-Namen, die ihren Schwerpunkt auf ligurisch-keltischem Boden haben, also in Mittel- u. Südfrankreich und in Italien; aus der gesamten Morphologie der *alb*-Namen ergibt sich vielmehr, daß *alb* nichts weiter ist als das idg. Wasserwort *al,* erweitert mit Labial, analog zu *alm, aln, als, alt, ald, alk!*

So entspricht die *Albantia* (:Aubance) der *Alantia* (:Elz), der *Arantia* (:Arance), der *Argantia* (Ergers/Elsaß, Ergolz/Bodensee, Arganza/Spanien usw.), der *Armantia* (:Armance), der *Amantia* (:Amance), der *Avantia* (:Avance), der *Cosantia* (:Cousance), der *Carbantia*/Italien, der *Palantia*/Spanien, der *Primantia* (:Prims), der *Murgantia*/Sizilien, der *Salantia* (: Salance/Schweiz), der *Sarmantia*/Elsaß, der *Talantia* (: Talance), der *Visantia* (:Wiesentz, Wiesatz), lauter Sinnverwandten für sumpfiges, modriges, schmutziges oder schlammiges Wasser! Genau so die ligur. Reihe *Albinno - Aginno - Briginno - Morginno!* oder *Alb-el-ate* (See) - *Ar-el-ate - Can-el-ate - Vin-el-ate,* mit ligur. l-Infix (Arelate: Arles a. d. Rhone ist bekannt durch seine Sumpflage!). *Albuca*/Dordogne entspricht *Alsuca*/Rätien, *Veluca*/Spanien, u. *Viduca* (Vieux/Frkrch), wo *als, vel, vid* „Sumpf" meinen! Auch **Albig** b. Alzey (dem keltoligur. *Alteia*) hieß im 8. Jh. *Albucha.* Vgl. die *Albici, Libici, Marici* in Ligurien (alles Sinnverwandte); auch *Albiosc* ebda und *Albige* mit den Albigensern. *Albula* war Name des schlammigen, nicht weißen Tibers u. seiner Schwefelquelle (Horaz I 7, 12), auch eines Baches in der Schweiz, analog zu *Abula, Adula, Arula, Bubula, Vidula. Albeta* hieß die Aubois (wie *Boneta, Berleta, Bormeta, Gabreta), Albona* die Aubonne (wie *Abona, Bavona, Gimona, Glemona, Carona, Salona, Verona,* lauter Synonyma). Zu *Albiac* in

Savoyen/Südfrkr. (3 mal!) vgl. Aliac, Alciac, Saniac, Cuniac, Lamiac, Liniac, alles Sinnverwandte! Die *Albista* in Kalabrien (mit venet.-illyr. st-Suffix) entspricht der *Polista*/Ilmensee (pol „Sumpf"). *Albis* (Elbe) hieß auch die Aube, Nbfl. der Seine; und Aublin (*Alblinium* 868) entspricht Henglinium (heng „Morast"!). Mit der *Albana:* **Alm/OÖ** wird der *Albenesbach* 805, heute *Albersbach*/Hessen verständlich. Bäche namens **Albe** fließen b. Olpe (zur Wende), b. Waldshut, in der Pfalz, in Thür.; auch **Alba** b. Dermbach a. d. Ulster ist alter Bachname: *Albaha* 1183. Und St. Blasien/Schwarzwald hieß einst *Albacella:* „Klosterzelle am Bache *Alba*"! Zu **Albungen** b. Eschwege (an Werra und Berka) vgl. Bodungen a. Bode, Madungen usw. **Albachten** am A.er Meer b. Münster erinnert an *Bibracte, Soracte*/Frkr. und *Calacte*/Sizilien! Ein Fluß *Boactes* in Ligurien! Auf norddt. Boden erscheint *alb* als *elb, elv,* siehe unter Elberfeld!

Elben b. Fritzlar liegt an der dortigen **Elbe** (Zufluß der Eder), die ursprünglich (1074 *Elvinu) Elbene (Albene)* hieß. Auch b. Betzdorf a. Sieg und b. Olpe wiederholt sich der Name. Dazu auch Elbenrod/Schwalm (wie Vocken-, Vaden-, Angen- Almen-, Wallenrod ebd.).

Elberfeld, heute mit Barmen zu Wuppertal a. d. Wipper vereinigt, urkdl. *Elvervelt,* einst sumpfig gelegen, wird verständlich, wenn wir **Elverich** Kr. Geldern, das urkdl. *Albriki* hieß, und *Elveride* 890 vergleichen: analog zu Selverde (Moorort in Oldbg), Halverde, Cliverde, Exterde, Vesperde, Witterde, Helerithi, Stelerethe, lauter Sinnverwandten für Moor- und Sumpfwasser, mit dem Kollektivsuffix -ithi, -ede. Zugrunde liegt also das Wasserwort *alb* (d. i. al + b), ndd. *alv, elv.* Zur Bestätigung vgl. *Elven-fen, Elven-dene, Elvel-furlong* „Moorgraben" in England. So entspricht auch *Elversele*/Ostflandern den Synonymen: Ledersele a. d. Leder ebda, Oversele, Sumersele, Wetersele ebda. Im Rheinland vgl. **Elverath** b. Prüm wie Kolverath (z. Bach Colva!), Möderath (zu mod „Moder"), und **Elfgen** (*Elveke*) wie Rüttgen (Rudiche), Littgen (Lidiche) usw., wo rud und lid gleichfalls Sumpf und Moder meinen. **Elveter**/Brabant neben *Alveter* 1224 i. W. ist gebildet wie Rumeter/Wald b. Ypern, Kermeter (Urwald der Eifel), Germeter b. Aachen, Engter b. Bramsche, lauter Synonyma mit tr-Sufiix. Zu **Elverich** *(Albriki)* vgl. die Synonyma Emmerich (*Ambriki*), Büderich, Mederich usw., zu **Elvenich** (*Albiniac*): Rövenich; Lövenich; zu *Elf-lede: Hurs-lede* „Sumpfbach", zu *Elvede* (Elbe/Salzgitter)*: Ulede, Holvede* usw. (mit Kollektivsuffix). *Elvepe* gehört zu den prähistor. Bachnamen auf -apa „Bach", wie die Ulepe (Siegkr.), ul „Moder". **Elvese** und **Elfsen** sind verschliffen aus *Elvehusen.* Ein *Elverlith*

„nasser Hang" lag 1191 b. Lippstadt. Der Bach *Elvo* (zum Po) und die kelt. *Elvii* und *Elvetii* (Weisgerber irrig: „die Landreichen"!) beweisen, daß es auch ein idg. *elv* zu idg. *el* „Moder" gegeben hat (wie *ulv* zu *ul*); vgl. auch Insel Elba (Ilva).

Elbingen im Westerwald und am Harz siehe Elben!

Elbingerode/Ostharz (am Rohrbach!), Gründung des 11. Jhs. (ursprüngl. *Alvingerode*) stellt sich zu Bettingerode, Benzingerode, Darlingerode, Siebigerode Wernigerode. Vgl. Elbingen am Harz. Zu Elbingerode siehe E. Schröder, Dt. Namenkunde (1938), S. 123!

Elche(n)rath b. Aachen und b. Prüm stellt sich zu Kolve(n)rath, Möderath, Venrath, Randerath, Jackerath usw., - alle auf Moor, Moder und Sumpf bezüglich; *elch* ist umgelautet aus alch „Sumpf, Schmutz", siehe Elchingen, Elchesheim, Elchweiler, Elchen-: Ellwangen und den Elechenbach (1059) zur Orb. Mit dem Elch, einem Sumpftier, haben die Namen nur indirekt zu tun, insofern dieselbe Wurzel zugrunde liegt (lat. alces „Elch")! Ein *Elchendorf* 1376 b. Spangenberg.

Elchesheim b. Rastatt entspricht Biebes-, Büdes-, Diedes-, Blödes-, Edesheim. Siehe Elchenrath!

Elchingen im Ried (urkdl. *Alechingen!*) siehe Elchenrath!

Elchweiler/Nahe entspricht den benachbarten Ei-, Eitz-, Gimb-, Linx-, Rückweiler usw. Siehe Elchenrath!

Elde, urspr. *Eldene,* von Sümpfen begleiteter Fluß im Kr. Ludwigslust/Meckl., mit Eldenburg (vgl. Ilsenburg a. d. Ilsene), gehört zu den prähistor. Flußnamen auf *-ana, -ina* wie die Beste(ne), die Trave(ne), die Bille(ne), die Oste(ne), die Fuse(ne), die Arse(ne) usw., die durchweg mit ihrem Namen ihrer moorigen Natur entsprechen! Vgl. die *Aldene* (: Ollen) b Elsfleth (zu *ald* „Sumpf, Moor"). Ein **Eldingen** liegt ö. Celle in Moorgegend.

Elfte b. Minden hieß 1277 *Elflede,* d. i. Elvl-idi (Alblidi). Siehe Elbe!

Elfgen (*Elveke*) b. Grevenbroich/Ndrhein entspricht Büttgen, Rüttgen, Littgen (alt *Budiche, Rudiche, Lidiche*), lauter Ableitungen (mit k-Suffix) von Sumpf- und Modernamen. Zu *elv (alb)* siehe Elberfeld!

Elfter in Brabant hieß um 1000 *Elveter,* entsprechend den Sinnverwandten Germeter, Rumeter, Kermeter. Vgl. auch (ohne Umlaut) *Alveter* 1224. Eine Flur Auf der Elffter begegnet b. Meschede/Ruhr. Zu *elv (alb)* siehe Elberfeld!

Elkenhorst, -hagen i. W., Elkenroth w. Siegen siehe Elkgruben!

Elkgruben begegnen 1404 bei Alsfeld (Schwalm): *elk* ist Variante zu *alk* „Sumpf, Schmutz", deutlich auch in Elkenhorst i. W. (analog zu Kusenhorst, Kodenhorst, Mussenhorst), auch im Flurnamen „das **Elkers**" bei Wallroth/Schlüchtern. Vgl. auch Elch-! Ein *Elken-Berg* b. Pyrmont.

Ellar b. Limburg a. Lahn ist verschliffen aus *Ene-lar* (vgl. Elle b. Korbach aus *Ene-lehe),* zu *en (an)* „Sumpf". Vgl. auch Lollar b. Gießen aus *Lun-lar,* zu *lun* „Morast, Moder", und Hollar/Wetterau aus *Hun-lar,* zu *hun* desgl.

Ellbach, Zufluß der Sulm (mit Ellhofen) ö. Heilbronn, auch **Zufluß** des Kochers u. der Murg, sowie der **Ellenbach,** Zufluß des Ulfenbachs/Württ., alle urspr. *Elnbach* (analog zum Bellen-, Böllenbach/Baden, der noch 1352 *Belna* hieß), also aus vorgerm. *Elna,* — ein Bachname, der in Frankreich 4mal begegnet; zum n-Formans vgl. die *Alna* b. Marburg (und Allenbach zur Murg u. Kr. Siegen). Ein Ellenbach fließt auch z. Fulda b. Rotenbg.

Elle (urkdl. *Enelehe*) b. Korbach/Waldeck siehe Ellar!

Elleben ö. Arnstadt/Thür., an Zufl. der Wipfra, siehe Belleben, Holleben!

Ellen b. Düren (an der Elle: *Alina!)* siehe Ell(en)bach! **Ellen** w. Eisenach liegt a. d. Elte *(Alende: Elende,* vgl. Holende, Isende, Wesende), lauter „Moderbach-Orte"!

Ellenberg, Ellenbach, Ellenstedt, Ellenhausen siehe Ellbach!

Ellenz b. Cochem a. Mosel siehe Ehlenz!

Ellerbek, Ellerbach meint Erlenbach! Ellerbruch = Erlenbruch.

Ellersleben nö. Weimar siehe Fallersleben, Germersleben u. ä.

Ellhofen/Württ. siehe Ellbach!

Ellsiepen i. W. stellt sich zu Schmiesiepen, Schadesiepen usw., alle auf Moder und Moor bezüglich. *siepen* = feuchte Niederung.

Ellwangen a. d. Jagst (auch westl. Memmingen) ist verschliffen aus *Elchenwangen,* vgl. den *Elechenbach* (zur Orb); zu *elch (alch)* siehe Elchenrath!

Elm a. d. Elm, Zufluß der Kinzig b. Schlüchtern (Oberhessen), hieß *Elmaha,* d. i. „Moderbach", zu idg. *el-m* (noch lit. = „eitrige Flüssigkeit"). *Elm-aha* entspricht *Orb-aha* (heute Orb), ist also vorgermanisch, wie auch die Kinzig: *Cintica, Centica!* „Ulmenbäche" (so die bisherige Meinung) gibt es in so früher Zeit nicht, mhd. *elm* „Ulme" kommt also nicht in Frage! Auch der **Elm,** ein bewaldeter Höhenzug südwestl. Helmstedt, spiegelt in seinem prähistor. Namen seine feuchte Bodennatur! Ein **Elm-See** liegt ö. Aussee in Ö. — ein „Ulmensee" wäre ein Unding! Auch **Elmen** (*Elmene*!), Soolbad nw. Calbe (vorgerm. *Calver,* zu *calv* „Sumpf") verrät sich als prähistorisch durch seine Endung! vgl. dazu das eindeutige

Elmenebrok 1237 (heute Ehlenbruch b. Lage in Westf.). Ein Sumpfwald *silva Elmet* (mit kelt. Endung) begegnet in Britannien (Näheres dazu bei M. Förster, Der Flußname Themse [1941] S. 625).

Elmpt westl. M.-Gladbach ist zu beurteilen wie Embt b. Köln, Empte b. Dülmen und Gimbte a. Ems, alles Ableitungen von Gewässernamen (mit Dentalsuffix). Zu *elm* siehe Elm! Vgl. auch *alm!*

Elpe, Bachort südöstl. Meschede, ist prähistor. Bachname wie die **Elpe** bei Rinteln, die 1269 *Alipe* hieß (zu *al* siehe Aller!). Vgl. auch Eilpe!

Elsaff siehe Elspe!

Elsaß, bisher sinnlos (gekünstelt) als „Land der Andern (lat. alius) mißdeutet, urkdl. als *Alisatia* bezeugt, kann wie alle frühzeitl. Landschaftsnamen nur nach einem Gewässer oder der Bodennatur benannt sein: als Überschwemmungs- und Sumpfland an der Ill (Ell), die das ganze Land durchströmt! Vgl. Fluß *Alisa*/Frkr. und ON. *Alesate*/Ligurien, wie Elusate, Adesate, Gau Fladate.

Elsbach, Zufluß der Kraich/Baden, und die **Elsach,** Zufluß der Rems/Württ., meinen „Sumpfbach". Vgl. auch **Elsuth**/Brabant (wie Hornuth, hor-n = Sumpf)!

Elsen b. Paderborn (vgl. das Römerkastell *Aliso!*) ist nach einem Bache *Alisa* „Sumpfwasser" benannt. Siehe Elspe!

Elsenz siehe Elspe! **Elsey** i. W. siehe Elspe!

Elsfleth a. d. Mündung der Hunte in die Unter-Elbe ist urkdl. als *Alisni* bezeugt, also nach einem prähistor. Bache benannt; siehe Elsen!

Elsheim, Elsig, Elsler, Elsoff siehe Elspe!

Elspe nahe der Lenne, wie **Olpe** einer der ältesten Namen des Sauerlandes, geht auf einen prähistor. Bachnamen *Alis-apa* „Sumpfbach" zurück (a. 1000 *Elisopu*), urspr. einfach *Alisa* (vgl. das Römerkastell *Aliso* a. d. Lippe und *Alisincum*/Südgallien), auch die *Alisantia:* **Elsenz** (z. Neckar). In der Form **Elsoff** (1039 *Elsapha*) kehrt er als Bach- und Ortsname 2mal in Hessen wieder, auch b. Neuwied a. Rh., als **Elsaff** ö. Honnef. Eine **Else** (urkdl. *Elsene,* wie Ersene: die Erse usw.) fließt zur Werse/Hase; nach einer *Elisa* (983) ist *Elisanheim* (793), heute **Elsheim** b. Bingen benannt. Auch **Elsey** i. W. (1200 *Elsegge*) ist alter Bachname wie Geinegge, Suanegge usw. *Elsuth*/Brabant entspricht *Rosuth, Hornuth* (auch *ros, horn* sind Sumpfwörter!). Zu **Elsler** b. Beckum (1050 *Elis-lare*) vgl. als sinnverwandt: *Roslar* b. Ypern, *Coslar* b. Jülich, zu Elsloo/Holld: Roselo. **Elsig**/Rhld (1278 Elsica) entspricht Einig (Inica), vgl. die Ihne! Büdelich (Budlica) usw., mit undt. Endung, vgl. *Elsoca* 967: heute Elseghem/Flandern. **Elsfleth** b. Bremen, in ältestem Siedelgebiet, hieß urkdl.

Alisna (vgl. die dortige Lesum: Lismona!). **Elsungen** b. Kassel stellt sich zu Melsungen a. d. Milisa ebda; alle Namen auf *-ungen* sind Ableitungen von Bachnamen. Ein **Elsen** liegt bei Paderborn.

Elster siehe Alster!

Elsungen (Ober- u. Unter-) westl. Kassel, an e. Zufluß der Erpe, gehört zu den vielen ungen-Namen in Nordthüringen und Hessen, denen durchweg Gewässernamen zugrunde liegen, hier also ein Bachname Els- (Alisa), vgl. Melsungen (an einer Milisa!). Zu den N. auf *-ungen* siehe **Bahlow** im Nd. Kbl. 1961.

Elte b. Rheine a. Ems geht auf einen Bachnamen zurück, mit t-Suffix wie Külte (aus Culite) in Waldeck und Köhlte (aus Colete) b. Minden. Vgl. auch Elen a. d. **Elte** (z. Werra), die urspr. *Alende, Elende* lautete! (zum Wasserwort *al*). Ein Flur- (und Orts-) Name, das **Elters begegnet ö. Fulda**; ebda das Welkers.

Elten nö. Emmerich wie Eltene b. Paderborn ist Bachname: *Altene!*

Eltville a. Rh., 1151 *Eltevil*, 1145 lat. *Alta villa* „hohes Dorf, was seiner Lage am niedrigen Rheinufer ganz und gar nicht entspricht! Vgl. vielmehr Blarevilla- Blandevilla u. ä., zu *alt, elt* siehe Elten, Elters!

Elve (1328), Bach im Kr. Rinteln, siehe Elbe, Elberfeld!

Elvenich (Ober-) nö. Euskirchen entspricht den sinnverwandten Füssenich, Lessenich, Rövenich, Sinzenich ebda, — alles Ableitungen von Bachnamen; zugrunde liegt *Albiniac(um)*, mit kelt. Endung!

Elverath b. Prüm entspricht Möderath, Kolverath usw. Siehe Elve!

Elverich (Ilverich) Kr. Geldern/Krefeld ist altes *Albriki, Elverike* analog zu Emmerich *(Ambriki)*, Me(i)derich, Büderich, Bilmerich, *Biderike, Ennerike, Ermerike*, Lechterke usw., Ableitungen von Bachnamen mit k-Suffix.

Elvese siehe Eilvese! **Elveter** siehe Elberfeld!

Elxleben (2mal, südl. u. nö. Erfurt), urkdl. *Alchisleba*, entspricht Erxleben (*Arkesleba*): *alk* und *ark* sind alte Sumpfwörter.

Elz, Nbfl. des Rheins (südl. Lahr) in Baden, um 1200 *Elzaha* (763 angeblich schon ebenso), meint nichts anderes als die **Elz** in Württ. (mit der Nagold und der Würm zum Neckar fließend), die urkdl. um 1100 *Elinze*, 853 *Alenza*, 788 *Alanza* (773 ON. *Alantia*) hieß, also zu den vorgerm.-kelto-ligur. Flußnamen auf *-antia* gehört! In die württ. Elz fließt ein Elzbach, an dem das Dorf Elz liegt (1395 *Elncz*); an der bad. Elz liegt **Elzach.** Ein Ort **Elz** liegt nahe Limburg a. Lahn. **Elze** *(Alice)* wie *Kelze!*

Emkben b. Düren/Rhld (nahe Zülpich, dem kelt. *Tolbiacum*) hieß *Amica* ist also vorgermanischer Bachname (zum Wasserwort *am);* vgl. *Budica, Rudica, Lidica:* Büttgen, Rüttgen, Littgen, lauter Synonyma!

Embt b. Köln siehe Ammer! Desgl. Empte b. Dülmen.

Emden a. d. Emsmündung enthält das alte Wasserwort *em* (= *am*) wie die Eem (*Ema*), Zufluß der Zuidersee. Vgl. **Emden** a. Beber sw. Haldensleben, urkdl. *Emmoden* mit Dentalsuffix wie Ahlden — Alodun.

Emen a. Ems hieß a. 1000 *Embini,* umgelautet aus *Ambini,* zum prähistor. Wasserwort *amb.* Siehe Ammer!

Emern, Moorort südl. Ülzen, entspricht dem dortigen Liedern: *am, lid* sind uralte Bezeichnungen für Wasser bzw. Sumpf, Moor.

Emersleben a. d. Holtemme (!) ö. Halberstadt gehört in eine Reihe mit den Nachbarorten Aders-, Heders-, Gatersleben, lauter Sinnverwandte, mit sekundärem -r-! *am (em), ad, had (hed), gat* sind prähistor. Wörter für Wasser, Sumpf, Moder.

Emleben b. Gotha entspricht Hemleben, Memleben, Nottleben, Tüttleben, Siebleben, Wiegleben, Trügleben, Teutleben, Molschleben, fast alle im Gothaer Raum südl. der Unstrut, - lauter Sinnverwandte, die durchweg Wasser und Sumpftermini enthalten; alle von höchster Altertümlichkeit!

Emme, Bach bei Emmendingen (urkdl. *Amoding*), enthält das Wasserwort *am*; vgl. auch die Holzemme!

Emmeln nö. Meppen a. Ems beruht auf *Emmelo (Ammelo)* „feuchte Niederung" wie **Ammeln** auf *Amelo* und Ummeln auf *Umelo,* desgl. Zu *am, em* siehe Ems!

Emmel a. Saar u. a. Mosel (893 *Emelaco, -lado,* 1036 *Emmelde)* ist vorgerm. wie *Medelaco*: Mettlach a. Saar!

Emmels b. Malmedy ist ein alter Bachname *Amblisa,* also vorgerm. (mit s-Suffix) wie die *Amisa* oder Ems; siehe Amblach!

Emmen, Moorort zwischen Gifhorn und Ülzen, auch 2mal in Holland, beruht wie **Emen** a. Ems (urkdl. *Embini)* auf *Ambini.* Siehe Emen!

Emmendingen siehe Emme!

Emmerich a. Rh. wie Ammerich b. Neuwied a. Rh. beruhen auf *Ambrici,* zum Wasserwort *amb-,* vgl. auch den Bachort **Emmerke** westl. Hildesheim nahe der Leine analog zu Ditterke b. Hannover a. Leine, Lechterke a. Hase usw.

Emmingen a. Nagold (auch b. Tuttlingen) entspricht Schietingen, Dettingen usw. siehe Emme!

Empede a. Leine (am Toten Moor/Steinhude!) wie **Empelde** westl. Hannover enthält das prähistor. Wasserwort *amp* (Variante zu *amb),* vgl. die Amper, Nbfl. der Isar. Zum Kollektivsuffix -ede vgl. Stempeda, Lengede, Ülede u. v. a. Zu Empelde *(Amplithi* urkdl.) vgl. die Synonyma Gittelde *(Getlithi),* Wepel(de) *(Weplithi),* Drüggelte *(Druchlithi),* alle auf Sumpf u. Moder bezüglich.

Empfingen südl. Horb („Sumpf") a. Neckar wie der **Empfenbach** siehe Empede! Vgl. die Sinnverwandten Dettingen, Börstingen, Mühringen ebda!

Emscher, Nbfl. der Ruhr bei Dortmund, hieß ursprünglich *Ambiscara* und bildet somit eine morphologische und semantische Einheit mit *Wediscara* oder **Weischer** b. Lüdinghausen i. W. und *Cariscara* oder **Kersch** in Luxemburg. Das Doppelsuffix *-isc-ara* deutet auf vorgerm. Herkunft. *amb, wed, car* sind Wassertermini von höchster Altertümlichkeit; schon im Sanskrit ist *ambu* für „Wasser" bezeugt (vgl. auch die kelt.-lat. Glosse: *ambe* = rivo).

Es steckt in **Aam** (urkdl. *Amba*) in der Betuwe/Holland, in **Amiens** (*Ambiani*), in **Ambois** (*Ambasia*)/Loire (vgl. gallisch mercasius: frz. marchais „Sumpf"!), in **Amby** (Zufl. der Rhone) und mit Umlaut in *Ambini: Embini* (a. 1000), heute **Emen** a. d. Ems wie in *Ambes-ey:* Embsey/England.

Die Erweiterungen *amb-r* und *amb-l* siehe unter **Ammer** und **Amblach!**

Ems (urspr. *Amisa*), ein träger, vom Münsterland her durchs moorreiche Emsland zur Nordsee fließender Strom, verrät sich durchs s-Suffix als vorgermanisch. *am* ist uraltes idg. Wasserwort, sowohl in venet.-illyrischen wie auch in keltoligurischen Namen. Eine *Amana,* heute **Ohm,** fließt zur *Logana,* heute Lahn (vgl. die *Adrana,* heute Eder), eine *Amantia* (Amance) in Frankreich, ein *Aman* in Wales, ein *Amasenus* in Italien, eine *Amasia* in Kl.-Asien!

Dazu *Ameria*/It. und Frkrch, *Amusco* und die *Amaci* in Spanien (vgl. die Levaci a. d. Leva/Belg.). Prähistorisch ist auch *Amica:* **Embken** b. Dülmen analog zu Budica: Büttgen; Lidica: Littgen. An der *Amana* (Ohm) liegen **Amönau** und die *Amene-:* **Amöneburg.**

Dasselbe Wasserwort *am* (vgl. *amb*) enthalten auch **Ahmsen** (d. i. *Amehusen*) am Moor der Radde Kr. Meppen und b. Herford, *Amenhorst* i. W., *Amenbrunnen* i. Thür., *Ame-lo:* **Ammeln** (wie **Emmeln** und Ummeln) i. Westf., ebda eine Wiese *Amlage* (gleich der Harplage, Schiplage usw.); auch *Amewik,* Ammensen u. ä. In Oldenburg: *Amet-horn:* **Amtern.** In

England: *Ameleg* (Emley), *Ameneye,* Amington (wie Abington, Washington usw., lauter Sinnverwandte).

Endbach b. Biedenkopf a. Lahn wie der **Endelbach** (Kocher) haben natürlich nichts mit dem „Ende" zu tun, sondern enthalten wie auch **Endebruch** b. Aachen und **Endeholz** b. Celle und **Endenbach** b. Siegburg das alte Wasser- und Sumpfwort *and, end:* siehe Andenbach! Zu **Endelbach** vgl. als sinn- und formgleich: Brittelbach, Bettelbach, Dentelbach, Adelbach, Aitelbach, Andelbach, Göttelbach usw.; zu **Endersbach** ö. Stuttgart vgl. Ergersbach, Hedersbach, Ilversbach, Albersbach, alle entstellt, mit sekundärem Fugen-s!

Endel b. Aurich und b. Vechta dürften auf *Ene-lo* zurückgehen, da **Andel** im Moorgau Drente urkdl. als *Ane-lo* bezeugt ist: *an, en* = Sumpfwasser. Ein **Endelen** liegt b. Recklgh.; vgl. Metelen (*Matelon*) a. Vechte, zum Wasserwort *mat.* Vgl. auch *and* unter Andenbach!

Endenich westl. Bonn entspricht Elvenich, Lechenich, Morschenich, Nörvenich, Rövenich, Sinzenich ebda, lauter Ableitungen von Gewässernamen mit der kelt. Endung -iacum: 804 *Antiniche;* siehe Antreff!

Endert, urkdl. *Andrida,* Zufluß der Mosel, siehe Andenbach!

Endingen (Württ. und Baden, in der Rhein-Ebene am Kaiserstuhl) entspricht den dortigen Sinnverwandten Bahlingen, Köndringen, Teningen, Kenzingen, Broggingen usw. Siehe End(en)bach!

Enespe siehe Enns!

Engden a. Vechta (an einer Moorwüste!) ist altes Kollektiv *Engidi* (zu *ang, eng* „nasse Wiese") analog zu Legden südl. Bentheim u. Beegden a. Maas.

Engebach, Engen-, Engelbach (Württ./Baden) sind keine „engen", sondern sumpfige Bäche, siehe Engden! Ein Engelbach fl. z. Inn b. Braunau.

Engelern b. Bramsche *(Angelare)* entspricht **Lengelern** *(Langlare): ang, lang* = Sumpf!

Engensen nö. Hannover entspricht Pattensen, Adensen: siehe Engden!

Engerda siehe Engern!

Engern a. d. Weser b. Rinteln und **Enger** b. Herford beruhen urkdl. auf *Angari,* zum Wasser- und Sumpfwort *ang* gehörig, von dem auch der „Anger" (= feuchtes Wiesenland") abgeleitet ist; siehe unter *Angel!* Die einstigen Bewohner des Engerngaues sind als *Angrivarii* überliefert. Vorgerm. ist *Angrisa:* **Engers** am Rhein b. Neuwied (mit undt. s-Suffix! wie *Amblisa*: Emmels b. Malmedy). **Engter** b. Bramsche stellt sich zu Elveter (Elfter b. Meschede), Germeter b. Aachen, Rumeter (Wald bei Ypern) und Kermeter (Urwald der Eifel), alle mit undt. tr-Suffix.

Engerda nö. Rudolstadt entspricht Sömmerda b. Erfurt, das keine Sommerfrische, sondern „Ort am Sumpfwasser“ meint, wie auch Witterda, Selverde, Elverde, Halverde, Cliverde, Hemmerde, Exterde usw., lauter Sinnverwandte mit dem Kollektiv-Suffix -ithi, -ede.

Engers siehe Engern!

Engstenbach, Zufluß des Nesselbachs/Jagst, **Engstingen** bei Reutlingen dürften das Wasserwort *ang, eng* enthalten; siehe Engden, Engers! Engstingen entspricht den dortigen Sinnverwandten Elfingen, Gächingen, Dottingen, Erpfingen, Mössingen, Nürtingen, Würtingen, Lenningen, Pfullingen, Dettingen.

Engter ö. Bramsche a. Hase stellt sich zu Elfter (Elveter), Germeter, Kermeter, Rumeter, — alle auf Wasser und Sumpf bezüglich. Siehe Engden!

Eningen b. Reutlingen meint nichts anderes als die Nachbarorte Elfingen, Erpfingen, Dettingen, Dottingen, Gächingen, Mössingen, Lenningen, Pfullingen, alle auf Wasser, Moor und Sumpf bezüglich. Dort fließt eine Musel mit Sumpf!

Enkenbach b. Kaiserslautern/Pfalz gehört in eine Reihe mit den dortigen Erfen-, Erlen-, Bosen-, Macken-, Miesen-, Selchenbach. Zu *enk* vgl. *ank* unter Ankum! Zum Umlaut vgl. Enkirch a. Mosel (alt *Enkrich, Ankaraca).* Zu **Enkheim**/Hanau (1151 *Ennincheim!)* vgl. Ennepe!

Enkirch a. Mosel (alt *Ankaraca)* siehe Ankum!

Ennenbach b. Siegburg. Zum Bachnamen Enne siehe Ennepe!

Ennepe a. d. Ennepe (Nbfl. der Ruhr b. Hagen), mit dem Enneper Goor (!goor = Morast), gehört zu den prähistor. Flußnamen auf -apa „Wasser, Bach“, mit Umlaut wohl aus *Anepe, An-apa* wie **Ennest** b. Olpe aus *Anista* (oder Andista) und die **Enns** aus *Anisa,* vgl. die Hennef aus *Hanefe, Han-apa.* Zum Sumpfwort *an (en)* siehe Enns!

Ennerich a. d. Lahn b. Limburg wie **Ennery** nö. Metz/Lothr. (1190: *Ennerike*) entspricht den form- und sinngleichen *Elverike (Albriki), Ermerike (Armeriki), Mederike, Lechterke, Emmerich (Ambriki)* usw. Siehe Ennepe!

Ennest b. Attendorn/Olpe (in prähistor. Siedelgegend!) verrät sich als vorgermanisch durch das venet. st-Suffix; zugrunde liegt *Anista* (oder *Andista), vgl. Anusta/*Spanien! Siehe auch Ennerich, Ennepe, Enns!

Enns, Nbfl. der Donau (östl. Linz mündend), in prähistor. Form *Anisa,* die (mit *apa* „Bach“ eingedeutscht) als *Anisapa:* **Enespe** (Zufl. der Agger) im Siegkreis wiederkehrt, enthält ein idg. Wasserwort *an,* über dessen Sinn Endliches Glossar mit der kelt.-lat. Glosse *anam* = *paludem* (also = Sumpf) Auskunft gibt. So deutet (mit demselben Umlaut) die **Ennepe,** Zufl. der Volme b. Hagen/Ruhr, mit dem Enneper Goor (d. h. Morast!)

auf eine urspr. *Anepe* (vgl. die Hennef, alt Hanefe), **Ennest** b. Olpe auf *Anista,* mit vorgerm.-venet. st-Suffix, **Ennede: Ende** i. W. auf *Anidi,* wie Hennede auf Hanidi, und **Ense** b. Korbach hieß im 9. Jh. *Anesi* (mit vordt. s-Suffix wie *Manisi* 990: Meensen). Zu **Ennerich** a. Lahn vgl. Ennery/Lothr. *Anewede* (widu „Wald") i. W. entspricht *Merewede,* d. i. Sumpfwald. Auch **Enschede** beruht auf *Aneschede,* so 1118. Eine Wasserburg *Aneholt* a. d. Ijssel, ein *Ane-lo*: **Andel** im Moorgau Drente!

Anlide: **Ahlen** im Moor von Meppen/Ems entspricht *Genlide*: **Gellen** im Moor der Hunte-Mündung! Zu **Anrath** b. Krefeld vgl. Benrath (ben „Sumpf"), zu *Anesleben*/Thür.: Goresleben! (gor „Morast"). Ein **Anemolter** b. Nienburg a. Weser (molter „weicher Boden"); eine *Anlage* 1072 (ON. **Allagen** a. d. Möhne) wie die Amlage, die Harplage u. ä. Auf *Anion* (954) beruht **Einen** b. Münster u. b. Vechta, auf *Anheri: Enhere:* **Einern** b. Schwelm.

Anraff a. Eder b. Wildungen (1047 *Anr-epe*) ist vorgerm. Bachname auf -apa wie die Alraft/Waldeck (*Alrape*). Eine *Anara* floß zur *Logana:* Lahn.

Eine *Ane:* **Ahne** fließt zur Fulda wie zur Jade, ein *Anebach* 1372, heute **Ohmbach** zur Lauch im Elsaß. In Frankreich entsprechen die Flüsse *Ane* (zur Drome) und *Anion* b. Calais, in Spanien der *Anas,* in Illyrien der *Anus,* bei Rom der *Anio;* in Mösien der*Anasamus,* in Brit. die *Anava* (wie Ausava: die Oos). Zum *Anapis* vgl. *Isapis* und *Colapis* (die Kulpa), wo *is* und *col* = Schmutzwasser.

Auch morpholog. Gleichungen bestätigen den Wortsinn: so *Aniac: Coniac: Liniac* oder *Anesium* (: Anais/Frkrch bzw. Nese/It.): *Assesium: Devesium: Novesium* (Neuß), lauter Sinnverwandte, wie die Völkernamen *Anauni: Cenauni: Ingauni,* auch die *Ananes* in Oberitalien. Ebenso *Anoiolum* (einst sumpfig, marécageux) wie *Vernoiolum*/Frkrch (verno „Sumpf"); *Anicium* (j. Puy) wie *Venicium*/Korsika (ven „Sumpf")! Ein *Anium* im Tessin.

Enschede siehe Enns!

Ense b. Korbach (an Zufluß der Eder), im 9. Jh. als *Anesi* bezeugt, verrät sich durch das s-Suffix als prähistor.-vorgerm. Bachname, vgl. Meensen: 990 *Manisi! an, man* = Sumpfwasser; siehe Enns!

Enselbach (z. Bruchgraben/Baden u. z. Kocher/Württ.) siehe Enslingen!

Ensheim nö. Alzey entspricht den dortigen Sinnverwandten Lonsheim, Wonsheim, Schornsheim, alles Ableitungen von Bachnamen. Vgl. die Enselbäche! und die Enns!

Ensingen ö. Pforzheim gehört zu den dortigen Vaihingen, Eutingen, Weihingen, Illingen, Ersingen, Nöttingen, — alles Ableitungen von Bachnamen.

Ensisheim/Ob. Elsaß entspricht Egis-, Regis-, Riedis-heim ebenda; siehe Ensheim, Ensingen!

Enslingen nö. Schwäb.-Hall (am Kocher!) enthält den Namen des dort fließenden **Enselbachs!** (Auch in Baden fließt ein Enselbach, zum Bruchgraben/Schütterle). Vgl. als sinnverwandt Eßlingen, Heuchlingen, Dettlingen, Tuttlingen, Mögglingen usw.

Enst(e) nö. Meschede entspricht Ennest, siehe dies!

Enter w. Hengelo/Holland und der alte Gauname *Enteri* (an der Weser) enthalten ohne Zweifel das prähistor. Wasser- und Sumpfwort *ant-r*, siehe Antreff! (Aus der Luft gegriffen und unmethodisch ist die Kuhnsche Deutung „gegenüberliegend": aus dt. ander-, idg. antaros!) Gaue wurden stets nach ihren Gewässern, ihrer Bodennatur benannt! Siehe auch Entersbach, Entringen!

Entringen westl. Tübingen wird verständlich mit (dem) **Entersbach** b. Gengenbach/Baden; siehe Enter! Morphologisch und semantisch zugehörig sind im selben Raume: Deufringen, Nufringen, Nebringen; in Baden: Egringen, Köndringen usw.

Entrup (mehrfach i. Westf.: a. d. Ilse, b. Lemgo, b. Höxter, Beckum usw.) entspricht dem benachbarten **Krentrup** (aus Krenen-dorp), auch Finnentrup, Werentrup usw., alle auf Wasser und Moor Bezug nehmend. Siehe Enschede, Ense u. ä.!

Enz, wie die Nagold und die Würm zum Neckar fließend (b. Besigheim), stellt eine prähistor.-vorgermanische *Antia* dar: siehe Näheres unter Antreff!

Enzen am Diezbach b. Bitburg/Eifel u. b. Euskirchen siehe Enz!

Epe (Kr. Ahaus u. Kr. Bersenbrück, in Moorgebieten!) nebst **Epen** ist Variante zu **Ape, Apen**: zugrunde liegt das uralte Wasserwort *ap (ep)*, vgl. auch den Bach *Ep-aha* 1220, heute ON. **Eppe** b. Goddelsheim/Waldeck, und den Flurnamen In den **Eppen** (Jellinghaus, Westfäl. ON., S. 11).

Epfach, Epfig, Epfenbach siehe unter Appel! **Eppe** siehe Epe!

Eppenich b. Düren entspricht Morschenich, Nörvenich, Gürzenich, Elvenich, Rövenich usw. im selben Raume, lauter Ableitungen von Wasser- u. Sumpfbezeichnungen auf -ich, d. i. kelt. -iac(um). Vgl. auch Epfig/Elsaß aus *Apica!*

Eppensen b. Bevensen (Moorort nö. vom Steinhuder Meer) ist zu beurteilen wie Abbensen, Pattensen, Engensen, Iddensen (mit Moor!) usw., alle auf Wasser, Moor, Sumpf bezüglich; siehe Eppen, Epe! -sen ist = -husen. *Eppen-solen* 1316/Overijssel bestätigt den Wortsinn (denn *sol* meint „Suhle").

Epscheidt b. Hagen/Ruhr (vgl. auch Ebschied/Mosel) entspricht Berscheid, Huscheid, Habscheid, Kurscheid, Mutscheid, Selscheid usw., lauter Sinnverwandte. Zu *ep* „Wasser, Moor" siehe Epe und Ebbe!

Erbach (a. Mümling im Odenwald — ein prähistor. Siedelzentrum!) auch a. Rhein b. Eltville, am Emsbach b. Idstein, am Nisterbach b. Hachenburg, b. Limburg, b. Altenkirchen, b. Simmern, b. Ulm a. Donau) und die **Erbäche** in Württ., Baden, Pfalz (b. Eschweiler) enthalten das prähist. Wasserwort *er* (z. T: umgelautet aus *ar*, wie *ern* aus *arn).*

Erbenheim b. Wiesbaden entspricht Brecken-, Delken-, Boden-, Essen-, Raunheim im selben Raume: *erb* ist als vorgerm. Wasserwort bezeugt durch *Erbo, Erbusco* (mit ligur. Suffix!) in Oberitalien. Ein Bach **Erbig** fließt b. Trebur/Gr.-Gerau z. Heegbach. So werden verständlich der **Erbeskopf** im Hunsrück und der **Erbelberg** im Ringgau ö. Sontra. Dazu **Erbenschwang**/Lech (wie Dettenschwang ebda), -wang = Wiese; **Erbstetten**/Württ. (wie Heuch-, Ing-, Lein-, Leut-, Mön-, Pum-, San-: Söhnstetten); auch die Erbgräben und Erbbäche in Württ.

Erberich (2 mal am Ndrhein) entspricht Elverich, Emmerich, Büderich, Ginderich, Me(i)derich ebenda, alles Ableitungen von Bachnamen oder Wasserbezeichnungen von höchstem Alter. Zu *erb* siehe Erbenheim Falls Umlaut vorliegt (wie bei Elverich aus *Albriki* und Emmerich aus *Ambriki),* ist das seltenere *arb (arv)* anzusetzen, vgl. Fluß *Arva* (jetzt Arve/Savoyen u. Erve/Frkr.) sowie ON. *Arviacum: Erviacum* (Ervy/Aube) in Frkr.

Erbringen b. Merzig/Saar ist zu beurteilen wie Schabringen/Württ., Egringen *(Agringa)*/Baden, Effringen/Baden usw., alle auf Wasser u. Moor bezüglich.

Erbstadt, Bachort nö. Hanau, entspricht Mockstadt, Ockstadt, Berstadt, Bönstadt ebenda (Wetterau), lauter Sinnverwandte. Zu *erb* siehe Erbenheim!

Erda, Bachort nö. Wetzlar, hieß *Erdehe,* ist also alter Bachname *Ard-aha,* auch die Aar (zur Dill) hieß *Ardaha.* Dazu auch **Erden** a. Mosel und in England: urkdl. *Ardene.* Eine *Erthene* 1228 in Südlauenburg (daher *Erteneburg:* Artlenburg). **Erdinger** Moos nennt sich eine Sumpflandschaft der Isar! **Erder** a. Weser westl. Rinteln entspricht dem flandr. *Ardra!* Zum Sumpfwort *ard* siehe Ardey!

Erdesbach b. Kusel/Pfalz siehe Erda und Ardey! Zur Form (mit Fugen-s) *Erdenesbach* vgl. *Bidenes-:* Biedesbach, *Edenes-:* Edesheim/Pfalz u. ä.

Erding a. d. Sempt b. München (mit dem E.-er Moos!) hieß 891 *Ardingen.* Zu *ard* „Sumpf" siehe Ardey! Vgl. auch **Erdingen** b. Waldbröl.

Erdorf a. Kyll/Eifel, **Erfeld** a. d. Erfa (!)/Taubergegend und **Erfelden** *(Eri(n)felden)* am Ostrhein w. Darmstadt enthalten alte Bachnamen *(ar, er* „Wasser, Sumpf"). Siehe unter A(h)r! Vgl. Eerbeck/Holld.

Erfenbach b. Kaiserslautern/Pfalz siehe Enkenbach! Vgl. Erfweiler/Pfalz!

Erferth b. Siegburg ist zu beurteilen wir Rengert, Reifert usw. (im bergisch-rhein.-westfäl. Raume, wo -ert aus -(e)rot, -rode verschliffen ist! *erf* ist „Wasser", siehe Erfweiler, Erfenbach!

Erft, Nbfl. des Nieder-Rheins von der Eifel her, urkdl. *Arnefa,* d. i. *Arnapa,* entspricht dem häufigen vorgerm. Flußnamen *Arna,* so in Belgien, Holland, England, Frankreich, Spanien und Italien (der **Arno,** z. Tiber). *arn* ist Erweiterung zu idg. *ar* „Wasser" wie *vern* zu *ver* „Wasser, Sumpf", daher in Frkrch: *Arnoilum* neben *Vernoilum;* ebda *Arniacum, Arnedo, Arnelle* (ein Sumpf!); in England: *Arne-was* (*was* = Sumpf). Dazu in Württ. *Arnebrunn,* **Arnbach** (auch bei Dachau) und **Arnach.** Ein *Arn-seo,* heute der **Ahrendsee** liegt ö. Salzwedel, ein *Arnscheid* und *Arnahurst* 890 in Westf. Zu den ältesten prähistor. Namen (mit r-Suffix!) gehört *Arnari:* **Örner** a. d. Wipper bei Mansfeld analog zu *Vanari:* Fahner b. Gotha, *Furari,* Furra a. d. Wipper, *Cornari:* Körner a. Notter/Mühlh., *Topari:* Gr.-Töpfer a. Frieda/Werra, *Dudari* im Lahngau, *Slanari/Hessen, Comari* in Istrien! lauter Sinnverwandte für Sumpf- und Moorwasser! Zu **Arnum** b. Hannover vgl. Arnhem/Holland, das kelt. *Arenacum* hieß. *Arendonk* entspricht *Corsendonk* (kelt. cors „Sumpf"!). Auch der Aremberg a. d. Ahr (wie der Arensberg und der Ernstberg südl. davon) werden so verständlich.

Erfurt, urkundlich *Erphesfurt* (wie Lengesfurt), deutet auf einen Bach *Erphesa,* mit Umlaut auf *Arpisa* beruhend. Eine *Arpisa:* **Erps** begegnet z. B. in Brabant, mit s-Suffix, also vorgerm. Herkunft! Vgl. den *Arpasus* in Frkrch und *Arpinum* in Italien. -s- kann aber auch reines Fugen-s sein wie in *Arpesfeld* 930: **Erpesfeld** a. d. Möhne und *Erpes-lo:* **Erpschloh/** Sauerland (analog zu Ode-s-lo, od = Wasser). **Erpentrup** b. Driburg i. Westf. entspricht Finnentrup/Lenne, Werntrup ebda (fin, wer „modrige Feuchtigkeit"). Zu *Arpingi:* **Erpingen** i. Westf. vgl. Solingen, Löningen, Schwefingen, lauter Sinnverwandte; zu **Erpfingen** i. Württ.: Schabringen, Kommingen, Tübingen, Hechingen, alles Ableitungen von Wasserbegriffen! Weiteres siehe Erpe! **Erfurt**/Schwalm: 1040 *Erfferde!*

Erfweiler (Pfalz u. Saar) enthält dasselbe Gewässerwort wie (der) **Erfenbach**/Pfalz. Vgl. die dortigen Sinnverwandten Aßweiler, Maßweiler, Rieschweiler, Bruchweiler usw.

Ergers(heim) siehe Ergolz! **Ergisch** siehe Ergolz!

Ergolz, Zufluß des Bodensees, und **Ergers,** Zufluß der Ill im Elsaß, hießen beide ursprünglich *Argantia* (833 *Argenza);* sie entsprechen somit der **Arganza** in Spanien und der **Argence** in Frankreich (vgl. die Amance, die Aubance usw.) und reihen sich damit ein in die Gruppe der prähistor. Flußnamen auf *-antia,* die von Frankreich herüberreichen und durchweg Wasserwörter von höchster Altertümlichkeit enthalten, die heute größtenteils verklungen, mit dem Wörterbuch daher nicht deutbar sind! Der zufällige Anklang an lat. argentum „Silber" hat sich denn auch als Irrlicht erwiesen: „Silberbäche" gibt es erst seit der modernen dichterischen Farbenromantik (z. B. bei Goethe); dem Vorzeitmenschen und seiner Urwaldlandschaft waren sie ein unbekannter Begriff! Darum enthält auch der Flußname Elbe *(Albis)* nicht lat. *alb,* sondern eine uralte Variante zu *a.* „Wasser", insonderheit schlammiges oder sumpfiges. Dasselbe gilt von *arg,* das sich zu *ar* „Wasser" verhält wie *larg* zu *lar* (die Larga/Els. und *murg* zu *mur* „Schlamm, Morast", so daß die *Argantia* der *Murgantia* (Sizilien) entspricht (vgl. lettisch *murg* „Pfütze") und der **Argenbach** (z. Kocher, auch im Rhld 948) dem Morgenbach/Main (wie die Arga/ Spanien der Murg(a) im Schwarzwald und der Morgue b. Genf). Eine **Argen** (*Argona*) fließt z. Bodensee (vgl. die Carona: Chêronne, zu car „Sumpf"), eine *Argerona:* **Ergera** zur Saane/Schweiz, ein **Argersbach** z. Kocher, ein **Ergersbach** in Baden (heute ON.), vgl. ON. **Ergersheim** a. Ergers/Elsaß (wie ebda Sermersheim (817 *Sarmenza,* zu sarm „Schmutzwasser"); ein Ergoldsbach fließt zur Laber/Bay., nebst ON. Ergolding nahe der Isar. Zur *Argita* in Irland vgl. die Salita b. Orel/Rußld und die Bursita a. Rhein (sal und burs sind Sumpfwörter!).

Ein Zeugnis vorgermanischer Bevölkerung ist auch **Ergste** *(Argeste,* vgl. die *Argestäer*/Mazedonien! nebst Villigst: Vilgeste) a. Ruhr b. Hagen/ Iserlohn: mit venet.-ligur. st-Suffix wie *Tergeste* (: Triest), Bigeste/Dalmatien, Ateste/Venetien, Segeste/Westf. Ostf. bis Sizilien! Tügeste: Thüste am Ith usw., lauter Sinnverwandte! Desgl. *Argessa:* **Ergisch**/Schweiz (wie Argissa/Thessalien, Panissa/Mazedonien, zu pan „Sumpf"). Vgl. auch die **Argonnen** *(Arguenna silva)* wie die Ardennen *(Arduenna silva)* wo *ard* „sumpfiges Wasser" meint. Zur *Argenton(a)* vgl. Carenton, Vermenton/Frkr., zu *Argidava*/Dakien: Uti-, Comi-, Singidava, lauter Synonyma. Die Beweiskette für *arg* = „sumpfiges Wasser" schließt sich mit den morphologischen Reihen *Argubium* (Argoeuve) — Verubium — Vidubium — Ussubium sowie *Arguntiacum* — Segontiacum — Moguntiacum (Mainz), lauter Sinnverwandte!

Ergste a. Ruhr siehe Ergolz!

Erkrath b. Düsseldorf (-rath = -rode) wird verständlich im Rahmen der übrigen rheinischen Namen auf -rath, die durchweg Zusammensetzungen mit uralten Gewässerbezeichnungen sind, wie Venrath, Jackerath, Kolverath, Mödrath, Randerath usw. *ark* ist Erweiterung von idg. *ar* „Wasser", in vielen Fluß-, Bach- und Ortsnamen schon in ligur.-keltischer Zeit bezeugt, so auf Sardinien, im Rhonegebiet, in Belgien; in Frkrch auch in ON. wie *Arciacum:* **Arcis,** *Arcoiolum:* **Arcueil** u. ä., in Belgien: *Arcana: Ercana:* Erquennes (vgl. ablautend *Orcana:* die **Orke,** Nbfl. der Eder, wie die **Ourque** in Frkrch. Vgl. auch *Erca* und *Erc-lare* 1150 b. Laon, -lar deutet stets auf Wasser oder Sumpf, wie Ros-lar, Wes-lar, Hun-lar usw.). — Wie Erkrath beruht auch **Erkelenz**/Rhld auf r-Umlaut, der besonders rheinisches Merkmal ist.

Erkeln b. Brakel/Höxter ist altes *Erc-lon* „feuchtes Gehölz" wie Affeln (Af-lon), Nutteln (Nut-lon) usw. Daneben stehen ohne Umlaut: der alte Gauname **Arke** b. Vechta mit Arkeburg und **Arkenstedt,** auch **Arkel, Ark** in Holland und *Arkesey* in England. Ein **Arkebek** ö. Heide i. Holstein.

Erlach (am Inn, am Main usw.) meint (wie das jüngere Erlenbach) „Bach im Erlicht, in sumpfigem Gelände". Ebenso **Erlbach** (öfter).

Erlangen a. d. Regnitz (der prähistor. *Ragantia*), am Einfluß der Schwabach (d. h. „Moor- oder Schmutzbach"), gehört zu den Namen auf -wang(en), d. i. Wiesenfeld, analog zu Durlangen! *(dur, er* sind prähistor. Wassertermini).

Erlauf (urkdl. *Arelape*), Nbfl. der Donau b. Pöchlarn/Österreich, gehört wie die **Wieslauf** (1027 *Wisilaffa*) zu den prähistor.-vorgerm. Flußnamen; daß die Endung *-lapa* ist (und nicht einfach *-apa),* lehrt die Parallele *Tergolape* in Noricum (Kärnten); *ar, wis, terg* sind idg. Bezeichnungen für Wasser, Moder u. dergl.

Erligheim nö. Bietigheim siehe dies!

Erlte b. Vechta (am Moor) hieß *Erelithe*, analog zu **Werlte** *(Werelithe)*: *er (ar). wer (war)* meinen „Wasser, Sumpf, Moor".

Ermen i. W. siehe Erms! Ermeter desgl.

Ermetz, Zufluß der Baunach, stellt eine prähistor. *Armantia* dar; siehe Erms!

Ermingen b. Ulm (wie Bollingen, Ersingen, Dächingen, Ehingen, Mähringen) siehe Erms!

Erms, Nbfl. des Neckars (zwischen Tübingen und Nürtingen), ist durch eine römische Inschrift als *Armisa* bezeugt, mit vorgerm. *s-Suffix* wie die Rems (*Ramisa*) und die Glems (*Glamisa*) ebenda. Auch die **Ermetz,** Nbfl. der Baunach/Main, urspr. *Ermenza,* weist mit der Endung *-antia* in vorgerm Zeit zurück; sie entspricht der *Armantia* (Armance) in Frankreich! Ein *Armeno* fließt in Trient (mit ligur. Suffix wie der *Toleno, Blandeno* usw.) Dazu im ligur. Raume auch *Arma*/Piemont (vgl. Parma!), *Armio, Armentia*/Ob. Italien. *arm* verhält sich zu idg. *ar* „Wasser" wie *sarm* zu *sar* und *parm* zu *par.* Auch in England und Schottland, also auf kelt. Boden, begegnen Flüsse namens *Armi:* **Erm(e),** — siehe M. Förster S. 220 —, bzw. **Armit** und **Armaidh** (analog zu Lonaidh, Mucaidh in Schottld und Scoraidh in Irland, lauter Sinnverwandte für schmutzig-modriges Wasser!) dazu die ON. Armley, Ermington, Arma-thwaite/E.

Ebenso vorgerm. ist *Ermeter* 1149 b. Boppard a. Rh. mit kelt.-lat. *tr-Suffix* wie *Kermeter* (Eifel-Urwald), *Germeter* b. Aachen, *Elveter*/Brabant, *Rumetra* (Wald u. Bach b. Ypern), auch *Caletra, Cimetra, Ecetra* in Italien, — alles Ableitungen von Gewässerbezeichnungen! Und so entspricht *Ermerike* (wüst b. Clarholz/Gütersloh) den Sinnverwandten Elverike, Mederike usw. **Ermke** i. O. hieß 947 *Armike* (vgl. Embken Amica). **Ermen** i. W. deutet auf *Armina;* ein **Erm** auch in Drente (Moorgau). Zu **Ermstedt** b. Erfurt vgl. Ank-, Butt-, Topfstedt, zu **Ermingen** b. Ulm: Kommingen, Schäbringen u. ä., alles Eindeutschungen aus vordt Wasserbezeichnungen! Ein **Ermenbach** fließt südl. Bregenz, ein **Armensbach** zur Elz/Baden.

Ernsbach, Bäche in Württ. und Baden, auch ON. im Odenwald u. Württ. beruht auf Umlaut aus dem prähistorisch verbreiteten Flußnamen *Arna* (siehe unter Erft, aus *Arn-afa!*). Aber auch urspr. *Ern-* ist bezeugt: so Fluß *Erne*/Irland, ON. *Erneia, Ernodurum*/Frkr.

Ernst a. Mosel ö. Cochem, wo es von keltoligur. Namen wimmelt, hieß 1161 *Erneza,* ist also ein vorgerm. Bachname (zum Wasserwort *ar(n)* *er(n)*.

Ernzen südwestl. Bitburg/Eifel enthält den dortigen Bachnamen **Ernz** (Schwarze u. Weiße Ernz, von Lux. her zur Sauer fließend), der eine vorgerm. *Ar-antia* darstellt, vgl. die *Alantia:* Ellenz, die *Argantia:* Ergers Ergolz usw.

Erpe (*Arpia*), Zufluß der Diemel/Waldeck, wie **Erp** (*Arpia*) a. d. Aalst enthalten ein prähistor. Wasserwort *arp* (ar+p), vgl. die **Erps** (urkdl. *Arpisa*) in Brabant, mit vorgerm. s-Suffix wie Fluß *Arpasus*/Frkrch. Ein *Arpinum* in It., ein Wald **Arpen** (mit dem Arpenbach) in Baden. Umlaut zeigen auch **Erpel, Erprath**/Rhld, Erpingen (*Arpingi*) i. W. wie **Erpfingen** in Württ., **Erpen** (Aachen, Osn.), Erpentrup/Höxter (wie Finnentrup), und Fugen-s: Erpesfeld (930 *Arpesfeld*) a. d. Möhne, **Erpschloh** (*Erpes-lo*) im Sauerland und *Erpesfurth:* **Erfurt**/Thür. (= Furt an einer Erpe bzw. Erpese, Arpisa). Siehe unter Erfurt!

Err-Wald, bewaldeter Bergrücken am Oberlauf der Ruwer, meint wie der Soon-Wald, der Idar-Wald, der Meulen-Wald „feuchter, modriger Wald".

Erse, Moorbach ö. Celle, gekürzt aus *Ersene, Arsene* (so urkdl.) wie die Bille aus *Bilene,* die Fuse aus *Fusene,* die Beste aus *Bestene,* die Trave aus *Travene,* gehört wie alle diese zur Gruppe der prähistor.-vorgerm. Flußnamen auf *-ana.* Auch die **Ahse,** Zufluß der Lippe b. Hamm, hieß *Arsene.* Vgl. Fluß *Arsia* in Istrien, *Arsa* in Spanien, *Arsisse* in Frkr., *Arsada* in Lykien (wie *Cesada, Bursada, Rurada* in Spanien, lauter Synonyma für Sumpf- und Moorwasser).

Ersingen a. d. Riss/Württ. u. nö. Pforzheim (wie Eisingen, Wössingen, Nöttingen usw. ebenda), auch in Luxbg, verrät sich schon durch seine Wiederholung als Ableitung von einem Gewässerwort: zu *ars* siehe Erse!

Ertingen (an der sumpfigen Donau-Niederung ö. Sigmaringen) gehört zu den dortigen Sinnverwandten Mörsingen, Wachingen, Bechingen, Dächingen usw., kann also nur das prähistor. Wasserwort *art (ard)* enthalten. Aber **Erthal** (796 Erital) siehe Ehr(ingen)!

Erwitte südl. Lippstadt hieß urkdl. *Ara-wite,* analog zu *Trec-witi* 859, enthält also das Wasserwort *ar;* siehe unter Ahr! Vgl. *Ele-wita:* Elewijt.

Erxleben östl. Helmstedt bezieht sich wie die benachbarten Uhrs-, Mors-, Irx-, Eilsleben usw. auf die Lage an Moder- oder Sumpfwasser. Auch nö. Stendal liegt ein E. Vgl. auch Merxleben a. Unstrut! (zu kelt.-idg. *marg-, merg-* „Schmutz", altfrz. merguiller!): urkdl. *Margis-leiba.* Ebenso hieß Erxleben (mehrfach!): um 1000 *Arkes-leva;* zu *ark, erk* siehe Erkrath!

Esbeck b. Lippstadt u. ö. (1028 *Asbiki*!) meint „Schmutzbach"; zum idg. *as* siehe Asbach!

Esch, mehrfach im Rheinland, hat mit der Esche nichts zu tun, wie z. B. Esch im Taunus lehrt, das urspr. *Eschphe* lautete, also einen Bachnamen *Asc-afa* darstellt: zum idg. Wasserwort *asc* siehe Aschaff! Auch **Esch** b. Ahrweiler und **Äsch** b. Zürich sind umgelautet aus *Asc(i)a.* Im übrigen ist auch die Variante *esc* (fürs Keltische) als Sumpfwort bezeugt, vgl. die Sümpfe *Esque*/Frkr. und *Escaich*/Schottland! Zu *Eschphe* vgl. die Synonyma *Viscphe, Disphe, D(a)utphe* usw. **Eschbach**/Taunus (nebst Eschborn) hieß 897 *Ascabach (Ascobrun).*

Eschede a. d. Ascha hat vom Bach seinen Namen. Siehe unter Aschaff!

Eschenz siehe Aschaff!

Escher b. Rinteln beruht auf *Ascari* „Sumpfort" (so urkdl. auch Aschara b. Gotha), analog zu den Sinnverwandten **Gescher** b. Coesfeld, **Icker** (1090 *Ikari*) b. Osnabrück, *Dudari, Vanari* usw. Ein Bach *Escra* b. Merville.

Eschmar (*Asc-meri*) b. Siegburg entspricht dortigem Lohmar (lok, lo „Sumpf"), also = „Sumpfsee oder -tümpel". Zu *asc* siehe Aschaff! Vgl. Aschmer a. Hase!

Eschwege a. Werra (urkdl. *-wâc*, d. i. stagnierendes Wasser, Tümpel!) hat mit Eschen schwerlich etwas zu tun; zu *asc, esc* siehe Aschaff und Esch!

Eslohe b. Meschede (a. d. Wenne) hieß *Es-leve:* nach der dortigen *Ese-beke,* dem heutigen Esselbach. Vgl. auch Esbeck b. Lippstadt!

Espe, Zufluß der Fulda nö. Kassel (mit Ort **Esphe**), auch Bach b. Medebach/Brilon, sowie die **Eispe** Kr. Mörs und *Eysepe* 1304 b. Hattingen/ Ruhr gehören zu den uralten Bachnamen auf *-apa* „Wasser, Bach": zu *Es-epe* vgl. auch *Asepe; es* (wie *as)* meint Sumpf- oder Schmutzwasser. Zum westf. *ei* statt e vgl. Eilpe neben Elpe und Geilpe neben Gelpe, — auch Eiden für Edene. Ein **Ese-mal** in Brab., ein **Ees-veen** in Drente.

Espeler/Lux./Eifel entspricht Weweler, Andler, Oudler ebd. Siehe Esperde!

Esperde b. Hameln a. Weser, am Fuße des Bergwaldes Ith (*I-ath,* zum Wasserwort *i)* hieß urspr. angeblich Vesperde: siehe dies!

Esperke nahe der Leine entspricht **Ditterke**/Leine, Lechterke, Elverike, Emmerke (Ambriki) usw., lauter Sinnverwandten, zu uralten Wasserwörtern. Vgl. auch die Espol(da) b. Northeim. Zu *as-p* siehe Aspenstedt, Aspewiesen usw. Vgl. auch Esperstedt im Unstrut-Tal w. Artern sowie Querfurt (wie Liederstedt ebd.).

Espol b. Northeim ist der Name des dortigen Baches *Espolda,* schon an der Form als prähistor.-vorgerm. erkennbar.

Essel im Aller-Leine-Winkel meint *Es-lo* bzw. *As-lo:* „Ort am Moorwasser". Siehe Espe! Auch östl. Bremervörde liegt ein Moor-Ort **Essel.**

Essen a. d. Hase i. O. hieß 968 *Assini,* so daß auch **Essen** am Süntel (1068 *Essene*) und die **Esse** (*Essene*), Zufluß der Diemel/Waldeck, eine prähistorische *Assina* darstellen. Vgl. auch Essen westl. Hoya und das Essener Bruch (!) b. Wittlage/Hunte. **Essen** a. d. Ruhr (+ Berne) dagegen ist verkürzt aus *Essende* und dies umgelautet aus *Assenede* (so auch in Flandern), d. i. *Asn-idi,* Kollektivbildung zum Bachnamen *Asna* (Spanien, Westf.: daher ON. Assen i. W. und in Drente).

Essenheim südwestl. Mainz wird verständlich im Rahmen der zugehörigen Sinnverwandten Buden-, Dauten-, Mauchen-, Metten-, Nacken-, Undenheim im selben Raume! Genau so entspricht **Essenbach** am sumpfigen Isarufer nö. Landshut den benachbarten Wattenbach und Röhrenbach: *es(s)* bzw. *as(s)* meint wie *wad (wat)* und *ror* „sumpfiges, schilfiges Wasser".

Essern am „Großen Moor" von Uchte nö. Minden entspricht Levern, Hemmern, Hävern im selben Raume, alle auf Moorwasser bezüglich.

Essig ö. Euskirchen (in altkeltischem Siedelraum!) kann nur auf kelt. *Assiacum* zurückgehen, wie Billig (ebda) auf *Biliacum,* Kettig auf *Catiacum,* Bruttig a. Mosel auf *Brutiacum,* lauter Sinnverwandte; denn *ass, bil, cat, brut* sind Wörter für sumpfiges, schmutziges Wasser. Vgl. mehrere Bäche *Assia* in Frkr. Zu *as(s)* siehe Asbach!

Essingen b. Aalen a. Kocher deutet auf ursprüngliches *Assing*i (wie Essig auf Assiacum), zu *ass (ess)* „Schmutzwasser", analog zu Elchingen, Röttingen, Schechingen im selben Raume! Ein Essingen auch b. Landau/Pfalz (wie Vinningen, Leiningen usw. ebenda) und in Luxbg (a. d. Alzette).

Essleben südl. Schweinfurt meint nichts anderes als Ettleben a. Werrn ebd. Es entspricht somit Eisleben *(Is-levo)* usw., lauter Ableitungen von Wasserbegriffen.

Esslingen am Neckar (u. ö.), auch b. Bitburg/Eifel, stellt sich zu Dettlingen, Ettlingen, Möttlingen, Mörslingen, Tuttlingen, Reutlingen, lauter Ableitungen von Wasser-, Moor- und Sumpfbezeichnungen! Zu *ess* siehe Essingen!

Essweiler/Pfalz meint nichts anderes als die meisten ON. auf -weiler (roman. -wilare „Weiler, Dorf"), wie Rieschweiler, Maßweiler, Kollweiler, Aßweiler, Erfweiler usw. Siehe Essingen, Esslingen u. ä.

Este, ein Moorfluß, an dem Buxtehude liegt, mit dem Wörterbuch nicht deutbar, gehört wie die benachbarte **Oste,** die gleichfalls viele Moore bildet und durch Marschland zur Elbmündung fließt, zu den ältesten prähistor. Flußnamen der Elb- und Wesergegend wie die Beste (Bestene), die Bille (urspr. Bilene), die Fuse (Fusene), Erse (Arsene), Siede (Sidene) usw., dürfte also urspr. *Estene* gelautet haben (und die Oste: *Ostene). est, ost* sind idg. Sumpf- oder Moorwörter (wie *ast, ist, ust!).* Ein Sumpf *Estia palus* bezeugt in Germanien Mela III 3, und an d. Illerquelle wohnten die *Estiones,* vergleichbar den *Curiones* am Thür. Wald (zu kur „Sumpf"), den *Aviones, Kvenones* usw.

ON. wie **Estern** westl. Coesfeld, Estermann i. W. (1170 *Esterne*), Ester b. Ahlen i. W., Esterwegen und Estringen a. Ems und der **Esterwald** b. Arnsberg/Ruhr haben neben sich A-Formen (**Astern-beke** usw., siehe unter Astbrock!). Umlaut liegt vor bei **E(i)sten** *(Astine)* am Hümmling.

Etsch (Alpenfluß, mit Bozen, Meran, Verona) hieß prähistor. *Atesis* (vgl. die Flüsse *Veresis* und *Bedesis): at, wer, bed* sind Synonyma für Wasser! Siehe Attendorn!

Ette siehe Ettenbach!

Etteln südl. Paderborn (an e. Zufluß der Alme) ist Variante zu dem benachbarten **Atteln;** zum Wasserwort *at* siehe Attendorn! Zu Atteln, Etteln vgl. als sinnverwandt Affeln, Effeln, desgl. Datteln u. ä.

Ettelbrück a. d. Alzette/Luxbg wie Etteldorf a. Kyll/Eifel und Ettelscheid b. Schleiden enthalten das Wasserwort *at, et* wie die **Ette,** Etteln usw. Ebenso **Etscheid** ö. Honnef (wie Hül-, Leu-, Lor-, Seel-, Wahlscheid ebda). Eine **Ette** fließt zur Jagst/Württ. (b. Mulfingen), dort Ettenhausen.

Ettenbach (Name mehrerer Bäche in Württ. und Baden: so zu Starzel, zur Glatt und zur Elz) wie die **Ette** (zur Jagst) enthalten das alte Wasserwort *ed (et).* So werden verständlich Ettenhausen a. d. Ette, **Ettenheim** am Ettenbach südl. Lahr (nebst Ettenweiler) und die **Ettenberge** in Württ., Baden, Schweiz! Auch der Ettenbuch b. Freudenstadt. Ein Ettengraben (mit Flur Ettenberg) b. Baltersweil/Klettgau.

Ettersbach (Bäche in Baden: z. Gutach u. z. Murg, mit d. Etterswald) siehe Ettenbach!

Ettleben a. d. Werrn b. Schweinfurt gehört zusammen mit Eßleben und Zeuzleben ebenda. Zu *et* siehe Ette, Ettenbach! Vgl. auch in England: *Etewelle, Et-hale, Etingehale, Etington!*

Ettlenschieß nö. Ulm (an der „Europ. Wasserscheide") — dort röm. Kastell am Limes — entspricht Bittelschieß/Sigmaringen (alt *Butil-,* zum Sumpfwort *but).* Beide meinen „sumpfiger Winkel"! Siehe dazu Ette, Ettenbach!

Ettlingen südl. Karlsruhe (am alten Ostrhein, mit Bruchhausen!) entspricht Dettlingen, Möttlingen, Tuttlingen usw. (788 *Ediningon*): alle auf Wasser, Moder, Sumpf Bezug nehmend. Ebenso **Ettingen** b. Lörrach (auch Elsaß u. Lothr.).

Etzleben a. d. Helbe/ Unstrut (am Fuß der Schmücke) ist vergleichbar mit Wetzleben (urkdl. Widisleben), Kutzleben usw., alle auf Wasser und Sumpf bezüglich.

Eubigheim a. d. Seckach siehe Bietigheim! Im selben Raume (zwischen Tauber und Jagst) entsprechen Dittigheim, Böttigheim, Gissigheim, Uissigheim, lauter Ableitungen von Gewässernamen! Eubigheim hieß *Ubinc-heim.*

Euel und **Eueln** a. Wiehl/Agger (nebst Euelbach) nö. Waldbröl meinen wie **Auel** (Taunus, Rhld) „Sumpfort".

Euerbach und **Euerheim** a. Main b. Schweinfurt sind diphthongiert aus *Ur-bach, Ur-heim,* enthalten also das idg. Wasser- und Sumpfwort *ur*! Vgl. Auerbach! Ebenso Euerdorf, Euerfeld, Euerhausen b. Kissingen/Würzburg, **Euerwang** (Altmühl), Euernbach b. Scheyern.

Euren b. Trier a. Mosel (urkdl. *Ura*) ist derselbe vorgerm. Gewässername wie die *Ura:* Our in Luxemburg. Schon Plinius kennt *ur (Urium)* für „sumpfiges, schmutziges Wasser". Vgl. auch Euerbach, Auerbach, **Aura** *(Ur-aha)* usw.

Euskirchen a. d. Erft, ein Zentrum vorgermanisch-keltischer Siedlungen (auch die Erft ist eingedeutscht aus *Arn-afa),* urkdl. *Aues-, Eues-Kirchen,* bisher ganz unmethodisch für einen Schafstall gehalten (wegen ahd. awist, mhd. oist), kann nach aller Erfahrung nur ein Wasserwort enthalten! Es steckt auch im N. des Nachbarortes **Euenheim,** der wieder dem benachbarten Kuchenheim entspricht (denn dies enthält wie Kuchen in Württ. und die Küche am Edersee den kelt.-brit. Bachnamen *Cuca* „Schmutzwasser"!). Zur Bestätigung vgl. auch das nahe Wißkirchen (zum Bachnamen Wis(s)e, *wis* „Moder")!

Eußenheim a. d. Werrn nö. Würzburg (diphthongiert aus *Ússenheim,* vgl. die keltische *Ússe* zur Mosel!) entspricht Greußenheim (neben Greußen u. Grüsen, zum Bachnamen Gruosna), auch Deutenheim, Dottenheim, Sugenheim, Riedenheim, lauter Sinnverwandte im fränkischen Mainraum.

Eutingen (2 mal in Württ., b. Horb u. b. Pforzheim a. Enz) stellt sich zu Eisingen, Ersingen, Nöttingen, Möttingen, Dettingen, Söllingen, Wössingen, alle auf Wasser, Moder, Sumpf Bezug nehmend. Eutingen deutet auf altes *Útingen,* zum idg. Wasserwort *ud (ut),* vgl. *Utenried,* 1356 (Autenried) wie Ingen-, Mechen-, Tödtenried, wo *ried* „Sumpf" den Wortsinn bestätigt. Ein **Eutendorf** (1091 *Udendorf)* südl. Schw.-Hall, ein **Eutenhausen** dicht bei Mussenhausen/Mindel (mus = Sumpf, Morast!), ein **Eutenhofen** ö. Dietfurt a. Altmühl (wie Detten-, Ummen-, Uttenhofen).

Evern östl. Hannover (vgl. Everloh westl. H.) entspricht Levern, Hävern, Bevern usw., denen alte Wasserbezeichnungen zugrunde liegen. Vgl. *Everne* 1185: Evere in Brabant, auch *Everiche:* Effern b. Köln. **Everloh** meint also feuchtes Gehölz! *Everscote:* Eberschütz a. Diemel: „Sumpfwinkel"! Siehe auch Ebern! Ein **Ever-sael** am Ndrhein. Vgl. *Evirithi!*

Exten b. Rinteln a. Weser liegt an der **Exter,** — ein prähistor. Flußname! Auch **Exter** (im 12. Jh. *Exterde!*) zwischen Rinteln und Herford beruht auf einem Bachnamen, wie das Kollektiv-Suffix -idi, -ede lehrt, analog zu Elverde, Cliverde, Witterde, Vesperde, Stelerede, Helerede, Hemmerde, Halverde, Sumeride, Engerde usw. Ein Externbrock im Kr. Höxter, eine Extermühle in Lippe (in Mühlennamen pflegen älteste Bachnamen fortzuleben!). Damit klärt sich auch der viel mißhandelte Name der „vom Schauer der Vorzeit umrauschten" **Externsteine** am Teutoburger Wald als Felsen am Exterbach. Die phantastische Vorstellung E. Schröders (Dt. Namenkunde 1938, S. 201—204), daß die Germanen auf diesen Felsen heilige Elstern (westfäl. *ēster* gesprochen) gehegt hätten, wird schon dadurch hinfällig, daß auch südl. Bremen eine **Exter** fließt (wo die Elster nicht ekster heißt)! Auch Exterlar in Flandern deutet auf Sumpfwasser! Nur noch des Schmunzelns wert ist J. Grimms schnurriger Einfall: „Ehegestern-Felsen"! Der früheste Beleg ist *Agisterstein* 1093, dann (1130) *Egesterenstein.* **Eexte** (Egeste) in Drente, mit Eexter-veen (wie Gieterveen) deutet auf den Wortsinn „Moor"!

Eyach, 1150 *Yach,* Nbfl. der Enz in Württ. (auch des Neckars, mit ON. Eyach), gehört zu den prähistor. Flußnamen; zum Wasserwort *i* vgl. die *I-afa:* Eifa (zur Schwalm u. zur Lahn), Iborn in Lippe, Ihorst, Iburg i. Westf. und die I-berge ebda, auch den Bergwald Ith (alt *I(g)-ath)* b. Hameln. In Unkenntnis dieses Wasserwortes denkt O. Springer (1930) S. 79 lautwidrig an „Eibenbach", indem er zu ahd. *iwa* eine Nebenform *iha* erfindet! Ähnlich A. Bach § 233 beim I(a)th. Ein **Eyenbach** fließt zur Rotach/Bregenzer Ache, eine **Yach** zur Elz.

Eyb, Nbfl. der Fils b. Geislingen (mit ON. **Eybach**) in Württ. hieß 1362 *Ybach* (der ON. um 1280 *Ywach, Ybach);* hat schwerlich mit der Eibe (mhd. îwe) etwas zu tun, zumal in älterer Zeit Gewässer niemals nach Bäumen benannt wurden! *ib, iv* ist zur Genüge als prähistor. und keltisches Wasserwort bezeugt, vgl. die Yve b. Namur, die Ivica/Schweiz, die Ivisca/Lothr., die Ivenna/Frkr., Ivedo/Spanien, die Iba *(Ib-aha)* b. Rotenburg a. Fulda, *Ibistat:* Eibelstädt usw.

Eydelstedt siehe Eidelstedt!

F

Fabbenstädt b. Alswede nö. Lübbecke i. Westf., mit dem Wörterbuch nicht deutbar, entspricht wie das nahe Isenstedt den zahlreichen Namen auf *-stede* im ndsächs. Raum, die sich durchweg auf Wasser beziehen, sei es Sumpf, Moor, Moder, Schlamm o. dergl.: so *Arken-, Bliden-, Harpen-, Holen-, Malen-, Padenstede. fab* dürfte *bab* „Morast" entsprechen. Einen Volksstamm *Favonae* erwähnt Ptolemäus in Skandinavien. Eine *Fave* fließt zur Breusch im Elsaß. Der Wortsinn wird auch durch *Faventum* (Faenza am Anemo/Oberitalien) bestätigt, entsprechend *Tridentum, Tarentum, Malventum, Alentum, Bulentum, Taventum,* lauter Sinnverwandte! *fab* also wie *tab, tav.* Ein **Vabbinghem** in Holld, analog zu *Fardinchem, Dutinchem* 808.

Fachbach a. Lahn (westl. Bad Ems) siehe Fachingen!

Fach-Berg, ein Waldberg nö. Northeim a. Leine, bestätigt aufs beste, daß *fach* nicht „Fischwehr" meint (siehe unter Fachingen!), sondern „Moder, Morast, Sumpf", entsprechend dem Schleifberg, Süllberg, Schmantberg, Rattberg (am Rattbach), Lusberg, Rohrberg, Röttberg usw.; ebenso der benachbarte Röddenberg und der Gropenberg ebda.

Fachsenfeld nö. Aalen am Kocher meint „Riedfeld", deutlich in Vächsenried/Schwaben. Vgl. *Fachestune* 1121: Faxton und Faxfleet in England: ags. feax, norw. *fak-s* „Riedgras".

Fadach meint in schwäb. Flurnamen „sumpfige, grasbewachsene Stelle" (Buck S. 62). Ein Bach **Fad** in der Schweiz. Deutlich sind *Fade-moor, Fade-leg* in England. Siehe auch *Vadenrod!*

Fachingen: Seit dem Vorgang Jacob Grimms, der den Namen der Werrastadt **Vacha** (an der Mündung der *Uhsina,* j. Öchse, mit prähistor. Burg!) mit mhd. vach „Fischwehr" in Verbindung brachte, hat man aus diesem und ähnlichen **Vach**-Namen eine ganze Geographie des Lachszuges (so E. Schröder 1938, S. 271—285) herauslesen wollen, und in den *Liederbächen* glaubte man sogar den weiblichen Lachs (mhd. lüederîn) (so A. Götze, ZONF 3, 1928, S. 118) entdeckt zu haben.

Wie aber schon die *Fachina* a. 772, die heutige *Fecht* im Elsaß, eindeutig lehrt, ist *fach (vach)* ein Wort für Wasser oder Sumpf, Moder, genau wie *brach* in *Brachina* (: Brechen i. Taunus), mit der prähistor. Endung -ina. Flüsse wurden nämlich niemals nach Errungenschaften menschlicher Technik benannt, also auch nicht nach Fischwehren! Dazu stimmt auch *Fachungen,* seit 1710: **Fachingen** a. d. Lahn, denn -ungen bezieht sich stets auf Gewässer, niemals auf technische Dinge, vgl. Bodungen a. d. Bode, Heldrungen a. d. Heldra, *Urungen:* Auringen. Die topographische Bestätigung liefert der Waldort *„im Vach"* b. Kahl a. M., d. i. „im Sumpf" (genau wie „im Vie", „im Hohn"!) und die Lage von *Vaake* a. d. Weser „in den Schläden", d. h. im Sumpfgelände! Beweisend ist obendrein der erläuternde Zusatz combe „Kuhle, Niederung" in *Vac-combe* (a. 863: Faccancumb, England) analog zu *Hac-combe* (also fak, fach = hak, hach, d. i. Sumpf, Moder, Schmutz). Dazu *Vakenstede:* **Veckenstedt** a. d. Ilse (Harz). Siehe auch Fach-Berg!

Vach(a) a. d. Werra wiederholt sich mit **Vach** a. d. Regnitz und Vach **(Fach)** a. Kocher. Vgl. auch **Fachbach** a. d. Lahn (Bach und Ort), **Vachdorf** a. d. Werra, *Vachheim* um 1100 i. Oberbayern und den **Fachberg** ö. Northeim (= dem Gropenberg und dem Röddenberg ebda). *Fechheim* b. Coburg (a. d. Rodach) hieß 1162 *Vechene,* genau wie die els. **Fecht,** ist also Bachname, umgelautet aus *Fachina!* So werden verständlich **Fechenheim** b. Frkf. a. M. wie Fechenham/Engld., die Fechenmühle bei **Bruchköbel**/Hanau, *Fechenbach* a. M. b. Kitzingen und *Fechingen*/Saar wie **Föching** (a. 817 Fechinga) a. d. Mangfall/Bay. **Fechsen** a. d. Wertach/Allgäu beruht auf *Fachisa,* wie Jüchsen a. d. Jüchse auf Juchisa (juch = Jauche). In Anbetracht des frühen *Fechinga* 817 sei erwähnt, daß auch eine Variante *fek* begegnet, vgl. holld. *veek* „faul, modrig", den Bach *Veken* ebda und das alte *Vecchen-sele* 966 Flandern (wie *Ocken-sele,* wo *ok* gleichfalls Sumpfwort ist).

Fagen a. d. Mangfall (am Tegernsee), also auf vorgerm. Boden, bisher ungedeutet, enthält ein prähistor. Gewässerwort *fag,* das offenbar Variante zu *bag* „Sumpf, Morast, Schlick" ist; der Bachname *Fagana, Vagene* (so hieß Fagen im 10. Jh.) steckt auch in *Vaganesheim* 890 (Württ. Urk. Buch) analog zu Bidenes-, Budenes-, Rudenes-heim und in *Vagineswilare* 854: **Fägschweil** b. Zürich. In Westfalen vgl. das alte *Fegene:* heute Berg-**Feine!** In Italien: *Fagifula:* Faifoli/Samnium und *Fagutal* am Tiber. Der Wandel *b: f* ist bezeugt fürs Oskisch-Umbrisch-Faliskische und fürs Venetische!

Fahl: siehe Vahl-! *fal* (idg. *pal,* vgl. lat. palus) meint „Sumpf". **Fahlbeck** b. Meschede u. ä. siehe Falldorf!

Fahnen: Am Fahnen (1250 Vane), Flurname i. Westf., wird deutlich durch Fahnenbrok, Fahnenholt, d. i. „sumpfiges, mooriges Gehölz", zu germ.-got. *fani* „Schmutz, Kot" (idg. *pan-* „Sumpf"), ahd. *fenni* „Sumpf", ndl. *veen* „Moor, Venn". Daher auch *Van-redere* = *Honredere* (denn *hon* meint Moder, Moor). Vgl. auch *Vanevelt, Vanebach* (Fambach/Werra), und *Vanari:* **Fahner**/Thür.

Fahner (Groß-Fahner, zw. Gotha u. der Unstrut, an e. Bachquelle), urkdl. *Fanari,* entspricht *Cornari:* Körner a. Notter ö. Mühlh./Unstrut, *Furari:* Furra a. Wipper b. Sondersh., *Arnari:* Örner a. Wipper b. Mansfeld, lauter Ableitungen von Sumpf- und Moorgewässern! Siehe Fahnen!

Fahrenbach nö. Neckar-Elz entspricht dem sinnverwandten Reisenbach nördlich davon. Fahrenbäche fließen auch in Thür., Bayern, Baden. *far,* dem Wörterbuch unbekannt, ist (wie *fer, fir, for, fur!)* ein verklungenes prähistor. Wort für „Sumpf, Moor, Moder", deutlich im Flurnamen Im **Fahre** b. Versmold und **Vahre** b. Melsungen, bestätigt durch **Fahrenseifen**/Siegkreis, Fahrenscheid/Wupper, Farnschlade/Siegkr., in England durch *Far-wath, -worth, -ford, -ley, -well!* Ebenso eindeutig sind *Variti: Verete:* **Fehrte** i. Westf., *Farlar* b. Coesfeld, die Moororte **Varl** (wie Verl) und **Varloh** (wie Verloh) b. Meppen, **Varwick** b. Bramsche, der **Varbach** (Zufluß der Hase), die *Varenbeke:* **Farmke** in Lippe (mit Farmbeck), *Farhuvel* 890: Farnhövel i. W., *Varenbracht:* Fehrenbracht b. Meschede, *Varendonk*/Flandern (wie Corsendonk, cors „Sumpf"), *Varen-seten* b. Iburg (wie Harenseten (auch har meint „Moor"). Daß weder die „Fähre" noch das „Farnkraut" gemeint sind, lehren auch **Farnstedt** a. d. Farre b. Querfurt und *Farnoth*/Flandern (analog zu Hornut, Rosuth, Spiloth, Voluth, Waluth usw., die alle auf Sumpf und Schmutz Bezug nehmen! Ein **Farnbach** fließt b. Meiningen z. Werra. Eindeutig ist auch das bloße *Varne:* Varen/Schweiz.

Falken a. Werra verrät sich durch die urkdl. Form *Falkanaha* als alter Bachname *Falkana,* vgl. auch *Alkana:* Alken, *Delkana:* die Dalke, *Orkana:* die Orke usw., lauter sumpfige oder schmutzige Bäche. Ein *Falchenbach* fließt in Württ. Die *Falchovarii* saßen in Westfalen!

Falldorf (*Falathorp*) b. Syke südl. Bremen (wie die Synonyma *Ala-, Hala-, Wala-thorp!)* enthält das Sumpfwort *fal,* das auch in Fallingbostel steckt, wo eine *Falebeke* floß! Eine *Falaha* floß 793 zur Kinzig. Vgl. auch das eindeutige *Valebrok:* Vahlbruch südl. Pyrmont u. *Valede:* Vahlde, Vahle; dazu Val-kreek (!) am Val/Holland, *Valepe:* Velpe a. d. Velpe (Belgien, Westf.), *Valenden* 1285 i. W. (wie Holenden, hol „Moor"!), *Valehusen:* Vahlsen b. Minden (wie Balehusen: Bahlsen und Alehusen: Ahlsen!). Ein *Fahlheim* lag (im 8: Jh.) b. Limburg, ein *Falaha-Gau* a. d. Zusam b. Augsburg, vgl. Ost- und West**falen**! In England vgl. *Fale-mere* „Sumpfsee" und Falmouth am Fale!

Fallersleben ist zu beurteilen wie Aders-, Baders-, Gaters-, Guders-, Heders-, Germers-, Wallersleben, alle mit sekundärem -r-, — durchweg Ableitungen von Wasser-, Moder-, Sumpfwörtern! Zu *fal* siehe Falldorf!

Fallingbostel a. d. Böhme (der prähistor. *Bomene*), bekannt durch Steingräber der Vorzeit im Naturschutzgebiet der Heide, ist benannt nach einem Gewässer *Falebeke (fal* meint „Sumpfwasser"). Zur Bestätigung vgl. das gleichgebildete *Fallingsiek* b. Lage/Lippe. Die Zwischensilbe -ing- ist also sekundär! Vgl. dazu Lenn-ing-hoven a. d. Lenne!

Falm — siehe Valme!

Falscheid/Saar entspricht Merscheid, Huscheid usw.: siehe Falldorf!

Faltenbach (Zufluß des Öschenbachs b. Tübingen) enthält dasselbe Sumpfwort *falt (fal)* wie *Falt-sale* (9. Jh. a. Leie) u. *Falt silva:* Faulx b. Nancy!

Fambach *(Vanebach)* westl. Schmalkalden, a. d. Werra, wo der Fambach mündet, mit dem Famberg ebda, siehe Fahnen! Zur Assimilation *nb: mb* vgl. *Wanebach:* **Wambach,** *Banebach:* **Bambach,** *Manebach:* **Mambach.**

Fankel a. Mosel b. Cochem ist zu beurteilen wie **Kordel,** Meckel, Lasel, Erpel, Unkel, lauter prähistor. Namen von vorgerm. Gewässern (vgl. bretonisch *fank* „Sumpf, Moor").

Farmke, Farmbeck siehe Fahrenbach!

Farmsen ö. Hamburg a. d. Wandse (urkdl. *Vermerssen*) liegt zw. Hellbrook und Lehmbrook, womit seine einst sumpfige Lage angedeutet ist: Zum Moorwort *fer (ver)* — ein Veer-Moor bei Hamburg! — vgl. unter Fehrbach! Ein Farmsen auch b. Hildesheim, ein Farmsum (mit Marsum! mars = Sumpf) a. d. Emsmündung.

Farnbach, -schlade, -stedt siehe Fahrenbach!

Farsleben nö. Magdeburg ist verschliffen aus *Fardesleben* (so urkdl.) wie Schnarsleben aus *Snardesleben. fard, snard* sind verklungene Wörter für Wasser und Sumpf, vgl. *Fardiun:* Verden a. Aller und *Ferdessen:* Varssen. *fard* dürfte idg. *pard* (mit Anlautverschiebung) entsprechen, vgl. griech. pardakos „feucht". In Holld: *Fardinc-, Ferdic-heim* (wie Dutinchem 808: dut „Sumpf, Schilf").

Farwick siehe Fahrenbach! **Fasbach,** Fassen (-bracht) siehe Vas-!

Fauerbach/Wetterau beruht auf urkdl. *Vurbach* „Moderbach" (wie auch Feuerbach b. Büdingen). Siehe auch Fu(h)rbach!

Faulungen a. d. Frieda/Werra meint Ort am Faulwasser; im selben Raum entsprechen Holungen und Rüstungen (zu hol „Moor, Moder" bzw. rust „Schilfwasser") Vgl. dazu E. Schröder S. 303.

Faurndau a. d. Fils/Württ. hieß *Furent-oue,* d. i. „Wasseraue", „Moderaue" (zu *fur* „Moder, Moor" siehe Furra!); ähnlich Holledau (bayr. Landschaft): urkdl. *Hallert-au,* nach einem Sumpfwald Hall-hart (Hall silva). Auch *vil* meint Sumpf!

Fautenbach südl. Bühl/Baden hieß um 1200/1300 *Vulten-, Voltenbach* (ein Fultenbach auch b. Dillingen); vgl. *Multenbach! vult, volt* begegnet in *Vult-lo:* **Voltlage** beim Vinter Moor westl. Bramsche (analog zu Setlage, Hollage (Hon-lo) u. ä. ebda), kann also nur „Moor, Moder" meinen, wie das einfache *vul, vol:* vgl. Moorort Völlen, Voluth (wie Rosuth, usw.) u. v. a. Zu *ful* vgl. *fal: falt!* Zu *Voltessen* vgl. Pumessen, Flegessen, Ferdessen, Haddessen, Satessen. *Auf den Volten,* Flur in Lippe.

Fechenbach am Main nö. Miltenberg (um 1250 Vechimbach) siehe Fachingen!

Fechenheim - Frankfurt (am Main) hieß schon 882 *Vechinheim,* nach einem Bache *Fechen,* der (heute Krebsbach genannt) auch im Namen der dortigen Fechenmühle (br. Bruchköbel!) fortlebt: denn die Mühlennamen enthalten oft uralte verschwundene Bachnamen! **Fechheim** b. Coburg hieß 1162 *Vechena,* wie Wehrheim/Nassau: *Wirena!* (*wir* „Sumpf"). Zu *fach, fech* siehe Fachingen!

Fechsen a. Wertach/Allgäu siehe Fachingen!

Fecht, Nbfl. der Ill/Ob.-Elsaß, um 800 *Fachina,* später *Fechene, Feche,* siehe Fachingen!

Fecking (Mitter-, Peter-, Af-fecking) b. Kelheim a. Donau enthält den Namen des dortigen Baches (zu *fek, fech* „Moder, Moor" siehe Fachingen!). Zur Bestätigung des Wortsinnes vgl. die sinnverwandten Namen Marching, Matting, Eining, Gögging, Reißing, Sinzing im selben Raume! Dazu **Feckenhausen** b. Rottweil.

Federath/Siegkr. entspricht Möderath, Elverath, Kolverath: siehe Federsee! *mod, alb (elv), colv* sind prähistor. Wörter für Moder u. Sumpf, desgl. *fed!*

Federbach siehe Federsee! (2 Federbäche in Württ.: z. Lein/Kocher u. z. Lindach b. Weilheim; einer b. Karlsruhe).

Federsee, ein großer Sumpfsee zwischen der Donau und Biberach/Württ., und die **Federbäche** in Württ. und Baden, gleichfalls durchaus sumpfig, enthalten ein verklungenes Wort für Sumpf (wie schon Buck 1880 richtig erkannt hat). Es steckt auch in *Federich:* **Födelich** b. Trier und in **Federath**/Siegkr., also durchweg auf vorgerm. Boden! *Federich* entspricht *Bederich, Mederich* und *Federath* entspricht *Möderath, Elverath, Kolverath,* lauter Sinnverwandte für Sumpf, Moor, Moder; der Wortsinn von *fed, fedr* ist also topographisch wie auch morphologisch gesichert! Auch *Federwert*/Feerwerd/Holland und der Gau *Federit* 8. J. b. Emden stimmen dazu. Und die aus dem Federsee kommende **Kanzach** (alt *Cant-aha*), Zufluß der Donau, enthält gleichfalls ein (vorgerm.) Sumpfwort, nämlich *cant,* das vielfach auf kelto-ligur. Boden begegnet.

Fegersbach (1499 Vegersbach), Zufluß der Wolfach/Südbaden, enthält zweifellos ein vorgerm. Wasserwort, vgl. **Fegersheim** im Elsaß: b. Ergersheim a. Ergers, das zum Ergersbach Baden gehört, — ein gleichfalls vorgerm. Name: entstellt aus Argenz: Argantia! Das führt auf eine alte *Fagenz: Fagantia*, siehe unter Fagen! Nach Analogie des Albersbaches/Hessen, der 805 *Albenesbach* hieß, kann aber auch *Fegenesbach* zugrunde liegen, also vorgerm. *Fagina*. Vgl. auch den Argersbach (z. Kocher), den Steigersbach (z. Kocher), den Quidersbach/Baden, den Solersbach/Rhens, lauter Moder-, Sumpfbäche. Siehe Fagen!

Fehlbach, Fehlheim b. Bensheim siehe Felbecke/Westf.

Fehrbach/Pfalz, **Fehrenbach** (b. Meiningen und mehrfach) werden verständlich durch **Fehrenbruch** b. Bremen und das **Fehrenmoor** i. O. (ein Veer-moor auch b. Hamburg): *fer (ver)* ist ein (dem Wörterbuch unbekanntes, weil verklungenes) uraltes Wort für Moor, Sumpf. Es wird erwiesen auch durch *Ver-lo:* **Verl** i. W., wo *lo* = sumpfige Stelle, **Verlar** ö. Lippstadt (wie Herlar, wo *her* = Moor), das *Ver-sol:* Versahl b. Melle (*sol* = Suhle, Morast), Ver-vliet/Holland. Ein **Fehra** liegt an d. Unstrut. Dentalsuffix zeigt **Vehrte** b. Osnabrück (*Fariti: Ferete*). Vgl. Fahrenbach!

Feilbexten Kr. Lingen/Ems hieß 890 *Falbeki* „Sumpfbach" (+-seten).

Feine b. Syke nebst Bergfeine (*Fegene*) i. W. siehe Fagen!

Felbecke ö. Elspe/Sauerland entspricht Melbecke ebda b. Elspe, denn *fel* (als Variante zu *fil, fal, fol, ful)* meint Sumpf-, Moor-, Moderwasser wie *mel* (als Variante zu *mil, mal, mol, mul)* „Moor, Moder", auch „Schlamm". Siehe auch *Falebeke* unter Falldorf! Desgl. unter Velpe! Wie Felbecke so auch Selbeck *(Selebeke)*, d. i. „Sumpfbach"! Dazu auch Velscheid nebenSelscheid u. Belscheid. Deutlich ist*Velink-siek!*

Felchta vor Mühlhausen/Thür. (im 8. Jh. *Felchide*) ist altes Kollektiv auf *-idi, -ede*, enthält mithin ein Wasserwort entsprechend **Ifta** *(Ipede)* im benachbarten Werra-Raum (vgl. die Ipf!), wo auch Scherbda, Renda, Röhrda: *Scarbidi, Renidi, Roridi*, lauter Sinnverwandte! Zu *felch* (idg. bhelk, bzw. bhalk „feucht, sumpfig") vgl. den Fischnamen Felchen (Bodensee, Kochelsee) bzw. Belchen! Bei *Felchide* dürfte Umlaut aus *Falchidi* vorliegen (zu *falch* „Moder",) anderseits dringt der i-Umlaut sonst erst im 9./10. Jh. mehr durch. Vgl. die *Falchovarii* i. Westf.

Felda, Zufluß der Werra ö. Vacha, 786 *Feldaha* (vgl. auch Felda in der Schwalm), ist viel zu alt, als daß Beziehung zu deutsch „Feld" vorliegen könnte; sie entspricht der ebenso prähistorischen **Fulda**: *feld, fuld* sind Erweiterungen zu *fel, ful* im Sinne von Sumpf- oder Moderwasser;

vgl. dasselbe Nebeneinander von *mel: meld - mul: muld* (die Mulde, zu mul „Schlamm"). Siehe auch *Veldenz, Velderike, Veldeke!*

Fellbach/Württ. siehe Felbecke! Vgl. auch **Fellen** am Fellbach bei Gemünden a. Main.

Fellerich b. Saarburg entspricht **Sellerich** b. Prüm/Eifel, denn *fel* und *sel* meinen „Sumpf". Vgl. auch **Felleringen** w. Gebweiler/Vogesen sowie **Fell** a. Mosel, *Vellestal* 1200 b. Andernach (wie *Duristal).*

Felsen b. Meppen/Ems und **Velsen** b. Warendorf (Moor der Ems) entspricht **Velzen** in Holland: am Bache „fluvius *Velisena!*" (so a. 719/739), wo auch ein *Velsere-mere* und *Velserbruch!* Ein prähistor. N: wie *Alisna*/ Frkr. *(vel, al* = Sumpf!). Ein *Felsica* (Velsique) b. Gent. **Felsberg** a. Eder ö. Fritzlar hieß um 1100 *Filisberg, Vilsberg,* enthält also *fil* „Moder, Moor", wie die *Filisa:* Fils.

Fembach, Zufluß der Diemel, ist assimiliert aus Fen-bach „Sumpfbach" (zu got. *fani,* ahd. *fenni,* vgl. ndl. *veen* „Sumpf, Moor"). Vgl. auch den **Fimbach,** Zufluß der Sinn, und den **Fambach** (*Fanebach*) w. Schmalkalden.

Fenges (das F.) und der Fenges-graben b. Schmalkalden enthalten *fan, fen* „Moor".

Fenne (Langen-, Mittel- u. Rittefenne) b. Gudensberg südl. Kassel, urkdl. *Vennehe* meint „Moor- oder Sumpfort". Vgl. unter Fembach! Eine Fennwiese b. Heubach/Südrhön.

Ferndorf, Zufluß der Sieg nö. Siegen, ist entstellt und umgedeutet aus *Verentraph* 1067, *-tref* 1304 (vgl. die Bentreff, Notreff, Antreff!), ist also einer der vielen prähistor. Bachnamen auf *-apa* im Sieg-, Lahn-, Eder-Raume, die fast alle aus vorgerm. Zeit stammen und Wörter für Sumpf, Moor, Moder, Schlamm u. dergl. enthalten. Die Ferndorf entspricht der Preisdorf (1147 *Briesdorf, d. i. Bristrafa),* der Öhndorf (zur Sieg), der Asdorf b. Ndr.-Fischbach (d. i. *Astr-afa).* Eine *Farnthrapa* 837 i. W.

Ferschweiler/Eifel (nö. Echternach) wird deutlich durch *Verschvliet* (um 1200) in Holland: *versch* (vgl. mersch) meint wie *ver* „Moor, Sumpf". Entstellt in **Fröschweiler**/Elsaß und **Furschweiler**/Saar.

Fessenbach, Zufluß der Kinzig b. Offenburg/Baden, und **Fessenheim** b. Nördlingen u. im Ober-Elsaß (Rhein-Ebene), auch der **Fessbach,** Zufluß der Kupfer (z. Kocher), deuten schon geogr. auf vorgerm. Herkunft (Fessenheim entspricht denn auch O(h)nen-, Linken-, Grußen-, Elsenheim im oberrhein. Elsaß, so daß *fes(s)* Synonym für modriges, sumpfiges Wasser sein muß; diesen Wortsinn bestätigt aufs beste **Veßra** (Veßer) a. d. V. Suhl/Thür, entsprechend dem synonymen Süßra/Thür., beides vorgerm. Bachnamen; ebenso **Veßlage** und Veß i. W.

Fetzenbach (1267 Vetzbach), Bach u. Ort im Südschwarzwald (z. Wehra) meint Sumpf- oder Riedbach, deutlich in Fetzenmoos, Fetzengraben, Fetzach, Fetzi, Fetzle-Acker, auch Fötzach, in der Fötzli (1576), alle in Württ., wo heute Fetze, Fötze „Sumpfrasen". Vgl. *Betzenbach!*

Feuchtwangen (zw. Altmühl u. Wörnitz) entspricht Binzwangen, Ellwangen, Mochenwangen, alle auf feuchte Wiesenhänge oder -felder bezüglich; *feucht* (alt *fiucht, fucht*) meint urspr. „Moder" (siehe Grimms Dt. Wörterbuch). Vgl. auch **Füchtorf** ö. Münster, Füchtenfeld (Moorort) w. Lingen/Emsland, **Vüchtel** *(Vucht-lo),* alte Wasserburg b. Oythe, *Vuchtesele* (wie Dude-, Germe-, Sweve-sele) in Flandern/Brabant. Ein **Fuchtbach** fließt zur Nagold/Baden.

Feudenheim b. Mannheim klärt sich im Rahmen d. sinnverwandten Assen-, Mecken-, Munden-, Wachen-, Winenheim ebenda im rheinpfälzischen Raume. Dazu auch **Feudingen** a. Lahn w. Laasphe (in ältestem Siedelgebiet!). *fud* ist ein uraltes Wort für „Sumpf"; es lebt noch in schwäb. *Pfude (Pfaude).* Vgl. Buck, Obd. Flurnamenbuch, S. 74, 62. Germ. *fud* (vgl. alem. *vüdeli)* entspricht idg. *pud,* zur Wurzel *pu* „faulen, modern, stinken". Ein Berg „die **Faude**" im Ober-Elsaß.

Feuerbach b. Stuttgart (im Mittelalter von 1200 bis ca. 1500 *Fur-, Fürbach*) wie der Feuerbach (nebst Ort) westl. Lörrach (urkdl. *Fur-, Fürbach*) enthalten ein (dem Wörterbuch unbekanntes!) uraltes Wort für Moor, Moder: in Hessen lautet der Name **Fauerbach** (b. Butzbach, b. Nidda usw.), im Eichsfeld, Harz usw.: **Fu(h)rbach** (*Fur-beke*: Vorbeck u. ä.); ein Furbach fließt auch zur prähistor. Arsene: Ahse b. Welver/Lippe. Vgl. auch *Fura* 1140 (Voer in Belgien) nebst *Vurna:* Veurne (mit dem Torfmoor *Vuer-mere lacus!*). Siehe auch unter Furra! Ein **Feuerscheid** liegt b. Prüm. **Feuersbrunn** (Ndr.-Ö.) hieß *Fussesbrunnen* (zu fuss „Sumpf"), — bekannt aus der mhd. Dichtung durch Konrad v. F. um 1200.

Feyen b. Trier, am Ufer der Mosel, hieß *Viana,* — ein vorgerm. Bachname!

Filder, fruchtbare Landschaft b. Stuttgart, bisher fälschlich „auf den Feldern" gedeutet, enthält ein verklungenes Moorwort *fild* (= fil), vgl. *feld, fuld* (= fel, ful). Der **Filderbach** in Baden (z. Rench) mit dem Filderhardt bestätigt es! Desgl. **Fildenmoos** b. Ravensburg wie Anken-, Siren-, Tettenmoos!

Filsch südl. Trier beruht auf *Fil-isca* (mit undt. Suffix!) wie Irsch ebda auf *Ivisca.* Zu *fil* siehe Fils!

Fils, Nbfl. des Neckars (mündend b. Plochingen), urkdl. *Filusa, Filisa,* **verrät** sich schon durch das s-Suffix als prähistor.-vorgermanisch; zugrunde liegt das Moder- und Sumpfwort *fil.* Auch in Nieder-Bayern fließt eine **Vils,**

bei Vilshofen in die Donau mündend. Zu **Filsum** ö. Leer (*Files-heim*) vgl. Sorsum (Soresheim), Wilsum (Wilesheim, lauter Synonyma, Morsum (Moresheim). Wilsum **Filte** südl. Hagen (a. d. Ennepe) zeigt Dentalsuffix *(Filete)* wie Külte *(Kul-ete)* a. Twiste/Waldeck (zu kul „Moder"), Valthe/Ems *(Vol-ete,* zu vol „Moorr, Moder") u. ä. Weiteres siehe unter Vil-! **Filke**/Röhn zeigt k-Suffix wie die Selke/Harz.

Filzingen a. Iller enthält mhd. *vilz* „Moor" wie Filzmoos/Ö. und der Filtz/Wolfhagen.

Finne, bewaldeter Höhenzug an der Unstrut, meint wie die benachbarte Schmücke „feuchter, modriger Wald". Vgl. die synonyme Schlicke b. Füssen-Allgäu. Mhd. *vinne* „fauler Geruch". Deutlich ist Finnsbruch b. Höxter (urkdl. Vynbrok). Dazu gehören auch **Finna** nö. Bremen, *Finola:* die Fehne i. O., Finn(ing)horst (mit sekundärem -ing- wie Ebbinghaus, Tellingmer, Lenninghoven a. Lenne!), **Finnentrop** a. Lenne, Finningen b. Ulm, **Vinn** b. Mörs, *Vinne(de)* b. Schötmar i. W., **Vinnum** (Vinhem) i. W. (wie Ankum, Dutum, Lutum usw.), der *Vining* (Wald b. Lüneburg), auch *Finenheim* (8. Jh.) b. Ladenburg/Neckar. In England vgl. zu *fyne* „Schmutz": *Fine-mere, -stede, Fyne-heys* „Modergehölz". Vgl. auch Fintel a. d. Fintau (am Wümme-Moor): wie Rintel und Lintel (Lint-lo, Rint-lo); *fint, rint, lint* sind Sinnverwandte! Ein **Finnenbach** b/Salzuflen, ein **Finnen-Berg** b/Hameln, ein **Finnen-Kopf** b/Pöhlde.

Firrel ö. Leer, in Moorlandschaft, beruht auf urspr. *Fir-la* (la = lo „sumpfige Niederung"!) wie weiter südlich **Scharrel** im Ostermoor auf *Scor-la* und **Varrel** (Hadeln auf Vor-la: fir, scor, vor gehören zu den prähistor. (der Forschung noch immer nicht geläufigen!) Bezeichnungen für „Sumpf, Moor, Moder". So werden verständlich auch das *Fire-mere* in Holland, der **Vierenbach** b. Lüneburg, der **Vierbach** b. Sontra, *Virbracht* i. W., nicht zuletzt **Viermünden** a. Eder (urkdl. *Vir-mine, Fiormenni,* mit Anlehnung an das Zahlwort „vier") — analog zu *Rotmenni* (die Rottmünde), *Drotmenni* (Dortmund), *Hadumenni* (Hedemünden) a. Werra, *Dulmenni* (Dülmen), lauter Sinnverwandte! Ebenso beweiskräftig ist *Virworth* in England analog zu Bag-, Lap-, Sel-worth, alle auf Sumpf und Moder Bezug nehmend! **Firlbach** südl. Straubing a. Donau meint wie **Irlbach** ebda „Moorbach". *Vir-sela*/Fld. wie *Vor-, Mor-sela!*

Fischa siehe Fischeln!

Fischeln (urkdl. *Viscala*) b. Krefeld wie **Vischel** b. Ahrweiler, also auf linksrheinisch-vorgerm. Boden, wo auch das deutlich vorgerm. **Fischenich** begegnet, haben mit „Fisch" natürlich nichts zu tun, auch **Fischelbach** südl. Laasphe nicht! Aus der Parallele *Viscala* (Vischel): *Iscala* (die Ischl b.

Salzburg) ergibt sich vielmehr die Gleichung *fisc* = *isc*, d. i. Sumpfwasser (vgl. kelt.-irisch *esc!* und die *Isca* in Brit.), Erweiterungen zu *fis, is* wie *lisc, risc, wisc* zu lis, ris, wis! Ein Wasserwort *fisc* (dem Wörterbuch unbekannt) ist in der Tat nachweisbar, und zwar auf ligur.-lat. Boden: ein *Fiscavus* (835, jetzt Fresquet) fließt b. Toulouse (vergleichbar dem *Saravus* = Saar und dem *Taravus*/Korsika!), ein *Fiscamnus* (jetzt ON. Fécamps) im Seine-Raum (entsprechend *Alamnus*, zum idg. Wasserwort *al*), ein *Fiscellus* im Appennin (entsprechend dem *Rapellus* und *Vergellus*, wo *verg, rap* eindeutig Sumpfwasser meinen; vgl. Vergentum wie Tridentum, zu trid „Kot, Schlamm"). Auch einfaches *Fisca* begegnet im 7. Jh. in Frkr.

Relikte aus vorgerm. Zeit sind daher auch **Fischen** am Ammersee (um 800 *Fiscon*) und die **Fischa** (*Fisc-aha*), Zufluß der Donau b. Wien, zumal die Gegend erst im 9./10. Jh. deutsch besiedelt wurde! Desgl. die **Fisch**, Zufluß der Werra (im Moorgrund!) b. Salzungen. Zur **Fischmat** vgl. die Wiesmat (wis = Sumpf). Zweifellos eingedeutscht ist auch **Fischbach** im Siegerland (ein Zentrum LaTène-zeitlicher Siedelungen!), urkdl. *Visphe*, also uralter Bachname auf *-apa* wie Disphe, Asphe, Netphe, La(a)sphe, Litphe, Rosphe, lauter Bezeichnungen für Sumpf-, Moder-, Schleim-, Schlamm-wasser aus prähistor.-idg. Zeit! (Vgl. dazu grundsätzlich **Bahlow,** Die Bachnamen auf -apa als prähistorische Denkmäler, Hbg. 1958). — Zu **Fischenich** b. Köln vgl. Füssenich, Endenich, Rövenich, Keldenich (kelt. Caldiniacum, zu cald „Schmutzwasser") usw. Nicht unerwähnt sei das lat. *fiscus, fiscina* „geflochtener Korb" (aus Binsen: die Binse ist ein Sumpfgewächs! Vgl. *lisc-* „Binse" und Fluß *Lisca!* Auch lat. canistra „geflochtener Korb" enthält ein Wort für Sumpfgewächs, Röhricht, Schilf: idg. can-, lat. canna!).

Fischingen südl. Horb (d. i. „Sumpfort") a. Neckar wird nur verständlich bei Vergleich mit den Nachbarorten auf -ingen wie Dettingen, Empfingen, Mühringen, Vöhringen (Feringen), Hechingen usw., — alles Ableitungen von Gewässernamen! So muß auch hier ein Bachname *(Fisca, Fisc-aha)* zugrunde liegen; siehe dazu unter Fischeln! Fischingen wiederholt sich b. Lörrach und im Thurgau.

Fisnacht a. Elz nö. Freiburg (um 1500 *Visnach*) entspricht Küßnacht (*Kussenach): fis, cus* = Moder, Schmutz! Vgl. die Fissnitz *(Visinissa)* in Bayern!

Flacht b. Diez a. Lahn und in Württ. siehe Flechtingen!

Fladungen a. d. Streu/Rhön gehört in den Kreis der thür.-hessischen ON. auf *-ungen,* die durchweg auf Wasser, Sumpf, Moder usw. Bezug nehmen, wie Madungen, Barungen, Fachungen, Kaufungen, Heldrungen (a. Heldra), Bodungen a. Bode usw. *flad* ist alte Bezeichnung für weichen Schmutz, Morast, Sumpf, vgl. auch das schwäb. *flade* „Sumpfgras“, Fladach, Flader, Flatterbinse! Dazu das bestätigende *Flade-wath*/England (wie Lapwath). Eine *Flad-aha* (wie sie bei Fladungen zugrunde liegt) ist in Thür. bezeugt; vgl. auch *Fladecheim:* Flarchheim südl. Mühlhausen und *Fladesheim* b. Meiningen; eine *Fladapa* (heute **Flape**) fließt b. Olpe (in prähistor. Gebiet!). Ein **Fladen** liegt b. Bleckede a. d. Elbe; ein Gau *Fladate* im 8. Jh. a. d. Eem b. Utrecht. **Fladersbach** b. Altenkirchen/Wied zeigt sekundäres -r(s)- wie Bladersbach, Quideresbach, Ahlersbach, Alberisbach (blad, quid, al, alb sind uralte Wasserwörter). **Flage** siehe Fley!

Flahn (*Flana*) b. Duisburg und *Flan-:* **Flonheim** am Wisbach b. Alzey sind vergleichbar mit **Spahn** (*Spana*) am Moor des Hümmling und *Span-:* **Sponheim** a. d. Nahe. Denn *span* wie *flan* sind verklungene Bezeichnungen für „Feuchtigkeit“. Der Anlaut *fl* findet sich in Namen venetischer Herkunft für *bl*, z. B. in *Flania* b. Veleia neben *Blania*/Frkr., in *Flanona* und den *Flanates*/Istrien neben *Blanona, Blaniacum*/Frkr. Eine Variante zu *flan* ist *flin* (siehe unter Fleinheim!). Zu *flen* siehe unter Flein! Ein *Flanicheim* lag im 9. Jh. bei Bruchsal.

Flamschen (*Flameshem*) b. Coesfeld enthält — anlog zu Helschen (hel = Moder, Moor) — das auch im Namen der **Flamen** steckende Wasserwort *flam* „Schlick“ (Schönfeld S. 69). Vgl. auch in Venetien: *Flamonia!* wie Gamonia am Tilaventus und in Frankreich: *Flamaria* wie Camaria, zu cam „Morast“; in England: *Flame-stede* analog zu Grame-stede, lauter Sinnverwandte. Im Harz ein Flambach. Dazu gehört auch *Flamer-sele* b. Calais wie Oder-, Sumersele. **Flamerscheid** b. Solingen wie Moderscheid, **Flammersbach,** -dorf, -feld im Sauer- und Siegerland, Flamersheim b. Euskirchen und Flomersheim/Pfalz. Flammersbach wie Muders-, Sumeres-, Quideres-bach.

Flandersbach b. Velbert/Ruhr (in ältestem Siedelgebiet!) entspricht dem Bach **Flandru**/Schweiz. Vgl. die Landschaft **Flandern** und *Flondern*/Eder!

Flape b. Olpe (*Flad-apa*) siehe Fladungen!

Flarchheim siehe Fladungen!

Flasrath/Ndrhein entspricht Erkrath, Erprath, Mödrath, Gillrath, Hatterath, Jackerath, Randerath, Federath usw. (-rath = -roth, -rode), — durchweg Ableitungen von ältesten Bezeichnungen für Wasser, Moor und Sumpf, so daß auch *flas* nichts anderes meinen kann: es ist denn auch in Holland als „Moor“ bezeugt, vgl. dort *Vlas-ve(e)n* (wie Goor-veen),

Vlas-beek u. ä. **Flasdiek** i. W. meint also „Moorteich". Ein eindeutiges **Flas-moor** b. Hamburg.

Flatten/Saar entspricht Britten, Kahren, Leuken, Schoden, Taben im selben Raume, beruht mithin auf einem prähistor. Bachnamen *(Fladana).* Vgl. unter Fladungen! Eine Niederung *Flatmar* „Sumpfsee" lag b. Werden a. Ruhr. In Engld vgl. *Flatesbrok, Flatesby, Flat Holme* (Insel)!

Flechtingen a. d. Spetze b. Helmstedt, urkdl. *Flachtungen,* gehört zu der großen Gruppe der *ungen*-Namen in Nordthür.-Hessen, denen stets Wassertermini zugrunde liegen, siehe unter Fladungen! Als solcher ist auch *flacht* (neben flak) bezeugt durch das Wasser *Vlachtwedde* „Sumpfwasser" (Standwasser) in Holland (nebst ON. Vlagtwedde am Boertanger Moor!). So verstehen wir auch *Flacht-dorf:* **Flechtorf** b. Korbach/Waldeck und a. d. Schunter ö. Brschw. Zur Form *flak* (holld. vlak = geul! Vlake, Vlakte, Vlak-ven, Vlak-water: Schönfeld S. 267) gehört *Flakenholz* b. Hameln i. Westf., d. i. „Wasser-, Moor-Gehölz"!

Fledder-moor wie Vledder-veen im Moor der Mussel und das einfache Vledder (im Moorgau Drente und in Friesland), bisher mit „Flieder" verwechselt (so A. Bach!), verraten ihren Wortsinn schon durch die Zusätze „Moor" und „Venn". Desgl. *Flederik:* Fleerik. Nicht anders **Fladder-loh-hausen**/Dümmer; *Fleodrodun:* Flierden, *Fliadarloha,* 890: Flerlage wie Rederlage. Am Steinhuder Meer begegnen **Fledderwiesen;** bei Wintermoor ein **Flidder-Berg.**

Fleeste b. Bremerhaven ist verschliffen aus *Flee-stede* (vgl. **Fleestedt** b. Harburg!) wie **Deinste** südl. Stade aus *Den-stede* (vgl. Deinstedt b. Bremervörde!) und **Wohnste** (ebda) aus *Wodene-stede* und **Helmste** (ebda) aus *Helme-stede,* lauter „Moorwasser-Orte"! Ein Flie-steden w. Köln. Zu *flee, fli* vgl. Schönfeld S. 68.

Flegessen siehe Fley!

Flehingen a. Kraich ö. Bruchsal entspricht Wössingen, Söllingen, Derdingen usw. im selben Raume, — alle auf Wasser und Sumpf bezüglich. Vgl. **Flehe** b. Düsseldorf, ein **Flehbach** b. Mülheim/Ruhr. Siehe Fleeste!

Flein (urkdl. *Fline*) b. Heilbronn im alten Neckargau *pagus Flina* (861) und **Fleinheim**/Schwäb. Alb enthalten ein verklungenes Wasserwort *flin,* das noch in der Bezeichnung *flein* für den schwarzen, weichen Humusboden der Schwäb. Alb erhalten ist. Vgl. auch **Fleinhausen** a. d. Zusam/Bayr.-Schwaben. Ein *Flines-:* **Fleinsbach** fließt zur Sulzbach/Körsch (sulz = Schleim), bisher irrig für einen „Kieselbach" gehalten (wegen mhd. vlins „Kiesel"); zur Form *Flines-* neben *Flinebach* (Fleinbach) vgl. den parallelen *Cunesbach:* Kunzbach/Hessen (zu *cun* „Schmutz"). Ein **Flinsbach**

fließt zur Gronach/Jagst; ein ON. **Flinsbach** am Fl. im Kraichgau. Die **Flinsbeke** Kr. Hörde i. Westf. entspricht der Linsmecke Kr. Meschede (zu *lin-s* „schleimiger Schmutz"), vgl. den Linsen-, und Leinsbach/Baden/Württ. Ein ON. **Flin-trup** im Münsterland. Ein **Flin** auch a. d. Meurthe/Vogesen. Ein **Fleimbach** fließt zur Mosel. Die *Flenbeke* im Kr. Hagen/Ruhr könnte zur Variante *flan* gehören (siehe unter **Flahn!**), desgl. der alte moorige *Flenithi-Gau* an der Leine. Daß auch **Flensungen** am Vogelsberg und **Flensburg** a. d. **Flensau** hierher gehören, liegt auf der Hand: in Flensungen steckt wie in Gensungen a. Eder ein uralter Bachname *Flenisa (Flanisa)* bzw. *Genisa (Ganisa).* Auch *gen* ist Synonym.

Fleischbach siehe Fleschenbach!

Flensungen, Flensburg siehe Flein!

Fleringen b. Prüm/Eifel (816 *Flarich)* entspricht Lissingen, Bettingen, Rörchingen, Lüttingen *(Lutiacum:* lut = Schlamm, Schmutz").

Flerke b. Soest wie **Flierich** b. Unna siehe Fledder!

Flerzheim/Bonn *(Flardesheim)* wie *Flardinga:* Vlaardingen sind Moororte.

Fleschenbach (urkdl. *Flascunbach*), Bach und Ort w. Schlüchtern/Ob.-Hess.: Wie man noch in unsern Tagen die Braubäche und Glasbäche der Rhein-Main-Gegend mit dem Brauer- und Glasergewerbe in Verbindung zu bringen versucht hat, um ihren „kulturgeschichtlichen" Wert zu beweisen (so H. Krahe), so hat schon vor 100 Jahren ein Witzbold am Fleschenbach eine Flaschenfabrikation gesucht! Wie aber *bru* und *glas* in Wirklichkeit uralte Bezeichnungen für gäriges, fauliges Wasser sind, so meint auch *flask* (mittelengl. *fleasc*, vgl. irisch *flesc, Flesk River!)* „sumpfiges Wasser"; vgl. holld. *flas, fles!).* Dazu in England: **Flaskes** und *Flescinge,* in Graubünden: *Flaesca:* **Fläsch** (und *Flasconis mons*), in Südfrkr.: *Fleisch* 1364 (Le Fleix)/Dordogne. Vgl. roman. *flosc-* „étang": *Flosco*/Calais!

Daß bei Eindeutschung des Wortes Anlehnung an „Flasche" oder „Fleisch" erfolgte, ist nur natürlich: so fließt zur Saar ein **Fleischbach** (mit dem Veschbach), auch im Mansfelder Seekreis; in Württ. ein Flöschbach zur Schlücht (schwäbisch Flosche „Sumpflache"!); dazu ON. **Fleisbach** in Nassau u. Eifel. Damit klärt sich auch das wunderliche **Fleischessen** in Ö.: denn die urkdl. Form *Flascessen* kann nur auf einem vorgerm. Bachnamen *Flascisna* beruhen in Analogie zur *Antisna:* Antissen oder Andiesen in Ö. (**ant** „Sumpf"!) und zur *Avisna:* Avaisne/Frkr. *(av* „Wasser"). — Zu *flas* (Kolk Vlasbeek und Vlasveen wie Goorveen in Holland) gehören **Flasrath**/Ndrhein, **Flasdiek** i. W. und **Flasbach** in Hessen. Zu *flasc* vgl. auch *blasc:* Insel *Blascon*/Rhone-Mdg.

Flettmar b. Gifhorn (in Sumpfgegend!) entspricht Bettmar, Rettmar, Wettmar im selben Raume. *flet* meint sumpfig-schmutziges Wasser.

Fley: Name eines Sumpfes (der grote Fley, alt *Flage!)* 1722 b. Dissen Kr. Iburg am Teutoburger Wald. Ein Fley auch b. Hagen i. W. Vgl. auch **Flegessen** b. Hameln (analog zu Selessen, sel = Sumpf").

Flieden a. d. Fliede, einem Zufluß der Fulda, gehört zu den prähistor. Flußnamen auf *-ana, -ina,* urspr. *Flidene* wie die *Sidene* (Siede), *Fusene* (Fuse), *Arsene* (Erse u. Ahse), *Bomene* (Böhme), *Bilene* (Bille) usw., lauter Sinnverwandte für sumpfiges, modriges, fauliges Wasser, womit auch der Wortsinn von *flid* gegeben ist: es deutet auf ein idg. *bhlid* (vgl. griech. φλιδ). Vgl. auch die Variante *blid* (Fluß Blide/Elsaß, England und Holland). (Schönfeld S. 219).

Flierich b. Unna i. W. siehe Fledder!

Flinsbach siehe Flein! **Flittard** b/Köln wie *Flitland, Flitwick, Flitnell, Flitteridge*/E. sind „Moororte". *Fliterethe* 1074 wie *Hukretha* 874 (Huckard); ein *Flitwilar* (8.) b. Lorsch.

Flögeln am Ahlenmoor-See/Hadeln siehe Fley! Vgl. Sögeln a. Hase (sug = Sumpf).

Floh am Floh (-bach) b. Schmalkalden gehört wie Flöha a. d. Flöha ö. Chemnitz zu den prähistor. Bachnamen.

Flomersheim/Pfalz wie Flamersheim siehe Flamschen!

Flonheim siehe Flahn! **Flörsheim**/Mainz hieß wie **Flerzheim**/Bonn: *Flardesheim, flard* meint „Sumpf", vgl. *Flardinga, Flardes-lo!*

Floren/Zülpich *(Vlurne)* s. Flüren! Ein **Flurbach** z. Quint. Ein Florbach fließt in Vorarlberg, ein Floer in Holld. Vgl. *Floriacum:* Flörchingen! nebst Rörchingen/Lothr. *Floreffe, Florina* wie Havina/Brab.

Flöthe (urkdl. *Flotide*) südl. Salz-Gitter, wo auch *Dengede* (Denkte), *Gelide* (Gielde), *Solide* (Söhlde), lauter Sinnverwandte, gehört zu den uralten Kollektiven auf *-idi, -ede,* die durchweg auf Wasser, Moder und Sumpf Bezug nehmen. Dasselbe *flot* steckt in **Vlotho** a. Weser (urkdl. *Vlotuwe,* analog zu *Wesuwe, Woluwe, Veluwe, Zwaluwe, Aruwe, Betuwe,* lauter Ableitungen von Wasser- und Sumpfbezeichnungen! Ein sumpfiger Waldstrich an der Aller Kr. Celle hieß *Flot-wede(l),* d. i. „Sumpf- oder Modergehölz", vgl. die Synonyma Marwede(l), Barwede(l) u. ä. Auch **Flottbek** b. Hamburg gehört hierher.

Flotzbach südl. Bregenz meint „Schmutzwasser": Die Flotz(e), Flotsche ist noch heute schwäb.-alemannischer Ausdruck für Pfütze, Sumpf- oder Riedlache.

Floverich nö. Aachen entspricht Loverich ebenda (*lov* ist ein vorgerm. Wort für Sumpf, noch gälisch-keltisch; vgl. Fluß *Lova*/Frkr. u. v. a.; vgl. auch *cov* und *crov!)*.

Flüren, Fluorn siehe Flurstedt!

Flurstedt a. d. Ilm nö. Apolda verrät seinen Sinn im Rahmen der Nachbarorte auf -stedt wie Mattstedt, Darnstedt, Lachstedt, Gebstedt, Buttstedt usw., die sämtlich Gewässerbegriffe voraussetzen. Ein Bach **Floer** fließt in Holld, ein Florbach in Vorarlberg, ein Flörsbach südl. Orb, ein **Flürsbach** zum Neckar (b. Guttenbach), ein **Flürlesbach** zur Kupfer/Württ. (vgl. den Hörlesbach, z. Speltach, hor = Sumpf!). Mit deutsch „Flur" hat das alles nichts zu tun! So wird verständlich auch **Flüren** a. Rhein b. Wesel. **Florstadt** a. d. Nidda (wo die sumpfige Horloff mündet) entspricht denn auch den sinnverwandten Mockstadt, Ockstadt, Bönstadt, Erbstadt, Wöllstadt im selben Raume der Wetterau!

Föhrenbach (Zuflüsse der Schiltach/Kinzig und der Glotter/Elz) hieß im Mittelalter *Verenbach;* siehe unter Fehrenbach! Ein Vöhrenbach ö. Furtwangen.

Fölsen zw. Warburg und Driburg enthält das Moderwort *fol (vol)*, entsprechend der **Fölsmecke** b. Meschede!

Förste a. d. Söse westl. Osterode am Harz (auch b. Alfeld a. Leine und an d. Innerste b. Hildesheim) hieß urkdl. *Foresati Vore-sete*, d. i. „Siedlung am Moor" (Wesche verfehlt: Kultort des Gottes Forsyte!) analog zu *Bursati:* Börsten (Wesermündung), *Mar-seti:* Mast b. Vreden, wo *mar, bur* Sumpfwörter sind, wie in England *Tyre-sete, Sele-sete, Hun-sete*, lauter Sinnverwandte! Vgl. auch *Were-sete:* Werste a. d. Were Kr. Minden. Das verklungene *for (vor), fur (vur)* „Moor, Moder" wird auch bestätigt durch die morphologische Reihe *Vor-mala: Dudmala: Halmala: Litmala: Rosmala: Wismala: Wanemala*, lauter Synonyma im brabant.-westfäl. Raum, desgl. durch *Vor-la* (Varrel): *Scor-la* (Scharrel), beides Moor-Orte (auch *scor* meint „Schmutz"!) und durch *Vor-wide: Mer-wide: Ber-wide*, lauter „sumpfige Gehölze". Topographisch deutlich ist das *Vor-mur, Vurmere*, ein Torfmoor b. *Vurna*/Belgien! Dort auch *Vor-sel* wie *Mor-sel!* Vgl. auch **Vorbeck** und Fuhrbach, — Forweiler und Fürweiler (Saar). Siehe auch Furra! 2 Bäche *Vura* (Voer) z. Maas u. Dijle.

Frankelbach/Pfalz siehe Frenke! Desgl. Franken, Frankenbach.

Frechen b. Köln (alt *Frekena*) siehe Freckenhorst!

Freckenhorst (851 *Fricconhurst*) ö. Münster (wo Jacob Grimm im Banne seiner mythologischen Vorstellungen eine germ. Gottheit (Frigga, Freya) suchte!), — in der dt. Sprachgeschichte bekannt durch die altsächs. Heberolle —, meint nichts anderes als **Peckenhorst** (1050 *Pikonhurst*, zu *pik*, *pek* „Sumpfgewächs, vgl. Pickenbrock i. W., Pickmere, Pic-cumbe/England, Pic-lede/Holland), noch bezeugt durch nordfries. *peke, pik* „scirpus palustris" („quod in locis palustribus nascitur!") — also Binse als Sumpfgewächs. Siehe dazu M. Schönfeld, Nederlandse Waternamen (1955) S. 153 bzw. Kalma, Fryske Plaknammen 4, 103. Zur Bestätigung vgl. die sinnverwandten Gehölznamen *Amon-, Batton-, Bladen-, Koden-, Kusen-, Mus(s)en-, Patten-, Penden-, Pungen-, Ripen-, Senden-, Wagen-, Wallenhurst!* Ebenso beweiskräftig sind (in England): *Fricanfenn* (wie Culanfenn, fenn = Moor!), *Frecan-dorn* 904, dazu *Frecinghyrst* 801 (mit sekundärem -ing- wie Finninghorst i. W., Tellingmere neben Tel-meri: Tellmer b. Lüneburg, Lenninghoven a. d. Lenne!), *Freckenham* 895 (wie *Vrekhem* in Flandern), *Frekenton, Frickley*, dem a. d. Ems *Frickla* (um 1000) entspricht, am Ndrhein: *Freckloo* 1129, *lo* deutet stets auf sumpfige Niederung.

Einfaches *Frekena* (heute **Frechen**) begegnet westl. Köln (nebst Kerpen: vorgerm. *Carpina*, zu carp „Schleim, Moor"), auch b. Calais 877 ein *Frekena* (1124 Ferknes, heute Ferques). Im Siegkreis liegen **Freckwinkel** und Freckhausen, a. d. Wipper: **Freckleben** (wie Schade-, Wegeleben ebda), am sumpf. Bienwald westl. Karlsruhe: Freckenfeld, am alten Ostrhein b. Karlsruhe: die Wüstung *Frec(an)stat*. **Freckhausen** b. Waldbröl.

Freden a. d. Leine südl. Alfeld und **Vreden** a. d. Berkel südl. Enschede verraten ihren Sinnn mit der **Fredenbeke** i. W. und der *Fredelake* b. Vechta bzw. Hoya (analog zur *Dudelake* 1338 b. Bremen: *dud* „Sumpf(gewächs)", zur *Kokelake* in Dortmund usw.), womit auch die Bergwaldnamen *„der Freden"* und *„der Frede"* im Teutoburger Wald (b. Iburg und b. Halle) nebst der Flur **Fredde** verständlich werden! Zugrunde liegt ein verklungenes Wort für Sumpf oder Moder (*frid, fred*), bestätigt durch die Reihe *Frideren:* **Freren** ö. Lingen — *Lideren:* Liedern b. Bocholt (bzw. Lyhren am Steinhuder Meer) — *Rederen:* Rehren b. Rinteln — *Ederen:* Ehren a. Hase, lauter Sinnverwandte! Ebenso **Fredebeul** (*Frithebugil* 1114) b. Meschede (und wüst Kr. Höxter) wie *Swanasbugila:* Schwanzbell b. Dortmund (wo *swan* „Sumpf, Moder" bedeutet!); bug(el), holld. beugel „Tümpel, Schmutzwasser" verdeutlicht es, vgl. Schönfeld S. 279. Vgl. auch *Fride-sele* 1137 (unbekannt) wie *Lide-sele*/Flandern (wo *lid* = feuchter Schmutz), *Swevesele, Germesele, Dudesele* usw. Siehe auch unter **Frieda**! Zur Variante *frit* siehe Fritzlar! — In England gehören hierher: *Fridenestede, -tune:* Frinsted, Frinton.

Frenke: Wenn am Bodensee in die Ergolz (die vorgerm. *Argantia*) eine **Frenke** fließt und b. Hameln a. Weser (an den Bruchwiesen der Ilse!) eine Ortschaft **Frenke** (urkdl. *Franki*) begegnet, dann kann *frank* nur ein verschollenes Wort für Wasser oder Sumpf sein! Es wird bestätigt durch *frankan sloh* (1005 in England) analog zu *fulan sloh*, wo sloh erläuternd auf „Sumpf" deutet; desgl. durch *Frankworth* 1270 analog zu *Bag-, In-, Lap-, Sel-, Tame-, Virworth*, lauter Sinnverwandte! Und so entspricht *Frankley* den Synonymen *Alkley, Fackeley, Hadeley, Tapeley* usw., denn *leg* „Wiese" verbindet sich nur mit Naturbegriffen. Gleiches gilt von *Frankenissa* (1170 a. d. Schelde) analog zu *Vinkenissa*, denn *vink* ist eine alte Bezeichnung für „Torfmoor"! Vgl. auch *Hontenisse* (1221 Huntenesse), zum Namen der Honte/Schelde (hun-t „Moder, Schlamm"); und die *Bernisse* (Bornisse, ein polderwater).

So findet auch der Volksname **Franken** endlich seine Aufhellung, — heißt es doch von ihnen ausdrücklich „Franci inviis strati paludibus": „zwischen den unwegsamen Sümpfen (der Rheinmündungen) wohnend"! — wie ja auch die (ungedeuteten) **Friesen** „Wasseranwohner" meinen! — Zu **Frenz** b. Aachen *(Fragenze, Fregenze* 1136) vgl. Moorort *Vragender*/Gelderld. **Freren** siehe Freden!

Frettenheim b. Worms (*Fritenheim*) entspricht Metten-, Aben-, Kinden-, Dautenheim ebda, lauter Sinnverwandte. Zum Wasserwort *frit, fret* siehe Fritzlar! Vgl. auch Brittenheim und Trittenheim!

Fretter, m. d. Lineke (lin „Schleim"), Zufluß der Lenne (mit gleichn. Ort) b. Finnentrop, **Frettlöh** und **Frettholt** ö. Ahaus enthalten ein verklungenes Wasserwort *frit, fret.* Vgl. auch *Frites:* Frettes (mit roman. -s) b. Calais, und den Bachnamen *Fritwell* in England und *Fritaha* in Thür.; auch ON. *Fritenheim:* **Frettenheim** b. Worms (siehe dies!). Damit haben wir aber auch den Schlüssel zum Verständnis von *Fritis-lar:* **Fritzlar** a. d. Eder in der Hand, wo man seit Jacob Grimms Tagen den mythischen Klang altgermanischer „Friedensverehrung" zu hören glaubt! Man braucht nur die morphologisch zugehörigen Komposita *Butes-, Dutes-, Mutes-, Metis-, Wetis-, Catis-lar* zu vergleichen, die auch nichts mit Katzenverehrung und dergl. zu tun haben, sondern durchweg (wie alle Namen auf *-lar!)* prähistorische Bezeichnungen für Wasser, Sumpf, Moder u. ä. enthalten! Denselben Wortsinn bestätigt auch für *frit (frid)* die *Vrithschlade* 1370 b. Borken i. W. analog zur *Der-slade, Buk-slade, Bun-slade, Bag-slade, Alslade* usw. In England sind beweiskräftig: *Frithes-dene, Frides-leah* (dene = feuchte Niederung, leah = Gehölz). — Für die Abwegigkeit mythologischer Deutung vgl. auch **Aßlar** (zu *ass* „Schmutz), wo man immer wieder germ. „Asen-Verehrung" gesucht hat (so J. Grimm, Gesch. d. dt. Sprache S. 578, W. Arnold S. 143, 63, E. Schröder S. 154, 139, A. Bach II 1 S. 410). Zu *frid* (*fred*) siehe unter Freden!

Frieda, Bach und Ortschaft a. d. Werra östl. von Eschwege (in prähistor. Siedelgebiet!), 974 *Frioda,* ist (wie schon E Schröder, Dt. Namenkunde, 1938 S. 298 f. erkannt hat) aus deutschem Sprachgut nicht zu erklären, also auch nicht mit dem Wort „Friede", das ahd. *fridu* hieß. Wenn aber Schröder trotzdem ans Germanische denkt und aus altnord. (!) *frjóva* „fruchtbar machen" eine „Fruchtbarkeitsspenderin" ableiten will (als Wunsch der ersten Siedler, die sich „den weiblich gedachten Geist des Gewässers günstig stimmen" wollten!), so ist das eine sprachliche und sachliche Entgleisung, — verständlich nur aus der Befangenheit in den Mythologismen Jacob Grimms. Auch steht keineswegs „unbedingt fest", daß der Name Zwielaut hat: man muß nämlich wissen, daß in karolingischer Zeit die Schreibung *io, eo, ia* auch für kurzes *i* verwendet wurde! Man vgl. z. B. *Leoche* für Lich/Wetterau (zum Sumpfwort *lich* wie Lichecumbe, -pole, -furlong/Engld) oder *Fiormenni* neben *Virminne:* Vermünden a. Eder, wo *vir* auch kein Zahlwort ist, sondern „Moder, Sumpf" meint. *frid* entspricht vielmehr *flid* (im Namen der Fliede, *Flidene),* kann somit nur „modriges Wasser" bedeuten. Siehe Fritzlar!

Friemar ö. Gotha (874 Friemari), in der Niederung der Nesse (!), verrät schon durch den Zusatz *-mar,* daß ein Wasserwort zugrunde liegt, wie bei Wechmar südl. Gotha, Weimar, Bettmar, Wettmar, Geismar, Schötmar, desgl. *Friefurt*/Holld, *Vri-sele:* Vrijsel wie *Mor-sele:* Moorsel. Gleiches gilt für *fril: Vrilewik* i. W. wie Walewik, *Frileford* 965/E.

Friemen (1373 Friman) südl. vom Hohen Meißner, wo zwischen Werra und Fulda viele Namen ältester Schicht von prähistor. Bevölkerung zeugen, wie **Küchen** (vgl. die hess.-kelt. Küche, brit. *Cuca!*) oder Vierbach, Pfieffe, Sontra, Morschen, und das benachbarte Schemmern *(Scamberaha* „Schilfwasser"!), kann (wie Küchen, Morschen, Schemmern deutlich machen) nur ein Wort für Sumpf oder Moder enthalten. Eine Variante *frem* ist erwiesen durch *Fremley, Fremington*/E. und *Fremonville*/ Meurthe. Vgl. auch *Frimida:* Freimann a. Isar nö. Mchn. *Frimede*/Fld.

Fries, Quellbach der Haune (*hun* „Moder") zw. Fulda und der Wasserkuppe, alt *Frisonaha* (daher dort Friesenheim), hat mit den Friesen direkt schwerlich etwas zu tun. Dem Namen der **Friesen** *(Frisii,* nebst den *Frisiavones,* mit kurzem *i*!) liegt jedenfalls ein Wasserwort *(fris* als Variante zu *bris!)* zugrunde: vgl. die Nymphe *Brisa* u. ON. *Brisiacum:* Breisach, Breisig;

Brisagus (Wald in d. Alpen). Vgl. auch *Frise-marasco* 1200 in England! *Friesdonk*/Kleve, *Frisenge*/Lux.

Frille, im Wesertal nö. Minden, urkdl. **Frigilide** 1168, aus dem Deutschen nicht deutbar, ist gleich anderen Namen der Nachbarschaft prähistor.-vorgerman. Alters. *frig* (auch in *Frigisinga:* Freising!) muß venet.-lat. Variante zu *brig* „Sumpf" sein! Vgl. *Frigiste* (wie Argiste) b. Kleve!

Fritzlar (urkdl. *Fridislar*) im Tal der Eder (der prähistor. *Adrana*) — auch auf norddt. Boden ist ein *Fridislar* bezeugt — hat mit altgerm. Friedensverehrung, wie der Mythologe J. Grimm und in seinem Banne **Arnold,** Schröder und A. Bach glaubten, ebenso wenig zu tun wie **Aßlar** mit Asenverehrung! Wird man doch auch bei *Catislare* (Keßlarn b. Beckum) keine Katzenverehrung suchen! *as* und *cat* meinen vielmehr „schmutziges, sumpfiges Wasser". Genau so gebildet sind *Buteslar:* **Botzlar,** *Muteslar:* **Motzlar** a. d. Ulster nebst **Metzlar** und **Wetzlar,** — lauter einwandfreie Synonyma, denn *but, mut, met, wet* sind wohlbekannte uralte Bezeichnungen für Wasser, insonderheit modriges, sumpfiges. Zugrunde liegen also alte Bachnamen mit s-Suffix!

Damit ist auch *frid* als verklungenes Wasserwort gesichert, auch durch den Zusatz schlade „Sumpfstelle, Röhricht" (eine *Vrithschlade* 1370 b. Borken i. W., analog zur *Cudeschlade* ebda, *cud* = Morast), durch *Fridesele, Frith-sele* 1137 b. Northeim wie *Lide-sele, Sweve-sele,* durch *Vridebach* b. Saalfeld, nebst der *Frit-aha*; *Frideren:* **Freren** ö. Lingen (mit prähistor. r-Suffix) entspricht *Lideren:* Liedern b. Bocholt *(lid* = Morast)! Dazu (mit ndd. *e*): die *Fredelake* b. Vechta am Moor wie die *Dudelake* b. Bremen *(dud „Sumpf, Schilf");* Fredebeul (1114 *Frithebugil)*/Meschede; **Freden** a. Leine, **Fredenbeck** b. Stade und der Bergwald **Frede** b. Iburg i. W, (denn auch Wälder wurden nach ihren Gewässern, ihrer Bodennatur benannt!). In England vgl. *Fridetune:* Fritton; *Fridenetun, Fridenestede:* Frinton, Frinsted. Siehe auch unter **Frieda!**

Frohnbach, Name mehrerer Bäche und Orte in Württ., Baden, Pfalz, Wetterau (mit Wüstung *Vronebach* b. Gießen): Daß der Name nichts mit Frondiensten zu tun hat, ergibt sich schon aus der Tatsache, daß Bäche niemals nach gesellschaftlichen Einrichtungen oder menschlichen Erfindungen benannt wurden, sondern lediglich nach dem Wasser selber! Allein schon *Fron-lo:* **Vroonen** mit dem Vrooner Meer (!) in Holland erweist *fron* durch den Zusatz *lo* „sumpfige Niederung" als Wasser- oder Sumpfwort; ein **Frohnen** auch bei Neuwied a. Rh. Gleiches besagt *Frone-wurth* 1175 (wie Wemmewurth, Assewurth, wurt = erhöhte Wohnstätte in sumpfiger Umgebung) und *Vrone-stalle* 1102 b. Gent (wie Boggestalle ebda, stalle: wo sich das Wasser staut! bog = Sumpf!). Zu *Fronlo: Fronendike*/Flandern vgl. Swek-lo: Schweckendiek („Moderteich"). Noch deutlicher ist die Erläuterung durch *bruch* und *siefen* „sumpfige Bachniederung": so **Frohnenbruch**/Geldern und **Frohnensiefen** i. Westf.

Fronover b. Grevenbroich (!) entspricht denn auch *Honover:* Hannover (denn *hon* ist Sumpfwort), ebenso *Froneker* (Franeker/Holld): *Loneker* ebd. Zu *Vronebure:* **Frömmern** b. Unna i. W. vgl. als sinnverwandt: *Todenbure:* Tömmern und *Bodenbure:* Bommern i. W., auch *Muddenbure* (wo *mud* = Moder, *bod* = Sumpf, *tod* = Moor); und zu *Vronanstat* 1083/Holld: *Frecanstat*/Karlsruhe (*frek* = Moor). **Fronhausen** mehrmals in Hessen, wie Schwekhausen (swek „Moder"). **Frombach** (Zufl. der Gutach/Kinzig) ist assimiliert aus *Fronebach* (urkdl.) wie Rombach aus Ronebach (ron = run „Sumpfwasser").

Frömmern *(Vronebure)* siehe Frohnbach!

Frömmstedt im Unstrut-Tal entspricht (im selben Raume) den Sinnverwandten Topfstedt, Griefstedt, Schwerstedt, Günstedt, Klettstedt, Sollsted, wo überall Wasser- und Sumpfbegriffe zugrunde liegen. Mithin kann auch *from, frum* nichts anderes meinen: *Frome-lo* i. Westf. bestätigt es analog zu Swec-lo (Schweicheln i. W:), Rose-lo (Reuzel), Ripe-lo (Repel/Emscher), Ode-lo: Oolen, wo schon der Zusatz *lo* auf sumpfiges Gelände schließen läßt! Ein Fluß **Frome** begegnet in Brit., ein Bach *Frumnia* in Frkr., ein Wald *Frumivaux* b. Dinant. Vgl. auch **Frömmersbach** b. Gummersbach (wie *Rameresbach* 992 a. Ahr, *Quideresbach* 975/Wormsgau, *Albiresbach*/Württ./Baden (O. Springer S. 159), — alle mit sekundärem *-r-* und genit. Fugen-*s*, was den Anschein erweckt, als ob Pers.-Namen dahintersteckten! *ram, gum, quid, alb, from* sind Bezeichnungen für Sumpf, Moder, Schlamm! **Frommern** *(Frumara* 793) a. Schmiecha/Balingen. Als Ablautform zu *from* sei *frem* erwähnt in *Fremley, Fremington*/E. (wie Washington, zu was „Sumpf").

Fro(n)rath b. Linz u. Aachen entspricht Benrath, Venrath, Jünkerath; siehe Frohnbach!

Fröschen b. Pirmasens enthält dasselbe Sumpfwasserwort wie **Fröschweiler** b. Wörth/Elsaß (wie Rohr-, Merk-, Zinsweiler a. d. Zinsel ebda!). Vgl. auch Fursch- und Ferschweiler!

Fröttstedt westl. Gotha kann nichts anderes meinen als die übrigen *stede*-Namen derselben Gegend, wie Ballstedt, Bittstedt, Buttstedt, Remsted, Gierstedt usw. Auch **frot (frod, frud)** ist ein verklungenes Wasserwort, zu dem auch **Frotheim** nö. Lübbecke (1317 *Vrotmede* „Wasserwiese") gehört. Zu *frod, frud* vgl. die Bachnamen *Froda*/Schweiz u. *Frudis*/Belgien, und ON. wie *Frodenhusen* b. Warburg, *Frodenesheim* b. Bielefeld (analog zu Büdenes-, Hildenesheim!), — in England: *Frodeswelle* (wie Lodeswelle, lod = Schmutz), *Frodesleg* (wie Alkesleg, alk = Sumpf, Schmutz), *Frodintone* (wie Wasentune: Washington, was „Sumpf“); in Frkr.: kelt. *Frodesium* (wie Novesium: Neuß, nov- „Sumpf“, Fluß Novios).

Füchtorf, Füchtenfeld, Vüchtel siehe Feuchtwangen!

Fühlingen b. Köln meint nichts anderes als Faulungen, siehe dies!

Fuhlen b. Rinteln (vgl. Fuhlenbrock b. Bottrop) und **Feulen**/Lux. (alt *Fulina*) sind „faulige, modrige Orte bzw. Gewässer“, vgl. Fühlingen, Faulungen, die *Fulenbäche* u. ä. Auf *Fulenbeke* 1478 beruht **Fuhlmke** i.Westf. (vgl. *Bulenbeke:* Bülmke).

Fuhne siehe Funne!

Fuhrbach siehe Furbach!

Fulda, auf der Rhön entspringend, mit gleichn. Ort, aus dem Deutschen nicht erklärbar, reicht in älteste Vorzeit hinauf; eine **Fulde** fließt auch im Reinhardswald; eine andere zur Böhme (Bomene!), wo ein Ort **Fulde** liegt westl. Fallingbostel. Zur Erklärung bietet sich wie von selbst die parallele **Mulde** an, an der (südl. Freiberg) Mulda legt, eine Ableitung von idg. (slaw.) *mul* „Schlamm“. Genau so ist *fuld* als Erweiterung von *ful* deutbar, das seinerseits Variante zum Sumpfwort *fel* ist! Daher begegnet neben der Fulda auch eine **Felda,** gleichfalls auf der Rhön entspringend und zur Werra fließend. Eine **Veldenz** (deutlich vorgerm.) fließt zur Mosel. Auch die Nebenflüsse der Fulda führen durchweg prähistor.-vorgerm. Namen, so die Fliede (Flidene!), die Jossa, die Schlitz (Slidesa), die Lüder, die Haun (Hune), die Aula.

Fulgenbach (Zufluß des Schlierbachs, z. Kocher), auch ON., sowie **Fulgenstadt** b. Saulgau (dem alten Sulgen) enthält ein (dem Wörterbuch unbekanntes) Moder- oder Moorwort *fulg,* entsprechend den Synonymen *sulg* und *bulg!* Vgl. Bach *Sulg*/Kanton Bern, Fluß *Sulgas* (Sorgues)/Südfkr., sowie *Bulgiate*/Rhone, *Bulges, Bulge-ven*/E. (ven = Moor!); und so entspricht dem Fulgenbach der Bulgenbach (Baden) nebst Bülgen-auel b. Siegburg! Zu **Folgeren**/Holl. vgl. Wateren, Lieveren, Donderen, Anderen, Gasteren, lauter Sinnverwandte.

Fullen b. Meppen, im Moorgebiet des Emslandes, meint nichts anderes als die Nachbarorte Meppen, Haren, Versen usw., auch Völlen (mit Moor) u. ä. Zum Moorwort *ful(l),* idg. *pul(l)* gehören auch die *Fullebäche, Füllenbäche, Füllegräben* in Baden u. Württ.; ein Füllebach auch b. Coburg. *Full-moor* in England bestätigt den Wortsinn aufs beste! Und so entspricht **Füllingen** a. d. Nied/Lothr. den Sinnverwandten Möhringen,

Kriechingen, Büdingen, Bettingen, Rörchingen, Lüttingen (lut „Schmutz“) im selben Raume! Zu **Füllern**/Vogesen vgl. Odern (ebd.), Wadern, Gandern, Müsern! **Füllerode**/Hess. wie Gerterode, Datterode.

Fülme b. Minden, 1242 *Vulmen,* alter Bachname, gehört in eine Reihe mit der Volme, der Valme und der Velme: *ful, fol, fal, fel* meinen „Moor, Moder“. Vgl. die Synonyma Schwülme, Schwalm(e), Schwelm(e)!

Fultenbach b. Dillingen a. Donau siehe Fautenbach!

Fümmelse zw. Salzgitter und Wolfenbüttel: vgl. dazu Fimel (um 900 Fimilon) am Dollart.

Funne, Zufluß der Lippe, entspricht der Hunne, der Munne u. der Gunne: *fun* (= idg. *pun)* meint „Moder, Faulwasser“ (zur Wurzel *pu* „faulen, stinken“). Eine *Fuhne* fließt z. Saale b. Bernburg.

Füramoos, Fürmoosen (um 1100 *Furin-mos,* vgl. *Furunbach!*) sö. Biberach wo auch Erlenmoos, liegt am Quellsumpf der Rottum (rott = Moder). Zu *fur* „Moder, Moor“ siehe unter Furbach, Furra und Förste! Ebenso Feurmoos (wie Feuerbach!).

Furbach, heute Fuhrbach, Fauerbach, Feuerbach, sowie *Furbeke:* Vorbeck, enthalten ein (der Forschung noch immer unbekanntes!) prähistor. Wort für „Moder, Moor“ (siehe die Beweisführung unter Förste und Furra!). Dazu gehören **Fuhrbach** am Fuhrbach ö. Duderstadt, der Fuhrbach zur Ahse b. Hamm, **Vorbeck** b. Altenau am Harz (alt *Furbiki*), **Feuerbach** b. Stuttgart (um 1200 *Furbach,* was keineswegs sprachlich mit dem dortigen einstigen „Biberbach“ identisch ist, sondern einen Bachnamen für sich darstellt!), **Fauerbach** bei Nidda/Wetterau und b. Butzbach ebda, ein Fauerbach (*Furbach* um 1300) zur Use im Taunus.

Fürnheim/Bachort w. Wassertrüdingen/a. Sulzach (Württ.) hieß angeblich 1260 *Fürhenawe,* also auf eine Wasseraue deutend, daher schwerlich mhd. vorhe „Föhre, Kiefer“ enthaltend, zumal Föhren nicht am Wasser wachsen! Fürnheim entspricht vielmehr den übrigen heim-Namen im Gebiet der Sulzach (b. Nördlingen am Ries) wie Hürnheim, Holheim, Balgheim, Sorheim, Lierheim, — alle auf Wasser, Sumpf und Moder deutend! Dazu auch **Fürfeld** (Bachort, nebst Bonfeld: bon = Sumpf!) w. Wimpfen a. Neckar: 1365 *Furhenfelt,* und **Fürfeld** südl. Kreuznach (wo auch Mörsfeld, zu mor(s) „Sumpf“!), alt *Furin-, Furnivelt.* Deutlich ist *Furin-moos* 1100: Füramoos (siehe dies!). Dazu Fürnsal b. Horb/Neckar, Fürnried/Pegnitz. Ein **Furna** in Graubünden. Ein *Furunbach* 14. Jh. Württ. Undeutsch klingt *Furuntowa* 880: Faurndau a. Fils b. Göppingen.

Furra a. d. Wipper (874 *Furari)* gehört zu den gleichgebildeten Sinnverwandten *Vanari:* Fahner nö. Gotha, *Cornari:* Körner a. Notter/Unstrut,

Arnari: Örner a. d. Wipper b. Mansfeld, *Dudari* und *Slanari* (um 1000) in Hessen, durchweg prähistor. Alters, alle auf Wasser, Sumpf und Moor Bezug nehmend! Zu *fur* „Moor, Moder" siehe auch Furbach und Förste!

Furschenbach (1339 Furse*nbach),* an e. Zufluß der Acher/Südbaden, und **Furschweiler** (wie Ferschweiler, Rohrweiler usw.)/Saar enthalten ein Gewässerwort *fur-s,* das auch in *Forse-lar* (Vorselaer b. Antwerpen) und *For(i)s-marische* 8. Jh./Friesld begegnet! Vgl. *Furs:* Vuurse/Utrecht!

Furtwangen im Schwarzwald (nebst Furtwängle, vgl. Fam. N. Furtwängler!) scheint Wiesenfeld an der Furt zu bedeuten. Der Begriff „Furt" war jedoch mit dem des Sumpfes eng verbunden, daher auch als Flur- und Bachname begegnend: **Furtbach** mehrmals in Württ./Baden, auch ein Fürtlesbach, mit den Fluren Furt und Fürtle. Vgl. auch **Fürth** *(Furti)* b. Nürnberg. Auch die übrigen *wangen*-Namen beziehen sich durchweg auf Wasser und Sumpf! Und *Furtmala* 898 b. Jülich (?) entspricht Wane-, Wise-, Dut-, Hal-mala, lauter Sinnverwandte!

Fuse (urkdl. *Fusene),* vom Sumpfort Peine her bei Celle in die Aller mündend, verrät sich schon durch die Endung *-ana, -ina* als prähistor. Flußname wie die *Arsene:* Ahse und Erse, die *Bilene:* Bille, die *Bomene:* Böhme, die *Flidene:* Fliede, die *Sidene:* Siede usw., alles Sinnverwandte für Sumpf-, Moor-, Moderwasser. Auch die Fuse ist ein träger, mooriger Fluß, kann also unmöglich das altdt. funs (ndd. fūs) „schnell" enthalten (wie A. Bach ohne Rücksicht auf Topographie und Morphologie phantasiert). *fus* entspricht vielmehr dem idg. *pu-s* „faulen, stinken, modern"!

Fussach am Bodensee w. Bregenz, benannt nach dem dortigen Bache (der heutigen Dornbirner Ach), enthält ein (prähistor.) Sumpfwort *fus(s),* dessen Wortsinn klar zutage tritt in der Sumpfbezeichnung *„Im Fuss"* (Hessen), auch Fusswasser. In der Nähe von Fussach liegt Balgach (zu balg „sumpf. Wasser")! Ein **Fußbach** fließt in Südbaden (zur Elz wie zur Kinzig), ein **Füssbach** in Württ. (zur Kupfer, der vorgerm. Kupra!). So wird verständlich auch *Fussesbrunno* (heute zu Feuersbrunn entstellt), bekannt aus der mhd. Literatur durch Konrad von F., wo man einen Personennamen Fuss hat erfinden wollen (so W. Steinhauser und E. Schwarz). Zum Fugen-*s*- vgl. *Padresbrunno* urkdl. neben *Padrabrunno* für Paderborn a. d. Pader (pad = Sumpf). Ein **Fussingen** liegt südl. Limburg a. Lahn. Ein Wald *Fussenhelde* im Taunus. *Fussenbrecht* ö. Köln.

Füssen am Lech (Mündung des Faulenbachs!) hat man schnurrig als „zu den Füßen" (der Alpen) — so A. Bach — deuten wollen! Dem widerspricht schon die Kürze des u-Vokals. Zugrunde liegt vielmehr das Sumpfwort *fuss* (vgl. die Fuss- u. Füssbäche/Baden-Württ.). Siehe Fussach!

Füssenich südl. Düren entspricht den morphologisch zugehörigen Namen auf -ich (aus keltisch *-iacum!)* im selben linksrhein. Raume wie *Fischenich, Lessenich, Endenich, Linzenich, Sinzenich, Rövenich, Gürzenich, Elvenich (Albiniacum)*, die durchweg Wasser- und Sumpfbegriffe enthalten! Ein **Fusenich** liegt bei Trier, vgl. Liesenich b. Koblenz (lis ist „Sumpf"). Auf frz. Boden entspricht Fussigny, analog zu Savigny (sab, sav = Schmutz!).

Fustenbach, Zufluß der Mettma/Schlücht in Südbaden, schon 1125 so, entspricht dem Hostenbach/Saar, dem Nestenbach (Nächstenbach) b. Weinheim, dem Nüstenbach im Odenwald, dem Rustenbach (zur Leine), dem Astenbach/Harz, dem Burstenbach/Lahn, dem Gerstenbach/Ob. Elsaß usw., alle von höchstem Alter und vielfach auf Eindeutschung aus vorgerm. Wortgut beruhend, — stets aber auf Sumpf, Moor, Moder Bezug nehmend. Zu *fus-t* vgl. *fus* unter Fuse und Füssenich! Neftenbach b. Winterthur (dem kelt. Vitodurum!) ist eingedeutscht aus *Nepta*, vgl. *Nepete* in Etrurien und *Neptun!* (nep meint Wasser, Sumpf, vgl. noch rheinisch niepe!).

G

Gablingen a. d. Schmutter (smut = Schmutz) nö. Augsburg wird deutbar, wenn wir das nahe Hirblingen *(Hürblingen!)* vergleichen oder auch Heuchlingen, Medlingen, Mörslingen im benachbarten Donau-Ried, die alle auf sumpfiges, mooriges Wasser Bezug nehmen. Gleiches gilt für **Gabsheim** nö. Alzey, verglichen mit Gambsheim, Gimbsheim, Eimsheim, Alsheim, Biedes-, Büdesheim im selben gewässerreichen Raum. Vgl. auch **Gaben** (am See) beim Chiemsee. Und es ist sicher kein Zufall, daß unfern von Gablingen ein **Gabelbach** begegnet. Gabelbäche fließen in Württ. und Baden (z. Brettach/Kocher u. zum Neckar: 1451 *Gablunbach),* ein Gabelgraben südl. Speyer-Lusheim (lus = Sumpf), ein Gäblesgraben z. Steinach/Kinzig (Baden). Vgl. ähnlich den Gängelbach und Gänglingen. Ein prähistor. *gab, gabr* (mit Nasal-Infix *gamb, gambr)* steckt in *Gabre* (Gièvre), in *Gabreta* (= Böhmerwald), in kelt. *Gabromagus:* siehe unter *Gaverbeck:* Garbeck! Ein **Gab(e)well** in Brit. Vgl. die matronae *Gabiae*/ Zülpich.

Gachenbach ö. Augsburg entspricht den benachbarten Gallen-, Hollen-, Retten-, Petten-, Sielen-, Singenbach, die alle Moor-, Sumpf- oder Riedwasser meinen. Vgl. **Gackenbach** b. Montabaur/Westerwald und die Synonyma Achenbach, Hachenbach, Jachenbach, Wachenbach. Siehe auch Gechingen (Gächingen)!

Gadern b. Michelbach am Ulfenbach/Odenwald (siehe auch **Gedern!**) ist vergleichbar mit **Wadern**/Saar und *Ladern* (12. Jh.) a. Mosel: *wad, lad, gad* sind uralte Bezeichnungen für sumpfig-schmutziges Wasser. Im selben Raum, a. d. Gersprenz ö. Bensheim, liegt auch **Gadernheim.** Eine (vorgerm.) **Gader** fließt in Tirol, ein **Gaderbach** in der Schweiz, ein Fluß **Gad** in England (nebst ON. Gadney), wo einst auch die vorgerm. *Gadini* saßen (vergleichbar den *Sudini* in Böhmen (*sud* „Sumpf"). Auch die **Jade** i. O. gehört hierher! Damit erledigt sich die unwissenschaftl. Anknüpfung an ahd. gadem (so E. Förstemann) bzw. an „Gatter" (so W. Müller im Hess. ON.-Buch)! Ein Wald *Gade* lag um 1100 b. Abbeville.

Gädheim am Main (ö. Schweinfurt) wird verständlich durch *Ur-:* Euerheim Schwebheim, Sulzheim ebda, die alle auf sumpfiges Gelände deuten; siehe Gadern! Die Gegend ist prähistorisch bemerkenswert durch das vorgerm. *Tarissa:* Theres a. Main!

Gagern (1139 i. Westf.) enthält wie *Gaginheim* 8. Jh./Rhld. und *Gaginbach* 769 b. Passau ein dem Wörterbuch unbekanntes, prähistor. Sumpfwort *gag* (vgl. engl. *gagel* „Sumpfpflanze", nach H. Smith, Engl. Place names elements, 1956, I, 205), deutlich in **Gagelveen** (wie Goorveen, Helveen) in Holland, nebst *Gageldonk;* dazu *Gagenford, Gagenleg, Gagenstede, Gagesgille*/Engld. Siehe auch **Gegenbach! Geyen**/Köln, **Gegen**/Trier.

Gähling, bewaldete Anhöhe b. Olpe, siehe Gelling! Siehe auch Gehlenbeck!

Gahmen, Gahma siehe Gambach!

Galbach am Hohen Venn (!) und die *Galepe* (ON. **Galp** b. Mettmann/Ruhr) enthalten ein idg. Wasserwort *gal* (altindisch *gala, jala);* vgl. auch die Varianten *gel, gil, gol, gul!* So entspricht der *Galepe* die *Gelepe* und die *Gulepe* (wie der Halepe die Helepe und die Holepe!). *Gal-meri* 1030 ist das heutige **Gelmer** b. Münster. Ein *Galana* lag 960 in Holland, ein *Galren* in Belgien, vgl. *Gelre:* Geldern. Ein **Galenbach** fließt zum Inn/Bayern, ein *Gallenbach* im Odenwald (auch ON. ö. Augsburg, wo auch die sinnverwandten Hollen-, Retten-, Pettenbach). *gal* meint noch heute im Rheinischen „nasse, sumpfige Stelle", daher**Gahlen** b. Dinslaken, wie *Galana* 960/Holld. Vgl. *Gamana:* Gahmen i. W. In Brit.: *Galava,* in Piemont: *Galenca!* (wie Valenca). Ein **Gallen-Berg** im Harz.

Galmen siehe Gelmen!

Gambach (Bachname in der Schweiz und zur Schussen (1090 schon so) und mehrfach ON.: a. Wetter, a. Laber, am Ried nö. Ravensburg) nebst *Gambiki:* **Gembeck** in Waldeck enthält ein verklungenes, dem Wörterbuch unbekanntes und stets mit ähnlich klingenden Wörtern verwechseltes Gewässerwort *gam* (vgl. auch *gim, gum!),* das absonderliche Blüten linguistischer Phantasie hervorgerufen hat: so dachte man an „Flußhochzeiten" wegen griech. γαμεῖν „heiraten" oder an „Spielplätze an Bächen" (so Jellinghaus, wegen ahd. gaman „Freude"!) oder an „winterliches Klima" (so Watson S. 432, wegen irisch geam „Winter"). Daß *gam* vielmehr „Moder, Faulwasser" meint (wie *am, bam, kam, lam, ram, sam, tam),* ergibt sich aus Reihen wie (kelt.) *Gamara* (Fluß Gamhair/Schottld) — *Namara* (die Nahmer i. W.) — *Samara* (die Sambre) — *Tamara* (Spanien) oder *Gameda — Nameda — Rameda — Tameda!* Vgl. *Gameren/* Gelderland. Ebenso **Gahma** nebst Gleima u. Schmorda südl. Pößneck (wo *glim* = „Schleim" und *smord* = „Gestank, Moder"!) und **Gahmen** i. W. nebst **Gemen** (1017 *Gamini)* Kr. Borken u. Kr. Ahaus. Vgl. *Gamania* (Jamagne) wie Limania (lim „Sumpf") und *Gamapia* (Jemappes) in Belgien, *Gamonia* (Gamogna)/Toscana analog zu *Bononia* (Bologna), *Limonia, Randonia, Geldonia,* lauter Sinnverwandte! Dazu **Gamlen** nö. Cochem wie Alflen ebda *(Gamla, Albla,* alte Bachnamen), vgl. *Gamelwurth*/E., wo man e. Pers.-Namen sehen wollte („Gamela's Gut", so Förster und Ekwall!). — Ein *Gaminesbach* (Gammelsbach) fließt zum

Neckar (b. Hdlbg), vgl. Raminesbach b. Ravensburg; so werden verständlich *Gamenes-:* **Gambsheim** im Elsaß wie **Namenes-:** Nambsheim ebda, auch *Gamines-:* Gamshurst/Baden und *Gamines-:* Gammesfeld/Württ. *Gameneswang:* Gamerschwang. Zu *gamb* siehe Gemmerich *(Gambriki)!*

Gandern a. d. Gander nö. Metz/Lothr. verrät sich schon geogr. als vorgermanisch, bestätigt durch die *Gandria* in Ligurien, wo auch ein *Gandobera* fließt (analog zum *Porcobera* b. Genua!). Auch die Endung *-anc* in *Gandanc* b. Bernkastel/Mosel weist aufs Ligurische! Vgl. *Iranc:* Ehrang b. Trier u. ä. Ein *Ganderon:* Genderen in Brab. Ein **Gandern** (Hohen- und Kirch-Gandern) liegt auch a. d. Leine südl. Göttingen, und **Gandersheim** (zw. Leine und Innerste) ist gleichfalls nach einem Bach (*Gande(ne)* benannt! Vgl. auch **Gent** (alt *Gandi, Gandavum*) in sumpfiger Lage! Dies muß auch der Wortsinn von *gand* sein (wohl = *gad* mit Nasal-Infix, vgl. Gadern — Gandern); altindisch *gand* meint Gestank. Siehe auch *gund* (Gundbach) und *gind* (Ginderich). Ein **Gandow** liegt a. d. Löcknitz/Elbe.

Gangelt, Gangbächle, Gängelbach siehe Gengenbach!

Gappenach/Mosel siehe Kolbenach! **Garbeck** i. W. siehe Gaverbeck!

Garbenheim, Garbenteich enthalten ein Sumpfwort *garw:* vgl. garwa die Schafgarbe! Vgl. auch unter Gerbstedt!

Gardelegen, Gardenbach, Garda-See siehe Gehrden!

Garrel, Moor-Ort in Oldbg, urkdl. *Gor-la* (*gor* = „Morast, Sumpf") entspricht **Varrel** (*Vor-la*) und **Scharrel** (*Scor-la*): auch *vor, scor* sind Sumpfwörter.

Garstedt wird deutlich durch das **Garbrok,** sumpfige Niederung westlich Ahaus i. W., vgl. Gaar: 890 *tom Gare! gar* (der Forschung nicht geläufig!) ist ein prähistor. Sumpfwort: es begegnet schon im Fluß *Garandros/* Pisidien, im Fluß *Garumna:* **Garonne** und im ON. *Garola* (3mal im ligur. Piemont!); dazu die ligur. *Garuli* (Völkerschaft). Vgl. auch *gor, ger, gir!*

Gartach (Groß-, Klein- u. Neckar-Gartach) b. Heilbronn, a. d. heutigen Lein, die urspr. 988 *Garda,* 765 *Gardaha* hieß, entspricht der ebenso vorgerm. **Wertach** (z. Lech). Gartenbäche fließen zur Murg, zur Wiese (Baden) und in Kärnten. Zum prähistor. *gard, gart* siehe Gerden und Gärtringen!

Gärtringen/Württ. gehört in eine Reihe mit den sinnverwandten Nachbarorten Nufringen, Deufringen, Nebringen, auch Egringen, Schabringen usw., vgl. die Gartach! Verwandt ist irisch *gert* „Milch", altind. *grt(am)* „Rahm"! Ein **Gerthe** *(Gerthere)* liegt b. Bochum, ein **Garthe** (948 *Garta)* nö. Vechta. Unbekannt sind *Gartbrunno, Gartenriet.*

Gaste b. Osnabrück (1240 *Gerste*) siehe Gerstungen!

Gasterfeld (einst a. d. Duse b. Wolfhagen/Waldeck) stellt sich zum prähistor. Landschaftsnamen *Gasterna* (984 in Flandern) bzw. *Gasteren* (Schweiz), auch ON. **Gasteren** im Moorgau Drente analog zu Ge(e)steren, Anderen, Donderen, Kolveren, Balveren, Rechteren, vgl. Rechterfeld i.O., Biesterfeld i. W., Vesperfeld i. W., die alle auf Wasser-, Moor- oder Sumpfbezeichnungen zurückgehen. *gast* (vgl. *gest, gust)* steckt auch im Flußn. *Gastunia* (Gastein) analog zu *Betunia* (Bethune/Frkr.). *gast, gest, gust* entspricht *rast, rest, rust* (vgl. den Sumpf *Rasta* palus/Brabant und die Raste/Ostpr.).

Gatersleben im Selketal ö. Quedlinburg (1084 *Gatisleva*) gehört wie die Nachbarorte Hedersleben *(Hadesleva),* Adersleben *(Adesleva)* zu den prähistor. *leben*-Namen, denen fast durchweg Gewässernamen zugrunde liegen; -r- ist sekundär und täuscht Personennamen vor, die man aber erst erfinden müßte! Vgl. ebenso Bade(r)sleben, Germe(r)sleben, Gude(r)sleben usw. Südl. von Gatersleben mündet in die Selke (vom Harz her) eine **Getel!** Vgl. die **Gete** (959 *Gatia*) in Brabant, und Getmold i. W. *gat (get)* begegnet als Flußname *(Gata)* auch in Spanien (auch im Volksn. *Gates* a. Garonne!) und erweist sich als Sumpf- oder Moderwort (wie *gad, ged)* durch die Komposita *Gate-cumbe* (wie Bride-, Cude-, Love-, Made-, Morte-, Ode-, Wete-cumbe/England), sowie *Gate-ford, -leg, -dene, -grave, -hurst,* ebda, wo Ekwall, Förster, Smith an altengl. gāt „Geiß" dachten (so schon Beda a. 730). Zum *Gatt-Berg*/Belm vgl. *Ratt-Berg!*

Gaverbeck, heute **Garbeck** nö. Werdohl a. Lenne, (- auch Jever hieß *Gavere!*), ist ein eingedeutschter prähistor. Bachname: vgl. *Gabre:* Gièvre/Frkr. und *Gabreta:* der alte Name des Böhmerwaldes (bisher für e. Ziegenwald gehalten, zu lat. capra), mit kelt. Endung wie Boneta, Codeta, Berleta, Bormeta, Sudeta, lauter Sinnverwandte! Mithin kann *gab-r* nur „Sumpf" oder „Moder" meinen. Auch in Belgien begegnet der Bachname *Gaver, Gaverella.* Im kelt. Noricum (Kärnten) vgl. *Gabromagus* „Sumpffeld" (nicht „Bockfeld", so E. Schwarz), analog zu Rigomagus: Remagen „Wasserfeld".

Geblar (1016 *Gebe-lere*) südl. Vacha gehört wie das nahe **Buttlar** a. d. Ulster (ul = Moder) zu den vielen, durchweg auf Wasser, Moder, Sumpf deutenden *-lar*-Namen. Auch *geb* wird als verklungenes Synonym hierzu erwiesen durch *Geb(b)engoor*/Overijssel wie Sichti-goor i. W., mit der Erläuterung *goor,* d. i. „Morast" (sicht = sumpfig); desgl. durch *Geba-loha* 9. Jh. (wie Burs-loha, burs = Sumpf, loh = Gehölz). Dazu der **Gebenbach**/Württ. (mit dem Gebenwald und Gebenweiler: 1085 *Gebeneswilare*),

Gebweiler im Elsaß; *Gebenbrunn:* entstellt zu **Gehaborn** Kr. Darmstadt, *Gebenstat* 874: **Gebstädt** nö. Apolda (wie Butt-, Lieb-, Mann-, Romstedt ebda). Gleiches gilt von der **Geba,** einer bewaldeten Anhöhe in der Nähe des vorgeschichtl. Gr. Dolmar b. Meiningen! Und nö. von Erfurt liegt **Gebesee** a. Gera + Unstrut; nördl. zur Wipper hin: **Gebra,** ein Gewässername von höchstem Altertum wie die sinnverwandten Ebra, Trebra, Nebra, Ibra (a. d. Ibra), Netra (a. d. Netra), Sontra (a. d. Sontra) alle mit prähistor. r-Suffix! Eine **Gebeke** fließt zur Ruhr, eine **Gehbke** in Lippe. Vgl. auch *Gebenhain, Gebenrode* (wüst) in Hessen.

Gechingen ö. Calw stellt sich offensichtlich zu **Hechingen,** Bechingen, Dächingen, Fechingen, Wechingen, — alles Ableitungen von Wasser-, Moor-, Moder-Bezeichnungen. Ebenso **Gächingen** ö. Reutlingen (wie ebda Dettingen, Böttingen, Würtingen) und **Gachenbach** ö. Augsburg (wie Gallen-, Hollen-, Petten-, Retten-bach im selben Raum), vgl. Jachenbach/Ö. Ein **Gechbach** fließt zur Kinzig/Baden (alt *Gecht- und Gechbach).* Vgl. auch **Gichenbach** in der Rhön!

Geckler/Eifel (wie Wepeler, Repeler ebda), **Geckenheim**/Württ., **Gekkengraaf**/Holld siehe Gückingen!

Gedern a. d. Nidder/Vogelsberg (mit dem Gederner See!) wie **Gadern** im Odenwald (siehe dies) enthält ein prähistor., der Forschung nicht geläufiges Moderwort *ged, (gad),* deutlich in griech. χέζω „cacare" (idg. *ghedh-),* bestätigt durch *Ged(d)ingmoor*/Holland, *Gedding* (schon 687/E. nebst Giddingford), *Gede-leg* "Moorwiese", *Gedney* u. ä.; auch *Geedensbusch*/Brabant, *Geddenberg*/Erft, *Gettenbach* (z. Kinzig/Hess.), *Geddelsbach* ö. Heilbronn! vgl. den *Gittelsbach* (z. Gutach). In Oldbg: Jeddeloh, wie Jeddingen b. Soltau. Vgl. auch die i-Variante *gid, git* (obd. gitzen „cacare"). Auf baltischem und illyr. Boden vgl. Fluß *Gedika*/Lit., Gedauten/Ostpr., *Gedate*/Dalmatien.

Geeste, ein Moorfluß, bei Geestemünde/Bremerhaven zur Weser fließend, hat mit „Geestlandschaft" natürlich nichts zu tun, sondern enthält wie *Geesteren* (2 mal in Holld) analog zu *Zenderen, Gasteren, Kolveren* usw. ein Moorwort *gest,* bezeugt durch Fluß *Gestupis* in Litauen (wie Kakupe, Alkupis, Latupe). Varianten sind *gast, gust, geist.* Ein *Geest-Moor* ö. vom Dümmer. Vgl. **Gestecke** b. Metze/Gudensberg! Zur Form *geist* vgl. **Geist** b. Wadersloh, **Geistbeck, Geistungen, Geisthövel** *(Gesthuvel)* i. W. Geijsteren/Holld.

Gegenbach/Bayern, der Gegenkopf u. die Gegenberge in Württ., die Gegensteine (Gegental) im Harz, die **Gege** b. Saulgau, *Gegina:* **Geyen** b. Köln, siehe *Gaginbach*, Gagern!

Gehaborn b. Darmstadt siehe Geblar!

Gehlenbeck (1120 *Gelenbeke*) b. Lübbecke (verschliffen zu *Gelmke* b. Goslar) kann, wie das *Gelen-lo* 1482 b. Paderborn deutlich verrät, nicht „gelber Bach" meinen, denn *lo* deutet stets auf „sumpfige Niederung"! Vgl. *Rip(en)lo:* Reploh i. W. (wo rip = Sumpfgras). Gleiches gilt für **Gehlebeck** b. Rinteln/Weser, das 1299 einfach *Gela* hieß (genau wie **Geel** a. Nete/Holld!), und für den Bach **Gelpe** (*Gel-apa*), Zufluß des Morsbachs (mors „Sumpf") zur Wupper (auch Ort b. Gummersbach), analog zur Melp(e): *Melapa* b. Bonn (wo *mel* „Schlamm" meint, — sie ist heute noch schlammig), zumal die uralten Bachnamen auf *-apa* „Wasser" niemals Farbbezeichnungen enthalten! Eine methodisch wichtige Beobachtung. Auch die **Helpe**/Holld bestätigt es, denn *hel* ist ein Moderwort! Sie steht im Ablaut zur **Holpe** (z. Sieg), *hol* meint „Moor", wie die **Gelpe** zur **Golpe;** von „gellen" (so Dittmaier) oder „hallen" oder „hohl" kann also keine Rede sein. Beweiskräftig für das verklungene, dem Wörterbuch und der Forschung nicht geläufige Sumpf- oder Moderwort *gel* (mit den Varianten *gal, gil, gol, gul*) sind auch *Gelre:* **Geldern** (wie *Polre:* Polder, zu pol „Pfuhl" und *Genre:* die Gender/Holld) und *Gel-mala*/Brabant (wie Dutmala, Halmala, Wanemala, Wisemala, Rosmala, alle auf Sumpfwasser bezüglich), auch **Gel-mer** i. W. (1030 *Gal-meri* „Sumpfsee") und das Kollektiv *Gel-ithi:* **Gielde** b. Goslar bzw. **Gilde** b. Gifhorn. *gel* lebt noch in westfäl. *geel, gähl* „feuchte Niederung" (siehe unter **Gähling!**). Auf kelt. Boden vgl. *Gelosum* (Jaloux a. Avance) wie *Lutosum* (lat. lutum „Schlamm"). Zum **Gellen-Berg**/Pyrmont vgl. **Gellenbeck!**

Gehlert b. Hachenburg/Westerwald ist verschliffen aus *Geleroth, -rode* wie Astert u. Hattert ebda aus *Asteroth, Hatteroth.* Wie *ast* und *hat(t)* ist auch *gel* ein verklungenes Wort für „Morast, Schlamm". Siehe Gehlenbeck!

Gehlweiler a. d. Simmer/Soonwald entspricht Bruch-, Lett-, Herch-, Asweiler; siehe unter Gehlenbeck, Gehlert!

Gehn, Name eines Waldes b. Bramsche (Moorgegend!), auch Ort b. Euskirchen, entspricht dem Gewässer- und Poldernamen **Gein** (um 1200 *Gene* a. d. Ijssel/Holland, der auch in *Genemuiden* und im Flußn. *Genre:* **Gender** (z. *Dutmala:* Dommel) steckt und nach Ausweis der zugehörigen Flußn. *Kunre:* Kuinder, *Gelre:* Geldern, u. ä. „Sumpf-, Moor-, Schmutzwasser" bedeuten muß. *Genne* am Zus.fluß von Vecht und Schwartewater dürfte der Name des Letzteren gewesen sein (vgl. dazu Schönfeld S. 93/94). Ein Bach und Ort **Geinegg** begegnet b. Lüdinghausen analog zu Rhenegg, Salegg, Postegg, lauter Sinnverwandte. Ein **Genfeld** b. Erkelenz. Den Wortsinn des verklungenen *gen* (vgl. gallo-roman.-schweizerisch *dzeno* „Treber", nach Hubschmid, Pyrenäenwörter, 1954) bestätigen auch morpholog. Gleichungen wie *Geni-lo* — *Ana-lo* (Andel a. Maas) oder *Gen-lide* — *An-lide* (d. i. **Gellen** im Moor der Hunte-Mündung bzw. **Ahlen** im Moor der Ems), denn auch *an* ist ein prähistor. Sumpfwort (vgl. die *Ana:* Ahne). Auf keltoligur. Boden begegnen *Gena* (845, Gennes), *Genabum* (: Orleans), *Genua, Genosca* (wie Andosca), *Geneva* (: Genf) wie Luteva (lutum „Schmutz"), *Genusium/*Apulien wie Canusium (can „Sumpf") und die *Genauni/*Rätien wie die Anauni, Ingauni, Ligauni, ligur. Völker! Damit ist die übliche Schreibtischweisheit, die an lat. *genu* „Knie" denkt (so noch W. Kaspers ZONF. 15, 1940 und H. Dittmaier 1955 § 51), ad absurdum geführt. Die Verwendung abstrakter Begriffe wie „Flußkrümmung" (in Knieform!) zur Bezeichnung von Flüssen ist mit natürlichem Empfinden unvereinbar, erst recht aber mit dem Abstraktionsvermögen des Vorzeitmenschen! Zum Namen des **Gehn** beachte man, daß in alter Zeit Wälder und bewaldete Höhen grundsätzlich nach ihren Gewässern bzw. nach ihrer Bodennatur benannt wurden, so auch der Spörk (spurcus „Schmutz") b. Dülmen, die Schmacht am Solling, die Finne, die Schmücke und die Schrecke (Thür.), der Seiler (sel „Sumpf"), der Sohler (sol „Suhle"), der Selter (Salteri) b. Gandersheim, der Vogler am Ith (zu idg. bhog-l „Sumpf", wie der Vogelsberg!), der Göttler (Württ.), auch mit -ing „personifiziert": der Solling, der Seuling, der Schilling, der Beping; der Gelling b. Hagen und der Gähling b. Olpe (westfäl. gähl „sumpfige Stelle"). Siehe auch unter Genf, Gennach, Gennweiler, Jennelt! Vgl. auch die Varianten *gan, gun (gon), gin!*

Gehrden zw. Driburg u. Warburg (auch b. Hannover) nebst **Gerden** ö. Melle (sumpfig) ist umgelautet aus *Gardina* (9. Jh.), entspricht somit dem Flußnamen *Gardine* in Litauen! Prähistor.-vorgerm. Herkunft liegt also auf der Hand. Dazu die *Gardenebike* 1032: der heutige **Gertenbach** b. Hedemünden a. Werra, und der *Gardenbach* 1072 im Hunsrück, auch die *Gardaha* (8. Jh.): jetzt **Gartach,** Nbfl. des *Neckars,* alle auf vorgerm. Boden. Siehe unter Gartach und Gärtringen! Eine **Gerdau** fließt mit der **Hardau** (hard „Schmutz"!) bei Ülzen zur Ilmenau. Vgl. **Gerdauen** in Ostpr. — **Gehrde** b. Bersenbrück hieß *Gir-ithi* 977: siehe dazu Gera! Ein *Gardivelt* lag 1030 b. Coesfeld (cos „Schmutz"). Und *Gardeleve:* **Gardelegen** entspricht *Bardeleve* (Barleben), *Badeleve* (Badeleben), *Rusteleve* (Rossleben) usw., wo *bard, bad, rust* alte Sumpfwörter sind; so kann auch *gard* nichts anderes bedeuten: auch der **Garda**-See und **Gardolo** b.

Trient weisen es als vorgermanisch aus. Vgl. die Variante *gord* in *Gorden-sele, Gordolasca* (ligur.). **Geichlingen**/Mosel s. Gichenbach!

Geilenkirchen a. d. Würm b. Aachen, mit ndrhein. *ei* für *e*, enthält das Gewässerwort *gel (geil)* wie die *Gelepe*. Vgl. die *Gelenbeke*, das *Gelenlo*, auch *Gelenhusen, Geilenhusen* (wie Solenhusen, sol „Sumpf"). Ebenso sind Euskirchen und Gelsenkirchen (alt Gelstern-kirchen a. d. Gelster!) nach Gewässern benannt! Dazu *Geilnau (Gelenau)* a. Lahn (wie Dausenau, Gettenau ebda!), wo A. Bach S. 269 irrig an „geil, üppig" denkt. Auch E. Schröder S. 215 irrte, wenn er bei Gelnhausen eine Gela, Geila (d. i. Gertrud) suchte!

Geis, Geisa, Geislar siehe Geismar! **Geisig,** Geisecke siehe Geseke!

Geisenheim a. Rh. (874 *Gisenheim*) entspricht Buden-, Hatten-, Lauben-, Nackenheim ebda, die auf Wasser und Sumpf deuten. Gleiches gilt für **Geisingen**/Württ. (alt *Gisingen*) wie Gächingen, Dottingen, Böttingen, Dauchingen und (schon wegen der Häufigkeit!) für **Geislingen**/Württ. (analog zu Dettlingen neben Dettingen, — Möttlingen neben Möttingen). Dazu *Gise-:* **Geisweiler**/Saar, *Gisenhard* 831 wie Muchenhard!

Geisleden a. d. Geislede, die bei Heiligenstadt im Eichsfeld zur Leine fließt, hieß urkdl. im 11. Jh. *Geizlethi, Geizlide,* 1022 auch *Geizl-aha.* In Anbetracht der ndd.-hochdt. Sprachgrenze 10 km nö. von G. dürfte *Geiz-* auf Verhochdeutschung aus ndd. *Get-* beruhen (vgl. Kaufungen für Kopungen!): *Getlithi, Getlide* begegnet denn auch (965, 973) urkdl. für **Geitelde** und **Gittelde** im Harzvorland (siehe unter Gittelde!), womit auch die Deutung gegeben ist, denn die Kollektiva auf *ithi, -ede* sind durchweg Ableitungen von Gewässernamen: eine **Getel** (Geitel) fließt z. B. vom Harz zur Selke! E. Schröder S. 286 ff. geht also völlig in die Irre, wenn er im Banne mythologischer Vorstellungen an eine Geiß, ein Geißlein denkt! Zum Sumpfwort *get (gat)* siehe Gittelde u. Gatersleben!

Geismar, im Eder-Fulda-Raum um Kassel-Fritzlar usw. häufiger Name, gehört zu der umfangreichen Gruppe der *mar*-Namen in Hessen-Thüringen-Westfalen, die ins höchste Altertum, in die Vorzeit hinaufreichen, wie schon die Tatsache beweist, daß kein einziger einen Personennamen enthält! — was ebenso für die Namen auf *-lar* gilt! *mar* (verwandt mit unserem „Meer") meint „Sumpfstelle", insonderheit „Quellsumpf" (: in der ältesten Zeit entstanden Sümpfe meist dadurch, daß die Quellen nicht immer den nötigen Abfluß hatten! Vgl. E. Schröder S. 138). Schröder geht aber in die Irre, wenn er glaubt, die ersten Bestandteile der mar-Namen mit Hilfe des deutschen Wörterbuchs erklären zu können. Entsprechend ihrer prähistor. Herkunft enthalten sie vielmehr uraltes,

z. Tl. längst verklungenes, uns fremdartiges Wortgut, jedenfalls stets eine Bezeichnung für Wasser, Sumpf, Moor, Moder! *geis* begegnet auch in alten Bachnamen, vgl. **Geisa** a. d. Geisa (Zufluß der Ulster), an der auch Geismar liegt! Ebenso enthält **Versmar** den Bachnamen Verse, **Wismar** den Bachnamen Wise, **Vilmar** den Bachnamen Vile, **Weimar**, Wechmar, Hadamar usw. die Wasserwörter wich und had usw., die alle auf sumpfig-modriges Wasser Bezug nehmen (von Schröder aber ganz falsch mit „viel", „gut" (wesu) und germ. Kultbegriffen „gedeutet" werden!). Auch **Schötmar** (Scutemere) i. W. enthält den Bachnamen Schöte (zu scut „Moder, Schmutz"). Daß auch *geis* „Moder, Sumpf" meint und nicht „hervorschießende Quelle" (so Schröder u. a.), wegen ahd. gisan „hervorsprudeln", — schon 782 zeigt die *Geis-aha* Diphthong! — das ergibt sich auch aus der Analogie von **Geislar**/Sieg (**Geslaer**/Holland) und den Sinnverwandten Goslar, Aßlar, Dreislar, Hunlar, Lunlar, Marlar, Ankelar, Mecklar, Dorlar, Wiselar, Weslar, Waslar, Badelar, Coslar, Roslar! Sie alle wurzeln im prähistor.-idg. Wortschatz, nicht im deutschen!

Geistungen, Geist, Geistbeck siehe Ge(e)st!

Geitelde südl. Braunschweig (urkdl. *Getlithi*) siehe Geisleden!

Geithe a. d. Gete(ne) b. Hamm i. W. siehe Getmold!

Gelbach, Zufluß der Wolfach (z. Kinzig/Baden), meint schwerlich einen gelben Bach (mhd. gel „gelb müßte gedehnt als gehl erscheinen); alte Bachnamen enthalten nicht Farb-, sondern Wasserbezeichnungen. Siehe Gehlenbeck!

Geldern im ndrhein. Tiefland wie die holld. Landschaft Gelderland sind nach einem Gewässer *Gelre* benannt, analog zur Kuinder (*Kunere*) und Gender (*Genre*) in Holland: *kun, gen* und *gel* sind prähistor. Wörter für schmutziges Wasser. Vgl. *Polre:* Polder! (zu pol „Sumpf").

Geldenaken/Brabant siehe Gelnhaar!

Gellen, Moorort a. d. Hunte-Mündung, urkdl. *Genlide*, siehe Gehn!

Gellenbeck b. Hagen/Ruhr u. b. Minden siehe Gehlenbeck!

Gelling, Waldberg b. Hagen, siehe Gehlenbeck! Im entspricht der Gähling und der Solling.

Gelmen b. Soest (1133 *Gelmene*) entspricht **Gelmen** a. Herck in Belgien, das 966 *Galmina* hieß und sich als vorgerm.-prähistorisch verrät in Anbetracht von *Galmen*/Ostpr. u. *Galmonas* in Litauen: der Sinn ist zweifellos „übelriechendes Gewässer" (vgl. rhein.-westfäl. *galm* „Übelriechendes", *galmen* „stinken". Verfehlt ist die Ableitung von ahd. *galm* „Schall, Lärm", (so H. Krahe: BzN. 8, 1957), von lit. gala(s) „Ende" (so Gerullis) und von ags. gielm „Garbe" (so Carnoy)! *galm* verhält sich zu *gal* wie *swalm* zu *swal! Galmarda*/Brab. entspricht *Wermarda, Bagarda.*

Gelmer i. W. und **Gelmke** b. Goslar siehe Gehlenbeck!

Gelnhaar zw. Büdingen und der Nidder hieß 1187 *Geldenhore,* wo der Zusatz (ahd.) *horo* auf Sumpflage deutet. Das Wasserwort *geld* (dem Wörterbuch unbekannt) erscheint mehrfach in Flußnamen auf kelto-ligurisch-illyrischem Boden: so in *Gelduba* (bekanntem Römerkastell am Niederrhein nach Tacitus und Plinius, 904 *Geldapa,* heute **Gellep** b. Krefeld), es entspricht *Salduba, Calduba, Uduba, Corduba* in Spanien, lauter „sumpfig-schmutzige Gewässer"! In Belgien haben wir *Geldonia* (: Jodogne) am Flusse *Geldion* (: Jodion) analog zu Aronia (die Arogne), Agonia (die Agogna), Bononia (Boulogne, Bologna), Limonia, Lingonia, lauter Sinnverwandte, desgl. Fluß *Geldina* (ON. Gedinne/Belg.), eingedeutscht: **Geldnach** (Nbfl. der Wertach) in Württ. Zu **Geldenaken** a. d. Geule (gul „Morast") vgl. als synonym *Lodenaken* (lod „Schmutz", -aken = keltisch *-acum*). Ein *Gelda* auch in Albanien (auf illyr. Boden)!

Gelnhausen a. d. Kinzig (der kelt. Cintica) ö. Hanau, urkdl. *Gelenhusen,* was analog zu *Solenhusen (sol* „Suhle, Morast") als Ort am Sumpfwasser *(gel)* zu deuten ist; auch *Gelendal* u. Glimental/Hessen.

Gelsenkirchen, urkdl. *Gelsternkirchen,* zw. Lippe und Ruhr, hat natürlich mit den „gelben Steinen der ersten Kirche" (wie Jellinghaus schrulllig meinte!) nicht das Geringste zu tun. *Gel-str* ist ein prähistor. Gewässername: eine **Gelster** fließt zur Werra, einst auch b. *Gelster-:* **Kelsterbach** am Main w. Frankfurt. Zu *gel-str* vgl. *el-str* (die Elster, zu *el* „Moder, Faulwasser"). Vgl. auch ags. geolst „Eiter", nd. *galst* „ranzig"! Wie Gelsen- so auch Geilen- u. Euskirchen.

Gembeck/Waldeck siehe Gambach! **Gemen** siehe Gambach!

Gemmerich (890 *Gambriki*) nö. St. Goar und nö. Hamm i. W. entspricht Emmerich *(Ambriki)* am Ndrhein: wie *amb-r* ist auch *gamb-r* ein (dem Wörterbuch unbekanntes) Gewässerwort, nach dem zweifellos auch die *Gambrivi* (bei Tacitus und Strabo) benannt sind. Vgl. auch **Gemmrigheim** am Neckar südl. Heilbronn analog zu Obrigheim (zum Flußn. Obrinca/Mittelrhein), auch Besigheim, Bietigheim, Eubigheim u. a. ebenda!

Gendringen ö. Emmerich/Ndrhein (wie Genderen/Brab.) siehe Gandern!

Genf (urkdl. *Genefa,* d. i. *Gen-apa*), Zufluß der Urft (*Urdefa*), im Rhld, gehört wie diese zu den vielen mit *-apa* „Bach" eingedeutschten Gewässernamen der Vorzeit, deren Wortstamm stets das Wasser selber meint. Schon damit erledigt sich die übliche Schreibtischweisheit, die an lat. *genu* „Knie" denkt (so noch W. Kaspers: ZONF 15 und H. Dittmaier

1955 § 51). Zudem ist die Verwendung abstrakter Begriffe wie „Flußknie, Flußkrümmung“ zur Bezeichnung von Flüssen mit natürlichem Empfinden (erst recht des Vorzeitmenschen!) unvereinbar! Wenn auch das Wörterbuch, wie so oft, versagt, so findet sich doch in Südfrankreich ein galloromanisches Dialektwort *gen-* (schweizerisch *dzeno)* im Sinne von „Treber“, das hier vorliegen muß im Sinne von Schlamm, Morast.

Die Bestätigung liefern morphologische Reihen wie *Geneva* (**Genf**/am Genfer See!) — Luteva (lut = Schmutz); *Genauni*/Rätien — Anauni, Ligauni (ligur. Völker!); *Genosca* — Andosca/Ligurien; *Genabum* = Orleans/Loire — Andavum; *Genusium*/Apulien — Canusium — Pelusium; vgl. auch *Gena* 845 (Gennes/Nordfrkrch), die Urform der *Genafa* (wie die Urda/Frkrch und die Urdafa). So wird verständlich der Waldname **Gehn** b. Bramsche (entsprechend dem Spörk b. Dülmen, spurcus „Moder, Schmutz“) und der Poldername **Gein** a. Ijssel. Eine *Genre:* Gender fließt in Brabant, sie entspricht der *Kunre:* Kuinder ebda zu *kun* „Schmutz“). Dazu die Gleichungen *Genlide* — *Anlide* (**Gellen** im Moor der Hunte und **Ahlen** im Moor der Ems) und *Geni-lo* — *Ana-lo* Andel/Maas), zu *an* „Sumpf“, auch **Genum**/Holld. Einen Fluß *Genusus* erwähnt Cäsar in Albanien! Vgl. auch **Genua**/Ligurien. Weiteres unter **Gehn!**

Gengenbach a. d. Kinzig (der kelt. Cintica oder Centica) in Baden, wo die Haigerach mündet, wo man einen Pers.-Namen Gango finden wollte, verhält sich zum Flußnamen *Genga*/Italien (auch brit. *Genge:* 726 in England) wie der Argenbach (948 im Rhld) zur *Arga* (Spanien, Litauen, Schweiz), der Morgenbach/Hessen zur *Morgue* b. Genf, der Murgenbach Ob.Bay. zur *Murg*/Baden, der Mundenbach/Elsaß zur *Munda*/Spanien, der Bregenbach/Baden zur *Brege*/Schwarzwald, der Gardenbach (1072/Hunsrück) zur *Garda* (Gartach/Neckar), der Burdenbach/Wied zur *Burda*/Schweiz (Burdua/Spanien), der Tellenbach/Baden zum *Telo*/ Ligurien (Tela/Schweiz), der Urdenbach/Oberrhein zur *Urda*/Ourdé (Frkr.), der Konkenbach (Waldeck, Westf., Pfalz) zur *Conca*/Italien usw., — eine eindrucksvolle Reihe eingedeutschter Bach- und Flußnamen kelto-ligurischer und veneto-illyrischer Herkunft!

Ein **Gangbächle** fließt zur Brettach/Kocher, ein **Gängelbach** zur Weschnitz, vgl. **Gänglingen:** *Gangoniacum*/Lothr.; **Gangelt** b. Aachen, auch *Ganga, Gangavia*/Friesland, *Gangsloot*/Holland. Ein *Gengi-lo:* Ginkel b. Utrecht. So werden verständlich auch **Gingen** a. Fils und **Giengen** a. Brenz (vgl. den Ginge-Brook/E.: 726 *Genge)*. Zur Lautreihe *gang, geng, ging* vgl. ang, eng, ing; sang, seng, sing; lang, leng, ling; tang, teng, ting, daher Tiengen a. Wutach wie Gi(e)ngen. Zu **Gengesfeld**/Wupper vgl. Lengesfeld! **Gungweiler**/Lothr. entspricht Assweiler ebda.

Gennach, Nbfl. der Wertach in Bayr.-Schwaben, und der **Gennenbach,** Zufluß des Hohlenbachs b. Kandern/Südbaden (hol meint „Moder, Moor") sind prähistor.-vorgerm. Herkunft. Zu *gen* siehe Genf! Eine Flur Gennenbach auch am Bruchbach (!) im Pfinzgau/Karlsruhe. Siehe auch Gennep! Ein *Gennenheim:* **Ginnheim** b. Hanau; ein **Genheim** b. Bingen. Ein **Genne** a. Vecht. *Genwiler* 1119/Saar.

Gennep a. Niers/Maas westl. Kleve hieß *Ganapia* (949 in pago *Ganipi),* Gennep auch in Brab. u. Holld. Zu *gan* (Variante zu *gen)* vgl. kelt. *Ganodurum*/Schweiz analog zu *Salodurum:* Solothurn (zu sal „Schmutz, Sumpf"!).

Gennerich b. Münster entspricht **Ginderich** b. Wesel (vgl. **Gendringen** ö. Emmerich). In Anbetracht von **Genderen**/Nordbrabant, das um 1000 *Gandron* hieß, dürfte das Wasserwort *gand-r* zugrunde liegen (siehe Gandern!).

Gensungen a. d. Eder (nebst **Gensingen** a. d. Nahe) ist kein „Gänseplatz" (wie E. Schröder glaubte), sondern wie alle N. auf *-ungen* Ableitung von einem Bachnamen, vgl. Flensungen am Vogelsberg und die Flensau b. Flensburg usw. Zu den *ungen*-Namen siehe grundsätzlich *Bahlow* im Nd. Korrespondenzblatt 1961.

Genten a. d. Waal/Gelderld (814 *Gan(n)ita*) siehe Gennep! Vgl. Schönfeld S. 248. **Gent** in Flandern aber beruht auf *Gandi, Gandavum* (siehe Gandern!). Ein **Gentingen** liegt a. d. Our/Eifel.

Gera a. d. Elster ist ursprünglich alter prähistor. Bachname (vgl. die Gerunda/Belg., Span.) wie die **Gera,** die durch Arnstadt und Erfurt zur Unstrut fließt. Auch **Gerau** in der wasserreichen Ebene zw. Mainz und Darmstadt, liegt an einer *Ger-aha;* auch Neckar-**Gerach** (976 *Ger-aha)* ist nach einer solchen benannt. Was sie bedeutet, nämlich „Schmutzwasser", hat man bisher nicht erkannt. Der Wortsinn des *ger* (mnd. = „Schmutz, Gestank") ergibt sich eindeutig aus dem Zusatz *vliet* in *Ge(e)r-vliet* (und *Ger-sloot)*/Holland analog zu Bakvliet, He(e)nvliet, Vervliet, Scolvliet, lauter „moorig-schmutzige Gewässer", desgl. aus dem Zusatz *mar (mer)* „sumpfbildender Quellbezirk" in *Gere-mar* 1130, heute **Görmar** b. Mühlhausen analog zu Horsmar, Geismar (ebd.), Weimar, Vilmar, Schötmar usw. Zur Bestätigung vgl. auch *Gere-grave (Gere-ford)*/England entsprechend *Merde-grave* „Kotgraben", *Orde-grave* desgl. Ebenso *Gerensiepen, -siek, -beke* i. W., wie Schadsiepen, Schmiedsiepen usw. Siehe auch **Gerstedt,** Ger-stetten, Ger-sloot!

Gerach, Gerau siehe Gera!

Gerbstedt zw. Wipper und Saale entspricht (im selben Raume) Hettstedt (Hadastat), Quenstedt, Schierstedt, Schackstedt, Fienstedt, alle auf Moder, Moor, Sumpf bezüglich. Ebenso **Gerbweiler**/Lothr. (a. d. Mortagne) wie Erbweiler, Merschweiler, Dudweiler, lauter Sinnverwandte! (Zu Gerbévillers vgl. Mouille-, Inde-, Randevillers, die alle auf Gewässer deuten.)

Gerdau, Gerden siehe Gehrden!

Gerderath b. Erkelenz entspricht Randerath, Möderath, Venrath ebda; siehe Gehrden!

Germersleben in der sumpfigen Gegend von Oschersleben hieß 937 *Germisleve*, -r- ist also sekundär wie in Bade(r)s-, Gude(r)s-, Gate(r)sleben! lauter Sinnverwandte! Siehe Germete!

Germete b. Warburg/Waldeck, im Tal der Diemel mit dem Asseler Bruch (!), verrät schon durch seine sumpfige Lage, daß *germ* (dem Wörterbuch und der Forschung nicht geläufig!) darauf Bezug haben muß. Den Wortsinn „sumpfiges, schmutziges Wasser“ sichert auch der Sumpf *Germe-sele* 1190: Germen-seel Kr. Cleve (wo auch der Sumpfort *Honepol:* Hönnepel liegt!) analog zu Lite-, Ele-, Dude-, Mor-, Sweve-, Wakesele (seli = feuchte Niederung). Ebenso **Germscheid** b. Linz a. Rh.: wie Brem-, Ehl-, Lorscheid im selben Raum, denn die Namen auf -scheid sind durchweg mit Gewässerbegriffen gebildet! Zu **Germete** mit Dentalsuffix vgl. Elvete, Dumete, Culete (Külte), lauter Sinnverwandte; zu **Germeter** b. Aachen mit tr-Suffix vgl. Elveter, Rumeter, Alveter (wie Cimetra, Caletra, Ecetra in Italien!), auch den Kermeter (Urwald nö. Schleiden): zu vorgerm. karm, kerm (= kelt.-gall. korma „Hefe, Bodensatz“). Bei Utrecht lag ein *Germepi* 930 (alter N. auf *-apa,* wie Ganepi, Vennepe usw., alle auf Moor u. dgl. bezüglich). *Germenz:* Wald-**Girmes** a. Lahn, Kr. Wetzlar, wo es von Namen aus vorgerm. Zeit wimmelt, stellt einen vorgerm. Bachnamen *Germ-antia* dar wie die Alsenz, die Elsenz, die Lodenz u. v. a., alles Sinnverwandte. Auch Germersheim a. Rh. könnte eine urspr. Germenz sein, da Sermersheim/Elsaß 817 Sarmenza hieß. Siehe auch Germersleben! Mehrere Bäche *Germe* fließen in Frkr., wo auch ON. wie *Germolio* (vgl. Vernolio: zu kelt. verno „Erle, Sumpf“!). *Germacum,* Germay, *Germana* (Germaines). Ein See *Germantas* in Litauen! Das Wasserwort *germ* reicht also in idg. Zeit zurück, so daß auch der N. der **Germanen** vorgerm. Ursprungs sein dürfte!

germ verhält sich zu *ger* „Sumpf, Moder“ (siehe Gera!) wie *gorm* zu *gor* („Morast“, vgl. norw. gjörme „Kot, Hefe“!) oder wie *werm* zu *wer*

(„Wasser, Sumpf"), *berm* zu *ber* („Moder, Schlamm") und *sarm, serm* zu *sar, ser.* Zu *gorm, germ* vgl. Steinhauser in Rheinische Vjbl. 20, 1955, S. 27. Schon Müllenhoff (namhafter Altertums- und Namenforscher) sagte mit Recht: „alle Versuche, den Germanen-Namen aus dem Deutschen zu erklären, sind lächerlich und unberechtigt"! Eine Variante *girm* liegt vor in ON. Girme/Ostpr., Fluß Girmo/Litauen; Sumpf Girvaine/Lit. (BzN. 1961, 227).

Gernebach, Zufluß der Lippe, und die **Gernwiesen** in Hessen enthalten ein verklungenes Wasserwort *gern,* Erweiterung zu *ger;* siehe Gera! **Gernach** südl. Schweinfurt entspricht daher Volkach (ebda am Main), Aurach, Schleichach, Ebrach, Schwarzach im benachbarten Steigerwaldraum, denn *folk, ur, slich, ebr, swarz* sind Bezeichnungen für schleimigmooriges Wasser. Vgl. auch Gernsbach a. d. Murg/Baden und Gernsheim a. Rh. nö. Worms, Gernheim i. W., Gernstedt/Saale. Ein Gersbach fließt zur Wehra/Baden (dort auch ON., der 1166 *Gerisbach,* sp. 1530 auch Gerenspach hieß). *Gernicourt*/Frkr. entspricht *Avricourt* (z. Fluß Avera!).

Gersfeld a. d. Fulda (südl. ihrer Quelle a. d. Wasserkuppe/Rhön) könnte einen verschwundenen Bachnamen *Gers* enthalten (E. Schröder S. 124, 303 nimmt eine *Gerisa* an; vgl. aber Hersfeld (an Fulda + Haune), das *Heriulfesfeld* hieß!). Eine **Gers** fließt jedenfalls im Raum von Hersfeld: an ihr liegt **Gershausen!** Vgl. auch **Gersbach** (Bach und Ort in Baden). Eine **Gers** fließt aber auch zur Garonne/Südfrkr.! Sie erinnert an die kelt. *Nersa:* die Niers (Nbfl. der Maas); *ners* ist das erweiterte Wasserwort *ner,* und *gers* somit = *ger* (siehe Gera!). Dazu auch *Gersicha:* Yerseke/Zeeland (wie *Felsica:* Velsique b. Gent, zu *vel-s* „Sumpfwasser"). In England vgl. *Gersdune* 701: Garsdon, nebst *Gersendune* 1086: Garsington (wie Wasentune: Washington, zu was „Sumpf")!

Gersprenz, Nbfl. des Mains vom Odenwald her, urkdl. *Caspenza,* stellt eine prähistorische, also vorgerm. *Caspantia* dar, — einer der vielen Flußnamen auf *-antia* im ligurisch-latinischen Bereich Italiens, Südfrankreichs und Südwestdeutschlands, denen durchweg Wasser- und Sumpfwörter zugrunde liegen, wie *Argantia* (die Ergolz u. die Ergers), *Alantia* (Ellenz), *Alisantia* (die Elsenz), *Scaflantia* (die Schefflenz), *Bagantia* (die Pegnitz u. die Baganza/Ob.It.), *Palantia, Albantia, Amantia*/Frkr., usw. *cas-p* ist Erweiterung zu *cas* „Moder, Schmutz" (in ligur. Casasco, kelt. Casiacum, Fluß *Casinus*/Latium) wie *asp* zu *as* desgl. (Fluß *Aspia*/It.); vgl. *Cuspia*/Mosel und Fluß Cusius/It. (zu *cus, cusp* „Schmutz"), auch *cles-p* in Clespen b. Wiedenbrück u. Fluß Clesus/It. Zu *casp* gehören auch *Caspe-*

ria/It. (wie Boderia/Schottland, zu bod „Sumpf"), *Caspania*/Lusitanien und sogar das Kaspische Meer (mare *Caspium)*!

Gerstedt a. d. Dumme (dum „Moder, Moor") w. Salzwedel (nebst Bierstedt, Wistedt ebda) siehe Gera! **Gerstetten**/Württ. entspricht Heuchstetten, San-: Söhnstetten ebda *(ger, huch, san* = Moder).

Gersten, Gerstenbach siehe Gerstungen!

Gerstungen a. d. Werra (an e. Bachmündung!) bezeugt dort einen verschwundenen Bachnamen *Gersta,* denn die N. auf *-ungen* sind durchweg Ableitungen von Bachnamen (siehe dazu **Bahlow** im Nd. Kbl. 1961). Eine *Gerstafa* floß zur Schwalm (entsprechend der *Mulafa, Lorafa, Urdafa, Astrafa, Antrafa,* lauter prähistor. Namen (mul „Schlamm", lor „Sumpf" usw.) *gerst* ist also sinnverwandt und hat mit dt. „Gerste" nichts zu tun! Vgl. vielmehr *garst* „verdorben, ranzig, faul" (altnord. *gerstr),* unser „garstig"; also „Faulwasser"! Vgl. mit Ablaut brit. *gorst-* in *Gorstiland* bremor/England, *Gorst-lo* i. W. Als Bach- und Flurname begegnet *Gersta* in Flandern, Luxbg, Rhld, Emsland, daher ON. **Gersten** b. Lengerich, *Gerste* 1240 (heute **Gaste**) w. Osnabrück, auch *Gerst(an)* 1094 in E. Ein **Gerstenbach** fließt im Ober-Elsaß (als Quellbach der Runz b. Wildenstein/Vogesen). Dazu **Gerstenberg**/Thür., **Gerstenbüttel.**

Gertenbach (1032 *Gardenebeke*) b. Hedemünden/Werra siehe Gehrden!

Gescher a. d. Berkel (in mooriger Gegend zw. Vreden und Ahaus) hieß *Gasceri,* mit r-Suffix wie *Ascari:* Escher b. Rinteln, *Ickari:* Icker b. Osn., *Vanari:* Fahner b. Gotha, *Cornari:* Körner ebd, *Arnari:* Örner a. Wipper, *Furari:* Furra a. Wipper, *Dudari, Lamari,* hat somit zweifellos ein Gewässerwort zur Grundlage! Vgl. *Gascheria*/Lille: frz. gach- „Schlamm".

Geseke i. W:, Geisecke/Ruhr siehe Gesmold!

Geseldorn (wie Weseldorn) siehe Gießen!

Gesmold b. Melle (urkdl. *Ges-melle)* entspricht den Sinnverwandten **Getmold** (nö. davon b. Lübbecke), **Detmold** *(Detmelle)* und **Versmold** (Vers*melle)* in Moorlage südl. Melle, alle in Niederungen des Teutoburgerwaldraumes, und alle von Bachnamen der Vorzeit abgeleitet! Vgl. die Getene, die Versene, die Detene. Zum Wasserwort *ges (geis)* — vgl. auch kelt. *Gesodunum, Gesonia, Gesoriacum,* aber auch *Geslev*/Seeland — gehören auch **Geseke** b. Lippstadt (mit vielen Quellen!), **Geis(e)ke** b. Hörde/Ruhr und **Geisig**/Rhld *(Geseche).* Auch **Jesa** b. Göttingen (am Ufer der Leine) hieß *Gesa.* Vgl. auch Gesseln analog zu Wesseln, Asseln, Giffeln (-lohun) „Moorgehölz". Im Gesser b. Schieder, **Geisseren**/Rh.

Gest — siehe Geeste!

Getmold i. W. siehe Gesmold! **Getelo** (a. d. holld. Grenze) entspricht *Roselo, Gotelo, Dudelo, Bak-lo, Medelo, Umelo, Swec-lo,* lauter Sinnverwandte! Auch *Getsiek, Getvurt, Gethorn* (am Giethorner Meer/Holld) bestätigen *get* als Sumpf- und Moorterminus. Eine **Gete(ne)** fließt b. Hamm z. Weser, e. **Getenbeke** b. Hemer/Iserlohn z. Lenne, e. **Geite** z. Lippe, e. **Getel** z. Selke (Harz), eine **Gete** (959 *Gatia)* in Brabant. Siehe auch Gittelde u. (Salz)-Gitter! Zu *get, gat* vgl. auch gälisch *gaeth, gaoth* „Sumpf" und die *Gates* a. Garonne! Siehe Gatersleben!

Gettenbach, Zufluß der Kinzig b. Gelnhausen (auch Ort ebda), entspricht der *Getenbeke* b. Iserlohn; siehe Getmold und Gittelde! Mit obd. Lautverschiebung entspricht der **Getzenbach**/Baden (analog zum Betten- und Betzenbach, bed, bet = Sumpf, Schmutz). Als sinnverwandt vgl. auch Detten-, Etten-, Ketten-, Metten-, Petten-, Retten-bach! Zu **Gettenau/** Wetterau (wo auch *Getzen:* Götzen!) vgl. Dausenau, Gelenau/Lahn, Aufenau/Kinzig, Röddenau/Eder, Amenau (Fluß Amana: Ohm) usw.! Keinen Zweifel am Wortsinn von *get* duldet (das) **Gettenmoor** b. Freren! Vgl. auch Getelo-moor! Ein **Getter** liegt in der Davert (!) südl. Münster, ebda. **Gettrup.** Siehe auch Gedern!

Gevenich w. Cochem/Mosel und b. Jülich gehört wie Sevenig, Lövenich, Rövenich, Rivenich, Elvenich, Keldenich u. v. a. linksrheinische Namen auf *-ich* zu den Zeugen einstiger Keltenbevölkerung: *-ich* entspricht der kelt. Endung *-iacum.* Zugrunde liegt also ein *Geviniacum (Gaviniacum)* wie Saviniacum (Savigny!), Albiniacum, Caldiniacum, *gav (gab), sav (sab), alv (alb), cald* usw. sind als Wassertermini bezeugt: zu *gav* vgl. auch *Gave-sloot,* Wassername (mehrfach) in Holland und *Gaverbek.*

Geyen b. Köln, urkdl. *Gegina,* siehe Gegenbach, Gagenbach, Gagern!

Gichenbach/Rhön: vgl. *Giche: Jecha*/Wipper u. *Geichenschlucht*/Gö.

Giebelstadt südl. Würzburg stellt sich zu Eibelstadt *(Ibistat)* ebda am Main, auch Gnodstadt, Grettstadt im selben Raum, — alle auf Wasser deutend. Vgl. Gieba südl. Altenburg/Thür., auch Gievenbeck b. Münster, Giebenach ö. Basel, wie Kussenach (Küßnacht, z. Fluß Cussna!), die Alznach/ Württ. Ankenach (die Ecknach, z. Inn) u. ä. Auch **Giebelscheidt** a. Lenne und Giebelhardt b. Wissen bestätigen *gibel* als Wasserwort. Ein **Giebelsbach** fließt zur Murg. *giebel* ist auch Fischname!

Giehle b. Osterholz am Teufelsmoor nö. Bremen verrät seinen Sinn durch das Giehler Moor *(gil* = Moor, Moder).

Gielde b. Goslar und **Gilde** b. Gifhorn, auch Gilten, siehe Gehlenbeck! **Gielert** zw. Dhron u. Idar entspricht Odert, Laudert, Rettert, lauter

Namen auf -roth, -rode: zu *gil, od, lud, red (ret),* Bezeichnungen für Wasser, Sumpf, Schmutz. Vgl. **Gieleroth** im Westerwald!

Giengen und Gingen siehe Gengenbach!

Gierscheid b. Adenau/Rhld entspricht Bierscheid, Lierscheid usw. Den Wortsinn von *gir (ger)* verrät die *Gierschlade* a. Lenne (schlade meint sumpfige Stelle, Röhricht), vgl. die *Derslade:* Derschlag/Siegkreis, *der* = Morast. Dazu auch **Gierstedt** nö. Gotha (wie Bierstedt, Schierstedt, Klettstedt usw.), und das Kollektiv *Girithi* 977: **Gehrde** b. Bersenbrück. In Südfrkr. vgl. die **Gironde**! (wie in Belgien und Spanien die *Gerunda*).

Giesel, Zufluß der Fulda (736 *Gysil-aha*), und Gieselwerder/Hofgeismar siehe Gießen!

Giesen (Groß-) b. Hildesheim, Giesenmonde, Gyzen-veen(!)/Holld s. Gießen!

Giessen a. d. Lahn (der keltoligur. *Logana,* log „Sumpf"), wo die Wieseck mündet (die vorgerm. *Wiseche,* wis „Sumpf, Moder"), verrät schon durch diesen topograph. Befund, daß es eine Wasser- oder Sumpfburg war. Von einem Gießbach ist nichts zu sehen! *gis* ist ein prähistor. Wort für sumpfiges Wasser, erwiesen durch *Gis-lo* im Moorgau Drente, *Gis-lere (-lar)* 866/Belgien, *Gisendere* 1291 (: **Geseldorn** i. Westf.), d. i. *Gis-andra* (vorgerm. Bachname wie *Wisendere:* Weseldorn i. W., *gis* also = *wis* „Sumpf". Auch *Gisna:* **Gissen** (Brabant und Westf.) wie *Disna:* **Dissen** i. W. bestätigt es! Vgl. auch *Gusna:* Guissen i. W. wie *Dusna:* Dussen (Holld, Westf.). Und so entspricht *Gishovel* b. Andernach den „sumpf. Anhöhen" *Rashovel, Farhovel, Spurkhovel.* Desgl. *Gisort* 968/Eure wie Bonort, Cambort! Eine *Giesmecke (Gisenbeke)* b. Arnsberg/Ruhr.

Gieten, Giethoorn siehe Getmold!

Gievenbeck b. Münster: vgl. dazu Gevenich und Giebelrath!

Gifhorn, alte Sumpfburg am Zusammenfluß von Aller und Ise, noch heute in sumpfiger Lage (Vgl. A. Scheer, Die Sumpflandschaften Nordwestdeutschlands S: 53), spiegelt schon im Namen diesen topograph. Befund; denn *gip, gif* (dem Wörterbuch unbekannt und von der Forschung völlig verkannt) ist eines der ältesten Wörter für Sumpfwasser: Eine Gippe fließt bei Olpe, siehe diese! Die Synonyma Balhorn, Alhorn, Gethorn, Bukhorn, Muckhorn, Quenhorn, Druchhorn, Speckhorn, Wichorn, Taphorn, lauter „Sumpfwinkel", bestätigen den Wortsinn! Desgl. *Giflo:* **Giffeln**/Gelderld. (wie Aflo: Affeln; Uflo: Uffeln; Diflo: Diffeln.

Giflitz, Bachort a. Eder südl. Waldeck, hieß urkdl. *Gyffelze,* „wofür vorläufig jede Möglichkeit der Deutung fehlt", meinte einst W. Arnold (1875). Es ist bis heute ungedeutet geblieben, kann aber nur „Sumpf-

oder Moderort" meinen (siehe unter **Gifhorn!**), auch nach Analogie von **Schepelse** *(Scepelce)* b. Ülzen und Fümmelse a. Innerste b. Wolfenbüttel, — *scep* = „Morast", G. liegt an d. Mündg. des Wese-Bachs *(wes* „Moder"!); dort auch Kleinern: *Crenere* (kren „Schmutz")!

Giften b. Hildesheim entspricht **Gilten** am Leine-Aller-Zus.fluß: *gif* wie *gil* meint sumpfig-schmutziges Wasser. Siehe Gifhorn, Giflitz!

Gigenberg, Gigenrain siehe Gegen-!

Gilde siehe Gielde!

Gillrath nö. Aachen meint wie die Nachbarorte Hatterath, Randerath, Süggerath, Mödrath, Quadrath „Rodung am Moor- oder Moderwasser". Und so entspricht **Gillenfeld** b. Daun/Eifel dem nahen Bettenfeld (bed, bet = Schmutz). Vgl. den Gilbach (817 *Gilibechi)* b. Köln.

Gilsa (mit ON. Gilserberg), fließt im vorgeschichtl. Raume westl. Jesberg-Treysa, — ein vorgerm. Bachname, wie schon das s-Suffix verrät. Die *Gil(i)sa* entspricht der *Mil(i)sa* (die in Melsungen steckt!), der *Filisa* (Fils/Württ.), der *Dulisa* (Döls b. Verden), der *Gulisa* (Güls) b. Koblenz usw., die alle nichts anderes als schmutziges Wasser meinen (sei es schlammig, modrig oder moorig). Vgl. die Flüsse *Giluve* und *Gilupis* in Litauen (analog zu *Alkupis, Kakupis, Rudupis, Scardupis,* lauter Sinnverwandte!). Ein **Gilsbach** liegt w. Dillenburg, ein **Gillbach** fließt in Vorarlberg, ein *Gili-bechi* 817 südl. Neuß, wo auch Gohr, Horrem und Gilverath (wie Möderath, mod „Moder", hor, gor desgl.). Siehe auch Giehle, Gielert! Auch Gillrath!

Gilten a. Leine (nahe der Allermündung) entspricht **Ilten** ö. Hannover, denn *gil, il* meinen „Moder, Schlamm, Schmutz". Siehe dazu Gilsa!

Gilverath b. Neuß (wie Möderath, Gerderath, Jackerath ebda) siehe Gilsa!

Gimpern b. Sinsheim hieß *Gundbere.* Siehe Gundheim.

Gimte a. Weser (gegenüber dem Reinhardswald) und **Gimbte** a. Ems nö. Münster zeigen Dentalsuffix wie die sinnverwandten *Dumete, Elvete, Kulete. gim* ist ein prähistor. Gewässerwort, vgl. Fluß *Gimona*/Frkr. und Fluß *Gimandros*/Klein-Asien (!) analog zum *Maiandros, Scamandros* ebda (mai meint „Sumpf", scam desgl.); Varianten sind *gam, gom, gum:* **Gimbsheim** b. Worms entspricht daher Gambsheim (alt Gamenesheim) und **Nambsheim** (Namenesheim) im Elsaß. Vgl. auch **Gimsbach** a. Glan/Pfalz und **Gimbweiler**/Nahe.

Ginderich b. Wesel a. Rh. nebst **Gennerich** b. Münster siehe Gendringen! *gand, gend, gind, gond, gund* sind Varianten eines prähistor. Wortes für schmutzig-übelriechendes Wasser. Vgl. den *Ginderatbach* (so 1110 bis 1316, heute ON. Gündelbach a. Metter/Enz), 1291 Ginderitbach, deutlich ein vorgerm. Bachname *Gindrida*, analog zum *Gundridus* (Gondré in Frkr.), zur *Andrida* (Endert/Mosel) und *Pedrida* (Parret/ Brit., nebst *Ledrida* ebda)! Allen liegt der Begriff des Sumpf- oder Moderwassers zugrunde. Vgl. auch **Gendrey**/Jura.

Gingen a. Brenz siehe Gengenbach!

Ginsheim am Rhein ö. Mainz, **Ginsweiler**/Pfalz und **Ginsbach** ebda enthalten ein vorgerm. Wasserwort *gin* (vgl. schott. Gin!). Vgl. keltisch *Giniac* (Gignac, Gigny; **Ginnick**/Aachen) wie Diniac (Digny), Liniac (Ligny), Moniac (Mogny), Loniac (Loigny, Louignac), Coniac (Coigny, Cognac), lauter Sinnverwandte mit dem Begriff des Vergorenen oder Sumpfigen. Ein Wald *Ginnesloch* 773 b. Pfungstadt (auch *pung* meint „Moder").

Gippe, Zufluß der Bigge b. Olpe (in der ältesten prähistor. Gegend Westfalens!) verrät sich schon geographisch als höchst altertümlich, daher bis heute ungedeutet gewesen! Zum Wasserwort *gip* gehören auch **Gippenbusch** (Flurname im Rhld), **Gipperich** a. Gippe, und **Gipperath** b. Wittlich/Mosel (wie Kolverath, Möderath, Randerath, Jackerath, Gerderath, alle auf prähistorische Gewässer bezüglich!), womit auch für *gip* der Sinn „Moder- oder Moorwasser" gegeben ist. Eine Gipper Mühle liegt a. d. Eder nö. Viermünden, in gleichfalls uraltem Siedelgebiet; ein Bachort *Gippichen* 1482/93 (heute Ippichen) in Baden (Kinzig). In England vgl. *Gipe-s-mere* „Moder- oder Sumpfsee" (mit Fugen-s, das ebenso gut fehlen könnte!) und Fluß *Gip-s-ey* (ey „Bach, Aue"), den Ekwall für einen „Fluß des Gypp", M. Förster sogar für einen „gähnenden" Fluß hielt! Damit enträtselt sich auch der Name der *Gipedae* oder **Gepiden,** zumal sich die alten Völkernamen durchweg auf Gewässer beziehen! Zur Variante *gif* siehe Gifhorn!

Girmes (Wald-, Nieder-) a. Lahn b. Wetzlar siehe Germete! Zur Form *girm* vgl. im Baltischen ON. *Girme* (altpr.), Flußn. *Girmno*/Lit., Sumpfsee *Girvaine* ebd.

Gisselbach, Bächlein im Quellbezirk der Geislede (s. diese!), und der **Gisselsbach** (z. Rotach) am Bodensee enthalten das Wasserwort *gis* (das mit dt. „gießen" nichts zu tun hat!); siehe unter Giessen!

Gissigheim, Bachort v. Tauberbischofsheim, wo auch *Keninc-:* Königheim, *Ussinc-:* Uissigheim, *Ubinc-:* Eubigheim, *Butinc-:* Böttigheim, lauter Ableitungen von Gewässernamen, wie Issigheim *(Ussinc-heim)* a. d. Kinzig.

Gistenbeck a. Zufluß der Jeetze w. Lüchow meint „Schmutzbach" (zu ndd. *giste* „Bodensatz, Hefe"). Vgl. **Gistel**/Fldrn.

Gittelde und **Geitelde** im Vorland des Harzes hießen urkdl. *Getl-ithi*, mit Kollektiv-Suffix wie *Bucl-ithi:* **Bückelte** b. Meppen, *Drucl-ithi:* Drüggelte b. Soest, *Ampl-idi:* **Empelde** b. Hannover, *Wepl-ithi:* **Wepel** b. Warburg, *Vechtl-ede:* **Vechelde** (nebst Geitelde!) westl. Braunschweig, — sämtlich *Ableitungen* von Moder- und Moorbegriffen! Damit ist auch für *get* (dem Wörterbuch unbekannt) der Wortsinn gegeben; es entspricht zweifellos dem griech. χέζω (idg. *ghed)* „cacare", obd. *gitzen* „cacare", schwed. *gyttja* „Kot, Morast"! Vgl. den **Gittelsbach** z. Gutach/Baden und (den) **Geddelsbach** b. Öhringen.

Auch die Komposita *Get-siek, Get-vurt, Get-lo* bestätigen *get* als sumpfig-schmutziges Wasser; desgl. *Get-horn* (am Giethorner Meer!) wie Druchhorn, Balhorn usw., *Get-melle* (: **Getmold** i. W.) wie *Detmelle* (Detmold), *Gesmelle* (Gesmold), *Versmelle* (Versmold), auch *Getere* (Salz-**Gitter!**) mit prähistor. r-Suffix wie die Sinnverwandten *Verdere, Blandere, Jechtere, Gumere, Vechtere* (vgl. die Parallele Vechtere: Vechtelde wie Getere: Getelde!).

Eine **Gete** fließt im Harz und in Brabant, eine **Geite** zur Lippe, eine **Gete(ne)** zur Weser b. Hamm, eine *Getenbeke* b. Hemer i. W., ein **Gettenbach** zur hess. Kinzig, ein Getzenbach z. Glotter/Baden. So meint also auch **Gittelde** wie **Geitelde** „Siedlung an einer Gete"! Aber auch für **Geislede** im Eichsfeld (an der ndd.-hochdt. Sprachgrenze, um 1000 *Geislithi)* gilt dasselbe, während E. Schröder (S. 286 ff.) an ein „springendes Geißlein" dachte!!

Glaam b. Eiterfeld siehe Glems!

Glabbach b. Runkel a. Lahn siehe Gladbach!

Gladbach (linksrheinisch mehrfach, b. Düren, b. Neuwied, b. Wittlich) assimiliert auch **Glabbach** b. Runkel a. Lahn, nebst **Gladbeck** im Ruhrgebiet und **Gladebeck** (Quellort) nö. Göttingen, auch **Gladenbach** westl. Marburg (in vorgeschichtl. Gegend!) sind natürlich keine „glatten oder glänzenden Bäche", wie man harmlos gemeint hat; glänzend sind bei entsprechendem Lichteinfall schließlich alle Gewässer, und im übrigen wären „glatte" Bäche mit dem Wesen prähistorischer Namengebung unvereinbar! Auch die Gebundenheit ans linksrheinische Gebiet spricht gegen deutsche Herkunft! (Förstem., Meyer: keltisch). Ebenso die einfachen Formen **Gladen** 1350 b. Lüttich (vgl. Maden!) u. **Glaadt** a. Kyll/Eifel! Sie entsprechen Waden (Wahn) am Hümmling und Waadt/Schweiz, wie Gladenbach dem Wadenbach, und Gladebeke der Wadebeke: *wad* aber meint „Sumpf, Morast", ebenso *slad* in Schladen/Oker und Schladt a. Lieser/Mosel nebst Schladebach. Umlaut oder Ablaut zeigt

Gledinge 1195 (Gleidingen) aus *Gladinga* w. Brschwg (wo auch Beddingen, Köchingen, Rüningen von sumpfig-schmutzigen Gewässern zeugen, desgl. **Gleidingen** a. Leine wie Müllingen ebda. Dazu **Gladdenstedt** a. d. Ohre wie Böddenstedt, Fabbenstedt, Hollenstedt, alle auf Moorwasser deutend! Auch **Gladau** am Fiener Bruch und **Gladigau** a. Milde (wie Reppichau, Trebbichau), was aufs Venetische weist. Eindeutig und beweiskräftig sind *Glad-fen* und *Glad-ley* nebst Gleden Brok in England: denn *fen* „Moor, Sumpf" und *leg* „feuchte Wiese" kennzeichnen *glad* als Bezeichnung für schlüpfrig-modriges oder mooriges Wasser. Ein **Glattbach** (Gladebach, 800) fließt zur Schmie! Auch die Bäche namens **Glatt** im Schwarzwald (mit ON. Glatt und **Glatten**) und im Thurgau nö. Zürich (mit ON. Glatt und **Glattfelden**) gehören dazu; nicht minder die **Glött** (urkdl. *Glette*!) im Donauried (mit ON. Glött und Glöttweng) und die eindeutig keltische **Glotter** nö. Freiburg, gleich der *Glodder* in Brit.!

Glane, mehrfach Fluß- (und Orts-) Name: in Westfalen (b. Iburg-Osnabrück), in Bayern (als Zufluß der Mangfall und der Amper, jetzt **Glon),** in der Nordpfalz (als Nbfl. der Nahe, der vorgerm. Nava!), im Rhld b. Malmedy (z. Warche 666 *Glan*), auch in Belgien (*Glanis,* jetzt Glain, vgl. lat. panis: frz. pain), in Frkr. (Poitou, als Zufl. der Vienne) sowie bei Genf (667 *Glane*) und im alten Noricum (= Kärnten) als Nbfl. der Drau, also vornehmlich auf altkelt. Boden! *glan* kann nur Variante zu idg.-kelt.-slaw. *glen* „Schleim, Schlamm" sein (vgl. Flußname **Glene** in England. Westf., Hessen, ON. *Glenacum*/Frkr. usw.); die übliche Deutung „glänzend" ist schon deshalb unmöglich, weil mit dem Wesen prähistor. Namengebung unvereinbar! (Siehe dieselbe Erscheinung bei *glad:* Gladbach). Vgl. auch (als slaw. Variante) *glin!* Dieselbe Vokalreihe liegt vor in *glam: glem: glim* „Schleim, Moder, Moor"! Desgl. in *glas, gles, glis!*

Glar-Bach, Zufluß der Hönne (Hune) zw. Lenne u. Ruhr, entspricht dem Sinn nach der Hune: zu *hun* „Moder". Vgl. brit. *glor* in *Gloran-ige* u. ä., schweizer. *glöri,* mnd. *glar,* engl. glär „Harz", — also klebrig-schleimiges Wasser. Eine **Glör** a. d. Volme. Vgl. **Glère** südl. Belfort.

Glasebach, Bach b. Spangenberg a. d. Pfiefe (auch in Baden: z. Schlierbach!) und **Glasewald** (Arnold S. 321), **Glas-strut** b. Wächtersbach/Kinzig, alle in ältesten Siedelgegenden Hessens, werden verständlich durch **Glassiek** i. W., denn *siek* deutet stets auf „Sumpfwasser" wie Get-, Hach-, Sus-siek, desgl. *strut* „sumpf. Gehölz". Der Grundbegriff ist also nicht „glänzend", sondern „glatt, schleimig" (vgl. *glad, glan, glar!).* Auf venet.-slaw. Boden: Glasow, Glasin. Vgl. *Glasa* (8. Jh.): **Glasenbach/Ö.** Ein **Glase-Berg** (+ Moos-Berg!) am Solling.

Glatt, Glatten, Glattbach siehe Gladbach!

Glauberg a. Nidder/Oberhessen, urkdl. *Gluburg* (auch **Glauheim** b. Dillingen a. D.), enthält die idg. Bezeichnung *glu-* (vgl. lat. gluten „Leim") für „Klebriges, Schleimiges", nimmt also auf „Moder, Moor" Bezug wie die **Glu**-Riede im Harz. *Glu-burg* entspricht genau dem engl. *Glou-cester:* castrum (röm. Kastell) am Sumpf- oder Moorwasser *Glu*! Und *Glo-velier* (-weiler; afrz. *gloe* „Sumpf") entspricht Morsch-velier! Ein *Glou-lo:* **Gleuel** b. Köln. Vgl. auch slaw. *glum:* Moor **Glum** im Wendland.

Glees b. Andernach, Gleesen/Ems siehe Glesse!

Gleen (Ober-) b. Alsfeld/Schwalm; **Glehn** (Rhld., 2mal) siehe Glen(n)e!

Gleiberg b. Gießen siehe Gleie!

Gleichen (850 *Gilihha* 1290 *Glichen)* b. Gudensberg südl. Kassel, bis heute ungedeutet und völlig verkannt, indem man es (sinnlos) mit deutsch „gleich" *(geliche)* verknüpfen wollte (!), gehört zu den gleichgebildeten uralten Namen desselben prähistorischen Siedelraumes wie **Maden, Dissen, Züschen, Elben** (a. Elbe), **Wehren, Morschen, Küchen,** die sämtlich von Moder- und Sumpfgewässern zeugen! Was Wunder! Ist doch ganz Hessen wie schon W. Arnold (1875) S. 523 auf Grund der Flurnamen festgestellt hat, trotz seiner bergigen Natur ursprünglich reich an Sümpfen und Mooren gewesen. Da obige Namen in vorgerm. Zeiten zurückreichen, muß auch *glich* in entsprechender Weise deutbar sein: es bietet sich nur idg.-griech. *glich-* „schleimig, schlüpfrig" (wie in venetisch **Gliechow**/Lausitz!). Dazu stimmt auch das Vorkommen als Flurname: Auf der **Gleiche** (b. Todenhausen/Marburg, wie Auf der Schwabe, Auf der Bielen, zu *swab, bil* „Sumpf"!), Auf dem Gleichen b. Schröck/Marburg, die Gleichenäcker b. Vockenrode/Marburg, die **Gleichen** b. Immichenhain nö. Alsfeld/Schwalm! Auch in Württ. (bei Pfedelbach/Brettach: pfed-el = Sumpf!) liegt ein Ort **Gleichen** (Ober- und Unter-); bei Erfurt ein Schloß Gleichen *(Glichi).* So werden nun auch verständlich die markanten Bergnamen Großer **Gleichberg** b. Römhild/Thür. (mit der vorgeschichtl. Steinsburg, dem Kleinen Gl.!), nebst Gleicherwiesen und Gleichamberg, wo auch Namen wie Themar *(Taga-meri)* a. Werra, Jüchsen a. d. Jüchse (*Juchisa,* zu juch- „Jauche") usw. von vorgerm. Bevölkerung zeugen! Dazu die Burg der Grafen von Gleichen sö. Gotha, bekannt durch Schillers Urenkel Alex. Frhr. v. Gleichen-Rußwurm. Zum *Gleichberg* vgl. als synonym *Fach-Berg, Lus-Berg, Rött-Berg, Schleif-Berg, Schmant-Berg, Süll-Berg.*

Gleidingen siehe Gladbach!

Gleie, Zufluß der Lenne (mit Gleifeld und Gleidorf), — eine Gleie auch bei Goslar, eine **Glee** in Holld, — meint „Schlammbach" (vgl. slaw.-poln. *glei* „Schlamm"), zur idg. Wurzel *gl(i)-* „schleimig, klebrig").

Gleima südl. Pößneck/Saale stimmt formal und inhaltlich zu den benachbarten **Gahma** und **Smorda:** *smord* (slaw.-balt.) meint „Moder, Gestank", *gam* „Moder, Fäulnis" und *glim* (lit. glimus) „Schleim". Dazu der Waldort **Glimes** b. Hersfeld, Glimenthal/Wabern und Gleimenhain b. Treysa/Schwalm, auch **Glaim**/Bayern. Ein Fluß *Glime* in Engld. Vgl. auch **Glimmen** *(Glemini)* in Holld; zur Variante *glem* (lett. glemas „Schleim") vgl. *Glemona*/Ob.-It. (wie Verona, zu ver „Sumpf"). Siehe auch Glems! Ein Glimmenbach fließt in Baden Ein Moor **Glum** in Wendland, ein *Glumia* b/Flatow, ein **Glümmel** *(Glum-lo)* i. O.

Gleina (3mal im Raume Naumburg-Zeitz-Altenburg) entspricht Laucha, Grana, Jena, Lehna u. ä. ebda, lauter Sinnverwandte: slaw. *glina* meint „Lehm, Schlamm", zur idg. Wurzel *gl(i)-;* siehe auch Gleie!

Gleisweiler b. Landau/Pfalz und Gleis-Horbach ebda sind nach dem Bache **Gleis** benannt wie Queich-Hambach, Queichweiler ebda nach dem Bache Queich! *glis* gehört zur idg. Wurzel *gl(i)* „klebrig, schleimig"; dem entspricht Horbach: zu *hor* „Sumpf, Kot". So wird verständlich auch **Gleisberg** (*Glisberg*) analog zu Gleichberg (glich „schlüpfrig"). Vgl. auch griech. *glis-* „schlüpfrig"! und die Varianten *glin; glit* (gr.-lat.-lit.) „klebrig, Schleim". Ein **Glietenberg** im Kr. Altena.

Glems, Nbfl. der Enz (der vorgerm. *Antia*) in Württ., entspricht formell und inhaltlich der **Rems,** Nbfl. des Neckars: es ist eine vorgerm.-keltische *Glamisa* (in pago *Glemisgouue* a. 769) bzw. *Ramisa* (in pago *Ramesdal* 1080), mit undt. s-Suffix wie die Kersch (kelt. *Carisa*), Nbfl. des Neckars. Alle meinen schleimig-mooriges oder sumpfiges Wasser, vgl. lat *glamae* „Augenbutter", griech. *glamein* „triefäugig". Dazu auch **Glaam** a. d. Eitra südl. Hersfeld und *Glamis* in Schottland! Ein **Glemsbach** fließt zur Erms (der kelt. *Armisa*), ein anderer zur Würm/Nagold. Varianten zu *glam* sind: *glem, glim, glom, glum;* siehe Gleima und Glum, Glümmel!

Glenne, Zufluß der Möhne und der Lippe, gehört wie die **Henne, Menne, Wenne** an der oberen Ruhr zu den Flußnamen aus prähistor. Zeit, deren äußere Übereinstimmung der inneren Zusammengehörigkeit entspricht: sie meinen alle schleimig-schmutziges, sumpfig-modriges Wasser. Vgl. kelt. (irisch) und slaw.-russisch *glen-* „Schleim" (Variante zu *glin, glan).* *Glenacum* (kelt.) in Frkr. entspricht daher *Senacum.*

Eine *Glene* fließt auch im brit. England, in Hannover (zur Leine) und in Hessen (zur Ohm, der vorgerm. *Amana*), heute zu **Klein** entstellt, mit den Dörfern Ndr.-Klein und Ober-**Gleen** b. Alsfeld/Schwalm. Vgl. ON. **Glehn** b. Neuß.

Glesch a. d. Erft siehe Glesse!

Glesse, Zufluß der Weser und Ort b. Hameln, ursprünglich wohl *Glessene,* mit prähistor. Endung *-ana, ina, -na,* wie die Wisse (Wissene), Asse, Dosse, Losse usw., auch die Besse und die Lesse, lauter vorgerm. Flußnamen: alle im Sinne von „schmutzig-sumpfiges Wasser". Dazu auch **Glessen** (1051 *Glessene*) westl. Köln und (ebda) **Glesch** (973 *Glessike*) a. Erft mit kelt. k-Suffix (wie Fluß Gessic/Brit.), vgl. auch **Besch** a. Mosel (893 Bessiaco). Neben *gless* begegnet einfaches *gles* in **Glees** beim Laacher See (wo auch Brohl auf „Sumpf" deutet) analog zu **Rees** a. Rh. und in **Gleesen** b. Lingen wie das synonyme **Reesen** b. Höxter.

Gleuel b. Köln (urkdl. *Glou-lo)* siehe Glauberg!

Glimes, Glimmen siehe Gleima!

Glinde, im Moor von Bremervörde a. Oste, weist sich schon topographisch als Moorbezeichnung aus. Ein Glinde auch ö. Hamburg und zur Dosse: Havel, heute **Glindow** (b. Plessow, zu slaw *ples-* „Sumpf"!), vgl. slaw. *glina* „Lehm, Schlamm". Eine *Glindene* floß 1416 b. Brilon. In England vgl. *Glindleg* „morastige Wiese". **Glinstedt** im Hamme-Oste-Moor nö. Bremen entspricht den Sinnverwandten Minstedt, Horstedt, Granstedt, Wistedt, Heerstedt, Sellstedt ebda.

Glissen, zw. Weser und Uchter Moor, entspricht Glessen; siehe dies! Wurzel *gli* (idg.) = Schleim. Zum **Glüsing** i. W. vgl. *Beping, Biening, Solling,* lauter feuchte Waldhöhen. Dazu *Glusinchem:* **Glösingen** i. W.

Glon, Zufluß der Amper/Bayern siehe Glane!

Glör siehe Glar-bach! **Glött** *(Glett)* siehe Gladbach! Desgl. **Glotter.**

Goch a. d. Niers (der kelt. *Nersa)* zw. Maas und Ndrhein, auch in Holland, bekannt durch den Maler van Gogh, enthält ein prähistor. Sumpfwort *gog,* vgl. *Gog-more, -welle, -land* in England. Varianten sind *gag, geg, gig, gug.* Dazu auch **Gochsheim** a. d. Kraich ö. Bruchsal.

Goddelau *(Gotaloh* im 9. Jh.) siehe Göttingen und Godelheim!

Goddelsberg, Waldhöhe, entspricht dem Rammelsberg und dem Wingelsberg im selben Waldeck-Korbacher Raum, einem prähistor. Siedelraum! *god, ram, wing* sind uralte, verklungene Wörter für Moder, Moor, Sumpf. Vgl. den *Godelbach* 1382 b. Spangenberg a. Pfieffe, **Godelheim** (urkdl. *Gudulma*). Siehe auch Göttelbach und Göttingen!

Goddert b. Selters (dem prähistor. *Saltrissa)* ist verschliffen aus *Goderoth* analog zu Astert, Gehlert, Hattert, Rettert im selben Raume, auch Mertert/Mosel, alle auf Gewässer bezüglich! Zu *god* „Moder, Sumpf" (wie *ged, gad, gid)* siehe Goddelsberg, Göttelbach, Göttingen. Vgl. auch **Göddern** i. O. *God(d)enhusen* 995/Harz wie *Hodanhusen!*

Göddingen im Moor der Neetze ö. Lüneburg siehe Göttingen!

Godelheim, Godelbach siehe Goddelsberg!

Göggingen (mehrfach in Württ./Baden), auch Göggingen, verrät schon durch seine Häufigkeit, daß ein Naturwort zugrunde liegt, analog zu **Möggingen** und Mögglingen, auch **Döggingen** u. a., alle mit mundartl. *ö*, d. i. gerundetes *e*. **Go(h)feld** i. W. (An der **Gö**) = „Wasserfeld".

Göhrde, Ort und uralter Laubwald im Wendland, alt *Gor-ithi* (wie Ührde: *Urithi,* zu *ur* „Sumpfwasser"), und **Gohr** b. Neuß siehe Gorleben!

Goldap/Ostpr., am gleichnamigen Fluß, meint „Schmutzwasser"; *gol-d* ist uralte Variante zu *gol* „Morast", wie *gel-d* zu *gel!* Vgl. die *Golda* 976, jetzt **Gouda**/Holland, die *Gold-aha:* Goldach b. St. Gallen, die **Goldenke** im Harz (nebst der **Apenke!** ap = Wasser); „In der Gölden", Flur b. Düsseldorf. Beweisend sind *Gold-mire, -hale, -pit* in E. nebst *Guldefurlong* „Schmutzgraben" und *Guldiche!* **Goldbach** beruht mitunter auf Umdeutung aus *Gol-bach.* Vgl. *Goldwylla* 1005/E.: „marshy", Gelling S. 447.

Göllheim/Wormsgau siehe Güls!

Gollern (nebst **Golste**) nö. Ülzen entspricht **Hollern** ö. Stade: *gol* = Morast, Moder, vgl. die **Gölriehe** ("Moderbach") i. O., Gölenkamp w. Ahaus usw., die *Golle* 1340: heut **Gaul** im Bergischen. Auch mehrere **Golbäche,** z. T. umgedeutet zu Goldbach. Vgl. auch *gul:* Güll, Güls!

Gombeth a. Schwalm südl. Fritzlar (1123 *Gumbethde*) enthält das prähistor. *gum(b)* „Moder", vgl. *Gumbere:* Gommern/Elbe und die Gumme (siehe diese!).

Gondenbrett, Gondsroth siehe Gunne!

Gondorf/Eifel ist umgedeutet aus keltoligur. *Contrava* (so 865), *Gontreve* 980, *Gundereva* 1122. Vgl. Fluß *Contobris*/Spanien, Contern/Lux., Contwig/Pfalz.

Gonna siehe Gunne!

Gönnern zw. Laasphe und Dillenburg (in vorgerm. Gegend!) enthält einen prähistor. Bachnamen analog zu Monneren, Machern, Udern, Gandern im Eifelraum. Zu *gon, gun* siehe Gonna, Gunne!

Göns (*Gunnussa*) siehe Gunne!

Gonzerath b. Bernkastel/Mosel entspricht Lanzerath, Utzerath, Lutzerath, Hetzerath, Matzerath, — alle mit obd. *z* für urspr. *t,* zu vorgerm. Bachnamen! Zu *gont* vgl. **Gonten** im Thurgau (wie Brütten, Kloten, Teufen ebda); zu *lant* vgl. den *Lanten-:* Lanzenbach! Lanzenried.

Gorleben a. Elbe (Wendland) entspricht **Marleben** ebda; *gor, mar* zeugen von Morast und Sumpf. Ebenso **Gorsleben** a. Unstrut (unter der Schmücke) wie Back-, Hem-, Rottleben ebda. Siehe auch Görde, Gohr!

Görde b. Wolfhagen/Hessen (1253 so, 1085 *Gurthe*) meint „Sumpfort" (ist doch Landgraf Moritz von Hessen dort fast in einem Sumpfe umgekommen!). Vgl. die Göhrde im Wendlande. Formell kann ein Kollektiv *Gorithi* (gor „Morast") vorliegen. Aber auch *gord, gurd* begegnet vorgermanisch, vgl. *Gorden-sel; Gordona, Gordolasca*/Rhone (also ligurisch), *Gordium*/Galatien. *Gourdinne*/Belgien.

Goslar am Nordharz liegt an der **Gose,** d. i. „Schmutzwasser"; vgl. dazu die **Gosau** b. Hallstatt/Ö. (mit See), die **Gos(bach)** zur Fils/Württ., den **Gosenbach** b. Siegen, den **Göselbach** b. Lpz. Goslar wie Asslar a. d. Asse (ass „Schmutz"), Wetzlar a. d. Wetfe usw. Ein **Gosheim** nö. Donauwörth (analog zu Sor-, Lier-, Hol-, Balg-, Glau-, Tapfheim im selben Raum).

Gotha *(Goth-aha)* ist uralter Bachname (mit der Niederung „an der Goth"); siehe Göttingen! Zur Form vgl. **Wutha** u. ä.

Göttelbach, Göttler, Göttern siehe Göttingen!

Göttingen: Im Banne mythologischer Vorstellungen aus Jacob Grimms Zeiten hielt Edward Schröder seine Wirkungsstätte Göttingen (953 *Guddingi, Guttingi)* für einen altgerm. Göttersitz! Methodische Forschung dagegen führt zu der Erkenntnis, daß nur ein Naturwort (eine Gewässerbezeichnung) zugrunde liegen kann. Darauf deutet (außer dem topographischen Befund: G. liegt in der einst sumpfigen Leine-Niederung!) schon die mehrfache Wiederkehr des Namens: so **Göttingen** a. Lahn nö. Marburg, G. bei Liesborn i. W. (1309 *Gutingen),* G. am Donau-Moos b. Ulm, **Güttingen** am Bodensee (2mal), *Guddinga* 885 b. Senden südl. Münster (997 auch b. Aachen), *Goddinga* 778 in Lothr., *Godingen* in Lux.

Zahlreiche morphologische Parallelen bestätigen es: so *Köddingen, Weddingen* (a. d. Wedde), *Beddingen, Reddingen, Jeddingen, Hüddingen,* die alle auf Gewässer (Sumpf, Moor, Moder, Schmutz) Bezug nehmen. Dazu einwandfreie Gleichungen wie **Göttschied** b. Idar in Übereinstimmung mit Ebschied, Schlier-, Schnab-, Sohrschied; **Göttentrup** in Lippe wie Finnen-, Hören-, Oien-, Wissentrup, **Göttern** (nebst Öttern) südl. Weimar und **Gottern** a. Unstrut wie Ammern, Artern a. Unstrut, **Gottstedt**/Thür. wie Butt-, Hett-, Lauchstedt usw. (vgl. Gottstedt: Göttingen wie Schlanstedt: Sleningen, slan = Sumpf); nicht zuletzt der **Göttelgraben** (zur Kraich), der **Göttelbach** (z. Schiltach/Baden) wie der Körbelbach und Quiddelbach (corb, quid = Schmutz); Göttelborn/Saar und der **Göttler** (ein Waldberg in Württ., b. Friesenhofen) analog zum Vogler/Weser, zum Seiler/Leine, zum Selter (Salteri) ebda. Ein uraltes Gewässerwort *god, gud (got, gut)* ist damit erwiesen. Ein Fluß *Gudacra* (11. Jh.) ist für Mecklenburg bezeugt, entsprechend der *Ovacra* oder Oker im Harz (*ov* ist gleichfalls ein Wasserwort); *Gudhurst* in England meint also „modriges Gehölz" (vgl. *Gothurst* i. W.). Und *Gudesleben* (um 900) entspricht den Synonymen Bades-, Gores-, Mores-, Hadesleben, alle auf Sumpf und Moor deutend. Uralt ist auch *Gudulma:* **Godelheim** b. Höxter, vgl. den *Godelbach* 1382 bei Spangenberg a. Pfieffe. Dazu **Goddelau** b. Darmstadt *(Gotaloh* 9. J.) „Modergehölz". Zu *Godes-lo* i. W. vgl. *Odes-lo- Dodes-lo* (od, dod = Moor, Sumpf). Auch *Godney, Godley* in E. sind beweisend. Eine *Godenbeke* nebst *Gotflid* (!) in Brabant, eine *Godenowa* 777 b. Lorsch, und Godenstedt am Moor der Oste wie Badenstedt a. Bade. Auf ligur. Boden vgl. *Godiasco* (wie *Croviasco,* crov „Schmutz", vgl. Cröv a. Mosel ebda). Ein castellum *Godric* in Brit. — Zur Form *gut* vgl. den Fluß *Guttalus* (nach Plinius b. Memel) und die *Gutones*: die **Goten**. Schwedisch *gyttja* meint „Schmutz, Morast"! Varianten zu *god, (got), gud (gut)* sind *gad (gat), ged (get), gid (git)!*

Gottsbüren am Reinhardswald (Bachort) hieß 1088 *Gundesbure,* zu *gund* „Eiter, Fäulnis" wie *Gundesleba* 874 (Gundersleben).

Gottstedt, Göttschied siehe Göttingen!

Götzen *(Getzen!)* b. Nidda (nebst Schmitten, Schotten!) entspricht dem bad. *Getzenbach, Gettenbach: get* = Schmutz! Gethsemane/Hersfeld: umgedeutet aus *Götzeman!*

Göxe westl. Hannover (urkdl. *Gokese*), wo auch Leveste, Stemmen, Munzel, Gehrden usw. (mit vorgeschichtl. Burg) von prähistor. Besiedlung zeugen, verrät sich schon durch sein s-Suffix als vorgermanisch, entsprechend *Pedese* (Päse) b. Peine (zu *ped* „Morast, Schmutz"). Als Sumpfwort wird *gok* auch bestätigt durch *Gokes-lo:* **Goxel** b. Osnabrück analog zu *Rokes-lo:* **Roxel** b. Münster (auch **Gaxel** b. Vreden a. Berkel hieß *Gokes-lo).* Dazu *Gokesforde*/Holld, *Gokeshem* i. O., *Goxweiler*/Els.

Grabe (Groß-) b. Mühlhausen/Thür. hieß 997 *Grabaha,* ist also alter Bachname wie **Graba** b. Saalfeld-Rudolstadt, wo auch Schala *(Scalaha),* Schwarza *(Swarzaha)* und Schade *(Scadaha)* liegen und den Wortsinn von *grab* aufhellen: es sind alles Synonyma für sumpfige Gewässer. Daraus ergibt sich eindeutig auch der Wortsinn des **Grabfeldes** (Teil des Hassegaues) mit dem *Tullifeld* (780) und dem *Lullifeld* (Hessen), lauter Sinnverwandte! Man beachte, daß auch auf ligur. Boden *grab* neben *tul* begegnet — so *Grabiasco* (wie Croviasco, Maiasco) neben *Tulelasco!* Ein *Grabanowa* (8. Jh., heute **Grebenau**) liegt an der keltoligur. Jossa. Siehe auch Grafel(de)! Ein Grabensee (mit dem Mattsee, mat „Moder") liegt nö. Salzburg, und Grabenstetten/Württ. entspricht den dortigen Neren-, Scharen-, Weiden-, Meidel-, Pum-, Wett-, Heuchstetten.

Grafelde Kr. Alfeld a. Leine entspricht Schlickelde i. W.: urkdl. *Graf-lo: Slick-lo* (zu Schlick, Schlamm, Morast). Ebenso **Graffeln** i. W. analog zu Affeln: *Graf-lohun: Af-lohun* (af = Sumpfwasser) und *Grafmolder* i. W. wie Anemolter b. Hoya, an = Sumpf; molter „weicher Boden". Ein Grafhorst a. Aller b. Öbisfelde, ein *Grafthorp:* Grachtrup i. W. (wie Schachtrup: *Scafthorp* 896), ein **Grafel** (Graf-lo) b. Bremervörde, — *lo* deutet stets auf Sumpfstelle. In England sind bestätigend *Graveley, Graveney* (ley = Wiese, ey = Aue, Bach). Zur *Grave-linge* vgl. die Grope-linge (grope = Schmutz!). Siehe auch unter Grabe und Greve!

Gram(b)ke, Grambeck siehe Grane!

Gramme, Nbfl. der Unstrut, wird deutlich durch holld. *gram* „Morast". Und so entspricht die Gramme der **Humme** und der **Lamme** (*lam* „Sumpf", *hum* „Moder"), desgl. der **Grammling** (mit Grambergen) ö. Osnabrück, dem Hümmling im Moorgebiet der Ems. In Belgien vgl. *Gram(m)ine,* in England: *Gramestede, Gremestede.* Umlaut zeigt das Kollektiv *Gremede* (14. Jh.) b. Melle. Ein Wald *Grammach* begegnet in Württ. (vgl. Schammach ebda), ein *Gramastetten* 1110 b. Linz i. Ö. (analog zu San-: Söhnstetten, Heuch-, Lein-, Lott-, Pumstetten in Württ.-Baden, lauter Sinnverwandte). So auch *Gramisheim, -hoven* in Bayern, *Gramisheim, Gramershusen* in Hessen. Zum **Gremmelsbach** (zur Gutach) vgl. den Immels- und den Gittelsbach ebda, den Gammelsbach *(Gaminesbach!)* z. Neckar, den Rammelsbach/Baden, den Bettelsbach/Elsaß, alle auf Moder und Sumpf bezüglich!

Grande ö. Hamburg (Bachort südl. Trittau-Bollmoor) wie die *Grande* 820 b. St. Goar enthält ein idg. Wort *grand (grend, grind)* für „Schmutz, Moder, Moor" wie die *Grandine* in Holland und Litauen; vgl. auch **Grandenborn** im Ringgau b. Netra/Sontra und *Grandesdorf* 1098 (Gransdorf b. Wittlich). Zu *grend, grind* siehe Grindel und Grenderich!

Grane, Nbfl. der Innerste (der vorgerm. Indrista) b. Goslar, auch Quellort (1074) b. Wolfhagen a. Eder, weist ins Idg.-Prähistorische zurück: vgl. den Flußgott *Granikos* (Ovid), Fluß *Gran* zur March, Fluß *Grane* (ligur. Alpen). Auf *Granebeke* beruhen urkdl. **Gramke** im Moor von Vechta (nebst Grandorf ebda), **Grambke** b. Bremen und **Grambeck** b. Mölln; in Holland vgl. *Granewurd,* in England *Granehou, Granby.* Dazu **Granstedt**

im Moor (!) der Oste wie die sinnverwandten Glinstedt, Minstedt, Deinstedt, Hepstedt ebda. Ein **Gransee** südl. Fürstenberg. Vgl. auch **Grano(w)** b. Guben. Auf kelto-ligur. Boden: *Graniacum* (Gragny, wie Laniacum, Maniacum, Saniacum), *Granona* (wie Blanona, Carona, Carbona, Verona, Visona, alle sinnverwandt!) und *Granoialum*/Garonne (wie Vernoialum, verno „Erle, Sumpf"). *Granisheim* (8. Jh.) ist zu Grenzhof b. Hdlbg umgedeutet!

Granterath b. Erkelenz wird verständlich durch die morpholog. Parallelen Randerath, Möderath, Greimerath, Jackerath u. v. a., alles „Rodungen" an Moor-, Moder- oder Schmutzwassern. Vgl. Fluß *Grant* in Brit. („muddy stream")! Siehe auch unter Grenf! Eine *Grant-owe* 1075 am Chiemsee.

Grauelbach Kr. Bensheim (alt *Gruwelbach*) wird verständlich durch *Gruwelsipe* 1284 Kr. Meschede (sipe = sumpfige Bachstelle, wie in Klef-, Schmie-, Schadesiepen). *gruw-* (norw. grugg) meint „Schmutz". In E.: *Gruel-*, *Grouelthorp* 1279, 1303. In Bayern: *Gruwilingun* 1045.

Grebenau *(Grabanowa)* siehe Grabe!

Greene a. d. Leine westl. Gandersheim wie *Grene* (1113 b. Witten a. Ruhr) werden deutlich durch die *Greinkuhle* nebst *Grenbole* i. Westf.: *gren* (dem Wörterbuch unbekannt) kann nur „Schmutz" meinen (als Variante zu *gran, gron, grin)*. In engl. Namen hat es vielfach Umdeutung zu green „grün" erfahren: so in *Greneford, -well, -dene, -hole, -heved, -scough* und *Grenes-combe* (wie Celes-combe: cel „Sumpf"!). Vgl. Fluß *Grenock* (gälisch).

Greffen nw. Gütersloh siehe Greven! **Greffern** (826 *Grefern*) am Oberrhein entspricht Heiteren, Niefern, Modern a. Moder!

Greimerath Kr. Wittlich u. Kr. Saarburg (alt *Grimerath*) entspricht den sinnverwandten Möderath, Jackerath, Kolverath usw. Zu *grim* „Schmutz" siehe Grimme!

Gremmelsbach, Gremede siehe Gramme!

Grendenbach, Zufluß der Steinach b. Neuffen/Neckar, siehe Grande!

Grenderich südl. Cochem/Mosel (vgl. Ginderich, Gennerich) siehe Grendenbach, Grendelbruch, Grande!

Grendelbruch siehe Grindel!

Grenf, Zufluß der Schwalm, urkdl. *Grintifa*, kann nichts anderes meinen als die übrigen Bachnamen auf *-apa* (aus prähistorischer, z. T. vorgerm. Zeit) wie *Antrefa, Notrefa, Strinzefa, Mulefa* usw., die durchweg „Moder-, Sumpf-, Schlamm-, Schmutzwasser" bedeuten. Eine *Grintaha* (**Gründau**) fließt zur Kinzig ö. Hanau; ein *Grintbrunn* 1346/Schweiz; im Schwarzwald ein mons Grinto: *Grintberg*, heute Schlifkopf, was den Wortsinn treffend wiedergibt: ahd. mhd. *slif* meint „schlüpfrig, morastig“! Ein Berg **Grünten** im Allgäu. Auch die Komposita *Grenteleg, Grente-dene, Grentes-mere* (Gransmoor) in England bestätigen den Wortsinn *(grint, grent, grant* sind lediglich Varianten). Auch **Grenzebach** b. Ziegenhain/Schwalm gehört hierher: es hieß 1142 *Grinzenbach* (mit hochdt. z für t wie die sinnverwandten Anzen-, Lanzen-, Nanzen-, Sanzenbach in Hessen bzw. Württ., zu den vorgerm. (keltoligur.) Wasser- und Sumpfwörtern *ant, lant, nant, sant!*). Im Baseler Raum vgl. **Grenzach** und **Grenzingen,** bei Wien den Wald **Grinzing.**

Greve, Bach b. Vörden Kr. Höxter, entspricht der **Heve** b. Soest (mit dem Schmie-siepen!); beide meinen sumpfig-schmutziges Wasser; daher **Greven** b. Münster (1088 *Grevini*) wie **Heven** b. Witten/Ruhr (890 *Hevinni*). Auch *lo* und *horst* deuten stets auf „Sumpf“ oder „Schmutz“: so *Greve-lo:* **Grevel** b. Dortmund und Grevelhorst b. Coesfeld. Ein Wasser *Greve-linge(n)*, Greveninge in Holland (analog zur *Hinkelinge, Sekelinge, Sivelinge!* sek, seich „Harn, Lauge“).

Griedel *(Gredila, Gredwiler)* a. d. Wetterau entspricht **Rendel** (*Randila, Randwiler*) weiter südlich im Nidda-Raum nö. Frankfurt, wo Karben, Köbel, Vilbel usw. von prähistorischer, z. T. vorgerm. Besiedlung zeugen. Westl. von Griedel-Butzbach liegt **Griedelbach** (nebst Kröffelbach, was dasselbe meint: denn *gred, rand, kruf (Cruftila, Crufwiler)* sind Bezeichnungen für moorig-schmutziges Wasser! Zu *gred* vgl. auch *Gred-beke:* Grebbeke i. W., *Gred-bi:* Grebby/Engld, *Gretworth* wie Randeworth; **Grethem** (nebst Vethem und Rethem) am Moor von Walsrode. *Greticha* (8.) b/Salzbg wie Maticha, Todicha! In Bayern *Gredingen.*

Griefstedt (Griffestat 8. Jh.) a. d. Unstrut (wo die Helbe mündet), empfängt seinen Sinn durch die übrigen Namen auf -stedt im selben Raum (nö. Sömmerda-Kölleda) wie Gün-, Frömm-, Topf- und Rudestedt, lauter prähistorischen Bildungen zu Gewässern: *grif* muß also sinnverwandt sein mit *gun, frum, top, rud,* die alle Sumpf- oder Moderwasser meinen. Vgl. auch **Grifte** *(Grifethe)* südl. Kassel! Ein Berg Grifton b. Zabern.

Grifte südl. Kassel (a. d. Eder, wo sie in die Fulda mündet), schon vor 1000 Jahren bezeugt, verrät schon durch Einmaligkeit und Zugehörigkeit zu den höchstaltertümlichen Namen der Umgebung prähistor. Herkunft (vgl. Maden, Dissen, Deute, Baune, Besse, Ritte u. ä., lauter Bachnamen der Vorzeit!). Zu *grif* (mit Dentalsuffix wie Külte: kul „Moder“) siehe Griefstedt! Ein Marschenort Lower *Grife* in Schottland!

Grimme, Bächlein im Harz, und der **Grimbach** (zur Wipper) ebda, auch die **Grimmbäche** in Baden-Württ., sind „schmutzig-sumpfige Gewässer", bestätigt durch *Grimmen-siek* b. Detmold und *Grimen-sol* 779 b. Würzburg, auch durch *Grimley, Grimpits, Grimesworth, -hal, -bury, -wrosen* in England, wo *grime* noch heute „Schmutz" bedeutet. Eine *Grimaha* floß um 900 im Grabfeld; ein *Grimesrode* lag 868 b. Wasungen (Wüstung Grims). Vgl. auch **Grimenz**/Schweiz. Siehe auch Greimerath. Einen *Grimenesbach* dürfte der **Grimmelsbach** (z. Rench/Baden) darstellen analog zum Gamines-: Gammelsbach, zum Immelsbach und zum **Gremmelsbach**/Baden.

Grindel, Grendel ist ein uralter Wasser-, Wald- und Moorname (vgl. den Moor-Unhold Grendel im Beowulf!); ein Fluß *Grendel* (Grindle Brook) in England nebst *Grendlesmere!* Ein **Grendelbach** (mit dem Grendelbruch!) fließt zur Breusch *(Brusca)* im Elsaß, ein **Grindelbach** z. Sulzbach/Stunzach in Württ., ein *Grindebach* 1311 zur Ammer ebda. Ein *Grindestat* lag 991 b. Weißenburg/Elsaß. Vgl. **Grindel** südl. Basel, Grindelwald usw. Auch Grinden b. Verden a. Aller und Grindau b. Walsrode a. Böhme enthalten dasselbe Wort *grind* für Moor oder Moder, Schmutz.

Gronig/Saar entspricht dem kelt. *Groniacum:* Grognac/Frkr. (analog zu *Coniacum:* Cognac und *Loniacum:* Loignac, Loygny). *gron, con, lon* meinen „Sumpf, Schmutz".

Gröpelingen a. Weser b. Bremen deutet auf Moorwasser, vgl. die *Gropelinge* i. W. (grope = Schmutz) u. den **Gropen Berg** nebst Rödden-Berg b. Northeim. Dazu *Gropon-lo* 1088: **Groppel** i. W.

Grumme b. Bocholt kehrt 739 in Frkr. wieder, ist also zweifellos vorgerm. Keltisch *grom* (mlat. gromna) bedeutet „Sumpf", so in *Grom-myre*/England nebst *Gromene-:* Groombridge; *Groam, Groan* in Schottld sind gekennzeichnet durch sumpfige Lage! In Italien vgl. *Grumo, Grumentum* (analog zu Tridentum: Trient, zu trid, tred „Kot"), ebda die *Grumbestini.* Eine **Grumbe** fließt zur Itz (der vorgerm. Idasa) b. Coburg. **Grombach** (schon 791 *Grumbach!)* b. Bruchsal u. **Grum(en)bach** b. Pforzheim (sumpfig am Salmbach gelegen!) sind vielleicht auch hierher gehörig, während die mitteldt. Grumbach (Thür./Harz) md. grun für „grün" enthalten können, mit Assimilation -nb- zu -mb-. Auch ein idg.-germ. *grum* "Schmutz" (so engl. und schwedisch) mag hineinspielen! Ein **Grumeth** b. Waldbroel zeigt t-Suffix. Ein Grumenbach fließt auch zum Wasenbach (was „Sumpf")/Dreisam.

Gründau (z. Kinzig) siehe Grenf!

Grünten, Berg im Allgäu, u. Hoch-Gründberg b. Kufstein siehe Grind-Grindel!

Grüßelbach b. Taft a. Ulster (in prähistor. Gegend) hieß *Grussinabach,* ein gedeutscht aus *Grusna* (so 838), vgl. **Grüsen** b. Frankenberg/Eder, *Grus beke;* Grußendorf b. Gifhorn (sumpfig gelegen), **Grußenheim** im Elsa (wie die benachbarten Elsenheim, Ohnenheim, zu als, on = Sumpf!) diphthongiert **Greußenheim** b. Würzburg (wie — nördlich davon — Eußenheim a. Werrn, zu *us* = nasser Schmutz!), auch **Greußen** a. Helbe, Unstrut.

Gückingen b. Diez a. Lahn (prähistor. Gegend!) entspricht **Rückingen** b Hanau, wie **Guckheim**/Westerwald: Zeuzheim ebda. *guck, ruck* sind un erkannte Sumpfwörter! Vgl. auch *gack, geck, gock:* Gackenbach, Gecken heim, Geckler, Göxe!

Gude (Ober- und Ndr-) hieß 960 *Wudaha,* nach dem dortigen Bache (Zuflu der Fulda w. Rotenburg-Bebra), der aber kein „wutbringender Tollbach ist, dem der „abergläubische Mensch der Urzeit" mißtraute, wie E. Schrö der phantasievoll meinte (S. 315), sondern wie **Wutha** a. Hörsel (hur „Sumpf") ö. Eisenach (kelt. Isana-) ein vorgerm. Wort für Wasser un Sumpf enthält, also mit den vielen ähnlichen Bachnamen auf -a (ahd -aha „Wasser, Bach") sinnverwandt ist, vgl. Aula, Jossa, Vacha, Gotha Möhra, Gera, Alba, Gonna, Monna, Lossa usw. Die Bestätigung liefer *Wude-mare* „Sumpfsee" b. Weimar! Vgl. auch die Variante *wod* in *Wo dina* (9. Jh./Thür.), *Wodene-stede:* Wohnste/Bremen, *Wodfurt* (9. Jh b. Krefeld, und in kelt. *Vodanum, Vodenoilum:* Vouneuil sowie *Vodia* (Volk in Irland).

Güdingen b. Saarbrücken entspricht Büdingen b. Merzig/Saar (bu „Schmutz, Morast") und Üdingen b. Düren (ud „Wasser"); auch da benachbarte Fechingen (fach „Moder, Sumpf") bestätigt *gud* als sinnver wandt, siehe auch Güttingen und Göttingen! Zu **Güdesweiler**/Blies (Saar vgl. ebda: Gonnesweiler, sowie Gundesweiler/Elsaß.

Gügleben b. Erfurt (796 *Gugileiba*) entspricht den übrigen Namen auf *-lebe* im selben Raum, wie **Trügleben,** Sieb-, Nott-, Ül-, Wiegleben, laute Sinnverwandte. Wie *trug* (vgl. griech. tryg- „Bodensatz, Hefe") mu also auch *gug* (dem Wörterbuch unbekannt) auf ein Gewässer Bezug neh men: vgl. *gog (gag, geg, gig)* = Sumpf! Es steckt auch in **Güglingen** a. d Zaber/Württ. (aus *Gugininingen,* wie Gündlingen aus Gundiningen) analo zu Möglingen, Dettlingen, Iflingen, Bettlingen usw.; aber auch in *Gu gen-:* **Jugenheim** nö. Bensheim sowie in *Gugenes-: Güges-:* **Jügeshei** südl. Hanau. Indirekt heißt nach diesem Sumpfwort auch die Wasser kröte in Württ. Guggi, daher das öftere Gug(g)enmoos! Auch Gug(g)enbach, -loch. Ein *Gugunberg* schon 783 (vgl. die Varianten *Gigen-*, *Gegen-*, *Geigenberg*, auch *Gagen-*, *Gegenbach*). Eine Völkerschaft *Gugerni* saß am Niederrhein! Offenbar keltisch!

Güll, Güllenbach siehe Güls!

Güls a. d. Mosel b. Koblenz stellt einen vorgerm.-kelt. Bachnamen *Gulisa* dar, analog zur *Dulisa:* Döls b. Verden. *gul, dul* meinen Schmutzwasser (noch mhd. *gülle,* engl. gully „Lache, Pfütze"). Dazu auch Dorf-**Güll** (*Gullen* im 8. Jh.) b. Lich a. Wetter; **Güllenbach,** Zufluß der Schussen; **Güllesheim**/Wied (wie Büllesheim a. Erft) — dort auch Horhausen (hor „Kot, Sumpf"); desgl. **Göllheim** *(Gylnheim* 819) im Wormsgau; *Gulleghem/*Flandern. In Holland eine **Geule** (*Gulia*) wie die **Deule** *(Dulia)* und eine *Gulapa:* **Gulpe.**

Gümmer/Hannover (urkdl. *Gummere*) und **Gümse** (*Gumisa*) am Gümser See im Wendland verraten sich schon durch ihre Suffixe (r und s) als undeutsch, also vorgermanisch, ebenso **Gummern** b. Lüneburg und **Gommern** (965 *Gumbere*) b. Magdeburg, die alle schon geographisch ins Venetisch-Slawische weisen: der Flußname *Gumove* in Litauen bestätigt es. Auch **Blender** (**Blandere**) b. Verden a. Aller, mit gleichem r-Suffix wie *Gummere,* kehrt in Lit. mit dem Fluß *Blanda* wieder! Eine **Gumme** *(Gumia, Guma)* floß im 9. Jh. auch bei Bonn (vgl. die Humme b. Hameln, zu hum „Moder, Moor"); sie kehrt in Oldbg als **Jümme** wieder (mit j statt g wie die Jade statt Gade). — Der gleiche Bachname steckt in **Gummersbach**/Siegkreis (mit sekundärem r wie Flammersbach), bestätigt durch *Gumershale/*England (hale „nasser Winkel"), dort auch *Gumerholm, Gumescelf* (wie Wade-scelf, zu wad „Sumpf"), *Gumley* (leg „Wiese"), *Gomenhulle, Gomes-furlong* (wie Clete-, Loc-, Spiche-furlong, lauter „sumpfig-schmutzige Gräben"!). Derselbe Wortsinn für *gum* ergibt sich aus *Gummes-:* **Gumbsheim** b. Kreuznach/Nahe (nebst **Gumbsweiler**/ Pfalz) analog zu Gambsheim und Nambsheim im Elsaß (alt Gamines-, Naminesheim, wo *gam, nam* Synonyma sind!). *gum* ist also Variante zu *gam* und *gim!*

Gundheim in der Rhein-Ebene b. Worms wird verständlich durch Horchheim und Rohrheim im selben Raum: alles Ableitungen von Sumpfbegriffen (hork = Kot, Morast! rohr = Schilf, Röhricht; *gund* (ahd. bezeugt) = Eiter, Fäulnis! Ein **Gundbach** fließt am **Gundwald** (mit der Wüstung *Guntheim* 791 zw. Darmstadt und Dieburg, in sumpfiger Gegend), dort auch **Gundernhausen,** das wie **Gündringen** (vgl. Gendringen) b. Horb („Sumpfort") a. Neckar auf die Form *gund-r* deutet (vgl. Fluß

Gundrid(us): Gondré/Frkr., wie *Andr-ida:* die Endert/Mosel, wo *and-r* vorgerm. Sumpfwort ist!); Gündringen entspricht Nebringen, Nufringen ebda, auch Schabringen im Donauried (wie Scabris/It. und Scabrona/Frkr.!). Auch **Gündlingen** in der Rheinebene b. Breisach (urkdl. *Gundininge*) gehört dazu, wie schon der Nachbarort Merdingen lehrt (denn merd- meint „Kot"). Ein **Gundelsbach** fließt zur Rems/Württ., ein Gundlisbach zur Alb, ein **Gündelbach** zur Metter/Enz westl. Besigheim, wo auch Horrheim liegt (hor „Kot, Sumpf"), — der dortige Ort hieß Gindratbach. Ein **Gündelwangen** (vgl. Hundelwangen) a. Wutach/Schwarzwald. Dazu (mit Fugen-s): *Gundes-wiler* 1004: Gundes-**weiler** b. Straßburg, *Gundes-bure* 1088: Gottsbüren am Reinhardswald und *Gundes-leba* 874: **Gundersleben**/Helbe, dessen sekundäres -r- einen Pers.-Namen vortäuscht analog zu Gatersleben: urkdl. *Gatesleba* u. Heders-: *Hadisleba!* Vgl. auch **Gundhelm** b. Schlüchtern (wie Vorhelm) und *Gundinhart* um 900 in Bayern (hart = Wald). *Gundbere:* **Gimpern!**

Gunne, Zufluß der Lippe, entspricht formell und inhaltlich den Bächen Munne, Hunne, Funne, Dunne, Unne, lauter „modrige, faulige" Gewässer. Dazu das Kollektiv *Gunethe:* **Günne** a. d. Möhne nö. Neheim-Hüsten; vgl. **Jühnde**/Göttgn. Eine *Gun-aha:* **Gonna** fließt in Nordthür. (zur Helme/Unstrut), vgl. die *Tun-aha:* Tonna (z. Unstrut) und die Monna (z. Losse). Deutlich vorgerm. (mit s-Suffix!) ist die *Gunnussa, -issa* (um 900), heute **Göns** (Bach und Ort) b. Wetzlar bzw. am röm. Pfahlgraben (entsprechend der *Undussa* 763: Unditz b. Kehl a. Rh.). Gönnern südl. Laasphe.

Zu Gunnenbreht 893 (Gondenbrett b. Prüm/Eifel) vgl. Udenbreth/Eifel (ud = Wasser). Vgl. auch *gund* und *gunt* (Günz)! *gun* ist Variante zu *gan, gen, gin!* Zu Gunethe: **Günne** vgl. als synonym Dunethe: **Dünne** b. Herford. Ein **Günnewig** liegt b. Wiedenbrück, ein Günnigfeld b. Wattenscheid. **Günstedt** a. Helbe entspricht Grief-, Rock-, Topfstedt ebda, **Gunsleben** am Bruchberg (!) entspricht Anes-, Banes-, Hones-leben; dazu auch *Gunsrode* (Gondsroth und **Günsterode**/Hessen). Keltisch ist *Guniacum:* Gugney/Moselle.

Günz, Nbfl. der Donau (mit ON. Günz, **Günzach, Günzburg**), urkdl. *Guntia,* entspricht der **Enz** (*Antia*), ist also wie diese ein Zeuge vorgerm. Bevölkerung. *gunt* (vgl. auch *Güntenbeke* i. W.) kann nur Variante zu *gund*, *gun* „Moder, Sumpf" sein und bestätigt somit auch *ant* nebst *and* als vorgerm. und synonym!

Auch **Gunzenbach** (nebst **Gunzenach**) in Baden (zur Oos/Murg) und Württ. (3 mal: z. Beutelsbach/Vorarlberg/Rems, z. Bühler/Kocher u.

z. Jagst) kann nichts anderes meinen, wie schon die Wiederholung lehrt, analog zum **Runzenbach,** Anzen-, Lanzen-, Nanzen-, Sanzen-, Ranzen-, Lenzen-, Senzenbach, lauter Sinnverwandte, auf Eindeutschung beruhend! Vgl. auch **Gunzmoos!**

Gürzenich b. Düren entspricht Merzenich, Morschenich, Rövenich ebda, lauter Bildungen auf keltisch *-iacum,* alle auf Gewässer bezüglich. Zu *gurt* vgl. **Gurtweil** b. Waldshut (a. Schlücht!) und **Gurten** a. d. *Gurtina,* Zufluß des Inns im Innviertel, wo auch die vorgerm. *Antisna:* Andiesen fließt.

Guissen i. W. siehe Gießen!

Guste, Bach b. Valdorf ö. Herford, und der **Gustbach** (zur Wiese, wis = „Moder, Sumpf") b. Lörrach sind vorgerm., wie der Dustebach b. Lünen und Fluß Dustris (z. Dordogne)! *gus, gust* wie *dus, dust* meinen „Faulwasser". Dazu auch **Gusterath** a. Ruwer/ö. Trier (wie Hetzerath, Klüserath, Greimerath ebda), Gusternhain b. Herborn/Dill, **Güsten** b. Jülich (auch a. Wipper b. Staßfurt), **Güster** südl. Mölln (in Sumpflage!), **Güstow**/U. M.

Gutach, Zuflüsse der Wutach und der Kinzig (Schwarzwald) siehe Wutach!

Gütersloh (am *Guttesmere*!) in wasserreicher, sumpfiger Niederung der oberen Ems entspricht **Wadersloh** südlich davon (wad meint „Sumpf"). Zu *gut* (noch schwed. gyttja „Schlamm, Schmutz"!) vgl. Fluß *Guttalus* und die *Guti, Guttones:* Goten. Siehe auch Göttingen *(Guttingi, Guddingun)* und Güttingen! **Güttersbach** im Odenwald entspricht Etters-, Hetters-, Bieders-, Mutters-, Steigersbach. **Gütschbächle:** gützen „speien"!

Güttingen (2 mal am Bodensee) siehe Göttingen!

Gymnich b. Köln wie Gemmenich/Veluwe *(Giminiacum)* siehe Gimte! Vgl. *Gimella, Gimiacum*/Belg.

H

Haaren (Westf., Rhld) siehe Haren!

Habbeke (urkdl. *Havekebeke*), Bach b. Meschede, in prähistor. Gegend, enthält ein längst verklungenes, dem Wörterbuch unbekanntes Wasserwort *hab, hav,* das auch dem Namen der (bisher ungedeuteten) **Havel** *(Habola, Havola)* zugrunde liegt. Es ist auch gesichert durch *Havinni*/Belgien (Heven/Ruhr), Havert *(Haveroth)* b. Aachen, *Haveltę* i. Moorgau Drente usw. und verrät seinen Sinn durch das *Hävelmoor:* also Moor-, Sumpf-, Schmutzwasser. Mit k-Suffix erweitert erscheint es als *habek, havek* (was mit ahd. habuch „Habicht" verwechselt zu werden pflegt! — wogegen sich schon 1883 Th. Lohmeyer wandte: Herrigs Archiv 70, 394; denn „Habichtsbäche" sind ein Unding, der Habicht ist weder Wasser- noch Sumpfvogel!). Die Verdeutlichung gerade durch Zusätze wie *mer, leg, dunk, moos, brok* duldet keinen Zweifel an der obigen Deutung: so *Havoc-mere, Havoc-leg* in England, mit Fugen-s: *Havoch(es)welle* (neben *Dudocheswelle)* ebda, dud meint „Sumpf, Schilf"! Vgl. das engl. Synonym *hassok (cassok)* „Riedgras"; zu *havok* vgl. schottisch *Cabok;* desgl. *Havokas-brok* i.W., *Havekesdunk* in Holland, *Hab(eche)smoos* in Baden. *Habecheborn* lautet heute **Hachborn** südl. Marburg, und es ist schwerlich Zufall, daß im uralten Siedelraum von Fulda 4 Quellsümpfe *Havucabrunno* bezeugt sind! Und dazu stimmt *Habuchescheid:* heute **Habscheid** westl. Prüm/Eifel (wo die benachbarten Huscheid und Malscheid den Wortsinn bestätigen!). Ebenso **Habschied**/Rhld, wie Sohrschied, Wahlschied! Vollends beweisend ist das Vorkommen als Simplex: die **Habuche,** ein urwaldähnlicher Bergforst südl. Brilon (in prähistor. Gegend) zwischen der Itter und der Hoppeke (alt Hot-epe, zu hot „Schmutz, Sumpf"!), mit dem **Hab**-Berg! Vgl. den **Habel**-Berg a. d. Ulster b. Geisa, und Habel b. Fulda. Ein *Habeche* 1368 in Brabant, dazu die Ableitung *Habechingen* 953 b. Trier (wie Dunechingen und Bildechingen b. Horb a. Neckar, wo Bildeca (bild, beld „Sumpf"!) zugrunde liegt, vgl. Bildechen b. Aachen). Zu *Habenwilare* 879 Württ. vgl. Duden-, Hatten-, Wattenweiler, lauter Synonyma. Verwandt sein mag: mhd. *habe* „Meer".

Haberschlacht b. Heilbronn beruht wie Degerschlacht b. Heilbronn *(Tegerslat)* auf Umdeutung aus *-slat,* d. i. „Röhricht"! Vgl. **Haberscheid**/Eifel. Siehe Haverbeck!

Habscheid, Habuche, Habechingen siehe Habbeke!

Hache, Zufluß der Ochtum b. Syke, und die **Hachel,** Zufluß der Wipper, sind schon topographisch als Schmutzwässer erkennbar. *hach* (dem Wörterbuch unbekannt) entspricht idg. *kak* „Kot" (vgl. lat. cacare). *Hachsiek* und *Hachenpol* (-pfuhl) wie Rachenpol (rak „Schmutz") bestätigen es. So werden verständlich **Hachen** b. Olpe, **Hachenbach** b. Kusel/Pfalz, **Hachenburg** a. Nister, die *Hachenbeke:* **Hachmecke** (z. Lenne), Hacheney u. Hackeney i. W., **Hachum** b. Brschw, *Hachede* (Geest-Hacht) a. Elbe, **Hachel** am Schliersee nebst Hachelhart. In England: *Hache-welle, Haccombe, -ford, -wood;* Hac-combe = Dac-, Vac-combe!

Hackel (silva Hakul) ö. vom Huy (Halberstadt) nahe der Selke, bisher ungedeutet, meint nichts anderes als der Huy, ein prähistor. Wort für Moder, Sumpf, Schmutz (vgl. Bach Huy: *Hogia* in Frkr.). Dazu **Hackelteich,** -born, -scheid, -berg, -brede (b. Höxter); der Hackelteich war ein Sumpf in der Gegend von Quedlinburg (a. 1336), vgl. Nd. Kbl. 1962, S. 43. In Engld: *Cakulcroft!* Zur Form *hack* (vgl. unter Hache!) gehören **Hackenbroich** (!) analog zu Korschenbroich/Ndrhein (kelt. *cors* „Sumpf"), Hackenheim b. Kreuznach, Hackenstedt westl. Brschwg (wie Aden-, Gaden-, Schmedenstedt ebda!), *Hakenlare* b. Soest (wie Dacenlare, 7. Jh.), **Hackeloh**/Möhne wie Tackeloh, d. i. Modergehölz. Hackeney (wie Hacheney) i. W.

Hadamar nö. Limburg/Lahn verrät schon durch das Grundwort *-mar,* daß *had* sich auf Sumpfwasser beziehen muß. Gleiches gilt für **Haddamar** b. Fritzlar (wie Geismar, Vilmar, Weimar ebda, lauter Sinnverwandte). Über *had* siehe unter Hedemünden und Hadeln! Vgl. auch **Hemer** *(Hedemere).*

Hadeln, Marschlandschaft westl. der Elbmündung, urkdl. *Haduloh(un),* bisher irrig und unmethodisch als „Streitwald" gedeutet (so noch W. Laur 1961), wegen Anklanges an „Hader" (im Pers.-Namen Hadubrand), meint in Wirklichkeit „sumpfig-moorige Gehölz-Landschaft" analog zu *Af-lohun:* Affeln, *Nut-lohun:* Nutteln usw. *had,* dem Wörterbuch unbekannt (H. Kuhn/Kiel denkt neuerdings an altengl. heado „Meer"), wird durch mancherlei erläuternde Zusätze wie loh „Gehölz", mar, mer „Sumpfstelle" *(Hade-mere:* Hadamar, s. oben), venn „Moor" *(Hadunveni* um 900: Hadenvenn b. Lingen) usw. sinnfällig genug als uralte, abgestorbene Bezeichnung für „Sumpf, Moor, Moder" erwiesen. Gleiches besagt die Parallele *Hade-bere* (: Hedeper am Gr. Bruch südl. Wolfenb. und Heudeber nö. Wernigerode) — Wenebere a. d. Wene — Retbere — Swicbere (heute Rabber und Schwöbber i. W.), lauter Sinnverwandte! Dazu *Hadeburn:* Hebborn b. Köln, *Hadastat:* Hattstedt im Elsaß und Hettstedt in Thür., *Hadenbeck* i. W., der *Hadembach* b. Hilchenbach am Rothaargebirge; auch *Hadislebe* 978: Hedersleben. In England: *Hadesovere, Hade(n)hale, Hadeleg, Hadmore, Hade on Otmoor, Marsh Had-*

don! Daß damit auch **Hademarschen** (1447 *Hademersche*) sich hier sinnvoll einfügt, also keine „Streitmarsch“ meint (so Laur), liegt auf der Hand. (Siehe auch Dithmarschen!) Dazu **Hadenfeld** b. Itzehoe **Haddenbach** b. Remscheid, **Haddenhausen** b. Minden (wie Waddenhausen, wad = Sumpf!), **Hadessen** b. Hameln (wie Idessen, id = Moor!).

Zu *Hadelivia*/Belgien vgl. Alblivi/Lux. und Marclive/Lothr. Vollends beweisend aber ist die Synonymenreihe *Hademinni* (: **Hedemünden** a. Werra) — *Virmenni* (: Viermünden a. Eder) — *Dulmenni* (: Dülmen) — *Drothmenni* (Dortmund) — *Rotmenni* (: die Rottmünde, z. Weser) — — *Voleminni* (: die Volme, z. Ruhr), lauter prähistorische Gewässernamen im Sinne von Moder-, Sumpf-, Schmutzwasser!

Hafelbach siehe Havel!

Haferungen w. Nordhausen im Harzvorland entspricht den Sinnverwandten Schiedungen, Wechsungen, Bodungen, Holungen im selben Raum, hat also mit dem „Hafer“ (als Getreidesorte) nichts zu tun. Zugrunde liegt das Wasserwort *hav-r* wie in Haverbeck, siehe dies! Grundsätzliches über die ungen-Namen siehe im Nd. Kbl. 1960, S. 40—43 unter „Teistungen“ vom Verfasser.

Haftenkamp nahe der Vechte nö. Nordhorn und *Hafti:* **Haaften**/Holld sind bemerkenswert durch das seltene *haft*, das nur Moor bedeuten kann; zur Form vgl. die Afte i. W., die Taft, die Scaft-aha, lauter Sinnverwandte. Ein **Haft** auch in der (M)ortenau (b. Ottersweier). Siehe *Heftenbach!*

Hagenbach, mehrfach Bach- und Ortsname in Württ., Baden, Elsaß, Pfalz, wird verständlich, wenn wir nicht an ahd. mhd. hag „Dorngebüsch“ denken, sondern an das verklungene Moorwort *hag* (so noch engl. dial.!), deutlich in *Hagpit* (wie Mog-, Mor-, Lovepit) in Engld, dazu in *Hagenewurth*/E: (wie Edenewurth, zu ed „Moor, Sumpf“! Edenkolk!) und im Flußn. *Hagene: Haine*, von dem der Hennegau/Belgien seinen Namen hat! Vgl. auch den Wald Hagenschieß/Baden entsprechend den Sinnverwandten Büttelschieß und Ettlenschieß: der Hagenschieß ist kein Dorngebüsch, sondern ein feuchter Laubwald! So auch die Hagenberge in Württ. (Odenwald), Hagenried u. ä. Vgl. die Wagenberge (wag „feucht“).

Hahle, Bach b. Teistungen-Duderstadt (mit der **Brehme** zusammen) und im Harz (mit der **Suhle**), meint nichts anderes als diese beiden: *brem, sul, hal* = sumpfig-schmutziges Wasser; so auch die **Half(t)**, Zufluß der Sieg (urspr. *Hal-apa!* wie Galapa, Salapa, Walapa: die Walfe, z. Werra). *Halebruch* Kr. Soest bestätigt es. Ebenso beweiskräftig sind: *Haluth* a. Somme (wie Waluth, Hornuth, Rosuth, Hanuth, Spiloth: wal, horn, ros, han „Sumpf“, spil „Schmutz“), *Hal-mala*/Belg. (wie Dudmala, Wanemala, Wisemala, lauter Sinngleiche), *Halithi:* **Helle** i. W. (wie *Balithi:* Belle und *Swalithi:* Schwelle i. W.), lauter synonyme Kollektiva auf -ithi, ede; **Haldorf** (1020 *Halthorp)* b. Kassel wie Waldorf/Ahr (urkdl. Walathorp, zu wal „Sumpf"!) und Alathorp: Aldrup (al „Sumpf"), **Halscheid/** Siegkreis wie Malscheid, Walscheid (mal „Moder"), **Halingen** (schon 1094)/Ruhr (wie Schwalingen, Solingen u. ä.), *Halenhorst* am Saager Meer i. O. (wie Balen-, Walenhorst), *Halenbrok* b. Elmshorn, nicht zuletzt **Halen** i. O. und **Hahlen** b. Minden u. b. Quakenbrück (1085 *Halan)* wie Wahlen, Gahlen. *hal* dürfte dem idg. *kal* „Kot, Sumpf" entsprechen (altind. kalanam, slawisch kal); vgl. die Varianten *hel, hol, hul* (idg. *kel, kol, kul*)!

Hahn i. O. (b. Rastede), in Moorgegend, hieß *Hona.* Siehe Hohne!

Hahnbach, Hahnheim (b. Mainz), **Hahnweiler**/Nahe enthalten das noch immer verkannte, weil verklungene Wasser- und Sumpfwort *han:* siehe unter Hanfe! Gleiches gilt für **Hahndorf** b. Goslar. Zu *Han-weiler* vgl. Dud-, Lud-, Merschweiler usw.

Haiger am Haigerbach (700 *Heigraha),* Zufluß der Dill w. Dillenburg/ Nassau, in prähistor. Siedelgegend, und die **Haigerach** b. Gengenbach a. Kinzig, bisher ungedeutet (man dachte irrig an den Häher, ahd. hehara, obwohl Bäche damals nie nach Vögeln benannt wurden!), können nur vorgerm. sein: im Sinne von Sumpf- oder Schmutzwasser; darauf deutet *Hegirmos* 1070 in Bayern. Dazu stimmt **Haigerloch** a. d. Eyach b. Hechingen analog zu Degerloch b. Stuttgart (wo *teger* gleichfalls ein vorgerm.-ligurisches Sumpfwort ist!). Auch **Hairenbuch** hieß *Heigerenbuch* (1220) in Schwaben (b. Krumbach a. Kamlach). Zu *he(i)g-r* vgl. das sinngleiche *ste(i)g-r* (in Steigra/Thür., Stegra/Brabant, Steigersbach usw.). Haiger-Seelbach, Hörbach, Manderbach ebda bestätigen gleichfalls *heig-r* als Sumpfwort, denn *sel, hor* = Sumpf, Kot. Dazu **Haigerloh** w. Mühldorf am Inn und das castrum *Haigerloz* b. Blaubeuren.

Haiterbach, Zufluß der Nagold/Württ., im Mittelalter auch Heiter-, Hetter-, Hatterbach, ist alles andere als ein „heiterer, glänzender Bach", sondern umgedeutet aus vorgerm. Bezeichnung für „Schmutz- oder Sumpfwasser", wie schon der Flurname „Auf dem *Heiter*" 1359 sowie *Heiterbruch* 1436, *Heiternowe* 1256 u. ä. lehren.

Halberstadt siehe Halver!

Halchter a. d. Oker b. Wolfenbüttel u. **Haltern** a. d. Lippe (urkdl. *Hal(a)htren),* bekannt durch Funde aus der Römerzeit, sowie Haltern weiter nördlich, bisher ungedeutet, können nur idg. *kal-k* (so altind.) „Kot, Sumpf" (germ. verschoben zu *halch)* enthalten, mit tr-Suffix. Dazu auch

Halhtun 958 3 mal u. *Halhford* 966/England. Zum idg. tr-Suffix vgl. dt. Halfter und lat. mulctra (Melkkübel). **Helchteren** (Halhtra) i. Belg.

Haldungen, Haldingen siehe Hallungen!

Haldorf (1020 Halthorp) b. Kassel siehe Hahle! Ebenso Halingen, Halscheid. Vgl. E. Schröder (S. 143), der *Haldorf* für undeutbar hielt!

Halft *(Hal-afa),* Zufluß der Sieg, siehe Hahle!

Hallungen, Bachort zw. Werra u. Mühlhausen, urkdl. *Haldungen,* auch wüst in Hess., gehört zu der uralten Gruppe der thür.-hess. ungen-Namen, die durchweg Wasser- und Sumpfbegriffe zur Grundlage haben. Als solcher wird auch *hald* gesichert durch die Zusätze *mer, wurth* in *Haldemere, Haldewurth* (3 mal!) in England (nebst Haldeneby). Dazu auch Haldingen/Elsaß wie Saldingen b. Hirsau/Calw. (sald „Schmutz, Sumpf"). Im Raum von Hallungen liegen auch die Sinnverwandten Faulungen, Holungen, Rüstungen usw. *hald* dürfte dem idg.-vorgerm. *kald* „Kot, Sumpf" entsprechen (vgl. die Calde: Kahl im Spessart, Calduba/ Spanien usw.). Die **Haller** (*Helere*) s. Hehlen!

Halsenbach b. Koblenz kann nichts anderes meinen als Alsenbach (Alsenbruch!): *hal-s* verhält sich zu *hal* „Sumpf, Schmutz" wie al-s zu al (desgl.). Vgl. **Halsbeck** i. O. (in Moorgegend). **Halstenbeck,** *Halstwick* i. W.

Halsbach b. Fulda hieß a. 1000 *Haholdesbach,* ebenso **Halsheim** a. d. Werrn w. Schweinfurt schon a. 770 *Haholtesheim,* auch **Heilsbronn** östl. Ansbach a. 1100 *Haholdesprunn;* ein *Haholtestat* 957 b. Apolda; ein *Haholtingen:* **Haltingen** b. Lörrach. Dazu das Simplex *Haholti* 1088 Kr. Wiedenbrück. Dem ganzen Befund nach (auch die Häufung spricht dafür!) muß eine verschollene Bezeichnung für Wasser oder Sumpf dahinter stecken. Neben Halsheim a. Werrn liegen Müdesheim, Binsfeld, Thüngen (Tungidi), die gleichfalls für diese Deutung sprechen. Zur Endung *-old, -olt* in Gewässernamen vgl. *Onoldsbach:* Ansbach und Annelsbach/Odenwald (zu *on* „Sumpf"); in Frkr. ein Bach *Crodoldus;* vgl. auch -alt, -olt in Nagold (Fluß *Nagalta,* wie die *Langalta*).

Haltern a. d. Lippe siehe Halchter! **Haltingen** siehe Halsbach!

Halver a. d. Halver, Zufluß der Volme (der prähistor. *Volumanni!*), b. Lüdenscheid i. W. verrät sich schon durch seine Form (mit r-Suffix) als prähistorisch. Der gleiche Bachname muß in **Halberstadt** stecken (analog zu Duderstadt, dud = Sumpf, Schilf!), vgl. Mülverstedt, Gelverstede! Halver entspricht dem vorgerm. *Calver:* **Calbe** a. Saale (eine *Calver:* Kalbe fließt zur Oker im Harz), vgl. Calver-hale, -bek, -gate, -welle in England, wo auch *Calvica* deutlich vorgerm. ist. *calv (halv)* ist Erweiterung zu *cal (hal)* „Sumpf, Schmutz", wie salv zu sal, —balv zu bal, — malv zu mal, lauter Sinnverwandte. *Halvara* entspricht somit *Balvara, Colvara, Wulvara*: Balveren, Kolveren, Wolferen/Holland! Wülfer b. Schötmar i. W. **Halverde** w. Bramsche entspricht Elverde, Cliverde, Helerde, Hemmerde, Kollektiva auf -ithi, -ede.

Hambach (mehrfach Bach- und Ortsname: Saar, Lothr., Rhld, Baden, Württ., Taunus, Bergstraße) ist assimiliert aus (urkdl.) *Hanebach,* d. i. „Sumpf- oder Rohrbach", wie Bambach aus *Banebach,* — Wambach aus *Wanebach,* — Mumbach aus Munebach, — Quembach aus Quenebach, — Wembach aus Wenebach, — Humbach aus Hunebach, lauter Sinnverwandte! Ein Hambach (1277 *Hanebach)* fließt zur Metter/Enz, ein Hambach (1401 *Hanebach)* auch zur Kinzig/Baden, auch zur Wutach/Schwarzwald. Siehe auch unter Hahnbach und Hanfe! (Dort auch über das unerkannte Wasserwort *han* (idg. *kan, can*)! Hane(n)-: **Hamborn!**

Hamburg a. d. Unterelbe, auf noch heute erkennbarem morastigen Grunde, das alte *Hammaburg,* enthält dasselbe verklungene Sumpf- und Moderwort *ham* wie der Moorfluß **Hamme,** nö. Bremen mit der **Wümme** in die Weser mündend, da wo auch die sinnverwandte prähistorische *Lismona,* Lesum mündet! **Hammoor** zw. Hamburg und Oldesloe bestätigt deutlich den Wortsinn! Dort auch Bollmoor (bol = Sumpf), wie Stellmoor b. Hbg (Stellbruch b. Bremen). Dazu auch **Hamm** in Westfalen. **Hammenstedt** b. Northeim entspricht Hollenstedt ebda (hol = Moor!); zu **Hammel** *(Hame-lo)* a. Radde (rad „Moor"!), vgl. *Ame-lo, Rame-lo, Wame-lo.* Ein Gau *Hammelant* 837 um Deventer *(Chamavi!).* In Engld.: *Hamme iuxta la Pole* 1285: heute **Hamworth** (wie Lapworth, Bagworth).

Hameln a. Weser, wo die *Hamel* mündet, hat von dieser den Namen, die am Süntel entspringt und natürlich nichts mit dem Tiernamen Hammel zu tun hat: zu *ham* „Moor" siehe Hamburg! Ein Hohen-**Hameln** sw. Peine (Sumpflage!).

Hamm, Hammel, Ham-moor siehe Hamburg!

Hammelburg a. d. fränk. Saale und **Ham(m)elbach** am *Hamelbach* (so 1392), Zufluß des Ulfenbachs im Odenwald, enthalten den gleichen prähistor. Bachnamen wie Hameln a. d. Hamel (zu *ham* „Moor, Moder").

Handorf (b. Peine, Münster, Winsen) u. **Handrup** Kr. Lingen siehe Hahndorf u. Hanfe!

Handeloh, Handebeck siehe Hendungen!

Hanfe, Zuflüsse der Fulda und der Sieg, meint nichts anderes als **Banfe** (3 mal im Lahn-Eder-Raum): beides sind prähistor. Bachnamen auf *-apa* „Wasser, Bach", urspr. also *Han-apa, Ban-apa* (wie *Hanebach, Banebach:* Hambach, Bambach), analog zu *Wan-apa* (Moorort) bzw. *Wane-*

bach: Wambach. *wan, ban* aber sind erwiesenermaßen Sumpfwörter (vgl. Moorort *Wane:* Wanna in Hadeln, *Wanemala: Wisemala: Benemala, Dudemala,* lauter Sinnverwandte!). Für *han* als verklungenes, uraltes Wort für „Sumpf, Moor, Moder" sind beweisend auch die Zusätze *goor* „Morast", *pol* „Pfuhl, Sumpf", *leg* „Wiese" in *Han-goor, Hanepole, Hane-leg* (Hanley/E.); zu Hanepole (Hampol/E.) vgl. *Honepole:* Hönnepel b. Kleve (zu *hon, hun* „Moder, Moor, Sumpf"). *han* ist also Variante zu *hon, hun,* und Gleiches gilt für *hen* (noch holld. heen: Heen-vliet; vgl. Hen-schlade, -marsch, -mere, -merden). Von „Hahnengeschrei" und „Hennengegacker" (so H. Dittmaier 1955) kann also keine Rede sein! *han* entspricht dem idg. Sumpfwort *kan (can),* vgl. engl.-roman. cane, lat. canna „Schilf, Rohr", analog zu *hen: ken (cen); hon: kon (con); hun: kun (cun),* lauter Sinnverwandte.

Hangelar ö. Bonn a. Rhein wird nur im Rahmen aller übrigen *lar*-Namen verständlich: sie nehmen durchweg auf Gewässer Bezug, so *Hunlar, Lunlar, Mudelar, Ankelar, Covelar, Coslar, Goslar, Aslar, Weslar, Wetzlar, Uslar, Geislar, Roslar* u. v. a. Wie *lar* so deutet auch *mar* (mer „See, Sumpf") und *slade* „Röhricht" unweigerlich auf den Wortsinn „Sumpf": so *Hange-mara* in Flandern (wie *Bardamara* 1036 ebda, Dodemar, Alkmar, Geremar, Hademar, Scutemar usw.) und *Hangenslede* 1338: Hanxleden i. W. wie Mellenslede/E.; *hang* entspricht zweifellos dem in kelt. Namen bezeugten (idg.) Wasserwort *cang,* vgl. *Cangiacum* (Changé, Changy) wie *Langiacum* 961 (Langeac, zu kelt. *lang* „Sumpf"!) und die britischen *Cangi* (Tacitus)! Zum Wandel *k: h* vgl. Carvium: Herven/Holld, Carpina: Kerpen und Harpen. Ein **Kengelbach** fl. b. Lörrach!

Gleiches gilt für *heng,* wie die Verbindung mit -lar, -lo, -ford, -wood beweist: so **Henglarn,** Bachort südl. Paderborn, **Hengelo** (wie Gengelo), **Hengeford**/Holld, **Hengschladen** b. Meschede, *Henghem*/Flandern und Engld, *Hengewood*/E. und *Henghi:* **Henke** Kr. Büren i. W. Zu *Henglinium* 1084 vgl. Machlinium: Mecheln und Alblinium 868: Aublain b. Namur, alle sinnverwandt!

So werden auch verständlich: **Hange** b. Lingen, Hangenau i. W. *(Hanguni* 1030), Im **Hangel** b. Waltrop und die verschiedenen kleinen Hangenbäche, Hengenbäche, **Hangel-, Hengelbäche** in Württ. u. Thür. (zur Gängel und Schwarza!), auch **Hengelgraben** in Baden, analog zu den Lengel-, Sengelbächen (Lengel- und Sengelscheid), die gleichfalls sumpfig-modrige Wasserläufe meinen! In England entsprechen: *Hangel-, Hengelton; Change-, Cengelton; Changebury;* auch *Ching(el)ford* (vgl. Fluß *Cinga*/Spanien)! Auch der *Hangoldbach (Hangolfbach)* in Lothr. (b.

Montenach) mit dem Höchelbach (hok, hoch = Moor, Moder) gehört hierher; zur Endung vgl. die Singold, die Nagold. Eine Variante *hung* erscheint in *Hungese:* Hünxe ö. Wesel (wie Lingese, Klingese), mit prähistor. s-Suffix! Zu *hung, heng, hing* vgl. auch **Hinsingen**/Lothr. (2mal, um 1300 Hongue-, Heynge-, Hingesingen).

Hannover in der (einst sumpfigen) Leine-Niederung, also tief gelegen (daher die Altstadt noch heute mitunter überschwemmt), kann somit unmöglich „zum hohen Ufer" meinen, wie man bisher harmlos glaubte! Die urkdl. Form *Honovere* (niemals Hogen-overe!), mit kurzem *o* (daher zu *a* gewandelt) deutet vielmehr auf das Sumpf- und Moorwort *hon,* wie es eindeutig vorliegt in *Honepole:* Hönnepel b. Kleve, im Bachn. *Hon* fluvius 921 b. Valenciennes, in *Hona:* **Hahn** i. O., im Waldnamen silva *Hone*: der **Hohn** b. Osnabrück, im Hochmoornamen die **Hohne** am Harz! Beweiskräftig sind die gleichfalls uralten *Wendovere* 660 im pagus Hattuar. (Hettergau)/Ruhr, *Scaldovere:* Escaudoeuvre und *Fronovere* b. Grevenbroich a. Erft: denn *wend, scald* und *fron* sind verklungene Wörter für Moor, Sumpf (vgl. die Wende/Ruhr und Harz). Und so entspricht in England *Astenover, Codenover* usw. (zu *ast, cod* „Schmutz"). Auch die Parallele *Hon-redere: Van-redere* i. W. bestätigt den Wortsinn (*van* = Venn, Moor). *Honovere* wiederholt sich: auf dem Hunedfelde b. Meppen und a. d. Hunte b. Elsfleth/Bremen, in Moorgegend!

Hanstedt b. Ülzen entspricht Vinstedt, Süstedt ebda; ein Hanstedt auch a. d. Seeve (Sevene, Savina „Schmutzbach") wie Dre-, Flee-, Garstedt ebda, auch als Moorort zw. Hamme u. Oste wie Min-, Hep-, Wi-, Kuh- (Kude-) stedt, lauter Synonyma! Zu *han* siehe Handorf, Hanfe! Gleiches gilt für **Hanweiler**/Saar (wie Schmitt-, Wustweiler ebda).

Hanten i. Westf. und **Hantum** b. Dokkum in holld. Friesland enthalten wie die Marschenorte Wierum, Genum, Hallum, Marrum ebda lehren, ein unbekanntes Wasserwort *hant* „Sumpf, Moor", das dem idg.-keltoligur. *cant* entsprechen dürfte; vgl. auch *hunt, hont* (die Hunte, Honte) neben *hun, hon!*

Happerschoß (so schon um 1000) ö. Siegburg entspricht Brachtschoß (ebda), Merschoß, Vettelschoß, alle auf Sumpf und Moor bezüglich, kann also keinen Pers.-N. Hadebert (so Dittmaier) enthalten („schoß" meint Waldwinkel). Zu **hap (kap)** vgl. *Haps* a. Maas, in E.: *Hapesford, Hapeton* neben *Capeton, Capeland, Capenhurst;* in It.: Fl. *Capena!* Happenbäche fließen in Württ. Auch *hep, hop, hup* sind Bezeichnungen für Moor!

Harburg a. Elbe (urkdl. *Horburg*) meint wie **Horburg** im Elsaß „Sumpfstadt" (altdt. *hor* = „Kot, Morast").

Harbke, Harbeck, Harbach siehe Haren!

Hardebeck, Zufluß der Alster, und die **Hardau** (zur Ilmenau/Lünebg) sind nicht etwa Bäche mit „hartem Wasser", wie der harmlose Laie glauben könnte, - denn das ist ein moderner Begriff -, sondern „Schmutzbäche" (wie auch der Augenschein lehrt), zu verklungenem *hard (herd)* = idg. *kard (kerd)* „Schmutz", womit auch Hardenberg i. W. verständlich wird. Beweiskräftig ist das alte *Hardene* 868 b. Herford wie *Hardene:* **Hörden** a. Murg/Baden. Vgl. Karden a. Mosel! Dazu **Hardingen** i. W. (890 *Herdingi),* **Herdecke**/Ruhr, **Herdehorst** i. W., *Herdeworth*/E. (wo auch *Hard(l)ey). Hardbere* 975 b. Calais.

Haren b. Meppen/Ems und **Haaren** (*Harun* 9. Jh.) Kr. Büren und Aachen enthalten das uralte (bisher unbeachtete!) Sumpf- und Moorwort *har* (vgl. auch *her, hor, hur*), entsprechend dem idg. *kar, ker, kor, kur!* deutlich bezeugt durch *Hare-mere, Hare-slade, -combe, -dene, -grave* in England. Von prähistor. Alter zeugen die Bachnamen *Harender*/Brabant (wie Warender, Merender, Wisendere, Kolvender, lauter Sinnverwandte!), *Harista:* Herste i. W. und die **Harst** b. Göttingen (mit venet.-idg. st-Suffix!), und *Harona* (750 a. d. Somme) wie Arona, Carona, Verona, lauter Synonyma. Vgl. *Harena:* Hernen/Belgien und *Haranni* 890: **Herne** i. W. Dazu einfaches *Hari, Here* 890: Haar b. Oldenzaal; *Hari-stal* (wie Duri-stal) 772: Herstalle b. Lüttich (und Herstelle a. Weser), vgl. unter Herford! *Harithi* (Kollektiv) 1088 b. Wiedenbrück; *Haredorp:* **Haddrup** i. W.; *Harhem:* **Harum** b. Steinfurt; Haarhausen b. Kassel; Harbeck, Harbke b. Helmstedt, wie *Marbeke:* Marbke b. Soest. Haarbeck/Holld; Haar-lo/ Brabant; *Har-sala* 9. J. b. Leer; die **Harsehl** (Wald b. Stade).

Hargesheim b. Kreuznach entspricht Heddesheim, Rüdesheim ebda (wo *hed, rud* „Sumpf, Moor" bedeuten). Vgl. Fluß *Harga*/Holland. Auch der *Hargenstein* b. Reute in Tirol erhebt sich aus sumpfiger Wiese (hat also nichts mit ahd. harug „Kultstätte" zu tun, wie auch E. Schröder urspr. ganz richtig erkannt hatte). Dazu auch *Har(a)gon:* **Hargen** b. Sumpfort Alkmaar. Gleiches meint **Hargen** i. W. (urkdl. *Horegen*) und **Harrie**/Holstein *(Horgine),* vgl. Horgenbeke b. Mölln (zu altdt. *hor* „Sumpf"), Horgen b. Rottweil; auch *Horigforst, Horigthorp. Horgana* (12.) Holld.

Harkemissen südl. Rinteln entspricht Asemissen (2 mal ebda), Edemissen, Dachtmissen, Deilmissen, Garmissen usw., lauter Sinnverwandte für Moor- oder Schmutzwasser. *hark,* gewöhnlich *herk,* kann nur das idg. *kark* (altindisch = Kot, Morast) meinen, vgl. *Carke-mor, -ford, -dik* (708) in Engld und *Carca*/Rhone, *Carcuvium*/Sp. (also sicher keltoligursich); auch idg.-kelt. *kork* ist Sumpfwort (vgl. Kork b. Kehl a. Rh.), noch rheinisch *hork, horch* „Kot"! Ein Polder **Hark** (1063 *Hariche*) begegnet in Holland a. d. Maasmdg, dazu *Harkelo, Herkelo* b. Zwolle; ein Bach **Herk** in belg. Limburg. So werden verständlich *Herkenstede:* **Harkenstädt** b. Cloppenburg i. O. (wie *Herkestede:* Harkstead/E. und Moort Harkstede b. Slochteren (!)/Holld; vgl. die Parallelen Arken-, Bliden-, Bucken-, Harpen-, Holen-, Malen-stede). Desgl. Harkensiel b. Billerbeck (wie Huckensiel/Möhne), Harkenbleck (1178 *Herken-*) b. Hannover, Harkebrügge (Moorort a. d. Soeste). Siehe auch Herkenrath! Harken-Berg ö. Fallingbostel, *Herkenbosch* in Holland.

Harme beim Moorort Vechta i. O. und **Harmenstädt** nö. Minden enthalten die alte Nebenform *harm* (so noch bei Luther) für *harn* „Urin, Lauge". Im selben Raum von Minden liegen die sinnverwandten Oven-, Isen-, Fabbenstädt! Ein **Harmensbach** und Harmersbächle, Harmersbrunnen im bad. Kinzig- und Murgraum.

Harmuthsachsen a. d. Wehre (am H. Meißner) ist völlig entstellt aus *Ermensassen,* das nur verständlich wird, wenn wir *Bintzen-sassen* (Bindsachsen) und *Eichelsassen*/Oberhessen danebenhalten: „Siedlung am Binsen-, Bintzbach bzw. am Bache Eichel (Achila)"; E. Schröder S. 179 f. ging also in die Irre, wenn er an den germ. Gott Irmin dachte; *Erm-, Ermene* ist vielmehr ein prähistor. Fluß- und Bachname! Vgl. die Ermetz (z. Baunach), Ermetz/Rhld, Ermeter ebda, Ermen i. W. (der Armeno/Trient), die Armantia/Frkr., die *Armissa:* **Erms** (z. Neckar), den Ermenbach b. Bregenz, und *Ermentone:* Ermington am River *Erme*/England. Gleiches gilt für *Ermene-s-werd:* **Ermschwerd** a. Werra, -werd = Flußinsel.

Harpstedt südl. Delmenhorst (Fundzentrum der Bronzezeit: Harpstedter Kultur) entspricht Horstedt, Neerstedt, Henstedt im selben Raum, wo auch Hollwedel, Seelte usw. *hor, hol, sel* usw. meinen „Sumpf, Moor", so daß auch *harp* (dem Wörterbuch und der Forschung unbekannt!) sinnverwandt sein muß. **Harpenfeld** b. Wittlage, Harpendorf i. O. stimmen dazu, und *Harpene:* **Herpen**/Holland erinnert an Kerpen im Rhld (b. Köln und Daun), d. i. vorgerm. *Carpina,* vgl. Carpino/It., Fluß *Carpis* (zur Donau), die *Carpetani* (wie die Cosetani, cos „Schmutz"!) und spätlat. carpa: der Karpfen, ohne Zweifel als Schleim- oder Schlammfisch, womit der Wortsinn des verklungenen *karp* (altind. = klebr. Harz) gesichert ist! Der (Hohen-) **Karpfen**/Württ. entspricht daher dem benachbarten **Lupfen,** denn idg. *lup* meint „Schmutz, Schlamm, Morast". Und so steht **Harperscheid**/Eifel neben Möderscheid (mod „Moder"), und die **Harplage** b. Seesen am Harz (wo H. Kuhn/Kiel ganz abwegig an albanisch karpe „Fels" (: Karpathen) oder an lat. carpinus „Hainbuche" dachte!) entspricht der Amlage (Wiese, 1461 b. Levern i. W.), der Arlage Kr. Bramsche, der Hiltlage Kr. Lübbeke, auch Hett-, Rett-, Sett-, Schnettlage i. W., lauter feuchte (moorig-sumpfige) Niederungen! In England bestätigen den Wortsinn: *Harpe-dene, -welle, -ford, -leg!*

Harsefeld b. Buxtehude u. **Harsewinkel** i. W. sind „Riedorte", vgl. *Harse, Harswelle, Harsefurlong* „Riedgraben" in E.

Harste, Bach und Ort nö. Göttingen, 1093 *Heriste,* siehe Haren und Herste!

Hartmecke, Zufluß der Lenne, die **Hartlage** b. Quakenbrück haben mit „hartem" Wasser nichts zu tun, — das ist ein neuzeitlicher Begriff! Die Hartlage entspricht der Hiltlage Kr. Lübbeke, der Harplage b. Seesen, kann somit nur ein Wasserwort enthalten: nämlich moorig-schmutziges Wasser! Dafür spricht auch *Hartene:* **Herten** b. Recklingh., auch im Maas-Rur-Winkel, nebst *Hartennes*/Belgien, analog zum Wald *Horvennes* (einst *Corvina: corb* „Schmutz")! Jeden Zweifel aber beseitigt die Gleichung *Hartemale:* Heurtemale/Belgien — *Dutemale* (die Dommel) — *Wisemale* — *Wanemale,* lauter Synonyma für Orte an Sumpf- und Moorwassern. Vgl. auch **Hartum** (wie Ankum)! Damit kommt endlich auch Licht in den (bisher ungedeuteten) Namen des noch heute moorhaltigen **Harzes**! Er hieß ursprünglich *Hart* = idg. *Kart* (zu idg. kart, kert vgl. *Chartley, Chartland, Cherthull, Chertsey* (Engld.). Deutlich sind *Hertemere, Hertepol* (Hartlepool)! *Hertenich:* **Herzenich** wie Gürzenich; **Herzenach** nebst Schinznach/Aar; auch das *Hertfeld:* **Härtsfeld** (Württ.)

Harxheim b. Mainz u. westl. Worms, also in vorgerm. Gegend, lehrt schon durch seine Wiederholung, daß ein Naturwort zugrunde liegt! *Harahsheim* (so urkdl.) kann also unmöglich „Tempelort" (ahd. harug) meinen (so die bisherige Auffassung! E. Schröder, Dt. Nkde S. 196); *harah* zeigt Sproßvokal wie *warah (warch)* „Eiter", zugrunde liegt also *harch,* was auf idg. *kark* „Kot, Morast" deutet (vgl. *Carke-mor, -ford, -dik* 807/E.! *Carca*/Rhone, Fluß *Carcinus*/Bruttium!). Und so entspricht **Harxbüttel** dem Synonym **Warxbüttel!**

Harz *siehe Hartmecke!* Vgl. den Harzberg b. Schieder u. den Harzsumpf!

Hasede a. d. Innerste nö. Hildesheim und **Hasungen** a. d. Erpe zw. Wolfhagen und Kassel hat man harmlos für „reich an Hasen" gehalten (so E. Schröder u. a.), weil man sie isoliert betrachtete ohne Beachtung der übrigen N. auf **-ithi, -ede** und **-ungen:** sie sind durchweg Ableitungen von (z. T. nicht erkannten) Gewässernamen! So entspricht **Hasede** den sinnverwandten Hüpede, Ilsede, Söhlde, Sehlde, Isede (Istha) usw., und **Hasungen** dem benachbarten Elsungen (alisa, als „Erle, Sumpf", Fluß Else) sowie Heldrungen a. d. Heldra, Madungen (mad „Moder"), Wasungen (was „Sumpf") usw. Auch *has* ist als „Moder, Moor, Sumpf" wiederholt nachweisbar und entspricht ohne Zweifel dem idg. *kas (cas)* in kelt. Casiacum, ligur. Casasco (3mal / Ob.-It.), Fluß Casinus/Latium u. v. a. — daher Kasbach/Rhld neben **Hasbach.** Auch die **Hase,** Nbfl. der Ems, ist ein ausgesprochener Moorfluß. **Haspe,** Zufluß der Ennepe/Ruhr, urspr. *Has-apa,* reiht sich in die Gruppe der prähistor. Bachnamen *As-apa, Las-apa, Ros-apa, Mas-apa, Wis-apa* usw., die alle auf Sumpf, Moor, Moder deuten! **Hasbruch** i. O., **Has-siepen** im Bergischen, *Has-drecht* (wie Los-drecht, los „Sumpf"!) in Holld, Has-dinium (wie Los-dinium), Hase-lund, -leg, -welle in Engld, *Hase-brok* in Flandern, *Has-bania* -benni: Heesbeen b. Lüttich (wie Wis-bani, Weg-bani) bestätigen *has* als Synonym, nicht zuletzt *Hasa-reod* (Herrieden a. Altmühl) wie *Swaba-reod* 806 b. Fulda *(swab* ist gleichfalls Moorwort)! Zu *Has-wede* b. Mesum/Ems vgl. Mer-, Ber-, Her-wede, lauter „Moorwälder". Auch *Has-lar (Has-leri),* heute **Heßlar** b. Melsungen und Heßler i. W., Heselaer/Holland, wo E. Schröder an Haselsträucher dachte, entspricht genau den sonstigen lar-Namen: Aslar, Maslar, Waslar, Roslar, Coslar usw., alle auf Sumpf und Moor bezüglich. Und Has-lo ergab **Hassel** (mehrfach) wie Los-lo: Lössel, — Us-lo: Usseln, — Aslo: Asseln. Zum geminierten *hass* siehe unter Hassegau!

Haspe *(Has-apa),* Zufluß der Ennepe, siehe Hasede!

Hasperde am Süntel ö. Hameln kann nichts anderes meinen als *Vesperde:* **Esperde** ebda, analog zu Elverde, Cliverde usw.: nämlich Ort am Moorwasser. (Siehe Vesperde!) **Haspelscheid** nö. Bitsch (wie Pungelscheid) und **Haspelmoor** bestätigen es. Zu *hasp* vgl. *casp* in *Caspantia:* Gersprenz!

Hassegau, alte Bezeichnung des Saale-Unstrut-Wipper-Raumes (mit dem Süßen und dem Salzigen See und vielen Gewässern! schon um 600 erwähnt), — auch ein Untergau des Grabfeldes hieß so (923 *Hasagowe)* mit **Haßfurt** und den **Haßbergen:** daß der Sinn „Sumpf-, Moor-, Ried-Landschaft" ist, hat seltsamerweise noch niemand erkannt, obwohl **Haßmoor** b. Rendsburg (analog zu Stellmoor, Bollmoor, Hollenmoor u. ä.), **Haßsiepen** (wie Schade-, Schmiesiepen) i. W., **Hassecumbe**/England deutlich *hass* als Sumpf oder Moor, Moder erkennen lassen! *Has-cumbe* entspricht *Hac-, Vac-, Dac-, Bride-, Cude-, Bove-, Love-, Bude-, Made-, Ode-, Wete-cumbe,* lauter Moderkuhlen oder Moortümpel! Vgl. auch **Hassix** Moor/E. und engl. *cassock (hassock)* „Riedgras"! Der Hassegau meint somit nichts anderes als der einstige *Rittegau:* ritta = Röhricht. Auch **Hessen** *(Hassia)* findet damit eine naturgemäße Deutung, als „Sumpf-, Moor- oder Ried-Landschaft" (wie schon W. Arnold 1875 S. 523

auf Grund eingehender Kenntnis des Landes und seiner alten Flurnamen richtig erkannt hat): „daß einst auch Hessen, trotzdem es ein Berg- und Hügelland ist, durchweg mit Sümpfen bedeckt war"!

Haßleben nö. Erfurt (urkdl. *Hasteneleba*) siehe Haste!

Haste zw. Steinhuder Meer und dem Deister, in wasser- und sumpfreicher Gegend, klärt sich durch **Hastenbeck** b. Hameln (wie Hostenbeck und Astenbeck a. Innerste) und **Hastenrath** ö. Aachen (wie Kolve(n)rath!) als uralter Bachname, im Sinne von *ast* und *kolv,* d. i. „Schmutzwasser". Dazu *Hastenhusen, Hasten-:* **Haßleben** und *Hasteria:* Hastière/Maas (vgl. morteria „Sumpf"). **Hasten** b. Remscheid ist verschliffen aus *Has-sytten* (so 1312) analog zu *Loc-seten* (Loxten i. W.), d. i. „Sumpfsiedlung". Zu *hast, ast* vgl. auch *mast* (Mastenbroek!).

Hatten, Landschaft und Ortschaft zw. Delme und Hunte, verrät schon im Namen den Moorcharakter der Gegend (wo auch Moorhausen, Haßbruch usw.). Dem entsprechen **Hattem** (wie Lochem) a. Ijssel (mit dem Hattemer Broek!) sowie **Hatten** (*Hatana*) 816 U.-Elsaß (wo auch **Hattmatt**). Auch **Batten**/Rhön und **Ratten** am Rattbach sichern für Hatten die Bedeutung „Sumpf, Moor", die aufs beste bestätigt wird durch *Hattemersh, Hatte-cumbe* „Moorkuhle"/England. Und so steht *Hattepe* (1113) neben *Hotepe* (die Hoppeke im Briloner Wald), **Hatteln** i. W. (*Hate-lo*) neben Hotteln, Atteln, Datteln, **Hattenbach** b. Hersfeld neben Hottenbach, — **Hattenheim**/Rheingau neben Huttenheim, **Hattingen**/Ruhr neben Hottingen, Huttingen. Zu **Hattstadt**/Els. vgl. **Hettstedt** a. Wipper (*Hadastat*) und **Hattstedt** b. Husum (wo Horstedt (hor „Sumpf") aufs beste dazu stimmt, desgl. **Hatzte** *(Hat-stede),* Moorort b. Zeven (wie Deinste!) Ein **Hattenbach** fließt zur Körsch/Württ. (wie der Battenbach zur Hörsel/Thür.: bat, hors = Sumpf!). Dazu auch **Hattendorf** *(Hadandorp)* b. Alsfeld/Schwalm, **Hattrop** b. Soest, **Hattorf** a. Schunter (nebst Flechtorf und Glentorf). **Hatterath** nö. Aachen entspricht Süggerath, Randerath, Granterath, Möderath ebda, lauter Sinnverwandte, desgl. **Hatterode** b. Hersfeld (nebst Hattenbach), Hattenrod b. Gießen, **Hattert** (verschliffen, nebst Astert!) b. Hachenburg; *Hattenwiesen*/Hess.

Hatzbach/Wohra, Hatzfeld a. Eder, wie Motzfeld (Mutesfeld, mut „Moder"!) Hatz(ich)enbach b. Sontra siehe Hatten!

Hatzte, Moorort südl. Zeven, ist verschliffen aus *Hat-stede* wie Deinste, Seinste, Helmste, Behrste, Wohnste aus De(i)n-stede usw. Zu *hat(t), had* siehe Hatten!

Haubern ö. Frankenberg a. Eder (1225 *Houwilre*), bisher ungedeutet, kann nur das unter Haueda erläuterte Wasserwort *hau* enthalten. Vgl. Gredwiler, Randwiler.

Haueda a. d. Diemel ö. Warburg, in prähistor. Siedelgegend, wo E. Schröder viel „Heu" ernten wollte (!), urkdl. *Houw-idi,* ist ein Musterbeispiel für das Versagen unmethodischer Forschungsweise, die solche uralten Namen lediglich als „sprachliche Gebilde" betrachtet (A. Bach), — ohne Rücksicht auf die morphologische Gebundenheit und Zusammengehörigkeit mit gleichartigen Namen, hier mit den vielen Kollektiven auf *-ithi, -ede* im nordthür.-hessischen Raum. Sie sind durchweg Ableitungen von uralten, z. T. vorgerm. Wörtern für Sumpf, Moor, Moder, Schmutz! So *Tungidi:* Tüngeda, *Scarbidi:* Scherbda a. Werra, Scherfede a. d. Diemel (genau wie Haueda), *Helpede* a. d. Helpe u. v. a. Darum ist auch *Colidi:* Kölleda kein „Kohlenort", *Honigidi:* Höngeda kein „Honigort", *Hupidi:* Hüpede kein „Hopfenort" und *Palidi:* Pöhlde, Pelden, Pelt kein „Pfahlort" (so E. Schröder S. 142, 178). Auch für *hou* läßt sich der Wortsinn „Sumpf, Moor, Moder" nachweisen an Hand der Komposita *Houmere* 1018 (**Heumar**/Sieg) nebst *Hou-mar/*Nordfrkr., analog zu *Poumere/*Engld., **Heusiepen** (wie Schmie-, Schade-, Mortsiepen), auch **Heufurt** a. Ulster! *Houwidorf:* Heudorf b. Stockach. Dazu die **Haulause** (zur Neerdar/Eder) entsprechend der Tentlose (tent = Moder, Moor); nicht zuletzt *Haw-slade/*Engld (wie Dern-slade, Fl. Dern ebda, *dern* = Morast!) nebst *Howes-hulle, Howe* (wie Powe Beck, Powleg, Powholt, zu *pu: pou* „Moder, Gestank"!) Genau so muß *hou* eine Variante zu *hu* „Moder" sein, vgl. **Hustedt** (mehrfach), Hu-thwaite = Lunthwaite = Garthwaite, lauter Sinnverwandte! Siehe auch unter Haubern!

Haun(e), urkdl. *Hune, Hunaha,* Zufluß der Fulda, mit Hune-: **Hünfeld**, entspricht der **Baune** *(Bune)* bzw. Baunach *(Bunaha)* ebda, auch (der) **Raun** (*Rune*) b. Nidda und **Daun** *(Dune)/*Eifel, lauter prähistor. Gewässernamen mit der Bedeutung „Schmutz, Moder, Sumpf". *hun* entspricht ohne Zweifel dem idg. *kun* (in lat. *cunire* „beschmutzen", stercus facere, also *cun* = „Kot", vgl. auch den „Schmutzsee" mare *Cunia/*Spanien, *Cuniacum* (Cugnac, Cognac)/Frkr., *Cunet/*Brit.). Eine **Hune** fließt auch im Harz (zur Kalbe/Oker), eine *Hune:* heute **Hönne** zur Ruhr (wie die *Rune:* Rönne b. Bielefeld); eine *Hunepe (Hun-apa)* b. Deventer (Schönfeld S. 119: „modder, moeras"), einst auch b. **Honnef** a. Rh. (1173 *Hunepha).* Dazu — mit vorgerm. s-Suffix — die **Hunse** (1309 *Hunesa)* in Drente, — mit *t* erweitert: die **Hunte** (Moorfluß, zur Weser) und die

Honte in Holld, bisher ganz widersinnig als „jagende“ (ags. huntean) aufgefaßt, in Wirklichkeit träge fließend! Vgl. die synonyme **Munte**/Holld (zu idg.-irisch mun „Lauge“). Auf *Hun-lar* beruht Hollar/Wetterau (vgl. Bunlar i. W.), auf *Hun-leben:* Holleben. Ein Berg Hunau beim Kahlen Asten. **Haunstetten**/Lech wie Wettstetten; **Haunwang**/Isar, Hechen-, Lutten-, Euerwang.

Hausengraben, -bach, Hausach: siehe Hus-

Haustenbeck b. Paderborn siehe Husten-, Hosten-!

Havel siehe Habbeke! Man hat sie bisher fälschlich mit (nord.-ndd) „Haff“ gleichgesetzt. Den wahren Sinn verrät uns das **Hävel**-Moor in Holstein, mit der Erläuterung „Moor“ wie in Hollen-Moor, Stell-Moor, Boll-Moor, wo *hol, stel, bol* gleichfalls Bezeichnungen für mooriges, sumpfig-schmutziges Wasser sind. Gleiches besagt **Havelte** im Moorgau Drente analog zu Uffelte, Wittelte ebda! Auch **Havelse** a. Leine b. Hannover analog zu Fümmelse. Ein **Hafelbach** fließt b. Jülich (entsprechend dem **Tafelbach** ö. Celle, denn idg. *tab, tav* meint „Moder, Fäulnis“! Vgl. zur *Habola:* Havel die *Tabula* = Schelde!). *Tavelhurst* „Modergehölz“ in E. Zu *hab, hav* siehe auch Habbeke, Heve(n). Ein Habel-Berg a. d. Ulster.

Haverbeck, Zufluß der moorigen Wümme (auch ON. b. Hameln u. am Moor von Diepholz) u. der **Haverbach,** zur Werre, haben natürlich mit dem „Hafer“ nichts zu tun, wie schon unter **Haferungen** ausgeführt. *Haver-mere, Havereswater* in E. und das Gehölz (Ort) **Haverlah** b. Salz-Gitter (wie Schumlah u. ä.) verraten deutlich den Wortsinn von *hav-r* entsprechend idg. *kab-r* in *Cabra*/Spanien u. *Cabroiol*/Frkr.), nämlich „Moder, Moor“, womit auch die alte Stätte *Havergo* (am Haverbache 1031 in Wellentrup u. Müssen/Lippe) verständlich wird, — Gaue wurden nach ihren Gewässern benannt (vgl. den Hassegau, Rittegau, Vatergau, Modgau usw.), *go* im Sinne von „Stätte am Wasser“, wie Lemgo: beim Wasser Lime, siehe Preuß S. 82 u. Schönfeld S. 25. Ein *Haver* 1537 b. Gemen i. W., ein **Havert** b. Aachen.

Hebborn b. Köln (1280 *Hadeburne*) siehe Hadeln, Hedemünden!

Hebel, Bachort nahe der Schwalm (b. Wabern südl. Fritzlar), in prähistor. Siedelgegend, hieß urkdl. *Hebelide, Hebelde,* gehört somit zu den uralten Kollektiven auf *-ithi, -ede* wie *Amplithi:* Empelde, *Getlithi:* Gittelde, Geitelde, *Druchlithi:* Drüggelte usw., alle auf Wasser, Moder, Moor bezüglich! *heb* (dem Wörterbuch unbekannt) ist damit als Synonym gesichert (vgl. die Variante *hab* (mhd.) = „Meer“), bestätigt durch das Hebeler Meer beim Bourtanger Moor, auch durch das deutliche **Hebenbrock** b. Soltau und den **Hebenbach** (z. Rednitz), — Hebenbrok wie

Elenbrok, Buddenbrok; desgl. durch Flurnamen wie: das **Heb,** das **Hebed,** das Heberts (lauter Waldorte in Hessen, vgl. W. Arnold!). Auch **Heblos** b. Lauterbach entpuppt sich als alter Bachname: urkdl. 812, 1341 (personifiziert) rivus *Hebenoldes* (wie Findlos: Finnoldes, zu fin „Moder, Moor"). Ein Waldberg **Heber** a. d. Leine nö. Gandersheim spiegelt im Namen also seine Bodennatur, entsprechend dem Seiler, dem Selter usw. (sel, salt = Sumpf, Schmutz). Siehe auch **Heve,** Heven, Hever!

Hechingen/Württ., bisher ungedeutet, empfängt seinen Sinn durch Hechen**moos** b. Kitzbühel (wie Anken-, Siren-, Tetten-moos) u. Hechen**wang**/Lech (nebst Hechenrain, Hechendorf, Hechlingen). Auch Bechingen, Gechingen, Wechingen, lauter Sinnverwandte, bestätigen *hech* als Sumpf- oder Moderwort: es dürfte dem idg. *kek* (irisch cechair) „Kot" (Variante zu *kak, kuk)* entsprechen, vgl. auch *hach* unter Hache! Ein **Hecheln** liegt b. Stockach. Eine **Heche** fließt b. Biebesheim, ein Hecheni-(bach) zum Hiffelbach (Seckach/Jagst).

Heddert südl. Trier stellt sich zu Odert, Gielert, Laudert, lauter Sinnverwandte auf -rode, -roth *(hed* also = *od, gil, lud* =Moder, Schmutz, Sumpf). Damit wird auch (der) **Heddesbach** und **Heddesheim** ö. Mannheim verständlich, auch Heddesheim b. Kreuznach (urkdl. *Hedenesheim)* und Heddesdorf b. Neuwied (analog zu *Hedenesbrok, -ford, -hale*/England nebst *Hedenanmos* 975, *Hedene-dune:* Headington, wie Washington, was = Sumpf). *Heden-s-ee*/Holld. Zu Heddesheim (Nahe) vgl. ebda Büdes-, Rüdes-, Hargesheim im gleichen Sinne.

Hedemünden a. d. Werra (urkdl. *Hademinni*), wo E. Schröder an germ. hadu- „Hader, Kampf" (im Pers.-N. Hadubrand) dachte und den germ. Walkürenglauben bemühen wollte (!), gehört zu den prähistor. Bachnamen auf *-manio, -menni,* die durchweg auf Wasser und Sumpf Bezug nehmen. Beweis siehe unter **Hadeln!**

Hedeper am Gr. Bruch südl. Wolfenbüttel a. Oker hieß urkdl. *Hadebere,* genau wie **Heudeber** (mit Reddeber!) nö. Wernigerode. *had, red* sind alte Sumpf- und Riedwörter. Siehe Hadeln! Hedemünden!

Heder (1060 *Hedara*), Zufluß der Lippe, die **Hederbike** b. Ibbenbüren i. W. und die **Hedrée** in Belgien enthalten das Sumpfwort *hed* (siehe unter Heddert!) mit r-Suffix; vgl. vorgerm. *ked-r* in ligur. *Cedrasco* u. ä. Ein **Hedersbach** fließt zur Glems/Enz (Württ.). Zur Form vgl. den Leders-, Bieders-, Ilvers-, Muttersbach/Württ., lauter Sinnverwandte.

Heeke b. Bramsche und **Heek** a. d. Dinkel sind alte Bachnamen, entsprechend der holländischen *Heke:* **Heekt**/Groningen (Schönfeld S. 107). Sie dürften mit der **Jeeke** (Zufl.: Dumme!) (vgl. die Jeker: 1096 Jechora, nach Schönfeld keltisch!) sinngleich sein. Zu *hek* vgl. idg.-kelt. *kek* (irisch cechair „Kot")! Ein Ort **Hekese** liegt im Moorgebiet zw. Bippen und Quakenbrück, ein **Hekeln** mit H.ler Moor w. Bremen.

Heelsen siehe Hehlen!

Heemsen am Lichtenmoor (m. d. Wölpe) nö. Nienburg (wie **Hemsen** b. Soltau) stellt altes *Heme-husen* dar, entsprechend dem benachbarten Rohrsen (Ror-husen), mit dem es sinnverwandt ist, wie schon das deutliche **Hem-moor** a. Oste/Kehdingen lehrt. In Holland vgl. Hem-meer (!), het **Heem** (wie het Moeras, het Loo) und (mit prähistor. s-Suffix!) **Heemse** (1240 *Heymisi*) in Overijssel. Auch **Heemsod** b. Iburg, Heimsath i. W. (als Fam.-N. mehrfach) bestätigt den Wortsinn des verklungenen (dem Wörterbuch unbekannten!) Sumpf- und Moorwortes *hem* (idg. *kem:* Kehmstedt; Cema!), denn *sod* (vgl. ndd. söder) deutet auf sumpfige Stellen. „In den **Hemen**", „bei den **Hemern**", im **Hemerach**" (Hessen, Westf.) sind somit sumpfige Wald- und Wiesenstellen. In England sind beweiskräftig: *Heme-mede* „Sumpfwiese", *Heme-streme, Heme-hale* (Hempnall, wie Hucknall, Sugnal) u. *Heme.* Ein **Hemelbach** im Reinhardswald!

So werden verständlich auch die verschiedenen *Hem-beke* (schon 1097 so, heute *Heimbeck, Heimicke, Heimke*) i. W. (z. B. zur Lenne b. Altena). Dazu ON. **Hemschlar** b. Berleburg am Rothaar (*Heme-s-lar,* wie Fridislar: Fritzlar als sinnverwandt!) und **Hemsloh** b. Diepholz (wie Riemsloh, Lames-, Ramesloh). Vgl. Hemswell/E. und **Hemleben**/Unstrut entspricht Memleben ebda.

Heepen b. Bielefeld siehe Heppen!

Heeren b. Unna i. W. lüftet seinen Schleier (wie *Here: Heere*/Belg.) durch Zusätze wie *brook, lo, spich:* es steckt darin das uralte (dem Wörterbuch unbekannte und der Forschung noch immer nicht geläufige!) Sumpf- und Moorwort *her* (mit der Variante *har,* dies auch umgelautet nach i zu *her),* entsprechend dem idg. *ker (kar)* in ligur. *Cerate, Ceretania, Ceresius* lacus bzw. *Carona, Cara* usw. Vgl. *Herisi:* **Heerse** i. W., wie Linisi: Linse (zu lin „Schleim"), *Heribrok* i. W. u. v. a. Näheres unter **Herford!** Und so auch **Heerte** b. Salzgitter (wie Lehrte, Vehrte, Deerte, lauter Synonyma) und **Heerstedt** im Moor ö. Bremerhaven (wo auch Sellstedt, Hipstedt, Kührstedt, Lamstedt von gleicher Bedeutung). **Herde** b. Freckenhorst ist altes Kollektiv: *Herithe.* In Brab. **Heer** (1202 Here).

Hees, Ort und Waldlandschaft westl. Kevelaer a. Niers, alt *Hesi-wald* (von Tacitus als *Caesia* silva erwähnt!), wird gewöhnlich als „Buschwald" (ahd. *heisi)* gedeutet. Siehe aber unter Heisede! Desgl. Hees(s)en. **Heesten** siehe Hesten!

Heftrich im Taunus (ö. Idstein) ist vergleichbar mit Kiedrich ebda; beide gehören zur ältesten Namenschicht, als Ableitungen von Gewässernamen. Vgl. den **Heftenbach** z. Kinzig; **Heftenhof**/Schmalk. Ebenso Federich, Sellerich, Metterich, Emmerich. Siehe auch Haft-!

Hegau, Landschaft nw. vom Bodensee, bisher ebenso ungedeutet wie der südlich anschließende **Randen** (und **Klettgau**), enthält wie diese ein Gewässerwort, wie es vorliegt in den *Hegbächen* (Württ./Baden usw.). Nach Ausweis von *Heybrok* (Hebrok) i. Westf., *Hey-marsh, Hey-thweite* in England, *Hey-drecht* in Holland meint *heg, hey* „Sumpf, Moor, Marsch"! Auch Hepbach hieß *Hegebach,* vgl. Weppach aus Wegebach (weg = Sumpf)! *Hey(g)enfeld, -stat, -rode*/Hessen wie Bremenfeld, -rode.

Hehlen (um 900 *Heliun)* a. Weser ö. Pyrmont entspricht **Sehlen** (890 *Seliun),* **Vehlen** *(Veliun),* **Völlen** *(Voliun),* **Döllen** *(Duliun),* — alle auf Moor, Sumpf, Moder Bezug nehmend! *hel* (der Forschung nicht geläufig!) ist zweifellos Variante zu *hal, hol, hil, hul* „Moor, Morast" (so auch nach Schönfeld S. 269, 276: hel = hol); vgl. noch mnd. helen „kleben"! Und so entspricht die **Hehlenriede,** ein Moorbach b. Gifhorn, der Eilenriede b. Hannover und der Possenriede b. Moorort Vechta, denn *el (eil)* und *pos(s)* sind als „Moder, Moor" gesichert. **Hehlen** b. Celle hieß *Helende* (analog zu *Holende).* Eine *Helere:* **Haller** fließt von Springe am Deister zur Leine; eine **Helmecke** *(Helenbeke)* b. Brilon (analog zur Selmecke und zur Delmecke). Beweiskräftig sind auch *Hele-mere:* **Helmern** (2 mal i. Westf.), **Hel-mare, Hel-sloot, Hel-veen** in Holland, **Hel-wath** (wie Lapwath) in E. (lap = Moder), *Hellbrock* ö. Hbg., *Helsiek* i. W.; *Helerithi* (9. Jh. a. d. Ems) wie Stelerethe (12. Jh. b. Goslar), stel = Moder, Moor! Ein Wald *Helinloh* 739 i. W. Zu **Helrath** ö. Aachen vgl. Möderath, Kolverath usw., lauter Synonyma auf -rode. **Hellenthal** a. Olef b. Schleiden/Eifel hieß *Hellendar (Hel-andra!),* ein deutlich prähistor. Bachname auf -andra, wie Mallendar, Vallendar, Udendar (heute Odenthal) usw. (vgl. Hellendoorn in Holland wie Ijsendoorn, Attendorn), *Helandra* wäre vorgerm. *Celandra* (*cel* ist als Sumpfort erwiesen)! Siehe auch Helme und Helse, Helschen! Eine **Helle** fließt am Hohen Venn! Eine *Hellrüsche* in Salz-Uflen (rüsch „Binsicht"), vgl. *Bütelrüsch!* Zu **Helte**/Ems vgl. Elte, Külte, Köhlte; **Heelsen**/Vlotho (*Helhusen*) s. Hehlen!

Heidesheim am Main w. Mainz entspricht den vielen ebenso geformten Sinnverwandten Biedes-, Biebes-, Büdes-, Rüdes-, Diedes-, Hargesheim usw., die durchweg auf Gewässer Bezug nehmen! Wie Heddesheim auf urkdl. *Hedenesheim* zurückgeht (zum Bach Hedene) und Büdesheim auf urkdl. *Budenesheim* (z. Bach Budene, bud = Schmutz, Sumpf), so Heidesheim auf *Heidenesheim* (z. Bach *Heide(ne)*, vgl. Heiden-Oldendorf b. Detmold: am Bach *Heide! heid* ist eigtl. „Moor“, vgl. Heidsiek b. Bünde und *Heidenmoos* (wie Anken-, Siren-, Tettenmoos), womit auch **Heidenheim** a. Brenz (wie Ohmenheim ebda) verständlich wird, desgl. Heidenheim nö. vom Ries (wie Ditten-, Detten-, Fessenheim im selben Raum). Und so auch Bergnamen wie der **Heidle** b. Bobachshof/Württ., der **Heiden** in Baden, der Heidenkopf, Bühl, die Heidelberge (Württ., Thurgau), die **Heidelbäche** b. Alsfeld mit dem Heidelberg u. b. Wichte/Morschen a. Fulda, der Heidelborn/Eichsfeld (der mit kl. Kindern: „Heidewölfchen (so E. Schröder S. 291) natürlich nichts zu tun hat). Auch die Heidelbeere wächst bekanntlich auf moosigem Waldboden! (ahd. heid-beri). Ein **Hedelbach** fließt z. Überlinger See, ein **Heidlebach** zur Prim/Württ., ein **Heidelsgraben** z. Hergstbach/Jagst, womit auch **Heidelsheim** b. Bruchsal sich klärt (bestätigt durch Gondels- und Diedelsheim ebda).

Heiger siehe **Haiger! Heilsbronn** b. Ansbach siehe Halsbach!

Heimbach (mehrfach Bach- und Ortsname, in Württ., Baden, Hessen, Taunus, Rhld) ist gewöhnlich assimiliert aus (urkdl.) *Hein(e)bach* (so in Württ.), auch aus *Hegenebach* (so Haimbach b. Fulda, Heimbach b. Treysa/Schwalm), heg = Moor! Zu **Heimbeck,** Heimicke siehe Heemsen! Auch **Heimsen** b. Minden.

Heimersheim a. d. Ahr entspricht Flamers-, Ivers-, Netters-, Sarmers-: Sermers-, Heitersheim, lauter Ableitungen von Gewässernamen (mit Fugen-s, als ob Pers. Namen zugrunde lägen!). Vgl. auch **Heimsheim/** Württ.

Heinde a. d. Innerste südl. Hildesheim und **Heinum** ebda (westl. davon) wie Einum ebda enthalten ein Gewässerwort *hein* (Variante zu *hen*, ndl. heen neben keen = geul, Schmutzwasser), vgl. Heen-sloot, Hein-sloot, Hein-delve in Holland. Ein **Heintrop** liegt b. Soest, ein Moorort **Heine** nö. Bremen.

Heisede (1022 *Hesede)* a. d. Innerste nö. Hildesheim entspricht **Hasede** ebda: *hes* wie *has* sind uralte Wörter für Sumpf, Moor. Dazu auch **Heisebeck** (1151 *Hesebike*) nö. Bursfelde a. Weser, wie Hesebeck (Moorort) b. Bevensen, **Heise** (Moorort!) südl. Bremerhaven, Heisfelde b. Leer, **Heisingen** a. Ruhr b. Essen, analog zu Hattingen, Solingen u. ä., vgl. auch **Hees** (Ort und Wald w. Kevelaer, *Hesi-Wald* = *Caesia* silva b. Tacitus). Moororte sind auch **Hesepe** a. Ems u. b. Bramsche (vgl. Hasepe). Ein *Hezelaar* in Holland, ein *Hezi-car* in England (wie Red-car, Crumb-car: red, crumb = Sumpf!), car deutet stets auf Sumpf! Neben **Heeßen** auch **Heißen** i. W.

Heiteren/Elsaß, **Heitersheim**/Baden (nebst Heiterspach-bach) und **Heiterwang** b. Reutte/Lech gehören natürlich zusammen. Heiteren stellt sich zu Greffern a. Oberrhein, Odern/Vogesen, Dollern (a. d. Doller) ebda, Niefern, Modern (a. d. Moder)/Elsaß, alles Ableitungen von Gewässernamen! Auch für die wang-ON. gilt Gleiches. Was das verklungene *heiter* meint, verrät uns *Heiterbruch* 1436/Rastatt, *uf dem Heiter* 1359, also „Sumpf, Moor"! Dazu *Heiternowe, Heiterspach,* und so auch Heitersheim.

Hekeln, Hekese siehe Heeke!

Helba b. Meiningen a. Werra ist benannt nach der **Helbe,** — ein prähistor. Bachname, der auch in **Helbra** b. Eisleben steckt, analog zu **Kelbra,** Heldra (mit Heldrungen), Ebra, Trebra, Gebra, Nebra, Monra, Netra, Badra, Sontra, Ibra. Zu Helba: Helbra vgl. Iba: Ibra und Geba: Gebra. Zugrunde liegt zweifellos das Moor- und Sumpfwort *hel* (idg. *kel),* wie auch in den Flußnamen **Helme** (*Helmana*) und **Helpe** mit Helfta). Vgl. Fluß *Celbis*/Eifel, ON. *Kelveri:* Kilver i. W., und *Kelme* (Litauen). Dazu auch *helv* in Helve-siek!

Heldra, Zufluß der Unstrut, mit ON. **Heldrungen** sowie Heldra a. Werra (874 *Heldron*), Helderbach (wie der Belderbach!) ist prähistor. Bachname (siehe unter Helbra), hat also nichts mit „Hollunder" zu tun, wie E. Schröder (und W. Arnold) ganz abwegig glaubten. Dasselbe *held* „Sumpf, Moor, Moder" steckt in **Heldesche** (1300 i. Westf., wie Schildesche, Bramesche, Bardesche, Liedesche, lauter Sinnverwandte!), in **Helden** b. Olpe (und Holld), wie Delden b. Datteln, Heldenbergen a. Nidder und *Heldungen*/Amöneburg! Assimilation ld zu ll zeigen *Helidunga* 800: **Hellingen** b. Haßfurt im Grabfeld, *Helderi* 854: **Hellern** b. Osnabrück, *Heldersen* 15. Jh.: Hellersen i. W. (wie *Balderi:* Beller Kr. Höxter).

Helfern b. Osnabrück siehe Helvern: Helvesiek!

Helfta b. Eisleben (am Süßen See) hieß einst (980) *Helpidi, Helfede,* gelegen an einer **Helpe** (vgl. *Helpre*/Sambre!), entspricht den übrigen Kollektiven auf -idi, -ede. Zur Form vgl. **Ifta** *(Ipede)* im Ringgau/Werra (wo auch Scherbda, zu scarb „Sumpf, Schmutz") sowie **Istha** *(Isede)* westl. Kassel (zu is „Schmutz").

Helle im Moorgebiet der Hase ö. Bersenbrück ist verschliffen aus *Hallithi,* analog zu *Ballithi: Bellethe:* **Belle** und *Swallithi: Swellethe:* **Schwelle,** lauter Sinnverwandte: zu *bal, swal, hal* „Sumpf, Moor". **Hellbrock** s. Hehlen!

Hellenthal b. Schleiden/Eifel ist entstellt aus *Hel-andra, Hellendar* wie Odenthal b. Bergisch-Gladbach aus *Udendar, Ud-andra* (ud = Wasser!), gehört also zu den Zeugen vorgerm. Zeit: als Bachname auf *-andra,* wie *Atandra:* Attendorn, *Gisandra:* Geseldorn, *Isandra:* Ijsendoorn, *Balandra*/Südfrkr. usw. Vgl. auch Mallendar, Vallendar b. Koblenz! In Holland entspricht Hellendoorn! Zu den *andra*-Namen siehe Rud. Henning in: Ztschr. f. dt. Altertum 1922. Idg. würde *Celandra* entsprechen *(cel* = Sumpf, desgl. *hel,* siehe unter Hehlen!).

Helme, Nbfl. der Unstrut, hieß urkdl. *Helmana,* gehört also zu den prähistor. Bachnamen auf *-ana* wie *Galmana, Walmana, Swalmana, Salmana, Sulmana, Ulmana, Almana,* lauter Sinnverwandte. *hel-m* ist erweitertes *hel* „Sumpf, Moor" (idg. *kelm,* vgl. Kelme-s-cote/E., Kelmias 723 b. Calais, Kelmantia a. Donau, *Kelme*/Litauen. So auch **Helmscheid** nö. Korbach, **Helmstedt** u. Helmste(de) b. Stade. Ein *Helmissi* 802 am Ndrhein (mit undt. s-Suffix! vgl. *Sulmissa:* Solms a. Fulda). Zu *hel-m* vgl. *del-m* (die Delme), *vel-m* (die Velme) und *scelm* „Aas, Moder".

Helmecke siehe Hehlen!

Helmern b. Paderborn i. W. (aus *Hel-mere, Hili-mere* 1020) siehe Hehlen!

Helpfau a. d. Mattig/Innviertel siehe Helpe: Helfta!

Helsa a. d. Losse b. Oberkaufungen ö. Kassel (um 900 *Heliso*) verrät sich durch das s-Suffix als prähistorischer Bachname (vgl. *Aliso* a. d. Lippe, zu *al* „Sumpf"). Zu *hel* „Moor, Sumpf" siehe Hehlen! **Helsen** b. Arolsen/Waldeck entspricht **Heelsen** b. Vlotho/Weser: verschliffen aus *Hel-husen!*

Helschen a. d. Ems südl. Lingen erinnert an **Solschen** b. Peine (sol = Sumpf!). Zu *hel* siehe Hehlen!

Helte b. Meppen a. Ems entspricht **Elte** b. Rheine, mit t-Suffix wie Külte (Culete), Köhlte (Colete) u. v. a. Zu *hel* siehe Hehlen!

Helve-siek beim Moorort Scheeßel a. Wümme verrät seinen Sinn durch den Zusatz siek „feuchte, sumpfige Stelle"; *hel-v* (vgl. das synonyme *del-v!)* steckt auch in *Helveren:* **Helfern** b. Osnabrück analog zu Kolveren, Wulveren, Balveren/Holland, urspr. *Helvara, Colvara, Balvara,* lauter prähistor. Bachnamen auf r-Suffix, vgl. auch *Halvara:* (die) Halver i. W. und *Calvara:* Calbe.

Hembsen a. d. Nethe b. Brakel/Höxter siehe Hemsen: Heemsen!

Hemden b. Bocholt, alt *Hemete,* mit Venn (Moor) entspricht **Nemden,** mit Dentalsuffix; *hem (ham)* und *nem (nam)* sind prähistor. Wasser- und Moorwörter.

Hemeln a. Weser (am Bramwald, bram = Moor!) meint nichts anderes als Hameln a. Weser, siehe dies! Siehe auch Heemsen!

Hemer b. Iserlohn hieß *Hede-mere* = *Hade-mere*. Siehe Hedemünden und Hadeln!

Hemleben/Unstrut (mit dem Nachbarort Memleben!) siehe Heemsen!

Hemmelte südl. Cloppenburg i. O. ist ein Kollektiv wie Havelte, Hasselte, Bückelte, Drüggelte, auf -ithi, -ede mit l-Infix zu Wasser- und Moorwörtern.

Hemmen a. Fulda, in den **Hemen, Hemern**/Hessen siehe Heemsen! Es entspricht formell und inhaltlich **Schemmen** und **Stemmen!**

Hemmerde b. Werl in Westf. hieß im 9. Jh. *Hamarithi*, ein Kollektiv auf -ithi, -ede wie *Helerithi*/Ems, *Stelerithi*/Goslar, *Elveride* (890), *Cliverde, Selverde, Halverde, Exterde, Engerde, Sumeride*, lauter Sinnverwandte von Moor- und Sumpfbegriffen! Zu *ham-r* (ham „Moor“) vgl. den **Hamerbach** (z. Rednitz). **Hemmerden** b. Neuß stimmt zu Netterden und Nütterden/Ndrhein (nut, net = Moor, Moder), Bingerden, Asperden. Ein **Hemmern** nö. Rüthen a. Möhne (siehe Hemmen, Heemsen!).

Hem-moor a. d. Oste siehe Heemsen!

Hemschlar b. Berleburg/Rothaar u. **Hemstedt** (nebst Trüstedt!) b. Gardelegen siehe Hem-moor und Heemsen!

Hendungen b. Neustadt a. Saale (im Grabfeld), um 800 *Hendinga*, gehört wie das benachbarte **Behrungen** (*Barungen*, bar „Sumpf“!) zu den prähistor. Bildungen. Zugrunde liegt *hand* „Sumpf, Moor“ (dem Wörterbuch unbekannt), eindeutig bezeugt durch *Handebeck; Handeswurth*/E. (wie Iddes-, Buckes-, Caneswurth!), und **Handeloh** (nebst Undeloh!)/Lüneburger Heide. Vgl. idg. *kand* in *Candavia*/Illyrien.

Hengelbach, Hengelgraben, Henglarn siehe Hangelar!

Hengster, ein Sumpfwald bei Offenbach a. M., hieß 1289 *Henges-hor*, mit Fugen-s wie *Henges-goor*/Holland, *Henge(s)lar* b. Brilon; *hor, goor, lar* deuten einwandfrei auf den Wortsinn von *heng*, nämlich „Sumpf, Morast, Schmutz“, — siehe dazu unter Hangelar! Auch die *Heng-schlade* b. Cobbenrode/Meschede duldet keinen Zweifel daran. So werden auch die alten (!) Bachnamen *Hengsbeck* b. Hengeslar (auch b. Olpe u. Eslohe) in uraltem Siedelgebiet, *Henges(t)bach* (Wüstung/Ob.-Lahnkreis), *Hengsbach* im Siegerland verständlich; auch **Hinsbeck** ö. Venlo (!) hieß 890 *Hengistbeki* „Moorbach“, und **Hengsten** im Bergischen hieß *Henstwerth* „Sumpfinsel“. Beweisend sind auch die Zusätze lage, lo, horst, dene („Niederung“), ey („Wasseraue, Bach“) in **Hengstlage i. O.**, Hings-: Hinxlage, -lo b. Vechta im Moor, **Hengsthorst,** *Henxdene* 1464 b. Dissen, **Hengstey** b. Hagen (wie die Saleye b. Attendorn, die Postey, Elsey i. W. oder Swaves-, Liches-, Seles-ey in England, lauter „sumpfige Auen u. Bäche“!).

Hennef b. Siegburg a. Sieg entspricht als prähistor. Bachname auf *-apa, -afa* der **Hanfe** *(Hanepe)* im Lahn-Eder-Raum (siehe diese!) und der *Hunepe:* **Honnef** a. Rh. (auch in Holld), die natürlich nicht nur formell u. geographisch, sondern auch inhaltlich zus.gehören. Da *hun (hon)* als „Moder, Moor" gesichert ist, kann auch *han, hen* nichts anderes meinen, so daß von „Hahnenschrei" und „Hennengegacker" (so z. B. der Bach-Schüler H. Dittmaier 1955) keine Rede sein kann. Die Bestätigung liefern *Henschlade* (neben *Kenschlade* bei Olpe! vgl. holld. *heen, keen* = geul, vliet!), *Heen-vliet*/Holld, *Hen-marsh, -mere, Hen-ley, Hen-hurst, Hen-wood, Hen-eye* (1202), *Henne, Hennuc* (Fluß!), *Hene-merden* in England (merde = Kot!). Und so entspricht die **Henne,** Nbfl. der Ruhr b. Meschede, der **Wenne,** der **Menne,** der **Lenne** und der **Hönne.** Ebenso das Kollektiv *Hennethe* (heute **Hennen** a. Ruhr) wie *Pennethe* i. W. (pan, pen = Sumpf). Umlaut zeigen Hennewich (2mal i. W., 890 *Hanawik* — vgl. Gunnewick und die Gunne!) und die *Hennemicke* Kr. Olpe. Dazu **Hennstedt** in Stormarn, wie auch die Nachbarorte Lockstedt und Brokstedt bestätigen, und **Hennweiler** b. Kirn a. Nahe.

Hennegau (brab. Landschaft/Belgien) ist nach dem Fluß *Hagene:* Haine benannt.

Hentern a. d. Ruwer ist urkdl. als *Hemter* bezeugt, offenbar undeutsch wie *Rumeter* (Bach u. Wald in Belgien), *Kermeter* (Urwald der Eifel); vgl. Cimetra/It.

Heppen *(Heppiun)* b. Soest stellt sich eindeutig zu **Meppen** *(Meppiun)*/Ems und **Beppen** b. Verden, kann daher nur ein Gewässerwort enthalten, wie es denn auch in der **Heppe** (einem Bach b. Meschede/Ruhr) sinnfällig vorliegt (während A. Bach, abwegig wie so oft, an ahd. hiofo, ags. heopo „Hagebutte" denkt, in dem irrigen Glauben, das Wörterbuch müsse alles enthalten!). Die einmalige Heppe gehört genau so zu den verklungenen Bachnamen der Vorzeit wie die einmalige Gippe (siehe diese!), bei der das Wb. gleichfalls versagt. **Heppern** in Waldeck und *Heperna* 1276 b. Büren bestätigen mit dem r-Suffix das prähistor. Alter. **Hepstedt** am Teufelsmoor ö. Bremen entspricht **Wepstedt** (um 900 b. Salzgitter) und **Hüpstedt** (nö. Mühlhsn): *wep, hup* meint „Moder, Fäulnis". Damit klären sich auch **Heppenbach** a. d. Amel/belg. Lux., **Heppendorf** b. Horrem/Köln (hor = Kot, Morast), **Heppenheim** (2mal! b. Worms und an der Bergstraße), 773 *Hephenheim,* vgl. ahd. *hepfo* „Hefe, Bodensatz"!, **Heppingen** b. Remagen (Ahrtal) wie Hönningen, Solingen, Ürdingen. Im Moorgebiet der Oste und Hamme (um Hepstedt) liegen auch **Hipstedt,** Minstedt, Glinstedt, Hanstedt, Bülstedt, Wilstedt, Granstedt, Deinstedt, lauter Sinnverwandte! Die **Heppbäche** in Baden/Württ. aber sind alte *Hegebäche!* (von allerdings gleicher Bedeutung, vgl. Weppach aus Wegbach, *heg: weg* = Sumpf, Moder!).

Herbede a. Ruhr b. Bochum hieß um 900 *Heri-beddiu* „Moder-, Sumpfkuhle"; siehe Herford! Desgl. **Herbeck** b. Mettmann/Ruhr, **Herbke** Kr. Melle. In England vgl. *Risc-bedde* (risc = Binse, Schilf)!

Herbern/Münsterland (a. d. Emmer, mit Mersch, Venne, Horn, alle auf Moor und Sumpf deutend) siehe Herborn!

Herborn (mehrfach: Dill, Idar, Lux.) siehe **Herford!**

Herbram ö. Paderborn hieß *Heri-brem,* analog zu Herbrammes b. Namur; *brem* „Sumpf" als Zusatz deutet auf den Wortsinn hin, siehe Herford! Ein **Herbrum** a. d. Ems.

Herchen a. d. Sieg, Herchenbach/Saar u. ä. siehe Herkenrath!

Herda a. Werra b. Berka (mit Hor-schlitt u. Suhl, — beide auf Sumpf, Schmutz deutend) ist altes Kollektiv auf -ithi, -ede wie **Herde** *(Herithe)* i. W. Siehe Herford!

Herdecke a. d. Ruhr b. Wetter (!) verrät sich durch sein k-Suffix als uralt, vergleichbar mit Geseke, Bileke, Delecke, Nodeke, Schnedicke (Bach b. Minden) usw., alle auf Wasser, Moor, Sumpf bezüglich! Gleiches gilt für *herd (hard),* dem Wörterbuch unbekannt; es entspricht idg. *kerd, kard* (= *scerd, scard)* „Schmutz, Kot" (vgl. hord: kord) und steckt auch in *Herdingi* 890: Hardingen a. Dinkel/Vechte (wo auch Körben, vgl. kelt.-irisch corb- „Schmutz"!) in *Herdehorst* i. W. und *Herdeworth*/E. (wie Cudewurth: cud „Kot"); zu idg.-ligur. kerd vgl. *Cerde, Cerdeford, Cerdesleg, Cerdeceswurth*/E. (wie Puneceswurth, pun „Moder"!) u. die ligur. *Cerdiciates.*

Herfa (779 *Herifa*) und **Herpf** (788 *Heripfe*), beides Nebenflüsse der Werra (nö. Vacha bzw. nö. Meiningen), also auf prähistor. Boden, bisher ungedeutet und noch kürzlich für „schwierig" gehalten (so H. Kuhn/Kiel), gehören zu den uralten Bachnamen auf *-apa* „Wasser, Bach", die durchweg „Sumpf-, Moder-, Schmutzwasser" meinen! Zu *her* siehe **Herford!**

Herford (838 *Heri-vurt),* am Zus.fluß von Bega und Werre (auch in England wiederkehrend), bisher gedankenlos für eine „Heeresfurt" gehalten (!), läßt sich wissenschaftlich, d. h. methodisch nur im Rahmen der morphologisch zugehörigen Namen mit *Heri-* deuten! Allein schon die Zusätze *brok, venn, lar, spich, lo, wide, sel, scheid, mal* weisen unweigerlich auf „Sumpf, Moor", so daß nicht „Heeres-", sondern „Sumpffurt" gemeint ist, entsprechend dem topographischen Befund! Vgl. *Heri-brok* 1088 i. W., *Heriwarde* (Liunwarde), *Heroca* (Holoca), *Heri-spich* 883 an Rhein u.

Waal (wie Lon-: Leunspich, Mar-spich, „Sumpf-, Schmutztümpel"!), *Her-lar* (Brab. u. Westf., wie Berlar, zu *ber* „Modder"), *Her-lo* (Heerlen bzw. Herl i. W., wie Merlo: Marl am Dümmer u. Berlo: Berl i. W.), *Her-sele* 977 Flandern (wie Germe-, Lite-, Sweve-, Wake-sele, lauter Sinnverwandte), *Her-stalle* b. Lüttich a. Maas nebst **Herstelle** a. Weser (b. Höxter), *stal* „wo sich Wasser staut"; *Heri-sceit:* **Herscheid**/Lenne (wie Berscheid, Merscheid), *Heri-mala* (2mal/Brabant, wie Dut-, Hal-, Vor-, Wane-, Wise-mala!), nicht zuletzt *Heri-widi* 888 a. Oker/Harz (wie *Beri-widi* und *Meri-widi:* Barwedel b. Gifhorn (Sumpfort!) und Marwedel b. Celle), lauter „sumpfige Wälder"! Dazu auch *Heri-winna* 850: Herwijnen/Gelderland, *Here-vorst:* **Hervest** b. Dorsten a. Lippe, *Herisi:* **Heerse** b. Driburg (mit s-Suffix wie *Linisi:* Linse, zu *lin* „Schleim"), *Herifa:* die **Herfa** und die **Herpf** (siehe diese!), auch Groß-**Heere** w. Salzgitter, **Heerte** ebda, **Heeren** b. Unna (siehe dies!) und der Berg **Her** b. Bochum (auch in Hessen). In England: *Here-ford, Here-welle, -lawe* (wie Hordlawe), *-feld.* Siehe auch unter **Herbram, Herborn, Herste!** Zu *her* vgl. auch *har, hor, hur!* Beweisend ist auch *Heribedde* wie *Riscbedde!*

Herfterath am Broelbach/Sieg gehört mit Retscherath und Rieferath ebda zu den zahlreichen rhein. Namen auf -rath (= -rode), die uralte Wasser- und Sumpfwörter enthalten, vgl. Möderath (zu mod „Moder"), Kolverath (Bach Colva), Schelmerath (scel-m „Aas, Fäulnis") usw.

Hergenstadt b. Osterburken (e. röm. Kastell) liegt am **Hergst**bach (mit dem Hergstgraben), Zufluß der Jagst b. Ruchsen, 1469/72 *Hergenstal* (stal „wo sich das Wasser staut"!), vgl. Wasser-, Weiher-, Horbstall, horb = Sumpf. *herg* ist also ein (dem Wörterbuch unbekanntes) Wort für Sumpf oder Schmutz und entspricht *harg, horg.* Es steckt auch in *Hergesheim:* **Herxheim** (Pfalz, 2mal) wie Hargesheim und Harxheim, analog zu Heddes-, Büdes-, Ilbesheim usw. Dazu **Hergheim**/Elsaß, **Hergenfeld** b. Bingen, **Hergenrath** b. Aachen wie Kolve(n)rath, Herkenrath/Köln; Hergenroth/Westerwald wie Elkenroth ebd; siehe auch unter Hargesheim! Wie Hergenstadt liegen am Hergstbach auch Leibenstadt und Korb, beide gleichfalls auf „Sumpf" deutend.

Heringen (öfter, a. Werra, Saale, Helme), immer in feuchter Lage, (ein Wasser Hering in Holld.) deutet schon durch seine Häufigkeit auf ein Naturwort, vgl. Behringen, Eringen!: siehe *her* unter Herford!

Herkenrath ö. Köln wird deutlich durch **Herkenbosch** a. Rur und **Herkensen** am **Herksbach** nö. Hameln, durch **Herkeloo**/Holld (wie Harkeloo), den Bach **Herk**/Brabant, **Herkenstede** i. O. und Engld. (nebst *Herkeham).*

herk, hark „Schmutz" siehe Harxheim! Ein **Hirkenbach** fließt zur Nied in Lothringen. Siehe auch **Herchen,** Herchenbach, Herchweiler!

Herlefeld (mit Landefeld) an e. Zufluß der Pfiefe südl. Spangenberg, in prähistor. Gegend, und **Herlheim** a. Volkach südl. Schweinfurt enthalten ein Gewässerwort *her-le* (vorgerm. *ker-le),* wie es auch in **Herl** b. Trier (!) analog zu **Merl** vorliegt und in England wiederkehrt mit *Herle* 1177, *Herleton* (neben *Cerleton! Cerlecumbe!)* und *Herles-eie:* Harlsey (ei = Aue). Vgl. auch **Herlisheim** (2mal im Elsaß). Idg.-kelt. *ker* (verschoben zu *her*) meint „Sumpf", wie die Varianten *kar, kor, kur, kir!* Daher neben *herle (cerle)* auch *harle* (Harle b. Wabern!) und *hurle (kurle)*! Zu Herlefeld vgl. Berle-bach, -burg, -beck, zu *ber* „Moder". Herlheim wird durch Schwebheim und Ur-: Euerheim ebda bestätigt (swab, ur meinen sumpfig-schmutziges Wasser). „Im **Herles**" ist Waldort nö. Fulda.

Herne i. W. siehe Haren!

Herpel b. Olpe (+*Harpelo*) — vgl. Erpel (Arpelo) a. Rh. — entspricht **Herpen** *(Harpene)* in Holld (wie Kerpen: Carpina/Rhld). Siehe Harpstedt!

Herpf, Bach u. Ort nö. Meiningen, siehe Herfa!

Herrieden a. Altmühl *(Hasa-reoda)* siehe Hasede!

Hersel/Bonn, **Herssum, Hersebrok, Hersevörde** s. Hersfeld, Harsefeld!

Hersfeld a. Fulda entspricht **Gersfeld** nahe der Fulda-Quelle, — -feld meint gewöhnlich den Quellbezirk eines Flusses bzw. den Oberlauf (vgl. E. Schröder S. 303). **Gers** ist prähistor. Bachname (vgl. Gershausen a. Gers!), so daß auch für Hersfeld ein Gewässername **Her-s** anzusetzen wäre, vgl. auch Eiterfeld a. Eiter und Hünfeld a. Hune: Haune im selben Raume! Urkdl. hieß es freilich *Heriulvesfelt,* als wenn ein Pers.-N. darin steckte, im Widerspruch zu der Regel, daß *feld* sich nur mit Naturwörtern (Bachnamen) verbindet! In der Nähe fließt übrigens die **Herfa** (799 Herifa).

Herste a. Nethe b. Driburg i. W. verrät sich durch das st-Suffix (das idg.-venet.-illyrisches Kennzeichen ist!) als prähistorisch-vorgermanischen Ursprungs. *Harista, Heriste* entspricht dem Bach- u. ON. **Harste** Kr. Göttgn, 952, 1020 *Heristi,* 1152 *Herste (er: ar* ist ndd. Lautwandel ab ca. 1300, mitunter auch bei Umlaut-*er,* wie dieser Fall lehrt! Es ist also unzulässig, eine Nebenform *Harasta* zu erfinden (so H. Krahe, BzN. 1959, S. 12), es liegt einfach Analogie vor: Ausnahmen bestätigen die Regel, und Namen sind keine reinen Appellativa, sondern nehmen eine Sonderstellung ein!). Zum Sumpfwort *her, har* siehe Herford und Haren! Südlich von Herste liegt (Alten- und Neuen-) **Heerse** (aus *Her-isi,* wie Linse aus *Lin-isi,* wo lin „Schleim" meint; auch das s-Suffix ist vorgerm.).

Herstelle a. Weser b. Höxter entspricht (durch Übertragung) dem Herstalle *(Hari-, Heri-stal)* b. Lüttich a. Maas! Es ist bekannt aus den Sachsenkriegen (797) Karls d. Gr. Zu *hari, heri* „Sumpf" siehe Herford! *stal* = „wo sich Wasser staut", vgl. *Duri-stal, Bogge-stal*/Belgien (dur, bog = Wasser, Sumpf).

Herten, Hert(s)feld siehe Hartmecke! **Herxheim** siehe Hergenstadt!

Hesepe a. Ems (mit dem Heseper Moor!), auch b. Bramsche, verrät seinen Sinn schon topographisch. Zum Moor- und Sumpfwort *hes* siehe Heisede! Es entspricht idg. *kes (ces)* in *Cesada*/Spanien (wie Rurada, Bursada ebda), *Cesena*/Ob.-It., *Cheseland*/E. (wie Cleveland, Copeland), Vgl. auch *Hezi-car*/E. analog zu Red-car, Crumbcar: mit der Erläuterung car, d. i. „Sumpf, Marsch"! Red und Crumb sind Sumpfwörter.

Hessen (Land) siehe Hassegau! **Heßlar** siehe Hasede!

Hesten (Flur b. Hbg), **Heesten** b. Detmold (1142 Heisten) entspricht Hüsten, Husten: *hest, hust* = Moor, Sumpf! Ein **Hesten-Moor** b. Örrel! Dazu auch *He(i)stencheim* 1189: **Heskem** b/Marburg.

Hettenbach (schon 1323) am Hettenbach (z. Kocher) und der Hettensbach (mit Hettensberg), z. Bühler/Kocher in Württ., meinen nichts anderes als (der) **Hattenbach** und **Hottenbach:** es sind „Moder- oder Moorbäche", womit auch **Hettenhausen**/Rhön (wie Hattenhausen) nebst **Hettensen** nw. Göttgn (wie Offensen, Parensen ebda) verständlich werden; desgl. **Hettenrodt** b. Idar (wie Hatten-, Hottenrodt), Hettenhain/Taunus, **Hett-ingen** (2mal/Württ) wie Hattingen, Hottingen, Huttingen; **Hettstedt, Hettstadt, Hattstatt;** auch **Hettlage, Hettlich, Hetthorn** (wie Gethorn, Druchhorn, Balhorn). Zu Hettenbach vgl. die Synonyma **Rettenbach, Ettenbach, Dettenbach, Pettenbach, Bettenbach, Gettenbach.**

Hettergau *(Hattergau, pagus Hattuariensis)* am Niederrhein bzw. zw. Ruhr u. Lippe bewahrt die Erinnerung an die germ. *Chattuarii* (Strabo) oder *Hetware* (Beowulf), die Nachfolger der Chatten; *hat* meint „Moor", vgl. die *Chasuarii* a. Hase, die *Amsivarii* a. d. Ems!

Hetterbach (zur Bottwar/Württ.) und der **Hettersbach** (zum Kanzelbach/ z. Neckar b. Ladenburg, dem kelt. Lobdenburg: Lobodunum) sind sinngleich mit dem Hettenbach und dem Hettensbach, siehe diese! Auch Hettergau! *Hetzenmatt, Hetzerode, Hetzlos* (wie Metzlos)!

Heubach (mehrere Bäche in Württ./Baden) beruht auf mundartlicher Umformung aus urkdl. Heibach, *Heybach* (um 1300/1400) bzw. *Hegbach* (um 1300/1400), d. i. Moorbach! Vgl. *Hey-marsh, Hey-thweite*/England. Siehe auch Hegau!

Heuchelheim (urkdl. *Huchelheim*), 5 mal allein in Hessen, auch im Wormsgau, in der Pfalz, in Württemberg (1054, heute **Heuchlingen,** mehrfach in Württ.), bisher ungedeutet, lüftet den Schleier seines Geheimnisses, wenn wir den **Heuchelbach** (z. Kocher), den **Heuchelberg** b. Lauffen a. Neckar und **Heuchstetten** (Schwäb. Alb) vergleichen: denn Heuchstetten entspricht den Nachbarorten San-: Söhnstetten und Gerstetten, auch Haun-, Lein-, Mön-, Leut-, Meidel-, Edel-, Gram-, Lott-, Scharn-, Pumstetten, lauter Sinnverwandte. Ableitungen von Wasser-, Moder-, Moorbegriffen. Ein Huchenfeld liegt südl. Pforzheim, vgl. zu *huch* das sinnverwandte *much* „Moder, muffiger Geruch". Siehe auch Höckelheim, Huckelriede!

Heudorf (Baden/Württ. mehrfach) siehe Haueda! **Heudeber** siehe Hadeln!

Heumar, Heufurt, Heusiepen siehe Haueda!

Heupelzen und **Hemmelzen** zw. Sieg und Wied b. Altenkirchen sind arg entstellte Ableitungen von prähistor. Wörtern für „Moder, Moor" *(hup, hem!)* mit undt. Endung: zu *Hupelce, Hemelce* vgl. als sinnverwandt *Gyffelze* (Giflitz/Waldeck), *Scepelce* (Schepelse b. Ülzen), *Nuwelze* (Nauholz/Siegerland)!

Heusenstamm südl. Offenbach a. Main (alt *Husen-stam*) siehe Hüsede, Husenbach!

Heutensbach (z. Horbach/Murr b. Backnang, hor = Kot, Morast), urkdl. *Hittinsbach* 1245, mit mundartl. *eu* für *ei, i* wie Beutenbach statt Bitenbach, entspricht Giedens- *(Güdens-)*bach, Armensbach, Hettensbach, Ergensbach, Krummensbach (um 1250 Crumbelsbach, kelt. Crumbel „Sumpf, Schmutz"), alles Sinnverwandte, mit überflüssigem Fugen-s!

Heuthen b. Heiligenstadt im Eichsfeld und das abgeleitete **Heuterode** ebda dürfte slaw. Herkunft sein (wie Hutha/Sa.), vgl. Leuthen, Beuthen!

Heven a. d. Ruhr b. Witten (890 *Hevinni*) entspricht **Greven** b. Münster (1088 *Grevinni)* wie die **Heve** (b. Soest) der **Greve** (b. Vörden/Höxter): *hev (hav), grev (grav)* sind uralte, verklungene Wörter für „Moor, Moder, Schmutz", vgl. auch *huv!* (daher neben **Heven** auch **Hüven** *(Huvinni)* am Hümmling und die *Huvina!* Auch **Hüvede**/Ems. In Brabant entspricht *Havina* 814, auch Havinnes/Belgien. Die Heve fließt beim Schmie-siepen, also in schlüpfrigem Bachgelände! Gleiches meint (mit r-Suffix) die Form *Hevere* (**Häver** b. Herford) und *Heveren* (**Hävern** nö. Minden) nebst Häverstädt südl. Minden, dazu der Flurname „auf den **Heb(b)ern** (1721 Häwern). Auch das **Hävel**-Moor/Holstein bestätigt den Wortsinn! Vgl. unter Havel. Ein Küstenstrich **Heveringen** in Holland, wo auch die sinnverwandten **Kever** und **Sever** als Teile des Kager Plassen! Zu **Hevensen**

nö. Göttgn (nebst Hattensen und Parensen) ebda) vgl. die Moororte **Bevensen** (-sen = -husen)!

Hilbenhof siehe Hülben!

Hilchenbach am Rothaar (südl. Kirch-Hundem) stellt sich deutlich zum nahen **Milchenbach!** Vgl. auch Helchen- u. Holchenbach, lauter Moderbäche.

Hilden b. Benrath/Düsseldorf entspricht **Helden** ö. Attendorn in prähistor. Gegend. Zu *hild, held* „Moor" siehe Hildesheim, Hildfeld, Helden!

Hilders a. d. Ulster (wie das nahe Elters), 915 Hilteriches, siehe Hillerse!

Hildesheim a. d. Innerste (urkdl. *Hildenesheim*), als Wüstung b. Hofgeismar wiederkehrend, täuscht durch sein Fugen-s einen Personennamen mit Hild- vor. Der Genitiv eines Hildo müßte, wenn er überhaupt vorkäme, (die altsächs. Form war Hiddo!), Hilden- lauten! Es kann also nur ein Naturwort vorliegen: *hild* ist (nebst *held)* eine verklungene (nur friesisch erhaltene) Bezeichnung für „Moor"! *Hildenesheim* entspricht genau *Basines-:* Bensheim, *Budenes-, Rudenesheim:* Büdes-, Rüdesheim, *Namines-:* Nambsheim, *Gamines-:* Gambsheim (vgl. den *Gaminesbach* 772 (Gammelsbach, z. Neckar), *Ulvenes-:* Ilvesheim (z. Bach Ulvena!), *Isenesheim*/Bayern am Bach *Isana:* Isen! Lauter Ableitungen von Wasserbezeichnungen. Vgl. den *Hildibach* 9. Jh., *Hildbrunno,* das **Hildfeld** Kr. Brilon in Westf. (ON. b. Bestwig) analog zum Odfeld am Ith, die **Hiltlage** Kr. Lübbecke, wie die Amlage, die Harplage; Hilthorst/Wiedenbrück (wie Schildhorst, Scharnhorst), **Hilden** b. Benrath wie Helden; nicht zuletzt *Hilde(s)dene, Hilde(s)leg* (wie Bordesleg)/England, dene = Niederung, leg = Wiese. Vgl. auch **Hilders!** Weiteres unter Hillerse!

Hille, Zufluß der Ruhr, auch Ort am Gr. Torfmoor w. Minden, bisher ungedeutet, enthält eine Variante *hil* zu dem Moor- und Moderwort *hel* (wie *sil* zu *sel* „Sumpf"); daher entspricht (die) **Hillmicke** b. Olpe der **Helmicke** b. Brilon (siehe unter Hehlen!), und die Hille der **Helle** am Hohen Venn! Dazu **Hilbeck** b. Werl, **Hillebach, Hiltrup** (wie Holtrup), **Hillentrup** b. Lemgo (wie Hörentrup, hor „Kot, Morast"!), der *Hillenbach* (767 ff., heute umgedeutet zu Höllenbach) nö. Hdlbg. **Hil(l)scheid** ö. Koblenz (wie Ehlscheid, Hüllscheid von gleicher Bedeutung!), **Hillesheim** (Wormsgau und Eifel) wie Büdes-, Biebes-, Heddesheim. Deutlich und beweiskräftig ist *Hili-mari, -meri* 1020: Helmern b. Paderborn. In **Hilsbach** b. Sinsheim a. Elsenz/Baden steckt der dortige Bachname: 798 ff *Hileresbach,* der formell und inhaltlich dem *Solresbach* b. Rhens, dem *Quideresbach, Steigeresbach, Alberesbach, Kelberesbach, Dagrisbach* entspricht. Ein **Hillen-Berg** im Harz b. Wulften. **Hilken-Berg**/Wahmbeck.

Hillerse(n) südl. Northeim (Leinetal) und a. d. Oker w. Gifhorn (in Moorgegend) beruht auf *Hildersen* (*Hildeshusen* um 900) wie **Hillersleben** auf *Hildesleve* (um 1000), vgl. *Hades-:* Hedersleben, zum Moorwort *hild, hildr* wie *Hildesdene, Hildesleg, Hilderleg, Hildercote*/England (neben *Cilde(r)-cumbe* u. ä.! *hild* also = vorgerm. *kild!*). Vgl. unter Hildesheim! Das Hildfeld! Zu **Hillern** b. Soltau vgl. Hellern i. W., zu *Hildersen: Heldersen* (Hellersen i. W.).

Hils (urkdl. *Hillis*), bewaldeter Höhenzug nö. vom Solling, südl. vom Ith, östl. vom Vogler, w. vom Selter, Teil des Weserberglandes zw. Weser und Leine, spiegelt wie alle diese Bergwälder im Namen die Bodennatur wieder: *sol, i(g), bhog-l, salt-r, hil* sind höchstaltertümliche Bezeichnungen für Sumpf, Moor, Moder, wie für den **Hils** schon das undeutsche s-Suffix beweist! (H. Kuhn/Kiel denkt ganz abwegig an lat. celsus „hoch", ohne zu beachten, daß der Mensch der Vorzeit die Wälder und Bergwälder grundsätzlich nach ihren Gewässern, ihrer Bodennatur benannte!). Das bezeugt auch der *Gr. Sohl* dort (sol = Sumpf)!

Hilsbach, Hilscheid siehe **Hille!**

Hilter im Teutoburger Wald und im Moor der Ems (854 *Helderi)* siehe Heldra und Helden, Hilden, Hilders, Hildesheim! Zur prähistor. Form mit -r vgl. die sinnverwandten *Salteri:* Selter, *Ickari, Vanari, Balderi* usw. Hiltrup siehe Hille! Ein **Hilten-Berg** nö. Driburg.

Himmelgeist im Bergischen ist entstellt aus urkdl. *Humilgise,* d. i. „Moorgewässer"! (analog zu Wider-gis: Würges/Taunus). Zu *hum* siehe die Humme und den Hümmling! Vgl. auch **Himmelmert** (nebst Landemert) b. Plettenberg/Lenne, — auch *land* ist prähistor. Sumpfwort. Ein **Himmelsbach** fließt zur Wiese b. Lörrach (*wis* = Sumpf, Moder).

Hinkel a. Sauer (Sure) w. Trier, enthält wie die zugehörigen Kordel, Meckel, Lasel, Nittel, Erpel, Unkel (lauter Sinnverwandte) einen prähistor. Wassernamen, bestätigt durch die **Hinkelinge** (1264 *Hincline)* in Holland! Dort „de *Slikken* van Hinkelenoord" (Schönfeld S. 109)! Zu *hink* vgl. Fluß *Cinca in Spanien!*

Hinsbeck/Ndrhein siehe Hengster!

Hipstedt siehe Hepstedt (unter Heppen)!

Hirblingen a. d. Schmutter nö. Augsburg (älter *Hürblingen*), mit den benachbarten Gablingen, Rieblingen, Riedlingen, Mörslingen (!), lauter Sinnverwandten, enthält wie Hürben und Hürbel (auch Bachname), 1239 *Hurewin,* die alte Bezeichnung *hurw- (horw-)* für „Schmutz, Sumpf" (idg. *korb,* vgl. ir. corbaim „besudle").

Hirkenbach, Zufluß der Nied/Lothringen, siehe Herken-!

Hirlenbach, Zufluß der Rot (Lein/Kocher), 1460 *Hurelbach,* meint „schmutzig-sumpfiges Wasser", zu ahd. *hor-, hur-* „Kot, Sumpf". *hurle* entsprich idg. *kurle,* wie *herle: kerle!* Vgl. auch **Hirlbach** ö. Ellwangen a. Jagst

Hirnheim/Württ. (1210 *Hurnheim)* entspricht **Hürnheim** b. Nördlingen zu *hur(n)* „Schmutz, Morast". So auch der **Hirnebach** b. Appenweier/Baden und Flurnamen wie Hirnrain, Im **Hirn**/Württ. „Die Fluren dieser Sippe, die ich selbst sah, paßten alle zu **hurn** „Sumpf", sagt der Namenkundige und Landeskenner Württembergs Dr. M. R. Buck (1880), S. 110. Vgl. den **Hirnen,** Hirnbühl, Hirnstetten. *Hurn-furlong, Hurne-putt* siehe Horloff! **Hobben(hu)sen**/Lippe wie *Hobmoor, Hobsik*/E.!

Höchelbach, Bach b. Montenach/Lothr., entspricht dem Heuchelbach (z Kocher) und dem Heukelbach b. Rönsahl/Olpe. Siehe Huckelriede!

Hochelheim b. Leihgestern südl. Gießen und **Heuchelheim** westl. Gießen sowie Huckel- und Höckelheim siehe Heuchelheim!

Höckel *(Hukele)* i. W. siehe Huckelriede! Höckelheim s. auch Heuchelheim

Höchst (mehrfach, am Main w. Frkf., a. Mümling/Odenwald, a. Kinzig b Gelnhausen), urkdl.: zu *Hoste (!),* liegt keineswegs am „höchsten", sondern niedrig am Main-Ufer! Es beruht auf Umdeutung aus *host* „Moder Moor", vgl. Host(en), Hostenbach.

Höchstenbach b. Hachenburg/Westerwald (vgl. Mudenbach u. Luckenbach ebda) ist entstellt durch Umdeutung eines nicht mehr verstandenen *Hostenbach,* wie der **Nächstenbach** b. Weinheim aus *Nestenbach* (1381) Beides sind Bachnamen der Vorzeit. Siehe unter Hostenbach!

Hockweiler entspricht Lock-, Dockweiler; *hok, huk* (dem Wb. und der Forschung unbekannt!) ist schon a. 717 als Moorwort bezeugt: vgl. Weiden u. Felder „cum *hocho-finnas*" an der Dommel/Brabant *(Waren di vennen?* fragt mit Recht v. d. Bergh, Haandboek d. Geogr. 1949, S. 94) Beweisend sind *Hoc-schoten* wie Win-, Lin-schoten/Holld., *Hoclar*/Flandern, Hockwurth, Hockleg, Hockhale, Hockmoor, Hoc-combe „Moortümpel" in England.

Hödingen am Bodensee entspricht den benachbarten Überlingen *(Iburinga)* Sipplingen, Güttingen, Dettingen, Möggingen, Öhningen: denn **ho** meint (am Oberrhein noch heute) „Wasserlache". Genau so **Hödingen** nö Helmstedt bestätigt durch Hörsingen, Flechtingen, Weferlingen, Süplingen, Bülstringen ebda! Ein **Hodenhagen** a. d. Aller südl. Walsrode entspricht Muddenhagen, Sorenhagen, Ruschenhagen, lauter Sinnverwandte Vgl. auch *Hod(de)mer* (Holld, England) neben *Coddemer (cod* „Schleim Schmutz"), sowie Flüsse *Hodnant, Hodder* (brit. *Codre, Lodre, Glodre,* *Hodanhlaw*/E. wie Cudan-, Lortanhlaw; *Hodanhusen* 1186/Lippe.

Höhne: „Bei der Höhne" (nebst Hönau) nennt sich ein Moorort a. d. Oste b. Bremervörde. Dasselbe meint **Höningen** südl. Neuß, wie schon die Nachbarorte Broich und Gohr andeuten! Vgl. auch **Hönebach** am Seuling (sul = Suhle). Desgl. **Hohne, Hönne(pel)** usw. Siehe Hannover und Haune! Dazu *Honebrink, -kamp* i. W. **Höing** siehe Hungen!

Holbach, Holbeck siehe Hollen! Desgl. die **Holmecke (Hel-, Halmecke).**

Holchenbach in Baden (2 Bäche, z. Rench u. z. Rhein) mit der Flur **Holchen** (!) meint sicher nichts anderes als **Helchenbach**/Bayern und **Hilchenbach** am Rothaar, also mit Ablaut wie **Bolchen** und **Belchen(bach)** nebst Malchen und Melchen, lauter prähistor. Namen. *hol-ch* kann nur auf idg. *kol-k* beruhen wie *hel-ch* auf idg. *kel-k* (vgl. Kelkheim/Taunus!) und *molch(en)* auf *molk(en)* „Käsewasser". Idg. *kol* (germ. *hol)* meint „schmierig-mooriges Wasser", siehe Hollen! Eine *Holke* i. Fld.

Hollar (Wetterau, Lux.) ist verschliffen aus *Hun-lar* (so 893) wie **Lollar** (Wetterau) aus *Lun-, Lon-lar* und **Schüllar,** Schüller (Eder, Eifel) aus *Scon-lar,* **Ellar** aus *Ene-lar,* lauter Sinngleiche, denn *hun (hon), lun (lon), scon* meinen „Moder, Moor, Schmutz"! Vgl. auch **Holleben** *(Hunleben).*

Holleben a. Saale b. Halle (urkdl. *Hunleba*) siehe Hollar! Zur Assimilation *nl: ll* vgl. Billeben aus *Bene-leba,* zu *ben* „Sumpf"; desgl. Hollar aus Hunlar.

Hollen, ein Moor b. Lüneburg, wie das **Hollen**-Moor in Württ. finden ihre Erklärung durch den Zusatz „Moor : Auch das Sumpfgebiet Het **Hol** in Holland (das selber wasser- und sumpfreich, nicht holt- oder waldreich ist!) bestätigt *hol* als Moor- und Sumpfwort (als Variante zu *hel, hil, hul, hal!),* vgl. idg. *kol (col).* Ebenso beweiskräftig sind die Komposita *Hole-mar*/Holld nebst *Holen-drecht, -flet, -sloot; Holen-siepen* i. Westf. (wie Schade-, Schmiesiepen), *Hol-combe* „Moderkuhle" in E. (wie Hac-, Has-, Cude-, Lovecumbe), *Holwede:* Hollwedel w. Syke „Moorwald" (wie Merwede, Berwede), auch **Holungen**/Eichsfeld (wie Faulungen, Rüstungen, Bodungen usw., lauter Sinnverwandte). Und so entspricht die **Hol(e)pe** (zur Sieg) der **Hal(e)pe** (zur Sieg) und der **Helpe,** die man in kindlicher Weise für „hohle" und „hallende" Gewässer gehalten hat (so H. Dittmaier aus der Schule Adolf Bachs, 1955); vgl. dazu des Verf.s Schrift „Die Bachnamen auf -apa im Lenne-, Ruhr-, Sieg-, Lahn- und Eder-Raum als prähistorische Denkmäler" (Hamburg 1958). So verstehen wir auch **Holvede** und **Holinde,** Moororte (!) b. Hollenstedt südl. Buxtehude, wo der Nordist H. Kuhn/Kiel eine „hohle Linde" suchte! (*hol-v* entspricht idg. *kol-v!* Vgl. den Bachnamen *Colva!*). Zu Holinde vgl. das alte *Holenden* b. Treisbach, *Colende* ö. Aschersleben, *Helende*

1248 b. Celle, *Wesende* 14. Jh. b. Celle, *Alinde:* Ellen a. Eln/Werra, alle auf „Moder, Moor, Sumpf" deutend! Dazu auch **Hollen** (mehrfach) b. Verden, Gütersloh usw., Hollern, **Hollenbeck** b. Stade, **Hollenbach** *(Holenbach)*/Jagst, Kocher, Hollriede (wie *Colriede)*, **Hollerath**/Eifel, Flur **Holen** am Bach *Holna* b. Kandern. **Hollingstedt** wie Tellingstedt!

Holsen beim prähistor. Kilver nö. Herford entspricht **Helsen;** zu *hol, hel* „Moor" siehe Hollen!

Holungen/Eichsfeld siehe Hollen! Desgl. **Holvede.**

Holzminden a. Weser nö. Höxter in ältestem Siedelgebiet ist benannt nach dem Flüßchen *Holtmenni* „Waldwasser" analog zur *Rotmenni:* Rottmünde (rott = Fäulnis, Moder, vgl. „verrotten"!). Weitere N. auf -menni siehe Hedemünden!

Home, ein Bach b. Nieheim nö. Driburg (wo auch das prähistor. Pömbsen!), gehört zu den seltensten (dem Wörterbuch unbekannten) Relikten der Vorzeit: *hom* ist Variante zu *hum* „Moder, Moor" (idg. *kom, kum!)* vgl. Como, Comara, Comani, Comisa, Cuma). So werden verständlich *Homere:* **Homer** (2mal i. W., mit r-Suffix wie die ebenso altertümlichen *Sumere, Samere, Namere, Umere* usw.), *Homen:* Heumen in Gelederld (nebst *Homia* 1028: Humain/belg. Lux.) und *Home-lo:* **Hammel** am Moor der Radde i. O.

Hondelage b. Brschwg verrät schon durch den Zusatz *lage* (= lo „feuchte Niederung"), daß ein Wasserwort zugrunde liegt; vgl. die Harplage, Amlage, Schiplage. Siehe unter Hundem!

Hon(e)rath b. Adenau/Ahr und b. Siegburg siehe Höhne, Hohne, Hannover! Sinnverwandt sind Möderath, Randerath, Granterath usw.

Hönebach, Höne, Höningen siehe Höhne, Hannover!

Höngeda b. Mühlhausen/Thür. (im einst sumpfigen Unstrut-Raum) ist so wenig ein „honigreicher" Ort, wie **Kölleda** b. Erfurt ein „kohlenreicher" Ort, oder **Haueda** a. Diemel ein „heureicher" Ort oder **Hüpede** ein „hopfenreicher" Ort, wie E. Schröder (S. 142, 178) noch glaubte und die Forschung ihm nachredet, sondern verrät seinen wahren Sinn nur im Rahmen aller übrigen Kollektiva auf *-ithi, -ede,* die durchweg auf Wasser, Moder, Sumpf Bezug nehmen, im Einklang mit dem jeweiligen Gelände! Siehe Näheres unter Haueda! **Tilleda** *(Tul-idi)* und **Töngeda** *(Tungidi)* im selben Raume bestätigen es: *tul* und *tung* sind uralte Bezeichnungen für „Moder, Schmutz, Kot"! Beweiskräftig ist auch *Hunigetun:* **Honington** in England (analog zu *Wasentun:* Washington, was = Sumpf; desgl. Liddington (am Liddon), Eddington, Siddington, Covington, Calvington u. v. a. Siehe auch Scherbda *(Scarbidi),* Schwebda *(Swa-*

bidi), Helpede a. Helpe, wo *scarb, swab, help* gleichfalls „Moor, Moder, Schmutz“ meinen! Wie unmöglich die Schröderschen „Deutungen“ sind, ergibt sich schon aus der einfachen Überlegung, daß jede menschliche Niederlassung zu allererst einen Namen bekommt, ehe man Honig und Heu ernten oder Holzkohlen dort brennen kann!! Produkte menschlicher Kulturtätigkeit (oder Bautätigkeit) findet man daher ganz naturgemäß niemals in den Namen ältester Schicht!

Hönne, Honnef siehe Haune!

Hönnepel *(Hone-pole)* b. Kleve (wie *Hane-pol, Wine-pol* in England) siehe Hannover! — **Hönningen,** Höngen siehe Hungen!

Hönnige, ein Bach b. Wipperfürth, entspricht formell und inhaltlich der **Ihrige** b. Laasphe a. Lahn, beide in prähistor. Gegend: *hun (hon)* und *ir* sind uralte Bezeichnungen für „Moor, Moder“.

Hopsten *(Hop-seten)* in Moorlage nordöstl. Rheine entspricht *Lok-seten:* Loxten, *Bek-seten:* Bexten, *Varen-seten, Haren-seten. hop* kann also nur „Moor“ oder „Sumpf“ meinen; die Zusätze *pol, was, ford, worth, wood* bestätigen es: so *Hop-poel*/Holld, *Hop-was, -ford, -worth, -wood* in E. Dazu **Hopen** i. O., **Hoopte** a. Elbe s. Hbg, **Höpingen** nw. Münster (wie das nahe Schöppingen, auch Löningen, Solingen usw.), **Hopfelde** am Hohen Meißner, **Hoppenstedt** b. Osterwieck/Nordharz (wie Schöppen-, Aspen-, Eilen-, Watenstedt ebda). Ein **Hoppen-Berg** b/Driburg.

Hoppecke, Bach und Ort im Kr. Brilon (z. Diemel), früher *Hotepe,* s. Hötmar!

Horb am Neckar/Württ. zeigt verschobenen Anlaut gegenüber **Korb** ö. Stuttgart, wie **Horben** im Breisgau gegenüber **Korben** 1341 ebda! Dasselbe germ. *h* (statt idg. *k)* zeigt **Horvennes**/Belgien. Idg.-keltisch *korb (corb)* meint „Sumpf, Schmutzwasser“, vgl. ahd. *horo (horw-).* Siehe Korben! Vgl. auch Hürben und die Hürbe! Ein **Horb**graben fließt z. Bibers *(Biberussa!)*/Kocher.

Horbach (Pfalz, Rhld, Hessen, Württ.), und mehrere Horbäche (in Baden/ Württ.) sind „Sumpf- oder Schmutzbäche“ (zu ahd. *horo*), siehe Horb! Dazu **Horbruch** b. Simmern, Horbke, Horlache, Horhausen, Horheim, Horburg, Horstedt, Horla, Hordorf. Ein **Horbach** fließt zur Haune *(Hune:* hun „Moder“!), auch in Württ. (mehrfach), ein **Hörbach** zum Selbach/Murg (Baden), sel = Sumpf! Ein Hörlesbach zur Speltach/ Jagst (spelt „Moder, Schmutz“!). **Horla** b. Wippra entspricht **Werla** (wer = Sumpf“!). *Hor-lo* hießen sumpfige Wiesen b. Lüttich. In England vgl. *Hore-pol, -dene, -mede, -stede.*

Horchheim a. Rhein (Vorort von Koblenz) und b. Worms wie **Horkheim** b. Heilbronn a. Neckar sind „Schmutzorte“: *hork* (rheinisch noch heute „schleimiger Schmutz“) entspricht idg.-keltisch *kork* (zu *kor, hor* „Sumpf, Kot“). Vgl. Kork b. Kehl a. Rh. In England vgl. *Horkeleg, Horche-, Horke-stow.*

Hörde b. Dortmund (alt *Hurde*), auch „Auf der Hörde“ (Flur b. Godelheim/Höxter!) hat mit „Hürde“ oder „Horde“ nichts zu tun: *Hurdewurd, Hordeleg, Hordlawe, Hordhull, Horderne*/England sichern für *hurd, hord* die Bedeutung „Sumpf, Kot“; es entspricht somit idg.-keltisch *kurd, kord* in *Curdela* flumen: **Kordel** b. Trier und **Cordoba**/Spanien! Aber **Hordel** b. Bochum hieß 1160 *Hurle* (wie Berdel b. Telgte für *Berle*, Kirdel für Kirl; *hur, ber, kir* = Moder, Sumpf).

Horgen b. Rottweil und **Horgau** b. Augsburg (vgl. Sulgen: Saulgau!) und der **Horgenbach** b. Bittenfeld nö. Stuttgart enthalten ahd. *hor(a)g* „sumpfig, kotig“, vgl. *Horagaheim; Horegunaha.* Auch Hof **Harrien** w. Bielefeld hieß um 1200 *Horegen* wie **Harrie** b. Neumünster: 1155 *Horgine*, wo E. Schröder S. 200 im Banne Grimmscher Mythologie „Heiligtümer“ (ahd. harug) suchte, ein im Niedersächsischen gar nicht bezeugtes Wort! Vgl. auch *Horigthorp* 1112, heute Harrendorf nö. Bremen (im Moorgebiet von Finna! finn = Moder, Moor), und damit auch *Horigforst* (wüst b. Volkmarsen/Waldeck).

Horkheim siehe Horchheim!

Horla, Horlache(n) siehe Horbach! **Hörle** siehe Hurrel!

Horloff (948 *Hurnaffa*, 1306 *Hurlefe*), Nbfl. der Nidda/Wetterau, gehört wie die Wüstung *Hornfe* 1362 b. Laubach a. Wetter zu den prähistor. Bachnamen auf *-apa, -affa* „Wasser, Bach“. *hurn, horn* (dem Wörterbuch und der Forschung unbekannt!) entspricht idg.-kelt. *kurn, korn* „Sumpf, Schmutz“ (vgl. *Cornacum, Cornovii, Cornbrok, -ford, -well; Corniacum:* Körrig/Saar, *Cornari:* Körner/Gotha, Fluß *Corno*/Italien, die Korne (z. Linge/Holld, ling = Schlamm). Zum Beweis vgl. *Hurnputte* ("Kotlache“) und *Hurn-furlong* („Schmutzgraben“) analog zu *Clete-, Mersh-, Spiche-, Sor-furlong!* So werden auch die **Hornbäche** verständlich; **Horn** heißt 775 ein Bach in Lothr. und ein Zufluß der moorigen Hunte, **Hoorn:** Ort und Land in Holld, *Hornia:* La Horgne, Wiesenlandschaft a. d. Maas. Ein altes **Hornel** b. Sontra. Ein *Horninga maere* 969 in E., ein **Hornsen** b. Alfeld a. Leine.

Horn, Hornbach siehe Horloff!

Horperath b. Mayen/Voreifel entspricht Retterath, Welcherath, Möderath, Randerath usw.; *horp* kann somit nur Sumpf oder Moder bedeuten; es begegnet sonst nur in Holland als Flurname „de *Horp*" und „Veenhorp" (1343), veen = Moor! (Vgl. M. Schönfeld, Nederlandse Waternamen, 1955, S. 122: horp = slijk-, moeraswater). Auch *Horpmala:* Horpmaal (wie Wisemala, Halmala, Dutmala) bestätigt diese Deutung (: horp = marais, Carnoy). Als Variante vgl. *harp!* Zu **Hörpel** b. Soltau vgl. **Herpel** b. Olpe, -l ist der Rest von -lo „Sumpfstelle"! Eine Flur *Horpeule* b. Holzminden.

Horrem b. Köln, Horrweiler, Horrheim siehe Horbach!

Hörsel: Der Name der Hörsel, Zufluß der Werra (alt *Hursila* 979) bei Eisenach (mit dem sagenhaften Hörsel- oder Venusberg, -Tannhäuser!) ist ein Musterbeispiel für das Versagen des Wörterbuchs und der wörterbuchgläubigen Forschung! Denn die ags. Form *hors* für dt. „Roß" paßt hier wie die Faust aufs Auge: ein Bach ist kein Roß; also auch kein „weibliches Rößlein" (wie E. Schröder S. 290 im Banne mythologischer Vorstellungen „unbedingt" deuten wollte!); es ist das genau so grotesk wie die Deutung der Geislede als weibliches „Geißlein" und der Fulda als kleines „Fohlen"! (Schröder ebda). Schon die Zuflüsse der Hörsel (Asse, Nesse, Laucha, Emse, Mosbach), die sämtlich auf Sumpf- und Schmutzwasser deuten, lassen den Wortsinn erraten: er wird bestätigt durch die *Hureslede* (rivulus) 1215, ein Wasserlauf in Nordholland (Schönfeld S. 131), die der *Broc-lede, Melc-lede, Pic-lede, Smittelede* entspricht. *hurs, hors* ist also = *hur, hor* „Sumpf, Kot, Morast" (vgl. burs = bur) und murs, mors = mur, mor, desgl.), vgl. idg.-kelt. *cors (cor)* „Sumpf(gras)". Gleiches besagt **Hursley**/E. (wie Borsley, zu burs, bors = „Sumpf(pflanze)!), auch *Horsey, Horseford, Horsehole, Horse(n)dune* wie Cersendune : kers „Marsch, Sumpf" (vgl. horsereadish „Meerrettich"!); und so entspricht *Horsbach* 1313 b. Brilon dem Synonym *Morsbach.* **Horsmar** a. d. oberen Unstrut entspricht **Versmar** (vgl. die Verse, zu ver-s „Sumpf"!), Geismar, Germar, Weimar, Wißmar, sämtlich auf Wasser, Moder, Sumpf bezüglich! Und **Hörsingen** ö. Helmstedt fügt sich zu Hödingen, Flechtingen, Bülstringen ebda, lauter Sinnverwandte.

Hösel *(Hoy-sele)* siehe Hoya! **Hosbach** b. Sontra s. Hasbach!

Hostenbach a. Saar kehrt als **Haustenbeck** b. Paderborn und als **Höchstenbach** b. Hachenburg/Westerwald wieder. Zugrunde liegt ein dem Wörterbuch unbekanntes, bisher ungedeutetes Wasserwort *host* (Variante zu *hust, hast*), das auch in **Hosten** a. Kyll/Eifel, **Host**/Lothr., **Hostel**/Rhld und im N. der Landschaft **Hoste** b. Dinkelsbühl begegnet und nur

Sumpf, Ried oder Röhricht bedeuten kann: vgl. idg. *kost* in slaw. Kostrzyn: Küstrin in schilfiger Sumpflage der Oder und Warthe; auch in *Coste(s)ford, Costeseie, Costices-mylne* 949/England. **Ober-Kostenz** im Hunsrück deutet auf ein vorgerm. Gewässer *Costantia* (wie Ellenz auf Alantia). **Kostbäche** fließen z. Kinzig/Baden!

Hötmar (Münsterland) entspricht **Schötmar** ö. Herford (alt *Scute-mere*, d. i. „Schmutzsee"). *hot* (vgl. holld hot = geronnene Milch!) ist Variante zu *hut* (siehe Hutten!), d. i. Moor, Moder. Ein See *Hottemere* (1288, *Hotmar* 1329) auch in Holland, wo das Hodde-meer oder Codde-meer den Wortsinn bestätigt (*cod, hod* = „schleimiger Schmutz"), ebenso **Hottenbrauk** i. Westf., Hottenbach b. Idar (wie Hattenbach!), Hottenroth/Hess., Hottingen/Baden a. Murg, Hottweiler (und Bettweiler) b. Bitsch, **Hotteln** b. Hildesh. (wie Hatteln!), **Hottelstedt** b. Weimar (wie Zottelstedt!), Hotton a. Ourthe (terrain marécageux!). Nicht zuletzt die uralte *Hotepe:* **Hoppecke**/Brilon! (wie die *Hattepe).* Ein **Hotten-Berg** ö. Seesen.

Hottenbach, -brauk, -roth, -weiler siehe Hötmar!

Höwen *(Hewen):* Der Hohen Höwen im Hegau, bisher ungedeutet (vgl. den Hohen-Karpfen u. Lupfen), weist wie diese in die Vorzeit zurück: *Kewe(n)* begegnet in Brit. mit *Cewe cumb* 1086 (wie Cude-, Made-, Lovecumbe, lauter Modertümpel) u. *Ceawanhlaew* 947 (wie Cudan-, Hodan-, Lortan-, Antanhlaew lauter modrig-feuchte Anhöhen). Waldberge wurden grundsätzlich nach ihrer Bodennatur benannt.

Höxter (urkdl. *Huxori*) a. Weser, in prähistor. Gegend, gehört zu den allerältesten Namen, wie schon die seltene Endung verrät, mit der es sich zu *Buxore* (Boxhorn) in Luxemburg und *Boxora* 821 (Boxford) in England stellt: *hux* und *bux* sind zweifellos sinnverwandt, als Bezeichnungen für „Moder, Moor, Sumpf" (vgl. *huk* und *buk!)*, ebenso *jux (juk-s)* in *Juxari/* Lothr., *lux (luk-s)* in Fluß Luxia/Spanien, Luxeuil/Frkr., und *ux (uk-s)* in Uchsina: Öchse (Bach b. Vacha), Uxisama/Frkr. usw. Vgl. auch *Huxley*/E. und *Hoxne* (wie Fluß Loxne, lok „Sumpf") ebda. Ein **Höxbach** fließt im Soonwald (dem alten *Sana* silva: san = Schmutz). Ein **Hoxhohl** liegt südl. Darmstadt, ein **Hoxel** b. Bernkastel/Mosel, ein **Höxberg** (m. der Quelle des Bröggelbachs, — brogel „Sumpf"!) b. Beckum, ein **Höxter Berg** b. Lauterberg/Harz.

Hoya a. Weser, **Hoyel** b. Herford, **Hoym** (d. i. Hoy-heim) a Selke ö. Quedlinburg, enthalten zweifellos dasselbe prähistor. Wasserwort wie der **Huy,** bewaldeter Höhenzug nö. Halberstadt (wo Quenstedt, Schlanstedt u. ä. von Moder u. Sumpf zeugen!) und der gleichnamige Bach **Huy** (urkdl. *Hogia),* Zufluß der Maas! Vgl. in Holland die *Hoy-lede (Hoy-*

maar!), was mit „Heu“ (so Schönfeld) natürlich nichts zu tun hat! (Vgl. die Broc-lede, Pic-lede u. ä. als Synonyma). Auch *Hoy-sele* 1218: **Hösel** sw. Essen.

Hübenbach, -hof, -thal siehe Hüven!

Huckelriede oder Huckriede b. Löningen i. O. (auch in Westf. mehrfach) ist ein noch heute überschwemmtes Gelände (Jellinghaus, Die westf ON., S. 147). Sie entspricht der **Seckriede** (1682), der **Schlickriede** usw., — *huck* (dem Wörterbuch unbekannt) ist also sinnverwandt mit *seck* „Lauge, Schmutz“ und *schlick* „Schlamm, Morast“. Das ergibt sich auch aus *Huck-sele* 1223 (Huxahl) i. W. (wie Buc-sele, Her-sele, Hun-sele), *Huc-heri:* **Hücker** b. Herford wie *Buc-heri* (buk = Moder, Moor!), *Hucrithi* 947 (Huckarde b. Dortmund) wie Helerithi, Stelerithi, lauter Sinnverwandte; Im **Huckland,** Flur b. Remscheid; **Hückstedt** wie Lückstedt (luk = Sumpf!); **Huckenbach** wie Luckenbach; *Hucculvi,* 9. Jh., *Hokolve* 12. Jh. i. W. wie Berolve; in England die beweiskräftige Gleichung *Hucken-: Bucken-: Sucken-hale* (buck „Moor“, suck „Sumpf“)! Belangloses Fugen-*s* zeigen *Hukes-lage:* **Hückschlage** (Flur b. Iserlohn), *Hukes-hole* 1189: **Hüxholl** i. W. (wie Medes-hol, med „Moder“), **Hückeswagen** a. Wupper (mit Flur „Auf den Sümpfen“!). Eine Huckswehe fließt b. Blomberg. Mit der Huck(el)riede wird verständlich auch **Huckelheim** b. Meschede a. Ruhr und Kr. Beckum, nebst Heukelom/Gelderland, **Höckelheim** b. Göttgn, Hochelheim b. Gießen, *Huchel-:* **Heuchelheim/** Hessen und Württ. (siehe auch dies!), *Huckelbach* (Ndrhein, Limburg, Lüttich), *Huccle-cote*/E., *Heukelbach* b. Olpe; ein **Höchelbach** fließt im Elsaß. Deutlich ist **Hucklenbruch** im Bergischen! Dazu Hückelhoven, Hüchelhoven, Hücheln; *Hukele:* **Höckel** b. Bramsche. Weiteres siehe unter Hockweiler! Zu **Huckingen** b. Duisburg vgl. Solingen.

Hüddingen (1267 *Hudingen)* am Dreis-Bach/Eder w. Wildungen entspricht Köddingen am Vogelsberg (kod „schleimiger Schmutz), Weddingen a. Wedde (wed „Sumpf“) u. ä. Auch **Hud(d)ington**/E. (wie Liddington, Eddington, Washington) bestätigt **hud** (dem Wörterbuch unbekannt!) als Moder- oder Sumpfwort (vgl. idg. *kud* „Schmutz“). Deutlich auch in *Hudes-mor:* Hautsmoor b. Bamberg u. *Hude-pol!* Dazu **Huddestorf** am Uchter Moor (Weser) und **Hüddesum** b. Hildesheim. Vgl. die Variante *hod* (in Hodde-meer) und *had, hed* (Hadeln, Heder). Auch **Hudenbeck!**

Hüffler b. Kusel *(Cosla)*/Pfalz erinnert an Affler b. Bitburg, Geckler/Eifel, Weweler a. Our (nebst Oudler, Lieler), Weppeler b. Malmedy, Repler b. Mörs, lauter uralte Namen auf -lar, stets auf Wasser und Sumpf deutend! Dazu auch **Hüffelsheim** b. Kreuznach, analog zu Düdelsheim, Dittelsheim, Wettelsheim, und **Hüffenhardt**/Neckarelz wie Mörschenhardt, Wagenhardt (mors, wag = Sumpf!). Ein **Hüffeldörnengraben** fließt zur Seckach/Jagst. Zur Form *huff* vgl. *suff* im Flußn. *Sufflana:* Soulaine und Suffel/Elsaß. Ein **Hüffen** auch in Westf. Vgl. Hüpede, Hüvede!

Hülben b. Urach/Württ., der **Hülbenbach** (z. Rötenbach/Kocher, rot = Moder!), Hülbenwasen (wasen „feuchtes Grasland") enthalten ahd. *huliwa,* mhd. *hülwe* „Sumpflache, Tümpel, Pfütze. Entrundet: Hilbenhof ebda (vgl. „bei der Hilb" 1693).

Hülchrath b. Neuß entspricht deutlich **Welcherath**/Eifel, Greimerath, Jünkerath, Möderath, Randerath, Granterath, Kolverath, lauter Sinnverwandte, so daß auch *hülch* ein verklungenes Wort für Moder, Moor, Sumpf sein muß; vgl. **Hilchenbach** am Rothaar, **Helchenbach**/Bayern (wie Selchenbach/Pfalz!) Zu *welch* vgl. „welk" (= modrig).

Hülen ö. Aalen/Kocher enthält mhd. *hüle* „Sumpflache, Pfütze".

Hüllen a. Ruhr *(Hulini)* mit dem Hüllener Veen verrät schon topographisch seinen Sinn: *veen* = Moor, Sumpf. Vgl. unter Hülen! Hülben! *Hul-seten:* **Hülsten** (Moorort westl. Dülmen) entspricht somit *Bul-seten:* Bulsten! (Vgl. Brok-seten, Lok-seten als Synonyma). Und der **Hüller,** ein Bergwald b. Herford, meint nichts anderes als der Seiler, der Selter, der Vogler, der Göttler *(hul, sel, salt-r, vog-l, got (gut)* = Sumpf, Moder, Schmutz), **Hüll-siek** (wie Hachsiek, Helvesiek, Getsiek, Sussiek und Hüllsiepen) bestätigt es. Dazu **Hüllhorst** i. W., Hüllstede i. O., Hülscheid (Lenne, Sieg) und **Hülm** b. Goch (d. i. Hul-heim) wie Belm, Selm. **Hullern** siehe Hurrel!

Hülsede am Süntel (sunt = Sumpf!) entspricht Bakede (ebda), Hasede, Hüpede, Helpede (a. Helpe), Ilsede, Alsede, Wilsede, sämtlich auf Wasser, Sumpf, Schlamm bezüglich, so daß schwerlich ahd. huls „Stechpalme" zugrunde liegt, sondern das Sumpfwort *hul* (siehe unter Hüllen!), erweitert mit s-Suffix; vgl. Hülsdunk wie Elsdunk, — dunk „Sumpfhügel"; **Hülsa** im prähistor. Raum der Efze am Knüll stellt sich daher zu **Helsa** a. Losse (Kaufunger Wald), denn auch *hel* ist Moorwort! Vgl. **Hülsen** bei Verden (wie **Helsen**); zu **Hüls** b. Marl (mer, mar „Sumpf") vgl. Güls/Koblenz (gul = Morast). **Hülsebach, -bruch** b. Uslar.

Humbach *(Hunebach)* ist der ursprüngliche N. von Montabaur im Westerwald (d. i. der biblische mons Tabor), so seit 1217, umgetauft durch den Trierer Erzbischof! *hun* meint „Moder", so auch in **Humfeld** a. Bega b. Lemgo (nach einer *Hunebeke,* heute ON. Humke).

Humlangen b. Ulm a. Donau (urkdl. *Humin-wang*) entspricht Mutlangen ö. Lorch (nebst Durlangen), alt *Mutin-, Durin-wang;* Tettlang neben Tettnang; Wißlang: 760 *Wisin-wang;* Bolsterlang (Allgäu) usw., lauter „feuchte, sumpfige Wiesenhänge". Zum Moorwort *hum* siehe Humme!

Hümme a. Esse (z. Diemel) nö. Hofgeismar (1013 *Humi*) in e. Wiesental ist einer der ältesten Bachnamen und entspricht der **Humme** b. Hameln, die nichts anderes meint als die Dumme, die Gumme und die Umme (oder Ümmel), nämlich „Moder oder Moor", worauf auch *Humme-lo* a. Ijssel (wie Umme-lo) und **Hümmel** b. Adenau/Eifel deuten. Nur so wird auch der **Hümmling** östlich der Ems als das verständlich, was er von Natur ist: ein rings von großen Mooren umgebener Höhenzug (mit Sögel und Spahn: sug und span „Nässe"! und dem **Glümmel** (*glum* „Moor"!), aufs beste bestätigt durch den **Grammling** ö. Osnabrück a. Hase (*gram* = Morast, Schmutz), wie ja auch die **Humme** der **Gramme** (z. Unstrut) entspricht! Womit die Herleitung aus lat. cumulus „Haufen" (so H. Kuhn/Kiel) als willkürlich-unmethodisch sichtbar wird! In England vgl. *Humeli brok* 1240.

Hundem (Kirch-, Ober- u. Alten-Hundem) ist durch seine Lage (nahe der Lenne!) wie durch das uralte *hund,* ein dem Wb. unbekanntes Moderwort (vgl. *hun!)* bemerkenswert! Es steckt auch in dem mehrfachen **Hundheim** (Mosel, Glan, Nahe, Main (wie Horheim!) vgl. das synonyme **Gundheim.** Zur Gewißheit wird es durch *Hundes-gore, -welle, -leg* in England (mit typischem Fugen-*s,* das ebenso fehlen könnte). Dazu *Hundeslah* „Modergehölz" b. Werla, **Hundsbach** b. Rastatt, Fulda (Hundsbäche auch in Baden/Württ.), **Hundwil**/Thurgau (wie Bütschwil, Morschwil!), **Hundstadt**/Taunus (wie Mockstadt, Ockstadt, Wöllstadt, Berstadt ebda), **Hundlingen**/Lothr. (wie Püttlingen, Geblingen, Güblingen), *Hundel-:* Hindelwangen (Bodensee) wie Mochenwangen ebda (much „Moder"). **Hunden** b. Winsen a. Luhe. Vgl. auch *hand* (Handeloh, Handeswurth) unter Hendungen!

Hünfeld/Hessen ist benannt nach der *Hune:* Haun, siehe diese!

Hungen in der Wetterau gehört wie Lich, Echzell, Griedel, Nidda, Wetter im selben Raum zu den ältesten prähistor. Namen dieser Gegend, gelegen in einem Bachtal (nahe der Horloff: *Hurnaffa,* hurn = Sumpf, Schmutz!), kann also unmöglich „hoch" enthalten: *Ho-ungen* bzw. *Hoingen* 782 (auch **Höningen**/Rhld hieß so!) deutet vielmehr wie *„Auf dem Hö-ing"* auf ein Sumpfwort *ho (hu),* erwiesen durch *Hobrok, Hodunk, Holar* (tief gelegen!), *Hobach;* desgl. in E.: *Hogill, Hograve, Howelle* (the situation forbids ae. hōh"!). Eine **Hohe** fl. zur Aller.

Hunne, Bach b. Hüntrop/Essen, entspricht der **Funne, Gunne, Munne,** lauter Synonyma für Moder-, Moor-, Schmutzwasser. Siehe unter *Hune:*

Haun, Hönne! Dazu **Hunnebrock** nö. Herford. Eine *Hunese:* **Hunse** in Holland.

Hunsrück, bewaldeter Höhenzug zwischen Mosel, Saar, Nahe und Rhein, mit feuchtem Klima, da reich an Gewässern, gewöhnlich als „Hunds-Rücken" aufgefaßt, dürfte das alte Moder-Wort *hun, hund* enthalten (siehe unter Hunne, Haun, Hundem!), zumal auch der dortige Soon-Wald, Err-Wald, Idar-Wald nach ihren Gewässern benannt sind.

Hünsborn b. Olpe *(Hunesborn)* entspricht *Denesborn*/Eifel. Vgl. *Hunes-leg, -flet, -hal, -pil* in E. *hun* = „Moder, Moor". Vgl. ags. *hunu* „Eiter"!

Hunte, Nbfl. der Weser, träge durch Moorgelände fließend, bisher also sinnwidrig von ags. huntean „jagen" hergeleitet (!), entspricht formell und inhaltlich der **Munte**/Holld wie die **Hunne** der **Munne;** und *Hunte-lo* (**Hüntel** b. Meppen/Ems) wie *Munte-lo. hun-t, mun-t* sind Bezeichnungen für „Moder, Faulwasser"! Eine *Hunte:* **Honte** fließt auch in Holland. Ein *Huntercumbe* „Moderkuhle" in E.

Hünxe a. Lippe *(Hungese)* entspricht *Lingese, Klingese, Rengese, Rongese,* die alle auf Moor deuten mit prähistor. *s-Suffix!* Zu **Hungenroth**/Hunsrück vgl. Hottenroth, Eppenroth, Sargenroth.

Hüpede (an e. Zufluß der Leine, südl. Hannover) gehört wie die nahen He(i)sede, Hasede a. Leine, auch Ilsede, Ipede, Helpede (a. Helpe), Hüsede, Isede usw. zu den prähistor. Kollektiven auf *-ithi, -ede,* denen stets Gewässernamen zugrunde liegen. Auch **Hüpstedt** im Unstrut-Wipper-Raum bestätigt *hup* als Wasserwort, analog zu Sollstedt, Kehmstedt, Küllstedt, Hettstedt, Harpstedt, Wepstedt u. v. a. Als Variante vgl. *hep* in **Hepstedt** (am Teufelsmoor!) und *hop* in **Hoppol,** Hopsten, und *hip* in **Hipstedt.** Von „Hopfen" (so E. Schröder) kann also keine Rede sein, schon aus sprachlichen Gründen nicht! *hup, hop, hip* dürften idg. *kup, kop, kip* im Sinne von „Moder, Moor" entsprechen. Vgl. auch **Huppel** *(Huppe-lo)* in Gelderld, *Huppy*/Somme, *Huppaye*/Belg.

Hürben/Brenz, **Hürbel** a. Rottum ö. Biberach u. die **Hürbe** enthalten mhd. *hurwin* „sumpfig". Siehe auch unter Hirblingen und Horben!

Hürnheim b. Nördlingen siehe Hirnheim!

Hurrel, Moorort b. Delmenhorst, beruht auf *Hur-la,* wie **Firrel** auf *Fir-la,* **Varrel** (b. Delmenhorst) auf *Vor-la,* **Scharrel** auf *Scor-la,* **Garrel** auf *Gor-la:* lauter Sinnverwandte im oldenburg. Moorgebiet. Zum Sumpfwort *hur (hor)* gehören auch *Hur-laon* 890: heute **Hörl** i. W. (wie Werlaon: Werl zu wer „Sumpf"!), *Hur-lon* 1017: heute **Hullern** b. Haltern a. Lippe, *Hur-pesch* „sumpf. Weide"/holld. Limburg, **Hurbach** a. Meurthe (661 *Hurini* fontana). Mit l erweitert: *Hurle* 1160: heute **Hordel**/Bochum und *Hurlebach* (Württ.), heute der **Hörlebach** und der **Hirlenbach** (siehe dies!). Ein **Hur-lach** im Lechfeld (vgl. Durlach). Ein **Hörle** in Waldeck.

Hüsede b. Wittlage i. W. (alt *Husidi)* entspricht **Hasede** und **He(i)sede.** *hus (has, hes),* dem Wörterbuch unbekannt, — vgl. idg. *kus, kas, kes* —, ist ein verklungenes Moder- oder Moorwort, erkennbar auch aus *Husenbeke:* **Hüsmecke** (Bach i. W., entsprechend der **Düsmecke**/Lenne, dus = Moor!), aus dem *Husenbach* b. Bingen, dem *Husebach* 1251 zur Brugga/Baden, dem Hausenbächle z. Wutach, dem *Husen-:* **Hausengraben**/Baden und Württ., womit auch auf den ungedeuteten *Hus-gau* in Baden und den *Hus-:* **Hausruck** in Österreich zum ersten Male klärendes Licht fällt! Auch **Heusenstamm** südl. Frkf./Offenbach *(Husenstam)* gehört dazu. Beweiskräftig ist *Husdun:* **Heusden** in Holland analog zu *Lusdun:* Leusden *(lus* „Sumpf“). In England vgl. *Husn-ea* 812 „Moderbach“. **H(e)usdonk!**

Huscheid siehe Hustedt!

Hustedt, Name mehrerer Moor-Orte (so b. Celle, b. Verden, auch a. Hunte u. b. Homberg: 1284 *Hu-stede),* bisher noch von niemand gedeutet, enthält das wurzelhafte *hu* „Moder, Moor“, mit den Ableitungen *hun, hum, hur, huk (huch), huv, hus, hust,* bestätigt durch *Hu-thweite*/England (wie Lun-thweite, Gar-thweite, lauter Synonyma!) nebst *Hu-welle, Hu-gil, Hu-gate;* desgl. durch *Hu-stat:* **Haustadt** a. Saar (wie *Lu-stat*/Speyer und *Bu-stat:* Baustert b. Bitburg, *lu, bu* „Schmutz“!), sowie durch *Hu-scheid:* Heck-**huscheid** und Nims-Huscheid/Eifel wie Ber-, Ell-, Rad-, Malscheid). *Hustede* entspricht somit *Al-, Hor-, Harp-, Wal-stede!*

Husten südl. Olpe (in prähistor. Siedelgebiet!) auch b. Schötmar u. **Hüsten** (802 *Hustene)* w. Arnsberg a. Ruhr (Mündung der Möhne!), bisher ungedeutet, verraten sich durch den Bach-ON. **Hüstey** b. Dortmund (wie Elsey, Saley, Postey) als Ableitungen von einem verschollenen Moder- oder Sumpfwort *hust,* womit auch *Huste* 1411/Melle und die holld. Landschaft pagus *Huste* (10. Jh.) mit dem Moorfluß Jeker verständlich werden (vgl. die Landschaft *Hoste* b. Dinkelsbühl, siehe Hostenbach!). Nichts anderes meint **Hesten** (Flur w. Hbg) und **Heesten** b. Detmold (1142 *Heisten* geschrieben). Vgl. auch Hastenbeck a. d. **Haste,** auch Hosten- und Haustenbeck.

Hutten b. Schlüchtern a. Kinzig (Heimatsort Ulrichs von Hutten), bisher ungedeutet (von W. Arnold 1875 mit „Hirtenhütten“ verwechselt!), kehrt auch in England mehrfach als Name von Moor-Orten (!) **Hutton** nebst Huttescogh wieder; auch **Hotton** a. Ourthe liegt in sumpfigem Gelände („terrain marécageux“); eine Flur *Huten* 1220 im Rhld. Auch

Hut(t)-fleth und **Huttenwang**/Schwaben nebst Huttenried und der **Huttenbach**/Baden deuten einwandfrei auf „Moor, Sumpf, Moder", und das **Hütten-Moor** mit dem Rött-See (rött „Moder") am Steinhuder Meer läßt an Deutlichkeit nichts zu wünschen übrig. Zu **Huttenheim** b. Bruchsal vgl. das synonyme Hattenheim, zu **Huttingen** b. Müllheim/Baden: Hattingen und Hottingen und Hüttingen. So entpuppt sich *hut* als Variante zu *hot, hat,* vgl. das *Hotte-meer*/Holland, Hottenbrauk i. W. usw. **Hütterscheid** b. Bitburg/Eifel entspricht denn auch Hatterscheid, Möderscheid, Reifferscheid, lauter Sinnverwandte!

Hüvede (890 *Huvida)* Kr. Lingen/Ems entspricht Hüsede, Hasede, He(i)sede, Hüpede usw., — *huv* muß also ein Moor- oder Moderwort sein; es steckt auch in **Hüven** am Hümmling (um 800 *Huvinni,* analog zu *Havinni:* **Heven**/Ruhr, siehe dies!). Auch **Hübenbach** b. Göttingen hieß 1032 *Huvina,* ist also ein prähistor. Bachname! Ebenso Hübenhof ö. Kevelaer.

Huxfeld b. Bremen u. ä. siehe Huckelriede! Höxter!

Huy, bewaldeter Höhenzug nö. Halberstadt, siehe Hoya!

I

Iba a. d. Iba *(Ib-aha)* b. Rotenburg a. Fulda und **Ibra** a. d. Ibra (z. Wahl) bei Hersfeld (vgl. Bibra a. d. Bibra b. Meiningen) verraten sich geographisch und morphologisch (r-Suffix!) als prähistorisch. Ein **Ibrus** (Ebro) fließt in Spanien, ein **Ibar** fließt in Serbien (zur Morawa!). *ib* (mit kurzem Vokal!) kann also nicht „Eibe" (ahd. iwa, mit langem Vokal!) meinen, sondern nur „Wasser" (sei es Quell-, Sumpf- oder Moderwasser), vgl. spanisch ibaja „Fluß"; *ib* stellt sich damit als Variante zu *eb*, *ab*, *ob*, *ub!* Auch die zugehörigen Formen *iv* und *ip* bestätigen es. Eine *Ibisa* 979 (heute **Ybbs** oder **Ips,** mit undt. s-Suffix) fließt zur Donau (zw. Linz und Wien). Auch der Ibenhorster Forst b. Memel ist kein Eibenwald, sondern ein Sumpfwald (bekannt als Elchrevier)! Ein **Ibenbach** fließt z. Dreisam/Baden (1318 *Iwa),* **Ibäche** zur Rench, zur Alb, zur Rotach ebda, ein Ibichbach zur Gutach/Elz. *Ibes-hol, Ibes-ley* in E. bestätigen den Wortsinn (wie Medes-hol, Hukes-hol bzw. Lames-ley, zu lam „Sumpf"). Eine Erweiterung *ib-l* ist bezeugt durch keltisch *Ibliacum, Ibliodurum* (Gallia Belgica), *Ibligo*/Oberitalien, *Iblissa* (kelt. PN. in Urmitz); so wird verständlich *Ivel-pe:* **Ilpe** i. Westf. (als Bachname auf *-apa)* sowie *Ivelcestre* am Ivel: Ilchester/E.

Iburg an der Quelle der Glane im Teutoburger Wald und die alte Iburg (9. Jh.) im Kr. Höxter (mit Quell- und Moorort Bad **Driburg,** d. i. „to der I-burg") enthalten ein altes Wasserwort *i* (in Westf. und Oldenburg noch um 1800 bezeugt, vgl. Jostes: Idg. Forschungen 2, 197; Jellinghaus S. 114). Dazu auch **Iborn** in Lippe, **Ihorst** (2mal) im Moorgebiet von Vechta und Dinklage (15 Jh. *Yghorst*), aber auch die **Iberge** (Brilon, Rinteln, Pyrmont, Lippe, Harz b. Bad Grund, auch in England: of da Iberga (Kemble III 398) nebst Iborn, Iford. Nicht zuletzt der *I(g)-ath* mons: der **Ith** (zw. Leine und Weser) südlich vom Süntel und Deister, die gleichfalls nach ihrer feuchten Bodennatur benannt sind! Auch **Idstedt** am See nö. Schleswig beruht urkdl. auf *I-stede* 1231, 1464.

Ichstedt b. Artern/Unstut entspricht Lichstedt/Saale. Siehe Ichte!

Ichte, Zufluß der Helme (zur Unstrut), entspricht formell und semantisch der **Lichte**/Thür., der Uchte, Rechte, Vechte; zugrunde liegt prähistor. *ik-to* d.i. das Wasserwort *ik* mit Dentalformans (siehe Icker!), wie in kelt. *Ictodurum* (analog zu Octodurum, Lactodurum, Salodurum: Solothurn, lauter Sinnverwandten) *Icto-muli*/Ob.It., *Ictis* (Insel vor Cornwall). Ein *Ihtari* 1030 (Ichter-loh) i. W. (wie Ickari, Dudari u. a. Synonyma). **Ichte** wie **Lichte** dürften Relikte aus der keltischen Vorzeit Thüringens sein *(icto* = *licto*, vgl. irisch littiu „Brei"). Vgl. auch **Ichstedt**/Thür. wie Lichstedt!

Icker (1090 *Ickari*) nö. Osnabrück, mit prähistor. r-Suffix wie Dudari, *Ihtari, Vanari, Cornari, Arnari,* enthält das Wasserwort *ik,* wie auch **Ickern** b. Mengede/Dortmund *(Ichorne)* — vgl. Wichern aus Wichorne). Eine *Ykenbeke* (1385) fließt b. Meschede, eine *Ikerbade* (mit dem wüsten *Icanrode)* b. Höxter zur Nette, ein Fluß *Icene:* Itchen in England (mit Itchenor: Icenovre, wie Codenovre: cod = Schleim, Schmutz!), eine *Icauna:* **Yonne** in Frkr., ein *Iccavus, Icarus* auf ligur.-kelt. Boden, eine Quelle *Ica* in Istrien! Vgl. griech. ἴκμας „Tropfen". *Icorigion* b. Trier entspricht *Segorigion*/Rhld (seg = Sumpf, vgl. sedge „Riedgras"). Dazu *Iconium*/Rhone, wie Canonium, *Icolisma, Iciomagus*/Loire. In England auch Ic-comb (781 *Ican-cumb,* wie Vac-combe, Hac-combe, lauter „sumpfige Kuhlen"!), Ickenthwaite, Ickworth, Ickford, Ickelford und die brit. Völkerschaft *Iceni!* (Zu Iken neben Itchen vgl. M. Förster, Themse (1941), S. 352).

Idar (-Oberstein) ist benannt nach der dortigen **Idar** *(Idra),* Nbfl. der Nahe *(Nava),*—beides uralte Flußnamen aus vorgerm. Zeit. *Idra* (mit r-Suffix) entspricht *Badra, Nodra, Locra, Cucra, Indra, Andra,* lauter Sinnverwandte auf altkeltisch-ligurischem Boden Frankreichs, Britanniens, Korsikas usw. Vgl. den *Idro*-See am Po, mit dem Fluß *Idex* (heute Idice). Eine *Idina* fließt in Belgien, eine *Idasa (Itz)* zum Main b. Coburg (vgl. die *Celasa:* Kels, zur Donau, *cel* = Sumpf!); ein *Idassa* in Illyrien. Eine *Idista* (mit vorgerm.-venet. st-Suffix) wie die Polista, die Agista steckt in *Idista-viso*/Westf., was Jacob Grimm (und schon vorher H. Müller) in Idisia-viso umfälschte, um an die germ. *idisi* „weise Frauen, Nornen" anknüpfen zu können, was schon Kossinna und S. Feist zurückgewiesen haben; nicht „Frauenwiese", sondern „Wiese am Bache Idista" ist der Sinn; vgl. auch *Idesten* in Friesland. Ein *Idesbach* 930 (**Itzbach**) fließt b. Saarlouis. Deutlich ist *Idenbrok* b. Münster, vgl. *Idenhusen:* Iddensen (mit Moor) b. Harburg (wie Pattensen, Reddesen u. ä.). In der Eifel: Idenheim Drente: *Ide;* Fld. *Ideland.* In Engld: *Ideford, Idbury* (wie Cadbury, cad = Moor), *Iddeswurth* (wie Bades-, Hales-, Caneswurth). Im Taunus: **Idstein.** Aber Idstedt b. Schleswig hieß 1231, 1464 *I-stede* (siehe Iburg)!

Ifta am Ringgau/Werra ist altes Kollektiv *Ipede,* vgl. **Helfta** (980 *Helpede,* a. d. Helpe!), enthält also das Wasserwort *ip* (Variante zu *ap, ep, op, up).* Siehe Ipf!

Igel a. Mosel w. Trier gehört zu den vorgerm. Bachnamen dieser einst keltoligur. Gegend wie Kordel *(Cordula),* Irrel, Meckel, Hinkel, Nittel,

Ayl *(Agila). ig (ag, eg, og, ug)* ist prähistor. Gewässerwort. Vgl. *Iguvium/* It. wie Carcuvium, carc = Schmutz!

Igelbach, Zufluß der Murg/Baden, ist umgelautet aus *Ugelenbach* (so 1257, 1266) und entspricht dem *Creklenbach* (Kröckelbach, zu *krek-l* „Schleim, Schmutz") enthält also keinen (erfundenen) Pers.-N. Ugilo (so Krieger I 1084 u. Springer S. 174), sondern das Wasserwort *ug (= ag, eg, ig, og),* wie *Ugentum/*It. (analog zu *Agentum, Tridentum, Tarentum, Taventum, Malventum, Vergentum,* lauter Sinnverwandte für „Moder" u. ä., auch der *Ugenbach* (z. Ybbs i. Ö.), Bach *Uga/*Vorarlberg; *Ugeford, Ugley* in E. — Aber **Iggelbach** am Speyerbach/Pfalz und Iggelheim w. Speyer siehe Igel!

Igstadt/Taunus entspricht Bier-, Ock-, Mockstadt ebda. Siehe Igel!

Ihle (urkdl. *Ilina, Ilene*), Nbfl. der Elbe nö. Magdeburg (nicht weit von der **Ehle**!), mit prähistor. Endung wie die **Ihme** (*Imene*), ist alles andere als eine „eilende"! *il* meint im Slaw. und Griech. „Schlamm, Morast"; **Ihlpohl** b. Bremen-Lesum u. *Ilenpohl* b. Barth/Pomm. bestätigen diesen Wortsinn. Und so entspricht *Ilwede* 1012 i. W. den synonymen Hol-, Has-, Mer-wede „modriges Gehölz"; vgl. auch *Ilen-:* Eilbeck sowie Eilenburg und Eylenau/Ostpr. (neben Ilnau/O.S.). Auch in Schottland fließt eine *Ila* (Ilidh), in England eine *Ile* 693 nebst *Il-mere, Il-ford.* Siehe auch Ill, Iller! Nicht zuletzt **Ilfeld** am Harz.

Ihme a. d. Ihme (*Imene*), Zufl. der Leine südl. Hannover, gehört (wie schon die Endung verrät) zu den prähistor. Flußnamen. *im* ist Variante zu *am, em, om, um,* uralten Wasserwörtern. Vgl. auch **Imnau** a. d. Eyach b. Hechingen und Fluß *Imney/*E., analog zu *Amney.* Siehe auch unter Immer, Immensen!

Ihmert südl. Iserlohn (urkdl. *Edemert*) entspricht Landemert, Hützemert, Himmelmert, Ingemert, Ludemart, Plettmert ebda im Lenne-Raum, die alle auf Sumpf und Moor deuten. Siehe Eddesse! Die Endung -mert ist verschliffen aus -n-bert, urspr. *-n-bracht* (bracht = sumpf. Stelle), also *Eden-, Luden-, Landen-, Plettenbracht!*

Ihne, Zufluß der Bigge/Lenne, kehrt mit der **Ihna** b. Gollnow/Stargard (Faule Ihna!) und der *Ina:* Oignon/Vogesen wieder, ist also vorgerm., wie auch das zugehörige *Inika:* **Einig** b. Mayen (dem vorgerm. *Magina),* dem deutlich frz. Igney (kelt. *Iniacum*)/Lothr. entspricht! Auf Sizilien vgl. *Inessa,* in England: *Inewurth.* Ein **Ihn** b. Saarlouis. *in* ist Variante zu *en, an, on, un!*

Ihorst siehe Iburg! Desgl. Iberg. **Ihrbach,** Ihren siehe Irle!

Ilbenstadt a. Nidda/Wetterau (urkdl. *Elvistat*) enthält wie Ockstadt, Mockstadt, Florstadt, Wöllstadt, Bleidenstadt ebda ein Wasserwort. Zu *elv* (= alv, alb) vgl. *Elverike:* Ilverich b. Krefeld.

Ilbesheim (2mal in Rheinpfalz) siehe Ilvesheim! **Ilfeld** am Harz siehe Ihle!

Iller *(Il-ara)*, vom Allgäu her bei Ulm zur Donau fließend, verrät sich schon durch das r-Suffix als vorgerm., entsprechend der *Alara* oder **Aller.** *il, al* sind prähistor. Wasserwörter. Eine **Illach** (*Il-aha*) fließt im Schongau, eine **Ill** in Vorarlberg und im Elsaß, ein **Illenbach** in Baden b. Achern. Die *Illschlade* b. Attendorn entspricht der *Al-slade*/E. (slade = Röhricht). *Illu-marisca* (9. Jh./Holld) entspricht Claromarasc, Lie-mersche, Dalmersche ebda. Siehe auch unter **Ihle!**

Ilm (alt *Ilmene, Ilmana*), Nbfl. der Saale/Thür., mit dem durch Goethe und durch vorgeschichtliche Funde bekannten Ilmenau, gehört wie die *Almana:* **Alme,** die *Helmana:* **Helme,** die *Ulmana:* Ulm, die *Swalmana:* Schwalm, die *Sulmana:* **Sulm** usw. zu den ältesten Flußnamen aus vorgerm. Zeit, alle mit m-Formans und der prähistor. Endung *-ana. al, il, ul, sul, swal, hel* meinen sumpfiges, modrig-mooriges Wasser. Eine **Ilmenau** fließt auch b. Lüneburg, eine **Ilm** auch b. Insterburg/Ostpr., was aufs Venetische deutet, wie auch der (vom Kriege her bekannte) **Ilmen-See**/Rußland!

Ilpe b. Meschede/Ruhr ist verschliffen aus *Ivelpe (Ivel-apa)*. Siehe Iba! Aber die holld. **Ilp** (mit Ilpendam) hieß 1347 *Illip* (d. i. Il-apa), von Schönfeld, Weijnen, Karsten ganz falsch als „eilendes Wasser" aufgefaßt! Siehe Ihle!

Ilse, vom Brocken kommendes Harzflüßchen, hieß urspr. *Ilsene,* wie das dortige **Ilsenburg** lehrt, — entsprechend der Ihle (Ilene), Bille (Bilene), Beste (Bestene), Trave (Travene), Verse (Versene), Siede (Sidene), Böhme (Bomene) usw., lauter Flußnamen aus vorgerm. Zeit. Zum s-Formans von Ils vgl. die **Tilse** b. Tilsit (zu til-s „Moder, Sumpf").

Ilster ö. Soltau (vgl. Wilster, Marschenort, zu *wil* „Sumpf") entspricht den Varianten **Elster, Alster,** ist also alter Bachname.

Ilten ö. Hannover zeigt t-Suffix wie **Gilten** (Leine/Aller): **il, gil** = „Schmutzwasser". Siehe Ihle!

Ilvesheim am Neckar b. Ladenburg (dem kelt. *Lobodunum*) hieß im 8. Jh. *Ulvinisheim,* enthält somit den prähistor. Bachnamen *Ulvana (Ulvina),* vgl. lat. *ulva* „Schilf"; ein solcher ist mit dem Ulfenbach (Odenwald) bezeugt, der im 8. Jh. *Ulvana* hieß! Vgl. auch *Ulvingen:* Ilfingen b. Bern.

Ilz, Zufluß der Donau b. Passau, siehe Iller u. Ihle!

Immensen b. Kreiensen siehe dies!

Immer w. Delmenhorst (Landschaft Hatten, Moorgegend!) nebst *Imbere* b. Arnsberg/Ruhr, mit prähistor. r-Suffix, entspricht Ummer, Ammer, Gümmer, Limmer: *Limbere* (b. Alfeld), lauter ursprüngliche Bachnamen. Dazu auch **Immen**/Siegkreis (alt *Imbe)* und *Imbe-, Imme-mere* 1086, *Immewurth*/England nebst Fluß *Imeneia:* Impney (wie Ampney), auch die *Imene:* **Ihme** (zur Leine). Ein Wald *Imme-lo* (wie Ame-lo) 1329 b. Arnsberg (s. oben!), — mit sekundärer Zwischensilbe -ing: *Imminc-lo* 1399 b. Coesfeld, vgl. Lenninghoven a. d. Lenne! Auch **Immerath** (2 mal im Rhld) wird so verständlich, analog zu Möderath, Randerath, Gipperath, Greimerath, verschliffen: Immert. Vgl. auch lat. imber „Regen", griech. ὄμβρος und Umbrien. *im(b), am(b), um(b),* sind also Varianten.

Immesheim/Rheinpfalz dürfte **Imbsheim** b. Zabern/Elsaß entsprechen, das 762 *Ummenesheim* lautete, zum Bachnamen *Umme(ne)*. Siehe unter Immer! Vgl. auch Gimbsheim b. Worms, *Namenes-:* Nambsheim, *Gamenes-:* Gambsheim/Elsaß.

Impfingen a. d. Tauber (vgl. Impflingen/Pfalz) stellt sich zu **Empfingen** b. Horb a. Neckar (nebst Ampfing/Inn), vgl. Empfenbach! *amp, emp* ist prähistorisches Wasserwort. Dazu *Empel, Impel, Impe* in Brab.

Imsweiler a. d. Alsenz/Nahe nebst **Imsbach** ebda siehe Immesheim!

Imst/Tirol *(Umiste)* siehe Ummeln!

Inde, Zufluß der Rur südl. Jülich (mit dem Ort **Inden**), gehört wie die *Indrista:* die **Innerste,** die vom Harz her bei *Hildesheim* zur Leine fließt, zur alleräItesten Schicht alteuropäischer Flußnamen aus vorgerm. Zeit, wie schon das (venetische) st-Suffix verrät! Vgl. die *Andrista* (Lombardei), die *Polista* (z. Ilmensee), die *Abista* (Lettland), die *Albista* (Apulien), die *Agista* (: Aist, z. Donau) usw., die alle auf Wasser, Sumpf, Schlamm Bezug nehmen. So kann auch *ind, indr* (mit dem Wörterbuch nicht deutbar!) nichts anderes meinen, zumal die Variante *and, andr* als uralte Bezeichnung für Wasser (besonders sumpfiges) erweisbar ist: es liegt höchst wahrscheinlich das nicht unbeliebte n-Infix vor, wenn man die bekannten alteuropäischen Wasserwörter *id, idr* und *ad, adr* daneben hält. Auf außerdt. Boden gehören dazu: die *Indella* (Andelle, z. Seine u. z. Loire, wie die Mosella, die Urtella usw., mos, urt = Sumpfwasser), *Indara* (Spanien, Sizilien), *Indura* b. Grodno (wie Audura: aud „Wasser, Sumpf") *Indra* (zur Düna), *Indraja* (mit See) in Litauen, *Indus* b. sumpfigen Tilsit. Angesichts des topograph. Befundes, besonders im sumpfigen Flachlande Litauens, wirkt es daher grotesk, wenn Linguisten hier an „geschwollene, schnelle" Gewässer denken (so Krahe, Pokorny, Steinhauser, vgl. BzN. 7,

1956, S. 110), unter Hinweis auf altbulgar. jedro „schnell" (zu idg. oid „schwellen")! Vgl. auch *int: Intewood/E. Intemelii* (Ligurier).

Ingeleben westl. Helmstedt (1086 *Ingelevo*) entspricht Badeleben, Dedeleben, Dregleben, Morsleben usw., — alle auf Sumpflage deutend. Auch für *ing* (bisher unerkannt!) läßt sich dieser Wortsinn erweisen, analog zu *eng, ang, ung,* desgl. für *ingel:* so entspricht **Ingemert**/Lenne den sinngleichen Ludemert, Plettmert, Landemert, Edemert (Ihmert) im selben Raume (mert = bracht „Sumpfstelle"); *Inges-terne*/England stellt sich zu Tanes-terne „Moorteich" ebda; *Inge(l)penne* zu *Olepenne* „Sumpfhügel" ebda; *Inge-worth* zu Cudeworth, Taneworth, Wemmeworth; *Ingel-mire* (mire „Morast") zu Tentermire, vgl. *Ingel-mare*/Normandie! Dazu *Ingelwood, -flod, -by, Ingelsham* (wie Windelsham am Windel), *Ingolheved* am Flusse *Ingol! Ingham, Ingon, Inghoe* (das Smith I, 282 für „inexplicable" hielt). Und damit lüftet auch **Ingelheim** (siehe dies!) endlich den Schleier seines Geheimnisses, neben **Ingelbach** b. Koblenz, **Ingenheim** (schon 739) b. Straßburg, und *Ingenbach* 11. Jh. Bayern sowie **Ingenried** (2mal !) in Schwaben, auch **Ingweiler, Ingstetten.** Nicht zuletzt **Ingeln** südlich Hannover (wie Betheln, Banteln, Hockeln ebda). Beweisend ist auch der alte Völkerschaftsname *Ingauni* (an der Küste Liguriens entsprechend den Sinnverwandten *Anauni — Cenauni — Ligauni — Vellauni!* Plinius).

Ingelheim am Rhein w. Mainz siehe Ingeleben!

Ingolstadt a. Donau pflegt man zum germ. Pers. N. Ingold zu stellen, doch hat es auch einen Flußnamen *Ingol* gegeben (zu *ing, ingel* „Sumpf"), siehe Ingeleben! Auch die mehrfache Wiederkehr des N.s und der Bachname *Ingoldes-aha:* j. **Ingolsheim**/Elsaß machen diese Deutung wahrscheinlicher. Vgl. *Mingolsheim, Lingolsheim, Liedolsheim,* wo *ming, ling, lid* Wassertermini sind!

Inn, von den Alpen her bei Passau zur Donau fließend (mit Innsbruck und dem Innviertel/Ö.), ungedeutet, hieß (nach Tacitus) *Aenus* (qui Rätos Noricosque interfluit). Auch der kleine **Inn-Bach,** Zufluß der Trattnach w. Linz a. Donau, dürfte dazu gehören. Idg.-ir. *en-* „Sumpfwasser".

Insterburg/Ostpr. ist benannt nach dem Fluß Inster, wie Angerburg nach der Anger.

Intschede westl. Verden (mit Blender, Beppen usw.) erinnert an *Intewood, Intebeorg* 789/Brit. Vgl. die *Intuergi*/Rhein, die *Intemelii*/Ligur.

Iphofen im alten Iffgau/Mainfranken siehe Ipf! Vgl. im selben Raum Ippesheim und **Ipsheim** a. Aisch; dazu **Ippensen** b. Kreiensen!

Ipf (schon 777 *Ipfa*), Nbfl. der Donau, enthält ein verklungenes Gewässerwort *ip* (als Variante zu *ep, ap, up, op*); es steckt auch in *Ipede:* **Ifta/** Thür. (analog zu *Helpede:* Helfta a. d. Helpe), in *Ipegat*/Holland (wie Petgat, Moddergat, was auf Moder, Moor deutet), und in *Ipe(s)leg, Ipe(s)dene, Iping, Ipelpenn* (wie Ingelpenn)/England. Vgl. auch *ib* in Flußn. Ybbs *(Ib-isa)*/Ö. u. ä. *Ipra* 1086: die *Yper*/Fld.

Irle ist alte Bezeichnung für „Moor", vgl. das **Irle** in der Wetterau, auch in Württ.; dazu **Irlich** a. Rhein b. Neuwied und **Irlbach.** Zugrunde liegt *ir* (Variante zu *er, ar, or, ur*). Eine *Ira* (jetzt Schwarzbach) fließt durch St. Gallen (auch in Oberitalien), ist also vorgerm.; ein **Ihrbach** in Lothr., eine **Ihrige** b. Laasphe/Lahn (mit undt. Suffix wie die Yvige: Ivica/ Schweiz), eine **Irsen** in der Eifel; in Frkr. eine *Irantia:* Irance (wie die Amance, Avance usw.) und *Irumna* (wie die Arumna, Garumna: Garonne). Zu **Irrel** a. Prüm vgl. Kordel b. Trier. **Irsch** (2mal südl. Trier) ist entstellt aus Ivesche, kelt. *Ivisca* (siehe unter Ivelpe: Ilpe). In England vgl. die Moororte *Ireby* in the Marsh, *Irstede* in fen country, *Irecestre:* Irchester (wie Ivelchester am Flusse Ivel). *Iranc:* Ehrang a/Mosel.

Irmtraut nö. Limburg/Westerwald ist umgedeutet aus urkdl. *Ermetrod(e)!* Siehe unter Erms, Ermschwerd! Ähnlich **Irmenach** b. Traben/Mosel (wie Gappenach/Mosel, Kolbenach, Wassenach, Montenach, Kreuznach, Andernach, mit der kelt. Endung -acum!).

Irrel, Irrebach, Irrhausen, Irsch, Irsen siehe Irle!

Irxleben (Magdeburger Börde) siehe Erxleben!

Isar, Nbfl. der Donau, kehrt in Böhmen mit der **Iser** (vom schles. Isergebirge her) als Nbfl. der Elbe wieder, in Frankreich mit der **Isère,** Nbfl. der Rhone, in Belgien mit Yser, — alle schon am r-Suffix als prähistorisch *(Isara)* erkennbar, analog zur *Alara:* Aller, *Ilara:* Iller usw., die durchweg Bezeichnungen für Wasser (Sumpf, Moor, Moder, Schlamm usw.) enthalten. Schon daraus ergibt sich, daß die übliche Anknüpfung an altisländ. eisa „eilen" (so noch Adolf Bach § 246 u. H. Krahe) reines Phantasieprodukt ist; auch die Realprobe führt diese Deutung ad absurdum: denn die Isère wie Yser fließen außerordentlich träge durch sumpfig-mooriges Flachland und auch die Isar ist von München ab ein typischer Niederungsfluß mit weiten Moor- und Sumpfstrecken (Dachauer Moos, Erdinger Moos!). Gleiches gilt für die *Isala:* **Ijssel** in Gelderld und Holland (765 Isela). *is* stellt sich vielmehr als Lautvariante zu *es, as, os, us, aus,* meint somit Sumpf-, Moor-wasser! Das bestätigen *Isandra:* Ijsendoorn wie Gisandra, Wisandra, Asandra, Medandra, Merandra, Helandra, Balandra, Kolvandra, lauter sinnverwandte Bachnamen aus ältester Vorzeit! Desgl. *Iseren:* Ijseren/Limburg wie Sinderen, Kolveren, Gesteren, Vilsteren; auch die *Isella* im ligur. Piemont wie die Mosella, die Rosella, die Cosella (mos, ros „Sumpf", cos „Schmutz"!); ebda *Isasca* wie Salasca, Palasca, Rosasca (sal, pal, ros „Sumpf") und *Iseste* wie Ateste, Beleste, Bareste, Soliste, Umiste, Tergeste (Triest), Argeste (Ergste), Segeste (Seeste), lauter Sinnverwandte! Die **Eisack** b. Bozen, keltisch *Isarcus* (wie gallisch adarc, alarc, emarc). Die *Isapis*/Italien wie die Colapis (Kulpa, zu col „klebriger Schmutz"), der *Isaurus* ebda wie der *Pisaurus, Metaurus* (pis, met „Schmutz").

Und so auch (mit der prähistor. Endung *-ana)* der Flußname *Isana* (wie *Amana:* die Ohm, *Logana:* die Lahn, *Adrana:* die Eder, *Sigana:* die Sieg, u. v. a.): so hieß die **Isen,** Zufluß des Inn/Bayern (mit *Isanes-:* **Eisesdorf**) und die **Isen** b. Neuwied (mit **Isenburg**), auch die *Isine* 1290 b. **Isny** (in Sumpflage! Allgäu), und (mit -aha „Bach" eingedeutscht) *Isanaha:* der **Eisbach** (Wormsgau) und die **Isenach** b. Bad Dürkheim/Pfalz (vgl. Isenach b. Trier wie kelt. *Isiniacum:* Isigny/Frkr. analog zu Savigny, sav „Schmutz"!); auch **Eisenach**/Thür. ist keltischen Ursprungs. *Is-leve:* **Eisleben** entspricht Aus-, Gor-, Mar-, Ingeleben, lauter Sinnverwandte. Eine **Ise** (mit dem Quellsumpf *Isundebrok* 10. Jh.) fließt durchs Große Moor beim Sumpfort Gifhorn zur Aller, mit Isenhagen am Oberlauf, eine **Isa** zur Ariège; eine schmutzige **Isebek** fließt b. Hamburg. Auch die Kollektiva auf *-ide* enthalten durchweg Wasser- und Sumpftermini, daher *Isede* 1123: **Istha** am Habichtswald w. Kassel wie Ösede, Hasede, Heisede, Lesede. In England: Fluß *Ise, Isura* und ON. *Iseney, Ishale.*

Isch, Nbfl. der Saar, ist eine keltische *Isca,* wie auch die Exe in Britannien hieß. Ebenso die **Ijsche** (zur Dijle), die *Ischebeck* Kr. Schwelm, die **Ischer** *(Iscara)* im Elsaß, die Isker zur Donau (Bulgarien), die *Iscala:* **Ischl** b. Salzburg (wie *Fiscala:* Fischel im Rhld). Vgl. auch *Isciacum:* Issy. *isc* (eine Weiterbildung zu *is,* wie *lisc* zu *lis* „Sumpf, Ried(gras)", *visc* zu *vis* „Schleim, Moder") ist Lautvariante zu *esc, osc, asc*: *esc* ist fürs Keltische als „Sumpf" bezeugt! Zur o-Variante vgl. in Frkr.: die Flüsse *Osca* (Huesca), *Oscara* (Ouche), *Oscellus* (Oissel); zur a-Variante: die *Asca* b. Lüttich, *Asciacum:* Essey/Marne; zur e-Variante Bach *Escra* b. Merville und die Sümpfe *Esque*/Frkr. und *Escaich*/Schottld.

Ise(n), Isny, Isenach siehe Isar!

Isingen/Württ. hieß 786 *Usingun,* wie **Ising** b. Chiemsee: 798 *Usinga. us* ist prähistor. Gewässername, vgl. die **Use** (mit Usingen) in Nassau (auch in Brit., was aufs Keltische deutet). Varianten sind *os, as, es, is.*

Istha, Isny siehe Isar!

Istrup (2 mal in Westf.), 1361 *Ysinctorp* (mit sekundärem -ing- wie Rorinctorp, Hodinctorp, Werinctorp), entspricht Bistrup (1348 Bisendorp), **Listrup**/Ems, Leistrup (1394 Lesentorp), Östrup (1380 Osynctorp), durchweg auf Sumpfwasser bezüglich. Zu *is* siehe Isar!

Ith (I-ath) siehe Iburg!

Itter, Name zweier Bäche im prähistor.-vorgerm. Eder-Diemel-Raum, wo z. B. die **Werbe,** die **Orke** (Orcana), die **Neerdar,** die **Eder** (Adrana) eindeutig von keltoligurischer Vorzeit zeugen, entspricht der belgischen **Itter,** Nbfl. der Maas, deren urkdl. Formen *Iturna* 877, *Ytterne* 1302 mit dem typischen Suffix *-rn-* deutlich auf keltische Herkunft weisen (so auch Schönfeld S. 77 f.) analog zur *Uterna, Beverna, Bilerna,* vgl. die kelt. *Uterni*/Irland, sowie *Aternus, Liternus*/It. *at, ut, it, et* (vgl. die *Eterna:* Eiter b. Hoya) sind Varianten einer idg. Bezeichnung für Wasser, Sumpf, Moor (vgl. auch *ad, ud, ed, id!*). Ein *Itis* fließt in Schottld, ein *Itouna* (Edene) in Brit., ein *Itto* in Frkr. Auch der topograph. Befund stimmt zur Wortbedeutung: die Quelle der Itter(bek) b. Lüttich entspringt einem Morast (dem „Goer"!); ein **Itterbeck** liegt im Moorgebiet der Vechta und a. d. Pede b. Brüssel (pede = Sumpf); ein **Itterbruch** b. Solingen. In England vgl. *Itterby, Ittringham.* An der **Itter,** die südl. Korbach/Waldeck zur Eder fließt, liegen Thal-Itter und Dorf-Itter, wo eine Merbeck (d. i. „Sumpfbach"!) mündet. — Die im Odenwald zum Neckar fließenden Bäche **Itterbach** (mit dem Gallenbach, Galmbach) bzw. **Euterbach** sind in lautlicher Hinsicht jüngere Ergebnisse verschiedener mundartlicher Entwicklung aus urkdl. *Iutra* rivulus 773, *Iutraha* 970, was mit „prallen Eutern" (so Kilian, Krahe: BzN. 5, 1954) natürlich nichts zu tun hat! Es kann nur Umdeutung aus kelt. *Utra* (wie Cucra) vorliegen, auch die Lauter b. Bensheim wird 772 *Liutra,* 778 *Lutra* geschrieben (lut = Schmutz!) (vgl. auch Fluß Utroja/Lettld); ein Fluß *Utus* in Gallia cisalpina. Siehe auch unter Eiterbach! Vgl. auch die *Leutra* b. Jena.

Itz *(Idasa)* siehe Idar!

Ivelpe, heute **Ilpe,** b. Meschede ist prähistorischer Bachname auf -apa „Bach" und entspricht der britischen *Ivel* (mit *Ivel-cestre:* Ilchester!), vgl. auch kelt. *Ibliacum* und *Ibliodurum* (wie Cobliodurum) und den kelt. Pers. N. *Iblissa* in Urmitz. *ib, iv* ist Variante zu *ab, av; eb, ev; ob, ov; ub, uv;* also = Wasser: Sumpf, Moor. Vgl. die *Ivenna*/Frkr. wie die Licenna, Nivenna, Tavenna, Ravenna, lauter Sinnverwandte), die *Yve* b. Namur (mit Ivium 1010), die *Ivica: Yvig* (zur Simme/Schweiz), *Ivedo*/Spanien und (die) *Ivisca:* 1261 Ivesche, 1360 Ische, heute **Irsche/**

Saar (mit kelt. Suffix wie die *Barbisca,* zum Doubs; barb = Schlamm!). In E.: Fluß *Ive; Ivenbrok; Iventune:* Ivington (wie Washington: was „Sumpf"). Ein *Ifenbach, Ifen-Kopf* b. Altenau/Harz.

Iversheim b. Euskirchen (wie **Ibersheim** b. Worms (767 *Iverneshei͏m)* enthält den kelt. Bachnamen *Iverna.* Vgl. *Ivernaux*/Ardennen, *Iverna*-fontaine in Belgien und den brit. Fluß *Iverne* (Ptolemäus: Iernos). *Iverna,* d. h. sumpf- und moorreiches Land, war der alte Name Irlands!

J

Jackerath b. Erkelenz/Ndrhein entspricht Immerath, Granterath, Randerath, Möderath, Kolverath, — *jack* deutet also auf Wasser: es wird deutlich durch Moorort Jackstede i. O., **Jackmoor**/England, durch den Fluß *Jacara* 805 (*Jechora* 1096), heute **Jeker,** Zufluß der Maas (Belgien/Holland), mit kelt. r-Suffix; vgl. die *Jacetani* in Spanien (wie die Cosetani, Edetani, Laletani). Eine **Jeeke** fließt zur Dümme. Zur e-Variante (vgl. lat. jecor „Leber") gehört auch *jec-to* im brit. Flußn. *Jeithon/*Wales und in *Jehtere* b. Goslar (wie *Vechter, Lechter, Rechter*), alle auf Moorwasser deutend. Ein **Jeckenbach** nahe der Glan/Nahe. Dazu in Ö.: *Jachen-, Jakkenbach,* im Quellgebiet der Isar: die **Jachenau.** Vgl. auch *juk* unter Jüch(s)en!

Jade, Moorfluß in Oldenburg (mit dem Jadebusen), ist eine vorgerm. *Gada,* wie die Gader in Tirol, Fluß Gad in Brit. usw. Siehe Gadern!

Jagst (urkdl. *Jagesa),* Nbfl. des Neckars, mit der Schefflenz, der Stimpfach und der Speltach, gehört wie diese zu den allerältesten, vorgerm. (ja vorkeltischen) Flußnamen, wahrscheinlich illyrischer Herkunft. *jag* begegnet sonst nur noch im hess. **Jesberg**/Schwalm (alt Jagesberg): in prähistor. Gegend. Auch das s-Suffix ist ungermanisch; -t ist sekundär angetreten. Ein *Jagbach* floß 1497 b. Bregenz (heute umgedeutet: Jagdbach).

Jeckenbach, Jechter siehe Jackerath!

Jeddingen, Moorort b. Visselhöved w. Soltau, und **Jeddeloh** i. O. mit dialekt. *J* für *G,* siehe Geddingen: Gedern!

Jeeke siehe Jackerath! **Jeggen** s. Gegen! **Jeinsen** (Genhuson) s. Gehn!

Jembke am Barnbruch ö. Gifhorn deutet auf ursprüngl. *Gembeke,* siehe Gembeck! Vgl. im selben Raum Mehmke (Medenbeke oder Menebeke), Schweimke (Swinbeke), Barmke (Bernbeke), Almke (Alenbeke).

Jennelt b. Emden ist verschliffen aus *Geinleth* (vgl. Moorort *Geynlode/* Engld), zum Bachnamen *Gein- (gen* = Moor). Siehe Gehn!

Jesenwang (mundartl. umgeformt aus *Usenwanc* 1160) entspricht dem benachbarten **Luttenwang,** beides Moor-Orte nö. vom Ammersee: *lut, us* sind Bezeichnungen für „schmutzig-mooriges Wasser", *wang* meint „Wiesenhang". Vgl. ebenso **Jesingen**/Württ. aus urkdl. *Usingen!*

Jesteburg a. d. Seeve *(Sevene)* südl. Harburg enthält den Bachnamen Geste (vgl. die Geeste und die **Gestupis**/Litauen!), zum prähistor. Moderwort *gest.* Siehe Geeste! Vgl. auch *Geteneburg:* **Jetenburg** a. d. Getene!

Jestädt a. Werra b. Eschwege beruht auf Ge(de)stede, siehe Gedern!

Jettebruch b. Soltau entspricht dem Gettemoor (siehe Gettenbach!); vgl. das Wattenwasser **Jetting**/Holland (älter *Getting*)!

Jettenbach am Inn Kr. Mühldorf beruht auf mundartl. Umformung aus *Uetenbach* (über *Ietenbach*, mit Tonverschiebung aufs *e*!) wie **Jettenhofen**/Württ. aus *Uotenhofen* 1308, Jettenburg/Tüb., Jettingen/Nagold, **Jettenstetten** a. Vils/Bayern (wie Geiben-, Neren-, Heuch-, Gramstetten), womit auch der **Jettenbühl**/Württ. verständlich wird. Der **Jettenbach** (2 mal, zur Murr/Württ.) hieß 1284 *Gettembach*, also zum Moorwort *get (ged)*; siehe Gettenbach!

Jeutmecke, Jeutz siehe Jüttenriede!

Jever i. O., Moorort (mit Moorhausen und dem Jeverland), hieß *Gavere, Gever*, vgl. *Gaverbeke:* Garbeck i. W., *Gavre:* Gièvre/Frkr. Siehe Gaverbeck!

Jockgrim nö. Karlsruhe (Rhein-Ebene) ist einer der ältesten vorgerm. Namen dieser Gegend. Siehe Jucken!

Jöllenbeck a. d. Jölle b. Löhne (Zufl. der Weser südl. Minden) und die Jöllenbeke *(Julenbeke)* b. Bielefeld meinen „Schmutz- oder Moderwasser": *jul* = *gul*.

Jossa, Zufluß der Sinn beim Ort Jossa (südl. Schlüchtern a. Kinzig), als ON. auch am Vogelsberg u. b. Hersfeld — in ältestem, vorgerm. Siedelgebiet! — meint nichts anderes als die **Lossa** (Losse) im Kaufunger Wald, nämlich schmutzig-sumpfiges Wasser. Vgl. zur urkdl. Form *Jassafa:* kymrisch jas „Gärschaum", anderseits altindisch jus „Brühe". Ein **Josbach** b. Treysa und b. Wiesbaden (schon um 900 *Jossebach)*.

Jössen (urkdl. *Jutessen*) b. Minden siehe Jüttenriede! Zur Form vgl. Mödesse, Alvesse, Eddesse, lauter „Moor-Orte" nö. Peine, auch *Pedessen, Pumessen*.

Jüchsen a. d. Jüchse, Nbfl. der Werra südl. Meiningen, im vorgerm.-prähistor. Raume der Gleichberge mit der uralten Steinsburg, stellt eine vorgerm. *Juchsina* dar, wie **Öchsen** a. d. Öchse (b. Vacha zur Werra) eine *Uchsina! juch (juchs), uch (uch-s)* sind hochaltertümliche Wörter für schleimig-schmutziges, modrig-mooriges Wasser. Zu *juch* vgl. poln. jucha „Jauche", *Jucha*/Schottld, *Juchis:* Joux/Schweiz, *Juxari*/Lothr., zu *uk-s, uch-s:* keltisch *Uxi-sama, Uxella* (Fluß in Brit.). Siehe auch **Jüchen** und Jucken!

Jüchen südl. Rheydt, zw. Grevenbroich und Korschenbroich!, hieß *Juchende*, was der Schreiber der Karolingerzeit (867) spaßig als „villa jocunda" (angenehmes Dorf) auffaßte! Zur Endung vgl. die Parallelen *Sulvende* 836 Holld = Zilven, *Wesende, Colende, Helende, Alende*, alle auf Moder, Moor, Sumpf bezüglich. Siehe Jüchsen!

Jucken westl. Bitburg/Eifel (wie Dahnen, Kruchten, Hosten im selben Raum) und **Juckenbach**/Sieg enthalten das prähistor. Wasserwort *juk*, wie es auch vorliegt in *Jukmari* („Schmutzteich"), heute Jochmaring b. Greven. Juckenhövel i. W. ist jedoch verschliffen aus *Judikenhuvile* 1200 wie Jonsthövel aus *Judinashuvil* 1050; vgl. die Juckenmühle (Fam. N. Jückemöller) wie die Pedemühle (Fam.-Name Peemöller, pede = „Schmutzwasser"). Für das sonst unerklärbare *jud* sei verwiesen auf den brit. Seenamen Merin *Judeu* (altirisch muir Giudan), zitiert von M. Förster (Themse, 1941) S. 311.

Jugenheim südl. Darmstadt wird nur verständlich im Rahmen der zugehörigen Aben-, Dauten-, Heppen-, Hatten-, Metten-, Mauchen-, Wattenheim — alle auf Sumpf, Moder, Schlamm deutend. Ebenso **Jügesheim** südl. Offenbach (Main-Ebene) analog zu Biedes-, Büdes-, Rüdesheim usw. Die urkdl. Formen sind *Gugenheim, Gügesheim* (vgl. **Gugenheim** im Elsaß!): *gug* (dem Wb. unbekannt) ist Variante zu *gog* (noch engl. = „Sumpf"!), *gag, geg, gig;* vgl. *Gugenmoos!* (wie Anken-, Hechen-, Siren-, Tettenmoos). Dazu auch **Güglingen** *(Guginingen)*/Württ. und **Gügleben** *(Gugileiba),* siehe dies!

Jühnde sw. Göttingen ist altes Kollektiv *Gunithi: Gunede* (vgl. Bunede, Dunede, Runede). Auch **Günne** b. Soest hieß **Gunethe.** Eine Gunne fließt zur Lippe. Siehe Günne!

Jülich *(Juliacum)* siehe Jöllenbeck!

Jungingen (2 mal in Württ.) beruht auf *Gungingen* (wie *Jettenbach* auf Gettenbach. *gung* (= *gang, geng, ging, gong)* ist prähistor. Wasserwort (siehe Gengenbach). Dazu deutlich auch **Gungweiler**/Lothr., bestätigt durch Aß-, Ing-, Mack-, Merk-, Schmitt-, Bettweiler im selben Raum!

Jümme, Zufluß der Ems (mit der Leda), entspricht der **Gumme,** siehe dies!

Jünkerath a. d. Kyll/Eifel (analog zu Möderath, Kolverath, Jackerath usw.) enthält kelt.-lat. *juncus* „Binse" (vgl. Joncherey!). Ebenso **Junkenhof** (Bayern).

Jüttenriede, Zufluß der Aller, entspricht der **Hehlenriede** (Moorbach b. Gifhorn, zur Aller), der **Eilenriede** b. Hannover, der **Possenriede** beim Moorort Vechta i. O., lauter schmutzige Moorgewässer wie die *Jütenbeke:* **Jeutmecke** b. Soest und **Jützenbach**/Eichsfeld. Vgl. auch *Jutiacum:* **Jeutz** b. Köln (zu kelt. *juta,* tirolisch Jutte „Brei, Brühe"!). Dazu auch *Jutessen:* **Jössen** b. Minden (wie *Pedessen,* ped „Morast"); desgl. **Jütland** und die *Juthungi!* Eine Quelle *Juturna* nennt Ovid.

K

Kaan, Caan (Eifel, Nassau) siehe Kanfen, Kanach! *Caneda* 1051 für Kaan b. Polch entspricht *Comeda* (Kumd), *Poleda* usw., lauter Kollektiva, auf Sumpfwasser bezüglich.

Kabel (im Mündungswinkel von Lenne und Ruhr nö. Hagen) gehört als Zeuge vorgerm. Bevölkerung zu den ältesten N. dieser prähistor. Gehend. Mit Umlaut kehrt er in der Wetterau wieder: denn Mar-köbel und **Bruch-köbel** nö. Hanau hießen urkdl. 839 *Cavila,* 1062 *Kebilo,* erinnernd an *Gredila, Randila* (Griedel, Rendel) im selben Raum, die auf Moor und Sumpf deuten, wie ja auch der Zusatz „Bruch" bzw. „Mar" schon nahelegt. Dazu stimmt der lar-Name Cavelar: *Caveler* 1096 (**Kahler** in Lux.) analog zu Weweler, Wepeler, Biseler, Oudler ebda. Auch die Varianten *Covelar, Cevelar* (Kevelaer) bestätigen es. Kelt. Herkunft verraten *Cavelière*/Somme, *Cavana, Cavanac* (Chavannes, Chavenay), *Caventonna* 956 (Chevetogne/Belgien); in England: *Cave* (am Mires Beck! mire = Sumpf) und *Cavendish,* Cavereswelle. *cav* ist also Variante zu *cov, cev.* Vgl. auch *cab: Cabium*/Latium (wie *Sabium*/Po), *Cabok/* Schottland, *Cabra*/Spanien, *Cabroiol*/Frkr. *Caviniac* wie Saviniac!

Kachtenhausen (*-husen* 1219) b. Lage (Lippe) entspricht *Wadenhusen, Bavenhusen, Tevenhusen, Hodenhusen, Solenhusen, Muchenhusen, Mesenhusen,* — alle auf Sumpf, Moor und Moder bezüglich. Zu *kak: kacht* vgl. smak: smacht, brak: bracht, *wak: wacht (Wachtendonk).*

Kaden im Westerwald gesellt sich formell und inhaltlich zu den Sinnverwandten *Bladen, Daden, Gladen, Maden, Waden,* lauter prähistorische Gewässernamen, urspr. *Cadana, Madana* usw. Dazu **Kadenbach** b. Koblenz. Geographie und Anlaut K bezeugen vorgerm. Herkunft! Vgl. den Fluß *Cadan* im altkelt. Schottland. Auf keltoligur. Boden finden sich auch *Cadapa:* Chappes, *Cadurci* (Cahors), *Cadunio, Cadobre, Cadusii, Caderona:* Fluß Carona/Po; dazu auf brit.-engl. Boden: *Cader-leg, Cadretun, Caduc-burn, Cadandune* Caddington (wie Eddington, Liddington, Washington, Cuddington!), *Cade-mersh, Cade-mere, Cade-cumbe, -leg, -welle, -land, -berie* (Cadbury). Durch die Zusätze *marsch, mere, cumbe, leg* wird der Wortsinn des verklungenen (dem Wörterbuch unbekannten) vorgerm. *cad* unmißverständlich angedeutet, nämlich „Sumpf, Moor" (entsprechend dem *had* auf germ.-deutschem Boden!); die Namen auf -ington machen es zur Gewißheit: denn *cud, ed, lid, was* usw. sind sinnverwandt! Vgl. auch die Variante *cat!* Mhd. *kadel* „Schmutz" stammt aus d. Slaw. Vgl. **Kadelburg** a. Wutach u. *Chade(l)wik:* Chadwick/E.

Kagen siehe Kaierde!

Kahl *(Calde),* Zufluß des Mains, siehe Kalden!

Kahler *(Kaveler)* in Lux. siehe Kabel!

Kahn (Auf dem Kahn), modriger Waldort b. Baune/Kassel, s. Kaan!

Kahren/Saar (wie Leuken, Könen, Schoden, Taben ebda) gehört zu den vorgerm. Bachnamen dieser Gegend. Siehe Karenbach!

Kaichen/Wetterau (b. Friedberg), urkdl. *Couchene,* gehört wie **Karben** im selben prähistor. Raum zu den Relikten keltischer Vorzeit. **cauc** begegnet im kelt. Völkerschaftsnamen *Cauci*/Irland, denen in Altfriesland die *Chauci* (als Moorbewohner!) entsprechen, womit der Wortsinn klar sein dürfte, nämlich „Moor, Sumpf", vgl. als Varianten *cuc, coc, cec, cac!* Er wird bestätigt durch den *„Kaukasus"* (analog zum Fluß *Pedasus*/Kl.-Asien (ped = „Morast, Kot") und die *Kaukones* (Homer). Vgl. auch *Couchen-:* **Kauffenheim**/Elsaß und **Keuchingen**/Saar.

Kaierde, urkdl. *Cagerde, Cogerde,* Bachort am Hils w. Alfeld a. Leine, stellt sich zu den prähistorischen Kollektiven auf -idi, -ede wie *Cliverde, Elveride, Vesperde, Exterde,* lauter Ableitungen von Wasser- und Sumpfbezeichnungen. Zum Grundwort *kag* „Moor, Sumpf" (dem Wb. unbekannt!) vgl. *Chagenheim:* **Kogenheim** a. d. Ill/Elsaß (analog zu Hilsen-, Heppen-, Linken-, Onenheim, lauter Sinnverwandte) und *Kagen:* **Kagy** ebda, wie **Chagey** w. Belfort! Dazu *Kagenhalde* 1380/Württ., **Kagers** a. Donau, **Kagen** a. Isen, In Kagern (Flur in Württ.); in Holland: die **Kager** Plassen, ein Sumpfgewässer! Nichts anderes meint der **Kaibach** (2mal in Südbaden: z. Kinzig und z. Argen), alt *Kegebach* 1315. Im Rheinland lag 1074, 1200 *Cagon!* In England vgl. *Cage-ford, -worth, -leg, Caginton, Cegeham, Caeges-ho* 793 (wie Criddesho).

Kaibengraben (zur Schwarza/Schlücht/Wutach), Kaibenrain, Kaibenstatt, Kaibenacker, Kaibenloch (Oberrhein/Schweiz) enthalten obd. *kaib* „Aas". Vgl. auch **Kaifenheim** im Maifeld (wie ebda Düngen-, Kotten-, Miesen-, Kuchenheim) : *Kevenheim,* siehe Kevelaer!

Kakenbek b. Vöhl/Eder wie **Kakerbek** b. Stade meinen „Schmutzbach", zu idg. *kak* „Kot" (lat.-slaw.). Vgl. Keeken!

Kalbe a. d. Milde und **Calbe** a. d. Saale (urkdl. *Calver*) enthalten ein prähistor. Wort *calv, calv-r* für sumpfig-schmutziges Wasser wie die **Kalbe** *(Calver),* Zufluß der Oker im Harz und die *Calve* b. Lüdenscheid wie Balve (vgl. die deutliche Kalfenschlade/Ndrhein). Kalbe heißt auch die Kuppe des Hohen Meißners. Zur Form *calver* (siehe auch Halver!) vgl. *Calverhale*/England, *Kalverlage* b. Bentheim, Calberlah/Gifhorn, mit Umlaut: *Celveri:* **Kilver** a. d. moorigen Hunte; zu *calv: Calvica:* Chelvey (mit kelt. Suffix!), *Calveleg, Calvethweit* „Sumpfwiese", *Calveton:*

Calvington (wie Washington, was = Sumpf!), *Calvetum:* Chauvet/Frkr., *Calvene*/It., *Calvina*/Schweiz (Fam. N. Calvin!).

Kalden (Calden) nö. Kassel gehört wie Ehrsten, Zwergen, Speele, Vellmar ebda zu den Zeugen der Vorzeit: *Calde* ist vorgerm. Bachname, bezeugt mit der *Calde, Caldaha,* heute **Kahl** a. d. Kahl (Zufluß der Kinzig/Main) im Spessart (entsprechend der vorgerm. *Aldaha:* **Ahl** a. d. Kinzig. *cald* und *ald* sind Erweiterungen zu *cal, al* „sumpfiges Wasser“ (vgl. altind.-slaw. *kal* „Schmutz, Sumpf“), wie *sald* zu *sal* (desgl.), bestätigt durch die Flußnamen *Calduba: Salduba*/Spanien (wie *Gelduba,* zu *gel-d*). Keltisch *Caldiniacum* ergab **Keldenich**/Eifel (wie Saviniacum: Sevenich, zu sav „feuchter Schmutz“). Ein *Caldarde* a. d. Aisne (wie Werm-arda 1072/Belg., zu werm „Sumpf“). Eine *Calde:* Caldew auch in Brit., desgl. im Thüringer Wald: heute Schmalkalden a. d. **Schmalkalde!** Auch **Kahla** a. Saale hieß *Calde.* **Kaldern** a. Lahn nw. Marburg (urkdl. *Calantra*) zeigt dieselbe Entwicklung wie unser Holder (Holunder) aus ahd. *holantar* (zu *hol* „weiches Mark“, nicht zu „hohl“!), mit tr-Suffix!

Kalle a. d. Kalle w. Meschede entspricht **Talle** a. d. Talle in Lippe: *tal, kal* = schmutzige Flüssigkeit (altindisch-slawisch *kal-*). Zur Bestätigung vgl. in England: *Cale-hale* wie Cate-, Bene-, Bedehale, lauter nasse, sumpfige Bachwinkel; ebda die Flüsse *Calne, Calewe* u. ON. *Caletorp, Calethorn;* in Schottland/Irland: *Cal(l)ann;* in Italien: *Calore;* in Frkr.: *Cale, Calla, Calonna,* und ON. *Caladunum* (wie Lugudunum, Virodunum, Tascodunum (Fluß Tasco): lauter „Sumpfburgen“) sowie *Calniacum:* Chauny. *Caleium* wie Beneium, Duteium, Wapeium. *Calentum* wie Alentum. *Caled-ffrwd* in Wales (bisher mit kelt. calet „hart“ verwechselt) und der alte Name *Caledonia* für Schottland werden so verständlich, vgl. irisch cal-adh „sumpfige Wiese“ (Joyce). Ein **Kalle** liegt auch a. d. Vechte und b. Verden (Calle), ein **Kall** ö. Schleiden/Eifel (mit Kallmuth, entsprechend Mermuth w. Boppard). Vgl. auch **Kallenbrock** b. Ülzen, Kallenbach/Thür., Kallenhardt Kr. Lippstadt; auch **Kalmbach** a. Enz hieß *Calen-, Callenbach* 1110, 1306. *Calewilere* 1131. *Calice:* **Kelze** nö. Kassel.

Kallmünz a. d. Naab *(Nava)* trägt wie diese einen N. aus vorgerm. Zeit, vgl. auch **Kellmünz** a. d. Iller. **Kallmuth** ö. Schleiden (1136 mons *Calmunt)* liegt b. Kall, hat also nicht das geringste mit „kahl“ zu tun!

Kalme südl. Wolfenbüttel macht prähistor. Eindruck; vgl. **Calmesweiler** (Saar) wie Carbiswilere: Kerzweiler.

Kalt b/Koblenz (1216 *Calethe),* mit kelt. Dentalsuffix, siehe Kalle! Vgl. auch die *Caleti,* belg. Volk.

Calw (1075 *Chalawa)* b. Stuttgart verrät sich schon durch die undt. Form als prähistorisch. Vgl. *Swalawa* 802 (die Schwalb/Bayern). Ebenso in E. die Flußnamen *Calva:* Calewe und *Svalva* 730: Swalewe! *cal, swal* meinen „Sumpf".

Kamen ö. Dortmund, dessen Lage a. d. Seseke schon auf den Wortsinn hindeutet (ses, sis meint „Sumpf-, Schmutzwasser"), — auch Bögge und Pelkum ebda besagen dasselbe —, gehört zu den Relikten aus vorgerm. Zeit, denn *kam* ist aus dem Germanischen nicht deutbar, wohl aber zur Genüge auf keltoligur. und balto-venet. Boden greifbar: litauisch *kamune* ist Bezeichnung einer Sumpfpflanze, in Litauen fließt eine *Kama* (desgl. zur Wolga), im Bayr. Walde eine Cham, im vorgerm. Elsaß eine **Kam**, im Donau-Ried eine **Kam(m)lach** (zur Mindel), entsprechend der Ablach und der Umlach, in Baden: Kambach (926) z. Schutter, im ligur. Südfrkr. ein *Camandre* entsprechend *Balandre, Colandre* (wo *bal, col* Sumpf und Schmutz bedeuten!), in Irland ein *Camlin* (wie Dublin „Sumpfwasser"!), in Wales ein kelt. *Camfrut*; und das sumpfige Rhone-Delta heißt *Camaria:* Camargue! (vgl. Liscaria „Riedort"). *Cameria*/Latium wie Boderia, Ameria, Rameria! Ligurisch ist *Camasca* im Wallis (wie Marasco, Palasca, Salasca, mar, pal, sal = Sumpf), auch *Camino*/Garonne (wie Tamina, Gamina). Eine Völkerschaft *Camertes* saß in Umbrien. Und *Camesa* (Kanzem?) a. Mosel entspricht der *Tamesa* oder Themse, mit kelt. s-Suffix, wie *Ramesa* im Elsaß (tam, ram, cam sind Sinnverwandte)! Das verklungene idg. *kam* ist auch bezeugt durch pannonisch *cam-* „Bier, Hefe, Bodensatz", mit der Erweiterung *camb* in mittellat.-kelt. *camba* „Braustube"; vgl. dieselbe Begriffsberührung in irisch laith (lat-) „Bier, Sumpf". Zu *camb* siehe unter Kempten! Varianten zu *cam* sind *cem, cim, com, cum* (vgl. Kuhmen i. Elsaß, Kumd/Nahe, Commen/Mosel, *Camila:* Kemel/Nassau). Zu *Kemeseca*/Fldrn vgl. *Temseca* ebda: *kam = tam!*

Kamlach, Kamlah, Kamscheid siehe Kamen!

Kanach/Lux. siehe Kanfen!

Kandel/Pfalz westl. Karlsruhe gehört zu den deutlichen Relikten aus keltischer Vorzeit; es kehrt in Britannien wieder und verrät dort seinen Sinn durch den Zusatz „Marsch": *Candel (-mersh)* 1086, 1245: heute Caundle Marsh! Dazu (mit kelt. r-Suffix) **Kander(n)** a. d. Kander nw. Lörrach und am Thuner See (alt *Cantara, Candra*). Ein Kandelbächle fließt z. Alpersbächle/Elz, mit dem Kandel-Berg (1111 mons *Kanden),* vgl. den **Kandel** b. Holzmdn. Siehe auch Kanzach! **Kendenich** b. Köln *(Candiniacum)* wie Endenich, Keldenich.

Kanfen in Lothr. südl. Luxbg bildet mit Ockfen (795 *Occava*) a. Mosel, mit Anwen *(Anava)* und Donwen *(Donava)* im luxbg. Moselraum eine höchst bemerkenswerte morphologische Reihe: mit *Canava, Occava, Anava, Donava* werden *can, oc, an, don* als sinnverwandte keltoligurische Gewässerbezeichnungen gesichert (vgl. auch *Genava:* Genf, *Ausava:* die Oos, *Sarava:* die Saar, *Mortava:* die Mortève, *Galava*/Brit. usw., lauter Sinnverwandte für Sumpf- und Schilfgewässer). *can* „Sumpf, Schilf" (noch im Romanischen, vgl. lat. canna, engl. cane „Schilfrohr") wird auch bestätigt durch *Caniacum* Cagnac (wie *Loniacum, Coniacum:* Cognac!), *Can-el-ate* wie Ar-el-ate/Rhone (Sumpfort!), durch *Canusium* (wie *Genusium*/Apulien!) dazu viele Belege aus Frankreich, Spanien, Italien, Korsika, England wie *Can-lere* (Canliers), *Caneto, Canama, Canossa, Canuc, Canonium; Can-well, -ey, -ford, -ley.* In Lux.: **Kanach,** im Saarland: *Caneda,* im Schwarzwald: **Kanne** (wie *Cannis:* **Kenn**/Mosel ö. Trier), vgl. Cannes/Frkr., Cannae/Apulien; im Elsaß: der **Kannbach** *(Canbach)* zur Larg, in Lothr.: die **Kanner** *(Canara).* Mehrfach auch **Kaan** (Siegen, Mayen), Caan (Koblenz). So wird auch der modrige Waldort „Auf dem **Kahn"** b. Baune/Kassel verständlich: gerade in Namen von Waldorten Hessens leben uralte Bezeichnungen für Wasser, Moder, Sumpf noch fort (vgl. Arnold).

Kannstadt (Cannstatt), urkdl. *Condistat* u. ä., siehe Cond!

Kanzach, alt *Cantaha,* vom versumpften Federsee her (westl. Biberach) zur Donau fließend — mit der Miesach (mies = Sumpf, Moor!) —, gehört wie die **Kander** *(Cantara, Candra)* zur keltischen Hinterlassenschaft; zahlreiche *Cant*-Namen auf altkelt. Boden bezeugen es: so die *Cantia* (Cance/Frkr. und Chanza/Spanien), *Cantela*: Chantelle (vgl. die Kanzel u. Kanzelbach!) *Cantapia:* Cantache; *Cantissa* (wie Antissa); *Cantoilum*/Loire (wie Vernoilum, Anoilum, Antoilum), *Cantastra* (Barastra, Briastra, lauter „Sumpforte"!), *Cantunacum*/Vendée (wie Mantunacum: mant = „Sumpf), *Cantosama:* Chantôme (wie Belisama, bel = „Sumpf"). Diesen Wortsinn von *cant* bestätigt auch die Reihe der Völkerschaftsnamen: *Cantabri*/Spanien - *Calabri*/Italien - *Velabri*/Irland - *Artabri*/Spanien, denn *cal, vel, art* sind nachweislich prähistorische Termini für Sumpfwasser bzw. sumpfbildendes Quellwasser. So hat auch die Landschaft *Cantal* in Südfrankreich ihren Namen vom einstigen Reichtum an Sümpfen, wie die häufigen Vabre, Saigne, Vendes (Vinda) usw. beweisen. Dazu die Landschaft *Cantia:* **Kent**/E. mit Canterbury und Cambridge (alt *Cantabrigium).* „Glänzend-weiße" Landschaften (wegen lat. candidus, kymrisch cann „weiß", so die bisherige Annahme!) wären Unsinn: Farbenromantik und Naturschwärmerei waren dem Menschen der Vorzeit fremd! (The meaning „white" is erroneous", betont jetzt auch A. H. Smith I, 1956, S. 80; meint aber: brit. *canto* „of obscure origin").

Kanzelbach, Zufluß des Neckars b. Ladenburg (dem kelt. *Lobodunum!*), ist eine eingedeutschte keltische *Cantela,* desgl. die **Kanzel** südl. Darmstadt. Siehe Kanzach! **Kapweiler**/Lux. u. ä. siehe Keppenbach!

Kanzem a. Mosel südl. Trier ist das altkeltische *Camesa.* Siehe Kamen!

Karbach (mit dem **Karsee**), Zufluß der Argen b. Wangen/Allgäu, auch ON. am Main (nö. Wertheim) und b. St. Goar, sowie der *Karenbach* 943 z. Elz (Mayen) und **Kardorf** b. Bonn, **Karweiler** b. Remagen, **Karseifen** (nebst Korsiefen) im Siegkreis enthalten ein (wie schon die geogr. Verbreitung lehrt) aus dem Keltischen stammendes Wasserwort — meint doch noch heute im Rheinisch-Bergischen *kar* „feuchte, sumpfige Stelle"! Die Erläuterung durch -seifen, -siefen bestätigt den Wortsinn; während die wörterbuchhörige „Forschung" noch immer wegen irisch caraigh „Stein, Fels" lauter „steinige" Gewässer erfindet!

Beweiskräftig für die Bedeutung „Wasser, Sumpf" ist auch die morphologische Reihe *Cariscara* 895 - *Wediscara -Ambiscara* (lauter Bachnamen, mit kelt. Doppelsuffix -isc + -ara), heute Kersch Kr. Trier, Weischer Kr. Lüdinghausen i. W. und die Emscher b. Dortmund, denn auch *wed, amb* sind kelt. Wörter für Wasser, Sumpf. Auch die **Kersch** (Körsch), Zufluß des Neckars, gehört hierher als keltische *Carisa* (sie führt trübes Wasser), desgl. die **Kerspe** (Kierspe) b. Olpe als kelt. *Caris-apa* entsprechend der Dörspe *(Duris-apa)* ebda. Ebenso entsprechen die *Caritani* (keltisches Volk) den *Cosetani, Edetani, Laletani, Lusitani,* alle deutlich auf Moor- u. Sumpfwasser bezüglich! Auch die *Caruces*/Eifel wie die *Sunuci* (kelt. Volk im Hohen Venn: *sun* = Moorwasser!). Flüsse (und Orte) namens *Cara* begegnen mehrfach in Frankreich (heute Chiers und Cher), Italien (Chieri), Spanien, Luxbg, Schottland, Wales (Cary); eine *Carona:* Chéronne in Frkr. (wie die *Bavona*/Tessin, bava „Schleim, Schlamm"), auch eine Charente u. Charenton (wie Vermenton, verm = Sumpf); in Belgien: *Caranco:* Chérain (wie Calanca/Ligurien). In England vgl. *Carbrook, Carwell, Carey, Cares-eia: Kersey* (berühmt durch seinen Flanell: engl. kersey / Shakespeare). pagus *Caribant* 673/Belg.!

Karben (heute Okarben, Groß-Karben) a. d. Nidda/Wetterau wie **Kerben** w. Koblenz, **Kurben**/Eifel und **Korben** (1341) im Breisgau nebst Hohen-**Körben** w. Lingen/Ems sind einwandfreie Zeugen kelto-ligurischer Bevölkerung: *carb* wie *corb* meinen „Sumpfwasser" (topographisch noch heute feststellbar), in vielen Bach- und Ortsnamen Frankreichs, Italiens,

Spaniens, Belgiens, Englands: so *Carbona*/Pyrenäen (wie *Narbona!*), *Carbina*/Apulien, *Carbava, Carbantia*/Oberitalien, *Carbia*/Sardinien, *Carbula*/Spanien, *Carbanto-rate*/Frkr. (wie Argento-rate = Straßburg, beides „Sumpfburg"!). Dazu *Carbisweiler:* Kerzweiler/Pfalz (vgl. Calmesweiler). Neben *carb* begegnet *carv* in *Carvium:* Herven ö. Nimwegen und *Carventum*/It. (wie Taventum, Tarentum, Tridentum, lauter Sinnverwandte). Weiteres unter Körben!

Karden a. Mosel (mit den Nachbarorten Müden, Klotten usw.) ö. Cochem trägt wie diese alle einen Namen aus vorgerm. Zeit: auf kelto-ligur. Boden entsprechen *Cardona*/Pyrenäen, *Cardava*/Ligurien (wie Carbava, Canava, Masava, Ausava, Sarava, lauter alte Gewässernamen), *Cardintune:* Cardington/E. (wie Wasen-, Caden-, Liden-tune: Washington, Caddington, Liddington, lauter Sinnverwandte) und *Cardanhlaw*/E. (wie Antan-, Cudan-, Hodan-, Lortan-hlaw, alles „feuchte, schmutzige Anhöhen"). Schon damit wäre der Sinn von *card* gegeben; altindisch *kardama* „Schmutz, Schlamm" bestätigt ihn obendrein. Vgl. die Variante *cord* in *Corda*/Brit., *Cordoba*/Spanien, *Cordula* b. Trier; zu *card* auch *nard (Nardina) sard (Sardona, Sardasca, Sardinien)* u. ä. In Unkenntnis dieser Parallelen hat H. Kuhn für Karden ein erfundenes Caradunum ansetzen wollen. Zur Variante *cerd* vgl. *Cerdeford, Cerdesleg, Cerdeceswurth*/E. wie Puneceswurth und die *Cerdiciates* (Ligurer!).

Karlebach w. Mannheim entspricht Berlebach, Mörlebach: *kar-l* „Sumpf" siehe Karbach! Vgl. Kärlich wie Irlich/Neuwied.

Karpfen (im N. des Hohen Karpfen u. des Karpfenbühls) s. Kerpen!

Kassel a. d. Fulda (früher irrig als „Kastell" aufgefaßt!), 912 *Cassola*, entspricht den gleichnamigen Orten im Rheinland, denen ein vorgerm. Bachname zugrunde liegt! So Kassel b. Mörs (1050 *Casle!*), Kassel b. Düsseldorf (1218 *Casle*), Kassel b. Wooringen, auch *Casel* (Kasel) a. d. Ruwer ö. Trier (973 *Casella*, wie der Bach *Casella* rivulus 762/Eifel, analog zu *Mosella, Rosella, Cosella*, lauter „schmutzig-sumpfige" Gewässer). Dazu kelt. *Casloaca:* **Keßlingen** (Eifel/Saar) und (der) **Kasbach** b. Linz a. Rh. Deutlich sind *Kasfurt, Kas-lar, Kas-polder*/Holld! *cas* (kelto-ligurisch) ist Variante zu *cos, ces, cis, cus*, meint somit „Moder, Schmutz, Sumpf" (vgl. lat. *cas-* „Fäulnis, Schimmel") wie im Flußn. *Casinus*/Latium (bei Cassino), Zufluß des Liris (lir „Schlamm"!), auch Fl. *Casuentus*/It., und *Casna:* Caisne (wie *Asna:* Aisne, zu as „Schmutz"); dazu kelt. *Casiacum* (wie Lasiacum, las „Sumpf"), ligur. *Casasco, Caslasco!* (wie Marasco, Croviasco, lauter Sinnverwandte!). Auch *Casmona*/Ligurien (mit den Casmonates) bestätigt den Wortsinn entsprechend *Lismona* (die Lesum/Bremen) und *Alcmona* (die Altmühl/Bayern), denn *lis, alc* meinen „Sumpf". Zu *Casla* vgl. auch *Cosla* unter Kusel! Eine Erweiterung *cas-p* siehe unter Gersprenz!

Kaschenbach/Eifel *(Kersenbach)* siehe Kersch!

Kattenes a. Mosel ist schon äußerlich als undeutsch erkennbar. Die Nachbarorte Alken und Löf lassen am Wortsinn „Sumpf oder Schmutz" keinen Zweifel. Siehe unter Katthagen!

Katthagen, wiederholt Flurname (auch Örtlichkeiten in norddt. Städten: Detmold, Lemgo, Rostock usw. heißen so), bis heute unerklärt, lüftet sein Geheimnis, wenn wir die Varianten **Kattenhagen** (b. Brilon) und **Katteshagen** (1338 in Lippe) danebenhalten: sie entsprechen den zugehörigen *Müdden-, Ruschen-, Sorenhagen* bzw. *Rusteshagen, Smachteshagen* 1288 (lauter Synonyma für Sumpf-, Schilf-, Moderwasser!) Desgl. **Kattenstedt** m. Gr. Bruch b. Thale wie Böddenstedt. Auch die Erläuterung durch *ol, strut, venn* (Sumpf und Moor) duldet keinen Zweifel an der Deutung *kat* = Schmutz, Moder (rheinisch katsch!): so *Kattenohl, -stroth, -venne, -moor.* Und so entspricht **Kattegatt** (was das Idg. Wb. von Pokorny unsinnig als „Katzenloch" auffaßt!) den Synonymen *Moddergat, Petgat, Ipegat* in Holland: lauter „schmutzige, modrige Gewässer" (so mit Recht auch H. Bülck/Kiel in „Die Heimat" 65, 1958, S. 22—25). Auch Kattsund und **Kattrepel** werden so verständlich. Eine *Kattenbeke* fließt b. Meschede, dazu *Kattenberg, Kattendik.* In Holland entspricht **Katendrecht** den Sinnverwandten *Holen-, Beren-, Merendrecht!* Gleiches gilt für die Form *Kat-r* in **Kattermuth** b. Schlickelde (wo Jellinghaus S. 140 an „Ketzerschlamm" dachte!!), vgl. *Caterloh* b. Valbert, *Caterbeke* 1314 b. Soest, *Catriswang* 1236: **Kätterschwang** i. Württ., *Catrehale, Caterleg* in England; ein Fluß *Katra* in Litauen! Beweiskräftig ist auch der Zusatz *-lar:* so in *Catelar* (Kattelaar b. Almelo/Holland) und — mit Fugen-s — *Catis-lar:* **Kesseler** a. Lippe nö. Soest analog zu *Fritislar: Buteslar: Muteslar: Metislar: Wetislar,* alle auf Moder, Schmutz, Sumpf bezüglich. Und so auch in England: *Cateshale* (wie Mateshale, Cormeshale, gallisch corma „Bodensatz"!) und *Catenhale* (wie Beden-, Benen-, Baden-, Haden-, Buccen-, Succenhale), auch *Catemere* (wie Batemere), *Cate-slat, -mos, -leg, -put, -dene, -welle, -ford, -gill, -wad.* Weiteres über *cat* siehe Kettig!

Katz(bach), auf süd- und mitteldt. Boden ziemlich verbreiteter Bachname, hat mit der wasserscheuen Katze natürlich nichts zu tun! Das wird bestätigt durch **Katzweiler**/Pfalz, dessen Sinn deutlich wird durch die zugehörigen Aß-, Erf-, Eisch-, Ess-, Gre-, Herch-, Koll-, Kott-, Maß-,

Ratz-, Welchweiler, lauter Sinnverwandte, auf Wasser, Moder, Sumpf bezüglich; desgl. durch **Katzem** b. Erkelenz und den Bach *Katzepe*/Nrhein, auch *Katschbruch:* rheinisch *katsch* „Schleim, Rotz"! Katzbäche sind also „Schmutzbäche"! So auch **Katza** (Schwarza) im Thür. Wald und z. Werra b. Wasungen. Siehe auch unter Katthagen!

Kaub a. Rhein, ungedeutet, dürfte vorgerm. sein. **Kaubenheim** a. Aisch entspricht Deuten-, Dotten-, Sugenheim im selben Raum, wo *dut, dot, sug* auf Schilf- oder Sumpfwasser deuten!

Kauffenheim/Elsaß (urkdl. *Couchenheim!*) siehe Kaichen!

Kaufungen ö. Kassel, im Kaufunger Wald (wo die „Sumpfbäche" Losse u. Notreff an die kelt. Vorzeit erinnern), 1017 als *Cofunga* bezeugt, bisher für eine „Kaufstätte" gehalten! (so E. Schröder S. 320 f. u. A. Bach), ist wissenschaftlich nur im Rahmen der zugehörigen N. auf *-ungen* deutbar: sie enthalten durchweg Gewässertermini, so Heldrungen a. Heldra, Bodungen a. Bode, Madungen, Faulungen, Rüstungen, Wechsungen, Holungen usw. Gleiches muß also auch für *Cofunga, Kaufungen* gelten. Angesichts der nahen Sprachgrenze zw. Hoch- u. Niederdeutsch dürfte der Schlüssel zum Verständnis in falscher Verhochdeutschung eines vermeintlich niederdt. Namens zu suchen sein! Es wird ein ursprüngliches *Kopungen* zugrunde liegen (zumal auch die Schreibung *Capunga* begegnet!): denn *kop* (noch slawisch) ist eine uralte Bezeichnung für Moder, deutlich in *Cope-moor, Cope-land, Cope-grave, Cope-ford* in England sowie *Koep-poel* in Holld. Nach seinem Verklingen lag Anlehnung an ndd. *kopen* „kaufen" nahe.

Kaulbach/Pfalz entspricht Morbach, Mehlbach, Schwedelbach ebda = Moor-, Sumpfbach. Siehe**Keula, Keulbeck** i. W.: *Culebiki.* Vgl. auch *Maulbach!*

Kausen am Saynbach b. Selters/Westerwald (auch b. Betzdorf/Siegen) deutet schon durch seine Wiederholung auf ein Naturwort: es hieß 1370 *Innachhusen,* später *Inkhausen,* was man fälschlich als „in Kausen" verstand! Es entspricht dem 3maligen **Enkhaus** *(Enninc-husen)* in Westfalen (nebst *Ennic-loh),* zu *en* „Sumpf, Moor", mit k-Suffix (vgl. holld. *enk* „Sumpf"); in Irland vgl. *Enachodunum* „Sumpfburg"!

Kedingen/Lothr. (nö. Metz) wird deutbar im Rahmen der übrigen ingen-Namen dieses Raumes wie Büdingen, Bettingen, Hettingen, Hollingen, Rörchingen, Ückingen, Lüttingen (urkdl. Lutiacum, lut „Schmutz, Morast"!), die alle auf sumpfiges, modriges Wasser hindeuten. Vgl. auch die Marschlandschaft **Kehdingen** an der Elbe-Mündung! In England entspricht **Kedington** *(Kedintune* 1200) neben Keddington *(Cadentune*

1086) und *Ceddanwurth: cad, ced* (dem Wb. unbekannt!) ist eine uralte Bezeichnung für Sumpf-, Moor-, Moderwasser. Ked(d)ington wird durch Eddington, Liddington, Cuddington, Waddington, Washington usw. in diesem Sinne bestätigt! Ein **Keddinghausen** i. W.

Keeken am Ndrhein nö. Kleve, aus dem Deutschen nicht erklärbar, weist deutlich aufs Keltische, wo im Irischen mit *cechor* „palus" und *cechair* „Kot", *cec* als Variante zu *cac* (lat. cacare!) bezeugt ist und in ON. wie *Cecadene:* Checkendon, Checkley, **Kekewick** begegnet. Ein Fluß *Cecinna* in Italien.

Kefenrod, Keffenau, Kefliki siehe Kevelaer!

Kehl am Rhein, Kehlbach, Ke(h)lheim, Kehlen siehe Kels!

Kehmstedt a. Wipper entspricht Sollstedt, Hüpstedt, Mehrstedt, Büttstedt, Küllstedt im selben Raum zw. Südharz und Nordthüringen; *kem* ist also Wasserbezeichnung. Vgl. **Kem-tal**/Hessen und *Cema*/Ligurien! Lautvarianten sind *kam* (vgl. Kemel/Taunus: alt *Kamel), kom, kum, kim.* Vgl. Chiemsee! In England vgl. *Kemes-ei* 799: Kempsey; *Cemele* 682: Kemble.

Kehna, Bachort südl. Marburg/Lahn, wie die Wüstung *Kene* b. Wetter nö. Marburg, gehört zu den Spuren vorgerm. Bevölkerung im Marburger Lahnraum (wie auch Kölbe, Allna, Lohra, Caldern, Treis, Vers, Wetter, Lahn *(Logana)*, Ohm *(Amana)* usw.). Es ist keltoligur. Bachname, eingedeutscht *Cenebach* 1248: **Kühnbach**/Jagst! Vgl. Fluß **Cena**/Sizilien, ON. *Cenacum* (Chiney/Belgien), *Ceneta* a. Piave, die *Cenomani* (wie die Marcomani und die Alamani — auch *marc, al* sind Wasserwörter!); in Britannien die Flüsse *Kenet, Kenion,* nebst *Kene-cestre.* Den Wortsinn verraten uns *Ken-more*/Irland, die *Ken-slade* b. Elspe Kr. Olpe (wie die Der-slade, Frith-schlade, Al-slade) und nicht zuletzt holld. *keen* „Schlickwasser" nebst *aqua Kene* 1176 und *Kene-hem* (Kennemerland).

Kehrig *(Ciracha)* südl. Mayen *(Magina)* ist zu beurteilen wie Kettig, Küttig, Bruttig, Saffig, Beulich im selben Raum: zugrunde liegt kelt. *Ciriacum* (vgl. Kirringen) analog zu *Catiacum, Cutiacum, Brutiacum* usw., alle auf Schmutz- und Sumpfwasser deutend. Siehe auch Kirn! Ebenso **Kehrum** (d. i. Ker-heim) ö. Kleve, **Kehrenbach** ö. Melsungen (nebst Wattenbach u. Laudenbach, wad „Sumpf", lud „Schmutz"), der Kehrbach (z. Insenbach/Elsenz), der **Kehrgraben** (zur Kraich; irrig von „scharfer Kehre" abgeleitet! Belschner S. 119) und Kehrengraben b. Schopfheim/Südbaden. *ker* (wie *kir, kar, kor, kur)* „Schmutz, Sumpf" auch auf keltoligur. Boden: *Cerate* (wie Lunate, lun „Schmutz"), heute Ceré b. Tours, *Ceretania, Ceresius* lacus.

Keil (Hermes-keil) a. Prims u. **Kail** ö. Cochem/Mosel sind der Gegend entsprechend vorgermanisch: *Kagila,* wie **Ayl:** *Agila,* Siehe Kaierde!

Kelbra a. Helme (an der Goldenen Aue, einer einst sumpfigen Niederung zw. Südharz und Unstrut) gehört wie Helbra, Heldra, Badra, Trebra, Nebra, Monra im selben Raum zu den Relikten aus vorgerm. Zeit! Es sind lauter Gewässernamen. Vgl. auch Fluß *Celbis:* die Kyll in der Eifel.

Keldenich: *Chaudenay:* Kalden! **Keldung** b. Koblenz, *Keldonk*/Brab.: Kels!

Kelheim a. Donau siehe Kels! **Kelkheim**/Taunus, aus dem Deutschen nicht deutbar, enthält zweifellos ein keltisches Wasserwort, das auch in **Kelk(e)** und Kelkefeld/England vorliegt.

Kellen b. Kleve (nebst **Kell** b. Andernach u. südl. Trier) verrät seinen Sinn bei Vergleich mit **Kellendonk** b. Geldern (wie Korsendonk: kelt. cors „Sumpf, Riedgras", donk „Sumpfhügel"), mit **Kellenbruch**/Saar (wie Korschenbroich) und **Kellenried** b. Ravensburg. **Kellenbach** b. Simmern/Nahe u. b. Schaffhausen (auch Bach in Bayern) meint also „Sumpf-, Ried-Bach". Dazu **Kellenberg** (m. d. Kellen-Berg) am großen Moor ö. vom Dümmer, *Kellenhusen* (heute **Kellinghausen,** mit sekundärem -ing-!) b. Bramsche, Rüthen/Möhne usw.; zur Bestätigung vgl. in E.: *Kel(l)ingworth, Kellington* (wie Wellington, Quenington, Washington, Eddington, Liddington (am Liddon!), lauter Orte an Sumpf-, Moor- und Modergewässern. Zum -ing- vgl. auch Lenninghoven a. d. Lenne! Telingmere für Tellmer! Ebbinghaus für Evenhusen! Queddinghusen b. Soest (qued „Kot")! Zum Sumpf- und Moorwort *kel* siehe Kels! *Kjellu* ist heute **Celle!** Vgl. *Kersen:* Zersen (Zetazismus).

Kellmünz a. d. Iller (alt *Celio-munte,* wie **Kallmünz** a. Donau) stammt aus vorgerm. Zeit. *kel* meint „Sumpf", siehe Kels.

Kels, Nbfl. der Donau, alt *Celasa,* verrät sich durch das s-Suffix als vorgermanisch (vgl. die Itz: *Idasa,* **Vils:** *Vilusa,* zu *id, vil* „Moder"). Auch **Kelsen** b. Saarburg und **Kelz:** *Keleso*/Düren, wie **Külz:** *Kuliso! Celsa* am Ebro, Fluß *Celadus*/Spanien (wie der *Namadus* in Indien), die *Celel-ates*/Ligurien, Celetrum in See/Maz., *Celeia*/Noricum (Kärnten), *Celemna*/Kampanien (Vergil!), *Celobriga, Celurnum*/Brit. (wo der Keltologe Pokorny an kymrisch celwrn „Milcheimer" dachte! Hier ist so recht mit Händen zu greifen, wie gerade das linguistische Fachwissen den Blick des Philologen irreleiten kann, wenn es sich um verklungenes Wortgut der Vorzeit handelt!). Den wahren Wortsinn verrät uns die morpholog. Gleichung *Celurnum - Vulturnum* (Fluß u. Ort in Kampanien) - *Minturnum* (Sumpfort in Latium, paludes!) sowie *Celemna - Antemna* (am Tiber, Mdg des Anio) und *Celeia - Noreia - Alteia: vult, mint,* *ant, nor, alt* sind prähistor. Wörter für „Sumpf“! Für *cel* bestätigen es obendrein Zusätze wie *marsch, meer, ford, wurd* usw. in vielen N. Englands (auch mit den Varianten *col, cal): so Cel-marsh, Cele-mer, Celes-hale* (wie Brites-, Cames-, Cates-, Cormes-hale), *Cele-mer: Colemer; Celeford: Coleford; Celewurd: Colewurd; Cele-leg: Cole-leg; Celebrok: Colebrok; Celeby: Coleby. Celne: Colne; Chelle: Cole; Chelegrave.* Siehe auch Kellen und Kehlen/Württ. (urkdl. *Chelun).* Dazu **Kelheim** a. Donau (Mdg der Altmühl!), **Kehl** a. Rh., „Auf dem Kehl“ b. Rinteln, **Kehlbach** b. Braubach a. Rh. (1361 *Kel-bach*), von A. Bach mit einer Kehle verwechselt; der Kehlenbach (z. Kocher und zum Bruchbach!), Kehlenbach/Sieg und Lahn.

Kelsterbach/Taunus siehe Gelsterbach!

Kelters a. Sieg erinnert an **Selters,** das prähistorische *Saltrissa (saltr-* = „Sumpf, Schmutz“). Vgl. auch **Kaltern** b. Bozen, den Hoch**kalter** und die Kelten! Dazu in Brit.: *Celta* 965, *Celtanham* 803. Ein *Caltra* b/Calais!

Kelze b. Hofgeismar (in prähistor. Gegend!) hieß *Calice,* mit undt. Suffix (vgl. Elze!). Zum Grundwort *cal* „Schmutz, Morast“ siehe Kalle!

Kembach (alt *Kentebach*)/Baden, auch ON. b. Wertheim a. M., dürfte eine vorgerm.-keltische *Cantia* sein (vgl. *Cantia:* Kent/E. u. **Kenten**/Köln).

Kembs am Oberrhein (Elsaß), mit dem bad. Klein-Kems gegenüber, alt *Cambet,* verrät sich schon durch das Suffix *-et* als keltisch. Im Rheinbett einst auch ein *Camben.* Dazu kelt. *Cambiacus*/Gallien, kelt. *Cambodunum:* **Kempten** im Allgäu, b. Bingen und ö. Zürich (analog zu Lugudunum: Lyon; Virodunum: Verdun; Tascodunum (Fluß Tasco), Magodunum: Magden/Basel; Cervodunum, Langodunum, Segodunum, Senodunum, Singidunum (Belgrad), lauter „Sumpfburgen“!). Damit ist auch für das verklungene, dem Wb. unbekannte *camb,* das bisher mit dem irisch-kymr. *cam* „krumm“ verwechselt wurde, der Wortsinn gegeben! Er wird bestätigt durch das unbeachtete mittellat. *camba* „Braustube“ neben pannonisch *cam-* „Bier, Hefe, Bodensatz“ (vgl. dieselbe Begriffsberührung in irisch *laith (lat-)* „Bier, Sumpf“!). Zu *Cambodunum:* Kempten vgl. auch *Cambita:* die **Kempt,** Zufluß der Töß/Thurgau (mit demselben Suffix wie die Argita/Irland, die Bursita/Mittelrhein, die Salita b. Orel, lauter Sinnverwandte). Siehe auch Kemmerich *(Cambriki)*!

Kemel w. Schwalbach/Taunus *(Camila, Kamel),* **Kemtal**/Hessen siehe Kamen u. Kehmstedt! Vgl. das synonyme *Cavila: Kevel:* Köbel/Hanau.

Kemmerich im Bergischen beruht auf kelt. *Cambriki* wie **Emmerich** auf kelt. *Ambriki (Ambriacum).* Vgl. Cambrai; Cambrewelle/E. *camb-r, amb-r* = Wasser, Sumpf. Siehe Kembs!

Kempenich/Eifel entspricht Keldenich, Elvenich, Rövenich, Sinzenich, alles Ableitungen auf kelt. *-iacum* von Gewässernamen, also *Campiniacum!: kamp* ist (bisher unbeachtete) Variante zu *kamb* (wie *karp* zu *karb*), siehe unter Kembs! Zur Bestätigung vgl. in Engld: *Campe-dene, Campesete, Campes-eia* (d. i. „sumpfige Aue"): Campsey wie Cares-eia: Kersey. Und so verstehen wir auch **Kempen** am Ndrhein (2mal), bekannt durch Thomas v. K. Beweiskräftig ist *Kampelaar, Kampenholt!*

Kemplich/Lothr. (nö. Metz) ist wie die benachbarten Bibisch, Monnren usw. keltischer Herkunft. Zu *kamp, kamb* siehe Kembs, Kempten, Kempenich!

Kempt(en) (keltisch *Cambodunum)* siehe Kembs!

Kendenich b. Köln entspricht **Endenich** b. Bonn: zugrunde liegt kelt. *Cantiniacum* (941 Cantenich) bzw. *Antiniacum* (804 Antenich) Zu *cant* „Sumpf" siehe Kanzach!

Kengelbach, Zufluß der Wiese (Baden), entspricht dem *Hengelbach* (Württ., Baden) wie in E.: *Cengelton* neben *Hengelton* zu kelt. *cang* „Moor", siehe Hangelar! **Kennfus**/Mosel (1097 *Cantevis*) s. Kenn!

Kenn/Mosel siehe Kanfen! **Kentrup** i. W. siehe Küntrop!

Kenzingen nö. Freiburg i. Br. deutet auf keltisches *Cantiacum, Centiacum;* vgl. die Flußnamen **Kanzach** und **Kinzig!** Eine *Centa* in Ligurien!

Keppenbach nö. Freiburg entspricht Heppenbach, Eppenbach. *kep (kip)* meint „Moor" wie in *Cheppewell, Chepstede*/England (vgl. Hepstedt). Siehe auch Kippenheim! Eine Variante *kap* in *Capeland, Capinton, Capenhurst*/E. Fl. *Capena*/It., *Capebusc, Capendal*/Brab., **Kapweiler** nebst Ripweiler/Lux. Zu *kop* siehe Kostheim! Zu *kup:* Kupfer!

Kerben w. Koblenz siehe Karben!

Kerkingen westl. Nördlingen am Ries wird deutbar im Rahmen der Nachbarorte Merkingen, Röttingen, Möttingen, Maihingen, Wechingen usw., die alle auf Moder und Moor deuten. Zugrunde liegt somit keltoligur. (altind.) *kark,* span. charco „Kot, Morast" wie in *Carca*/Rhone, *Carcuvium*/Spanien (wie Iguvium, Lanuvium, Senuvium, lauter Sinnverwandte) und Fluß *Carcinus*/Bruttium. Zur Bestätigung vgl. in England: *Carke-mor (!), Carkeford, Carkeleg (950), Carkedik (708), Carkelond (1330).*

Kerlingen b. Sierck/Lothr. (und b. Saarlouis) empfängt seine Deutung durch die umliegenden Mallingen, Hettingen, Kedingen, Büdingen, Hollingen, Lüttingen (urkdl. kelt. Lutiacum!), — alle auf Wasser und Moor, Moder bezüglich! Kerlingen verhält sich zu **Körlingen** *(Curlingen)* und **Karlingen** wie *Cerle* zu *Curle* und *Carle!* Vgl. *Curle:* Körle (Fulda);

Karlebach bei Worms, ein **Kerlesbach** zur Jagst (wie der Erlesbach). Beweiskräftig ist *Cerle-pit/*England (pit = Morast), *Cerle-cumbe, Cerleton.* Es sind Erweiterungen mit *-l* zu idg.-kelt. *cer, car, cur* „Sumpf"!

Kermeter (urwaldähnlicher Forst, Naturschutzgebiet der Eifel a. d. oberen Rur (vgl. *Kermete/*Belg.) ist vorgermanisch wie **Rumeter** (Bach und Wald b. Ypern), **Germeter** b. Aachen, mit demselben Suffix wie *Cimetra, Caletra, Ecetra* in Alt-Italien, alle auf Sumpf, Moder deutend. Zu *carm, corm* vgl. kelt. *corma* „Hefe, Bodensatz" *(Cormes-hale/*E., die *Cormones), Carmo/*Andalusien, *Carmiano/*Kalabrien, **Kurmen** a. Erft.

Kernwald (1173 *Chernis*), ein Waldgebiet in Württ., wiederholt sich in England mit dem *Cerne-wood* (nebst Fluß *Cerne!),* ist also ohne Zweifel keltischer Herkunft (Württ. und Britannien waren altkeltisches Gebiet!). Eine *Chern-alp* mit ON. *Kerns* 1326 im Kanton Uri/Schweiz. *cern* verhält sich zu *cer* „Sumpf" wie *corn* zu *cor* (desgl.), vgl. Fluß *Corno/*It. Auch **Kernscheid** b. Trier bestätigt *kern* als Sumpfwort analog zu Lor-, Ber-, Huscheid usw.). Dazu **Kern** b. Siegburg! Auf keltoligur. Boden: *Cernusco* b. Como (wie Amusco, Calusco, Tarusco, alle sinnverwandt!).

Kerpen (2mal im Rhld: w. Köln und b. Daun) deutet auf keltisches *Carpina,* wie **Kerben** auf *Carbina,* — beides sind von Natur Fluß- oder Gewässernamen. Vgl. die Flüsse *Carpino/*Italien und *Carpis* (z. Donau) sowie die *Carpetani* (entsprechend den kelt. *Caritani, Cosetani, Edetanien, Laletani, Lusitani* in Spanien/Portugal, lauter Sinnverwandte!). *carp* ist damit als Variante zu *carb* im Sinne von „Sumpf, Moor, Moder oder Schleim, Schmutz" gesichert, vgl. den „Karpfen" (lat. *carpa)* als Schleim- oder Schlammfisch, wie die Barbe: zu barba „Schlamm"! So wird auch der Karpfenbühel w. Balingen/Neckar und der Hohen-**Karpfen** (mit dem benachbarten **Lupfen!**) südl. Rottweil a. N. verständlich: auch *lup* deutet auf schlüpfrige, modrige Natur. Dem Hohenkarpfen (urkdl. Kalpfen ist Fehlform) entsprechen der Hohenhewen, der Hohentwiel, der Hohenkrähen, — Waldberge wurden gewöhnlich nach ihrer Bodennatur benannt!

Kersch (Körsch), Zufluß des Neckars, siehe Karbach! Desgl. **Kerspe!** *Kerssiepen* verrät seinen Sinn durch die Erläuterung „siepen", d. i. sumpfige Stelle eines Baches. *kers* kann mit Umlaut auf *carisa* (siehe Kersch, Kerspe) beruhen, aber auch erweitertes *ker* „Sumpf" sein, vgl. mittelengl. *cers* „Marsch" *(Cers, Cerswelle, Cerse-lawe, Cersentun:* Carsington). Eine *Kersenbeke* (heute **Kirsmecke**) fließt zur Lenne; mundartlich enstellt ist auch **Kaschenbach** b. Bitburg/Eifel: 1258 *Kirsenbach!* Eine **Kerspau** fließt zur Leine. Deutlich ist auch **Kerßenbrock** b. Melle, desgl.

Kersenbraht wie Falenbraht; *Kars-poel*/Lippe! *Kersne:* **Zersen** b. Rinteln (mit Zetazismus) wie *Keven:* Zeven. **Kersch(ere)**/Trier s. Emscher!

Kerspe siehe Karbach!

Kervenheim Kr. Geldern wird durch **Kervendonk** ebda deutlich: donk = Hügel in sumpf. Umgebung. *kerv* (dem Wb. unbekannt) begegnet nur auf keltoligur. Boden: so in *Cervodunum* (Cervon/Nièvres) analog zu Tascodunum (Fluß Tasco), Lugudunum (Lyon), Virodunum (Verdun), alle als „Sumpfburgen", *Cervium* (Cierfs/Schweiz), *Cervo*/Piemont, *Cerviasca* (wie Croviasca, crov „Schmutz", Cröv/Mosel), *Cervianum, Cervaro*/Apulien. Zu *cerv: cer* „Sumpf" vgl. *nerv: ner* (Fluß Nervius, die Nervii); *derv: der; verv: ver.* Kervendonk entspricht Kellen-, Millen-, Singen-, Korsendonk (kelt. *cors* „Sumpf, Riedgras"). Vgl. auch die Flurnamen „Auf dem Kerbel, **Kervel**, Kirvel" im Siegkreis! Varianten zu *cerv* sind *carv (Carvium), corv (Corve, Corvey).*

Kerzell südl. Fulda, a. d. Fliede (flid = Moder, Moor), gehört zu einer Gruppe klösterlicher Rodungsnamen, die an uralte Flur- oder Bachnamen anknüpfen! -zell meint cella „Klosterzelle". Vgl. **Künzell** (*Kindecella)* ö. Fulda, **Arzell** *(Age-cella)* nö. Hünfeld, wo *ag, kind* „Moor, Moder, Sumpf" meinen. Ebenso *Alba-cella,* das heutige St. Blasien, am Bache Alba!

Kerzenheim/Rheinpfalz entspricht Mauchen-, Kinden-, Offen-, Dauten-, Metten-, Wattenheim im selben Raum: much = Moder, dut = Sumpf, Schilf, wad, watt = Sumpf usw. Vgl. **Kerzweiler**/Pfalz: alt *Carbiswiler* (siehe Karben!), *kert* begegnet als (keltisches?) Gewässerwort in *Chertehulle, Cherts-ey, Kertindune:* Cardington/England. Dazu gehören auch *Kerzevelt* a. d. Scheer 1066: **Kerzfeld** (nebst Benfeld!)/Elsaß, *Kerzenouwe* 1341/Schwarzwald, *Kertzenwies* 1525 und der Wald *Kerzenloch*/Württ.

Kescheid im Westerwald deutet auf urspr. *Kedscheid* (ked = Moor) wie **Bescheid**/Eifel auf *Bedscheid* (bed = Sumpf). Dazu stimmen im selben Raum: Hülscheid, Leuscheid, Nutscheid, bzw. Ra-, La-, Wascheid.

Keßbach, zum Edersee fließend, meint wie die dortige **Küche** (kelt. *Cuca!)* „Sumpf- oder Schmutzwasser" (vgl. ahd. *kes* „Sumpf" offenbar aus dem Keltischen: daher *Cesada*/Spanien wie Bursada, Rurada, Varada ebda, alle sinnverwandt, *Cesiana*/Mösien usw.). Eine *Kessenbeke* (j. Kasse) 1528 b. Bremke in Lippe, vgl. Kessebüren und Keswick/Ruhr; eine **Kessel** fließt zur Donau, eine **Kessach** zur Jagst, eine **Kisse** z. Leine. Mit euphon. -l: Kesselbach a. Lumde, Kesselheim nö. Koblenz, Kesselscheid, Kesselsiefen im Bergischen (siefen = sumpfige Bachstelle). Ein **Keßwil** mit Uttwil am Bodensee! In England vgl.: Chesford, Chesham, Cheseland, Cheselbourn.

Kesseler a. d. Lippe siehe Katthagen!

Kessenich b. Euskirchen (in altkelt. Gegend) entspricht **Lessenich, Bessenich,** Füssenich, Sinzenich, Rövenich usw., lauter keltische *-iacum*-Namen von Gewässerbegriffen: *kess, less* meinen „Sumpf".

Kesslingen (Saar, Eifel) siehe Kassel!

Kestert a. Rhein gehört wie Astert, Hattert, Rettert, Gehlert, Odert zu den aus -rode (-roth) verschliffenen Namen vom Mittelrhein bis in den Westerwald, — alles Ableitungen von Wasser-, Moor- und Sumpfbezeichnungen. Zu **Kesternich** (im Quellgebiet der Rur, w. vom Kermeter) vgl. Disternich, zu **Kestrich:** *Kastrikum; Casterlo, Casterbant!*

Ketsch a. Rhein b. Schwetzingen (mit Brühl u. Rohrhof!) deutet auf sumpfige Lage; vgl. Kettig b. Koblenz, Kettwig/Ruhr, Kettenheim b. Alzey, Kettenbach/Taunus. *Kettensipen*/Aachen. *Ketterschwang*/Württ.

Kettig w. Koblenz beruht auf kelt. *Catiacum* wie **Küttig** ebda auf kelt. *Cutiacum,* **Bruttig** auf *Brutiacum: cat, cut, brut* meinen „Schmutz", vgl. rhein. *katsch* „Schleim"! Ebenso **Kettwig**/Ruhr, alt *Katwik* 1025 (auch in Holld und Engld). Siehe auch unter Katthagen! — Auf kelt. Boden vgl. *Catobriga: Brutobriga*/Spanien (wie *Catiacum: Brutiacum*), *Catomagus* (Caën) wie Rigomagus (Remagen), Rotomagus (Rouen), lauter Sinnverwandte; *Catalaunum:* Châlons; Fluß *Catipos*/Lusitanien; *Catisa:* die Katsch; Fluß *Catola*/Apulien; dazu die Volksnamen *Catali*/Istrien, *Catari*/Pannonien.

Keuchingen a. Saar (wie Merchingen, Büdingen ebda) enthält ein kelt. Wort für „Moor, Moder" *(cauc, cuc)* wie **Kaichen** *(Keuchen)* bzw. **Kuchen, Küchen.** Vgl. auch Köchingen.

Keula nö. Mühlhausen (alt *Cule)* entspricht dem benachbarten **Deuna** *(Dune, Dunede): cul, dun* (dem Wb. unbekannt) sind verklungene Wörter für „Moder, Moor". Vgl. *Culite:* **Külte.** Ebenso **Keulbeck** *(Culbiki)* i. Westf. Den Wortsinn bestätigen in England: *Cule-mere, Culan-fenn* 962 (fenn „Moor"). Siehe auch **Kaulbach!**

Kevelaer a. d. Niers (kelt. *Nersa*), mit Laarbruch!, steht im Ablaut zu *Covelar* (Ceuvelaere/Belgien): *cev* ist also Variante zu *cov, cav* „Sumpf" (dem Wb. beide unbekannt!). Es wird erhärtet durch *Ceventune* (1086): Chevington/E. wie *Coventune:* Covington; *Ceve-leg:* Cheveley „Sumpfwiese" wie *Coveleg:* Cowley; dazu *Cheve-thorn* „Sumpfdickicht", *Cheverell, Cheviot!* Wie Kevelaer auch *Kevelo* (lo = sumpf. Stelle); nicht zuletzt das urtümliche *Kefliki* b. Brilon (analog zu *Sevelica:* Zyfflich w.

Kleve (in sumpf. Gegend) u. *Puflica*/Holland *(puv-* „Moder, Gestank"). Ein Kefenrod b. Büdingen, *Keffenau* in Württ., *Keferen-sul* in Thür. Zetazismus zeigt Moorort *Zeven (Kevene)!*

Kiedrich b. Eltville a. Rh. entspricht *Bidrich*/Baden (kelt. *Bedrica,* bed, bid = Sumpf). Vgl. dazu ligur. *Cedrasco,* in Britannien: *Ceodre* 880 (Cheddar) und *Ceodder-cumb* „Sumpf- oder Schmutzkuhle" analog zu *Pedrecumbe (pedr* = Morast)! Zu *ked, kid* vgl. auch Kedingen, Kedington und Kid-snape (snape „Sumpfstelle").

Kiel *(tom Kile)* ist benannt nach dem (Großen und Kleinen) Kiel, zwei Seen inmitten des Ortes, die weder „Keilform" noch „Kanalform" haben, was nur mit der Brille des Nordisten (H. Kuhn/Kiel) möglich wäre, der an altnord. kill „Kanal" denkt (was schon F. Kluge, Etymolog. Wb., als heterogen abgelehnt hat). *kil* meint vielmehr wie in Holland, Flandern, Ostfriesland (siehe M. Schönfeld, Nederlandse Waternamen, 1955, S. 213) „natürliches, stehendes Gewässer" im Sinne von „geul" (Schlick-, Schlamm-, Schmutzwasser), vgl. Gulia: die Geule sowie engl. gully. Zum Beweis vgl. die Synonymenreihe *Ki(e)ldrecht* (ein Polder im Sumpfland Waas/Flandern): *Wi(e)ldrecht: Heydrecht: Midrecht: Slidrecht: Losdrecht; Mordrecht: Dordrecht: Risdrecht: Seldrecht!* Vgl. auch die Lautvarianten *kel, kol, kul, kal* als Sinnverwandte! Ein Moor-Marschenort **Kiel** z. B. auch sö. Groningen.

Kienbach, Kienbächle (mehrfach in Südbaden, urkdl. *Chien-, Cheinbach* um 1000/1100), meint „schmutzig-sumpfiges Wasser". Zu *kin, ken* (aqua Kene, Kine/Holland) siehe Kehna! (ken, kin = geul, kil: Schönfeld S. 213).

Kierspe (Kerspe) siehe Karbach! **Kilver** siehe Kalbe!

Killer a. d. Killer (Zufluß der Starzel/Neckar), 1255 *Kilwilar,* 1377 Kilwar, ab 1400 ca. Killer) enthält prähistor. *kil* „Schmutzwasser", siehe Kiel!), vgl. die **Kilwiese**/Schlichem, den **Killbach** (z. Bodensee), **Killwangen** a. Limmat, **Killingen**/Aalen (wie Röttingen ebda, rott „Moder").

Kimbach/Odenwald siehe Rimbach, Limbach, Dimbach, Klimbach, Wimbach.

Kimmelsbach, Zufluß des Neckars ö. Hdlbg, wie der Kümmelsbach (z. Rot/ Kocher) und Kimmelsbach b. Haßfurt meinen Moder- oder Schmutzbach, vgl. den Quiddelbach/Eifel (zu quid „Kot"), den Gammelsbach/ Hdlbg (gam „Schmutz"). So wird auch **Kimmlingen** b. Trier verständlich (wie Püttlingen, Büdlingen, Geichlingen, Inglingen), sowie **Kimmen** (zw. Dreckort und Haßfurt!) im Marschland Hatten. Ein **Kimmich**graben fließt z. Eschach/Württ. Auf keltoligur. Boden haben wir *cim* *(cem, cam, com, cum)* in *Cimasco, Cimetra, Cimni lacus* (It.), vgl. den Chiemsee mit Chieming; in E.: *Chimney.*

Kindenheim w. Worms wird verständlich im Rahmen der Nachbarorte Dauten-, Mauchen- Watten-, Kerzen-, Metten-, Undenheim. Daß *kind* ein verklungenes Wasserwort ist (wohl *kid* mit n-Infix, vgl. *id: ind! mid: mind!*), darauf deuten auch **Kindleben** und *Kinde-cella:* Künzell b. Fulda (s. dies!).

Kinzig (Name zweier Flüsse: zum Rhein in Baden bzw. zum Main vom Vogelsberg her), aus vorgerm. Zeit, deutet auf keltoligur. *Centica (Cintica)*, vgl. die sumpfige *Centa*/Lig., was weder mit gallisch cintu „zuerst" (so Schnetz!) noch mit griech. κεντεῖν „anstacheln" (so Springer!) zu tun hat, sondern einfach das Wasser als solches meint, also Variante zu *cant, cont* „Sumpf-, Schilfwasser" ist (vgl. die **Kanzach:** *Cantaha)*, wie z. B. kelt. *Centobriga*/Spanien beweist (analog zu *Catobriga, Brutobriga, Segobriga*, lauter Sinnverwandte!), desgl. ligur. *Centusca*, wie Mutusca, Lambrusca (vgl. südfrz. budusco „Kot", die Crepusci/It.: crep „Schmutz"). Dazu kelt. *Cintriacum:* Cintray, Ceintry, wie*Altriacum:* Autrey, *Vintriacum: Wintrich*/Mosel, wo *alt-r, vint-r* gleichfalls nichts anderes als „Wasser, Sumpf" bedeuten! Zu *Cent-: Kinzig* vgl. kelt. *Sent-: Sinzig; Lentia: Linz; cent* stellt sich damit zu *sent, lent* = Schmutzwasser, Sumpf-, Moderwasser. Bei **Kienzweiler** w. Schlettstadt/Elsaß (wo auch Scherweiler a. d. Scheer!) liegt **Kinzheim,** entsprechend *Sinzheim*/Baden. Zu *Kinzenbach* b. Gießen vgl. Winzenbach/U.-Elsaß, auch den Lanten-: Lanzenbach/ Württ., Santen-: Sanzenbach ebda, Nanten-: Nanzenbach/Dill! Ein **Kinz(en)hurst** b. Brühl nebst Unzenhurst u. Singenhurst.

Kippenheim b. Lahr/Baden (wie Dunden-, Ichen-, Kogenheim ebda) wird verständlich durch *Chippenham, Chippendale, Chippe-fen* in England: *fen* deutet auf „Moor"! Vgl. *Culan fen* 962/E. Dazu Chipstead (675 *Chepstede)* und *Cheppewell.* Vgl. *Keppenbach.* **Kippenhohn** b/Köln.

Kirn a. Nahe *(Nava)* enthält den N. des dortigen Baches: *Kira* 926. *kir* ist Variante zu *ker, kar, kor, kur,* also = Sumpfwasser, wie in litauisch *kirnis* = „Sumpf" und im Flußn. *Cirne* mit Circhester/England. Es steckt auch in *Ciracha:* Kehrig b. Mayen. *Ciriacum:* **Kirringen** b. Jülich, **Kirf** b. Saarburg, **Kirdel** (alt *Kirle,* wie Berdel: alt Berle, ber = Moder), **Kirrweiler** (Pfalz, Eifel), **Kirdorf** (Taunus, Köln), **Kirrlach**/Schwetzingen; ein **Kirküppel** in Hessen. Die Kirsmecke siehe unter Kersch! **Kirsch** b. Sierck/Lothr. ist entstellt aus *Crische* 1098, *Cressiaco* 953. Ein **Kirrgraben** fließt zur Kraich.

Kirschweiler b. Idar entspricht Bersch-, Bruch-, Fursch-, Welchweiler ebda. **Kirsch**/Lothr. siehe Kirn!

Kissingen a. d. fränk. Saale wie **Kissing** a. Paar (südl. Augsburg, Lechniederung, wo auch Mering, Merching, Derching, Dasing, Affing, lauter Sinnverwandte!) enthält das verklungene Moorwort *kis(s)*, vgl. *Chissenmoor*/E. u. die *Kisse*, mit *Kissenbrück* südl. Wolfenbüttel; desgl. *Kisslegg* (nebst Wolfegg) in Sumpflage ö. Ravensburg. Dazu in E.: *Cisseceaster:* Chichester (am Moorwasser Cisse), *Chissewurd, Chislehurst.* Ein *cis* begegnet auf keltoligur. Boden: *Cisauna*/It., *Cisimbrum*/Spanien (wie Conimbrum: Coimbra, con = Schmutz, Moder!), *Cisindria* (Fluß) und *Cisonium* (837 b. Tournai) in Frkr.

Kladmicke, Bach b. Eversberg/Meschede, d. i. *Kladenbeke,* meint „Schmutzbach", vgl. ndld. *klad* „Schmutz", ndd. klater „Dreck", engl. klatty „sumpfig", altind. klad „modrig, feucht"; ndd. Kladde „Schmierheft". Dazu auch die **Kladow**/Warthe, die **Kladau** b. Danzig. Vgl. auch *Clatewurth, Claterford*/E.; *Claterna,* Fluß b. Bologna.

Klafeld (mit Oberholz-**kla(u)** a. Sieg nö. Siegen beruhen zweifellos auf *Klave-*, einer prähistor.-vorgerm. Bezeichnung für feuchten Schmutz, Moder, Sumpf, bezeugt mit *Clave-wurd*/England, *Clavière*/Frkr., *Claverium*/Genua, *Clavasco*/im ligur. Piemont (wie Clarasco, Marasco, Trecasco, Croviasco) und *Clavenna:* Chiavenna/Ob.-It. wie Ravenna, Tavenna, Clarenna, lauter „Moder- oder Sumpfbäche"! Auch *Cläfen* in Graubünden. Zum Verklingen des Labials (Klave-: Kla-) vgl. Nava: die Nahe! (mit Nahfelden). Ein **Klavbach** (Rohrbach) z. Biber/Baden.

Klappholz b. Schleswig und **Klaproth** (= -rode), bisher ungedeutet, enthalten ein verklungenes idg. *klap* (litauisch šlap) für „Feuchtigkeit, Moder", wie auch *Clapeham, Clapedal* in England. Vgl. die Varianten *klep* (griech. κλέπας) und *klop* unter Klepsau und Kloppenheim!

Klarholz (Clarholz) am Axtbach w. Gütersloh (1146 *Claroholte)* ist natürlich kein „klares" Gehölz, denn *klar, klap, mast* sind verklungene Wörter für „Moder"! Zum Beweis vgl. *Claro-marasc*/Holland analog zu *Illumarisca, Thietmarisca,* Dal-mersche, Lie-mersche usw., lauter Marschen-Namen! Auf keltoligur. Boden begegnen: die Flüsse *Clare*/Brit., *Clarius, Clarentia*/Frkr. (nebst *Clariacum,* wie Mariacum!), dazu *Clarasca*/Ligurien (wie Marasca).

Kleba a. d. Aula b. Hersfeld meint nichts anderes als Aula, Jossa, Sorga, Ibra, Eitra im selben Raum, — lauter uralte Bachnamen im Sinne von Schmutz- oder Sumpfwasser. Dazu auch **Klebing**/Inn (Bayern), **Klebheim**/Bayern wie Lochheim, Kleßheim, Surheim a. Sure. Auch süddt.

Flurnamen „im **Kleb, Kleben**": lauter nasse Orte (sagt schon Buck S. 139).

Klecken südl. Harburg (wie Maschen ebda!) deutet auf feuchte Gegend; idg. *klek, klak* „Feuchtigkeit, Moder" (vgl. lit. šlak), wie in *Claccintune:* Clacton, Claughton/England nebst *Clakkesleg, -hurst, -wadland,* Claxton. Vgl. Klachau in Ö.

Kleestadt ö. Darmstadt siehe Klettgau!

Kleen südl. Wetzlar (*Clehon* a. *Clebach, Clevere* marca) siehe Kleve!

Kleinern (Waldeck), im Tal des Wese-Bachs (wes = Faulwasser), urkdl. *Cre(i)nere!,* gehört wie das benachbarte Giflitz zu den prähistor. Namen aus vorgerm. Zeit, wie auch das r-Suffix lehrt (vgl. *Blandere, Verdere, Gumere). kren* auch im N. der **Krenze**/Holland (1473): mit vorgerm. s-Suffix wie die **Hunze** ebda, so daß die Bedeutung „Moder" sichtbar wird (vgl. lit. kren-ku „gerinnen"). So auch *Crenentorp* 1470: **Krentrup** ö. Bielefeld (wie Wellen-, Währentrup, Finnentrup usw.). **Klein** (Nieder-) ö. Marburg siehe Glenne!

Kleinich (Cleinich) a. Mosel *(Clen(n)iche)* entspricht kelt. *Clenacum:* Clenay/Frkr. Vgl. Fluß *Clenna* (z. Po). *clen* „Schmutzwasser": **Klenau**/ Bayern.

Klepsau/Jagst weist mit der Lautverbindung *-ps-* deutlich auf illyrische Herkunft, vgl. *Clepsydra* (Quelle in Messenien), *Clepidava*/Podolien (wie Utidava, Comidava, dava = Dorf), *Cleppena*/It., zu griech. κλέπας „Feuchtigkeit". Vgl. auch **Klepzig** b. Halle. Zur Variante *klip: Clipiacum:* Clichy (wie Vipiacum: Vichy). Eine Waldhöhe **Kleper** b/Göttg.

Klespen (Clespen) b. Wiedenbrück deutet mit der Lautverbindung *-sp-* in prähistor. Zeit zurück: *kles-p* entspricht *res-p* in *Respa*/Apulien, *asp* in *Aspia* (Fluß in It.), *kas-p* in *Caspantia:* die Gersprenz, *kus-p* in *Cuspia*/ Mosel, lauter Namen für Sumpf-, Moor-, Moder- oder Schmutzgewässer. Vgl. Fluß *Clesus:* Chiese/It., *Cles-by*/England. Und so auch **Kleßheim** a. Salach bei Salzburg (sal = Schmutz) nebst Surheim a. Sure ebda (sur = Sumpf). S. auch Kleusheim! Auch **Klessen** (mit See) in Bruchgegend (Havelland) bestätigt den Wortsinn.

Klettgau, Landschaft zwischen dem Breisgau, dem Hegau und dem Randen: Wie diese, so spiegelt auch der Name des Klettgaus die Natur der Landschaft und bestätigt die Erfahrung, daß die alten Gaunamen grundsätzlich auf Gewässer oder Bodennatur Bezug nehmen! Wie unser „Klette" geht auch dies *klet* auf idg. (altind.) *kled* „(klebrige) Feuchtigkeit" zurück (vgl. Fluß *Cled* in Schottland). Bei *Cletestat:* **Kleestadt** ö. Darmstadt lag noch 1707 ein großes Bruch! **Klettham** liegt am Erdinger

Moos, einer Sumpfniederung der Isar, vgl. *Cletham* in E. nebst *Cletland, Cletergh, Cletera, Cletefurlong* (wie Sor-, Mersh-, Spichefurlong, lauter „Sumpf- und Modergräben“). Und **Klettstedt**/Unstrut entspricht Boll-, Mehr-, Hüp-, Küll-, Hettstedt ebda. Ein **Klettbach** sö. Erfurt, Klettenbach z. Murr u. z. Pfinz.

Kleusheim ö. Olpe siehe Klusbeke!

Kleve/Ndrhein, wo von steilem Kliff (so A. Bach!) nichts zu entdecken ist — schon F. Cramer (1901) hat auf den Unsinn solcher Deutung hingewiesen —, liegt am Rande einer wasser- und moorhaltigen Niederung (mit dem Sumpf *Germe-sele);* was auch im Namen zum Ausdruck kommt: *Cleve-mere, Cleve-leg, Cleve-land, Cleve-lode* (wie Waplode!) in England bestätigen den Wortsinn „Sumpf, Moor“, desgl. *Klefsiepen* (z. Lenne) analog zu Kuck-, As-, Ell-, Hüll-, Schmie-, Schadesiepen! Dazu **Kleve** in Moor und Marsch der Eider und der Wilster, **Cleve** b. Bielefeld, **Cleverns** i. O., Clefte i. W., auch *Cleave, Clieve* in Irland! Altengl. mnd. *klive* „Klette“. **Klieve** b. Lippstadt und *Cliverde* b. Helmstedt (wie Elverde, Sulverde, Helerithi, Stelerithi, Cockrethe: Fluß Cocker/E., lauter Sinnverwandte!). Vgl. auch Klevenow a. Trebel/Vorpom. und den See *Klevei* in Litauen! Ein idg. *klevo* wird auch von germ. *hlewa* „Meer, See“ vorausgesetzt.

Kliding b. Cochem a. Mosel enthält idg. *klid (kled)* „Feuchtigkeit“ (neben *klit,* vgl. klitschig, engl. clite „Schlamm“; Cliternum/Latium, Clitumnus, Zufl. des Tibers). Ein Fluß *Cled* in Schottland; vgl. *„im Clederun“*, Flur im Rhld. Eine o-Variante Klotten *(Clodna)* gleichfalls b. Cochem; ein Kludenbach b. Simmern. Ein **Kliedbruch** liegt b. Krefeld!

Klieve siehe Kleve!

Klimbach/Pfalz (nebst Lembach, Dambach, Rumbach, Sulzbach, Rorbach, Bremmelbach, Schlettenbach) meint wie diese „schmutzig-sumpfiger Bach“, zu *klin, klen* „Schmiere“ (nord. klina, mhd. klenen „schmieren, kleben“). Vgl. auch keltisch *klen: Cleniacum, Clenich:* Cleinich a. Mosel, Clenay/Frkr., Clenna (Zufl. des Po). Zu Klinebach: Klimbach vgl. Winebach: Wimbach/Eifel (win = Sumpf).

Klings/Rhön *(Klingese)* verrät sich durch das s-Suffix als prähistorisch, analog zu *Hungese:* **Hünxe** ö. Wesel, **Lingese** b. Altena/Lenne, **Rengse** b. Olpe. *Rongese:* **Runxt**/belg. Limburg, — alles Ableitungen von verklungenen Wörtern für Wasser, Sumpf, Moor, von denen nur *ling-* „Schlamm, Morast“ im wallon. Raum noch greifbar ist. **Klingsmoos** im Donau-Moos und *Clinge-furlong*/E. (wie Sor-, Mersh-, Clete-, Spiche-furlong!) dulden am Wortsinn „Sumpf, Moor“ keinen Zweifel (vgl. auch holld. *klinke*

„Moor"); *kling (klink)* entspricht somit *ling (link), ring (rink), wing (wink), bing, ing, ging, ming, ding (dink), ting (tink), sing (sink).* Zu **Clingen** a. Helbe/Unstrut vgl. **Ringen** b. Remagen, **Lingen** a. Ems, **Bingen** a. Rh. — Aber der **Klingelbach** (auch ON.) südl. Diez a. Lahn ist entstellt aus nicht mehr verstandenem *Cunigelbach*, entsprechend dem brit. *Cunugle*, zu *cun* „Schmutz", hat also mit dem „Zaun-könig"lein (so A. Bach) nichts zu tun!

Klinkum b. M.-Gladbach entspricht Ankum, Lutum, Mussum usw.; -um = -heim, *klinke, klenke* meint „Moortümpel" (so noch holld.), dazu der *Clincus lacus* „Moortümpel"/Anhalt, *Clinch, Clench, Clincanleg* in England (ags. clencan „kleben bleiben"), **Klenkendorf** im Hamme-Oste-Moor!

Kloppenheim nö. Frkf. (a. Nidda), auch b. Wiesbaden, wo man gedankenlos Felsen (mhd. Klapf) finden wollte (so A. Bach), enthält ein verklungenes Wasserwort *klop* (klep, klap) wie auch **Cloppenburg** i. O.; vgl. *Clophurst, Clopacre, Clopham, Clopton* in England.

Klotten *(Clodna)* a. Mosel (wie Carden, Müden, Nehren ebda) entspricht **Trotten** *(Trodana)* in Luxbg, — alle aus vorgerm. Zeit. Zum Wasserwort *klod* vgl. *Clodianus*/Spanien, die *Klodnitz* b. Cosel, Fluß *Clota*/Brit. Ein *Kloten* (nebst Brütten, kelt. *Britona)* b. Zürich. Siehe auch Kludenbach b. Simmern. In Hlld.: *Klotgoor, Klotven* (wie Wasven, Biesven)!

Kluhn: Das Kluhn, eine Waldhöhe b. Schlüchtern nahe der Kinzig, erinnert an die keltische Vorzeit Hessens: Ein Fluß *Clun* in Brit.! Dazu *Clunes*/Schottland, *Clunia*/Spanien u. Rätien, *Clunium*/Korsika, *Cluniacum:* **Cluny**/Rhone (wie *Suniacum:* Soigny, *Cuniacum:* Cognac, *Luniacum* usw., alle auf „Schmutzwasser" deutend). Vgl. holld. *kluin* = veen, Moor! (Schönfeld S. 238). Ein **Kluns-Berg** b/Pömbsen i. W.

Klusbeke, Klusenbeke i. Westf. und der **Clus(bach)** im Elsaß, wo einst Kelten und Ligurer saßen, erinnern an den Bach *Clusius*/Italien nebst *Clusium* (Chiusi) und *Clusiolum*. Vgl. auch Fluß *Clesus:* Chiese (s. Clespen) und Flüsse *Clasius*/Umbrien, *Clasia* (Claise/Frkr.). Dazu schließlich **Kleusheim** b. Olpe (prähistor. Gegend!) und **Klüsserath** a. Mosel (wie Hetzerath, Gonzerath, Ückerath, Möderath, Kolverath, lauter Sinnverwandte). Vgl. auch norw. *klussa* „beschmutzen"!

Knoden ö. Bensheim wird deutlich durch den Flurnamen „in den Knoden" 1488 in Westf. (Preuß S. 98). *knod, knot* („Moder, Sumpf"?) dürfte vorgerm. sein, vgl. *Cnotesford, Cnoteshale, Cnotone* in E. Eine Variante *kned, knet* in **Knehden,** Seeort b. Templin, **Kneheim** *(Knedeheim,* wie **Peheim**

für *Pedeheim,* pede „Morast"!) w. Cloppenburg, und **Kneten** i. O. (vgl. *knit* „Moder"). *In den Kneppen, Am Knapp/W., Knapwell, Knapeney*/E.

Knostern i. W. entspricht Vilstern, Gesteren/Holld, meint also „Moder, Moor", vgl. *Knosküppel* (wie Kirküppel), *Knossington*/E. *Kneslar!*

Knüll, Berglandschaft zw. Schwalm u. Fulda, auch ein Bergwald b. Höxter, ungedeutet, kehrt auch in Niederungen als Flurname wieder; vgl. die **Knüll-Brede** (mit Bruch!) nö. Lemgo.

Kobbenrode (mit der Hengschlade) siehe Koburg!

Köbel (Bruch- u. Mar-köbel) siehe Kabel!

Kobelwald (Schweiz, 1294 *Cobelwald),* wie **Kobel** (890 silva *Cobolo)* und *Coebelwiel*/Holld wird als kelt. Relikt erkennbar durch *Cobliodurum* analog zu *Ibliodurum: ib-l, cob-l* sind Bezeichnungen für „Wasser, Sumpf". Ein *Cobelbach* 830 z. Nagold, e. *Kobelache* b. Dornbirn.

Kobern *(Coverna)* a. Mosel gehört wie Cochem, Cröv, Cues, Carden u. v. a. zu den deutlichen Spuren keltischer (und ligurischer) Vorbevölkerung entlang der Mosel. *Coverna* entspricht *Loverna*/Frkr., wie *Cova* (Coeuve) der *Lova* (Louve) ebda! Vgl. ebenso *Lovia* (Löf b. Mayen) wie *Crovia* (Cröv a. Mosel). *lov, cov, crov* sind deutlich Synonyma für „Sumpf, Morast, Moder", bestätigt durch *Covelare* (Ceuvelaere/Belgien) wie *Ovelar, Kevelar;* durch *Coveda* wie *Oveda* (die Ouvèze); durch *Covesa:* Cues wie *Camesa:* Kanzem/Mosel, *Tamesa:* die Themse; auch durch *Coveney: Oveney: Boveney*/England nebst *Coveleg, Covington* wie Ovington, *Coventry, Covesgrave, Cove,* — Orte, für die noch heute sumpfige Lage kennzeichnend ist! Und so entspricht *Köwerich*/Mosel (als kelt. *Coveriacum*): **Loverich** b. Aachen nebst *Loveric:* Leeuwerik/Holld, desgl. **Kövenig**/Mosel: **Lövenich** b. Köln.

Koberstadt nö. Darmstadt (Eisenzeit!) entspricht Weiterstadt, Eberstadt ebda.

Koblenz am Rhein, an der Mündung der Mosel, unfern der Lahn-Mündung, wurde von den Römern „ad Confluentes" genannt (lat. confluere „zusammenfließen"), was vielleicht nur Umdeutung eines kelt. Namens ist (vgl. „confugium" für Cofungen: Kaufungen!), zu *cob-l* vgl. *Cobliodurum!* Ein Koblenz liegt auch an der Mündung der Aar. Die ostdt. Orte Koblen(t)z dagegen dürften „Gestüte" sein (zu slaw. kobyla „Stute").

Koburg (Coburg) a. d. Itz (Idasa), urspr. *Cobenberg, -burg,* entspricht *Cobinstede:* **Cobstedt** am Rettbach ö. Gotha, womit *cob* als Wasserwort erwiesen ist, denn die N. auf -stedt sind durchweg mit Wasserbezeichnungen zusammengesetzt! Im Raum von Cobstedt entsprechen daher: Kochstedt, Gottstedt, Gamstedt, Ermstedt, Remstedt, Bittstedt, Egstedt, Hettstedt,

Fröttstedt, Ballstedt usw. Siehe auch Kobelbach, Kobelwald! Ein **Kobenbach** fließt b. Friedrichshafen/Bodensee; ein Bach *Cobewelle* in England. Da **Coburg** ein Zentrum des Korbwarenhandels ist, und **Kober** im Ostmitteldeutschen den geflochtenen Korb (Rückentrage) bezeichnet, dürfte der Wortsinn von *kob* Schilf- oder Weidenrohr gewesen sein! Vgl. auch die *Cobandi* zw. Elbe und Kattegatt (Ptol.).

Kochem a. Mosel (urkdl. *Cucheme*) verrät sich durch das m-Suffix als vorgermanisch, analog zu *Wideme, Medeme, Rotteme,* lauter Gewässernamen keltischer Herkunft (wie auch *Canama),* aus deren Wortsinn auch *cuc* als „Moder, Schmutz“ erkennbar wird (als Variante zu kelt. *cec,* vgl. irisch cechair „Kot“, bzw. *cac,* lat. cacare, siehe Keeken!). *Cuca, Cucra* sind brit. Flußnamen (wie Locra, Ocra, Mucra, alle sinnverwandt, also unmöglich „krumm“: so M. Förster S. 158 irrig). Der britischen *Cuca* entspricht in Hessen die **Küche** am Edersee (die W. Arnold 1875 kurios „vom Abkochen der Hirten“ herleiten wollte!), desgl. die ON. **Küchen** im Diemeltal/Waldeck und **Kuchen** a. Fils (2mal in Württ.) sowie **Kuchenheim** b. Köln, lauter Zeugnisse keltischer Vorbevölkerung! Dazu *Cuckenbeke*/Flandern, *Cuckmere*/E., **Kucklar** i. W., **Kucksiepen** b. Barmen. Vgl. auch **cauc** unter Kaichen!

Kocher, Nbfl. des Neckars, hieß 795 *Cochana,* später *Kochen,* ein deutlich vorgerm.-keltischer Flußname wie die *Logana* (Lahn), die *Amana* (Ohm) usw. Ein Kocherbach fließt zum Ulfenbach (kelt. *Ulvana!* lat. ulva „Schilf“). Und **Kochern** b. Forbach (Saar/Lothr.) gehört zusammen mit **Wochern** b. Merzig/Saar und **Nochern** b. St. Goar: es sind kelto-ligur. Gewässernamen mit r-Suffix: *Cocra — Vocra — Nocra* analog zu *Locra* (Bach auf Korsika), alle sinnverwandt *(loc* meint „Sumpf“). Und so entspricht *Cocosa*/Gallien: *Lutosa* (lut = Schmutz, Schlamm); *Coccona/* Pannonien: *Bavona, Glemona, Verona.* Zu **Kocherscheid** b. Siegburg vgl. Möder-, Reiffer-, Manderscheid! Ein **Kochel** *(Cochalon)* am schlammigen Kochelsee/Oberbayern.

Kochstedt (3mal!) b. Dessau, Aschersleben, Mansfeld, gehört in eine Reihe mit Brach-, Benn-, Schier-, Schack-, Lock-, Lück-, Lauchstedt usw.; zu *kok, koch* „Sumpf-, Moor-, Schmutzwasser“ vgl. *kauk* unter *Kaichen!* siehe auch Kocher, Köchingen, Köckte! *Auf dem Koch,* Flur b/Zwesten.

Köchingen westl. Braunschweig (nebst Gleidingen u. Beddingen!) siehe Kochstedt!

Köcker i. Westf., urkdl. *Cockrethe,* entspricht den übrigen Kollektiven auf *-ithi, -ede* wie *Helerithi, Stelerethe, Elveride, Cliverde.* Zu *kok* siehe

Kocher, Kochstedt, Köchingen, Köckte! Ein brit. Flußname *Cocker* nebst Cockerington in England!

Köckte (1180 *Kokede)*, mehrfach (am Drömling w. Gardelegen, bei Welsleben (wüst) u. b. Stendal) gehört zu den Kollektiven auf *-ede* wie Sickte, Denkte (Dengidi) b. Brschwg usw. Siehe Köcker, Kochstedt, Köchingen, Kocher! Eine *Coc-lake* aqua („Schmutzbach“) 1159 b. Hamburg, eine *Kokelake* (vgl. Quedelake!) in Dortmund. Auch Kokelare in Flandern (847 *Coce(ne)-lare)* bestätigt den Wortsinn analog zu *Gavelare, Ovelare, Roslare, Linlar!* Desgl. *Kokenmoor* i. W. und *Kokenfagne* am Hohen Venn! Ein *Koken-Berg* b. Diepholz. *Kocklenbruch* 1668/Schieder.

Köddingen *(Kodingen)* am Vogelsberg entspricht Weddingen a. d. Wedde, Reddingen, Goddingen (Göttingen), Queddingen, Beddingen, lauter Sinnverwandte. *cod* ist ein idg. Wort für „Schmutz, Schleim“ wie in *Coddemeer* (neben Hoddemeer)/Holland nebst *Kodde-poel*, desgl. in *Coddebearwe, Codeshale, Coddenham, Codenovre* (wie Icenovre, Fl. Icene)/ England; auch in kelt. Namen wie *Codre* (Fluß in Brit.) analog zu *Lodre, Glodre;* oder *Codeta* (wie Berleta, Boneta, Bormeta (Worms), Gabreta, Sudeta). Zu **Kohden**/Nidda vgl. Schoden/Saar, zu *Kodenhorst:* **Köhnhorst**/Tecklbg vgl. Kusen-, Musen-, Muden-, Ulenhorst. Siehe auch *kud* unter Kudenkopf!

Koesfeld (Coesfeld) siehe Kosfeld!

Kofferen b. Jülich wird deutbar bei Vergleich mit **Efferen** b. Köln und **Doveren** b. Erkelenz: urkdl. *Everiche, Duveric* führen auf *Coveric* (analog zu *Loverich* b. Aachen), — lauter keltische Namen, alle auf Wasser und Sumpf bezüglich. Zu *cov* siehe Kobern!

Kogenheim/Elsaß siehe Kaierde! **Kohden** b. Nidda siehe Köddingen!

Kohlscheid, Kohlstädt, Kohlbach, Kohlbruch, haben weder mit Kohl noch mit Kohlen zu tun: *kol* ist ein verbreitetes uraltes Wort für Moder, Schmutz, Sumpf. Siehe unter Kölleda, Küllstedt, Kollriede, Köllig, Köhlte!

Kohnsen b. Kreiensen/Leine entspricht **Dohnsen** ebda: zugrunde liegen *Koden-husen, Doden-husen, kod* = Schmutz, *dod* = Moor, Sumpf. Siehe Köddingen!

Kokelake („Moorlache, Moorbach“), Kokelar, Kok(en)moor siehe Köckte!

Kölbe b. Marburg a. Lahn (urkdl. *Colve*) ist der keltische Bachname *Colva* vgl. die **Külf** im Bergischen; **Külve,** Flur b. Bocholt; **Külf,** Waldhöhe a. d. Leine nö. Alfeld. Er steckt auch in **Kolveren** *(Colvara)*/Holland (analog zu *Balvara, Wulvara!)*, in **Kolverath** b. **Mayen** (wo Dittmaier einen Pers.-N. Colobo suchte!) wie Möderath, Elverath, in **Kolbenach/**

Rhld wie Rübenach, Wassenach, Montenach, nicht zuletzt im Bachnamen *Kolvender*/Eifel (d. i. keltoligur. *Colv-andra,* wie *Malandra, Balandra, Isandra, Wisandra, Merandra, Medendra, Limandra,* lauter „Sumpf-, Moor-, Moderbäche"! Zu *kol (kolv)* siehe auch Kölleda, Köllig!

Kollau, Kollbach siehe Kölleda!

Kölleda: Daß *Colithi:* Kölleda in der wasserreichen (einst sumpfigen) Unstrut-Niederung und *Colstede:* **Küllstedt** westl. Mühlhausen keine „Kohlenorte" sind, wie noch Edward Schröder glaubte (Dt. Nkde S. 142), sondern ein verbreitetes, aber längst verklungenes, jahrtausendealtes Wasser- und Sumpfwort *col* enthalten (vgl. romanisch *cola* „Harz", griech. κόλλα „Leim"), das ergibt sich schon methodisch aus der Tatsache, daß die Namen auf *-idi* und *-stede* sich durchweg auf Gewässer beziehen: *Colithi:* Kölleda entspricht somit *Tulithi:* **Tilleda** a. Helme/Unstrut (*tul* „Moder, Sumpf"!), und *Colstede:* Küllstedt gehört zu *Tullestede:* Döllstedt b. Gotha, was auch der topographische Befund bestätigt: denn gerade für Küllstedt sind 6 Landseen bezeugt! — Eine **Kollriede** fließt b. Ankum, entsprechend der *Seckriede, Schlickriede* (riede = Wässerlein). **Kollbäche** und Kohlbäche begegnen wiederholt (z. Glon, z. Vils, z. Kraich usw.); auch die **Collau** b. Hbg.-Stellingen ist ein schmutziger Bach in moorigem Gelände! — Dentalsuffix zeigt *Colete:* **Köhlte** b. Minden; ebenso altertümlich ist *Colende* 1181 b. Bernburg (wie *Helende, Alende, Wesende,* lauter sinnverwandte Gewässernamen). Deutlich erkennbar ist der Wortsinn in **Kohlbruch**/Modau/Darmstadt und **Kohlwas** (wie Romwas) b. **Kohlstädt**/Paderborn, **Kohlscheid**/Aachen; auch in *Collinghorst* (Moorort b. Leer) wie Finninghorst (fin „Moder"); dazu in England: *Cole-mere, Coleworth slade (!), Coleford;* in Holland: *Cole-kreek, Col-wide* (wie Mere-wede „Sumpfwald" ebda). Prähistor. Flußnamen sind: *Cole* (:Coole) und *Colandre* in Südfrkr. (wie Balandre, bal = Sumpf), *Cole* und *Colne* in England, *Colapis* (Kulpa) in Pannonien (wie *Isapis*/Italien, *is* = Moder, Schmutz!). Dazu ON. wie *Colia* (Cueille): 9mal in Frkr.! *Coliniacum:* Colligny b. Metz (wie Silligny, Savigny, Louvigny ebda). Auf kelt. *Coliacum* beruhen **Kollig** b. Mayen und **Köllig** b. Saarburg (analog zu *Catiacum:* Kettig, *Brutiacum:* Bruttig, *Biliacum:* Billig/Mosel, *cat, brut, bil* sind Synonyma für schmutzig-sumpfiges Wasser!). Zum berg. Flurnamen „Am **Kollert**" vgl. als sinnverwandt Sporkert, Leimert, Udert. Zu **Kollweiler**/Pfalz vgl. Kott-, Katz-, Welch-, Eßweiler ebda. Zu Colretum: *Colroi* vgl. Malretum: *Malroi* (mal = Moor).

Köllig, Kollig, Kollweiler siehe Kölleda!

Kolmbach am K. (Zufluß des Schlierbachs, slier = Schlamm, ö. Bensheim) (urkdl. *Columbach*) ist Relikt aus vorgerm. Zeit wie die **Kolme**/West-Belg., **Colmen** (+ Naumen!) in Lothr., **Colombe**/Vogesen, *Columbe:* Kulm, *Columbr-owe* 1326/Schweiz, **Colmar** im Ober-Elsaß (823 als Columbarium „Taubenhaus" erwähnt, offenbar eine Umdeutung; es liegt bei Horburg „Sumpfburg", dem Römerkastell Argentovaria a. d. Ill, mit der Lauch und dem Logelbach, — beide = „Schmutzbach").

Köln am Rhein, zur Römerzeit als Colonia Agrippinensis (zu Ehren der dort geborenen Julia Agrippina nach der Heirat mit Kaiser Claudius 50 n. Chr. so benannt). Doch liegt der Gedanke nahe, daß dieser Ort im Gebiet der Ubier vorher anders hieß (vielleicht *Colne,* siehe unter Kölleda!), wie ja auch Orleans (Aureliana urbs) aus dem alten Cenabum umbenannt ist oder Grenoble (Gratianopolis) aus Cularu, Stadt der Allobroger.

Kolverath siehe Kölbe!

Kombach a. Lahn b. Biedenkopf/Dautphe beruht auf Assimilation aus *Konebach* nach Analogie von **Rombach**/Taunus (alt *Ronebach*): *kon, ron* = Schmutz, Sumpf. Siehe unter Konfeld, Konthal, Könen!

Kommern w. Euskirchen entspricht **Nommern** in Lux.: Zugrunde liegen vorgerm. Bachnamen *(Comara, Nomara)* wie auch bei Simmern (aus *Simara*); vgl. den Bach *Comara*/Italien. Ebenso *Comina* 966: **Commen**/Mosel. *com, (cum, cam, cem, cim),* schon von K. Zeuß S. 207 richtig als „Sumpfwasser" vermutet, begegnet auch in *Comeda:* **Kumd**/Nahe, in *Como* am Comer See (!), in *Comari*/Istrien, *Comisa*/Dalmatien, *Comidava*/Dakien wie Utidava, *Cominium*/Italien (wie Nardinium, Ulcinium: Ulcäische Sümpfe!), *Comani* (Volk in Südfrkr.) (wie die Sequani, die Omani). *Comeda* entspricht Tameda, Coseda, Poleda.

Kommingen b. Singen im Hegau entspricht Worblingen (a. d. Worblen), Güttingen, Dettingen, Möggingen ebda. Ein **Kommenbach** fließt z. Wutach. Zu *kom, kum* siehe Kommern! Zu *komb, kumb* siehe *Combermiesbach:* Kompromißbach!

Kompromißbach/Hegau ist eine köstliche Entstellung aus *Combermiesbach,* wo *mies* (= moos) die Erläuterung zu kelt. *comb-r* (bisher ungedeutet!) darstellt: der Bach fließt daher noch heute durch sumpfiges Gelände! An ihm liegt Kommingen, siehe dies! *comb-r* (bisher irrig als gallisch comboro „confluent" aufgefaßt, Dauzat S. 207) entspricht *camb-r* (vgl. Cambrai, Cambrewelle und Cambriki: Kemmerich), *cumb-r* (vgl. Cumberland, Cumberwurth, Combermere) und *cimb-r* (vgl. die Cimbri als Marschenbewohner); daher viele **Combres** in Frkr. nebst *Combroiolum* (wie Vernoiolum, Maroiolum, lauter Orte in sumpfiger Lage!).

Kond (Cond) a. Mosel hieß 857 kelt. *Condeduno* „Wasserburg".

Köndringen/Südbaden beruht auf kelt. *Condriacum:* Condrieu/Rhone (vgl. die *Condrusi,* keltisches Volk!) wie Egringen, Schabringen (zu den Wassernamen Ag-r, Scab-r). *cond-* ist also Gewässerterminus, erkennbar auch aus *Condo-magus (Condomo)* analog zu *Moso-magus (Mosomo), Rigomagus* (Remagen) usw., lauter „Wasser- und Sumpffelder", und *Condacum* 615 (Condac).

Könen a. Mosel südl. Trier entspricht genau Ceugne in Frkr., urkdl. beide *Conia* (vgl. auch **Cond**/Mosel), ein kelt. Gewässername wie die *Monia:* Mogne, mit dem ON. *Coniacum:* **Cognac** wie *Moniacum:* **Mognac,** Moigny und *Loniacum:* Loigny, woraus zugleich der Wortsinn von *con: mon: lon* erkennbar wird, nämlich Sumpf- oder Schmutzwasser; vgl. die Varianten *cun: mun: lun!* Und so meint der Fluß *Conovio*/Brit. nichts anderes als der *Monovio* und der *Onovio (on* „Sumpf"); ebenso *Conoba/* Spanien wie *Onoba* ebda, und *Conimbrum:* Coimbra/Portugal wie *Cisimbrum*/Spanien.

Konfeld b. Wadern/Saar meint (worauf auch Wadern deutet) „Sumpffeld"; ebenso Konnefeld (1238 Kunefeld) b. Melsungen (wie Landefeld, Herlefeld ebda), **Konrode** b. Hersfeld und *Konthal,* Waldort b. Heldra. *Conebach* ist zu Kombach a. Lahn verschliffen. Zu *kon, kun* siehe Könen!

Köngernheim südl. Mainz enthält einen kelt. Gewässernamen (vgl. *Congeham, Congelton* im brit. England!) analog zu Gadernheim, Dauernheim, Schauernheim, Odernheim, Sobernheim, Niefernheim, Wackernheim, Winternheim, Witternheim. Varianten zu *cong* sind *cang* (Cangiacum: Changy; Changeton; die Cangi: Briten in Wales) und *cing* (Fluß Cinga/ Spanien; Chingford).

König/Odenwald siehe Kontwig!

Konken b. Kusel/Pfalz und **Konkenbeck** b. Freren (Ems) wie der **Konkenborn** in Waldeck u. die Konkenmühle b. Leschede/Ems u. Konkelspatt im Bergischen, Kunkel/Lothr. sind Zeugen keltischer Vorbevölkerung, vgl. Fluß *Conca*/It. u. *Concana*/Spanien! *Concanauni* (Insubrer) saßen in Ob. Italien. Ein **Kunkelbach** fl. am Feldberg/Freiburg.

Kontwig *(Contwig)* ö. Zweibrücken/Pfalz erinnert an die kelt. Vorzeit wie **Contern** ö. Lux., *Conteca*/Belgien, *Contal:* der Kondelwald b. Wittlich/ Mosel, *Conterod:* **Kundert** im Westerwald, *Contionacum:* **Conz** a. Mosel, **Konzen** am Hohen Venn! Vgl. den Fluß *Contobris* in Spanien! Keltisch *cont* ist Variante zu *cant, cent, cint* (siehe Kanzach, Kinzig!). Wie Kontich b. Antwerpen soll auch **König** im Odenwald *Conteca, Cuntiche* geheißen haben!

Konz(en)/Mosel, Venn siehe Kontwig! **Kop-** siehe Kostheim!

Korb a. Nister im Westerwald u. in Württ., der **Korbsee** b. Kaufbeuren, **Korben** (1341) im Breisgau, Hohen-**Körben** w. Lingen/Ems und der **Körbelbach** (z. Biber) im Hegau sind Zeugen keltischer Vorzeit: *corb* „schmutzig-sumpfiges Wasser" (vgl. irisch corbaim „besudle") begegnet wiederholt auf altkelt. Boden: *Corbie* am Bache Corbie (z. Somme) — übertragen: Kloster **Korvey** a. Weser b. Höxter —, *Corbeham* am *Corbriol* b. Arras 1076, *Corbilo, Corbeil* (von Sümpfen umgeben!), *Corbenay* (in Sumpflage) in Frkr., *Corbia* in Spanien, *Corbe* im kelt. Galatien! *Corvina:* Horvennes/Belgien. *Corve,* Bach in England. Vgl. auch *carb* unter Karben! Auch *Kurben*/Eifel; *Courbeville.*

Korbach a. d. Itter/Eder (in Waldeck) wie **Körbeck** *(Kurbeke)* a. Möhne und b. Warburg und **Korbeck** b. Bremen meinen „Sumpfbach" (zu idg. *kor, kur),* bestätigt durch **Korsiefen**/Sieg (wie Karseifen ebda): siefen, seifen = sumpfige Bachniederung, auch durch *Curebroek*/Flandern, *Curmyre*/Schottland, *Curlare:* Courl b. Dortmund.

Körbelbach siehe Korb!

Körde b. Münster (urkdl. *Curithi*) ist Kollektiv auf -ithi, -ede wie *Herithi:* **Herde,** *Urithi:* **Ührde,** alle auf Sumpfwasser deutend. Siehe Korbach!

Kordel b. Trier (a. d. Kyll), alt *Cordula,* gibt sich durch *Corda*/Brit. und *Cordoba*/Spanien als keltisch zu erkennen. *cord* ist wie *cerd* Variante zu *card* „Schmutz", siehe Karden a. Mosel!

Kork b. Kehl a. Rhein ist Relikt aus keltischer Zeit (vgl. *Curciacum, Curcona*/Frkr., das *Kurkemeer*/Holld, irisch *curcach* „Schilf", idg. *kor-ko* „Sumpf"; *Corcava*/Irland). Dazu noch rheinisch *hork* „Schmutz".

Körle a. d. Fulda südl. Kassel (alt *Curle*) meint „Sumpfort" wie **Körlingen** *(Curlingon)* b. Helmstedt (wo auch *Sleningen, Weddingen* den Wortsinn bestätigen!). *„Im Kirle"*, Waldort. Vgl. *Kerle!* Ein *Corlay* in Frkr.

Körner a. Notter (*Nodra* „Sumpfbach", kelt.!), alt *Cornari,* ö. Mühlhausen gehört zur prähistor. Gruppe der *Vanare:* **Fahner** nö. Gotha, *Arnari:* **Örner** a. Wipper b. Mansfeld, *Furari:* **Furra** a. Wipper, *Dudari* usw., lauter Sinnverwandte: *cor-n, ar-n, van, fur* sind uralte, verklungene Wörter für Sumpf, Moor, Moder. Vgl. Fluß *Corno* z. Nar/Tiber; *Cornacum*/Pann., *Corniche:* **Körrig**/Saar, die *Cornovii:* in **Cornwall;** *Corn-well, -brok, -leg, -ford*/England. Eine **Korne** fließt zur Linge/Holland ling = „Schlamm"); dazu *Cornput* (put „Pfütze, Tümpel"); eine *Kornegge* i. W. Vgl. auch **Körne** (989 *Curni*) b. Dortmund, *Cornede* 1122 b. Herford.

Körrig b. Saarburg entspricht dem benachbarten **Serrig** a. Saar nebst **Beurig** ebda: alle an der Endung als vorgerm. erkennbar. *Corniche, Serviche,*

Buriche sind Ableitungen auf kelt. *-iacum* von Wörtern für Sumpf- und Schmutzwasser, wie auch Bruttig, Kettig, Einig usw. *(Brutiacum, Catiacum, Iniacum).* Siehe Körner! **Körsch** siehe Kersch!

Korsendonk/Ndrhein stellt sich zu Kellen-, Kerven-, Millen-, Singen-, Wachtendonk, lauter erhöhte Wohnstätten in sumpfiger Umgebung; vgl. auch **Korschenbroich** b. Düsseldorf. Keltisch (kornisch) *cors* „Sumpf" auch in *Corsopitum, Corsaburn, Corsantun*/Brit., *Corsiacum*/Frkr., Insel **Korsika,** und Bach *Corseca*/Rheinhessen. Varianten sind *cars* (Carsulae/ Umbrien, Carsidava; Fl. Carsos) und *cers* (Kerssiepen i. W.)

Korweiler im Hunsrück nebst **Karweiler** b. Remagen und **Kirrweiler**/Pfalz Eifel, deuten auf feuchte Lage; siehe Korbach, Karbach, **Kirn!**

Korvey b. Höxter a. Weser siehe Korb!

Koslar (Coslar) b. Jülich entspricht *Roslar* in Flandern, wie *Coseda* (Lyon): *Roseda* (Mosel) und die Bäche *Cosanna* (Frkr.): *Rosanna* (Engadin): denn *cos, ros* sind (vorgerm.) Bezeichnungen für schmutzig-sumpfiges Wasser. Siehe auch Kosfeld und Kusel!

Kosfeld (Coesfeld) in Westf. (im Quellbezirk der Berkel) kehrt wieder in Belgien (1171 *Cosvelt*) und als Stadtteil von Rheine a. Ems: „das Koesfeld"! Zu *kos* siehe Koslar, Kusel! Zu **Koßweiler** (U.-Elsaß) vgl. Reit-, Dett-, Scherweiler a. Scheer. In England: *Cosford.*

Kostbach, Kostbächle (z. Kinzig/Baden) siehe Hostenbach! *cost (host)* ist vorgerm. wie in *Coste(s)ford, Costeseie*/Brit. **Kostenz** im Hunsrück deutet auf einen Bach *Costantia.* Ein *Costices* b/Douai!

Kostheim am Rhein, Vorort von Wiesbaden, hieß urkdl. *Kopistein* und gehört somit in eine Reihe mit *Scerdi-stein:* **Schierstein** ebda am Rhein-Ufer und *Neri-stein:* **Nierstein** am Rhein südl. Mainz, womit endlich Licht auf das bisher ungedeutete *Kopi-stein* fällt, — denn *ner* (Aquae Neriae/Frkr., Neriomagus, Fluß Neris/Lit.) und *scerd* (lat.-irisch scerd - „Schmutz", die Skerdelbeke/Reckl., Scerdington/E.) sind idg.-kelt. Wörter für Schmutz- und Sumpfwasser. Gleiches muß für *kop* gelten (vgl. κόπρος „Mist"): greifbar noch im Slawischen für „zerfließen, modern", bestätigt durch *Kop-pol,* Copwick/Holland, *Cope-moor, -land, -ford, -grave*/England, *Kop-stal* (mit Hem-stal) in Lux., *Cop-eyge* 1460 in Lippe, *Kop-siek* 1575 b. Werl i. W. und *Copungen:* Kaufungen ö. Kassel. So wird verständlich auch **Kopp** a. Kyll/Eifel, **Köppern**/Taunus.

Kottenforst *(Cotenforst),* Wald bei Bonn, bisher ungedeutet, lüftet sein Geheimnis, wenn wir **Kottensiepen, Kottschladen** b. Hückeswagen vergleichen; siepen wie schlade deuten auf sumpfiges Gelände. Und so entspricht **Kottenheim** ö. Mayen den Sinnverwandten Miesen-, Kaifen-,

Mauchen-, Wachen-, Wattenheim usw., **Kottweiler**/Pfalz den Sinnverwandten Koll-, Koß-, Dett-, Dutt-, Schmittweiler, **Kotthausen** am Itterbach/Waldeck wie Rotthausen, Loshausen usw. Dazu *Cotemoor*/E. nebst *Cote-furlong* (wie Clete-, Spichefurlong), *Cotenbeke* 1194/Osn., *Cotene* b. Höxter (dort der Köterberg!), *Cotland* b. Borken i. W. Vgl. auch *choti* „Pfütze" im Dep. Landes und kelt. *cot: Cotini* (gall. Volk), *Cotia* silva b. Compiègne; *Choti-Wald* in Ö. Auch **Köttenich** wie Füssenich!

Kraam/Westerwald erinnert an *Glaam,* siehe dies und *Krems!*

Kradenbach b. Daun/Eifel (wo Mürlenbach, Neidenbach, Weidenbach schon auf den Wortsinn hindeuten) und **Kredenbach** am Rothaar (nebst Hilchenbach), bisher ungeklärt, meinen zweifellos „Schmutzwasser", wie auch Flur *Krede* i. W.: zu einem verschollenen *crad, cred (crid, crod, crud)* wie in *Cradoc-cumbe*/England (analog zu *Scadoc, Hassoc, Avoc, Caboc, Grenoc),* nebst *Cradenhill, Credenhill, Criden- (Creodan-)hill, Criddanwelle, Creddewelle, Crede-, Cradley, Crideho, Criddesho* (schon 780), *Crideton, Cridia* (739, *Creedy),* auch *Crude* (Croid), *Crudes silva* 873, *Crudewelle, Crudecote, Crudan-sceat* 909. Vgl. Fluß *Crodoldus* in Frkr.! Im Irischen meint *cre(d)* „Schlamm, Schmutz".

Kraft *(Craftaha)* hieß der Unterlauf der Ill b. Straßburg, — ein N. aus vorgerm. Zeit, vergleichbar der**Taft** *(Taftaha),* Zufluß der Ulster/Hessen und der **Truft** *(Truftaha).* Dazu *Crafte-stat* (739): **Krastatt** b. Zabern. Der Wortsinn von *craft* ist zweifellos der von *taft* (tab = Moder). Vgl. auch *cruft* unter **Kruft!**

Krähen: Der *Hohen-Krähen* (Württ.), 1192 *Creien,* ungedeutet, ist so vorgerm.-keltisch wie der *H.-Karpfen* u. der *H.-Höwen.*

Kraich (750 Creich), Nbfl. des Rheins, zwischen Schwetzingen und Speyer, mit dem Kraichgau (fruchtbar durch Lehmboden) um Sinsheim südl. Heidelberg, verrät ihren Wortsinn schon durch ihr schmutziges Lehmwasser (Vgl. F. J. Mone, Badische Urgeschichte; Mone war gebürtiger Kraichgauer). Ebenda ein **Kriegbach** (1226 **Criche**) z. Kraich. Es sind Relikte aus kelt. Vorzeit wie **Creuch** b. Limburg a. Lahn (1215 *Croich)* und *Creuchowilare* a. Prüm: gäl. *creuch* „Morast"! Ein Fluß **Crouch** auch in Brit. Zum Kriegbach vgl. den **Kriegsbach** z. Krunkelbach/Südbaden, **Kriegsheim** a. Pfrimm w. Worms: *Creaches-, Creichesheim.*

Krailsheim (Crailsheim) in Württ. (im Quellgebiet der Jagst, der Speltach und der Stimpfach, lauter vorgerm. Namen!), bisher ungedeutet, lüftet sein Geheimnis beim Vergleich mit dem *Kröuwelspach* (1356/93), Zufluß der Starzel, b. Hechingen. Zugrunde liegt also ein Wort für Wasser (Moder oder Schmutz), das ohne Diphthongierung in Lippe als *Kruwel* 1488,

1590 (Flurname) begegnet. Vgl. auch *Gruwel-:* Grauelbach b. Bensheim (zu *gruwel* „Schmutz"). Idg.-kelt. *kruv* „Geronnenes"!

Krankel siehe Krenkingen!

Krauchen/Baden, Krauchtal b. Bitsch/ u. b. Zabern/Elsaß, der Krauchenberg im Thurgau und **Krauchenwies** a. Ablach/Sigmaringen, wo keineswegs etwas „herumkraucht" (wie man gemeint hat!), enthalten ein vorgerm. Wort für schmutzig-sumpfiges Wasser; siehe Kraich; *Cruchfeld/E.*

Krautscheid b. Neuwied u. b. Prüm entspricht Lor-, Ehl-, Ber-, Huscheid usw. *krut* kann hier also nur vermoderte Wasserpflanzen meinen!

Krebeck b. Duderstadt siehe Krefeld! **Kreck** siehe Krekel!

Kredenbach am Rothaar siehe Kradenbach!

Kreepen ö. Verden a. Aller (nö. vom Kükenmoor) wie Heepen ist einer der altertümlichsten Namen dieser prähistor. Gegend. *crep* (litauisch = Schmutz) begegnet sonst nur in *Crepsa*/Illyrien (mit s-Suffix wie Fl. Apsus/Ill.), in **Crepelvliet**/Holland wie Ger-, Heen-, Rusc-, Vervliet, in *Crepusci* (ital. Volk) wie die Etrusci, Rugusci, Cherusci (lauter Sinnverwandte!), vgl. die *Chrepstinivarii* (Tab. Peut.) wie die Grumbestini in Kalabrien (grumb „Schmutz"), die Tricastini/Frkr., die Faristini (vgl. Fl. Farstina, z. Weser b. Verden).

Krefeld am Rhein ist kein „Krähenfeld", sondern dem topograph. Befunde entsprechend ein „feuchtes, sumpfiges Feld" (mit dem Kliedbruch!), wie auch aus **Krebeck** b. Duderstadt und **Kreipke** *(Kre-beke)* b. Holzminden ersichtlich, auch aus *Kre-lage* i. W. (wie Am-, Ar-, Harplage) und *Krei-grave*/Veluwe (wie Hei-grave, heg, hei = Moor!). So wird auch **Kreiensen** verständlich, analog zu **Brunkensen. Krenfeld** wie Krentrup!

Kreidach b. Mörlenbach (!) im gewässerreichen Kr. Heppenheim ist entrundet aus *Kreudach* 1568, d. i. *Crudech* 1369, *Crutehe* 1287 (nebst Crutlach 1390): *Crutahi* meint „Sumpfgestrüpp" (vgl. Venahi: Vennehe „Sumpfdickicht"). Der topographische Befund bestätigt es: Mörlenbach, Zotzenbach, Laudenbach, Lörzenbach ringsum sind „schmutzig-sumpfige Bäche".

Kreiensen a. Leine entspricht Brunkensen, Ammensen, Ippensen, Krimmensen usw. ebda, alle auf Wasser und Sumpf deutend (-sen = -husen). Vgl. *Krei-grave*/Holld, desgl. Krefeld!

Krekel sö. Schleiden/Eifel (mit Krekelkirch) wird deutlich durch **Kreckelmoos, Kreckelwiese;** auch durch **Krekelput, Krekelbeek** in Flandern, den *Creklenbach:* **Kröckelbach** (z. Weschnitz ö. Bensheim) und das **Kreekgors** (alt *Creka*) in Brabant; ein Fluß *Crec* 1160 mit *Crec-hem* in England; *Krekenbeck* b. Bielefeld, eine *Krekesbeke* um 1200 b. Herford; eine

Waldhochfläche **„Krekeler“** b. Höxter, vgl. den Vogler, den Eidler, den Göttler, den Seiler, den Selter, — alle nach ihren Gewässern, ihrer Bodennatur benannt! *krek (krak)* meint noch im Slaw. „schleimiges Zeug, vermoderte Wasserpflanzen“! Vgl. die **Kreck** (zur Itz, vorgerm. Idasa) westl. Coburg.

Kreling i. W.: vgl. *Crele:* **Kriel**/Köln u. den Sumpf *Creil*/Holld.

Krempe (Alten-), Moorort in Wagrien, desgl. bei Glückstadt im Marschenland der Unterelbe, und **Krempel** am Ahlen-Moor (Hadeln) verraten *kremp* eindeutig als „Moor, Sumpf, Moder“ (vgl. *krep* unter Kreepen!). Dazu **Krimpen**/Holld. Ein **Krempelbach** aber auch zum Kocher!

Krems (mit Kremsmünster), Zufluß der Traun (zur Donau) südl. Linz in Ö., gehört wie ihre Nachbarflüsse Traun, Enns, Ybbs, Aist, Naarn, Erlauf, Alm der ältesten Vorzeit an, mit undt. s-Suffix wie die *Krimisa*/It. **Krems:** *Cremisa* (oder Cramisa) entspricht der **Glems** *(Glamisa, Glemisa)* in Württ., der **Rems** *(Ramisa, Remisa)* ebda, der **Ems** *(Amisa). crem* (vgl. lat. *cremor* „Schleim“!) begegnet auch in *Cremera* (Fluß in Etrurien), *Cremière*/Schweiz (Cremeria wie Ameria, Rameria, Boderia), *Cremona* (wie Glemona, Verona, Carona, lauter „Schmutz- oder Sumpfgewässer“), *Cremenna* (wie Tavenna, Ravenna, Rasenna, Bagenna, Clarenna, lauter Sinnverwandte). Ein **Kremmbach** fließt z. Ibach/Baden, ein **Kremmelbach** z. Argen/Bodensee.

Krenkingen/Schlücht entspricht Hürrlingen, Mettingen, Eggingen, Ühlingen ebda, — alle auf Gewässer bezüglich. Zum Wasserwort *krank, krenk* (lit. krenku „gerinnen“) gehört auch **Krankel** b. Linz a. Rhein (analog zu Unkel, Erpel ebda, und **Fankel** b. Cochem/Mosel). Zu Krenkingen vgl. Denkingen (dank „feucht“). Und **Krankenhagen** b. Rinteln entspricht Müddenhagen, Sorenhagen, Kattenhagen (zu „Moder, Sumpf, Schmutz“). Siehe auch Krunkelbach!

Krentrup (3 mal in W.), 1470 *Crenentorp,* stellt sich zu Währentrup, Finnentrup, Hörentrup, Wissentrup, Schwelentrup, Göttentrup, Dörentrup, Oientrup, lauter Sinnverwandte! *kren* (Schmutz, Moder, Sumpf) auch in *Crener, Creiner* (heute Kleinern/Waldeck) und in **Krensheim**/Tauber, Fam.-N. Krenzheim/Franken. Ein **Krenzbach** fließt b. Bregenz/Bodensee, urspr. wohl *Crenesbach* wie der Kunzbach: *Cunesbach.*

Kresthorst i. W. kann nur „modrig-schmutziges Gehölz“ meinen, da *Crestefurlong* in England sinnverwandt ist mit *Clete-, Loc-, Mersh-, Sor-, Spichefurlong,* lauter feuchte, sumpfige Gräben. *Cristes-hale* ebda bestätigt es analog zu *Cates-, Cormes-hale* „feuchte Winkel“. Da aber *cat, corm* keltisch sind, dürfte gleiches auch für *crist, crest* gelten: in der Tat begegnet es in kelt. *Cristoiolum:* Criteuil a. Oise (wie Vernoiolum: Verneuil, zu verno „Sumpf, Erle", Corboiolum: Corbeil, von Sümpfen umgeben!), desgl. in *Christnach*/Lux. mit der kelt. Endung -(i)acum wie Kolbenach, Montenach, Wassenach; vgl. *Cristenache* 1086: Cressage/E. wie Radenach 1175: Radnage (rad „Moor"), *Cresta*/Graubdn.

Krettenbach, Zufluß des Aalbachs (z. Marbach/Fils), meint nichts anderes als der **Krottenbach:** altdt. *krette, krotte* ist die Kröte.

Krettnach b. Andernach und **Krettnich** b. Wadern/Saar gehören zu den kelt. Namen auf -(i)acum, die durchweg Wasserbegriffe enthalten: wie Rübenach, Kolbenach, Montenach, Wassenach. Auch **Kretscheid**/Eifel (ein Bergwald) wie Krutscheid, Nutscheid b. Waldbröl bestätigt *kret* als „Sumpf, feuchter Schmutz", wonach sicherlich auch die ahd. Form *kretta* für „Kröte" gebildet ist (die das Wb. von Kluge als etymologisch dunkel bezeichnet; das Ndd.-Nordische kennt nur *padde!*). Vgl. auch den **Kretzgraben** (mit dem Betzgraben, bet „Schmutz"!) z. Dreisam u. **Kretz** b. Andernach. Siehe auch *kred* unter Kredenbach!

Kreuch (Creuch) b. Limburg/Lahn siehe Kraich!

Kreuznach a. Nahe (778 *Crucinacha)* nebst **Kreuznick** w. Mayen gehört wie Christnach/Lux., Rübenach, Kolbenach usw. zu den kelt. N. auf -(i)acum, *cruc* ist also ein Wasserwort und hat mit „Kreuz" (lat. crux) nichts zu tun. *Crucilo:* Kruiselt bestätigt es. Siehe Krüssel!

Kriegbach, Zufl. der Kraich, und der Kriegsbach (z. Krunkelbach/Waldshut) sind „Schmutzbäche"; dazu **Kriegsheim** w. Worms und **Kriechingen**/Lothr. Siehe Kraich und Krekel! In England vgl. *Criches-eia, Cric-lade.*

Kriftel a. d. Kriftel siehe Kruft!

Krimmensen b. Kreiensen/Leine siehe Kreiensen! Vgl. Fl. *Krimisa*/It.

Kröckelbach siehe Krekel!

Kröd-Berg (und Sülz-Berg!) b/Rothesütte/Harz siehe Krüden!

Kröffelbach b. Wetzlar kann nichts anderes meinen als die benachbarten Griedelbach, Quembach, Solmsbach, nämlich „Schmutz-, Moderbach": Nördl. davon bei Gießen a. Lahn: **Krofdorf** (8. Jh. *Cruftorf).* Siehe Kruft! Ein Cröffelbach auch b. Schwäb.-Hall.

Kröftel *(Crüftel)* b. Idstein/Taunus siehe Kruft!

Kroppenstedt ö. Halberstadt entspricht Bödden-, Vecken-, Toppenstedt. Vgl. lett. *krup* „Grind".

Krottenbach, Krottelbach siehe Krettenbach!

Kröv a. Mosel (urkdl. *Crovia, Cruve*) entspricht *Lovia:* **Löf** b. Mayen (zu kelt. *lov* „Sumpf", vgl. Fluß *Lova:* Louve). *Crovia* kehrt in Frkr. als Fluß- und Ortsname wieder, nebst *Croviacus* (wie *Oviacus:* Oeuvy/

Marne) und *Croviasco* (mit ligur. Endung wie Godiasco, Cedrasco, Balasco, Marasco), womit *crov* (bisher ungedeutet) als keltoligur. Bezeichnung für Sumpf- oder Schmutzwasser gesichert ist. Vgl. auch *Crov-inish*, eine Insel b. Irland! *crov, lov, ov* sind also sinnverwandt. Eine Lautvariante ist *cruv* (idg.-lit.-lat. = „geronnenes Blut", altind. *krav*, lett. *krev*, mittelirisch *cru*, kymrisch *crau)*.

Kruchten/Eifel (nahe Lux.) und Cruchten/Lux. u. Erkelenz sowie Crochten im Dep. du Nord zeigen ndd. *cht* für (urkdl.) *ft: Crufta.* Siehe Kruft!

Kruckum *(Cruc-heim)* b. Melle (in wasserreicher Gegend) wie *Crucum* in E. entspricht Ankum, Lutum, Latum, Loccum, Marum, Brockum, — alle auf Sumpf-, Moor- oder Schmutzwasser bezüglich. Ein **Kruckel** b. Dortmund, dazu *Krukel-wik:* **Krückling** i. W. Auch in E.: *Crucerne, Crucum, Cruchfeld. kruk* dürfte somit Variante zu *krek, krik* „Schleim, Schmutz, Moder" sein, vgl. **Krekel!** Daher *Cruc-hem: Crec-hem* in E. (mit Fluß Crec). Ein *Cruk-linnen* -See in Ostpr.

Krüdenscheid b. Neviges/Wupper entspricht Lüdenscheid, Rüdenscheid, Lullenscheid (lud, lul „Morast, Schmutz"). Es kann also schwerlich ndd. krud „Kraut, Gemüse" zugrunde liegen, zumal es als Wasserpflanze nicht bezeugt ist. *krud* dürfte Variante zu *kred, krid, krad, krod* „Schmutz" sein (siehe Kredenbach, Kradenbach!); dazu stimmen *Krude-sale* 1123/ Brabant (wie Bruc-sale: Brüssel), *Crudendorp:* **Krurup** i. W., Krudenburg i. Lippe; dazu *Crudorp* 1131, *Crubeca* 1121/Belgien, die **Krubeke** b. Stiepel i. W.; in England: *Crudansceat* 909, *Crudewelle, Crudecote, Crudessilva* 873 und *Crude:* Croid. Ein **Krüden** b. Seehausen/Elbe!

Kruft (897 *Crufta*) beim Laacher Maar/Andernach, bisher ungedeutet, gehört wie die übrigen im Eifel- und Taunusgebiet vorkommenden *Kruft*-Namen deutlich zu den Zeugen prähistorischer, also vorgerm. Bevölkerung: so *Crüftel:* Kröftel b. Idstein/Taunus, **Kriftel** a. d. Kriftel (in Cruftera marca) am Main w. Frkf., *Cruftila, Crufwilere* (wüst b. Butzbach/ Wetterau, wie *Gredwiler*, Griedel und *Randwiler:* Rendel ebda, wo *gred, rand* „Moor, Sumpf" bedeuten!), auch *Cruftorf* 8. Jh.: **Krofdorf** b. Wetzlar, und — mit ndd.-ndrhein. cht für ft: **Cruchten** b. Bitburg/Eifel (alt *Crufta)*, **Crüchten** b. Erkelenz und in Lux., **Crochten** im Dep. du Nord. Zugrunde liegt wohl idg. krup, kruv (lett. krev, lit. kruv, altirisch cru, lat. cruor) „geronnenes Blut", (lettisch krup „Grind"). Ein **Kräftelbach** b. Wetzlar, ein *Creftel-:* **Cröffelbach** b. Schw.-Hall. Vgl. auch die Variante **Kraft** *(Craftaha)*, so hieß der Unterlauf der Ill b. Straßburg, und dazu *Craftestat* 739: jetzt **Krastatt** b. Zabern/Elsaß.

Krümmel b. Selters *(Saltrissa!)* im Westerwald kehrt auf kelt. Boden mit dem britischen **Crumble** in E. wieder, von dem A. H. Smith (1956) S. 118 mit Recht sagt: *crumble* = „pool" is not improbable! Auch *Crumbles* in E. war ein Sumpfteich. *Crumbcarr*/E. bestätigt den Wortsinn mit dem Zusatz *car, cer,* was stets auf Sumpf deutet (vgl. *Sele-kere: sel* „Sumpf"!); ebenso *Crumb-fanni* (wie Hadun-venni); „krumme Sümpfe" wären ein Unding! So ist denn auch der **Krümmelbach**/Schweiz (auf altkelt. Boden) keineswegs krumm, sondern gerade fließend, die beste Bestätigung für Eindeutschung. Dazu (der) *Crumbelbach* a. Fulda 1102, a. Wohra 1369, b. Eisenach 1103 (z. Hörsel, hors „Sumpf, Kot"), b. Kassel (jetzt Osterbach), alle auf prähistor.-kelt. Boden. So werden verständlich auch **Krummen** in Baden, **Crumstadt** (mit Bruch!) sw. Darmstadt, wo Pfungstadt, Ramstadt Gleiches meinen! Desgl. *Crum-hem* a. Ruhr. Aber auch der **Krummensbach** (z. Schussen), alt *Chrumoldesbach,* da nicht mehr verstanden. In England vgl. auch Fluß *Crombe:* Croome, Crombocwater, Cromwell, Cromford; in Irland: Cromlin wie Camlin.

Krunkelbach/Waldshut (m. d. Kriegsbach) siehe Krenkingen!

Krüssel/Ems entspricht **Kruisselt** (890 *Crusi-lo)* in Brabant, wo *lo* auf sumpfiges Gelände deutet, und so meint Kruisselt nichts anderes als Grasselt, Hasselt, Zwiggelte: es liegt a. d. Lutte (lut = Schmutz, Moor)! Die *Kruisschlade* und Ken-slade b. Elspe/Olpe (analog zu Der-schlade) und *Kruisdoppe, Kruisgrave*/Holld bestätigt *krus* als „Sumpfwort". So auch **Krüssau** (mit Gladau!) am Fiener Bruch! Crussow b. Angermünde (nebst Pinnow, Mürow, Felchow, lauter Sinnverwandte). Desgl. *Crusina:* **Creußen** am Main südl. Bayreuth. Die Verbreitung deutet aufs Venetisch-Slawische.

Kuchen, Kuchenheim, Küchen, Küche siehe Cochem!

Kudenkopf, bewaldete Anhöhe (mit Bachquelle) nö. Korbach/Waldeck, meint nichts anderes als der benachbarte Quennenberg (idg. *kud, kwen* = „Schmutz, Moder, Sumpf"). Bestätigt wird es durch den Uhrenkopf a. Eder, den Lauchenkopf a. Lauch im Elsaß, Biedenkopf a. Lahn, lauter Sinnverwandte. So auch *Kudewik:* **Kuyk** Kr. Beckum, wie Lodewik, Modewik; *Cudelage:* **Kuhlage** i. W., *Cude-slade:* **Kuhschlade** i. W. (slade = Sumpfstelle!). **Kuden(see)** in der Wilstermarsch. *Kudenbeke:* **Kuttmecke** b. Soest entsprechend der *Ludenbeke* oder Lüttmecke b. Brilon (lud „Schmutz"). Eine *Cuda* (Coa) auch in Spanien! Eine **Küddow** fließt zur Netze. Ein **Kuddewörde** b. Hamburg. In England vgl. *Cudeworde, Cudecumbe, Cudeleg, Cudanhlawe* (wie Hodan-, Lortan-hlaw, lauter „Schmutzhöhen"), *Cude(ne)sford, Cudintune:* Cuddington (wie Wasentune: Washington), auch *Cudena:* Cowden. Sekundäres *ing* zeigt auch Küdinghoven b. Beuel (vgl. Lenninghoven a. Lenne!).

Kues b. Bernkastel *(Covese)* siehe Kobern!

Kucklar, Kucksiepen (wie Schmie-siepen) siehe Cochem!

Kuhmen *(Cuma)* in Lothr. gehört wie Naumen *(Numen),* Colmen, Merten, Bolchen ebda zu den Spuren vorgerm. Bevölkerung, keltoligurischer Herkunft. Zu *Cuma* vgl. *Cema* in Ligurien! *cum* ist Variante zu *com, cem, cim, cam* im Sinne von Sumpf, Moder, Schlamm. Vgl. *Comeda:* Kumd/Nahe unter Kommern! Wie *Cuma* so auch *Ruma (rum, rom, rem, rim, ram* = Sumpf, Morast). Ein Über-**Kumen** a. Larg/ob. Elsaß.

Kühnbach, zur Jagst, beruht auf Umdeutung aus *Kenbach* 1357, *Cenebach* 1248, siehe Kehna!

Kuhnbach, Zuflüsse der Fils und der Rot (Kocher), mit Kuhnweiler, und der **Kuhnenbach** (Rems) sind „Moderbäche" (analog zum *Munenbach:* dem moorigen Monbach/Nagold); desgl. der *Cunes-bach* 950: heute **Kunzbach** b. Bad Ems, mit dem beliebten Fugen-s, das auf Eindeutschung deutet. *kun (cun)* — vgl. lat. *cunire* „beschmutzen" — begegnet mehrfach auf kelt. Boden, vgl. in Brit. *Cunetium* (wie Brigetium, Sanetium, lauter Synonyma!), Fluß *Cunet:* Cownd (wie *Cenet*), in Spanien: mare *Cunia!* Nicht zuletzt in Holland die *Cunre:* **Kuinder** (wie die *Genre:* **Gender**/Brabant, zu *gen* = *kun!). Cune-brok* 1270 in E. bestätigt den Wortsinn! Siehe auch *Könen!*

Kührstedt am Ahlen-Moor b. Bremerhaven entspricht Alfstedt, Drangstedt, Ringstedt, Sellstedt ebda, lauter Sinnverwandte für Moor- und Sumpfwasser. Vgl. **Kühren** b. Plön u. b. Köthen, **Kuhren** mit dem Kurischen Haff sowie **Kurland,** womit *kur* auch fürs Venetisch-Baltische bezeugt wird. Eine **Kuritz** fließt zur Oder. Vgl. *Curicum* in Dalmatien. Siehe **Kurl!**

Küllstedt *(Colstede)* w. Mühlhausen/Thür. siehe Kölleda! Im selben Raum begegnen als Sinnverwandte: Wachstedt, Büttstedt, Bollstedt, Sollstedt, Hüpstedt.

Külte *a.* Twiste ö. Arolsen/Waldeck (urkdl. *Culite)* entspricht **Köhlte** *(Colete)* b. Minden: *kul, kol* meinen sumpfig-schmutziges Wasser, siehe Kölleda! Dazu auch **Külbach** b. Waldbroel, deutlich in *Cule-mere, Cule-fenn/* E., *Culbiki:* **Keulbeck** i. W., *Cule:* **Keulen** (+ Deuna)/Eichsfeld, der **Küling** (Wald b. Höxter, wie der Seuling mit der Sule, der Solling, der Schilling, der Beping/Hessen, lauter feuchte, modrige Bergwälder), der **Külf** a. Leine, die **Külve** (Flur b. Bocholt), **Külz** b. Simmern *(Kuliso)* wie Kelz *(Keliso)* b. Düren, mit prähistor. s-Suffix; vgl. auch *Cularu* (=

Grenoble). **Kühlsen** b. Driburg i. W. *(Kule-husen)* entspricht Ahlsen, Bahlsen *(Balehusen)*, zu *al, bal* „Sumpfwasser"!

Kumd/Nahe *(Comeda)* siehe Kommern! Auch Kümbdchen b. Simmern.

Kumen/Elsaß siehe Kuhmen!

Kundert *(Conterod)*/Westerwald siehe Kontwig!

Kunkenbeck siehe **Konken!**

Künsebeck b. Bielefeld (ungedeutet) gehört zu den prähistor. Gewässernamen wie *Vinsbeck* in Lippe: *kun, vin* „Moder, Moor".

Küntrop b. Werdohl/Lenne (nebst Blintrop ebda!) entspricht **Kentrup** (3 mal i. W.): *kun, ken* „Schmutz, Schlamm".

Kunzbach *(Cunesbach)*/Bad Ems siehe Kuhnbach!

Kupfer *(Kupra)*, Nbfl. des Kochers, entspricht formell und inhaltlich der **Wipper** *(Wipra)*/Unstrut-Saale. Idg.-lettisch *kup* „Moder" (slaw. *kop)*. Vgl. *Kuppschlade* Kr. Gummersbach (schlade = Sumpfstelle) wie Derschlade; *Cupum, Copun* 1150/E. Kuppenheim a. Murg b. Rastatt wie Kippenheim *(kip* „Moor"). Vgl. Fluß *Kupa*/Lit.; *Cupella* b/Calais.

Kurben/Eifel siehe Korben und Karben! **Kurich** *(Curewic)* siehe Kurl!

Kurl *(Cur-lare)* b. Dortmund verrät schon durch den Zusatz -lar, daß *kur* ein Gewässerwort ist (vgl. irisch *cur, currach* „Quelle, Sumpf"). Eine *Cura* (vgl. Curry) fließt in Brit., eine *Curetia:* Corrèze in Frkr., eine **Kuritz** zur Oder. Zu **Kuhr** i. Westf. vgl. **Kühr** (Mosel), zu *Curewik:* **Kurich**/Ruhr: Kudewik, Lodewik, Modewik, alle auf Moder und Schmutz bezüglich; zu *Curscheid:* Burt-, Ell-, Selscheid; zu *Curebrok:* Albrok, Malbrok usw.; zu *Cur-stede:* **Kührstedt** (siehe dies!): Sellstedt; zu *Kur-beke:* **Körbeck** i. W.: Korbeck b. Bremen und Korbach/Waldeck. **Kühren** b. Plön, **Kuhren** (mit dem Kurischen Haff), **Kurland** und *Curicum* in Dalmatien weisen aufs Venetisch-Baltische und Illyrische. *Curiones* wohnten am Thüringer Wald. *Cur-myre* in Schottland, *Cure-brok* in Flandern bestätigen den Wortsinn „Sumpf". *Curiacum* (Cuiry) und *Curioscus* sind keltoligurisch.

Kürten im Bergischen entspricht Neschen, Nochen, Bechen ebda, lauter Spuren aus vorgerm. Zeit! Wie *nesc, noc, bac,* so kehrt auch *curt* auf kelt. Boden wieder: bekannt ist Courtrai/a. Lys (Flandern); *Curta* begegnet 2 mal in Pannonien; und 2 Sumpfteiche *Curtius* lacus in Rom nennen Ovid u. Tacitus. In England bestätigen *Cortenhale* (wie Batenhale) und *Cortington* (wie Washington, Cartington!) den Wortsinn „Sumpf, Schmutz" für *curt, cort, cert (Certindune* 1236), vgl. auch unter Kerzenheim! Zu Kürten vgl. auch *Kurtscheid* (wie Ehl-, Brem-, Lor-, Notscheid ebda) und *Kortenaken*/Belg. wie *Geldenaken, Lodenaken!*

Kusel a. Kusel (Nbfl. der Glan im Nahegau) und **Coole** a. Coole (Nbfl. der Marne) sind urkdl. (850) als *Cosla* bezeugt. Zugrunde liegt kelto-ligur. *cos* „feuchter Schmutz", fortlebend in rheinisch *koseln* „besudeln", *kusel* „Schmutz"! **Kusenhorst** i. W. entspricht daher *Musenhorst* 890: am Müssenbach (mus = „Moder, Moor"). *Cusebronna* 1084 b. Calais hieß *Cosa.* Eine *Cosa* (Couze) fließt in Frkr. (und Italien) entsprechend der *Mosa* oder Maas, desgl. eine *Cosella* (Couselle) wie die *Mosella* (Mosel) u. *Rosella,* wo *mos, ros* = „Sumpf"! Ebenso *Cosia*/Loire, *Cosanna*/Frkr. wie die *Rosanna*/Engadin, *Cosantia*/Frkr. wie Cosenza am Busento/It.; *Cosnium;* und die *Cosetani/Spanien* wie die *Edetani, Laletani, Lusitani.* Zu *Coseda* b. Lyon vgl. *Roseda*/Mosel. Zur Variante *cus* siehe Küßnacht!

Küßnacht am Vierwaldstetter See (bekannt aus der Tell-Sage), mit sekundärem -t, alt *Kussenach,* nebst *Cussach,* meint wie **Fisnach(t)/Elz** „Schmutzbach"; vgl. Fluß *Cusso:* Cusson/Frkr. (wie Colon, Madon), Fl. *Cus(i)us* (z. Po und z. Donau), Fl. *Cusantia:* Cusance/Doubs. In E.: *Cusworth* (wie Asseworth) *Cuse-rig:* Curridge. Erweitert mit p: *Cuspia*/Mosel (1013), vgl. *Clespen, Caspantia* (Gersprenz), *Aspia, Respa*/It. u. ä.

Küttig b. Koblenz beruht auf kelt. *Cutiacum* wie **Kettig** auf *Catiacum: cut, cat* meinen „Schmutz, Morast"; und so entspricht **Kuttingen** in Lothringen dem synonymen Lüttingen ebda (urkdl. *Lutiacum,* lat. lutum „Schmutz"). In Italien vgl. *Cutina, Cutilia.* Kuttmecke *(Kudenbeke)* b. Soest siehe Kudenkopf!

Kyll, Eifelfluß (um 900 *Kila,* Kile) nebst Ort Kyll (902 *Chilana),* siehe Killer!

L

Laaber a. Laaber (Nbfl. der Donau w. Regensburg, wo auch die Naab: *Nava* mündet), ist eine vorgerm. *Labara* und entspricht der *Naber* in Spanien und Brit., der *Taber:* Zaber in Württ.: *lab, nab, tab* sind Bezeichnungen für schmutziges, modriges Wasser, womit sich die übliche Deutung „die Schwatzende" (die schon Buck S. 158 als unmöglich erkannt hat), von selber erledigt! Ahd. *lab* meint schmutzige Brühe, vgl. unser Lab „Käseferment". Auch die Topographie bestätigt den Wortsinn: *Laba* begegnet als „Hüle", Wassertümpel, *Labach* als morastige Gegend in Bayern, ein Sumpfsee *Labeatus palus* in Illyrien! Dazu *Labicum* in Latium und die *Labona* in Ligurien! Vgl. auch *Laviacum, Lavigny* (wie Savigny: *lab, lav* also = *sab, sav* „feuchter Schmutz")!

Laar (Westf. u. Holld) wird durch **Laarbruch** b. Kevelaer verdeutlicht. Siehe auch Lahr!

Laasphe a. Lahn, mit 2 LaTène-Burgen!, bisher als ndd. „Lachsbach" aufgefaßt (was schon der geogr. Lage widerspricht), ist eine prähistor. *Lasapa*, gehört also zu den uralten, meist vorgerm. Bachnamen auf *-apa*, wie *Masapa, Asapa, Rasapa*, die stets das Wasser selber meinen! *las* ist Variante zu *los, les, lis, lus* = Sumpfwasser. **Laßbruch** b. Detmold nebst *Loßbroch* 1590 ebda bestätigt es, „von dem die *Lasbeke* wohl den N. hat, da bei ihrer Kleinheit an die Erklärung als „Lachsbach" schwerlich zu denken ist", sagt schon O. Preuß S. 99 mit Recht. Vgl. auch die **Laspe** b. Remscheid, **Lashorst** b. Lübbecke, **Lasel** b. Prüm. **Laßbach**/Jagst! Dazu kelt. *Lasiacum:* Leysieu; *Lasne,* Bach b. Brüssel; **Lastrup** (Ems, Oldbg) wie Leistrup *(Lesentorp)! Lasserg* b. Koblenz!

Laatzen a. Leine b. Hannover ist kontrahiert aus *Lat-husen* wie das nahe **Weetzen** aus *Wet-husen* und Peetzen aus *Petehusen: lat, wet, pet* meinen Sumpf- und Schmutzwasser, vgl. auch *lad, wed, ped.* Idg. *lat* ist bezeugt durch lat. latex „Nässe", griech. λάταξ „Tropfen", altirisch lathach „Schlamm", laith „Sumpf", auch durch die Flüsse *Latis*/It. und *Latupe*/ Lit. (wie Kakupe, Alkupe u. ä.). Dazu Sumpf *Latara stagnum* b. Nimes, *Latra* a. Donau/Mösien, der Wald *Latavius* saltus b. Veleia, die Landschaft *Latium* um Rom (mit den Latinern), die *Latobrigi* (kelt. Volk in Helvetien) und die *Latovici*/Pannonien entsprechend den Lemovices, Ordovices, Eburovices. Vgl. dazu Bahlow, Alteuropas Namenwelt (1958) S. 2. Siehe auch Latum, Latferde, Latrop!

Labbeck b. Wesel beruht auf *Lad-beke;* siehe Ladern! **Laber** s. Laaber!

Lachem a. Weser b. Hameln (vgl. Bachem) meint *Lak-heim* (lake „Lache, „Pfütze"). Siehe *Lakseten:* **Laxten.** *Lacavus*/Frkr. wie Saravus.

Ladenburg a. Neckar w. Heidelberg ist das altkeltische *Lobodunum* „Sumpffeste, Sumpfburg“ (analog zu *Lugudunum:* Lyon, *Tarodunum:* Zarten. Zu kelt. *lop* siehe Laupebach!

Ladern a. Mosel (12. Jh.) entspricht **Wadern** ebda (b. Trier) u. **Gadern** im Odenwald: es sind prähistor. Namen von Sumpf- und Schmutzgewässern, zu idg. *lad (lat), wad, gad.* Vgl. *Ladeste*/Dalmatien, die *Ladusa* b. Berchtesgaden, die *Lad-beke:* **Labbeck** b. Wesel, *Ladara:* **Laer** Kr. Iburg i. W., **Laderholz** b. Nienburg/Weser (wie Lomerholz, Lauerholz), **Ladbergen**/Teckl. wie *Mal-, Mel-, Tubbergen.* Ein **Lade-Berg** nö. Rethem/Aller, eine **Laddeke** südl. Klausthal.

Lafferde (Groß-) südl. Peine entspricht **Afferde** (Affurdi), s. dies!

Lage in Lippe, in feuchter Niederung, meint nichts anderes als eben dies, auch die Nachbarorte Müßen und Waddenhausen deuten auf sumpfige Gegend. Vgl. ags. und altsächs. *lagu* „See, Lache“, aber auch die prähistor. *Lagina:* Leine, *Lagina:* Leinster in Irland und *Lagni* (Ort der Arevaci) in Spanien. Eine *Laggenbeck* in Tecklbg.

Lahn, Nbfl. des Rheins mit Löhnberg!, wie **Eder** und **Sieg** im prähistor. Raum von Laasphe entspringend, urkdl. *Logana* (wie *Adrana, Sigana),* verrät sich schon durch die Endung *-ana* als vorgermanisch. Vgl. *Logasca* in Ligurien wie Vipasca, Isasca, Mugiasca, lauter Sinnverwandte mit der Bedeutung „Sumpf-, Moder-, Schmutzwasser“. Dazu auch *Logena* 890 im Elsaß, *Logenes-:* Lohnsheim b. Alzey, die *Logna:* **Laugna** (z. Zusam) in Schwaben, der **Logebach** z. Wied, der **Logelbach** im Elsaß, die Sumpflachen **Logsen** am Bodensee! Keltoligur. *log* ist Variante zu *lug, lig, leg, lag* „Sumpf“.

Lahr (Schwarzwald, Mosel, Lahn, Eifel) deutet schon rein geographisch auf vorgerm. Herkunft! („gallice Laris“). Und so entspricht kelto-ligur. *Larona* (Flußname) dem sinngleichen *Carona* (die Chéronne), wo *car* „Sumpfwasser“ meint, bestätigt durch den Sumpf *Lare* 1248, durch *Lar-pool*/E. und *Larin-moos* (was Schnetz für ein „menschenleeres“ Moos hielt!!), vgl. Anken-, Atten-, Filden-, Siren-, Tettenmoos, lauter Sinnverwandte. Ein **Lahre** auch im Moor der Ems. Ein Bach *Lar-aha* um 900 in Zeeland; auch mehrere **Lahrbach** (Westerwald, Fulda, Ulster), mundartl. Lohrbach, siehe unter **Lohr!** Varianten zu *lar* sind *lor, ler, lir, lur.*

Laichingen siehe Maichingen!

Laisa (Leisa)/Eder siehe Leisebach! Ein Leisenwald b. Büdingen.

Lalenheim (Lalay)/Elsaß u. Lalem/Belg. enthält kelt. *lal (lel, lil, lul),* vgl. die *Laletani*/Span. (wie die *Edetani, Cosetani!);* s. Lelbach!

Lam(m)erden b. Hofgeismar entspricht Holtmerden, Die-marden/Göttgn, wo *merden* (lat. merda „Kot") die Erläuterung abgibt: *lam* (wie *die)* ist ein verklungenes prähistor. Wort für „Sumpf, Morast, Schlamm", bezeugt im Mittellat., Langobard. (Paulus Diaconus I 15) u. Südfrz.: daher *Lametus* (Fluß in Bruttium), *Lamiacum* 1005/Frkr., *Lameca*/Span. Dazu **La(h)m,** mehrfach in Bayern, die *Lamara:* **Lammer** zur Salzach, die **Lamme** zur Innerste im Harz, die *Lam-apa:* **Lampe** zur Eder (vgl. die Lempe!), **Lamme** b. Brschwg (urkdl. *Lammari,* wie die sinngleichen *Vanari, Dudari, Cornari, Arnari),* auch **Lamstedt** a. Oste, *Lames-lo*/Holld wie *Lamesley*/E. *Lam-mersh, Lam-putte*/E. bestätigen den Wortsinn.

Landenbeck b. Meschede (prähistor. Gegend!) entspricht Sande(n)beck b. Detmold: sie haben weder mit „Land" noch mit „Sand" zu tun; *land, sand* sind prähistor. Bezeichnungen für „Sumpf"! Offenbar = *lad, sad* mit n-Infix! *Lande-wad, Lande-ford, Lande-mot* bestätigen den Wortsinn; desgl. **Landemert** (wie Edemert, Ingemert usw.) im Lenne-Raum, **Landscheid** b. Wittlich (wie Monscheid, Ebscheid, Morscheid); dazu Landefeld, Landenhausen/Hessen. In Belgien: *Landen,* Fl. *Landovio;* in Frkr.: *Landes* (noch heute sumpfig!), *Landast;* im kelt. Galatien: *Landosia.* Ein Volk *Landi* bei Strabo. Bei **Landefeld** (1343 Lannefeld) liegen Konnefeld u. Herlefeld, alle „sumpfig"! Auf **der Lanne** ist Flurname in Hessen.

Langd, Langungen, Langlar siehe Lengede, Lenglern!

Lantenbach b. Gummersbach (prähistor. Gegend!) kehrt bei Siegburg als Lanzenbach, in Württ. mit dem **Lanzenbach** wieder (z. Bühler, z. Neckar, z. Speltach/Jagst), analog zum *Nantenbach:* **Nanzenbach,** zum *Santen-:* **Sanzenbach** und zum *Antenbach:* **Anzenbach**/Bayern! *lant* muß somit (wie *nant, ant, sant)* vorgerm. sein: *Lantosca*/Ligurien nebst Lantenot bestätigt es (vgl. auch ligur.-kelt. *mant* „Sumpf"!). Zu *Lanten-sele*/Brabant vgl. Masensele, Odensele; ein *Lantenhull* in E. *lant* dürfte Variante zu *lat* (mit n-Infix) sein, wie *land* zu *lad,* siehe Landenbeck! Auch **Lanzerath**/Eifel (wie Lutzerath, Jünkerath!), Lanzenhain/Vogelsberg, Lanzingen/Büdgn.

Lappwald, alter feuchter Laubwald ö. Helmstedt (an der Aller), wird verständlich durch *Lap-wath, Lap-worth* in England, wo *wath, worth* auf *„Sumpf"* deuten. Vgl. *Lappen-Berg.* Gäl. *lapaigh* „Sumpf", lat. lappa „Klette", alban. laparos „beschmutze". Varianten sind *lep, lip, lop. lup.*

Lappach (Bach- und ON. in Württ,) deutet auf *Lad-bach* wie Mappach, Schappach auf *Mad-bach, Schad-bach!*

Lardenbach am Vogelsberg entspricht Bardenbach b. Aachen. Zu *lard* vgl.

nard, sard, bard, card, dard, tard, ward: alles prähistor. Termini für Wasser, feuchter Schmutz. Ein *Lardbruca* 877 b/Clairmarais!

Larg *(Larga),* Nbfl. der Ill im Ober-Elsaß, ist so vorgerm. wie die Murg *(Murga)* und die *Arga: lar-g, mur-g, arg* sind ligur. Erweiterungen zu *lar, mur, ar* = Sumpf, Schlamm.

Laspe, Lasbeke, Lashorst, Lastrup siehe Laasphe!

Lasserg b. Koblenz ist eindeutig keltisch, vgl. die kelt. *Lassuni* (Plinius) und *Lassonia* wie Nassonia, Vassonia! *lass* = Sumpf.

Lascheid/Eifel entspricht dem benachbarten **Wascheid, Rascheid:** zu *lad (wad, rad)* siehe Ladern!

Latferde a. Weser südl. Hameln siehe Leiferde!

Lathen a. Ems in Moorlage hieß a. 1000 *Lodon,* zu *lode* (noch holld. = Morast, Moder) vgl. *Lodewik, Lodenaken* (Lanaken/Maas) usw.

Latrop im Rothaargebirge wie **Lattrop**/Holld (nebst *Lattorf)* entspricht *Hattrop, Hattorf:* lad, had = Moor, Sumpf.

Latt-Berg nö. Lemgo entspricht dem **Ratt-Berg:** *lad, rad* „Moor"; eine **Lattenkuhle** z. Innerste/Harz; Lattenkamp b/Hbg.

Latum (Krefeld, Geldern) entspricht Lutum, Marum, Ankum, lauter Sumpf- und Moororte, also keine Laten- oder Hörigen-Siedlung (so A. Bach).

Laubach, mehrfach Bach- und Ortsname (Wetterau, Mosel, Elsaß, Württ.), urkdl. als *Lo-bach* bezeugt, meint also kein „laues", sondern „sumpfig-schmutziges" Gewässer. **Lau-schied** b. Kreuznach bestätigt es (analog zu Schlierschied, Ebschied, Sohrschied, lauter Sinnverwandte). Laufeld b. Wittlich.

Laubenheim b. Kreuznach u. Mainz, auch Elsaß, wird verständlich im Rahmen der benachbarten Baden-, Buden-, Bosen-, Bretzen-, Hacken-, Ocken-, Essen-, Nackenheim, lauter Sinnverwandte, so daß *laub* auf *lob* „Sumpf, Moder" beruhen muß. Vgl. auch Laubbach a. Rh. b. Koblenz u. den Riedort **Laubbach**/Württ. und die dortigen Laub-, Lobbäche! Ein Laubenbach z. Argenbach/Bregenz.

Laucha a. Laucha w. Gotha u. Laucha a. Unstrut sowie **Lauchstädt** b. Merseburg enthalten *loch, luch* „Sumpf" (so noch slaw.: das Luch!). Ein Ober-Lauch b. Prüm. Ein Lauchbach fließt z. Ellbach/Sulm/Württ., eine (vorgerm.) **Lauchert** *(Locha!)* zur Donau b. Sigmaringen. Auch Lauchbusch **Lauchheim** a. Jagst (wie Schneid-, Flein-, Nattheim ebda). **Lauchröden** a. Werra wie Nesselröden ebda und Dacheröden a. Unstrut. **Lauchringen** a. Wutach entspricht Schabringen (zu keltoligur. *Locra, Scabra)!* Die **Lauch** im Elsaß (m. Lauchen-Kopf) s. Lauffen!

Lauda a. Tauber *(Dubra)* ist entstellt (Kanzleiform!) aus urkdl. *Luden,* d. i. „Schmutzwasser". Siehe Lude!

Laudenbach (urkdl. *Ludenbach, Lutenbach*) b. Heppenheim entspricht Mörlenbach, Zotzenbach, Lörzenbach ebda: lauter schmutzige Schlammbäche oder Moderbäche. Zu *lud, lut* siehe Lude! Auch b. Gemünden, Miltenberg, Witzenhausen kehrt Laudenbach wieder. Dazu **Laudenberg** b. Mosbach/Neckar und **Laudenau** b. Bensheim. **Laudert** im Hunsrück stellt sich zu Odert, Gielert, Rettert usw., — alle verschliffen aus -rode.

Lauer *(Lura),* Ort und Bach (z. frk. Saale mit Lauringen b. Münnerstadt) meint „trüber, schmutziger Bach". Zu *lur (lor, ler, lir, lar)* siehe Lür! Ein **Lauerbach** im Odenwald!

Lauffen am Neckar b. Heilbronn (auch b. Rottweil), wo man einen Wasserfall (ahd. louffo) vergeblich suchen wird, wie auch **Laufen** a. Kocher, b. Balingen, Backnang, Schweiz und **Lauf** b. Bühl, a. Pegnitz, Laufdorf b. Wetzlar, **Laufach** (b. Aschaff), enthalten (wie Lauf-aha analog zu Ger-aha, Mul-aha: Maulach, Seck-aha usw. beweist) ein Wort für „Schlamm, Schmutz" ! Vgl. **Loffenau** u. die **Laufaha:** Lauch/Els.

Laugna, Ort und Bach (zur Zusam) in Schwaben (urkdl. *Logna, Logana),* ist vorgerm. wie die **Lahn** *(Logana)*; siehe diese!

Lauken im Taunus beruht auf *Lukker (Luca),* wie auch **Leucken** am Bache Leuck *(Luca)* a. Saar (analog zu Britten, Taben, Schoden, Könen, Weiten ebda, lauter Sinnverwandte). *Luca* ist vorgerm. Bachname, zu *luk (lok)* „Sumpf". Vgl. Luckenbach. Auf kelt. Boden: die *Luceni*/Irland, *Lucentum*/It., *Lucum*/Frkr., Fl. *Lucre*/Brit. Siehe auch Lixheim (Lukesheim) und Lückerath!

Laumesfeld/Lothr. (prähistor. Gegend!) beruht auf *Lume(ne)sfeld,* gleichwie **Leimsfeld**/Schwalm: zum prähistor.-vorgerm. Bachnamen *Lumene* (Belgien, Brit.), vgl. albanisch lum, griech. λῦμα „Schlamm". Siehe die Lumde! So wird auch **Laumersheim**/Pfalz verständlich, vgl. Sermers-, Ibers-, Pfedders-, Lautersheim.

Launsbach b. Gießen (vgl. Launsdorf/Lothr.) geht zurück auf *Lunes-bach,* vgl. *Cunesbach* (Kunzbach), *Hunesbach, Munesbach: lun, kun, hun, mun* sind verwandt im Sinne von „Schmutz, Moder, Schlamm".

Laupebach, Bach b. Kettwig/Ruhr (mit Laupendahl), hieß 875 *Lopina* (vgl. Loope, Lobscheid) ist somit vorgermanisch wie die *Fachina* (Fecht) im Elsaß (wo *fach* = Schmutz, Moder). *lop* ist bekannt als kelt. Wort für „Sumpf, Schmutz", vgl. *Lopiacum*/Dordogne, *Loposagium, Lopo-, Lobodunum* (Ladenburg a. Neckar) wie *Lugudunum* (Lyon), zu *lug* „Sumpf". Ein *Lopen-See*/Etsch. Löpsingen b. Nördlingen. Vgl. auch

Laupheim a. d. Rottum/Württ. (rott = Moder!) wie Schnaitheim, Nattheim, Leipheim am Donaumoos. **Lauperath** *(Lupenrode)*/Mosel.

Lauringen a. Lauer siehe Lauer! **Lauschied** b. Kreuznach siehe Laubach!

Lausheim b. Waldshut u. Sigmaringen siehe Lußheim!

Lautenbach (Südbaden, Saar, Elsaß), Bach- und Ortsname, urkdl. *Lutenbach*, meint nichts anderes als Laudenbach, siehe dies! Zur Bestätigung vgl. Lautenhausen b. Hersfeld, Lauthausen b. Siegburg, Lautert (Luderode)/ Taunus.

Lauter, Grenzflüßchen zwischen Pfalz und Elsaß (mit Weißenburg und Lauterburg), am Bienwald entlang zum Rhein fließend, hieß urkdl. 693 *„Murga* seu *Lutra"*, — ein Doppelname, der logischerweise nur so deutbar ist, daß *Murga* der ältere ligurische Name ist und *Lutra* die jüngere keltische Übersetzung (so auch Schwäderle): denn *murg* (noch im Lett.) meint „Schlamm", vgl. die andere Murg in Baden, so daß *Lutra* schwerlich das deutsche „lauter" meinen kann (vgl. die Schwarze Lauter/Nekkar!); auch deshalb nicht, weil niemals ein bloßes Adjektiv als Flußname dienen kann! Es gibt daher keine Bäche namens „Rein, Schmutzig, Schön, Schnell, Langsam"! Hinzu kommt, daß der *Lutra:* **Lauter** die nahe *Matra:* **Moder** b. Hagenau entspricht, gleichfalls mit vorgerm. r-Suffix (wie die *Madra:* Maire in Belgien), mit dem Sinn „modrige Feuchtigkeit" (idg. *mad, mat*); dazu stimmt idg. *lud, lut* „feuchter Schmutz": vgl. kymrisch lludedic „schlammig", lat. lutum „Schmutz, Schlamm" und kelt. ON. wie *Lutiacum, Luteva, Lutosa, Luterna, Lutra* (locus paluster! d. h. sumpfiger Ort!), alle in Frkr.

Lautert im Taunus ist altes *Luterode* (entsprechend Heddert, Hattert, Astert, Odert, Rettert, lauter Sinnverwandten). Zu *lut* siehe Lauter! Ebenso **Lautzert** im Westerwald, mit „hochdt." tz, wie auch Lautzenbrücken ebda und Lautzkirchen/Saar.

Lautersheim/Pfalz entspricht Laumersheim, Laubersheim, Pfeddersheim, Ibersheim im selben Raum, die alle auf Gewässer Bezug nehmen. Siehe Lauter!

Lavesum *(Loveshem)* a. Lippe ist vergleichbar mit *Pewesum*, Polsum, wo *pew, pol „Sumpf"* meint. Gleiches gilt für *lov, lav,* bestätigt durch *Lavelsloh* am Gr. Moor von Uchte, **Laven** (nebst Spaden und Wehden) a. Geeste, **Lavenstedt** am Moor der Oste (wie Badenstedt a. Bade ebda, oder Bliden-, Fabben-, Hollenstedt, alle auf „Moor" bezüglich!); in England vgl. *Laven-dene* „Moorniederung" (wie Badendene, Ripendene, Harpendene). Zu *lab, lav* siehe Laaber! Zu *lov* siehe Löf!

Laxten b. Lingen/Ems beruht auf *Lak-seten* wie **Bexten** auf *Bek-seten* und **Loxten** auf *Lok-seten,* lauter Siedlungen an Wasser und Sumpf.

Leber, Vogesenfluß (zur Ill b. Schlettstadt), dürfte wie alle alten Flußnamen des Elsaß (Fecht: Fachina; Breusch: Brusca; Andlau; Ill; Doller: Olruna; Magel; Thur; Larg usw.) aus kelto-ligur. Zeit stammen: vgl. *Lebrie-melus* in Ligurien! Ein **Leberbach** fließt zur Erms südl. Eßlingen; ein Ort Leberbach liegt b. Heppenheim. Der Wortsinn ist vielleicht der von ahd. *leber,* ags. laefer „Binse".

Lech (urkdl. lat. *Licus),* Nbfl. der Donau (von Vorarlberg her), gehört wie alle alten Flußnamen dieser Gegend zu den Zeugen vorgerm. Bevölkerung. Man vergleiche Fluß *Licul/*Brit. und *Licenna/*Frkr. (entsprechend *Ravenna, Tavenna, Rasenna, Ivenna, Dercenna,* die alle „Sumpf- oder Moderwasser" meinen). Zu idg. *lik* siehe Lich!

Lechenich a. Roth südl. Köln entspricht Nörvenich, Elvenich, Sinzenich ebda, lauter kelt. Namen auf *-iacum,* auf Gewässer bezüglich. Siehe Lech und Lechtern!

Lechtern (Alt- und Mit-Lechtern ö. Heppenheim, vom Hess. ON.-Buch (W. Müller) 1937 zu Mittel-Echtern verballhornt! Vgl. Mit-Losheim!) stellt sich zu **Gadern** ebda: beides sind prähistorische, also vorgerm. Bachnamen. Vgl. *Lectora:* Lectoures in Frkr. und Fluß *Lectia:* Leith/Brit. nebst *Lecto-cetum.* Zugrunde liegt idg. *lek* „zerfließen" bzw. *lek-to* „zerflossen", also modrig, moorig, sumpfig. Eine Wasseraue **Lechter** begegnet in der Wesermarsch, mit r-Suffix wie die sinnverwandten *Vechter, Jechter, Rechter* (Moorort)! Dazu **Lechterke** b. Quakenbrück (Moorgegend) wie Mederke, Bederke, Schiderke, lauter Sinnverwandte; **Lechtingen** (wie Lüstringen) b. Osnabrück; *Lechtenbrink* 1815 Kr. Melle (wie Lingenbrink); **Lechtrup** b. Bramsche (wie Vechtrup), ablautend Lochtrup b. Meschede. *Leckere/*Osnabrück, *Leckenbrede/*Dortmund,

Leck in Schleswig ist Moorort: vgl. holld. **lek** „poel", Fl. *Lek/*Holld, Fl. *Lec* 721/E. *Leckere/*Osnabrück, Leckenbrede/Dortmd, der *Leckenbach/* Bregenz, Leckenbraht: Leckemart, wie Ludemart; siehe Ihmert!

Ledde b. Lengerich und **Leeden** ebda beziehen sich auf Lehm- oder Schmutzwasser, vgl. unser „Letten". Eine **Leda** fließt b. Leer zur Ems. *led* „Morast, Schmutz" steckt auch in *Ledia* silva: (St. Germain en) Lay bei Paris, in *Lede-hale/*England, *Lede-brok/*Holld, **Lederke** b. Brilon (prähistor. Gegend) entspricht daher *Mederke, Bederke, Schiderke,* die alle auf Moder und Schmutz deuten; so auch die **Leederbeke** Kr. Rinteln. Vorgerm. sind der Waldname *Leder* in Lothr. (a. 633) und die Flußnamen *Lederna/*Belgien (wie Bilerna, Iterna), *Ledreda/*Brit. (wie Pedreda, zu *ped-r* „Morast, Schmutz"!); vgl. auch altirisch *lethrach* „Schlammloch". Ein **Ledersbach** b. Neckarsteinach.

Leeheim westl. Darmstadt siehe Leh(en)bach! **Leer, Leerfeld** siehe Lerbach!

Leese (urkdl. *Lese)* in Lippe u. Westf. nebst *Lesede, Leseke, Lesbeke, Lesentorp* (Leistrup) enthalten prähistor. *les* als Variante zu *lis, los, lus, las* = Sumpf, Ried (vgl. *lesca, lisca* „Riedgras": daher Leschede neben Loschede). Auch in Flurnamen: „uppen Lessen", in Lippe. Siehe auch **Leeste!** Ein **Leeswig** b. Moorort Buxtehude. Auf keltoligur. Boden vgl. *Lesa* (Quelle auf Sardinien); *Lesura* (Fluß in Ligurien, wie die **Lieser**/Mosel) und die *Lesse* (zur Maas). In Brit.: *Lesiet, Bosiet, Boviet, Lamiet,* lauter Synonyma.

Leeste im Moorgebiet von Syke und **Leste** (Lessete) b. Büren kehrt wieder mit *Lestes* b. Calais und *Lestinae* in Belgien, deutet also auf vorgerm. Herkunft: *lest* verhält sich zu *les* (siehe Leese!) wie *lost, lust, list* zu *los, lus, lis,* meint also „Sumpf, Ried".

Leffeln/Waldeck *(Levelon)* siehe Levern! Vgl. Effeln, Affeln!

Legden b. Ahaus entspricht formell und begrifflich **Beegden** a. Maas: beides sind Komposita: mit *dene:* sumpf. Niederung; vgl. den Seenamen *Lege-meer* in Holland (von Schönfeld S. 274 ganz falsch als „laag" „niedrig" aufgefaßt!) und das deutliche *Legge-lo* in Drente *(lo* deutet stets auf „Sumpf"). Zu *leg, legg* vgl. das synonyme *seg, segg!* Auch die **Leie/** Flandern hieß *Legia* (vgl. die Leienschlade und Leienkaul, Leysiefen, Leyboschken im Rhld!). Dazu in Frkr.: *Legida.* Auch im Slaw. meint *leg* „Sumpf": *Legate*/Albanien wie Nerate, *Legnicz:* Liegnitz (wie Stregnicz: Striegnitz). Siehe auch Legelbach! Im Irischen vgl. *legaim* „zerschmelze".

Legelbach, bei Gebersheim w. Stuttgart fließend, ist Variante zu **Liegelbach** (zur Bühler) und **Logelbach** im Elsaß: *leg, lig, log* sind uralte Wörter für Sumpf. Siehe Legden! So wird auch *Legelshurst* ö. Kehl (mit Kork = Sumpf) verständlich: als „sumpfiges Gehölz" (wie Segelhorst). Zu Legelbach vgl. Segelbach, zu Liegelbach: Siegelbach!

Lehmen a. Mosel (urkdl. *Lemona, Liomena!)* gehört wie Karden, Müden, Klotten, Leiwen ebda zu den keltoligur. Spuren: *lem* = „Morast, Sumpf", vgl. Fl. *Lemana*/Brit., Fl. *Lemuris*/b. Genua, ON. *Lemincum* (wie Lovincum, *lov* „Sumpf"!), *Lemosus, Lemonum*/Frkr., die *Lemovices* (wie die Ordovices, Latovices!), *Lemovica:* Limoges!

Leh(en)bach (zum Kocher), Lehnenbach (zur Rems), Lehenbächle (z. Murg), Lehbächle (zur Wiese), Lehgraben (zur Elz) mit dem Lehenwald, meinen alle „Schlammbach", „Lehm-, Schmutzbach" (vgl. bayer. *len* „weich", ir. *len* „besudeln"). Dazu Lehnenberg b. Backnang, **Lehingen** b. Pforzheim, **Lehnheim**/Ob.-Hessen, **Lehnhausen**/Eder, **Lehnstedt** ö. Weimar (wie Liebstedt, Ottstedt, Romstedt ebda).

Lehrde, Nbfl. der Aller sö. Verden, urkdl. *Lerna,* gehört zu den ältesten vorgerm. Flußnamen: *Lerna* begegnet sonst nur in Argolis/Griechenland und in *Lernuth:* Liernu b. Namur! *ler-n* ist erweitertes *ler* Sumpf" (vgl. Lerbach, Leerfeld, Leer, Lehrte), analog zu *der: dern; wer: wern; ker: kern; ser: sern.*

Lehrbach, Lehr(e), Leer siehe Lerbach! Desgl. **Lehrle.**

Lehrte *(Lerete)* b. Hannover und Meppen/Ems entspricht *Sorete:* **Söhrt** b. Köln und *Lurete:* **Lüerte** i. O.: *ler, lur, sor* = Sumpf. Siehe Lerbach!

Leidhecken b. Friedberg/Wetterau entspricht Windecken a. Nidder ebda: *leid* (vgl. Leidemuiden, Leihgestern) und *wind* (vgl. die Winde) meinen sumpfig-schmutziges Wasser. Ein Leidenborn b. Prüm, ein Leidenhofen *(Liudenhofen)* b. Marburg, ein *Leidengraben* b/Spaichingen.

Leienkaul b. Mayen meint „Sumpfkuhle", vgl. *Leien-schlade!* und die Leie: *Legia!*

Leiferde b. Gifhorn (Sumpfgegend) und b. Brschwg beruht urkdl. auf *Litforde,* d. i. „Furt durch morastiges Wasser oder Gelände"; vgl. *Latforde* b. Hameln.

Leihgestern südl. Gießen (seltsam entstellt aus urkdl. *Leit-cester!*) liegt am röm. Limes, als vorgeschobenes Kastell, meint somit *castrum* „befestigtes Lager" am Sumpfwasser *Leit (let, lit),* (nicht lîte „Abhang", so E. Schröder irrig!), vgl. **Leitmar,** die Leitha u. ä. In Brit. entspricht *Leicester!* Die röm. Befestigungen wurden stets in sumpfgeschützter Lage errichtet und nach dem vorgefundenen Gewässer benannt; besonders Britannien liefert dafür viele Beispiele: vgl. *Ire-cester* am Ire, *Manchester* am Mamuc, *Ivel-cester* (Ilchester) am Ivel usw.

Leimen (südl. Hdlbg, auch ö. Pirmasenz, südl. Basel) verrät sich schon geogr., aber auch formell als vorgermanisch (vgl. lat. *limus* „Schlamm, Schmutz"), wenn auch begrifflich mit ahd. *leima* „Lehm" verwandt; Gleiches gilt für **Lehmen** *(Lemona)* a. Mosel analog zu Leiwen, Müden, Karden, Klotten, Alken, Nehren, — lauter Sinnverwandte aus keltoligur. Vorzeit! „Deutsch" dagegen ist **Leimbach** (Württ., Baden, Rhld, Hessen) und **Leimstruth** „morastiges Gebüsch" am Rothaar.

Leimsfeld/Schwalm siehe Laumesfeld!

Leinde b. Wolfenbüttel beruht auf Linede, ein Kollektiv wie Rühnde, Jühnde, Heinde (b. Hildesheim), — alle auf Wasser und Sumpf bezüglich. *lin* ist ein idg. Wort für „Schleim, Schlamm, Schmutz, Morast". Siehe Lineke! Vgl. auch **Leina** südl. Gotha: a. d. Leina, die **Leine** zur Mulde und die

Lein (Line) mit Leinefelde im Eichsfeld, auch die **Lein** z. Kocher (mit Leinzell, Leinweiler, Leineck: 1363 *Linegg*). Anders die Leine *(Lagina)*, siehe diese!

Leine, mit der Aller zur Weser fließend, ist urkdl. als *Lagina, Login* bezeugt und verrät sich schon durch die Endung *-ina* (gleich der *Alara* und der *Wisura*) als prähistorisch-vorgermanisch, was nur tendenziöse Teutomanie (wie A. Bach) leugnen kann (ags. lagu „See", urverwandt mit lat. lacus, paßt begrifflich sowieso nicht). Keiner der alten Flußnamen auf *-ina* ist aus dem Deutschen erklärbar, vgl. die *Ilina:* Ihle, die *Isina:* Ise, die *Arsina:* Erse, *Bomina:* Böhme, die *Assina:* Esse(ne) usw.; sie enthalten sämtlich alteuropäisch-vorgerm. Termini für schmutziges Wasser! Zu *lag* (als Variante zu idg. *leg, lig, lug, log: Logana:* die Lahn!) im Sinne von „Sumpfwasser" vgl. *Lagina:* Leinster (Landschaft in Irland!) und *Lagni,* Ort der Arevaci in Spanien! Es liegt ja auch auf der Hand, daß ein Fluß von dieser Größe schon vor Ankunft der Germanen einen Namen gehabt hat!

Leipheim am Donau-Moos (!) ö. Ulm entspricht Riedheim, Glauheim, Gremheim, Tapfheim ebda, womit der Wortsinn gegeben ist: zugrunde liegt idg. *lip, lup, lib, lub* „feuchter Schmutz" wie bei **Laupheim**/Württ.! Vgl. auch die **Leiblach** (z. Bodensee): urkdl. **Lübilaha, Lüblach, Leublach,** dann entrundet zu Leiblach.

Leirenbach, Zufluß der Echaz (z. Neckar) u. Reutlingen, hieß 1484 *Lürenbach,* meint also „sumpfrig-modriger Bach"; siehe Lürbach!

Leisebach (z. Rhein ö. Basel und z. Eder, mit ON. **Leisa**) sowie **Leisel**/Nahe, Leiselheim (Baden und Worms, nebst Asselheim, Heuchelheim) und (der) **Leisenwald** enthalten das alte Sumpfwort *lis, les:* siehe Lieser, Lesede, Leese! **Leistrup** siehe Leese!

Leitheim a. Donau b. Donauwörth (am Donau-Ried!) entspricht Glauheim, Tapfheim, Gremheim, Blindheim ebda. Zu *lit (leit)* siehe Leitmar, Litphe!

Leitmar in Waldeck (urkdl. *Letmar*) stellt sich zu Geismar, Weitmar, Germar, Weimar, Vilmar; *mar* „sumpfige Stelle, Quellsumpf" ist die Erläuterung. Zu *let, lit* siehe Leitheim, Letmathe, Litphe usw. Vgl. lat. *letare* „besudeln"!

Leiwen a. Mosel ist so vorgerm. wie Leucken, Karden, Schoden, Klotten, Taben, Weiten, Euren, Nehren, Alken, — alle am Ufer der Mosel und alle auf Sumpf, Moder oder Schmutz deutend. Siehe Levern. 802 *Lyva.*

Lelbach w. Korbach (Waldeck) enthält wie Melbach und Selbach ein prähistor. Wort für feuchten Schmutz: *lel, lil, lol, lul, lal* sind Varianten für denselben Begriff (vgl. holld. *lil* „Gallert"). Ein Fluß *Lelantus* in Euböa;

dazu die *Leleges,* ein altgriech. Seevolk (lelegeische Nymphen nennt Ovid). Zu **Lellwangen** nö. Bodensee vgl. ebda Fleisch-, Illm-, Mochenwangen! Zu **Lellingen**/Lothr. ebda.: Füllingen, Kriechingen, Büdingen, lauter Sinnverwandte; zu *Lellenheim:* **Lelm** w. Helmstedt: Belm und Selm i. W. (wo *bel, sel* gleichfalls Sumpf meinen. Vgl. auch **Lellichow/** Prignitz. In England: *Lelum, Leleham, Leley.* Lellenfeld b. Dinkelsbühl.

Lemgo in Lippe ist zu beurteilen wie **Havergo** (Flur in Wellentrup/Lippe) am Haverbache (schon 1031), wo *go* „feuchtes Gelände" meint (wie in holld. Friesland: Wolve-ga usw., vgl. Schönfeld S. 25!). Zu *lem* „Morast, Sumpf" (wie in *Lem-wede* **Lehmden** im Moor von Vechta, **Lembruch, Lemförde**) vgl. auch die Variante *lim* in **Lieme** b. Lemgo! *lom, lum, lam* meinen dasselbe. **Lemmie** b. Hann. beruht auf *Lamigen* (wie Harrie auf Horigen).

Lempe, Zufluß der Lahn, siehe Lehmen!

Lenderscheid b. Homberg südl. Fritzlar wird verständlich bei Vergleich mit Manderscheid, Möderscheid, Reiferscheid, Liederscheid, alle „modrige, sumpfige Waldorte". Zu *land, lend* siehe Landscheid, Landenbeck! Dazu *Lendingen:* **Lenningen**/Württ. u. Lux. Ein **Lendersbach** fließt b. Kehl a. Rh. (wie der Quideresbach). *Lendestorp:* Lenstrup, wüst ö. Iserlohn, wie Frendes-, Meldestorp. Eine *Lendawa* fließt zur Mur.

Lengede, Lengler(n), Lengel siehe Lenglern! Ein **Lenge-Berg** nö. Hameln.

Lengerich/Tecklbg (auch ö. Lingen/Ems) wie **Longerich** nö. Köln können schon der Endung wegen nicht deutscher Herkunft sein (wie jetzt auch H. Kuhn/Kiel erkannt hat). Longerich hieß 927 Lunrike! Dieselbe Endung zeigen *Ermerike, Ennerike, Elverike (Albriki), Lechterke, Schiderke, Ditterke, Lederik, Boderik (Büderich), Mederik (Meyerich), Bederik, Ginderik, Ambriki (Emmerich),* — durchweg Ableitungen von Gewässerbezeichnungen! Daß hierzu auch *lang* gehört hat (nebst *long* und *ling),* mit Umlaut *leng,* ist der Forschung noch immer nicht geläufig. Fürs Keltische und Ligurische ist es erwiesen durch die Flüsse *Langa*/Frkr., *Langalta*/Schwz (wie die *Sinkalta!* die *Nagalta!)* und *Langorus* (Lanquart, z. Rhein ebda), durch *Langatuna*/Schwz (wie *Murgatuna:* Morgarten; murg = Morast, Sumpf, Schlamm), *Langobriga*/Spanien (wie Brutobriga, Catobriga, lauter Synonyma), *Langodunum* (wie Singidunum, Lugudunum: Lyon, Virodunum: Verdun, lauter „Sumpffestungen"), *Langa-ratum*/Somme, *Langiacum* (wie Cangiacum, Saniacum u. v. a.) *Langasca*/Ligurien und die ligurischen *Langates!* (Auch A. Carnoy hat daher richtig ein keltisches *lango* „Sumpf" erschlossen.)

So entspricht denn die **Lengel** (Lengelbach), Zufluß der Schwalm bzw.

Eder bei Frankenberg, dem Sengelbach Kr. Eschwege und dem Gängelbach z. Weschnitz/Baden und dem Hengelbach z. Schwarza/Thür., lauter Sinnverwandte! Ebenso **Lengelscheid** b. Kierspe wie Sengelscheid und Pungelscheid (Lenne), Lengelsheim/Lothr. **Lengsfeld** a. d. Fulda/Werra ist verdächtig, eine kelt. *Langisa* zu enthalten (so auch Kuhn). Vgl. auch **Lengers** a. Ulster. Zu **Lengern** b. Herford vgl. Engern, Tengern, Wengern, die alle auf Gewässer Bezug nehmen! Ein Lengener Moor und Meer in Oldbg. Weiteres unter **Lengede, Lengler!**

Lenglern nö. Göttingen wie *Lenglere* 966 b. Werne i. W. und *Langheler*/ Overijssel, auch *Longlar* a. Vierre/Lux., alle urkdl. auf *Langelar* beruhend, verraten schon durch ihr hohes Alter, daß *lang* kein jüngerer Zusatz ist, also nicht deutsch „lang" vorliegen kann; denn *lar* tritt grundsätzlich nur an Termini für Wasser, Moder und Sumpf! So hat auch *Hangelar, Henglarn* nichts mit „Hang" oder „hängen" zu tun. *lang* wie *hang* sind verklungene Sumpfwörter! Siehe dazu Näheres unter **Lengerich!** Auch für die alten Kollektiva auf *idi, -ede* gilt Gleiches: **Lengden** b. Göttgn nebst **Lengede** b. Peine und **Lengde** b. Goslar wie auch *Langidi:* **Langd**/Wetterau entsprechen somit Engden, Dingden, Denkte *(Dengidi), Tungidi* (tunga „Dung"); zu *Langenden* a. Fliede vgl. *Holenden, Bovenden* (hol, bov = Moor, Morast), zu *Langungen* 834 (**Langen** nö. Darmstadt) vgl. *Holungen, Faulungen* usw.; zu *Langere* (mit prähistor. r-Suffix!) 1127, j. Langerfeld b. Schwelm, vgl. das ebenso uralte *Vesperi* (1052 Kr. Höxter), j. Vesperfeld, wo *ves-p-r* gleichfalls ein unerkanntes Wort für „Moder, Moor" ist.

Lenne, Nbfl. der Ruhr im Sauerland, urkdl. auch *Linne,* meint „Schmutzwasser", ein prähistor. Name, zu idg.-kelt. *len, lin* (vgl. irisch *lenaim* „besudle"); *Leneca:* Lennick/Brabant, **Lennep:** *Lenapa* b. Remscheid, *Lennefe* i. W.). Eine **Lenne** auch in Belgien! Siehe auch **Linne!** Eine Lenne, an der **Lenne** und **Linse** liegen, fließt zw. dem Hils und dem Vogler zur Weser. Zur selben Wurzel vgl. auch Le(h)nbach, bayr. *len,* holld. *lenig* „weich".

Lenningen/Württ. *(Landinga, Lendingen)* entspricht **Renningen** *(Randinga, Rendingen): land, rand* = Sumpf, Moor; siehe Landenbeck, Lenderscheid.

Lenthe westl. Hannover, in prähistor. Gegend, ist zu beurteilen wie **Benthe** am Deister ebda (analog zu Bünthe und Rünthe): lauter Ableitungen mit Dentalsuffix *(Lenete, Benete* bzw. *Lenidi, Benidi)* von Wasser- u. Sumpfbegriffen. Siehe Lenne!

Lenzen siehe Linz!

Leppe, Bach b. Gummersbach, siehe Lippern (947 *Leppara)!*

Lerbach b. Osterode am Harz und **Lerbeck** südl. Minden a. Weser sind keine „leeren" Bäche, sondern „sumpfige" Gewässer, zu idg. *ler (lir)* im N. des **Leerfeldes,** einer Sumpfgegend am Neusiedler See, in Leerstetten, **Leermoos** (!), in **Leer** a. d. Emsmündung und im Münsterland, in **Leerßen** b. Syke a. Ochtum. Siehe auch Lehrbach, Lehre, Lehrte, Lerche!

Lerche b. Kamen i. W. (urkdl. *Lerike*) wie **Lierich** b. Essen (vgl. Flerke und Flierich!) sind Ableitungen mit k-Suffix vom Sumpfwort *ler.* Siehe Lerbach!

Leschede/Ems wie **Loschede** b. Coesfeld entspricht **Meschede** (obere Ruhr) und **Müschede** ebda. *lesc, lisc, losc, lusc* sind uralte Bezeichnungen für Sumpf- oder Riedgras (erweitert aus *les, lis, los, lus* „Sumpf, Ried"), vgl. ahd. (aus dem Romanischen) *lisca,* mhd. liesche. In Frkr.: Fluß *Liscus* u. ON. *Lisca, Lesca, Liscaria.* Vgl. *Lisca:* Lyß am Lyßbach. *Lieske-mer* (Holld). Wasser-**Liesch** b/Trier.

Lesse b. Salzgitter, Uppen Lessen (Flur in Lippe), wie die **Lesse,** Nbfl. der Maas, siehe Leese! **Lessenich** b. Bonn u. b. Euskirchen entspricht Gressenich, Bessenich, Füssenich usw. im selben Raum, lauter kelt. Bildungen auf *-iacum,* von Gewässernamen: vgl. *Lassonia:* Lassogne (wie Nassonia: Nassogne u. Vassonia: Vassogne) und die kelt. *Lassuni* (Plinius)! Siehe auch Laasphe! Auch **Lessy** *(Lessiacum)* b. Metz bestätigt den Wortsinn „Sumpf" analog zu Woippy, Verny, Marly, Lucy, Fleury, Crepy im selben Raume.

Leste (Lessete) b. Büren siehe Leeste! *les: lest* wie *bes: best* (vgl. die Beste!).

Lesum (urkdl. *Lismona),* Zufluß der Weser b. Bremen (mit dem Lesumer Brook!), wo auch die Hamme, die Wümme und die Ochtum (Ochtmune) münden, ihrem Wesen nach wie diese ein Moor- oder Sumpfwasser, entspricht formell und inhaltlich der **Altmühl** (urkdl. *Alcmona*), Zufluß der Donau; denn *alk* und *lis* sind prähistor. Bezeichnungen für „Sumpf" (-mona, -mune erinnert an lat. manare „fließen"). Auch *Casmona* (mit den *Casmonates)* in Ligurien gehört dazu *(cas* = „Moder"). Als Ableitung von *lis* vgl. *lisca* „Sumpf-, Riedgras" (mlat.-roman.-ahd.), Fluß *Liscus*/Frkrch u. Lieske-meer/Holland. Die Schreibung Liasmune neben Lismune hat übrigens zu linguistischer Akrobatik verleitet: so verirrt sich z. B. H. Kuhn (Kiel) über ein konstruiertes +Leuksmn zu lat. lumen „Licht", verkehrt das sumpfige also in ein lichtvolles Wasser! *ia* für *i, e* begegnet in Urkunden des 9./10. Jhrh.s immer wieder als graphische Mode, vgl. *Biastene* um 1000 neben *Bestene* für Besten Kr. Lingen (zu idg. *best, bist* „Sumpf"), *Liaperon* 1027 neben *Leppara* 947 für Lippern b. Essen (zu *lip* „klebrige Feuchtigkeit"), auch *Piatahgewa* 895 neben Biedegouwi 1023 für *Bedensis pagus, Bidana* (Bitburg), zu vorgerm. *bed, bid* „feuchter Schmutz" (vgl. Krahe in BzN. 1963, S. 184, auch F. van Coetsem in Mededel. v. d. Ver. voor Naamkunde 38, 1962, S. 3). Vgl. auch *Biaranhusen* für Berensen (ber „Modder")!

Auch die **Lieser** *(Lisura)*, Nbfl. der Mosel, gehört hierher; sie kehrt im ligur. Südfrkrch mit der **Lisère** *(Lesura)*, in Spanien mit dem *Lesyros* wieder. In Frkrch fließt auch eine *Lisona (Lisonne)*, entsprechend der *Nisona*.

Leteln b, Minden (urkdl. *Lite-lo)* entspricht *Let-lo:* Lettele in Holland, vgl. auch Metelen und Metel! *lit, let* (von der Forschung noch nicht erkannt!) ist alteurop. Sumpfwort. Vgl. lat. (toskan.) *letare* „besudeln", *Letavia* (= Bretagne), *Lettland, Litauen* usw. Varianten sind *lut, lot, lat.* Weiteres unter Litphe!

Letmathe a. Lenne meint „sumpfige Wiese" (altnd. matha, made „Wiese"). Siehe Leteln! In England vgl. *Letcombe! Thacmade:* Dackmar i. W.

Lettmecke/Lenne ist verschliffen aus *Letenbeke* „Schmutzbach" wie die Mathmecke: Matenbeke 1314, siehe auch Letmathe, Leteln! Vgl. ahd. *letto* „Lehm", isld. lethja „Lehm, Schmutz". Dazu der **Lett**-Berg b. Iserlohn, **Lette** b. Coesfeld, **Letter** a. d. Leine b. Hannover. Ein **Lettenbach** fließt b. Lörrach; zu **Lettweiler**/Pfalz vgl. Eßweiler, Kollweiler, Lockweiler.

Leucken am Leuck-Bach *(Luca)* siehe Lauken!

Leuderode am Knüll entspricht Nenterode, Licherode, Gerterode ebda, — alle auf Wasser, Moder, Sumpf bezüglich. Vgl. auch Lüderode, Mauderode usw. Ein **Leuterod** b. Selters/Westerwald. **Leutersbäche** fließen zur Murg/Baden, z. Steinach/Neckar u. zum Biberbach/Württ. (heute Leitersbach). Vgl. auch Mudersbach.

Leun a. Lahn w. Wetzlar und **Leuna** b. Merseburg/Saale beruhen auf *Luna: lun* = Schmutz. Siehe Lühne!

Leusel b. Alsfeld/Schwalm entspricht **Leisel, Ließel, Lößel,** zu *lis, les, lus, los* „Sumpf".

Leutersbach, Leuterod u. ä. siehe Leuderode, Lüderode! Die **Leutra** b. Jena hieß 830 *Luttraha.*

Leutra, altes Dorf (in Jena aufgegangen), hieß 830 *Luttraha,* benannt nach dem dortigen Bache, der aber nicht „lauter" sein kann, da heute schmutzig; vgl. die Lauter im Elsaß usw., wo der vorgerm. Terminus *lut, lut-r* „Schmutz, Schlamm" (auch mhd. *luter* „Kot") hineinspielt! Siehe auch Lutter! Zur Diphongierung vgl. Leutersbach!

Leutesdorf *(Ludenesdorf)* a. Rh. und **Leutesheim** nö. Kehl a. Rh. siehe Leutersbach! **Leudelange**/Lux. entspricht Dudelange und Mondelange weiter südlich: *lud, dud, mund* meinen „Schmutz, Sumpf, Moder"!

Leutstetten im Linzgau/Bodensee und a. d. Würm/Starnberg entspricht Lein-, Pum-, Heuch-, Rohrstetten usw.: es liegt somit *lut* „Schmutz, Schlamm" zugrunde. So dürfte auch **Leutenbach** kein „lautender" Bach sein (so E. Schröder), sondern ein „schmutziger", worauf ja auch **Leutenberg** deutet, analog zu Rauschenbach und Rauschenberg, denn ein Berg rauscht nicht (rusch, lat. ruscus meint „Binse").

Levern i. W. (969 *Liverun*, vgl. Bevern, Devern, Hevern!) wie **Lieveren** in Drente enthalten das alte Wasserwort *liv-r* (vgl. mhd. liberen „libberig oder gerinnen machen", das ndd. leveren lautete, vgl. lever-sê „geronnenes Meer"). Es begegnet auch auf kelt. und ligur. Boden: vgl. die *Livra:* Loivre (z. Marne); *Livriacum:* Livry, Livré; *Livrasco*/Ligurien; u. die Lièvre (wie die Bièvre u. Nièvre). *Leverich* b. Recklgh. entspricht *Everich* b. Köln u. *Duverich* ebda sowie *Loverich* b. Aachen, ist also keltisch! In Engld vgl. Liverpool, livermere! Zu *Leven* (12. Jh.) b. Datteln vgl. *Deven* (Wiesen b. Engter), zu *Levede:* Evede, Hüvede usw.; zu *Levelon:* **Leffeln**/Waldeck: Effeln, Geffeln usw., lauter „feuchte, modrige Gehölze". Eine **Leve** fließt bei Freren/Ems, eine keltische *Leva* (**Lieve**) beim sumpfigen Gent, wo die kelt. Levaci saßen (entsprechend den *Rauraci* und den *Amaci*/Asturien). Und so entspricht *Levitania*/Gallien: *Lusitania* usw. (lus = Sumpf). In Brit. vgl. Fluß *Levene* u. Fluß *Lever.* Zu *Live-, Leveland*/Engld vgl. Cleveland; ebenso Livland! Zu *Livesey: Liches-ey!* Zu *Live-, Leveton:* Leavington: *Sceveton:* Sheavington (wie Leven: Scheven). Eindeutig vorgerm. ist **Leveste** b. Gehrden westl. Hannover (mit prähistor. Burgwall, wo auch *Gokese, Golterne!)*, erkennbar am venet.-illyr. *st-Suffix* (analog zu Segeste, Thugeste, Argeste). — **Leyen** (Leia 1107) b. Ürzig siehe Legden!

Libbach siehe Liedern!

Liblar a. Erft westl. Köln (urkdl. auch *Lublar*) — vgl. **Libur** sö. Köln — gehört zu den vielen N. auf *-lar*, die sämtlich Wasser- und Sumpfbegriffe enthalten; so *Roslar, Replar, Mudelar, Madelar, Aslar, Uslar, Netlar, Nutlar, Curlar.* Zu *lib* (nur vorgerm.) vgl. Fluß *Libnios*/Irland, die *Libici* im ligur. Tessin, *Libia* am Ebro, *Libunca*/Spanien (wie die *Urunci* im keltoligur. Elsaß, zu *ur* „Sumpfwasser"!), auch *Liburnia* (Illyrien) u. *Liburna* (Livorno/ligur. Küste). Zu *Lublar* (lub „Morast") vgl. *Lubenho*/E. wie Wadenho (wad = Sumpf); *Lubeln* (nebst Rosseln, Werbeln) am Warndt.

Lich a. Wetter + Albach ö. Gießen (urkdl. *Lioche, Leoche*) meint „Sumpfort": *lich* (idg. *lik)* auch in **Lichscheid**/Schwalm, **Licherode** b. Melsungen/Knüll (wie Gerterode, Mauderode), Lichenroth/Vogelsberg (wie Vadenroth, fad = Moor!) **Lichstedt** b. Rudolstadt/Thür. wie Lechstedt. Den Wortsinn bestätigen in England: *Liche-cumbe* (wie Cude-, Ode-, Lovecumbe), *Liche-furlong* „Sumpfgraben" (wie Sor-, Clete-, Spiche-furlong), *Lichpole, Lichfield, Liches-eie* (wie Liveseye, Cares-eye, Brunkes-eye). Siehe auch *Lech! Eine Licenna* in Frkr.

Lichte, Zufluß der Schlatel (zur Schwarza/Thür.), mit Ort Lichte, meint wie diese beiden, „modrig-sumpfiges Wasser", zu idg. *lik-to* (vgl. irisch littiu „Brei") wie die **Ichte** zu *ik-to!* So auch die Lichtheupte (Lechthope) in Lippe, das **Lichtenmoor** (! mit Lichtenhorst) ö. Nienburg a. Weser, Lichtenscheid/Hessen, das **Lichteküppel** b. Marburg (wie das Kirküpel: kir „Sumpf"!) und **Lichtaard**/Holld (wie Birdaard, Ternaard, Caldard, Wermard!). Das **Lichtenbruch**/Düsseldorf, Lichtenvorde/Holland, der **Lichtenbach**/Nagold, der Lichtbach/Rems, der **Lichtgraben**/Neckar. *Lichtestorp* 890 siehe Listrup!

Liedern b. Bocholt (urkdl. *Lideron)* wiederholt sich am Steinhuder Meer mit **Lyhren** (aus *Lideren*) analog zu *Rederen:* Rehren und *Ederen:* Ehren, mit ndd. Dentalschwund zwischen Vokalen; *Lideren, Rederen, Ederen,* mit prähistor. r-Suffix, sind Synonyma für Sumpf- und Moor-Orte; vgl. lat. *lidum* „Kot". Romanisches *-s* zeigt *Liders:* **Liers** a. Ahr. Daß auch die *Lider-:* **Liederbäche** (b. Höchst a. M., b. Dogern/Südbaden, b. Lüttich, schon 820), aus denen A. Götze ZONF 3, 1927, 118 und E. Schröder S. 336 eine ganze Geographie des Lachszuges herauslesen wollten (wegen mhd. lüederîn „weibl. Lachs"), hierher gehören, also „Schmutzbäche" sind, ergibt sich auch eindeutig aus dem Kompositum **Liederscheid**/Lothr./Pfalz analog zu Möder-, Reder-, Recker-, Reiffer-, Manderscheid, *Lider-, Ledersele*/Fld.; Leederbeke im Kr. Rinteln (siehe Lederke unter Ledde!). Eindeutig vorgerm. (mit k-Suffix) ist *Lidiche:* **Littgen** a. Lieser/Mosel analog zu *Rudiche:* **Rüttgen,** *Budiche:* **Büttgen** (wo *rud* = Sumpf, Moder, *bud* = Schmutz). In Brit. fließt ein *Lidene:* Liddon (mit Liddington), vgl. den *Lodene:* Loddon (zu *lod* „Schmutz"). — Auf *Liddebach* beruht **Libbach** im Taunus (vgl. *Litebach:* Lippach a. Jagst); eine *Lidbeke* 775 i. W.; ein *Lidebourne* b. Boulogne; ein *Lida* 1124 b. Worbis; Liddow a. Rügen! Zu **Liedingen** b. Brschwg vgl. Gleidingen, Köchingen, Rüningen ebda.

Lieg im Hunsrück deutet auf keltoligur. *lig* „Sumpf", vgl. *Liger:* die Loire, *Ligoiolum, Liguri!*

Liegelbach (z. Bühler) siehe Legelbach! Liegnitz s. Legden!

Liehenbach/Bühlott siehe Lehenbach und Lich. Mhd. *lîe* = Schlamm, idg. *li* = Schmutz.

Liel b. Lörrach (urkdl. *Lilaha)*, alter Bachname (wo A. Bach ganz abwegig ahd. liola „Weinrebe" sucht!), findet wie **Lieli** im Aargau **Lielingen/** Schweiz und **Liels** a. Kinzig seine Deutung analog zur *Niel(aha)* 8. Jh./ Eder: *lil* „weicher Schmutz, Schlamm" (ndl. = Gallert) bestätigen in Litauen die Flüsse *Lylava, Lielupe* (analog zu Kakupe, Latupe). Liel, Liels sind zweifellos vorgerm. keltisch, vgl. *nil:* Niel/Rh., Belg. Siehe auch *lel* unter Lelbach! sowie *lul* (Luliacum)! Aber **Lielar**/Lux. und Belg. hieß *Lin-lar* (wie Oudler, Weweler, Espeler), zu *lin* „Schmutz".

Lieme b. Lage in Lippe siehe unter Lemgo! Es ist ein vorgerm. Gewässername *Lime,* entsprechend der **Nieme** (*Nime, Nimia*), Zufluß der Weser, *lim, nim* sind auf kelt. Boden zur Genüge greifbar: so *Limene* (Fl. in Brit.), *Limnos* (Insel vor Irland, vgl. altbret. limn — „schlüpfrig", λίμνη „Sumpfsee"), *Limosum, Limonia, Limania, Limandre, Limacum (Limay), Limeuil, Limodia* (wie Sabodia: Savoyen, zu sab „feuchter Schmutz"). Vgl. auch lat. *limus* „Schlamm, Schmutz". **Liemke** b. Bielefeld deutet auf *Linbeke* „Schmutzbach" wie Riemke b. Bochum auf *Rin-beke.* Zu *Liem-gat/* Holld vgl. Mast-, Pet-, Moddergat!

Lienen am Teutoburger Walde und der Moorort **Liener** a. Radde i. O. sind Ableitungen von idg.-kelt. *lin* „feuchter Schmutz", vgl. lat. *linere* „beschmieren", griech. λίνευς „Schleimfisch". *Line-broch* palus, der Sumpfort **Lienen** b. Elsfleth/Unterweser, bestätigt den Wortsinn. Zu **Linere:** Liener (mit r-Suffix!) vgl. *Blandere:* Blender, *Gumere:* Gümmer, *Namere:* Nahmer! Eine *Lineke* fließt zur Fretter i. W. **Lien-Berg** b/Ilfeld.

Lierbach (mehrmals, zur Rench u. zur Schutter in Baden auch im Elsaß), verrät sich schon geogr. als vorgermanisch; vgl. **Lierich** b. Essen u. kelt. *Liriacum,* dazu auf kelt. Boden die Flüsse *Liria, Lironde/*Frkr. (wie Gironde), *Liria/*Spanien, *Liris/*It.; auch *Liri-miris* wie *Seso-miris* (Zufl. der Maas; ses „Sumpf"). Der Wortsinn von *lir* kann nur „Sumpf" oder „Schleim, Schlamm" sein, entsprechend altdt. *slir* „Schlamm, Lehm": daher neben Lierbach: Schlierbach, neben *Lir-apa: Lyrpe* 1561 in Limburg und Lierop/Brab.: *Slirafa:* die Schlirf/Hessen, neben **Lierschied/** Taunus auch Schlierschied/Nahe. **Lierloch** ist mehrfach Flurname in Hessen (vgl. Arnold S. 126); dazu Lierenbach/Hessen, **Lierfeld**/Eifel, **Lierberg, Lierheim** in Württ./Bayern, *Liere* 1150 b. Lengerich, der **Liergau** zw. der Fuse und der Oker. Siehe auch *ler* unter Lerbach!

Liers a. Ahr (alt *Liders!*) siehe Liedern! *Liesch* siehe Leschede!

Liesen a. Liese (zur Nuhne/Eder), auch b. Winterberg, entspricht **Niesen** b. Warburg und der Niese in Lippe: *lis, nis* sind prähistor.-vorgerm. Wörter für „Sumpf, Schmutz", vgl. die *Lisura:* **Lieser** (Mosel und Frkr.!) und die *Nisona*/Frkr.! Dazu der Liesenbach (mit **Liesborn**) z. Glenne/Lippe, Liesenfeld b. Koblenz, die **Ließel** zur Efze/Schwalm, und Flurnamen wie *Liesgraben, Lißwiesen, Liesenloch.* Mit Diphthong: **Leisa** *(Liesi)* b. Battenberg/Eder, die **Leiße** b. Meschede, der **Leisebach** z. Eder; Leiseberg, Leiseküppel (wie Kirküppel, Lichteküppel/Hessen: kir, licht „Sumpf, Moder"!). Siehe auch Ließem, Liesenich, Lieser! *Liese-Berg* ö. Münden.

Liesenich b. Bullay/Mosel entspricht Lösenich b. Cröv a. Mosel, Lövenich, Kövenig b. Bullay, lauter kelt. N. auf *-iacum,* sämtlich auf „Sumpf" deutend. Siehe Liesen, Lieser!

Lieser *(Lisura),* Nbfl. der Mosel, kehrt in Südfrkr. mit der **Lisère** *(Lesura)* in Spanien mit dem *Lesyros* wieder, also auf altkelt. Boden. Die *Lisura* entspricht der gleichfalls vorgerm. *Visura:* Weser, die auch in Brit. begegnet! *lis, wis* meinen „Sumpf, Moder". Vgl. auch unter Liesenich, Liesen, Ließem, Lesum *(Lismona).* Eine *Lisona:* Lisonne in Frkr.

Ließem (b. Godesberg a. Rh. und b. Bitburg/Eifel) entspricht Bachem, Üdem usw., -em ist aus -heim verschliffen. Zugrunde liegt *lis* „Sumpf". Siehe Lieser! Liesen. Auch Baasem b. Bitburg ist altes *Basanheim* 867 (zu *bas* „Sumpf"!). Vgl. Lüssem, Lussem.

Lieve, Lieveren siehe Levern! Dazu **Lievinge** (nebst Balinge, Mantinge, Bruntinge, Eursinge), — alle im Moorgau Drente!

Lillo: Lillmeier b. Werl siehe Liel!

Limbach, Bach- und Ortsname in Baden, Württ., Rheinland, Saar, Taunus, Westerwald, Nahegau, beruht durchweg urkdl. auf *Lintbach;* ebenso **Limburg** a. Maas und a. Lahn auf Lintburg und die **Limmath** b. Zürich auf keltisch *Lindomagus* 691 (vgl. Brumath/Elsaß aus kelt. *Brocomagus,* zu *broc* „Sumpf"!). *lindo* ist fürs Keltische im Sinne von „Sumpf" bezeugt, altirisch *lind,* kymr. *llyn.* Siehe Lindtgen!

Limmer a. Leine (urkdl. *Limbere*) — vgl. **Limmen** (960 *Limbon*) in Holland — meint „Sumpfort" wie *Imbere:* **Immer**/Delme und Immen *(Imbe)* im Siegkreis. *limb-r: lamb-r* wie *imb-r: amb-r;* auch *lumb-r: umb-r!* Siehe auch Lummerschied!

Linde (Kirch-Linde) b. Dortmund und **Linden** a. Ruhr b. Bochum sind nachweislich keine „Lindenorte": sie sind umgedeutet aus nicht mehr verstandenem *Linni* (so 890) bzw. *Linniun* analog zu *Bukkiun:* Bücken, *Seliun:* Sehlen, *Vuliun:* Völlen, — alle auf „Sumpf, Moor, Moder" deutend. Siehe Linnich!

Lindern Kr. Geilenkirchen (zw. Rur und Würm), schon um 900 *Linduri,* entspricht Ederen, Doveren, Teveren, im selben Raume, alle vorgerm-keltisch! Somit kann nur kelt. *lind-* „Sumpf" zugrunde liegen, schon des r-Suffixes wegen; auch *ed, duv, tiv* meinen „Moor, Moder"! Siehe Lindtgen, Linderte!

Linderte südl. Hannover (in prähistor. Raume!) entspricht **Anderten** ö. Hannover (auch am Lichtenmoor/Weser): *and-r, lind-r* sind uralte Wörter für „Sumpf, Moor". Siehe Lindern und Lindtgen!

Lindlar b. Jülich u. b. Wipperfürth kann, da die N. auf -lar stets Wasser- und Sumpfwörter enthalten, wie Liblar, Langlar, Aslar, Badelar, Bunlar, Geislar, Dreislar, Marlar, Lunlar, nur das Sumpfwort *lind-* meinen; siehe Lindern, Lindtgen!

Lindtgen *(Lindiche)* a. Alzette/Lux. entspricht formell und begrifflich **Littgen** *(Lidiche)* b. Wittlich a. Lieser, **Büttgen** (*Budiche*), **Rüttgen** *(Rudiche),* lauter vorgerm. Namen mit k-Suffix, auf Schmutz- und Sumpfwasser bezüglich. Vgl. auch Lindlar, Lindern! Zu kelt. *lindo* „Sumpf" (altirisch *lind-*, kymrisch *llyn*) gehören auch Lindsey, Lindisfarn, *Lindocolonia:* Lincoln/England (M. Förster, Themse S. 166 f., 845!). Auch die **Lenne** begegnet um 1000 als *Linde* rivus.

Lineke, Zufluß der Fretter/Lenne, siehe Lienen und Linnepe!

Lingen a. Ems, wo z. B. durch Hohen-Körben (siehe dies!) und durch vorgeschichtliche Funde einwandfrei keltische Bevölkerung nachweisbar ist, gehört wie die **Linge,** Nbfl. der Maas, zu einem kelt. Wasserwort *ling,* das noch in wallonisch (u. altndl.) *lingene* „Schlamm, Modder, Schmutz" vorliegt (so auch J. de Vries; Schönfeld S. 262). Vgl. die gallischen *Lingones* (auch *Longones)* sowie *Lingonia* 998 / Frkr. (analog zu Limonia, Bononia, Aronia, Bedonia, Geldonia, lauter Sinnverwandte!) und *Linguèvres* (wie Volèvres, zu vol „Sumpf"!). In England vgl. *Lingahaese* 793 („Modergehölz", wie Cronnahaes gallice! cronn- „geronnen", kymrisch; auch Teppanhyse 765, Sperkheys); desgl. *Lingewood, Lingebrok*/E. So werden verständlich **Lingenbrink** in Westf., **Lingenau** ö. Bregenz, **Lingenfeld** a. Rh. südl. Speyer und **Lingelbach** b. Alsfeld/Schwalm (wie der Singelbach/Unstrut), **Lingwedel** (Sumpffurt b. Örrel) und der **Lingekopf** a. Fecht *(Fachina)*/Ober-Elsaß! Nicht zuletzt **Lingese** b. Altena a. Lenne, mit undt.-prähistor. s-Suffix wie *Hungese:* Hünxe und *Klingese:* Klings, die gleichfalls auf Moor und Moder deuten! Wie *ling* so auch *long, lang!*

Linkenheim nö. Karlsruhe (am sumpfigen Rheinufer) wird verständlich im Rahmen der zugehörigen heim-Namen wie Ohnen-, Finen-, Dinen-, Beinen-, Kippen-, Sesen-, Saasen-, Dauten-, Mauchen-, Wattenheim, —

alle auf Moder und Sumpf weisend. Dazu **Linkenbach** b. Selters *(Saltrissa!)*, Linkenholt in England, Linkenmühle/Saale, In den Linken b. Iburg, Linken b. Buer; und die **Linke:** Quellbach der Ohne (*on* „Sumpf"!) im Eichsfeld, vgl. *Linkmenas*, Fluß in Litauen! Auch **Linx** b. Kehl, Linxweiler/Saar, **Lincus:** Lains/Jura!

Linnepe Kr. Arnsberg/Sauerland ist der prähistor. Bachname *Lin-apa*, zu idg.-lat.-kelt. *lin* „feuchter Schmutz" (lat. linere „beschmieren", gr. „Schleimfisch"), deutlich in *Line-broch* palus 1062 / Unterweser; *Linslade, Lin-leg, Line-thwaite* „sumpfige Wiese"/England, *Lin-donck, Lin-schoten* in Holland; auch im Kollektiv *Lin-ithi:* heute Linde. Eindeutig vorgerm. ist *Linisi:* **Linse** a. Lenne (z. Weser b. Bodenwerder), mit prähistor. s-Suffix wie *Manisi:* Meensen b. Münden/Werra. Auf kelt. Boden vgl. Fluß *Linara:* Lynor/E. und ON. *Liniacum:* Ligny, dem **Linnich** b. Jülich entspricht! (Vgl. *Leneca:* Lennick/Brab. und Lonnich b. Koblenz). Neben Linnepe siehe auch Lennep b. Remscheid, — neben Linne auch Lenne, wo freilich kelt. *lindo* „Sumpf" hineinspielt. **Linne** begegnet schon um 900 als Gewässer- u. Ortsname: so a. d. Maas, b. Krefeld, b. Dortmund (890 *Linni:* heute Linde! wie *Linnium:* Linden b. Bochum), ist auch Waldort- u. Wiesenname (öfter in Hessen, siehe W. Arnold!): **Linnewiesen** b. Hanau, **Linnegründe** in der Wetterau, auch **Linne** (1313) am Linnenberge über der Linnenmühle südl. Frankenberg/Eder; ein **Linnenbach** fließt z. Lörzenbach/Weschnitz (kelt. lort „Schmutz"!).

Linse *(Linisi)* — wie *Manisi, Hemisi* (Meensen, Heemsen), alle im Wesergebiet — siehe Linnepe! Vgl. auch *Ulisi*/Spanien! Aber **Linsphe** am Lensbach bei Biedenkopf/Lahn enthält wie *Linsope* b. Soest, die **Linsmecke** bei Meschede, *Linsmal* in Belgien, der Linsengraben und der Linsenbach in Württ. eine Erweiterung *lins* zu *lin* „Schmutz, Schleim", vgl. die *Lineke* und Linnepe! Ein **Linster** in Luxbg (vgl. die Inster).

Lintel *(Lint-lo)* b. Wiedenbrück und b. Delmenhorst entspricht *Winte-lo:* Wintel/Ems, Hunte-lo a. Hunte, **Fintel** *(Fintlo)* a. Fintau und **Rinteln** *(Rint-lo)*, vgl. die Rinthe! Siehe *Lintbach* unter Limbach! Zu **Linter** b. Limburg/Lahn vgl. Sinter, Sunter, Enter! Ein *Linte-schede:* Linscheid/Lenne wie Dinte-schede.

Lintzel b. Örrel (Sumpfgebiet w. Ülzen) klärt sich als *Lines-lo* analog zu **Munzel** *(Munes-lo)* w. Hannover und **Menzel** *(Menes-lo)* a. Möhne: *lin, mun, men* sind prähistor. Wörter für schmutzig-schleimiges Moor- und Sumpfwasser.

Linx, Linxweiler siehe Linkenheim!

Linz a. Rhein und a. Donau beruhen auf keltisch *Lentia* (vgl. lat. lentus „weich, klebrig", irisch lenaim „besudle"), analog zu **Linzenich** b. Euskirchen: kelt. *Lentiniac* (vgl. Lentenach/Schweiz nebst *Lentina:* Lens mit 5 Seen!), genau wie **Sinz**/Saar *(Sentia)* und **Sinzenich** *(Sentiniac)* b. Euskirchen: *lent, sent* = schmutzig-modriges Wasser (lat. sentina „Kloake"). Der Linzgau/Bodensee mit den *Lentienses!* Ein Fluß *Lent* m. *Lenteworth, Lentehale* in E.; auch **Lenzen** in der Elbniederung *(Leonte* um 1000) bestätigt den Wortsinn, vgl. Fl. *Leonta* 704 in E.

Lippach *(Littebach* um 1260) b. Friedrichshafen siehe Litphe!

Lippe, Nbfl. des Rheins (von Lippspringe nö. Paderborn durch die gewässerreiche Tiefebene Westfalens fließend), nach dem Zeugnis des Tacitus u. des Strabo ursprünglich *Lupia* lautend, gehört in eine Reihe mit den alteuropäischen Flußnamen *Lupia* in Polen, *Lupow* in Pommern, *Luppe* zur Elster, *Loupe* in Frkr., *Luppach* im Elsaß, also im vent.-slaw. wie im keltoligur. Raume. Dazu ON. wie *Lupianum, Luponium, Lupiacum* (wie Lutiacum, Vipiacum, Sipiacum) in Frkr. *Lupeton, Luperidge*/E., *Lupnitz* b. Eisenach. Auch die *Lupenii* in Albanien; nicht zuletzt der **Lupfen** (mit dem benachbarten Hohen-**Karpfen**!) südl. Rottweil: *lup (lop, lep, lip, lap)* meint klebriges Naß (Schleim, Schlamm, Moder), ebenso *karp* (Fluß Carpino), s. Kerpen! Mit dem Gesichtsteil hat die Lippe also nichts zu tun (wie z. B. F. Holthausen glaubte!). Müllenhoff hielt die *Lupia* für keltisch, Arbois u. Schwäderle für ligurisch.

Lippern b. Essen (urkdl. 947 *Leppara, Liapera*) enthält wie die Leppe (zur Agger b. Gummersbach) das idg. *lip* (vgl. lat. lippus „klebrig") wie der Fluß *Lipuda* in Bruttium. Dazu der **Lipping**/Eschwege, **Lipp** a. d. Erft (nebst Glesch und Pütz!) und **Lippe** südl. Siegen. *Lip-pit, Lip-well* in E. bestätigen den Wortsinn „Schmutz, Morast". Eine ligur. Variante *lep* im N. der *Lepontii* an den Rheinquellen. Vgl. auch *lup, lop, lap!* Zur Form *Liapera* mit *ia* für *i, e* vgl. Biastene, Biaranhusen.

Lissgraben/Baden, Lissingen (wie Bissingen!), Lissberg a. Nidder: s. Lister! Vgl. *Lis-combe*/E.

Lister, Zufluß der Bigge Kr. Olpe (im ältesten prähistor. Siedelgebiet!), mit Listern-ohl (ol = Sumpf!), entspricht der ebenso vorgerm. **Nister** im Westerwald; vgl. auch **Ister** (Istrien) und den See Istra/Lettland. *lis-t, nis-t, is-t* sind Synonyma für Wasser und Sumpf. Vgl. *Listes, Lestes* b. Calais. Ein **Listingen** *(Listungen)* ö. Warburg/Diemel (wo auch die Sinnverwandten Elsungen und Hasungen); ein **Listringen** b. Hildesheim (vgl. Lüstringen a. Hase, zur Variante *lus-t,* wie Rüstringen i. O: *rust, lust* = Sumpf). Zu *lis* vgl. *Lismona* unter Lesum u. Lieser! Zu *liss:* Lisse/

Holld, auch Lissendorf u. **Lissingen**/Eifel. **Listrup** (*Lichtestorp* 890) siehe Lichte!

Litphe nebst **Littfeld** ö. Olpe (in prähistor. Raume), wo auch Klafeld, entspricht Netphe, Dautphe: *Lidapa, Nedapa, Dudapa* sind prähistor. „Sumpf- und Schmutzbäche". *lit* (neben *lid)* auch in *Litforde:* Leiferde/Gifhorn, in *Lite-lo:* **Littel** i. O., *Litmecke-siepen*/Meschede, *Lite-sele* 1168 im sumpf. Waasland/Belgien (wie Dude-, Germe-sele), *Litmala:* Limal/Belg. (wie Dutmala: die Dommel), *Lita* 968: **Lit** a. Maas. Vgl. auch den Sumpfwald *Litana* silva in Gallia cisalpina (dessen Sümpfe dem röm. Heere zum Verhängnis wurden!) sowie *Litubium*/Italien (analog zu Vidubium, Verubium, Ussubium) und Fluß *Liternus*/Kampanien. Siehe auch **Littgen** unter Liedern! **Littgraben, Littenbach** (ob. Rh.).

Lixfeld/Dill, Lixheim *(Lukesheim)* und Lixingen/Lothr., Lüxheim ö. Düren enthalten kelt. *luk* „Sumpf"; siehe Lauken!

Lochtrop b. Meschede entspricht **Lechtrup** b. Bramsche, siehe Lechtern! **Lochtum** ö. Goslar hieß *Loch-tune;* zu **Loccum** vgl. **Lochum** im Westerwald und **Lochheim**/Inn, auch Lochem/Holld. Dazu in Baden: **Lochbach,** Lochgraben, in Württ. ein Lochenbach und eine Locha: **Lauchert** (vgl. Lauchheim). Zugrunde liegt allen das idg. Sumpfwort *lok, loch.* Siehe auch Lockstedt! Löchter, Lüchter, Lüchtringen i. W.

Lockstedt (Holstein, Hamburg usw.), Lockhausen b. Herford, Lockfeld, dazu Lockwood, Lockington usw. enthalten idg. *lok* „Sumpf". *Loc-seten:* **Loxten** b. Bielefeld entspricht Bexten, Laxten *(Bek-, Lak-seten). Loc-furlong*/E. entspricht *Sor-, Clete-, Liche-, Spiche-furlong,* lauter sumpfig-modrige Gräben. Auf kelt. u. ligur. Boden vgl. *Lokerne, Lokere* in Belgien, Fluß *Lochor* in Wales, Fluß *Locra* auf Korsika! Als sinnverwandt mit Lockstedt vgl. Sellstedt, Rockstedt, Kührstedt, Horstedt, Kakstedt, Hepstedt, Heerstedt, Lückstedt u. a. zu **Lockweiler**/Saar vgl. Hockweiler, Rückweiler, Kollweiler, Aßweiler usw.

Loddenbach, bei Warendorf i. W. fließend, meint „Schlamm- oder Schmutzbach" (vgl. holld. *lode* „Morast"; *Lodenaken* a. Maas wie Geldenaken: *geld = lod); lod, lud = mod, mud* „Modder", daher *Modewik* wie *Lodewik* (Lowick b. Bocholt). **Lathen** a. Ems hieß a. 1000 *Lodon,* — **Lathe** Kr. Minden: *Lothe,* mit ndd. Lautwandel von kurzem *o* zu *a.* Auch in kelt. u. ligur. Namen ist *lod* bezeugt: vgl. die Flüsse *Lodre* (wie Codre u. Glodre!) u. *Lodene* (Loddon) in Brit. sowie ON. *Lodena* (Luynes a. Rhone), *Lodonum* (wie Modonum!), *Lodasco* (Ligurien), *Lodiacum*/Frkr., *Lodenza* + *Lorenza*/Schwz (nicht kelt. loudom „Blei", so Krahe!). Siehe auch **Lude!**

Löf a. Mosel *(Lovia)* entspricht **Cröv** a. Mosel *(Crovia): Lovia, Crovia* kehren auf keltoligur. Boden in Frkr. wieder, sind also vorgerm., siehe Cröv! *lov* meint „Sumpf" so noch gälisch (vgl. irisch lo-chaisir „Regen"; es steckt auch in **Lövenich** (2mal im Rhld) analog zu Kövenig b. Bullay u. Rövenich u. in **Loverich** Kr. Aachen (wie Leeuwerik/Holld) analog zu Köwerich/Mosel, denn auch *cov* ist kelt. Sumpfwort. Zu Lövenich vgl. *Loviniac:* Louvigny (wie *Sevenich: Saviniac:* Savigny: sav „feuchter Schmutz"!). In Belgien ist **Löwen** (Leeuwen) altes *Lovene;* in Frkr. begegnen *Lova* (Louve), *Lovria, Loverna, Lovissa* als Flußnamen, in Brit.: *Lovent;* in Schottld ist *Lova pit* eindeutig: pit = Morast.

Löhlbach siehe Löllbach, Lollschied! **Logelbach,** Logebach siehe Lahn!

Lohmar b. Siegburg (urkdl. *Lochmere)* deutet wie alle *mar*-Namen auf „Sumpf"; zu *loch, lok* siehe unter Lockstedt!

Löhnberg/Weilburg siehe Lahn!

Löhne b. Herford ist altes Kollektiv *Lonithe,* wie **Lohnde** a. Leine, also Ableitung von einem Gewässernamen; eine Wiese **Löhne** b. Schieder i. W., ein *Lonebach* 1168 b. Wittlich/Mosel (wie *Ronebach, Honebach),* ein **Löhnbach** Kr. Hamm. Dazu **Löhnhorst** (nebst Ihlpohl) nö. Bremen, **Löningen** a. Hase. Auf „Sumpf, Morast" als Wortsinn deuten *Lone-dong* b. Solingen, *Lon-spich* (nebst *Loneker, Loon)* in Holld wie Herispich, Thornspich, *Loonput* in Flandern, *Lonlar:* **Lollar** b. Gießen (wie Hollar, Ellar). Ein Lohn b. Jülich, **Lohne** b. Soest, Vechta, Homberg. Auf kelt. Boden: *Loniac:* Loigny wie *Liniac:* Ligny; *Lone-:* Lancaster/Brit.; Linne *Lonaidh*/Schottld (gäl. *lon* „Morast").

Lohr (im Main-, Tauber- und Jagstraum, in Lothr. u. Elsaß) beruht mit mundartl. *o* für *a* auf urspr. *Lahr (Lara),* siehe unter **Lahr!** So auch das **Lohr** (Lohrfeld) im Habichtswald, **Lohrfeld** b. Berlepsch und Zwehren, der Lohrberg b. Geismar. **Lohrbäche** fließen zur Schwalm und b. Speyer (urkdl. *Larbach*). Auch **Lohrheim** b. Limburg/Lahn hieß 790 *Larheim;* **Lohrhaupten:** 1184 *Lare-hupten* (a. d. Quelle der Lohr b. Gelnhausen); **Lohra** b. Kehna (a. Salzböde südl. Marburg): urkdl. *Lara.* Hier deutet die Nachbarschaft von *Kehna, Allna, Wiera, Erda, Kölbe, Kaldern, Vers,* „mit denen kein Germanist etwas anzufangen weiß" (E. Schröder S. 142), auf keltische Herkunft: vgl. in Frkr. *Larona* wie *Carona, Verona, Dertona, Olona, Nisona: lar, car* usw. sind kelt. Sumpfwörter, vgl. auch *lor:* Lorfe!

Lollar *(Lunlar, Lonlar)* siehe Löhne, Lühne!

Löllbach a. Glan/Pfalz wie **Löhlbach**/Eder enthalten ein prähistor. Wasserwort *lol, lul* (vgl. den **Lüllbach** z. Ennepe u. ä.). **Lollschied** b. Nastätten/Taunus entspricht Lau-, Eb-, Sohr-, Schlierschied usw., womit der Wortsinn „Sumpf-, Schmutzwasser“ deutlich zutage tritt. *Lolenwiler* 1132 / Lothr.

Lomersheim a. Enz w. Vaihingen entspricht Leimersheim a. Rh., Würmersheim, Sermersheim/Elsaß, lauter Ableitungen von Wasserbegriffen. Ebenso **Lommersum** b. Euskirchen, **Lummerschied**/Saar (wie Möderschied), Lommersdorf/Schleiden, *Lumers-:* Laumesfeld/Lothr., Wald *Lomerholz* 1144 a. Sieg, *Lommerke* (Waldort südl. Brilon), der *Lomo-Gau* in Belgien; auch die Flüsse *Lome, Lomene* in Litauen. Vgl. auch *Lumbres* b. Calais u. *Lumbisium:* Lombise/Frkr. Siehe auch **Lumbda!**

Londorf a. Lumde ö. Gießen siehe Löhne!

Longerich b. Köln siehe Lengerich. Desgl. **Longen** 770 b/Trier/Mosel. Zu kelt. *long (lang, ling)* „Sumpf“ vgl. auch Fluß *Longos*/Brit., *Loch Long*/Schottld, *Longa, Langa*/Frkr., *Longonessa* b. Calais, *Longuich*/Mosel wie Longwy, auch die kelt. *Longones (Lingones)* in Gallien.

Löningen a. Hase siehe Löhne!

Lonnich *(Lunniche)* b. Koblenz entspricht formell und begrifflich **Linnich** b. Jülich (siehe dies!). Vgl. keltisch *Loniac:* Loigny, *Luniac:* Lugny. Weiteres unter Löhne!

Loope a. Agger/Siegkreis (m. Lobscheid) u. *Lopina*/Ruhr, Lopen-See und Löpsingen siehe Laupebach!

Lorch (am Rhein: Mündung der Wisper, auch in Württ. und a. d. Enns/Ö: am Bache *Lauro,* Forbiger 3, 452), auch **Lorich** b. Trier und **Lörick** b. Neuß (wo A. Bach ganz abwegig lat. lorica „Einfriedigung“ sucht!), gehen alle über urkdl. *Loreche* auf kelt. *Loriacum* zurück wie Loiré, Lorey, Lorry und Lorris in Frkr.! (kelt. auch *Lauriacum*). Vgl. auch ligur. *Laurasca.* Ebenso **Lörchingen**/Lothr. (wie Mörchingen), **Lörrach** a. Wiese (wis „Sumpf“) in Baden; **Lorsch** a. Weschnitz wie **Lörsch** b. Schweich a. Mosel weisen auf kelt. *Lorisca* zurück analog zu **Mörsch**/Pfalz *(Morisca)* und Mersch/Lux. *(Marisca). lor: lar; mor, mar* meinen „Sumpf“, vgl. auch **Lorscheid** wie **Morscheid** b. Trier. Ein rivus *Lorel* 1186 b. Namur!

Lorfe *(Lor-apa),* Zufluß der Eder, entspricht der ebenso prähistor. **Norfe** *(Nor-apa)* b. Neuß, beide auf kelt. Boden (vgl. bei der Lorfe auch die kelt. Werbe und Orke (Orcana). *lor, nor* meinen „sumpfiges Wasser“, siehe Lorch! Dazu die *Lor-beke:* **Lörmecke** in Waldeck, die Löhrbäche, -gräben in Baden. Eine **Lorze** *(Lorenze, Lorantia!)* in der Schweiz!

Lörrach a. Wiese/Baden siehe Lorch!

Lorsch a. Weschnitz, Lörsch a. Mosel siehe Lorch! **Lorscheid** b. Trier und b. Linz a. Rh. (wie Morscheid b. Trier, Ehlscheid, Notscheid, Bremscheid b. Linz a. Rh.) siehe Lorch!

Lörzenbach am L. (Zufluß der Weschnitz ö. Heppenheim) meint nichts anderes als ebda Mörlenbach, Laudenbach, Ellenbach, Zotzenbach, Flockenbach, nämlich „Schmutzbach", zu kelt. *lort* „Schmutz, Morast" (dem Wb. fremd, aber erwiesen durch *Lortan-hlaw*/England (hlaw „Hügel", got. hlaiw, ahd. lêo) analog zu *Cudanhlaw, Hodanhlaw, Bledanhlaw* 966! Zur Form *(lor-t)* vgl. *mor-t (Mortava, Mortenau* usw.) zu *mor* „Morast"!

Loschede b. Coesfeld entspricht **Leschede** südl. Lingen: beides sind Kollektiva auf -ede zu *losc, lesc (lisc)* „Sumpf-, Riedgras"; b. Coesfeld 1230 auch eine *Losc-apa!* Ein Löschen-Berg b/Stollberg.

Losheim b. Schleiden u. b. Merzig/Saar (an sumpfiger Bachwiese) besagt dasselbe wie **Lußheim** b. Schwetzingen und *Lus:* **Lausheim** b. Waldshut: idg.-kelt. *los, lus* meint „Sumpf" (noch rheinisch-süddt. fortlebend!). Deutlich in: **Losenseifen** (Anhöhe b. Prüm) wie Karseifen, Muchensiefen usw., in *Los-lo:* **Lössel**/Lenne (wie Bos-lo: Bösel; Rose-lo: Reuzel), in *Losbrok, Losdrecht*/Brabant und **Loßbruch** b. Detmold. Ein **Loshausen** a. Schwalm. Zu *Lo(o)sdrecht* vgl. die Synonyma *Sli-, Mi-, Hey-, Dur-, Moordrecht!* Zu *Los-dinium* (Leusden) vgl. *Hasdinium* (has = Moor, Ried). In Frkr. vgl. *Los-dunum:* Loudon; am Genfer See liegt *Losonna:* Lausanne. Bei Cröv/Mosel: **Lösenich** wie Liesenich ebda! Siehe auch Losse! Vgl. auch *Losa:* Loose/Tecklbg. Ein **Losbach** fließt zur Gutach, eine *Losna*/Glotter z. Elz.

Losse, Zufluß der Fulda: Wie die **Notreff** (oder Weddeman), so gehört auch die **Losse** (oder Losseman), beide im Kaufunger Walde, zu den Spuren vorgermanischer Bevölkerung, vgl. Fluß *Lossie* in Schottland! Auch die *Notrapa:* Notreff kehrt auf kelt. Boden wieder: als *Nodra* in Frkr. — *los, nod* sind kelt. Wörter für „Sumpf" (vgl. rhein.-süddt. *lus* und elsässisch *node!*). Vgl. auch die Jossa! Im Ablautsverhältnis zur **Losse** steht die **Lesse** (z. Maas)!

Lotte b. Osnabrück und **Lotten** b. Meppen (nebst Fullen, Versen) wie Lottum/Holland (analog zu Lutum, Latum, Luttrum, Klinkum, Marum, Ankum, Rottum) beziehen sich auf „Schmutzwasser" (zu **lod, lot** vgl. die **Lottbek** z. Alster, siehe auch Loddenbach!). Vgl. **Lutten** b. Vechta. Mit Ablaut: **Lette** i. W. — Ein *Lota* rivulus 1107 in Belgien, eine Wiese *Lot meadow* in England. — **Lottstetten** (*Lotstat* 827) b. Schaffhausen entspricht Heuch-, Mehr-, San-: Söhnstetten in Württ., lauter Sinnverwandte für Orte an Schmutz- und Moorwassern.

Loverich b. Aachen und **Lövenich**/Köln siehe **Löf! Lowick** *(Lodewik)* siehe Loddenbach!

Loxten *(Lok-seten)* siehe Lockstedt!

Lübbecke westl. Minden (am Wiehengebirge) beruht urkdl. auf *Lud-, Lidbeke* (so 775), d. i. „Schmutzbach", wie *Lebbeke*/Brabant auf *Led-beke,* und **Labbeck**/Wesel auf *Ladbeke;* **Rebbecke**/Lippstadt auf *Redbeke,* lauter Sinnverwandte. **Lübbe** b/Minden siehe Lublar: Liblar!

Lüchtringen siehe Lochtrop!

Luckenbach, Zufluß des Kochers, auch im Westerwald, ist der eingedeutschte kelt. Bachname *Luca,* siehe unter Leuck! **Lucklum** b. Brschwg. ist entstellt aus *Luckenem* wie Adlum (Ahlum) aus Aden(h)em (zu *ad* „Wasser"). Zu *Lückstedt* vgl. Hückstedt! Lückerath/Rhld (u. Lückert) entspricht Möderath.

Lude, Zufluß der Thyra im Harz, meint „Schmutz-, Schlammbach" *(lud, luder, loder* noch heute obd.-bayr. = „Schmutz", Loderbach). Ein *Ludeborn* 1283 a. Twiste/Waldeck, eine *Ludenbeke* (verschliffen zu **Lümke**) im Bergischen, wo auch Lüdenbach und **Lüdenscheid** (das urkdl. Ludolvesscheid ist typische Schreiberetymologie, da Lude als KF. zu Ludolf aufgefaßt wurde); so entspricht auch *Ludenbracht* ebda dem eindeutigen *Nodenbracht* (node = „Sumpf") und *Valenbracht* (val = „Sumpf"). Dazu einfaches *Ludene:* **Luhden** b. Bückeburg (analog zu *Mudene,* mud = „Moder", und zu *Dudene,* dud = „Sumpf"). Ein *Luden* (heute **Lauda,** Kanzleiform!) a. Tauber. **Ludweiler** b. Saarbrücken steht neben **Dudweiler** ebda. Ein **Ludlensbach** fließt zur Würm/Nagold, ein **Luderbach** zum Main, vgl. **Lüderbach** im Ringgau/Werra; eine **Lüder** kommt vom Vogelsberg, zur Fulda fließend (die Nachbarflüsse Fliede *(Flidene)* und Schlitz *(Slitesa)* deuten auf prähistorisches Alter!). In England vgl. *Ludemere, Ludewater, Ludbroke, -well, -ford, Ludderburn, Ludeney* (: Lud, Loud). Auch im Kymrischen begegnet *lludedic* „schlammig". — Siehe auch Loddenbach!

Lüerte *(Lurete)* siehe Lür!

Lügde a. Emmer b. Pyrmont (urkdl. *Luhidi*) verrät sich schon topographisch als sumpfig gelegen. Zugrunde liegt der Bachname **Luhe,** Lühe (idg. *lu* „feuchter Schmutz"), mit Kollektivsuffix -ithi, -ede. Eine **Luhe** fließt zur Elbe (mit Winsen a. Luhe), auch zur Naab; eine **Lühe** b. Stade. Vgl. auch *Lu-stat* b. Speyer (wie *Bustat, Hustat*!). Siehe auch **Lühne!**

Luhe, Lühe siehe Lügde (noch heute *Lühde* gesprochen)!

Lühne *(Luna),* Zufluß der Weser b. Höxter, entspricht der **Rühne** *(Runa)* z. Ohm und der **Bühne** *(Buna)* b. Schieder i. W. (auch z. Fulda, j. Baune); vgl. auch die *Hune:* Haune und die **Nu(h)ne**/Eder. *lun, run, bun, hun, nun* sind prähistor. Wörter für sumpfig-schmutziges Wasser *(lun* zur Wurzel *lu* „Schmutz", lat. luo „beschmutze" siehe die **Luhe, Lühe!).** Eine *Lune* in Lippe, eine **Luhnau** (mit Luhnstedt) b. Rendsburg, ein *Lünebach* zur Prüm/Eifel. Zu **Lüneburg** a. Ilmenau/Elbe vgl. auch *Luneburg* (castrum), jetzt Burg **Leinburg** am Leinbach b. Neckargartach. Zu **Lünen** *(Lune)* a. Lippe vgl. Thünen (Fluß Thune z. Lippe), zu **Lünern** b. Unna: Bevern, Estern, Haltern. Diphthongierung zeigen **Leun** a. Lahn b. Wetzlar und **Leuna** *(Lune),* wie **Deuna** *(Dune),* b. Merseburg. **Lühnde** *(Lunede)* ist altes Kollektiv wie Lohnde, Sehnde, Weende, Jühnde. *Lun-lar:* verschliffen zu **Lollar** (b. Gießen) entspricht *Hun-lar:* **Hollar** ebda (*hun* = „Moder"). Geminiertes *nn* zeigt **Lünne** i. W. (890 *Lunni*) analog zu *Linni* 890 b. Dortmund und *Bunni* 890 (Bunnen i. O.). In England vgl. Fluß *Lune* sowie *Lun-hale* (wie Run-hale). In Frkr.: kelt. *Luniacum:* Lugny (wie Liniacum: Ligny, lin = „Schleim, Schmutz"!) und ligur. *Lunate* (wie Vernate: vern „Sumpf").

Lüllbach oder Pedemecke (Zufluß der Ennepe/Ruhr), ped = Kot! meint wie Süllbach (Süllbeke) und Nüllbach (Nüllbeke) „Schmutzbach". Vgl. auch **Löllbach**/Glan, **Lellbach** b. Korbach u. *Lullubach* 822 b. Kissingen. Dazu **Lulle** bei Bippen (Moor!), *Lulleshem:* Lunzum b. Haltern, *Lullifeld*/Hessen (wie *Tullifeld* im Hassegau), **Lüllau** a. Seeve; **Lüllingen** (Geldern, Lux, Baden) entspricht dem kelt. *Luliacum* (heute Loulay, Loeuilly)! In England vgl. Lullington (1086 *Lullitune,* wie Lillington: *Lilleton)* analog zu Wellington, Washington usw., *Lullen-dene, Lulle(s) wurd, Lulles-ey* (d. i. „Sumpfaue", nicht „Lull's Insel, wie Ekwall glaubt). Zur sekundären Zwischensilbe *-ing* (Lullington), die einen germ. Pers. N. vortäuscht, vgl. das lehrreiche *Lenninghoven a. Lenne!* So werden verständlich auch *Lullen-, Lullinge-scheid* (12. Jh./Rhld) und *Luling-:* Leulinghem/Flandern (analog zu *Gulleghem* ebda, zu *gul* „Gülle, Pfütze"!), auch Löllinghausen b. Meschede. Vgl. auch *Lullenhusen* 1366, *Lullanbrunnen*/Hildesh., *Lullestorp* 1197: **Lülsdorf** a. Rhein b. Köln.

Lumbeck in Westf. u. Holland (dort 3 Bäche dieses Namens), vgl. den *Lumbach* 1191 / Württ., entspricht *Rumbek. lum, rum* = „feuchter Schmutz, Schlamm" *(lum* noch albanisch „Schlamm", vgl. griech. λῦμα). Eine *Lumene* (wie Lemene) in Brit., eine *Lumna* 687 (Lomme) in Belgien, und so auch die schmutzige **Lumde,** Nbfl. der Lahn. Vgl. auch *Lumenes-:*

Leimsfeld/Schwalm bzw. Laumesfeld/Lothr. Siehe auch Lummerschied! Engl. *lumb* „Pfuhl".

Lünen, Lünern, Lüneburg siehe Luhne, Lühne!

Lupfen (Bergname) siehe Lippe! Desgl. **Luppe, Lupnitz.**

Lür: Das **Lür,** Flur b. Rattlar/Brilon (in prähistor. Gegend!), das **Lürfeld** (1681) b. Soest, der **Lürwald** zw. Lenne u. Ruhr b. Arnsberg, In der **Lüre** Kr. Höxter, *Lür-beke:* **Lürbke** b. Iserlohn, der **Lürbach** (Quellbach der Erpe am Habichtswald), der *Lürenbach:* Leirenbach (z. Echaz/Württ.) und das Kollektiv *Lurethe:* **Lüerte** i. O. (am Moor der Hunte!) enthalten das prähistor. *lur* (Variante zu *lor, ler, lir, lar*) = Sumpf, Schmutz. Siehe auch **Lauer** *(Lura)!* in Frkr. vgl. kelt. *Luriac:* Lury! *Lureca:* **Lürken.**

Lushard, bewaldeter Höhenzug b. Bruchsal: in seinem Namen spiegelt sich seine einstige Bodennatur, denn *lus (los),* noch heute rheinisch-süddt., meint „Sumpf", auf kelt. Boden mehrfach begegnend: so *Lusica* 816 b. Trier! (wie Rinica: Reinig b. Trier, Inica: Einig b. Bitburg), *Luserca*/ Frkr. (vgl. lat. noverca „Schwiegermutter"), die kelt. *Lusones* u. *Lusitania!* Und so auch *Lus-:* **Lausheim** b. Waldshut, **Lußheim** b. Schwetzingen und die süddt. **Luß-,** Los-, Laus-**berge;** deutlich **Lausmoor.** Auf norddt. Boden: die *Lusbike,* der Lüßberg und *Lüsebrink.* Zu *lusc, lisc* vgl. **Lüsche** b. Vechta und Gifhorn! Siehe auch Losheim!

Lüstringen a. Hase b. Osnabrück, wo es von prähistor. Namen wimmelt (wie Powe, Icker, Nahne, Nemden, Glane usw.), entspricht dem kelt. *Lustriacum:* Lutry/Schweiz (zu lat. *lustrum* „Suhle", vgl. bretonisch lousteri „Schmutz")! Vgl. **Listringen** und die Lister b. Olpe! Auch das parallele **Rüstringen** i. O. (u. Rüster-Siel), zu *rust* „Sumpf", vgl. Rüstungen (wie Faulungen), den Rustebach u. die Rustlake. Nördl. von Lüstringen liegt Lechtingen, östl.: Wissingen, siehe diese! Zu *lust* siehe Lüstefeld! Vgl. auch *Süster!*

Lüstefeld b. Netra im prähistor. Ringgau südl. Eschwege/Werra enthält ein verklungenes prähistor.-vorgerm. Sumpfwort *lust* (siehe **Lüstringen!**), wie auch der **Lustbach** z. Bühler *(Bilerna!)*/Württ. und das **Lustige** Maar in Holland! Auch *Lustes-hull, Lostiford* in England nebst *Lostoc* und Fluß *Lostric* ebda, die eindeutig keltischer Herkunft sind! Als Varianten zu *lust* vgl. *lest, list, lost!*

Lustadt b. Speyer siehe Luhe, Lühne!

Lutten beim Moorort Vechta i. O. (auch in Holld) entspricht **Nutten, Hutten, Sutten,** die alle auf schmutzig-sumpfiges, mooriges Wasser deuten. *lud, lut* meint ebendies (vgl. auch lat. *lutum,* mhd. *luter* „Kot", lit. *lutyna* „Pfütze"). Eine *Lutenbeke:* **Lüttmecke** fließt b. Brilon, ein **Lüttenbach**

im Elsaß. *Lutenhem:* **Luttum** b. Verden entspricht *Dutenhem:* **Dutum** (*dut* „Sumpf"). Zu **Luttrum** b. Hildesh. vgl. Suttrum (**sutte** „Sumpf"). Dazu **Luttern** a. Lachte ö. Celle, Lutter Kr. Gandersheim, das Moorwasser **Lutter**/Hann., **Lutterbeck** am Solling, **Lutterbach**/Ob.-Elsaß, *Lutheri* 890: Die **Lutte** i. W.; der **Luttenbach** z. Neckar, der Luttengraben/Ob.-Rh., Luttenwang (sumpfig) w. München). **Lüttingen**/Lothr. (auch Kr. Moers) hieß kelt. *Lutiacum* (a. 912)! Vgl. dazu in Frkr. *Lutosa, Luteva, Luterna, Lutia, Lutetia* (= Paris) und *Lutra* „locus paluster"! Deutlich vorgerm. ist der Lüttersten-Graben (zur Kander/Baden), mit st-Suffix, vgl. die Innerste *(Indrista)*/Harz und die *Andrista*/Lombardei.

Lutzerath b. Cochem/Mosel entspricht Utzerath, Matzerath, Sitzerath, Gonzerath, Hetzerath, lauter Sinnverwandten! Zu *lut* „Schmutz" siehe Lutten! Zu **Lutzweiler**/Lothr. vgl. als sinnverwandt: Ratzweiler, Aßweiler, Schmittweiler, Hottweiler im selben Raum nebst Betzweiler.

Luxen-Kopf, Bergwald westl. Weißenburg/Elsaß, meint nichts anderes als der **Linge**-Kopf im Ober-Elsaß und der **Lauchen**-Kopf a. Lauch ebd.: alle drei enthalten keltische Bezeichnungen für schmutzig-sumpfiges Wasser. Zu *lux* vgl. Fluß *Luxia*/Baetica (Spanien), *Luxeuil*/Frkr., Fluß *Loxne*/Brit. Eine *Luxembeke* i. W.; *Luxwoude* in Holld; **Luxemburg!** (urkdl. *Luz(el)enburg;* doch fließt ein Bach *Luzze* z. Mosel).

Lyhren siehe Liedern!

M

Maag (z. Walensee) siehe Magstadt und Mayen!

Maar/Eifel siehe Marpe, Marmecke!

Maas (die Hohe Maas), Bergwald b. Meiningen (prähistor. Gegend!), deutet auf feuchte Bodennatur, wie alle ältesten Wald- und Bergnamen (vgl. die Finne, die Schrecke, die Rhön, die Schmücke). Zu *mas (mes, mis, mos, mus)* siehe Maspe! Eine kelto-ligur. *Mosa* aber ist die **Maas** (frz. Meuse) in Belgien/Holland. *Masfeld (Marahesfeld)* siehe Marbach!

Machern (Königs-Machern/Lothr. u. Greven-Macher nebst Klein-Macher a. Mosel (Lux.) sowie (mit Umlaut) **Mechern** a. Saar, **Mecher** in Lux. und **Mechernich**/Rhld enthalten den kelto-ligur. Gewässernamen *Macra* (wie *Mucra!*)/Ligurien u. Spanien. Dazu auch Mecheln *(Machlin)* u. Machelen a. Leie in Belgien und **Machtum** a. Mosel/Lux. (wie Wachtum!): *mak-to, wak-to* = „Sumpfwasser"; vgl. lit. *makone* „Pfütze" u. *Machemire*/England (wo *mire* den Wortsinn bestätigt). Vgl. *Machlant* (Buck).

Macken/Mosel gehört wie die Moselorte Müden, Karden, Lehmen, Alken, Klotten, Nehren, Leucken, Leiwen, Schoden, Taben, Traben zu den Zeugen aus kelto-ligur. Vorzeit, — alle auf Wasser, Moder, Sumpf deutend. So auch (eingedeutscht) **Mackenbach**/Pfalz (nebst Bosen-, Erfen-, Miesenbach, lauter Sinnverwandte!) und **Mackweiler**/Lothr. (nebst Aßweiler, Gungweiler). Zu *mak (mach)* „Sumpf" (wie *mok, muk, mek, mik)* siehe auch Machern!

Maden im Ederbogen zw. Fritzlar u. Kassel, wo es von prähistor., kelt. und ligur. Namen wimmelt, ist alter Gewässername *Madana* (analog zu *Adana:* Ahden): vgl. die Flüsse *Madenni*/Wales, *Madon* südl. Nancy, *Madra* (: Maire/Belgien) u. die ON. *Madro*/Piemont, *Madiacum* 634: Montmédy a. Maas. Idg. *mad* (vgl. unser „Matsch"!) ist bezeugt durch griech. μάδος „Nässe", lat *madidus* „feucht, weich", irisch maidim „zerfließe" usw. In England vgl. Fluß *Mademe* (wie Medeme) mit kelt. m-Suffix, *Made-combe* Moderkuhle", *Madebrok*, in Westf.: *Madehurst, -wik, -feld*, in Holld: die *Mad-linge*, im Hegau ein Wald silva *Madach*, in Thür. eine *Madala:* **Madel**, Zufluß der Ilm b. Weimar, mit den ON. **Magdala** (1307 noch *Madela*) und **Madelungen** (wie Barungen a. Bara: bar = Sumpf); und so deutet *Madungen* (1072 b. Eisenach) auf eine alte *Madaha*, wie *Fladungen* auf e. *Fladaha*. Auf *Madebach* (so im 8. Jh.) beruhen **Maibach** (Wetterau und Schweinfurt) und **Mappach** b. Lörrach (wie Schadebach: Schappach und Ladebach: Lappach); auf *Madelar:* **Mailar**/Sauerland, vgl. Modelar: Möhler! Dazu **Mayschoß** a. Ahr. Ein **Ma-**

denbach fließt zur Jagst, vgl.Meden-, Moden-, Mudenbach! Ein Madenhausen b. Schweinfurt.

Magdala a. Madel/Weimar siehe Maden! **Magden** siehe Mayen!

Magstadt w. Stuttgart und **Magstatt**/Ober-Elsaß sind zu beurteilen wie Mockstadt, Kleestadt, Pfungstadt, d. h. Sumpf- oder Moderstätte. Zu kelto-ligur. *mag* siehe Mayen *(Magina)*! Desgl. **Maag, Magel, Magenbuch, Magenwil**, Magenheim. Vgl. *Maghia:* Maienfeld/Graubdn und Fluß *Magavera*/Ligurien (wie Gandobera). Auch die **Mainau** *(Maginowe* 1242). Vgl. *Malenowe, Melchenowe, Mommenowe, Bidenowe.*

Mahlerten *(Malertun)* siehe Malborn!

Mahlmecke *(Malenbeke)*, Zufluß der Möhne, und der **Mahlbach** (z. Glatt) wird deutlich mit **Mahlpfuhl**, meint also „Faulwasser" (idg. *mal* „Moder"). Dazu **Mahlstetten** b. Spaichingen (speiche = Schmutz) wie Heuch-, Lein-, San-, Rohrstetten, lauter Sinnverwandte. Vgl. auch **Mahlow** (wie Bahlow). Weiteres unter Malscheid!

Mahnen nö. Herford (alt *Mane)* wie der Wald *Mane* b. Warburg werden deutlich durch *Manebrok* 1094 i. W. u. *Manebach:* **Mambach** im Schwarzwald analog zu *Munebach:* **Mumbach,** *Wanebach:* **Wambach,** *Wenebach:* **Wembach,** lauter Sumpf- und Moderbäche! Ebenso beweiskräftig für *man* als verklungenes, der Forschung noch immer nicht geläufiges Sumpfwort ist *Manen-moos*/Schweiz (entsprechend *Anken-, Atten-, Laren-, Siren-, Retten,- Tetten-moos).* Ein *Maninbach:* Mannebach begegnet im Rheinland (b. Mayen, b. Saarburg, im Hunsrück), ein *Manninbach* 1148: **Mannenbach** (z. Eyach) in Württ., womit auch *Maninheim:* **Mannheim** a. Neckarmündung z. Rh. und **Manheim** ö. Düren verständlich wird; und so auch (mit Dehnung des *a* in offener Silbe) *Manin-seo:* der **Mon(d)see** ö. Salzburg, dem die Gelehrten Mondsichelgestalt angedichtet haben (wegen mhd. *mâne* „Mond"); solche Abstraktion — gleichsam Hubschrauberperspektive — ist mit dem Wesen der ältesten Namengebung unvereinbar! Vgl. auch Manscheid/Eifel, *Manhusen:* Mohnhausen/Wohra *Manheri: Medheri;* **Mannweiler**/Pfalz, **Mannstedt**/Thür. Als prähistor. erkennbar ist am s-Suffix: *Manisi:* **Meensen** b. Münden a. Werra (wie *Linisi:* Linse!). In E. vgl. *Manes-hale* (wie Cormeshale: kelt. corma „Schlamm"!), im keltoligur. Frkr.: *Manosca, Man*-oeuvre, *Maniacum:* wie Saniac, Fl. *Manisia;* in Latium die *Manates,* in Irland die *Manapii* (wie die kelt. *Menapii* am Niederrhein, die Pokorny grotesk als „Rasende" oder „Wisentleute" deuten wollte! (zu griech. μένος „Zorn", μόναπος „Wiesent"). Zu Gr.-**Mahner** (Manari) vgl. *Fahner* (Vanari)!

Maibach *(Madebach),* Maischeid, Mayschoß siehe Maden!

Maihingen am Ries (!) nö. Nördlingen fügt sich zur Gruppe der Möttingen, Röttingen, Wechingen, Kerkingen ebda, nicht zuletzt zu **Vaihingen,** lauter Sinnverwandten; denn *mai* ist prähistorisch = „Sumpf", schon im N. des *Mai-andros* (Mäander/Kl.-Asien) und in ligur. *Mai-asco* (wie Balasco: bal „Sumpf"). — Zu **Maichingen** w. Stuttgart vgl. **Laichingen, Spaichingen** (speiche = „Speichel, Schmutz"), auch Hechingen, Wechingen usw.

Mailar/Schmallenberg i. W. beruht auf *Madelar,* siehe Maden!

Main, wie der Name des Rheins aus vorgerm. Zeit stammend, ist von den Römern als *Moenus* überliefert (= idg. *Moinos).* Der Wortsinn ist zweifellos „Sumpfwasser" (vgl. lettisch *maina* „Sumpf", Fluß *Maoin* in Irland). **Mainau** siehe Magstadt! Ein **Main-Bach** w. Hameln.

Mainz, an der Mündung des Maines in den Rhein, hieß kelt. *Mogontiacum* und ist aus späterem *Magenza* kontrahiert, hat also etymologisch mit dem Main *(Moenus, Moinos)* nichts zu tun. Wohl aber enthält es ein Wasserwort *mog,* was man bisher nicht erkannt hat! (Vgl. dazu den Flußgott der Kelten: *Mogonos* und ON. *Mogdiacum*: Moydieu). *Mog-pit*/Brit. deutet auf „Morast" (vgl. die Varianten *mug, meg, mig, mag!). Mogontiacum* ist wie Argontiacum mit der gallischen Endung *-acum* erweitert aus urspr. *Mogontia, Mogontium,* analog zu *Segontia*/Spanien bzw. *Segontium*/Brit. (zu keltoligur. *seg* „Sumpf"! womit zugleich *mog* als „Sumpf, Morast" bestätigt wird!). Auch die Endung *-ont* ist keltoligurisch. Vgl. auch *Degontium (deg = seg).*

Mainzlar a. Lumde nö. Gießen (urkdl. *Mancilere, Mascelere)* entspricht dem benachbarten **Hollar** *(Hunlar),* wie **Mainzweiler**/Saar den dortigen Dunzweiler, Linxweiler usw.; *mans (mas)* begegnet noch heute rheinisch für „Feuchtigkeit", *lar* deutet stets auf Gewässer. Vgl. *Manczisz* 1407: Meinz/Hess.

Maisach am Moos der Amper w. Dachau, auch Bach (z. Lierbach/Rench) in der Ortenau/Baden, meint wie Lierbach „Sumpfwasser" *(meis* ist Variante zu *mes, mis, mus, mos, mas*). Vgl. auch **Maisborn**/Hunsrück und Maising/Starnberg.

Malborn im Quellbezirk der Dhron stellt sich zu **Melborn** b. Eisenach und **Milborn**/Saar: *mal, mel, mil (mol, mul)* sind uralte Wörter für sumpfig-modriges oder schlammig-schmutziges Wasser (vgl. μαλακός „weich"). *Mal-brok* in Belgien bestätigt es, auch *Mal-ride* b. Höxter entsprechend *Colride* (col = Schmutz). Eine **Malmecke** *(Malenbeke)* fließt b. Hagen, eine **Mahlmecke** z. Möhne, ein **Mahlbach** zur Glatt. Und so meint *Malstede:* **Malstedt** im Moor der Oste (wie Min-, Glin-, Deinstedt ebda) nicht „Mal- oder Thingstätte“, sondern „Moor-Stätte“, desgl. *Malenstede* 1194 i. O: (wie Bliden-, Fabben-, Paden-, Holenstede!) und *Malstat* 1040/Wetterau (wie Mockstadt, Ockstadt usw. ebda). Zu **Malscheid**/Luxbg vgl. *Fal-scheid*/Saar und *Wal-scheid*/Rhld *(fal, wal* = „Sumpf“). **Mahlerten** *(Maler-tune)* b. Gronau entspricht Schellerten, Anderten, Hämmerten im selben Raum von Hannover, alle auf Sumpf u. Moor deutend *(tun* = Zaun, Wohnstätte): zu *mal-r* (mit prähistor. *-r!)* vgl. *Malren* 1125 (Malderen/Brabant, wie *Gelre:* Geldern! zu *gel* „Morast“). Dazu die keltoligur. Flußnamen *Malona, Malura, Malandra* (siehe Mallendar!!) und Fluß *Malupe*/Lettland (wie Kakupe, Alkupe)!

Malchen südl. Darmstadt, mit gleichnamigem Berg entspricht dem Belchen u. dem Bolchen wie dem **Melchen** am Schwarzen Venn w. Dülmen. Vgl. Malching, Melchingen u. Bach *Melcha!* Auch Malchow, Melchow.

Malden a. Maas w. Kleve und **Maldingen**/West-Eifel enthalten idg.-kelt. *mald* mit dem Begriff des Weichen, Fauligen (wie in germ.-dt. *malt* „Malz“, altnord. *maltr* „verfault“), Variante zu kelt. *meld* (griech. μέλδω „erweiche, schmelze“) im N. der keltischen *Meldi* a. Marne (siehe unter Mellrich!). Vgl. *Malda:* Maulde/Belgien u. Fluß *Maldra:* Maudre (zur Seine). Siehe auch Malters, Melters! Ein *Malthemere* b/Lünebg.

Malkomes ö. Hersfeld, *Malkus* b. Ersrode nw. Hersfeld und **Malkes** w. Fulda sind schon an der Form als undeutsch zu erkennen; zu Malkomes vgl. **Bonames** a. Nidda nö. Frkf. (wo es von kelt. Namen wimmelt): *bon* wie *malk* deuten auf moorig-sumpfiges Wasser: *gäl. malc:* putrefy! *melc, mulc:* Abermelc/Schottld, Mulciacum/Frkr.

Mallendar *(Malandra)* und **Vallendar** *(Valandra)* b. Koblenz sind deutlich vorgermanisch, denn die N. auf *-andra* gehören zu ältesten prähistor. Bachnamen, die vom ligur. Rhonegebiet her über den Rhein bis nach Westfalen reichen, vgl. *Balandra, Camandra, Isandra, Gisandra, Marandra, Colvandra:* Kolvender(bach)/Eifel, *Atandra:* Attendorn i. W., *Wisandra:* Weseldern i. W., *Udandra: Odendar:* Odenthal usw. *mal, val (fal)* sind prähistor. Wörter für „Sumpf, Moor, Moder“, von „fallenden“ oder „mahlenden“ Bächen (so der Bachschüler H. Dittmaier) kann also keine Rede sein! Vgl. die Flüsse *Malona, Malura*/Frkr. (nebst *Maliacum:* Mailly) u. *Malupe*/Lettland. Dazu *Malinga:* Mallingen/Lothr.

Malmeneich b. Limburg a. Lahn und **Malmedy** a. Warche am Hohen Venn (vgl. Namedy) sind schon an der Endung als vorgerm. erkennbar. Zu *mal-m* vgl. *mal-d, mal-s, malc!* **Malmsheim** w. Stuttgart hieß *Malbodesheim*, vgl. *Malbodium:* Maubeuge!

Malsbenden am Kermeter meint „Wasser- oder Sumpfwiesen". *mal-s* ist prähistorisch wie in *Malsena:* **Melsen**/Flandern, **Malsen**/Gelderld und *Malseca*/Ostflandern (wie *Nameca, Renteca, Blandeca, Conteca!*), mit kelt. k-Suffix! Eine Erweiterung *malsc* liegt vor in *Malske:* **Malsch** b. Wiesbaden und Ettlingen/Karlsruhe, nebst Malschenberg/Wiesloch *(Malscus mons* 1012).

Malscheid, Malstedt siehe Malborn! **Malsfeld** a. Fulda b. Melsungen siehe Malsbenden! Desgl. Mal(e)sburg b. Zierenberg. Ein *Malspach:* Malschbach z. Oos/Murg.

Malters, Malte siehe Melters: 1182 *Malteres* (Württ. und b. Fulda) und der Malternbach z. Glotter siehe Maldra!

Mambach *(Manebach)*/Schwarzwald siehe Mahnen!

Mammelzen b. Altenkirchen-Westerwald entspricht **Hemmelzen** und **Heupelzen** ebda! Die gleiche, seltsame Form deutet auf gleichen Inhalt. Vgl. auch Mammolshain/Taunus! Zu kelt. *mam* siehe unter Memmingen!

Mamming a. Isar siehe Memmingen (1128 *Mammingen*)!

Mandel b. Kreuznach, **Mandeln**/Dill siehe Mandern!

Mandern, mehrfach ON.: b. Fritzlar/Eder, südl. Trier, b. Prüm/Eifel, in Lothr. (wo auch **Gandern!**), verrät sich schon geographisch als vorgermanisch; dazu **Manderbach** b. Dillenburg, **Manderfeld** a. Our/Schneeifel, **Manderscheid** a. Lieser/Mosel und b. Prüm/Eifel wie Möderscheid, Liederscheid. Zugrunde liegt der keltoligur. Bachname *Mandra* (Südfrkr. und Belgien: j. Mandèle, 840 Mandra fluvius), auch als ON.: **Mandres** a. Meurthe, Mandreville, Mandeure am Doubs. Der zufällige Gleichklang mit ganz heterogenen Wörtern hat, wie so oft, die Forschung zu sinnloser Deutung verführt: hier mit griech.-lat. mandra „Stall", altind. mandira „Haus". Die morpholog Reihe *Mandreda* (Südfrkr.) — *Andreda* (Brit.) — *Gundreda* (Frkr.) — *Ledreda* und *Pedreda* (Brit.) lauter Sinnverwandte mit Dentalsuffix, beweist vielmehr, daß *mand-r* ein Wort für „Sumpf, Moor, Moder" ist: analog zu *and-r* und *gand-r,* die gleichfalls verklungen und mit dem Wörterbuch nicht deutbar sind (vgl. jedoch altindisch *gand* „Gestank"). Morphologisch gesehen dürfte Erweiterung mit Nasal-Infix vorliegen, so daß *mand-r* Variante zu *mad-r* wäre (vgl. Fluß *Madra*/Belgien) wie *and-r* zu *ad-r* und *gand-r* zu *gad-r* (auch *ind-r* zu *id-r).* Vgl. auch die *Mandubii* in Gallien, die den *Contrubii, Esubii, Seguvii* entsprechen, alle nach Moor und Sumpf benannt! So wird verständlich auch **Mandeln** im Quellbezirk der Dill/Westerwald; aber die **Mandling** (zur Enns i. Ö.) hieß 1140 *Manlicha* und **Mandel** b. Kreuznach a. Nahe: 962 *Manendal.* **Mander**/Holld: 797 *Manheri* (wie Medeheri).

Manebach a. Ilm/Kickelhahn siehe Mahnen!

Mangfall, aus dem Tegernsee zum Inn fließend, von Schreibern des Mittelalters (aber auch von Gelehrten der Gegenwart) zu einer sinnlosen „mannigfaltigen" umgedeutet, ist in Wirklichkeit wie alle ältesten Flußnamen des Donau-Raumes prähistorisch, also vorgermanisch, — bestätigt durch die *Mäng:* **Meng** (Zufluß der Ill) in Vorarlberg, durch Blies-**Mengen**/Saar, durch **Mengerschied** am Soonwald (wie Schlierscheid ebda, Möderschied, Reder-, Recker-, Reifferscheid), nicht zuletzt durch *Manegedene* in England (wie *Canege-dene!):* d. i. „sumpfige Niederung" *(man, can* sind prähistor. Sumpfwörter!). An der Mangfall (vgl. die *Sincfal,* j. Zwin in Holld) liegt **Fagen,** das wie Tegern-See *(teger)* auf ligur. Herkunft deutet; Gleiches dürfte somit für *mang* gelten. *Manigfal(t)bach* hieß übrigens 1039 auch das Schilfwasser, Zufluß der Hörsel/Thür.

Mankenbach a. Schwarza/Thür. (vgl. den Sankenbach/Württ.) entspricht den benachbarten Mellenbach, Möhrenbach usw. und deutet aufs Venetische angesichts des poln. Bachnamens **Mjanka** und der ON. Manker, Mankmuß. *man: mank* wie *pan: pank* „Sumpf"!

Mannheim, Mannebach, Mannweiler, Mannstedt siehe Mahnen!

Mantelbach, Zufluß des Rombachs-Kanzelbachs nö. Hdlbg (z. Neckar), entspricht dem **Pantelbach** b. Gandersheim u. der Rantelbeke i. W., deutet somit auf vorgerm. Herkunft: *pant* „Sumpf" (in ligur. *Pantasca,* Fluß *Pantanus*/It. usw.) und *rant* desgl. (in *Rantepuhl* b. Gummersbach) sichern auch für *mant* (dem Wb. unbekannt!) gleiche Bedeutung: vgl. **Mantua** in Sumpflage! (wie Genua, Vacua, Burdua, Masua), Fluß *Mantue*/Schweiz, *Mantusca*/Ligurien, *Mantunacum:* Mantenay (wie Cantunacum, *cant* „Schilfwasser"!), *Mantala*/Savoyen. Auch *Mante-lo* (Mandel) Kr. Dortmund deutet auf „Sumpf" **(lo!)** wie Rinte-lo, Winte-lo; und **Mantinge** (Moorort in Drente) entspricht Lievinge, Balinge, Eursinge ebda. **Manzen** b. Göppingen zeigt obd. Lautwandel *t: z* wie Pfunzen, Pforzen. Zu **Manternach** *(Mantunacum)*/Luxbg vgl. Andernach *(Antunacum,* ant = „Sumpfwasser", bzw. zu *and-r, mand-r*).

Mappach *(Madebach)* b. Lörrach siehe Maden.

Marbach am Neckar, auch b. Marburg, b. Erbach (Odenwald), b. Villingen, Münsingen, Lauda, St. Gallen, ist stets verschliffen aus urkdl. *Marc-bach,* 978, bzw. *Marahbach* 831; ein *Marcbach* floß 824 zur Werra b. Themar, ein *Marcbach* 822 zur *Hune:* Haune b. Fulda, ein *Mar(a)hbach* 1024 zur Jagst usw. Eine Wiese *Marchaha* 795 b. Lorsch; *Marahowe* 1067 bei Worms; ein *Marcobrunno* 1104 im Rheingau, eine *Marcbike* 1004 bei Gerdau, eine *Marclaha* 819 zum Regen/Bayern. Gleiches gilt für **Mar-**

burg (a. Lahn wie a. Drau): urkdl. *Marchburg.* Mit der Deutung des zugrunde liegenden *mark (march)* aber ist die Forschung gründlich in die Irre gegangen, wenn sie an ahd. *mar(a)h* „Roß“ (vgl. „Mähre“) oder gar altdt. *marka* „Grenze“ dachte: mit dieser wissenschaftlich unhaltbaren Theorie angeblicher „Grenzbäche“ hat namentlich der Indogermanist Krahe heillose Verwirrung gestiftet (siehe auch unter Enz!). Schon die Häufigkeit der *Mar(ch)bäche* verbietet die Deutung „Grenzbach“; auch wäre nicht einzusehen, warum gerade diese Bäche keinen normalen, aufs Wasser bezüglichen Namen gehabt haben sollen; vor allem aber ist „Grenzbach“ ein durchaus neuzeitlicher, abstrahierendes Denken voraussetzender Begriff, der mit den Prinzipien der alten Namengebung unvereinbar ist! Die wahre Bedeutung hat schon Gysseling 1928 erkannt, wenn er die *Marka* b. Antwerpen als „de moerassige“ auffaßt, was z. B. *Marc-lo:* Markelo b. Goor (!) in Holland mit der Erläuterung *lo* „Sumpf“ bzw. *goor* „Morast“ bestätigt; eine **Marka** fließt auch im Moorgebiet der Hase. Gleiches besagen die morpholog. Reihen *Markedinium* (Marquain/Belgien) — *Losdinium* (Leusden, wo *los* = Sumpf!) und *Marc-live* b. Metz — *Alb-live*/Lux. Es ist das idg. *mark, merk* „Moder, Moor, Sumpf“, bezeugt durch ital. *marcio,* lat. *marcidus* „morsch, faul, welk“, gallisch *mercasius* (frz. marchais) „Sumpf“, lit. *merkiu* „einweichen“ (Sumpfsee Merk-ežerys in Lit.): daher kelt. *Marco-magus:* **Marmagen**/Eifel wie Rigomagus: Remagen (lat. riguus „bewässert“); kelt. *Marco-durum:* Düren a. Rur wie Salodurum: Solothurn (sal „Schmutz“) und *Marciacum:* Marcy wie Arciacum; *Marcona* (Frkr.). Eindeutig ist auch die Parallele *march: warch* „Eiter, Fäulnis“ in *Marahesfeld* 8: Jh. (Masfeld b. Meiningen) analog zu *Warahesbach* (dem Warsbach im Elsaß). Auch **Mardorf** südl. Fritzlar ist altes *Marahdorf,* wie Matrup nö. Lemgo alt *Marcthorp.* Und *Marcstede* 8: Jh. b. Wiehe a. Unstrut entspricht Herk-, Hor-, Kakstede! In England vgl. *Marche-dene* „sumpf. Niederung“; im Aargau: *Marchimoos* (11. Jh.) wie *Merchenmoos*/OÖ. Siehe unter Merchingen! Eine **March** fließt zur Donau!

Marbke b. Soest siehe Marmecke!

Marborn, Marburg, Mardorf siehe Marbach! **Marjos** s. Jossa!

Marköbel nö. Hanau (urspr. *March-köbel*) wie Marbach: *Marchbach*) entspricht dem nahen **Bruchköbel** (an einem bis Frankfurt reichenden Bruche); denn *march* ist Synonym zu *bruch!* Siehe unter Marbach! Damit fällt auch Licht auf den Wortsinn von **Köbel,** urkdl. *Cavila, Cebel,* zu vorgerm. *cava* „Sumpf-, Moorwasser“! Siehe Köbel!

Marl (*Merlo*) am Dümmer und a. Lippe (südl. Haltern) zeigt den mnd. Lautwandel *er: ar* (seit ca. 1300), wie **Marwedel:** aus *Mer-wede* „Sumpfwald". Altdt. *meri* (urspr. *mari)* meint urspr. (wie im Ags.) „Sumpf"; *lo* „sumpfige Niederung" ist erläuternder Zusatz. **Marl** a. Lippe und in Holld ist verschliffen aus urkdl. *Mer-lere,* wie **Courl** b. Dortmund aus *Cur-lare.*

Marleben im Wendland (in sumpfiger Lage) entspricht **Gorleben** ebd. (gor = Morast). Siehe Marl, Marwedel!

Marlenheim/U.-Elsaß ist eingedeutscht aus *Marle(g)ia* 8. Jh. (vgl. Marly b. Metz: 1015 *Marleio): mar-l* ist = *mar* „Sumpf". Vgl. *merl, mörl, mürl.* Sinnverwandt mit Marlenheim sind ebda Kogen-, Itten-, Dunzen-, Quatzenheim. Mehrere Sumpforte *Marla* in Belg.-Frkr.!

Marmagen/Eifel (kelt. Marcomagus „Sumpffeld") entspricht *Rigomagus:* **Remagen** a. Rh. (d. i. „Wasserfeld"), vgl. *Marcodurum* (: Düren) wie *Salodurum* (: Solothurn) sal = Schmutz.

Marmecke, Bach und Ort b. Altenhundem a. Lenne ist verschliffen aus *Mare(n)beke* „Sumpfbach", vgl. **Marenbach** b. Altenkirchen/Westerwald. Eine **Marbke** (1295 *Marbeke)* fließt b. Soest.

Marnheim/Pfalz entspricht Weinheim, Flonheim, Mauchenheim ebda. Vgl. **Marnach**/Lux.; *Mernach*/Rhld, *Marneffe*/Belg.: *marn* = *mar* „Sumpf".

Marpe *(Mar-apa!),* mehrfach Bach- und Ortsname in Westf. und Hessen, meint „Sumpfwasser", zu alteurop. *mar* (Variante zu *mor),* analog zu Sorpe, Norpe, Lorpe, Werpe usw., lauter prähistor., meist vorgerm. Bachnamen. Vgl. dazu Bahlow, die Bachnamen auf -apa als prähistor. Denkmäler. Hbg. 1958: Auf kelt. Boden vgl. *Mariacum* (Méry), *Maroialum:* (Mareuil), *Maranc*/Mosel, *Marisca* (Mersch/Lux.) wie Barbisca, Ivisca, auf ligur. Boden: *Marasco*/Piemont (wie Tarasco, Casasco, Velasco), *Marosco* b. Cremona. Die *Marici* (und Laevi) im Tessin (Ticinum) galten teils als Ligurer teils als Kelten. In Flandern-Brabant vgl. Marlière *(Marlera* 1066), Marloie *(Marlide* um 1000); in Lothr.: **Mar-spich** (wie Lon-: Leunspich, Heri-spich u. ä., spich = Tümpel); im Bergischen: **Marscheid** a. Wupper. Siehe auch Marbke, Marmecke, Marwedel, Marleben. Auf *Mar-seti* (10. Jh.) beruht **Mast** b. Vreden (wie Tyre-sete, Voresete: Förste). Vgl. auch μαραίνω; ahd. *maro* „mürbe".

Eine gleichfalls prähistor. Erweiterung *mars* „Sumpf, Morast" steckt in *Mars(a)na:* Maarsen u. Meersen/Holland (nebst Marsum, Marssum) und in den Völkerschaftsnamen *Marsi* (am lacus Fucinus/It. wie a. d. Lippe/Ruhr) und *Marsaci*/Insel Seeland (vgl. die gallischen *Arsaci* in Rheinhessen, die *Levaci* a. d. Leva/Gent, die *Rauraci,* die *Amaci* (Spanien)! Zu *mars* vgl. auch *ders, bers, gers, ners, wers, cars, cors, mors, ars, burs, urs,* lauter Sinnverwandte. Zu *mart* siehe **Martbach** S. 344!

Marwede(l) ö. Celle entspricht formell und begrifflich **Barwedel** b. Gifhorn und **Harwedel** a. Oker: urkdl. *Meri-widi: Beri-widi: Heri-widi* 888, lauter „morastige Wälder", wie der topogr. Befund noch heute bestätigt; ein Sumpfwald *Merwede* begegnet auch b. Dordrecht: locus silvis ac paludibus inhabitabilis (Schönfeld S. 39); ein Gehölz *Meerbusch* u. eine Wiese *Meerpoel* einst b. Niebur i. W. (Preuß S. 93). Germ. *mari,* ahd. alts. *meri* hatte wie im Ags. urspr. die Bedeutung „Sumpf".

Maspe *(Mas-apa),* Zufluß der Aller (von Mülenhoff für keltisch gehalten, als Beweis für die Ausbreitung der Kelten nach Osten), entspricht *Lasapa:* heute Laasphe a. Lahn, *Asapa:* Aspe (Asphe) i. W., *Rasapa:* Raspe (z. Dill), lauter sinnverwandte prähistor.-vorgerm. Bachnamen auf *-apa* „Wasser", im Sinne von Sumpf-, Moor-, Schmutzwasser, deutlich in *Masfen, Mas-lar* (763 in Belgien, wie Aslar), *Mas-melle* b. Verdun (wie Det-, Ges-, Vers-melle), *Mas-linge* (Bach i. W., wie Gropelinge: grope = Schmutz), *Masfelden* b. Hungen/Gießen. Dazu *Masen-sele* um 1100 b. Wesel (wie Basen-sele i. W.), *Masenheim* (nebst *Masebach*) 774 im Wormsgau (vgl. **Maselheim** ö. Biberach), *Masen(w)ang* 854 (Mosnang b. St. Gallen). Ein **Maßbach** fließt zur Wupper. **Maßweiler**/Pfalz entspricht Aßweiler, Naßweiler. Bei **Maßfeld** südl. Meiningen (a. d. Jüchse, jucha „Jauche") liegt die Hohe **Maß,** ein bewaldeter Berg. **Massen** ö. Dortmund ist altes *Masna,* wie Assen: *Asna* und Müssen: *Musna.* Auf keltoligur. Boden vgl. (die) *Masanza* 8. Jh./Worms, *Maseca* b. Calais, *Masava* (Mèsves) a. d. *Masua* (Masou, Zufl. der Loire). *mas* wie *mos, mus, mes, mis.*

Massenbach, Bach- u. Ortsname in Württ., entspricht dem ligur. Bachnamen *Massona* (Nbfl. der Rhone), vgl. auch keltoligur. *Massilla:* **Messel** b. Darmstadt und *Massilia:* Marseille. Zu -illa, -ella vgl. M. Förster (Themse), S. 457. Zu *Masselbach*/Eder vgl. Sesselbach (ses „Sumpf"). *mas(s)* „Sumpf" (wie *as(s)*!) siehe unter Maspe! Dazu *Massenheim* b. Vilbel/Taunus (wie Assenheim ebda), auch b. Wiesbaden, und **Massenhausen** (Waldeck, Thür.). Ein **Massen-Berg** nahe der Altmühl.

Mastholte nö. Lippstadt (in feuchter Niederung) meint „morastiges Gehölz", vgl. das deutliche **Mastenbroek**/Holland (nebst Heerenbroek: her = Sumpf!). Zu **Mastershausen:** Sumpf *Mastramela,* Fluß *Mastrica!*

Mattig *(Matucha),* vom Matt-See nö. Salzburg zum Inn fließend, gehört zu den vorgerm. Flußnamen mit k-Suffix wie (die) **Mittich** *(Miticha)* w. Passau u. die *Todicha* b. Steyr: *mat, mit, tod* sind Wörter für „Moder,

Moor", vgl. auch *mot, mut, met.* Idg. *mad* und *mat* erscheinen auf germ.-dt. Boden als *mat* und *matz.* Zu *Matava*/It. vgl. *Batava* (bat = Sumpf); auch *Matisco:* Macon b. Lyon wie Radisco, *Matra:* die Moder im Elsaß, *Matrona:* die Marne enthalten dasselbe keltoligur. Moderwort *mat.* Vgl. frz. *maton,* span. *mato* „Quark"! thür. *matte, matze!* Dazu *Mattium,* Hauptort der *Mattiaci* am Taunus. In England vgl. *Mate(s)-fen* (fen „Moor"!) u. *Mateshale* (wie Cateshale: *cat* „Schmutz"!). Eine *Matenbeke* 1314 (Mathmecke) fließt zur Wenne b. Meschede (vgl. die *Lutenbeke:* Luttmecke b. Brilon); ein *Matmar* lag b. Beelen, *Matlage* b. Löningen; *Matelon* ist Metelen a. Vechte. Weiteres unter Matzen(bach)!

Matzoft, Zufl. der Ems (wie die Wiehoft!), urspr. *Matis-apa,* wie die Wetschaft: *Wetis-apa.* Siehe Matzen!

Matzen nö. Bitburg/Eifel (nebst Hosten, Jucken, Enzen a. Enz) wird verständlich mit **Matzerath** ebda: analog zu Lutzerath, Utzerath, Hetzerath, Gonzerath, Sitzerath, — alles Ableitungen (auf -rode) von Gewässerbegriffen. Vgl. den **Matzenbach** (z. Ulfenbach/Odenwald), auch ON. in Württ. und Pfalz, und **Matzenheim**/Elsaß (wie Quatzenheim, Kogenheim ebda). Zu *mat (matz)* wie *mot (motz* „Moder, Sumpf") vgl. dialektisch *matte (matz,* thür.) für „Quark", frz. *maton,* span. *mató.* Siehe auch Mattig! Eine **Matzen-Höhe** b/Twiste a. Diemel.

Maubach a. Rur/Düren entspricht Daubach/Nahe u. Laubach/Mosel. S. Mauenheim!

Mauch *(Muche)* b. Nassau entspricht **Much** a. Wahn/Siegkreis. Siehe Mauchen!

Mauchen (1170 *Muchheim*) a. **Mauchach** (z. Wutach) wie **Muchen** im Aargau beziehen sich auf „Faulwasser". Idg. *muk* (lat. mucus „Schleim", kelt.-lett. muk), meint „modrige Feuchtigkeit", noch in schwäb. *muche* „Moder", hess.-thür. *müchen* „modern, faulen", norddt. muchelich „muffig", schweiz. mauch „morsch"; deutlich in *Muchenhart* Modergehölz" 1324 / Baden, *Muchelgruben* 1305 / Württ., *Muchensiefen* i. W.; dazu *Muchohuson* 899 in Lippe, die *Muchriede* 1330; *Muchenland*/ Schwarzwald, *Muchen-:* **Mauchenheim** b. Alzey/Pfalz, **Mauch,** Bach in Bayern. Siehe auch Mochenwangen, Mockstadt, Muckhorst, Mücheln! Auf kelt. Boden vgl. Fluß *Mucra*/Frkr., Loch Muck, Muchan in Irland, Muchnant, *Mucaidh* (wie Lonaidh, Scoraidh) in Schottland.

Mauden *(Muden),* **Maudach,** Mauderode siehe Mudenbach!

Mauenheim im Hegau deutet auf „Moder" (idg. *mu*): ein **Maubach** (urkdl. *Mubach)* fließt zur Murr (vgl. Maubach a. Rur).

Mauloff im Taunus ist der prähistor. Bachname *Mul-afa* „Schlammbach" (mit apa „Wasser, Bach"), vgl. ebda **Auroff** *(Ur-afa): ur* „Schmutzwasser". Eine **Maulach** (846 *Mulaha*) fließt zur Jagst b. Crailsheim; die Nähe der Speltach und der Stimpfach deutet auf vorgerm. Alter: *mul* ist im Slaw. als Wort für „Schlamm" bezeugt! So werden verständlich auch *Mulenbrunn:* **Maulbronn** (wie Ölbronn) in Württ., **Maulbach**/Ob.-Hessen, *Mulenbracht* (wie Luden-, Uden-, Valen-, Verenbracht) im Bergischen; *Mul-:* Mühlscheid b. Trier, **Mühlbach** b. Bitburg, *Mulion:* **Müllen** (Lenne, wie *Vuliun:* Völlen, vul „Moor"!) und *Mulon:* **Mülheim** (Ruhr, Mosel). Ein Bach *Mulingia* b. Namur!

Maumke b. Altenhundem/Lenne ist verschliffen aus *Mumbeke,* siehe Mumbach! Vgl. die Raumbeke (Rumbeke), Mehmke (Medenbeke, Menbeke).

Maurach am Bodensee (mit Flur Mauerholz), wo ein Mauerbach fließt, hieß 1158 ff. *Muron, Muren,* wie **Mauren** b. Donauwörth, enthält somit *mur* „Morast, Schlamm".

Mausbach, Zufluß des Neckars b. Hdlbg, beruht auf urkdl. *Musbach,* wie Mausbach b. Siegen und **Mauschbach** am Horn(bach: horn „Schmutz, Sumpf"!), meint also Sumpf- oder Moderbach.

Mawicke b. Werl i. W. ist altes *Made-wik* „Moderort" wie *Mode-wik:* Möwick und *Lode-wik:* Lowick. Zu *mad* siehe Maden!

Mayen/Vor-Eifel (mit dem Maifeld) ist bemerkenswert als vorgerm. (kelto-ligur.) *Magina.* Vgl. die kelt. *Magisa,* die ligur. *Magavera,* die **Mage** zur Breusch/Elsaß, die **Maag** z. Walensee sowie kelt. *Magodunum:* **Magden** und Méhun (analog zu Lugudunum: Lyon, Virodunum; Verdun; Tarodunum: Zarten usw., lauter kelt. Festungen an sumpfigen Gewässern!): Zu idg. *mag (meg, mig, mog, mug)* „Sumpf-, Schmutzwasser". Vgl. auch *Maghia:* Maienfeld/Graubünden, *Maginowe:* die **Mainau**, *Magalate*/Frkr., *Magherno*/It. (wie Salerno, sal = mag), *Magenta*/Lombardei und (als beweiskräftig) *Magantia:* Maganza/Ober-Italien analog zu *Bagantia:* Baganza ebda *(bag* = Morast, Moder, Schlamm! auch die Pegnitz hieß *Bagantia*); nicht zuletzt *Magontia:* **Mainz,** siehe dies! Damit erweist sich die Deutung von *mag* als prä-idg. für „Hügel, Berg" (so Hubschmid u. Alessio) als völlig aus der Luft gegriffen. Siehe auch Magstadt, Magenwil! Ein *Magdera* 884 (Maidières) b. Nancy.

Mayschoß b. Remagen entspricht Vettelschoß, Brachtschoß, Haperschoß, Umschoß, Merschoß, — lauter „feuchte, sumpfige Winkel". May- beruht auf *mag* (siehe Mayen!) bzw. *mad* (siehe Maibach und Mailar!) Mayweiler b. Kusel (Pfalz) entspricht Eßweiler, Welchweiler ebda.

Mechern, Mechernich siehe Machern!

Mechenhard nö. Miltenberg a. Main entspricht zweifellos **Muchenhard** (Baden): *mech* also = *much* „Moder, Sumpf" (vgl. slaw. *Mechow, Mechau!.)* Auch **Mechenried** b. Haßfurt a. M. ist deutlich. Siehe auch Möckmühl!

Mecklar a. Fulda (wo auch **Meck(e)bach)** gehört zu den prähistor. N. auf *-lar* „feuchte Niederung" wie Aßlar, Uslar, Goslar (a. Gose), Geislar, Dreislar, Fritzlar, Wetzlar, Dorlar, Berlar, Dinklar, Gertlar, Roslar, Netlar, Nutlar, Hunlar, Bunlar, denen sämtlich Gewässernamen zugrunde liegen. *meck* (dem Wörterbuch unbekannt) ist als Variante zu *muck, mack, mock, mick* zu werten: auch *Meck-fenn* in Irland (!) deutet darauf, denn *fenn* meint „Moor". So steht **Meckenbach**/Nahe neben **Mackenbach/** Pfalz. Dazu **Meckenheim** (Bonn, Speyer), Meckenhausen, Meckenbeuren (Württ.), **Meckesheim**/Baden (wie Biebes-, Büdes-, Müdes-, Ilvesheim), nicht zuletzt **Meckel** (768 schon) b. Bitburg/Eifel (wie Mückeln, Kordel, Irrel, Lasel, Hinkel ebda).

Medenbach b. Herborn/Nassau und b. Wiesbaden meint wie *Maden-, Moden-, Mudenbach* „Moder-, Sumpf-, Schmutzbach". Ein **Medebach** fließt zur Orke (Eder), ein *Medebeke* in Westf., eine **Meede** zum Moorfluß Oste b. Zeven. Auf *Mede-lo* beruht **Mehle** b. Elze bzw. Mehlo. Ein *Methela* forestum 966/Flandern. Zu **Medelon** a. d. Orke b. Medebach vgl. Brilon, zu *Mede-here* 1144 i. W.: Buc-heri, Mes-heri, Man-heri; zu *Meedhuizen: Veenhuizen!* Wie Medenbach auch *Medenwald, Medenscheid* b. St. Goar. Ein Moorort **Medingen** b. Bevensen. **Mederich** (einst b. Volkmarsen/ Waldeck, a. Wande), **Meiderich** b. Duisburg und **Meyerich** (nebst Büderich!) w. Soest führen alle auf *Medriki, Mederke* zurück, analog zu *Bederke* u. *Lederke: med=bed=led* „feuchter Schmutz, Morast, Sumpf". Auch im Slaw. meint *med-* „Vergorenes, Verdorbenes, Met". In England spielt auch das Britische hinein: *Medway* (Förster S. 336: brit.), Fluß *Medme* (Meden), als **Mettma** in Baden wiederkehrend, *Medbourne, Medlacu, Medeshol* (wie Ibeshol) „Schmutzkuhle". Vorgerm. ist auch *Medamana* 904: **Mettmann** b. Düsseldorf/Neandertal (!), ein prähistor. Bachname wie *Weddeman* oder Notreff im Kaufunger Walde. Dazu auf kelt. und ligur. Boden: *Medendra* in Belgien (wie Merendra, Isendra, Valendra, Balandra), *Medanta, Meduana* (Mayenne) in Frkr., *Meduacus* in Oberitalien.

Meensen *(Manisi)*/Werra siehe Mahnen!

Meerfeld (am M.-er Maar!)/Eifel, Meerbeck b. Stadthagen, Meerdorf, Meerholz, Meerbusch, Meerpoel siehe Marwede! Meeschensee siehe Meschede!

Meggen a. Lenne nebst **Meggemecke** *(Megenbeke)* ebda und *Meggenberg* 1350 (j. Meyenberg b. Schledehausen/Osnabrück) nehmen Bezug auf „Schmutzwasser": *meg, mig* ist bezeugt durch sanskr. *megha,* lat. *megio, mi(n)go* („pissen"), lett. *migla* „Mist" (griech. ὀμίχλη), mnd. *mige* „Urin" (vgl. **Miegbeck** beim Moorort Venne/Osnabrück), auch kelt.-kymrisch *mign* „Sumpf": Fluß *Mighet* (Mite)/Brit., *Miggeha* (Midgehall), *Migeleg* (Midgeley), *Migeham*/E. wie *Mighem* b. Calais. Für die obd. **Meggenbach** (Ö.), Meggenried/Schwaben, Meggendorf/Bayern, Meggingen (urkdl. Meckingen)/Württ. siehe **Mecklar!**

Mehle *(Medelo)* b. Elze siehe Medenbach! **Mehlen** b. Prüm/Eifel und a. Eder ist kelt. Bachname *Melana, Melina,* der auch in **Mehlem** b. Bonn steckt. Vgl. auch **Mehlbach** nebst **Mehlingen**/Pfalz. *Melcombe, Melevenne* in England verraten deutlich, daß *mel* schmutzig-mooriges Wasser meint. Dazu auch **Melbach**/Wetterau, **Melborn**/Eisenach (vgl. Melbourne/E.), **Melbeck**/Ruhr u. ä.; *Melia* 868, *Mely* 1299: die **Möhlin** in Baden, nicht zuletzt die *Mel-apa:* **Melp** b. Bonn (noch heute schlammig!). In Frkr. vgl. kelt. *Melosa* (wie Lutosa, lut „Schmutz") und *Melodunum:* Melun, wie Lugudunum, Virodunum usw. Eine *Mella* (Melle) fließt zur Leie/Belgien, ein **Mellbach** z. Eder. Dazu Mele-: **Möllbergen** i. W.; **Mellen** a. Lenne. Deutlich ist *Mellen-slede*/E. (slade = Sumpfstelle). In Thür.: **Mellenbach** a. Schwarza; in der Mark ein **Mellen-See.** Vorgerm. ist die *Melanca* b. Feldkirch/O.-Elsaß (mit ligur. Suffix) und der Bachname *Mel-ra* 977 (heute ON. **Mehlra/Thür.**, wie Monra. **Mehlen-Berg** a. Sühle/Harz).

Mehlra (Groß-Mehlra/Unstrut mit Ober-**Mehler**), 977 *Melre,* siehe Mehlen!

Mehmels nö. Meiningen/Werra nebst **Memlos** gehört wie Metzlos: Metzels ebda zu den Relikten aus vorgerm.-keltischer Zeit. Zu *mem, mim* siehe Memleben! **Mehmke**/Altmark ist verschliffen aus *Men-beke* wie Jembke ebda aus *Genbeke,* Barmke aus Bernebeke, und Steimke aus Stenbeke. Siehe Mehnen!

Mehnen i. W. ist altes Kollektiv *Menede.* Siehe Menne! Auch Menden!

Mehren (Eifel, Westerwald) und Meeren/Zeeland beruhen auf *Merene* wie **Wehren** b. Fritzlar auf *Werene* und **Nehren** a. Mosel auf *Nerene: mer, wer, ner* (mit n erweitert) sind prähistor. Wörter für sumpfiges Wasser. Andere Ableitungen von *mer* (ahd. meri, ags. meri) sind **Mehringen** b. Verden, **Mehrum** *(Merheim)* b. Lehrte, Mehrstetten/Württ., Merscheid/Mosel.

Meiderich b. Duisburg siehe Medenbach!

Meidelstetten/Württ. hieß *Mutilistat* 8. Jh. Siehe Müttelstetten!

Meienheim/Elsaß entspricht Batten-, Elsen-, Kogen-, Matzen-, Ohnenheim ebda; in Meien- steckt also ein Gewässername, vgl. Maienfeld *(Maghia)* in Graubünden und **Mayen** *(Magina)* w. Koblenz, so daß kelt. *Magina* (kontrahiert Megene: Meien) vorliegen muß. Ein **Meyenbach** (1310 *Meienbach*) fließt b. Freiburg.

Meinern b. Soltau nebst Deimern entspricht Bevern, Evern, Alvern, Luttern, Hävern, Levern, Lintern, Ummern, — alle auf Wasser, Moor und Sumpf Bezug nehmend. Auch **Meinholz** b. Soltau kann nur „sumpfiges Gehölz" meinen. **Meinefeld** ö. Bückeburg nebst **Meinsen** (dort u. b. Hameln) sowie **Meinstedt** am Moor von Zeven: 986 *Menstide* (nebst Deinstedt, Minstedt, Horstedt) bestätigen den Wortsinn. Zugrunde liegt ein dem Wörterbuch unbekanntes, von der Forschung völlig übersehenes Sumpfwort *men* (siehe Menne!), in ostfäl. Lautung *mein* (analog zu *den, dein — hen, hein — ben, bein — nen: nein — wen: wein — sen, sein:)* daher neben **Meinsen: Deinsen** und **Heinsen,** neben **Meinstedt: Deinstedt, Neinstedt und Seinstedt,** und neben Heinum: Beinum (*Hen-heim, Ben-heim).* So auch das Simplex **Meine** *(Mene)* südl. Gifhorn am Barnbruch! (wie *Wene:* Weine a. Alme, *wen* = „Sumpf").

Meinsen *(Mene-husen)* siehe Meinern! Desgl. **Meinstedt:** 986 *Men-stide!*

Meiningen a. Werra/Thür. (urkdl. *Meinungen)* entspricht Wasungen, Faulungen, Fladungen, Madungen, Holungen usw., alle auf Moor und Moder deutend.

Meiser a. Warme(ne) nö. Kassel ist als *Meiskere* 1019, *Meischere* 1074 bezeugt, enthält somit idg. *meisc, mesc,* mhd. *meisch* (ags. masc-) „Maische" (Trauben- und Malzmaische), vgl. altslaw. mesga „Baumsaft". Vgl. auch Meschede, Meeschensee, Meschenbach, Meschenich!

Meisenheim a. Glan (Nahe) wird deutlicher mit **Meisenbach** (2 mal im Siegkreis, und b. Hersfeld, auch Zufluß der Jagst): *meis (mes, mis)* meint sumpfig-modriges Wasser. Vgl. unter Mesenbeck, Mesum! Gleicher Bedeutung ist **Meißenheim** am Ober-Rhein (wie Grußen-, Elsen-, Ohnen-, Meien-, Matzen-, Hilsen-, Sesenheim ebda). Ein Meißendorf liegt a. d. **Meiße** nw. Celle, die der **Meiße** *(Missaha* im 8. Jh.) im Harz (z. Bode) entspricht.

Meißner (: der Hohe M.) zw. Werra u. Wehre ist Kanzleiform für urspr. *Wisener: wis* „Moder, Sumpf"!

Meiste b. Rüthen/Möhne entspricht **Reiste** a. Henne: mit t-Suffix, zu *mes (res)* „Moor, Sumpf".

Melbach, Melbeck, Melborn siehe Mehlen!

Melchingen südl. Tübingen entspricht Mössingen, Mähringen ebda: *malch, melch* = Moder, Morast: *Melchenowe, im Melchi, Melchthal, Melchbach.* Sieh Malchen! Aufs Keltische weist *Abermelc* 1124/Schottld.

Meldorf/Dithmarschen ist nach dem Bache Melina, Miele benannt. Siehe Mehlen!

Melle b. Osnabrück ist verschliffen aus *Mene-lo* (lo = sumpfige Niederung). Siehe Mehnen und Menne! Ebenso **Mellage** aus *Menelage* b. Wiedenbrück. **Mellen**/Lenne, Mellenbach, Mellensee s. Mehlen!

Mellrich b. Lippstadt hieß *Meldrike,* ein prähistor. Name wie *Mederike* u. ä. Vgl. *Meldere*/Belgien und die kelt. *Meldi* a. Marne! Auch **Melstrup** (Moorort b. Lathen a. Ems) hieß *Meldestorp.* In England vgl. *Meldeburn, Meldan-ige.* Dem idg. *meld* eignet der Begriff des „Weichen, Fauligen", vgl. griech. μέλδω und germ. *melt, malt* in „schmelzen, Malz". Vgl. unter Malden. *Meldrides-:* Mölsheim/Worms wie *Meldred*/Belg.!

Melp *(Mel-apa),* Bach b. Bonn, siehe Mehlen!

Melstrup *(Meldestorp)* siehe Mellrich! **Melters** siehe Malters!

Melsungen a. Fulda *(Milisungen)* enthält wie alle N. auf -ungen einen prähistor. Bachnamen, nämlich *Milisa,* mit undt. s-Suffix, bzw. *mils;* Variante zu *mels, mals, mols, muls* = modrig-sumpfiges Wasser: vgl. die Sumpfwiese „das **Melsi**" sowie „im **Melsch**" b. Fritzlar, den *Milsibach* b. Thulba, *Milsbeek* westl. Kleve,die **Milspe** *(Mils-apa)* zur Ennepe/Ruhr, **Milse** b. Bielefeld, *Mils-, Melshausen*/Hessen, **Milseburg** (m. prähistor. Wall) b. Fulda, *Milse-mere* in E. Auch **Melsbach** b. Neuwied, **Melschede**/Ruhr, *Melsina* mariscus (!) b. Gent; Sumpf, *Melsyagum!* Fluß *Melsus*/Span.

Melverode b/Brschwg (nebst *Mascherode!)* erinnert an *Mülverstedt: malv* (wie *mulv)* enthält den Begriff des Weichen (vgl. lat. molvis). Eine *Malva* (Mauve) fließt in Frkr. Dazu *Malverne, Malveshyll*/E., *Malventum* b. Neapel.

Memleben a. Unstrut *(Mimilevo)* entspricht dem auffallend anklingenden, benachbarten **Hemleben:** *hem, mem (mim),* dem Wörterbuch unbekannt, sind verklungene Wörter für „Moor, Sumpf" (zumal die meisten ON. auf -leben nicht Pers.-Namen, sondern uralte Gewässertermini enthalten!). Beweiskräftig ist auch *Memmedung* 694: Mendonck b. Gent (dung = Sumpfhügel!); dazu *Memlos* und **Mehmels**/*Werra.* mem begegnet auch in keltoligur. Namen wie *Memate:* Mende/Frkr. (vgl. *Lunate!*) u. *Memini* kelt. Völkerschaft); zu *mim* vgl. die brit. Flußnamen *Mimram* und *Mimed* (Mint) mit *Mimidland, Mimmene* 1086; dazu in Westf.: *Mimida* (heute **Minden,** mit der „Flage", e. Sumpfgebiet!) und *Mimigerna(ford):* das heutige Münster; an der Hase b. Quakenbrück liegt *Mimmelage;* b. Bursfelde a. Weser lag *Mimende* oder *In der Myme!* Im Odenwald fließt b. Erbach (in prähistor. Gegend) die **Mümling** (798 *Mimelinge, Mimining);* im Linzgau (Bodensee): **Mimmenhausen** *(Miminhusen),* nebst Baiten-, Degen-, Esenhausen (lauter Sinnverwandte).

Memmingen im Nebenried der Iller (1128 *Mamminga*) und **Mamming** a. Isar enthaltend dasselbe vorgerm.-keltische Wasserwort *mam* wie der **Mamutenbach** (z. Eyach/Württ.), die **Mamer** *(Mambra)* in Lux. und der *Mamenhart* 819, j. **Momart** b. Erbach im Odenwald (entsprechend dem Wagenhart/Württ. und dem Muchenhart/Baden!). Auf kelt. Boden vgl. *Mamacum:* Mamey und *Mamare*/Frkr., *Mamuc* (mit brit. Suffix wie *Namuc, Ternuc, Suluc,* lauter Gewässer) in *Mamuc-caster:* Manchester/England, wo auch *Mammesfeld:* Mansfield, *Mammeheved:* Mamhead (heved = Quellbezirk) und *Mamele:* Mamble. Vgl. auch Mammolsheim/Taunus und **Mammelzen**/Westerwald (siehe dies).

Menden a. Ruhr, wo die Hönne *(Hune)* mündet, hieß *Mene-dene* (dene = feuchte Niederung, wie in *Marche-dene, Hare-dene,* har = Moor!); dort liegt *Burs-pede:* Bösperde: *burs* meint „Sumpf". Daß dies auch der Sinn von *men* ist (was die Forschung bisher nicht erkannt hat), läßt sich auch sonst erweisen: so entspricht *Mene-lage* (Mellage b. Wiedenbrück): *Hune-lage* (Hollage b. Osn.), *hun* = Moder, Moor! *Mene-lo:* **Melle** b. Osn.: *Hon-lo* (Hollen, Hallo); *Menes-lo* (**Menzel**/Möhne): *Munes-lo* (Münzel): *Lines-lo* (Lintzel), lauter Sinnverwandte (mit der Erläuterung *-lo* „sumpfige Niederung"!). Desgl. *Menebach* (**Membach** b. Lüttich) wie *Munebach* (Mumbach) und *Hunebach* (Humbach); *Mene-sele*/Brabant wie *Hune-, Dude-, Lite-sele; Mene-slat*/Holland wie Ding-slat; *Mene-mersh*/E. wie Dinge-, Cade-, Hatte-, Smithe-mersh, also keine „Gemeindemarsch"! (so noch Gelling 1953 S. 188). Zu *Mene-wanc:* Mennwangen vgl. Mochen-, Ill(m)wangen, zu **Mendt** b. Siegburg vgl. Mündt b. Jülich (um 700 *Muni:* irisch *mun* „Urin"). Altes Kollektiv ist *Menede* 1094: **Mehnen** i. W. (wie Renede, Senede, Wenede). **Menach** b. Straubing hieß 1125 *Mennaha.* Nicht zuletzt die *Men(n)e* b. Kalkar/z. Rhein und in Hessen (auch ON. **Menne:** Menni 9. Jh. b. Warburg) wie die **Henne** und die **Wenne** b. Meschede (zur Ruhr), denn auch *hen, wen* sind verklungene prähistor. Wörter für „Sumpf"! *Mennicha:* **Mendig** Kr. Mayen und **Mennig** s. Tier entspricht *Nenniche:* **Nennig**/Saar, Linnich b. Jülich, Lonnich b. Koblenz, die alle formell und begrifflich aufs Keltische weisen! Auf keltoligur. Boden begegnet *men* in Spanien mit *Menoba* (wie *Onoba* „Sumpfwasser"!) u. *Menosca* (mit ligur. Suffix wie *Petosca:* peto „Schmutz", Lantosca, Baroscus, Marosco, Palosco usw., alle auf Sumpfwasser deutend), auf Sizilien mit *Menae,* und schließlich am Niederrhein mit den keltischen *Menapii* (die den *Manapii* in Alt-Irland entsprechen, denn *man* ist Variante zu *men* und auch zu *mon, mun:* Insel *Monapia),* während z. B. der Indogermanist Pokorny an „Rasende" oder „Wisentleute" dachte: zu griech. μένος „Zorn" bzw. μόναπος „Wisent"; hier wird so recht die Unbrauchbarkeit des Wörterbuchs offenbar, wenn es sich um verklungenes Wortgut der Vorzeit handelt, das sich nur auf streng methodischem Wege gewinnen läßt!

Mendig *(Mennicha)* siehe Menden!

Mengede b. Dortmund muß wie alle Kollektiva auf -ede ein Gewässerwort enthalten; **Mengerschied** am Soonwald bestätigt es (wie Liederscheid, Möderscheid, Schlierscheid usw.). Ein Bach **Meng** (1391 *Mäng*) fließt zur Ill/Vorarlberg. Vgl. auch **Mengen** a. Blies/Saar, in Württ. und Baden. Ein **Mengelbach** im Odenwald.

Menne *(Menni)* 9. Jh.) b. Warburg siehe Menden!

Menningen a. Prüm südl. Bitburg entspricht Peffingen, Bettingen, Ralingen, Dillingen, Gentingen ebda, Menningen a. Ablach entspricht Vilsingen ebda, und **Menning** a. Donau: Mehring, Marching, Pförring ebda, alle auf Wasser, Moor, Sumpf deutend. Ausgangsform ist *Manning:* siehe Mannenbach, Mannweiler unter Mahnen!

Menslage a. Hase (Moorgegend) entspricht Renslage und Venslage im selben Raum (1188 *Mencelage*); vgl. *Mencebach* „Moderbach" 960 b. Mersch/Lux.! Ein **Mensfelden** südl. Limburg/Lahn. Siehe *Münzach!*

Menzel *(Menes-lo)*/Möhne siehe Menden! **Menzelen** a. Rh. b. Wesel wie Brachelen, Machelen.

Meppen *(Meppiun* 946) a. Ems und im Moorgau Drente stellt sich zu **Heppen** *(Heppiun)* b. Soest und **Beppen** b. Verden: alle auf Moor und Moder bezüglich. *Meppen-siefen* 13. Jh. b. Overath bestätigt *mep* als Wasser- oder Sumpfwort. Ebenso *Meppelhop* 16. Jh. b. Minden, *Meppel, Mepesche* in Drente (wie Ternesche, Schildesche, Bramsche). In England: *Mep-hale, Mepeham.* In Frkr. vgl. kelt. *Mapiacum:* Mépieu, Maipe nebst *fons Maponus* (auch gall. Gottheit); in Brit.: *Maporiton* „Sumpffurt"!

Merbeck b. M.-Gladbach, Merfeld b. Dülmen siehe Mehren! **Merbern**/ Ndrh. hieß 973 *Meri-bura.*

Merchingen (Saar, Württ.) wird deutlicher durch **Merchenmoos** (O.Ö.) neben Marchimoos: moos „Sumpf" ist die Erläuterung. Siehe zu *march, merch* unter Marbach! Ebenso **Merchweiler**/Saar (wie Lockweiler ebda, lock „Sumpf"). Vgl. auch *Marchina-wang!* (932) u. Mörchingen/Lothr. wie Rörchingen, Flörchingen ebda.

Merdingen b. Freiburg deutet auf feuchte, moorige Lage (oder schmutziges Gewässer): zu lat.-kelt. *merda* „Kot" (idg. auch smerda); vgl. in England: *Merde-fen, Merde-grave!* Mit Ablaut: Fluß *Morda, Mordeford*/E. Vgl. auch *smerd, smord!* Ein Bach *Merdecuel* 1218 b/Lüttich.

Mergenbach, Zufluß der Elz/Baden, meint nichts anderes als **Murgenbach, Morgenbach** (vgl. die Murg und den Morgon b. Lyon), lett. *murg* „Pfütze"!): zu kelt.-gallisch *marg-* „Schmutz", frz. *merguiller* „beschmutzen". Siehe auch *Margisleba:* Merxleben! Auch **Mergentheim** a. Tauber (kelt. Dubra) muß dazugehören, da so schon im 11. Jh. lautend, als die umgelautete Form *Mergen* (St. Märgen) für Marien (Genitiv von Maria) noch nicht entwickelt war! Vgl. auch *Mergisinga* (Mörsingen/ Württ.?), wie Frigisinga: Freisingen!

Merken b. Düren entspricht **Morken** a. Erft b. Köln: wie **Merkenbach** (und Merkelbach) im Westerwald und **Murkenbach**/Nagold, *merk, mark, mork, murk* meinen „Moder, Morast, Faulwasser": vgl. keltisch *mercasius* (frz. marchais) „Sumpf", lit. *merkiu* „einweichen" Sumpfsee *Merkežerys!*), lat. *marcidus* „morsch", mhd. *murk* „morsch, faulig, morastig". In E.: *Merke-mere!* Im Rhld neben Merken auch **Merkenich** wie Morschenich (kelt. *Marciniacum*, vgl. *Marciacum*/Frkr., *Marcodurum:* Düren). Eine *Merc-lede* b. Calais. Ein **Merkweiler** b. Wörth/Elsaß.

Merl a. Mosel (auch in Lux.), um 800 *Merila,* deutet auf „Sumpf", wie auch **Merlscheid** b. Prüm bestätigt; so entspricht **Merlenbach**/Lothr. den Varianten **Mörlenbach**/Baden und **Mürlenbach**/Eifel. Eine *Merlebecca* b. Mersch (!) in Lux.

Mernes a. Jossa südl. Schlüchtern: siehe Marnheim, Marnach!

Merre (Bach und Waldwiesen b. Dorheim/Jesberg): vgl. das *Merre-vliet*/ Holland!

Mersch b. Jülich (auch in Lux.) meint *Marisca* „Sumpf", mlat. mariscus, altfranz. *maresc,* frz. *marais;* vgl. die germ. Entsprechungen: dän. *marsk* „Sumpfland", ndd. *marsch, mersch,* engl. *marsh,* ndl. *maersche.*

Merscheid/Mosel (wie Merlscheid/Eifel) siehe Mehren! **Merschoß** meint „Sumpfwinkel" (wie Brachtschoß).

Merten (Siegkreis/Rhld u. Lothr.) ist umgelautetes **Marten** (so b. Dortmund), ein vorgerm. Name zu *mar-t* „Sumpf". Auch **Mertloch** b. Mayen beruht auf kelt. *Martella* 866. Siehe Näheres unter Martbach! Und **Mertert** a. Mosel ist verschliffen aus *Merterode* (wie Heddert, Rettert, Odert im selben Raume), vgl. Martenroth/Taunus! *Martelingen*/Lux. (wie Bude-, Dude-, Lude-, Monde-, Pute-, Rumelingen).

Merxleben a. Unstrut hieß *Margis-, Mergisleba: marg* (kelt.) meint „feuchter Schmutz", siehe Mergenbach! Vgl. auch **Merxhausen** (Kassel und Holzminden) und **Merxheim**/Nahe (1061 *Merkedesheim):* s. Merchingen.

Merzen im Largtal/Ob.-Elsaß ist entstellt aus e. kelt. Bachnamen *Morantia:* 1150 *Morenze* (1571 umgedeutet zu Moritzheim!), zu kelt. *mor* „Sumpf" (vgl. kelt. *Moriacum:* Moiré und die *Morini:* Kelten a. Schelde).

Merzenhausen am Merzbach nö. Jülich a. Rh. hat natürlich vom Bache den Namen. **Merzenbäche** fließen auch in Württ. (z. Jagst, Kocher, Nekkar), deuten also auf vorgerm. Herkunft, wie ja auch **Merzenich** (Düren, Euskirchen, analog zu Gürzenich/Düren, Sinzenich usw.) u. **Merzig**/Saar (analog zu Ürzig/Mosel) eindeutig keltischen Ursprungs sind. Zu **Merzenbach** vgl. **Lörzenbach**/Weschnitz (zu kelt. *lort* „Schmutz"!). So kann auch *merz* nur auf *mart* beruhen (siehe unter Martbach) bzw. auf *marc.* Vgl. auch **Merzalben** neben Rodalben a. Rodalbe/Pfalz.

Merzig, Merzenich siehe Merzenhausen!

Meschede a. d. oberen Ruhr (ein Zentrum prähistorischer Siedlungen) verhält sich zu **Müschede** ebda b. Hüsten wie *Mesciacum* zu *Musciacum* (Moissac) in Frkr. Damit ist *mesc* (dem Wb. unbekannt) als Variante zu *musc* erwiesen (vgl. lat. muscus „Moos", analog zu lat. ruscus „Binse, Rusch"). Als Parallele vgl. *lesc* neben *lusc, losc* in **Leschede** a. Ems neben **Loschede** (und Loscapa) b. Coesfeld und **Lüsche** b. Vechta (wie **Müsche).** Und so steht **Mesche** (Quellort/Hessen) neben **Müsch** *(Musca)* b. Adenau/Eifel und **Müschen** Kr. Iburg. Eine *Meschelenbeke* floß 795 b. Balve/Lenne (j. **Meschelde),** vgl. *Meskilinfeld* 819 Möschenfeld b. Mchn., Mütschelbach b. Durlach und **Müschenbach** b. Hachenburg/Westerwald, neben **Meschenbach** b. Lichtenfels a. Main und **Meeschen-See** a. Alsterquelle nö. Hbg.! **Meschenich** südl. Köln deutet wieder aufs Keltische neben **Mesenich**/Mosel; vgl. auch den Sumpf *Mesua* und die Erläuterung „mess quasi mos" im Glossar des Iren Cormac um 900, *Mes-fennon:* jetzt *Mosfennon,* Moorort in Schottld, sowie kelt. *Mesciacum.* Verwandt sein dürfte altslaw. *mezga* „Baumsaft" und mhd. *meisch* „Met, Trauben-Maische, engl. *mash* „Maische" (ags. masc-wyrt „Met"), also „trübe, vergorene Flüssigkeit". — Wie *mesc: musc* so auch *mes: mus* in *Mesenbek: Musenbek,* siehe Mesmecke!

Mesenich/Mosel (Trier, Cochem) entspricht Liesenich, Lösenich ebda, auch **Meschenich** a. Rh. b. Köln, lauter kelt. N. auf -iacum, auf trübes, moorigsumpfiges Wasser bezüglich. Siehe Meschede! **Mesenbeck** b. Hörde/Ruhr erscheint verschliffen als **Mesmecke** b. Eslohe/Elspe. Dazu *Mesehem:* **Mesum** b. Rheine a. Ems (auch *Mes-hem* 963/Flandern), *Mese-*

winkel b. Schwelm, *Mesenhard* 1150 b. Reckl. (wie Muchenhard, much „Moder"!), *Mesenhusen* 1101: **Mesenhausen** in Lippe, aber auch Messingen/Ems und **Messinghausen** b. Brilon (mit sekundärem *-ing-* wie Finninghorst, Lenninghoven a. Lenne usw.), wie Mettingen, Mettinghausen! Einen Sumpf *Mesua* bezeugt Ptolemäus. Ein Moorort *Mes-fennon* (Mosfennon) in Schottland! *Mes-lar* b. Arras; *Mesia* (+ Arsia) a. Tiber

Messel *(Massilia)* b. Darmstadt siehe Massenbach!

Meßkirch a. Ablach hat mit kirchlicher Messe ebenso wenig zu tun wie Leutkirch mit Leuten. Zum Verständnis vgl. **Meßbach** b. Darmstadt und a. Jagst und **Meßstetten**/Württ. (wie Heuch-, Mahl-, Rohrstetten, alle auf Moder, Moor, Sumpf deutend); zu Meßkirch: Meßstetten stellt sich Leutkirch: Leutstetten! (lut, lüt = Schmutz). Zu *mes(s)* siehe Mesenich! Mit *l* erweitert: *Messelbroek* a. Dender/Brabant wie Messelhausen/Tauber; *mess(el)* wie das verwandte *sess(el)* „Ried, Sumpf" in Sess(el)bach und *es* „Moor" in Esselbach b. Eslohe.

Metelen *(Matelon)* a. Vechte siehe Mattig!

Methler b. Dortmund gehört zu den uralten N. auf *-lar,* enthält somit ein Gewässerwort. Zu *met (mat), med (mad)* „Moder, Morast". Vgl. **Metebach** w. Gotha und **Metelen** a. Vechte. Zu *Met-lere* 819 vgl. Mit-lere/Meschede, Wit-lere a. Rh.

Metten *(Metene)* Kr. Teckl. (mit **Mettingen**) ist uralter Gewässername wie (Ems-)Detten *(Detene)* im Sinne von Moder- oder Moorwasser. Vgl. Mettmann!

Mettenbach/Bayern, **Mettelbach,** Mettelsbach, Bäche in Württ., die man bisher für „mittlere" hielt, entsprechen den **Betten-** und **Bettel(s)bächen** im Elsaß und den **Detten-, Dettelbächen**/Baden-Württ., lauter „schmutzige oder moorige Gewässer". Vgl. ebenso Etten-, Getten-, Petten-, Retten-, Tetten-, Wettenbach! Dazu **Mettenberg, -heim, -hausen, -weiler, Mettingen** wie Betten-berg, -heim, -hausen, -weiler, Bettingen usw. Vgl. auch **Mettlen** im Thurgau und b. Säckingen, 1256 *Metelon.*

Metterich b. Bitburg (nebst Meterik/Brabant u. Metrich/Lothr.) ist vorgerm. wie **Setterich** b. Jülich: zu *med (met), sed (set)* „Moder, Sumpf"; vgl. *Mederich* (Meiderich), *Mederke* wie Lederke, Bederke (Bederich), lauter Sinnverwandte. Zu Metternich/Köln vgl. Medernach/Lux. Bei Bitburg liegt wie Metterich auch Messerich! Eine vorgerm. **Metter** fließt zur Enz!

Mettlach a. Saar *(Medolaca)* entspricht **Bettlach** w. Basel: siehe Mettenbach!

Mettmann *(Medamana)* b. Düsseldorf und die zur Schlücht/Wutach fließende **Mettma** siehe unter Medenbach! Eine **Metten** *(Metama)* b. Passau.

Metz (1018 *Mettis*), mit roman. -*s*- hieß kelt. *Divodurum-Mediomatricorum* (Hauptort dieser kelt.-belg. Völkerschaft); zu *Divodurum* vgl. *Salodurum* (Solothurn), *Vitodurum* (Winterthur): *vit, sal, div* meinen „Moor, Sumpf"! Zu Mettis: Metz vgl. *Bites: Bitsch*/Lothr.: bit „Sumpf"!

Metzlar b. Sontra im Ringgau/Werra entspricht dem synonymen **Wetzlar** a. Lahn (+ Wetifa, Wetisa): *met, wet* = Sumpfwasser. Siehe auch Metze(bach)! Wie Metzlar, Wetzlar so auch **Motzlar** *(Muteslar)*, **Botzlar** *(Buteslar)*, **Dotzlar** *(Duteslar)*, lauter Sinnverwandte für „Moor- und Sumpfwasser"-Orte. Und so steht **Metzebach** b. Spangenberg neben **Motzbach.** Vgl. auch den Wald „das **Metzeloh**"/Hessen. **Metze** nö. Fritzlar (prähistor. Gegend!) hieß 1074 *Metzehe* (d. i. Metz-ahi, ein Kollektiv wie *Vennehe: Venn-ahi,* beides = Sumpf-Stätte). Dazu **Metzlos** b. Nieder-Moos (!) am Vogelsberg (mit dem *Mitzeles,* Waldort) und **Metzels** b. Wasungen/Werra, wo auch das synonyme **Mehmels** (neben **Memlos**). Vgl. Modlos! Ein **Metzegraben** fl. zur Haun (hun „Moder").

Meudt (1097 *Müde)* im Westerwald deutet auf „Moder", vgl. Müdehorst „Modergehölz" b. Bielefeld und Mudenbach im Westerwald, siehe dies! Siehe auch Müden! Modenbach!

Meyrich siehe Medenbach!

Michelbach (öfter Bach- und Ortsname): in Württ., Baden, Saar, Taunus, Hunsrück, Westerwald, wäre eine sinnwidrige Benennung, wollte man darin (wie üblich) das mhd. Adjektiv *michel* „groß" suchen: denn es handelt sich fast durchweg um kleine und kleinste Bäche, so z. B. beim kleinen Quellbach **Michelbach** im Elsaß. Umdeutung läßt sich z. B. beobachten bei *Michelham* 1086 / England, das 675 *Micham* hieß, heute daher Mitcham; desgl. bei *Micheldever,* das 862 *Mycen-defr* „Moderbach" hieß! Dazu das deutliche *Micla-mersc* 985 / E. Und so entspricht die *Mikelenbeke* 1167 Kr. Hagen der *Misselen-, Meschelen-, Radelenbeke,* wo *miss, mesch, rad* auf „Moor, Sumpf" deuten. Dazu **Mickeln** *(Micke-lo)* im Bergischen. Ein **Michen-Berg** (+ Braken-Berg) a. Exter.

Midlich am Midlicher Moor (!) w. Haltern a. Lippe enthält wie **Midlum** b. Leer und **Middelaar** a. Maas das idg. *mid* (= med, mod, mud) „Moder, Moor, Schmutz" (vgl. engl. midding; auch altind. mid „Vergorenes, Met"), bestätigt durch die Komposita *Mid-slade, Mid-hurst, Mid-hop, Mide-wude, Mide-leg, Mide(l)cumbe* („Moderkuhle" wie Post(el)cumbe!) in England, desgl. durch *Midrige* (wie Todrige, tod = Moor!) 1183/85 in E. Ein Gewässer *Midele:* Middelt begegnet in Holland, Zufluß der Dussen (dus = Moor), analog zum *Widele* ebda (wid „Sumpf"). Vgl. auch *Middila* 11. Jh. in Friesland, *Midilithe* 1022: Mehle i. W. Zu

Mide-slade vgl. das synonyme *Wide-slade* (slad = Sumpfstelle, Röhricht). Der klangliche Zusammenfall mit altdt. *midi, miti* „mittel" hat die Forschung immer wieder irre geführt: siehe die angeblichen „Mittelbäche" unter Mütte! Zu *Middendorf* vgl. *Myddenhull* 1423/E. (wie Lantenhull).

Miehlen (am Miehlbach!) nordöstl. St. Goar (alt *Milina,* 1132 Milene) wie **Miellen** (Lahn) und **Miel** ö. Euskirchen sind schon geogr. als vorgerm. erkennbar: vgl. die Quelle *Milina* fons/Sizilien! Idg. *mil* ist Variante zu *mel, mol, mul, mal* mit dem Begriff des „Weichen, Morastigen". Eine **Milmecke** *(Milenbeke)* fließt zur Wanne/Ruhr (entsprechend der Silmecke), ein *Milenbach* 1234 z. Kinzig/Baden, eine *Milaha:* **Mihla** b. Eisenach, ein *Milburn* a. Saar (vgl. *Melborn, Malborn).* Siehe auch *Millich,* Millingen! **Milte,** Moorort nö. Warendorf i. W. *(Milite)* zeigt Dentalsuffix wie Külte *(Culite).* Auf Umdeutung beruht das „Mühlviertel"/Ö.: vom Bache *Mihil (Mil)!* (Zufl. der Donau). Vgl. Mielenhausen a. Werra.

Miescheid b. Hellenthal (*Hel-andra*!)/Eifel — hel = Moor! — meint „Modergehölz", vgl. das Wasser Mije mit *Mi-drecht*/Holland und *Miegbek* b. Venne/Osn., zu mnd. *mige* „Urin" (so auch mit Recht Gysseling).

Miesenheim b. Andernach meint „Ort am Sumpfwasser", vgl. *Misna:* Mijsen in Holland und **Miesenbach**/Pfalz (nebst Miesau). Und so auch in Bayern: **Miesbach.** Vgl. *mes, mos, mus, mas!*

Milchenbach (Lenne/Rothaar) entspricht Hilchenbach ebda: = „Schmutzwasser".

Millich b. Erkelenz entspricht **Willig** und **Billig,** lauter linksrheinisch-vorgerm. Namen, die formell und begrifflich zusammengehören: *mil, wil, bil* meinen „Sumpfwasser". So auch **Millingen** (Mörs, Rees) entsprechend dem kelt. *Milliacum:* Milly bzw. *Milleca* b. Calais, vgl. *Malliacum* (Sumpfort b. Poitiers) und *Melleche* im Rhld. Ebenso **Millendorf** a. d. Erft (wie Berren-, Ichen-, Widden-, Heppendorf ebda, lauter Sinnverwandte!). Eindeutig ist **Millendonk** b. M.-Gladbach analog zu *Corsendonk:* kelt. *cors* meint „Sumpf", *donk* meint „Hügel in Sumpfgegend"; vgl. Korschenbroich b. M.-Gladbach.

Milse, Milspe siehe Melsungen! Desgl. **Milz** a. Milz b. Römhild, vgl. Milzau u. Miltzow!

Milte *(Milite)* siehe Miehlen! Zu **Miltenberg** a. M. vgl. mons *Miltenwag:* das sumpfige Milzfeld b. Börsch/Elsaß.

Mimbach/Saarpfalz (796 *Mindenbach*) siehe Mindel! **Mimmelage,** Mimmenhausen siehe Memleben!

Mindel, Nbfl. der Donau (am Donau-Moos mündend!), ist wie die benachbarten Zusam, Wertach, Kammlach, Windach, Gennach, Lech ein N. aus vorgerm. Zeit. Ein Wasser Mindel-See auch b. Radolfzell. Vgl. *Mindal-dour, Mindesleg* in Brit. und *Mindenbach* 796 (heute Mimbach a. Blies) b. Zweibrücken/Pfalz. Aber die Deutung aus kelt. *mendo* „Ziegenbock" (so der Indogermanist Pokorny) ist sinnlos-phantastisch! *Mindenbach* entspricht vielmehr *Mundenbach*/Elsaß und dies ist der eingedeutschte kelt. Bachname *Munda* (so in Spanien)! *mind* ist somit als Variante zu kelt. *mund* und *mand* „Moor, Moder" zu werten (vgl. *mid, mud, mad!).*

Minden (Mimida) a. Weser siehe Memleben!

Minne (Min-stroom) b. Utrecht, Minne-water und Minne-beke in Brabant, und *Minnebach* (heute Imbach/Ö) ist Lautvariante zu den prähistor. Bachnamen **Menne, Monne, Munne:** zu *min, men, mon, mun* „Moder, Moor" (vgl. irisch *mun* „Urin, Lauge"). Siehe auch *man* unter Mahnen! Ein *Minius:* Minho fließt in Spanien. *Minio* in It., *Minia* in Ostpr.

Mintenbeke in Westf., **Mintelage** und die **Minte** enthalten ein prähistor. Wasserwort *mint* analog zu *lint* und *rint.* Es begegnet in *Mintard*/Ruhr (wie Ternard, Bagard), auch in *Minte-stede*/England nebst *Minterne,* aber auch in Italien mit *Minturnum* (Sumpfort in Latium) analog zu *Celurnum*/Brit. und *Vulturnum* in Kampanien, womit *mint* als Synonym zu *cel* und *vult* d. i. „Sumpf" (vgl. die Vultunna in Frkr.) gesichert ist (vgl. die *Minturnenses paludes)! Mint-, Menteca*/Calais, *Mentesa*/Sp.

Mißmecke *(Misselenbike)* b. Meschede entspricht der *Meschelenbeke* b. Balve/Lenne, der *Radelenbeke,* der *Sesselenbeke* i. W. usw., die alle auf Moor und Sumpf deuten: zu *mis(s), mesc, rad, ses.* Ein *Missefeld* lag b. Dörnhagen/Kassel, ein *Misselberg* b. Nassau. Zu *Missike* 1007 b. Stederburg vgl. Geseke, Assiki. In England vgl. *Misse-welle, Misseburne, Missendene;* im Allgäu: **Missen.** (So heißen auch die Waldsümpfe in Württ.: Buck, Germania 17, 452).

Mitlechtern, Mitlosheim siehe Lechtern, Losheim (ahd. miti „mittel").

Mittbach am Isen/Bayern (870 *Mitapah*) kehrt als Bachname auch in Thür. und Hessen wieder: ein *Mithebach* floß zur Fulda, eine *Mittaha:* **Mütte** b. Wetzlar, und **Möttau** am **Möttbach** b. Weilburg a. Lahn hieß um 900 *Mitti,* in *Mittiu* (kelt. nach Arnold S. 50). Auch **Mittich** (*Miticha*) b. Schärding a. Inn ist Bachname wie die **Mattig** *(Matucha)* und die *Todicha* in Ö., am k-Suffix als vorgerm. erkennbar. Desgl. *Mittenza* 8. Jh. (Muttenz b. Basel, wie Sierentz, Eschenz ebda, womit auf den Wortsinn von *mit* Licht fällt: als Variante zu *met, mot, mut, mat* „Moder, Schmutz".

Ein vorgerm. **Mitten** liegt am Bodensee, vergleichbar mit **Sitten**/Schweiz (vorgerm. *Sidunum, Sedunum*). Vgl. auch *mid* unter Midlich!

Mittelbach b. Zweibrücken/Pfalz dürfte auf Umdeutung aus *Mittebach* „Moderbach" beruhen: siehe Mittbach! Die Erklärung als „mittlerer von 3 Bächen" setzt nämlich eine reflektierende Betrachtungsweise voraus, die in der Frühzeit der Namengebung undenkbar ist! Umdeutung wird verständlich durch das anklingende ahd. miti „mittel". Vgl. auch Mettelbach, Bettelbach! In E. vgl. Mide(l)cumbe: Poste(l)cumbe!

Mitterode *(Muterode* 1343) siehe Mutterstadt! Desgl. *Mutters-:* Mittershausen.

Mittich südl. Passau, Mitten siehe Mittbach! Desgl. **Mittlach**/Elsaß, Mittlau b. Gelnhausen.

Mochenwangen b. Ravensburg siehe Mauchen!

Möckmühl a. Jagst (Mündung der Seckach: seck = Schmutz!) hieß *Mechitamulin,* vgl. Meckenheim/Pfalz: *Mecchetenheim.* Zugrunde liegt deutlich ein vorgerm.-kelt. Wort für „Moder, Moor, Sumpf" mit kelt. Dentalsuffix. Siehe Mechenhard, Mechenried! Auch unter Mecklar! (Meckfenn/Irland!).

Mockstadt a. Nidda entspricht **Ockstadt** (Wasserburg!) im selben von altkeltischen Namen wimmelnden Raum: *muk, mok* und *uk, ok* sind kelt. Wörter für „Sumpf, Moder". Vgl. Loch Muck/Irland, Fluß Mucaidh/Schottland (analog zu Lonaidh, Scoraidh!), Fluß Mucra/Frkr. (lat. mucus „feucht, modrig"). Im Slaw. vgl. mok-r im ON. **Möckern!**

Modenbach, Zufluß der Nemphe b. Frankenberg/Eder, meint „Moderbach" (zu idg. *mod, mud* „Moder, Sumpf, Schmutz"), entsprechend dem **Mudenbach** b. Hachenburg/Westerwald und der *Modenbeke* (14. Jh.) b. Halver i. W. Dazu die Flur *Mode* b. Laer i. W., der *Mod-, Mudgau* a. d. Aller, *Modewik:* Möwick i. W. wie Ma(de)wick und Lo(de)wick, *Mudelar, Modelar* (Möhler i. W.), Muddenhagen b. Warburg (wie Sorenhagen), **Mödesse** b. Peine (wie Eddesse ebda, ed „Moor"!), **Möderath** b. Köln (wie Kolverath, Greimerath usw.), **Möderscheid** (wie Liederscheid), **Mauderode**/Nordthür. (wie *Muterode:* Mitterode), **Mauden** b. Siegen (alt *Muden*), **Maudach** a. Rh. (b. Mannheim), **Meudt** *(Müde)*/Nassau, **Mudau** a. d. Mudau im Odenwald, **Modau** a. Modau b. Darmstadt, **Müden** a. Mosel (*Mudene)* entspricht **Brüden** *(Brudene)* ö. Backnang (brud „Schmutz"): beides vorgerm. Namen, vgl. Karden, Klotten, Nehren, Schoden, Leuken a. Mosel, lauter Sinnverwandte. Keltische Zeugnisse für *mod* sind *Modovre:* Moyeuvre/Lothr., *Modunum:* Meudon (wie *Lodu-*

num, lod „Schmutz"), und die Flüsse *Modonus:* Meu/Frkr. und *Modonnos, Moda:* Moy in Irland.

Moder (mit Ober-Modern), Zufluß des Rheins/U.-Elsaß (b. Hagenau), ist eine keltische *Matra, Madra,* vgl. die *Matrona:* Marne! Siehe unter Mattig!

Modlos/Südrhön entspricht Memlos, Metzlos; *mod* = „Moder, Sumpf".

Möhlin (1299 *Mely*) siehe Mehlen!

Möggingen/Bodensee (um 1300 *Mekkingen!)* siehe Meggingen, Mecklar!

Möhne, Zufluß der oberen Ruhr, entspricht der keltischen *Monia* (Mogne) in Frkr. (mit Mognac wie Cognac und Moigny wie Loigny). Vgl. auch *Monapia:* Insel Man und den kelt. Fluß *Monovio:* Monnow in Brit. (entsprechend dem *Conovio): con* und *mon* sind (wie auch *lon)* Bezeichnungen für „Sumpf, Moder, Schmutz" wie irisch *moin* aus *moni!* (vgl. auch *cun, mun, lun!).* Zur Möhne vgl. die Löhne! Eine **Monne** fließt im Kaufunger Walde, wo auch die Losse von kelt. Vorzeit zeugt (los = Sumpf). *Monere:* **Monra**/Unstrut entspricht der *Veßere:* **Veßra** (Vesser) b. Suhl/Thür. sowie **Süßra**/Thür. *(Susara* 9. Jh.) und **Me(h)lra:** auch *veß, mel* und *sus* meinen „Sumpf, Moder", vgl. Sus-siek! und die Suse: Söse im Harz! Auch in Lothr. begegnet ein **Monneren** (mit undt. r-Suffix): kelt. *Monara.* Dazu **Möhn** b. Trier *(Monia),* **Mönstadt** (früher *Monscheid*)/Taunus, **Mondorf** (Saar, Lux., Siegkreis), **Monheim** (1150 *Munheim*) b. Solingen. Ein See *Monemare* 1229 in Holland wie *Mone-mere* in England. Auch *Moischeid* b. Treysa/Schwalm hieß *Monscheid, Moinscheid* 1253; eine Wüstung *Monscheid* b. Wolfhagen; aber **Mohnhausen** (nebst Lehnhausen!) im Quellgebiet der Wohra hieß *Manhusen,* siehe Mahnen!

Möhringen (Württ., Baden) hieß urkdl. *Meringen,* enthält also *mer* „Sumpf", vgl. Böhringen *(Beringen),* zu *ber* „Modder, Sumpf". Aber **Morungen** a. More und **Möhra**/Thür. siehe Morbach! Die Hohe **Möhr** b. Schopfheim.

Moischt südl. Marburg hieß um 1250 *Muschede* (siehe Müschede, Meschede).

Mollseifen b. Winterberg, **Mollenfelde** b. Hedemünden/Werra, **Mollkirch** b. Grendelbruch/Vogesen deuten auf morastiges Gelände (seifen = sumpf. Bachstelle). Vgl. lat. mollis „weich", altdt. molw- „weich, modrig". Dazu **Mollenmoos**/Württ., Mollenbach (z. Schussen), Mollbach zur Metter.

Molschleben b. Gotha deutet wie **Mölschbach**/Pfalz auf modrigsumpfiges Gewässer. Vgl. auch Mölsheim/Worms u. Molsheim/Elsaß, Molsberg/Westerwald.

Mömlingen a. Mümling siehe Memleben!

Momme, Zufluß des Rheins b. Ruhrort, ist vorgermanischer Herkunft. Das Wasserwort *mom* (als Variante zu *mum, mam, mem, mim)* läßt sich geogr. als kelt. beurteilen. Vgl. kelt. *Momociacus* im Wormsgau (daher auch **Mommenheim** 953 *Mumenheim* ebda und im Elsaß), *Momuy*/Frkr., *Momonia* (Mumhain/Irland), *Momchel*/Mosel. Dazu *Momendorf:* **Mondorf**/Lux., *Momenawe* 1180/OÖ. Ein Berg **Muhmen** im Schwarzwald; **Momberg**/Schwalm hieß 1231 *Mumenberc;* eine *Mombeck* fließt zur Eder; aber **Mombach** b. Mainz hieß *Munebach* (irisch *mun* „Harn"). **Momart** b. Erbach/Odenwald hieß *Mamenhart* „quell -oder sumpfhaltiger Wald" (wie Muchenhart, Wagenhart, Fladenhart). Zu *Mumen-:* Mommenheim vgl. Dinen-, Finen-, Linken-, Ohnenheim, lauter Sinnverwandte im Elsaß. Ein **Mummenscheid** b. Solingen.

Mondorf (Saar, Lux., Siegkreis) siehe Möhne!

Mondsee siehe Mahnen! Desgl. Mondfeld b. Wertheim.

Monne, Monneren, Monra siehe Möhne!

Monsheim (nebst Lonsheim) im Wormsgau siehe Munne!

Montabaur/Nassau (benannt nach dem dortigen Schlosse Mons Tabor, nach dem Berg im Hl. Lande) hieß ursprünglich *Humbach (Hunebach),* d. i. „Moderbach".

Montenach b. Sierck/Lothr. entspricht Lentenach/Schweiz (vgl. Linzenich/Rhld): *lent* und *mont* sind keltische Wörter für sumpfig-mooriges Wasser. Vgl. auch Montigny (Elsaß, Lothr.) wie Savigny, Davigny. *-acum* ist kelt Endung. Wie Montenach, Lentenach so auch **Rübenach** b. Koblenz neben Rövenich und Ruvigny, auch **Kolbenach, Wassenach** usw., lauter Sinnverwandte. Vgl. auch **Montzen** und **Lontzen** sw. Aachen, sowie **Monzel, Monzelfeld**/Mosel, **Monzernheim**/Pfalz (wie Odernheim, Köngernheim, Sobernheim, Gadernheim, lauter Gewässernamen mit angehängtem -heim) und **Monzingen** a. Nahe. *Montiosc*/Lig. wie Albiosc.

Morbach (Mosel, Pfalz, Württ.) meint „Sumpfbach" (zu kelt. *mor,* vgl. im Elsaß *Mor-antia: Morenze:* Merzen und die kelt. *Morini*/Schelde). Ein **Morscheid** b. Trier (scheid = Waldwinkel). **Morles** b. Hünfeld entspricht Memlos, Metzlos u. ä., mit sekundärem Analogie - s, siehe Metzlos. **Mörlen**/Wetterau (*Morile* 1193) zeigt kelt. l-Suffix, vgl. *Cavila:* Bruch-Köbel ebda. **Mörlenbach** (zur Weschnitz) entspricht **Mürlenbach**/Eifel.

Morgenbach siehe Mergenbach u. Murg! Ein **Morl-Berg** b. Oker/Harz.

Morsbach (Eifel, Sieg, Württ.) ist „Sumpfbach" (wie Morbach), zu vorgerm. kelt. *mors,* vgl. *Morsella*/Frkr. Ein *Morslo* 1252 b. Viermünden/Eder; **Morswiesen** nö. Mayen. **Morschenich** b. Düren ist kelt. *acum* - Name wie

Merzenich, Gürzenich, Elvenich ebda. Vgl. **Morschweiler**/Ob.-Elsaß und Mörschenhardt/Württ. und den **Mors-Berg.**

Mörs a. Rhein *(Mores)*, formell und geogr. als vorgerm. erkennbar, deutet auf sumpfiges Wasser oder Gelände.

Mörschied b. Idar entspricht Schlierschied, Sohrschied, Ebschied, Wahlschied, lauter „morastige Waldwinkel".

Morschenich b. Köln siehe Morsbach! **Mörschenhardt**/Odenwald entspricht Muchenhart, Mechenhart, Mamenhart, Wagenhart, Fladenhart, lauter modrig-sumpfige Waldbezirke. Dazu **Morschheim**/Pfalz, **Morschweiler**/ Elsaß.

Mörstadt b. Worms entspricht Bürstadt ebda (auch Crumstat, Stockstadt, Mockstadt, Ockstadt usw.), alle auf Sumpf und Moor deutend.

Mortenau (die heutige Landschaft **Ortenau**/Südbaden) verrät sich durch das kelt. *mort* als einst sumpfig; vgl. die kelt. *Mortava:* Mortève (wie die *Ausava:* Oos (Baden, Eifel), *Genava:* Genf usw.). *mor-t* ist erweitertes *mor:* vgl. mlat. *morteria* „palus", also „Sumpf", bestätigt durch *Mortsiepen, Mort-schlade* (1696 b. Ewich i. W.), auch durch *Hormortere* 950 a. Lippe u. den Wald *Mortere* i. W., sowie durch *Mortelake, Morte-cumbe*/ England (wie Lovecumbe, Cudecumbe usw., und *Morte-sela*/Brab. (wie Sweve-sela, Dude-sela), während A. H. Smith noch 1956 II 43 meinte, *mort* sei obscur! Ein Wald **Mortscheid** b/Ruwer. Aber das **Mörth,** sumpf. Gehölz südl. Schieder, entspricht *Sörth (Sorete):* sor „Sumpf".

Mörzheim/Pfalz erinnert an *Moritzheim* 1571 (heute Merzen/Elsaß), das auf dem kelt. Bachnamen *Morantia* (*Morenze* 1150) beruht! Siehe Merzen! Vgl. auch **Mörz** (Hunsrück und Koblenz) und den **Mörzelbach**/ Bregenz.

Morungen a. More entspricht Leinungen a. Leine, Heldrungen a. Heldra.

Mosbach, Moosbach (Baden, Württ. usw.) meint Sumpfbach, deutlich in **Mosbruch** b. Mayen. Dazu einfaches **Moos, Moosen** a. Vils. Da *mos* „Sumpf" speziell obd. ist, dürfte es prähistor.-kelt. Ursprungs sein, zumal es sonst nur in kelt. Namen erscheint: vgl. *Mosa:* die Maas, *Mosella:* die Mosel, *Mosomo:* Mouzon (wie Condomo). Ein Mosengraben z. Gutach. Auch die **Mosenberge** finden sich auf altkelt. Boden; so b. Wehrda-Marburg, b. Meerfelder Maar/Eifel usw. Im Deutschen vgl. „Moor" und „Moos", deren Verhältnis etymologisch nicht geklärt ist (siehe Kluge).

Moschel (Ober-, Dörr- und Teschen-Moschel) a. Alsenz südl. Kreuznach deutet auf „Sumpf". Vgl. auch **Moschheim**/Nassau. Siehe Meschede!

Mosel siehe Mosbach! Eine Hohe **Möst** m. d. „Sumpf" b/Tambach/Thür.

Möttau am Möttbach siehe Mittbach!

Motten in der Rhön entspricht **Schotten** am Vogelsberg: *mot, scot* sind uralte Bezeichnungen für „Moder, Schmutz", vgl. den **Mottengraben** b. Sontra im Ringgau. Vgl. auch **Mottgers** b. Schlüchtern und **Mottschieß**/Sigmaringen (wie Büttelschieß, but „Schmutz, Moder", schieß = Winkel).

Motzbach, Motzfeld b. Hersfeld, Motzenrode b. Eschwege, Motzenhofen b. Aichach, auch einfach **Motz,** im **Motzach,** im Mutzig (Württ., Schwaben) beziehen sich alle auf „Sumpf, Moder" (daher auch der Fam.-Name **Mozart!**). *motz* ist obd. verschobenes *mot* wie *blotz: blot* in Blotzgraben (zur Fulda), Blotzheim/Elsaß. *Motzlar* a. Ulster (ul „Moder") hieß *Muteslar* wie Botzlar: *Buteslar* und Dotzlar: *Duteslar*! Vgl. Fritzlar, Wetzlar, **Metzlar!**

Much im Siegkreis, Muchen/Aargau siehe Mauchen!

Mücheln w. Merseburg, Mucheln/Holstein sind „Moderorte", siehe Mauchen!

Mückeln/Eifel, **Mücke**/Hessen, **Muckum, Muckhorst, Muckhorn, Mückelbeck** i. W. siehe Mauchen!

Mudenbach, Mudau siehe Modenbach! Desgl. Mudersbach/Wetzlar, Mudershausen/Diez a. Lahn, Müddersheim/Düren, Müdesheim/Main.

Müden a. Mosel siehe Modenbach!

Muggardt b. Müllheim/Südbaden (ungedeutet) ist schwerlich ein „Mückengarten". Ein vorgerm. *mug* (lat. mugil „Schleim") begegnet auf keltoligur, Boden: vgl. Fluß *Muga*/Spanien, *Muggio, Muggiasca*/Ligurien; auch *Mog-, Mug-pyt* in England. Varianten sind *mog, meg, mig, mag.* Zu *mog* siehe Mainz! Im Thurgau vgl. Henggart (heng = Sumpf).

Muhl w. Idar enthält dasselbe prähistor. Gewässerwort *mul* (im Slaw. = Schlamm) wie die *Mul-afa:* Mauloff/Taunus, die *Mul-aha:* Maulach (z. Jagst), auch die *Mulingia* b. Namur; vgl. *Mulefenn,* Mulebrok/E. *Mulscheid* b. Trier, *Mulen-bracht*/Rhld (wie Fehrenbracht). *Mulessen* 1120/Diemel wie Mödessen, Pedessen. Zu **Mulsum**/Stade vgl. *Filsum.*

Mülben b. Eberbach a. Neckar deutet auf „Moder", vgl. ahd. molwen „weich werden, faulen" (lat. mollis „weich"). Vgl. auch **Hülben.**

Mulde (Freiberger u. Zwickauer Mulde) entspricht der **Milde,** der **Moldau,** der **Malda** (Belg.), vgl. *Moldeche* a. Maas: *mul-d* wie *ful-d* „Moder, Schlamm".

Müllingen ö. Hannover entspricht Gleidingen ebda. Siehe auch Muhl!

Mulmshorn am Wümme-Moor meint „Moderwinkel", vgl. mulmig u. die **Mülmisch** b/Melsungen!

Mülverstedt b. Langensalza a. Unstrut entspricht Umpferstedt, Isserstedt, Gosserstedt, Schwegerstedt, lauter Sinnverwandte. Siehe auch Mülben! Melverode! Malva (die Mauve/Frkr.). Vgl. lit. *mulve* „Schlamm".

Mumbach am Mumbach b. Weinheim/Bergstr. hieß *Munebach,* siehe Munne!

Mümling *(Mimiling)* im Odenwald siehe Memleben! **Mummenscheid** siehe Momme!

Münder am Deister hieß einst *Muni-mere,* siehe Munne!

Mundenbach, Bach im Elsaß, ist eingedeutscht aus *Munda* (Fluß in Spanien) wie der Murgenbach, Morgenbach aus Murga, der Argenbach aus Arga, der Mindenbach aus Minda, der Andenbach/Elsaß aus Anda. **Mundenheim** a. Rh. b. Mannheim entspricht Assenheim, Meckenheim, Wachenheim ebda, lauter Sinnverwandte, sodaß *mund* (vgl. auch *mand, mind!)* ein verklungenes Wort für Moder oder Sumpf sein muß; *Mundelar:* Mondeler/Lothr. wie Caveler sowie *Mundeford, Munden* in E. bestätigen es. Zu **Mündersbach**/Westerwald vgl. Albersbach (805 *Albenesbach!),* Mudersbach, Quideresbach, lauter Synonyma für Schmutzbäche, mit sekundärem *-rs-*! Dazu Mündershausen b. Bebra, wie Sondershausen. In Württ.-Baden vgl. **Mundingen** (nebst Munningen) wie Lendingen (Lenningen).

Mündt b. Jülich hieß im 7. Jh. *Muni,* zu kelt.-irisch *mun* „Lauge (Urin)". Siehe Munne!

Munne, Bach b. Mörs a. Rh., meint gleich der Funne und der Hunne „Moder- oder Faulwasser", vgl. irisch *mun* „Urin". Dazu auch *Muni:* **Mündt** b. Jülich, *Mune-lo* 1150 und *Munes-lo* (**Munzel** b. Hann., wie *Menes-lo:* Menzel, *Lines-lo:* Lintzel!), *Munes-heim:* Monsheim/Worms, *Munebach:* Mumbach, *Munebruch* (9.) b. Murbach/Elsaß; *Munheim:* Monheim/Solingen. Siehe auch Münder! *Munimunte:* **Mörmter** a. Rh.

Munte, Bach in Holland, entspricht der **Hunte** (z. Weser), beides träge Moorflüsse, zu *mun-t (hun-t)* = Moder. Siehe Munne. Zu *Munte-lo* Kr. Hamm vgl. *Hunte-lo* (Hüntel b. Meppen), *lo* = sumpf. Niederung. Vgl. auch die **Minte.** Deutlich ist **Muntenbrok** b/Kettwig.

Münzach (Rauh- und Schön-Münzach), Zuflüsse der Murg/Schwarzwald, 1427 *Menczach,* urspr. wohl *Mint-aha* (wie die Kanzach: *Cantaha* und die Stunzach: *Stunt-aha). mint, cant, stunt* sind vorgerm. Wörter für „Sumpf, Moor", siehe die *Minturnenses paludes* unter Mintenbeke. Auch **Münzingen**/Saar hieß *Minciche* (d. i. kelt. Mintica, Mintiacum). Vgl. auch **Münzesheim** b. Bruchsal, **Münzenheim** b. Colmar (wie Wintzen-, Balzen-, Arzen-heim ebda), **Münzenberg**/Wetterau. Ein Munzenbach z. Kander (siehe Munte!).

Murbach/O.-Elsaß siehe Murr!

Murg, als Bachname 2 mal im Schwarzwald (b. Rastatt bzw. ö. Säckingen zum Rhein fließend), auch alter N. der Radolfzeller Aach (1155 *Murga)* und der Lauter/U.-Elsaß (*Murga* seu Lutra), gehört zu den Zeugen vorgermanischer Bevölkerung des Oberrheingebietes. **Murgenbach** a. Ammer verhält sich zur *Murga* wie (der) **Morgenbach**/Bingen (966 Murga) zur *Morgue* b. Genf bzw. *Morgon* b. Lyon, wie der **Argenbach** (948/ Rhld, auch z. Kocher) zur *Arga*/Spanien, der **Mundenbach** im Elsaß zur *Munda*/Spanien, der **Andenbach** im Elsaß zur *Anda, Andella*/Frkr., lauter Sinnverwandte für sumpfig-mooriges Wasser, wie auch die *Murgantia*/Sizilien entsprechend der *Argantia* (Spanien, Frkr., Bodensee: Ergolz, und Elsaß: Ergers), denn auch die prähistor. Bachnamen auf *-antia* (auf keltoligur. Boden) meinen stets das Wasser als solches. Angesichts so klarer Tatbestände kann die von Hubschmid u. Krahe aufgebrachte Theorie „Murg = Grenzbach" (weil romanisch *morg* dem dt. *mark* lautlich entsprechen könnte) nur als tendenziös-grotesk bezeichnet werden! Siehe denselben Unfug unter *Antia:* Enz. *murg* ist obendrein als „Sumpf- oder Schmutzwasser" bezeugt (lett. = Pfütze); vgl. auch „in den Sumpf *Murguten*" 1408 (Buck). Ebenso beweiskräftig ist die Parallele *Murgatuna* (Morgarten/Schweiz, mit Bach Morgeten): *Langatuna* ebda (nebst Bach Langalta), wo *lang* keltisches Sumpfwort ist! Gegen Hubschmid-Krahe wendet sich auch Pokorny: BzN. 1955, S. 9/10.
Auch sumpfige Wiesen heißen in Schwaben *„Morgen"* (Buck).

Murkenbach, Zufluß der Schwippe b. Böblingen/Württ. meint „Faulwasser" (mhd. *murc* „morsch, faulig, morastig"). Vgl. die *Murc-wiesen* 1292. Ein *Murcidia* in Dalmatien.

Mürlenbach a. Kyll/Eifel entspricht **Mörlenbach**/Baden und **Merlenbach**/ Lothr., lauter Moor- oder Sumpfbäche, siehe Merl, Mörlen!

Murnau am Murnauer Moos/Ob.-Bayern gibt sich schon topographisch als sumpfig gelegen zu erkennen. Zu *mur-n* vgl. *mor-n, mar-n, mer-n.*

Murr, Nbfl. des Neckars (b. Marbach), mit **Murrhardt** (hart = Wald), schon 817 *Murra,* gehört wie die **Mur** m. d. Mürz b. Graz zu den prähistor. Flußnamen. *mur* (irisch u. lit.) ist Variante zu *mor, mar* = Sumpf, Moor, Schlamm. Vgl. auch die erweiterte Form *murt* (wie *mort, mart)* in *Murta* (die Meurthe, b. Toul zur Maas), *Murten*/Schweiz, *Murtwell*/England. Parallelen sind: *Urta* (die Ourthe/Vogesen), *Sarta* (die Sarthe, z. Loire), *Marta* (Italien, Odenwald).

Mürz, Zufluß der **Mur** in Steiermark, ist schon am s-Suffix als vorgerm. erkennbar. Siehe Mur!

Musbach (Baden-Württ. mehrfach Bachname) meint „Moorbach, Sumpfbach". Vgl. die Moorlachen *„in Musahe"* am alten Ostrhein b. Lampertheim/Bensheim.

Müsch, Müschede, Muschenheim siehe Meschede!

Musel (Stille Musel) fließt in Baden durch sumpfiges Gelände; siehe Musbach! Eine **Mussel** (mit dem Musselbruch) am Bourtanger Moor/Holland.

Müssingen in Lippe liegt am Müssenbach (urkdl. *Musna*), vgl. **Müssen** *(Musna)* ebda; auch mehrere *Müssenberge.* **Mussum** b. Bocholt ist *Musheim.*

Mutschelbach im Pfinzgau ö. Karlsruhe meint Moderbach, urkdl. *Muschelbach,* vgl. Müschenbach im Westerwald.

Mutscheid b. Adenau/Eifel entspricht Nutscheid/Siegkreis: „modriger Waldwinkel". **Mutlangen**/Schwaben (nebst Durlangen, dur = „Wasser") ist verschliffen aus *Mutinangen* (wang „Wiese") wie Tettlang aus *Tetinanc.* **Müttelstetten** (8. Jh. *Mutilistat)* nebst **Meidelstetten** südl. Reutlingen (alt *Mutilistat)* sind „Moderstätten" wie Edelstetten, Rohrstetten, Heuchstetten usw.

Mutterstadt w. Mannheim deutet wie **Butterstadt** b. Hanau auf Moder und feuchten Schmutz, Morast. Ebenso **Mutterschied** im Hunsrück (wie Möderschied, Mengerschied, Schlierschied). Vgl. obd. Mutter „Gär-Hefe, Bodensatz" (bes. Essigmutter), ndd. môder, engl. mother. Ein **Müttersholz** b. Schlettstadt/Elsaß.

Mützenich/Eifel (2 mal) entspricht Sinzenich, Merzenich, Gürzenich, Lövenich, alle auf Moder, Moor, Sumpf bezüglich, eingedeutscht aus kelt. Namen auf *-iacum,* also *Mutiniacum;* vgl. *Mutina:* Modena/Ob. Italien (nebst *Mutusca).*

Mutzig w. Molsheim/Elsaß deutet auf kelt. *Mutiacum* „Sumpfort" wie Sinzig a. Rh. auf kelt. *Sentiacum.* Siehe unter Mützenich! **Mutzwil**/Basel entspricht Morschwil.

Martbach im Odenwald u. die *Martbäche* (z. Werra, z. Haun 747 b. Fulda, z. Rosa b. Meiningen) sind Spuren vorgerm. Bevölkerung: einen Fluß *Marta* erwähnt schon Plinius zw. Tiber u. Arno in schilfreicher Sumpfgegend! *Marta* verhält sich zu *Sarta* (die Sarthe, Sartupis) wie *mar-t* zu *sar-t* „Sumpfwasser", vgl. die Murta u. die Urta. In Frkr. vgl. den étang de *Marthe* (Rhone) u. ON. *Marte* 711. Ein **Marten** liegt b/Dortmund, ein **Merten** b/Euskirchen. Dazu die *Martenbeke* 1088; der *Martenberg* (nebst Guren-, Quennen-, Rottenberg) nö. Korbach, die *Martmühle* b. Hoyel, *Martfeld* (Verden, Schwelm), *Martes-lo* 1075 (Masseloh i. W.). *Martley* in England.

N

Naab *(Nava),* Nbfl. der Donau (vom Fichtelgebirge her), b. Regensburg mündend, siehe Nahe! Vgl. **Naaf** b/Siegburg.

Naarn *(Nardina),* Nbfl. der Donau ö. Linz, erinnert an *Nardinium*/Spanien (wie Ulcinium, Rapinium, Lavinium); vgl. die *Gardina*/Lit. *(nard, gard, card, sard* sind sinnverwandt). **Na(a)rden** im *Nardingelant*/Holld.

Naber(n) ö. Stuttgart ist prähistor.-vorgerm. Flußname wie die **Zaber** *(Taber, Taberna),* Nbfl. des Neckars, und kehrt in Britannien mit dem *Nabarus* wieder. Vgl. auch die Flüsse *Taber* in Spanien und **Laber** in Bayern. *nab, tab, lab* sind uralte Sinnverwandte: *nab, nav* schon altindisch = „Wasser, Nässe, Nebel". Ein *Nablis* floß in Thür., daher der alte *Nabelgau* 937 b. Sondershsn. Einen *Nabalus* erwähnt Tacitus, vgl. *Navalia:* Näfels/Glarus. Zu *nav* s. Nahe!

Nächstenbach, Bach b. Weinheim a. Bergstr., ist umgedeutet aus *Nestenbach* (so noch 1381) — ein prähistor.-vorgerm. Bachname, entsprechend dem Bach *Neste* (Pyrenäen u. Thrakien) und dem **Nest**-Bach b. Köslin! Vgl. den Nüstenbach im Odenwald und die Nüst (zur Haune), die Niest(e) z. Fulda. Zu *nes-t* vgl. auch *nes-c* in Neschen.

Nackenheim am Rhein (Wormsgau) entspricht Beinen-, Dienen-, Linken-, O(h)nen-heim ebda, *nak* ist somit prähistor. Gewässerwort: vgl. **Nack** b. Alzey, den **Nackenborn** (Quellbach der Linke / Ohne im Eichsfeld), wie der Tackenborn b. Melsungen, Nackendorf b. Querfurt, Nackenrode. Ein Bach *Nakala* 966 im Ijsselraum, Naceton in E. Im Slaw. vgl. *nakuli* „sumpfiger Boden": Nakel a. d. Netze!

Naensen w. Kreiensen (-sen = -husen) entspricht Brunkensen, Ippensen, Ammensen, Immensen, Hevensen, lauter Sinnverwandte entlang der Leine-Niederung. Vgl. **Nahe** im sumpf. Quellgebiet der Alster und die **Nahe** *(Nava):* Zufluß der Schleuse/Thür. usw.

Nagold, Nbfl. der Enz *(Antia),* mit der Würm b. Pforzheim mündend, ist eine vorgerm. *Nagalta* (so um 800/900), mit derselben Endung wie die *Singalta:* **Singold** (zur Wertach) und die *Langalta*/Schweiz, *nag* entspricht somit *sing* und *lang* = Sumpfwasser, besonders auf kelto-ligur. Boden (vgl. *Singidunum, Langobriga):* dazu Loch *Naogh*/Irland nebst *Nagnata* (vgl. altindisch *nagn-* „Gärschlamm"), auch der See *Naglinia* in Posen. Auch die *Nagira:* **Neger** b. Olpe (!), die der *Agira* oder **Eger** entspricht, bestätigt das vorgeschichtliche Alter dieser Flußnamen. Ein Nagbach und ein **Nagelbach** begegnen im Walde *Naghart*/Württ., ein **Nägelsbach** als Zufl. des Kochers, ein Nägelriedgraben am Bodensee, ein

Nägelstedt a. Unstrut; in England vgl. *Nageltun:* Nawton, *Nagiles-:* Nailsborn, Nailsworth (wie *Agiles-:* Ailsworth)!, auch *Negles-leg, Neglescumb* (sumpf. Kuhle). Ein **Nagelbach** auch ö. Holzminden.

Nahe, vom Hunsrück her b. Bingen zum Rhein fließend, ist eine vorgerm. *Nava,* wie die gleichnamigen Bäche in Thür. (zur Schleuse) und in Ö. (zur Salzach); desgl. die **Naab** b. Regensburg und die **Nau** z. Neckar b. Ulm (auch zur Breusch im Elsaß) — vgl. **Blau** *(Blava)* wie die *Blavia* in Frkr. u. die *Save:* Sau! *Nava* (mit *Navafrida, Navilubio)* kehrt in Altspanien wieder; *Navalia* ist heute **Näfels** in Glarus; eine *Navila:* **Neffel** fließt b. Köln zur Arnafa: Erft. Auch *Navigis:* **Neviges** b. Elberfeld/Ruhr ist prähistor. Bachname wie *Widergis: Würges*/Taunus u. *Nitigis*/Vogelsberg. Zu *nab* siehe Naber(n)!

Nahmer siehe Nammen!

Nahne b. Osnabrück hieß *Nona* (mit ndd. Lautwandel *o: a);* siehe Nohn! *non, nun, nan, nen* sind prähistor. Bezeichnungen für Wasser, auf keltoligur. Boden (vgl. die Varianten *nom, num, nam, nem!). nan* begegnet in *Nanasa*/Nordspanien (mit s-Suffix wie *Idasa:* die Itz b. Coburg und *Celasa:* die Kels), in *Nanoscus*/Ligurien (wie *Baroscus:* bar = „Sumpf"), in *Nana* 789: jetzt Nonn b. Reichenhall, auch in *Nannun* 9. Jh. Kr. Warburg und *Nanni,* Nene 1113 Kr. Brilon. So wird (mit Umlaut) auch **Nenndorf** am Deister verständlich. In England vgl. *Nane-well* neben *Nun-well.* Assimilation *nb: mb* zeigt **Namborn**/Saar statt *Naneborn* wie **Numborn** ebda. u. **Nomborn**/Nassau.

Nahrstedt b. Stendal entspricht **Sarstedt** a. Innerste: *nar, sar* sind prähistor. Wasserbezeichnungen. Ein *Nare* lag 1141 b. Eschwege/Werra, und *Nar(a)-heim* lautet jetzt **Norheim** a. Nahe (wie *Larheim* heute Lohrheim/Lahn, mit mundartl. *o).* Ein *Nar* fließt zum Tiber (vgl. sabinisch *nar* „Schwefel"), ein *Narun:* Nairn in Schottland, ein *Narew* in Polen, ein *Narus* in Litauen nebst *Narupe* (wie Balupe, Alkupe, Kakupe: bal, alk „Sumpf", kak „Kot"). Varianten zu *nar* sind *ner, nor, nur,* vgl. *sar, ser, sor, sur!*

Nalbach a. Prims/Saar beruht auf *Nagelbach,* siehe Nagold!

Namborn siehe Nahne, **Nambsheim, Namedy** siehe Nammen!

Nammen b. Minden (1270 *Namene)* ist wie Gahmen (Gamene) uralter Gewässername, der auch in *Namenhusen* (2 mal in Hessen) steckt und (mit -heim) in *Namenesheim:* **Nambsheim** i. Elsaß (wie *Gamenes-:* **Gambsheim** ebda). Ein Fluß *Namadus* schon in Altindien (vgl. Narbada ebda). Dentalsuffix zeigt auch **Namedy** a. Rhein: kelt. *Namediacum* (wie *Mogdiacum:* Moydieu, zu mog „Sumpf"!). Keltisch sind auch Namur a. Maas Belgien *(Namuco* 692), Namèche *(Nameca),* Nantes a. Loire (nach den keltischen *Namnetes);* nicht zuletzt (als Zeuge vorgerm. Bevölkerung im Sauerland) die *Namara:* **Nahmer** (Zufluß der Lenne) nebst der ihr zufließenden *Nimara:* **Nimmer**; im kelt. Noricum entspricht der ON. *Namare* (vgl. in Frkr. Mamare). Morphologisch zugehörige Flußnamen wie *Gamara, Mamara, Samara, Tamara* bestätigen den vorgerm. Charakter der Nahmer. Varianten zu *nam* sind *nem, nim, nom, num!*

Nanzenbach b. Dillenburg (alt *Nantenbach!)* entspricht dem *Antenbach:* **Anzenbach**/Bayern, dem *Lantenbach,* **Lanzenbach**/Württ. und dem *Santenbach:* **Sanzenbach** ebda, lauter eingedeutschte Bachnamen: zu vorgerm.-keltoligurisch *nant: ant: lant: sant* (vgl. auch mant! cant!). Desgl. **Nanzweiler**/Pfalz. Auf kelt. Boden: **Nancy** (dt. Nanzig), Nantoux und Padoux (Nantosca wie Padosca: pad „Sumpf"!; auch die *Nantuates!*

Nardina siehe Naarn!

Nassau a. Lahn (inmitten zahlreicher vorgerm.-keltischer Namen!) ist so undeutsch wie die **Nassach**, Zufluß der Fils in Württ., **Nassig** b. Wertheim a. Main, **Nassweiler**/Pfalz und **Nassen** b. Altenkirchen/Westerwald: zur Bestätigung vgl. *Nassonia* fons in Belgien (wie *Lassonia, Vassonia!): nass, lass, vass* sind kelt. Synonyma. Vgl. auch *Nasium:* Naix/Frkr., *Lasiacum* und die kelt. *Lassuni* (Plinius)! Zu **Nassen** vgl. ebda **Wissen** a. Wisse! Zur Gemination vgl. auch die **Nesse** und die Lesse.

Nateln im Tal der Ahse nw. Soest hieß *Notlike,* d. i. „Sumpf-, Schmutzwasser" (wie Badelike: Belecke u. Schadelike: Schalke); siehe Nutteln! **Nateln** b. Ülzen ist alter Bachname: *Natene* urkdl., vgl. die *Natinne:* Nethen (z. Dijle). Eine **Nathe** fließt im Eichsfeld, eine *Natesa* steckt in *Natesungen:* **Natzungen** b. Warburg/Diemel, vgl. die Flüsse *Natusis:* Natiso b. Aquileja und *Natisone* (z. Isonzo) sowie ON. *Natiolum*/Apulien. Zu **Natzweiler**/Vogesen vgl. Scherweiler, Morschweiler usw., zu **Natenstedt** a. Hunte: Watenstedt (wat = „Sumpf"!). In England: *Natelund, Nate-leg:* Netley Marsh! Varianten zu *nat* sind *not, nut, net (nit):* siehe Nutteln und Nette!

Nattheim b. Heidenheim a. Brenz entspricht Schnaitheim, Lauchheim, Sorheim ebda; dazu auch Nattenheim b. Bitburg. Siehe Nateln!

Natzungen, Natzweiler siehe Nateln!

Naumen (Kirch-Naumen)/Lothr., inmitten zahlreicher kelto-ligur. Namen, beruht auf *Numene,* entspricht also *Numana* in Picenum (Stadt der ligur. Siculi); vgl. Fluß *Numico*/It. und das berühmte *Numantia*/Spanien! Siehe Nammen!

Nebra a. Unstrut entspricht Bebra, Ebra, Gebra, Helbra, Monra, Vessra, Steigra usw., lauter prähistor. Gewässernamen mit r-Suffix. Vgl. dazu die

Flüsse *Nevera:* Nièvre und *Bevera:* Bièvre und Lièvre in Frkr. Zu **Nebingen**/Württ. vgl. Schabringen, Egringen usw. (Scabrona/Frkr., Scabria/It.); zu *Nebiasco* b. Genua: Croviasco (und Cröv!). Ein *Nebi(o)s:* Neyva fließt in Spanien, eine Neva b. Petersburg. Varianten zu *neb, nev* sind *nab, nav; nib, niv;, nov, nuv.* Vgl. unter Naab, Nahe, Nibel, Neuß, Nüven.

Neckar, Hauptfluß Württembergs, gehört wie der **Necker** im Thurgau zu den ältesten Flußnamen aus vorgerm. Zeit, daher mit dem Wörterbuch nicht deutbar. Die Anknüpfung an lettisch nikns, griech. νεῖκος „Zank" (so Krahe, Pokorny, Schnetz, Much), um einen „heftigen" Fluß zu konstruieren, ist ein Musterbeispiel linguistischer Willkür und Phantasie! Der Vokal ist obendrein kurz! Nur der morpholog. Vergleich läßt den Wortsinn erkennen: *Nic-ra* entspricht formell und begrifflich **Cuc-ra,** *Loc-ra, Oc-ra, Muc-ra, Mac-ra, Luc-ra,* lauter kelto-ligur. Flußnamen mit r-Suffix, von denen auch nicht einer etwas anderes als Wasser, Sumpf, Moor, Moder, Schmutz u. dergl. meint. Auch der **Neckenbach** im altkelt. Linzgau *(Lentia)* am Bodensee gehört dazu. In Spanien vgl. *Necala,* in Brit. *Neceton.* Varianten zu *nek* sind *nak, nik, nok, nuk:* vgl. Nackenborn, Nochern, **Nickenich:** 1163 *Nickedich;* **Nickus,** Bg b. Schlüchtern.

Neelfeld siehe Nehlen!

Neerdar (1351 Nyrdere) a. **Neerdar** w. Korbach/Waldeck ist ein kelt. Bachname mit r-Suffix: *Nerd-ra;* vgl. die Idar: *Idra,* den Neckar: *Nek-ra.* Eine *Nardina:* Naarn fließt z. Donau, vgl. Nardinium! In Hessen saßen auch die kelt. *Nertereanes,* siehe Nerzweiler!

Neersen/Rhld siehe Niers!

Neerstedt zw. Hunte und Delme entspricht Heerstedt, Horstedt, Harstedt ebda, vgl. *Neder-:* **Neerbeke** (Nieder-?). S. Nehden! Aber zu *ner* vgl. die Flüsse *Neris*/Litauen, *Nerente*/Illyrien, *Neronde, Neropia*/Belgien; dazu in England: *Nerewelle, Nereford* (wo M. Förster S. 226, 222 fälschlich an ags. nearu „eng" dachte!), in Frkr.: *Aquae Neriae* (Neris) u. *Neriomagus* (kelt. = Wasserfeld), in Spanien: *Nerua* (wie Burdua, Masua, Vacua, in Italien: *Nerula, Neronia* (wie Bononia: bon = Sumpf!), in Ligurien: die Völker *Nerusi, Nerii.* So werden verständlich auch **Neerach** im Aaargau *(Ner-aha)* nebst *Neriheim; Neri-stein:* **Nierstein** a. Rh. (wie Scerdi-: Schierstein; Copistein: Kostheim b. Mainz); *Neron:* **Nehren** (Mosel u. Württ.), **Nerenstetten**/Württ., **Neresheim** *(Nernisheim)* ebda. Ein **Nährenbruch** am Steinhuder Meer, ein **Nährenbach** fließt zur Weser b. Rinteln, ein **Nierenbach** zur Ruhr b. Meschede, ein **Nierbach** b. Melle. Zu *Neropia*/Brabant (a. d. Gette) vgl. *Norepe:* die Norfe/Ndrh.

sowie *Narupe, Nurupe,* Flüsse in Lit. Erweiterungen zu *ner* sind kelt. *ners, nert, nerv:* siehe Niers, Nörting, Nervier. Fluß *Nervia*/Ligurien.

Neesen, Neisen siehe Niesen!

Neetze, Zufluß der Ilmenau b. Lüneburg, ist eine vorgerm. *Natissa* (zu *net* „Moor, Sumpf"), vgl. die **Netze** (zur Oder) mit dem Netze-Bruch! Siehe unter Nette!

Neftenbach b. Winterthur (kelt. Vitodurum) ist eingedeutscht aus kelt.-ital. *Nepete* (so in It.; vgl. Neptun!), zu *nep* (noch rhein. niepe „Sumpf").

Neffel *(Navila),* Zufluß der Erft (der vorgerm. *Arnafa)* siehe Nahe *(Nava)!*

Neger, Bach b. Olpe, urkdl. *Nagira* (wie die Eger: *Agira),* siehe Nagold!

Nehden ö. Brilon, *Nede:* **Neede** b. Zütphen und *Nedere:* **Neer** (Bach u. Ort) a. Maas enthalten ein vorgerm. Wasserwort *ned:* vgl. schon altind. *nedati* „fließt", Fluß *Neda*/Griechenland, Fluß *Ned(d)* nebst *Nid(d)* in Brit. Es steckt auch in *Nederne* 1025: **Nehren** (Wüstung b. Kemel/Nassau), vgl. Ederen: Ehren und Rederen: Rehren, lauter Sinnverwandte; auch in *Nedeheim:* **Neheim** a. Ruhr u. Möhne analog zu *Pedeheim:* **Peheim** (pede „Morast"), mit ndd. Dentalschwund zwischen Vokalen; so auch in *Nede-:* **Nescheid**/Sieg (vgl. Schee statt Schede/Ruhr). Siehe auch Nidda, Nied, Neide! Auch **Großeneder** nö. Warburg hieß 1017 *Nedere!*

Neheim (-Hüsten), a. Ruhr u. Möhne, ist verschliffen aus *Nedeheim* wie **Peheim** aus *Pedeheim* (pede = „Morast"), bzw. aus *Nyhem* „Neudorf".

Nehlen Kr. Soest hieß *Nele (Neile)* — zum *ei* für e vgl. die *Sel-:* Seilbeke b. Olpe (sel = Sumpf), ebenso *Nele:* **Neile** (mit Neilenberg/Harz, das **Neelfeld** b. Rinteln und der Bach *Nelach* (8. Jh.) zur Eder. *nel* ist prähistor. Wasserwort, vgl. Bach *Nelo* in Spanien (!) und Quellbach *Nele* b. Nielles/Calais. Zu *nil, nol, nul* siehe Niel, Nolle, Nüllbeke. Auch Nellingen!

Nehmten am Plöner See siehe Nemphe!

Nehren b. Tübingen siehe Neerstedt! **Nehrenbach** desgl.

Neidenbach/Eifel ist der vorgerm. Bachname *Ned, Nid* (siehe Nehden!). Vgl. auch die *Nida:* **Neide** (mit Neidenburg)/Ostpr., die *Nida* z. Weichsel (Polen), den **Neid-See** b. Pollnow, **Neida** b. Coburg. Siehe Nied!

Neile, Neilenberg siehe Nehlen!

Neinstedt am Huy (Halberstadt) entspricht Quenstedt, Schlanstedt ebda (quen, slan = „Sumpf"), wenn nicht *Nienstede.* Vgl. **Dein-, Mein-, Seinstedt,** lauter Sinnverwandte: *nen, den, men, sen* sind prähistor. Wörter für Wasser und Sumpf (vgl. auch den brit. Flußn. *Nena:* Neen). *ei* für *e* ist ostfäl. Besonderheit, z. T. auch westfäl. Siehe auch Nennig, Nennep, Nienze!

Neisen (893 *Nesene)* b. Diez a. Lahn wie **Nesbach** b. Limburg und der **Nesenbach** b. Stuttgart sind vorgerm. Ursprungs: vgl. Fluß *Nesa* in Schottland (Loch Ness). Ebenso **Neesen** *(Nisinun)* a. Weser u. Niesen a. Niese. Siehe dies!

Neitersen b. Altenkirchen a. Wied entspricht Rettersen und Fluterschen ebda, alle auf Wasser bezüglich. Siehe Nitter, Nette. Eine *Nitra:* Neutra ö. Wien.

Nellenbach, Zufl. des Bodensees b. Überlingen, Nellenbrunnen (z. Schwarza/Schlücht/Wutach) und **Nellingen** (2 mal in Württ.) wie Lellingen sind kelt. Ursprungs. Vgl. *Nelleche*/Rhld u. Bach *Nelo*/Spanien. Siehe Nehlen!

Nemden ö. Osnabrück (urkdl. *Nimodon,* analog zu Ahlden: *Alodun)* enthält den brit. Bachnamen *Nimed.* Siehe unter Nims und Nimmer! Ähnlich *Mimidon:* Minden! Zu **Nemmenich** (Naminiacum) wie **Gemmenich** (Gaminiacum) siehe Nammen!

Nemphe, Bach b. Frankenberg/Eder, urspr. *Nem-apa* (wie die Lemphe/Lahn: *Lemapa)* enthält idg. *nem (nam)* „feucht": vgl. Fluß Nem/Irland, auch ON. *Nemavia*/Brit., *Nemausus:* Nîmes u. die gall. *Nemetes* um Speyer (von M. Förster mit brit. nimeto „heilig, edel" verwechselt!). Zu Nemphe: Lemphe vgl. *Nemausus: Lemausus* (keltoligur. *lem, lim = nem, nim,* „Morast, Sumpf"). In Lit. fließt ein *Nemunas,* vgl. **Nehmten** am Plöner See. Ein *Njemen* in Polen. Eine Quelle *Neminia* b. Rom.

Nenndorf am Deister, Nennhausen am Havel-Luch siehe Nennep u. Nahe!

Nennep Kr. Geldern entspricht **Lennep** b. Remscheid (wo *len, lin* vorgerm. Wasserwort ist für Schmutz- und Sumpfwasser, vgl. die Lenne!), *-apa* meint Wasser, Bach. Die Schreibung *Nynnep* 1484 beruht auf palataler Aussprache des kurzen *e* vor Nasal, - an mhd. ninne „Wiege" zu denken (so Gutenbrunner), ist kurios! Als brit. Bachname begegnet *Nena* (Neen) 2mal in E. Im übrigen vgl. auch **Nennig** b. Merzig/Saar (d. i. kelt. *Naniac, Neniac).*

Nenterode Kr. Rotenburg a. Fulda gehört zur Gruppe der Licherode, Gerterode, Weiterode, Asterode, Welverode, im selben Raum, die alle auf Wasser und Sumpf Bezug nehmen. Von einem germ. Pers.-N. Nant-her (so E. Schröder) kann somit keine Rede sein. Vgl. auch **Lenterode,** Fretterode, Datterode, Bleicherode, lauter Sinnverwandte! Zugrunde liegt somit ein Wasserwort *nant,* das nebst *lant* in kelt. Namen begegnet (siehe unter Nanzenbach bzw. Lanzenbach). Vgl. auch **Nenzingen** im Hegau.

Nerenstetten siehe Neerstedt! Desgl. **Neresheim!** Nersingen a. Donau siehe Niers!

Nerzweiler/Glan siehe Nürtingen!

Neschen b. Odenthal *(Udendar!)* im Bergischen gehört wie Nochen, Kürten, Bechen, Hüven, Söven ebda zu den deutlich vorgerm. Namen aus ältester Zeit: vgl. *Nescania* in Spanien (Quellort), was aufs Keltische deutet. Desgl. **Neschw(e)il** b. Zürich, wie Morschwil, Mutzwil. Zur Form *nes-c* vgl. *les-c, es-c, besc, mes-c!*

Nesenbach, Nesbach siehe Neisen!

Nesse (Zuflüsse der Nüst und der Hörsel b. Eisenach) entspricht der **Asse** b. Gotha (und in Frkr.!): beide meinen „Schmutz- oder Sumpfwasser", vgl. die Ness *(Nesa)* in Schottland. Eine **Nessel** (mit der Liessel, lis = Sumpf!) fließt zur vorgerm. Efze/Schwalm. So wird auch der **Nessler** (Bergwald im kelt. Aargau) verständlich, analog zum Göttler/Württ., zum Vogler usw.

Nestenbach (heute Nächstenbach) siehe Nächstenbach!

Netphe (mit Ort Netphen), Bach b. Siegen (in ältester prähistor. Siedelgegend) auch Ort a. Nemphe/Eder, gehört zu den uralten Bachnamen auf *-apa:* vorgerm. *Nedapa* „Sumpfwasser", worauf auch der Bruchwald b. Netphen deutet. Siehe Nehden! Als sinnverwandt vgl. *Dautphe, Litphe, Utphe.*

Netra nebst **Sontra** im Ringgau/Werra sind prähistor. Bachnamen: zu vorgerm. *net (nat)* und *sunt (sont)* „Sumpf". Vgl. die *Notra, Antra* usw. Vgl. russisch netra „Moor".

Nette, Name mehrerer Bäche vom Rhein bis zum Harz, aber auch in Polen, hat schon aus geogr. Gründen mit ndd. *nat* „naß" nichts zu tun. Bewußte Tendenz hat trotzdem die einheitliche Gruppe der **Nette**-Bäche auseinanderreißen wollen, um wenigstens die auf norddt. Boden fließenden fürs Deutsche retten zu können (so H. Krahe). Für prähistorisch-vorgerm. Herkunft spricht schon die *Netta* in Polen (z. Bobr/Narew), desgl. die Nette im Harz (Zufluß der vorgerm.-venet. Indrista: Innerste!), die Nette b. Gladbach (Zufluß der kelt. Nersa: Niers) und die Nette b. Neuwied mit der *Nitissa:* **Nitz,** der b. Lüneburg die *Netissa:* **Neetze** (zur Ilmenau) entspricht, mit undeutschem s-Suffix wie die Lotosa: Lotze b. Harburg! Vgl. die **Netze** mit dem Netze-Bruch a. Oder und **Netze** a. Netze b. Waldeck! Eine Nette fließt auch zur Lenne b. Altena (in prähistor. Gegend!), desgl. zur prähistor. *Almana:* Alme i. W. und zur moorigen Hase, aus dem Vehrter Bruch entspringend! Die topograph. Befunde verraten denn auch den Wortsinn, nämlich „Moor, Sumpf" (vgl. auch russ. *netro* „Moor"). Zur Bestätigung vgl. *Netlar* 1159/Brabant (neben *Nutlar* i. W.), *Netley: Nutley*/E., Netterden: Nütterden/Ndrh., *Nettbek: Nuttbek/*

Ruhr/Lenne, *Net-hövel: Spurk-hövel* (spurk „Moder"). In England vgl. Nettuc 1240. Ein **Nettenbach** z. Bodensee. Siehe auch **Notte,** Nutte, Notreff. Ein **Nette-Berg** südl. Seesen/Harz.

Nettersheim/a. Urft/Eifel entspricht Iversheim, Wollersheim ebda.

Netze siehe Nette! Dazu **Netzbach** b. Diez a. Lahn.

Neufnach a. Schmutter südl. Augsburg beruht auf *Nufen-aha (Nuvena)* wie Siebnach ebda auf *Sibn-aha,* und die Ecknach (z. Inn) auf *Ankinaha,* lauter eingedeutschte prähistor. Bachnamen, wie auch die Rinchnach (beim Regen), die Bolgenach b. Bregenz u. a. Zu *nuv* vgl. **Nufenen** *(Nuvena)*/ Schweiz, **Nufringen**/Württ. (wie Nebringen, Schabringen) und **Nüven** b. Melle (wie Hüven). Ähnlich *tuv* in Tüfingen/Bodensee und Fluß Tuva: Etuve/Frkr. Zu Nufringen vgl. auch **Neufrach** *(Nufraha),* Bachort im Linzgau (kelt. *Lentia)* am Bodensee.

Neugartheim/Elsaß *(Nugurthe)* deutet auf kelt. Nugurtium, vgl. Tinurtium, Trevurtium! Irisch *nug* „waschen" (vgl. *nag, nig).*

Neumagen a. Mosel ist das keltische *Noviomagus* (auch Noyon!), das nicht „Neufeld" meint, sondern „Wasserfeld", analog zu *Neriomagus, Rigomagus* (Remagen), *Durnomagus* (**Dormagen,** Marcomagus: **Marmagen).** Vgl. auch *Noviodunum* (wie Virodunum: Verdun, Lugudunum: Lyon), Fluß *Novios*/Brit.! *Novioscus*/Ligurien, *Novisona:* Nozon (wie Artesona, Tergasona!), lauter Sinnverwandte; auch *Noviolium:* Neuil, nicht zuletzt *Novesium:* **Neuß** a. Rhein (wie *Devesium, Frodesium, Assesium),* womit der Wortsinn „Sumpf, Moor, Moder" für *nov* gesichert ist (vgl. auch *nuv, niv, nav).*

Neuß a. Rhein *(Novesium)* siehe Neumagen!

Neutra (urkdl. *Nitra),* Zufl. der Donau ö. Wien, siehe Netra!

Neuwied a. Rhein siehe Wied!

Neviges *(Navi-gis)* siehe Nahe! Desgl. **Newel**/Trier.

Nibel, Nibelgau/Württ. siehe Niebelsbach!

Nickenich b. Andernach, **Nickweiler**/Simmern siehe Neckar! **Nickelde** b. Biere a. Elbe entspricht Hebelde, Schlickelde, Pefelde, Gittelde. Vgl. Fluß *Nycape* (wie Sarape/Lit.), Fl. *Niciola* u. Quellort *Niconast*/Frkr. (wie Rupenest, Dodenest!). Ags. nicor „Wassergeist", vgl. Nixe.

Nidda a. Nidda, die vom Vogelsberg her die Wetterau durchfließt u. westl. Frankfurt in den Main mündet, ist wie ihr Zufluß, die **Nidder** (urkdl. *Nidorne),* ein prähistor.-vorgerm. Name, der in Britannien mit den Flüssen *Nid(d)* und *Ned(d)* wiederkehrt. Auch die **Nied** *(Nida),* Nbfl. der Saar (Lothr.) — vgl. die Wied *(Wida)* — gehört dazu (auch als ON. a. Nidda b. Frkf.), desgl. die poln. *Nida* (z. Weichsel), siehe unter Nehden und Neide! Schon altindisch meint *nedati* „fließt" (ein Fl. *Neda* auch in Griechenland). Vgl. die Variante *nod* „Sumpf!".

Niebelsbach/Württ. erinnert an den alten Bach *Nibel* (mit dem *Nibelgau)* in Schwaben; vgl. den *Nabelgau* mit dem Bach *Nabel* 937 b. Sondershausen. *nib, nab* sind idg. Wassertermini (daher auch dt. Nebel und die Nibelungen). Vgl. *Nib-ley* „feuchte Wiese" in E.; eine Quelle *Niba* in Thrakien. Zur Form Niebelsbach vgl. den Dudelsbach/Baden (dud = „Sumpf, Röhricht").

Nied, Nbfl. der Saar, siehe Nidda!

Niefern (1091 *Niferun)* ö. Pforzheim kehrt im U.-Elsaß b. Modern a. Moder wieder: zugrunde liegt also ein vorgerm. Bachname, was bestätigt wird durch das erweiterte **Niefernheim**/Pfalz, analog zu Sobernheim, Dauernheim, Odernheim, Gadernheim (neben Gadern) usw. Auf keltoligur. Boden vgl. dazu *Nivaria/*Spanien, *Nivernum* (Nevers a. Loire), *Nivella/* Belgien (wie Mosella), *Nivenna* b. Calais (wie Ravenna). Vgl. auch **Nievern** a. Lahn ö. Lahnstein (in prähistor. Gegend!) und **Niffer**/Ober-Elsaß, auch Nievenheim b. Neuß. *niv* entspricht *nov, nuv, nav!*

Niel b. Wesel (und in Belgien) und **Niehl** b. Bitburg/Eifel (urkdl. *Nila)* entsprechen den Varianten **Nehle(n), Ne(i)le,** — siehe diese! *nil, nel* ist (wie *lil, lel)* ein prähistor. Gewässerterminus. Förstemann verweist (II 384) auf westf. *nille* = vulva (mit dem Begriff des Weichen). Eine Wüstung *Nielaha* (8.) im Ederraum. Vgl. auch *nol, nul.*

Nieme *(Nimia),* Zufluß der Weser, siehe Nims!

Nienze, Zufluß der **Nuhne** b. Schreufa/Eder, dürfte urspr. *Nunisa* (Nünze) gelautet haben, mit verkleinerndem s-Suffix (vgl. die Nette mit der Nitisa: Nitz b. Mayen) — ein deutlich vorgerm. Name. Siehe Nuhne!

Niepen(berg) b/Erkrath, *Nepa/*Belg: *niepe* meint „Wasser, Sumpf" (kelt. *nep, nip),* vgl. umbrisch nepitu; Nepete, b/Rom; *Neptun!* Lat. *niptra* „Waschwasser". Vgl. *Nifterka/*Ndrh. + *Nifterlake;* auch **Neftenbach.**

Nierenbach, Nierentrop, **Nierenstein** siehe Neerstedt!

Niers, ndrhein. Nbfl. der Maas (mit Geldern, Kleve, Goch), ist die vorgerm. *Nersa,* mit der kleineren *Nersina* 823: daher Neersdonk und **Neersen** b. M.-Gladbach mit kelt. Matronenkult der *Nersihenae!* Zum prähistor. s-Formans von *ner-s* vgl. die sinnverwandten *der-s* (Dersia), *vers* (die Verse), *ber-s* (die Bersula, Birs), *wer-s* (die Werse). Auch Nursia/It. Ein Niersbach b. Wittlich a. Lieser.

Niesen (1031 *Nisa)* a. Nethe ö. Warburg ist vorgerm. Bachname wie die **Niese** (1005 *Nisa),* Zufluß der Emmer *(Ambrina)* in Lippe; vgl. die *Nisipa:* **Nispe**/Nordbrabant und die *Nisona* (Lisone) in Frkr.! Auch **Neesen**

a. Weser Kr. Minden (1033 *Nisinun)* gehört dazu; desgl. **Neisen** (893 *Nesene)* b. Diez a. Lahn. Ein **Niesig** a. Fulda.

Nieste a. Nieste, Zufluß der Fulda im Kaufunger Walde, kehrt als **Nüst** a. Nüst, Zufluß der Haune b. Hünfeld wieder — eingedeutscht auch als *Nistenbach* 786 Kr. Melsungen u. **Nüstenbach** im Odenwald (1305 *Nustenbach)*, vgl. den *Nestenbach:* Nächstenbach (z. Weschnitz), siehe dies! Siehe auch **Nister!**

Nievenheim b. Neuß entspricht Kervenheim (mit Kervendonk), Kuchenheim a. Erft usw., lauter linksrheinisch-keltische Namen, auf Wasser und Sumpf deutend. Vgl. **Nievern** a. Lahn! Siehe Niefern!

Niffer a. Rhein/O.-Elsaß siehe Niefern!

Nims, Nbfl. der Sure (Sauer)/Eifel, 798 *Nimisa,* verrät sich durch das s-Suffix als vorgerm.-keltisch, entsprechend der *Amisa* oder **Ems** und der *Ramisa* oder **Rems.** Vgl. die Flüsse *Nimed*/Brit. und *Ni(e)me* z. Weser, desgl. (mit kelt. r-Suffix) die *Nimara:* **Nimmer,** Zufluß der *Namara:* Nahmer i. W. *nim, nam, nem, nom, num* sind Lautvarianten. Siehe auch Nemden, Nemphe, Nommern, Nammen! Vgl. *Nimmendonk*/Belg.

Nister a. Nister, Zufluß der Sieg im Westerwald, entspricht der **Lister** (mit Listern-Ohl) b. Olpe, beide in ältesten prähistor. Gegenden, also vorgerm. Es sind Erweiterungen zu idg. (keltoligur.-venet.) *nis, lis* „sumpfiges Wasser“, vgl. auch den *Ister* (Donau) und Istrien.

Nittel a. Mosel stellt sich zu Irrel, Kordel, Hinkel, Lasel im selben Raum, lauter vorgerm. Namen von Gewässern. Dasselbe *nit* (vgl. *net, not, nut!)* erscheint in Nütterden (720 *Nitre)* neben Netterden am Ndrhein, in **Nitter** (Bergwald b. Kleinern/Eder!), in **Nittenau** am Regen (nebst Nittendorf) und im **Nitzenbach** (Zufluß der Erms/Württ.). *nit* ist zweifellos keltisch, wie die keltischen *Nitiobriges* a. d. Garonne lehren! Ein *Nitebeke* um 1250 b. Kassel, ein *Nitticha* 890 i. W., *Niti-gis*/Vogelsberg (wie Navigis, Widergis!), eine *Nitissa:* **Nitz** (z. Nette) b. Neuwied a. Rh.!

Nochern ö. St. Goar entspricht **Kochern** in Lothr. und **Wochern** b. Saarburg, lauter keltoligur. Bachnamen mit r-Suffix: vgl. den Bach *Nocere* 1177 Kr. Rheinbach/Köln und die Wüstung *Nochara* b. Cochem. Ein Fluß *Nucaria* in Spanien, ein Ort *Nuceria:* Nocera in Umbrien. Auch **Nochen** im Siegerland (b. Wissen) u. im Bergischen, also in vorgerm. Gegenden, gehört dazu (wie Neschen).

Nöda a. Gera nö. Erfurt deutet wie Nohra, Schmiera, Tonna, Gotha, Gera ebda auf Wasser und Sumpf: *node* ist ein prähistor. (noch im Elsaß mundartlich lebendes) Wort für „Sumpf“, schon mit dem Bach *Nodina* b. Rom bezeugt, desgl. mit der kelt.-britischen *Nodra* (siehe Notreff) u. ON. *No-*

deria/Frkr. Ein **Nödbach** fließt b. Stein a. Rhein; eine *Nodebeke* steckt in **Nöpke** zw. Steinhuder Meer u. Lichtenmoor. *Nodenbraht* entspricht Mulen-, Fehrenbraht! Auf *Nodelope* „Sumpfbach" beruht **Nalop** i. W. zu *Nodevoort, Nodenaken, No(de)rath* siehe **Nottreff!**

Nohen, Nohfelden liegen a. d. oberen Nahe (Nava); mit mundartl. *o.*

Nohn *(Nona)* b. Saarburg/Lothr. und b. Adenau/Eifel ist ein vorgerm. Bachname, wie auch *Nona:* Nahne b. Osnabrück (siehe dies!). Vgl. auch die **Nuhne** *(Nuna)* und **Nomborn** *(Nune-, None-born)* in Nassau, neben Numborn, Namborn!

Nohra b. Weimar und a. Wipper (urkdl. *Nor-aha)* ist prähistor. Bachname wie die *Sor-aha* (zur Eitraha) südl. Hersfeld, und so entspricht die *Nor-apa:* **Norfe** mit Norf b. Neuß (Nd.-Rhein) der *Sor-apa:* Sorpe (Ruhr) und der *Lor-apa:* Lorfe (Eder), alle schon geogr. als vorgerm. erkennbar: vgl. die *Nora:* Nore z. Vesle/Frkr. (wie die *Sora*/Brit.) und *Noreia* im kelt. *Noricum.* Idg.-kelt. *sor, lor, nor* sind Bezeichnungen für „Sumpfwasser". Ein *Norebach* floß 966 zur Dender. Das „Nohr" noch heute = Binnensee. Siehe auch unter Nahrstedt und Neerstedt!

Nolle, Zufluß der Schwalm, auch ON. im Kr. Iburg i. W. sowie die **Nolla** in Graubünden und der **Noll**-See b. Salzburg verraten sich schon geogr. als vorgerm. Vgl. dazu *Noliba* in Spanien, *Nola* in Kampanien. — *nol, nul* entspricht *lol, lul* und *sol, sul,* d. i. „Schmutzwasser". Eine *Nolbeke* begegnet b. Schötmar i. W. (18. Jh.), vgl. **Nolbeck** Kr. Melle (16.); *Nölenbeke* 1682 Kr. Lübbecke. Dazu die *Nüllbeke* im Moorgebiet der Aue/ Weser (Steinhuder Meer) wie die *Süllbeke* b. Rinteln. Vgl. auch *nel, nil* unter Nehlen! Ein Gehölz **Nöllenhorst** im Hils.

Nomborn/Nassau siehe Namborn, Numborn unter Nahne! Vgl. Somborn!

Nommern in Luxbg deutet auf einen kelt. Bach *Nomara* wie **Simmern** auf *Simara,* die Nimmer auf *Nimara,* die Nahmer auf *Namara,* **Sommern**/ Schweiz auf *Sumara,* und **Sammern** auf *Samara.* Siehe unter Nammen. Vgl. auch *Nomacum:* Nommay b. Belfort u. Nomeny b. Metz.

Nonn b. Reichenhall (798 *Nana)* siehe Nahne! Nonnweiler b. Wadern/ Saar enthält gleichfalls das alte Wasserwort *nan, non, nun;* vgl. auch *san, son, sun; man, mon, mun; ban, bon, bun,* lauter Sinnverwandte!

Nöpke siehe Nöda!

Nörde b. Warburg/Diemel enthält wie das benachbarte Menne ein prähistor. Gewässerwort: *nor (nord).* Siehe Nohra! Zu *nord* vgl. auch **Nordel** *(Nordlo)* beim Moor von Uchte, auch die Bäche **Nordrach** (Nordnach) im Schwarzwald (z. Kinzig u. z. Gutach); dazu der alte Gau *Norditi*/Ostfriesland, ON. **Norden** ebda und b. Putten (!)/Gelderld und die *Norden-*

beke: Normecke b. Korbach. *nor-d* meint wie *nar-d* (siehe Naarn!) u *ner-d* ohne Zweifel „Moorwasser". Vgl. auch Nördlingen!

Norf a. d. *Norefe (Nor-apa)* b. Neuß (dem kelt. *Novesium)* siehe Nohra!

Norheim *(Narheim)* a. Nahe siehe Nahrstedt! **Nornheim** b. Günzburg an Donau-Moos deutet wie Leipheim, Riedheim, Glauheim, Tapfheim ebda auf Wasser, Moor. Vgl. Marnheim. *narn, nern* ist vorgerm. (vgl. Fluß *Narn-*/Schottland und *Nernesheim:* Neresheim). — **Nörvenich** ö. Düren ist kelt. *acum-*. Name wie Bürvenich: vgl. *Norba, Narbona, Narbada!*

Nosbach siehe Nußbach!

Notscheid ö. Linz a. Rhein entspricht den benachbarten Sinnverwandten Lorscheid, Bremscheid, Ehlscheid, Etscheid, — alle auf „Sumpf" deutend; -scheid meint Waldwinkel. *nod, not* ist uraltes Sumpfwort. So auch **Nothweiler**/Pfalz wie Bruch-, Erf-, Merk-, Nehweiler ebda (auch Nußweiler Kr. Forbach hieß 875 *Notu-wilre!)*, und **Nothfelden** ö. Wolfhagen.

Nötten b. Soest (1166 *Nuten)* wie **Nutten** (Flur b. Driburg) analog zu Lutten, Hutten meint „Sumpfstelle": vgl. das Siek *Nötte* 1773 b. Schiplage i. W. und Flur „in der *Notte*" (16. Jh.) b. Dissen. Dazu **Nottbeck** b. Wiedenbrück (1088 *Nutbiki), Notlike* 1382 (Nateln b. Werl) wie Badelike Schadelike; Nottloh b. Schwelm. Auch **Nöthen**/Eifel liegt an einer *Notina* (846). Ein Nothbach fließt in Baden (z. Sulzbach!), ein Nödbach b Stein a. Rh., ein Nöttenbach in Baden, vgl. Nöttingen w. Pforzheim ein **Nottenbach** zum Main. **Nottleben** a. Nesse (zw. Gotha u. Erfurt entspricht Rottleben a. Wipper (rott „Moder"). Eine **Notter** ö. Mühlhausen, siehe Nottreff! **Nottuln** s. Nütteln! Eine **Nuttmecke** fließt zur Lenne. Ein Bergwald **Nutscheid** b. Waldbroel, ein Wald *Nutbrake* i. W. In England vgl. *Nutley, Netley Marsh, Nutford, -well, -burn, -hurst -hale, -stede.*

Nottreff, Zufluß der Losse im Kaufunger Walde unweit Witzenhausen, z. T. auch Weddeman genannt (wie Losse — Losseman), gehört als ursprüngliche *Nodra (Nodr-apa)* zu den vielen keltischen Namen dieser Gegend: eine *Nodre* 860 (jetzt Nadder) fließt auch im brit. England, eine *Notra* auch in Frkr. (b. Angoulême), eine **Notter** b. Mühlhausen zur Unstrut. Und wie die **Notreff** der keltischen *Nodra* entspricht, so die **Antreff** (nebst der **Bentreff**) Zufluß der Wohra und der Schwalm, der keltischen *Antra* (zur Aisne/Frkr.), womit zugleich auch die Bedeutung des den Wb. unbekannten *ant (ant-r)* gesichert ist, nämlich „Sumpfwasser", genau wie *nod* und *bent!* Siehe dazu unter Nöda! Vgl. auch *Noderia* 121[?] Nozières (wie Boderia/Schottld, Nuceria/Umbrien, Ameria/Frkr.; monteria „Sumpf"); ein locus *Noderi* um 1100 a. Mosel. Eine *Nodebeke* (vgl

Nöpke) nebst *Nodevoort* in Brabant; *Nodenaken* ebda entspricht Lodenaken, Geldenaken und *Nodenbraht* 1048/Dill entspricht Ludenbraht.

Nufringen/Württ. siehe Neufnach!

Nuhne *(Nuna)* siehe Nienze! Vgl. Nahne und Nohn! In England vgl. *Nunwell, Nunley, Nunney,* neben *Nanewell.*

Nüllbeke siehe Nolle!

Nümbrecht b. Köln siehe Nuhne! Desgl. Nünschweiler/Pfalz u. Numborn!

Nürtingen a. Neckar entspricht Würtingen, Gächingen, Boihingen ebda: zugrunde liegt eine kelt. Gewässerbezeichnung, vgl. **Nörting** b. Freising: 821 *Nertinga,* also deutlich zu kelt. *Nertosa* (wie Lutosa, lut „Schmutz“) und *Nertobriga*/Spanien (wie Brutobriga: brut „Schmutz“). Keltische *Nertereanes* saßen in Hessen. Vgl. auch **Nerzweiler** a. Glan. Auch ein *Nartia* ist bezeugt.

Nußbach (Bach- und Ortsname im Schwarzwald, auch in der Pfalz) hat nichts mit Nüssen zu tun: *nus, nos* ist wie *lus, los* ein prähistor. Wort für sumpfiges Wasser. Vgl. auch *Nos* zur Etsch, **Nosbach** im Bergischen. So entspricht auch *Nußweiler* (Elsaß, Lothr.): Naßweiler, Aßweiler ebda; Nußweiler Kr. Forbach ist „verhochdeutscht“ aus urkdl. *Notwiler* (so 875)! (not = Sumpf). Vgl. neben Nosbach auch **Nesbach** b. Limburg.

Nüst b. Hünfeld und Nüstenbach im Odenwald siehe Nieste!

Nutteln und **Nottuln** (5 mal in Westfalen begegnend) beruhen urkdl. auf *Nut-lohun, Nutlon* „Sumpf- oder Moor-Gehölz“ analog zu Datteln, Atteln, Etteln, Affeln, Uffeln, Usseln usw. **Nuttlar** a. Ruhr b. Meschede entspricht Netlar, Uslar, Rattlar, Ottlar. Eine **Nuttmecke** *(Nutenbeke)* fließt zur Lenne, siehe Weiteres unter Nötten, Notreff und Nöda!

Nütterden *(Nitre* 720) nebst Netterden b. Kleve siehe Nette! Ein **Nüttermoor** b. Leer/Ems!

Nuthe, Nbfl. der Elbe westl. Zerbst/Anhalt, siehe Nötten und Nutteln! Ein **Nütten**-Berg b. Dehnsen a. Leine.

Nüven *(Nuvina)* b. Melle entspricht **Hüven** *(Huvina)*: beides sind prähistor. Bachnamen, im Sinne von Moor- oder Moderwasser. Vgl. *Nufenen*/Schweiz und *Nuvenacha:* Neufnach!

O

Obenheim a. Rhein (Elsaß) meint dasselbe wie **Abenheim** b. Worms: „Or am Wasser", siehe Abbe! Zum mundartl. *o* vgl. Kogenheim ebda stat Kagenheim. Als sinnverwandt vgl. Kogen-, Hilsen-, Matzen-, Quatzen- Dunzen-, Marlen-, Linken-, Ohnen-heim — alle am Oberrhein/Elsaß.

Obrigheim a. Neckar und westl. Worms (urkdl. *Obrinc-heim*) gehört zu de Gruppe der oberrheinisch-badisch-württ. Ortsnamen auf *-ingheim* wi Besigheim, Bietigheim, Dittigheim, Eubigheim, Königheim, Ötigheim Türkheim, Uissigheim, denen durchweg prähistor. Gewässernamen zu grunde liegen; siehe dazu unter Bietigheim! Zu *Obrinc-heim* vgl. de Bach *Obrinca* am Mittelrhein! Vgl. auch **Obringen** nö. Weimar (wie Lieb ringen ebda), auch **Obrighoven** b. Wesel (wie Wevelinghoven, Lenning hoven a. Lenne!).

Öchsen, Bach- und Ortsname südl. Vacha a. Werra, ist eine vorgerm. *Uksina Uchsina,* wie die **Jüchse(n)** im Raum Meiningen-Schmalkalden eine *Juch sina. uk-s* („schleimig-modriges Wasser"?) begegnet mehrfach auf kelto ligur. Boden, vgl. *Uxama*/Spanien, *Uxuma*/Frkr., *Uxella*/Fluß in Bri

Ochtendung b. Andernach (so schon a. 1043) entspricht Ahlen-, Korsen- Wachtendonk, -dung, lauter „Hügel in sumpfiger Umgebung"; ge wöhnlich falsch gedeutet als „Thingstätte", weil 963 u. ö. der Urkunden schreiber nach mittelalterlicher Manier „etymologisierend": „of dem dinc, dunc" schrieb! indem er *cht* als ndd. auffaßte und in obd. *ft* um setzte, genau wie *Octe-shelve* 1086 (Oxhill/E.) 1187 vorübergehend zu Ofte-shelve verballhornt begegnet! Zu *oct-* siehe Ochtum, Uchte! In Bra bant vgl. *Ochte-zeele! Ohten(e)dinc* 1046 wie *Ochtene, Ofte* 1200/Holl

Ochtum, Zufluß der Weser (mit der Delme) b. Bremen im sumpfigen „Vie land", urkdl. *Ochtmune,* entspricht formell und begrifflich der **Lesur** *(Lismune),* die nö. Bremen mit der Hamme und der Wümme mündet – lauter typische Moor- und Sumpfgewässer, was auch in den Namen zur Ausdruck kommt, die in älteste Vorzeit zurückreichen! Eine **Ochta** fließ auch zur Newa b. Petersburg! Siehe auch unter **Uchte!** Das idg. *ok-t (uk-to)* begegnet auch auf kelto-ligur. Boden: so *Octo-dubrum* (wie Ver nodubrum, verno = Sumpf, Erlicht), *Octodurum* (wie Icto-, Lacto-, Sa lodurum: Solothurn; zu icto: die Ichte!), *Octavum:* Oitiers/Isère (wi Pictavum: Poitou), *Octies*/Schweiz, die *Octulani* in Latium (wie die Ter golani in Lukanien: terg = Sumpf, Morast). *Ochtezeele*/Brab.

Ochtrup a. Vechte südl. Bentheim ist entstellt aus *Uchtepe* (9. Jh.) — ei prähistor. Bachname auf *-apa,* im Sinne von „Moorwasser". Siehe Uchte

Ockenheim b. Bingen und Schwetzingen entspricht Boden-, Essen-, Nacken-, Undenheim ebda: der Wortsinn wird deutlich mit **Ockenbrock**/ Holld und Ockensele/Brabant, vgl. *Ocana:* Oekene ebda (wie *Ocenne welle* 953/E.), *Ockere*/Flandern, die *Ockerlake*/Holland und Flurnamen wie **Ockhorst,** Auf der **Ock** in Westf. deuten auf „Sumpf". Gleiches besagt die Gleichung *Occava* 795 (**Ockfen** a. Mosel): *Canava* (Kanfen): *Anava* (Anwen): *Donava,* Dundeva (Donwen): *Genava* (Genf), lauter kelto-ligur. Gewässernamen! Desgl. *Ocra*/Seealpen wie *Locra* (Fl. auf Korsika). Vgl. auch irisch *oiche (oc-)* „Wasser" wie coiche (coc-) „Berg". Zu **Ockstadt** (Wasserburg!)/Wetterau vgl. Mockstadt ebda.

Ockfen *(Occava)* a. Mosel siehe Ockenheim! **Odenthal** *(Udendar)* siehe Uder!

Odenwald, 815 Odonewalt, Landschaft zwischen Neckar und Main, mit Namen aus ältester vorgerm. Zeit (wie Mümling, Weschnitz, Ulfenbach: Ulvana), reich an Gewässern, bisher fälschlich für „öde" gehalten, meint in Wirklichkeit ein gewässer- und sumpfhaltiges Waldgelände: entsprechend der methodischen Erkenntnis, daß Wälder und Waldberge grundsätzlich nach ihren Quellen, Bächen, Sümpfen und Mooren benannt zu werden pflegten (vgl. Solling, Süntel, Soonwald, Deister, Ith, Rhön, Vogelsberg, Rattberg (am Rattbach), Lußhart, Wagenhart usw.). *od* (dem Wörterbuch unbekannt) ist ein verklungenes Wort für „Wasser, Sumpf", entsprechend dem idg. *aud* in Flußnamen wie *Auda, Audura, Audena*/Südfrkr., *Audra, Audupe*/Litauen (vgl. Kakupe, Latupe, Alkupe!); daher auch in Bachnamen begegnend: **Odenbäche** fließen im Ederraum (zur Nemphe), in Württ. (zur Brettach/Kocher), im Nahegau (z. Glan). *Odenhol* beim sumpfigen Hückeswagen entspricht *Ulenhol, Lemenhol* (ul „Moder"!), *Odensel* (1482 b. Paderborn) entspricht *Basen-, Bödden-, Ripen-, Varensel!* So werden verständlich auch die **Odenberge** b. Gudensberg/Fritzlar und südl. Bruchsal/Kraichgau nebst **Odenheim** ebda und **Odenhausen** (Lahn und Lumde). Ein *Odonbuis* (Odenbusch) in Brabant. Ein **Odeborn** im Rothaargebirge. *Ode-stede:* **Ostedt** ö. Ülzen (nebst Tostedt: to Odestede! am Moor der Wümme) entspricht Kakestede, Horstede u. ä. Zu *Odehem* i. W. vgl. Pedehem, Dedehem, Nedehem (Neheim), zu *Odingen*/Meschede: Olingen; zu **Ödesse** b. Peine (Sumpfort!): Mödesse, Pedesse ebda, zu **Ödelum** ö. Hildesheim (d. i. *Odenhem!):* **Ahlum** (Adelum, Adenhem). Siehe auch Oldesloe *(Odes-lo)!* Zum **Odfeld** am Ith (am Vogler) vgl. die Novelle von W. Raabe! In E.: *Odecombe* wie Made-, Love-, Cude-combe! *Odeke* (11. Jh.) in Belg. u. Holld.

Odernheim b. Kreuznach a. Nahe entspricht Gadernheim ö. Bensheim (wie **Odern** a. Thur/Elsaß: **Gadern** u. Wadern): zugrunde liegen prähistor.

Bachnamen *(Odra, Gadra, Wadra* = Sumpf-, Moderwasser). Vgl. ebenso Sobern-, Dauern-, Bindern-, Schauern-, Wackernheim. Ein **Odersbach** (881 *Odinesbach)* b. Weilburg/Lahn. Auch **Oder** ist mehrfach Bachname (so in Hessen, auch b. Speyer): idg. entspricht entweder *Audra* (siehe unter Odenbach!) oder *Odra* (vgl. die Odrusae in Thrakien). *Odere(n)* siehe Ohr! *Odiates,* ligur. Volk b/Genua. *Odra* (Odre) auch ö. Calais.

Odert südl. Bernkastel ist verschliffen aus Oderoth (-rode) wie Laudert, Rettert, Heddert, Gielert. Zu **Odesheim**/Eifel vgl. Büdes-, Rüdes-, Biebesheim, alle auf Gewässer deutend. **Offelten** i. W. siehe Uffeln!

Offenbach a. Main (auch Pfalz, Nahegau, Dillkreis), schon 761 bezeugt, verrät schon durch sein wiederholtes und sehr frühes Vorkommen, daß kein Pers.-Name (Uffo) vorliegen kann (so die bisherige Annahme, auch E. Schwarz), sondern nur ein Naturwort, ein Wasserterminus, in Frage kommt! (wie schon vor 100 Jahren F. J. Mone vermutete). Und so entspricht denn Offenbach dem synonymen **Affenbach** a. Main nebst **Uffenbach,** Uffenbeck (eine **Uffe** fließt z. B. durch Bad Sachsa). Eindeutig bestätigt es der **Offen-See** beim Traun-See in Ö.! Desgl. **Offenwang** (schon im 8. Jh., wang = Wiesenhang) wie Tettenwang, Luttenwang, Mochenwang, lauter Sinnverwandte! **Offenstetten**/Bayern entspricht Geiben-, Ehren-, Nerenstetten. Dazu **Offenheim** (Württ., Worms, Elsaß) wie Uffen-, Affenheim; **Offingen** (2 mal/Württ.), Öfflingen/Mosel *(Uffeninga* 817, wie *Offanengo* b. Cremona), auch **Offington**/E. (wie Liddington am Liddon)! **Offenau** a. Neckar b. Wimpfen.

Offleben südl. Helmstedt *(Uffenleba)* entspricht Barden-: Barleben, Muchenleben, Morsleben im selben Raum. Siehe Offenbach und Uffeln! **Offlum** b. Steinfurt ist verschliffen aus *Uffenhem.*

Ohlerath/Eifel entspricht Möderath, Greimerath, Kolverath (-rode): *ol* meint „Sumpf", vgl. **Ohl** b. Köln, die Ohl z. Treis b. Wetter, Ohle/Lenne, Ohlenhard/Eifel, Ohlweiler/Simmern, Ohlenberg/Linz a. Rh. Aber **Ohlum** b. Lehrte ist altes Oden(h)eim wie Ahlum: Aden(h)eim und Locklum: Locken(h)em (od, ad „Wasser", lok „Sumpf"). **Ohlungen**/Elsaß hieß *Alungen* (al „Sumpfwasser"). Ein Waldort „das *Ohl*" b. Schlüchtern. *Ohlgraben, Ohlwiesen* in Hessen. *Olsiepen* i. W. Siehe Olpe!

Ohm *(Amene, Amana)* Nbfl. der Lahn *(Logana),* mit **Amöneburg** *(Ameneburg!),* **Amönau** und **Ohmen** b. Marburg, gehört wie die *Logana, Adrana, Sigana, Orcana* (Lahn, Eder, Sieg, Orke) zu den Zeugen keltoligurischer Vorzeit. Zu *am* siehe unter Ems! Aber der **Ohmbach,** Zufluß der Lauch/O.-Elsaß, hieß 1372 *Anebach,* 1452 *Onbach,* zum prähistor. *an* „Sumpfwasser". Vgl. die **Ohmberge** und Ohmfeld b. Worbis! Auch

Ohmes/Schwalm. Ein Wasserwort *om* (vgl. *um)* ist erwiesen durch *Omestede:* **Ohmstede** a. Hunte, den *Ominpach* 814 b/Giessen, den *Omengraben*/Württ. (m. Ohmenheim).

Ohnenheim (675 *Onenheim)* südl. Schlettstadt/Elsaß und **Ohnheim** Kr. Erstein klärt sich im Rahmen der zugehörigen Elsen-, Grußen-, Beinen-, Dinen-, Finen-, Kippen-, Sesen-, Nacken-, Linkenheim, die alle auf Wasser, Moder, Moor und Sumpf Bezug nehmen. Zu Ohnenheim: Linkenheim vgl. die **Ohne** mit ihrem Quellbach **Linke** im Eichsfeld! Es sind deutlich Bachnamen aus vorgerm. Zeit (vgl. Fluß Linkmenas/Litauen); auch **Ohnhorst** b. Gifhorn, *Onestrut:* die Unstrut und **Ohne** a. Vechte werden so verständlich. Flüsse namens *Ona, Onissa* begegnen in Frkr., *Onovio* in Brit. (wie *Conovio, Monovio!), Onoba* in Spanien (wie *Ausoba, Menoba, Udoba!).* Dazu *Onach (Enach)* in Irland. Der Wortsinn von *on (en)* ist im Kelt. „Sumpf". Vgl. *Oninga* 788: **Öhningen;** *Onenghem*/Brab. (wie Gulinghem). Eine **Öhndorf** *(Onrafa?)* b/Betzdorf, wie Astrafa: die Asdorf, Bristrafa: die Preisdorf, Ferntrapa: die Ferndorf, Anrapa: Ondrup usw.

Ohr a. Weser b. Hameln ist verschliffen aus urkdl. *Odere* wie Neer a. Maas aus *Nedere,* mit ndd. Schwund des Dentals zwischen Vokalen wie auch Ehren aus *Ederen,* und Lyhren aus *Lideren* — lauter Sinnverwandte, uralte Gewässernamen mit r-Suffix: zu *od* siehe Odenwald und O(l)desloe! **Ohren**/Taunus hieß 1355 *Aren!*

Ohrte im Moorgebiet der Hase, mit Ohrter Mersch (!), entspricht Vehrte, Lehrte, Lüerte, Wierthe — lauter Wasserbezeichnungen mit t-Suffix. Eine **Ohre** fließt b. **Ohrdruf**/Gotha, eine andere b. Ohrdorf am sumpfigen Drömling. *or* ist ein prähistor. Gewässerwort (Variante zu *ar, er, ir, ur!).* Eine **Orpe** *(Orapa)* fließt wie die **Erpe** *(Arpia)* zur Diemel, vgl. die Sorpe. Keltoligur. sind die **Ohrn** (z. Kocher): 795 *Oorona,* 1266 *Oren* (kelt. *Aurana),* nach der **Öhringen** am Limes benannt ist (vgl. in Frkr.: *Aura* fluvius, *Aurano, Aurevilla, Auriacum, Auriniacum* wie Saviniacum, in Spanien *Oria* und die kelt. *Orobii),* sowie der **Ohrnbach** (1252 *Orenbach),* Zufluß der Kupfer/Kocher. — Eine keltoligur. *Ornava* (so 646) steckt in *Ohrenhofen* b. Trier, vgl. die *Ornava:* Orne in Lothr. — **Ohrum** a. Oker ist altes *Ore-hem.* **Ohrensen** im Moor der Lühe entspricht Ippensen, Sittensen ebda; zu **Ohrel** ebda vgl. Örrel, Varel, Essel: *-l* ist der Rest von *-lo, -la* „sumpfige Niederung". **Ohrsleben** südl. Helmstedt *(Ureslevo)* entspricht Mors-, Gors-leben (ur = or = mor = gor „Sumpf").

Ohrengipfel b. Nördlingen u. der Ohrenberg a. Hamel b. Münder siehe Ohrte! **Okarben, Okriftel** siehe Karben, Kriftel!

Oker: Unter den Harzflüssen, die sich schon durch Klang und Form als höchst altertümlich verraten, kann neben der *Indrista* (Innerste), der *Siberna* (Sieber), der *Akerna* (Ecker), der Ruhme und der Bode auch die urkdl. als *Ovacra, Oveker* bezeugte **Oker,** Nbfl. der Aller, erhöhtes Interesse beanspruchen, schon wegen des fremden Suffixes, das im Flußn. *Gudacra* (um 1100 in Meckl. :gud = Moor) wiederkehrt: es deutet in östl.-südl. Richtung, also aufs Venetisch-Illyrische (wie auch das st-Suffix der *Indrista);* vgl. dazu *Portacra* im Chersonnes, *Nonacris* in Arkadien, auch *Falacr-*/Italien. Es ist daher unbegreiflich, wie Seelmann und Schröder die Oker für germ. halten konnten! Das Grundwort *ov* begegnet vom Baltischen bis zum Keltoligurischen: vgl. die *Ovanta*/Lettland (wie die *Avanta,* die *Alanta),* die *Oveda* (Ouvèze) b. Vaucluse/Marseille (wie die *Aveda:* Avèze/Provence!), dazu *Oviacus:* Oeuvy/Marne (wie *Croviacus:* vgl. Cröv/Mosel), *Oviedo*/Spanien, *Ovastra* b. Genua, *Ovilava*/Noricum. *ov* ist also Variante zu *av,* dem bekannten prähistor. Wasserterminus (vgl. auch *iv!);* an ahd. oba „oben" zu denken und im Suffix *-acr* sogar den Flußnamen Agira (Eger) zu suchen (so Krahe, BzN. 1959), kann nur als Entgleisung ins Laienhafte bezeichnet werden. Auf den Wortsinn „Wasser, Sumpf" deuten auch *Ove-lo* Övel, *Ove-lar* (Overlaar) wie *Covelar!* nebst *Ovete, Ovendrecht*/Holld (wie Holendrecht, hol = „Moor"!), *Ovendene*/ Engld (wie Badendene, bad = „Sumpf"!), nicht zuletzt die Gleichungen: *Oveney - Boveney - Coveney* und *Ovington - Bovington - Covington*/England, wo *bov* = „Schlamm, Morast", *cov* = „Sumpf"! Obendrein sind auch die Zuflüsse der Oker (Hune, Wedde, Kalbe, Medebach) eindeutig „Sumpf- oder Moderbäche".

Ölbach, Zufluß der Werra nö. Eisenach, meint *Olebach* „Sumpfbach", siehe unter Ohl(erath)! Dazu mehrere **Ölberge** in Hessen. **Ölbäche,** Ölegraben auch im Schwarzwald (altes Keltengebiet!); ein *Olesbach:* Ohlsbach fließt zur Kinzig. Ohlgräben und Ohlwiesen in Hessen; das **Ohl,** ein Waldort b. Schlüchtern. **Ölde** i. W. *(Ulidi)* siehe Ulm! Weiteres: **Ohlerath, Olpe!**

Oldesloe (an der Trave *(Travene),* wo die Beste *(Bestene)* mündet!), bis um 1400 als *Odes-lo* bezeugt, dann durch Anlehnung an ndd. *old* „alt" umgedeutet, entspricht den formell und begrifflich zugehörigen *Dodeslo, Godeslo, Bukeslo, Epeslo, Rokeslo, Wemeslo,* alle mit sekundärem Fugen-*s*, das gern an Appellativa, an nicht mehr verstandene Wasserbezeichnungen trat, die eines erläuternden Zusatzes bedurften: es kann stehen, aber ebensogut auch fehlen oder durch das „schwache" -n- vertreten werden, so daß neben *Odes-lo* auch *Ode-lo* (997, jetzt Oolen/Flandern) begegnet (vgl. unter *Odenwald*!), wie *Rokes-lo: Roke-lo* i. W. Eine methodisch unschätzbare Erkenntnis, weil sie es der Forschung ermöglicht, über das lückenhafte Wörterbuch hinaus in prähistorische Zeiten vorzudringen und verschollenes Wortgut zu bergen! Sie bewährt sich denn auch im Falle *Ode-s-lo,* indem sie uns den Blick dafür öffnet, daß *od* ein uraltes, abgestorbenes Wort für Wasser und Sumpf darstellt, hier verdeutlicht durch *lo* „sumpfige Niederung“, so auch bei *Odeslo* b. Zütphen/Holland und b. Wiedenbrück (jetzt Außel); vgl. auch *Odesfelde* 1460, jetzt Todesfelde/Holstein (mit der Präposition *to* „zu“). Noch deutlicher ist *Oedesbroech* silva (ein Bruchwald) a. 1003 am Niederrhein. Näheres über *od* siehe unter Odenwald, Odenbach! Dazu des Verfassers Abhandlung „Oldeslo und Hadeln“ im Ndd. Korrespondenzblatt 1961: sie bringt die method. Widerlegung der landläufigen Meinung, daß das „genitivische“ *-s-* auf einen „stark“ flektierten Pers.-Namen deute (so z. B. noch W. Laur 1959, der dazu eigens einen P. N. *Od* erfindet, als Variante zu Odo!). Zu Odesheim/Ahr vgl. Büdes-, Rüdes-, Biebesheim.

Oleff, Zufluß der Erft, siehe Olpe! **Olfen** siehe Ulfen!

Olewig b. Trier (urkdl. *Olevia)* enthält kelt. *ol* „Sumpf“. Vgl. Valwig!

Olk nö. Trier (urkdl. *Ulca)* und (eingedeutscht) **Olkenbach** nö. Ürzig/Mosel (vgl. Murg und Murgenbach!) enthalten das (dem Wb. unbekannte) vorgerm.-kelt.-ital. Sumpfwort *ul-c* (von Krahe mit idg. wlk „Wolf“ verwechselt!), vgl. in Frkr. *Ulciacum* (Oulcey), *Ulcis* (Oulx), in Italien die *Ulcaeischen* Sümpfe, dazu *Ulcisia* castra und *Ulcinium* (wie Nardinium, z. Flußn. Nardina; Rhizinium, z. Fl. Rhizinon; Dalminium, z. Fl. Dalm-, Delm- usw.), deutlich auch *Ulkes-mere*/Brit.

Ollen (die Ollen b. Elsfleth a. Wesermündung) hieß *Aldene,* ein prähistor. Bachname: siehe unter Ahl *(Aldaha)!* **Ollheim** ö. Euskirchen (1064 *Ulma, Olma)* siehe Olm, Ulm! **Olm** b. Mainz hieß 1092 *Ulmena,* siehe Ulm! Desgl. Olmscheid b. Bitburg.

Olmes *(Ulmisa),* Zufluß der Schwalm, siehe Ulm!

Olpe, mehrfach Bach- und Ortsname im Sauerland, gehört zu den uralten Bachnamen auf *-apa* „Bach“: *Ol-apa* (wie *Al-apa:* die Alpe) meint „Sumpfbach, Moderbach“, zu idg. *ol* (*el, al, ul, il*). Die geogr. Beschränkung der o-Variante auf den bergisch-sauerld. Raum (Olpe ist ältestes prähistor. Siedelgebiet! Auch b. Kirch-Hundem fließt eine Olpe z. Lenne, mit Benolpe u. Hofolpe, und ein Dorf Olpe liegt w. Meschede a. Ruhr und Wenne) — diese Gebundenheit deutet auf vorgerm. Ursprung, denn *ol* ist kennzeichnend für den keltoligur. Raum, vgl. die Flüsse *Olina*/Frkr., *Olius*/It., *Olruna* (die Doller/O.-Elsaß, wie die *Sidruna*/Schweiz, die *Saldruna*/Frkr.). Im Rhld: **Oleff** b. Schleiden.

Olter: Im Olter, Flur b. Neuwied, entspricht *Oltra* (Oelter) in Belgien, eine tr-Bildung wie Salter, Malter, zu *ol, sal, mal* „Moder". Vgl. *Ulterbach* 1410 am Rhein. Dazu **Oltingen**/O.-Elsaß wie *Ulting*/England, **Olten** *(Ultina)* a. Aar, *Ultunstat*/Wetterau, *Ultenho* 1146/Wiedenbrück, Ultental *(Ultun)*/Tirol, *Ultonia* (Landschaft in Irland), Fluß *Ult* 834 in Brit., Fluß *Oltis* z. Garonne!

Olvenstadt a. Olve b. Magdeburg: vgl. Alvensleben, die Alvene und Ulvene.

Ommen siehe Ummen! **Omengraben** siehe Ohm!

Oos b. Prüm/Eifel ist (urkdl.) eine keltoligur. *Ausava* (vgl. die *Anava*/Brit., *Genava* (Genf), *Masava, Mortava, Ornava, Donava, Canava, Occava* (Ockfen/Mosel) usw., lauter Sinnverwandte für sumpfiges Wasser. Zu *aus (os)* vgl. auch *Ausuccium:* Osuccio am Comer See und die *Ausones* b. Ausona in Unteritalien (= *Ausonia),* auch *Ausa* u. die *Ausetani* (Nordspan.). Eine **Oos** (um 900 *Osa)* fließt auch zur Murg b. Baden-Baden.

Opfenbach am Opfenbach nö. Lindau/Bodensee entspricht **Epfenbach** am Epfenbach (zur Elsenz): *ap, ep, op, up, ip* sind prähistor. Bezeichnungen für Wasser. Ein *Opfelbach* 1381 a. d. Bergstraße. Dazu **Opfingen** a. Iller und b. Freiburg wie Äpfingen, Epfingen (vgl. auch Bopfingen), Oppingen b. Ulm.

Oppenheim a. Rhein (zw. Mainz u. Worms) ist zu beurteilen wie Nacken-, Dienen-, Boden-, Metten-, Unden-, Essen-, Aben-, Dauten-, Mauchen-, Watten-, Heppenheim im selben Raum: alle auf Moder, Moor, Sumpf bezüglich. Dazu **Oppenweiler** b. Backnang, **Oppenau** im Renchtal/Baden, **Oppen**/Saar.

Orb (Bad Orb) ist der dortige Bachname Orb *(Orbaha),* Zufluß der Kinzig (kelt. *Centica),* und wie diese ein Zeuge vorgerm. Bevölkerung: eine *Orbe* fließt auch in Südfrkr.! Wie *ord, ork, orn, orm* ist auch *orb* eine Erweiterung zu kelt. *or* (= ur, ar, er, ir) „Wasser, Sumpf", vgl. die kelt. *Orobii.* Siehe auch Orpe, Ohre!

Ordensbächle (z. Röthenbach/Wutach) entspricht den gleichgebildeten Sinnverwandten Ohrensbächle (z. Glotter, alt (M)Orenspach), Öd(en)sbächle u. Giedensbächle (1381 Gudenspach) zur Rench/Baden. *ord* (dem Wb. unbekannt, von der Forschung mit irisch ordd „Hammer" verwechselt!) ist (wie die Varianten *urd, ard!)* keltoligur. Sumpfwort, bezeugt durch *Ordincum* (wie Lemincum, Sanincum, Marincum, Acincum, Lovincum, lauter „Sumpf- und Schmutzwässer" mit ligur. Suffix -inc.), auch *Ordunna*/Spanien, *Orderen*/Schelde, *Ordeshale*/E., Muir (!) of Ord/ Schottld, Fluß *Ordessus* (wie Tartessus).

Orenhofen b. Trier meint „Hofen an der Orn", der keltoligur. *Ornava!* Vgl. die Orne *(Ornava* 646) in Frkr., die *Ausava:* Oos b. Prüm, die *Mortava:* Mortève, die *Sarava:* Saar usw. Siehe Ohre!

Orfgen b. Altenkirchen/Westerwald (vorgerm. Siedelzentrum!) deutet auf kelt. *Orvica (Arvica),* ein Bachname wie die *Ivica* (Yvig/Schweiz) bzw. Iffigenbach, mit k-Suffix, vgl. *Budica:* Büttgen b. Neuß, *Lidica:* Littgen.

Orke *(Orcana),* Zufluß der Eder *(Adrana),* gehört wie diese zu den Zeugen keltoligurischer Vorbevölkerung, wie schon die Endung -ana verrät. Vgl. die *Ourcq* in Frkr. und *Urcinium*/Korsika. *orc, urc, arc* sind (wie *or, ur ar)* Gewässernamen. *Orca* auch in Belg., *Orclo* 855/Holld.

Orlenbach b. Prüm/Eifel entspricht **Mürlenbach** ebda (siehe dies!). Vgl. **Orlen** b. Idstein/Taunus. Eine **Orla** auch in Thür. (mit Orlamünde Saale) und in Polen!

Ormesheim/Saar und **Ormersweiler** ebda sowie **Örmingen**/Lothr. enthalten ein kelt. *orm* (= or „Wasser, Sumpf", Variante zu *arm, erm!);* vgl. *Ormes* südl. Nancy. Auch **Urmiz** b. Andernach *(Ormunz)* gehört dazu vgl. Girmes/Wetzlar: *Germenz).* Im Baskischen meint *orm* „Schlamm, Schleim". Ein *Ormete:* **Oermten** w. Moers.

Örner *(Arnari)* a. Wipper b. Mansfeld entspricht Körner *(Cornari),* Fahner *(Vanari),* Furra *(Furari)* usw. Siehe Körner! Zu *arn* siehe Erft *(Arn-afa)!*

Orpe *(Or-apa),* Zufluß der Diemel, siehe Ohrte! Vgl. die *Ar-apa:* **Arpe.**

Orsbach, Orsbeck, Orsfeld, Orsoy, alle linksrheinisch, zu vorgerm.-kelt. *ors* (vgl. die Varianten *urs, ars, irs!).* Dazu **Orsingen**/Hegau, **Orsenhausen** a. Rot/Württ., **Orschweier**/Elsaß u. Baden wie Morschweier ebd! Vgl. auch unter Ursel/Taunus! Ein *Orselebach* 1053 in Württ.

Örrel Kr. Gifhorn u. Kr. Soltau ist altes *Or-la,* wie **Varrel:** *Vor-la,* Firrel: *Fir-la* und **Scharrel:** *Scor-la,* lauter Moor- und Sumpforte (lo = sumpf. Stelle). Örrel ist durch seine Sumpflage gekennzeichnet!

Ortloh/Reckl., *Ortlo, Ortina*/Brab. **Ortwick:** vgl. Orta: **Ourthe!**

Osann b. Wittlich a. Lieser/Mosel ist keltoligurisch, siehe Oos! Vgl. **Osweil** b. Stuttgart, **Osburg** sö. Trier, **Osenbach**/Elsaß.

Oschersleben a. Bode entspricht **Aschersleben** a. Wipper, beide gekennzeichnet durch sumpfige Lage! Vgl. Heders-, Aders-, Gatersleben im selben Raum, alle mit sekundärem *-r-! asc, osc* meint „Sumpfwasser", vgl. *Aschara* b. Gotha! Siehe unter Aschaff!

Ösede südl. Osnabrück (836 *Osidi)* ist altes Kollektiv auf -idi- -ede wie *Ulidi:* Ülde, Ölde, oder *Lesede, Hasede, Isede, Meschede, Müschede, Loschede,* alle auf Wasser, Moder, Sumpf bezüglich. Eine **Oese** fließt zur Hönne/Ruhr und b. Warburg. *Os-siek* (wie Sus-siek), *Os-lo, Os-sele* in

Westf. bzw. Brabant bestätigen den Wortsinn *os* = „Sumpf" (vgl. idg.-kelt. *aus!*). Ein *Osforde* 1179 a. Unstrut. Zu **Östrup** in Lippe *(Osinctorp,* mit sekundärem -inc-) vgl. **Istrup** *(Isinctorp)* u. **Leistrup** *(Lesentorp, les, is = Sumpf!)*, ein **Ösdorf** b. Marsberg/Diemel. Auch Nösingfeld in Lippe beruht auf **Osincvelde** 1484. Ein Volk **Osi** saß an den Weichselquellen! In der Bretagne die kelt. *Osismi!* In Belgien: *Oseka.*

Osnabrück a. Hase (Moorfluß) hieß 1025 *Asnabrugge,* was ein Gewässer *Asna* voraussetzt, wie es mit *Asna* amnis/Westf., *Asnapia* b. Calais, *Asnoth* b. Gent bezeugt ist. Vgl. auch *Asna* in Spanien! Dazu *Esna:* Eessen/Flandern. *as, es, os* meint „Sumpf, Moor". Auch der **Osning** (Höhenzug am Teutoburger Walde südl. Osnabrück) wird so verständlich. Wie Osnabrück liegen an der Hase auch Bersenbrück und Quakenbrück, beide gleichfalls auf Moorwasser deutend!

Oste, Moorfluß wie die ablautende **Este,** mit dieser (gleich der Wümme, der Seeve und der Böhme *(Bomene)* am Wilseder Berg entspringend, durch Bremervörde zur Elbmündung fließend, gehört zu den ältesten, vorgerm. Flußnamen: urspr. wahrscheinlich *Ostene* (wie die *Bomene:* Böhme, die *Bilene:* Bille, die *Travene:* Trave, die *Bestene:* Beste, die *Fusene:* Fuse, und so auch die Este: *Estene:* Lauter Sinnverwandte! *ost, est* (vgl. *ast!)* sind also prähistor. Wörter für „Moorwasser". Vgl. auch *Osteno* (mit ligur. Endung wie *Blandeno):* alter N. des Sees von Lugano. Siehe auch unter Oster und Otter! Ein *Ostich* 1144 in Belgien.

Ostedt *(Ode-stede)* ö. Ülzen siehe Odenwald!

Oster, Zufluß der Blies *(Blesa)*/Pfalz, stellt wie diese einen prähistor. Bachnamen dar: eine **Oster** fließt auch zur Spetze b. Gardelegen und zur Desna in Rußland! Eine *Ostraka* (mit den *Ostrani)* begegnet im Oskisch-Umbrischen! Eine **Ostrach** im Hegau dürfte nicht zufällig in die **Istrach** münden (auch *Ister* ist ein vorgerm. Name!) Für die Ostrach sind „sott u. mott" bezeugt! *Osterbant* ist der sumpfige Waldstrich zwischen Schelde und Scarpe: ihm entspricht der Gau *Teisterbant,* denn *teist-r* meint „Fauliges, Modriges"! Auch die Verbindung mit *mere, sele, cumbe, leg, land* deutet auf Sumpf oder Moder: so *Oster-mere* 1152 b. Corvey, *Oster-sele* 721 Flandern, *Ostercumb* 909, *Ostresfeld* 1179, nebst *Osterleg, Osterland*/961 im brit. Cantia/England (wie Cumberland u. ä.). Ekwall dachte an ags. *ost* „Klumpen". **Osterbäche,** zu denen Westerbäche fehlen, fließen zur Eder, zur Fulda, zur Leine. Zu **Östringen** nö. Bruchsal vgl. Schabringen.; zu **Östrich** a. Rh. (966 *Ostrich)* nach Fm. keltisch: Kiedrich!

Ötigheim *(Otenc-heim)* nö. Rastatt (Rheinebene!) entspricht Bietigheim *(Butinc-heim)* ebda (siehe dies!). Zu *od (ot)* „Wasser, Sumpf" siehe Odenwald,

Oldesloe! Vgl. auch Ottnang *(Otenanc* 1144) nebst Attnang, Affnang im Hausruck/Ö., analog zu Backnang, Tettnang, Ausnang, lauter nasse oder sumpfige Wiesenfelder! (wang = Wiesenhang). Eine *Otene* in Holld.

Otter (urkdl. *Uterna),* wie die **Bever** *(Biverna)* im Moorgebiet der **Oste** *(Ostene)* (Bremervörde) fließend, gehört wie diese zu den prähistor.-vorgerm. Flußnamen mit *-rn*-Suffix: *ut (wie bib, bev* und *ost)* meint „Wasser, Sumpf, Moor" (vgl. altind. *ut-sa* „Quelle", die Flüsse *Utus*/Dakien, *Utus*/ Gallien und die kelt. *Uterni* in Irland!

Otterstedt a. Otter/Wümme ö. Bremen siehe Otter! Vgl. Beverstedt und Bevern a. Bever! Auch **Ottrau** ö. Alsfeld/Schwalm liegt an einer Otter *(Oteraha).* Otterstadt a. Rhein südl. Mannheim entspricht Mutterstadt und Schifferstadt ebda.

Ottlar b. Korbach/Waldeck entspricht dem benachbarten **Rattlar:** *od, ot: rad, rat* sind uralte Bezeichnungen für Sumpf und Moor (vgl. Ratten am Rattbach). So werden verständlich auch **Ottweiler**/Saar (wie Aß-, Merch-, Dunzweiler ebda), **Ottnang/Ö** *(Otenwang,* wie Affnang, Attnang), **Ottleben** (nebst Aus-, Ohrs-, Badeleben)/Nordthür., **Ottstedt** 2 mal b. Weimar (wie Ude-, Ball-, Gebstedt). In E.: *Ottanmere* 1005: Ot Moor!

Övel *(Ove-lo)*/Ndrh. siehe *Oveker:* **Oker!** Desgl. *Ove-lar:* Overlaar.

Overde (1122 *Overide),* Wüstung in Westf., entspricht *Elveride, Cliverde, Witterde, Vesperde, Heleride, Steleride,* lauter Kollektiva auf *-idi, -ede,* die sämtlich auf Moor, Moder und Sumpf Bezug nehmen, womit auch *over* als Synonym gesichert ist, als Weiterbildung von *ov* (siehe Oker!). Zur Bestätigung vgl. *Over-sele*/Brabant (wie Elver-sele, Aver-sele), **Overath** a. Agger (wie Möderath, Greimerath, Kolverath), *Overbolen*/Holld (wie Mer-, Mosbolen!), *Over-grave, -ford, -eye, -bury, -ton*/England, auch einfaches *Over* (Engld; Nordfrkr.: Ouvert); „zur **Over**" *(Overa* 1257), Flur b. Osnabrück; damit erledigt sich das übliche Jonglieren mit denBegriffen „über" und „Ufer", die schon aus method. Gründen völlig unbrauchbar sind.

Oewisheim *(Awinesheim)* b. Bruchsal entspricht Munzenesheim: Münzheim ebda u. Ulvenes-: Ilvesheim: *Ulvena, Montena, Avena* sind keltoligur. Bachnamen.

P

Paar, Nbfl. der Donau (von Augsburg bis ö. Ingolstadt), hieß urkdl. *Baraha* 1141, meint somit „sumpfiges Wasser“: siehe unter Bahra!

Paderborn a. Pader (mit rund 200 Quellen!) enthält ein idg. Sumpfwort **pad,** das schon wegen des unverschobenen *p* vorgerm. sein muß: es kehrt im N. des **Po** (alt *Padus,* ligur. *Bodincus)* wieder, im Mittelalter deutsch *Pfat* genannt! Das deutet geogr. aufs Venetische! Ein *Padinum* lag b. Aquileja w. Triest *(Tergeste,* mit venet.-illyr. Suffix!), ein *Padernum u. Padoscus* in Frkr. Der Sumpfort **Padhuis** *(palus ton Pade!)* im Moorgau Drente sowie *Pa(d)enbruch* in Lippe bestätigt den Wortsinn. Eine *Pademecke* (und Padewelle) begegnet in Westf., wo auch **Padberg** a. Diemel w. Marsberg. In England vgl. *Pade(n)hale* „Sumpfwinkel“ (wie Beden-, Benen-, Catenhale) und *Paden-dene* (Paddington) „Sumpfniederung“ (wie *Cadendene:* Caddington; Eddington, Liddington usw.). Vgl. als Synonym *Podrebeke* 837: Porbeck/Ruhr und **Puderbach** b. Laasphe u. Selters. Zur *Pademecke* vgl. die *Pedemecke!* Vgl. auch **Padua** (Patava).

Paffrath siehe Pfaffnach! **Pagen** siehe Peine!

Panick siehe Pente! **Pankow** siehe Penkow!

Pantelbach (Pandelbach), Bach südl. Seesen am Harz, erinnert an den Mantelbach nö. Heidelberg und die Rantelbeke i. W., alle eingedeutscht (mit euphon. l): *pant, mant, rant* sind vorgerm. Wörter für Sumpf, Moor, vgl. *Pantasca* in Ligurien, und die Flüsse *Pantanus, Pantagies*/Italien, *Pant* in England, Pantin in Frkr.

Pappenheim nö. Schmalkalden u. a. Altmühl bei Treuchtlingen (wie Dettenheim u. Dittenheim ebda!): *pap* „Moor, Sumpf“ ist erwiesen durch *Papelo* i. W., *Pape-slot* in Holland, *Pape-lave* (in marshy district!) in E. nebst *Papecastre. Papeworth. Papeland*/Belg. Vgl. *Pope-lo, Pipe-loh!*

Partenheim sw. Mainz entspricht Essen-, Unden-, Boden-, Nacken-, Mauchenheim im selben Raume: zum Wasserwort *part (pert, port)* vgl. auch **Partenkirchen** (vorgerm. *Partanum)* und die **Parthe,** Zufluß der Pleiße b. Leipzig. Vgl. *Partene*/E. — **Parensen** *(Peranhusen)* s. Perscheid!

Pasel/Lenne hieß 1370 *Pal-sole,* wo schon *sol* auf „Sumpf“ deutet: zu idg.-vorgerm. *pal* „Sumpf“ (lat. palus) siehe unter Pöhlde! **Päse** siehe Pedemecke!

Passau a. Donau, wo Inn und Ilz münden, ist das altröm. *Castra Batava,* benannt nach der Legion der Bataver (siehe unter Batten).

Pattensen am Deister (1022 *Patenhusen),* wie auch b. Winsen a. Luhe, gehört formell und begrifflich zu den Sinnverwandten Sittensen, Ippensen, Pippensen, Waffensen, Zahrensen, Apensen im selben Raum, dem Moorgebiet der Wümme und der Oste. Das Moorwort *pad, patt* begegnet auch in **Pattscheid** b. Düsseldorf (vgl. Radscheid, Mutscheid usw.) und **Pattern** b. Jülich. **Pattenhorst** b. Melle, *Patney, Patley, Patemere*/E.

Pau, Bach b. Aachen, gehört zu den Resten vorgerm. Spuren, vgl. die Wüstungen *Pouwe* in den Moorgegenden von Osnabrück und Meppen, auch in England (nebst *Pou-mere, Pow Beck, Powleg, Pouholt, Paunhale),* womit auch die feuchten Waldorte b. Seidenroth s. Schlüchtern: **Pfaugrund,** Pfaunflur, **Pfonholz,** Pfontal in Hessen verständlich werden! *pou* meint zweifellos dasselbe wie *pu,* nämlich „Moder", analog zu *hu: hou!*

Peckenhorst b. Olde i. W. (1050 *Pikonhurst)* siehe Freckenhorst! Desgl. **Pekkeloh** w. Bielefeld und **Peckelsheim** nö. Warburg, auch **Peckensen** sw. Salzwedel. In Holland: *Pikkelsloot a. Pic-lede,* in Flandern: *Pikkelghem.* Siehe auch **Pixel!** Peckenhorst: Peckensen entspricht Batenhorst: Batensen (bat = Sumpf)! Ein *Pickendale* 1139 in Fld.

Pedemecke i. W. meint *Pedenbeke* (vgl. Pademecke): eine **Pede** fließt b. Brüssel (1175 *Pithe),* und *pedel* (mnld.) meint „broekland, sumpfiges Gelände"; ein Moor in Nordbrabant heißt Peel *(Pedele).* In England vgl. *Pedewelle, Pedewurde.* So werden verständlich *Pedehem:* **Peheim** i. O. (wie Nede-: Neheim), **Pehlen** b. Detmold *(Pythelon), Pedestorp:* **Pestrup** a. Hunte (mit prähistor. Gräberfeld, wie Düngstrup, zu dung „Kot", Eystrup: *Edestorp,* zu ed „Moor", *Pevestorp,* zu pev „Moder"), auch *Pedese:* **Päse** b. Peine (wo Kuhn πέδιον „Ebene" sucht!), Pedinghausen b. Werl. Peddenöde a. Ennepe/Hagen, Peddenberg ö. Wesel. Idg.-ligur.-venet. *ped* „Sumpf, Moor" liegt vor in *Pedusia* b. Nimes (wie Venusia, ven „Sumpf"), *Pedasus* (Fluß in Kl.-Asien wie Ucasus, Kaukasus), *Pedrida* Fluß Parret/E. wie Andrida: die Endert/Mosel, and „Sumpf"), *Peddetz* (zur Düna).

Peene *(Pena)* siehe Pente!

Pegestorf b. Holzminden/Weser entspricht Egestorf/Hannover und Pedestorp: Pestrup a. Hunte — alle auf Moor und Sumpf bezüglich. Zu *pag, peg* siehe Peine! In E.: *Peggesford, Peggeswurth.*

Pegnitz *(Bagantia: Paginza)* b. Nürnberg siehe Bägen!

Peheim w. Cloppenburg i. O. siehe Pedemecke!

Peine a. Fuse *(Fusene),* gekennzeichnet durch seine sumpfige Lage und sein „von Morästen geschütztes" Schloß (vgl. Sonne, Topographie von Hannover, V 706), ist urkl. als *Pagin(a)* bezeugt, was schon angesichts des topographischen Befundes kein „Pferdeort" sein kann (zu ndd. page „Pferd", wie man bisher glaubte (so auch noch H. Wesche!); denn das Pferd ist kein Sumpftier, wie schon Förstemann vor 100 Jahren richtig argumentierte. Auch die lautliche Form *Pagina* ist damit unvereinbar: denn *-ina* ist eine prähistor. Endung, mit der nur Fluß- oder Bachnamen gebildet wurden! *Pagina* ist nur vergleichbar mit *Dragina* (dem Drein-Bach, Drein-Gau: Drensteinfurt!), mit *Lagina* (der Leine), mit *Tagina* (der Teinach) und mit *Gagina:* Geyen/Köln: *drag, lag, tag, gag* sind prähistor. Bezeichnungen für „Schmutz-, Moor-, Sumpfwasser", womit auch das verklungene (dem Wb. unbekannte) *pag* als Synonym gesichert ist! Die morpholog. Bestätigung liefern *Paginthorpe* 9. Jh. (**Pentrup** i. W.) analog zu Haden-, Solenthorp; vgl. Painthorp in E.; *Pagenstroth* b. Gütersloh (wie Singenstroth), *Pagenstede* 1498 Kr. Bersenbrück (umgedeutet zu Pagenstert „Pferdeschwanz"!), wie Paden-, Malen-, Livenstede; *Pagenhale*/England (Painley) wie Dagenhale, Baten-, Caten-, Haden-, Edenhale; *Paginton*/E., *Paggrave*/E., *Pagendrecht* (Pendrecht/Holland) wie Beren-, Duven-, Holendrecht (lauter Sinnverwandte!). Zu *Pag-grave, Page-leg*/E. stellen sich *Pagediep, Pagemaat*/Holland. Ein frühes Zeugnis ist *Paginsis* mons 8. Jh. im Rhld; vgl. auch *Pagasae*/Thessalien!

Pelden b. Mörs siehe Pöhlde!

Pelkum zw. Dortmund u. Hamm (890 *Pilic-, Pelecheim)* deutet wie die Namen der Umgebung auf Sumpf und Moor: lit. *pelke* „Moorbuch" bestätigt die prähistor. Verwurzelung (-auch das p kann nicht germ. sein). *pel, pil* „Sumpf, Moor" (auf idg.-balto-slaw.-griech.-illyr. Boden belegbar) begegnet in England mit *Peles-hale* (wie Cates-, Werkeshale), *Pilemoor, Pilford, Pilsbury, Pill furlong, Pill meadow, Pilling* (Fluß); in Ostpr. mit **Pillau,** in der Grenzmark mit der **Pilow,** in der Steiermark mit der **Pöls** (890 *Pelissa!),* Zufluß der Mur. Zu *Pelusium* (griech. Stadt), Geb.-Ort des Ptolemäus, vgl. Canusium, Genusium in Apulien (alle sinnverwandt). **Pelm** a. Kyll/Eifel entspricht Sülm b. Bitburg/Kyll (sul „Morast"), urspr. *Pelheim, Sulheim.* Ein **Pellingen** (nebst Schillingen) südl. Trier; ein **Pilling** b. Mayen. **Pilsum** (Pilesheim) b. Emden.

Pendenhorst (1338 b. Soest) entspricht Sendenhorst, Pungenhorst, Koden-, Kusen-, Musen-, Frecken-, Peckenhorst: *pend* (dem Wb. unbekannt!) wird auch durch *Pendeford, Pendeleg, Pendeberie* (Penbury, wie Cadbury) in England als Synonym für Moor oder Sumpf erwiesen.

Penkow b. Malchow und **Penkun** (See-Ort) enthalten idg.-slaw. *penk (pank:* vgl. Pankow!) „Sumpf" (vgl. *pen, pan* unter Pente). *Panke(s)ford*/E.

Pente b. Bramsche (urkdl. *Pennethe),* mit Kollektivsuffix, enthält idg. *pan, pen* „Sumpf, Moor", vgl. *Penne* in E., *Penasca*/Ligurien, *Pena:* die **Peene** (in Pommern u. Flandern); zur a-Variante: *Pana-wik:* **Panick** im Dreingau, *Panhale*/England, *Paniac:* Pagny b. Metz, *Panissa* (Fluß in Thrakien). Vgl. *pun, pin!* **Pentrup** i. W. siehe Peine! Der Hohe **Pön**/Waldeck.

Perf, Zufluß der Lahn b. Laasphe (in prähistor. Gegend!), verschliffen aus *Pernaffa* (913), also vorgerm. Name auf *-apa* wie die *Arnafa:* **Erft**/Ndrh., verhält sich zur *Perna* (mit Pernau) in Livland wie die *Arnafa* zur *Arna* in Belgien, Frkr. usw. Zu *per, pern* „Sumpf, Moor" siehe Perscheid.

Perl a. Mosel nö. Sierck (1152 *Pirla),* mit l-Formans wie *Kerl, Körle, Irle, Merle,* alle auf Sumpf und Moor deutend. Siehe Perscheid!

Perrich Kr. Neuwied gehört zu den vorgerm. Namen des Rheinlandes wie Körrig, Serrig, Beurig, Merzig, Billig, die sämtlich auf Sumpf Bezug nehmen. In Westf. entspricht **Perick** b. Lette (1088 *Peric-la)* nebst *Pirreculo* 1166 Kr. Arnsberg; in Belgien *Perreken* 1165 wie Polken *(Poleca).* Vgl. *Perricbeci, Pyrrebeke* 820: Pierbeke! Zu *per, pir* siehe Perscheid!

Perscheid b. Bacharach a. Rh. (auch Pierscheid) nebst **Perbach** b. Mörs (und Pierbeke b. Dortmund) wird verständlich mit *Per-siep* (wie Ass-, Ell-, Schmie-siepen, *Perbrok, Perlar*/Belg., *Per-molder* (wie Grafmolder). *per (pir)* „Sumpf" (dem idg. Wb. unbekannt!) ist kelto-ligurisch nach Ausweis von *Perona:* Péronne a. Somme (vgl. Verona, Cremona, Larona, Carona: Chéronne, lauter Sinnverwandte), *Perosa:* Pereux (wo Dauzat lat. pirum „Birne" suchte!) und *Perusia:* Perugia am Tiber (wie Venusia, Bandusia). In England vgl. *Peri, Piri* (Perry), *Per-leg* (Parley), *Pereham, Periton, Perendon.* Siehe auch unter **Pier,** Pfirt und Pfer-See! Zur Variante *par: Parma, Parienna,* Fl. *Parisos* und *Paris!* (Lutetia Parisiorum).

Persebeck b. Dortmund entspricht der *Kersebeke* (zur Lenne): *kers (ker)* meint „Sumpf" (vgl. *Kers-siepen),* und so auch das gleichfalls prähistor. *pers (per),* das schon am *p*-Anlaut als undeutsch erkennbar ist. Eine Persante in Pommern. Vgl. die Sinnverwandten *ders (der), bers (ber), wers (wer), vers (ver), gers (ger), ners (ner),* alle in älteste Vorzeit zurückreichend! Ein *Persbach* 1301 a. Lahn ist zu Pferdsbach umgedeutet. Auf obd. Boden entspricht **Pfersbach** am Pfersbach (zur Rems/Württ.). Dazu **Pfer-see** b. Augsburg und *Pferingun* 1007: **Pföring** b. Ingolstadt a. Donau. Zum Pf- vgl. auch Pfirt; zu *per* siehe Perscheid!

Pert- siehe Pfert-! **Petterweil** *(Pfeterwil)* enthält wie *Peterbacis, Peterhem*/Brab., *Peterley*/E., Fl. *Peterel*/E. *petr* „Moor"! S. **Pfettrach.**

Petzen im Raum Bückeburg entspricht Quetzen und Retzen ebda und Weetzen südl. Hannover: *Pet-husen: Ret-husen: Qued-husen: Wet-husen* sind Sinnverwandte, die auf schmutzig-moorige Lage deuten, vgl. *Petgat* (wie Ipegat, Moddergat!) in Holland. Auch südfrz. *peto* meint „Kot". Ein **Petze** liegt b. Alfeld a. Leine. Vgl. *Peteworth*/E. (engl. *pete* „Torf").

Pewsum *(Pevesheim)* im Moor- und Marschengebiet nö. Emden (vgl. *Pewesham*/England) gehört wie Pilsum, Wybelsum ebenda zu den allerältesten Namen! Das Moorwort *pev* (dem Wb. unbekannt, vgl. lett. *puv* „Moder") liegt deutlich zutage in *Pebmarsh, Pebewurth, Pevemore, Pevington* (wie Livington, Washington), *Peves-ey, Pever* (Fluß!) in England. So wird auch **Pevestorf** a. Elbe südl. Lenzen (mit Bruchwald!) verständlich. Vgl. die Sinnverwandten Egestorf, Pegestorf, Pedestorp (Pestrup). Ein Pive-: **Pieblingen** b. Bolchen/Elsaß.

Pfaffnach a. d. Pfaffneren b. Luzern deutet auf ein Gewässerwort, das auch in **Pfaffstädt** a. Mattig (796 *Papsteti)* stecken dürfte. Vgl. dazu auch **Paffrath** (-rode) a. Rh. w. Berg.-Gladbach wie Refrath, Rösrath, Federath ebda *(fed, ros, ref* = Sumpf, Moor, vgl. Rif, Reef als Gewässer in Holld). Zu *pap* vgl. *Pape-lo* „Modergehölz, Sumpfstelle" in Westf., *Papeslot* in Holld, *Papelawe* (in marshy district!) in England (nebst *Papecastre).* Zu Paffrath mit unverschobenem P- vgl. rhein. Peffer : Pfeffer.

Pfastatt b. Mühlhsn/Elsaß entspricht Rastatt: *pad (fad)* = *rad* „Sumpf, Moor".

Pfatter a. Pfatter ö. Regensburg (Donau-Niederung), 773 *Pfetera,* entspricht **Pfettrach** a. Pfettrach (Zufluß der Isar b. Landshut): *pad, ped: pat, pet* meint „Sumpf"; das r-Suffix deutet auf vorgerm. Herkunft! Eine *Phetarahha* 755 auch zur Amper. Vgl. mhd. *Pfat* für *Padus* (d. i. der Po).

Pfatschbach, Zufluß der Enz sw. Pforzheim, meint „Sumpfwasser" (zu schwäb. Fatsche, Fatze). Siehe auch unter Fad-!

Pfaude (schwäb. = Sumpfrasen) siehe Faude (Der Große **Faude** ist ein Bergwald im Ober-Elsaß b. Kaysersberg). **Pfaugrund** siehe Pau!

Pfaus am Pfausenbächle (zur Kinzig/Baden): schwerlich zu mhd. phnusen „niesen, schnauben", sondern zu *pus, fus* „Moder, Gestank" (vgl. die Fuse). Ein *Pfuse* (Pfeuß) lag ö. Fulda. *Puslike* i. W. wie Kef-, Smerlike!

Pfedelbach am Pfedelbach (Zufluß der Ohrn/Kocher ö. Heilbronn), 1037 *Phadelbach,* 1270 Phedelbach, meint Sumpfwasser (zu *pad, ped,* siehe Paderborn, Pedemecke). Vgl. auch **Pfudel(bach).**

Pfeffelbach b. Kusel/Pfalz (vgl. Schwedelbach ebda, zu swed „Sumpfwasser") kehrt in Thür. als **Pfiffelbach** und **Pfüffel** wieder. Siehe Pfiffligheim!

Pfer-see, Pfersbach siehe Persebeck!

Pfertingsleben a. Nesse ö. Gotha, urkdl. *Pertikeslebo* 8. Jh., ist nur im Rahmen der übrigen *leben*-Namen Nordthüringens deutbar, die fast durchweg auf Gewässer Bezug nehmen. Einen Pers.-Namen *Pert* hat es jedenfalls nicht gegeben, und -ing- ist sekundär. So bleibt nur die Anknüpfung an das Wasserwort *pert,* das auf kelto-ligur. Boden mehrfach begegnet; so mit demselben k-Suffix: *Perticus* saltus: la Perche/Normandie (analog zu *Prenicus* saltus b. Genua, vgl. *Prene:* Preen/Brit.): *pert* und *pren,* dem Wb. unbekannt, verraten sich schon durch den P-Anlaut als vorgermanisch. *pert* (wie die Ablautvariante *port,* nebst *part)* meint zweifellos „Sumpf" und ist Dentalerweiterung zu *per* wie *dert* zu *der* „Moor, Morast", *nert* zu *ner* und *vert* zu *ver,* lauter Sinnverwandte! Dazu auch *Pertusa/*Spanien wie Dertosa, *Perta/*Galatien, *Perthois/*Marne, *Perthe(s)* mehrfach in Frkr. sowie *Pertshire, Pertwood, Pertney* in Brit.

Pfettrach a. Pfettrach siehe Pfatter! Petterweil!

Pfieffe a. Pfieffe (1037 *Phiopha,* 1425 *Phiffa),* Zufluß der Fulda südl. Melsungen, gehört zu den ungedeuteten prähistor. Bachnamen; mit „pfeifendem Geräusch" (so E. Schröder) hat die Pfieffe nicht das Geringste zu tun! *pf* deutet auf idg. *p,* vgl. das Sumpfwort *pip* in *Pipelo, Pipenbrok!*

Pfiffligheim b. Worms (alt *Pufflikum)* ist sichtlich eingedeutscht aus vorgerm. *Puflica* (so in Holland), vergleichbar mit den Bachnamen *Abelica* (Saarpfalz) und *Budelica* (Büdelich b. Trier), wo *ab, bud* auf „Wasser" und „Sumpf" deuten. Vgl. auch Puffendorf w. Jülich (wie Betten-, Heppen-, Widdendorf ebda) sowie Hack-**Pfüffel** *(Pefelde)* a. Helme/Unstrut (analog zu *Hebelde:* Hebel, *Gittelde, Nickelde* usw.), auch **Pfiffelbach** b. Apolda und **Pfeffelbach**/Pfalz. Zum Wortsinn vgl. idg. *puv, pev* „Moder, Moor". Ein *Puveke* 1108 in Lux. Siehe auch Pewsum!

Pfinz (1381 *Pfüntz),* Zufluß des Rheins, mit dem Pfinz-Gau (769 *Phuntzingouue)* zw. Karlsruhe-Durlach und Pforzheim sowie Pfinzweiler, kehrt a. der Altmühl *(Alcmona!)* mit **Pfünz** (890 *Phunzina)* wieder, desgl. am Inn mit Langen-**Pfunzen** (804 *Phunzina);* da ein Fluß keine Brücke ist, kann unmöglich lat. pons, pontis „Brücke" zugrunde liegen, sondern nur ein vorgerm. Wasserwort *pont, punt* „Sumpf", als Variante zu **pant** in *Pantasca/*Ligurien, Fluß *Pantanus/*Italien), deutlich in Fluß *Pont* neben Pant/England, nebst *Pontesford, Pontimore* 1086, *Pontoy, Pontigny* (wie Louvigny, Savigny!) in Frkr. Zur *Pfünz* vgl. die *Günz* (Guntia)/Schwaben!

Pfirt im Sundgau/Elsaß, alt *Pfyrrete,* frz. Ferrette, dürfte vorgerm. *Pyreda* gelautet haben (analog zu Comeda: Kumd/Nahe oder Caleth: Kalt/Mosel). Vgl. unter Pfersee, Pier, Perscheid!

Pflummern b. Riedlingen/Württ. und der **Pflum-Gau** in der Rhein-Main-Ebene enthalten vorgerm. *plum* „Morast, Moder" wie *Plumleg, Plumlund,*

Plumstede in England. Vgl. auch Plymouth am Plyme! Zur Form vgl. Schemmern (*Scammara* 839) a. Riß, zu *scam* „Sumpf, Schilfwasser".

Pfonholz, Pfonthal (Waldorte u. Wiesen in Hess.): siehe Polleben u. Pau!

Pföring (*Pfering*) a. Donau siehe Persebeck und Perscheid!

Pforzheim a. Enz (Mündung der Nagold u. der Würm!) ist eingedeutscht wie **Porz**/Köln, **Pforz** b. Karlsruhe a. Rh. und **Pforzen** a. Wertach: zugrunde liegt ein prähistor. (dem Wb. unbekanntes) Gewässerwort *port,* bezeugt durch Flußnamen wie *Portumna*/Irland (analog zur *Garumna:* Garonne!) und *Port*/England mit den ON. *Porton, Porte-ceaster:* Porchester, *Portesheved, Portes-eia, Portsmouth, Porteleg, Purtan-ig 962, Purteflet;* in Holland *Poortvliet,* in Westf. *Portes-lar* (wie Cateslar, Buteslar, Muteslar), in Frkr. *Portellum* 963 (Portel, 834 *Vadellum!*) nicht zuletzt *Portenhusen* und *Portanaha,* ein deutlicher Bachname (Förstemann). Vgl. die Varianten *pert, part!*

Pfreimd a. Pfreimd u. Naab siehe Pfrimm, Prims!

Pfrimm (z. Rhein b. Worms) und die **Prim** (z. Neckar) siehe Prims! Ein Pfrimmersbach fließt zur Oos/Murg (Baden). Zur Form vgl. *Quideresbach*/Baden; *Solresbach*/Rhens: quid, sol = Sumpf, Schmutz!

Pfrungen (*Pfruwangen!*), Riedort in Württ., verrät sich durch *Pf-* für *P-* als eingedeutscht, wie *Pfrondorf, Pfraundorf, Pfronfeld, Pfronstetten, Pfrombach,* alle (ligur.) auf Ried, Sumpf bezüglich. Vgl. lat. *pru-* „Feuchtigkeit"!

Pfüffel siehe Pfiffligheim!

Pfudel(bach) siehe Pfedelbach Ein Pfudidätschbach fließt zur Ill in Vorarlberg.

Pfungstadt in der Rhein-Ebene entspricht Darmstadt, Ramstadt, Crumstadt, Umstadt, Kleestadt ebda. Zu vorgerm. *pung* siehe Pungenhorst!

Pfünz a. Altmühl u. **Pfunzen** am Inn siehe Pfinz!

Pier b. Düren hieß 874 *Pir(i)na* — ein prähistor.-vorgerm. Bachname wie *Lopina* 875 (der Laupe-Bach b. Kettwig/Ruhr) und *Fachina* 772 (die Fecht im Elsaß): wie *lop* und *fach* meint auch *pir* „Sumpf, Morast" (siehe Perscheid, Pierscheid), **Pierbeke**/Dortmund. In E. vgl. *Pyrford, -welle, -hale, furlong, -wood, -feld.*

Pillig b. Mayen entspricht **Billig,** Bruttig, Kettig usw., lauter linksrheinische, vorgerm. ON. Siehe unter Billig!

Pilsum b. Emden entspricht Wilsum, Mulsum, Polsum, Walsum (Walesheim); alle auf Moor und Sumpf bezüglich. Zu *pil* siehe unter Pelkum!

Pinnau (mit Pinneberg nw. Hamburg) meint sumpfig-schmutziges Wasser vgl. griech. πίνος „Schmutz", zur Wurzel pi). Wie die ON **Pinnow** (mehrfach) lehren, weist *pin* ins Venetisch-Slawisch-Illyrische. Vgl. dazu

Pineta w. Ravenna (Po-Mündung) analog zu *Ceneta* a. Piave und *Spaneta*/Pannonien. Deutlich zutage liegt der Wortsinn in den Flurnamen: das *Pinnenbrok* b. Lemgo, die *Pinn-Ellern* b. Detmold, der *Pinndorn* ebda (Preuß S. 92).

Pinswang b. Füssen a. Lech siehe Binswang!

Pipenbrok 1299 i. W., *Pipelo*/Holld (wie *Papelo, Popelo!*), *Pipewell*/E. erweisen *pip* als „Sumpf, Moor"! Desgl. *Piepenbrink* Kr. Melle.

Pisser, Zufluß der Fuse *(Fusene)*, die im Sumpfgebiet von Peine entspringt (vgl. Berg **Pissling** b. Gude), ist vergleichbar der **Haller** *(Helere)* am Deister: *hel* meint „Moor, Moder", *pis* (lett. pisa) desgl., vgl. die **Pissa** in Ostpr. und die **Pissing,** Zufluß der moorigen Hunte i. O. Dazu der *Pisaurus*/It. (wie der Metaurus/Umbrien), *Pisavae*/Rhone (wie Ausava: die Oos) und *Pisaraca*/Pyrenäen (wie Sisaraca, Bacaraca, Tincaraca, Ankaraca, lauter Sinnverwandte!). In E. vgl. *Pise-mere, Pise-marsh, Pise-hale.*

Pixel b. Herzebrock (!) / Gütersloh *(Piksedel)* siehe Peckenhorst!

Plage-See und **Plagefenn,** ein großes Moor b. Chorin, deuten auf ein Moorwort *plag*, das auch im **Plagow**-See b. Tempelburg/Pommern (also auf venet. Boden!) begegnet! Ins Venetische weist auch das st-Suffix von *Plegeste:* Pleegst b. Zwolle (wo H. Kuhn ganz abwegig an idg. plag „flach" denkt!) analog zu *Segeste:* Seeste *(seg* = Sumpf!). In E. bestätigen den Wortsinn: *Plage-stow:* Plastol (wie Brig-stow: Bristol!), *Plege-:* Playford, *Pleyley, Plei-dene,* d. i. „Moor-Niederung". Vgl. auch **Pley** b. Aachen.

Planbach siehe Blandbach!

Planig b. Kreuznach a. Nahe (urkdl. *Bleinche, Pleinche)* beruht offensichtlich auf vorgerm. *Blanica,* zum Moor- und Sumpfwort *blan, blen* (siehe Blenhorst). Vgl. Einig *(Inica)*, Reinig *(Rinica)!*

Plascheid b. Bitburg entspricht **Lascheid** b. Prüm, **Rascheid** a. Dhron und **Wascheid** b. Prüm, die alle auf sumpfig-moorige Waldorte deuten, zu prähistor. *blad, lad, rad, wad.* Zum P-Anlaut vgl. Planig (Blanica)! Zu *blad* siehe unter Bladernheim! **Plass** (uppm Plasse 1530 in Lippe): *plas* = Sumpf, vgl. *Plasmolen* a. Maas.

Platten-See südöstl. Wien (ungar. Balaton) meint „Sumpfsee" (slaw. *blato).* Ein **Plattenbach** fließt zur Ill/Vorarlberg. Vgl. **Platten** b. Wittlich a. Lieser (wie Klotten a. Mosel, zu *klod, blad)*, auch Plattenhardt/Württ. (wie Wagenhardt, Muchenhardt usw., alle auf modrige Feuchtigkeit deutend).

Plein nö. Wittlich/Mosel siehe Planig!

Pleis (Ober- u. Nieder-Pleis) a. Pleis (1071 *Bleisa)* wie die Blies und die Blaise/Marne ist deutlich vorgermanisch-keltoligurisch. Siehe Blies!

Pleitersheim b. Kreuznach a. Nahe wird verständlich mit Pleitersbach (so noch 1786, heute **Pleutersbach,** Zufluß des Neckars b. Eberbach, 1494 *Blittersbach,* zu *blid, blit* „weich, modrig, faulig", vgl. kymrisch blith „Milch". Siehe Bliedungen! **Plittersdorf,** -hagen: 872 *Bliteres-*.

Pleß, Berg westl. Breitungen a. Werra (auch Pleßberg, **Bleßberg,** latinisiert Blessi mons, urkdl. 1016), den E. Schröder S. 55 in abwegiger Phantasie mit einem „Bläßhuhn" vergleichen wollte, meint in Wirklichkeit „modrig-sumpfiger Bergwald", vgl. *Blessen-ohl! Blessenbach, Blessem,* zu vorgerm. *bles(s)!* Vgl. auch ebenso die Hohe Maß b. Meiningen, den Massenberg a. Altmühl u. Massenbach. Ein Riedort **Pleß** liegt a. d. Iller beim ebenso vorgerm. Kellmünz! **Plessa** a. Schw. Elster u. **Plessow** am See westl. Potsdam enthalten jedoch slaw. *pleso* „See, Sumpf"! Auch Pless (O/S.).

Plettenberg (-bracht) a. Lenne kehrt in Württ. (südl. Balingen) mit dem **Pletten-Berg** (Quelle der Schlichem!) wieder; sein Name deutet auf seine feuchte Bodennatur: vgl. die Blettenwiese, Blettenbach, die Blette (zur Meurthe/Frkr.) und frz. *blette* „morsch, modrig".

Pley b. Aachen siehe Plage-See! **Pleutersbach** siehe Pleitersheim!

Pliensbach, Zufluß der Fils westl. Göppingen/Württ. meint nichts anderes als (der) **Bliensbach** im Elsaß, wo nö. Schlettstadt auch *Blineswilere* 1195: Blienschweiler begegnet (analog zu Kientzwiler, Scherweiler, Orschweiler, Goxweiler, Rohrschweier, die alle auf Wasser, Sumpf, Moder Bezug nehmen). Auch Bliensbrunnen, Blienswiesen, Bleinswang in Württ. bestätigen für *blin* den Wortsinn „Moder, Sumpf" (vgl. lat.-griech. *blenn-* „Schleim", und die Variante *blan:* irisch blean = „geul"; slaw. blin „Fladen".

Plochingen a. Fils ö. Stuttgart entspricht Blochingen, Bochingen, Dächingen, Hechingen, Gächingen, Wechingen, Fechingen, alle auf Wasser, Moor und Moder deutend.

Plön am Plöner See/Holstein und die **Plöne** mit dem Plöne-See u. Plönzig ö. Pyritz/Pommern sind deutlich slawisch: *plon* kann nur Sumpfwasser meinen. Vgl. *Plo(i)n* + Plo(i)ncop (+ Selecop) b. Graach/Mosel.

Pöhlde am Harz (w. Lauterberg), am Bache Beber (z. Oder), ist urkdl. um 900 als *Palithi* bezeugt, genau wie **Pelden** b. Mörs/Nd.-Rhein und **Pelt** (815 *Palethe)*/Belgien, gehört also zu den Kollektiven auf -ithi, -ede, die durchweg Wasserbegriffe enthalten. Schon aus diesem Grunde ist die Deutung „Pfahlort" (so noch A. Bach u. E. Schröder) unmöglich. Auch ist *a* nicht lang (wie in lat. pālus: daher dt. Pfahl), sondern kurz, daher ostfäl. *Po-*

lide! Es kann somit nur idg.-lat. *palus* „Sumpf, Pfütze", altind. *palva-*, vgl. lett. *palne* „Moor", zugrunde liegen, und damit ist vorgerm. Herkunft des Namens erwiesen. Idg. *pal* „Sumpfwasser" begegnet vom Baltikum bis nach Italien, Spanien und Frankreich: eine *Pala* fließt in Litauen, ein *Palo* in Oberitalien, eine *Palantia* in Spanien; dazu ON. wie *Palum:* Pau/Frkrch u. *Palasca*/Ligurien (Korsika) analog zu Penasca, Pantasca (auch pen, pant = Sumpf). Deutlich ist auch *Pal-sole* 1370 (heute Pasel a. Lenne) mit der Erläuterung *sol* „Suhle, Pfütze".

Poke, Bach, + *Pokesele* b. Gent, *Pokerich, Pokeley, -well, -brok*/E.: *pok:* Sumpf! *Pokensele*/Osn. wie Ripen-, Rumpensele!

Pölich (urkdl. *Polica)* ö. Trier a. Mosel wie **Polch** im Maifeld und **Polken** in Flandern (1165 *Poleca),* mit undt. Endung (wie Nameca: Namèche in Belg.), enthalten eine vorgerm. Variante *pol* (zu idg. *pal* „Sumpf"), deutlich in Flußnamen wie *Polista* (Zufluß des Ilmensees, mit venet. st-Suffix) und *Poleda* (Zufl. der Maas), auch in *Polvliet*/Holland, *Polre mariscus* (1252 in England); vgl. holld. Polder „Marschland", mit eingeschobenem d. Verwandt ist ndd. *pool,* hochdt. „Pfuhl". Zu *Polesheim:* **Polsum**/Reckl. vgl. Pilsum, Mulsum; zu *Polingon:* **Pöhlingen:** Solingen.

Polleben *(Ponleve* 1295) nö. Eisleben entspricht Holleben *(Hunleve),* Billeben *(Beneleba):* zu *pun, hun* „Moder", ben *„Sumpf"*. Siehe Pfonholz!

Pölven, Berg südl. Kufstein am Inn, mit der Hohen **Salve** südlich davon, ist sicherlich ligur.-illyrischer Herkunft, vgl. *Pelva*/Dalmatien, *Pelvu*/ligur. Alpen, *Pelvin*/Lux. Der Wortsinn von *pel-v* ist zweifellos der von idg.-altindisch *palv-* „Sumpf, Schmutz", wie ja auch *sal-v* dasselbe meint.

Pömbsen nö. Driburg i. Westf. (alt *Pumessun)* gehört zu den prähistor. Namen, wie schon der undeutsche P-Anlaut verrät. *pum* meint offenbar wie *pun* „Moder" (vgl. *Pumbeke* in Belgien wie die Rumbeke und die Lumbeke). Ein Fluß *Pumas* in Altindien! Zu Pumstetten in Bayern vgl. Heuchstetten, San-: Söhnstetten usw. Zu **Pömmelte**/Elbe vgl. Drüggelte, Schwicheldte. Auf ligur. Boden begegnet *Pom-el-asca* wie *Tul-el-asca,* und *Vin-el-asca,* wo *tul* und *vin* Sumpfbezeichnungen sind! Im Rheinland stellt sich **Pommenich** b. Düren zu Nemmenich b. Köln und Gemmenich b. Aachen (ich = kelt.-iacum). In Frkr. vgl. Pomoy, wie Bremoy, Noroy.

Poppelsdorf, *Poplo, Popebeke, Poprode, Popestal, Popham* siehe *Pap-!*

Porselen a. Wurm nö. Aachen, **Würselen** und **Säffelen** ebda, **Sevelen** ö. Geldern bilden eine formale und begriffliche Einheit: siehe Purbeke!

Porz a. Rh. ö. Köln siehe Pforz(heim)! **Portenhagen** b. Kreiensen/Leine stellt sich zu Sorenhagen, Müddenhagen; vgl. *Portanaha, Porteslar, Poortvliet!*

Possenriede, ein Moorwasser b. Vechta i. O., entspricht der Eilenriede b. Hannover, der Hehlenriede b. Gifhorn und der Jüttenriede (zur Aller), lauter Sinnverwandte. Der **Possen** auf der Hainleite ist also eine feuchte, modrige Anhöhe. Der **Poßsee**/Ostholstein hieß *Pors-see* (pors = Sumpf).

Postey, Bach i. W., entspricht den sinnverwandten Bachnamen **Saley,** Salvey, Elsey, Bathey, Geinegg, Rhenegg: *post* (dem Wb. unbekannt!) ist ein verklungenes Wort für „Moor, Moder, Sumpf", deutlich im **Postbruch** b. Lenzen a. Elbe, in **Postmoor** a. Este b. Buxtehude, **Postum,** Bach im Warthe-Bruch, **Postlow** b. Anklam (was ins Venetische weist), **Posthorst** i. W., *Post-lo:* Postel b. Antwerpen; dazu in E.: *Post(el)cumbe* wie Mide(l)cumbe „Moorkuhle", *Postinga, Posterne!* Vgl. auch den Pos(t)see unter Possenriede!

Pottenhausen b. Lage in Lippe deutet wie Waddenhausen, Bavenhausen ebda auf „Sumpf": *pot* „Sumpf" (auch im Engl.) ist deutlich in *Pote-Siepen* b. Arnsberg/Ruhr und in *Pot-maar, Potsloot*/Holland (wo Schönfeld S. 226 ganz abwegig an pot „Topf" dachte!); dazu *Potes-grave* wie Bremes-, Covesgrave, *Poterne, Potlac, Potcote*/England und **Pottum** im Westerwald (b. Westerburg, wie Lochum ebda: *lok* = Sumpf).

Powe b. Osnabrück siehe Pau! Zu **Pötzen**/Hameln siehe Petzen!

Pracht b. Wissen a. Sieg siehe Bracht!

Präg, Zufluß der Wiese b. Lörrach, 1352 ff. *Bregg(a),* siehe Brigach!

Praunheim nö. Frankfurt (826, 1248 *Prumheim)* enthält einen Bachnamen aus vorgerm. Zeit, siehe **Prüm:** 720 *Prumia!*

Preisdorf (alt *Bristrafa),* Bach im Siegerland, ist umgedeutet wie die **Asdorf** *(Astrafa)* b. Fischbach ebda und die **Ferndorf** (*Ferintrafa*) b. Kreuzthal ebda (zw. Siegen u. dem Rothaar, in allerältester Siedelgegend!), lauter prähistor.-vorgerm. Namen. Dazu auch **Preist** b. Bitburg/Eifel (urkdl. *Bristiche).* Zu *brist-r* siehe Breisach! Ein *Brisiche:* **Preisch** in Lothr.

Prims, Nbfl. der Saar (mit Primsweiler), verschliffen aus *Primenz, Primantia,* gehört zu den prähistor.-vorgerm. Bachnamen auf *-antia,* die vom ligur. Rhonegebiet bis über den Rhein reichen, wie *Palantia, Carantia, Arantia, Armantia, Apantia, Brigantia, Bagantia, Albantia, Alrantia, Alisantia, Amantia, Argantia, Kelmantia, Cosantia, Cusantia, Lorantia, Lodantia, Carbantia, Morantia, Masantia, Murgantia, Numantia, Radantia, Salantia, Solantia, Scarbantia, Sarmantia, Talantia, Trimantia* (Trimbs!), *Ulmantia, Veldantia, Germantia, Digantia, Dersantia, Grimantia, Ascantia,* die sämtlich Bezeichnungen für Sumpf, Moor, Moder, Schmutz, Schlamm, Schleim usw. enthalten, so daß auch *prim* (dem Wb. unbekannt) nichts anderes meinen kann. Vgl. auch Prüm! Eine **Prim** fließt zum Neckar b.

Rottweil, eine *Pfrimm* zum Rhein b. Worms, eine **Pfreimd** *(Primeda)* zur Naab *(Nava)*/Bayern. In E. vgl. *Primesflode* 1400: Princelet; in Holland: die *Premeslake.* In Nordfrkr.: *Premeca, Premiacum.*

Prinzbach, Zufluß der Kinzig/Baden *(Brünsebach* 1270), u. **Prinschbach** z. Schutter *(Brünsbach)* sind vorgerm. „Schmutzbäche" (Wurzel *bru-).*

Probbach nö. Weilburg (Westerwald) deutet auf *Brodbach* „Schmutzbach"; ein Brodbach fließt z. B. in Londorf b. Gießen (a. Lumde). Zur Assimilation vgl. Libbach für *Lidbach,* Mappach für *Madbach,* Schappach für *Schadbach.*

Prüm/Eifel liegt am Prümbach. Eine **Prüm** fließt auch zur Nims/Sure nö. Echternach. *prum, prom* entspricht *prim:* siehe unter Prims! Vgl. die *Prumes-leke* 1262/Holland, Prummern, *Prumis-: Pronsfeld, Praunheim!*

Puderbach b. Laasphe und b. Selters (also in prähistor. Gebiet!) sowie *Podrebeke* 837: Porbeck/Ruhr, *Poderla, Poderwik* siehe Paderborn!

Pulheim nw. Köln entspricht *Horheim* (Horrem), *Usheim* (Außem), *Udeheim* (Üdem, mit Bruch) im selben Raume: alle auf Wasser und Sumpf deutend; *pul,* dem Wb. unbekannt, muß somit Variante zu *pol* „Sumpf" sein. In England vgl. *Pulham, Pulford,* in Holland: *Pul-meri* um 900, in Lothr.: *Pulligny* (wie Colligny, Servigny ebda). Siehe auch Pfullingen!

Pumbeke siehe Pömbsen! *Punbeke* 1139 siehe Püning!

Pünderich a. Mosel ist vergleichbar mit Ginderich b. Wesel: -ich ist die kelt. Endung -iacum. In E.: *Punderford! po(n)d-r* s. Puderbach!

Pungenhorst (1498 b. Vechta i. O.) in Moorgegend entspricht *Penden-, Koden-, Kusen-, Müden-, Musenhorst: pung,* dem Wb. unbekannt, kann somit nur ein verklungenes Wort für „Moder, Moor" sein (zu idg. *pun* „Moder", wie *hung* in Hungese: Hünxe zu *hun* „Moder"). Dazu auch **Pungelscheid** b. Werdohl/Lenne wie Sengelscheid, Lengelscheid; *Punge(wood)* in England; **Pfungen** im Ried und **Pfungstadt** a. Modau (!) b. Darmstadt.

Püning i. W. (1059 *Puninga,* 960 auch in E.), sind „Moder-Orte", aus vorgerm. Zeit, wie der P-Anlaut lehrt! Idg. (lett) *pun* „Moder" ist germ. zu *fun* geworden, vgl. die Funne! Zu *Puneces-wurd*/England vgl. *Cerdices-wurd: cerd* „Schmutz".

Purbeke/Fld. entspricht *Perbeke* „Sumpfbach", vgl. *Purmer, Pormer* wie Wormer/Holld; **Porselen**/Rh. wie Wor-, Würselen! *purin* „Jauche"!

Pustenbeck Kr. Tecklbg klärt sich mit *Pustessen* 1219 b. Corvey analog zu Pumessen, Pedessen: *pust* (Wurzel *pu)* = Moder, Gestank.

Pye a. Hase b. Osnabrück (urkdl. *Pythe,* vgl. *Pythelon:* Pehlen) deutet auf „Morast" (pid, ped), siehe Pedemecke!

Q

Quadrath a. Erft westl. Köln entspricht Mödrath, Jackerath, Greimerath, Refrath, Süggerath, Randerath — lauter Sinnverwandte auf -rode: *quad* meint „Kot, Schmutz", **Quaden** b. Paderborn, *Qua(d)beke*/Schwelm.

Quakenbrück a. Hase meint „Brücken-Ort im Moor": Quake als Bezeichnung für Moor(wasser) ist deutlich in *Kwakpolder*/Holland (mit dem *Kwakjeswater)* beim einstigen Dorfe *Quack* (1623). Vgl. auch engl. *quagmire* „Sumpfland", *quaggy* „sumpfig, moorig". Eine *Quakkebeke:* Quabbek i. Brab. Die **Quabbe** b/Beckum meint nd. *quebbe* „Moor(wasser)".

Quarnstedt, Quarnebeck siehe Quern-!

Quatzenheim im Elsaß westl. Straßburg entspricht Matzenheim, Marlenheim, Fürdenheim, Kogenheim, Ohnenheim im Elsaß — alle auf Sumpf- und Schmutzwasser deutend. **Quassel** a. Sude/Meckl.: slaw. *kwas* „Gegorenes".

Queck a. Fulda beruht auf einem Bachnamen *Queckaha* „munterer Bach" Vgl. auch Queckborn/Ob.-Hessen. *Quecksmoor* b. Hünfeld.

Quedlinburg a. Bode (Ost-Harz) urkdl. *Quidilinga,* wo der Finkenherd Kaiser Heinrichs des Voglers lokalisiert wird, bisher ungedeutet, wird verständlich mit dem **Quiddelbach**/Eifel, dem Quideresbach/Baden, Quiderne/Holstein, *Quedelsen:* **Quetzen,** *Quedenfeld* b. Uftrungen, denen *quid, qued* „Kot, Morast" zugrunde liegt. Weiteres unter Quetzen!

Queich (Nbfl. des Rheins) mit Queichheim u. Queichhambach b. Landau/Pfalz gehört zu den uralten vorgerm. Flußnamen. Vgl. das ebenso vorgerm. **Schweich** a. Mosel. Wohl „Schmutzwasser": kelt. *Coika* (vgl. Coyecques, wie Soyecques), analog zur *Renika:* Rench.

Queidersbach im Westrich/Pfalz entspricht dem einstigen *Quideresbach* in Baden: *quid* meint „weicher Schmutz, Kot, Morast". Zur Form vgl. den *Solresbach* b. Rhens, den *Steigiresbach*/Kocher usw., lauter Sinnverwandte.

Queienfeld zw. Meiningen und den Gleichbergen (in prähistor. Gegend!), wo auch die Jüchsen *(Juchsina)* aus ältester Vorzeit stammt, enthält idg.-vorgerm. *kwei* „Kot, Morast".

Quembach südl. Wetzlar ist assimiliert aus urkdl. *Quenebach* „Sumpfbach" wie **Wembach** aus *Wenebach* und **Membach** aus *Menebach,* lauter Sinngleiche! Das verklungene idg. *kwen* (schwed. hven „Sumpf") steckt auch in **Quenhorn** Kr. Wiedenbrück (analog zu Quelkhorn, Balhorn, Gifhorn), **Quendorf** b. Bentheim, **Quenstedt** b. Aschersleben (Sumpfgegend) wie Horstedt, Deinstedt usw., *Quen-tal:* **Quentel** südöstl. Kassel (in prähistor. Gegend), auch in den Waldbergnamen Quenberg südl. Meiningen und **Quennenberg** nw. Korbach (wie die ebenso prähistor. Martenberg,

Rotten-Berg, Guren-Berg, Wensten-Berg, Dauden-Berg ebda, alle auf Moder oder Morast deutend). In England vgl. *Quen-dene* (wie Ceca-dene „sumpf. Niederung"), *Quenbury* (wie Cadbury) und *Quenin-tune:* Quenington (analog zu Shenington, Abington, Covington, Washington, Wellington, Liddington am Liddon). *Cwenaland* meint Lappland (reich an Wassern und Sümpfen). Und die *Kwenones* entsprechen den *Kaukones, Teutones, Sulones, Ambrones,* lauter idg. Völkernamen, die auf Moor und Sumpf Bezug nehmen!

Quennenberg, Qenhorn, Quenstedt, Quentel siehe Quembach! Eine Flur Quentelberg b. Spangenberg. **Quentsiek**/Lippe s. Quint(water)!

Querfurt a. Querne, in feuchter Niederung zw. Eisleben und der Unstrut, meint „Furt über die Querne" (Zufluß der Saale), wobei es zweifelhaft ist, ob *quern* dem germ.-ahd. *quirn* („kürn") „Handmühle, Mühlstein" (!) entspricht oder ein verklungenes Wort für „Sumpf" ist, wofür mancherlei spricht: so z.B. *Quernhorst 14. Jh.:* **Quernst** (eine Waldhöhe am Forst Vöhl südlich der Eder (auch im Lappwald b. Helmstedt) — vgl. Baten-, Koden-, Kusen-, Musen-, Scharnhorst, alle nach Sumpf und Moder benannt! —, oder *Quer-siepen* i. W. analog zu Persiepen, Klef-, Twes-, Mort-, Schmie-siepen, wo „siepen" auf sumpfiges Gelände deutet; ebenso *Quern-furlong* (Quarrfurlong) in England (wie Clete-, Loc-, Mersh-, Sor-, Spiche-furlong, lauter Sumpf- und Modergräben!) nebst *Querne-more,* was unmöglich ein Moor oder See voller Mühlsteine (so allen Ernstes der Anglist Ekwall!) sein kann; dazu *Querneford, Querneleg* (Quarley, wie Derneford, Derneleg, dern = Morast) und *Querentune:* Quarrington (analog zu Bovington, Covington, Washington, Wellington, Abington, Quenington, Shenington, Cuddington, Liddington am Liddon, sämtlich Ableitungen von Gewässernamen!). In Holland vgl. **Querne-:** Quarenvleet (wie Werne-: Warnflet, Holenflet, Rottenflet!). Zu **Querstedt** b. Stendal vgl. ebda Nahrstedt, Lückstedt, Schorstedt, Horstedt; zu **Querum** a. Schunter/Brschwg: Ohrum u. die Ohre (-um meint -heim). Ein **Gr.-Quern** b. Flensburg. **Quermke** b. Quedlbg ist verschliffen aus *Querenbeke* 1137. Zu den Quernbächen vgl. kritisch auch Lohmeyer (Herrigs Archiv, NF 70, 1883)!

Quernst *(Quernhorst)* siehe Querfurt!

Queste: Die Queste oder der Questen-Berg, ein Waldberg b. Schmalkalden dürfte wie der **Dolmar,** die Kalde, die Stille, die Truse ebda einen prähistor. Namen tragen. Ein **Questen-Berg** auch b. H.-Münden a. d. Werra. Mhd. queste „Quast, Laubbüschel" (Badequast) gibt keinen rechten Sinn. Vgl. unter *Zwesten (Twesten)!*

Quettingen b. Köln entspricht Leichlingen, Solingen, Fuhlingen, Worringen, Ratingen, Ürdingen im selben Raum. Zu *qued, quet* siehe Quetzen!

Quetzen nö. Bückeburg (alt *Quedelsen*) deutet auf morastige Lage. Idg. *qued, quid* „Kot, Morast", deutlich in *Quedelake, Quedeleg, Quedoc*/England, *Quednau*/Ostpr., *Quedarna*/Litauen, *Quiderne*/Holstein (12. Jh.), steckt auch in *Queddinghusen* (wie Siddinghausen, vgl. Wadding- neben Waddenhausen, wad = Sumpf!), desgl. in Quettingen (siehe dies!), in Quedlinburg (siehe dies!), in **Quiddelbach,** Quideresbach u. ä. Synonym zu Quetzen ist Petzen! *Quedenfeld* b. Uftrungen/Harz.

Quiddelbach b. Adenau/Eifel siehe Quedlinburg und Quetzen!

Quierschied/Saar *(Quirnschied?)* stellt sich zu Schlierschied, Huschied, Habschied, Ramschied. Siehe Querfurt!

Quint b. Trier ist der vorgerm. (ungedeutete) Bachname *Quintaha*, wohl „Schmutzwasser" (vgl. lat. in-quinare „beschmutzen": **Quinheim**/Rh.). **Quintenach**/Koblenz wie Kolbenach. *Quintwater*/Holld. *Quentsiek!* Vgl. Sus-siek, Hach-siek! Auch *Quanto-: Quentwick* u. *Quantia:* die Canche!

R

Rabber im Quellgebiet der moorigen Hunte ö. Osnabrück ist verschliffen aus *Red-bere* wie **Schwöbber** a. Humme aus *Swec-bere: swek red*=Moder, Moor. Vgl. ebenso *Hade-bere* unter Hadeln. Zu *red* s. Reddehausen!

Rackhorst i. O. entspricht Belehorst, Selehorst: *rak* (ndd.) meint feuchten Schmutz, Moder. Deutlich ist *Rachenpol* (wie *Hachenpol* 1562 i. W.). In E. vgl. *Rackenford, Racheton;* in Fldrn: *Rakinghem.*

Rachtig b. Bernkastel a. Mosel hieß urkdl. *Rafteca* (mit ndrh. *cht* für *ft* wie Kruchten für Crufta, — Süchteln für Suftila und Echternach für Epternacum, lauter vorgerm.-keltoligur. Namen). Zu *rapt* vgl. *apt* in *Aptia*/ Ligurien: *ap* ist „Wasser, Sumpf", ebenso *rap* (rep, rip, rop, rup) in **Rapen** b. Datteln/Emscher, *Rapinium, Rapellus*/It. Siehe Rapen!

Radde: Name mehrerer Moorbäche im Raum der Hase südl. vom Hümmling; *rad* ist uraltes Moorwort (vgl. auch F. Petri S. 388). Dazu gehören **Ra(h)-den** (890 Rathon) i. W., *Radenbeck* b. Gifhorn, die *Radelenbeke* (wie die Meschelenbeke) i. W., **Radbruch** b. Winsen a. Luhe, die **Radau** im Harz, **Radscheid** b. Prüm nebst **Rascheid**/Dhron, *Radestat:* **Rastatt** a. Rhein nebst **Rastede** i. O., vgl. Radstatt a. Enns. *Rat-siek* 1602 in Lippe entspricht Sus-siek, Ries-siek, Hach-siek, Get-siek (siek „feuchte Stelle"). In England vgl. *Radford,* in Lux.: *Radinga* 800 (heute Redingen). Siehe auch unter Rednitz *(Radantia)* und Ratten, Rattlar! Eine **Rathmecke** fließt zur Lenne, vgl. die Lettmecke! Eine *Radbiki* einst b. Amelungsborn. Siehe auch Ratten!

Rahlstedt ö. Hamburg, in feuchter Lage, ist benannt nach der dort fließenden *Ra(h)lau.* Eine *Rale(n)beke* in Brab. u. Westf. *Raalte*/Holld.

Rahmede, Zufluß der Lenne, entspricht formal und begrifflich der *Recede* in Holland und der **Lumde** ö. Gießen: lauter schmutzig-sumpfige Bäche. Idg. *ram* (noch schwed. dialektisch) meint „Sumpf, Moor". Daher *Rames-lo* (Wald b. Verden) wie *Lames-lo*/Holland *(lam* = Sumpf!), wo auch *Rame-lo* wie *Rumelo. Ramesdong*/Belgien, *Ramsmoor*/England, *Ram-siepen*/Westf. bestätigen den Wortsinn. **Ramsbeck** a. Valme ö. Meschede wie **Ramsbach** in Baden erscheint in Hessen und Saarland assimiliert als **Ransbach** (1278 Ramesbach) (vgl. *Ramstat:* heute **Ranstadt** b. Büdingen); Ramsbäche fließen auch zur Gutach und zur Pfinz/Baden, zur Bühler, z. Körsch, z. Schaich, z. Rems in Württ. **Rammelsbach**/Pfalz beruht auf *Ramenesbach* (so 1155 in Württ.) entsprechend dem **Gammelsbach** zum Neckar: 772 *Gaminesbach.* **Ramersbach** (so schon 992) südl. Ahrweiler ist sinngleich mit *Solresbach, Quideresbach,* vgl. *Rameria* a. Leie (wie Ameria/Frkr.). Ramrath/Neuß wie Mödrath! Neben *Ramene-:* **Ramscheid**/

Eifel (vgl. Merscheid, Lorscheid) begegnen **Ramschied**/Taunus und **Remscheid**/Solingen u. Rumscheid. Zu **Remschoß** b. Siegburg vgl. Brachtschoß, Umschoß, Vettelschoß, lauter „Sumpfwinkel". Umlaut zeigt auch die **Rems** (1080 *Ramesdal* pagus) wie die **Glems** (beide z. Neckar), urspr. *Ramisa, Glamisa* entsprechend der **Ems** oder *Amisa:* am s-Suffix als vorgerm.-keltisch erkennbar! Ebenso *Ramesa* im Elsaß (wie Camesa a. Saar, Tamesa: die Themse). Ebenso kelt. ist **Remich** *(Ramiche)* a. Mosel; venetisch (mit st-Suffix): *Ramista, Remista*/Pannonien wie *Rumesta*/Schelde). In Frkr. mehrere Bäche *Ram* sowie ON. *Ramelaco* 7. Jh. a. Sarthe (wie *Medolaco:* Mettlach). In Litauen: Fluß *Ramio.* Siehe auch Ramstedt, Ramhorst, Rahm(s), Remsede!

Rahrbach ö. Olpe und **Rarbach** am Rarbach (zur Henne) südl. Meschede, beide in prähistor. Raum, urkdl. schon 1368 *Raerbeke, Rarbeke,* — vgl. **Raeren** nö. Eupen —, sind synonym mit dem linksrhein. **Rohrbach** (zur kelt. Ambla: Amel): um 1000 *Rarobacca,* 814/950 *Raurebach.* Vgl. auch die *Rauraci* (Kelten) wie die Levaci a. d. Leva.

Ralingen a. Sauer nw. Trier entspricht Olingen, Pfeffingen, Radingen ebda.

Rambach b. Netra (Werra) u. bei Wiesbaden siehe Rahmede!

Rammelsbach/Pfalz siehe Rahmede!

Ramrath b. Neuß entspricht Mödrath, Greimerath, Kolverath (-rode). Siehe Rahmede!

Ramsbeck, Ramscheid, Ramsloh siehe Rahmede!

Ramstedt (1378 *Ram-stede)* sö. Husum, im Moor der Treene, entspricht Horstedt, Norstedt ebd. Vgl. Lamstedt a. Oste (lam „Sumpf"). Zu *ram* siehe Rahmede! Ebenso *Ramhusen* b. Marne/Dithm. und *Ramhorst* b. Lehrte. Ein **Ramstadt** b. Darmstadt wie Pfungstadt, Umstadt, Crumstadt ebda.

Ramsau, mehrfach in Bayern-Württ. (urkdl. *Rames-owe),* 790 auch b. St. Gallen sowie Ramsried/Bay. und (das deutliche) Ramsenstrut/Jagst siehe Rahmede! *ram* meint „Sumpf". **Ramsel** ö. Lingen/Ems beruht auf *Rames-lo* (auch Waldname b. Verden), analog zu **Lamsel** *(Lames-lo)* in Holland: beides = „sumpfige Niederung".

Randen: Der Randen ist ein bewaldeter Höhenzug über der Wutach, zwischen dem Klettgau und dem Hegau. Hier läßt das Wörterbuch wieder völlig im Stich; denn an deutsch „Rand" oder irisch rann „Teil" zu denken (wie Hopfner, Holder, Dottin u. Dauzat es wollten), wäre sinnlos und unmethodisch. Bergwälder wurden vielmehr grundsätzlich nach ihren Gewässern oder ihrer Bodennatur benannt: Klettgau und Hegau bestätigen es, und so kann auch *rand* nur ein verklungenes Wasserwort sein: wie auch aus **Randebrok, Randow-Bruch** (in der Uckermark) und

Randewurth ersichtlich, die auf Sumpf und Moor deuten; vgl. dazu Schlatt (Röhricht) und Wiechs am Randen. Gleiches besagt die Parallele *Randwiler:* **Rendel** - *Gredwiler:* Griedel (beide i. d. Wetterau) wie *Ran(de)worth* - Grethworth/England (gred „Moor, Moder), vgl. *Gredbeke:* Grebbeke i. W. und Griedelbach b. Wetzlar. Einfaches *Randa* findet sich in England (972, 1086) wie im schweizer Rhonegebiet, dazu Randonnes im Wallis, Randan, Randevillers und *Randonia:* **Randogne** im ligur. Südfrkrch, analog zu *Limonia:* Limogne, *Bononia:* Boulogne, *Aronia:* die Arogne (lauter Sinnverwandte). Auch **Randerath** a. d. Wurm/Ndrh. (wie Süggerath, Hatterath ebda!) bezeugt den gleichen Wortsinn. Dazu **Randenweiler** a. Jagst. Eine Variante *rant* erscheint in *Rantepuhl* b. Gummersbach/Sieg und im Bach **Rantelbeke** i. W. (analog zum Pantelbach b. Gandersheim. Ein *Rändelbach* fl. b. Lörrach, ein *Rendelbach* zur Murg.

Rangen a. Warme/Hessen (auch im Elsaß und in England) kehrt in der Eifel b. Daun als **Rengen** wieder, an der Ahr als **Ringen,** lauter vorgermanische Namen: *rang, ring* entspricht zweifellos *lang; ling* (kelt.) = „Sumpf". Vgl. das sinnverwandte **Spangen** b. Metz. Und so auch **Rangenberg** (Berg b. Rohrdorf/Württ.) wie **Spangenberg**/Hessen (nebst Spangenborn und Spangenbeke). In E. vgl. *Ringe-, Rengewurth:* Rangeworth! Siehe Rengese, Rongese! Ein *Rangenrode* 1254 b. Morschen.

Ransbach (3 mal in Hessen), urkdl. *Ramsbach,* siehe Rahmede! Desgl. **Ranstadt** b. Büdingen *(Ramestat).*

Rantelbach (-beke) i. W. wird deutlich durch *Rantepuhl* b. Gummersbach: *rant* muß „Sumpf, Moor" meinen wie *mant* in *Mantelbach* b. Hdlbg. und *pant* in *Pantelbach*/Harz.

Rapen/Emscher, *Raphorst, Rapilara:* **Repelen** enthalten ein kelto-ligur. Wort für Sumpfwasser, bezeugt durch *Rapinium/It.* (wie Nardinium, Ulcinium), *Rapellus* (Fluß in It., wie Vergellus), *Raparia*/Spanien (wie Liscaria, lisc „Riedgras"). Varianten zu *rap* sind *rop, rup, rep, rip!*

Rappach b. Öhringen/Württ. ist assimiliert aus *Radbach* „Moorbach" wie die sinnverwandten **Mappach** aus *Madebach* und **Schappach** aus *Schadebach*/Baden. *Rappweiler*/Saar (wie Roppweiler) siehe Rapen! **Rapperath** b. Kusel/Pfalz (wie Rupperath) entspricht Kolverath, Möderath, Greimerath, Randerath, alle auf Moder und Sumpf bezüglich.

Rarbach südl. Meschede siehe Rahrbach!

Rascheid/Dhron entspricht **Wascheid** und **Lascheid** bei Prüm/Eifel: *rad, wad, lad* meinen „Sumpf, Moor". Siehe Radde! Rastatt!

Raspe, Zufluß der Dill im Westerwald, ist eine alte *Ras-apa,* ein vorgerm. Bachname wie die *Ros-apa* (**Rospe**) und die *Res-apa:* die alle „Sumpfbach" meinen; daher *Rashövel:* Rassenhövel b. Beckum wie *Gest-, Net-, Wirhövel* (Werfel). Den Wortsinn bestätigt die *Rasenna* in Ober-Italien analog zur *Ravenna, Tavenna, Bagenna, Cremenna* ebda, auch *Licenna*/Frkr., *Clarenna*/Württ., lauter Sinnverwandte!

Rast b. Meßkirch gehört zu den Spuren vorgerm. Bevölkerung: ein Gewässername, der in Ostpreußen mit Rastenburg a. **Raste** wiederkehrt und in Brabant mit dem Sumpf *Rasta palus* 1082 deutlich den Wortsinn verrät. Varianten zu *rast* sind *rest (Resta:* die Reest im Moorgau Drente) und *rust* (die Rustlake/Holland). — **Rastatt, Rastede** siehe Radde! Ein Rastenberg a. d. Finne.

Rathlosen b. Sulingen (Moorgebiet westl. der Weser) entspricht **Huntlosen** am Moorfluß Hunte i. O. Zu *rad, rat* siehe Radde!

Ratingen nö. Düsseldorf, in Sumpflage (wie die Nachbarorte Tiefenbroich und Lichtenbroich verraten), entspricht Fuhlingen, Quettingen, Solingen, Worringen, Ürdingen ebda; *rat* ist vorgerm. Gewässerwort wie in keltoligur. *Ratiate* 511 (Rézé a. Loire) analog zu Lunate, Boviate, Andrate, Cerate (Céré), alle auf Sumpf und Moder deutend. Vgl. auch kelt. *Ratis* (Insel Rhé), *Rates* = Leicester, *Ratisbona:* Regensburg. *Ratomagus.*

Ratten am **Rattbach** (am Fuße des Rattbergs)/Diemel entspricht formal und begrifflich **Batten** a. Rhön, Motten ebda und Schotten am Vogelsberg. Zu *rad, rat* „Moder, Sumpf" siehe Radde! **Rattlar** (nebst Ottlar) zw. Brilon u. Korbach bestätigt den Wortsinn. Vgl. Rettbach, Rottbach.

Raumbach b. Kreuznach und die *Raumbeke* i. W. (Lippe) siehe Rhume!

Raumland b. Berleburg am Rothaar hieß 1271 *Rumelangen.* Siehe Rümlang!

Raunheim am Main zw. Mainz u. Frankfurt (urkdl. *Ruhen-, Runheim),* s. Rhaunen!

Rauschenberg ö. Marburg und der Räuschenberg b. Höxter sind keine „rauschenden" Berge (so E. Schröder S. 188), sondern mit Binsen bewachsene, feuchte Berge (zu mhd. *rusche,* lat. *ruscus* „Binse"). Vgl. die Rusch-Berge und Rohr-Berge. Dazu auch Rosche b. Ülzen, Roscharden a. Radde i. O., Röschenz b. Basel und *Ruscino:* Roussillon/Rhone. Vgl. auch Rüschkamp, Ruschkolb (= tutel-kolb „Schilfkolben"). Das *Rausch!*

Rauxel b. Dortmund (urkdl. *Rokes-lare),* wie Fritis-, Butis-, Wetislar, siehe Roxel!

Raven (Luhe, Holld) ist alter Flußname (lett. *rava* „Stinkwasser", vgl. *Ravenna).* Fl. *Ravios*/Irld, *Ravene*/E., *Raveneswad, -wurth, -feld*/E., *Raveneswade, -lo, -scote*/Holld.

Rebbeke b. Lippstadt ist verschliffen aus *Redbeke* „Sumpf-, Riedbach". Siehe Reddekolk!

Recht (666 *Recta),* Bach und Ort südl. Malmedy, ist natürlich kein „rechter" Bach (so noch A. Bach S. 304), wie die **Vecht** ja auch keine „fechtende" ist. Die Recht entspringt aus einem Morast, und diesen Wortsinn bestätigt auch **Rechtern** im Moor von Diepholz (auch in Holld) analog zu **Lechtern** (s. dies!) nebst Vechter und Jechter: idg.-kelt. *rec-to, lec-to* meinen „Sumpf-, Moorwasser". Vgl. auch *Rectoilum:* Rétheuil! (wie Verneuil: verno „Sumpf, Erle"). Dazu Rectum b. Rijssen (wie Wachtum/Ems!). Eine *Receda* (wie die *Rameda* und die *Poleda*) fließt z. Vecht b. Ahaus, eine *Reche* (Reach) in E., Loch *Recar* in Schottld. Vgl. ON. **Rech**/Ahr und Saar, **Rechede** ö. Haltern a. Lippe. Siehe auch Reckum! So füllen sich mit Sinn auch der **Rechbach** (zur Kupfer u. zur Rems/Württ.) und der **Rechgraben** (zur Kinzig/Baden) entsprechend den Horb-, Litt-, Mais-, Detschel-, Brügel-, Göttel-, Rustel-, Misse-, Rusch-, Husen-, Schelmengräben, lauter Sinnverwandte! Dazu die **Rechberge** in Württ. u. Schweiz, denn Waldberge wurden grundsätzlich nach ihren Gewässern, ihrer Bodennatur benannt!

Rechtebe nebst Rechtenfleth b. Geestemünde siehe Recht! Ebda *Wersabe!*

Rechtenbach, Zuflüsse der Dreisam u. der Ohrn/Kocher, auch ON. bei Wetzlar, b. Bergzabern und b. Lohr a. Main, wo auch Laudenbach, Bessenbach, Kredenbach usw., ist mit diesen sinnverwandt. Siehe unter Recht!

Reckum am Moor der Hunte i. O. entspricht Ankum, Lutum, Marum, Dutum, Flechum, Klinkum, alle auf Moor und Sumpf deutend: zu idg. *rek* siehe Recht! So werden verständlich: die **Recke** b. Verl/Gütersloh (bestätigt durch die benachbarte **Wapel** (denn *wap* meint Sumpf), desgl. **Recke** am Vinter Moor, Auf der Recke (Flurname i. W.), *Reken,* Kr. Borken i. W., **Rekken** a. Berkel/Maas (889 *Recnon,* wie Rathnon: rat = Moor); zu **Reckerscheid**/Eifel vgl. als synonym Rederscheid, Reifferscheid, Möderscheid, zu**Reckerode** w. Hersfeld (schon 1362 so): Retterode (1289), Muterode, Licherode, Günsterode ebda (auch *rett, lich, gun* meinen Sumpf und Moder!); zu **Reckenroth**/Taunus: Lichen-, Elken-, Vaden-, Motzenroth. Und so auch Reckenfeld i. W., Reckenthal/Nassau.

Reddehausen b. Marburg a. Lahn (wie Lehn-, Mohn-hausen ebda) wird deutlich mit dem **Reddekolk** b. Seesen am Harz (kolk = Tümpel) und *Redemoor*/England (nebst Fluß *Rede). red* ist uraltes Wort für „Sumpf, Ried", und so steht **Reddeber** nö. Wernigerode neben Heudeber *(Hadeber)* ebda, had = Sumpf, Moor; *Redbere:* Rabber b. Osn. neben Swekbere: Schwöbber. Dazu *Redbeke:* **Rebbeke** i. W., *Reddebach* rivulus: der Ribbach (zur Our), *Redese* 900 **Resse** bei Buer, *Redehorn* 1059 i. O. **Reddin-**

gen am Wietzebruch (wie Weddingen a.Wedde, wed = Sumpf!), *Rederen:* **Rehren** b. Rinteln (wie *Ederen:* Ehren a. Hase, ed = Moor!), **Rederscheid** a. Rh b. Linz wie Recker-, Reiffer-, Möder-, Liederscheid.*Rhedey: Rhee.* In Frkr. vgl. die *Redones* mit ON. *Redanna:* Rennes.

Rederchingen/Lothr. (wie Gonderchingen ebda und *Ruderchingen:* Riederich/Württ.) enthalten kelt. Gewässernamen!

Rednitz, Quellfluß der Regnitz b. Nürnberg, ist eine vorgerm. *Radantia:* sie entspricht der **Pegnitz** (vorgerm. *Bagantia*): *rad, bag* sind prähistor. Termini für „Moor, Sumpf" (von nordisch (!) röd „Kiesrücken", so der Nordist H. Kuhn/Kiel, kann also keine Rede sein). Zu *rad* siehe Radde!

Re(e)pe, Zufluß der Lenne, siehe Repelen!

Rees am Ndrhein und **Reesen** *(Resene)* b. Höxter (wie **Neesen** a. Weser) deuten auf Sumpfwasser: *ris, res* (Variante zu *ros, ras, rus*), daher die *Resepe* neben der *Rosepe* und der *Rasepe* (prähistor. Bachnamen auf -apa). *Res-bacis* ist Rebais a. Marne. *Reselage* b. Moorort Vechta entspricht Veßlage, Rettlage, Harplage. Weiteres unter Ries- und Reis-! Zu **Reeßum** am Moor der Wümme vgl. Sottrum, Gyhum, Nartum ebda.

Reffelt, Hof b. Osnabrück, ist verschliffen aus *Rechtvelt* um 1250. Siehe unter Recht! Rechtenbach! Ein Rechtenfleth (!) und **Rechtebe** b. Geestemünde, nebst Wersabe (Moorort).

Refrath südl. B.-Gladbach entspricht Rösrath, Mödrath, Quadrath im selben Kölner Raum; auch **Riferath** und **Reifert** *(Riferode)* gehören dazu: *Rif, Reef* begegnet in Holland als Gewässername. Auch *Riven-, Revenhal* in E. wie Gropen-, Perten-, Baten-, Edenhal bestätigt den Wortsinn „Sumpf-, Moor-, Schmutzwasser". Dazu *Reve-med, -ham, -ton, -lund, Revelin Moos* (!), *Rivelingwater*/England; *Revenahe* b. Buxtehude (Moor!); *Revenow* (nebst Dievenow) in Pomm. Keltisch ist *Riviniacus* 748: **Rivenich/** Mosel (wie *Revigny*/Frkr. analog zu Savigny), vgl. Rövenich u. Ruvigny! Ligurisch sind *Rivasco, Revinco* (wie Bevinco/Korsika). In Belg. vgl. *Revele, Revelon.*

Regensburg a. Donau (vgl. *Reganesdorf* 870/Schw.) liegt an der Mündung des **Regens** (spätlat. *Regnus*), dessen Name wie der N. der benachbarten **Naab** *(Nava)* und der übrigen Donau-Nebenflüsse aus prähistor., also vorgerm. Zeit stammt (— an dt. „Regen" also nur anklingt), vgl. die pommersche **Rega** und den lacus *Regillus*/Latium. Ein **Regenbach** (schon 1033) fließt zur Jagst. Zum **Regelsbach** (Schutter u. Kinzig) vgl. den Dudelsbach, Butelsbach, Edelsbach, Gittelsbach, Bettelsbach, Geddelsbach, Mettelsbach, Gammelsbach, Wiebelsbach sämtlich auf Moor, Moder, Schmutz deutend. Varianten zu *reg* sind *rig, rug:* vgl. die *Rugusci* (wie die Crepusci), in Flandern: **Rugge** als Zufluß der Schelde, auch ON. In E.: *Ruge-mere, Rug(g)eleg, Ruggen-cumb, -sloh, -broc!* Zu *rig* (lat. rigo „bewässere"): Fluß *Rigonus*/Oberitalien, kelt. *Rigomagus:* Remagen, *Rigoialum* (wie Vernoialum: kelt. verno „Sumpf, Erlicht"), *Rigola:* Riegel a. Dreisam. Auf *Reginbach* (762) beruht auch **Rheinbach!**

Rehden am Moor ö. Diepholz *(Redene* a. 1000 Redun), **Rheden** a. Leine nö. Alfeld (auch a. Ijssel b. Arnhem) sowie **Rheda** b. Wiedenbrück u. **Rhede** a. Ems (890 Redan) sind schon topographisch als Moororte erkennbar: *red* ist uraltes Sumpfwort, siehe unter Reddehausen! Zur Bestätigung vgl. *Redmelle: Lo-, Pit-, Mas-melle*/Belgien!

Rehme *(Rimi* a. 800), mit dem Rehmer Bruch, wo die Werre zur Weser fließt, wird durch *Rimasco*/Ob.-Italien und durch die *Rimava* (z. Theiß) als prähistor.-vorgerm. erwiesen: *rim* ist Variante zu *ram, rum* „Sumpf". Es steckt auch in *Rimi-stede* 796: **Remstädt** a. Leine nö. Gotha u. in **Riemsloh** ö. Melle (wie Hemsloh, hem = „Moor"). *Rimenham*/Belg.

Rehren *(Rederen)* b. Rinteln und nö. Nenndorf siehe Reddehausen!

Rehungen/Eichsfeld entspricht Holungen, Faulungen, Rüstungen ebda: *re* ist mithin = Faulwasser, vgl. Rehgraben, Rehbach/Baden, Rehweiler a. Glan. Aber **Rehe**/Lenne (1253 *Rede)* s. Rehden!

Reichenbach, öfter Bach- und Ortsname, besonders in Baden-Württ.(!), urkdl. vom 10. bis 15. Jh. als *Richenbach* bezeugt, pflegt als „mächtiger" Bach gedeutet zu werden (mhd. *rîch* „mächtig, reich"). Die Reichenbäche sind jedoch, wie schon M. R. Buck 1879 (S. 213) richtig beobachtet hat, durchweg „unschuldige Wässerlein"! Ihre Häufigkeit auf einst vorgerm.-kelt. Boden dürfte daher auf Umdeutung (und Übertragung) eines vordt. Gewässernamens beruhen (siehe unter Richen!). *Swarze-richenbach* 1112 (zur Glotter) dürfte auf den eigentlichen Wortsinn „Sumpf, Moor" hindeuten, wie ihn auch *Richefurlong: Lichefurlong: Spichefurlong* in England (lauter „Moorgräben") bestätigen.

Reifert a. Wied entspricht Rettert, Laudert, Odert usw. (-ert ist aus -roth, -rode verschliffen). Siehe Refrath!

Rei(f)ferscheid (3 mal: b. Ahrweiler, Schleiden, Altenkirchen/Wied) entspricht Rederscheid, Reckerscheid, Remerscheid, Liederscheid, Manderscheid, Lipperscheid, lauter Sinnverwandte. Zu *rif* siehe Refrath!

Reidelbach b. Wadern/Saar wiederholt sich mit dem **Reidelbächle** (Zufluß des Kommenbachs/Wutach in sumpf. Gelände!), womit der Wortsinn gegeben sein dürfte, analog zu Adel-, Dettel-, Bettel-, Göttel-, Schwedel-, Pfedelbach. Vgl. auch Reidenbach/Kirn, Reidenhausen/

Mosel. *Reide* 1112/Mosel. Die **Reide** (zur Fuhne/Saale: fun „Moder") ist deutlich ein sumpfiges Bächlein, kein „gedrehtes" (so Krahe: ahd. reid)!

Reil a. Mosel *(Rigala)* wie **Riegel** *(Rigola)* a. Dreisam und **Riol** b. Trier *(Rigodulum)* siehe **Remagen** *(Rigomagus)* und Regen! Vgl. auch **Riehl**/Köln (1150 *Rile)* u. **Rill** (1184 *Rele)* ebda.

Reimlingen *(Rumilinga* 868) b. Nördlingen s. Rümlingen! Auch **Reimsbach**/Saar hieß 1160 *Rumesbach.*

Reinig b. Trier ist eingedeutscht aus *Rinicha* 1098 wie **Einig** b. Bitburg aus *Inika;* vgl. auch die **Rench** aus *Renicha.* Zum prähistor.-vorgerm. *rin (ren)* vgl. keltisch *Riniacum, Reniacum:* Rigny (wie *Liniacum:* Ligny; *lin* = Schleim, Moor, Sumpf, Schmutz"). — **Reiningen** b. Diepholz und Soltau entspricht *Rinenga, Reninge* in Flandern. **Reinstedt** b. Kahla hieß *Rinstede* vom dortigen *Rinbach!* (Siehe auch Rimbach, Rimbeck). Weiteres unter Rhin, Rhynern. *Ren-lo:* Relau i. W. Ein *Gau Reinidi* 888 i. W.

Reischach/Württ., auch ö. Mühldorf am Inn/Bayern und **Reischenhart** am Inn südl. Rosenheim (alt **Risc-aha, Rischenhart),** wie Mörschenhardt, Rüstenhart, meinen Binsen- oder Schilfwasser, bzw. Binsenbusch, zu ahd. **risc** (ndd. rische) = **rusc** (mhd. rusche). Dazu **Reisch** b. Landsberg/Lech, **Rieschweiler**/Pfalz, das **Risch**/Hess., *Rischanc* (Rischwang „Binsenfeld") und die *Rischenau:* Reichenau. Zu *risc, rische* vgl. auch *lisc, lische* „Binse": es sind Erweiterungen zu idg. *ris, lis* „Sumpfwasser"!

Reisen *(Risun)* am Erdinger Moos u. bei Weinheim, **Reisenbach** im Odenwald (am Reisenbach, zur Itter), der Reisenbach b. Mödling/Ö., der Reißenbach (zur Echaz), der Reißelsgraben sw. Darmstadt, enthalten das uralte Sumpfwort *ris,* deutlich in **Reise(n)-Moor** b. Bleckede/Elbe, in *Ries-siek* in Lippe, in *Ris-lo:* Riesel i. W., Rijssel/Holland nebst Rijssen, Rijswick; dazu **Riesenbeck** b. Rheine, Riesenbach (z. Zaber/Württ.), Riesbach (z Fulbach/Fils), Riesweiler (Saar, Hunsrück). In England: *Rise-leg, -warp -dene; Rissebrok, -wurth.* Vgl. **Rissen**/Hbg. und *Rissa-thorp* 1088 i. W.

Reiste a. Henne südl. Meschede (wie **Meiste**/Möhne) deutet wie auch die Flur Große u. Kleine **Rieste** b. Salzuflen sowie marka *Rist* 1253, d. i. **Rieste** a. Hase nö. Bramsche auf Sumpf oder Moor. Vgl. Reeste sowie Ries-siek unter Reisen! Gleiches gilt für **Reistingen** a. Egau (z. Donau-Ried), wo auch Mödingen, Finningen, Mörslingen, Schabringen den Wortsinn bestätigen.

Reith am Moor südl. Stade wird deutlich durch **Reitbrook** b. Hamburg: ndd. *ret, reit* meint „Schilfrohr", vgl. auch Rethwisch „Schilfwiese".

Relau i. W. ist urkdl. 1221 *Ren-lo,* siehe Reinig!

Remagen (*Rigomagus* „Wasserfeld“, vgl. lat. rigare „bewässern“) gehört zur Hinterlassenschaft der Kelten wie **Dormagen, Neumagen, Marmagen.** Vgl. *Rigodulum:* **Riol** und *Rigala:* **Reil**/Mosel. **Riegel** a. Dreisam. *Rigomagus* auch b. Trino (Po); Fluß *Rigonus*/Ob.-It.; *Rigodunum*/Brit., *Rigusa*/Span.; *Rigusci* (Volk in Rätien) wie die Crepusci.

Remich a. Mosel (urkdl. *Ramiche)* ist an der Endung als keltisch erkennbar, wie *Renicha:* die Rench/Baden, *Rinicha:* Reinig/Trier, *Inika:* Einig b. Bitburg, *Lusica*/Mosel. Zu *ram* „Sumpf“ siehe Rahmede! Desgl. **Remda** a. Remda w. Rudolstadt.

Rems *(Ramisa)* wie **Glems** *(Glamisa)* siehe Rahmede! Reminghorst i. W. siehe Finninghorst!

Remscheid, Remschoß siehe Rahmede! **Remstädt** siehe Rehme!

Remerscheid a. Agger siehe Reifferscheid! **Remerschen** siehe Fluterschen!

Remsede b. Iburg/Glane i. W. (urkdl. *Ramisitha)* und **Remse** *(Ramasithi)* b. Warendorf i. W. sind Kollektiva auf -ithi, -ede, die wie Osede, Hasede, Renede, Isede, Wiesede, Lesede auf Sumpf und Moor deuten. Zu *ram* siehe Rahmede!

Rench (*Renicha* 1196), Nbfl. des Rheins/Baden (mit ON. **Renchen** ö. Kehl), ist kelt. wie *Rinicha:* Reinig/Trier, siehe dies!

Renda b. Netra im Ringgau/Werra und **Rehne** a. Innerste/Hildesheim hießen *Renethe,* sind also Kollektiva auf -ithi, -ede (vgl. Schröder S. 178): siehe Remsede! Eine **Rhene** fließt zur Diemel/Waldeck; dort auch **Rhena,** Rhenegge; eine *Rena:* Renne b. Dijon! Ein *Renos* zum Po (vgl. Rhein!). Zu *Rene-lo* 1229 i. W. vgl. *Menelo:* Melle.

Rendel *(Randwiler)*/Wetterau wie **Griedel** *(Gredwiler)* ebda siehe Randen!

Rengen b. Daun/Eifel siehe Rangen! Vgl. auch **Rengse** b. Olpe (wie Rongese, Hungese: Hünxe), *Rengesheim* 771 b. Lorsch.

Rennbach (mit dem Rennberg) b. Herrenalb/Württ. ist ein ursprünglicher *Rintbach* (so 1149/52): zu *rint* siehe Rinteln! Eine „Steinerne **Renne**“ fließt im Harz, eine **Renne** auch in Holland: mit dt.- „rennen“ oder ahd. rinna „Wasserlauf, Rinne“ hat das schwerlich zu tun, wie auch das einstige *Renne-mer*/Holland lehrt (eine Sumpffurt, urkdl. *vadum,* quod Rennemer vulgariter dicitur; neben „saltus qui *Rinimera* dicitur“: vgl. M. Schönfeld S. 37); zu *rin, ren* siehe Reinig, Rhein! *Ren(n)emecke* Kr. Meschede.

Renningen w. Stuttgart bildet eine Reihe mit **Lenningen,** Menningen, Hechingen, Gechingen, Dettingen, Maichingen, Vaihingen im selben Raum. Sie alle deuten auf Sumpf-, Moor- oder Schmutzwasser: *Rendingen, Lendingen* enthalten *rand, land* „Moor, Sumpf“, siehe Randen!

Renslage b. Quakenbrück deutet wie **Venslage** und **Menslage** im selben Raum auf mooriges Gelände: *ren, rin: ven, vin: men, min* sind prähistor. Bezeichnungen für „Moor" und „Sumpf".

Repelen b. Mörs a. Rhein (1176 *Replere),* **Repel**/Emscher, Reppeln/Brabant, *Rephusen* a. Lenne, wo eine **Re(e)pe** fließt, und **Reploh** *(Riploh)* Kr. Beckum enthalten ein verklungenes Moor- und Sumpfwort *rip, rep:* siehe Rip(p)enhorst, Riepen! Reppenstedt! Auch Ruploh! Rapen!

Reppenstedt b. Lüneburg entspricht Wessenstedt und Toppenstedt im selben Raum: alle auf Moor bezüglich. Ebenso *Reppenhard* 1221: **Reppener** b. Wolfenbüttel, das **Reppich** (Flur in Hessen), **Reptich** b. Wabern/Kassel, Reppichau b. Dessau (wie Trebbichau, Mosigkau), Reppist/Lausitz und **Reppen** b. Küstrin a. Oder (Sumpfgegend), was ins Venetisch-Slawische hinüberreicht! Ein **Reppe** (neben Roppe) auch b. Belfort (auf keltoligur. Boden). Eine **Re(e)pe** fließt zur Lenne; dazu *Rephusen, Reploh, Repelen, Repel:* siehe Repelen! Rippenhorst, Riepen!

Res — siehe Rees! **Resse** (Redese) siehe Redde-! *Rest* s. Rust!

Resthausen i. O., *Restania*/Belg., die *Resta* in Drente: s. *Rast, Rust!*

Rethmar, Rethen (im Raum Hannover) wie **Rethem** a. Aller beziehen sich auf Schilfwasser: ndd. *ret* „Schilfrohr" — vgl. **Rethwisch;** *Ritmaresch.*

Rettenbach, mehrfach Bach- u. Ortsname in Bayern-Württ., wird deutlich durch Rettenschwang (wang „Wiese") und **Rettenmoos** analog zu Tettenmoos, Ankenmoos, Attenmoos: alle auf Sumpf und Moor bezüglich. Und so entsprechen dem Rettenbach als sinnverwandt: Betten-, Detten-, Etten-, Getten-, Letten-, Metten-, Petten-, Wettenbach. Ein **Retbach** fließt auch b. Gotha. Zu **Retterath**/Eifel vgl. Kolverath, Möderath, Greimerath, Hetzerath (-rode), zu **Rettlage** i. W.: Hettlage, Schnettlage, zu **Rettmar** b. Lüneburg: Bettmar, Wettmar, Tellmer. **Rettert**/Taunus ist Retterode, Retterath (wie Heddert, Laudert, Odert, Mertert). Zu **Rettel** a. Mosel vgl. Nittel ebda; zu Retterode: Reckerode.

Rettersen b. Altenkirchen/Wied nebst Neitersen u. Fluterschen: siehe Neitersen und Rettenbach! Vgl. auch Remerschen südl. Remich a. Mosel/Lux. Dazu vorgerm. *Retest, Retina*/Belg.; Fluß *Retona*/Aisne.

Retzbach (nebst Retzstadt) a. Main nö. Würzburg ist sinngleich mit Binsbach und Rohrbach ebda; ebenso Retzgraben, Retschengraben (zur Schwarza/Schlücht/Wutach) und das deutliche **Retzenbruch**/Pfinz (Baden). Zu *rett: retz* vgl. *mott: motz! blott: blotz!* Zu Retzbach: Motzbach; Retzgraben: Blotzgraben; desgl. Betzgraben, Fetzgraben!

Retzen *(Ret-husen)* in Lippe siehe Petzen, Quetzen!

Reulbach/Rhön (Wasserkuppe) siehe Ruhla!

Reusch, Reuschbach, Reuschenberg siehe Rausch(enberg), Rusch! **Reuß** siehe Rußheim!

Reutlingen im Tal der Echaz pflegt als „Rodungsort" gedeutet zu werden (zu mhd. riuten „reuten, roden, urbar machen"), ein farbloser Name angesichts der Tausende von Rodungsstätten. Auch dürfte Reutlingen älter als die Rodungszeit sein, entsprechend den übrigen N. auf -lingen wie Heuchlingen, Eßlingen, Möttlingen, Worblingen (a. Worblen!), Dettlingen, Bempflingen, Bettlingen, Wettlingen, Mömlingen, Treuchtlingen (Truchtelbach!) usw., die sämtlich auf Gewässer (Moder, Moor, Sumpf) Bezug nehmen!

Rhaunen b. Trier (841 *Runa*) siehe Ruhne!

Rheden, Rheda siehe Rehden! **Rheidt** siehe Rheydt!

Rheine, Rheinen siehe Rhein! **Rheinbach** siehe Regensburg!

Rhein: durch die Römer als *Rhenus* überliefert (= kelt. *Rhenos*), idg. somit *Reinos (Rinos),* zur Wurzel *ri, re* „fließen, zerfließen" (vgl. afrz. *rin* „Fluß"), gehört wie alle großen Flußnamen (Donau, Elbe, Weser usw.) zu den alteuropäischen aus idg. Vorzeit, die die Germanen bereits vorfanden. Ein **Rhin** fließt zur Loire, eine *Rena:* la Renne b. Dijon, ein *Renos* zum Po, eine **Rhinow** zur Havel, eine Rhina zur Haune, eine **Rhene** z. Diemel usw. Siehe auch unter Reinig und Rhin! Vgl. auch Schönfeld S. 64.

Rhens a. Rhein südl. Koblenz *(Rense),* nach dem dortigen Bache *(Renisa?),* verrät sich als vorgerm.-keltisch durch das s-Suffix, analog zu **Güls** *(Gulisa)* b. Koblenz und zur **Göns** *(Gunissa)* b. Wetzlar. Mit k-Suffix vgl. die keltische *Renicha:* **Rench** (z. Rhein). **Rhena**/Waldeck siehe Rhein!

Rheurdt b. Mörs a. Rh. entspricht Sörth b. Köln, Sürth b. Olpe, Schürdt a. Wied, lauter Sinngleiche (mit Dentalsuffix) für sumpfig gelegene Orte: urspr. *Rurete, Sorete, Surete, Scurete.* Zu *rur* siehe unter Ruhr!

Rheydt b. M.-Gladbach meint „Röhricht", bestätigt durch die Nachbarorte Korschenbroich, Millendonk usw. Desgl. **Rheidt** a. Rhein nö. Bonn und b. BergheimErft.

Rhina a. Rhina, 980 *Rinaha,* Zufluß der Haune südl. Hersfeld, siehe Rhein! Eine **Rhyne** fließt zur Warme(ne)/Diemel, ein **Ri(e)n** zur Eder, Ems, Ohm, ein **Rhin** auch b. Fehrbellin (mit Rhins-: **Rheinsberg** und dem sumpfigen Rhin-Luch), eine Rhinow zur Havel. Dazu **Reinstedt** *(Rinstede a. Rinbach)* b. Kahla, **Rimbach** b. Fulda wie **Rimbeck** *(Rinbeke)* b. Warburg, verschliffen zu **Riemke** b. Bochum. Eine Sumpfstelle *Rinschlade* i. W., ein *Rini-mera* saltus/Holld. *Rinlar:* Rillaer/Brab. wie *Linlar:* Lieler/Lux. Siehe auch Rhynern!

Rhön, bergiges Waldgebiet zwischen Werra, Fulda und fränk. Saale, bisher ungedeutet, hat mit dem vulkanischen Steingeröll Islands (so der Nordist H. Kuhn) nichts zu tun, sondern ist nach ihren Gewässern benannt (wie alle ältesten Waldbergnamen!): im *nemus Rone* (so 1050) floß eine *Ronaha* (heute ON. Rönhof), und auf ihren Höhen („Wasserkuppe"!) entspringen zahlreiche Quellbäche, so die Fulda, Felda, Ulster, Nüst, Schondra, Sinn, Thulba, Elsbach, Streu, Brend, lauter prähistor.-vorgerm. Namen! Varianten zu *ron* sind *run* (siehe Rühne, Rhaunen), *ren, rin* (siehe Rhein, Rhin). Siehe auch Rombach *(Ronebach)* und Rönne *(Rune)*! Desgl. Rohnbach! Ein Röhn-Berg b. Gotha (wie Rohr-, Rusch-, Fach- Berg). Weiteres zu *ron* siehe Rohnstedt! Ein *Rohn-Berg* am Hils.

Rhöndorf a. Rhein b. Bonn (alt *Rodendorp*), Fm. II 1449, entspricht **Rönsahl** *(Roden-sel* 1399) a.Wupper und Rhonard b. Olpe *(Rodenhard* 1450), alle in ältestem Siedelgebiet, also älter als die Rodungszeit: auch die sprachliche Form verbietet Anknüpfung an „roden, urbar machen"! Zugrunde liegt vielmehr das Sumpfwort *rod,* worauf auch *Roden-sel* deutet, analog zu *Basen-, Ripen-, Varen-, Boden-, Oden-sel* und *Roden-: Rüensiek* (Lippe)! Es steckt auch im N. des **Röddenbergs** b. Northeim (gleich dem Gropen-Berg, grop = Schmutz, dem Ruschen-Berg, rusch = Binse), in **Röddensen** b. Lehrte und in **Röddenau**/Eder (Bach *Rudene*!). Ein Bach *Rodene* floß 1242 in England, *Rodanus* hieß die Rhone, *Rodumna* (die) Roanne (wie Garumna: die Garonne), vgl. *Rodava*/Belgien, die *Rodaha* 786 (Rodau, die im Rodgau, Ruckgau b. Dieburg fließt) und Roderath/Eifel (wie Möderath, Elverath!); auch *Rodenacum:* Ronay/Belg. Wie *Rodendorp* beruht auch *Rodenburg*/Holland (nach Gysseling) auf einem kelt. Bachnamen *Rodana!* Vgl. *Roden(a)* 995/Saar. Zum Dentalschwund *Roden-:* Rhöndorf vgl. *Beden-:* Bendorf/Koblenz (bed = Sumpf, Schmutz)!

Rhüden (Groß- u. Klein-) siehe Rüdesheim!

Rhume, vom Eichsfeld her (Rhumspringe!) b. Northeim zur Leine fließend, gehört zu den ältesten prähistor. Flußnamen. *Rumon* hieß schon der Tiber in vorrömischer Zeit! Vorgerm. ist auch *Rumetra* (Bach u. Wald b. Ypern) entsprechend Caletra, Cimetra, Ecetra in Italien! Vgl. den urwaldartigen Kermeter/Eifel u. ON. Alveter: Elveter/Brabant. Auch *Rumesta* (Rumpst a. Rupel/Schelde), mit idg.-venet. st-Suffix wie *Ramesta*/Pannonien. Wie *ram* (siehe Rahmede) dürfte auch *rum* (und *rim)* „Sumpfwasser" meinen. Weiteres unter Rumeln, Rumscheid, Rumeney!

Rhynern südl. Hamm (wo auch Lünern!) hieß a. 900 *Rin-heri,* entspricht somit **Rindern** b. Kleve (721 *Rin-hari*) und **Rienderen** b. Zütphen, mit sekundär entwickeltem Dental zwischen -nr- (vgl. die Gender, die Kuinder). Zu *rin* siehe Rhin! Zur Form *Rinheri* vgl. als sinnverwandt *Bucheri, Huc-heri, Man-heri.*

Richen a. Elsenz *(Alisantia)* und **Richen** (am Richerbach: 766 *Ricchina!)* in der Bruchgegend von Umstadt ö. Darmstadt sind Spuren keltischer Vorzeit: Vgl. *Ricina* b. Genua, Rykon (1179 *Richin)* b. Zürich sowie *Ricuca* im Tessin *(Ticino)* analog zu *Acuca, Veruca*/Italien: *ric, ac, ver* sind sinnverwandte Wasserbezeichnungen. In England vgl. *Ricanford, Ric(he)hale* (wie Pic-hale), *Ric(he)-furlong* wie *Lichefurlong, Spichefurlong, Tichefurlong,* lauter schmutzig-sumpfige Gräben! So werden verständlich auch die **Rickenbäche** *(Richenbäche)* in der Schweiz und am Bodensee, auch zur oberen Alb (nebst Flurname Ricken!), in Württ. (umgedeutet) die Reichenbäche (siehe diese)! Ein Rickenteich südl. Lörrach.

Richrath im Bergischen entspricht Rocherath, Rieferath, Vilkerath, Rösrath, Mödrath ebda (-rath = -rode). Zu *rich* siehe Richen! Ric-ford, Richefurlong/E. und **Rickbruch** im Extertal verrät *rick* als Sumpfwort! Desgl. *Rikelo* (3 mal Belg.), *Rikestelle* u. Bach *Richara:* Rekere nö. Alkmaar: een moerassige streek! (Schönfeld S. 92).

Rickenbach (Bodensee, Schweiz) siehe Richen!

Riechheim a. d. Quelle der Wipfra ö. Arnstadt/Thür. wird verständlich mit dem **Riechbach** (Thür.). Siehe Richen!

Ried, in Süddeutschland häufige Bezeichnung für Sumpf, mit Riedgras bewachsenes feuchtes Gelände (mhd. riet, ahd. riot, altsächs. hriod, engl. reed = „Schilfrohr"). „Alle Riede (Rieder), die ich in Schwaben besichtigte, waren durchweg Sümpfe, im Tal oder an sumpfigen Berghängen", sagt der heimatkundige M. R. Buck (Flurnamenbuch, 1880, S. 217). Dazu zahlreiche **Riedbäche** und **Riedgräben.** Aus den „Riedbrunnen" (Sumpfquellen!) entspringt der Röhrigbach b. Baden. Riedbach/Jagst hieß um 1400 auch *Rippach,* assimiliert wie Lippach für Lidbach. Vgl. auch **Riedlingen** (Württ., Baden) und *Riedaha:* **Rieden**/Werra.

Riederich *(Ruderchingen* a. 1110)/Württ. siehe Rederchingen!

Riegel a. Dreisam siehe Reil und Regensburg! **Riehl**/Köln s. Reil!

Riemke b. Bochum ist verschliffenes *Rinbeke,* siehe Rhin! **Riemsloh** siehe Rehme! Desgl. Ri(e)mschweiler/Pfalz u. der Rime(l)sbach (z. Wolfach).

Riepen b. Wunstorf (auch in Westf.), **Riepe** b. Soltau u. Emden, Riepholm b. Visselhöved, der **Riepenbach** (zur Ilme) b. Holzminden, **Riepensell** *(Ripanseli* 890) im Dreingau (wie *Basan-seli:* Bösensell, Odensell, Böddensell, lauter Sumpfwasser-Orte!), *Rip(en)lo* (Reploh Kr. Beckum), **Rip(p)enhorst** im Moorgebiet der Ems (auch wüst b. Wiedenbrück), Rippe(n)rode/Hessen und der Waldberg „Auf dem Riepen" b. Hameln enthalten ein verklungenes prähist. *rip* „Sumpf(gras)", bestätigt durch die *Rip-slade*/England. Siehe Repelen, Reppenstedt! Ein Bach *Rips* in Holland.So wird auch der alte Volksname *Ripuarii* (am Niederrhein) verständlich, als Bewohner einer an Sümpfen reichen Gegend (also nicht zu lat. rīpa „Ufer", wie man bisher glaubte; zumal das *i* kurz ist). Vgl. die *Amsivarii:* Bewohner des Emslandes. In England vgl. *Ripandune:* Repton und Ripley (Sumpfgraswiese). Ein **Ripp-Berg** Kr. Fulda. **Im Rippert!**

Riessel b. Lohne i. O. und **Riesel** b. Brakel ö. Driburg sind verschliffen aus *Ris-lo,* wie auch **Rijssel** in Holland (nebst Rijssen, Rijswick). Der Wortsinn von *ris* ergibt sich aus *lo* „sumpfige Niederung" und aus *siek* (desgl.) in *Ries-siek* (Lippe) analog zu Hel-siek, Sus-siek, Hach-siek, Getsiek, Wievesiek, lauter Sinnverwandte. „In den *Ries(s)en*" ist Bezeichnung feuchter Waldorte in Westf.-Lippe. Dazu *Risonbeke* 1050: **Riesenbeck** in Tecklbg. In England vgl. *Rise-leg, -warp, -dene, Rissebrok!* Siehe auch Reisen und Reiste (Rieste). Zur Variante *res* siehe Reesen!

Rieschweiler/Pfalz siehe Reischach! Desgl. Riesweiler (Saar, Hunsrück). Ein **Riesbach** fließt zum Fulbach (Fils), ein Riesenbach z. Zaber/Württ.

Rimbach (Westerwald, Heppenheim, Fulda, Vogesen) ist assimiliert aus *Rintbach* um 800, wie **Limbach** aus *Lint-bach.* Vgl. **Rimbeck** b. Warburg *(Rin-beke). rint, lint* sind prähistor. Wörter für Sumpfwasser, vgl. die Rinthe b. Laasphe. Siehe Rinteln! Ein **Rimpach** nö. Isny/Allgäu. Aber **Rime(l)sbach** siehe Ri(e)mschweiler!

Rinchnach a. Rinchnach (zum Regen/Bayr. Wald) ist prähistor. wie die *Ankinacha* (Ecknach, zum Inn), die *Bachinaha, Bolgenaha* u. ä. Vgl. die Rinkenbach/Schweiz, die Rinkelake i. W. u. ä., den Rinkenberg a. Murg, wo ein **Rinkenbach**! *rink* meint zweifellos „Moder, Moor". Ein Flurname Rinkenwald und Rinken a. d. Dreisam/Baden. Ein Rinkenbächle fließt auch zur Kinzig/Baden (1493 Ringenbach geschr.). Ein *Rinkhurst* 959 beim Moorort Buxtehude neben *Ringhorst* 1456 b. Lemgo; auch Rinkbeck, **Rinkscheid** nö. Olpe (wie Herscheid, Selscheid, Hülscheid ebda, lauter Sinngleiche). Siehe auch Ringen!

Rindelbach, Zufluß der Stunzach/Eyach nö. Balingen/Württ. (auch ON. b. Ellwangen/Jagst) nebst Rindelteich (z. Nagold) entspricht den Sinnverwandten **Sindelbach, Windelbach, Lindelbach, Mindel(bach):** *rind, sind, wind, lind, mind* sind prähistor. Wörter für Sumpf bzw. Moor, bestätigt durch *Rindebrok* 852/England nebst *Rindecumbe* (wie Bove-, Love-, Made-, Bride-, Cude-cumbe, lauter sumpfig-schmutzige Kuhlen!), auch *Rindecrundel* 958 und *Rindburna* 759 ebda. Siehe auch unter Rimbach *(Rindbach)*. *Rindsele* (7. Jh.) in Brabant entspricht Germe-, Lite-, Sweve-, Wake-sele = feuchte Niederung.

Rindern b. Kleve siehe Rhynern!

Ringen a. Ahr (vgl. **Rengen** b. Daun u. **Rangen** im Elsaß) entspricht **Lingen** a. Ems: *ling, ring* meinen Sumpf, Moor, eindeutig ersichtlich aus **Ringebrauck** b. Unna i. W. (wie Hottenbrauck), *Ringe-mere*/England nebst *Ringe-, Renge-worth* (wie Lap-, Pad-, Tamworth), *Ringestede;* desgl. aus *Ringe-lo:* Ringel b. Osnabrück (wie Winge-lo: Wingel und Dinge-lo: Dingel), *Ringmar* b. Syke, *Ringhorst* 1456 b. Lemgo, **Ringstedt** am Ahlenmoor (wie Sellstedt, Kührstedt ebda). Dazu **Ringleben** (2 mal) b. Erfurt und Artern/Unstrut (wie Gorleben, Hunleben), **Ringmann** i. W. (1050 *Ringie)* und **Ringingen** (2 mal) in Württ. Nicht zuletzt der **Ringgau** um Netra und Sontra (wie der Rittegau, der Hassegau, der Ruckgau, die sich alle auf Ried und Röhricht beziehen); auch der **Ringsee** in Litauen. Ein Bergwald *Ringekul* ö. Kassel. Siehe auch unter Rink-!

Rinkenbach, Rinkscheid siehe Rinchnach! Zur *Rinkelake* i. W. vgl. die *Buclaca* (9. Jh.), die *Kakelake, Bodelake, Dudelake,* lauter schmutzig-sumpfige Wasserläufe. Vgl. auch Ringen! Die Variierung *rink: ring* ist vergleichbar mit *sink: sing; tink: ting; link: ling; dink: ding; klink: kling.*

Rinsecke b. Altenhundem a. Lenne entspricht Geseke, Asseke, Bileke, Leseke, uralte Ableitungen mit k-Suffix zu Wasserbezeichnungen: zu *rin-s* vgl. *lin-s: Linsmal* (Belgien), *Lins-apa:* die Linsphe, die Linsmecke. Zu *rin* siehe Rhin!

Rinteln a. Weser ist urkdl. *Rint-lo* wie **Lintel:** *Lint-lo* und **Wintel:** *Wint-lo* (Ems), alle auf Moor und Sumpf deutend *(lo* „sumpfige Niederung“). Eine prähistor. **Rinthe** fließt b. Laasphe! Rintelfeld b. Schlangen/Lippe. Gleiches meint *Rentilo* 855/Veluwe, *Renteka* 1141 (Dép. du Nord), *Rentford* b. Gladbeck/Bottrop (wie Lentford/Holld). Siehe auch Rindelbach! Die Schreibung Rinctelen ist alte Marotte. Vgl. Lucteleg 1167: Lutley! *Rintinbach* 1103 b. Ormont.

Riol b. Trier/Mosel siehe Reil!

Rippenhorst (wie Koden-, Kusen-, Musenhorst) siehe Riepen! Reppenstedt!

Rischenau b. Pyrmont siehe Reischach!

Riß (urkdl. *Russaia!)*, durch Biberach und Laupheim zur Donau fließend, mit Rißtissen (wie Jllertissen) und Rißegg, ein ausgesprochener Riedfluß wie die durch Sumpf- und Riedgelände fließenden Nachbarflüsse Schussen und Kanzach, gehört wie diese zu den prähistor.-vorgerm. Flußnamen Süddeutschlands. Zur Form vgl. die *Bessagie* (Lippe) u. die *Pantagies/*

Sizilien (*bess, pant* meinen „Sumpf"!); eine *Russa* fließt (wie die *Bessa)* in Südfrkr. Alles deutet auf ligur.-ital. Herkunft. Vgl. auch Fluß *Cusso(n)* in Frkr.

Rissen westl. Hamburg siehe Riessel, Reisen! Vgl. *Rissewurth, Rissebrok* in E., *Rissathorp* 1088 in Westf. *ris(s)* meint „Sumpf, Moor".

Ritte *(Rittaha* 800) südl. Kassel gehört wie Baune, Besse, Dissen usw. ebenda (im Ederbogen zw. Kassel und Fritzlar) zu den alleraltesten, prähistor. Namen, von denen noch E. Schröder S. 143 resigniert meinte, sie würden uns „stets verschlossen bleiben", weil da „noch manches Keltische verborgen ruhen mag". Sie lassen sich (bei methodischem Rundblick) schon heute deuten: Besse (1122 *Bessehe,* d. i. Bessahi, wie Fenne: Vennehe) kehrt als Flußname in Lippe und Frankreich wieder und meint wie Fenne „Moor, Sumpf". Gleiches gilt für Baune a. d. Baune *(Bunaha),* in Oberitalien als *Bunia* (Bogne) wiederkehrend, und für Dissen *(Dussina).* zu *dus* „Moder, Moor". So kann auch **Ritte** nicht aus der Reihe tanzen: es meint „Röhricht, Schilfwasser", vgl. Ritterode wie Muterode, Retterode, Reckerode, Mauderode, lauter Sinnverwandte; dazu den **Rittegau** um Northeim (entsprechend dem Hassegau „Riedgau", dem Ruckgau (Rudgau), dem Mud-Gau usw.) und den **Rittenhart** (Rittnert) b. Durlach (entsprechend dem Muchenhart, Mörschenhart, Mamenhart, Wagenhart, lauter Moder- und Sumpfwälder). Ein **Rittebach** fließt am Bodensee. Ein **Rittgraben** in Baden. In Frkr.: Fluß *Ritona; Ritumagus* (wie Rotomagus); *Rituvium*/Lig.

Rivenich b. Schweich a. Mosel (748 *Riviniacus*) entspricht Revigny/Frkr., wie **Rövenich:** Ruvigny: es sind kelt. Namen auf -iacum. Zum Wasserwort *riv, rev, ruv* vgl. *Rivasco*/Ligurien, *Ruvonia* u. ä. Siehe Refrath!

Riveris ist der Bach *Ruverissa* (zur Ruwer/Mosel), also vorgermanisch.

Rixen b. Brilon deutet auf *Rickhusen,* vgl. Rickbruch im Extertal (siehe Richrath)! Zu **Rixheim, Rixfeld, Rixingen** vgl. Lixheim, Lixfeld, Lixingen! Ein **Rixbeck** b. Stadthagen.

Röblingen am See *(Raveningi, Reveninge),* wo es nach Schröder von „Raben" wimmeln sollte, meint idg.-lett.-ligur. *rav-* „Sumpf-, Stinkwasser"! Näheres unter *Raven!*

Rocherath/Eifel entspricht Hollerath, Möderath, Richerath, Kolverath, lauter -rode-Namen, auf Moor und Sumpf bezüglich. Siehe Rockstedt!

Rockstedt b. Zeven am Moor der Oste (auch a. d. Helbe) entspricht dem mehrfachen **Lockstedt** (zu *lock* „Sumpf"): sämtliche alten Namen auf -stede enthalten Gewässertermini. Das Synonym *rock* (dem Wb. und der Forschung unbekannt!) wird bestätigt durch das *Rockholl* 1463 b. Pyrmont (wie Hüxholl) und *Rok-lo:* **Rockel** b. Coesfeld *(lo* „sumpfige Niederung"), auch mit Fugen-s: *Rokes-lo:* **Roxel** b. Münster (analog zu *Gokes-lo:* Goxel) und **Rauxel** b. Dortmund (alt *Rokes-lare,* wie Boteslar, Frideslar, Moteslar), auch *Rochesförde:* Roxförde w. Stendal, *Rochesford/* England (nebst *Rokeswelle, Rokley, Rocklund, Roche(burne).* Desgl. **Röckrath** b. Düsseldorf u. **Rocherath**/Eifel (wie Möderath, Kolverath, Greimerath, lauter Sinnverwandte auf -rode). **Rocklum** b. Wolfenbüttel entspricht Locklum, Adlum (urspr. *Roken(h)em, Luckenem, Adenem).* Dazu Flurnamen wie „In der **Rocke**" 1558 b. Buer, „Im Rocke" b. Warburg, „Auf den **Röcken**" Kr. Minden und ON. **Röcke** (1178 *Roke)* b. Nammen-Bückeburg. Siehe auch unter **Roxheim,** Ruchsen! Zweifellos urverwandt ist der N. der Rokitno-Sümpfe!

Rodau sö. Darmstadt (auch b. Bensheim) trägt den N. des dortigen Baches: 786 *Rodaha,* d. i. „Sumpfwasser", wie die benachbarten **Modau** und Wersau; daher der dortige Gau: *Rod-Gau:* Ruckgau! Zu *rod* siehe Rhöndorf!

Röddenau b. Frankenberg a. Eder (urkdl. *Rudenehe,* mit Kollektiv-Endung -ahi bzw. -aha „Bach": Bibenahe) wie *Hegenehe* (Haina ebda), vgl. Hegenebach: Heimbach) und *Vennehe* (venn „Moor, Sumpf"), enthält den N. des dortigen Baches: *rud, rod* meint „Sumpf", noch in hess. Flur- und Waldbezeichnungen erkennbar: so „das Röd(chen)", Rödgraben, -grund, -strut, -wiesen, auch Röderbach. Den Wortsinn bestätigt auch *Rudupis,* ein Sumpfwasser in Litauen (analog zu Alkupis, Kakupis, Latupis). Und so steht **Rudestedt** neben Udestedt b. Erfurt (zu idg. *ud* „Wasser"). Eindeutig sind auch *Ruden-: Rüensiek* in Lippe (wie Grimensiek ebda, siek = „sumpfige Bachniederung") neben *Rodensiek,* sowie *Ruden-:* **Rüttenscheid, Rüttscheid**/Siegbg. (siehe auch *Rudenes-:* Rüdesheim!). Deutlich vorgerm. ist (mit k-Suffix): *Rudica:* **Rüttgen** (mit Suftgen!) nö. Metz wie *Budica:* **Büttgen** b. Neuß (*bud* „Morast, Schmutz"). Mit Rodung hat *rud, rod* also vielfach nichts zu tun: **Roderath** entspricht daher Möderath, Kolverath, Randerath (-rot = -rode!). Dazu **Rödern** b. Simmern/Hunsrück, **Rödgen** b. Siegen u. Gießen, **Röddensen** b. Lehrte (sen = -husen) wie Waddensen, Ippensen, Brunkensen; und der **Rödden-Berg** nö. Northeim (wie der Gropen-Berg ebda: grop „Schmutz", der Schwiehen-Berg b. Eisleben, der Ulenberg a. d. Ule. Siehe auch Rhöndorf!

Rohnstedt zw. Helbe u. Unstrut entspricht Rockstedt, Bruchstedt, Klettstedt, Mehrstedt, Topfstedt, Sollstedt, Kehmstedt, Küllstedt, Wachstedt im selben Raume, alle auf Sumpf und Moor deutend. Zu *ron, run* siehe Rhön! Eine **Rohne** fließt zur Haslach/Argen (Bodensee), ein **Rohngraben** aus der Oos zur Murg, ein **Rohnbach** (1082 *Ronebach)* zur Enz, auch im Taunus, eine *Ronaha* (Rönhof) einst in der Rhön! Auf kelt. Boden vgl.

Ron-, Runiacum: Rognac (wie *Con-, Cuniacum:* Cognac, zu *con cun* „Schmutz"!). Siehe auch Ruhne! Die **Rhone**/Frkr. aber hieß *Rodanus,* vgl. den Adanus, Bradanus, Locanus.

Röhrda/Werra *(Rorede)* ist Kollektiv zu *ror* „Schilf", meint also „Röhricht", analog zu Renda *(Renede),* Remda *(Ramede),* Schwebda *(Swabede),* Scherbda *(Scarbede);* auch *ren, ram, swab, scarb* meinen Sumpf- und Moorwasser! Ein **Rohr-Berg** südl. Schlüchtern.

Röhrse b. Lehrte meint Ror-husen, wie **Rohrsen** a. Weser nö. Nienburg (am Lichten-Moor) und b. Hameln a. Weser.

Roklum, Rokel siehe Rockstedt!

Röllbach (mit Röllfeld) a. Main b. Miltenberg und der **Rollsbach** (zur Wiese/Lörrach) werden deutlich durch **Rollesbroich**/Aachen; ein **Rollwasser** fließt zur Enz/Württ. Dazu Rollwald b. Offenbach. Siehe **Ruhla!** Zu Rollingen a. Alzette vgl. Mallingen, Dillingen.

Rombach (zum Neckar, in Heidelberg), 1518 *Rumbach,* sowie **Rombrok** b. Schwerte/Ruhr siehe Rhume bzw. Rohnbach! Auch Rombach ö. Schlitz. Am Niederrhein meint *rom* noch heute „feuchte, sumpfige Niederung", bestätigt durch **Rombrock**/Ruhr und *Rom-was* in Lippe *(was* „sumpfige Grasfläche"). Dazu **Rom** b. Waldbroel/Siegkreis (880 *Roma), Romebach* 972 b. Metz, *Romfelt* 839 belg. Luxbg., auch **Romstedt** bei Apolda: um 850 *Romastat.*

Römhild südl. Meiningen an den Gleichbergen (mit prähistor.-kelt. Ringwällen der Steinsburg) hieß Rotemulte (multe „lockere Erde", rot „Moder", wie im N. der Rottmünde *(Rotmenni).*

Rommelsbach b. Reutlingen *(Rumenesbach!),* Rommelshausen b. Waiblingen, Rommelsried b. Augsburg siehe Rombach, Ruhme! Zur Form vgl. Rammels- *(Raminesbach),* Gammels- *(Gamines-)* bach!

Rommerode zw. Kaufunger Wald und Hohen Meißner kehrt b. Alsfeld/Schwalm als Romrod (1305 *Rumerode!)* wieder (auch mit 2 Wüstungen!): schon diese Häufung beweist, daß ein Naturwort zugrunde liegt (kein Pers. Name, wie E. Schröder S. 229 glaubte). *rom* (noch rheinisch!) meint wie *rum* und *ram* „feuchte, sumpfige Wiese", siehe unter Rombach, Rhume, Remscheid! Auch Rommelsbach! In England vgl. *Rumeney:* Romney Marsh! Und so entspricht denn Rommerode (*Rumerode)* den zugehörigen Retterode, Reckerode, Benterode, Muterode, Mauderode, Licherode, lauter Sinnverwandte! Zu **Rommerz** (nebst Rommers) b. Fulda/Flieden vgl. Speicherz ebda (spich = Moder, Tümpel).

Römstedt b. Bevensen (Moorort) entspricht **Romstedt** b. Apolda und **Ramstedt**/Holst. Siehe Rombach! Vgl. *Rumestat* 1147.

Rönne b. Bielefeld (auch b. Winsen) hieß 1182 *Rune* (entsprechend der **Hönne,** alt *Hune*). *run, hun* = Moder, Moor. Siehe Rhaun, Rühne, Rhön! So auch **Rönnebeck** b. Nienburg/Weser. Deutlich ist **Rönnelsmoor** am Jade-Busen. Vgl. auch **Ronneburg** ö. Gera/Thür. u. Ronnenberg **b.** prähistor. Gehrden (mit Wallburg) b. Hannover.

Rönsahl *(Roden-sel)* a. Wupper siehe Rhöndorf!

Roppweiler/Saarpfalz/Lothr. entspricht (wie **Rappweiler**/Saar) den sinnverwandten Bett-, Buß-, Nuß-, Han-, Ing-, Schmitt-, Zinsweiler a. Zinsel im selben Raum. Desgl. **Roppenheim** ö. Hagenau/Elsaß wie Sesen-, Runzen-, Dunzen-, Beinen-, Marlen-, Quatzen-, Matzen-, Kogen-, Ohnenheim/Elsaß. In England vgl. *Roppanbrok, Roppanford, Ropeley* (wie Ripley). *rop* ist also wie *rip, rap, rup, rep* ein verklungenes Sumpfwort. Ein Roppe (nebst Reppe!) b. Belfort. Eine *Ropa* fließt zur Wisloka! Siehe auch Ruploh!

Rosa a. d. *Rosaha* (933, am heutigen Rosbach mit Roßdorf a. Quelle westl. Meiningen, entspricht Alba *(Albaha)*, Geisa *(Geisaha)*, Borscha *(Bursaha)* ebda, lauter sinnverwandte prähistor. Bachnamen: *ros* (mit den Varianten *ras, res, ris, rus)* (dem Wb. unbekannt!) meint „Sumpf", wie es Topographie und Morphologie vielfach erweisen. **Roosbroeken** sind **sumpfige** Gründe b. Gent, vgl. **Roßbruch** im Bergischen u. **Rosebruch** am Moor der Wiedau/Wümme. *Ros-mala*/Teisterbant entspricht *Dutmala, Halmala, Wisemala, Wanemala,* alle auf Sumpfwasser bezüglich! Desgl. *Roselo* (Reuzel/Brabant) wie *Rislo, Dudelo, Wenelo;* und *Roslar*/Ypern wie Goslar (a. Gose), Asslar, Uslar usw. Zu **Rösrath** a. Sülz/Agger vgl. Mödrath, Refrath, Kolverath. **Rösebeck** b. Warburg u. Rösenbeck b. Brilon hießen *Rosbeke* „Sumpfbach". Eine **Röspe** fließt zur Eder: *Ros-apa* ist prähistor. Herkunft wie fast alle Bachnamen auf *-apa* (Vgl. dazu Bahlow, Die Bachnamen auf -apa im Lenne-, Ruhr-, Sieg-, Lahn- und Eder-Raum. Hbg. 1958). Vgl. *Rasepe, Resepe!* Eine **Rospe** fließt zur Agger/Sieg. Zu **Rosphe**/Wetterau vgl. Asphe, Visphe, Disphe, Dautphe, Netphe, Utphe. Auch **Roßbach** b. Neuwied ist eingedeutscht aus *Rospe* (so 1250) wie Fischbach/Siegerland aus *Visphe,* mit dem irreführenden Anklang an Fische und Rosse! Und b. Roßbach a. Sieg hat man ein Heiligtum der kelt. Quellgöttin *Rosmerta* entdeckt! Eine *Rosope* auch b. Kella/Eschwege. *Rosuth*/belg. Limburg entspricht Elsuth, Hornuth, Baboth, Spiloth. Zu **Rosellen** b. Neuß vgl. Sevelen, Würselen. In England vgl. *Rosgill, Rosley, Roshal, Rosthwaite* „Sumpfwiese". Deutlich kelt. sind *Roseda:* **Roes** b. Karden a. Mosel (wie *Coseda* b. Lyon), die *Rosella*/Saar (wie die *Cosella* und die *Mosella),* die *Rosanna*/Engadin (wie die *Cosanna*/Frkr.); ligur.:

Rosasco (wie *Balasco,* bal = Sumpf!). Zu *Rosera:* Röser/Lux. vgl. lat. rosaria „Röhricht". Eine sumpfige Niederung *Rosia* b. Reate/Italien!

Rosphe, Röspe, Rösrath, Roßbach, Rossum siehe Rosa! Roste-Berg siehe Rust! **Rothaar** (Ruodhard: wie Ruodopa) „Sumpfwald" s. Röd-!

Rott, Rotte, Rottleben, Rottenbach siehe Rottmünde!

Rottmünde, Zufluß der Weser b. Bofzen, urkdl. *Rotmenni,* gehört zu den prähistor. Bachnamen auf *-manio* „Wasserlauf" wie die *Volumanni:* **Volme** (zur Ruhr) und die zu ON. gewordenen *Dul-menni* **(Dülmen),** *Drotmenni* **(Dortmund),** *Hademenni* **(Hedemünden** a. Werra), lauter Sinnverwandte! (Dies zur Beachtung angesichts der Falschdeutungen E. Schröders, Dt. Namenkde.) *rot* meint „Moder, Fäulnis" (so noch holld.), vgl. engl. dial. *rotten* „sumpfig" und unser „verrotten". So werden die **Rottenbäche** und **Röttenbäche** verständlich. Eine **Rotte** fließt in Lothr., eine **Rott** zum Inn; an einer Rotte liegt auch **Rotterdam** (wie Amsterdam a. d. Amstel). Ein **Rött-See** am Steinhuder Meer (mit dem Bann-See, ban = Sumpf!). Dazu auch ON. wie **Röttingen** Kr. Aalen/Württ., **Rottweil** a. Neckar, **Rottach, Rott** (Lech, Inn), auch **Rottorf** (Gifhorn, Helmstedt, Winsen), **Rottum** i. Westf. (wie Rottum u. Lottum/Holld); desgl. Waldberge wie die Hohe-Rott b. Zell a. Mosel. — Prähistorischen Alters ist die *Rotteme:* **Rottum** (z. Donau südl. Ulm), mit m-Suffix wie die *Metteme* (Baden und Bayern), zu *met* (idg. med) „Moder". **Zu Rottleben** im Wipper-Unstrut-Raum vgl. Badeleben, Bendeleben, Wolfleben, Uthleben, Odeleben, Rustleben, Uhrleben, Wiegleben, Morsleben, Memleben, Holleben, alle auf Wasser, Sumpf und Moor bezüglich!

Röttgen südl. Bonn und Bruchhausen-Röttgen b. Waldbroel siehe Rottmünde!

Rottum, Rottorf siehe Rottmünde!

Rotzenbach (z. Steinach/Neckar) und der **Rotzelbach** (z. Biederbach/Elz) sind „Schmutzbäche": *rot, rotz* wie *mot, motz!* Vgl. auch *retz: metz.* Dazu ON. **Rotzel** und **Rotzingen** b. Säckingen. Auch der *Rotz-Berg/*Württ.

Rövenich b. Zülpich entspricht **Lövenich** b. Köln u. **Kövenich** b. Koblenz: *rov, lov, cov* sind vorgerm.-kelt. Wörter für Sumpf. Zugrunde liegt kelt. *Ruviniacum* (vgl. Ruvigny wie Louvigny, Savigny). Vgl. auch **Rivenich/** Mosel (748 *Riviniacus)* und Revigny/Frkr. Zu **Rübenach** b. Koblenz vgl Kolbenach, Wassenach, Lentenach, lauter Sinnverwandte.

Roxel *(Rokeslo)* b. Münster siehe Rockstedt! **Roxheim** *(Roccesheim)* b Kreuznach u. b. Worms (wie Roxham/E.) siehe Rockstedt! Auch **Ruchsen** a. Jagst ist altes *Rochesheim* (vgl. *Roches-egge* 1359 in Lippe u. *Rochesford/*E. Ein altes *Ruchesloh* im Lahngau.

Rübenach b. Koblenz (kelt. *Ruvenacum)* siehe Rövenich! **Rüber** im Maifeld w. Koblenz ist der Bachname *Ruver* (964). Siehe auch **Ruwer!** In Holland vgl. *Ruvene*: Ruiven, vorgerm. Bachname wie *Duvene:* Duiven. Dazu *Rovere:* Reuver a. Maas. Ein *Rubicon* ist als Grenzfluß Umbriens durch Cäsar bekannt. In Frkr. vgl. *Ruvonia* (Revogne) und Ruvigny.

Rüchenbach b. Gladenbach w. Marburg siehe Ruchheim!

Ruchheim in der Rhein-Ebene w. Mannheim entspricht Horchheim, Gundheim, Lußheim, Göllheim, Marnheim, Mauchenheim, Wattenheim im selben Raum, die sämtlich auf Sumpf, Moder und Schmutzwasser deuten. Vgl. auch **Ruchsen** und **Rüchenbach! Rockstedt!**

Rückingen, Römerkastell ö. Hanau, sumpfig (vgl. Gückingen), enthält dasselbe Gewässerwort wie **Rück** a. Elsava (!)/Spessart und **Rückweiler** w. Kusel/Pfalz (wie Elchweiler, Herchweiler, Eßweiler, Dunzweiler ebda, die alle auf Sumpf- und Schmutzwasser deuten). Ein Rückholz nö. Füssen/Allgäu. Ein *Rucche* 1142 (heute **Ruck**) b. Blaubeuren. Auch **Rückerode** b. Witzenhausen/Werra und (wüst) b. Fulda (wo E. Schröder S. 229 irrig an den Pers.-N. Rüdeger (Rücker) dachte), schon 1155/1366 in dieser Form (!), nebst Rückeroth b. Selters gehört hierher; analog zu **Reckerode** (siehe dies!), Retterode, Romerode, Muterode, Mauderode, Licherode, — sämtlich auf Sumpf und Moder bezüglich! *ruck* ist somit Variante zu *reck, rick, rock, rack!*

Rüdesheim a. Rhein u. b. Kreuznach hieß *Rudenesheim* analog zu **Büdesheim** *(Budenesheim):* vgl. *Rudica:* Rüttgen wie *Budica:* Büttgen! *rud, bud* meinen „Sumpf, Morast, Schmutz". Ein Sumpfwasser *Rudupis* (wie Alkupis: alk = Sumpf) in Litauen. Vgl. die Bäche *Rudene* (ON. Röddenau/Eder) u. *Rodene* 1242 in E. Ein **Rudstedt** b. Erfurt. Auch Groß-**Rhüden** a. Innerste westl. Seesen ist alter, prähistor. Bachname *Rudene.* Deutlich ist *Ruden-:* Rüensiek in Lippe und *Ruden-:* Rüttenscheid/Rhld, wie Krüdenscheid, Medenscheid. **Rudewik** (Herford, Höxter) wie *Kudewik!*

Rüdigheim (2 mal: b. Marköbel nö. Hanau und a. Ohm ö. Marburg) gehört zu der bemerkenswerten Gruppe der Düppigkeim, Besigheim, Bietigheim, Ötigheim, Eubigheim, Königheim, Obrigheim, Uissigheim, Dittigheim, Böttigheim, Bödigheim, Gissigheim, Bönnigheim, Erligheim, Rettigheim, Gemmrigheim, die durchweg Termini für Wasser, Sumpf, Moor usw. enthalten. Siehe unter Bietigheim! Zu *rud* siehe Rüdesheim!

Rühle a. Weser südl. Bodenwerder (am Fuße des Voglers) kehrt an der Ems bei Meppen (1280 *Rule)* mit Moor (!) wieder, womit der Wortsinn von *rul* bereits angedeutet ist. Auch *Ruhla* (am Erbstrom, z. Hörsel) südl. Eisenach, mit dem Bernbach und dem nahen Mosbach, gehört dazu. Ein

Ruhlsbach fließt zur Nordrach/Kinzig, ein **Rühlenbach** zum Krempelbach/Kocher. So kann auch **Rülzheim** *(Rülichesheim)*, sumpfig am Rhein nö. Karlsruhe gelegen, nichts anderes meinen. Zu **Ruhlingen** b. Saargemünd vgl. Sulingen, Lellingen, Püttlingen, Büdingen, Bettingen, Kriechingen, Füllingen, Möhringen, Mörchingen, Rörchingen, Lüttingen (Lutiacum!) im selben Raum, sämtlich auf Sumpf, Röhricht, Moor deutend.

Ruhne b. Werl/Soest ist der prähistor. Bachname *Runa:* **Rühne** (Zufluß der Ohm *(Amana)* und der Solz/Hessen (vgl. die *Luna:* **Lühne** b. Höxter): *run, lun* sind prähistor. Wörter für Sumpf, Moor, Moder. Eine Sumpfstelle **Raun** (1187 *Rune*) a. d. Nidda. Dazu **Rhaunen** (841 *Runa*) nebst Sohren (sor „Sumpf") am Idarwald (vgl. die *Hune:* Haune u. die *Bune:* Baune als sinnverwandt). Eine Flur **„Im Rune"** i. W. In England vgl. *Runewelle, Ron-, Runhale* (wie Lunhale), *Roni-, Runi-mede.* Siehe auch Rünthe! Desgl. Runstedt, Rüningen und Ründeroth *(Runirode)!* Dentalsuffix zeigt die **Rühnde,** Zufluß der Eder, wie die Rahmede i. W. und die Lumde/Lahn. Zum Kollektiv **Rhünda** *(Runede)* b. Wabern/Kassel vgl. Lühnde *(Lunede),* Jühnde *(Gunede)* u. Weende *(Wenede)* b. Göttgn, lauter Sinnverwandte. — In Frkr. vgl. *Runiacum:* Rognac (nebst *Reniacum)* wie *Cuniacum:* Cognac (cun = Schmutz). In Holland: Ruinen.

Ruhr, vom Sauerland her zum Rhein fließend, mit den prähistor. Siedelzentren um Meschede, Olpe und Mettmann, hat mit „rühren" (so allen Ernstes A. Bach u. J. de Vries!) nicht das geringste zu tun. Sie hatte ihren Namen wie alle größeren und zahlreiche kleinere Flüsse zwischen Elbe und Rhein schon vor Ankunft der Germanen, also schon vor mindestens 3000 Jahren! *Rura* begegnet nämlich auch auf außerdt. Boden, in Spanien, wo *Rurada* neben *Bursada, Varada* und *Cesada* obendrein den Wortsinn verrät: denn *burs, ces, var* sind prähist. Bezeichnungen für sumpfiges Wasser (vgl. die *Bursina*/Belgien u. Emsland), und die Endung *-ada* stammt aus idg. Vorzeit (vgl. Fluß *Narbada*/Indien, dazu *Narbona*/ Rhone!). Auch *Rur-pede* (Möhne) neben *Burs-pede* (Bösperde/Iserlohn) bestätigt den Wortsinn (pede = sumpfiger Boden). Auch die durch Düren und Jülich zur Maas *(Mosa)* fließende Rur (820 *Rura*) entspricht dieser Deutung angesichts ihres Ursprungs im sumpfigen Gebiet des Hohen Venns und ihrer vielfach bruchigen Flußufer. Eine dritte *Rura:* Roer fließt in Belgien. Also auch geographisch gesehen, deutet alles auf keltische, wenn nicht vorkeltische Herkunft. (Siehe auch M. Schönfeld S. 79). Ein *Rurich* b/Erkelenz. Ein kelt. Volksstamm sind die *Rauraci* (von Cäsar erwähnt), wie die *Amaci*/Asturien (*am* = „Wasser"!)

Rülzheim nö. Karlsruhe siehe Rühle!

Rumbeck i. Westf. siehe Rumeln!

Rumeln *(Rume-lo)* b. Mörs entspricht **Ameln** b. Jülich *(Ame-lo)* und *Rame-lo* (Holland), wie **Rumscheid**/Lenne den Varianten **Ramscheid**/Eifel und **Remscheid**; desgl. *Rumesta:* **Rumpst** (a. d. Rupel/Schelde) wie *Ramesta*/Pannonien, mit venet. st-Suffix. *rum* ist wie *ram* und *am, um* (vgl. *Ume-lo:* Ummeln) ein prähistor. Wort für Wasser und Sumpf. *Rumon* hieß schon der Tiber in vorrömischer Zeit. Eine **Rhume** fließt vom Eichsfeld her zur Leine (siehe unter Rhume!). In Belgien begegnen *Ruma:* Rumes; Rummen b. Löwen (wie Ummen i. W.) und *Rumetra* (Bach u. Wald) b. Ypern (vgl. den Kermeter/Eifel). Rummen- **ohl** b. Ennepe/Ruhr entspricht Baben-ohl/Lenne (ol = Sumpfstelle!). Zu *Rumeney* b. Soest (wie Hacheney) vgl. *Rumeneia:* Romney Marsh in E., wo auch *Rumford, Rumworth, Rumwell, Rumeleg.* Zu **Rumbeck** b. Rinteln u. Arnsberg vgl. die Lumbeck (lum „Morast, Schlamm"). Eine **Rümmecke** *(Rumbeke* 1224) fließt zur Ruhr; dazu mit Diphthong: die **Raumbeke** ebda; vgl. **Raumbach** b. Kreuznach, wie **Rumbach**/Pfalz (sofern nicht *Runebach* zugrunde liegt). *Rume-stat* 1147 steht neben *Rame-stat.* **Rümlingen**/Lux. (699 *Rumelache)* kehrt b. Zürich mit **Rümlang** (928 *Rumilanc)* wieder, b. Nördlingen mit **Reimlingen** (868 *Rumilinga).* Und *Rumerode:* Romrod/Schwalm entspricht Licherode, Muterode, Mauderode u. ä. *Rumere:* **Rümmer** b. Wolfsburg stellt sich neben *Gumere:* **Gümmer** (mit prähistor. r-Suffix wie *Blandere:* Blender/Verden).

Rumpen b. Heerlen nö. Aachen kehrt im Odenwald als **Rumpfen** wieder, das an **Wimpfen** am Neckar erinnert (856 *Wimpina),* vgl. kelt. *Vimpiacus*/Gallien. *rump* (dem Wb. unbekannt) dürfte als *rup* mit Nasal-Infix zu verstehen sein wie *wimp* als *wip.* Und so entspricht **Rumpenheim** b. Offenbach a. Main den sinnverwandten Roppen-, Nacken-, Linken-, Essen-, Ohnen-, Aben-, Unden-, Heppen-, Mauchenheim im rheinhessisch-pfälzischen Raum. Den Wortsinn *rump* = „feuchter Schmutz, Moor" bestätigt *Rumpevenne* 1296/Engld, bestätigt auch der Wiesenname *Rumpendetsch* 1466 in Württ. (detsch = Jauche, Lache), vgl. Buck S. 45. Ein **Rumpenbach** fließt zur Oberen Alb. *Rumpen-sel* 1247/Wiedenbr.

Ründeroth a. Agger hieß a. 1000 *Runirode* (vgl. Ölerode: Öleroth ebda, ol = Sumpf!). Siehe Ruhne! **Rüningen** b. Brschwg entspricht Reiningen, Gleidingen, Beddingen, Weddingen, Löningen, Meiningen usw. **Rundorf** *(Runtrafa),* Bach im Siegerland, siehe Ferndorf! *Runtesloh*/Gent.

Runkel a. Lahn erinnert an **Unkel**/a. Rhein (nebst Unkelbach), dürfte somit vorgerm. sein. Vgl. *Runkelen* b. Lüttich, das *Runcheries* lautete (wie Ronquières), nebst Roncq *(Runch):* Runcerias wie Roserias = „Röhricht".

Runstedt b. Helmstedt siehe Ruhne!

Rünthe Kr. Hamm setzt ein Kollektiv *Runete* voraus, wie **Bünthe:** *Bunete.* Siehe Ruhne!

Runxt/belg. Limburg (urkdl. *Rongese)* entspricht **Rengse** b. Olpe, *Hungese:* **Hünxe** ö. Wesel u. Klingese: **Klings**/Rhön: alle auf Moor, Moder deutend. Ein **Rungsbächle** b. Bühl/Baden. Vgl. *Rungiac:* Rongy/Belg.

Runzgraben, Runzengraben, Runzenbach (mehrmals in Südbaden) entspricht dem Rittgraben, dem Ruschgraben, dem Rustelgraben ebda, alle auf Sumpf und Röhricht deutend; und so steht **Runzenheim** ö. Hagenau neben Sesen-, Sufflen-, Kogenheim. Ein Runzhausen w. Marburg.

Ruploh südl. Soest entspricht **Reploh** *(Rip-lo)* Kr. Beckum (nebst Repel a. Emscher). *rup, rop* ist Variante zu *rip, rep* im Sinne von „Sumpf(gras)" (vielleicht ist ndd.-brem. rupen „Weiden" damit verwandt). Den Wortsinn läßt auch die **Rupel** (Nbfl. der Schelde), um 750 *Rupena,* durchblicken: analog zur *Brakena*/Belgien u. zur *Digena* 726/Holland, wo auch *brak, dig* auf sumpfig-schmutziges Wasser deuten. Ebenso eindeutig ist das *Rupenbrok,* ein Sumpf in Westf. Dazu der **Ruppenbach** zur Eder b. Fritzlar, Ruppenrod b. Montabaur (wie Appen-, Eppen-, Lichenrod), **Ruppel**/Westf. **Ruplingen** a. Nied/Lohr. (wie Püttlingen, Budlingen, Busslingen: Busnanc ebda), *Rupenach* 1018: Rupigny b. Metz (wie Louvigny, Savigny), vgl. Rübenach, Kolbenach, Lentenach, lauter Sinnverwandte auf kelt. -acum! Ein **Rupt** a. Moselle. Zum **Ruping** (Berg b. LingenEms) vgl. den Beping u. den Schilling/Hessen! Zu **Rüper** bei Brschwg vgl. Ölper, Schwülper ebda. *Rupenest* siehe unter Dodenest!

Rüppur b. Karlsruhe *(Rietpur)* „Ried-, Sumpfsiedlung" ist eine prähistor. Sumpffeste im alten Ostrheinbett.

Ruschwedel südl. Postmoor/Buxtehude ist vergleichbar mit Marwedel, Barwedel, Hollwedel, — alle auf Sumpf und Moor bezüglich (wedel = Sumpffurt!): *rusch* (vgl. lat. ruscus!) meint wie *risch* „Binse". Dazu Rüschendorf b. Damme, Rüschhaus i. W. (Schloß der Droste), **Ruschweiler**/Württ., die **Ruschberge** a. Birs (auch Rauschen-Berg; Räuschen-Berg b. Höxter). Flur „In den **Ruschen**" (Lippe). Ein **Ruschgraben** im Pfinzgau/Baden, Ruschengraben b. Lörrach. Vgl. **Röschenz** *(Ruscantia)* b. Basel u. *Ruscino: Roussillon* b. Narbonne/Rhone. **Ruschebrok** mehrfach.

Rüsselsheim am Main ö. Mainz (urkdl. *Ruscinesheim)* deutet auf seine feuchtsumpfige Uferlage: es entspricht *Ruscino:* Roussillon b. Narbonne/Rhone, ist also vorgerm. Ursprungs (vgl, lat. *ruscus* „Binse"). Siehe Ruschwedel!

Rußheim am Rheinbett nö. Karlsruhe entspricht **Lußheim** b. Speyer: beide in einst sumpfiger Niederung! *rus(s), lus(s)* sind prähistor. Wörter für „Sumpfwasser". Vgl. die *Russa*/Südfrkr., die *Russaia:* **Riß**/Württ., **Rußbach**/Ö.; ein **Rußgraben** z. Kotbach/Wutach. **Rüssingen** sw. Worms wie Leiningen, Höringen, Mehlingen ebda. Ein **Ruß** im Elsaß. Sinnverwandt ist die *Riusa:* **Reuß** im Aargau (wie die *Tosa:* Töß), vgl. die *Sliusa:* Schleuß in Thür. Zu **Rüßwihl** b. Säckingen vgl. Morschwil. **Rüspe:** -apa!

Rust am Rhein südl. Lahr/Baden deutet wie **Rast** ebda (vgl. Rasta palus/ Brab.) auf sumpfige Lage. Vgl. auch *Resta:* die Reest in Drente. Eine **Rustlake** fließt in Holland, ein *Rustelgraben* b. Säckingen, ein *Ruste(n)-bach* (mit Rustenfelde) zur Leine, vgl. Leinefelde am Ursprung der Leine. Und so verhält sich **Rüstungen** im Eichsfeld zu Holungen u. Faulungen ebda wie der Rustenbach „Rohrbach" zum Holenbach u. Faulenbach (hol „Moor, Moder"). Auch **Roßleben** a. Unstrut (mit Memleben) ist altes *Rusteleben!* Ein **Rustow** a. d. Peene (pen = Sumpf)! Vgl. auch **Rüstenbach**/Rench u. Rüstenhart/Ob.-Elsaß. In England: *Rustewelle, Rusteshale, Rustentune:* Rustington (wie Quennington, Washington). Ein *Rustbrunnen* 1468 b. Heitersheim. Ein *Roste-Berg* Kr. Münster. **Rüstringen** i. O. alte Landschaft (mit Rüster Siel), 781 *Riustri,* deutet auf Sumpfwasser analog zur *Suestra* in Holland, Süsteren/Aachen, Sustrum/ Ems: *Sustra, Rustra* sind also prähistor. Gewässernamen. Vgl. auch Lüstringen, Listringen, Lüchtringen! *Rusteshagen*/Hess. wie Schmachtesh.

Rüthen a. Möhne in Westf. wird deutlicher durch **Rütenbrock** im Bourtanger Moor/Emsland analog zu Heerenbroek, Mastenbroek b. Zwolle und durch **Ruitenveen** ö. Zwolle (wie Heerenveen, Hadenvenn).

Rüttgen, Ruttscheid siehe Röddenau! Dazu auch **Ruttel** i. O.

Rutzgraben, Rutzenbach/Oberrhein meint wie **Retzgraben,** Retzbruch, Retzbach einen Sumpf-, Ried- oder Rohrbach. Den Wortsinn bestätigt aufs beste **Rutzenmoos** in Ö. nahe der Traun, analog zu Anken-, Atten-, Filden-, Siren-, Tettenmoos. Zu keltoligur. *rut* vgl. Fluß *Rutuba* (wie Gelduba); *Rutupia*/Brit., Volk *Rutuli*/Etrurien.

Ruwer a. Ruwer, Zufluß der Mosel ö. Trier, gehört zu den zahlreichen prähistor.,vorgerm. Namen der Moselgegend: urspr. *Erubris.* Zum Fortfall des Anlauts unterm Hauptton vgl. Rauke (eine Kohlart) aus lat. eruca; zur Form vgl. lat. *salubris* „heilsam". Ein Errwald liegt am Oberlauf der Ruwer! Zum Wasserwort *er* vgl. Fluß *Era* bei Pisa!

Rüxleben a. Wipper/Nordthür.: zum Verständnis siehe Erxleben!

S

Saale, Nbfl. der Elbe, siehe Saleye!

Saar, Nbfl. der Mosel (von Lothringen u. den Vogesen her), hieß zur Römerzeit *Saravus* entsprechend dem *Taravus* auf Korsika, ist also vorgerm.-keltoligurisch. *sar, tar* sind idg. Wörter für „Wasser" (vgl. altind. *sara),* mit den Varianten *ser, sir, sor, sur.* Eine *Sara* (Serre) fließt in Frkr., ein *Sarius* (Serio) zum Po, ein *Sarape* (wie Nycape) im Baltikum, ein *Sarnus* (wie Tarnus) in Italien, eine *Sarthe* (wie Murta: Meurthe) in Frkr., eine *Sarca* am Gardasee. Vgl. auch *sarm, serm, sirm.* **Saarn** s. *Sarnau!*

Saasen, Sassenheim siehe Sasbach!

Sabbenhausen b. Pyrmont entspricht Waddenhausen b. Detmold: *sab, wad* sind uralte Wörter für „Sumpf, Morast". Sabme nennen sich die Lappen als „Sumpfleute". Vgl. unser „sabbeln = besudeln", sabber „Speichel".

Sachrang a. Prien (Chiemgau) meint *Sacherwang* „Riedgraswiesenhang" (ahd. sahar, mhd. *saher* = carex „Riedgras").

Säckingen am Oberrhein siehe Seck(ach)!

Sadenbeck/Meckl. entspricht Radenbeck, Wadenbeck, Gladenbeck, Hadenbeck, Madenbeck, Adenbeck, - alle auf Sumpf-, Moor-, und Schmutzwasser deutend. Dazu **Sadewasser.** Die Parallele **Saddington:** Waddington: Caddington: Baddington, lauter Synonyma, bestätigt es. In Holland vgl. *Sadenhorn, Saden,* Zaandam (Schönfeld S. 84). *Saddebeke/*Ypern.

Saffig westl. Koblenz wird verständlich im Rahmen der Kettig, Küttig, Bruttig, Rachtig, Einig, Beurig, Körrig, Mendig, Tellig, Sinzig im selben linksrheinischen Raume, — sämtlich keltisch bzw. ligurisch, mit der kelt. Endung -iacum bzw. -ica, durchweg auf Gewässer bezüglich. Zugrunde liegt *Saviacum* oder *Sapiacum* (zu *sab, sap* „feuchter Schmutz, Morast", vgl. lat. sapa „Most, Saft", pannonisch sabaia „Bodensatz, Bierhefe"). Vgl. *Sapois wie Wapois/*Lothr. (wap = „Sumpf"), *Sapmeer/*Holland, *Sapley/*E. Desgl. *Savona, Savosa, Savesia, Sabodia:* Savoyen (wie Limodia), *Saviniacum:* Savigny (ca. 80 mal!) eingedeutscht Sevenich/Eifel, wie Davigny (dav = „Morast"), *Savara:* die Sèvre, auch *Sabrina:* kelt. Flußname in Wales (: Severn), Belgien u. Eifel (: **Seffern).** Nun verstehen wir auch **Saffermoos,** Safferwiese in Württ., Safferstetten/Nd. Bayern (wie Rohrstetten), auch Safenwil/Aargau (wie Magenwil, Morschwil). Siehe auch Seeve! *Safenberg/*Koblz, **Saeffelen:** *Saphele/*Aachen.

Sage (872 *Sega!)* am Sager Meer (wie **Sagehorn** am Moor der Wümme ö. Bremen) und die **Sage(bach)** b. Pyrmont deuten auf „Sumpfwasser", siehe Segeste, Seggerde! *sag* (statt *seg)* ist mundartl. Entwicklung. Ein idg. *sag*

aber liegt vor in den Flußnamen *Sagis* (zum Po), *Sagona* (Frkr.) u. im ON. *Saguntum*/Spanien (wie Basuntum/Pann., Carnuntum u. ä.).
So werden verständlich auch die in Baden u. Württ. verbreiteten N. kleiner Bäche und Gräben wie **Säggraben,** *Sägetgraben*, Sägengraben (vgl. Seelen-, Selden-, Seibengraben, lauter sumpfig-schmutzige Wässerlein, mit Riedgras bewachsen), nebst **Säg(en)bach,** -bächle, Seegenbach, Sägenhölzle, **Segwiesen, Segeten** u. ä.; auch ON. **Saig**/Schwarzwald (1275 *Segge*, also „Riedgras").

Salchendorf (2 mal, südl. u. östl. Siegen) nahe Weidenau „Dorf am Weidenwasser" (mhd. *salche* „Salweide"). Dazu *Salechen-:* **Salmünster** a. d. Kinzig, Salchenried u. ä. Vgl. aber auch schweizer. Salche (aus kelt. *saluca)* „sumpfige Wiese"! *Salciacum lutosum* (: morastig!). Sauchy.

Salder a. Fuse (fus = „Moder") b. Brschwg, **Saldingen** b. Hirsau und *Saldinawa:* Sellnau b. Zürich sind eindeutig Spuren vorgerm, Bevölkerung angesichts der Flußnamen *Saldruna*/Frkr. (wie Visruna, Olruna, Sidruna) und *Salduba*/Spanien (wie Calduba, Corduba, Uduba, Gelduba) u. der ON. *Saldania*/Spanien, *Saldae*/Pann. *(sald* verhält sich zu *sal* „Sumpfwasser" wie *cald* zu *cal*. Vgl. auch *sold: Soldero, Soldeacum*/Frkr.)

Saleye, Bach b. Attendorn, gehört zu den prähistor. Bachnamen auf -ey (-eg) im Westf.-Bergischen wie Salvey, Elsey, Postey usw. (siehe unter Ardey!): *sal* ist ein verbreitetes idg. Wort für „sumpfig-schmutziges Wasser" (vgl. den Sumpf *Sala* palus 840, kelt. saluca „Sumpfwiese", span. *salobre* „Pfütze", roman.-irisch-gälisch *sal-* „feuchter Schmutz"). Mit ihm sind gebildet die Flußnamen *Sala:* **Saale**/Thür., **Saalach**/Bayern, *Salia:* Seille/Frkr., *Salantia:* Salance/Schweiz (wie Palantia, palus „Sumpf"), *Saluscus* (zum Po), vgl. *Salasca*/Korsika; *Salusa* fons/Gallien, *Salisus:* die **Selse**/Bingen, vgl. *Saletio:* **Selz** b. Rastatt, *Salica:* die **Selke** im Harz, die *Salita* b. Orel/Rußland (wie die Argita/Irland), dazu *Salapia* (sumpfig) in Apulien, *Salernum*/It., *Salonae*/Dalmatien, *Salona*/Elsaß, *Salodurum* (kelt.): Solothurn wie *Vitodurum:* Winterthur. In England: *Saleford, Salewelle, Salewerpe*. In Westf. eine *Sal-beke* (vgl. **Salbke** a. Elbe) wie *Sel-beke:* **Selbke** in Lippe und *Sül-beke:* **Sülbke,** denn *sol, sul, sel, sil* sind Varianten. Auch noch in Flurnamen: das **Sahl** in Hessen und das Sohl.

Sall, Zufluß des Kochers b. Sindringen (um 1200/1300 *Salle)* und der Sallengraben (z. Weschnitz) sind vorgerm., vgl. die **Kalle** und die **Talle.** *sal, kal, tal* meinen feuchten Schmutz, Moder. Kelt. *Salna!* Vgl. Alle: *Alna!*

Salm, Nbfl. der Mosel, urkdl. *Salmana*, reiht sich mit seiner prähistor. Endung *-ana* in die Gruppe der *Almana, Galmana, Walmana, Swalmana* (Schwalm), lauter „Sumpf- und Moorflüsse". Siehe Saley, Saale! Vgl. das deutliche Salmrohr a. Salm b. Wittlich. Ebenso Zeuge vorgerm. Bevölkerung ist die **Salmsach**/Schweiz (urkdl. *Salmasa*, wie die Subersach ebda), auch die **Salmensbach** (zur Kinzig/Baden), und **Salm** b. Schirmeck/Elsaß (mit der Stammburg der Fürsten Salm) sowie **Salmbach** am Bienwald/Elsaß, auch in Württ. nebst Salmendingen b. Tübingen.

Salmünster siehe Salchendorf! **Salt-** siehe Selter(s)! **Salve** s. Selverde!

Salzgitter siehe Gittelde! **Salzwedel** *(Soltwedel)* a. Jeetze, Mündung der Dumme, in feuchter Wiesenlage, entspricht den übrigen N. auf *-wedel*, die durchweg alte Sumpffurten darstellen (zu *wedel* vgl. E. Schröder, Dt. Namenkunde, S. 264). Vgl. Barwedel, Marwedel, Hollwedel, Bruchwedel usw., wo auch das erste Glied auf Sumpf deutet! Auch urkdl. wird *wedel* im 14. Jh. mit lat. palus „Sumpf" übersetzt. **Salzungen** a. Werra (am Salzunger See!) entspricht den vielen N. auf -ungen, die sämtlich auf Gewässer Bezug nehmen, wie Heldrungen a. Heldra, Bodungen a. Bode, Faulungen, Holungen, Madungen, Gerstungen usw.

Salzig a. Rh. b. Boppard (922 in *Salzachu*) ist kelt. wie Sinzig! Fl. *Saltus!*

Sammern b. Bentheim (Moorgegend) nebst *Samern* b. Schüttorf i. W. entspricht den Varianten **Sümmern** b. Iserlohn, **Sömmern**/Thür., Sommern/Schweiz und **Simmern**/Nahe: *Samara* (so hieß auch die Sambre!) ist kelt. Bachname wie die *Namara* (Nahmer i. W.), die *Tamara* (Spanien) usw. Vgl. auch die *Samia:* Samme in Belgien, den *Samus* in Spanien. Eine *Sumere:* Saumer b. Höxter.

Sandebeck in Lippe (Bach und Ort, urkdl. *Sandenebeke*), kann schon aus formalen Gründen kein „Sandbach" sein: *Sandene* ist vielmehr vorgerm. Bachname, vgl. Fluß *Sanda* in Spanien. Dazu in E.: *Sandeford, Sandebrok, Sandewath* wie Lapwath, Skelwath, Slapewath, die sämtlich auf Sumpf und Moder deuten. Zu *sand* vgl. die Varianten *send, sind, sond, sund!*

Sane, Zufluß der Nuthe in Anhalt, kehrt in Polen mit dem **San** (z. Weichsel) wieder, in Lothr. mit dem **Sanon,** im Waadt mit der *Sanona:* **Saane,** auf Korsika mit *Saninco* (mit ligur. Endung wie Bevinco). Dazu *Sanitium* (Alpenort), *Sanabria* (ein Sumpfsee in Spanien) und das kelt. *Saniacum:* Sagnac (5 mal in Frkr.) wie Cagnac, Lagnac, Magnac, womit der Wortsinn von *san* gesichert ist: vgl. auch lat. *sanies* „Eiter, Wundjauche". Auf feuchten Schmutz, Moder, Sumpf deuten auch die Reihe *San-:* Söhnstetten: Heuchstetten, Rohrstetten usw. in Württ./Bayern. So wird auch der N. des **Soon-Waldes** am Hunsrück verständlich: 868 *Sana silva!* Tendenziöse linguistische Spielerei dachte an weidende „Schweineherden" (ahd. swaner, ags. sunor), um den N. fürs Deutsche zu retten (so noch 1953

A. Bach, Dt. Nkde, § 327). Waldberge wurden vielmehr grundsätzlich nach ihren Gewässern, ihrer Bodennatur benannt, vgl. den Idar-Wald mit der Idra, den Hümmling und die Humme, den Seuling mit der Suhle, den Hohn (silva Hone) b. Osnabrück, die Hohne (Hochmoor am Harz, den Solling, den Lushard (lus „Sumpf") usw. Ein *Sania* lag auch b. Trier.

Sange Kr. Olpen (890 de *Sangu)* verrät sich schon geogr. als prähistorisch: eine **Sange** fließt b. Wolfenbüttel zur Oker, ein *Sangro* in Italien, ein *Sangarus* bei *Sangia* im kelt. Galatien! *sang* verhält sich zu *sing, song, seng* wie *lang* (kelt. = „Sumpf"!) zu *ling, long, leng!* Auch **Sangenstedt** b. Winsen a. Luhe analog zu *Anken-, Bliden-, Buken-, Duden-, Fabben-, Holen-, Malen-, Paden-, Wessenstede* bestätigt den Wortsinn. Dazu **Sangerhausen** an der Goldenen Aue, der einst sumpfigen Helme-Niederung. Auch Flurnamen wie der Sangerkopf, der Sängergraben, Sangelbroich, In der Sang (Waldwiese) in Hessen und Westfalen.

Sankenbach, Zufluß des Forbachs/Murg (Baden), dürfte so vorgerm. sein wie der Rankenbach (z. Würm), der Rinkenbach (z. Murg) ebda, im Sinne von Moder-, Schmutzwasser; zu *sank* vgl. *sink* (die Sinkel, Senke-lo, Sinkmore). Dazu **Sankel** (nebst *Senkelo* 1535) i. W. und **Sankelberg** in Waldeck.

Sanzenbach, Zufluß des Bibers/Kocher, stimmt formal und begrifflich überein mit dem **Lanzenbach** (4 mal! z. Neckar, Speltach/Jagst, Bühler in Württ., auch b. Bregenz), dem **Nanzenbach** *(Nantenbach)* z. Dill, dem **Anzenbach** in Bayern/Baden und dem **Ranzenbach**/Württ., lauter eingedeutschte, kelt. bzw. ligur. Gewässernamen: zu *sant, lant, nant, ant, rant,* im Sinne von Sumpfwasser. Vgl. die kelt. *Santones!* Wahrscheinlich auch Xanten a. Rhein (umgedeutet zu „ad Sanctos", zu den Märtyrern). Varianten zu *sant* sind *sont, sunt, sint, sent* (lat. sentina „Kloake").

Sapelloh, Sapmeer siehe Saffig!

Sarmersbach b. DaunEifel entpuppt sich als prähistor.-vorgerm. mit **Sarmersheim,** heute **Sermersheim**/Elsaß, das 817 *Sarmenza* hieß, also einen keltoligur. Bachnamen *Sarmantia* darstellt, analog zur *Armantia, Germantia, Amantia, Albantia* usw. *sarm* ist erweitertes *sar* (wie *serm: ser):* vgl. die *Sermana* (zur Drôme) wie die Germana; **Sermlingen** a. Saar, *Sermethe:* **Serm** b. Krefeld, *Serme-sele* b. Calais (wie Germe-sele). Zum 12 maligen *Sarmasia* in Frkr. vgl. *Ambasia* (Ambois/Loire), z. Flußn. Amba, u. *Amasia*/Galatien, z. Wasserwort *am.* Ein **Sarmsheim** b. Bingen.

Sarnau b. Marburg erinnert an den Flußn. *Sarnus*/Italien (wie Tarnus). Er steckt auch in **Saarn**/Ruhr *(Sarne)* und **Sahr**/Mosel: 949 *Sarna.*

Sasbach in Baden (2mal) meint „Sumpfbach, Riedbach“: *sas* (dem Wb. und der Forschung unbekannt!), gewöhnlich mit den Sachsen verwechselt (!), ist Variante zu *ses, sis, sus;* es liegt vor auch in **Sasmecke** *(Sasenbeke)*, Bach b. Olpe (in prähistor. Gegend!), in *Sas-pit*/E., in **Sasel** b. Hbg., *Sasony* am sumpfig-schilfigen Neusiedler See (ungar, *sas* „Sumpfgras)! Deutlich auch in **Saas**, Bach im Wallis, **Saasen** ö. Gießen u. bei Hersfeld und **Saasenheim** im Elsaß (wie Sesenheim, Hilsen-, Grußen-, Elsen-, Kogen-, Ohnenheim ebda).

Saterland, fries. Moorlandschaft östl. der Ems, meint Sumpf- oder Moorland wie in England *Saterthwaite* „Moorwiese“ nebst *Saterley, Satley, Satgrave* (ags. *sat* = Sumpf). Vgl. dazu die Flüsse *Saternus*/Italien (wie Liternus, Aternus, lauter Sinngleiche), *Sata*/Litauen, *Sate*/Südgallien, ON. *Satenay*/Frkr. *Satersloh* 1145: Saasveld/Holld.

Sattenhausen b. Göttingen entspricht Battenhausen (b. Höxter) und Attenhausen in Nassau: *sad (sat), bad (bat), ad (at)* sind uralte Wörter für Wasser, insonderheit sumpfiges. Vgl. unter Sadenbeck!

Sauer *(Sure)*, Nbfl. der Mosel (von Luxemburg her), hat nichts mit „sauer“ zu tun: *sur* ist ein prähistor. Wort für (Quell- und Sumpf-) Wasser! Eine **Sauer** (695 *Sura)* fließt auch im Elsaß, eine **Sur** zur Salzach, und **Sur(en)-bäche** in der Schweiz. Ein Moorort *Surwold* a. Ems, vgl. mnd. sur-oged „triefäugig“, dänisch sur „feucht“, schwäb. *sur* „sumpfig, Sumpf“. Und so ist auch das gewässerreiche **Sauerland** *(Surland)* kein „Suder- oder Südland“, sondern ein von Natur feuchtes, sumpfiges! Vgl, auch (mit Dentalsuffix) **Sürth** b. Olpe sowie (mit kelt. Suffix -isca) Mosel-**Sürsch** b. Koblenz (wie Ivisca, Barbisca). Ein **Sauren-Berg** (+ Sesen-) b. Pömbsen.

Saulgau (entstellt aus *Sulgen*) dürfte den kelt. Bachnamen *Sulga* (Sulg im Kanton Bern bzw. Sorgues/Südfrkr.) enthalten. Anderseits meint *sulaga* auch „Suhlort“ (zu sulgen „beschmutzen“), vgl. Agin-sulaga 774: Agensuhl b. Zürich, Winter-sulaga 9. Jh. **Saulheim** *(Souwilenheim)* südl. Mainz meint Wasserort: 776 Suuilen-, vgl. Diwelen-: Dillheim!

Saumer *(Sumere)* Zufl. der Weser nö. Höxter (in prähistor. Gegend), siehe Sümmern!

Saurach ö. Schwäb.-Hall (nebst Maulach, Scheffach, Speltach, Stimpfach) ist der Bachname *Sur-aha*. Siehe Sauer!

Sausenheim *(Susenheim)* sw. Worms will im Rahmen der zahlreichen dortigen *heim*-Namen gesehen sein, die großenteils auf Wasser- und Sumpfbegriffe zurückgehen, wie Wattenheim, Mauchenheim, Heppenheim, Undenheim, Abenheim, Weisenheim, Dautenheim. Zum prähistor. Sumpfwort *sus* (sos, ses, sis, sas), erwiesen durch *Sus-siek,* siehe unter Soest! Vgl. auch kelt. *Susacum!*

Sayn ö. Neuwied, an der Sayn, die von Selters im Westerwald her zum Rhein fließt, hieß 1139 *Seine,* vgl. die *Seine* b. Paris *(Sequana* b. Caesar, *Segona,* Sigene um 800) und die *Segni,* belg. Volk: *seg, sek* = Sumpf-, Schmutzwasser.

Schaala (888 *Scalaha)* w. Rudolstadt a. Saale ist nach dem dortigen Bache benannt. Eine **Schaale** (mit der Sude), vgl. *Scala/*Calais, fließt vom Schaal-See/Meckl. zur Elbe; eine *Scal-apa* einst am Ndrhein. In Holland lag ein *Scalsmaer,* an der Mosel ein *Scalen* (nebst Karden, Müden, Schoden, lauter Sinnverwandte!). In Altspanien vgl. *Scalabis* (wie Artabis, Saetabis). In England: *Scalebrok, -hale, -thwaite* „nasse Wiese". Idg. *scal (scel, scil, scol, scul),* dem Wb. und der Forschung nicht geläufig, meint „feuchter Schmutz, Moder, Sumpf". **Schalbede**/Trier s. Herbede! Ein *Scalestat* 990: **Schallstadt** i. Br.

Schabringen a. Egau (am Donau-Ried b. Dillingen) entspricht Mörslingen, Mödingen, Finningen ebda, — alle auf Sumpf und Moder deutend: *scab-r* ist kelto-ligurisch in Anbetracht von *Scabris/*Italien und *Scabrona/*Frkr. (ein Flußname wie *Dabrona/*Irland: auch *dab-r* meint „Sumpf-, Schmutzwasser").

Schachten 1120 b. Hofgeismar (um 800 *Scaftun*) meint Ort am Röhricht (scaft, in ndd. Form scacht „Schilfrohr"). Vgl. den Schachtenbach (Schwalm), *Schachtenbeck* (Waldeck) neben *Scaftebach,* auch **Schachtrup** (890 *Scafthorp*) Kr. Beckum. In England: *Scaftworth, Shaftesbury.* Siehe auch Schäftigt!

Schackstedt (nebst Schackenthal) ö. Aschersleben (einst sumpf. Gegend) entspricht Quenstedt, Hettstedt, Schierstedt ebda: *schack,* dem Wb. und der Forschung unbekannt, muß somit Sumpf oder Schilf meinen. **Schaaken** b. Vöhl a. Eder bestätigt die hohe Altertümlichkeit des Wortes. Ein Schackau b. Fulda. **Schäckeln**/Weser, **Schakerlo**/Holld, *Skackerley/*E.

Schade (1074 *Scathaha,* heute Langen-Schade b. Saalfeld/Thür.) ist deutlich alter Bachname; eine *Scada* floß 1013 auch zur Weser. Was aber *scad* meint, verrät kein Wörterbuch! Wohl aber gibt es ein obd. Dialektwort Schaden, Schädeln für „Sumpfgewächse" (Buck S. 230 f.), und die Erläuterung durch *siepen, siefen* „quellige, sumpfige Stelle" läßt am Wortsinn „Sumpfwasser" keinen Zweifel: so **Scha(de)-siepen** im Bergischen analog zu *Schmie-siepen, Kuck-siepen, Schür-siepen, Vil-siepen, Muchen-siefen,* lauter Sinnverwandte! Und so entsprechen sich *Schadelike:* **Schalke** b. Gelsenkirchen und *Badelike:* **Belecke** a. d. Möhne, denn *bad* ist Sumpfwort; ebenso *Schadebach:* **Schappach** a. d. Wolfach/Südschwarzwald und *Madebach:* Mappach b. Lörrach, *mad* „Moder". Dazu **Schadenbach** am Vogelsberg, **Schadewald, Schadeleben** beim sumpfigen Aschersleben, **Schadematten** im Elsaß, zu **Schadges** b. Lauterbach vgl. Würges (Widergis, alter Bachname!). Auch der **Schäder,** ein Bergwald b. Goslar, wird damit deutbar, entsprechend dem **Seiler,** Bergwald b. Wolfhagen w. Kassel *(sel* = Sumpf!), dem **Heber** b. Braunschweig *(heb* = Sumpf, Moder) usw.

In England vgl. *Scadewelle, Scadenfeld, Scadokshurst;* in Holland: mehrere *Schadewik* (Schawijk u. ä.). So wird auch **Ska(n)dinavien** verständlich, wo fromme Phantasie an eine Göttin *Skadi* gedacht hat (so F. R. Schröder)! *Scadinga* 877/Lux. wie *Radinga* (rad „Moor").

Schaffen/Brabant (741 Scafnis) verrät sich durch **Schaffelaar** als Sumpfort! Vgl. **Schafflund** „Sumpfgehölz". Siehe auch **Schefflenz.**

Schaftlach b. Tölz/Bayern und **Schäftlohe** ebda sind Gehölze (loh) am Röhricht (ahd. scaft „Schilfrohr", vgl. unser Schaft); auch das **Schäftigt** begegnet als Flurname für Röhricht in Hessen. Dazu auch **Schäftlarn** a. Isar südl. München (778 *Scaftilare*). Siehe auch Schachten! Ein *Scaftebach* 1196. Ein *Scheftheim* b. Darmstadt.

Schagern *(Scagahorn* 890) i. W. nebst **Schagen** entspricht *Balahorn* „Sumpfwinkel". Siehe Schaich! Ein *Scagasthorp* im Dollart.

Schaich (892 *Scaaha,* 1350 *Schayach*) ist der N. eines Flüßchens nö. Tübingen, nach dem die dortige Landschaft **„Schönbuch"** (1187 *Schaienbuch)* heißt. *schai* dürfte auf *scag* beruhen (vgl. ags. sceaga „Sumpfwasser"), deutlich in *Scegenbuoch* 1134: **Scheinbuch** am Bodensee! Ein **Schainbach** *(Scheinbach* um 1400) fließt z. Brettach/Jagst.

Schale b. Tecklbg. (890 *Scaldi*) siehe Scheld! **Schal-beden** s. Schaale!

Schalke *(Schadelike)* siehe Schade! Aber die **Schalke** b. Goslar enthält ein bisher unerkanntes Wasserwort *scalc* (Erweiterung zu *scal* = „Schmutz-, Sumpfwasser"), deutlich in *Scalc-lethe* (12. Jh./Flandern) analog zu Pic-lede, Broc-lede! Ein **Schalkenbach** b. Remagen; dazu *Scalcobach* 863 in Ö., der *Scalces-bach* 747 zur Fliede (z. Fulda), *Scalcesburn* in E., *Scalcobrunno* um 900 Kr. Schlüchtern. Auch *Scalcinis* 1280: Ecaussines/Belgien!

Schallodenbach nö. Kaisrslautern ist schon am Dentalsuffix als undeutsch zu erkennen. Vgl. *Scaletta* 1394 (Wiese/Schweiz), *Scalabis*/Spanien. Zu *scal* „Schmutzwasser" siehe Schaala! Ein **Schal(l)bach** z. Kander in Baden. Dazu Schallstadt b. Freiburg: 990 *Scalestat.*

Schammach b. Biberach a. Riß siehe Schemmern!

Schandelah ö. Brschwg entspricht Schumlah b. Goslar, Kamlah, Wiedelah, Haverlah, Timmerlah, Armelah im selben Raume, lauter „feuchte, modrige Gehölze" (ostfäl. *lah* = *loh*). Es kehrt wieder an der Maas (b. Venlo) mit **Schandele** (*lo* = sumpfige Niederung!). *scand* (dem Wb. fremd, vielleicht = *scad* „Sumpfgewächs") kommt auch in süddt. Flurnamen vor, bes. für Wiesen: In der Schand, die Schand, der Schander, In Schandern a. 1420/Württ. (womit schon Buck S. 232 nichts anzufangen wußte). Dazu wohl Schändelbach, Schendelbek. Ein Schannenbach b. Bensheim. Ein Schandisgraben zur Schutter. Ein Fluß *Scando* in Gallien! Vgl. auch Fluß *Scantia*/Frkr., silva (aqua) *Scantia* in Latium!

Schapfenbach, Zufluß der Rems/Neckar, und der **Schapfen-See** in Oberbayern liefern ein (dem Wb. unbekanntes) Wasserwort *scap* (als Variante zu *scop, scep, scip*). **Schapen** (890 *Scapaham*), *Scapeveld*, **Schaphorst!**

Schappach a. Schappach (Zufluß der Glotter/Schwarzwald) ist assimiliert aus *Schad-bach*, wie **Mappach**/Baden aus *Mad-bach*, Lippach/Baden aus *Lidbach*, lauter Sinnverwandte. Siehe Schade!

Scharbach am Scharbach im Odenwald begegnet auch im Moorgebiet der Ise Aller 786 als *Scar-bach*. Dazu *Scarheim* b. Paderborn und *Scara* (8. Jh.) bei Mannheim. Der Wortsinn ist „Schmutzwasser" (vgl. altindisch *-skaras* „Exkremente"). Siehe auch Scharnhorst! Zu *scar: scarn* vgl. *scor: scorn* unter Schorbach, Scharrel! *Scarheim* 1015 ist **Scharmede** i. W.

Schardingen b. Freren ö. Lingen entspricht Messingen, Löningen, Lechtingen, Schöppingen, Wettringen im selben moorreichen Ems-Hase-Raum. *scard* ist somit = „Moor- oder Schmutzwasser" (wie die Variante *scerd:* siehe Scherlebeck!), bestätigt durch *Scardingwell, Scardeleg:* Shardley/E., auch durch Fluß *Scardupis*/Litauen (analog zu Kakupis, Latupis, Alkupis, Rudupis, lauter Sumpf- und Schmutzgewässer, — „steile" Flüsse (so H. Krahe 1957) gibt es nicht! Ein *Scardon* fließt zur Somme.

Scharmbeck am Teufelsmoor ö. Bremen und b. Winsen a. Luhe beruht auf **Scharnebeck** (so b. Lüneburg), d. i. „Schmutzbach, Moorbach (zu altdt.-ags. *scarn,* fries. skern „Schmutz", siehe Scharnhorst!). Ein **Scharn**(e) in Belgien.

Scharnhorst nö. Celle (im Moorgebiet von Eschede a. Aschau!), auch b. Verden und b. Dortmund, meint „modriges Gehölz" (altdt. *scarn* „Schmutz, Kot"), siehe auch Scharmbeck, Scharnebeck! Und so entspricht **Scharnstedt** in der Bremer Moorgegend den Sinnverwandten Hepstedt, Deinstedt, Glinstedt, Kührstedt, Badenstedt a. Bade. Ebenso in Württ.: **Scharnberg, Scharnhausen,** Scharenstetten; auch **Schernbach,** Schernwald. Vgl. unter Scheer!

Scharrel (*Scor-la*), 3 mal in Moorlage (zw. Sulingen u. Vechta/Oldbg, a. d. Leda/Emsland und östl. vom Steinhuder Meer, entspricht **Varrel** (*Vor-la*)

b. Sulingen (nahe Scharrel) und in Hadeln: **scor, vor** (dem Wb. und der Forschung unbekannt!) meinen „Sumpf, Moor, Schmutz“. Vgl. das synonyme *Fir-la:* **Firrel** (Moorort ö. Leer/Friesland)! Zu *scor* siehe Schorbach!

Schauernheim b. Ludwigshafen stellt sich formal und begrifflich zu **Dauernheim,** Gadernheim, Odernheim, Sobernheim: desgl. **Schauren** b. Bullay/Mosel u. b. Idar wie **Schura**/Württ. (mit dem **Schurwald** ö. Stuttgart) u. *Scura:* Escure/Frkr. nebst *Scuriacum:* Ecury (3mal!). Zu **Schürdt** *(Scurete)* a. Wied vgl. Sürth *(Surete)!* Der Wortsinn „Sumpf“ (ndl. *scuer* „Pfütze“, scheur „geul“) liegt deutlich zutage in *Schürsiepen*/Wipperfürth, *Schürenbruch*/Siegerland. Vgl. **Schüren** b. Meschede u. Dortmund.

Scheden a. Schede (Zufluß der Weser nö. Münden) wird deutlicher durch *Scheddebrock* nw. Münster i. W.: *scid, sced* meint „Morast, Schmutz“. Siehe auch Schieder!

Scheel b. Gummersbach wird deutlicher durch **Scheelenhorst** i. O., d. i. „Modergehölz“. Siehe Schelscheid, Schellbruch!

Scheer, Nbfl. der Ill im Elsaß, ein prähistor. Name, meint wie der **Scheerengraben** (zur Murg) und der **Scherenbach** b. Zürich „Schmutzwasser“ (*scer* = *scar,* siehe Scharbach!). **Scherrbäche** fließen z. Kocher und z. Jagst. Dazu **Scheringen** b. Mosbach/Neckar, und **Scheer** a. Donau/Sigmaringen.

Scheeßel s. Schleeßel!

Scheffach b. Schw.-Hall entspricht Maulach, Speltach, Stimpfach ebda.

Schefflenz, Nbfl. der Jagst zwischen Odenwald und Neckar, bisher ungedeutet, gehört als ursprüngliche *Scapil-antia* (oder *Scabil-antia*), um 800 *Scaflenza,* zu den vorgerm.-ligur. Flußnamen auf *-antia* und entspricht deutlich der **Aflenz,** Nbfl. der Enns/Ö. (1140 *Avelenze,* d. i. *Abl-antia,* zu *ab* „Wasser“) und der **Erkelenz** (d. i. *Arcil-antia,* zu *ark* „Sumpfwasser“). Auch alle übrigen *antia*-Namen enthalten Wasser-Begriffe! Damit ist auch der Wortsinn des dem Wörterbuch unbekannten *scap, scab* deutlich gegeben; von griechischen Felsen (skopelos, so Krahe) oder nordischen Schneewehen (skafl, so H. Kuhn) kann also keine Rede sein! Man vergleiche zu *scap: scapt* „Schilfrohr“ als Sumpfgewächs (z. B. in *Scaptia*/Latium) analog zu *apt* in *Aptia*/Ligurien (zu *ap* „Wasser“) u. Bach Afte, wie *tapt* (die Taft) zu *tap* „Moder, Moor“. Zu *scab* vgl. *scab-r* „Schmutz“ in *Scabrona*/Frkr., *Scabris*/It. u. Schäbringen/Württ. Siehe **Schaffen!**

Scheidungen a. Unstrut (alt *Schidungen)* nebst **Schiedungen**/Wipper klärt sich im Rahmen der übrigen Namen auf -ungen (siehe dazu grundsätzlich des Verfassers Artikel im Nd. Korr.-Bl. 1961). Ein **Scheidingen** nö. Werl i .W. Vgl. unter Schieder! **Schee**/Ruhr (nd. Dentalschwund!) wie **Scheie,** d. i. **Schede, Scheid:** im Rhld. = „Waldort“ (silva *Scheide* 1127)!

Scheibenhardt am feuchten Bienwald (1370 *Schibenhart)* entspricht Muchen-, Mörschenhart. *In der Schiben* (Wiese!). Siehe **Scheven!**

Scheinbach, Scheinbuch siehe Schaich!

Scheld b. Dillenburg und **Schelden** a. Wied b. Siegen enthalten dasselbe Wasserwort wie die **Schelde** (bei Cäsar *Scaldis* genannt). Auch **Schale** b. Tecklbg hieß 890 *Scaldi.* Den Wortsinn verrät uns *Scaldbrok:* **Schollbruch**/Tecklbg, auch Scalde-cumbe (wie Love-, Bove-, Ode-, Bride-, Cudecumbe, lauter Sumpf- und Moderkuhlen) nebst *Scalde-fleet, -ford, -welle, Sceldmere, Sceld-sled, Sceldesleg* (Shelsley)/England (ags. *sceald* = Ried). Vgl. auch *Scaldobrium* (wie Modobrium: mod „Moder").

Schellbach b. Homberg a. Efze wird deutlicher durch **Schellbruch**/Sieg, Schelscheid/Ruhr, Schelflet/Flandern und *Scele-ford, -brok, -dene, Skel-wath/* England (wie Slape-wath: slape „Moder"), alle auf sumpfiges Wasser Bezug nehmend. So auch **Schellweiler** b. Kusel (wie Aß-, Eß-, Koll-, Welchweiler ebda), der **Schellbach** (z. Wiese/Lörrach), die **Schallach** im Schwarzwald, die *Scellinaha* 865 (Schöllnach/Bayern, wie die Ankinaha: Ecknach); auch **Schellenbrink** b. Schötmar, Schellenhorst nebst Scheelenhorst i. O., Schellenbeck, **Schellhaus** *(Scelhusen)* i. W. nebst **Schelsen** wie Weghaus *(Wec-husen), Brokhusen*: Brockhaus usw. Zu **Schellerten** b. Hildesheim vgl. Anderten *(Andertune),* zu *and-r* „Sumpf, Moor". Eine **Schelpe** (1280 *Scilipa)* fließt zur Weser b. Höxter. Als Varianten zu *scel* vgl. *scil, scal, scol, scul!*

Schellerten, Schellhaus, Schellweiler s. Schellbach!

Schelmerath/Rhld entspricht Möderath, Greimerath, Kolverath, Randerath (-rode): *schelm* (mnd., mhd.) meint „Schimmel, Moder, Aas". Vgl. *Scelmis* beim sumpfigen Gent. Ein versumpfter **Schelmenbach** im Murrbezirk, ein Schelmengraben zur Glems/Württ.

Schelploh zw. Celle und Ülzen entspricht Schmarloh, Räderloh, Lutterloh ebda: *schelp* ist ndd. Form für „Schilf" (also „Schilfdickicht"). Schilf ist wahrscheinlich aus lat. scirpus „Binse" entlehnt.

Schemmen (1137) b. Hüsten Kr. Arnsberg/Ruhr (Mündung der Röhr, mit dem Sumpfgehölz Lühr) ist schon topographisch als Sumpf- oder Moder-Ort erkennbar. Dazu stimmt auch *Scheme* 1187 (jetzt **Schemde)** im Moor von Vechta i. O. und der Flurname *Schemm* im Bergischen (von Jellinghaus und Leithäuser mit lat. scamnum „Tritt" verwechselt!). An einem *Schem* liegt auch *Schentorp* b. Sendenhorst. Neben *scem* begegnet *scim* (vgl. auch *scum:* **Schumlah**/Harz und *scam* unter Schemmern): so *Scimmere* in Holland, wie Sap-mere, Alk-mere, Coddemere, und Flurn. wie *Scimme* 1292, „upm **Schimme**" i. W., *Schimmen* 1188 a. Lippe ö. Haltern.

Ein **Schimmenbach** fließt zur Larg im O.Elsaß. Dazu *Schimmesheim:* **Schimsheim** b. Alzey wie Gimbsheim ebda.

Schemmern (839 *Scammara)* b. Biberach a. Riß enthält, zumal die Lage trefflich stimmt (Buck S. 232), ein (dem Wb. unbekanntes) prähistor. Wort *scam* für Sumpf- oder Schilfwasser (vgl. noch schwäb. *schemmer* „Schilf"!), bestätigt durch *Scam-wath* (wie Slapewath, Scelwath)/E. nebst *Scamleg, Scamwell,* bezeugt schon im prähistor. Flußn. *Scamandra* (Südfrkr. und b. Troja!) wie Camandre, Balandre u. ä. Sinnverwandte! Ein **Schemmern** *(Scamberaha)* auch b. Eschwege. Zu **Schamerloh** b. Uchte (Moor!) vgl. Lutter-, Räder-loh.

Schenefeld westl. Hamburg und b. Itzehoe (bisher ungedeutet) kehrt in England wieder als Shenfield (1086 *Scenefeld)* nebst Shenley *(Scenleg),* Sheinton *(Scentune)* und Sheen *(Scene): scen* ist somit eine (dem Wb. unbekannte) Bezeichnung für Sumpfgras, Schilfwasser, Röhricht (vgl. griech. σχοῖνος „Binse"). Eine Variante *scin* liegt vor im Bachnamen *Scina:* Schijn, Zufluß der Schelde b. Antwerpen (mit Ort *Scin-la* 1183: Schijndel), desgl. in *Scina* 9. Jh.: **Schienen** b. Konstanz, *Schines* 1178 b. Lüttich, *Schinveld* b. Aachen, *Schinende* 1086, *Scinesworth* 947 in E., *Scinetum* (ladinisch) 1080/Ob.-Bay. (wie Cannacetum „Röhricht"). So werden verständlich auch **Schinnen** in Limburg, **Schinna** bei Nienburg/Weser, Schinne b. Stendal. Zu *Schinveld* vgl. auch Scheinfeld in Bayern.

Schengen a. Mosel b. Kontz siehe Schingen!

Scheppen b. Essen/Ruhr (1150 *Scippen)* — vgl. Reppen, Rippen! — enthält ein (dem Wb. unbekanntes) prähistor. Wort *scep, scip* „Sumpf oder Moor" (vgl. auch *scap, scop!* wie rep, rip, rap, rop). Es wird bestätigt durch *Scepen-, Scipen-stede* 1136: **Schöppenstedt** b. Helmstedt analog zu Reppenstedt, nebst Bliden-, Fabben-, Harpen-, Holen-, Malen-, Paden-, Wessenstede. Ein *Scepingen* 1112 b. Magdeburg (wie Wippingen, Weddingen, Gleidingen), ein **Scheppau** b. Brschwg, ein **Schepelse** b. Ülzen. Auf obd. Boden vgl. **Scheppbach** (zum Kanzelbach b. Hdlbg.), **Scheppach** a. Mindel und *Scephbach* 812: **Schippach** b. Miltenberg/Main (pp für pf wie in Heppen-, alt Hepfenheim; hepfo „Hefe, Bodensatz"). In England: *Scep-was* „Sumpfwasen", *Scepehale, Scepeia, Scepesheved* wie Sceldesheved. Zu *scip* siehe **Schüpf**! Zu *scop:* Schopfheim!

Scherbda nahe der Werra ist wie die benachbarten **Schwebda** a. d. Werra, Renda und Ifta im Ringgau ein hochaltertümliches Kollektiv auf *-idi, -ede;* allen diesen Kollektivformen liegt ein Wasserwort zugrunde! Scherbda deutet auf ursprüngliches *Scarb-idi,* analog zu *Swab-idi, Ren-idi, Ip-idi. Scarba,* ein Sumpfort in Schottland, *Scarv* in Irland, *Scarbantia*/Pannonien, *Scarbia*/Lechgegend (auch ein Bach *Scarb 884)* erweisen *scarb* als prähistor.-vorgermansich, im Sinne von Sumpf- oder Schmutzwasser (vgl. altind. *scar,* altdt. *scarn* „Kot" und die Variante *scarp*!). Zur *Scarbantia* vgl. die *Scarantia:* die Scharnitz. Scherbda wiederholt sich in Waldeck mit **Scherfede** a. d. Diemel! Ein **Scherfbach** *(Scherve* 1218) fl. b. Odenthal im Bergischen (Ud-andra ist prähistorisch, ud = Wasser), — auch Rothbroich u. Morsbroich ebda deuten auf sumpfige Gegend.

Scherfede a. d. Diemel siehe **Scherbda!**

Scherl *(Scirlo)* siehe **Scheyern! Scherlebeck** siehe Schierstein! **Schermbeck** siehe Scheyern!

Scherpenbruch/Ndrhein, urkdl. *Scarpenbrok,* wie **Schirpenbeck** *(Scarpenbek)* ebda und Scherpenzeel, Scherpendrecht in Holland enthalten das Wasserwort *scarp* wie die *Scarpe,* Nbfl. der Schelde *(Scaldis)* und die *Scarponna:* ON. Charpeignes. Vgl. auch *scarb* unter Scherbda!

Scherweiler, Scherstetten siehe Scheer!

Scherzingen (2 mal, b. Freiburg u. am Bodensee, wie Güttingen, Dettingen ebda!) und **Scherzheim** b. Bühl (Rheinebene) werden deutlicher durch die **Scherzach** (zur Schussen) = Schmutzwasser: vgl. die *Schertriede* 1460 b. Bohmte i. W. und die *Schorte* (zur Ilm); nebst Schortens i. O.; ein *Schorzgraben* b. Säckingen: *scert, scort* wie *scer, scor* „Schmutz"!

Scheven am Bleibach Kr. Euskirchen (3 Dörfer) entpuppt sich als alter Gewässername durch **Schevenriede** Kr. Bersenbrück und durch *Scheve* (Sheaf), Fluß in Brit. nebst Sheffield, Sheviot, Shevinlegh, **Shevin(g)ton** (analog zu Leavington; Fluß Leave; Washington, Shenington, Queningtontton, Liddington am Liddon). Vgl. auch *Schive* 1183 b. Mettlach/Saar, *Sciveveld* um 1050/Siegerland und **Schievenhövel** i. W. (wie Rassenhövel: *Rashuvel,* Nethövel, Spurkhövel, alle auf Sumpf, Moor, Moder deutend). Ein **Schivelberg** (166 *Scivele)* b. Zülpich.

Scheyern in Oberbayern, zwischen Dachau und Ingolstadt, urkdl. *Scira* (am lacus Scirensis!), Stammsitz der Wittelsbacher, ist keine Siedlung germanischer Skiren, wie man gemeint hat; *scir* (mit kurzem i!), bisher mit dem mhd. Adjektiv *schîr* „rein, glänzend" verwechselt, ist ein verklungenes idg. Wort für schmutzig-sumpfiges oder mooriges Wasser! Vgl. Fluß *Skirus* in Griechenland und die Flüsse *Scir,* 956, heute Rother, *Scirne* in England, mit *Scire-lake, -ford, -welle, -burn, -leg* (Shirley) ebda. Auch die konstante Verbindung mit Synonymen für See, Moor, Sumpf bestätigt es. So *Scira-mere* 1285 (: Insel Schermer/Holland), *Schier-sieck* b. Lübbecke (wie Getsiek, Hachsiek, Sussiek!), *Scir-lo:* **Schierloh** Kr. Iburg und **Scherl** a. d. Volme, *Scier-vene,* **Schierbrok** i. O., **Schierhorn** b. Buchholz (wie Druch-, Get-, Balhorn, horn = Winkel), **Schirum** b. Aurich (-um = -heim), wie **Scirenheim** einst b. Bentheim; auch der *Schierensee* b. Rendsburg, der Schierenberg in Lippe, **Schierenbeck** in Westf. (mehrfach), entstellt zu **Schirmecke** b. Höxter, zu **Schermcke** b. Oschersleben (Sumpfgebiet), zu **Schermbeck** b. Bückeburg u. Rinteln. Ein **Schierstedt** a. d. Wipper. Ein **Schierholz** am SchwarzenBruch (!) nö. Pyrmont.

Eindeutig sind auch die Flurnamen „das Schier", „die **Schiere**" in Westf., der Waldname „der **Schieren**" (*Scire* silva 1318) a. d. Schunter und ON. **Schier** b. Ülzen, Schieren in Lux., *Scire:* Equire b. Calais. Ein vliet Schieringe in Holld. Ein Flurname *Skirelle* im Rheinland.

Schieder (889 *Scidra*) an Niese und Emmer am Teutoburger Walde (mit der wüsten *Skidrioburg*) gehört zu den Zeugen der Vorzeit: als prähistor. Gewässername, vgl. den *Scidrus* in Lukanien! Dazu *Schiderke:* **Schirick** Ndrhein wie *Elverike* (Ilverich/Krefeld), *Lechterke, Ermerike, Ennerike, Embriki, Mederike, Boderike, Bederike, Lederke, Ditterke,* lauter Sinnverwandte! Auch *Skiddernach* („a puddly place"!) in Irland deutet auf den Wortsinn „Morast, Schmutz". Siehe auch Schede(n), Scheddebrock! In England vgl. *Schide, Schidefeld.* Zu *Scidinge* 8. Jh.: **Scheidungen** a. Unstrut nw. Naumburg (uralter Ort mit Burg) vgl. *Madungen, Fladungen, Bodungen* a. Bode usw., desgl. **Schiedungen** im Harzvorlande wie Teistungen, Holungen, Faulungen ebda! Ein *Scedaba* in Mösien!

Schienen siehe Schenefeld!

Schier, Schierbrock, Schierstedt siehe Scheyern!

Schierstein am Rhein b. Wiesbaden (1040 *Scerdi-stein!)* entspricht **Nierstein** *(Neri-stein):* zugrunde liegt ein der feuchten Lage entsprechendes Wort: idg.-lat. *scerda* meint „Kot" (noch im Irischen erhalten). Es steckt auch im N. der *Skerdelbeke:* **Scherlebeck** b. Reckl. und in *Scerdin(g)ton*/England (wie Washington, Eddington, Liddington am Liddon). Ein *Scherda* im Samland/Ostpr., eine Insel *Scerda* in Illyrien. Vgl. auch *scard* unter Schardingen!

Schießheim siehe Schrießheim!

Schifferstadt b. Speyer (868 *Sciffestat!)* hat so wenig mit Schiffern zu tun wie das nahe Mutterstadt mit Müttern. *scip, scif* (dem Wb. unbekannt) meint sumpfig-schmutziges Wasser; *mutt, mutter* = Bodensatz, Schlamm. Vgl. *Sciffa* 807/Bayern, *Schiffelbach, Schiffenberg*/Hessen. Siehe auch Schiphorst und Schüpf! **Schiffweiler**/Saar wie Dunz-, Eß-, Aß-weiler usw. In E. vgl. *Sciffenhalch* 664 (wie Suckenhalch)!

Schilderode (923 *Schilturode*), 3 Wüstungen b. Kassel, Sontra usw., siehe Schildesche! Grotesk ist der Versuch E. Schröders S. 229, eine Dame Se-hild zu postulieren!!

Schildesche b. Bielefeld hieß 940 *Scildice,* gebildet wie *Scornice, Erpece, Ternesche, Mepesche, Bramsche,* lauter Sinnverwandte in westfäl.-niederl. Moorgegenden! *schild* (im 15. Jh. im Teuthonista bezeugt) meint noch im Holländischen „meersen": Sumpf! Das **Schildmeer**/Nordholland wie *Scyldmere* in England bestätigt diesen Wortsinn. So werden verständlich: **Schildgen** b. Bergisch-Gladbach, d. i. *Scildica,* wie Büttgen: *Budica,* zu *bud* „Sumpf, Schmutz"; das Lühr- oder **Schildfeld** i. W., **Schildhorst** b. Alfeld a. Leine (wie die Synonyma Scharnhorst, Kusenhorst), der Wald **Schildesloh** b. Hersfeld (vgl. *Scildeswelle*/England, nebst *Scildewic* 784), *Schilderode* (3 mal!), **Schildbach** in Thür. u. Österreich (auch Bach und Ort in der Alb), auch **Schilda,** Schilde, Schildau. Desgl. die **Schiltach,** Nbfl. der bad. Kinzig, und der Schiltersbach ebda; auch **Schiltern** b. Krems i. Ö. hieß 1142 *Sciltaha!*

Derselbe Sinn eignet auch den Bachnamen: die **Schille** a. Ruhr, bei Pattensen (zur Leine) und im Harz (Schillau) sowie dem Bergnamen **Schilling** in Hessen (analog zum Beping, Süsing, Solling!); ein Schillen-Berg. b. Hanstedt/Harburg. Eine *Scilebeke:* Schielbeke in Brab.

Schimme(n), Schimsheim siehe Schemmen!

Schinne(n) siehe Schenefeld! Desgl. **Schimmert** *(Schinmorter* 1152). *morter „Sumpf"* bestätigt den Wortsinn von *schin!*

Schingen/Stavoren, **Skinge** (Schenge, Bach ebda) u. **Scingham**/E. deuten mit *Scingomagus*/Piemont aufs Keltoligurische!

Schiphorst i. W. (auch Moorort b. Oldesloe) und **Schiplage** westl. Herford, bisher ungedeutet, werden deutlicher durch *Scip-pool, -cumbe, -leg, -burn, -dene, -meadow* in England, die mit Sicherheit auf *scip* = „Sumpf, Moor" weisen; denn „Schiffe" fahren weder auf Wiesen und Feldern noch in Gehölzen und Gruben! Siehe unter Scheppen und Schüpf! Schip**lage** stellt sich zur Amlage, zur Harplage, Schnettlage, Hettlage, Rettlage, lauter „nassen Gefilden"! Zu Schiphorst vgl. Made-, Wadehorst.

Schirpingen b. Nassau (lat. *scirpus* „Binse") s. Scherpenbruch!

Schirum b. Aurich siehe Scheyern! **Schirik** (Schiderke) siehe Schieder!

Schladen a. Oker südl. Wolfenbüttel (in sumpfiger Gegend), nahe der Wedde-Mündung (wad, wed = Sumpfwasser), meint Ort am Röhricht (nd. *slade,* mhd. slate). Ebenso **Schladern** a. Sieg, **Schladt** a. Lieser/Mosel. Vgl. Vaake „in den Schläden" a. Weser. Dazu **Schladebach** mit Schilfsee b. Merseburg. Siehe auch obd. Schlatt und ndd. Schledde! Arnold S. 522!

Schlammede (1203 b. Unna i. W.) gehört zu den vielen Kollektiven auf -ithi, -ede, meint also schlammreicher Ort.

Schlangen zw. Detmold und Paderborn am Teutoburger Walde, in einst sumpfiger Ebene (beim Schauplatz der Varus-Schlacht!), hieß 1365/1403 *Westlangen, Ostlangen* (das S- stammt also aus der verschluckten Vorsilbe). Zur Bedeutung siehe unter Lenglern, Lengerich!

Schlanstedt am Huy zw. Halberstadt u. Oschersleben entspricht Quenstedt Neinstedt, Seinstedt, Wehrstedt, Silstedt, deutet mithin auf Sumpfwasser, wie auch das wüste *Sleningen* (nebst Weddingen). *Slene:* Sleen/Drente. *Slanare* wie *Vanare*: Fahner *(van* „Sumpf"). Ein Fluß *Slaney* in England.

Schlapenbach, Zufluß des Torpenbachs b. Uhldingen am Bodensee (m. d. Schliretgraben) und der Schlappbach (zur Glatt) b. Böffingen bezieht sich auf sumpfiges Wasser oder Gelände. Vgl. *Slape-wath*/England (wie Skelwath, Scam-wath): *slape* „schlüpfriger Boden" (A. H. Smith II 127).

Schlarpe, Bachort ö. Uslar am Südhang des Sollings, stellt eine prähistorische *Slar-apa* dar; *slar* (dem Wb. unbekannt) gehört als Variante zu *slor* (vgl. die Schlör, zur Nette) und *slir* (vgl. Schlierbach „Schlammbach"). Zu Schlarpe vgl. *Slarbacis*/Fld. *slar, slor, slir* = *lar, lor, lir* „Sumpf".

Schlatt am Randen und öfter: verbreiteter Flur- und ON. in Süddeutschland (mhd. *slâte* = Röhricht, Sumpfstelle"). Dazu **Schlattingen**/Württ., **Schlettstadt** im Elsaß 778 *Sclatistat,* 877 *Sletestat).* Eine **Schlatel** fließt in Thür. (zur Schwarza)! Entstellt ist **Schlachtensee** b. Berlin(aus Slat(en)-see 1242 bzw. slaw. Slatina). Vgl. auch Schladen!

Schlauch, einst sumpfiges Altwasser des Rheins b. Mannheim, und das Schlauchbächle b. Lienheim/Schaffhausen sind Varianten zu **Schluch,** d. h. „Sumpfwasser": siehe Schlücht! Gleiches meint **Schlausenbach** *(Slusenbach)* b. Prüm/Eifel (vgl. die *Slus:* Schleuß in Thür.). **Schlaun** s. Schlon!

Schlech(t)bach, Zufluß der Rot b. Schwäb. Gmünd, meint nichts anderes als der **Schlichtebach** (zur Eyach in Balingen) mit der Flur Schlichte: es sind Varianten zum **Schlücht(bach),** d. i. versumpfter Bach, siehe dies! Ein Schlechtbach auch b. Schopfheim/Baden. Dazu Schlechtenfeld b. Ehingen a. Donau, **Schlechtnau** (nebst Todtnau, tod = Moos!) im Schwarzwald, **Schlechtenwegen** a. Schlirf (Slirafa „Schlammbach") a. Vogelsberg (: wege = wag „Tümpel", stehendes Wasser, vgl. Eschwege). Siehe auch Schlichthorst!

Schledde, Zufluß der Lippe westl. Gesecke, meint „Sumpfwasser" *(slede = slade).* Dazu **Schledehausen** ö. Osnabrück und b. Vechta (Moorort) und Schledenbrück a. Ems.

Schleeßel, Scheeßel, Dreeßel (Moororte bei Rotenburg a. Wümme) deuten auf vorgerm. Bezeichnungen für „Moor“!

Schlei *(Sli)* siehe Schleswig!

Schleich b. Schweich a. Mosel entspricht **Schlich** b. Düren; *slich, sleich* meint „Schlick, Schlamm, Morast“.

Schleid (urkdl. *Sleitaha)* a. Ulster/Rhön und b. Bitburg deutet auf Schmutz- oder Schlammwasser: idg. *sleidh*. Desgl. **Schleidern** b. Korbach (wie Wadern), **Schleiden** a. Rur/Eifel und b. Jülich, *Sleidebach* 1147, Schleidweiler b. Trier: 1181 *Sletwilre*. Schleitheim am Randen.

Schleift: Die Schleift, Anhöhe b. Amöneburg, die Hohe **Schleife** b. Hedemünden, der **Schleifstein** (Slifstein) westlich Fritzlar, die **Schleifberge,** -bühel, -bäche, -gräben in Baden/Württ. deuten alle auf schlüpfrige Bodennatur bzw. schleimiges Wasser (: ahd. **slif, sleif** „schlüpfrig“, ags. slypa „Schleim“). Vgl. den **Schleifbach**/Deister; *Sliffebach*/Hessen; *Slifehurst*/E.; Schliffkopf u. Schliffbäche/Württ./Baden.

Schlein-See (m. d. Deger-See) am Bodensee meint „Schlamm-See“ (mhd. **slim, slin,** slaw. **slina).** Ein **Slina:** Slijne b. Gent.

Schleißheim am Dachauer Moos nö. München (auch b. Wels/Ö. im Tal der Traun), urkdl. *Slivesheim,* verrät sich schon topographisch als Siedlung an sumpfigem Wasser. Dasselbe *sliv* begegnet in *Sliwingen:* **Schliengen** im Breisgau. Zur Form Slivesheim vgl. Schlipsheim!

Schleptrup i. W. hieß *Slipedorp:* siehe Schleift! Dazu **Schleper** b. Meppen/ Ems. Deutlich ist der Wortsinn von *slip* in *Schliepsiek* (wie Sussiek, Hachsiek, Getsiek) i. W. und im Barmer *Schlippen!* Vgl. **Schlipps** a. Glon u. **Schlipsheim** a. Schmutter b. Augsburg; auch Schlippenbach. Ein *Schlippen-Berg* b. Pömbsen. *Slipen* in Fld. Auch der **Schlöpen** nö. Höxter!

Schleswig *(Sliaswik)* liegt an d. **Schlei** *(Sli):* idg. *sli* „Schleim“ (noch norweg.). Vgl. *Sliveld. Sli-drecht*/Holland. **Schliestedt** b. Helmstedt.

Schlettstadt im Elsaß siehe Schlatt! Im Elsaß auch ein Schlettenbach. Vgl. auch Schlettau b. Halle und die Schletta (Schleitbach) z. Eger.

Schleuß (mit Schleusingen), Zufl. der Werra südl. Suhl, ist vorgerm. *Slusa.* Vgl. *Sclusumbach* 816: **Schlausenbach** b. Prüm.

Schletzenrod b. Hünfeld entspricht **Betzenrod** ebda; *sletz, betz* (verschoben aus *slet, bet)* meinen sumpfig-schleimiges Wasser. Vgl. bei Hünfeld auch das ablautende Schlotzau! Ein **Schletzenhausen** sw. Fulda.

Schlewecke (2mal, b. Harzburg im Radautal und a. Innerste südl. Hildesheim) macht undt. Eindruck. Vgl. die Alte *Schlewecke,* Flur am Morl-Berg b. Oker. Ein fluvius *Sclevus* 1040 b. Namur! Ein ON. *Scleven* b. Douai. Vgl. *Slavedene, Slaveleg* „muddy leah“, sowie *Slivesheim:* Schleißheim.

Schlichem, Nbfl. des Neckars b. Epfendorf, deren Endung an die Rottem und die Mettem erinnert, siehe Schleich und Schlickelde! Ein Schlichenbach fließt zum Glaitenbach/Murr.

Schlickelde in Tecklbg *(Slic-lo)* entspricht Backelde *(Bac-lo): slick, back* meinen „Schlick, Schlamm, Morast". Vgl. **Schlieckum** *(Slic-hem)* b. Hildesheim (wie Mehrum, Einum, Borsum ebda), Schlieckau b. Ülzen. Ein Berg „die **Schlicke**" südl. Füssen/Allgäu. Daneben auch **Schlichhorn** bei Düren, **Schleich** a. Mosel (ahd. mhd. *slich, slîch* „Schlick").

Schlichtbach siehe Schlechtbach! Ein **Schlichthorst** b. Bramsche.

Schliefenbach/Weschnitz siehe Schleift!

Schlierbach, öfter Ba- und Ortsname in Süddeutschland und Hessen, meint „Schlammbach" (mhd. *slier*). Bekannt ist der **Schliersee**/Ob.-Bay. Ein **Schlierschied** b. Kirn a. Nahe. Dazu *Schlierholz* 1485/Schweiz, **Schlieren** ebda, **Schlier** b. Ravensburg.

Schliestedt südl. Helmstedt siehe Schleswig!

Schliffkopf und Sohlberg b/Oberkirch (mit dem **Schliffbach,** zum Lierbach/Rench) siehe Schleift! **Schlingensiepen,** *Im Schlinge i. W., Slingehlaw*/E. erweisen *sling* als „Sumpf"; daher *Schlingenhof* wie Heften-, Koden-, Schleichenhof!

Schlipps a. Glon w. Freising, **Schlipsheim** a. Schmutter b. Augsburg, **Schlippen,** Schlipsiek u. ä. siehe Schleptrup!

Schlirf, Zufluß der Schlitz/Fulda, vom Vogelsberg her, um 800 *Slirafa,* d. i. Schlammbach (siehe Schlierbach). Die Bachnamen auf -apa, -afa „Wasser, Bach" gehören zu den ältesten.

Schlitz a. Schlitz (822, 1013 *Slidesa)* nw. Fulda verrät sich durch das s-Suffix als prähistor.-vorgermanisch analog zur *Idasa:* **Itz** b. Coburg. Vgl. idg. (lit) *slid-* „schlüpfrig, schleimig"! Ein **Schlittenbach** fließt zur Nagold b. Stammheim. Dazu **Schlittenhart**/Württ. analog zu Rittenhart, Muchenhart, Morschenhart, Wagenhart! Ein **Schlitters** (mit roman. s, wie Volders, Taufers) im Zillertal/Inn.

Schlochtern b. Melle siehe Schlüchtern, Schlücht!

Schlon: ein von Holland über Westfalen bis Pommern reichender Name von Sumpf- oder Schlamm-Seen, vgl. de *Sloen* (ein plas in Holland, Schönfeld S. 240), *Sloon:* **Schlaun** i. W., *Schlüntker in palude* (!) b. Detmold (Jell S. 156), Schlön b. Waren i. M., **Schloon-See** auf Usedom.

Schlör, Zufluß der Nette (Harz), siehe Schlier und Schlarpe.

Schlotheim b. Mühlhausen/Thür., **Schlotfeld** b. Itzehoe und die **Schlotwiese** b. Tabarz/Thür. deuten auf sumpfiges Gelände (mnd. *slot).* Ebenso *Slotesborch:* entstellt zu **Schlüsselburg** a. Weser!

Schlüchtern a. Kinzig wird deutlich mit dem einstigen Sumpfwald Schl. b. Mörfelden in der Main-Ebene zw. Frkf. u. Darmstadt. Ebenso **Schluchtern** w. Heilbronn sowie *Slochtra* in Holland und England, vgl. ags. *sloh*, ndl. sloeg, slooi „Morast", *Schlücht, Geschlücht* = Sumpf! Dazu die **Schlücht,** Zufluß der Wutach, mit dem Schlüchtsee (alt *Sluchsee)* im Schwarzwald. In den **Schlochtern** + *Schlochterbach* ö. Iburg.

Schlupfenbach (zur Schussen/Bodensee) meint dasselbe wie Schlippenbach (siehe Schleptrup, Schleift).

Schluttenbach b. Karlsruhe meint „Schmutzbach", mhd. *slute* „Pfütze, Morast"; vgl. die Schluttenwiesen/Württ. Ein **Schlutter** a. Delme.

Schmacht: Die Alte Schmacht, ein Bergwald am Solling, auch ON. (mit See!) b. Binz auf Rügen, enthält ein völlig unbekanntes Wort für Moder o. ä. Es kehrt wieder mit *Smachtiun* 887: **Schmechten** südl. Driburg, wo auch Niesen, Gehrden usw. bis in älteste Vorzeit zurückreichen: *Smachtiun* (Dativ pluralis) entspricht *Seliun, Veliun, Duliun, Heliun, Muliun, Heppiun, Meppiun,* lauter Sinnverwandte für Sumpf, Moor, Moder. Gleiches besagt die Reihe *Smachteshagen* (1288 i. W.): *Rusteshagen: Katteshagen* i. W. (rust = „Sumpf, Röhricht", kat = „feuchter Schmutz"). Dazu Schmachtenhagen b. Leegebruch nö. Berlin und **Schmachthagen** b. Oldesloe; auch Schmachtenberg b. Miltenberg a. M. Zu *smacht* vgl. als sinnverwandt *wacht, kacht, bracht:* Grundformen *smak, wak, kak, brak.*

Schmadebeck/Meckl. meint „Schmutzbach" (ndd. Schmadder „Schmutz").

Schmalkalden, siehe Kalden!

Schmant-Berg (Name von Waldhöhen im Edergebiet und b. Höxter) meint „feucht-schmutziger Berg" (thür. *schmant* = Schmutz, seit dem 15. Jh. aus dem Slawischen: *smant* „Schmiere, Rahm"; vgl. böhmisch *smetana* „Schmetten": dazu ON. Schmettau — und Schmetterling).

Schmarbeck b. Ülzen hieß *Smer-biki* „schmierig-schleimiger Bach". Dazu der **Schmarloh,** ein feuchter Waldbezirk ö. Celle, wie Schelploh „Schilfdickicht", Arloh, Lutterloh und Räderloh im selben Raume. Vgl. Schmerbach b. Gotha, *Smerapa:* Schmerp/Holland.

Schmardau b. Hitzacker/Elbe enthält idg. *smerd-*, lit. *smard* „stinken". Vgl. **Schmorda** b. Pößneck/Saale: zu slaw.-wendisch *smord* „Kot".

Schmechten i. W. siehe Schmacht!

Schmedenstedt b. Peine fügt sich in den Rahmen der übrigen norddt. Namen auf -stede wie Achen-, Gadenstedt die durchweg auf Wasser, Moor, Moder, Sumpf deuten. Idg. *smid* (altdt. *smit,* mhd. *smitze)* meint „Schmutz"- vgl. *Smedmere, Smethestal, Smithemersch*/E., *Smet-lede/*

Flandern. Siehe auch Schmitten! Dazu auch das uralte Dorf **Schmedissen** (1036/1128 *Smidessun*) analog zu *Pedessen, Mödessen.*

Schmeißing, Waldhöhe ö. Morschen a. Fulda *(smis-* „Schmutz"): wie der Schilling, Beping, Biening!

Schmerbach, Schmerberg, Schmerbach, Schmerp siehe Schmarbeck!

Schmerlecke ö. Soest meint „Schmutzwasser", vgl. *Badelicke:* Belecke, *Schadelicke:* Schalke. **Schmettau** siehe Schmantberg!

Schmidtheim/Eifel entspricht Losheim ebda (los „Sumpf"). S. Schmitten!

Schmiechen w. Ulm und b. Augsburg beruht auf einem prähistor. Bachnamen Schmiech, bezeugt mit der **Schmie** (zur Enz b. Vaihingen) „in pago *Smecgouue*" 771 (mit der Flur Schmiechberg) und mit **Schmieheim** b. Lahr/Baden: am alten *Smie-bak* 926, d. i. „Schmutzbach" (idg. Wurzel *smi).* Vgl. *Smecheim:* **Schmeheim**/Thür. Ein **Schmieh** auch b. Calw. Deutlich ist *Schmiesiepen* b. Soest (wie Ell-, Hüll-, Schadesiepen).

Schmitten a. Nidda (auch am Hinterrhein) enthält ein altes Wort für „Schmutz" (vgl. ags. *smitte,* mhd. *smitze,* idg. *smid),* deutlich in *Smithemersh*/E., *Smitte-, Smetlede* „Schmutzwasser"/Flandern. Eine *Schmittenfurt* 1579 b. Melsungen, ein Schmittenbächlein b. Radolfzell, ein Berg Schmittenstein b. Salzburg. Dazu **Schmittweiler**/Pfalz (wie Hottweiler, Bettweiler ebda) und /Saarpfalz (wie Dunz-, Eßweiler ebda). Siehe auch Schmidtheim/Eifel und Schmedenstedt! Ein **Schmitzingen** (nebst Rotzingen!) b. Waldshut.

Schmölde-See/Spreewald und **Schmolde**/Meckl. deuten auf „Morast, Schlamm, Schmutz" (slaw. *smold,* zu idg. *smeld;* vgl. „schmelzen").

Schmogrow im Spreewald enthält wendisch *smogor* „Torf".

Schmorda b. Pößneck siehe Schmardau!

Schmücke, bewaldeter Höhenzug an der Unstrut, gehört begrifflich mit der **Schrecke** und der **Finne** ebendort zusammen, lauter feuchte, modrige Waldberge. Vgl. gälisch *smuc* „feucht" (lat. *mucus),* altslaw. *smuk* - „glitschig".

Schmutter, parallel mit dem Lech nö. Augsburg zur Donau fließend, ist so vorgerm. wie die Schutter: *smut =scut!*

Schnabschied b. Düsseldorf entspricht Ramschied, Sohrschied, Schlierschied, Huschied: *snab, snap* ist ein altes, unbeachtetes Wort für „Sumpf", vgl. *Snapas*/Schweden, *Snape, Snapeland, Snaweford, Snawesmere* (956) in England. Siehe auch Schneen! Schneppe! Schneffelrath!

Schnar(de)sleben siehe *Far(de)sleben!* Dazu *Snardesford* 1086/E.

Schnarum/Lenne wie *Snargate*/E.: zu *snar* „Moder".

Schnathorst w. Minden nebst *Snatford* 1253 und *Snathagen* 1464 ebda i. W. enthalten idg. (z. B. umbrisch) *snat* „feucht, modrig", vgl. engl. snot „Schleim". In E.: *Snateswelle.*

Schneen m. d. Sülzeberg! a. d. Leine südl. Göttingen ist ein altes Kollektiv *Snewithi,* urspr. *Snawidi,* d. i. „feuchter, sumpfiger" Ort (zu *snaw* siehe Schnabschied!); die Schrödersche Deutung „schneereicher" Ort (S. 121, 287) ist sachlich und methodisch verfehlt! **Schnee** b. Stade und b. Dortmund siehe Schneeren.

Schneeren am Steinhuder Meer ist verschliffen aus *Snederen* wie Freeren (Freren) aus *Frederen,* Ehren aus *Ederen,* Rehren aus *Rederen,* alle auf Moor und Sumpf deutend! Vgl. *Snedere-broch* 786 (ein Moor der Wümme), die *Schnedicke* (z. Weser b. Minden), *Snedwinkel* 1022 b. Rheine, *Snede:* Schnee b. Stade. Ein *Sneidbach* 786 b. Hbg. Siehe auch Schnettmecke!

Schneffelrath (-rode) deutet auf *Snavel-* „Sumpf" wie die Neffel auf *Navila!* Vgl. das Schnebelhorn (Thurgau), Schnabelweid, -berg.

Schneidhain/Taunus, Schneidbach siehe Schneeren!

Schnelten i. O. hieß *Snelethe,* — eines der vielen Kollektiva auf -ede, die durchweg Wasserbegriffe enthalten. Vgl. *Snel-husen:* **Schnelsen** b. Hamburg wie *Albusen:* Ahlsen, *Balhusen:* Bahlsen: *al, bal* = „Sumpfwasser". Moorige Lage ist für Schnelsen und das benachbarte Stellingen (s. dies!) kennzeichnend. Vgl. auch obd. *schneller* = „Algen": Schnöllerbach, Schnella-Bach, Schnellbach, Schnelldorf, Schnell(en)rode. *Snelles-lund, -hal, -cumbe* 854 in E. bestätigen den Wortsinn.

Schnepke b. Syke (Moorgegend!) beruht auf *Snetbeke* wie **Nöpke**/Lippe auf *Nodbeke: sned, nod* meinen „Sumpf, Moor". Siehe Schneeren!

Schneppe: Die Große Schneppe b. Waldeck (mit dem Rausch-Berg, d. i. Binsen- oder Rohr-Berg!) deutet auf feuchte, sumpfige Natur; denn *snep* (wie *snap,* siehe Schnabschied) ist ein unbeachtetes, uraltes Wort für „Sumpf": vgl. „uppen *Snepe* 1589 in Lippe (FN. Schneppelmeier, Preuß S. 100). Zu Schneffelrath/Siegkreis siehe *snav, snev* unter Schnabschied. *snep, snap* (vgl. auch die Schnepfe als Sumpfvogel!) ist Variante zu idg. *nep, nap* (Neptun! Nepete/Etrurien).

Schnorbach b. Simmern u. **Schnorbke** (Lippe: wie Schorbke!) meint Schmutzbach (s. Schnarum). Vgl. *Snoreham, Snora* 1086 in E.

Schnuttenbach am Donau-Moos b. Günzburg dürfte sinnverwandt sein mit Schnaittenbach, Pettenbach, Dettenbach, Schluttenbach, lauter „Schmutzbäche". Vgl. engl. *snot* „Rotz".

Schobrink b. Diepholz (Moorgegend!), *Sco-hurst*/Friesland (wie Mudehorst, Scharnhorst), *Sco-bike* 1154 b. Goslar, *Sco(g)-ithe* b. Rinteln, **Scho-holtensen** b. Wunstorf, Skobüll/Husum enthalten ein unerkanntes Moorwort *sco!* Vgl. auch *Scoiolum:* Eceuil!

Schockemühle i. W.: die Mühlen-Namen alter Zeit bewahren oft uraltes verklungenes Wortgut! Vgl. auch Juckemöhle u. ä., *Schokebrok* in England und *Schokland* (Polder) in Holland (wie Snapeland, Cleveland) nebst *Scoche* b. Lüttich lassen am Wortsinn „Sumpf, Moor" keinen Zweifel; *schock* ist somit Variante zu *schack* (s. Schackstedt). Vgl. englisch *scough, scok* in diesem Sinne.

Schoden b. Saarburg, a. d. Mosel, entspricht Leucken, Klotten, Müden, Karden (alle entlang der Mosel), — lauter Sinnverwandte aus vorgerm. Zeit. Zu *scod* vgl. *scad, sced, scid, scud* = Schmutz, Morast.

Schoholtensen b. Wunstorf siehe Schobrink!

Schöller b. Mettmann/Elberfeld siehe Schüller! **Schollbruch** (Tecklb) siehe Schelden! **Scholven** b. Gelsenkirchen klärt sich mit *Scol-vlet* 1246/Holland. Vgl. auch *Scolivae:* Escolives/Dep. Yonne. Zu *scol,. scal, scel, scil, scul* siehe Scheld, Schild, Schuld! Ein **Scholen** nö. Sulingen (Moorgegend).

Schondra, Nbfl. des Mains von der Südrhön her, *Scuntra* 8. Jh., m. Schönderling (!) nebst Schonderfeld (b. Gemünden), gehört wie alle alten Flußnamen dieser Gegend der vorgerm. Zeit an (— bisher ganz abwegig zu altnord. scund- „eilen" gestellt!). Vgl. die **Schunter** b. Brschwg, gleichfalls mit prähistor.-vorgerm. r-Suffix (wie Sontra, Antra u. ä.) *scunt* dürfte eine Variante zu *scut* „Schmutz" (vgl. die Schutter!) mit n-Infix darstellen, was schon Holder (Altkeltischer Sprachschatz) vermutete. Vgl. *scant* (die *Scantia*/Frkr.) und *scat!* An der Schunter liegt der *Schieren,* ein Sumpfgehölz!

Schönbuch *(Schaienbuch)* siehe Schaich!

Schonungen am Main, wo auch das prähistor. Theres *(Tarissa)* liegt, ist nur im Rahmen der übrigen N. auf -ungen deutbar, wie Rannungen, Weichtungen, Strahlungen im anschließenden Hassegau (einem „Riedgau"!) nebst Hendungen, Behrungen (Barungen), Fladungen, Wasungen, Faulungen, Holungen, Rüstungen usw., — sämtlich auf Sumpf, Moor, Ried, Röhricht deutend! Vgl. auch **Schongau** am Lech! **Schoningen** b. Uslar am Solling. Zu *scon* „Sumpf, Röhricht, Binsicht" siehe unter Schüller *(Sconelar).*

Schönnen b. Michelstadt im Odenwald (inmitten prähistorischer Namen) dürfte **Schinnen, Schienen** entsprechen: *scon, scen, scin* meinen „Binsicht,

Röhricht, Sumpf". Siehe *Sconebrok, Sconelo, Sconelar* unter Schüller, Schonungen. Vgl. auch *In der Schöne, Schene, Schiene*/Württ.

Schopfheim ö. Lörrach/Südbaden entspricht **Schüpfheim** bei Luzern: **Schopfloch** (mehrfach in Württ.) und Schopflohe/Bayern läßt mit -loh „Gehölz, Dickicht" den Wortsinn deutlicher werden, vgl. das mehrfache Schäftlohe, Schaftlach „Schilfdickicht"! *scop* (dem Wb. unbekannt) ist (wie *scap, scep, scip)* ein verklungenes Sumpfwort. Dazu **Schoppengraben,** Schoppenach, Schopp. Auch **Schophoven**/Jülich, und *Scopingu* 890: **Schöppingen** im Quellbezirk der Vechte. **Schöppenstedt** siehe unter Scheppen! Ein *Scopiland* (Shopland) in E.

Schorbach am Schorbach (zur *Grintifa:* Genf) ö. Alsfeld/Schwalm und b. Bitsch (bisher ungedeutet) meint „Schmutzbach" (mlat. scoriosus „schmutzig", ahd. scorno „Kotklumpen"). Zusätze wie *fenn, brok, lo* bestätigen den Wortsinn des verklungenen idg. *scor:* so in E. *Score-fen,* in Belgien *Score-brok,* in Oldbg *Scor-la:* **Scharrel** (auch b. Diepholz u. Wunstorf) analog zu *Vor-la* **Varrel** b. Diepholz (s. dies!), alle in Sumpf- und Moorlage! Dazu die alte Landschaft *Scoringa* (Unterelbe), **Schorborn** b. Holzminden a. Weser, **Schorstedt**/Altmark (wie Lückstedt, Nahrstedt, Trüstedt ebda). Nicht zuletzt die Flüsse *Scor, Scoraid* in Irland (analog zu *Lonaid, Mucaid:* auch *lon, muk* meinen feuchten Schmutz, Moder). Siehe auch Schornbach!

Schornbach (mit Schorndorf) a. Rems ö. Stuttgart und der Schornbach, Zufluß der Nordrach/Kinzig im Schwarzwald, sind „Schmutzbäche" (ahd. *scorne* „Kot"). Vgl. auch **Schornsheim** b. Alzey, *Scornese:* Schoorisse/Belgien (wie Scildice: Schildesche usw.), *Scoren-lo: Schoorl*/Holland, *Scorneleg*/E. Siehe auch Schorbach!

Schorte, Zufluß der Ilm/Thür., kehrt b. Säckingen m. d. **Schorzgraben** (z. Wehra) und in E. mit *Scortegrave* „Schmutzgraben" wieder. Siehe zu *scor* unter Schorbach, Schornbach! Zum Dental-Formans vgl. die Sperte/Holl.

Schötmar a. Bega b. Herford hieß urkdl. 1231 *Scute-mere,* was weder mit „Schutt" (so J. Schnetz), noch mit „Schotten zum Abdichten" (so Jellinghaus) zu tun hat! Denn sämtliche N. auf -mar enthalten Begriffe wie Sumpf, Moor, Moder, Schilf u. ä. Auch idg. *scut* meint „feuchter Schmutz" (mlat. *scutes,* schwäb. *schut),* deutlich in ὑ-σκυθος „Mist". Siehe Schotte, Schotten, Schutter! Ein Hof *Schöttmer* auch b. Bramsche. Zu Schötmar vgl. auch das synonyme *Hötmar!*

Schötte, Moorbach b. Diepholz, urkdl. *Scute,* und die **Schottmecke** *(Scutebeke)* b. Arnsberg a. Ruhr (auch der *Scutibach* 1139 in Württ.) meinen

„Schmutzbach": siehe dazu **Schötmar** (1231 *Scutemere)!* und **Schutter!** Zur Form *scot* neben *scut* (dem Wb. unbekannt) vgl. die *Scoti* in Schottland, die*Scotingi* a. d. Saone, die Landschaft *Scotraige*/Irland, *Scotasius:* Ecotais (Zufluß der Loire); *Scoteford, -leg, -well, -broc* in England nebst *Scotorne,* **Schotthorst**/Gelderld (b. Brokelo!), Schotthock/Ahaus. Ein *Scota* 866 im Hennegau/Belgien, *Scoterna*/Garonne. Ein Schottikon b. Winterthur. Siehe auch Schotten!

Schotten am Vogelsberg (wo keinerlei Schottenkloster nachweisbar ist) entspricht **Motten** in der Rhön: *scot, mot* meinen „Schmutz, Moder". Näheres unter Schötte und Schötmar! Vgl. auch Batten und Ratten!

Schozach, Zufluß des Neckars (in Sontheim), schon 1275/1312 *Schotza(ch),* ist eine ursprüngliche *Scota, Scot-aha.* Siehe Schötte!

Schrecke: Die Schrecke, die **Schmücke** und die **Finne** sind bewaldete Höhenzüge südl. der Unstrut (zw. Artern und Kölleda) und gehören auch begrifflich zusammen: sie meinen nichts anderes als die Hohe Schleife b. Stolberg/Harz (zu *slif* „schlüpfrig"), deuten somit auf die feuchte Bodennatur. Ein **Schrecksbach** bzw. Schröckbach fließt b. Bregenz am Bodensee, ein Schreckengraben z. Neckar, ein Schreckensee nö. Ravensburg. Siehe auch **Schröck** b. Marburg *(Scrickede)!* Ein **Schrecksbach** liegt östl. Alsfeld/Schwalm. Zum **Schrecken-Berg**/Kassel vgl. Seggen-, Wasen-Berg.

Schreufa *(Scrufi)* a. Nuhne u. Nienze (nö. Frankenberg a. Eder), wo auch das prähistor. Viermünden *(Virmenni),* das ebenso alte Geismar und Bachnamen wie Nuhne, Orke *(Orcana),* Eder *(Adrana),* Werbe, Itter, Treis, Wese, Küche *(Cuca)* u. ä. von vorgerm. Bevölkerung zeugen, reicht wie alle diese in älteste Vorzeit zurück, wie schon die Einmaligkeit des Namens verrät: *scruf* (sonst nirgends greifbar) muß auf die feuchte, einst sumpfige Lage deuten. Vgl. Schrufinekka/Schweiz, Schrofelteich/Murg.

Schriesheim b. Heidelberg (am Schriesheimer Graben), 774 *Scrizesheim,* bisher ungedeutet, kann sich (wie **Schiesheim** b. Diez a. Lahn und **Spiesheim** b. Alzey) nur auf das dortige Gewässer beziehen: *scris* dürfte aus vorgerm. *scrit* verschoben sein wie die Schussen aus *Scutana* (scut = Schmutz). Vgl. *Scrite-sedge* in England, wo der Zusatz sedge (sege) auf „Riedgras" weist! Dasselbe Wort dürfte auch den N. der *Scrithi-finni* verständlich machen.

Schröck *(Scrickede)* b. Marburg a. Lahn kann nichts anderes meinen als das benachbarte Moischt *(Muscede),* vgl. *Op dem Schricke!* S. Schrecke.

Schuld a. Ahr siehe Schulheim!

Schulheim/Ndrhein entspricht Pulheim b. Köln, Ollheim, Wüschheim, Schurheim, Manheim, Blatzheim, Horheim (Horrem) usw., alle linksrheinisch und auf Gewässer Bezug nehmend. Auch *scul* (dem Wb. und der Forschung unbekannt!) meint (als Variante zu *scol, scal, scel, scil)* „Schmutzwasser": Bäche namens *Scula* sind in Westf. und England bezeugt (nebst *Scule-brok*/E.), eine *Sculenbeke* 1083 in Holland (nebst der *Sculingleke)!* Dazu **Schulen** b. Luzern, :Schuilenbeke (wie Ecouen/Frkr.), Schulau b. Hbg. u. der **Schul-See** b. Mölln (wie der Schaal-See b. Ratzeburg)! **Schuld** a. Ahr (975 *Scolta)* entspricht Ecoust b. Arras: 1159 *Scolt!* Vgl. die Scheulte südl. Basel u. die *Scultenna* zum Po (wie *Ravenna, Tavenna).*

Nicht zuletzt mehrere **Schulen-Berge** (Harz) wie Schlippen-, Gropen-, Rödden-Berge, u. **Schul-Berge** wie die Rohr-, Schleif-, Süll-Berge!

Schüllar am Berlebach/Rothaar ist wie **Schüller** b. Prüm/Eifel und **Schöller** b. Mettmann/Ruhr verschliffen aus *Sconelar,* wie **Hollar**/Wetterau und **Holler**/Nassau/Luxbg aus *Hunlar* 893, und **Lollar** a. Lahn nö. Gießen aus *Lunlar* sowie **Soller** südl. Düren aus *Sunlar,* und **Ellar**/Nassau aus *Enelar,* — lauter Sinngleiche, sodaß auch *scon* (dem Wb. und der Forschung nicht geläufig!) wie *hon, hun — lon, lun — son, sun — an, en* zu beurteilen ist, d. h. als „Moor, Moder, Sumpf"! *scon* ist somit Variante zu *scan, scen, scin* (siehe Schandorf, Schenefeld, Schinnen). Auch die Zusätze *lo, brok* dulden keinen Zweifel daran: so *Sconelo* Kr. Warburg (= Schoonlo im Moorgau Drente u. Schullen in belg. Limbg) u. *Schoonbroek*/Antwerpen (wo auch *Scinlo!).* Ebenso die Gleichung: *Sconard — Wermard — Pannard — Caldard — Ternard* im brabantischen Raume bestätigt es: (werm, pan, cald, tern sind prähistor. Sumpfwörter). Ein *gors* („Morast"!) *Sconirlo* (jetzt Polder Schoonderlo) b. Rotterdam. Nicht zu vergessen die einst sumpfige, daher fruchtbare Landschaft **Schoonen** in Südschweden. Auch „schöne" Bäche sind mit der ältesten, unromantischen Namengebung unvereinbar! Schon 817 begegnet bei *Sconilar* (Schüller/Eifel) ein *Scon(en)bach* (nebst Sconenscheid!). Ein *Sconestat* lag 991 bei Rohrbach/Wormsgau. **Schandorf:** 890 *Sconon-, Scananthorp.*

Schumlah siehe Schemmen u. Schandelah! **Schunter** siehe Schondra!

Schüpf, Zufluß der Tauber (über die Umpfer), wo es verschroben wäre, an das mhd. Adverb schipfes „quer" zu denken (so z. B. Krahe), enthält das verklungene *scip* „Schmutz" (siehe Schiphorst!). Desgl. Schüpf in Baden, **Schipfe** b. Zürich, **Schüpfheim** b. Luzern (vgl. Schopfheim). Aber **Schupbach** w. Weilburg (auch Zufl. der Ohrn/Kocher) ist assimiliert aus *Scutbach* wie Schappach aus Schadbach.

Schür-siepen b. Wipperfürth entspricht den Synonymen Per-, Twes-, Klef-, Schmie-, Schade-, Meppen-, Muchen-siepen, alle auf Moder, Sumpf, Schmutz bezüglich. Genau so das **Schürenbruch** im Siegerland und **Schürensöhlen** b. Oldesloe (mit der Erläuterung *sol* „Suhle"), womit *scur (skur)* als verklungenes Wort für sumpfiges Wasser erwiesen ist; nur im Holländischen begegnet es noch als *scuer* „Pfütze", *scheur* „geul"! So werden verständlich **Schüren** b. Meschede u. bei Dortmund, **Scheuren** im Rhld, **Schauren** b. Bullay a. Mosel und b. Idar sowie *Scurheim:* **Schauer(n)-heim** b. Mannheim analog zu *Durheim:* Dauernheim a. d. Nidda (dur = Wasser!), Gadernheim b. Bensheim usw., lauter Sinnverwandte! Dazu **Schürdt** a. d. Wied (wie Sürth b. Olpe, sur „Sumpf") mit Dentalsuffix, und **Schura**/Württ., m. d. Schurwald wie *Scura:* Escure und *Scuriacum:* Ecury (3mal!) in Frankreich. *Scuri-linges-meri* „See am Schmutzbach" hieß 890 die spätere Wüstung **Schorlemmer** b. Beckum.

Schurzelt b. Aachen: 896 de *Cirsoli* siehe Kersch!

Schussen: Die Schussen, vom Sumpfgebiet des Feder-Sees her (wo auch die Kanzach entspringt) durch Schussenried (!) und Ravensburg zum Bodensee fließend, 816 *Scuzna* geschrieben, ist wie die *Cantaha:* Kanzach ein Zeuge aus vorgerm. Zeit, offenbar verschoben aus *Scutana* (siehe Schutter!), im Sinne von „sumpfig-schmutziges Wasser", was die Zuflüsse Bampfen u. Sulzmoosbach bestätigen!

Schutter (724/54 *Scutura),* Nbfl. der Kinzig/Baden (eine zweite in Bayern), mit ON. Schuttern, ist schon am r-Suffix als undt.-vorgerm. erkennbar, kann also nicht „Schutt, Geröll" enthalten (wie Schnetz wollte). Zu idg. *scut* „Schmutz" vgl. die *Scutula*/Litauen u. die *Scutticho:* Schütt b. Salzburg. Weiteres unter Schötmar, Schötte! Deutlich genug ist **Schüttebroich**/Düsseld., nebst **Schüttorf** *(Scuttorp)* b. Bentheim, wie Suttorf! Dazu **Schutzbach** (Betzdorf u. Bodensee). **Schützeberg**/Wolfhgn.

Schwabach (1021 *Suab-aha),* Nbfl. der Rednitz (der prähistor. *Radantia!)* südl. Nürnberg, mit gleichn. Ort, ist bisher ebenso ungedeutet wie ihr Zufluß: die **Volkach.** Eine harmlose Deutung wie „Grenzbach gegen Schwaben" (so noch Ernst Schwarz), mitten in Franken und ohne jede Parallele!, gehört ins Reich der Phantasie. Wenn die Volkach sich durch Volkenmoos in Baden, Volkenbach ebda und Volkerake in Holland als sumpfig-schmutziges Wasser zu erkennen gibt und die benachbarte **Aurach** *(Ur-aha)* das idg. *ur* von gleicher Bedeutung (so schon bei Plinius) enthält, dann kann auch die **Schwabach** nichts anderes meinen! Deutlich genug sagt es z. B. der Flurname *Auf der Schwabe* b. Marburg (BzN 1963, S. 156). Eindeutig ist auch der **Schwabelbach** im Moor der Este; und

Schwabstedt a. Treene (Moorfluß!) entspricht Mild-, Nor-, Horstedt im selben Raume (hor „Kot"). Auch die Gleichung *Suaba-reoda* 806: **Schweben** a. Fliede — *Hasa-reoda:* Herrieden a. Altmühl ist beweisend (has meint „Ried, Moor", Hassmoor!). Ein *Suabowa:* Schwaben b. Schaffhsn.

Schwafheim b. Mörs kehrt in England, wo es keine Schwaben gibt!, mit Schwafheim 1050 wieder; ebenda wird *Swaves-ey* durch *Liches-ey, Seles-ey* als „sumpfige Aue" bestätigt! Und dazu stimmt **Schwafer** (1036 *Suaveren)* als modriges Gehölz a. d. Alme Kr. Büren. Für **Schwefe** b. Soest bezeugt es *Sweve-sele*/Belgien analog zu Germe-, Lite-, Wake-sele! Lauter Synonyma. Dazu **Schwefingen** b. Meppen/Ems. Und das Kollektiv auf -ede: **Schwebda** a. d. Werra entspricht Scherbda (zu scarb „Sumpf"). Zu **Schwebheim**/Schweinfurt vgl. ebda Ure-: Euerheim (ur „Schmutzwasser"). Einen Fluß *Suebos* nennt schon Ptolemäus; ein Volk *Suebri* saß a. d. Rhone! Zu **Schwebenried** vgl. Edden-, Ingenried!

Schwachhausen siehe Schweckhausen!

Schwaderbach (z. Schwarzenbach/Schlichem b. Zimmern) = „Sumpfbach" (schwäb. *schwad,* Kollektiv *schwader).* Vgl. *Swaderloch, Swaderowe.*

Schwafer *(Swaveren)* i. W. siehe Schwabach! Desgl. **Schwafheim**/Mörs. Auch **Schwagstorf** (2 mal, Bersenbrück u. Wittlage) hieß *Swavestorp!* (Vgl. Pedestorp). *Swafeshale* 940/E. wie *Cormeshale. Suaven, Suaveca*/Belg.

Schwalbach (Taunus, Lahn, Saar), bisher irrig als Bach am „Wasserschwall" aufgefaßt, siehe Schwale!

Schwale: Die Schwale in Holstein, die mit der Halenbek b. Neumünster zur Stör fließt und in England 3 mal wiederkehrt, ist wie die Stör *(Sturia)* ein langsam (ohne Schwall oder Schwellung) dahinschleichender Moorfluß, desgl. der **Schwalenbach,** Zufluß der Ems b. Wiedenbrück: denn *swal* (noch im Holländischen = „Kolk" und auch Poldername!) ist eine prähistor. Bezeichnung für Sumpf- oder Moorwasser, genau wie *stur (stor).* Schwale und Stör entsprechen somit dem natürlichen Wesen ihres Wassers und Geländes! Aufs Beste bestätigen diesen Wortsinn die deutlich form- und sinngleichen Namen *Swalithi* (Swellethe: **Schwelle)** — *Halithi* (Hellethe: **Helle)** *Balithi* (Bellethe: **Belle)** im Raume Detmold/Bersenbrück nebst *Walithi* (Welethe: **Welda**/Waldeck), — *wal* meint noch im Rheinischen „Sumpf"! Daher stehen nebeneinander: **Schwalheim**/Nassau neben Walheim/Aachen; **Schwalscheid**/Düsseldf neben Walscheid (mehrfach), *Swale(n)gern:* **Schwelgern**/Ruhr neben *Wale(n)gern:* Walgern i. W., *Schwalbach* (Taunus, Lahn, Saar) neben Walbach u. Walbeck; **Schwalefeld** a. Itter/Korbach neben Walefeld/Siegkreis; **Schwalingen** (nebst

Söhlingen!) nö. Soltau neben Wahlingen i. W.; der **Schwalenbach**/Ems neben dem Walenbach (vgl. Schwalenberg b. Schieder i. W.). Auch die *Swalmana* (Schwalm) neben der *Walmana* (Walme).

Schwalb (802 *Swalawa)*, Flüßchen in Bayern, hat mit „Mücken fangenden Schwalben" (so J. Schnetz) oder gar mit einem „mythischen Flußtier" (wie E. Schröder glaubte) nicht das Geringste zu tun. Auch ein Wald b. Salzburg hieß *Swalewe!* Es liegt einfach Erweiterung von *swal* „Sumpf" (siehe Schwale) mit Labialformans vor, genau wie bei **Calw** in Württ., das 1075 *Chalawa* hieß u. idg. *kal* „Sumpfwasser" enthält; auch dort wird niemand ein „Kalb" suchen! In England entsprechen die Flußnamen **Swalewe** *(Svalva 730)*, **Calewe** *(Calva)*, Belewe, Badewe, lauter Sinnverwandte; in Brabant die **Zwaluwe** — entsprechend der *Veluwe, Voluwe, Wesuwe, Betuwe, Aruwe.* Vgl. maluwe (aus lat. malva) u. die *Malva*/Frkr. Vgl. auch **Schwalb** a. Saar b. Saarlouis und die **Schwolbe** (mit dem Hornbach! *horn* = Sumpf, Schmutz) b. Zweibrücken/Pfalz.

Schwalm, Nbfl. der Eder *(Adrana!)* und Landschaft ebda, auch im Schelderaum u. Ostpreußen *(Swalmen)*, hieß um 800 *Swalmana*, was auf prähistor. Alter deutet: übereinstimmend mit der *Salmana, Walmana, Galmana, Sulmana, Ulmana, Helmana*, lauter „sumpfige, modrige, moorige, übelriechende Gewässer", womit auch der Wortsinn von *swalm* gegeben ist! *swalm, walm* usw. sind Erweiterungen von *swal, wal* usw., siehe Schwale! — Eine **Schwelme** fließt im Bergischen (vgl. ON. Schwelm b. Barmen), ein Schwelmbach b. Erfurt, eine **Schwülme** zur Weser (Solling).

Schwaney b. Paderborn (1344 *Suaneighe, Suanegge)* entspricht den formal und begrifflich zusammengehörigen uralten Bach- (und Flur-) Namen Westfalens auf *-egge, -ey* (= Wasser, Aue) wie *Saleye* b. Attendorn, *Salvey, Elsey (Elsegge), Geinegge, Postegge (Postey), Rhenegge*, alle auf Sumpf und Moor deutend: derselbe Wortsinn ergibt sich auch für *swan* angesichts der Komposita *Suane-mere, Swanelund, Suaneleg, Suaneburne, Suanes-ea, -eya* in England, *Suanes-drisch*/Holland, *Suane-werva*/Flandern (wie Meniwerva/Holland, men = „Sumpf"), auch *Suaninton:* **Swannington**/E. analog zu Quenington, Shenington, Wellington, Washington, Liddington (am Liddon), Covington, Abington u. v. a., lauter Sinnverwandte! Nicht zuletzt aus dem köstlichen **Schwanzbell** Kr. Dortmund: umgedeutet aus *Suanas-bugila* um 1050 wie Fredebeul i. W. aus *Frithe-bugila* (siehe Fritzlar), *Armbugila* 890/Reckl. (siehe Arn-). Obendrein ist b. Haringhe in Holland ein „staandwater de *Swaene*" bezeugt (Schönfeld S. 215, ein Graben *Swan* zur Elz). Ein *Suana* auch im alten Etrurien (das Cuno S. 175 für keltisch hielt), vgl. die *Suanetes* im kelt.

Vindelikien (um Augsburg) mit derselben kelt. Endung wie die *Nemetes, Usipetes,* lauter Ableitungen von Gewässernamen! — Dazu ferner *Suanis* 1052: Suen (dt. Schweng/Schweiz) wie *Glanis:* Glain/Belgien! *Swanepe* (d. i. Bachname *Swan-apa)*/Holld analog zu *Wanepe* (Moorort, *wan* = Sumpf, Moor!). *Suanafeld* 772: **Schwanfeld**/Württ. **Schwanheim** bei Höchst u. b. Lorsch a. Rh. mit dem Schwanheimer Bruch! (Hess. ON-Buch S. 647): 880 *Suenheim* (m. Umlaut), vgl. ebda Rohrheim, Seeheim, Viernheim; auch umgedeutet zu **Schweinheim** (so b. Bonn: 1156 *Suenheim,* b. Lorch a. Rh.: 1050 *Sueninheim,* u. b. Zabern). Ebenso **Schwaningen** (Baden/Bayern) nebst **Schweiningen** (1157 *Suan-, Sueiningen)* in Graubünden und **Schwenningen** *(Suaninga* 900) in Baden, Württ., Bayern. Siehe auch Schweimke *(Suenbeke)* und Schwendorf!

Schwarme *(Swerme)* in der Weserniederung zw. Verden und Syke erinnert an **Barme***(Berme)*/Ruhr, sodaß *swer-m* wie *ber-m* (d. i. Sumpf, Morast) zu beurteilen ist. Auch **Schwarmstedt** im Mündungswinkel von Leine u. Aller bestätigt *swer-m* als Gewässerterminus. Zu *swer* siehe Schweringen! Die Nachbarschaft von Schwarme (mit Blender, Beppen, Martfeld usw.) weist in älteste Vorzeit zurück! Ein *Swarminium* 861 b. Calais!

Schwebda a. Werra ö. Eschwege stellt ein uraltes Kollektiv *Swabidi, Swebede* dar, analog zu Scherbda *(Scarbidi),* Röhrda *(Roridi),* Renda *(Renidi),* Ifta *(Ipidi),* lauter Sinnverwandte im selben Raum zw. Werra u. Sontra, im prähistor. Ringgau, — alle auf Sumpf-, Rohr- und Schmutzwasser deutend. Zu *swab* „Moor, Moder" siehe Schwabach! Ebenso **Schweben,** Schwebheim, Schwefe! Von „schwebend sich bewegen" (eine Verlegenheitsdeutung Schröders) kann also keine Rede sein. *swab* dürfte vielmehr alte Variante zu *wab* „Sumpf" sein, wie *swad* zu *wad* und *swal* zu *wal!*

Schwechat, Flüßchen in Bayr. Schwaben, verrät ihren Sinn, wenn wir ahd. *swechan* „stinken" vergleichen. Idg. *swek* (dem Wb. unbekannt) steckt auch im N. der *Sveconi,* Völkerschaft in Gallia-Belgica! Siehe auch Schweckhausen, Schweicheln, Schwicheldt, Schwöbber!

Schweckhausen nö. Warburg kehrt b. Bremen u. Celle als **Schwachhausen** (urkdl. beide *Suec-husen)* wieder: der Sinn ist der von Wachhusen. Zu *swek* „Moder" siehe unter Schwechat! Zur Bestätigung des Wortsinnes vgl. *Swec-bere:* **Schwöbber** b. Hameln analog zu *Red-ber:* Rabber (red „Sumpf, Schilf"), (auch *Wene-bere,* a. Wene); desgl. *Swec-lo:* **Schweicheln** b. Herford und **Zweckel** b. Reckl.; auch *Swechlete:* **Schwicheldt** b. Peine wie *Druchlete:* Drüggelte; und **Schweckendiek** Kr. Herford wie *Bodendik* 1545 u. *Wyggendyck* 1531 Kr. Melle, lauter „Sumpfteiche"! Eine *Zweeke:* **Zwaak** fließt in Holland. Vgl. *Zweeckhorst*/Gelderld.

Schwedelbach/Pfalz (b. Kaiserslautern), inmitten der sinnverwandten Bosenbach, Miesenbach, Erfenbach, Erlenbach, Morbach, Kaulbach, meint „Sumpfbach" (zu *swed, swad* „sumpfiges Wasser", = *wed wad).* Vgl. die **Schwede** (16. Jh.) an der Schussen-Mündung/Bodensee. Ein **Schwedder-**Berg bei Suderode/Harz.

Schweewarden b. Nordenham a. Wesermündung entspricht Süllwarden ebda: nebst Fedderwarden und Waddewarden in Jeverland, — alle auf Sumpf und Moor deutend. Siehe **Schwei,** Schweibach!

Schwefe, Schwefingen siehe Schwabach!

Schweich/Mosel (752 *Soiacum)* ist kelt. wie *Souich, Soyecques.*

Schwei (mit Schweiburg) am Jade-Busen inmitten von Moor und Marsch meint ebendies! Vgl. das sumpfige **Zweijland** in Holland (nebst Zweelo), den **Schweibach** b. Schieder i. W. (Sumpfgegend), die **Schwemicke** b. Brilon, Flur *Svevelt:* Schweigfeld i.W., auch *Swege:* **Schwege** (Westf., Oldbg) und **Schwön** (1327 Sweghe) Kr. Minden, Schweewarden i. O. (wie Süllwarden). In E. vgl. Sway (1086 *Sveia).* — **Schweicheln** s. Schweck-!

Schweimke (mit dem Schweimker Moor: Quelle der Ise!) zw. Ülzen u. Gifhorn hieß 1324 *Suen-beke,* d. i. „Sumpf-, Moorbach". Zu *swan, swen* siehe Schwaney!

Schweinfe a. d. Schweinfe b. Fritzlar (urkdl. *Suinephe,* d. i. Swin-apa, Swinafa) gehört zu den prähistor. Bachnamen auf -apa (siehe die betr. Schrift des Verfassers), die niemals Tiernamen, sondern durchweg Wasserbegriffe enthalten: *Swin-apa* meint daher nicht „Schweinebach", sondern Sumpf-, Schmutzwasser (entsprechend *Swanapa*). Siehe Schweinfurt u. Schwaney!

Schweinfurt am Main (im 8. Jh. *Swinfurt),* Geburtsort des Dichters Friedrich Rückert, der seinem Ärger über diesen Namen in einem besonderen Gedicht Luft machte, ist keine „Schweine-Furt"; sondern die Furt am Sumpfwasser *Swin,* wie der topographische Befund noch heute erkennen läßt! (Vgl. dazu die sachkundigen Ausführungen von Lehrer Wilhelm Fuchs, Schweinfurt, in den „Schw.er Heimatblätttern", Dez. 1957, S. 65 ff.). *swin* ist ein prähistor. Wort für stagnierendes, sumpfiges Wasser, vgl. die **Swine** (mit Swinemünde) und den Polder namens **Zwijn** in Holland. Aufs beste bestätigt wird dieser Wortsinn durch die Zusätze *fenn, fleet, mer, marsch, brok, cumbe, hop, drecht;* so in England: *Swine-fen, -fleet, -mere, brok, -cumbe, -hop,* in Flandern: *Suines-mers,* a. d. Maas: *Suindrecht* (analog zu Sliedrecht, Midrecht, Durdrecht, Heydrecht, Losdrecht, Moordrecht, lauter Synonyma für Sumpf-, Moor-, Schmutzwasser! Und so auch die *Swinephe:* **Schweinfe** b. Fritzlar, ein prähistor. Bachname auf -apa „Wasser" (wie die *Genafa:* Genf, Zufluß der *Urdafa:* Urft im Rhld,

u. v. a.), siehe unter Schweinfe! Desgl. die **Schweina** zur Werra b. Barchfeld, die **Schweinach** (zur Donau b. Passau), die *Suinaha:* **Schweinbach** im Dachauer Moos! Siehe auch Schweiningen! Zu **Schweinschied**/Glan als sinnverwandt Schlierschied, Sohrschied, Ebschied.

Schweiz siehe Schwitten, Schwetzingen!

Schwelgern/Ruhr siehe Schwale! **Schwelle** desgl.

Schwelm siehe Schwalm! **Schwemicke** s. Schwei!

Schwenningen *(Swaninga)* siehe Schwaney!

Schweringen a. Weser südl. Hoya hieß 887 *Sweru-mere.* Als Flußname begegnet *Swere* (mit Swereford) in England.

Schwerfen *(Swervene)* am Bruchbach (!) b. Euskirchen dürfte, da *swerve* sonst nur im Elsaß (mit *Swervedorf:* Schwerdorf) und in Brit. (mit *Swerveton* 903) wiederkehrt, ein prähistor. Gewässername sein: *swerve* erinnert an kelt. *werve* (vgl. die Werbe/Eder, Vervier/Belg. usw.).

Schwerstedt (nebst **Schwerborn**) nw. Weimar hieß urkdl. *Swegerstede, Swegerborn;* ein *Swegerfeld* am Vogelsberg (9. Jh.). *sweg, sweger* (dem Wb. unbekannt) kann nur „Sumpfwasser" meinen (siehe Schwei, Schwege). Ballstedt, Hottelstedt, Udestedt, Rudestedt, Klettstedt, Bruchstedt ebda dulden keinen Zweifel daran. Ein zweites Schwerstedt liegt w. Sömmerda/Unstrut. Auch **Schwerbach** b. Trier hieß 963 *Swegerbach.*

Schwerte a. Ruhr zeigt Dental-Formans: *swer-t* dürfte =*swer* sein, also „Sumpfwasser" meinen (vgl. die Sperte, Derte), wenn nicht von *Swerete* (mit Dental-Suffix) auszugehen ist, analog zu *Lerete:* Lehrte u. ä.

Schwesnitz und **Regnitz,** 2 Flüßchen b. Hof, deuten formal und geographisch auf vorgerm. Herkunft. Vgl. auch Schweskau b. Lüchow. Ein Sumpf *Suesia* ist in alter Zeit bezeugt. Vgl. die *Suessiones* und Sumpfort *Suessa* (Latium).

Schwetzingen in der Rhein-Neckar-Ebene w. Heidelberg verrät schon durch seine feuchte, einst sumpfige Lage, daß das idg. *swet* zugrunde liegt wie in **Schwetzbach,** analog zu Fetzbach, Retzbach! Brühl u. Rohrhof in der Nachbarschaft bestätigen es. Vgl. *Schwethagen!*

Schwethagen/Bielefeld (1469) entspricht Katthagen, Fuhlhagen, Muddenhagen, Sorenhagen, — alle auf Sumpf, Moor, Moder deutend. In England vgl. *Swet-hop, Swetenhale* (wie Succenhale, Batenhale), in Holland: *Zwet-heul, Zwet-sloot, Zweten (Swetan)* und die Zwette *(Suette* 1281/1295, nebst der *Wake:* wak = Sumpfwasser!), womit A. Bachs Deutung als „Grenze" hinfällig wird! Siehe auch Schwetzingen, Schwitten. Vgl. auch die *Suetidi* im alten Schweden (wie die *Gepidi*) und die *Suetrii* (See-Alpen)! Zu idg. *sued: Suedas*/Poitou, vgl. Schwedelbach.

Schwicheldt b. Peine siehe Schweckhausen!

Schwiehen-Berg zw. Eisleben und Sangerhausen entspricht dem Ulen-Berg a. d. Ule Kr. Melle, dem Gropen-Berg u. Rödden-Berg nö. Northeim, dem Wiehen-Gebirge i. W. usw., — alle auf ihre modrig-sumpfige Bodennatur Bezug nehmend.

Schwindach, Nbfl. des Isen in Bayern (mit Schwindegg u. Schwindkirchen), ist nicht „geschwinder" als andere Flüsse, — auch kein „schwindender" Fluß: *swind* kann daher nur Variante zu dem prähistor. *wind* „Sumpf- oder Moorwasser" sein: so heißt z. B. Le Mans/Frkr. bei Ptolemäus *Vindinum,* bei Valesius *Suindinum!* In Bayern 914 auch ein *Swindilibach.* Ein Schwindebeck a. Luhe (lu „Schmutz").

Schwinge, ein Moorfluß (zur Unter-Elbe), an dem Stade liegt, trägt wie die Nachbarflüsse Lühe, Este und Oste einen prähistor. Namen: sie kehrt in Brabant als Zufluß der Peene (*pen* = Sumpf"!) wieder. Vgl. auch *Svingai*/Litauen! *swing* dürfte Variante zu *wing* sein, d. i. Sumpf oder Moor, vgl. die **Winge** b. Löwen/Belgien!

Schwippe, Zufluß der Würm/Nagold ö. Calw, von Sindelfingen her, ist zweifellos ein „sumpfiger" Bach (Buck S. 261 vergleicht sie mit der *Supia:* Suippe in Frkr.). Vgl. *Swipe*/Holld. Die *Börstlach* bestätigt es!

Schwirzheim ö. Prüm (943 *Suerdesheim)* entspricht *Suerdestun, Suerd-hlinc* 805/E., *Suerda*/Fld: *swerd* „Schmutz".

Schwitten/Ruhr (vergleichbar mit **Schmitten**/Taunus) wird deutlicher durch die *Switbeke,* Zufluß der moorigen Hunte, und die *Switewelle slade* (nebst Swites Wood) in E.: slade deutet auf „Sumpf". *swit* (idg. swid) wie in dt. „Schweiß". Vgl. auch *Swites* 970 (mit roman. *-s*): Schwiz, **Schweiz!** (analog zum synonymen *Swates:* Schwaz a. Inn).

Schwöbber b. Hameln siehe Schweckhausen!

Schwörstadt a. Rhein b. Säckingen ist gerundet aus *Swerstat* (Einfluß des Labials *w*) wie Wörrstadt nö. Alzey aus *Weristat* 963 und Mörstadt b. Worms aus *Meristat,* — alle auf Sumpflage deutend. Siehe Schweringen!

Schwülme, Zufluß der Weser, siehe Schwalm!

Sechta, Nbfl. der Jagst (1024 *Sehta),* meint zweifellos „Schmutzbach" (wie die **Vechta:** „Moorbach"). Vgl. *sechten* = „Lauge" (zur idg. Wurzel *sec,* wie auch dt. „seichen = harnen"; Fluß *Secia*/Italien, Fl. *Secant*/Elbe). Eine *Sechtinaha* in Bayern (mit ON. **Söchtenau**) analog zur *Ankinaha, Tusinaha, Bachinaha, Rincinaha,* lauter vorgerm. Namen. Ein Fluß *Sehtnant* in Brit. (M. Förster S. 316 irrig „trockener Fl."): er entspricht dem *Hodnant,* zu *hod (cod)* „Schmutz".

Sechtem w. Bonn klärt sich mit der **Sechtmecke** *(Sechtenbeke)*, Zufl. der Lenne; vgl. Fluß *Sehtnant* in Brit. (siehe Sechta!). Die urkdl. Form *Sephteme, Sefdemo* neben *Sehteme* im 12. Jh. dürfte „Verhochdeutschung" sein, vgl. Ofdemo dunc für Ochtendung. Lat. „septima" (= siebente Meile) verbietet sich schon aus Formgründen.

Seck am Seck im Westerwald (einst *Seckaha)* entspricht der **Seckach** (805 *Seccaha*), Zufluß der Jagst b. Möckmühl, im Sinne von „Schmutzbach" (zu idg. *sek,* vgl. dt. „seichen = harnen"). Dazu **Seckbach** b. Frkf., die *Seckriede* 1682 i. W., die *Secleke* b. Alkmaar, *Seckington* in E. (wie Washington, Covington, Cuddington); die *Secia:* Secchia/Italien, die *Secant/* Elbe (wie die Aland, auch in Lettland). Auch **Seckenheim** b. Mannheim wie Aben-, Dauten-, Heppen-, Mauchen-, Wattenheim.

Seelbach, Seelscheid, Seelte siehe Selbach! **Seemen** siehe Semd!

Seesbach nö. Simmern, Seese-Berg/Hessen siehe Seßmar!

Seesen am Harz meint *Seehusen!* Vgl. Winsen: *Winhusen!*

Seester (mit Seestermühe) im Marschenland der Unter-Elbe südl. Elmshorn ist ein uralter Bachname *Sestra* (1197) im Sinne von Moor- oder Sumpfwasser; eine *Sestra* fließt auch zur Wolga! Vgl. die *Suestra* in Holland u. Süster! Es sind Ableitungen mit prähistor. Suffix von *ses, sus.* Siehe Seßmar, Söse! Auch **Se(i)st**/Ndrhein, *Sestehusen/*Bayern u. *Sestinum/* Italien seien genannt. Aber **Seeste**/Teckl. siehe Segeste!

Seeth im Moor zw. Eider und Treene (auch b. Elmshorn) sowie **Seth** im Moor der Bramau w. Oldesloe und a. d. Oste (urkdl. *Seti-la)* meint „Sumpf-, Moorwasser" (*Set-la* analog zu *Vor-la, Scorla, Firla:* Varrel, Scharrel, Firrel, *la* = *lo* „sumpfige Niederung"!). Zur Bestätigung vgl. auch **Setlage** im Moorgebiet von Freren/Ems (wie Schnettlage, Hettlage, Rettlage i. W.), desgl. **Settrup** (890 *Set-torp)* mit Moor b. Bersenbrück (wie Wettrup, Suttrop). Dazu **Setterich** b. Jülich (wie Metterich b. Bitburg), Settingen a. Saar, Setten/Betuwe, die *Seth-leca* 974/Brabant und die *Sedmecke* z. oberen Ruhr.

Seeve (b. Harburg zur Elbe fließend), alt *Sevene (Savina),* ist prähistor. wie die Trave *(Travene):* siehe Saffig!

Seffern a. Nims b. Bitburg/Eifel *(Sabrina)* siehe Saffig!

Segelhorst ö. Rinteln, entspricht Haselhorst, Rohrhorst, Selhorst, Brunkhorst, Modehorst, Scharnhorst, — lauter feuchte, sumpfige oder schilfige Buschgehölze. *seg, sig* ist eine uralte Bezeichnung für sumpfige Feuchtigkeit bzw. Sumpf- oder Riedgras (vgl. engl. sedge, mnd. *segge* „Riedgras") und den locus paluster *Sege!*. Deutlich ist *Segmeri* 1030 b. Coesfeld und *Seggebruch/*Schaumburg. *-l-* ist also euphonisch mit Anlehnung an das

„Segel". Ebenso *Segelbach, Segelouwa* (1053/Schwaben) und *Segelvort* 1300. Vgl. Siegelbach, Seßelbach! Siehe auch unter Sage *(Sega* 872)! Auch Seggerde, Segeste, Seghorn!

Segeste b. Alfeld a. Leine — auch **Seeste** b. Osnabrück hieß so — verrät sich durch das *st*-Suffix als eine der ältesten Spuren vorgermanischer Bevölkerung: *Segeste* entspricht dem ebenso alten *Plegeste* b. Zwolle (zu *plag, pleg* „Moor") und den gleichfalls zugehörigen *Tricuste*/Thür., *Widuste* 890 b. Werne, *Argeste:* Ergste/Ruhr, *Tergeste:* Triest usw., — lauter Ableitungen von Sumpf- und Moorbegriffen! Auf venetisch-ligurischem Boden finden wir *Segesta* bis nach Sizilien hin wiederholt; dazu die Bildungen *Segestica* (Pannonien, Tarragonien), *Segusteron* (Sisteron) in Südfrkr. (mit den *Segesteri;* in Piemont *Segusio* a. Doria, b. Lyon die *Segusii.* Auch der keltische Raum hat Anteil an diesem Sumpfwort *seg* mit *Segodunum* „Sumpfburg" (in Gallien u. am Main!), *Segobriga, Segia, Segisama, Segontia* in Spanien, *Segosa* (wie Lutosa!), *Segora, Segobodium* (Seveux) im gall. Frkr., nebst *aquae Segetae* (Loire) u. den *Segni* a. Maas. Eine *Segese* (Zeegse) fließt in Holland (vgl. die *Hunese,* hun „Moder, Moor"). Grotesk ist die übliche Deutung aus kelt. *sego* „Sieg"!

Seggerde a. Aller (zw. Helmstedt u. dem sumpf. Drömling) entspricht Eggerde, Steggerde, Cliverde (b. Helmstedt), Exterde, Selverde usw. (siehe auch Elverde unter Elberfeld), die alle auf Wasser und Sumpf deuten. *seg* meint „Sumpf, Riedgras" (mnd. segge, engl. sedge), deutlich in *Seggebruch*/Schaumburg und *Seg-meri* 1030 b. Coesfeld, auch **Seghorn** b. Varel i. O. und **Sega:** *Sage* im Moor dder Hunte. Vgl. die *Segese:* Zeegse/Holld (wie die Hunse u. Beerze), und den locus paluster *Sege!* In England: *Segges-hale, -ford, -brok, -moor, Segeia.*

Sehestedt, Moorort b. Varel i. O. (auch b. Rendsburg), wird schon topographisch als Ort am Moorwasser erkennbar. *sehe* ist verwandt mit „seihen, seichen, See" (vgl. got. saiws „Sumpfland").

Sehlde a. Leine b. Elze (auch b. Salzgitter) ist altes Kollektiv *Selithi, Selede* analog zu *Sulithi:* **Söhlde** und *Silithi:* Siele i. W.: *sel, sil, sul, sol* sind Synonyma für sumpfig-schmutziges Wasser. Siehe Selbach, Sehlem usw.

Sehlen a. Wohra und in Westf. (890 *Seliun)* entspricht formal und begrifflich **Vehlen** *(Veliun)* und **Hehlen** *(Heliun): sel, vel, hel* sind verklungene Wörter für Sumpf und Moor. Vgl. Sehlem, Sehlde, Sehlbach, Selbach!

Sehlem b. Wittlich/Mosel und b. Hildesheim meint *Sel-heim* „Dorf am Sumpfwasser", vgl. Gr.- und Kl.-**Seelheim** ö. Marburg.

Sehnde ö. Hannover ist altes Kollektiv *Senede* wie Lohnde, Jühnde, Weende. Zu *sen* „Sumpfwasser" vgl. auch **Se(i)nstedt!**

Seiler: Der Seiler, ein Waldberg im Raum Wolfhagen, wird nur verständlich im Rahmen der übrigen Wald- und Bergnamen auf *-er,* wie Eidler, Vogler, Heber, Göttler, Selter, Sohler, die alle auf Moder, Moor, Sumpf deuten: *seil* steht mundartlich für *sel* „Sumpf" wie in **Seilbach** (Schwalm) für *Selbach,* **Seilmecke** (Bach b. Elspe) für *Selenbeke,* **Seilfurt** *(Selevort)* b. Rüsselsheim und im hess. Flurnamen „die **Seile**"! Auch Seilhofen im Westerwald.

Seinstedt am Großen Bruch ö. Hornburg-Schladen (südl. Wolfenbüttel) entspricht formal und begrifflich **Deinstedt, Neinstedt, Meinstedt,** sämtlich auf feuchte, sumpfige Lage Bezug nehmend: *ei* steht mundartlich für *e:* vgl. *Senede:* **Sehnde** ö. Hannover (wie Lohnde, Jühnde, Wehnde ebda). *sen* ist wie *den, men, nen* eine uralte Bezeichnung für sumpfiges Wasser. Vgl. *Senope/*Brabant, wie Sorope (sor „Sumpf"). Dazu kelt. Namen wie *Senacum* (Sené), *Seneuil, Senona* (die Sélune), *Senones* (Volk a. d. Seine), die *Senoda* u. die *Senoire;* in Irland: *Senodunum* am Senos „Sumpfburg" im Waadt: die *Senoge* (zur *Venoge: ven* = „Sumpf"!). Auch *Senuvium* (wie Carcuvium/Span., Iguvium/It.). Eine *Sena* floß in Umbrien (mit Sena Gallica: Sinigaglia). Bisher wurde *sen* mit lat. senex, altirisch sen „alt" verwechselt!

Seinsfeld b. Kyllburg entspricht Binsfeld ebda. Siehe auch Seinstedt!

Selbach (Eder, Sieg, Saar, Taunus, Murg usw.), mundartlich gerundet: **Söllbach** (zur Ohrn/Kocher), gedehnt: **Seelbach** (mehrfach in Hessen, Saarland und Baden), auch **Sehl(en)bach** (z. Werra), mit mundartl. *ei:* **Seilbach** (Schwalm), auf ndd. Boden: **Selbeck** *(Selbeke)* b. Mühlheim/Ruhr, bei Lemgo, a. Lenne, kontrahiert zu **Selbke** (vgl. Salbke, Sülbke!), verschliffen zu **Selmecke** (wie die Delmecke und Helmecke!), auch **Seilmecke** (Bach b. Elspe) und Zeelbeck (Selebeke)/Holland, sind lauter Sumpf- oder Moorwasser führende oder aus Quellsümpfen entspringende Bäche: denn *sel* (dem Wb. und der Forschung noch immer nicht vertraut!) ist eine idg. Bezeichnung für „Sumpf" (vgl. griech. ἕλος!), auch in vielen Flurnamen (bes. Hessens) erkennbar, die (wie schon W. Arnold 1875 richtig erkannt hat) von der einst sumpfreichen Landschaft zeugen: so *Seel,* Wald b. Brilon, gerundet *Söhl* (Bayern), *im Seelen, Seelgraben, Sellengraben, das Sell, Sel(l)brink, Sälenstrut, die Seile;* in England vgl. *Sele, Selewurth, Seleborne, Selekere* (ker = „Marschboden"!), *Selewud, Selescombe, Seles-ig:* Selsey, auch *Sele-sete (wie Vele-sete, Vore-sete).* Und so auch **Sehl** a. Mosel, **Sehlen** a. Wohra (890 *Seliun)* analog zu Ve(h)len *(Veliun)* und Hehlen *(Heliun),* lauter Sinngleiche! **Selscheid**/Lenne (wie Hülscheid, Herscheid ebda!, wie Velscheid/Lux.) und **Seelscheid** nö. Siegburg (nebst Hülscheid,

Wahlscheid ebda!), **Sellstedt** im Moor der Geeste (nebst Heer-, Kühr-, Alf-, Hip-, Drang-, Ring-, Debstedt ebda), Sellbrink i. W., *Seleheim:* **Seelheim** ö. Marburg (wie **Sehlem**/Mosel u. **Selm** a. d. Funne nö. Lünen i. W. analog zu *Beleheim:* Belm, *bel* = „Sumpf"!), *Selehorst* i. W. wie *Belehorst* (beides „Sumpfgehölze"), *Selithi:* **Sehlde** a. Leine wie *Sulithi:* Söhlde und *Silithi:* Siele i. W. (denn *sel, sil, sul, sol, sal* sind Sinnverwandte!); nicht zuletzt **Seelte** b. Syke, d. i. *Selete* (mit Dentalsuffix wie *Culete:* Külte, *Volete:* Valthe, lauter Moor-, Moderorte). Siehe auch Sellerich! — Als vorgerm. erkennbar ist am st-Suffix: **Selsten** b. Aachen (auch ein unbekanntes *Selstena* um 900), dazu Ze(e)lst (Gelderld u. Brabant). — Auf keltoligur. Boden finden sich eine *Sela:* Sèle in Frkr. (vgl. die *Vela:* Vèle) nebst *Selona* (Flußname, wie *Salona*/Elsaß), und *Selasca* in Ligurien wie *Salasca!*

Selbold (Langen-) ö. Hanau deutet sich schon topogr. als „Sumpfstätte"; es entspricht *Perebold*/E., *Kleibolt* i. W.

Selchenbach/Pfalz meint „Weidenbach" (mhd. *salche,* ahd. salaha „Salweide"). Vgl. Salchendorf, Salchenhau, Salchenmünster, (Salmünster), Selchen, Im Selch.

Seldengraben/Wutach siehe Seltenbach! Vgl. Sellnau/Zürich: *Saldinawa!*

Seligenstadt am Main südl. Hanau (wo auch Kahl, prähistor. Caldaha) hieß zur Römerzeit noch im 3. Jh. *Selgum* castrum, ist somit vorgerm.-kelt., vgl. *Selgiacus:* Soulge/Frkr. und die kelt. *Selgovae*/Irland: bisher irrig zu irisch *selg* „Jagd" gestellt! *selg* entspricht vielmehr *belg,* meint also Moor- oder Sumpfwasser! Auch **Seligenthal** b. Meiningen liegt an einem Bache *Selige!*

Selkentrop/Sauerland entspricht Finnentrop (finn = Moor, Moder). Vgl. *selken* = „tröpfeln"- *Silk* als Wassername in Holland und **Silkerode** am Südharz. Ein **Selk** am Selker Noor (!) b. Schleswig. Die **Selke**/Harz hieß *Salica,* siehe Saale! *Silkenrode* (15.) b. Aula, *Silikensothe* i. W., *Selke-, Silkmore, Silkworth, Selkley*/E.

Sellstedt, Sellenstedt (b. Alfeld), **Sellerich**/Prüm (wie Fellerich/Saarbg) siehe Selbach! Sellenrode i. W., **Sellen-Berg**/Harz (wie Rödden-Berg).

Selm a. Funne siehe Selbach!

Selscheid, Selsten siehe Selbach! **Selse** siehe Saley!

Seltenbach, -bächle (mehrfach in Baden u. Württ.) kann schon aus sprachl. Gründen kein „selten fließender" sein! Auch die Ableitung aus mhd. selde „Bauernhütte" (so A. Götze, Litbl. 1931, 247) ist sinnlos und reine Phantasie. Vgl. vielmehr den **Seldengraben** (mit der Seldenhalde), zur Wutach fließend, — graben deutet immer auf Schmutzwasser! Ein

Vergleich mit Sellnau b. Zürich (urkdl. *Saldinawa!*) führt unweigerlich auf das uralte *sald, salt* = „Sumpf- und Schmutzwasser"! Siehe dazu unter Salder und Selter! Eine *Saltine* begegnet in Frkr.; vgl. den rivulus *Salatinbach!* Wegen des Umlauts vgl. *Selchenbach:* zu mhd. *salche* „Salweide"! Ein *Saltiacus rivus (Selcenru)* in Lux.

Selter, ein Bergwald an den Bruchwiesen der Leine südl. Freden (in prähistor. Gegend!), urkdl. *Salteri,* ist deutbar nur im Rahmen der zugehörigen Wald- und Bergnamen auf *-er* wie Seiler, Vogler, Göttler, Eidler, Heber, Sohler, Soller, die sämtlich auf feuchte, sumpfige, modrige Bodennatur hinweisen! *salt, saltr* meint „Sumpf, Moor, Schmutz", erwiesen durch *Salta Moos, Salte-mersh, Salte-cumbe, Saltreia, Salterford, Saltere-slede/* England. Vgl. den *Saltus* fluvius: La Sault/Frkr.

Selters im Westerwald, wo es von prähistor. Namen wimmelt, nebst Selters a. Nidder und Selters am Emsbach (Nordtaunus) und öfter, ist 786 urkdl. als *Saltrissa* bezeugt, gehört somit nebst *Theotissa:* **Diez** a. Lahn, deutlich zu den prähistor. Namen auf *-issa* wie *Armissa:* die Erms/Württ., *Gunissa:* die Göns/Wetzlar, *Lovissa*/Frkr., *Tvetonissa*/Spanien, — lauter Bezeichnungen für sumpfige, moorige Gewässer. Daß *salt-r* nichts anderes meint, ist unter **Selter** nachgewiesen. Von „Salz- oder Mineralwasser" (so A. Bach) kann also keine Rede sein. *salt-r* entspricht z. B. *alt-r* (vgl. die *Altra*/Frkr., die Altrapa: Altdorf b. Jülich): zugrunde liegt idg. *sal, salt: al, alt,* was nichts weiter als Wasser (Quell- und Sumpfwasser) meint! Zu Selters stellt sich übrigens auch **Kelters** a. Sieg.

Selverde (Moorort i. O., nebst Jübberde!) entspricht *Cliverde, Elverde, Halverde* usw., lauter Ableitungen von Wasser-, Sumpf- und Moorbezeichnungen. Vgl. die *Salvesbeke* i. W. und die Hohe **Salve** (mit Salven-Moser!) südl. Kufstein, alle aus füher Vorzeit! Eine *Salva* in Frkr. Zu *sal-v* vgl. *mal-v* (die *Malva:* Mauve/Frkr.), *pal-v, cal-v, bal-v, hal-v,* die sich alle aufs beste gegenseitig erläutern! Vgl. auch mhd. salwen „beschmutzen"!

Selxen b. Hameln *(Selkesen, Selkhusen)* siehe Selkentrop!

Selz (mit Selzen), b. Ingelheim zum Rhein fließend, ist wie **Selz** (urkdl. *Saletio*)/Elsaß (gegenüber Rastatt) u. **Selz** a. Our b. St. Vith, ein vorgerm. Bachname wie die **Elz:** ursprüngl. *Salantia, Selenz: Alantia, Elenz;* vgl. die *Salance*/Schweiz, und die Selse *(Salisus)* b. Bingen.

Semd b. Umstadt ö. Darmstadt (in einst sumpfiger Lage), mit Dentalsuffix wie die **Sempt** *(Semit-aha),* Zufluß der Isar, analog zur **Kempt** *(Cambita),* Zufluß der Töß, enthält das alteurop. Sumpfwort *sem (sam, sim, sum),* von dem auch ahd. *semida,* mhd. *semede* „Riedgras, Binse" (schles. „Sende" = Rohrstock!) abgeleitet ist. Ein **Semen** fließt b. Büdingen/Wetterau (mit ON. Ober-, Mittel-, Nieder-**Seemen**), eine kelt. *Semisa:* **Zembs** im Elsaß (M. Förster hielt sie irrig für eine brit. Tamisa: Themse; zum Z- vgl. die Zorn/Elsaß: sor = „Sumpf"). Ein brit. *Semina* (Sem Brook, mit Semley) fließt in E., desgl. ein *Semnet* (Semington Brook, vgl. Förster S. 640); ein *Semnus* (Sinno) in Italien. Vgl. auch die *Semnones* (Völkerschaft ö. der Elbe). Zu Semmenstedt ö. Wolfenb. vgl. Hammen-, Hollenstedt, Sellenstedt. Auch **Simmenberg**/Hess. hieß *Semidinberch*.

Sendelbach b. Lohr a. M. und b. Oberkirch/Baden (auch Sindelbach 1475) und das Sendelbächle (zur Rench) ebda meint nichts anderes als der **Sindelbach** (mit Sindelfingen) w. Stuttgart, *send, sind* ist eine idg. Bezeichnung für Wasser (idg. *sendhro* „geronnene Flüssigkeit", *sindr-* „Sinter, Schlacke", mhd. *sintern* „sickern, gerinnen). Vgl. den *Sindus* (: Indus, Fluß in Indien). Auch die **Sinn** (von der Rhön zum Main fließend) hieß 1270 *Sinde*. Ein *Sindes:* Sins im Engadin. **Sinderen** u. Zenderen (890 *Sindron,* wie Lindern: *Lindron*) in Holland entspricht *Gesteren, Gasteren, Kolveren* ebda, alle auf Moor und Moder deutend! Zu **Sindringen** am Kocher vgl. Köndringen (zu kelt. *cond-r!*), zu **Sinderstedt** bei Weimar: Schwegerstedt ebda, zu **Sindelbach** auch Windelbach und Lindelbach sowie Mindel(bach) und Bindel-, nicht zuletzt Rindelbach, lauter Sinnverwandte! Siehe auch Sendenhorst! Ein *Sindelsteta* 1005 b. Nagold, vgl. Mindelstetten. Sindelsberg b. Zabern hieß *Sindeneshova. Sindercombe*/E.

Sendenhorst Kr. Beckum i. W. entspricht **Pendenhorst** b. Soest, beide sind „sumpfige Gehölze", analog zu Pungenhorst, Peckenhorst, Freckenhorst, Rumpenhorst! Zu *send* siehe Sendelbach! So werden verständlich auch **Senden** b. Lüdinghausen und **Sende** *(Sendene)* b. Wiedenbrück wie *Sende* (jetzt Send und Seend) in England (nebst *Sendeneheved: heved* „Haupt" meint stets den Quellbezirk eines Baches, vgl. *Semeneheved* am Semene).

Sengelbach, Bach im Kr. Eschwege a. Werra, entspricht dem **Lengelbach**/ Schwalm/Eder wie der **Singelbach** b. Langensalza/Unstrut dem **Lingelbach** b. Alsfeld; ebenso **Sengelscheid** (nebst Sengscheid/Saar) wie **Lengelscheid**/Lenne und **Pungelscheid**/Lenne, lauter Sinnverwandte! Den Wortsinn verrät deutlich **Sengen-, Singendonk** b. Kleve (analog zu *Corsendonk, Kervendonk, Millendonk, Kellendonk,* lauter „Hügel in sumpfiger Umgebung"). Ebenso *Singenhop, Singenstroit* in Westf., *Singenbach* in Schwaben, *Singen* am Hohentwiel und b. Pforzheim. Dazu Flurnamen wie „Im Seng"/Hessen, Sengmühle, Sengeliede, Sengen-, Sengels-, Sengersberg, Sängergraben (Hessen, Westf.), auch der *Sengor* mit der Gippe b. Olpe. Weiteres unter Singold! In E. vgl. *Singe(wood), Singleton.*

Senne, Südhang des Teutoburger Waldes bei Bielefeld, Quellgebiet der Ems u. der Lippe und zahlreicher kleinerer Gewässer, hieß 1001 *Sinithi,* ein Kollektiv vom Wasserwort *sin:* siehe dazu Sinningen, Sinnich! Desgl. Sennebeke! **Sennlich** b. Tecklbg hieß um 1050 *Sinleca,* vgl. *Sevelica:* Zyfflich w. Kleve! *Sethleca:* Zellick u. ä.

Sennebeke (einst im Reinhardswald, jetzt trocken; auch b. Zonnebeke/Ypern) enthält das unter Seinstedt behandelte idg. Wasserwort *sen.* Vgl. auch den **Sinnebach** (zur Rhume/Harz). *Seneffia, Senina* in Belg.

Sensenbach b. Altenkirchen/Westerwald entspricht Mudenbach, Luckenbach, Alzenbach ebda: *sense* meint „Riedgras" (so noch im Schwäb.), vgl. „Im Sensach". Eine vorgerm. *Sensuna* 1076 in der Schweiz (mit der Sana). Dazu **Sensweiler** b. Idar, **Sensbach** im Odenwald und **Sensau** (m. d. Seemoos-Berg) w. Wasserburg a. Inn.

Sentrup b. Iburg am Teutoburger Wald ist formgleich und begriffsverwandt mit **Mentrup** ebda sowie **Entrup** u. **Krentrup** in Lippe. Zum Wasserwort *sen* siehe Seinstedt, Sennebeke!

Senzenbach (zur Lauter/Murr): vgl. Sanzenbach! **Sentzich**/Lothr. s. Sinz!

Seppenrade, Seppen-, Sippenhagen siehe Siepen!

Serkenrode (nebst Kobbenrode!) nö. Elspe/Lenne dürfte das Wasserwort *serk* enthalten, vgl. Fluß *Serk* (Sark, mit *Sercheswelle*) in E. und Fluß *Sarca* am Garda-See. Zu *ser-c* vgl. *sor-c* (Sorciacum/Gallien), *der-c* (Derceia, Dercenna; Derkum/Rhld), im Sinne von „Schmutzwasser".

Serm, Sermersheim, Sermlingen siehe Sarmersheim!

Sernatingen (= Ludwigshafen a. Bodensee): vgl. Fl. *Sernon*/Frkr.

Serrig b. Saarburg (wo auch Körrig: aus Corniacum) hieß Servich: *Serviacum* ein kelt. Name, vgl. Servigny *(Serviniacum)* ö. Metz wie Savigny, Louvigny, lauter Ableitungen von Wasserbegriffen. Zum Stamm *ser* (lat. serum!) vgl. Bachname *Seranna* (Baden) wie *Rosanna, Cosanna, Barbanna* (ros „Sumpf", cos „Schmutz, barb „Schlamm"), auch *Seribach* 1352/Baden, *Seriloch*/Bayern, **Serach** b. Eßlingen; Fl. *Serapis* (wie Colapis: col „Schmutz"). *Seria*/Span.

Sesenheim ö. Hagenau/Elsaß entspricht Drusenheim, Runzenheim, Sufflenheim, Roppenheim ebda. Siehe Seßmar! **Sesen-Berg** b. Pömbsen.

Seßmar b. Gummersbach a. Agger entspricht *Soßmar* b. Peine; *ses* (vgl. irisch *sesk* „Riedgras"!) ist wie *sos (sus, sis, sas)* ein uraltes Wort für „Sumpf, Ried". Daher noch Flurnamen wie „Im **Seße**", „In der Seeßen", **Seßgraben, Seßelgraben** (!) in Hessen, der Seßelbach b. Rappenau/Odenwald. Dazu **Seßlach** a. d. Kreck sw. Coburg, auch **Seßenbach** b. Koblenz, Seßenhausen bei Selters u. b. Linz am Rhein; **Seesbach** b. Simmern, der **Sese-**

bühl b. Göttgn.; **Sesenheim** im Elsaß. Eine **Sessau** fließt in Kurland, eine **Sesuva** in Lit., eine *Sessia* zum Po, eine *Sesia* (Sois) in Piemont. Zur *Sesomiris*/Maas vgl. Lirimiris. Vgl. auch *sest* in Se(i)st/Ndrhein, *Sestinum*/It., *Sestehusen*/Bayern. *Sestra:* siehe unter Seester!

Settrup, Setterich, Setlage, Seth siehe Seeth!

Setzelbach (nebst Grüßelbach)/Ulster s. Seßmar!

Seuling (Sülling), bewaldeter Höhenzug ö. Hersfeld, mit der *Sule,* d. i. „Schmutzwasser, Morast", entspricht dem **Solling** *(sol* = Morast, Sumpf). Dazu **Seulingen** b. Duderstadt, wie Roringen ebda, **Söllingen** b. Helmstedt und **Solingen,** auch **Sulingen.** Eine **Seulmicke** fließt b. Brilon. Siehe auch Süllberg, Sülmecke!

Sevelen b. Geldern entspricht Saeffelen, Brachelen, Porselen, Würselen, Rosellen, Süchtelen (Suftelen), Repelen, lauter linksrheinische Ableitungen auf *-l* von Gewässerbegriffen. Siehe Sevelten!

Sevelten b. Cloppenburg entspricht Havelte, Uffelte im Moorgau Drente, Bückelte, Drüggelte i. W., alle auf Moor und Moder deutend. Auch **Sevelen** b. Geldern, **Sevenum** b. Venlo a. Maas (nebst Buggenum: bug „Sumpf") und **Sevenich**/Eifel (kelt. *Saviniacum,* wie Savigny!) enthalten dasselbe Sumpf- und Moorwort *sab, sav.* Siehe dazu Saffig! Vgl. auch Zyfflich *(Sevelica),* Söflingen *(Sevelingen),* Seffern *(Sabrina).* Neben *sav* begegnet auch *sev* in Seeve *(Sevene), Seva* (: See, Fluß in Frkr.) und *Sevaces* (Volk an der Inn-Mündung, wie die *Levaces* a. Leva/Belgien); eine *Sevira* ist die Zeyer (Steiermark). Eine Variante *sov* in *Sovene:* Söven ö. Bonn (wie *Lovene:* Löwen, lov = Sumpf!). Ein Sumpfgewässer *Sever* (und Kever) in Holland.

Sibbesse b. Alfeld/Leine entspricht Eddesse, Ödesse, Mödesse b. Peine: lauter „Moor- u. Sumpforte" (vgl. „ein morastig *Sibbe*" 1721 b. Istrup i. W. Siehe auch Sieber! In E.: *Sib(b)eford, -torp, -ton,* in Holld: *Sibbe.*

Sichterheide in Lippe (1491 de Sichter) deutet auf sumpfiges Gelände, deutlich in *Sichti-goor* i. W. Vgl. ags. *sichter* „sumpfige Wiese"! Auch *Sichefurlong*/E. wird durch *Spichefurlong, Tichefurlong* als „Sumpfgraben" bestätigt. Zu **Sichenhausen** am Vogelsberg vgl. Betten-, Batten-, Sessen-, Odenhausen.

Siddinghausen (2mal, Kr. Büren u. Kr. Unna), dessen sekundäres *-ing-* einen Pers.-Namen vortäuscht (den es im übrigen gar nicht gegeben hat), — vgl. Ebbinghausen für Ebanhusen (eb „Wasser"), Finninghorst (finn „Moder") und Lenninghoven a. Lenne! — meint „Moorhausen"! Vgl. den Moorort **Siddeburen** (mit Veen) am Dollart. Dazu **Siddington** (wie Liddington am Liddon) u. *Side-moor, Sidelake, Sidney* usw. in E. Weiteres s. Siede! Ein **Siddessen** (-sen = husen) b. Driburg. Vgl. *Slidessen, Pustessen!*

Sieber, Harzflüßchen (am Bruchberg/Brocken entspringend und am Südwesthang zur Oder/Rhume fließend) hieß urkdl. *Sibe(r)ne,* gehört somit zu den prähistor. Flußnamen des Harzes wie die **Ecker** *(Ekerne),* die Oker, die Oder, die Rhume, die Innerste usw. Vgl. Fluß *Siberis* im kelt. Galatien, *Sibrium* b. Mailand, *Sivriacum:* Sivry nö. Nancy, **Sievernich/** Rhld. So wird auch der *Sivernes-:* **Siebersbach** (zur Murr/Württ.) verständlich; analog zum Ergersbach, Liebersbach usw. Zu **Siebleben** *(Sibileba)* b. Gotha vgl. Wiegleben, Trügleben usw.; zu **Siebnach** a. Wertach: Neufnach *(Nuvenach)* ebda, auch die Ecknach *(Ankinacha),* die Rinchnach u. ä. Zum **Siebing** b. Rinteln vgl. den Beping, Biening, Ruping, Solling. Idg. *sib (sab, sub)* = feucht, sumpfig.

Siechenbach (w. Fritzlar u. in Württ.) siehe Siekholz!

Siede: Daß die Siede im Moorgebiet von Sulingen/Nienburg, die von Siedenburg her durchs Große Moor zur Aue/Weser fließt, nichts mit ndd. *sid* „niedrig“ zu tun hat, wie man tendenziös und unmethodisch meint (so A. Bach/Bonn Dt. Nkde II 283), lehrt schon die urkdl. Form *Sidene:* mit kurzem *i* und mit prähistor. Endung, mit der sie sich eindeutig den prähistor. Flußnamen *Fusene, Sevene, Ostene, Bilene, Bestene, Travene, Arsene* (heute Fuse, Seeve, Oste, Bille, Beste, Trave, Erse bzw. Ahse) zugesellt, die sämtlich Moder-, Moor- und Sumpfwasser meinen! Diesen Wortsinn bestätigen auch für die Siede aufs beste: *Side-moor, Sidelake, Sideford, Sidewood, Sidene-fen, Sidney* in England, auch *Siddington* (wie Liddington am Liddon) — siehe auch unter Siddinghausen! Und der *Sidumanios* floß dort schon vor Ankunft der Germanen (Vgl. Förster, Themse, S. 124), und die *Sidruna:* Sitter/Schweiz entspricht der *Saldruna/* Frkr., der *Visruna,* u. der *Olruna*/Elsaß lauter „sumpfige“ Gewässer! An der Weichselquelle saßen die *Sidones.*

Sieg: Die Sieg, Nbfl. des Rheins (vom Rothaargebirge her durchs Bergische Land fließend und bei Siegburg mündend), mit **Siegen** im Siegerland, hieß *Sigana, Sigina,* gehört somit wie die *Logana* (**Lahn**) und die *Adrana* (**Eder**), die im selben Raume nö. Laasphe entspringen, zu den ältesten Flußnamen aus vorgerm. Zeit. Das Wasserwort *sig* (mit den Varianten *seg, sag, sog, sug*) begegnet auch in den Flußn. *Siger*/Brit. (vgl. die *Liger:* Loire) und *Sigmatis*/Frkr. nebst *Sigonna* (wie Calonna), *Sigue, Sigas. Sigulones* hieß eine Völkerschaft auf der kimbr. Halbinsel. Ein uraltes *Sigeltra* lag am Hümmling. *Sigeldrecht* 1064/Holland stellt sich zu Losdrecht, Moordrecht, Midrecht, Slidrecht, Heydrecht, Durdrecht, Holendrecht, lauter Sumpf- und Moorgewässer! So verstehen wir auch die **Siegelbäche** (Baden, Pfalz) nebst **Siegenbach**/Baden und **Siegenbeck** i. W. Vgl. auch Segelbach, Segelhorst! **„Im Sigels"**/Bebra. **Siglesdene**/E.

Siekholz b. Schieder/Pyrmont meint „Sumpfgehölz". Vgl. Wak-, Wachholz, Diepholz, Sielholz. Dazu **Sieker** bei Bielefeld, *Sikere:* **Seker** b. Helmstedt. Zu idg. *sik* (zu dem slaw. *sic-* „Harn" und dt. seichen „harnen" gehören) vgl. *Sicbach* 791: die Sippach (zur Traun; die *Sicana*/Gallien, die *Sicola:* Sioul/Ligurien und die *Siculi,* nach denen Sizilien benannt ist. In E. vgl. *Siche-furlong: Spiche-, Tiche-furlong!*

Sielen a. Diemel (Reinhardswald) deutet wie Schachten, Calden, Zwergen, Stammen, Ersen ebda auf sumpfige Lage, zu idg. *sil* (= sel, sal, sol, sul). **Sielholz** also = Siek-, Wak-, Diepholz „Sumpfgehölz". Dazu die *Silbeke* (und *Silmecke)* in Waldeck (wie Sel-, Sal-, Sulbeke), **Silberg**/Lenne, **Silbach**/Brilon, **Silschede**/Hagen, das *Sil-mere* in Holland, die **Sihl** *(Silaha)* mit der Silenen *(Silana)* in der Schweiz, die Flüsse *Silis*/Venetien u. *Silarus*/Italien; auch *Silurus* mons/Spanien (wie *Tilurus:* Zillertal) und die *Silures* (Volk in Wales); Insel *Silumnus*/Gallien, ON. *Siliacus:* Silly 17 mal in Frkr. *Silve(r)beke* i. W., *Silve(r)ton*/E.: s. Selverde!

Siepen oft in Westf., meint feuchte, sumpfige Bachstelle. In Lippe auch *„das Sepp"*, vgl. **Seppenrade,** Seppenhagen.

Sierck a. Mosel/Lothr., in prähistor. Gegend, beruht auf kelt. *Sirica* wie Lorich b. Trier auf *Lorica* und Polch b. Mayen auf *Polica:* auch **Sierentz** (Elsaß/Schweiz) ist eine vorgerm.-keltoligur. *Sirantia* (wie die *Lorantia:* Lorenz: Lorze/Schweiz und die *Morantia:* Morenz: Merzen/O.Elsaß). Vgl. die Quellgötttin *Sirona* in Rom, Gallien u. am Rhein (Nierstein) u. ON. *Sireuil.* Eine *Sirebeke* b. Brüssel. **Sirenmoos**/Baden stellt sich zu Anken-, Atten-, Filden-, Hechen-, Tettenmoos, alle auf Moor und Sumpf bezüglich. Varianten zu *sir* sind *ser, sar, sor, sur.* Erweiterungen: *sirm* (vgl. *Sirmium* am Bacuntius) und *sirn:* vgl. **Sirnach** a. Murg/Thurgau und Sirnau b. Eßlingen. *Sernatingen* ist der alte N. von Ludwigshafen! (Vgl. Fl. *Sernon*/Frkr.).

Siesbach b. Idar entspricht **Seesbach** b. Simmern und **Sasbach** in Baden: *sis, ses, sas (sos, sus)* sind alteuropäische Wörter für Sumpf bzw. Sumpfgras, Riedgras. *Sis-sele* b. Brügge ist daher sinngleich mit Mor-sele, Dudesele, Her-sele, Wake-sele, Sweve-sele. Dazu die *Siseke*: Seseke i. W., *Siselbeck* b. Mülheim/Ruhr (wie Seßelbach), *Sisbeck* b. Helmstedt (wie Esbeck, Walbeck ebda). In England vgl. *Sisse, Syswell, Sisland;* b. Basel *Sissach* im Sisgau, b. Bern *Siselen,* b. Merzig/Saar: *Sisitra,* in Frkr. *Sissonne* a. Aisne, in Spanien *Sisaraca* (wie Pisaraca, Ankaraca, Tincaraca,

Bacaraca: Bacharach) u. *Sisipo* (wie *Catipo)*, in Pann.: *Sisopa,* in Latium die *Sisolenses.* Siehe auch Süßebach! Ein **Siese-Berg** b. Driburg.

Sievernich nö. Euskirchen entspricht Mechernich, Disternich, Nörvenich Morschenich usw., lauter kelt. Spuren auf -iacum. Vgl. den *Sivernesbach/* Württ. und *Sivriacum* unter Sieber! **Silve(r)beke** i. W. siehe Sielen!

Silbach, Silberg, Silstedt, Silschede s. Sielen! **Silk** s. Selkentrop!

Simmern a. d. Simmer *(Simara),* Zufluß der Nahe, auch b. Koblenz, gehört wie Sümmern, Sömmern, Sammern (s. dies!) zu den vorgerm.-kelt. Flußnamen auf *-ara,* vgl. *Nimara, Namara!* Das Wasserwort *sim* (mit den Varianten *sum, som, sam, sem*) gehört zu den allerältesten, wie bes. der Flußn. *Simandre/*Südfrkr. lehrt (analog zu Balandre, Camandre, Scamandre, vgl. Fl. *Scamandros* und *Gimandros/*Kl.-Asien!). Eine *Simina:* **Simmen** fließt zum Thuner See. Zu **Simmerath** am Hohen Venn vgl. als sinnverwandt Greimerath, Möderath, Kolverath, Granderath. Ein Waldberg Hoch-**Simmer** liegt nö. Mayen (vgl. den Hoch-Kalter u. ä.). — **Simten** b. Pirmasens/Pfalz deutet auf urspr. *Simita* (vgl. die Argita, Salita, Bursita) wie die Kempt auf *Cambita. Similes-aha* hieß 902 die Stockach. Ein *Simmersberg* b. Eisfeld/Thür. **Simmenberg** siehe Semd!

Sindelbach, Sinderstedt, Sindringen, Sinderen s. Sendelbach!

Singelbach, Singendonk, Singen(hop) s. Sengelbach und Singold! Vgl. auch *Singhurst* b. Bühl/Baden und den *Singersbach* (z. Gutach). Ein **Singlis** b. Wabern/Kassel.

Singold, Nbfl. der Wertach im Lechfeld, verrät sich schon durch die Endung *(Singalta)* als ebenso vorgerm.-keltisch wie die **Nagold** *(Nagalta)* und die *Langalta/*Schweiz, lauter sumpfige Gewässer (siehe unter Sengelbach!). Vgl. den *Singilis* fluvius/Spanien, *Singidunum* (= Belgrad) wie Lugudunum (Lyon), Langodunum, Virodunum (Verdun), lauter „Sumpfburgen"! *Singidava/*Dakien wie Uti-, Comi-, Argidava. *Singendonk/*Kleve wie *Corsendonk* (cors „Sumpf").

Sinkel *(Sinkalta)* ist wie die *Singalta* (Singold), die *Nagalta* (Nagold), die *Langalta* u. ä. schon an der Endung als vorgerm. erkennbar. Eine *Sincfal* (jetzt Zwin) in Holland. Deutlich ist *Sinkmore/*England, *Senkelo* i. W. 1535. Zu idg. *sink* vgl. altind. *sincami* „gieße aus". Zu *sing: sink* vgl. das verwandte *ting: tink.*

Sinn a. Dill b. Herborn ist ein prähistor. Bachname: eine **Sinn** (urkdl. 1270 *Sinde)* fließt b. Gemünden zum Main (vgl. die Linne, Lenne, alt auch *Linde,* zu *lind* „Sumpf"!). Auch **Sünna** b. Vacha a. Werra hieß *Sinna.* Ein Sinneborn quillt b. Netra; ein **Sinnebach** fließt zur Rhume im Harz.

Sinnich b. Lüttich ist vorgerm. wie **Linnich** b. Jülich, mit k-Suffix wie

Sineke am Ndrhein (um 1250). **Sinningen** (1189 *Sinegon)* b. Münster entspricht Söllingen *(Solegon)* b. Helmstedt (auch *sol* meint „Sumpf, Schmutz"). *Sinithi* saltus hieß 890 die heutige **Senne** am Südwesthang des Teutoburger Waldes, ein Quellgebiet vieler kleinerer Bäche (auch der Ems u. der Wapel: wap = „Sumpfwasser"), und *Sinutvelt* hieß 887 das Sindfeld Kr. Büren. Zu *Sinleca:* **Sennlich** b. Tecklbg vgl. *Sethleca*/Holland. In England: Sinnen Gill, Siney Tern, Sinley, Sindale. In Holland: *Sin-graven.* Vgl. auch **Sinspert** (nebst Hespert) w. Olpe. Zu **Sinsen** i. W. vgl. Winsen: *Sinhusen, Winhusen! (sin, win* = Sumpf). Ein *Sinsteden* b. Grevenbroich! Ein *Synau* (14. Jh.) b. Ramholz/Hessen.

Sinthern *(Sintere)* b. Köln entspricht *Vintere:* Königswinter b. Bonn: vgl. *Sinteriacum* 993 in Lothr. und *Vintriacum:* Wintrich a. Mosel. Damit ist vorgerm.-kelt. Herkunft gesichert.

Sinz *(Sentia)* sw. Saarburg u. **Sinzenich** s. Linz! **Sinzig a. Rh.** (Mündung der Ahr) ist das keltische *Sentiacum* (762, *Sinciacum* 855), wie **Sentzich.**

Sinzheim b. Baden-Baden und **Sinsheim** a. Elsenz/Kraichgau (urkdl. *Sunnisheim,* wie *Sunnesbrok:* Sünsbruch) siehe Sonscheid!

Sirnach, Sirnau siehe Sierck! **Sissach,** Sisbeck s. Siesbach!

Sitter (b. Bersenbrück) ist im Rheinland/Westfalen alte Bezeichnung für „feuchtes Gehölz" (zu idg. *sid, sit* „Moder"), vgl. auch den **Zitterwald/** *Eifel,* die Zitterwisch b. Melle. — Die **Sitter**/Schweiz ist eine vorgerm. *Sidruna* (entsprechend der *Saldruna,* der *Olruna,* der *Visruna,* alles „sumpfige Gewässer"). — **Sitten**/a. Rhone ist das keltische *Sedunum* (nach den kelt. *Seduni),* dort auch *Sedes aqua:* Seez, vgl. die *Sedena* (zur Yonne) sowie Sedan, Sedrun, *Sedelocus:* Saulieu. — **Sittenhardt** b. Schwäb.-Hall entspricht Muchenhart, Mechenhart, Sentenhart, Sommenhart, Mörschenhart, lauter „modrige" Gehölze. — **Sittensen,** Moorort a. Oste ö. Zeven entspricht den Sinngleichen Ippensen, Ohrensen usw. *(sid, sit* = Moder, Moor). Zu **Sittenbach** ö. Augsburg (a. Glonn) vgl. ebda Rettenbach, Hollenbach, Gallenbach, Sielenbach, Pettenbach.

Sobernheim a. Nahe klärt sich im Rahmen der zugehörigen Gadernheim, Schauernheim, Bindernheim, Dauernheim, Odernheim: alles Zus.setzungen mit Gewässernamen. Ein *Sobeford* 1170/E.

Södel/Wetterau gehört zusammen mit Griedel und Rendel ebda: *Sodila, Gredila, Randila* sind prähistorische Namen für sumpfig-moorige Gewässer. Dazu **Söder** *(Sudere)* b. Hildesheim, **Sodingen** b. Herne (wie Odingen/Meschede). **Sod(ach)** im Schwäb. = Sumpfwiese, nasses Ried. Auf kelt. Boden: *Sodeium* (Soye) und *Sodobria.* Siehe auch unter Sude! Varianten zu *sod, sud* sind *sed, sid, sad.*

Södderich siehe Sude!

Soest i. W. *(Sosat)* siehe Sost, Söse, Soßmar!

Söflingen b. Ulm siehe Sevelten!

Sögel *(Sugila)*, Moorort am Hümmling, und **Sögeln** a. Hase b. Bramsche nebst **Sögtrop** i. W. u. die **Söge** b. Winsen deuten topogr. auf Moor, Sumpf. *Sugwas, Sugworth, Sughal* in E. bestätigen *sug* als Sumpfwort. Desgl. **Süggerath** nw. Jülich (wie Hatterath, Randerath, Möderath ebda). Vgl. auch *sog* in kelt. *Sogiacum* (Sougy) u. ligur. *Sogionti* (Volksstamm), auch *seg* in *Segeste, sig* in Sigina und *sag* in Sagonna.

Söhlde b. Meschede, Söhlingen, Sohl-Berg siehe Solingen!

Söhnstetten/Württ. siehe Sane! **Söhre** (Soride) siehe Sorpe!

Soisdorf *(Soresdorf)* siehe Sorpe! **Sölde**, Söhlde s. Süllberg!

Solingen (vgl. Fuhlingen, Quettingen, Worringen im selben Raum) enthält idg. *sol* „Sumpf" (wie *sel, sil, sal, sul)*. Desgl. **Sohlingen** b. Uslar, **Söhlingen** (Wümme), **Söllingen** *(Solegon)* b. Helmstedt u. in Baden (wie Sinningen *(Sinegon)* i. W., der Bergwald **Solling, Sollstedt** im Eichsfeld, **Soller** b. Düren *(Solre*, vorgerm. wie *Tolre:* Zollern), der Soller im Aargau (vorgerm.), der **Sohler** (wie der Seiler: *sel* „Sumpf"), der Große **Sohl** auf dem Hils, der **Sohl-Berg** (mit dem Schliffkopf!) b. Oberkirch/Baden u. der **Sohlgraben** ebda, die Sohl-Höhe nö. Lohr a. M., der **Sohlgrund**/Hessen. *Solenhusen*/Hessen wie *Colenhusen*/b. Lich. Zum *Solresbach* b. Rhens a. Rh. vgl. den Quideresbach! Vorgerm. ist *Solantia:* die Sulz (z. Altmühl) wie *Tolantia:* Tölz, auch *Solist* a. M. Vgl. *Solumna, Solobrium*/Frkr. Siehe auch Solschen, Sölde, Söhlde! Ein *Solbach* b. Wawern/Prüm.

Solms b. Hersfeld siehe Sulm! **Solpke** am Drömling meint *Sol-beke*. „Sumpfbach". *Solmania* 915 (die Soumagne) wie *Falmania* (Falmagne)!

Solschen b. Peine entspricht **Helschen**/Ems *(sol, hel* = „Sumpf, Moor").

Soltau a. Böhme (der prähistorischen *Bomene, bom* „Sumpf") deutet auf seine Lage am Sumpfwasser (von „Salz", ndd. solt, keine Spur!). Auch **Soltholz** (nebst Soltbrück am Treene-Moor südl. Flensburg) ist natürlich kein „Salzgehölz", sondern wie das nahe Klappholz ein feuchtes, modriges Gehölz. Dazu **Soltendieck** ö. Ülzen (wie Schweckendieck!).

Somborn ö. Hanau und a. Emscher beruht auf *Son-born!* S. Sonneborn!

Sömmerda a. Unstrut (mit 5 Ortschaften namens **Sömmern** ebda!), urkdl. *Sumeride*, hat man harmlos für eine „Sommerfrische" gehalten! Die nordthür.-hessischen ON. auf *-idi, -ede* (Kollektiv-Suffix) sind jedoch durchweg Ableitungen von Wörtern für Wasser, Sumpf, Moder (vgl. Kölleda, Tilleda, Haueda, Schwebda usw.), sodaß auch für *sumer* durch Systemzwang der Wortsinn gegeben ist (bestätigt durch das gehäufte **Sömmern**

(analog zu Sommern, wie Nommern, Sümmern, Simmern, Sammern!). Eine *Sumere:* **Saumer** (mit r-Suffix wie die *Helere:* Haller!) fließt denn auch b. Höxter, und auch *Sumersele:* **Sommersell** (b. Höxter, Lemgo, Hötmar) wie Leder-, Over-, Weter-sele (lauter Sinnverwandte) duldet keinen Zweifel — ebenso die Parallelformen Engerda, Witterda, Exterde, Hemmerde, Halverde, Vesperde, Helerde, Cliverde, Elverde, Stelerde — alle auf Sumpf und Moor Bezug nehmend! Dazu in England: *Sumer-ford, -ley, -gil, -dene!* Vgl. auch Sommeringen b. Lingen/Ems und die *Sumerava:* Sombrève bei Namur; in E.: *Sumershale* wie Gumershale. Zum Stamm *sum* vgl. die *Sumina* (heute Sumène, Somenye, Somme) wie die *Lumene* in E., mit den Varianten *Semina*/Brit. und *Simina*/Schweiz.

Somplar w. Schreufa/Viermünden (Eder), bisher ungedeutet, gehört zu den prähistor. Namen auf *-lar,* kann somit nur „Sumpfort" meinen. Vgl. *Somponuy* 839 (Pyrenäen)! *somp* dürfte *sop* (die *Sopia*/Frkr.) mit n-Infix darstellen wie *amp: ap* und *vimp: vip!*

Sondern b. Olpe, **Sündern** b. Bückeburg und **Sundern** Kr. Arnsberg u. Kr. Lübbecke sind sowohl aus sachlichen wie aus sprachlich-formalen Gründen keine „südlich" (mhd. sunder) gelegenen Orte. Der Moorort **Sunder** a. Meiße, der **Sondernwald** in Thür. und die Waldorte (Gehölze) „Im **Sonder**" (z. B. bei Gertenbach a. Werra), auch der **Sonderkopf** (u. der Sonter) b. Vaake „in den Schläden" (Reinhardswald) beweisen vielmehr, daß *sund-r* „Sumpf, Moor" meint; auch *Sundercumbe*/England bestätigt den Wortsinn analog zu *Pedre-cumbe, Love-, Cude-, Bride-, Made-cumbe* lauter Sumpf- und Moderkuhlen. Ein **Sonderbach** fließt zur moorigen Vechte, ein anderer zur Bühler, eine *Sunterbike* in Waldeck. So wird auch **Sondershausen** verständlich. Vgl. auch *Sondria*/Oberitalien sowie die *Sonde,* Nbfl. der Marne! Prähistor. Herkunft des Wortes ist damit offenbar. Zu *sond, sund* vgl. die Variante idg. *send, sind (sendr, sindr)*. Zu *sunt* „Sumpf" siehe Süntel! Ein *Sunderde* 1164: Zundert/Brab.

Sonneborn siehe Sonscheid! Sonsbeck!

Sönnern b. Werl entspricht Sümmern, Sundern, Hullern, Wengern, Haltern im selben Raum. Siehe Sonscheid!

Sonscheid b. Altena a. Lenne (in prähistor. Gegend) — vgl. **Monscheid!** — entspricht Herscheid, Hülscheid, Selscheid im selben Raume, die alle auf „Sumpf, Moor" deuten: so kann logischerweise auch *son* nichts anderes meinen, zumal für sämtliche N. auf -scheid (d. i. „Waldbezirk") das gleiche gilt! Es wird bestätigt durch *Son-lar:* **Soller** in Luxbg (wie *Lin-lar:* Lieler ebda) analog zu *Lun-, Lonlar:* **Lollar** und *Hun-, Honlar:* **Hollar**: denn **lin, lon, hon** sind prähistor. Wörter für „Moor, Moder". Eine *Son*

(879) fließt zur Loire, eine *Sona* (Zune) zur brab. Lenne, eine *Sunreda* 981 (Sorrède) z. Rhone. Vgl. auch *Suniacum* 370 (Soigny) und die kelt. *Sunuci* (Moorbewohner am Hohen Venn! nach Tacitus, Historiae IV 66), genau wie *Caruci* (Eifel), zu *car* „Sumpf", mit dem kelt. Suffix *-uc* (vgl. Fluß Ternuc/Brit.). Ebenso deutlich ist das alte Gewässer *Sunne-meri* 775/985 (Schelde), heute **Sonnemare**, und die flandrische Zonnebeke/Ypern (mit der alten *Sennebeke!)*, auch die *Soneffe*/Brabant (nebst Seneffe, Senope a. Senne). Ein *Sennebach* floß auch im Reinhardswald, ein *Sinnebach* zur Rhume (Harz): *son, sun, sen, sin, san* sind Varianten für den Begriff „Wasser" (insonderheit sumpfiges); zu *sen* siehe unter Sennebeck, Seinstedt! — Nun verstehen wir, daß der **Sonneborn** (890 *Sunnoburno)*, Zufluß der Verse/Lenne, kein „sonniger" Born ist, desgl. der Sonnenborn b. Rattlar/Korbach — vgl. auch Somborn! — u. der *Sunnenbach* (z. Vils/Bayern) nebst *Sunebach* 1059 b. Thulba. Ebenso der Bach u. Ort **Sonsbeck** (mit Veen!) zw. Xanten u. Kevelaer mit Fugen-s wie *Sunesbeke:* **Sünsbeck** b. Osnabrück und *Sunnasbrok:* **Sünsbruch** b. Hattingen/Ruhr. Vgl. *Sunesheim:* Sinsheim! Zu *Sune-stat* (Thür.?) vgl. Hadastadt, Kletestat u. ä. Synonyma, zu *Sun-heri* 1232 i. W.: Manheri, Bukheri, Hukheri i. W. Und *Sunrike* Kr. Warburg entspricht Enerike, Alverike, Mederike, Schiderke, Ditterke, Ermerike, Elverike, Boderike (Büderich), lauter Ableitungen von Sumpf- und Moorwörtern! Damit wäre die Beweiskette geschlossen. Für idg. *son* vgl. außer der *Sona* (Loire) noch *Sonista*/Pannonien (wie Ramista/Istrien, Solista a. M., Polista/Baltikum, alle auf „Sumpf" deutend, mit venet.-illyr. *st*-Suffix). — **Soon-Wald** siehe Sane!

Sontra a. Sontra *(Suntraha)* im hess.-thür. Ringgau (mit **Netra**, a. Netra) gehört deutlich zu den prähistor. Gewässernamen mit r-Suffix, wie auch *Badra, Ebra, Gebra, Heldra, Helbra, Kelbra, Steigra, Mehlra, Monra,* so daß auch *sunt, sunt-r* „Sumpf" oder „Moor" meinen muß. Eine *Sunterbike* begegnet in Waldeck. Zu *Sunteri* 834 vgl. *Enteri*/Weser (alter Gauname) und *Salteri* (der Selter, ein Bergwald) b. Gandersheim, wo *ant, salt* gleichfalls auf Sumpfwasser deuten. Auch der **Süntel** und die *Suntelbeke* b. Osnabrück sowie *Suntstedt* (Sunstedt) am modrigen Elm südl. Helmstedt bestätigen diesen Wortsinn. Dazu in England mehrere *Sunt(e).*

Soppen, Suppen (ein Sumpf in Schwaben) mit dem Soppenbach, sowie *Soppensee*/Schweiz enthalten ein idg. Sumpfwort *sop.* Vgl. auch die *Sopia* (Suippe) in Frkr. *Sopianae*/Pann., *Sopiacum*/Frkr., *Sopley, Sopwell, Sopworth*/E.

Sorgensen *(Sorgenhusen)* Kr. Lehrte verrät seinen Sinn bei Vergleich mit Engensen, Immensen, Pattensen, Wettensen, Bevensen, Brunkensen, Stadensen, alle auf Sumpf und Moor Bezug nehmend. Und so meint **Sorga** ö. Hersfeld nichts anderes als Aula, Kleba, Jossa, Rhina, Eitra, Sünna Geisa, Fulda, Vacha im selben Raum, lauter Bachnamen aus der Vorzeit Eine **Zorge** fließt am Südharz, eine **Sorge** durch Moorgelände zur Eider w. Rendsburg. Ein Pfuhl „die *Sorge*" b. Marbg. *Zorgvliet*/Holld.

Sorpe (1072 *Sorapa*), Zufluß der Ruhr (von der Lenne her), gehört geogr und morphologisch zu den vielen Bachnamen auf *-apa* „Wasser, Bach" im Lenne-, Ruhr-, Sieg-, Lahn- und Eder-Raum (vgl. des Verfassers Schrif von 1958), denen vielfach entsprechende Namen ohne -apa auf altkelt Boden gegenüberstehen! Eine *Sora* (Soar) fließt z. B. auf brit. Boden, eine *Sorobis* in Frkr. Die Sorpe reicht somit in älteste vorgerm. Zeit zurück Der *Sorapa* entspricht südöstl. Hersfeld die *Soraha (-aha* „Wasser, Bach") Zufluß der *Eitraha* (mit *Soresdorf:* **Soisdorf** u. dem Soisberg! Zur Forn vgl. *Soresheim:* **Sorsum,** 3 mal b. Hannover/Hildesheim). *sor (sur, ser sir, sar)* ist eine idg. Bezeichnung für „Sumpfwasser": vgl. die Sumpfstell *Soron* b. Verviers/Lüttich und die Gleichung *Sor-furlong: Mershfurlong Cletefurlong, Spichefurlong*/England, lauter Sumpf- und Moorgräben Eine *Sore* mit dem *Soratfeld* b. Paderborn; ein *Sorbach* fließt zur Giese b. Fulda. Ein *Sorheim* b. Nördlingen. Zu *Sorenhagen* in Lippe vgl. Müd den-, Katten-, Ruschenhagen; zu **Sohrschied**/Hunsrück: Ebschied, Schlier schied ebda! **Sohren** b. Simmern/Hunsrück wie **Sohr** b. Bingen. Kollektiv ist *Sorethe:* **Sörth** (b. Köln u. Altenkirchen) und **Sürth** b. Olpe, beide in feuchtem Wiesengelände! So wird auch die **Söhre** (ein Teil des Kaufunge Waldes ö. Kassel) als Quellgebiet vieler Bäche ihrem eigentlichen Weser entsprechened deutbar; einseitiges Operieren mit dem Wb., das nur ahd *sor* „trocken" bietet (mit langem Vokal!), so z. B. A. Bach ohne Beachtung von Topographie und Gesamtbefund, würde hier den Tatbestand auf den Kopf stellen! Ein methodisch lehrreiches Beispiel! Siehe auch unter Zorn *(Sorna)!*

So(e)st in Westfalen, in gewässerreicher Ebene zw. Lippe u. Möhne, sei „mi heutigen Sprachmitteln nicht zu deuten", hat man noch kürzlich gemein (so der Historiker E. Keyser); mit Wörterbuchwälzen freilich nicht, woh aber durch methodisch-morphologische Forschung. Daß in Soest (urkdl *Sosat* 1068), ein Gewässername zugrunde liegt, ist keine Frage: eine **Soest** fließt zur Leda/Ems, eine **Soestbeke** zur Asse (Lippe), eine *Susa:* Sös im Harz; und den Wortsinn dieses verklungenen *sus, sos* verrät uns deut lich die Erläuterung durch *mar* und *siek* = „Sumpf" in **Soßmar** (nebs Seßmar, Sottmar, Rethmar, Bettmar, Haimar) w. Peine (vgl. Sosa b Zwickau u. die Soswa nebst Loswa am Ural!) sowie **Sus-siek** i. W. (wi

Getsiek, Hachsiek, Helsiek, Riessiek). Ebenso die Reihe **Sussum** b. Bersenbrück: Dersum, Lutum, Loccum, Marum; auch der **Süsing** (bewaldete Höhe zw. Lüneburg u. Ülzen) analog zum Beping, Schilling, Solling, Seuling, die alle auf die feuchte Bodennatur Bezug nehmen. Auch das **Süskenbrock** b. Dülmen ist deutlich genug, vgl. die Brüskenheide nö. Münster. Auf prähistor. Alter weist (mit r-Suffix!) **Süßra** *(Susara* 9. Jh.) in Nordthür. wie die Synonyma Mehlra, Monra, Veßra/Thür. In Frkr. vgl. kelt. *Susacum,* in Italien *Susonnia* a. Piave, in Mösien *Susudata,* in Ligurien *Susasca* (wie Palasca)! Zur Form *Sosat(o)* 1068 vgl. *Visato* 983: Weset a. Maas (auch *wis* meint „Sumpf, Moder") und *Adat* (Ath u. Eth) in Belg./Frkr.: *ad* „Wasser"! Varianten zu idg. *sus, sos.* sind *ses, sis, sas!*

Sottrum am Wümme-Moor und a. Innerste ö. Hildesheim entspricht Bettrum, Luttrum, Rittrum, Sustrum, lauter Sumpf- u. Moororte (-um = -heim). Vgl. *Sotterley*/E. Desgl. **Sottmar** b. Wolfenb. wie Bettmar, Rettmar, Wettmar. Siehe auch Suttrop!

Sotzbach/Hessen hieß *Sotesbach* (vgl. hess. *sotte* „Jauche"). Dazu **Sotzweiler**/Pfalz.

Spaden nö. Geestemünde meint „Moorort" (zu *spad* vgl. Mensing, Schlesw.-holst. Wörterbuch). Dazu **Spadenland,** Spadenteich b. Hbg. und **Spaa** b. Lüttich *(aquae Spadanae)!* Vgl. *Spode, Spedinghsn,* Fl. *Spedonna!*

Spasche, urkdl. *Sparnysze* a. 1000, *Sparesche* 1218, entspricht *Ternesche, Schildesche, Bramsche,* deutet also auf Moorwasser; vgl. Fluß *Sparne (Sperne)*/Holld, *Spar-lea, Spar-, Sperham* 1060/E. *Sperdonk* s. Spier!

Spahl *(Spane-lo)* siehe Spahn!

Spahn *(Spana)* im Moorgebiet des Hümmlings entspricht **Flahn** *(Flana)* b. Duisburg, vgl. *Span-:* **Sponheim** a. Nahe wie **Flan-:** Flonheim b. Alzey: *span* wie *flan* deuten auf „Sumpf, Moor", erkennbar aus *Spanbroek, Spandonk, Span-lo* 852: **Spahl**/Rhön ö. Hünfeld, auch *Span(a)swang* 8. Jh. am Wallersee und *Spanbeck* b. Northeim sowie den *Spannbrink* ö. Iburg (vgl. Gallebrink). In England vgl. Spaneby, Spanhill, Spanton. Auf kelt. Boden: *Spanis, Spaniacus* in Frkr., *Spaneta* in Pann. wie *Codeta*/Italien, *Gabreta* (der Böhmer Wald). Siehe auch Spenrath! Zu *span* vgl. auch *Spanogh* „Triefauge" 1366 (Holst.) und *Spanferkel:* ags. *span* „Brustwarze"! Ein **Spohn-Berg** b. Witzenhsn./Werra.

Spaichingen südl. Rottweil (mit dem Lupfen u. dem Hohen-Karpfen!) wird durchsichtiger mit dem **Spaichbühl** ö. Schwäb.-Hall: mhd. *speiche* mnd. speke, meint „Speichel, feuchter Schmutz". Vgl. die Sinnverwandten: Dauchingen, Böttingen, Möhringen, Biesingen ebda. Dazu der alte Waldname

Speicheshard um 1000 („quae Bavariam a Francia dividit") und **Speicherz**/Süd-Rhön. Ein Wald *Spêche* b. Dinant.

Spalden b. Boppard: vgl. *Spalt(beke)* in Belg. Eine alte Moorlandschaft *Spalda* (7. Jh.!) in E. nebst Spalding-Moore, *Spaldeford, Spaldewick, Spaldington.* Ein *Spalt(bächle)* zur Murg.

Spanbeck siehe Spahn!

Spangenberg a. Pfieffe, wo man bisher phantasievoll an „spangenähnliche" Muschelkalkversteinerungen dachte (E. Schröder S. 167), wird deutlicher mit dem **Spangenborn** b. Frankenberg/Eder und der **Spangenbeke** (Zufluß der moorigen Treene/Holstein). Auch der Gewässername **Spange**, Sponge 1295 b/Mordrecht in Holland (M. Schönfeld S. 243) lehrt, daß *spang* „Moor, Moder" meint vgl. lat. spongia „Schwamm", engl. *spong*. Dazu *Spong, Speng* in E., **Spenge** Kr. Herford, *Spangen* b. Metz.

Spasche *(Sparn-)* s. S. 455!

Spay a. Rh. *(Speia* 1143) b. Boppard, wie **Lay** (*Leia* 1139) ebda, entspricht *Spei* (Epéhy/Somme): ein vorgerm. Wassername. Fl. *Spedonna*/Seine!

Speckheim (Jagstkreis) vergleicht sich Brettheim a. Brettach ebda: *speck* deutet stets auf Sumpfwasser oder sumpfige Lage. Vgl. *Speckloch* 1320/Württ., *Speckgraben* (zum Kriegbach/Kraichgau), **Spechbach** (zum Epfenbach/Elsenz), umgedeutet zu **Spechtbach** (1613), Zufl. des Ulfenbachs/Odenwald; auch **Spöck** b. Karlsruhe/Bruchsal (auch b. Mindelheim und b. Saulgau) ist alter Bachname: 865 *Spechaa* „Sumpfwasser". Dazu der Waldort *Speckswinkel* (einst sumpfig!) b. Treysa/Schwalm (W. Arnold S. 361), *Speckenwald*/Hessen, *Speckenbach* b. Gensungen, *Speckenbüttel*/Wesermündung, **Specken** a. Düte b. Osnabrück u. in Holland, die *Speckbrede* 1481 in Lippe, *Speckhorn*/Ruhr (wie Balhorn, Druchhorn, Gifhorn: lauter „Sumpfwinkel"). In Holland *Spek-ven* (wie Bies-, Was-, Goor-ven).

Speele *(Spele)* a. Fulda siehe Spiel!

Spelle Kr. Lingen a. Ems ist 890 als *Spinoloha* bezeugt. *spin* gehört zur idg. Wurzel *spi* „feuchter Schmutz" (vgl. „speien"), so auch slaw. *spina* „Schmutz". Am Bache *Spinos* lag die im Schlamm der Po-Mündung versunkene Handelsstadt *Spina.* In der Toscana saßen die *Spinambri*, vergleichbar den *Sigambri* und *Vilambri* (zu *sig, vil* „Sumpf"); zur Endung vgl. Fluß *Catamber*. Ein *Spinae* lag in Brit.

Spellen a. Ruhr b. Mülheim und **Speele** an den Fuldawiesen w. Münden (beide urkdl. *Spele)* deuten auf schmutzig-sumpfige Lage wie auch **Speldrop** am Ndrhein und **Spelbrink** b. Laer (brink = feuchte Wiese!) wie Gallebrink. *Spelhoe, Spelhorn, Spele-stowe* (wie Brig-stowe: Bristol), *Speleshale* (wie Cates-, Cormeshale, Seggeshale!), *Speles-berie* (wie Gra-

ves-berie) in E. bestätigen es. Vgl. griech. σπέλεθος „Kot“, σπίλος „Schmutz“. Siehe auch Spiel!

Speltach, Nbfl. der Jagst/Württ., mit der ebenso ungedeuteten **Stimpfach** und dem Hörlesbach (hor = Kot, Morast) meint zweifellos „Moderbach“ vgl. in Brit. *Speldhurst* (wie Slifehurst: slife „schlüpfrig“). Zu *spel-* vgl. griech. σπέλεθος „Kot“!

*Spalt, Spaltbeke/*Belg., *Spalden/*Rh. siehe Spalden!

Spenge w. Herford siehe Spangenberg! Ein Wasser *Spange* in Holland.

Spenrath/Ndrhein stellt sich zu Venrath, Benrath usw., lauter Moororte auf -rode. *spen* kann somit nur „Moor, Sumpf“ bedeuten, wie auch *Spennimoor* in England bestätigt: ebda **Speen** (821 *silva Spene),* auch in Schottland *Spene:* **Spean** (wie *Bene:* Bean! *Dene:* Dean; *Tene:* Tean). Vgl. dazu Förster, Themse, S. 745 ff. Zur Variante *span* siehe Spahn!

Spessart: Daß die niederschlags- und gewässerreiche Waldlandschaft zw. Main und Vogelsberg trotz der alten Namensform *Spehteshart* — auch Spexard b. Gütersloh hieß 1088 so — nichts mit dem Vogel Specht zu schaffen hat (wie man bisher harmlos glaubte), darauf deutet schon die Erfahrungstatsache, daß die älteren Wald- und Bergnamen (sowohl der Vorzeit wie auch der Frühzeit) grundsätzlich auf Gewässer und Bodennatur Bezug nehmen, auch die Namen auf *-hart* „Wald“ wie Lushart, Naghart (mit Nagbach), Muchenhart, Mörschenhart, Rittenhart, Wagenhart und (mit Fugen -s!) *Speicheshart* um 1000 (zu mhd. *speiche* „Speichel, Schmutz“). Den method. Beweis, daß auch *spech, specht* eine verklungene Bezeichnung für „Moder, feuchter Schmutz“ ist (wie *spich, spicht*), liefert die Erläuterung durch *sele, hale, scheid, bach*: so in *Spehtesele* (1338 b. Soest) analog zu Swevesele, Wakesele, Dudesele, in *Specteshale*/England (Spexhall) wie Brites-, Cates-, Cormes-, Speleshale, Seggeshale, lauter Sinnverwandte! Gleicherweise *Spechtesscheid* 1170, *Spech(t)bach* 823, *Spehtrain* 1011/Württ. u. der *Spechtsboden* im Schwarzwald. Zum Fugen-*s* vgl. Sticheswald, Stuntescumbe/E.

Speßbach, Zufluß der Ill im Elsaß, und **Spesbach** am Landstuhler Bruch/Pfalz, mit dem Wb. nicht deutbar, können nur sumpfiges Wasser meinen; vgl. **Spesenroth** im Hunsrück wie Hungen-, Macken-, Sargen-, Todenroth ebda, lauter Sinnverwandte aus ältester Zeit!

Speyer am Rhein (im Gau der kelt. Nemeter), urkdl. *Spira,* ist urspr. der N. des dortigen Baches, wie auch **Scheyern** ein Gewässer *Scira* meint: *spir* gehört wie *spil, spin, spis, spik* zur idg. Wurzel *spi* „Schmutz“, vgl. speien! Auch **Spier**/Hainleite liegt am **Spierenbach,** und **Spierenbrock** b. Ant*werpen* verdeutlicht den Wortsinn, desgl. der Moorort **Spier** (mit Spieringmeer) in Drente. In E. vgl. *Spires Lake, Speresholt.* In Frkr.: *Spiriacus:* Epiry. Erweiterungen sind *Spirne, Sperne* (Sparne, Fluß in Holland b. Haarlem, wie die *Spurne* in Westf.). In Frkr. vgl. *Spernacus:* Epernay; *Spernomagus:* Epernon. In Belg. *Sperdonk*/Gent; *Sperleca* u. Sethleca!

Spichra b. Eisenach stellt sich zu Monra, Mehlra, Süßra, Veßra, Heldra — lauter prähistor. Bachnamen in Thür. Siehe unter Spicht! **Spichern**/Els.!

Spicht im Rohrbach b. Hersfeld, **Spich** im Bergischen, „Im **Spich**" (Wupper-Insel) und **Spichra** (s. dies!) deuten auf Schmutz- oder Sumpfwasser, vgl. westf.-ndl. *spik, spich* „Tümpel, Sumpflache". Dazu in Holland: Lon-: Leunspich, Herispich; in England: *Spichefurlong, -ford, -wurd, -stede.*

Spiel *(Spile)* b. Jülich wird verständlicher durch die Waldorte „das **Spiel**" b. Marjos/Schlüchtern, „An der **Spiele**" u. ä., die stets auf feuchte, sumpfige Stellen deuten (vgl. die idg. Wurzel *spi,* griech. σπίλος „Schmutz"!). Daher entspricht *Spilebrink* Kr. Iburg dem synonymen *Gallebrink* (gal = „Nässe"). Ein **Spielbach** fließt zur Bode und zur Murg, und Spielbach im Taubergrund entspricht Schmerbach, Mörlbach, Wachbach, Diebach, Laudenbach im selben Raum. Zur Bestätigung vgl. auch *Spiloth* 1150 b. Brüssel (wie Baboth, Hornuth, Elsuth, Lernuth, alle auf Sumpfwasser bezüglich), *Spilcombe* „Moderkuhle" in E. (wie Ulcombe, Madecombe), *Spilsmere, Spilesbi* ebda, *Spilmeri* in Holland (10. Jh.), *Spilmos, Spilmat* in Württ. Zur Variante *spel* siehe unter Speele, Spellen!

Spier, Spierenbach siehe Speyer!

Spiesheim b. Alzey (vgl. Schriesheim b. Hdlbg) entspricht Lusheim, Horchheim, Rohrheim usw. im selben Raum — alle auf Sumpf und Röhricht deutend. Nichts anderes meint *spis,* deutlich im N. des Bergwaldes „der **Spieß**" (mit Spieskappel) zw. dem Knüll und der Schwalm. Dazu **Spiesen**/Saar (wie Konken, Bliesen, Freisen, Nohen ebda), der **Spießgraben**/ Baden, auch die *Spissertswiesen. Spissia:* Epoisse.

Spirkelbach/Pfalz siehe Spörkel, Spork!

Spöck siehe Speckheim! **Sponheim** siehe Spahn!

Spöntrup (Spöde) i. W.: *Spudinc-, Spodinctorp* 1280, s. Spaden!

Spörkel *(Spurclo)* Kr. Hörde/Ruhr wird deutlicher durch **Spörkelnbruch!** Zugrunde liegt idg.-lat. *spurcus* „schmutzig", rumän. *spurc* „Unflat", vgl. lat. spuo = speien. Der **Spörk** b. Dülmen ist somit ein schmutzig-feuchter Waldberg. Dazu **Spork** (Westf., Hessen, wo A. Bach irrig „Wacholder" sucht; Preuß S. 75: Sporke „Kotort") nebst *Sporkhorst, Sporkfeld; Sporkebeke* Kr. Dortmund, *Spurc-huvele:* **Sprockhövel**/Lenne (wie Nethövel, Wirhövel), *Spurkehe:* Spurkahi (1059 b. Hammelburg, wie *Vennehe:* venn „Moor, Sumpf"), **Spurk**/Saar, **Spurkenbach** b. Waldbroel, der

Spurchine-: **Spirkelbach**/Pfalz, *Spurkine-:* **Sporkenheim,** Sporkenwald/ Nassau, *Spurkeles* (wüst)/Hessen. Vgl. auch *Sperke-heys, -welle, -heved/* Engl.

Sprakel Kr. Meppen/Ems u. Kr. Münster *(Sprac-lo* 1177: auf der Sprakel) meint sumpfige, mit Erlen bewachsene Niederung (vgl. ags. *spracen* „Erle"). Ein **Sprakelbach** fließt vom Südharz w. Hohegeiß zur Zorge, ein **Sprachenbach** zur Lude (lud „Schmutz") b. Stolberg. Dazu Sprakebüll b. Niebüll, Sprakensehl südl. Ülzen, **Spraken** ö. Syke.

Spreda nö. Vechta wie **Spradow** *(Spredou* nebst Saltou!) nö. Herford, *Sprida* 1011 b. Soest u. *Spred* 1166 in Brab. sind „Moororte". Vgl. *sprend* (mit n-Infix): Sprendelheim!

Sprendlingen (2mal, b. Kreuznach u. südl. Frankfurt), bisher ungedeutet, kehrt in Holland 992 als *Sprendelheim* am Moerwater wieder: der Wortsinn kann also nur „Moor, Moder" sein. Vgl. in E. 1086 *Spredelintone:* Spridlington (wie Tredington: tred „Schmutz") u. in O· *Spreda! sprend dürfte = spred* mit n-Infix sein! Vgl. auch *Waplington: wap-l* „Sumpf"!

Sprenge im Land Hadeln (b. Kehdingbruch/Osterbruch!), wo nichts entspringt (!), wohl aber sumpfiges Marschenland sich dehnt, kann nur ein verklungenes Wort für „Moor" oder „Sumpf" sein. Ein Sprenge auch nordö. Hbg. und in Holland (Schönfeld S. 244). Ein **Sprengel** nw. Soltau. Ein **Sprenge-Berg** nö. Bremen. — **Sprenzel** siehe Starzel!

Spriegelsbach, Zufluß der Gutach, ist entstellt aus *Brühelspach* 1391 (zu brühl, gall. *brogilo* „Sumpf"). **Sprockhövel**/Lenne siehe Spörkel!

Spurkenbach/Siegkreis siehe Spörkel!

Stadensen (nebst Bollensen, vgl. das Bollmoor!) südl. Ülzen wie Stadenhausen/Lippe entspricht Adensen, Brunkensen, Pattensen (1022 Patenhusen), Sittensen, Sorgensen, usw., lauter Wasser-, Sumpf- und Moororte. Nichts anderes meint **Stade** a. Schwinge im Moor- u. Marschengebiet der Unter-Elbe und **Stadum,** Moorort b. Leek-Niebüll. *stad* „Sumpf, Moor" dürfte prähistor. sein. Vgl. auch in Belgien *Stadeken* (wie *Bodeken:* bod = Sumpf!), *Stadonis villa* (Eton/Meuse) und den Gau *Stadunensis pagus* (nach Holder, Longnon) in Nordfrkr. Dazu **Staden**/Wetterau (a. Nidda) wie Kohden ebda, und (wie zur Bestätigung des Wortsinns) *Stathede* 1109 b. Bentheim (Moorgegend) analog zu *Bathedi:* Forsthaus Bade b. Höxter (zu *bad* „Sumpf"!): die Kollektiva auf -ithi, -ede enthalten durchweg Wasserbegriffe! Ein vorgerm. Bachname steckt in *Stadigun:* Stadion am Bache Stehen b. Ehingen/Württ. Zur Schreiber-Etymologie *Stadonis villa* (s. o.) vgl. als Analoga: *Bedonis vicus* für Bitburg, *Ambronis lacus* für den Ammersee (wo *bed, ambr* gleichfalls idg. Wörter für Wasser u. Sumpf sind). Als Varianten zu *stad* vgl. *sted, stid, stod! Stadunum* wie Bertunum, Lodunum, Modunum!

Staffhorst (1069 *Staphorst)* b. Sulingen in Moorlage wie **Staphorst** in Holland entspricht Hüllhorst, Muckhorst, Sielhorst, Schnathorst, lauter sumpfige oder modrige Gehölze. Dazu **Stafstedt** südl. Rendsburg wie Horstedt, Norstedt, Ramstedt, Luhnstedt a. Luhnau im selben Raum, **Stafflage** Kr. Wiedenbrück (wie die Amlage, die Harplage, Schiplage, Rettlage — lauter nasse Gefilde!). *stap* (dem Wb. unbekannt) ist damit als „Moor" deutlich genug; erweitert erscheint es als *stapel* (vgl. *wap: wapel* „Sumpf"), siehe Stapelmoor! Vgl. *Stapperfenne!*

Stahe b. Geilenkirchen beruht auf *Stade* (wie Spaa auf Spade-). Siehe Stadensen!

Stahle an der Gr.Masch (!), wo der Twierbach zur Weser fließt (nö. Holzminden), im 9. Jh. als *Stalo* bezeugt (vgl. auch Stahl b. Bitburg) ist ein „feuchter, modriger" Ort: idg. *stal* (Variante: *stel, stil)* meint „Harn, Schmutzwasser" (so noch mnd.-engl.). Vgl. σταλαγμά „Tropfen". Daher ist *Staleth* in Flandern sinnverwandt mit *Haleth* (hal = Sumpf)! „Auf dem **Stahl**" heißt eine feuchte Flur b. Horn in Lippe. *Stalsiepen* i. W. (wie Aß-, Ell-, Hüll-, Schmie-, Schadesiepen) und *Stalbrok* 1235 i. W., *Staelvliet* 1418 in Holland, bestätigen den Wortsinn „Sumpfwasser" anschaulich; dazu **Stalförden** i. O. wie Schwaförden. **Stalpe** b. Lippstadt kann alter Bachname auf -apa sein, also *Stalapa* (wie Walpe: Walapa), doch vgl. mnd. *stalpen* „stagnare". Ein **Stalbach** liegt b. Prüm/Eifel, ein Stahlbach fl. zur Murg, Stahlbächle z. Schlücht. In England vgl. *Stalefeld, Stalham, Stalmine*, in Frkr. *Staliacus!*, in Holland *Staaldiep, Staelvliet* 1418.

Stalpe, Stalbach, Stalförden siehe Stahle!

Stammen a. Diemel b. Trendelburg lehrt schon topographisch, daß es nichts mit Baumstämmen zu tun hat, sondern sich zu **Schammen** verhält wie **Stemmen** b. Gifhorn zu **Schemmen** i. W., also nur Sumpf oder Moder meinen kann! *Stamland* in England entspricht daher Cleveland, Cumberland, Stercland usw. Ein **Stammeln** b. Düren.

Stapelmoor b. Völlen *(Voliun)*/Ems verrät schon topographisch den Sinn von *stapel*, das (dem Wb. unbekannt) sich zu *wapel* verhält wie *stap* zu *wap*, d. i. „Sumpf, Moor": daher neben **Stapelfeld** i. O. (und ö. Hbg.) auch **Wapelfeld**/Holstein, **Stapelhurst**/E. auch **Wapelhorst** i. W. Dazu *Stapelmere, -ford, -leg, -grove*/E., **Stapel** im Wümme-Moor! Auch Stapelkamp, -lage, -heide. **Staphorst** s. Staffhorst!

Starnberg am Würmsee/Bay. wird verständlich m. d. *Starnbach* (777 frk. Saale), auch durch *Starnlant, Starnmeer*/Holld, *Starnmire*/E. *starn (stern)* meint wie *star (ster)* „Schmutz, Moder".

Starzel, Zufluß des Neckars w. Rottenburg (auch der Prim b. Neufra), bisher ungedeutet, ist so vorgerm. wie die **Sprenzel** (z. Vöckla/Ö.), die Stimpfach, die Stunzach usw. Verwandt ist sicher **Sterzing** urkdl. *Stertinium,* wie Sarcinium, Nardinium, Ulcinium, Rapinium — alles Ableitungen von Wasser- und Sumpfwörtern). *start, stert* dürften Erweiterungen zu *star, ster* „Moder, Schmutzwasser" sein (Star, Ster: Esteron, Fl. in Südfrkr.). Siehe Sterbach, Staßfurt! Ein Bach *Storte* (Stortford) in E. neben *Sterte* 1086, *Steortanleag, -ford* 938, *Stert Piddle! Stertenbrink* 1235 i. W. *Sterzenbach*/Rhld.

Staßfurt a. Bode (urkdl. 9. Jh. *Staresfurt)* entspricht **Straußfurt** a. Unstrut (urkdl. 947 *Stuchesfurt): star* statt *ster* zeigt den ndd. Lautwandel *er: ar* seit ca. 1300), vgl. in E.: *Stereston:* Stars -ton (wie *Sterespol!),* zu idg. *ster* „Moder". Dazu auch *Ster(e)bach* b. Meiningen und die *Sterbeke* zur Volme/Ruhr, auch der *Sterisbach* z. Lutz/Vorarlberg. Vgl. *Star-ven* (wie Biesven) in Holld.

Statland, Teil der Wesermarsch nö. Bremen, siehe Stotel! Auf ligur. Boden: *Statonia* (It., an Sumpfsee!), *Statumae, Statacum* u. die *Statielli.*

Stavern am Hümmling und **Stavoren**/Holland, wo man „Zaunpfähle"(!) dänisch *staver* (so A. Bach) finden wollte, verraten schon durch ihre Lage, daß *stav-r* ein prähistor. Wort für „Moor" sein muß: Es wird bestätigt durch die *Staverbeke,* entsprechend der *Gaverbeke* (Garbeck) und der *Haverbeke,* lauter Moorbächen! Auch die **Stever** *(Stiverna)* — vgl. die **Bever** *(Biverna)* — ist wie die **Stevert** in Brabant ein Moorbach. Dazu der Ort **Stevern** w. Münster. Zu *Steveia* 959 (Stäfa b. Zürich) vgl. *Staviacum*/ Frkr. u. *Stavolinca*/Korsika! Ein *Stevenesbach* 1091: Steffelsbach fließt zur Wolfach (vgl. den Gamenes-: Gammelsbach!). In E. vgl. *Stive(n)-, Steventon, Stivec-ley, Stiveces-wurth* wie Puneceswurth (pun: Moder)!

Steckelbach b. Wissen, mit euphonischem *-l-* wie Schwedelbach, Bettelbach, Detzelbach (lauter sumpfig-schmutzige Gewässer) enthält dasselbe *steck* „Sumpf", ahd. stecho, (vgl. die Varianten *stick, stuck, stock)* wie **Steckweiler**/Pfalz (nebst Greh-, Eß-, Lett-, Ransweiler), **Steckborn** am Bodensee, **Steckenborn** b. Monschau u. **Steckenroth** b. Schwalbach/Taunus (wie Reckenroth ebda! nebst Egen-, Eppen-, Elken-, Kotzenroth im Westerwald, lauter Sinnverwandte). Deutlich auch in *Stekkeldrecht*/Holld, *Steckelhörn* in Hbg, *Stecklenbrink* b/Bielefeld u. *Steckelsburg* b/Schlücht.

Stecklenberg b. Ramholz/Hessen u. b. Halberstadt. Vgl. *Steckede:* **Steekt** in Holld.

Stedebach, wüst südl. Marburg/Lahn, und die Stedebäche in Hessen-Thür. (z. B. zur Esse b. Rotterode/Schmalkalden) gehören zur ältesten (daher mit dem Wb. nicht deutbaren) Namenschicht. Auch das *r*-Suffix von *Stedere* (**Steer** b. Leveste) analog zum Bach *Nedere* (Neer/Maas) beweist es; vgl. *Stedere-:* Steerwolde/Holland und *Stedere* 1007: Steterburg b. Wolfenbüttel, Stederdorf nebst Meerdorf nö. Peine, auch *Stidere:* Stierfeld b. Rinteln. Auch das **Stedinger** Land a. d. Unterweser w. Bremen gehört hierzu: als Moor- und Marschenland verrät es uns zugleich den Wortsinn von *sted* (als Variante zu *stad, stod, stid),* nämlich „Moor, Sumpf". Vgl. Kehdingen! **Stedum** b. Groningen entspricht **Bedum** ebda (zu *bed = sted),* desgl. Stedum *(Stidem)* b. Peine, **Stedem** b. Bitburg, *Stedeham*/England; **Steeden** a. Lahn (Limburg), **Steden** b. Scharmbeck nö. Bremen (Moorgegend!), **Stedden** b. Celle, **Steddorf** ö. Zeven u. Bevensen. Vgl. auch altnord. *stedde* = mare. In Hessen auch Flurnamen wie „Auf den *Steeten* b. Rastorf, *Steterfeld* b. Abterode, *Stete(n)mühle* b. Reckerode u. Seligenthal neben *Stedemühle* b. Niederaula. **Stetten** b. Dermbach hieß 838 *Stetiaha.* Siehe auch unter Stettbach! Ein **Stedtfeld** a. Hörsel w. Eisenach. Ein Flur **Stieden** Kr. Paderborn.

Steele *(Stela)* b. Essen und Steelen/Flandern siehe Stellingen! Stahle!

Steer *(Stedere)* siehe Stedebach!

Steigra b. Nebra a. Unstrut verrät sich wie Ebra, Gebra, Trebra, Heldra, Helbra, Kelbra, Netra, Sontra, Badra, Monra, Mehlra im Unstrutraum durch das r-Suffix als deutlich prähistorisch: es sind alles urspr. Gewässernamen! **stegr** begegnet in Fld. 765: **Stegra, Stegerbroch,** in Holland als *Steggerda* (analog zu *Seggerde* nö. Helmstedt: *seg* = Sumpf, Riedgras!). Dasselbe Sumpf- oder Moorwort steckt im **Steigersbach** (z. Kocher) entsprechend dem *Quideresbach, Albiresbach, Kelbiresbach, Solresbach,* lauter Sinnverwandte! So wird auch der **Steigerwald** (5mal!) verständlich.

Steim(b)ke am Lichtenmoor ö. Nienburg und b. Syke ist verschliffen aus *Stenbeke,* wie **Schweimke** südl. Ülzen aus *Swenbeke* und **Eimke** w. Ülzen aus *Enbeke* (vgl. Eimbeck).

Stellingen: Was Stellingen und **Stellau** b. Hamburg meinen — ein Stelling auch in E. — wird durch **Stellmoor** ebenda wie durch **Stellbruch** und **Stellenfleth** b. Bremen deutlich, wo die Zusätze *moor, bruch, fleth* für das verklungene *stel(l)* den Wortsinn „Moder, Moor" sichern! Auch der **Stellbach** b. Fritzlar verbietet jedes Liebäugeln mit einem (erst zu erfindenden!) Pers.-Namen Stello, zumal *-ingen* keineswegs einen Pers.-N. voraussetzt (eine ganz irrige Meinung Niekerkens), sondern gerade in ältester Zeit immer wieder an Naturwörter tritt: so in *Wümmingen* a. Wümme, *Weddingen* a. Wedde, *Söhlingen, Sehlingen, Schwalingen, Medingen, Jeddingen, Glüsingen, Hödingen, Hörsingen, Mehringen, Schweringen, Rüningen, Sleningen, Stelingen, Wathlingen* usw., alle im Raume Hamburg - Hannover - Braunschweig.

Auch **Stelle** in Dithmarschen, b. Harburg u. b. Diepholz sind typische Moor- und Marschenorte. Dazu **Stellichte** am Quellort der Lehrde ö. Verden. Beweisend ist auch das uralte Kollektiv *Stelerethe* 12. Jh. b. Goslar analog zu *Helerithi* 9. Jh./Ems, nebst *Cliverde, Halverde, Elverde*, alle auf Wasser, Sumpf, Moor bezüglich! Ein **Stellborn** b. Holzminden, wie *Stelborn* b. Olpe. Ein **Stellerte** im Kr. Hameln. Siehe auch Steele *(Stela)*! Stahle! Idg. *stel* (Variante zu *tel)* meint „Moder, Schmutzwasser" (Pokorny, Idg. Wb.); vgl. *stal*: mnd.-engl. = „Harn"! Ein **Stellebächle** (mit Stellebühl) fließt zur Oberen Alb, ein Stelleteich z. Murg b. Forbach, ein Stellenbach zum Seelengraben/Argen (sel = Sumpf, Schmutz!). Ein Bach *Stella* im ligur. Ob.-Italien! Ein **Stell-Berg** b. Homberg, auch ON. b. Weyhers; ein **Stehlen-Berg**/Südharz, vgl. **Stelenberg** 1231 b. Selters.

Stemmen im Moor der Wümme (auch w. Hannover, sö. Verden und b. Rinteln a. d. alten Weser) läßt schon topographisch erkennen, daß *stem* ein verklungenes Moorwort ist (vgl. auch **Stammen**). Auch das Stemmer Moor ö. vom Dümmer bestätigt es. Dazu **Stemmer** nö. Minden u. **Stemmern** b. Staßfurt a. Bode. Am Stemmer Moor auch Stemshorn u. **Stemwede** (mit Brockum!) wie Alswede, Marwede, Holwede usw., lauter Sinnverwandte! Zu Stemmer vgl. *Swemmere*. **Stem-Berg** b. Berlebeck.

Stempeda, Bachort südl. Stolberg/Harz, entspricht Tüngeda, Höngeda, Tilleda, Kölleda, Scherbda, Schwebda, lauter Kollektiva auf -idi, -ede von Wasser-, Sumpf- und Moorwörtern, also *Stampidi, Stempede*. Mit dem Wb. nicht deutbar, muß also ein verklungenes Wasserwort sein. Vgl. zur Bestätigung: **Stampfbächle** (z. Neumagen/Möhlin in Baden), **Stempelbächle** (Alb), **Stampfenbach** (1401 *Stampfibach)* b. Zürich, auch Flurname **Stampf** (Baden) u. Bergname: der **Stampf** b. Göllheim/Rheinpfalz, was mit einer Stampfmühle nichts zu tun hat. Vgl. auch die **Stimpfach** (mit der Stunzach) in Württ. Ein *Stampas* (600): Étampes in Nordfrkr.

Stendenbach „in den Brüchen" (!) b. Siegen verrät schon topographisch, was gemeint ist. Dazu **Stenden** w. Mörs und Standenbühl b. Göllheim. Estandeuil *(Standoiolum)* in Frkr. deutet auf fremde Herkunft (wie Anoiolum, Vernoiolum usw., lauter „Sumpforte"). Vgl. auch **Stendern**/Weser.

Stennweiler nö. Saarbrücken entspricht Lockweiler, Merchweiler, Asweiler usw. ebenda: *sten* kann also nur Sumpfwasser meinen. Vgl. *Stenacum:* Stenay b. Verdun, und *Stanacum*/Noricum: zu kelt.-altind. *stan-* „stagnierendes Wasser". Ein **Stane-Berg** nö. Göttgn.

Steppach (Stettbach), 1145 *Stedebach*, 1409 Stettbach, Zufluß des Bittenbachs (Wutach) im Schwarzwald, auch Zufluß des Kochers u. des Sulzbachs (z. Körsch) — dort auch Rohrbach (!) genannt, meint wie der Stettbach (z. Speltach/Jagst) „Sumpfwasser". Siehe Stedebach! Vgl. **Stebbach**/Kraichgau. Zur Assimilation vgl. **Weppach**, Mappach, Schappach.

Sterbach, Sterbeke siehe Staßfurt und Stierstadt!

Sterkrade b. Bottrop (-rade = rode) deutet auf Schmutzwasser: lat. *stercus* „Kot"; vgl. *Sterc-land* in England (wie Cleveland) u. *Sterc-sel* 1172 Brabant (wie Mor-sele, Dud-sele, Her-sele, Sis-sele); *seli* = Niederung.

Sternberg in Lippe *(Sterenberg)* vorgeschichtl. Wallberg, s. Stierstadt! **Sterzenbach** siehe Starzel.

Stettbach siehe Steppach, Stedebach! Dazu **Stettfurt**/Thurgau, **Stettwang** b. Kaufbeuren/Wertach (wie Berwang, Mörschwang), **Stettfeld** b. Bruchsal, **Stetten** b. Lörrach: 763 *Stetiheim!* (Vgl. Stetten b. Dermbach: 838 *Steti-aha!).* — **Stetternich** b. Jülich entspricht Metternich, Sievernich, Disternich, Kesternich usw., alle auf kelt. *-iacum!*

Stever(n) i. W. siehe Stavern!

Stickfort (mit dem Stickteich) Kr. Bersenbrück wie **Stickford**/E. (1080 *Stichesford*, nebst Stixwood: *Sticheswald* und **Stickney**) deuten auf schleimig-sumpfiges Wasser (englisch *sticky* „schleimig", vgl. ahd. *steccho* „Sumpf"). Deutlich sind **Stickgras** b. Delmenhorst u. der Sumpf *Stüchgras palus* 1162 in Thür. (mit dem gleichbedeutenden *Stuchesfurt* 947: jetzt **Straußfurt** nahe der Unstrut). Ein Moorort **Stickhausen** ö. Leer/Ems, ein **Stickenbüttel** b. Cuxhaven. *Stukes-*, *Stikkeswerd*/Holld.

Stiddien b. Geitelde/Brschwg siehe Stedebach! Desgl. **Stieden,** Flur Kr. Paderborn, u. Stiedenrode b. Witzenhausen.

Stiepel i. W. *(Stipe-lo, -lage)* u. **Stipedonk,** *Stipeholt*/Holld, *Stiple, Stype, Steping*/E., *Stepe*/Belg. deuten auf *stip* als Wasserwort, wohl = idg. *tip* mit s-Vorschlag, wie *tim: stim.* Vgl. auch *Stepinctorp* 1240: **Steppentrup! Steppingley**/E.

Stierstadt b. Ursel/Taunus hat ebensowenig mit Stieren zu tun wie Berstadt/Wetterau mit Bären oder Ebern. Mockstadt, Ockstadt, Florstadt, Erbstadt, Bönstadt, Wöllstadt/Wetterau lehren vielmehr, daß durchweg Wasser- und Sumpf-Orte gemeint sind. Idg. *ster, stir (stor, star, stur)* meint „Moder, Schmutzwasser", vgl. *Steres-*, *Styres-pol*/E. Siehe auch

Steres-: Staßfurt! Ein **Stierbach** in Württ. (auch Ort b. Darmstadt), ein **Stiergraben** in Baden, ein Stiersbach z. Rot (z. Kocher), ein Sterisbach z. Lutz/Ill. Prähistorischer Bachname auf *-apa* ist **Stierop** b. Alkmaar (wie Wesop, Sturop, Rusop) und **Stirpe** a. Wiemeke b. Lippstadt auch b. Bohmte a. Hunte. Dazu *Stirheim* 1067: **Styrum** b. Mülheim/Ruhr. *Steria* 961: **Stier**/Belg., *Sterincheim* 1095/Lux.

Stille (Mittel-, Näher-, Spring-Stille) a. Stille b. Schmalkalden (in prähistor. Gegend!) und **Still** a. Still (zur Breusch/Elsaß) wie die **Stillach** (zur Iller) — analog zur Stimpfach, Speltach, Wertach usw. — sind Bachnamen aus ältester Vorzeit: idg. *stil (stel, stal)* nebst *til (tel, tal)* meint „Wasser" (namentlich Moder, Moor). Bemerkenswert ist das uralte *Stillefrida/*Ö.: analog zu *Wanefrida* (Wanfried a. Werra), wo *wan* „Sumpf" meint, und *Navafrida* 1010 in Spanien (! nava wie in *Nava:* die Nahe), — *frid* = „Bach", also lauter prähistor. „Sumpfbäche".

Stimme, Harzflüßchen, aus dem Deutschen nicht erklärbar, weist in älteste Vorzeit zurück: vgl. slaw. *(s)tim* „Sumpf"! altind. *(s)tim* — „naß".

Stimpfach und **Speltach** sind Zuflüsse der Jagst: beide vorgerm. im Sinne von Moderwasser. Siehe Stempeda und Speltach!

Stinstedt (2mal: am Ahlenmoor/Hadeln und unweit östlich b. Hemmoor) entspricht Minstedt, Sellstedt, Kührstedt, Alfstedt, Glinstedt, Malstedt, Hepstedt, Hipstedt, lauter Moororte zw. Bremerhaven u. Stade. Zu *stin* „Moor" (dem Wb. unbekannt) vgl. **Stiens** u. **Stienenplas**/Holland.

Stintenberg b. Düsseldorf (1198 *Stentenberg)* u. *Stenvelberg* 1143 a. Rh. wie *Stintescumbe, -ford*/E. siehe Stunzach.

Stirpe *(Stirapa)* siehe Stierstadt!

Stockfleth/Bremen und die **Stockschlade** b. Wissen a. Sieg beweisen durch die Zusätze *fleth, schlade,* daß nicht Baumstöcke gemeint sind, sondern stagnierendes Wasser (vgl. stocken „erstarren, gerinnen", gestockte Milch, stockig, stockfleckig!). So auch der **Stock**-See b. Plön, der **Stockbach** b. Mansfeld, **Stockstadt** b. Gr.-Gerau (wie Mockstadt, Ockstadt), *Stockleg, Stockland*/England (wie Sterc-land: sterk „Kot"), **Stockey** nö. Menden a. Ruhr (wie Saley, Salvey, Postey, Elsey, lauter Sumpf- und Moorbäche!), **Stocklarn** (nebst Weslarn, *wes* = Sumpf, Moder!) nö. Soest, *Stockuth* 9. Jh. b. Rheinbach (wie Rosuth, Hornuth, Elsuth, lauter Sinnverwandte), **Stöckte** a. Luhe, **Stöckse** am Lichtenmoor ö. Nienburg (wie *Gokese:* Göxe w. Hannover). Vgl. uffm *Stocksieke* 1590 in Wülfer i. W.

Stöpfling, Waldhöhe in Hessen, entspricht dem Beping, Biening, Schilling, Ruping, Solling; *stop: top* wie *stip: tip* = feuchter Schmutz! Dazu

Stopfenheim, Altmühl; *Stoppenbrink* i. W., *Stoppenberg*/Ruhr. In E: *Stopeham, Stopeleg, Stoppe, Stoppingas.* Vgl. *Stiepel!*

Storbeck, verschliffen Störmecke, siehe Störmede!

Stork b. Schlüchtern: vgl. *Storkesbeke* (15.) Kr. Melle: *stork* - „geronnen"!

Störmede a. Lippe, alt *Sturmithi,* weist wie der N. des alten *Sturmi*-Gaues, der Moorlandschaft um die Wümme b. Rotenburg/Verden, in älteste Vorzeit zurück. Eine Deutung wie „Aue, über der Vögel Stürme halten" (so einst Jellinghaus), gehört natürlich ins Reich kindlicher Phantasie. Auf die richtige Fährte führt nur *Sturmithi:* Die Kollektiva auf -ithi, -ede beziehen sich durchweg auf Wasser, Sumpf, Moor, Moder (vgl. *Sermethe, Sorethe, Velmede, Isede, Ulede, Sulede* usw.), so daß auch *sturm* ein Synonym ist; es verrät seinen Wortsinn bei Vergleich mit *wurm (worm), gurm (gorm), durm (dorm),* lauter prähistor. Bezeichnungen für Sumpf- und Moorwasser, erweitert mit m-Formans! So entpuppt sich auch *sturm (storm)* als Erweiterung des bekannten idg. *stur (stor)* —vgl. noch norweg. *stor* „modern, faulen"! Auch Stormbruch *(Sturibrok)* b. Korbach/Waldeck ist deutlich genug. Eine *Sturmina* floß angeblich zur Havel. — **Störmecke** b. Olpe u. **Störpke**/Altm. ist verschliffen aus *Storbeke* (vgl. **Storbeck** b. Neuruppin) und die Landschaft **Stormarn** in Holstein wird durchflossen von der Stoer *(Sturia),* einem typischen Moorfluß (mit Neumünster, Kellinghusen u. Itzehoe), mündend in die Unterelbe; kurios u. unwissenschaftlich ist die Deutung „großer Fluß" (ndd. stur, so A. Bach), zumal derselbe Flußname auch in Britannien (4mal als *Sture:* Stour) und in Oberitalien (als *Stur(i)a,* analog zur *Duria* in Piemont) wiederkehrt! Dazu *Sturebrok* (!), heute **Stuhr** südl. Bremen, *Stur-lo* b. Dortmund (lo = sumpf. Stelle), *Sturenfelt* 817 b. Prüm, und die alten *Sturii* (Volk an der Maas-Schelde-Mündung).

Stotel (alt *Stote-lo)* a. Lüne im Vieland (d. i. „Sumpfland"!) nö. Bremen und *Stote-cumbe* in England (wie Made-, Ode-, Love-, Çude-cumbe, lauter Sinnverwandte) erbringen morphologisch u. topographisch den Beweis, daß *stot* „Moor, Sumpf" meint. Vgl. *stat: Statland!).* Desgl. der Moorort *Stotese:* **Stötze** b. Bevensen mit s-Suffix wie *Petese:* Petze; dazu *Stotesheim:* **Stotzheim** (Rhld u. Elsaß), mit Fugen-*s* wie *Stutes-lo* 890/Holland (vgl. *Odeslo).* Deutlich ist auch *Stodmersche* 686/E. (wie Didmersche, Cademersche, Dingmersche) u. *Stodleg.*

Stotternheim b. Erfurt entspricht Studern-, Odern-, Dauern-, Gadernheim, lauter Sinnverwandte, bezüglich auf Wasser und Sumpf. Siehe Stotel!

Strahlungen nö. Münnerstedt/Franken entspricht Rannungen, Hendungen, Behrungen, Fladungen, Weichtungen im selben Raume: *stral* (dem Wb. unbekannt) kehrt nw. Kissingen mit **Stralsbach** wieder, b. Cham mit **Strahlfeld,** an der Spree (b. Berlin) mit **Stralau,** was aufs Venetisch-Slawische deutet; aber auch im Rhld: mit **Straelen** zw. Geldern u. Venlo (vergleichbar mit Arcen, Leunen, Veulen, Haaren, Beugen, Malden, Raeren, Rumpen, Dremmen, Stenden, die alle auf Wasser u. Sumpf Bezug nehmen). Ein *Stralenberg* in Württ., ein *Strahlenkamp* b. Espol. *Stralengraaf*/Holld. Nach Graff VI, 752 meint *stral* „Schilfrohr".

Stratum/Krefeld meint „Sumpfort" wie *Strat-sele* „ein plein marais"/Fld. + *Strata* (en marais), vgl. *Strat-ley, Stratford Fenny* + *Water*/E.!

Straubing a. Donau ist Übersetzung des kelt. *Sorbiodurum: sorb* „Schmutzwasser"; vgl. *Strubenhard* (wie Muchen-, Mörschenhard) u. *Strübensiek* b. Rinteln. *Strufedorf* 800: **Streufdorf** + **Straufhain**/Thür.

Straußfurt *(Stuchesfurt* 947) nahe der Unstrut ist umgedeutet wie **Staßfurt** (aus *Staresfurt): stuch (stuck)* ist Variante zu *stich (stick), steck,* d. i. „Sumpf". Dazu auch *Stukisweret, Stucciasuurd* 10. Jh./Holld. In E. vgl. *Stuche, Stuchfield, Stichesford.* Zum westfäl. **Stuchtey** b. Hörde vgl. den altbrit. Gewässernamen *Stuchtia, Stukkia* (kymrisch Ystwyth), zur Endung -ey „Wasser, Aue": Saley, Elsey, Postey usw. In Württ. fließt ein **Stauchbach** z. Haiterbach/Nagold, mit Stauchwies.

Stregda b. Eisenach entspricht Scherbda, Schwebda usw., ist also Gewässer-Kollektiv auf *idi, -ede:* vgl. Strega/Lausitz, Stregon: Striegau; Striegnitz (Bach Striegis) wie Liegnitz: slaw. *streg* (Pokorny) wie *leg* = Schmutz-, Sumpfwasser. Vgl. *Strogen* und *Stragona* (Ptol.).

Strempt b. Euskirchen wie **Strümp** b. Düsseldorf (silva *Strempeche* um 1100) sind an der Endung als undeutsch erkennbar. Desgl. Alt-**Strimmig**/Mosel.

Streu, Nbfl. der fränk. Saale von der Rhön her, führt wie die übrigen auf der Rhön entspringenden Gewässer (Fulda, Felda, Ulster, Nüst, Sinn, Schondra, Thulba, Brend) einen prähistor. Namen aus vorgerm. Zeit; er weist aufs Venetisch-Baltische (vgl. *Strewe,* See in Preußen, *Streva,* Fluß in Lit., aber auch in Schottland: Loch *Strewin* und *Strowie).*

Strinzphe, Flüßchen westl. Idstein im Taunus, deutet auf eine ursprüngliche *Strint-afa,* vergleichbar der *Grint-afa:* **Grenf** (zur Schwalm) bzw. *Grinzenbach:* Gränzebach/Schwalm, lauter prähistor.-vorgerm. Namen. Zu *strint (strent)* vgl. die Variante *strunt* (lat.-roman. = „Kot"): *Struntebeck* b. Damme. **Strohn**/Eifel hieß 1193 *Struna,* vgl. die *Struona:* **Striene**/Maas. In E. vgl. *Streneshale!*

Strogen, Nbfl. der Isar am Erdinger Moos: vgl. slaw. *strogen* „Fluß"!

Stromberg (Westf.Rhld.), **Strombach, Strombeck** i. W. u. Belg. *(Strumbeke* 12.) enthalten ein Sumpfwort *strum,* topogr. erwiesen durch die Sumpforte *Strum* (Estrun, Lestrem) im Artois: Vgl. Gysseling I 340. *Strumescaga* (Gehölz)/E. Venet. sind: Fluß *Struma*/Trakien, **Streumen**/Elbe.

Stunzach, Zufluß der Eyach b. Haigerloch, gehört wie die **Stimpfach** und die **Speltach** (Zuflüsse der Jagst) und die **Münzach** *(Mintaha)* deutlich zu den prähistor. Namen; von schwäb. „stunz = stumpf" (so A. Schmid-Reichert) kann also keine Rede sein! *stunt* (dem Wb. unbekannt) wird als „Sumpf, Moder" bezeugt durch *Stuntes-cumbe, -dene, -ford* in England, nebst *Stuntney* (neben *Stentford, Stentwood)! s-tunt* dürfte Variante zu idg. (griech.-lit.) *tunt* „Kot" sein. Vgl. *Stintes-cumbe!* Ein *Stentoris palus* in Thrakien!

Stühlingen/Ob.-Rh.: vgl. *Stulveldun*/Salzach, *Stulesvelt*/Eifel.

Subbern i. W. ist verschliffen aus *Sudeborn* „Quellsumpf". Siehe Sude!

Subers (Sufers), Subers-ach, Bach b. Bregenz, mit s-Suffix wie die Salmasa: Salmsach, siehe Suffel! Zur Form vgl. Tufers!

Süchteln w. Krefeld (urkdl. *Suftila)* ist wie **Crüchten** *(Crufta)* und *Cruftila* deutlich vorgermanisch *(ch* für *ft* ist ndrheinisch). Siehe Suffel! **Süchterscheid** b. Siegburg entspricht Möder-, Mander-, Reifferscheid. Siehe Sichter! **Suftgen**/Lothr.: *Suftica,* wie Raftica, Rudica: Rüttgen!

Suckental (1354, jetzt Suggental) in Baden und *Suckenrode* 1553 b. Lichtenau enthalten wie *Suckenhal*/England das idg.-lat. *succus* „Saft, Dickflüssiges"; ital. *succido* „Schmutz"; zu *Suckenhal* (Sugnal) vgl. die Synonyma *Buckenhal* (Bucknall), *Huckenhal* (Hucknall)! Ein Fluß *Sucro* (heute Xucar) fließt b. Valencia/Spanien, ein *Suca* in Irld. Vgl. auch *sug* unter Sögel, Süggerath;

Sude, Nbfl. der Elbe b. Boizenburg, von Hagenow her, meint wie die Nachbarflüsse **Schale** und **Schilde** „schmutzig-sumpfiges Wasser" (vgl. „besudeln"!). Deutlich sind *Sudbrok* b. Hameln u. *Sudbruch* b. Hoya. Dazu *Sudere:* **Söder** b. Hildesheim, wie *Sikere:* Seker, *Sudeborn:* **Subbern** i. W., **Sudenfeld**/Teckl. In der Schweiz begegnet *Süderen* für „sumpfige Stelle" (analog zu Brüscheren, Brugeren, Bützeren, Horberen, Moseren). In Böhmen saßen einst die *Sudini;* auch die Sudeten *(Sudeta)* gehören dazu, vgl. *Gabreta* (= Böhmer Wald), *Codeta* usw. (cod, gab-r = Schmutz, Morast). Vgl. auch **Suddendorf** a. Ems u. **Södderich** ö. Göttgn.

Suffel (mit Sufflenheim), Zufluß des Rheins im Elsaß ist mit der *Sufflana:* Soulaine als vorgerm. erkennbar. Vgl. die *Subola:* Soule/Pyr., *Subiacum:* Soubey und Fluß *Subis*/Spanien (wie *Dubis:* Doubs: *dub, sub* sind idg.-kelt. Wörter für „Wasser, Sumpf"). Eine **Subers** (ach) fließt b. Bregenz.

Süggerath b. Geilenkirchen entspricht Möderath, Greimerath, Randerath, Jackerath — alle auf Moder oder Moor deutend: so auch *sug*, bestätigt durch *Sug-was, Sugworth*/E., *Sugneium, Sugniacum*/Frkr. Dazu *Sugila:* **Sögel** am Hümmling (Moorgegend) u. **Sögeln** a. Hase, auch **Sögtrop**/ Meschede. Eine **Söge** fließt b. Winsen.

Suhl, Sühlen siehe Sulingen!

Sulgen, heute entstellt **Saulgau**/Württ., sowie Sulgen b. Schramberg meint *Sulagon* (Dativ pluralis) „zu den Suhlen, Pfützen" (vgl. *horagon:* Horgen, hor = Kot, Sumpf). Undeutsch dagegen ist **Sulg,** Bach im Kanton Bern, wie der *Sulgas* fluvius (Sorgues) in Südfrkr. **Sülchen** *(Sulihha)* b. Rottenburg beruht auf vorgerm. *Solicinium,* vgl. in Gallien: *Solicia* (Soulosse). Vgl. auch *Sulc-holm* 1189/E.: sulh = gully.

Süllberg, bewaldete, schluchtenreiche Anhöhe b. Blankenese/Hbg. (auch in Westf.: Iserlohn, Lippe), wo die Brille des Dialektforschers (der wie A. Bach an ndd. sülle „Schwelle" denkt) gründlich in die Irre führt, ist kein „Schwellenberg", sondern ein „pfützenreicher, morastiger Berg"! (Vgl. ahd. *sullen,* mhd. *süln* „beschmutzen"). In Württ. entspricht ihm der **Sulbühl** südl. Schwäb. Hall (wie der **Spaichbühl** ebda). Zur Bestätigung vgl. auch **Süllwarden** b. Nordenham nebst Schweewarden: *schweg* = „Sumpf"! Auch den **Sülling** (Seuling, Solling), **Sülldorf, Sülfeld** (b. Gifhorn) und mehrere *Sullebeke:* **Sülbeck** (am Bückeberg, b. Northeim, Lüneburg) nebst **Sülbke** i. Westf. wie Selbke und Salbke *(sul, sel, sal* sind Synonyma). Eine **Seulmicke** *(Sulenbeke)* b. Brilon. Auf *Sulithi* beruhen die Kollektiva **Sölde** b. Dortmund und **Söhlde** am Harz. An der Weichsel saßen einst die *Sulones* (wie die *Sidones: sid* „Sumpf, Moor"). Auch **Sulingen** (bei der *Sidene:* Siede) liegt im Zentrum großer Moore.

Sulm, Nbfl. des Neckars, urkdl. 771 *Sulmana* (mit Neckar-Sulm), stellt sich deutlich zu den uralten, vorgerm. Flußnamen auf *-ana wie Salmana, Almana, Ulmana, Galmana, Swalmana (sul* = Sumpf, Schmutz!). Desgl. die *Sulmissa:* **Solms** a. Fulda (wie die *Armissa:* Erms/Württ.). Ein **Sülm** b. Bitbg. Desgl. *Sulseke*/Belg., *Sulse*/Neuß; *Sulisun:* **Sülsen** i. W.

Sülte (Westf., Mecklbg) siehe Sulzbach! *Sulteford* 1339 b. Schieder.

Sulzbach, häufiger Bach- und Ortsname in Württ., Baden, Bayern, Elsaß, Saar, Mosel, Hunsrück, Nassau, meint „sumpfig-schmutziger Bach". „Sulzen" sind morastige, versumpfte Wiesengründe (wie auch Keinath richtig bemerkt) — von „Mineralquellen" (so A. Bach) keine Spur! Vgl. BzN. 1963, S. 221. Deutlich ist z. B. der Sulzmoosbach/Schussen und **Sulzemoos** am Dachauer Moos! Dazu **Sulzdorf, Sulzfeld, Sulzheim, Sulz-**

wiesen (!), Sulzmatt, Sulzgraben, Sulzberg, Sulzgries (vgl. Beilngries). Auf ndd. Boden: **Sülte** (von Westf. bis Mecklbg): *tor Sulte* 1488/Lippe („nicht Salzstätte, sondern Morast“, wie Preuß S. 101 richtig bemerkt).

Sümmern b. Schwerte/Ruhr siehe Sömmern, Sömmerda!

Sunder(n) siehe Sondern!

Sünna b. Vacha siehe Sinn! **Sünsbruch** s. Sonscheid!

Sunstedt am Elm siehe Sontra!

Süntel, bewaldeter Höhenzug des Weserberglandes nö. Hameln, Quellgebiet zahlreicher Bäche, aus deutschem Wortschatz nicht deutbar, gehört wie der **Deister,** der **Ith,** der **Solling,** der **Vogler** usw. zu den vorgerm. Namen aus grauem Altertum, die durchweg auf die Bodennatur Bezug nehmen. Von „südlicher“ Lage (H. Kuhn konstruiert eine vorgerm. Form *sunt*- „Süden“) kann also aus methodischen wie aus sprachlichen Gründen keine Rede sein. Die *Suntelbeke* b. Osnabrück, die *Suntraha:* Sontra, *Suntstedt* am Elm und das alte *Sunteri* 834 (wie *Salteri:* der Selter und Gau *Enteri)* lehren vielmehr, daß *sunt* „Sumpf“ meint (so noch engl. im ON. *Sunte,* mehrmals in E.)! Siehe auch Sontra! Vgl. die Varianten *sant, sent, sint* unter Sanzenbach!

Suppen „Sumpf“ siehe Soppen! Dazu **Suppingen** (mit Berghülen! hüle = „Pfütze, Sumpfstelle“) nö. Blaubeuren.

Sur, Surbach, Surwold siehe Sauer!

Surbe, Sorbe, Surbewiesen, In der Surbe meint in Württ. „Sumpfwiese“ — eine Erinnerung an die kelt. Vorzeit des Landes: denn kelt.-irisch *sorb* meint „feuchter Schmutz, Morast“, vgl. *Sorbiodunum* (Old Sarum b. Salesbury) wie *Lugudunum* (Lyon), *Virodunum* (Verdun), lauter kelt. „Sumpfburgen“! Auch *Sorbiacum:* Sorbey.

Sürth b. Olpe siehe Sorpe! **Sürsch**/Mosel s. Sauer!

Süsing, Sussum, Süßra siehe Soest!

Süßebach nennt sich ein Zufluß der Efze/Schwalm (mit der Ließel u. der Nessel): das ist natürlich kein „süßer“ Bach. Wie die Flur- und Waldortnamen „Auf der **Süße**“, **Süßerod, Süßeküppel** (wie Leiseküppel, zu *lis* „Sumpf, Ried“!) und **Süßegraben** neben „Auf der Sößen“, „Im **Seße**“, Seßelgraben, **Siesbach** u. ä. lehren, liegt vielmehr das uralte Sumpfwort *sus, sis, ses* zugrunde (siehe unter Soest, Siesbach u. Seßmar!). **Süß**/Schweiz hieß urkdl. *Susis* (mit roman. *-s).*

Süster in Flurnamen wie „Auf dem **Süster**“ (Wiesen a. d. Fulda b. Spele), **Süsterwiese,** -graben, -feld b. Zwehren am Habichtswald/Kassel meinen ohne Zweifel „Sumpfwiese“, „Sumpfgraben“. Desgl. Süsterseel nö.

Aachen nebst **Süsteren.** *Suestra* begegnet 714 als Gewässer in Holland. Vgl. die Variante *Sestra (Sestera* 1197), jetzt Seester (mit Zesterfleth und Sestermühe) im Marschenland südl. Elmshorn. Eine Sestra auch z. Wolga! Zu **Sustrum** a. Ems (mit Moor) vgl. das synonyme Sottrum!

Suttrop b. Warstein i. W. entspricht **Settrup** b. Bersenbrück (890 *Set-torp,* mit Moorfurt!): *sut, set* meinen „Sumpf, Schmutz, Sutte". Vgl. **Suttorf** b. Steinfurt, Sottorf b/Harburg, **Suttlar**/Rhld (wie Nuttlar), *Sute-cumbe* „Schmutzkuhle" u. *Sutreia*/E., *Sutriacum*/Frkr.; lett. *sutra* „Jauche". Siehe Sottrum.

T

Taaken/Wümme deutet wie Kreepen, Deepen, Zeven ebda auf Moorboden. Siehe Tackeloh! Vgl. auch Schaaken! *Tabeley; Tavenhusen* s. Taben!

Taben *(Tavena* 768, 893) b. Saarburg ist wie **Traben** a. Mosel *(Travene)* ein Bachname aus vorgerm. Zeit. Idg. *tab, tav* meint „Moder" (lat. *tabes* „Fäulnis"). Und so entspricht *Tavenna* im ligur. Oberitalien den Synonymen *Ravenna, Rasenna, Clarenna,* und *Taventum*/Frkr. den Sinnverwandten *Tridentum, Alentum, Vergentum* usw. Dazu *Tavaca*/Korsika, *Tavia*/Galatien und *Tava* (mehrfach keltoligur. Flußname: heute Thève/ Frkr., Tavy, Taw/England, Taggia b. Genua). *Tabula* hieß die Schelde. Und Fluß *Taber*/Spanien kehrt in Württ. als **Zaber** (z. Neckar) wieder.

Tackeloh Kr. Bielefeld meint „Modergehölz" (wie Dudeloh, Vockeloh, Arloh, Schmarloh), vgl. griech. τάκω „schmelzen, weich werden" bzw. δάκρυ „Träne". Deutlich sind in E.: *Thak-mire, -sike, -leg, -thweite,* in Holland: *Takke-rak* wie Kreke-rak. Ein Fluß *Tacina* in Bruttium. **Taaken** am Wümme-Moor entspricht Schaaken. Ein *Tackenberg* 1350 b. Ibbenbüren. Siehe auch unter **Tachensee**! Daneben stehen Namen mit *D-: Thakmade* „sumpf. Wiese" 1088 (: Dakmar b. Warendorf), *Dackey* i. W. (wie Elsey, Saley), *Dakhorst*/Overijssel, *Dacenlar* 7. Jh. in Flandern (wie Hakenlar 1313 b. Soest), *Dackenhem* a. Durme (wie Dackenheim/Pfalz), *Dakenbrunn* 1105: Tackenborn b. Melsungen. Siehe auch Dachau!

Tachensee b. Salzburg meint „morastiger, schlammiger See" (ahd. *tacha* = „Lehm", mhd. dachgruobe „Lehmgrube"). Auch **Tachingen**/O.-Bayern ist See-Ort. Ein Tachenhausen in Württ., wo 772 auch ein *Tacha* b/Empfingen. Ein **Tachenbach** b. Meiningen. Daneben mit D.-Anlaut: *Dachbach* (Zufluß der Lein/Württ.) nebst Dappach (z. Rot/Kocher) — Tanpach 1338 ist Irrtum! — Auch Dochbach/Kinzig, **Dahenfeld** am Dahbach (z. Brettach). Das **Dachauer** Moos entlang der Isar nennt sich nach Dachau a. Amper. In Thüringen vgl. **Dachwig** u. **Dachrieden** b. Mühlh. (bekannt durch Karoline von Dacheröden). **Dackscheid** b. Prüm entspricht Radscheid, Lascheid, Wascheid ebda, **Dackenheim**/Pfalz: Watten-, Mauchen-, Abenheim ebda. Vgl. auch idg. *dak* in Fluß *Dacore*/Brit. griech. δάκρυ „Träne", ahd. taher „Zähre"). Siehe auch Tackeloh!

Tadeler in Luxbg. wird verständlich im Rahmen der dortigen Oudler, Lieler, Soller, Weweler, Espeler, Bauler: wo schon *-lar* auf Moor oder Sumpf deutet; *tad* ist Variante zu *ted, tod* „Moder, Moor", deutlich in *Tademere, Tade-leg*/E. Dazu Fluß *Tader*/Spanien, ON. *Tadinae*/Umbrien und die *Tadiates.* Ein *Tadia* 698: **Tede** in Brabant.

Taft: Großen- u. Wenigen-Taft a. d. Taft *(Taftaha)*, Zufluß der Ulster südl. Vacha, gehört zu den prähistor.-vorgerm. Bachnamen wie **Truft** a. d. Truft *(Truftaha)* in Hessen: *tap, trup* sind uralte Wassertermini. Siehe Taphorn!

Tafelbach, ein modriger Bach ö. Celle (b. Steinhorst), ist vergleichbar mit dem **Hafelbach** (zur Dente b. Jülich): *tab, tav* und *hab. hav* (wie in *Tabula* = Schelde und *Habola* = *Havel)* sind prähistor. Wörter für „Moor". *Tavelhurst* 1200/E. („Modergehölz") bestätigt es.

Tägerschen siehe Tegernsee!

Talkau b. Hamburg-Bergedorf, aus dem Deutschen nicht erklärbar, deutet topographisch auf „Moor", wie ebenda Stellau, Trittau, Linau. *Talcanpit, Talcanterne* („Moortümpel") in England bestätigen diesen Wortsinn. Vgl. auch *Talcinum*/Korsika (Ligurien)!

Talle a. d. Talle in Lippe entspricht **Kalle** a. d. Kalle (b. Meschede u. Lemgo): *tal, kal* meinen „Moder, Moor, Sumpf" (vgl. slaw.-russ. taly „flüssig", zur idg. Wurzel *ta* „zerfließen" (vgl. M. Förster, Themse). Eine *Talaha* floß 1167 in Hessen, eine *Tale* in England (wo auch *Taleworth, Talentun:* Tallington, analog zu Wellington, Washington), eine *Talantia* (Talance) b. Bordeaux wie die *Salantia* (Salance) u. die *Palantia*/Spanien (auch *sal, pal* bedeuten „Sumpfwasser"); dazu *Talanum*/Frkr., die *Talori* (Volk in Sp.), *Talanc* (wie Iranc, Celtanc) b. Trier a. Mosel: heute **Talling,** *Talastat* 855 b. Straßburg. Varianten sind *tel, til, tol, tul!* Zu **Tallensen** nö. Bückeburg vgl. Wallensen, Wettensen, Brunkensen: alle = „Sumpfhausen"! Ein Kollektiv *Talethe* (12.) Kr. Osn.; **Talge** (1281 *Tallage*) a. Hase.

Tambach siehe Tanne!

Tangstedt (2mal b. Hamburg-Pinneberg) entspricht Sellstedt, Kührstedt, Angstedt, Dellstedt, Horstedt, lauter „Moor- und Sumpforte" im Raum Holstein-Hamburg-Bremen. Dazu **Tangsehl** (wie Harsehl „Moorniederung"), Tangeln/Altmark, **Thangelstedt** b. Weimar (wie Dingel-, Töttel-, Buttelstedt), der **Tangelsbach** zur Eger, die **Tangenbeke** in Lippe (vgl. die Spangenbeke), Tangendorf b. Winsen a. Luhe, die **Tanger** (mit Tangermünde) zur Elbe. In England vgl. *Tangmere, Tangley* und Fluß *Tang* (auch in Irland ein Fl. *Tang)!* Varianten zu *tang* sind *tong, teng, ting!* Siehe Tongern, Tengern!

Tanne, Zufluß der Schleuse b. Meiningen, gehört wie diese und die **Tonna,** Zufluß der Unstrut (siehe diese!) zu den prähistor. Flußnamen dieser einst vorgerm.-keltischen Gegend. Vgl. auch den **Tambach** *(Tan-bach)* w. Coburg. Auch *Tane-wurth, Taneford, Tanesleg, Tanesterne* in England enthalten dasselbe idg.-kelt. Wasserwort *tan* (was nichts zu tun hat mit brit. *tan* „Feuer" noch mit bret. tann „Eiche" noch mit ags. tan „Zweig", zwischen denen M. Förster im Themse-Buch 1941, S. 579 sich den Kopf zerbrach). *tan* gehört zur idg. Wurzel *ta* (wie *ten* zu *te)* = „zerfließen, faulen"! Ein *Tan* (heute Tone) fließt in E., ein Tain in Schottland (nebst dem *Tanar)*, ein *Tanaros* in Frkr. u. It. nebst ON. *Taneto* b. Parma (wie *Caneto*/Frkr.: can = Sumpf, Schilf!).

Taphorn *(Tapehorn)* b. Dinklage (Moorgegend) entspricht Balhorn, Gifhorn, Druchhorn, deutet also auf einen nassen Winkel. In England vgl. *Tapeley* „nasse Wiese", *Tapewelle, Tapetun,* in Frkr. *Tapuria:* Tahure/Marne, in Lusitanien die *Tapori* (wie die *Talori* in Spanien): span. *tap* = „Lehm", lombard.-prov. = „Schlamm"; in Ostpreußen *Tapiau.* Zu **Tapfheim** im Donau-Ried vgl. ebenda: Glauheim, Gremheim, Blindheim, lauter Sinnverwandte und so auch *Tapfen:* **Dapfen** sö. Reutlingen. Siehe auch **Tepfenhart!**

Tappenbeck am sumpfigen Drömling und **Tappenbach** b. Lüneburg, durch den E. Schröder zu Fuß „tappen" wollte, ist ein „schmutzig-sumpfiger Bach" entsprechend dem Wattenbach, den man auch nicht „durchwatet" (watt „Morast"). Dazu der Tappen-Berg b. Esperde (wie Lappenberg!) und **Tappendorf** nö. Itzehoe analog zu Fuhlendorf, Latendorf ebda! Zu **tap** siehe Taphorn!

Tarpenbek, Zufluß der Alster nö. Hamburg, meint „Moder-, Faulwasser". Vgl. dazu „Der Name Alster" v. Verf.: Hbgr Abdbl. Febr. 1962. Ebenso der **Torpenbach** (mit dem Schlapenbach, wie *Torpeley*/E.)/Bodensee. Zur Form *Tervenbeke* vgl. Fl. *Terve*/Brit., *Terventum*/It.

Tastingen/Eichsfeld siehe Teistungen!

Tatern (nebst Liedern) b. Ülzen stimmt formal und begrifflich zu Deimern, Meinern, Schülern im Raum Soltau! *tat, lid, dem, men, scul* sind verklungene Wörter für Moor und Sumpf. Für *tat* wird es bestätigt durch *Tateshale*/E. (wie Cateshale, Cormeshale!), *Tatenhale* (wie Caten-, Baten-, Tutenhale!), *Tateney* (wie Sidney, Disney), *Tatintune:* Tatington (wie Tuttington, Liddington am Liddon, Washington!). Bei Ülzen liegt neben Tatern auch **Tatendorf** (nebst Natendorf, Massendorf, Ötzendorf, lauter „Moororte"!). Bei Hamburg ein **Tatenberg,** bei Husum ein **Tating,** in Flandern: *Tatinghem,* in Westf.: *Tatena* 1072: Theten b. Olpe; Umlaut zeigt auch *Tatinga:* Tettingen/Saar.

Taubach a. Ilm b. Weimar (mit Funden aus ältester Vorzeit) meint „Moderbach" (vgl. „tauen", zur idg. Wurzel *da-, ta-* „zerfließen"). Vgl. Laubach, Daubach!

Tauber (um 900 *Tuber)*, Nbfl. des Mains, beruht auf vorgerm.-kelt. *Dubra* (so um 500). Vgl. die *Suber(s)! dub, sub* sind kelt. Wörter für Wasser,

Sumpf: vgl. noch kymrisch *dub* = *pool* (Dublin!), nach A. H. Smith S. 13. Ein *Dubis:* Doubs fließt zur Rhone, eine *Duvia:* Douve zur Leie, eine *Duva:* Dove in Brit.

Taunus (so bei Tacitus, Annalen I 56, erst vom Humanismus künstlich erneuert), der bewaldete, quellen- und gewässerreiche Höhenzug nordwestl. von Frankfurt, mit dem röm. Limes und der Saalburg, einst von Kelten bewohnt, pflegt aus kelt. *dun-* „Höhe, Berg" erklärt zu werden — schwerlich mit Recht, denn Wälder und Waldberge wurden grundsätzlich nach ihren Gewässern, ihrer Bodennatur benannt wie Abnoba (Schwarzwald), Vosega (Vogesen, Wasgau)! Vgl. Fluß *Taunucus!* (652/Loire).

Tecklenburg, am Südhang des Teutoburger Waldes, hieß *Tekeneburg:* nach einem Gewässer *Tekene,* analog zu Jetenburg: *Geteneburg a. Getene* b. Bückeburg. Vgl. auch Tecklinghausen nö. Olpe nebst Mecklinghausen ebda! *Teckbusch* b. Elberfeld und die **Thekenberge** (südl. Halberstadt), mit vorgeschichtlicher Opferstätte. *tik, tek* (dem Wb. unbekannt) meint Schmutzwasser, deutlich in *Tican-pit, Ticenhale, Tice-mersh, Tiche-furlong*/E. (wie Liche-furlong, Spiche-furlong = „sumpfig-schmutziger Graben"). Vgl. auch Fluß *Ticinus:* Tessin und Fluß *Ticarius*/Korsika (beide im ligur. Bereich). Ein Fluß *Tecus* in Südfrkr.; auch die **Teck** (Anhöhe b. Kirchheim/Württ.) ist nach einem Gewässer benannt! Vgl. **Tecknau** nö. Aarau (wie Todtnau: tod „Moor"). Deutlich ist der *Techenpfuhl* in Lothr. Ein *Tekelia* erwähnt schon Ptol. um 170 a. d. Wesermdg. *In der Tecke, Auf der Ticke* sind Fluren in W. Teckentrup i. W. wie Finnentrup; vgl. das Theikenmeer am Hümmling!

Tegelen a. Maas (1196 *Tigele),* **Tegelrieden** i. O. u. *Tigelrode* 866/Belg. werden deutlicher durch *Tigel-leg, Tigelhurst* „Modergehölz" 940 in E., *Teigler* b. Dorsten.

Tegernsee: Der Versuch, den Tegernsee/Oberbayern mit Hilfe des ndd. Adverbs diger „völlig" als „großen See" zu deuten (so A. Bach in tendenziöser Absicht), erscheint grotesk angesichts des winzigen **Tegernbachs** b. Rastatt (1288, j. Krebsenbach), dessen Verbindung mit dem Schwarzbach vielmehr auf sumpfiges Wasser deutet! Auf diesen Wortsinn weist unweigerlich auch **Tegernmoos** (an Thur u. Bodensee) wie Anken-, Atten-, Laren-, Tettenmoos! Desgl. *Tegerin-wac* 8. Jh. Bayern, *Tegirslat:* **Degerschlacht** b. Reutlingen wie *Til-slat:* Zihlschlacht, **Degerloch** b. Stuttgart, **Degernau**/Südbaden, *Degern-auel* 893: ein Sumpf im Ahrtal, Grün-Tegernbach am Isen (Erdinger Moos!), **Tegersfelden** im Aargau und nicht zuletzt *Tegerasca:* **Tägerschen** im Thurgau analog zu Urnäschen (Urnasca), Bach u. Ort ebda (vgl. Urnau wie Tegernau): *ur(n)* ist schon von

Plinius als „sumpfig-schmutziges Wasser" bezeugt! Und das Suffix *-asc* wie die geogr. Gebundenheit an Oberbayern, Württ., Ober- und Mittelrhein nebst Schweiz deuten auf ligur. Herkunft. Auf den topograph. Befund hat schon 1880 ein so ausgezeichneter Kenner Württembergs wie M. R. Buck hingewiesen: „Überall, wo ich mir die Örtlichkeiten dieses Namens ansah, traf ich zwei Dinge: Lehm und Schilf"! Vgl. schließlich auch *Tegrae, Tigrae* in Mösien, *Tigernum*/Südfrkr. (wie *Padernum* ebda: pad = Sumpf!), *Tigeri*/Fld., die *Tigurini*/Waadt. Ein *Tegensceit* 893 b. Rheinbach (wie Krüdenscheid, Wattenscheid, lauter Sinnverwandte). Zum *Tegernsee* vgl. den *Aber(n)see: ab-r* ist prähistor. Wasserwort!

Teinach a. d. Teinach, Zufluß der Nagold südwestl. Calw, urkdl. *Tainach* 14. Jh., dial. *Deinaha* 15. Jh., tief im Tal gelegen, meint ohne Zweifel „Moder- oder Moorbach", auch wenn die Etymologie unklar ist; denn *Tainingen* (heute Tuningen b. Villingen) entspricht den benachbarten Biesingen, Trossingen, Dauchingen, Schwenningen, Böttingen, Spaichingen usw., lauter Sinnverwandte. Ein **Deinbach** (1271 *Teinbach)* fließt zur Rems, ein Deinenbach z. Neckar. Krahe erfindet ein ahd. deina „feucht"! Ein Vergleich mit den übrigen württ. Fluß- u. Bachnamen auf *-aha* deutet vielmehr auf vorgerm. Herkunft: so Seckach, Stunzach, Stimpfach, Speltach, Schotzach, Maulach, Kessach, Gartach, Wertach, Elsach! Vgl. auch *Deinheim* (1285 *Thein-*) b. Colmar, *Deinwil* wie Mörschwil! Kontraktion aus *Tagina (Dagina)* liegt nahe; vgl. *Dagenhal, Dagworth* usw.

Teisnach a. d. Teisnach (alt *Tusinaha)* im Bayr. Wald entspricht der Alznach, Ecknach, Geldnach, Rinchnach, Trattnach usw., lauter vorgerm. Namen, mit *-aha* „Bach" eingedeutscht, im Sinne von „Moder-, Moorbach". Auch Teisendorf w. Salzburg hieß *Tusindorf*.

Teistungen b. Duderstadt im Eichsfeld meint nichts anderes als Rüstungen, Faulungen, Holungen ebda, zumal dort die Hahle u. die Brehme zusammenfließen *(hal, brem* = sumpfiges Wasser!) und für *teist* (dem Wb. unbekannt) eine entsprechende Bedeutung voraussetzen; gleiches würde für *eist* gelten, wenn diese urkdl. Variante die ältere wäre. Über die N. auf *-ungen* handelt des Verf.s Artikel „Teistungen" im Nd. Kbl. 1961.

Tellig/Mosel entspricht **Billig,** Kettig, Bruttig, lauter vorgerm. N. auf kelt. *iacum: Biliacum, Catiacum, Brutiacum, — Teliacum (Taliacum),* vgl. *Talanc* (Talling) b. Trier. Zu *tal, tel* siehe Talle und Tellmer!

Tellmer b. Lüneburg *(Tel-meri* 9. Jh.) entspricht **Rettmer** ebda (wie auch Bettmer, Wettmer), alle auf „Sumpf- oder Moder-See" deutend. Idg. *tel* (Variante zu *til, tal, tol, tul)* begegnet schon in griech. τέλμα „Sumpf", vgl. altbulgar. *teleti* „modern, faulen", kelt.-bret. *telio:* teil „Kot". Dazu die Flußnamen *Telandros*/Kl.-Asien (wie *Skamandros, Gimandros), Telavius*/Dalmatien, *Telo, Telonno* im ligur. Südfrkr., nebst ON. *Telate* (wie Lunate, lun = „Schmutz") und *Telemate* (wie Volomate, vol = „Sumpf"); auch *Tela:* Thièle (Zihl/Schweiz) u. *Tella* rivus/Seine; zu *Telesia*/Samnium vgl. Assesia (ass „Schmutz") — Ein **Tellenbach** fließt in Baden, ein **Tellbach** in Thür., ein **Theelbach** in der Pfalz. Sekundäres *-ing* zeigen **Tellingstedt**/Eider (wie Hollingstedt im Moor der Treene: hol „Moor"!), *Telinghorst* (wie Finninghorst: fin = „Moder") und *Telinghusen:* Tölckhaus b/Venne in Westf. Auch *Tel-mer* hieß zwischendurch *Teling-mer!* Vgl. auch Lenninghoven a. Lenne! **Tellig**/Mosel (kelt. *Taliacum, Teliacum)* siehe dies!

Temmels a. Mosel sw. Trier erinnert an **Emmels** b. Malmedy, das eine kelt. *Amblisa* darstellt *(am(b)* = „Wasser, Sumpf"): urkdl. *Tam-, Temblet:* zu idg.-kelt. *tam* (Wurzel *ta* „zerfließen, modern"), vgl. armenisch *tamuk* „feucht", in mehreren Fluß- u. ON: *Tamisa* (die Themse), *Tamarus*/It., *Tamara*/Spanien, *Temesa*/Bruttium, *Temera* (Demer/Holland); *Tamina*/ Belg., Schweiz; *Tamnum*/Frkr., *Tame-worth, Tame-horn*/England.

Tengen im Hegau und Hohen-**Tengen** a. d. Ostrach (auch am Rhein ö. Waldshut) nimmt auf die feuchte Lage Bezug: zu idg. *teng, ting* (griech. τέγγω „einweichen", lat. tingo „befeuchten"). Vgl. *Tengetun, Tingwelle*, Fluß *Teign*/E. Ein *Tingus* floß in den Ardennen. Ein *Tingentera* lag in Spanien. Aber **Thayngen**/Hegau u. **Tiengen** a. Wutach und im Brsg. sind verschliffen aus *Toginga* 995, *Tu(g)inga* 888: siehe Thüste!

Tengern a. Else nö. Herford erinnert an **Engern** a. Weser, **Lengern, Wengern,** enthält somit ein Wort für Wasser, Sumpf, Moor. Vgl. die **Tanger** sowie die Varianten **Tongern,** Tungern!

Tennstedt (932 Tennistat) nahe der Unstrut (mit ausgetrocknetem See und Schwefelquelle) ist wie alle N. auf *-stede* ein topogr. bedingter Name: vgl. Küllstedt *(Colstede)* mit 6 Landseen. Die Nachbarorte Bruchstedt, Klettstedt, Schwerstedt usw. bestätigen, daß ein Gewässerwort zugrunde liegt, nämlich *tan, ten, (tun, tin),* vgl. die **Tanne** (zur Schleuse/Thür.) und die **Tonna** *(Tunnaha)* zur Unstrut mit dem nahen Gräfentonna. Auch **Tenna**/Tirol liegt zwischen zwei Seen! Zu *tan* siehe die Belege unter Tanne!

Tennenmoos/Württ.-Baden kann schwerlich den Baumnamen „Tanne" (ahd. tanna) enthalten, da die Tanne kein Sumpfbaum ist und die Parallelen Anken-, Baren-, Atten-, Hechen-, Siren-, Tettenmoos sämtlich auf Moor- u. Sumpfbezeichnungen zurückgehen! Ein T(h)ennenbächle *(Tanni-,*

Ten(n)ibach um 1200) fließt zum Brettenbach (Württ.), der selber vorgerm. ist. Ein vorgerm. Wasserwort *tan, ten* siehe unter Tennstedt, Tenna und Tanne!

Tente, Flurname und ON. (Eifel), auch in Westf., wird deutlicher durch die **Tentlose**/Wiedenbr. analog zur **Haulause** (Eder) und zu *Bagalose* (714/b. Utrecht): *hu, hau* = „Moder, Moor", *bag* = „Sumpf, Schlamm"; *lose* meint Wasserlauf. Auch *Tenter-mire* in E. deutet auf *tent* als „Moor, Sumpf"! Vgl. *tint, tunt!*

Tepfenhart/Schwaben entspricht *Muchenhart, Mörschenhart, Wagenhart* usw., alles „feuchte, modrige Gehölze". Gleiches meint *Teppanhyse* 765 in England (analog zu Lingahaese 793, Sperkheys, Vyneheys, Poolheys ebda, Cronnehaes, Besonheis/Belg., Fornhese 777 b. Utrecht). Vgl. altind. *tep-* „träufeln", Variante zu *tip, tap, top. Teppingehem* 966/Fld. wie *Terdingehem* (terd „Schmutz), *Tipemere, Tippanburn* in E.; lat. *tipula* = Wasserspinne. Siehe auch **Tapfen, Tapfheim, Topfleben!**

Ternsche (Brabant/Westf.), 889 *Ternezca,* wird verständlich im Rahmen der formal und begrifflich zugehörigen *Bramsche, Mepesche, Schildesche, Liedesche, Bardesche, Heldesche, Schornesche* — sämtlich auf Moor und Sumpf bezüglich. Diesen Wortsinn bestätigt für *tern* auch die Reihe *Ternaard*/Brabant — *Wermaard, Caldaard, Sconaard* ebda, alle prähistorisch. Dazu *Ternuay*/Vogesen und der brit. Flußname *Ternuc*/England, wie Nettuc, Suluc; *Ternodurum* (wie Salodurum: Solothurn; Vitodurum: Winterthur; Ganodurum usw., lauter Synonyma für Orte an sumpfigen Gewässern).

Tetekum i. W. beruht auf *Tatinghem, Teteghem* (so in Flandern) wie Dötekum/Ijssel auf *Dutinchem* 808, wie *Lulinghem, Oninghem,* wo -ing- einen Pers.-N. vortäuscht. Zu *tat* siehe Tatern!

Tettnang am Bodensee (d. i. **Tettenwang,** so b. Kelheim/Donau) entspricht formal und begrifflich **Bettnang** ebda b. Konstanz (ablautend **Bottnang**/Württ.), d. h. sumpfiger, mooriger Wiesenhang, wie auch Backnang, Ausnang (Usenwang), Mosnang usw. Wie *bett* auf prähistor. *bed* zurückgeht (siehe den Nachweis unter Bettwar!), so *tett* auf *ted:* vgl. *Tedusia* (Theziers/Frkr.) wie Pedusia, Perusia, Venusia, Andusia, Bandusia, lauter Sinnverwandte! — Gleiches besagen die Reihen **Tettenmoos:** Anken-, Atten-, Baren-, Hechen-, Laren-, Petten-, Siren-, Tegernmoos; **Tettenbach** (Baden/Württ.) wie **Bettenbach,** Etten-, Detten-, Metten-, Petten-, Retten-, Schletten-, Trettenbach; **Tettenhausen** am Tachinger See wie **Bettenhausen,** Detten-, Etten-, Hetten-, Metten-, Wattenhausen; **Tettenried**/Bayern wie Tödten-, Weichenried; **Tettenweis**/Bayern wie Mochen-,

Moorenweis; **Tettscheid**/Eifel wie Ettscheid; zu **Tettenborn**/Südharz (948 *Tettenbure)* vgl. *Muddenbure* (mud = Moder, Schlamm). In England vgl. *Tettanburna* 739, Tettanbyrg 872, Tedena: Thedden u. *Tettenhale* (wie Taten-, Baten-, Bedenhale). Zu **Tettau**/Bayern vgl. Mettau, Schlettau, Schmettau. **Tettingen**/Saar hieß *Tatinga:* zu *tat* siehe Tatern!

Teufen b. Horgen (d. i. Sumpfort) westl. Rottweil (u. bei St. Gallen) mit Teufenbach u. Teufenwald siehe **Tüfingen**, Tufenbach!

Tevenhausen/Lippe (1028 *Tevinchusen)* entspricht *Evinc-, Codinc-, Modinchusen,* lauter „Moderorte". Dazu *Tevendorp* 1425 i. W.

Teveren *(Tiverne)* b. Geilenkirchen a. Wurm verrät sich durch das *-rn*-Suffix als prähistor. Gewässername entsprechend der *Biverna:* **Bever** und der *Stiverna:* **Stever,** beides Moorflüsse; auch die *Bilerna: Bühler/*Württ. u. die *Taberna:* Zaber ebda gehören formal u. begrifflich dazu. Im Moorgau Drente vgl. **Anderen, Gasteren** *(Anderna, Gasterna)* als sinnverwandt. *Tiverna* mit der kelt. Endung -iacum ergab *Tivernich* 893/Ndrhein analog zu *Sievernich* w. Euskirchen (vgl. den *Sivernes-bach:* Siebersbach/Murr u. die Sieber im Harz; auch Sivrey/Frkr.). Auf italokelt. Boden vgl. *Tiburi:* Volk in Spanien u. ON. Tivoli/Rom und den *Tiber!* Auch *Tibiscum* wie *Tiriscum* (tir = „Moder"). Zu *tib, tiv* vgl. griech. τῖφος „Sumpf"! In E.: *Tib(b)eia, Tibetorp, Tibenham, Tebbanwurth, Tever-, Tiverton.*

Thaiden in der Rhön b. Hilders/Fulda (1239 *Deiten)* entspricht **Batten** und **Motten** ebda, bezieht sich also auf Moder oder Sumpf. Ein *Teitenbach* floß 777 zur frk. Saale (m. d. Starnbach!). Zum *ei* statt *ie* vgl. *Teitileba, Tittileibe* (9. Jh.)/Thür. — **Theley** siehe Tholey!

Themar a. Werra am Südwesthang des Thüringer Waldes ist bemerkenswert als eine der prähistor. Spuren dieses Raumes, die von vorgerm.-keltischer Bevölkerung zeugen (wie die *Juchsina:* Jüchsen, z. Werra südl. Meiningen, die Schleuse, die Bahra, Veßra, die Steinsburg der Gleichberge: eine keltisch-vorkeltische Fliehburg, usw.). Denn die urkdl. Form *Taga-meri* enthält dasselbe Gewässerwort *tag* wie der Flußname *Tagus:* Tajo im altkelt. Spanien! Auch in Bayern floß eine *Taga.* Zu *tag* (vergleichbar mit *dag, ag, bag, lag, nag, pag, rag, sag, kag, mag, fag, gag, jag)* vgl. als Lautvarianten auch *tug* in *Tugia/*Spanien und *Thügusti:* **Thüste** am Ith sowie *tog* in *Togisonus* (Fluß in Venetien, wie Tergasona, Artesona) u. *Togesdene/E.* und *tig* in *Tigernum/*Südfrkr. (wie Padernum: pad „Sumpf", Salernum: sal desgl. in *Tigurini* (Volk im Waadt) und in *Tigantia* (Bach b. Krems/Donau) neben *Digantia/*It., womit auch der Wortsinn von *tag, tig, tog, tug* nicht zweifelhaft sein kann, nämlich „sumpfiges Wasser", analog zu *bag, big, bog, bug! mag, mig, mog, mug! lag, lig, log, lug! sag, sig, sog, sug! ag, ig, og, ug!* Zu *dag* siehe unter Teinach! — zu *dig* unter Digisheim!

Theres am Main, zw. Schweinfurt u. Haßfurt, verrät sich durch die urkdl. Form*T(h)arissa* als beachtenswerter Zeuge aus vorgerm.-kelt. Zeit: *Tarissa* entspricht der *Lovissa* in Frkr., der *Armissa:* Erms in Württ., der *Tvetonissa* in Spanien, auch *Saltrissa:* Selters u. ä., lauter prähistor. Gewässernamen! *tar* (als Variante zu *ter, tir, tor, tur)* meint „Moder, Sumpf" wie in *Tarodunum:* **Zarten** (vgl. *Lugudunum:* Lyon: lug „Sumpf"); *Tarentum* am Tara (wie Tridentum, Alentum, Vergentum, lauter Sinnverwandte, woraus sich die Unmöglichkeit der Kraheschen Deutung „schnell": altind. *tar-* ergibt). Ein *Tara* (Therain) fließt zur Oise/Frkr., ein *Tarus* zum Po, ein *Taravus* auf Korsika (vgl. Saravus: die Saar), ein *Tarn* z. Garonne/ Frkr., ein *Tarandros* in Phrygien! In Ligurien vgl. *Tarasco* (wie Salasco, Balasco, Palasco, gleichfalls alle auf Sumpfwasser deutend). Zugrunde liegt die idg. Wurzel *ta (te, ti, to, tu,)* „zerfließen, modern, faulen" (siehe M. Förster, Themse, 1941). So auch Fl. *Tarupe*/Lettld wie Arupe, Narupe, Balupe, Kakupe, Vergupe, Alsupe, lauter Synonyma!

Theten b. Olpe (1072 *Tatena)* siehe Tatern!

Thiene nö. Bramsche a. Hase (1037 *Tinon)* nebst **Theene** b. Aurich wird deutlicher durch *Tine-Sike, Tine-combe* (wie Cude-, Love-, Made-combe), *Tine-ley, Tine-wood* in England, die sämtlich auf „Moder, Moor" deuten; dazu 2 Flüsse namens *Thyne* in England u. Schottland. Ein *Tin-holt* b. Bentheim (Moorgegend); ein *Tynswede* 1221 b. Osn. (wie Alswede b. Lübbecke). — In Italien vgl. *Tinia*/Umbrien, in Frkr. *Tiniacum:* Tignac (wie *Liniacum:* Lignac, *Biniacum:* Bignac — alle sinnverwandt!) nebst *Tinurtium* wie Trevurtium. Vgl. auch altslaw. *tina* „Schlamm"! Siehe auch unter **Tinnen!** Variante ist *tun:* siehe **Thune!**

Thier b. Waldbroel (u. Thierseifen), „verhochdeutscht" **Zier** b. Düren (wo auch das synonyme **Pier),** siehe Thyra! Auch Zierenberg w. Kassel hieß *Tyrenberg.*

Tholey und **Theley**/Saar sind vorgerm.-keltoligurisch: zu *tol, tel* siehe Tölz und Tellmer!

Thulba a. Thulba im prähistor. Reliktgebiet der Südrhön will im Rahmen der übrigen, von der Rhön her fließenden Gewässer gesehen sein wie *Streu, Brend, Schondra, Fulda, Felda, Ulster, Sinn, Nüst,* die sämtlich aus vorgerm. Zeit stammen! Und so erweist sich auch Thulba als vorgerm. durch Wiederkehr auf kelt. Boden: so *Tulbata* (umgedeutet zu **Tulpental**/ Schweiz, analog zu *Turbata:* **Turbental** a. Töß südl. Winterthur (dem kelt. Vitodurum!): auch eine *Tourbe,* Zufluß der Aisne, ist vorhanden. Zu Form u. Sinn vgl. *Sorbe, Surbe* „Sumpf" u. kelt. *Sorbiodunum* (irisch sorbaim „besudle"). Auch **Zülpich**/Rhld beruht auf kelt. *Tulbiacum!* — Damit erledigt sich der tendenziöse Versuch Krahes, die Thulba durch Erfindung eines germ. Wortes dulbo (vgl. mnd. delven „graben") im Sinne von „Graben" fürs Germanische zu retten! Ein wahres Musterbeispiel linguistischer Willkür.

Thülen ö. Brilon (urkdl. *Tulon)* nebst **Thüle** b. Paderborn u. Friesoythe deuten sich schon topographisch als „Moororte". Ein *Tulifurd* nennt schon Ptolemäus um 150. Auch auf ligur. Boden begegnet *tul:* so in *Tuledo* mons b. Genua, in *Tul-el-asca* (wie Tumelasca, Pomelasca, Vinelasca, lauter Sinnverwandte). Die *Tulini* waren Kelten! Siehe auch **Tulln** u. Tilleda *(Tullithi)!* Varianten zu *tul* sind *tol, tel, til, tal!*

Thum b. Düren (urkdl. *Tumbe)* kehrt wieder als **Tommen** (870 *Tumbas)* in Lux., als **Thomm** b. Trier, als Tummeken (726 *Tumme)* in Brabant, wo auch Tombeek (1163 *Tumbeke)* analog zu *Rumbeke* und *Lumbeke,* womit der Wortsinn, nämlich „Moder, Moor", gegeben ist. Zur Bestätigung vgl. in England: **Thomley** (1086, 1124 *Tumbeleia, Thumeleg* „feuchte, sumpfige Wiese" wie *Rumeleg, Lumeleg*)! In Holld *aqua Tumet!* Flur Tompt 1185 *Tumth,* mit Dentalsuffix wie das synonyme Drempt *(Tremete).* In Ligurien: *Tumelasca* wie *Tulelasca, Pomelasca, Vinelasca!*

Thune a. Thune *(Tuna* 1028), Zufluß der Lippe, meint zweifellos „Moder-, Moorwasser"; darauf deuten *Tunun-furt*/Holland analog zu *Medun-furt* (med = „Moder") und *Tune-word*/England wie Taneworth, Randeworth, Seleworth (sel = Sumpf, rand = Moor, tan = Moder). Dazu **Thune** a. d. Schunter/Brschwg, Thuine/Ems, **Thünen** Kr. Ahaus (wie Lünen: vgl. die Lune u. Lühne; auch Ruhne u. Rühne; Bune u. Bühne; zu *lun, run, bun, tun).* Auch **Thunum** nö. Aurich (wie Ankum, Holum, Marum, Lutum). *Tunu* 1059 b/Göttgn. Zu *Tun-stede* 1150 b. Stade vgl. *Lun-stede.* Aber **Thun** am Thuner See/Schweiz dürfte dem kelt. *Dunum:* Dun/Frkr. entsprechen.

Thüngen a. Werrn *(Tungidi)* siehe Tüngeda!

Thur, Vogesenflüßchen im Ober-Elsaß, mit dem Belchen, urkdl. auch *Turn* vgl. die Zorn: kelt. Sorna), gehört wie die **Thur** (757 *Dura)* im schweizer. Thurgau zu den Zeugen keltoligurischer Vergangenheit: denn sie entspricht der *Duria,* Zufluß des Po (vgl. die *Sturia* im ligur. Piemont) und dem *Durius* (Duero) in Spanien/Portugal. Auch *Turia* ist (z. B. in Spanien) als kelt. Flußname bezeugt. *dur (tur)* meint „Wasser, Sumpf- und Moderwasser", bestätigt durch Gleichungen wie *Durisa* — *Carisa* oder *Duronum*

— Lemonum — Cambonum oder *Duretia* — Curetia — Ardetia, auch Fl. *Duranus* wie Fl. *Locanus* (loc „Sumpf"). **Thür**/Mayen, *Tur(i)a, Turholt*/ Fld. Weiteres s. Türkheim!

Thüringen: ist benannt nach dem Volk der *T(h)uringi*, deren Reich 531 zugrunde ging. In Thüringen saßen bis zur Ankunft der Germanen bekanntlich Kelten: auch bei ihnen begegnet ein Volk namens *Turoni* (zw. Schwarzwald u. Main, also im Odenwald, aber auch in Gallien). Man hat längst, wohl mit Recht, in beiden Fällen dieselbe Wurzel *tur* vermutet, womit die frühere Deutung aus altnord. *thora* „wagen" (als „die Wagenden") unhaltbar wird, denn idg.-kelt. *tur* ist ein wohlbezeugtes Wort für Gewässer! Wieder eine Bestätigung der method. Erfahrung, daß die alten Völkernamen Gewässernamen enthalten! Siehe dazu unter Bataver!

Thürken *(Turinc-heim)* siehe Türkheim!

Thüste am Ith, im Tal der dortigen Saale (Zufluß der Leine), verrät sich durch die urkdl. Form *Tüguste* als wertvolle Spur vorgermanischer Bevölkerung, mit prähistor. (venet.-ligur.) st-Suffix wie *Segusti*, **Seeste** und **Segeste** ö. Alfeld/Leine, *Plegeste* b. Zwolle, *Argeste:* **Ergste**/Ruhr, *Vilgeste:* **Villigst** ebda, **Withusti** 890 b/Werne) und **Tricuste** (einst in Thür., vgl. die *Tricastini* wie die Grumbestini/It. und *Trikmore* 1217 in E.) — lauter Ableitungen von Gewässerbezeichnungen. *tug* (vgl. als Varianten *tog, tig, teg, tag)* begegnet sonst in Spanien mit *Tugia!* Zum st-Suffix vgl. auch *Bigeste, Ladeste* in Dalmatien (Illyrien), *Ateste:* Este, *Tergeste:* Triest (Venetien), was kein „Marktort" (so Krahe, wegen slaw. torg), sondern „Sumpfort" (am Sumpf Lugeon!), vgl. Tergolape, Tergasona (wie Artesona, Togisonus) u. die Tergolani/It. (wie die Octulani/Latium). Zu *tog* vgl. Fluß *Togisonus*/Venetien, *Togesdene*/E., *Touge* 1150 b. Dortmund, uppen *Toghe* 1348: Teuge b. Deventer, *Tugeis*/Belg. *Tuginga*/Brsg.

In England vgl. *Tuggeford, Tuggehale.* Ein *Tugilesbach* 1027/Bochum.

Thyra, Flüßchen am Südharz (mit Stolberg u. Uftrungen), dessen Name auch in **Thyrungen** steckt, meint „Moderwasser" (zu idg. *tir*, lit.-lett. *tyr-* = „Moder", mlat. *tiredo* „Moder", *terilis* „faul"); die Zuflüsse Lude, Sprachenbach, Schlachtbach bestätigen den Wortsinn „Faulwasser, Schmutzwasser", desgl. die Parallelen *Tyre-sete:* Sele-sete: Hune-sete/E.: Vore-sete (Förste/Harz), lauter Sinnverwandte! Auch *Tiriscum* wie Tibiscum (tib = „Morast"). Ein *Tirinus* floß zum Aternus/It., eine *Tirette* fl. in Frkr.; *Tirewelle, Terin-, Tirinton*/E. *Teriol:* Zirl am Inn u. Fluß *Terebris/Spanien.* Ein Fluß *Tyr, Thier* b. Namur. Siehe auch Thier!

Tilbeck w. Münster meint „Moder-, Sumpfbach", zu idg. **til** (vgl. Tilsit a. Tilse: lit. tilszus „sumpfig", griech. τῖλος „Durchfall"): deutlich in *Til-*

donk/Brabant (wie Asdonk, Lin-donk), donk = „Hügel in Sumpfgegend“, *Til-sele*/Brschwg (wie Bil-sele „sumpf. Niederung“), *Tylsen* a. Dumme, *Til-slat:* Zihlschlacht/Schweiz wie Tegerslat: Degerschlacht (slat „Röhricht“). Dazu in E.: *Til-brook, -ford, -hurst, -worth, Tilney.* Ein Kollektiv *Tilithi* begegnet im 9. Jh. an der Weser als Gauname. Eine **T(h)iele** fließt b. Arolsen/Waldeck, eine *Tile:* Dyle in Holland, eine *Tila* 830: Tille in Frkr., *Til(l)* in E. Auch der Fluß **Ziller** *(Tiluris)* in Tirol (wie Fl. *Lemuris* b. Genua/Ligurien) gehört hierher. Vgl. *Tileth:* Tielt/Belg.

Tilleda (974 *Tullida)* a. Helme siehe Tullifeld!

Tilsit siehe Tilbeck!

Timke, Moorort sw. Zeven, dürfte nach dem Muster von Eimke *(En-beke)* b. Ülzen auf *Tin-beke* „Moorbach“ beruhen; siehe Thiene, Tinnen! Aber auch *tim* (siehe Diemel: *Timella; Timeworth*/E., *Timavus*/Istrien) ist Synonym: vgl. **Timmel** im Moor ö. Leer analog zu Hammel: *Time-lo, Home-lo!* Ein Timbeck (1218 *Tin-, Timbeke)* in Brab.

Timmerlah b. Braunschw. entspricht Calberlah, Haverlah, Wiedelah, Schumlah, Kamlah im selben Raume — lauter „feuchte, modrige Gehölze“ (-lah ist ostfäl. Form für -loh „Gehölz“). *timmer (timber)* „Moor, Sumpf“ (wie *limber, imber)* wird erwiesen auch durch das Große Moor b. **Timber**/Ostpr. sowie durch *Timber-slad, -leg, -cumbe* in England *(Timber-cumbe* „Moderkuhle“ wie Love-, Made-, Cude-cumbe). Ein **Timmerloh** *(Timberloh)* b. Soltau (wie Lutterloh; lut = „Schmutz“, Räderloh: röd = „Sumpf“, Schmarloh usw.); ein Timmerhorn b. Ahrensburg/Holst.; ein **Timmern** b. Iburg und Wolfenbüttel. Wer wollte da noch zweifeln, daß die wiederholt in Württ. begegnenden Orte **Zimmern** (bisher als Orte mit „Bauholz“, mhd. zimber, aufgefaßt!) in Wirklichkeit „Sumpforte“ oder „Moororte“ sind! Schon die Häufigkeit und die einstige Natur des Landes sprechen dafür. Vgl. auch **Timmel!**

Tinnen/Ems (mit dem Tinner Meer u. dem Torfmoor Dose!) verrät schon topographisch seinen Wortsinn (Näheres siehe **Thiene!**). Es entspricht Vinnen, Haren, Meppen, Fullen, Ahlen ebenda — alle auf Moor deutend. Ein **Tinnum** auf Sylt. Zu **Tinningstedt**/Schleswig vgl. Hollingstedt, Bollingstedt, Tellingstedt, (hol, bol, tel = „Moor“, vgl. das Boll-Moor, das Hollen-Moor!). Ein *Tinnelbach* (843, 1184) z. Aber-See, ein *Tinno* in Italien! Zu **Tintingen,** Tintigny s. *Tunt-!* In E.: *Tintenhill.*

Tissen *(Tussin)* siehe Riß-tissen (a. d. Riß: *Russagie!): tus(s)* bzw. *dus(s),* wie *rus(s)* sind prähistor. Wörter für „Moorwasser“. Siehe auch Teisnach *(Tusinaha)!*

Tiste b. Sittensen am Moor der Wümme ist verschliffen aus *Ti-stede* wie Deinste aus *Den-stede*, Fleeste aus *Flee-stede*, Wohnste aus *Wodene-stede*, Hatzte aus *Hat-stede*, Helmste aus *Helm-stede*, Einste aus *En-stede*, Behrste aus *Ber-stede*, lauter „Moor-Stätten" im Raum der Wümme und der Oste. Zum wurzelhaften *ti* (für *tin*) „Moor, Moder" (dem Wb. und der Forschung nicht geläufig!) vgl. auch *Ti-mal*/Belg. (wie Wisemal, Dudmal) und *Tyes-mere, Tyes-leg*/England.

Titi-See im Schwarzwald, urkdl. 1111 *Titun-se*, 1226 *Titin-se*, bisher unerklärt, wie auch der **Titebach**, meint zweifellos „Moor-, Moderwasser". Das ergibt sich mit Gewißheit nicht nur aus **Titlmoos** östl. Wasserburg (vgl. **Titting**, Tittling/Bayern), sondern auch aus *Titecumbe*/England (wie Love-, Made-, Cude-, Ode-, Wete-, Stote-, Tine-cumbe, lauter „Moor- und Moderkuhlen"!), *Titegrave* (wie Merdegrave, Ordegrave), *Tite(n)ley* „Moorwiese", *Titeshale* (wie Tates-, Cates-, Cormes-hale). Vgl. auch *Tithemudele* i. W. Ein **Tittenbach** fl. zur Schmie/Württ. Zu *tit* vgl. *tet, tat, tot, tut*.

Tochtrup i. W. *(Thoktorp, Tuchtorp)*, 2 mal, siehe **Tüchten.**

Tockhausen i. W. (1338 *Toc-husen*) entspricht **Lockhausen** (*Loc-husen:* lok = Sumpf). Vgl. *Thoktorp* 1160: **Tochtrup** wie Lochtrup und *Tuchtorp* 1231. In E.: *Tockhole, Tockwith, Toccansceaga* 755, *Tockenham, Tockington.*

Todenhausen (Schwalm, Marburg) wird verständlich durch **Todenbrok** (wie Bodenbrok): *tod, bod* sind verklungene Bezeichnungen für Moor bzw. Sumpf (vgl. auch *tad, ted, tid!)*. Daher entsprechen sich *Todenburen:* **Tömmern** und *Bodenburen:* Bommern a. Ruhr; **Todenbüttel** und Bodenbüttel; **Todenfeld** b. Rheinbach und Bodenfeld; Todenhausen (s. o.) und Bodenhausen/Kassel nebst Odenhausen/Lahn; **Todenroth**/Hunsrück u. Bodenrod/Wetterau; ebenso in E.: *Tode-berie* (wie Cadbury), *Todridge* (wie Midridge: mid = „Kot"), vgl. die Bäche *Todicha* (8. Jh.) u. *Miticha* (Mittich), beide zum Inn. Siehe auch Todtmoos! Ein Berg **Tödi** in d. Schweiz.

Todesfelde b. Segeberg ist urkdl. entstanden aus „to Odesfelde" *(od* = „Wasser, Sumpf, Moor"). Siehe O(l)desloe!

Todtmoos am **Todtbach** nebst **Todtnau** im Schwarzwald enthalten das verklungene Sumpf- u. Moorwort *tot (tod)*, siehe Todenhausen! Vgl. *Totmerden*/E. gegenüber *Lammerden, Diemerden*, wo *lam, di* „Sumpf" meinen. Ein Todtengraben fl. zum Erlenbach/Wutach. Zu Todtenweis/Bay vgl. Moorenweis, Tettenweis; zu Tödtenried nebst Tödting: Tettenried.

Tölz/Ob.-Bayern, im Tal der Isar, urkdl. *Tolenza*, entspricht **Sulz** a. Lech *(Solenza)* — beide an der Endung als vorgerm. (ital.-ligur.) Flußnamen auf *-antia* erkennbar: *tol* ist somit Synonym zu *sol*, d. i. „Sumpfwasser"; auch *Tol-ven, Tol-pit, Tol-puddle, Toles-lund, Toliatis* in England bestätigen es. Dazu *Toleno* (Fluß in Sabinum) mit ligur. Endung wie *Blandeno* (siehe Blender!) u. *Armeno* (Fl. b. Trient, siehe Erms!); *Tolerium* in Latium (wie Volerius, Fl. auf Korsika: vol „Sumpf"!); *Tolosa:* Toulouse (wie Lutosa: lut „Schmutz"). *Tolone:* Toulon; Toul; Touloubre/Rhone nebst *Tolasta;* und so auch *Tolre:* **Zoller** wie *Solre:* Soller im Aargau. Zu *Tolva:* Touve/Frkr. vgl. *Colva* (die Külf), zu *Tolvara: Colvara* (Kolveren).

Tömmern *(Todenburen)* i. W. siehe Todenhausen!

Tonna *(Tunnaha* 845), Nbfl. der Unstrut, nö. Gotha (mit Gräfentonna), gehört wie die synonyme **Monne** im Kaufunger Walde zu den Zeugen aus vorgerm. Zeit: *mun, mon* und *tun, ton* meinen „Moder, Schmutz" (vgl. *tan, ten, tin)*, eine **Tanne** fließt zur Schleuse/Thür., eine *Tuna:* Thune z. Lippe, ein *Tinno* in It. So werden verständlich **Tundorf: Tonndorf** a. Ilm sw. Weimar und b. Hamburg (wo auch **Tönnhausen**, in der Elbmarsch!) und **Tönning** a. Eider wie Garding, Ording, Tating ebenda. Vgl. auch *Tunstede* b. Stade, **Tunhusen** b/Gottsbüren, *Tununfurt*/Holld u. *Tuneworth*/E. *Toneburch* 1028: **Tomberg** b. Köln; *Tone* b. Verdun.

Töpfer (Groß-Töpfer) a. Frieda ö. Eschwege entspricht den prähistor. Fahner, Körner, Orner usw. im Unstrutraum, beruht somit wie *Vanari, Cornari, Arnari* auf *Topari*, bzw. auf *Topra* (wie Monra, Süßra, Veßra, Mehlra), lauter Gewässernamen mit r-Suffix! Zu *top* siehe Topfleben!

Topfleben: Was das seltsam klingende Topfleben b. Gotha meint, ergibt sich aus der Zugehörigkeit zu *Dregleben, Gorleben, Hunleben* usw., die alle auf Moder, Moor, Sumpf deuten und bis in die Vorzeit zurückreichen! Gleiches gilt für **Topfstädt** a. Helbe nö. Erfurt analog zu Buttstädt, Lauchstädt, Mehrstedt, Klettstedt, Bruchstedt und für **Toppenstedt** a. Luhe b. Lüneburg analog zu Hollen-, Reppen-, Sangen-, Wessenstedt ebenda. Auch das urtümliche **Töpfer** (siehe dies!) ö. Eschwege bestätigt für *top* den Wortsinn „weiche Masse, Moder, Moor" (vgl. altslaw.-sorbisch *top* „Tümpel", serb. „schmelzen"). Ein *Top-See* in Karelien. In England vgl. *Topeholm, Topeclive, Topetun, Topesley* (wie Sceldes-leg: Shelsley). Vgl. Taphorn, Tepfenhart! Ein *Tophusen* 1337 b. Werl.

Torkenweiler *(Dorchenwiler)*/Württ.: vgl. Fl. *Dorc- Turc*/Brit., *Torciacum*/ Gallien.

Törnich (Thörnig) b. Trier/Mosel (902 *Turnich*, vgl. Vernich) deutet au kelt. *Turnacum* (wie Tournai/Frkr. nebst Dornick b. Kleve u. Doornick/ Holland): vgl. *Turnum:* Tour, *Turnomagus* (wie Rigomagus: Remagen, d. i. „Wasserfeld"), *Turnodurum* (wie Salodurum: Solothurn, sal = „Schmutz, Sumpf"!, auch *Ternodurum:* vgl. brit. *Ternuc). tur(n)* entspricht *ter(n), tar(n)!* In Belgien vgl. *Tornepe* (Bachname auf -apa), in E. *Torneleg, Tornover,* b. Neuwied a. Rh.: **Torney.**

Töß *(Tosa),* Fluß im Thurgau und Ob.-It., ist wie *Thur, Murg, Reuß* keltoligur., vgl. Fl. *Tesa*/Brit.: idg. *to, te* „zerfließen". *Tosiaca*/Belg.

Tostedt am Moor der Wümme entspricht Wistedt, Drestedt ebda, auch Ostedt, Süstedt, Riestedt, Wrestedt b. Ülzen, lauter Sumpf- und Moororte.

Tot — siehe Todtmoos! **Töttleben** siehe Tüttleben!

Traben (-Trarbach) siehe Trave!

Traisen, Nbfl. der Donau ö. Krems, mit St. Pölten und Traismauer *(Treisenmure* im Nibelungenliede), hieß im 10. Jh. *Treisima,* gehört somit wie die **Dreisam** m. d. Brugga im Schwarzwald (mit dem kelt. *Tarodunum:* Zarten!), die 864 *Dreisima,* 1094 *Treisma* hieß, schon wegen des m-Suffixes zu den vorgerm.-keltischen Flußnamen, wie auch die **Zusam** (b. Donauwörth), um 1280 *Zus(i)me,* die **Mettma** *(Medeme)* im Schwarzwald (auch in Bayern u. Brit.!), die **Rottum** *(Rodeme),* wo *med, rod* „Moder, Moor, Sumpf" meinen, sodaß auch für *treis* und *zus (tus)* der gleiche Wortsinn naheliegt. Jedenfalls verbietet der frühe Beleg mit *e* (864 Dreisima) die übliche Ableitung aus (kontrahiertem) *agi: Tragisama* („die sehr schnelle", so noch Krahe 1964 wegen gall. ver-tragos „schnellfüßiger Hund") — *trag* ist nirgends als Wasserwort bezeugt! Und die einmalige Lesart *Trigisamo* (Tab. Peut. um 500) für den Ort ist genauso unbrauchbar. Siehe unter **Treis!**

Trappstadt südl. Römhild im Grabgau (wo auch die prähistor. Wallburg der Gleichberge) klärt sich im Rahmen der dortigen Aubstadt, Eibstadt, Grattstadt, Hollstadt. Vgl. *Trapeford*/E., *Trapani*/It., lett. *trap* „morsch, faul"!

Trattnach a. d. Trattnach, Nbfl. der Donau westl. Linz, ist so vorgerm. wie die Nachbarflüsse **Traun** und **Krems** (trun, crem = Moder-, Schmutzwasser). Sie entspricht den Sinnverwandten Ecknach *(Ankinaha),* Alznach *(Altinaha),* Rinchnach *(Rinkinaha),* Geldnach usw. Vgl. *tret, trit* unter Trettenbach, Trittenheim.

Traubenbach siehe Trubenhausen!

Traun (um 800 *Truna),* Name zweier Flüsse in Ob.-Bayern (mit Traunstein/Chiemgau) und in Österreich (mit Traun), meint „Moderwasser“ (vgl. lettisch *trun-* „modern“). Zur Wurzel *tru* vgl. den Adriafluß Tronto: *Truentus*/Plinius. Eine Variante *trin* im Flußn. *Trinius*/It. u. ON. *Triniacum*/Frkr., vgl. die *Trinibantes* in Brit. Verwandt ist die Droune/Frkr. Ein Trumbach fließt b. Karlshafen/Weser.

Trave, ostholsteinischer Moorfluß, durch Segeberg, Oldesloe u. Lübeck zur Ostsee fließend, urkdl. *Travene,* gehört zur Gruppe der vielen prähistor. Flußnamen auf *-ana, -ina,* wie *Beste(ne), Bile(ne), Fuse(ne), Abene, Arsene, Oste(ne), Gardene, Side(ne), Flidene, Wimene, Amene* usw., lauter Moor-, Moder- und Sumpfgewässer. Genauso vorgerm. (aufs Ligurisch-Venetische weisend) ist **Traben** a. Mosel *(Travene)* mit **Trarbach:** urkdl. *Travenderbach,* eingedeutscht aus *Travandra,* ein prähistor.-ligur. Bachname aus ältester Vorzeit wie *Malandra, Valandra, Asandra, Atandra, Balandra, Gisandra, Isandra, Wisandra, Camandra, Scamandra, Gimandra,* die von Kl.-Asien über die Rhone, die Mosel u. den Rhein bis nach Brabant u. Westfalen herüberreichen!

Trebra im Harzvorland w. Nordhausen und im Unstrutraum sö. Sondershausen (urkdl. auch *Tribur* wie Dorf **Trebur** *(Tribur)* sö. Mainz, alte Königspfalz) entspricht *Gebra, Nebra, Bebra, Ebra, Heldra, Kelbra, Sontra, Monra, Mehlra, Badra, Veßra, Süßra,* lauter urspr. Gewässernamen aus ältester vorgerm. Zeit! Eine *Trebia* fließt zum Po. Dazu die ON. *Trevasco* (ligur.) b. Bergamo analog zu Casasco, Palasco; *Treveux* (wie Tremeux); *Treva* a. d. Elbmündung (!); nicht zuletzt die keltischen *Treveri (Tribori),* deren N. in Trier fortlebt! Ein Berg **Trebe** a. Ilm südl. Weimar. Ein *Trivelbach* 1229/Ndrh. Vgl. *Trivières*/Somme.

Treene, Nbfl. der Eider, von Flensburg her die Niederungen Schleswigs durchfließend und ausgedehnte Moore bildend, bisher ungedeutet, kann entsprechend den übrigen schleswig-holsteinischen Flüssen schwerlich etwas anderes meinen, als sie ihrer Natur nach darstellt: nämlich „Moorwasser“. Vgl. die Eider, die Sorge, die Stör, die Luhnau, die Jevenau, die Beste(ne), die Trave(ne), die Bille(ne) usw., lauter Sinnverwandte aus ältester Vorzeit. Vgl. die *Trewina* 890: Drän in Kärnten! Lächerlich ist die tendenziöse Deutung „Baumfluß“ (so Laur: BzN. 1960 S. 131).

Treffurt a. Werra sö. Eschwege deutet auf Assimilation aus *Trep-furt (trep* „Moor“ wie in *Trepeland, Trepewood*/E., vgl. Stafford aus Stap-ford, Defford aus Depeford 1086); ein *Trepia* 1174 b. Lille; vgl. Tripp-!

Treis a. d. Lumde und Treis a. d. Horloff sowie **Treysa** a. Schwalm, bisher ungedeutet, meinen nichts anderes als der **Treisbach,** der b. Wetter nö.

Marburg durch die sumpfigen Wiesen der Ohl fließt, also „Sumpfwasser", worauf auch Horloff *(Hurnafa)* deutet. Die vorgerm. (keltoligur.) Herkunft des Sumpfwortes *treis* (schon durch die geogr. Verbreitung nahegelegt) wird gesichert durch die *Treisama* 1008 *(Dreisima* schon 864, daher unmöglich aus Tragisama): heute **Dreisam** im Schwarzwald, an der das kelt. Tarodunum: Zarten liegt, mit *m*-Suffix wie die **Zusam** (auch *trag* = Schlamm: *Tragurium*/Dalmatien wie *Tilurium!).* Vgl. auch kelt. Flußnamen wie *Trisma, Trisantona* in Brit., *Tresovio* in Gallien analog zu Onovio, Monovio, Conovio, die denselben Wortsinn bestätigen. Ein **Traisbach** auch b. Fulda, ein **Traisen** b. Kreuznach; ein **Dreisbach** (Traischbach) fließt zur Murg/Baden. D.-Anlaut zeigen auch **Dreis** (Eifel, Siegen), **Dreisborn** b. Arnsberg, **Dreislar** b. Brilon: siehe diese! — Ein Treisch-Berg b. Welsede/Hameln. Ein **Tres-siek** im Hils (vgl. Sussiek, Ries-siek)! *Tresonia* (Trisogne/Belg.) wie Bononia, Limonia.

Trendelburg am Reinhardswald siehe Trentelgraben!

Trennfurt am Main nö. Miltenberg wie **Trennfeld, Trennbach** gleichfalls am Main ö. Wertheim enthalten ein altes *tren(n)* „Sumpf, Moor", bestätigt durch **Trennewurth**/Dithmarschen, *Trennewell*/England, auch *Tren-scoten* b. Utrecht wie *Lin-scoten* (denn *lin* meint „schleimiger Schmutz, Moder, Moor"). Vgl. auch Fluß *Trenna:* Troène in Frkr.!

Trenthorst b. Oldesloe wird deutlicher durch **Trentmoor!** Ein Fluß *Trent* begegnet in England, eine **Trentge** fließt zur Nette, ein **Trentelgraben** zur Wietze (in Moorgegend!), vgl. *Trent(el)bach.* So wird auch **Trendelburg** am Reinhardswald verständlich, urkdl. *Trende, Drende* 1375. Ein *Trentes* in Tirol. Siehe auch Drente! Ein *Trindhull, Trendel* 1179 i. E.

Tresselbach siehe Trosselbach!

Trettenbach (zur Argen u. zur Schutter fließend) entspricht Betten-, Etten-, Metten-, Retten-, Schletten-, Tettenbach — alle auf Moder, Sumpf, Röhricht deutend. Dazu **Trettenfurt**/Baden und *Tretintone:* Tredington/England (analog zu Eddington, Liddington, Washington). Vgl. lit. *tredimas* „Kot" *(Tridentum:* Trient usw.), zu idg. *tred, trid (tret, trit).* Siehe auch Trittenheim und Trattnach!

Treuchtlingen a. Altmühl wird verständlich, wenn wir im kelt. Linzgau den einstigen *Truhtilbach* rivus (1280 b. Überlingen am Bodensee) vergleichen, auch *Truhtinga* 793: **Trichtingen** (mit kelt. Funden!) am Trichtenbach/Neckar enthält dasselbe *truch(t),* das auf kelt. *trok-to* „Lauge, Schmutzwasser" beruhen muß. Vgl. auch *trik, trek, trak.* In Holld-Westf. vgl. Drucht unter Druchhorn! *Truhtesdorp:* **Troisdorf**/Köln. Zu kelt. *trok* auch *Trochford, -dene*/E. Fluß *Troc! Trochencourt.*

Trienz(bach), 1395 Tryncze, Zufluß der Elz *(Ellenz: Alantia!),* mit ON. **Trienz** b. Mosbach/Neckar, auch **Triensbach** b. Crailsheim a. Jagst, ist offenbar eingedeutscht aus *Tri-enz: Tri-antia;* vgl. *Tri-ontia* u. *Ri-ontia,* Flüsse im Wallis! wie die **Rienz**(bach)/Eisack aus *Ri-antia;* dazu Fluß *Tri-obris*/Frkr. wie Contobris u. kelt. *Triacum:* Trieux. Dies wurzelhafte *tri* begegnet auch erweitert als *trin, trim, tris, trit, trik* im Sinne von „Moor, Moder". Köstlich ist die Verwechslung mit „drei" (so Krahe).

Trier a. Mosel (von den Römern „Augusta Treverorum" genannt) erinnert an die keltischen *Treveri (Triburi).* Siehe dazu Trebra! Aber der Eifelbach **Trier** *(Trer)* dürfte dem Fluß *Trerus* in Latium entsprechen. Dazu **Trierscheid** b. Adenau. Vgl. auch **Dreer** b. Bochum (890 *Threri).*

Trimbs b. Koblenz hieß urkdl. *Trimezze,* ist somit ein vorgerm.-keltoligur. Bachname *Trim-antia!* Analog zu Girmes: *Germezze: Germantia.* Der Wortsinn dürfte der von *trin* sein, also „Moder, Moor"; dazu stimmt *Trimosa* (Trins/Graubünden) wie *Dertosa* (Tortosa am Ebro): *dert* = Morast, Schlamm, Moor. Ein *Trym* fließt in England. In der Eifel vgl. **Trimborn,** im Elsaß und Aargau: **Trimbach** (evtl. aus *Trinbach* assimiliert). Zur Variante *trem* siehe Drimmeln, Dremme!

Trippleben (Trippigleben) am sumpfigen Drömling entspricht *Morsleben, Dregleben, Ingeleben, Dodeleben.* Vgl. *Trepewood, Trepeland, Trapeford*/E. *trip* ist Variante zu *trep, trap* „Moder" (vgl. lettisch *trap* „morsch, faul").

Trittenheim a. Mosel (Mündung der Dhron) enthält, wie auch **Trittscheid** b. Daun verrät, eine Gewässerbezeichnung *trit, tret* (siehe auch Trettenbach!). Vgl. *Tritia:* Trets/Rhone, *Tritium*/Spanien, *Triton* (ein Morast in Thrakien!), *Triton* (altgriech. Wassergott). Andererseits auch idg. *trid, tred* „Kot"! *Tridentum:* Trient. *Trit*/Nordfrkr., *Tritmunda*/Mosel. *Tryddingleage* 863/E., *Trid-lawe* 1086.

Trohe a. Wieseck/Gießen (urkdl. *Traha, Draha* 13. Jh.) deutet auf prähistor. *Trava* (siehe Trave!), entsprechend der *Nava:* **Nahe** (Nohe)!

Trophagen 1406 b. Detmold (vgl. *Tropa* 1160/Belg.) entspricht Brok-, Sult-, Schwethagen: zu *trop* vgl. trep, trip, trap, trup „Moder". *Trope, -ton*/E.

Trossingen/Württ. (schon 797) ist benannt nach dem dortigen **Trosselbach,** der in Baden ablautend als **Tresselbach** wiederkehrt — ohne Zweifel keltischer Herkunft: vgl. die Flüsse *Tresel*/Brit. und *Tresovio* in Gallien (wie *Onovio, Monovio, Conovio),* womit auch der Wortsinn „Sumpf, Moor, Moder" gegeben ist. *Tres-siek* im Hils (wie *Sus-siek)* bestätigt es. Trossingen entspricht denn auch dem benachbarten **Spaichingen** nebst Schwenningen, Dauchingen, Villingen usw. Vgl. auch *Trosaltern. Tros-tune*/E.

Trubenhausen südl. Witzenhausen/Werra entspricht Reiffenhausen, Ballenhausen, Battenhausen/Hessen, denn *trub* ist ein altes Wort für „Moder", deutlich in *Trubinaha:* **Traubenbach** (Zufluß des Regens/Bayern) analog zu *Ankinaha:* Ecknach (ank = Moor), *Altinaha:* Alznach, *Rincinaha:* Rinchnach, *Sehtinaha:* Söchtnach, *Tusinaha:* Teisnach u. ä. Vgl. auch **Trub** b. Bern, *ze Trube* 1303 in Ö., **Traubing**/Bay. „Im gr. **Trauben**" im Pfunger Ried! *Trube* in Belgien.

Trucht — siehe Treuchtlingen! **Truft** siehe Taft! **Trupe**/Bremen: Moor!

Trügleben westl. Gotha gehört zur Gruppe der Wiegleben, Siebleben, Haßleben, Memleben, Gorleben, Holleben usw., muß somit ein uraltes Wort für Wasser, Sumpf, Moder enthalten. Vgl. auch **Trugenhofen** nebst Wagenhofen am Donau-Moos ö. Donauwörth (auch *wag* ist Synonym!). Zu idg. *trug* vgl. griech. τρύξ, τρυγός „Bodensatz, Hefe".

Trulben südl. Pirmasens/Pfalz deutet wie Alben, Kröppen, Simten, Schweyen ebenda auf einen vorgerm. Bachnamen. Vgl. die Thulba (nebst *Tulbata)* u. die *Turba* (Tourbe) nebst *Turbata.*

Truse (Druse), *Trusene,* Zufluß der Werra b. Schmalkalden, mit *Trusna-steti,* siehe Drusenheim! Ein **Traus-Berg** b. Theley/Saar.

Tübingen am Neckar (Mündung der Ammer), bisher ungedeutet, entspricht formal und begrifflich Täbingen, Tüfingen, Hechingen, Lüttingen, Schabringen, Spaichingen, muß also ein Gewässerwort enthalten: *Tubney, Tubbanford, Tub Mead, Tub Hole* in England bestätigen es! Vgl. spätlat. *tubeta* „Kot". Ein *Tuberis:* Taufers in Tirol (wie *Subere:* Sufers/Graubünden). Eine *Tuva:* Etuve in Frkr. **Tubbergen** wie Ladbergen! *Tubingheim:* Düppigheim/Elsaß.

Tüchten b. Bremen u. **Tuchtfeld** mit dem Tucht-Berg ö. Bodenwerder/Weser deuten auf „Moor". Desgl. *Tuchtorp:* **Tochtrup** i. W. Auf d. *Tücking*/ Lenne wie Lücking, Siebing. *Tukesford*/E. Siehe *Tockhausen!*

Tüddern nö. Aachen dürfte eine Variante *tud* zu *tad, ted, tid, tod* „Moor" enthalten. Vgl. *Tudinum* (Thuin/Belg.).

Tüfingen am Bodensee (vgl. Tübingen) wird deutlicher durch *Tufenbach* b. Zürich, **Teufenbach** (mit Teufenwald) b. Horgen/Rottweil, *Teuffenwies* 1378/Bayern; dazu *Teufenthal* b. Aarau u. **Teufen** w. Rottweil und b. St. Gallen. *tuf* meint „Moos". — *Tuginesheim* 768/Elsaß s. Thüste!

Tullifeld hieß um 780 eine Gegend b. Schmalkalden/Thür.: das anklingende *Lullifeld* (wüst in Hessen) lehrt, daß auch *tul(l)* wie *lul(l)* ein Gewässerterminus ist. Ein *Tulifurd* nennt schon Ptolemäus, um 150. Deutlich auf Sumpf weist *Tullebroek.* Dazu *Tullestede:* **Döllstedt** nö. Gotha wie Bruchstedt, Klettstedt usw. und das Kollektiv *Tullithi* 974: heute *Tilleda*

a. Helme/Unstrut (wie Kölleda, Tüngeda, Schwebda usw., lauter Sinnverwandte). **Tulln** a. Donau bei Wien wie *Tulina*/Artois ist Bachname *Tullina* (837 bezeugt). Ein *Tullich Muir* in Schottland. Auf ligur. Boden vgl. *Tuledo* mons b. Genua u. *Tul-el-asca* (wie Tumelasca, Pomelasca, Vinelasca). *Tula*/Wallis. — **Tum-** siehe Thum! **Tun-** siehe Thüne!

Tündern *(Tundirun* 1004) b. Hameln in der Weserniederung, unerklärt, entspricht dem nahen Emmern a. Emmer *(Ambrina)*, enthält also ein prähistor. Wort für Wasser oder Sumpf. Vgl. Andern, Gandern, Mandern, Sindern, Sundern, Tondern. Ein Fluß *Tonderus* in Gedrosien. — Ohne r-Formans: *Tunden* 1059 (Tonden/Gelderld). *Tunderleg, Tunderfeld, Tunderig* in E. bestätigen den Wortsinn.

Tüngeda, Bachort nw. Gotha, und **Thüngen** a. Werra hießen 788 *Tungidi,* — ein Kollektiv auf -idi, -ede. Ahd. *tunga* (mhd. tunge) meint „Dung". Tüngeda (-a ist Kanzleiform!) stellt sich zu Höngeda, Haueda, Kölleda, Tilleda, Scherbda, Schwebda usw. Ein Thüngbach nebst Thüngfeld nahe der Aisch, ein **Tüngental** b. Schwäb.-Hall; ein Tungerloh Kr. Coesfeld. Auch *Tung-lo* 1160 (**Tungeln** am Veenemoor südl. Oldenburg) weist deutlich auf „Moor"! Dazu *Tunge* 1086 (**Tonge**). Vgl. aber auch das keltische *tung, tong* im N. der Völkerschaft *Tungri* (ON. *Tongern* in der Betuwe!), nach Müllenhoff, Bremer u. Schönfeld ein kelt. Name; auch deutlich in *Tongeta* (wie Codeta, Sudeta, Gabreta, mit kelt. Suffix) u. in *Tongobriga* (wie Langobriga/Spanien: kelt. *lang* = Sumpf! nebst Catobriga, Brutobriga, Turobriga/Spanien: *cat, brut, tur* = Moder, Schmutz). Zu *tong* vgl. auch *teng, ting, tang!*

Tüntingen/Lux. *(Tuntinga)*, **Tünsdorf** *(Tuntinesdorf)*/Saar, *Tuntesheim* 8. Jh./Els. enthalten idg.-lit. *tunt* „Kot", gr. τύντλος. Vgl. **Tintingen.**

Türkheim (urkdl. *Turinc-heim)* begegnet 5 mal auf südwestdt.-vorgerm. Boden: nämlich Türkheim am Neckar u. an der Fecht/Elsaß, **Dürkheim** a. Isenach/Pfalz u. am Rhein sowie **Thürken** in Lothr. Schon diese Häufung ist ein sicheres Kriterium dafür, daß ein Naturwort zugrunde liegt, von Türken oder Thüringern (so A. Bach) also keine Rede sein kann (die phantastischen Theorien Adolf Bachs von den angeblichen „Insassen-Namen" dieser *-ingheim*-Gebilde usw. sind bereits von H. Kuhn widerlegt worden („gebaut in eine gähnende Leere"). *Turinc-heim* entspricht deutlich den Parallelformen *Obrinc-, Basinc-, Budinc-, Ussinc-, Otinc-, Ubinc-, Keninc-heim* in Baden-Württ., deren morphologische u. geogr. Geschlossenheit keinen Zweifel daran duldet, daß hier prähistorische Gewässertermini zugrunde liegen! So z. B. *Obrinca*/Mittelrhein, *Bosinca* (die Ohe b. Künzig), *Bodincus* (der Po). *tur (dur,* die Thur) ist ein keltisches Wasserwort (wie auch *tar, ter, tir* „Moder, Moor"!), vgl. Fluß *Turia* b. Valencia, *Turobriga*/Spanien (wie Tongobriga, Brutobriga, Catobriga, Langobriga/Sp., alle auf Sumpf-, Moor- oder Schmutzwasser deutend!). Dazu *Turicum* (Zürich), *Turiacum* (46 mal in Frkr.) u. die *Turoni*, kelt. Volk in Gallien u. im Odenwald. In England vgl. *Tures-mere, Tures-ford.*

Tüske, Tüschen siehe Züschen!

Tüttleben bzw. Töttleben b. Weimar u. **Tottleben b.** Erfurt nebst **Teutleben** b. Gotha (urkdl. *Tutileiba)* gehört zur großen Gruppe der uralten Namen auf *-leben* zwischen Thüringen und dem Harz, die vielfach prähistor. Bezeichnungen für Wasser, Moder, Sumpf enthalten. Gleicher Bedeutung ist **Töttelstedt** b. Gotha (alt *Tutilestat*), vgl. ahd. *tutilcholbo* „Schilfkolben"! Ähnlich: Hottel-, Zottelstedt. *Tuttelbeke:* **Döttelbeck** i. W. In E. vgl. *Tutenhale* (wie Tatenhale), *Tutentun:* Tuttington (wie Tatington). Ein Volk *Tutini* saß in Kalabrien. Vgl. Fluß *Tutia!* Fluß *Tutapus* in Indien.

Tuttlingen (mit dem schilfreich-sumpfigen Tuttental!) siehe Tüttleben!

Twekkelo/Enschede *(Twec-lo, Tweg-lo* 900) weisen deutlich auf „Sumpf, Moor". Vgl. die *Twegete* in Istrup. *Twiggemore, -worth*/E.

Twieflingen siehe Zweiflingen!

Twiel: Der Hohen-Twiel im Hegau u. der **Zwihl** im Thurgau sind vorgerm. wie der Heven, Lupfen, Karpfen.

Twiessel *(Twis-lo)* siehe Zwesten!

Twilbecke, Bach b. Damme i. O., **Twelbke** u. die *Twellenbeke* in Lippe (Flur „up der *Twele*"!) und die Twill-Bäche im Diepholzer Moor verraten sich schon topogr. als Moorbäche, bestätigt durch das **Twell-Siek** b. Vlotho. Ein **Twillingen** b. Soest.

Twiste, Zufluß der Diemel, siehe Zwesten! Vgl. **Twist** am Heseper Moor/ Emsland und **Twistringen** nö. Sulingen (wie Lüstringen u. Rüstringen). *Twistina (Quistina)* hieß auch die **Kösten** (z. Main).

U

Ubbenhagen nö. Dortmund wird deutlicher durch Muddenhagen, Sorenhagen, Ruschenhagen, die alle auf Moder, Sumpf, Röhricht Bezug nehmen. *Ubbenbrok* 1060 b/Pyrmont und *Ubbenlo* b/Schildesche u. Gütersloh bestätigen *ub* als altes Wort für Wasser bzw. Sumpf (vgl. *ab, eb, ib, ob).* Es liegt auch vor in **Ubstadt** nö. Bruchsal am alten Ostrhein (wie Babstadt, Mörstadt, Umstadt, Klettstadt, Ramstadt, Pfungstadt, lauter Sinnverwandte), in *Ubincheim:* Eubigheim (siehe dies) und nicht zuletzt schon im Namen der Ubier *(Ubii)* am Rhein (zur Zeit Cäsars) wie der keltischen *Uberi! Ubenhusen* 1300 b. *Gelenhusen(!)* ö. Frkf· wie *Solenhusen;* **Übbentrup** *(Ubbincdorp)* wie Röhrentrup (Rorinctorp) b. Schötmar. **Ubbedissen** (Ubbedeshusun) wie *Svevedes-, Tagedeshusun.*

Überlingen am Bodensee ist entstellt aus *Iburinga: ib-r* „Wasser" siehe Ibra!

Uchte a. d. Uchte am Großen Moor nö. Minden verrät schon topographisch den wahren Wortsinn, nämlich „Sumpf- oder Moorwasser" (vgl. dazu A: Scheer, Die Sumpflandschaften Norddeutschlands", Diss. Kiel 1909, S: 75). Die Auskunft des Wörterbuchs (ahd. uohta „Morgendämmerung", so noch 1955 Dittmaier § 27) erweist sich also wieder einmal als Irrlicht: wer wird schon einen Fluß „Morgendämmerung" nennen! Eine **Uchte** fließt auch durch Stendal; auch die Uchterbeke b. Belm i. W. hieß 1312 *Uchte,* und eine *Uchtepe* (9. Jh., also Bachname auf *-apa!)* steckt im ON. **Ochtrup** a. Vechte südl. Bentheim (Moorgegend!). Eine *Uchtina-(bach)* floß b. Fulda, ein *Uchtenfeld* lag 977 im Eichsfeld. Ein Uchtel-Berg a. Emmer ö. Pyrmont. *Uchtene:* Ochten/Gelderld. — Gleiches gilt für die **Ochtum** b. Bremen (im sumpfigen Vieland!), urkdl. *Ochtmune* (entsprechend der dortigen **Lesum:** *Lismune,* zu *lis* „Sumpf"!), beides prähistorische Namen. Vgl. auch die **Ochta,** Zufluß der Newa (auf baltoslaw. Gebiet). Zu *Ochtmune: Lismune* vgl. auch *Alcmune:* die Altmühl *(alk* meint gleichfalls „Sumpf")! — Zugrunde liegt ein (dem Wb. unbekanntes) Wasserwort *uk, ok* (siehe Uker, Ockfen!) erweitert mit Dental *uk-to, ok-to:* vgl. kelt. *Octodurum* (wie *Icto-, Lacto-, Salodurum:* Solothurn, lauter Sinnverwandte; zu *ik-to* vgl. die **Ichte,** zur Helme); desgl. *Octodubrum* (wie Vernodubrum „Sumpfwasser"!), *Octavum:* Oitiers/Isère (wie Pictavum: Poitou), auch *Octies*/Schweiz; und die *Octulani* in Latium entsprechen den *Tergolani* in Lukanien (terg = „Morast", wie in *Tergeste:* Triest).

Ücker (mit Ückermünde), Hauptfluß der **Uckermark,** durch bruchige Niederungen fließend, führt wie der *Ucero* in Spanien und der *Ucasus* (entsprechend dem *Pedasus*/Kl.-Asien: *ped* = Morast!) einen Namen aus ältester Vorzeit. Zum selben Wasserwort *uk* (vgl. auch *uk-to:* Uchte!) gehören auch **Uckerath** sö. Siegburg (wie Retscherath, Rieferath, Möderath, Kolverath, Randerath, Greimerath, die alle den Wortsinn Moder, Moor, Sumpf bestätigen), sowie **Ückern** i. W., **Ückingen** a. Mosel/Lothr., **Ückendorf** b. Wattenscheid/Ruhr, **Uckendorf** nö. Bonn, *Uchena* 1067 am Ndrhein, *Uchenbach* (einst b. Alsfeld/Schwalm), *Ukenvort* 1003 nö. Hersfeld. Siehe auch Öchsen *(Uchsina)!* **Ukkel**/Brab.: *Uk-lo!*

Udern in Lothr. (wie Mandern ebda, auch Wadern, Gadern, Gedern) und **Uder** a. Leine im Eichsfeld entsprechen dem kelt. Flußnamen *Udura*/ Spanien (analog zu *Usura, Visura, Lesura, Malura,* lauter Sinnverwandte, wie auch *Uduba*/Sp. neben Gelduba, Calduba, Salduba). Idg. *ud* (altindisch *udan)* „Wasser, Sumpf" steckt auch in **Odenthal** ö. Köln: urkdl. *Udendar* (was zu dem schrulligen Einfall „Darre eines Udo" verlockt hat, so Dittmaier, Bach); *Udendar* entspricht Malendar, Valendar, Helendar, gehört somit eindeutig zu den allerältesten, vorgerm. Bachnamen auf *-andra,* die vom ligur. Rhonegebiet über den Rhein bis nach Westfalen herüberreichen wie auch Colvandra (Kolvender-Bach), Travandra (Travender-: Trarbach) usw. Zur Entwicklung *Udandra:* **Odenthal** vgl. *Helandra:* **Hellenthal** *(hel* = idg. *kel* „Sumpf, Moor"). Zu *Udler* (**Uhler**/Hunsrück) vgl. Oudler, Weweler, Lieler, Bauler, lauter Sinnverwandte auf -lar. Ein *Udi-more* in England. Siehe auch Üdem, Udestedt, Udersleben!

Üdem (mit Üdemer Bruch im Forst Xanten/Ndrhein) ist verschliffen aus *Udeheim* wie Horrem b. Köln aus *Hor-heim* und Mehlem b. Bonn aus *Mele-heim.* Zur Deutung siehe Udern! Vgl. **Uden**/Brab.

Üdingen b. Düren entspricht Ürdingen, Hönningen, Solingen. Siehe Udern! Desgl. **Üdesheim** (Udenes-)/Neuß wie Rüdes-, Büdes-, Biedesheim und **Udenheim** b. Mainz wie Budenheim ebda. Dazu **Udenborn** b. Wabern/ Kassel, **Udenhausen** (mehrfach! Nidda, Schwalm, Diemel), *Udenbreht*/ Eifel wie *Gunnenbreht* 893, siehe Gunne! Zu **Udestedt** b. Weimar vgl. Rudestedt b. Erfurt (auch *rud* meint Sumpfwasser): die *stede*-Namen enthalten niemals Pers.-Namen, also auch keinen Udo! **Udersleben**/Unstrut zeigt sekundäres *-r-* wie Guders-, Aders-, Badersleben, alle auf Gewässer deutend!

Uffeln (6mal in Westfalen, auch Üffeln b. Bramsche) ist verschliffen aus *Uf-lohun: loh* = „Gehölz", wie **Affeln**/Lenne aus *Af-lohun,* nebst **Effeln,** sowie **Giffeln** aus *Gif-lo* und **Atteln,** Etteln aus *Atlohun,* lauter Sinnverwandte, also unmöglich „am Walde" (so Schröder): *af, ef, uf* beruhen auf idg. *ap, ep, up* im Sinne von „Wasser, Moor, Sumpf" (vgl. lit. *upe, ape* „Wasser", Fluß Upe/Lit.). Eine **Uffe** fließt durch Bad Sachsa am Harz! Eine **Uffenbeck** in Westf. Vgl. *Uffenstrot* Kr. Herford (strot =

sumpf. Gehölz!) u. *Uffenwurth* b. Geestemünde. Ein niedrig (!) gelegener Hof *Uffelage* mit Bruch (!) b. Tecklbg (wie die *Amlage, Hiltlage, Harplage*). Zu *Uffelte* im Moorgau Drente vgl. *Havelte* ebda (auch Offelten i. W.); zu *Uf-lere* 1169/Flandern: Weplere, Fathlere, Canlere. Und so entspricht der *Uffenbeke: Uffenhem* (Offlum i. W.) wie Luckenhem: Lucklum, zu luk „Sumpf"), *Uffen-:* Offleben; *Uffenhusen* b. Fritzlar. Auch der *Uffgau* b. Rastatt am Ostrhein ist kein „oben gelegener" (so A. Bach), sondern ein wasser- und sumpfreicher, entsprechend dem *Iffgau* a. d. Iff und dem *Affa-Gau* (854) an der Donauquelle! Eine *Uffenau* liegt im Züricher See, sie entspricht der *Bettenau, Bitenau, Ulvenau, Zuzenau! Uffeninga* 817 ist Öfflingen/Mosel, vgl. *Offenenga* b. Cremona. Siehe auch Offenbach! In E. vgl. *Uffawurth* 948, *Uffentune:* Uffington.

Uftrungen a. Thyra/Südharz deutet wie alle N. auf *-ungen* auf einen Bachnamen, wie Heldrungen a. Heldra usw.: vgl. den *Ufterbach* 1150 in O.Ö. (Damit erledigt sich die schon sprachlich unmögliche Bachsche Theorie „Uf-Thyrungen").

Ugelenbach 1257/1266 (heute **Igelbach**), Zufluß der Murg, ungedeutet (denn einen Pers.-Namen Ugilo — so Krieger I 1084 u. Springer S. 174 — hat es gar nicht gegeben!), wird verständlicher bei Vergleich mit dem *Creklenbach* (Kröckelbach, zur Weschnitz): *krek* meint „Schleim, Moder"; *ug* (dem Wb. und der Forschung unbekannt) ist Variante zu *ag, eg, ig, og* = „Wasser, Sumpf", bestätigt durch *Ugentum*/It. (analog zu *Agentum*/ Frkr., Tridentum, Alentum, Vergentum) sowie durch *Ugeley, Ugeford, Ugeshale*/England (entsprechend Brites-, Cates-, Cormeshale, lauter „sumpfig-schmutzige Bachwinkel". Ein Bach **Uga** fließt durch Uga in Vorarlberg!

Uhingen ö. Stuttgart stellt sich zu Vaihingen, Maihingen, Weihingen, Boihingen, alle auf Sumpf, Ried u. dergl. bezüglich. Zu *u* vgl. *U-slad:* Uschlag im Kaufunger Walde, wo *slad* „Sumpfstelle, Röhricht" auf den Wortsinn deutet.

Uhler *(Udeler)* im Hunsrück siehe Udern! Vgl. *Budelar:* **Bauler.**

Uhlhorn im Raum der Hunte entspricht **Ahlhorn** ebenda (auch Balhorn, Druchhorn, Gifhorn usw.), lauter „Sumpf- und Moorwinkel": *ul* ist Variante zu *al, el, ol,* ein idg. Wort für „Moder, Moor, Sumpf" (vgl. auch *ulm!*). Eine *Ulapa:* **Ulpe** fließt zur Agger im Siegkreis (vgl. ebenso *Olapa:* **Olpe!**), eine **Ule** am Ulen-Berg Kr. Melle, eine **Ulfe** *(Olafa)* b. Nidda, dazu mehrere *Ulenbäche:* heute der **Uhlenbach** (mit den Uhlen-Köpfen) b. Harzgerode bzw. **Eulbach** im Odenwald u. **Ulmbach** (900 *Ulenbach*) z. Kinzig/Hessen. Aber auch **Uhlenhorst** a. d. Alster b. Hamburg, urkdl.

als modriger Bezirk bezeugt (gewöhnlich als „Eulenhorst" aufgefaßt: die Eule ist kein Sumpfvogel, und Komposita wie **Uhlenbrock,** *Ulenhol* b/Attendorn, *Ulensiepen* in Westf. nebst *Ulenhale, Ul(an)cumbe* in E. sind eindeutig genug; auch *Ulenride* „Moderbach" entspricht deutlich der Hehlenriede, Eilenriede, Jüttenriede, Possenriede! Zum **Uhl-Berg** w. Treuchtlingen vgl. den Schleifberg, Rohrberg, Vachberg, Süllberg, Seimberg, Ruschberg als sinnverwandt; zu **Uhlstädt** a. Saale vgl. Bruch-, Klett-, Butt-, Topf-, Lauchstädt usw. Siehe auch Ülde *(Ulidi),* Ulm *(Ulmana,* Ulster! Zu *Uliste* 1080/Bayern (mit venet. st-Suffix) vgl. *Umiste* (Imst/Tirol) und *Solist* am Main *(um, sol* „Sumpf").

Ührde südl. Schöppenstedt, unfern dem Großen Bruch, urkdl. *Uridi,* ist altes Kollektiv wie Ülde: *Ulidi* u. v. a. *ur* ist ein verbreitetes alteurop. Wasserwort, das schon Plinius 33, 75 als „schmutzig-sumpfiges Wasser" bezeugt! Vgl. noch schweizerisch *urig* „feucht", und Kanton **Uri;** in Altitalien: *Uria, Urium.* Ein **Ur-See** liegt im Allgäu. Siehe **Urfe** *(Ur-afa)!*

Uhrleben b. Erfurt entspricht Gorleben, Marleben usw. Siehe Ührde! Ebenso (mit Fugen-s) *Ures-leben:* Uhrs-, Ohrsleben wie Morsleben, Merxleben, Gorsleben usw. Der **Uhrenkopf**/Eder entspricht dem Uhlenkopf, Biedenkopf, Lauchenkopf, Kudenkopf, alle auf Moder und Moor bezüglich. Zu *ur* siehe Ührde! Desgl. *Urenflet, Urentrup* (wie Finnentrup), *Urenweiler, Urenheim.* Vgl. auch *Ure-heim:* Euerheim (nebst Euerbach, Euerfeld, Euer-Berg!) b. Schweinfurt, *Urbach:* Auerbach, *Urstede:* Auerstädt, *Urbruch:* Auerbruch, *Uraha:* die Aura (Südhessen, mehrfach), *Urach:* Aurach, *Uraffa:* die Auroff im Taunus. Weiteres siehe Urfe!

Ukermark siehe Ücker!

Ülde *(Ulithi)* ö. Soest siehe Uhlhorn! Desgl. **Ölde** i. W. wie *Sulithi* (Sölde). **Ülleben** südl. Gotha siehe Uhlhorn, Uhrleben.

Ulfe, Bach b. Nidda, hieß *Olafa* (ul, ol = „Sumpf"), gehört also zu den uralten Bachnamen auf -apa. Eine **Ülfe** fließt im Bergischen, ebda eine **Ulpe** *(Ul-apa)* zur Agger.

Ulfen a. d. Ulfe b. Sontra und **Olfen** im Odenwald hießen *Olfanaha* im 8. Jh., gehören somit zu den prähistor. Bachnamen auf -ana, desgl. der **Ulfenbach** b. Heidelberg: *Ulvana* im 8. Jh., d. i. „Schilfwasser" (lat. *ulva* „Schilf"). Vgl. *Ulveswater* in E., *Ulvete:* Ulft in Holland.

So werden verständlich *Ulvinisheim* 8. Jh. (heute **Ilvesheim** b. Alzey u. Mannheim, *Ulvinowa* 8. Jh. bei Lorsch; dazu **Ulfingen**/Luxbg u. Ilfingen b. Bern. Nicht zuletzt Olvenstedt a. d. Olve. *Olvesheim:* **Außem!** *Ulflaon* 889 (**Olfen** i. W.) entspricht *Wes-, Wer-, Hur-laon.*

Ulm a. Donau, wo die Iller und die Blau münden, ist ursprünglich ein Gewässername aus der Vorzeit, gekürzt aus *Ulmana!* Auch **Ulm** b. Achern/Baden hieß 994 *Ulmena,* desgl. **Olm** b. Mainz 1092 *Ulmena,* ebenso **Ulmen**/Eifel. *Ulmezun* 800 ist das heutige **Olzheim** b. Prüm. Eine *Ulmisa:* **Olmes** fließt zur Schwalm. Alle vorgermanischer Herkunft, wie Geographie und Morphologie lehren. In Frkr. vgl. *Ulmo, Ulmido,* in Spanien *Ulmus. ulm* ist wie *ulv, ult, ulc* Erweiterung zu idg. *ul* „Moder, Sumpf", vgl. *ol, el, al!*

Ülsen (Vechte) wie **Olsen** (Gent) ist prähistor. Bachname *Ulsena,* vgl. *Alsena, Ilsena.* Eine *Ulsbeke* 1576 b. Eisbergen.

Ulster, Nbfl. der Werra, meint nichts anderes als **Elster** und **Alster:** *ul, el, al* sind Wörter der Urzeit für „Moder, Sumpf"; siehe Uhlhorn!

Ulter-, Ulten- siehe Olter! **Umlach** siehe Ummeln!

Ummeln (2 mal: b. Bielefeld u. b. Lehrte), urkdl. *Ume-lo,* entspricht **Ammeln** *(Ame-lo)* und **Emmeln** *(Ame-, Eme-lo): um, am (em)* sind uralte Wassertermini. *lo* meint feuchte, sumpfige Niederung. Eine **Ümmel** fließt bei Northeim, eine **Umlach** in Württ. (entsprechend der Kamlach, Anglach u. Ablach). **Umstadt** (mit großem Bruch!) entspricht Kleestadt *(Cletestat),* Ramstadt, Pfungstadt im Darmstädter Raum. Zu **Umschoß**/Siegkreis vgl. Merschoß, Vettelschoß, Haperschoß, — schoß = „Winkel". **Ümmegrove** meint „Modergraben", vgl. den *Omengraben* zur Starzel/Württ. Zu **Ummern** (Moorort nö. Gifhorn) vgl. Emmern, Ammern, auch Ommern/Holland (997 *Umere)* und **Ummer** b. Gladbach, zu **Ummen** i. W.: Ommen (mit dem Ommeland) in Holland, zu *Umisa* 8. Jh.: Amisa (die Ems), Gumisa (die Gümse), zu *Umista* (Imst/Tirol): Amista, Ramista. *Umenesheim* 762 siehe Imbsheim u. Immesheim! In Spanien: *Umeri, Umone.* Zu *Umbach (Unebach?)* vgl. Humbach (Hunebach)!

Ummendorf liegt a. d. Umlach/Württ.; vgl. Ummenhofen a. d. Bühler/Württ.

Umpfenbach ö. Miltenberg entspricht dem **Empfenbach,** wie der **Umpferbach**/Baden dem **Ampferbach**/Bayern. Siehe Amper!

Unditz (fluvius *Undussa* 763/69), Zufluß der Elz bzw. Schutter in Baden, ist schon am Suffix als prähistor.-undeutsch zu erkennen, vgl. die *Biberussa* (Biberis/Württ.). Zu *und* vgl. *and* und *ind,* lauter Bezeichnungen für Sumpf und Moor, offenbar Varianten zu *ud, ad, id* mit n-Infix. (Vgl. lat. *unda* „Wasser"). **Undenheim** zw. Mainz u. Worms gehört zur Gruppe der Boden-, Essen-, Aben-, Kinden-, Metten-, Heppen-, Nacken-, Mauchen-, Wattenheim ebenda; zu **Undingen** südl. Reutlingen vgl. ebda Mössingen, Mähringen, Erpfingen, Pfullingen, alle auf Sumpfwasser deutend.

Zu lat. *unda* „Wasser" vgl. auch gallisch *ondo, onno* = aqua, ahd. *unda,* mhd. ünde „Flut" und mundartl. *undern* „pissen". Eine Wiese „pratum *Undenwert*" 1287/Württ.; ein **Undeloh** „feuchtes Gehölz" (nebst Handeloh) b. Wilsede (Heide). *Undesworth/E., Underonhurst* 1088 i. W.

Ungerschlade, Flurname im Siegkreis, wird deutlicher mit der **Angerschlade** ebda: vgl. *Angen-, Ingen-, Ungenbach! Ungenes-:* **Üngelsheim**/Ruhr, **Üngsterode**/Werra.

Unkel a. Rhein (nebst Unkelbach ebda) ist ein vorgerm. Bachname: vgl. *Oncum, Oncelar* in Belgien! *Unkersele*/Belg., *Unkelby* 1090/E.

Unna i. W. ist prähistor. Bachname, vgl. die **Unne** ebda (wie die Hunne, die Munne, die Funne, die Gunne, die Dunne, lauter modrige Gewässer). Eine *Una* fließt auch zur Save! *Unland* (Onland) b. Aurich meint „Sumpfland". Zu *Unewerde* 952/Friesland vgl. den Polder *Onwaard.* Ein *Unnen-Berg* b. Gummersbach, **Unnau** in Nassau; Unhausen b. Netra wie *Unenhusen:* **Unsen** b. Hameln. *Unstede, Unmede, Untorp; Unole* 1340 b. Meschede (wie *Binole, Werdole:* ol = Sumpfstelle); *Une:* Oene/Holld.

Unstrut (urkdl. *Onestrut, Onestrudis* b. Gregor v. Tour um 600), Nbfl. der Saale vom Eichsfeld her, mit feuchten Niederungen im Raum Nordthüringen, „wo sie sich durch sumpfigen Urwald hinzog", ist eigentlich übertragener Geländename, denn *strut* meint sumpfiges Gehölz; *on, un* ist altes Sumpfwort (siehe Unna und Ohnenheim), hat also nichts mit „Untiefe" zu tun, wie E. Schröder S. 125 glaubte, indem er *un-* für „augmentativ" hielt; im übrigen meint Untiefe nicht „große Tiefe", sondern „seichte Stelle"! Zu *Unebach* (?): **Umbach** siehe Ummeln!

Üntrop (2 mal: a. Lippe ö. Hamm und a. Ruhr b. Arnsberg) verrät schon durch die Wiederholung, daß ein Naturwort zugrunde liegt. Siehe Unna! Vgl. Küntrop, Krentrop, Blintrop! Eine **Untrop** fließt z. Lenne.

Unzhurst *(Unzenhurst)* b. Bühl/Baden nebst **Kinzhurst** (urkdl. *Kienzenhurst* 1460 neben *Kientenhurst* 1484) und **Singhurst** *(Singenhurst)* im selben Raum, aus dem Deutschen nicht erklärbar, weisen aufs Keltoligurische: *sing* ist durch Singidunum und Singendonk als kelt. Wort für Sumpf erwiesen; zu *kint* vgl. Kinzenbach b/Gießen u. Kienzweiler/Elsaß, die *Cintica:* Kinzig u. Centobriga (auch *cent, cint, cant, cont* ist Synonym). Zu *Unzenhurst* vgl. **Unzenberg** b. Simmern/Hunsrück.

Urach/Württ. siehe Urfe, Urlage, Uhrleben! **Urbach** s. Auerbach!

Urbke b. Iserlohn beruht auf *Urbeke,* d. i. „modrig-sumpfiger Bach".

Urdenbach, Ürdingen siehe Urft!

Urentrup b. Bielefeld, *Urenflet, Urenheim, U(h)renkopf*, siehe Uhrleben!

Urfe *(Ur-afa)*, Bach b. Jesberg *(Jagesberg)*/Schwalm, gehört wie die **Auroff** *(Uraffa)* im Taunus zu den prähistor. Bachnamen auf *-apa, -afa* (d. i. „Wasser, Bach" — ein sekundärer Zusatz!). Eine *Ura:* Our fließt in Luxbg, mehrere *Ura:* Heure in Frkr. (vgl. auch *Uromagus*, wie Rigomagus: Remagen). Auch Euren a. Mosel hieß *Ura*. Vgl. *Uria, Urium* in Altitalien (schon Plinius 33, 75 kennt *urium* als „schmutzig-sumpfiges Wasser"; noch im Schweizerischen lebt *ur* als „Feuchtigkeit", Kanton *Uri!* Im Elsaß saßen die keltoligur. *Urunci)*. Zur **Aura** *(Uraha)* b. Kissingen u. Gemünden sowie **Aurach** *(Uraha)* b. Erlangen siehe Auerbach! *Ur-beke* (Urbke b. Iserlohn) erscheint auf obd. Boden neben Auerbach auch als **Euerbach** (siehe dies!) nebst *Ureheim:* Euerheim usw. Zu **Auernheim**/Schwaben siehe Dauernheim (dur „Wasser"). Eindeutig ist **Auerbruch** *(Urbruch)* b. Ansbach und **Ursaul** *(Ursul)* in Baden, auch der **Ur-See** im Allgäu! *Ur-stede:* **Auerstädt**/Saale entspricht Udestedt, Quenstedt, Bruchstedt, Klettstedt usw., alle auf Wasser, Moder, Sumpf bezüglich, so daß auch hier von Auerochsen (ahd. *ûr)* keine Rede sein kann! Desgl. bei *Urleben* (Uhrleben)/Erfurt analog zu Gorleben, Marleben usw., bei *Ur-sele*/Flandern analog zu Morsele, Germe-, Sweve-, Wake-sele und *Ur-lage* b. Osnabrück wie die Amlage, die Hiltlage, die Harplage. Ein *Urfeld* b. Bonn. Undeutsch ist *Urisi* mit s-Suffix (wie Urusa am Würmsee) und *Urula:* die **Urla** (zur Ips/Ö.). Vgl. **Urla** a. d. *Urlaha* i. W. und die **Orla** (mit Orlamünde)/Thür. (auch in Polen!). *Urenflet, U(h)renkopf* u. ä. siehe Uhrleben!

Urft (urkdl. *Urdefa: Urdafa!)*, Nbfl. der Rur (Roer), von der Eifel her, ist wie die form- und sinngleiche **Erft** *(Arnafa)* keltischer Herkunft: sie kehrt in Frkr. als *Urda:* Ourdé wieder; und so entspricht der **Urdenbach** (zum Sägenbach!/Ob. Rhein) der *Urda* wie der Morgenbach der *Murga*, der Mundenbach der *Munda* (Spanien), der Argenbach der *Arga* (Spanien) — lauter aufschlußreiche Beispiele für die Eindeutschung fremder Flußnamen. So wird auch Ürdingen a. Rh. b. Krefeld (wie Quettingen, Solingen usw.) verständlich. *Urthun-sula* 855/Veluwe! Vgl. *ord. ard.*

Urmiz am Rhein (gegenüber Neuwied), urkdl. *Ormunz*, gehört wie *Germenz, -iz* (Girmes/Wetzlar) und *Aumenz* (Bach Ems/Wetzlar) deutlich zu den vorgerm. Gewässernamen: *orm* kehrt verschiedentlich auf kelt. Boden wieder, siehe Ormesheim! (vgl. bask. *orm* „Schleim, Schlamm"). Varianten sind arm, erm.

Urnau a. Rotach am Linzgau (in Riedgegend) erinnert an die **Urnäschen** *(Urnasca)* im Thurgau (analog zur *Tegerasca:* Tegerschen): *urn* ist erweitertes *ur* = „Moder, Sumpf" wie *arn* erweitertes *ar,* siehe Uhrleben! Vgl. auch mons *Glarneschen* (Glärnisch).

Ursel, Zufluß der Nidda (mit Ober-Ursel/Taunus), verrät sich schon geogr. als vorgerm., wie die **Mosel** *(Mosella)* und die *Urtella* im Odenwald: *urs* ist wie *urt, urn, urd* erweitertes *ur* (siehe Uhrleben, Urnau). Dazu der **Urs(en)bach**/Baden und Bern (wie Urdenbach), *Ursenwang; Ursinum* 1100 b. Augsbg, *Ursidung*/Brabant (wie Corsendonk: donk „Hügel im Sumpf"!), *Urschbach*/Württ. **Urschmitt** *(Ursmad)*/Cochem, *Ursowe* 1190/Wittlich, *Ursaria*/Istrien.

Ürzig a. Mosel (urkdl. *Urzechon)* entspricht *Urtechun*/Schweiz, enthält somit den keltoligur. Gewässernamen *Urta* (Ourthe, Nbfl. der Maas). Eine *Urtella* (um 800, heute Sensbach, zur Itter) fließt im Odenwald (vgl. die *Mosella, Ursella* usw.), eine *Urtina* (Urtenen) zur Emme im Aargau. Ein ON. *Urtaca* auf Korsika (Ligurien), vgl. *Artaca! urt* verhält sich zu *ur,* wie *art* zu *ar.* Auch **Ürzell**/Hessen (900 **Urcel(n)aha)** beruht somit auf einem vorgerm. Bachnamen.

Uschlag südl. Münden *(U-schlad)* siehe Uhingen! **Usch** *(Ussa)* b. Bitburg siehe Üsse! Ein **Uschbach** fließt z. Lein/Kocher, s. Üsse!

Usingen/Taunus liegt an der **Usa** (Zufluß der Wetter), die in Britannien mit der Ouse (780 *Usa),* in Frkr. mit der Ouse und *Usura* (vgl. die Visura) wiederkehrt, also keltischer Herkunft ist. Vgl. kelt. *Userca* (wie lat. *noverca* „Stiefmutter" u. die Aulerci), die *Usetani* in Altspanien (wie die Lusitani, Edetani, Cosetani/Sp., alle auf Sumpf- und Moorwasser deutend) und die *Usipetes*/Gelderland (mit kelt. Endung, zu e. Flußn. *Usipos* (vgl. den *Catipos*/Sp. und Ventipo). Dazu (die) *Usepe (Us-apa)* 1236 b. Tecklbg (wie die *Asapa, Wisapa, Lasapa, Masapa); Useborn, Useflet, Usmere* 8. Jh. in England; *Us-hol* b. Bersenbrück; *Us-lo:* **Usseln** in Waldeck u. Usselo/Holld (wie *As-lo:* Asseln), **Uslar** am Solling (wie Asslar, Maslar, Goslar a. Gose); **Usenbach,** Usenborn b. Selters/Nidder; *Usenwang:* Jesenwang in Schwaben (nebst Luttenwang ebda: lut „Schmutz"!); *Usnanc:* **Ausnang**/Iller (wie Backnang, Bottnang, Mosnang, Tettnang); *Usen-:* **Ausleben** nw. Oschersleben (wie Dreg-, Gor-, Hun-, Morsleben). Zu *Usne* 1072: Ussen b/Erwitte u. in Brabant vgl. *Dusne:* Dussen u. *Gusne:* Gussen; zum **Usar**-Kopf vgl. den benachbarten **Idar**-Kopf (zum Flußn. *Idra).* In Württ. ist *Usingun* (786) zu Isingen, Jesingen geworden.

Üss(e), Zufluß der Mosel b. Bullay (mit Bad Bertrich, kelt. *Bertriacum,* wo eine keltische Quellgöttin *Vercana* verehrt wurde!) ist ein kelt. Flußname *Ussa,* in Brit. wiederkehrend (zu kelt. *usso-* vgl. M. Förster, Themse, 1941 S. 379). Vgl. kelt. *Ussubium* (wie Vidubium, Litubium, Verubium: vid, lid, ver = „Wasser, Sumpf"). Eine **Ussel** fließt in Schwaben, ein **Usselbach** (Wüstung) in Nassau. *Ussinc-heim* (heute Uissigheim a. Tauber u. Issigheim a. Kinzig) siehe Bietigheim!

Utphe b. Gießen (urkdl. *Odupha)* entspricht Dautphe *(Dudefe)*, Netphe, Asphe, Disphe usw., lauter prähistor. Bachnamen auf *-apa* „Wasser, Bach". Zu idg. *ud, od* siehe Udern, Odenwald. Dazu auch **Uthleben** a. Helme (wie Rottleben, Backleben usw.).

Uttel w. Jever beruht auf *Ut-lo* (vgl. Uddel/Holld: 793 *Utti-loch)* analog zu **Firrel** *(Fir-lo)*, **Varrel** *(Vor-la)*, **Scharrel** *(Scor-la)*, **Garrel** *(Gor-lo)*, **Zetel** *(Set-lo)*, lauter „Moor-Orte"! *(lo, la* meint sumpfige Stelle). *ud, ut* ist uralte Bezeichnung für „Wasser, Sumpf". Vgl. auch *od, ot* unter Ottlar! Zu **Uttum** b. Emden vgl. als sinnverwandt **Luttum**, Ankum, Latum, Loccum, Belum, Dutum usw.; zu *Ut-heri* 965 b. Lütttich: *Lut-heri, Thulheri, Buc-heri, Huc-heri.* **Utrecht**/Holland (als *Ut-drecht* nicht bezeugt) dürfte das wurzelhafte *u* „Moor, Moder" enthalten (vgl. Midrecht, Slidrecht!) wie **Uhorst**/Drente und *U-slad:* Uschlag b. Kassel. Zu *Utti-loh* „Moder-, Moor-Gehölz" vgl. auch **Ütterath**/Ndrhein (nebst **Utzerath** b. Trier wie Matzerath) analog zu Ückerath, Möderath, Randerath, Kolverath (-rath = rode), lauter Moor-Rodungen; auch **Üttfeld** b. Prüm (wie Binsfeld, Arzfeld ebda), **Uttweiler**/Pfalz (wie Rusch-, Riesch-, Aß-, Maßweiler ebda), **Uttwil** am Bodensee (wie Bütsch-, Kess-, Morschwil), **Uttnach** b. Lörrach u. **Utznach**/Schweiz (wie Brettnach u. die Britznach), **Uttenweiler** nebst *Attenweiler* b/Biberach, das **Uttenbächle**/Württ. (wo Springer irrig e. Pers.N. suchte!) u. der **Utzenbach**/Südbaden. Vorgerm. ist die *Uterna:* siehe unter Otter! Vgl. *Ut(t)enried* 1356: Autenrieth.

Üxheim/Eifel (962 *Ockisheim)* siehe Ockfen!

V

Vaake a. Weser siehe Fachingen!

Vaale in der Wilster-Marsch wird deutlich durch das benachbarte Vaaler Moor! Zu *fal* „Sumpf, Moor" siehe Falldorf!

Vach(a) a. Werra, Vachdorf u. ä. siehe Fachingen!

Vadenrod b. Alsfeld/Schwalm (wo auch Vockenrod, Elbenrod, Allmenrod, Wallenrod, Angenrod, Ermenrod) nebst **Vaddensen** siehe Fadach!

Vaerloh im Moor der Wümme wie Varloh b. Meppen siehe Fahrenbach!

Vagen a. Mangfall siehe Fagen!

Vahlbruch b. Pyrmont siehe Falldorf; desgl. **Vahlhausen**/Lippe nebst **Vahlsen** b. Minden; **Vahlberg** b. Wolfenbütttel, **Vahlefeld** b. Halver i. W. *val* „Sumpf, Moor" ist Variante zu *vol, vul, vel, vil!*

Vahle b. Uslar am Solling hieß *Valede,* entspricht also **Vahlde** am Königsmoor (Wümme): alle Kollektiva auf -idi, -ede deuten auf Wasser, Moor, Sumpf. Siehe Falldorf!

Vahren b. Cloppenburg und **Vahre** *(Vora!)* b. Bremen meint „Moor-Ort": zu *var, vor* (wie in *Varendonk, Varenbeke, Varenseten)* siehe Fahrenbach! Auch Var(r)el!

Vaihingen a. Enz (alt *Vehingen* auch sw. Stuttgart, wo Möhringen und Rohr schon auf den Wortsinn deuten) entspricht **Maihingen, Wehingen.**

Valbert westl. Attendorn (Lenne-Raum) und b. Meschede nebst **Velbert b.** Werden/Ruhr beruht urkdl. auf *Valebraht, Vel-braht,* gehört somit zu den Sinnverwandten *Varenbraht, Kersenbraht, Nodenbraht, Plettonbraht, Mulenbraht,* — alle auf Sumpf und Moor deutend. Zu *fal, fel* siehe Falldorf, Felbek!

Valdorf b. Vlotho/Weser siehe Falldorf!

Vallendar a. Rhein nö. Koblenz siehe Mallendar! Zu *fal* auch Falldorf! Vallstedt b. Brschwg siehe Falldorf! Desgl. **Valwig** b. Cochem wie Dalwig.

Vallentrup im Extertal b. Rinteln entspricht Währentrup, Finnentrup, Hörentrup, Urentrup, Wellentrup usw. Siehe Falldorf!

Valme siehe Velmede!

Vardinghölt b. Bocholt siehe Farsleben! Vgl. auch *Fardinghem* in Brabant.

Varel i. O. siehe Varrel! **Varenholz** w. Rinteln mit Hachsiek (vgl. Fahrenholz bei Fallingbostel) hieß 1271 *Vornholte,* ebenso Fahrenkamp in Bösingfeld/Lippe: 1507 *Vornekamp,* und **Fahrenhorst** *(Vornhorst)* südl. Delmenhorst a. Delme (wie Ahrenhorst: *Arnahurst* 890, *Koden-, Kusen-, Musen-horst):* schon diese Parallelen sprechen gegen die übliche Deutung „Föhrengehölz" und für ein Gewässerwort: *Vorenbroke* 1299 sö. Bentheim (Moorgegend) bestätigt *vor* als „Sumpf" oder „Moor", desgl. die

Fahrenbreite b. Brake (!), denn „Breite“ meint stets eine feuchte Niederung! Zu *vor* siehe Weiteres unter **Varrel** *(Vor-la),* Vahre, Förste; zu *vorn:* die **Vorne,** Bach und Landschaft in Holland mit dem Wald *Fornhese* 777 a. d. Eem b. Utrecht (analog zu „gallice“ Cronnehaes, Lingahaese 793, auch Vyneheys, Sperkheys/Engld, lauter moorige Gehölze!), auch *Vurna:* Veurne (mit Torfmoor!)/Belgien, *Vornesse* 1155 a. Schelde (wie Bernesse: bern = „Moder, Sumpf“); ein *Vorna:* Furna auch in Graubünden, ein *Vornebächel* im Elsaß! Vgl. auch die Variante *var, varn* unter Fahrenbach!

Varl, in Moorgegend w. Rhaden, verhält sich zu **Varloh** b. Meppen/Ems wie **Verl** zu Verloh. Zu *var, ver, vor* „Moor, Sumpf“ siehe Fahrenbach, Varenholz, Varel, Varrel!

Varensell b. Gütersloh entspricht Bösen-, Bödden-, Ripensell = „sumpfige Niederung“ (ndd. *seli*). Siehe Fahrenbach, Varendonk! Varbrook!

Vargula (Groß- u. Klein-) a. Unstrut deutet auf einen prähistor. Bachnamen *Vargalaha* 8. Jh., wie *Farg-aha:* **Fargau** b. Kiel.

Varlar i. W. (1184 *Varlare)* wie Varlare b. Gent meint „sumpfige Niederung“. Vgl. **Varbrook** b. Aachen, **Varendonk**/Holld.

Varlingen *(Ver-lage)* b. Nienburg entspricht Reitlingen *(Reth-lage)!*

Varlosen nö. Münden (an e. Bache des Bramwaldes) hieß urkdl. *Vernedehusen,* urspr. also einfach *Vernede* (wie **Verne** w. Paderborn: *Vernede),* ein Kollektiv wie *Gunede* (Jühnde), *Vesede, Isede, Ulede* usw., alle auf Gewässer bezüglich! Vgl. auch **Verna** sw. Homberg (nebst Hülsa, Aula) und b. Göttgn nebst Verna-Wahlshausen a. Schwülme südl. Uslar. Mit „Farnkraut“ (so Schröder S. 240) hat es nichts zu tun, auch nicht mit nachbarlichem Spott (mhd. vârlôs „ungefährlich“, was Schröder zu „leichtsinnig“ umdeutet). Zu *varn, vern* vgl. unter Fahrenbach!

Varrel am großen Moor sw. Sulingen (auch Moorort im Land Hadeln) hieß *Vorla* und entspricht genau **Scharrel** *(Scorla)* und **Garrel** *(Gorla)* nebst **Firrel** *(Firla),* alle in Moorlage: denn *vor, scor, gor* sind uralte Bezeichnungen für „Moor, Moder, Sumpf“. Siehe auch Varel, Varenholz, Fahrenbach, Förste *(Vore-sete!):* dort die beweisenden Belege für *vor (for)!* Ein Wald *Vor-wide* 1029 b. Nienburg a. Weser — analog zu *Mer-wide* (Marwedel) und *Ber-wide* (Barwedel), lauter sumpfig-moorige Wälder bzw. Furten. Ein Torfmoor *Vor-mur* b. Veurne/Belg., wo auch *Vor-sele* (wie Mor-sele, Hun-sele, Sweve-sele, Wake-sele, lauter „moorige Niederungen“) und *Vor-mala* (Fumal u. Formelle) wie Bene-, Dude-, Hale-, Heri-, Harte-, Litte-, Ros-, Wane-, Wise-mala, lauter Sinnverwandte). Auch eine Wiese *Forari* pratum um 850 in Flandern (vgl. *Furari:* Furra!).

Varste b. Verden enthält den prähistor. Bachnamen *Farstina* (dort als Zufluß der Weser bezeugt), vgl. *Durstina:* Dorsten a. Lippe: *far* und *dur* meinen Moor- und Sumpfwasser.

Vasbeck w. Arolsen/Waldeck (nebst Vaassen/Holland) siehe Vesbeck!

Vechta, Vecht: Vom bloßen Gleichklang mit dem dt. Verbum „fechten" angeregt, hat überquellende Phantasie aus einem träge dahinschleichenden Moorfluß, der Vecht, eine germanische Kämpferin gemacht (so noch 1953 A. Bach, nach dem Vorgang E. Schröders S. 306, der bei „fechten" an „lebhaft sich bewegen" dachte), und bei Vechta i. O. sollen sich gar „Quellbäche kreuzen wie Arme beim Fechten" (so allen Ernstes der alte Jellinghaus 1923 S. 9) — eine Deutung, die sich als paradox und wirklichkeitsfremd von selber erledigt. Aus dem Wesen der Flüsse **Vecht(e),** zur Zuidersee wie zur Ijssel, die von Sumpf- und Moorgelände begleitet werden, und aus der Lage von **Vechta** in sumpfig-mooriger Niederung ergibt sich als Wortsinn von *vecht* sinnfällig genug „Sumpf, Moor, Moder"! Auch das „träge mäandrierende" Gewässer b. Vechta heißt heute Moorbach! — Und die sprachliche Bestätigung liefern die Komposita mit *lar, lo mal,* die durchweg auf Sumpf oder Moor deuten: so *Vechtlere* (Vechtel) i. W., wie Huchtlere, Metlere, Sutlere, Weplere, Canlere usw., *Vechtlo* (Vechtel): mehrmals im Moorgebiet zwischen Hase und Ems (vgl. *Vuchtlo* 1327: **Vüchtel** b. Oythe, Wasserburg!), sowie *Vech(t)mal*/Maas (analog zu Dormal, Dutmal: Dommel, Wisemal usw.). Dazu **Vechten** (723 *Fehtna)* b. Utrecht. Auch **Vechelde** a. Erse b. Brschw. hieß 1378 *Vechtelde,* 1145 *Vechtla* (analog zu Schlickelde: alt Slic-lo, u. Bakelde: alt Bac-lo, lauter Sinnverwandte!). Eine Wüstung *Vectere* begegnet 1325 in Westf.: mit prähistor. r-Suffix wie die Synonyma *Jectere, Lechter(n), Rechter(n)!* Damit stellt sich *vec-to* in eine Reihe mit *jec-to, lec-to, rec-to,* die in kelt. Gewässernamen wiederkehren! Zu **Vechtrup** vgl. Lechtrup! Vgl. Fluß Jeith bzw. Yeat (aus *Ject-)* u. Fluß Leith (aus *Lect-):* M. Förster S. 118 f u. Watson S. 211.

Veckenstedt a. Ilse (Harz, alt *Vakenstede,* meint „Moder-, Moorstätte", vgl. in England: Fakenham und Fechenham (804 *Feccanham),* in Flandern: *Vecchen-sela* 966 (holld. *veek* „modrig, faul", Bach *Veken),* in Westfal.: *Vechelage* 1266 b. Lübbecke. — **Veckerhagen** a. Weser (Reinhardswald) ist Ableitung vom benachbarten **Vaake,** siehe Fachingen!

Veddel: Die Veddel ist ein sumpfig-mooriges Gelände in der Elbniederung zw. Hamburg und Harburg, was in ihrem Namen zum Ausdruck kommt: *fad, fed, fid* sind alte Wörter für „Sumpf, Moor", vgl. Federath, Federich usw., auch Vettelschoß u. ä. Schnurrig ist der Vergleich mit einem „Fiedelbogen“ (so W. Laur). Eine Flur *„up der Vedele“* 1390 b. Mstr.

Veerse (z. Wümme) siehe Verse!

Veerßen b. Ülzen ist verschliffen aus *Ver-husen;* zu *ver* „Moor“ vgl. das Veer-Moor b. Hamburg. **Veert** b. Geldern siehe Vehrte!

Vehlen b. Stadthagen (wo auch Ehlen), urkdl. 890 *Veliun* (wie auch **Velen** i. W. und Fehlen in Luxbg) entspricht **Sehlen** *(Seliun)* und **Hehlen** *(Heliun): vel, sel, hel* meinen „Sumpf, Moor“. Siehe Sehlen! Eine **Vehla** fließt in Württ.

Vehrte (urkdl. *Variti, Verete)* b. Osnabrück entspricht **Lehrte** *(Lerete): var, ver* wie *lar, ler* =„Sumpf, Moor“. Siehe Fahrenbach, Fehrenbach!

Veischede w. Kirchhundem/Lenne entspricht Leschede, Loschede! Vgl. den *Veschbach*/Lothr.

Velbert bei Werden a. Ruhr siehe Valbert!

Veldenz a. Mosel westl. Bernkastel deutet auf eine vorgerm. *Veldantia,* vgl. Ellenz *(Alantia),* Alsenz *(Alsantia),* Grimenz *(Grimantia): veld* verhält sich zu *vel* „Sumpf“ wie *geld* zu *gel* (desgl.); vgl. auch die **Felda** (zur Werra) neben der Fulda! — **Veldrom** in Lippe ist entstellt aus „Feld to Drom“ 1556, urspr. *Dru-hem* 1160/84, vgl. Druchheim *(dru* = Moder). Zur Veldenz und zur Felda vgl. auch *Veldeke, Veldene! Veldericke* wie Elverike, Buderike, Mederike, lauter Synonyma.

Vellmar b. Kassel *(Vilimar)* siehe Villmar!

Velmede b. Meschede a. Ruhr und **Velmeden** am Hohen Meißner entsprechen den übrigen Kollektiven auf -idi, -ede: *velm* bzw. (ohne Umlaut) valm ist somit ein Wasserterminus, vgl. **Valme** a. Valme (Zufluß der Ruhr südw. Meschede), **Velm** *(Falmia* 1139) b. Lüttich, *Falmine* 874/Belgien, Velmelage im Moor der Hase. *In der Valme,* Flur in Waldeck.

Velpke b. Öbisfelde ist verschliffen aus *Vele-beke* „Moorbach“, siehe Felbeck! **Velp** b. Arnhem ist alter Bachname auf -apa „Wasser“: *Velapa* vgl. **Velpe** i. W. wie *Melapa:* **Melp** b. Bonn; Velpe a. Velpe/Belg. hieß *Valepe.*

Velsen b. Warendorf siehe Felsen! **Vendersheim** ö. Kreuznach, *Vendenheim* nö. Straßburg (wie Sesenheim, Ohnenheim) deuten auf feuchte Lage: vgl. *Vender-, Vinderholt*/Gent, *Vundern*/Kleve, *Finder*(*n*)/E.

Venrath b. Erkelenz siehe Benrath! *ven* „Moor, Sumpf“ (holld. veen, ahd. fenni, ags. fenn; vgl. got. *fani* „Kot“; idg. *pan, pen* „Sumpf“) auch in **Venhaus,** Venwegen, Venne, Vennebeck u. ä.; auch Vellage beruht auf *Venlage.* **Venslage** ö. Lingen entspricht Menslage und Renslage im Raum der Hase.

Verden a. Aller urkdl. *Fardiun, Ferdiun* (mit Verdener Moor!), was schon aus sprachl. Gründen mit dt. „Fahrt" (so A. Bach) unvereinbar ist, entspricht dem topographischen Befund, als uralte Furt durch Sumpf und Moor! Siehe Farsleben *(Fardesleben)!* Vgl. auch *Fardinc-, Ferdic-heim/* Brabant, Vardingholt b. Bocholt. Auch die Morphologie bestätigt den Wortsinn, denn *Fardiun* entspricht *Voliun, Meppiun, Bukkiun, Smahtiun, Seliun, Heliun,* lauter Sinnverwandten! *Verde-sele* 1155 wie Sweve-, Wake-, Dudesele! *Verdere/*Brilon wie Blandere, Gumere.

Verlar ö. Lippstadt und **Verl** *(Ver-lo)* ö. Gütersloh siehe Fehrbach! Zu Verlar vgl. Berlar, Farlar, Dorlar, Coslar; zu Verl: Herl *(Her-lo)* und Merl (Mer-lo). lo, lar = feuchte Niederung.

Verna, Verne siehe Varlosen!

Vernich a. Erft/Rhld gehört offensichtlich mit **Türnich** a. Erft westl. Köln u. **Törnich** b. Trier zusammen, deutet somit (morphologisch wie geographisch) auf kelt. Herkunft: Türnich beruht auf kelt. *Turniacum* wie Dornick b. Kleve (u. Doornick/Holld) auf *Turnacum:* Tournai, zu *tur(n)* „Moor, Moder, Sumpf" (wie *tern, tarn, torn),* womit auch der Wortsinn von *ver(n)* gegeben ist, mit der Variante *vor(n), vur(n),* daher Vernich neben **Vornich** (Fornich) b. Brohl a. Rhein wie **Bornich** b. St. Goar. Vgl. dazu *Vorne* b. Trier, Bach *Vorne* in Holland, das *Vornebächel* im Elsaß, *Vornesse* 1155 a. Schelde, das „Modergehölz" *Fornhese* 777 b. Utrecht, *Vurna* in Belgien u. Graubünden usw.

Versahl *(Ver-sol)* b. Melle siehe Fehrbach!

Versmold w. Bielefeld, urkdl. *Versmelle,* gehört deutlich zusammen mit **Gesmold, Getmold, Detmold** (urkdl. *Gesmelle, Getmelle, Detmelle),* — alle auf Moor- und Sumpfgewässer bezüglich (siehe Detmold!). Gleiches besagt **Versmar** *(mar* = sumpfiger Quellbezirk) wie Geismar, Weimar, Vilmar; *Versithi* (: Versloh) wie Ramsithi (ram „Sumpf"), Bersithi/Ems (bers desgl.); **Versen** b. Meppen/Ems wie Dersen, Kersen (Zersen). Eine *Versene* **(Veerse)** fließt als Moorbach zur Wümme (entsprechend der *Arsene* (Erse), *Fusene* (Fuse), *Bilene* (Bille) usw., lauter prähistor. Flußnamen mit der Endung *-ana!* Eine **Verse** im Elsaß (zur Weiß w. Kolmar). auch nw. Gießen (zur Salzbüde); eine *Versia* 876/Holld. Zu *ver-s* vgl. *ber-s, ner-s, der-s, ker-s, wer-s, ger-s,* alle sinnverwandt.

Vesbeck nahe der Leine meint „Moder-, Moorbach", bestätigt durch **Vesede** im Moor der Wümme (wie Lesede, Valede, Isede usw.). Vgl. Veessen a. Ijssel (wie Vaassen ebda und **Vasbeck** in Waldeck: *vas, ves* = „Moor"). Vgl. auch **Veß**/Hase, **Veßlage** u. **Veßra!**

Vesperde: Am Namenwort *vesper* läßt sich wieder einmal die Unbrauchbarkeit des Wörterbuchs demonstrieren, wenn es sich um verklungenes Wortgut der Vorzeit handelt: Es begegnet in **Vesper** b. Hattingen/Ruhr, in **Vesperfeld** (1052 *Vesperi)* Kr. Höxter, in *Vesperdun* 1028 b. Büren (auch b. Hameln) und **Vesperweiler** b. Horb a. Neckar. Daß mit lat. vespera „Abend" bzw. mhd. vesperi „Vorabend von Turnieren" (so Jellgh.) nichts anzufangen ist, liegt auf der Hand. Daß *vesper* vielmehr ein Wasserterminus ist, ergibt sich deutlich aus der Kollektivreihe *Vesperethe* 15. Jh.: *Elverithe* 890: *Ivorithi* 872: *Helerithi* 9. Jh.: *Stelerethe* 12. Jh.; *Kokerithi* (Köcker i. W.); *Hamarithi* (Hemmerde): *Exterde: Halverde: Cliverde: Overide: Sumerithi* (Sömmerda): *Ingridi* (Engerda), sämtlich Ableitungen von Moor-, Moder-, Sumpfbezeichnungen! Vesperfeld entspricht daher Rechterfeld, Elberfeld, Langerfeld (b. Schwelm), das 1127 auch einfach Langere hieß; zu *Vesperi* vgl. die Synonyma *Sunteri* 834 und *Salteri* (Selter)! *Vesperden* wie *Asperden, Afferden, Deuverden (Dubridun)!*

Veßra (Veßer) im Raume Suhl/Themar (Thür.) entspricht **Süßra** *(Susara* 9. Jh.), auch Monra, Mehlra, Badra, Kelbra, Heldra usw., alles prähistor. Gewässernamen. *ves* „Moor, Moder" auch in *Veßlage* (wie Harplage, Amlage, Hiltlage), *Veß, Vesede, Vesbeck*, siehe dies! Zu **Vestrup** b. Vechta vgl. Istrup, Leistrup u. ä. Siehe auch Fessenbach!

Vethem b. Walsrode entspricht **Grethem** ebda und **Rethem** a. Aller, die formal und begrifflich sichtlich zusammengehören, als Moor- und Ried-Orte; -hem = heim. Dazu *Vetehusen* 1142/Holld.

Vettelschoß b. Linz a. Rh. (nebst Vettelhoven b. Remagen) meint „feuchter Winkel" wie Umschoß, Merschoß, Haperschoß, Remschoß, Brachtschoß.

Vieland: Das Vieland ist eine sumpfige Landschaft a. d. Weser b. Bremen: *vi* meint „Sumpf"!

Vielbach b. Selters *(Saltrissa!)* wird deutlicher durch **Vielstedt** in der Moor- und Sumpfgegend von Delmenhorst (wie Henstedt, Neerstedt, Ristedt, Wilstedt ebda) und durch Flurnamen wie „An der Viele" b. Iserlohn, „In der Vylen" in Westf., die *vil* als „Sumpf" oder „Moor, Moder" bezeugen. (Verfehlt ist also M. Bathes Deutungsversuch „vil = Pappel", ZfMda 1955). Es liegt auch vor in *Vil-siepen* a. Wupper wie Schmiesiepen, *Vilehusen* 1240 b. Wiedenbrück (wie *Valehusen: val* „Moor") u. *Vilvoorden*/Brabant. Ein **Vijlen** w. Aachen; **Viehle** a. d. Elbe b. Bleckede. Deutlich prähistorisch sind *Vilisi:* **Vielsen** wie Linisi, Manisi, Herisi, lauter Sinnverwandte!), *Vilusa* (die Fils, siehe diese!), *Vila (Vilipe):* Bach b. Bonn, *Vileka:* Villich/Sieg, *Vilgest:* Villigst/Ruhr, *Vilsteren*/Holland (wie Gesteren, Anderen, Kolveren), *Vilbel*/Nidda, *Vilimar:* Villmar, Vellmar usw. — **Vienenburg,** Vienau, Vining siehe Finne!

Vierbach am Vierbach (am Hohen Meißner, in prähistor. Gegend!) und der **Vierenbach** b. Lüneburg (auch der **Vierenberg** b. Salzuflen) bisher ungedeutet, enthalten ein verklungenes **vir (fir)** „Moder, Moor“, wie auch das verkannte **Viermünden** a. Eder. Beweisend ist **Firrel** *(Fir-la)* i. O. wie *Scorla:* Scharrel u. *Vor-la:* Varrel, *Gor-la:* Garrel, sowie *Vir-worth* in England: entsprechend *Bagworth, Lapworth, Selworth, Heyworth, Wulle-: Woolworth!* Ein *Firemere* einst in Holland (womit Schönfeld S. 282 nichts anzufangen wußte). Auch *Virbracht* 1371/Rhld bestätigt den Wortsinn analog zu Meisbraht (Meispelt/Lux.), Valbraht (Valbert, Velbert), Edebraht (Ihmert), denn *meis, val, ed* meinen „Sumpf, Moor“! Dazu die Kollektiva **Vierde** a. Böhme (Fallingbostel) u. **Vierden** am Wümme-Moor. *Vir-sela*/Fld. wie Ver-sele, Mor-sele, Dude-sele.

Viermünden a. Eder (1215 *Virminne* mit *Mors-lo!*) gibt sich durch die urkdl. Form als prähistor. Bachname zu erkennen, mit der Endung *-menni,* urspr. *-manni (-manio),* wie *Voleminne (Volumanni* um 1000): die **Volme**/Ruhr, *Rotmenni:* die **Rottmünde**/Weser, *Drotmenni:* **Dortmund,** *Dulmenni:* **Dülmen,** *Hademinni* 1017: **Hedemünden** a. Werra, sämtlich „Moor- und Moderbäche“, sodaß auch *Virminne*: Viermünden nichts anderes meinen kann — trotz der Schreibung *Fiormenni* 850 (zur Karolingerzeit) mit Anlehnung an das Zahlwort „vier“. Auch der **Vierbach** am Hohen Meißner w. Eschwege/Werra, der Vierenbach b. Lüneburg, *Virbracht* im Rhld, *Virworth*/E., *Fir-lo:* **Firrel** i. O. und das *Firemere*/Holland bestätigen *vir (fir)* als „Moor“. Siehe unter Vierbach und Firrel!

Viernheim in der Rhein-Ebene kann nichts anderes meinen als die benachbarten Mannheim, Weinheim, Schriesheim, Heppenheim, Mundenheim, Lußheim, die alle auf Sumpf und Moder deuten. Vgl. *Virnich*/Köln, *Virneburg*/Rh.

Viersen (1185 *Versene)* w. Krefeld (mit Neersen) ist prähistor. Bachname, vgl. die *Nersa: Niers*. Siehe Versmold!

Viesebeck ö. Arolsen/Waldeck (alt *Visbike)* nebst **Vasbeck** ebda w. Arolsen meint zweifellos „Moderbach“ wie der *Visibach*/Glarus, die Fise- und Fieselbäche (Württ., Thür.); auch wohl die **Vismecke** (z. Lenne), da sie die Form *Visenbeke* voraussetzt (wie die Desmecke: 1281 *Desenbeke),* vgl. unter **Vesbeck!** Zu *Visphe* siehe Fischeln! **Visnach(t)** s. Küßnacht.

Vilbel a. Nidda b. Frkf. (mit Römerfunden), urkdl. *Vil-wiler,* entspricht Griedel *(Gred-wiler)* u. Rendel *(Rand-wiler): vil, gred, rand* sind verklungene Wörter für „Moor". Siehe Vielbach! Der Wortsinn bliebe der gleiche, auch wenn *Vilwila* zu lesen sein sollte: vgl. **Vilvenich** b. Düren! Siehe auch **Köbel** *(Cavila)* unter Kabel.

Villigst a. Ruhr nw. Iserlohn (urkdl. *Vilgeste)* verrät sich wie das benachbarte **Ergste** *(Argeste)* durch das st-Suffix als Zeuge vorgerm. Bevölkerung, entsprechend *Aneste:* Ennest, *Segeste:* **Seeste** (Westf., Leine, Sizilien!), *Tugeste:* **Thüste/Leine,** *Ateste:* Este u. *Tergeste:* Triest/Venetien, *Bigeste, Ladeste*/Dalmatien, sämtlich auf Sumpf und Moor bezüglich! *vilg* kann somit nur erweitertes *vil* sein (vgl. *Vilisi, Vilusa);* siehe Vielbach, Villmar, Villich, Villip! Eindeutig ist *Vil-siepen*/Wupper (wie Schmie-, Schadesiepen).

Villingen a. Brigach (Quellbach der Donau im Schwarzwald), auch a. Horloff/Wetterau, entspricht Dillingen, Dauchingen, Illingen, Ippingen, Möhringen usw. Zu prähistor. *vil* „Moder, Moor" siehe Villmar, Villich *(Vileka),* Vilbel usw. Vgl. auch Villigen a. Aar u. **Villenbach.**

Villmar *(Vilimar),* Bachort b. Runkel a. Lahn ö. Limburg, desgl. **Vellmar** nö. Kassel (urkdl. *Vilimar),* gehört zu der großen Gruppe prähistorischer Namen auf *-mar,* d. i. sumpfiger Quellbezirk, Sumpfstelle, wie Wißmar/Lahn, Seßmar/Sieg, Soßmar, Wechmar, Weimar, Geismar, Schötmar, Bettmar, Rettmar, Wettmar, Görmar, Gelmer, Tellmer usw. Zu *vil (vel, val, vol, vul)* = „Sumpf, Moor, Moder" vgl. auch Villingen, Villigst, Villip, Ville (linksrhein. Höhenzug zw. Köln u. Bonn, wo auch *Vila* 973 u. *Villipe* als Bachnamen bezeugt sind). In Holland ein prähistor. *Vilsteren* (wie Gesteren, Kolveren: *Colvara,* lauter Bachnamen mit r-Suffix); in Westf. *Vilisi* b. Paderborn wie *Linisi, Manisi, Herisi, Anisi,* mit prähistor. s-Suffix; in Bayern *Vilusa:* die **Vils** (wie die **Fils** in Württ.).

Vils, Nbfl. der Donau b. Vilshofen/Bayern (urkdl. *Vilusa,* wie die **Fils:** *Filisa* in Württ.) siehe Fils!

Vilvenich b. Düren (siehe Vilbel!) entspricht Nörvenich, Lövenich, Elvenich, Rövenich, Sinzenich im selben Raum — sämtlich Ableitungen von Gewässernamen mit der kelt. Endung *-iacum.* **Vink-** s. Vinxel!

Vinnen b. Meppen/Ems (wie Tinnen/Ems), Vinn b. Mörs, **Vinnum** *(Vinhem)* i. W., **Vinnhorst** nö. Hannover, **Vinne(de)** i. W., Vinningen/Pfalz siehe Finne! Finnentrup! (Ein Finnen-Berg südl. vom Süntel).

Vinsebeck ö. Feldrom (Lippe) erinnert an Künsebeck b. Bielefeld: *vin, kun* meinen „Moder, Moor", erweitert mit s-Formans (vgl. die Linsphe: Linsapa). Vgl. auch *Vineslage:* Venslage. **Vinstedt** b. Ülzen wie Vinnhorst siehe Finne!

Vinte b. Bramsche mit Vinter Moor wie Fintel a. Fintau siehe Finne!

Vinxel b. Köln *(Vinchselden* 1173) meint „Torfmoorsiedlung" wie *Sikselethe* „Sumpfsiedlung". Vgl. *Vinkebrok* u. *Vinketh*/Fld., *Finkley*/E., *Vinkeveen, -polder*/Holld. Siehe auch Würselen *(Worm-selden)!*

Vippach nö. Erfurt (3 Dörfer) ist vergleichbar mit Rippach, Dippach, Sippach *(Sic-bach)* „Moderbach".

Visselhövede westl. Soltau meint „Haupt" (d. i. Quellbezirk) einer **Vissel:** zu *vis* „Moder" siehe Viesebeck; auch *Visle:* Fiestel i. W. und **Vissel** *(Vislo)* westl. Wesel! Dazu *Visphe:* Fischbach/Siegerland, ein uralter Bachname auf -apa, der mit „Fisch" nichts zu tun hat! Vgl. auch *Visnach*/Elz wie *Kusnach* (kus = Schmutz). **Vlard** in *Flardesheim:* **Flörsheim** b. Mainz erweist sich durch *Vlardes-lo*/Fld. nebst *Vlardingen*/Holld als Sumpfwort! — **Vlake** s. Flacht! *In den Flaken*/Osn., *Flak-mor*/E.

Vlatten b. Düren wie **Flatten**/Saar siehe dies!

Vledder(veen) siehe Fledder-Moor!

Vlotho a. Weser (urkdl. *Vlotuwe)* entspricht Wesuwe b. Meppen, Woluwe/Brabant, Aruwe, Betuwe, Veluwe/Holland — lauter alte Gewässernamen: *flot* (wie *flat, flet, flit)* begegnet auch in *Flotwide* a. Aller (wie Ber-, Her-, Merwide, lauter sumpf. Wälder) und im Kollektiv *Flotide:* **Flöthe** b. Salzgitter, siehe dies! Ein *Vloten* (Vleuten) b. Utrecht.

Vochem b. Köln wird deutbar im Rahmen der zugehörigen Außem, Bachem, Horrem, Mehlem, Üdem, Vussem im selben Raum, — lauter Ableitungen auf -heim, -hem von Wasser- und Sumpfbezeichnungen. Siehe Vockenbach! *Vochena* (so 1067, 1155) ist prähistor. Bachname wie *Vrechena:* Frechen/Köln.

Vockenbach, Zufluß der Wied (Wida), bisher ungedeutet, wird verständlich bei Vergleich mit Vockwag (analog zu *Roswag:* Röschwog, zu ros „Sumpf") und **Vockstedt** (heute Voigtstedt!) b. Artern/Unstrut wie **Lockstedt** und **Rockstedt** — denn *lock, rock* sind prähistor. Wörter für „Sumpf", „Moor", und die N. auf -stede sind durchweg mit diesen Begriffen gebildet! Ein *Vocabrunno* in Altwürtt. Ein **Fockeltengraben** fließt zur Steina/Wutach — graben deutet stets auf Schmutzwasser. Ein **Vökkelsbach** liegt b. Weinheim: ihm entsprechen der Bettels-, Dudels, Gissels-, Gittels-, Geddels-, Gremmels-, Gammels- *(Gamenes-)bach,* die sämtlich auf Moder, Moor, Sumpf Bezug nehmen, womit auch der Wortsinn von *vock* klar zutage liegt. Und so entspricht der **Vockenbach** dem *Betten-, Lauden-, Lörzen-, Mörlen-, Rumpen-, Sanken-, Schlapen-, Schliefen-, Torpen-, Volkenbach* — lauter Sinnverwandte aus vorgeschichtlicher Zeit.

Zur Bestätigung vgl. auch das mehrfache **Vockenrode** in Hessen-Thüringen neben **Vadenrode** (beides b. Alsfeld/Schwalm), Angenrod, Rekkenrod, Bodenrod, Allmenrod, Elbenrod, Wallenrod usw., alle auf Gewässer deutend, nebst **Vockerode** 2 mal (wie Reckerode, Elberode, Schilterode). Desgl. **Vockenhausen**/Taunus (wie Betten-, Wetten-, Oden-, Toden-, Solenhausen/Hessen). **Vockenhagen**; *Vockenloh*/Kleve!

Vöckla *(Veckilaha)*, Zufluß der Traun/Ö. *(Trun)*, meint wie diese „Moder-, Moorwasser" (zu *veck* vgl. holld. *veek* „modrig, faul").

Vogelsberg siehe Vogler!

Vogler, bewaldeter Höhenzug an der Weser südl. Bodenwerder, gehört wie der nahe **Hils,** der **Ith,** der **Deister,** der **Süntel,** der **Solling** usw. zu den uralten Zeugen prähistorischer Bevölkerung, die durchweg auf ihre einstige Bodennatur Bezug nehmen: zur Form vgl. den **Seiler** b. Wolfhagen (zu *sel, seil* „Sumpf"!), den **Selter** *(Salteri)* a. d. Leine: *salt* = „feuchter Schmutz"; den **Eideler** a. Diemel/Waldeck *(ed* = „Sumpf, Moor"); den **Göttler**/Württ. *(god, got* desgl.), die alle bestätigen, daß auch *vog, vog-l* eine Bezeichnung für „Sumpf oder Moor" gewesen ist; der Hoch-**Vogel** am Lech und die Gewässer namens **Vogel** in Holland besagen das gleiche. Deutbar ist *vog-l* als venetische Form zu idg. *bhog-l* (vgl. Pokorny, Idg. Wb.), das noch in irisch *bual* u. engl. *bog* „Sumpf" vorliegt! Damit lüftet sich auch der Schleier, der uns den Sinn des **„Vogelsberges"** bis heute vorenthalten hat! (Die Landschaft des Vogelsberges ist reich an Zeugen aus vorgerm. Zeit).

Vöhl, Bachort nahe der Eder (zw. Itter u. Werbe) deutet schon geogr. auf prähistor. Herkunft. Zum Moorwort *vol, vul* siehe Völlen, Völlmecke, Volme! Ein *Vöhler Bach* auch nö. Weilburg.

Vöhrenbach/Württ. siehe Fehrenbach (1244 Verinbach)! **Vöhringen** (2mal in Württ., urkdl. Veringen) desgl.

Vöhrum, Moorort b. Peine, entspricht Borsum, Beinum, Einum, Heinum, Ohrum, Luttrum usw. im selben Raum: *Vore-heim* meint somit Dorf am Sumpf- oder Moorwasser. Zu *vor* siehe Förste *(Vore-sete),* Varrel *(Vorla),* Vorbeck usw.

Vohren am Axtbach b. Warendorf (alt *Vorne)* siehe Vahrenholz *(Vornholte:* „Moorgehölz")!

Volkach, Nbfl. der Schwabach ö. Erlangen, bisher ungedeutet („noch aufklärungsbedürftig": E. Schwarz, in BzN. 1956, S. 254), meint wie die Schwabach, Aurach, Ebrach, Schwarzach, Schleichach nichts anderes als „Moor-, Moder-, Sumpfbach"; desgl. Volkach a. Volkach (zum Main, südl. Schweinfurt). Zur Bestätigung vgl. auch **Volkenmoos**/Baden wie Anken-, Hechen-, Laren-, Siren-, Tetten-moos, die **Volkenbäche** in Südbaden (z. Rhein b. Schaffhausen u. Kl.-Laufenburg), *Volc-lo* 1186 und **Volke-rak** wie Kreke-rak, Takke-rak, Scheur-rak (Schönfeld S. 223) lauter Moorgewässer! Nicht zuletzt **Volkenrath**/Ndrhein wie Kolvenrath, Hergenrath, Benzenrade, Welkenraed, lauter Sinnverwandte. Zu **Volkensen** im Moorgebiet von Scheeßel/Wümme vgl. Sittensen, Ippensen, Zahrensen, Pippensen, Ohrensen, Apensen, Tötensen im selben Raum.

Völlen (mit Völlener Veen!) a. d. Ems, schon topogr. als „Moorort" erkennbar, urkdl. 890 *Vuliun*, entspricht **Döllen** *(Duliun* 890) i. O., Sehlen *(Seliun)*, Vehlen *(Veliun)*, Hehlen *(Heliun)*, alle auf Moor und Sumpf deutend. Dies ist der Sinn auch des verklungenen *vol* (wie *val, vel, vil, vul)*. Zur **Völlmecke** *(Vulen-, Volenbeke)* i. W. (2 mal) vgl. die Süllmecke, Selmecke, Nöllmecke *(Nölenbeke)*, zu *Volen-sele*/Brabant: Basen-, Boden-, Ripen-, Masen-seli, zu *Vol-sele*/Bentheim: Dude-, Sweve-, Wakesele, zu *Volriede* 1682 i. W.: Colriede, zu *Volet* (Valthe/Holld): Halet (hal = „Sumpf"), zu *Voluth* (Volthe): Elsuth, Hornuth, Rosuth, Spiluth, Baboth, lauter Sinnverwandte. Siehe auch **Vöhl** a. Eder! Beweiskräftig ist besonders *Volumanni:* die **Volme**, siehe Viermünden!

Völlinghausen (2 mal in Westf.) entspricht **Vellinghausen,** *vol, vel* meinen „Moor, Sumpf", siehe Völlen! Zum sekundären *-ing-* vgl. auch Tellinghausen (u. Tellinghorst), zu *tel* „Moder" wie *Telingmer* neben *Tel-mer*, Ebbinghaus(en): urkdl. *Evanhusen;* Lenninghoven a. d. Lenne usw.

Völpke südl. Helmstedt meint *Vol-beke* (wie **Velpke:** *Vel-beke)* = Sumpf-, Moorbach.

Voltlage *(Vult-lo)* am Vinter Moor w. Bramsche entspricht Amlage, Bentlage, Harplage, Hollage, Setlage, alle auf Moorlage bezüglich *(lo* = feuchte Niederung). Zu *Voltessen* (Fölsen i. W.) vgl. Pedessen, Pumessen (Pömbsen). Ein *Vulten-, Voltenbach* (Fautenbach) fließt in Baden.

Vonhausen, Bachort b. Büdingen/Hessen (alt *Vanhusen*, zerdehnt Vahenhusen), entspricht *Venhusen, Horhusen, Solen-, Colen-, Gelenhusen:* Gelnhausen, sämtlich auf Sumpf- und Moorwasser bezüglich. Vgl. *Vanebach* unter Fahnen! Desgl. **Vonscheid** (Fon- um 1000)/Ndrh.

Vorbeck am Harz siehe Furbach! Desgl. **Vorhelm** *(Furehelme* 11. Jh.).

Vorschütz *(Vore-scute)* im Ederwinkel ö. Fritzlar, wo es von prähistor. Namen wimmelt, entspricht **Eberschütz** a. Diemel im Sinne von Moor-, Moderwinkel, so auch *Buriscote*/Brilon u. *Bernescote*/Flandern. Zu *vor* siehe Förste *(Vore-sete)*, Varrel *(Vor-la)* usw. **Vorslar, Vurs** s. Fursch-!

Vossenack b. Düren am Hürtgenwald (alt *Vussnich)* entspricht (wie Vossenaken/Belgien u. Ruhr: 875 *Fusnakkon)* und **Füssenich** b. Düren (= Fussigny in Frkr.) den Sinnverwandten *Geldenaken, Lodenaken* in Belgien:

geld, lod, fuss meinen sumpfig-schmutziges Wasser, siehe Füssenich! Vgl. auch *Evenacke:* Eving b. Dortmund, zum Wasserwort *ev (av)!* Ein Waldbach **Vussem** in der Eifel. *Vosse-meer, Vosvliet* in Holland, *Vos-siepen* b. Hagen bestätigen den Wortsinn. Eine **Fösse** fließt zur Leine.

Voxtrup b/Osn. wie *Buxtrup: Buckesthorp* siehe Vochem!

Vragender u. *Vragenze* (Frenz/Aachen) sind vorgerm.: *vrag - brag* „Sumpf".

Vries, Vrees, Moororte in O. u. Holld, enthalten wie der Friesenname das prähistor. *vris* „Moder, Moor", bestätigt durch *Vrisela* 1195 (Vrijsel), *Vrisebeke, Vrisendonk.*

Vüchtel *(Vucht-lo* 1327) b. Oythe (wie Fochtelo/Holld) s. Feuchtwangen! Vgl. Füchtorf am Füchtorfer Moor!

Vussem b. Euskirchen siehe Vossenack!

Waake ö. Göttingen siehe Wachholz!

Waalsen *(Walehusen)* siehe Walbeck!

Wa-bach, Zufluß der Lenne am Vogler, siehe Wadern.

Wabe (1349 *Wavene),* Zufluß der Schunter ö. Brschwg, verrät sich durch die Endung als prähistorisch, entsprechend der Fuse *(Fusene),* Bille *(Bilene),* Trave *(Travene) us*w., mit denen sie form- und sinngleich ist: zum Sumpfwort *wab (wabr)* siehe Wabern, Wewer, Woffleben!

Wabern b. Fritzlar (zw. Eder u. Schwalm) deutet auf sumpfige Lage (noch holsteinisch meint *wäwer* „morastiger Boden"): dazu **Wabern** b. Bern, **Wawern** b. Prüm u. Conz (Mosel), Wawre/Belgien, Fluß Wawer/England u. Holld, *Wawuri:* **Wewer** a. Alme b. Paderborn, silva *Wavra:* der Foferwald, pagus *Vabrensis:* La Woevre (marécageuse!)/Frkr. Als kelt. Entsprechung setzt A. Dauzat *vobero* an: vgl. dazu *Voberna* am Chiese/It. und *Vobesca*/Spanien. In E.: *Waverkeworth, Waverton, Wavendun.*

Wachholz *(Wakholt)* b. Stade meint modrig-sumpfiges Gehölz *(wak, wach* = „feucht, modrig"). *Wake-sele* „sumpf. Niederung" in Brabant entspricht daher Dude-, Germe-, Lite-, Sweve-sele. Dazu **Waake** b. Eupen u. Göttgn, **Wacken, Wackenbeck,** Wackenhusen in Holstein neben hochdt. **Wachenhausen** ö. Northeim. Eine **Wachmecke** *(Wakenbeke)* fließt b. Iserlohn. Wachstedt im Eichsfeld entspricht Küllstedt, Büttstedt, Sollstedt ebda. Mehrfach auch **Wachendorf** *(Wakendorf).* **Wachenheim** b. Worms, **Wachenbach**/Württ. Vgl. die **Wachau** a. Donau. Und der *Vacalus* (**Waal**) ist nicht „krumm" (so Krahe), sondern gleich dem *Guttalus!* Keltoligur. sind *Vacua, Vacomagus* (Rigomagus), *Vacontium* (Tincontium).

Wachtendonk b. Krefeld entspricht *Corsendonk, Millendonk, Cervendonk,* — lauter „Hügel in sumpfiger Umgebung". *wacht* (vgl. wak, wach = feucht, modrig, sumpfig) begegnet auch in *Wachtebeke*/Holland u. **Wachtum** in Drente u. im Moorgebiet der Hase/Radde (wie Ankum, Balkum, Basum, Winkum ebda). Daß auch **Wächtersbach** a. Kinzig/Hessen nebst Wächterode 1266/Werda nichts mit Wächter zu tun haben dürfte, ergibt sich aus Parallelen wie Leichtersbach, Züntersbach/Südrhön, Albersbach (805 Albenesbach!), Bidersbach, Quidersbach, Solersbach usw., die sämtlich Gewässernamen zur Grundlage haben!

Wacken-beck, -husen siehe Wachholz! **Wackersleben** (am Bruchberg!) südl Helmstedt stellt sich zu Wegers-, Oschers-, Baders-, Hedersleben — alle mit sekundärem -r-! und durchweg auf Wasser u. Sumpf bezüglich. Zu **Wackernheim** b. Mainz vgl. Köngern-, Odern-, Gadernheim, Sobernheim usw., zu *Wackersele*/Belg.: Ockersele; **Wackerfeld** i. W.

Waddenhausen w. Lemgo wie *Wadenhusen* (wüst in Hessen) nebst *Wadenfeld, Wadenbach* beziehen sich auf Sumpfwasser: *wad, (wed, wid, wod, wud).* Auch Wahn am moorigen Hümmling beruht urkdl. 1360 auf *Waden!* Ein Sumpf *Wadelache* 1080 am Ndrhein, ein Tümpel *Wadebeke* 1350 b. Münster, eine **Wabeke** am Vogler. Dazu in England: *Wade, Wadehurst, Wadewurd, Wadenhale, Wadentune:* Waddington (wie *Badentune:* Baddington, *Wasentune:* Washington). Siehe auch Wadern, Wattenbach! Zu **Wadersloh** b. Beckum vgl. Gütersloh am Guttesmere (gut = wad). Bei Allenstein ein Wadangen (mit See). In Litauen: Fluß **Vada.** In Gallien: Kastell *Vada; Vadonnacum* (Gannay, Gannat) wie Aronnacum, Antunnacum. In Italien ein See lacus *Vadimonis.* — Zu Waddewarden/Jeverland vgl. Fedder-, Schwee-, Süllwarden!

Wadern/Saar (mit Wadrill ebda) entspricht **Gadern**/Odenwald und **Ladern** 12. Jh./Mosel: zugrunde liegen vorgerm. Bachnamen mit r-Suffix, wie auch die geogr. Lage bestätigt. Zu *wad* „Sumpfwasser" siehe Waddenhausen.

Waffensen am Moor der Wümme (nebst Sittensen, Ippensen, Zahrensen im selben Raum) siehe Woffleben *(Waflica)!* Zu **Waffenrod**/Thür. vgl. Sukkenrode!

Wagenhorst i. W., eine durch sumpfige Niederungen geschützte Hochfläche (altsächs. Volksburg!) sö. Wittlage am Wiehengebirge, entspricht Baten-, Koden-, Kusen-, Elken-, Mus(s)enhorst, Walenhorst, lauter „feuchte, modrig-sumpfige Gehölze". So werden verständlich **Wagenfeld,** Moorort ö. Diepholz, Wagenhoff am Gr. Ise-Moor nö. Gifhorn, *Wagenhusen* b. Balhorn w. Kassel (wie Wagenhausen b. Stein a. Rh.), das Wagental der Holzminde/Weser, **Wagenstadt** am Ostrhein (nebst Broggingen!)/Baden, die **Wagenhart** südl. Saulgau/Württ. (wie Muchen-, Mammen-, Schlitten-, Mörschenhart, hart = bewaldete Anhöhe), der **Wagenbach**/Elsenz, die **Wagenberge** in Baden, Aargau, Tirol, auch **Wagingen** am See/Bayern (wie Copingen, Lugingen), der Wagrain, Wagham/Innviertel, die **Waag** (zur Donau/Slowakei). Deutlich ist *Wage-fenn* (fenn = Moor) nebst *Wageneia* in England, auch *Waganlose* (Waai) in Holland. Zu **Waggum** b. Brschwg vgl. Vöhrum, Mehrum, Borsum ebda.

Wahlen/Saar (1145 *Wala)* usw. siehe Walbeck!

Wahlstedt, Wahlbach, Wahlholz, Wahlscheid, Wahlhausen siehe Walbeck!

Wahmbeck *(Wanebeke)* siehe Wanfried!

Wahn b. Köln siehe Wande! **Wahn** am Hümmling siehe Waden, Waddenhausen!

Wahr-Berg, Wahrstedt, Wahrenholz siehe Warendorf!

Waiblingen b. Stuttgart und **Waibling**/Isar meinen nichts anderes als Dettlingen, Dußlingen, Aidlingen, Möttlingen, Mörslingen, Tuttlingen, Hirblingen (Hürblingen) bzw. Dünzling, Ettling, Mößling usw., die sämtlich auf Moor, Moder und Sumpf deuten. Und so auch **Waibstadt** im Kraichgau (wie Laibstadt, Babstadt, Pfungstadt usw.).

Waibelskirchen wie **Wiebelskirchen. Waibenschwandt**/St. Blasien.

Walbeck a. Aller am Lappwald ö. Helmstedt (auch nö. Mansfeld und w. Geldern) entspricht *Malbeck, Halbeck, Dalbeck, Salbeck, Albeck, Falbeck,* denn *wal* ist eine uralte Bezeichnung für „Sumpf" (noch am Ndrhein!), die uns in vielen Bach-, Flur- und Ortsnamen entgegentritt (vgl. auch westfäl. *Wahlweide* = Marsch). Zur Bestätigung vgl. *Waluth*/1254 a. Somme „Sumpfflur" (Petri) wie die Synonyma *Haluth, Hanuth, Hornuth, Rosuth, Spiloth;* die *Walapa* (Walfe) wie die *Halapa* (Halft), *Salapa, Galapa, Alapa, Falapa;* die Kollektiva *Wal-ithi: Balithi; Halithi: Swalithi; Walathorp:* **Waldorf**/Ahr wie *Halathorp:* Haldorf; *Walescheid:* **Wahlscheid** u. Wallscheid/Rhld wie Halscheid, Malscheid; *Walenhorst*/Osnabrück wie Balen-, Halenhorst; in England: *Walepole, Walemere, Walemershe, Waledene, Walebrok, Waleie.* — *Wal-stede:* **Wahlstedt** b. Segeberg (noch heute Spuren sumpfigen Geländes!) wie *Mal-stede:* Malstedt; *Waleheim:* Walheim b. Aachen; *Walahuson* 950: Wallhausen, Wallhausen, Wahlhausen (Thür., Saar, Rhld) nebst *Waleshusen:* **Wahlshausen**/Schwalm (mit Fugen-*s* wie *Walishem:* **Walsum** b. Ankum, *Walesborn*/Hessen, *Waleswilere*/Prüm, *Wales-ford, -hale, -wood* in E.). Dazu *Wale-.* **Wahlholz**/Mosel (wie Wachholz, Wehrholz!); *Walefeld:* Wallefeld/Sieg; *Walenhusen:* Wallensen b. Hameln; **Wallenbrock**/Tecklbg. **Wahlingen** b. Mstr. (wie Halingen, Schwalingen, Solingen, Sulingen). **Wahlrod**/Westerwald wie **Wallroth** b. Schlüchtern. **Wahlerscheid**/Rhld wie Lieder-, Möder-, Reifferscheid. **Wal(e)gern** i. W. wie Swale-, Bode-, Ede-, Bever-, Mimigern. Auch einfaches **Wahlen** *(Wala* 1145: Saar, Odenwald Eifel, Schwalm). Ein **Wahlenbach** fließt am Steinhuder Meer, ein **Wa(h)lbach** im Hunsrück u. zur Murg, eine *Walbeke* b. Soest, eine **Walpke** im Kr. Arnsberg, eine *Walafa:* **Walfe** zur Werra. Vgl. auch *Walapia* b. Lüttich. *Walentone le Marsh* (Wellington/E.) entspricht Wasentune: Washington (was „Sumpf"). — Auch auf keltoligur. Boden begegnet dasselbe Sumpfwort, vgl. *Valona:* Valonne (wie *Calona:* Calonne), *Valeta* (wie Codeta), *Valeria* (wie Boderia), *Valentia* (wie Cosentia), *Valabriga* (wie Catobriga, Brutobriga, Segobriga, lauter Sinnverwandte, also „Sumpfburg", nicht „Starkenburg", wie E. Schröder S. 21 meinte).

Walchum (mit Walchumer Moor!) b. Lathen/Ems entspricht Dersum, Sustrum ebda, auch Wachtum, Winkum, Ankum usw., lauter „Moordörfer" (-um = -heim). *walk (walch)* „feucht, modrig" steckt auch in dt. „welk". In Holland vgl. die Wasserinsel **Walchern** *(Wal(a)cra)* wie in England *Walchra* (Walkern) und *Walcreton* (Walgherton), mit r-Suffix wie *Winechra:* Wincheringen b. Saarburg, zu kelt. *vinc* (= vin „Sumpf"). Auch ein Fluß *Walcam* in E. Vgl. Welcherath! *Walkenhorst, Walkium* i. W.

Waldeck a. Eder, dessen heutige Schreibung eine „Waldecke" vortäuscht, entpuppt sich wie **Waldegg** b/Witten/Ruhr durch die urkdl. Form *Waldegg, Waldei* als alter Gewässername, wie **Rhenegge** a. Rhene/Waldeck, bestätigt auch durch die westfäl. Bach- und Ortsnamen *Salegge: Saleye — Salvegge: Salvey — Swanegge: Swaneye — Elsegge: Elsey — Geinegge, Postegge, Bonegge* usw., alle auf Sumpf, Moor und Moder bezüglich. *wald* ist begrifflich = *wal* „Sumpf" (siehe Walbeck!), deutlich auch in *Waldenbroch* 1199, **Waldenrath**/Geilenkirchen (wie Kolvenrath, Erkenrath), *Waldesmor* 8. Jh. b. Bremen, die *Waldis* in Hessen, *Waldis-:* Welsleben. Dazu *Waldina:* **Wellen** a. Eder (wie *Waldina* 820 b. Lüttich, vgl. *Geldina: geld* „Sumpf"). Auch **Walluf** am Rhein ist alter Bachname: 840 *Waldaffa!* So wird verständlich der *pagus Waldensis* 516: heute Vaud (vgl. Vaudeville a. Meurthe), **Waadt — Waldenser!** In Pannonien ein Fluß *Valdanus.* Siehe auch Waldrach! In E.: *Weald Moors* (wald = Moorland! A. H. Smith II, 240).

Waldorf/(3mal) Rhld. siehe Walbeck! Waldernbach siehe Waldrach.

Waldrach a. Ruwer wie *Waldraka:* **Wallerchen** im Elsaß und *Waldrica* 1020 (Woudrichem) in Brabant enthalten das Sumpfwort *wal-d* mit r-Suffix wie Duverica, Bederica: *wald-r,* bestätigt durch *Walder-slade, Walder-Fen, Walderne* in E. Vgl. auch **Waldernbach**/Lahn, **Waldersbach**/Vogesen. Siehe Waldeck!

Walfe *(Walafa),* Zufluß der Werra, siehe Walbeck!

Walgern, Walheim, Walhausen siehe Walbeck! Zu **Walhorn** bei Eupen vgl. Balhorn, Alhorn.

Wallau (assimiliert aus *Wana-lo)* siehe Wanfried!

Wallbach (Taunus, Baden), Wallscheid siehe Walbeck! **Wallstadt** am Rhein b. Mannheim hieß im 8. Jh. *Walahastat,* wie auch **Waldstetten**/Württ.: 793 *Walahsteti;* es entspricht somit *Alahstat* 831/Wetterau (beide mit Sproßvokal zwischen Liquida und Guttural). *alk, alh* meint „Sumpf", ebenso *walk, walh,* siehe Walchum!

Wallmerod und **Wallmenroth** im Raum Westerwald/Sieg stellen sich zu Almerode, Allmenrod, Elbenrod, Elkenroth, Lichenroth, Vadenrod,

Wallenrod usw., alle auf Gewässer Bezug nehmend. Eine **Walme** *(Walmana)*, mit Walmen-Mühle, fließt westl. Korbach/Waldeck: sie verrät sich schon durch die Endung *-ana* als vorgermanisch-prähistorisch, vgl. die *Almana* (Alme), die *Galmana, Salmana, Helmana* (Helme), *Adrana* (Eder), *Logana* (Lahn), *Amana* (Ohm), *Orcana* (Orke/Eder) usw., womit auch der Wortsinn von *wal-m (al-m, gal-m, sal-m)*, nämlich „sumpfiges Wasser", gegeben ist; vgl. auch *wal* unter Walbeck! **Welmen** ö. Wesel ist mit Umlaut eingedeutscht aus *Walmina* wie **Gelmen** (Belgien, Westf.: b. Soest) aus *Galmina* 966 (galm „übler Geruch"). Ein **Walmen** b. St. Avold/Lothr.! Ein **Wallmenach** ö. St. Goar. — **Walluf** s. Waldeck.

Walme *(Walmana)* siehe Wallmerod! **Walpke** s. Walbeck!

Walsbeck, Zufluß der Wipper, mit Fugen-*s* wie **Walsrode,** *Walesheim:* **Walsum** nö. Duisburg u. bei Ankum, *Waleshusen:* Wahlshausen/Schwalm, und *Walesford*/E. siehe Walbeck! Desgl. **Walsen** *(Walehusen)* b. Diepholz.

Walsheim/Saar, Pfalz ist verschliffen aus *Walahesheim* wie **Alsheim** (Worms u. Speyer) aus *Alahesheim (walk, walch* = alk, alch = Sumpf!). Siehe Walchum, Walchern!

Walsede am Moor der Wümme wie **Welsede** in Lippe und **Wilsede** sind Kollektiva auf -ithi, -ede: *wals, wels (wils)* sind Erweiterungen zu *wal, wel, wil* im Sinne von Sumpf, Moor. Siehe auch Walsbeck!

Walstedde nö. Hamm/Westf. entspricht **Diestedde** ö. Beckum/Westf.; es sind Stätten an sumpfigem Wasser. Siehe Walbeck!

Walsum b. Duisburg u. Ankum siehe Walsbeck u. Walbeck!

Walterscheid/im Bergischen, das den Pers.-Namen Walter vortäuscht, entspricht Möderscheid, Reifferscheid, Liederscheid, Wahlerscheid, alle auf Sumpf, Moor und Moder deutend. Zu *wald-r, walt-r* siehe Waldrach: 981 *Waltracha.* Vgl. silva *Waltresholz* 1144/Siegbg. Ein Wald *Walteri saltus* 1190 b. Calais (entsprechend dem *Salteri* mons: Selter, zu *salt-r* „Sumpf, Schmutz"). **Waltrop** *(Walathorp)* w. Lünen a. Lippe siehe Walbeck!

Wambach *(Wanebach)* siehe Wanfried! Wanscheid! Wanne!

Wambeln nö. Werl/Westf. und **Wamel** am Möhne-See südl. Soest sind verschliffen aus *Wame-lo* wie **Ameln** b. Jülich aus *Ame-lo* (vgl. *Rame-lo!)*. *wam, am, ram* sind prähistor. Termini für Wasser, insonderheit sumpfiges. Ein *Wame-lo* auch in Holland, ein *Wambewelle* in England. Siehe auch Wemme!

Wande: Eine Wande fließt mit der **Wende** zur Ruhr ö. Neheim-Hüsten: bei Bruchhausen, womit zugleich topographisch der Wortsinn angedeutet ist;

denn *wand* (*wend, wind*) ist ein uralter idg. Terminus für Wasser, Sumpf, Moor, schon altindisch als *wandu* bezeugt und noch im Litauischen lebend. Auch zur Twiste b. Volkmarsen in Waldeck fließt eine **Wande,** desgl. bei Much im Bergischen: heute **Wahn** (wie der Ort **Wahn,** alt *Wande*, b. Köln!). Ein *Wande* lag 1150 auch b. Witten a. Ruhr. Siehe auch Wandsbek, Wende, Winde! *Wandria* 902 b. Lüttich; *Wandeford*/E.

Wandsbek ö. Hamburg liegt an der **Wandse,** Zufluß der Alster, mit der sie in die älteste Vorzeit hinaufreicht, wie das vorgerm. Suffix *s* (bzw. *str*) schon verrät: zu *wand* „Wasser, Sumpfwasser" siehe Wande! Vgl. die *Lodosa, Idasa* u. ä. *wand: wind* wie *and: ind* (Nasal-Infix)!

Wanfried a. Werra ö. Eschwege ist ein instruktives Beispiel für die Unbrauchbarkeit des überlieferten Wortschatzes, wie ihn die Wörterbücher bieten, wenn es um seltenste oder fast einmalige prähistorische Gewässernamen geht. Daß Wanfried (um 860 *Wanefreoda, -freodum:* Dativ pluralis, 1015 *Wanefredun*, 1574 *Wanfriede*) ursprünglich ein dort zur Werra fließendes Bächlein bezeichnet haben muß, unterliegt keinem Zweifel. Die Erklärung aus dem Germanischen freilich, die E. Schröder (verleitet durch Frieda a. d. Frieda, Zufluß der Werra) versucht hat, nämlich „leere Fruchtbarkeitsspenderin" ist lediglich als Spielerei üppiger Phantasie zu werten — in sprachlicher Hinsicht sogar grotesk: denn mhd. *wan* „Mangel habend" (wie in „Wahnsinn") läßt sich nicht mit altnordisch (!)frjova „fruchtbar machen" koppeln, zumal das Ergebnis einfach Widersinn ist! *Wanefredun* entspricht vielmehr *Batfridun:* Beffern in Belgien, wo *bad, bat* „Sumpf, Moor" meint, und die anzusetzende Grundform *Wanafrida* ist deutlich Parallele zu *Navafrida* (1010 in Spanien!), *nav* wie in *Nava:* die Nahe, ein uraltes vorgerm. Wasserwort; dazu auch *Stillefrida*/Ö. (und Bach Stille, zu vorgerm. *still, til* „Moder"). Wie *bat, nav, stil* kann also auch *wan* nur ein Wasserbegriff sein: als „Sumpf" und „Moor" begegnet es denn auch zur Genüge in alten Bach- und Ortsnamen!

So schon im prähistor. *Wanapa: Wanepe* 1210 in Overijssel: mit dem Wanneper Veen (= Moor!), vgl. das Heseper Moor/Ems. Auch in kelt. Bachnamen: *Wanion*/Belgien, *Waninga* flumen 943: Wenagne/Namur. Desgl. in *Wanlin, Wenlin*/Belgien (wie Machlin: Mecheln). Den Wortsinn bestätigen aufs beste: *Wana-lo* (Ndrhein b/Jüchen, Mosel, Taunus: Wallau) wie *Ane-lo* (lo = sumpfige Stelle), *Wane-mala* analog zu *Benemala, Dudemala, Wisemala, Halmala, Litmala, Rosmala* in Brabant, *Wanespic*/E. („Sumpftümpel") wie Heri-spich, Lonspich, *Wanethwaite*/E wie Rosthwaite („sumpf. Wiese"), **Wanscheid** Kr. Schwelm wie Walscheid, Schwalscheid, Selscheid, Merscheid usw. (scheid „Waldbezirk").

Und so meint auch *Wanebach* nicht „wasserarmer“, sondern „sumpfiger“ Bach: die heutigen Formen sind (assimiliert) **Wambach** (Taunus, Lux., Aachen) wie *Banebach:* Bambach, *Hanebach:* Hambach, *Wenebach:* Wembach, lauter Sinnverwandte, bzw. **Wahmbeck** a. Weser (Reinhardswald) u. die Wahmbeke *(Wanbeke* 1028) b. Brake (Lippe), auch **Wohnbach**/Wetterau (1295 *Wanebach).* Neben *Wanebach* begegnet (mit Fugen-*s)* auch *Wanesbach, Wonsbach* (wüst b. Aula/Hessen), neben *Wanhusen* 880 (**Wahnhausen** a. Fulda ö. Kassel) auch *Waneshusen:* **Wonshausen** a. Nidda u. *Wanesheim* 800 (**Wonsheim** b. Alzey); ein *Waneswald* 837 am Ndrhein. — Eine anschauliche Realprobe liefert der Moorort **Wanna** (1059 *Wane)* im Land Hadeln! Siehe auch unter Wanne! **Wanfried** *(Wanefred)* entspricht zweifellos dem kelt. Flußnamen *Wenfrud* „Sumpfbach“ in England/Wales (866 *Wenfert),* der mehrfach auch in engl. ON. als *Wen-, Wanfred* (heute Wanford, Winford, Winfrith) fortlebt!

Wanne (-Eickel) a. Ruhr führt den N. der dortigen Wanne (890 *Wanomana,* vgl. Mettmann/Ruhr: *Medamana* — beides vorgerm. Bachnamen). Zu *wan* „Sumpf“ siehe Näheres unter Wanfried! *Wanne* hieß auch die Fulda an ihrem Oberlauf. Gleichnamige Waldorte begegnen in der Schwalm, am Vogelsberg, in Schaumburg-Lippe: so b. Monscheid/Treysa, b. Pötzen, b. Salmünster/Kinzig: dort die **Wann,** ein Wiesengrund am Wanneberg. Vgl. die Rauhe Wanne, ein Berg südl. Nördlingen. Auch in Württ.-Baden mehrfach als Flurname, dazu Wanne(n)bäche und Wannengraben. Nur bei jungen Namen ist es statthaft, an Wannen- oder Muldenform zu denken. — Zum Moorort **Wanna** in Hadeln (mit Moor u. See) vgl. den **Wann-See** b. Berlin!

Wapel, Zufluß der Jade i. O., meint „Sumpfbach“ (altfriesisch *wapel, wepel).* Vgl. den *Waplinga palus* bei Adam v. Bremen 11. Jh. Dazu der **Wapelbach** b. Wiedenbrück, **Wapelhorst** (1088 *Wapuli)* ebda (vgl. Stapelhorst!) und **Wapelfeld**/Holstein (vgl. Stapelfeld!). Siehe auch Wepel, Wepstedt. Ein *vap* „Sumpf“ auch im Altbulgarischen; vgl. ligur. *Vapincum* (Gap/Frkr.) wie Donincum, Lovincum, Asincum, und *Wapeium:* Woippy b. Metz. In E.: *Wapley, Waplin(g)ton* (wie Spredlington!).

Warber a. Aue in Schaumburg ist vergleichbar mit *Retbere* (Rabber), *Swecbere* (Schwöbber), *Wenebere* a. Wene u. ä., alle auf Sumpf u. Moder bezüglich: *Wertbere* 1284 bestätigt es, vgl. *Werta, Wertvliet*/Holld.

Warbeyen b. Kleve *(Werbede* 1122) entspricht *Herbede, Horbede, Lobede, Risc-bede,* lauter „Sumpfniederungen“! **Warburg** *(Wartberch)* s. S. 522

Warche mit der Warchenne *(Varcenna)* b. Malmedy ist vorgerm. Flußname wie die Warche (950 *Warchina)* b. Naumburg. Vgl. ahd. *warch* „Eiter“.

Ein **Warching** b. Donauwörth (wie Marching b. Kelheim/Donau: auch *mark, march* meint „Schmutz, Morast"). — **Wardenstede** i.O. s. Warendf!

Warendorf/Westf. liegt an einer **Ware:** *war* ist ein altes idg. Wort für „Wasser, Sumpf, Moor" (als Variante zu *wer, wir, wor*). **Warfleth** nebst Elsfleth a. Unterweser sagt es deutlich. Dazu **Waerland; Warstade**/Unterelbe; **Wahrstedt** (Moorort b. Wolfsburg), wie Kührstedt, Sellstedt usw., und **Wahrenholz** nö. Gifhorn. Zu **Waroldern** ö. Korbach/Waldeck vgl. Affoldern b. Waldeck *(af = war)*. **Warpe** südl. Hoya/Weser entspricht **Marpe:** *War-apa, Mar-apa* sind uralte „Sumpfbäche" (apa = „Wasser, Bach"). Ein **Wahr-Berg** b. Alfeld entsprechend dem *Als-, Fach-, Gleich-, Her-, Latt-, Rött-, Rohr-, Rusch-, Schleif-, Hehl-, Seim-, Sehl-, Sohl-, Süll-Berg!*

Auf keltoligur. Boden vgl. die Flüsse *Var*/Rhone, *Varavus*/Lig., *Varusa*/Po, *Varandra*/Frkr., auch ON. *Varada*/Spanien (wie Cesada, Bursada, Rurada, alle auf Sumpf deutend), und die Völker *Varasci* am Dubis, *Varisti*/Sudeten (mit venet. st-Suffix). Eine *Warica (Warich* 1170) ist die Währing/Ö. Auch die Erweiterung *vard (ward)* meint dasselbe: Fluß *Vardo*/Ligurien, Fluß *Varduva*/Litauen. Dazu *Vardera* 851: Vardes a. Seine, *Warde-los*/Belgien (wie Bage-los, Mor-los), *Ward-lo*/Veluwe, *Wardon-mersk, Wardeleg, -lawe, -hill; Wardington/E.*

Warme, Zuflüsse der Diemel, der Weser, der Elze, hat mit „warmem" Wasser (so A. Bach) nichts zu tun, wie die urkdl. Form *Warmene* lehrt, urspr. *Wermene, Wormene* 987, ein prähistor. Flußname auf *-ana,* wie die Fuse(ne), Arse(ne), Beste(ne), Bille(ne): die *Wermene* fließt mit der *Sidene* (Siede) b. Nienburg zur Weser, eine *Wermana* (1005), heute **Wörmke,** zur Emmer b. Lügde (Sumpfgegend!), eine *Vermena* auch in Litauen! So werden verständlich auch **Warmen**/Ruhr (vgl. Barmen!), **Warmeloh** b. Nienburg, **Warmau** am Barnbruch ö. Gifhorn. Zu *Wermarda:* Waarmaarde/ Brabant vgl. Bagarda/Somme (bag = „Schlick"). Ein *Werme* in Belg., *Vermeria* 717 in Frkr. *Vermenton, Vermoial* 1266 ebda. Siehe auch Würm, Wormeln!

Warndt: Der Warndt, ein Waldgebiet bei Forbach/Saar (an d. lothr. Grenze), spiegelt im N. seine Feuchtigkeit. Zugrunde liegt vorgerm. *War-anda.*

Warne, Zufluß der Oker/Harz, siehe Werne! Desgl. **Warnstedt! — Warpe** *(Warapa)* s. Warendorf! Vgl. Berg **Warpel** ö. Kassel, *Warpessun* 1015: **Warbsen**/Leine wie *Pumessun, Sidessun; warp, werp, worp* = Sumpf!

Waroldern/Waldeck siehe Warendorf!

Warsbach/Elsaß *(Warahesbach)* siehe Warche! **Warstein** 1072 wie *Slop-st.*

Warxbüttel b. Brschwg siehe Harxbüttel! **Wartenbek, -horst** s. Warburg!

Warzen, Quellort am Rett-Berg (und Wahr-Berg) b. Alfeld/Leine, deutet auf urspr. *Wardessen,* wie das benachbarte **Gerzen** auf *Gerdessen* (vgl. auch Petzen, Weetzen, Laatzen). Zu *ward* siehe Wardlo, Wardeböhmen unter Warendorf!

Wäschbach (mehrfach in Württ. u. Baden) nebst Wäschgraben b. Stockach und der Weschbrunnen (z. Schwarza/Schlücht), im Mittelalter alle stets *Wesch-* geschrieben, haben mit „Wäsche" nichts zu tun; es sind sumpfige Gräben, entsprechend der *Weschenz:* **Weschnitz** (767 *Wischoz),* wo idg. *wisc* (vgl. lat. *viscosus* „klebrig") zugrunde liegt. Vgl. auch kelt. *ves, vis* „Sumpfwasser, Moder" und altindisch *wäs* „Moder".

Wascheid b. Prüm/Eifel entspricht den benachbarten **Lascheid** und **Rascheid:** *wad, lad, rad* meinen „Sumpf und Moor". Siehe Wadern!

Wassenach w. Andernach gehört zu den N. auf keltisch *-acum* wie Gappenach, Kolbenach, Rübenach, Montenach. Zu kelt. *vass* vgl. *Vassonia* wie *Nassonia, Lassonia* (und die kelt. Lassuni), womit der Wortsinn „Sumpf, Moder" gesichert ist. Ein **Wasselnheim** in den Vogesen, ein **Wassenbach** in Baden. *Wassenhusen*/Hessen (wie Wagen-, Wanenhusen).

Wasungen/Werra entspricht Madungen, Rüstungen, Heldrungen: vgl. ahd. *waso* „Sumpfboden". Dazu *Wasia* 868: Waasland/Fld., *Wasna, Waslar*/ Belg., *Wasentune:* Washington!

Wathlingen a. Fuse südl. Celle entspricht **Reitlingen** *(Rethlage)* und **Varlingen** *(Verlage): wat, ret, ver* meinen „Sumpf, Ried, Moor".

Wat(h)enstedt (b. Salzgitter u. Schöppenstedt) nebst Athenstedt siehe Wathlingen!

Wattenbach zur Murr, auch ON. b. Kassel und b. Ansbach entspricht Attenbach, Battenbach, Hattenbach, Lattenbach, lauter Synonyma für sumpfig-schmutziges Wasser; ist also keineswegs ein Bach, den man „durchwaten" kann (wie Edw. Schröder harmlos meinte). Auch **Wattenheim**/ Pfalz neben Atten-, Batten-, Hatten-heim bestätigt es. Desgl. **Wattenscheid**/Ruhr wie Rüttenscheid, **Wattendrup** i. W. wie Göttentrup, Wissentrup, **Wattenweiler** am Wattenbach/Schwaben wie Atten-, Hattenweiler, **Wattweiler**/Pfalz wie Battweiler, **Wattenberg**/Baden wie Battenberg, Lattenberg. Die **Watter**/Twiste hieß Wetter! Zum Sumpfwort *wad, wat* siehe auch Waddenhausen, Weddingen, Wadern! In England vgl. *Watenhale* (neben Wadenhale), *Watedene, Wateleg, Watford.* — Zu **Watzerath** b. Prüm s. Matzerath, Datzerath. Vgl. *Vatusium:* kelt. *wat* „Sumpf".

Watzum b. Schöppenstedt ist zu beurteilen wie **Atzum** und **Eitzum** ebenda: verschliffen aus *Wadesheim, Adesheim, Edesheim,* lauter Sumpf- u. Moororte. Siehe Wattenbach, Waddenhausen! **Waukemicke** s. Wocklum!

Wawern b. Saarburg u. Prüm siehe Wabern!

Webicht, ein Wald b. Weimar, siehe Wabern, Wewer, Weweler! Vgl. auch **Webenheim** a. Blies/Saarpfalz. *Webbekom*/Brab., *Webbery, Wibelei*/E.

Wechingen im Ries verrät schon durch seine feuchte Lage seine Bedeutung: es entspricht Hechingen, Bechingen, Gächingen, Fechingen usw. Zugrunde liegt *wach (wech)* „feucht, modrig" (vgl. auch Wacholder: mhd. wechalter, wacholter, vom weichen Mark!).

Wechold im Weserbogen westl. Verden, wo Blender, Beppen usw. der Vorzeit angehören, hieß urkdl. *Wechlede* (um 1100), ist somit Kollektiv auf -ithi, -ede wie *Buclithi:* **Bückelte,** *Druchlithi:* **Drüggelte,** *Getlithi:* **Gittelde,** *Hebelde:* Hebel usw., sämtlich auf Moder, Moor, Sumpf bezüglich. Zu *wek, wech* vgl. auch **Wechele** *(Wec-lo)* b. Deventer (wie Lettele: *Letlo* ebda); *Wec-sete* **Wext** b. Lengerich (wie *Mar-seti:* Mast, *Loc-seten:* Loxten); auch **Wechmar** a. Gera b. Gotha, wie Weimar, Vilmar usw. *Wec-husen* 1150 ist das heutige Weghaus i. W. (wie *Scel-husen:* Schellhaus, *Broc-husen:* Brockhaus).

Wechsungen (Wessungen) siehe Wesseln!

Weckbach b. Miltenberg a. Main (nebst Mudbach ebda) erinnert an Meckbach und Seckbach, alle im Sinne von Moder-, Moorbach. Zur Form *wech, weck* vgl. mhd. wechalter, weckelter „Wacholder". Und so entspricht **Weckrieden** b. Schwäb.-Hall: Herrieden, Larrieden, Druchrieden, Dachrieden, lauter Sinnverwandte. Zu **Weckesheim** *(Weckenesheim)*/Wetterau vgl. Büdesheim, Rüdesheim, Biedesheim usw.; zu **Weckingen** im Thurgau: Wechingen im Ries.

Weddingen a. Wedde nö. Goslar (urkdl. *Waddingi)* entspricht Körlingen *(Curlingen), Sleningen* ebenda. Zu idg. *wad (wed)* „Sumpf" siehe auch Waddenhausen, Wadern, Weddeman, Weischer! **Weddewarden** bei Bremerhaven stellt sich zu **Waddewarden,** Asch-, Schwee-, Süllwarden. Dazu auch **Weddel** ö. Brschwg u. **Weddelbrock** b. Bramstedt. Zu **Weddingstedt**/Holstein vgl. Tellingstedt, Bollingstedt, Hollingstedt/Treene/Eider: auch *tel, bol, hol* meinen „Moor, Moder"! Ein Weddendorf am sumpf. Drömling; ein **Wedde** im Moor der Mussel.

Wederath b. Bernkastel/Mosel entspricht Möderath, Kolverath, Greimerath, Randerath: zu *wed* siehe Weddingen! **Wedehorn** nö. Sulingen meint „feuchter Waldwinkel" wie Uhlhorn, Ahlhorn, Gifhorn, Balhorn. **We-**

dern b. Wadern/Saar siehe Wadern und Weddingen! Vgl. auch **Gedern** neben Gadern! Ein **Wedelbach** fließt zur Rems.

Weende, Bach und Ortschaft nö. Göttingen, urspr. *Wenede*, mit Dentalsuffix wie die Rahmede in Westf.: *wen*, *ram* sind alte Sumpfwörter. Ein **Wehnde** weiter östlich im Eichsfeld. Siehe Näheres unter Weener, Weine, Wenne!

Weener a. Ems (Moorort), urkdl. *Wenari*, mit r-Suffix wie *Dudari*, *Fanari*, *Ickari*, *Arnari*, lauter Sinnverwandte, siehe Weende, Weine, Wenne!

Weese *(Wisi* um 1000) am Vinter Moor ö. Bramsche deutet auf „Moder, Sumpf, Moor“ (idg. *wes, wis)*. So auch **Weesen** b. Celle, urkdl. *Wesende* (wie Helende, Holende: hel, hol = Moor), und **Weseke** w. Coesfeld (wie Geseke, Leseke, Seseke). Ein **Wese**-Bach fließt in Waldeck zur Eder.

Weetzen b. Hannover siehe Laatzen!

Wefelen nö. Aachen (1191 *Wivelheim*) und **Wefensleben** s. Wiebel-!

Wega a. Eder und *Wegha* 961 in Flandern wird deutlicher durch *Wege* (Weyhe) mit Sumpf im Kr. Syke u. Fluß *Wege* (Wey) in England: *weg (wig, wag)* meint „Wasser, Sumpf“, schon im alten *Vegium*/Liburnien. Daher die **Wegewiesen**/Württ., **Wegebach** 1196/Schwalm, der **Wegelbach**/Elz; **Wegfurt** a. Brend und a. Fulda nö. Schlitz; **Wegeleben** a. Selke (wie Bade-, Dede-, Inge-, Gorleben), *Wege-sate* 942 wie Hunesate, Voresate (Förste); **Wegenstedt** am sumpf. Drömling, **Wegensen** am Ith (wie Brunkensen, Brockensen, Wallensen ebda, lauter Synonyma), Wegerden am Süntel (um 1100); zu *Wegbani* um 1000 a. Schunter vgl. *Hasbani* (has = Ried, Moor). Siehe auch **Weyhausen!**

Wehingen/Württ. (auch Saar) entspricht Spaichingen, Ridingen, Kolbingen, Dauchingen, Biesingen im selben Raum, deutet also auf feuchte Lage: an der Bära. *Weg-*, *Waehinga* 1030. Vgl. **Flehingen:** *Flahinga!*

Wehde, Waldberg b. Hilter i. W. deutet wie *„zur Wede, Wehe“*/Ankum auf altes *Wide (wid* = „feuchter Wald“). Vgl. *Wedehorn*.

Wehlen a. Mosel entspricht Nehren, Könen, Schoden, Taben, Traben ebenda, alle auf alte Gewässer Bezug nehmend. **Wehlheiden**/Kassel ist entstellt aus urkdl. *Wel(h)ede: welh* „feucht“ wurde zu *wehl* wie *elh* zu *ehl* in Ehlen/Kassel (s. dies!).

Wehnsen nö. Peine beruht auf *Wenehusen* wie das nahe **Ahnsen** a. Oker auf *Anehusen* und **Dehnsen** a. Leine auf *Denehusen: an, den, wen* meinen Wasser, Sumpf, Moor. Siehe Wenne, Weine.

Wehrda nö. Marburg a. Lahn kehrt wieder zw. Hünfeld u. Hersfeld, wo Rhina, Jossa, Aula, Kleba, Eitra, Sorga, Herfa, Geisa, Sünna, Fulda lauter uralte Gewässernamen darstellen: die Endung -a stammt aus der

Kanzleistube. Eine *Werdupa* 838 am Ndrhein, e. *Wirdepe* 1313 b. Meschede. Ein *Werde* auch b/Namur, wo ahd· werid „Werder, Flußinsel" topogr. unmöglich ist. Ein sumpf. *Verdes* in Frkr. Auch **Werd-ohl** a. Lenne wie *Bin-ole* bestätigt *werd* als Sumpfwort! Siehe auch **Wertach!**

Wehren nö. Fritzlar stellt sich zu Zwehren, Züschen, Maden, Dissen, Elben, Wellen, deutet also auf Wasser u. Sumpf; desgl. Wehren a. Werre ö. Detmold und **Wehre** a. Wehre ö. Goslar. Zu *wer* „Sumpfwasser" vgl. auch Werbach, Werl, Werla, Werlte, Werste, Wehrholz, Wehrstedt, Wehrheim, Wehrbleck! **Wehrheim** im Taunus hieß 1046 *Wirena (wir = wer)* wie Fechheim/Coburg 1162 *Vechena:* beides sind alte Bachnamen!

Wehrenhagen: Der Wehrenhagen b. Detmold hat seinen Namen von der Werre (1380 *Werne),* die durch Detmold fließt; als Synonyma vgl. *Mudden-, Ruschen-, Sorenhagen!* Eine **Wehra** (mit Ort Wehr), 1256 ff. *Werra,* fließt b. Säckingen z. Rhein.

Wehrholz, *Werholz,* allein in Hessen 5 mal als Waldortname begegnend, wird deutlicher bei Vergleich mit Meerholz, Wachholz, Wahlholz, *Beleholt, Bogeholt* u. ä., lauter „feuchte, modrig-sumpfige Gehölze": *wer* „Wasser, Sumpf" siehe Wehren, Wehre! Schon die häufige Wiederkehr von Wehrholz bestätigt diesen Sinn und zeigt die ganze Abwegigkeit der phantastischen Schröderschen Deutung als „Gehölz, wo sich ausgewachsene Mitglieder des germ. Männerbundes versammelten"! Vgl. auch **Wehrheim**/Nassau *(Werene),* **Wehrstedt** b. Halberstadt (nebst Quenstedt, Silstedt, Neinstedt ebda, lauter Sinnverwandte!). Weiteres unter **Werl(a).**

Weibeck b. Hameln siehe Wichern!

Weibern (nebst Morswiesen!) nö. Mayen hieß *Wiweri,* was auf Sumpfwasser deutet: zu *wiv* vgl. *Wieve-siek*/Lippe (wie Sus-siek, Hach-siek, Hel-siek, Getsiek), auch *Wijwe-keen*/Holland. Eine **Weive** fließt zur Nuhne/Eder. Dazu **Weifenbach** b. Biedenkopf/Lahn. Ein *Wiveton* in England. Auf kelt. Boden vgl. in Frkr.: *Vivonium, Viviniacum, Vividona* und die *Vivisci!* In Brit.: Fluß *Viver.* Vgl. *Vibiscum: Tibiscum, Tiriscum!*

Weichs b. Dachau siehe Wiechs! **Weichtungen** im Grabfeld entspricht Strahlungen, Hendungen, Behrungen im selben Raum, die wie alle N. auf *-ungen* auf Gewässer Bezug nehmen (siehe Bahlow im Nd. Korresp.-Bl. 1961). Vgl. Wichtenbeck w. Ülzen und Wichte b. Morschen a. Fulda. Ein **Weicht** in Schwaben.

Weichsel *(Visculus* sive *Vistla*/Plin.) siehe Weser, Wiechs!

Weidesheim b. Euskirchen und a. Saar geht zurück auf *Widenesheim* wie **Deidesheim**/Pfalz auf urkdl. *Didenesheim,* Edesheim/Pfalz auf *Edenes-*

heim, Büdesheim auf *Budenesheim,* lauter Sinnverwandte! Zu *wid* „Sumpfwasser" (vgl. *wed, wad)* siehe Wied!

Weifenbach siehe Weibern!

Weigenbach, Weig(en)heim / Württ., *Weygegraben* 1442 / Schweiz, siehe Wiegleben!

Weihung, urkdl. *Wiana, Weien,* Zufluß der Iller südl. Ulm, mit Weinstetten, ist ein deutlich prähistor. Bachname. Siehe Weimar! Wiehe!

Weil *(Wilina!),* Nbfl. der Lahn, mit **Weilburg** a. d. Mündung, Weilmünster und **Weilnau** *(Wilenau)* wie Amönau a. Amene (Ohm), verrät sich durch die Endung als vorgerm.-prähistorisch, vgl. die *Fachina:* Fecht/Elsaß u. v. a. Damit erledigt sich der absonderliche Einfall Behaghels und Schröders (S. 277), die den N. der Weil von einer röm. „Villa", in deren Hof sie entspringe, herleiten wollten! Wie die *Fachina, Lopina, Brachina, Uchsina, Juchsina* usw., so meint auch die *Wilina* nichts anderes als sumpfiges Wasser (vgl. *Wil-slade*/E.). Eine *Vilana* fließt in der Bretagne (der *Britania in paludibus!),* eine *Wilepe:* **Wilpe** zur Twiste/Diemel (vgl. die *Welepe* und die *Walepe!),* eine *Wila* 1137 mit Ort **Wiehl** im Bergischen, ein *Wiley* in E., ein **Weilbach** (1513 Wylbach) in Württ., eine *Wilija* mit Wilna in Litauen. Siehe auch Willstedt, Wilster, Willich.

Weilar a. Felda/Nord-Rhön (nebst Geblar und Buttlar ebda) siehe Weimar!

Weimar *(Wimar* 1097) a. Ilm/Thür., auch b. Kassel (nebst Vellmar) und südl. Marburg sowie Weimar-Schmieden/Rhön meint einen sumpfigen Quellort, worauf schon das Grundwort *mar* deutet, wie in *Vilmar, Wechmar, Bettmar, Rettmar, Schötmar, Germar, Hademar* usw. Vgl. **Weilar** a. Felda und **Weibeck** nw. Hameln (alt *Wichbeke). wich* bzw. wurzelhaft *wi* liegt auch vor in **Wiehe** a. Unstrut, **Wiehoft** (Zufluß der Ems, aus *Wi-apa!)* wie die Matzoft, Wiehen-Grund/Weser, **Wiehen**-Gebirge/Teutoburger Wald. *Wi(g)enbeke* 1380: die **Wiemke** in Lippe.

Weinähr a. Lahn ö. Nassau (Mündung des Gelbachs) enthält in Ähr einen vorgerm. Bachnamen *An(a)ra,* siehe Anraff!

Weine a. Alme *(Almana)* b. Paderborn hieß urkdl. *Wene* „Sumpfwasser", siehe Wenne. Zum Lautwandel *e: ei* vgl. Deine neben Dene; Beinhorn für Benehorn usw.

Weinheim a. Bergstraße (auch b. Alzey) hieß *Winenheim,* gelegen a. der Weschnitz, analog zu *Dinenheim, Finenheim, Onenheim, Linkenheim, Beinenheim, Gugenheim, Nackenheim,* sämtlich auf Sumpf und Moder deutend. Auch *win* (dem Wb. unbekannt!) ist Synonym dazu, eindeutig erkennbar aus *Wynbrok* b. Pömbsen/Höxter, *Wiensiepen* b. Schwelm (wie

Schmiesiepen, Assiepen, Hüllsiepen, Ellsiepen, Schadesiepen), *Wiensiek* in Lippe (wie Sus-siek, Hachsiek, Getsiek, Riessiek), *Winepole, Wynemere* 1360/England, *Wine-sele*/Brabant/Flandern (wie Mene-, Hune-, Ange-, Germe-, Serme-sele), *Win-schoten* wie Linschoten/Holland (wo auch eine Landschaft *Wininge!); Winethe* (wie Linithi, Sinithi) um 900 b. Höxter, *Winhusen* 1150: **Winsen.** Eine *Wina:* **Wienen** fließt in der Schweiz, zweifellos vorgerm., vgl. dazu *Vinomna* 774/Vorarlberg, *Vinundria*/Pann., *Vinonia*/Brit. (wie Bononia, Valonia, Aronia, Agonia, Limonia, alle auf Wasser und Sumpf hinweisend), *Vinovion* (Binchester); *Viniacum* (Vigny, Vigneux/Frkr.) analog zu *Liniacum (Ligny: lin* = schleimig-sumpfiges Wasser!) und zu *Diniacum:* Dignac. *Vinelasca*/Lig. wie *Tulelasca, Tumelasca, Pomelasca.* — Auch **Wien** (das alte *Vindobona)* ist nach e. Bache Wien *(Wina)* benannt. Vgl. die obd. Flurnamen „In der Wiene", „Wienwiesen". Dazu *Winburn:* Weinborn im Elsaß, *Winveldun* 1066: **Weinfeld**/Eifel; **Weinbach** b. Weilburg, **Weinbeck, Weinbroich** (!), womit sich denn auch das Rätsel der nicht seltenen hess.-westfäl. **Weinberge** löst (siehe Arnold u. Preuß S. 89): in unwirtlichen Höhenlagen, wo niemals Wein gedeihen konnte! Es sind quellsumpfhaltige Höhen. Siehe auch **Weinsheim!** Deutlich sind *Weingrund, Weingraben*/Hessen.

Weinsheim *(Winesheim),* 3 mal (b. Worms, Kreuznach, Prüm) — vgl. Wonsheim *(Wanesheim)* — entspricht **Weinheim,** siehe dies! Zum Fugen-*s* vgl. *Wines-sol 777* Süd-Rhön, *Wines-ford, Wines-cumbe*/England (wie Celes-, Grenes-, Stintes-cumbe, lauter Moderkuhlen!) neben *Wine-pole, Wine-mere!* Auch die Häufung von Weinsheim bestätigt diesen Wortsinn, desgl. die Parallele von Alges-, Harges-, Heddes-, Büdes-, Rüdes-, Windesheim im selben Raum w. Kreuznach. Auch **Weinsbach** am Weinsbach (1357 *Winspach)* b. Öhringen/Württ. **Weinstetten** siehe Weihung!

Weischer siehe Emscher!

Weisel (Nieder- u. Hochweisel) b. Butzbach/Wetterau hieß um 800 *Wizelare, Wiselere,* gehört somit zu den prähistor. Namen auf *-lar* wie Weslar, Waslar, Haslar, Roslar, Asslar, Maslar — sämtlich auf Sumpf, Moor, Moder bezüglich. Zu *wis(s)* vgl. unter Wis(s)mar! Wieslauf!

Weisenheim/Pfalz wird deutlicher durch die zugehörigen Assen-, Heppen-, Mauchen-, Sausen-, Wachen-, Wattenheim im selben Raum! Vgl. auch den **Weisenbach** z. Schutter/Kinzig. Zu *wis: weis* siehe Wis(s)mar, Weisel!

Weiterstadt in der Rhein-Ebene w. Darmstadt entspricht Mutterstadt, Butterstadt, Schifferstadt b. Mannheim: alle auf Moder und Sumpf weisend. Zu *wit: weit* (bisher unbeachtetes Moor- und Sumpfwort!) vgl. Weitenried, Weitenau/Baden, Weitenung/Baden, **Weiten** b. Merzig/Saar; **Wei-**

tingen b. Horb/Neckar, inmitten eindeutiger Synonyma wie Eutingen, Börstingen, Bieringen, Empfingen, Schietingen, Mühringen, Baisingen! **Weiterode** b. Bebra a. Fulda entspricht Gerterode, Licherode ebda. **Weitmar**/Ruhr entspricht Wethmar *(Wedmeri):* siehe Wettmar!

Welcherath/Ahr entspricht Greimerath, Randerath, Möderath, Kolverath, deutet also auf Feuchtigkeit, wie auch **Welcherod** b. Treysa/Schwalm (entsprechend Almerod, Romerod usw.) und **Welchweiler**/Pfalz (wie Aß-, Eß-, Dunzweiler usw.). Ein *Welchenvelt* 1086 im Schwarzwald. Vgl. unser „welk".

Welda a. Twiste/Waldeck ist altes Kollektiv *Walithi* (vgl. Balithi, Swalithi: *wal, bal, swal* sind Synonyma für sumpfiges Wasser).

Welferode b. Homberg/Hessen (Vgl. auch Wölfterode: 1363 Welferode) entspricht Licherode, Asterode usw. im selben Raum. Von Welfen oder Wölfen kann also keine Rede sein. *welv (wulv)* ist vielmehr ein (dem Wb. unbekanntes) verklungenes Wort für Feuchtigkeit, als Erweiterung zu *wel, wul.* Vgl. *Welveton* und *Wulveton*/England, *Welvon* um 1050 a. Weser b. Minden, **Welver** (Kirch-Welver) nw. Soest, **Welwingen**/Lothr.

Welkenbach im Westerwald (nebst Mudenbach, Höchstenbach, Luckenbach) und **Welkenraed** b. Eupen (wie Kolvenrath, Hergenrath ebda) siehe Welcherath! Zu **Welkers** b. Fulda vgl. Weyhers, Speicherz ebda (mit unorgan. *-s).*

Wellen im Edertal b. Wildungen ist so prähistor. wie Züschen und Mehlen ebda: urkdl. *Waldina* um 800 (vgl. *Waldina* b. Lüttich), siehe Waldeck!

Wellenbusch und der Wellen (Flurname „Im Wellen") in Westf.-Lippe meint quellig-sumpfiges Gehölz. Dazu **Wellentrup**/Detmold wie Röhrentrup, Wehrentrup, Oeyentrup usw., lauter Sinnverwandte, deren urkdl. *-ing-* sekundär ist wie in Lenninghoven a. Lenne! Vgl. Wellinghofen/Dortmund, Wellinghusen/Holstein wie Kellinghusen! Welliehausen am Süntel. **Wellenbrock** b. Iburg.

Wellmich a. Rh. (1042 *Walmichi)* u. *Welmithe* 1020/Lippe s. Walme! Zu lett. *welm* „Moor" vgl. die *Welmse:* Wölmisse ö. Jena u. *Welmes-geseze (12.)* Thür.

Welper b. Hattingen a. Ruhr, alt *Welepe,* ist alter Bachname auf *-apa,* wie die **Wölpe** (zur Aller b. Nienburg): 1140 *Welepe,* analog zur **Wilpe** *(Wilepe),* Zufluß der Twiste/Diemel, und zur **Walfe** *(Walepe),* Zufluß der Werra: *wel, wil, wal* sind Synonyma. Siehe Walfe, Walbeck! Ein **Welp(bach)** fließt ö. Bodenwerder z. Lenne/Weser. Vgl. **Welplage**/Hunte.

Welsede (2mal: a. Emmer b. Pyrmont u. in Schaumburg) wie **Wilsede** und **Walsede** siehe Walsede! Vgl. auch **Welsum** 2mal in Holland. Aber **Welsleben** b. Schönebeck/Elbe hieß um 900 *Waldislevo:* siehe dazu Waldeck!

Welte b. Dülmen wie Filte, Külte.

Welver (Kirch-Welver) nw. Soest entspricht *Kelver:* **Kilver** ö. Melle: beides sind prähistor. Bachnamen mit r-Suffix. Vgl. auch *Welvon* um 1050 a. Weser b. Minden und **Welwingen**/Lothr. In England: *Welveton* nebst Wulveton, Calveton.

Wembach ö. Darmstadt u. Südbaden ist verschliffen aus *Wenebach* (1287 *Wendebach)* wie **Mambach** aus *Manebach,* **Wambach** aus *Wanebach,* **Mumbach** aus *Munebach*: lauter Sinnverwandte. Zu *wend* „Sumpf" siehe Wende!

Wemme: „Auf der **Wemmen**" (auch **Wommen),** Flurname in Hessen, wird deutlicher durch die **Wemmewiesen** ebda und *Wemme(worth)* in England (analog zu *Seleworth, Lapworth),* womit der Wortsinn „Sumpf(wiese)" gegeben ist; er wird bestätigt durch *Wames-lo/*Holland (wie *Lames-lo: lam* = Sumpf), desgl. *Wame-lo:* **Wamel** (Möhne, auch Holland); vgl. *Wembley, Wambewelle* in E. Siehe auch **Wümme!**

Auch **Wambeln** i. W. hieß *Wame-lo.* Dazu *Wemel, Wömmel,* Stättenamen in Lippe; *Wamelntorp* 1410: Wantrup. *Wamblen:* **Wemmel**/Brab.

Wende: ein prähistor. Bachname! *wend, wind, wand* meint „Wasser", insonderheit „Sumpf-, Moorwasser". Bäche namens **Wende** fließen zur Wande/Ruhr b/Bruchhausen, zur Zorge im Harz (mit Wendefurt), zur Aar im Aargau usw. Auch **Wembach** a. Gersprenz *(Caspenza!)* ist assimiliert aus *Wendebach* 1287, Wenbach 1521, desgl. Wembach im Schwarzwald, 1352 *Wendwag.* In E. vgl. *Wendeie* 1080. Ein Moorort *Wendon* lag 1027 a. d. Ruhr, vgl. **Wenden** südl. Olpe (nebst Elben, Helden, Husten, alle prähistor.). *Wende-sele/*Brabant (wie Ange-, Dude-, Sweve-, Rinde-, Wenge-sele, lauter „sumpfig-moorige Niederungen") bestätigt den Wortsinn; desgl. *Wendovere* 660 im alten Hettergau (Ruhr) analog zu *Honovere, Fronovere, Scaldovere!* Und so entspricht **Wendesse** b. Peine (Sumpfgegend) den sinnverwandten **Mödesse, Eddesse, Alvesse** im selben Raum. Ein Wendessen b. Wolfenbüttel. Siehe auch **Winde,** Windisch und **Wande!**

Wengerohr a. Lieser/Mosel wird deutlicher durch das nahe Salmrohr a. d. Salm: zugrunde liegt also ein alter Bachname. Zu *weng (wing)* siehe *Wengesel* wie Wende-, Sweve-, Germe-, Dude-, Ange-sel unter Wende! Ein **Wengenroth** im Westerwald (wie Hergen-, Wilsen-, Almen-, Elkenroth!). Ein **Wengebach** fl. im Kaufunger Walde.

Wenne *(Wene* um 1100), Zufluß der Ruhr westl. Meschede bei **Wennemen,** entspricht der **Henne,** der **Menne,** der **Lenne,** der **Glenne,** lauter Sinnverwandte im selben Raum. *wen* (vgl. *wan, win)* ist ein prähistor. Wort für „Sumpf, Moor", auch auf venet. und keltoligur. Boden. Auch **Weine** a. Alme (Almana) i. W. hieß *Wene,* vgl. Deine neben Dene; **Weener** i. O. hieß *Wenari* (mit r-Suffix wie Dudari, Fanari), **Weenum**/Gelderld: *Wenehem.* Eine **Weende** fließt b. Göttgn. Zu *Wen-lo:* Wendel/Holld vgl. *An-lo:* Andel ebda *(an* „Sumpf"). *Wenestre* 1222/Taunus wie genestra.

In England vgl. *Wenbrok, Wenflet* und brit. *Wenet, Wenfrud* (Fluß u. Ort), auch Fluß *Wenning!* In Schottland: die *Venicontes,* in Irland: die Venicni, in Ligurien: *Venicium*/Korsika wie Anicium *(an* = Sumpf!) u. *Venusia* (wie Pedusia, Bandusia, Tedusia, Andusia, alle auf Wasser, Quelle, Sumpf, Morast bezüglich!), in Frkr.: Fluß *Venena:* Vanne u. die kelt. *Venelli,* in der Schweiz: die *Venoge* mit der synonymen *Senoge!* Dazu *Val Venosta:* Vintschgau und nicht zuletzt die *Veneti:* Veneter!

Wennigloh b. Arnsberg/Ruhr liegt unfern der **Wenne,** siehe diese! Es entspricht **Ennigloh** a. Else nö. Herford. Vgl. Fluß *Wenning* in England!

Wennungen (so schon 782) a. Unstrut entspricht den übrigen N. auf *-ungen,* die durchweg auf alte Gewässer deuten, wie Hendungen, Madungen, Teistungen, Gerstungen, Faulungen, Rüstungen, Holungen, Behrungen, Bodungen, Heldrungen, Fladungen, Wasungen, Wechsungen, Schiedungen, Dudungen. Siehe Wenne! (Zu den N. auf *-ungen* siehe grundsätzlich des Verfassers Artikel im Nd.Kbl. 1961).

Wense (3 mal: b. Zeven, Soltau, Brschwg): deutet auf *Wanisi, Wenese,* vgl. Linse *(Linisi),* Ense *(Anisi);* siehe Wenne, Wanne!

Wepel (Hohen-Wepel) nö. Warburg/Diemel ist verkürzt aus *Wepelde (Weplithi* im 11. Jh.), wie Hebel aus *Hebelde, Heblithi,* mit der Kollektiv-Endung *-ithi, -ede,* die stets auf Gewässer deutet. *wep,* bzw. *wap,* meint „Sumpf, Moder" (siehe auch **Wapel, Wepstedt).** Dazu *Wepeling:* **Weppel** in der Davert, *Wep-lar:* Weppeler b. Malmedy (wie Repeler u. ä.) und **Wepstedt** um 900 b. Salz-Gitter analog zu Hepstedt, Hüpstedt, Sellstedt, Kührstedt, Küllstedt, Klettstedt, Bruchstedt usw. Ein *Weppenthorp* 1020 b. Münster, ein *Weppes* in Belgien. Vgl. auch mhd. *verwepfen* „schimmelig werden"! Eine **Weper** fließt vom Solling zur Leine, vgl. auch die Wipper *(Wipra)!*

Werbe, Nbfl. der Eder, ist eindeutig keltischer Herkunft, verglichen mit der *Werve* in Britannien (nebst *Wervene, Werveton); Werve, Wervingen* i. W. **Werbsiepen** entspricht Schmie-, Aß-, Ell-, Hüll-, Schadesiepen, so daß *werb* als „sumpf. Wasser" gesichert ist. *Verbana* begegnet als N. einer kelt. Göttin. Ein **Werbgraben** a. d. Sulzbach/Südbaden. Ein **Werbeln** (nebst Rosseln) am Warndt/Saar.

Werden a. Ruhr südl. Essen (inmitten prähistorischer Namen!) kann schon aus sprachl. Gründen nicht ahd. warid, werid „Werder, Flußinsel" enthalten. *werd* meint vielmehr Sumpf- oder Moorwasser, bezeugt durch die Bäche *Werdupa* 838 am Ndrhein und *Wirdepe* 1313 b. Meschede; auch *Verdes* in Frkr. ist sumpfig gelegen. Zu **Werdohl**/Lenne vgl. *Bin-ole* ebda: *bin* „Sumpf"! Weiteres unter **Wehrda!**

Werfel/Ruhr siehe Wirft! Zu **Werg-** vgl. *Vergentum, Vergellus, Vergupe!*

Werkel im Ederbogen nö. Fritzlar gehört wie viele dortige Namen (Dissen, Besse, Maden, Züschen usw.) der Vorzeit an, als vorgerm. Gewässername: vgl. auf keltoligur. Boden *Vercasca* im Tessin (wie Clarasca, Urnasca, Penasca, Palasca, Selasca, Camasca, denen durchweg der Begriff „sumpfiges Wasser" zugrunde liegt), auch *Vercellae* b. Mailand und die kelt. Wassergöttin *Vercana* im Rhld (Bad Bertrich)! Dazu *Werces-mere* in England analog zu Gipes-mere; ebda *Werkhorst, Werkwood.* In Holland: *Wercunde* und die Werchina 1178: **Werken,** zur Merwede! Zu Werk*hausen*/Sieg vgl. Elkhausen. *Werkede* i. W. *Werchter* wie Slochter.

Werl in Westf. (mehrfach) beruht auf *Wer-lo* wie **Berl** auf *Ber-lo,* **Herl** auf *Her-lo* und **Merl** auf *Mer-lo,* lauter „sumpfige Niederungs-Orte". Und so auch **Werla** a. Oker (b. Schladen nö. Goslar): urkdl. um 950 *Wer-lahon* in Parallele zu *Hur-lahon* (Hörl i. W.) 890, *Dunga-lahon* 890 b. Castrop und *Wes-lahon* 890 (Wessel b. Werne), lauter „sumpfig-modrige Gehölze" (zu *loh, lah,* Dativ pluralis *lohun, lahun).* Edward Schröder, der dem N. Werla 1935 eine besondere Betrachtung widmete (Dt. Nkde S. 205 ff.), hat also die Forschung gründlich in die Irre geführt, wenn er einem Wunschtraum Jacob Grimmscher Art zuliebe an einen kultischen Versammlungsplatz ausgewachsener germanischer Männer dachte (wegen altdt. *wer* „Mann", vgl. Werwolf)! Und das, obwohl er wußte, daß bei Werla eine We(h)re fließt, die beim Sumpfort Schladen in die Oker mündet! Auch in Hessen, Baden, Eifel, Saarland, Westfalen fließen Bäche namens Wehre *(Were),* und den Wortsinn *wer* = „Sumpfwasser" bestätigt auch der Zusatz *mere* in *Wer-mere* 1147/Westf., *Wero-meri* 960/Holland; desgl. die Komposita *Weregrave, Werahorn* 830/E. *Were:* **Wehr**/Aachen u. die Parallele **We(h)rholz** (Waldortname, 5 mal in Hessen): *Wachholz: Wahl*-**holz** — alles „sumpfig-moorige Gehölze". Dazu ferner *Were-sete a. Were* (**Werste** Kr. Minden) wie *Vore-sete* (**Förste** am Westharz), auch *Hune-, Tyre-, Sele-sete,* lauter Sinnverwandte. Zu **Werlte** *(Were-lide)* am Hümmling vgl. **Erlte** *(Ere-lide)* b. Vechta, beide in Moorlage. Eine **Werpe** *(Wer-apa)* fließt zur Lenne, eine *Wer-beke* in Flandern, eine *Werisapa:* **Wörs** (mit prähistor. s-Suffix) zur Lahn. *Weri-stat* 963: **Wörrstadt** nö. Alzey entspricht *Meri-stat:* **Mörstadt** nö. Worms. Siehe auch **Wehrstedt** b. Hildesheim usw. unter **Wehrholz,** Wehren!

Auf kelt. bzw. ligur. Boden vgl. die Flüsse *Vere:* Vière u. ä., auch *Veresis* (wie Atesis: Etsch; Bedesis, zum Po); und ON. wie *Verona, Verubium, Veruca, Veriacum.* Dazu erweitert *ver-no* „Erle" (als Sumpfgewächs!) in *Vernomagus, Vernoiolum, Vernate, Vernacum:* Verny.

Werlenbach b. Selters/Westerwald entspricht Birlenbach, Mörlenbach, Berle-, Lerle-, Merlebach. Siehe Werl!

Werne a. Lippe (auch b. Bochum/Ruhr) beruht urkdl. auf *Warina (Warani)* wie **Herne** auf *Harina, Harani.* Zu *war, wer* siehe Warendorf, Werl! Auch ursprüngliches *wern* begegnet: so hieß die **Werre** b. Minden 868 *Werne;* auch eine *Wernepe* ist in Westf. bezeugt (-apa = Wasser, Bach). Dazu ON. wie **Werntrop**/Sauerland, Währentrup in Lippe (1334 *Werinc-dorp:* mit sekundärem *-ing-!*, wie Röhrentrup aus Rorincdorp, zu Röhricht); *Wernflet:* Warnflet/Holland, *Werneford*/England, **Wernborn** a. Use/Taunus, **Wernfeld** a. Wern/Main. *Werne* hieß auch die *Warne*/Harz. Ein *Werneka* (wie Blandeka, Ardeka) 1139 in Fld.

Werpe *(Wer-apa),* zur Lenne, siehe Werl!

Werploh war der alte (aus heidnischer Vorzeit stammende) Name für Kirchhain ö. Marburg, im Sinne von „Gehölz an einem Bache Werp". Ein Fluß *Werpande* (nebst Migande) in Norwegen: *mig* deutet auf sumpfig-modriges Wasser, ebenso die Gleichung *Werpesgrave: Covesgrave* in England (zu *cov* siehe Kobern). Vgl. auch *Werphove(n)* und das deutliche *Werbsiepen!* Eine *Werpe* im Baltikum. Sumpf *Warp* b. Stettin. Vgl. *Worp-!*

Werra, mit der Fulda ab H.-Münden die **Weser** *(Wisara)* bildend, hieß 811 *Wiser-aha,* 1012 *Werraha* (vgl. Herrieden: aus *Hasareoda).* Zu *wis* siehe Weser! Aber die **Werre** in Lippe u. Thür. hieß um 1070 *Werna!*

Werse, Nbfl. der Ems ö. Münster (von Ahlen her die feuchte Niederung Davert durchfließend), urspr. *Wersene* — vgl. ON. **Wersen** b. Osnabrück —, entspricht den prähistor. Flußnamen *Arsene* (Erse, Ahse), *Bilene* (Bille) usw. *wer: wers* wie *ar: ars, der: ders* und *ner: ners.* Zu **Wersabe**/Wesermündung vgl. *Rechtebe* b. Geestemünde *(recht* = Moorwasser).

Werste *(Were-sete)* s. Werl! **Wersten** *(Werstine* 1062) wie Dorsten!

Werte, Zufl. der Sieg (vgl. die *Sperte*/Holld): Dazu *Werta* (Weert), *Wertvliet;* auch *Vertinium* 858 (Vertain), *Vertunum* 856: Verton bzw. Virton (wie Modunum, Bertunum), *Vertudis* (wie Sigudis/Belg.), *Vertoiolum* (wie Vernoiolum), *Vertavus* (wie Saravus): *ver-t* (bert, dert, nert) = Sumpf, Moder.

Wertach, Nbfl. des Lechs b. Augsburg, gehört wie alle alten Flußnamen Südwest-Deutschlands zu den Relikten aus prähistorisch-vorgermanischer Zeit, urspünglich *Werda* + *-aha: Werdaha,* wie die **Gartach** (z. Neckar), die um 800 *Gardaha* lautete. Vgl. die *Werdupa* 838 am Ndrhein, *Verdes* (Sumpfort) in Frkr. usw. **Werve** (Westf. Belg. E.) s. Werbe!

Weschnitz a. Weschnitz, Nbfl. des Rheins nö. Worms von Heppenheim und Lorsch her, ein träger Niederungsfluß, hieß noch im 15. Jh. *Weschenz,* urspr. im 8. Jh. *Wisc(h)oz* (mit der graph. Variante Wisgoz 764: sg ist lediglich Schreibung für sc! Vgl. Gasgari für Gescher), entsprechend der **Wiesatz** (1484 *Wisentz)* und der **Echaz** *(Achaza* 938, *Ächenz* um 1300): zugrunde liegt keltoligur. *Viscontia* analog zu *Visontia* und *Acontia* (so in Spanien u. Südfrkr.). Zum Wortsinn von *visc* vgl. spätlat. *viscidus* „klebrig" (lat. viscosus), idg. *visos* (lat. virus) „zähe Flüssigkeit".

Weseke Kr. Borken/Westf. siehe Weese! Desgl. **Wesebach** und *Wesende.*

Wesel am Niederrhein (Mündung der Lippe), auch südl. Lingen/Ems, entspricht formal und begrifflich **Hesel,** Moorort nö. Leer/Ems: Grundformen sind *Wese-lo, Hese-lo.* Zu *wes, wis* siehe Weese! Aber Ober-Wesel a. Rh. südl. St. Goar wird mit dem kelt. *Vosalia* identifiziert, vgl. *Vosega:* die Vogesen und der Wasgau; *vos* = *ves, vis, vas* „Sumpf".

Weseldern b. Beckum i. W. hieß *Wisendere* analog zu **Geseldorn:** *Gisendere* 1291 u. Ijsendoorn: *Isendere,* lauter vorgerm. Bachnamen auf *-andra,* die vom ligur. Rhonegebiet herüberreichen! *wis, gis, is, as* bezeichnen sumpfiges Wasser. Siehe Weser *(Visura)!*

Weser (Tac.: *Wisurgis; sp. Wisura, Wisara),* entspricht deutlich der *Lisura (Lesura):* **Lieser,** der *Alara:* **Aller,** der *Isara:* **Isar** (und Isère), der *Ilara:* **Iller,** der *Malura* in Piemont, der *Segura* in Spanien, usw., reiht sich somit in die Schar der alterältesten Flußnamen mit *r-Suffix* aus vorgerm. (wohl auch vorkelt.) Zeit! Idg. *wis-* meint „Sumpfwasser" (vgl. unser „Wiese", urspr. = „sumpfiges Grasland"!). Die Weser kehrt in Frkr. als *Vezère* (z. Dordogne) u. als *Vesdre* (z. Ourthe) wieder! Auch die *Wisandra* (heute ON. Weseldern i. W.) wie die *Gisandra* (Geseldorn), *Isandra* (Ijsendoorn) usw. entstammt derselben prähistor.-vorgerm. Zeit. — Auf keltoligur. Boden vgl. *Visontio*/Spanien nebst *Vesontio* (: Besancon/Frkr.) auch die *Visontia*/Rhone, die *Visona, Viserna, Visruna;* zur Variante *ves* auch die Flüsse *Vesubia, Vesunna*/Frkr., *Vesidia, Veseris*/Italien (Vesuv!); auch *Vesulum, Vesulus* (Monte Viso). —

Zur Bestätigung des Wortsinnes vgl. die Reihe *Wisemala: Wanemala: Benemala: Dudmala: Rosmala, Litmala,* lauter Synonyma im brabantischen Raum Belgiens. Dazu (die) *Wisapa, Wisepe* 1231 (Wezepe/Holland) wie die *Nisapa:* Nispe/Nordbrabant und *Disapa:* Disphe im Siegkreis. Eine **Wispe** fließt vom Hils zur Leine südl. Alfeld, eine **Wisper** vom Taunus zum Rhein b. Lorch. Siehe ferner unter Weese *(Wisi),* **Wiese** *(Wisa),* **Wieslauf** *(Wisilapa),* **Wieseck** *(Wiseche),* **Weisel** *(Wiselare),* **Meißner** *(Wisener),* **Wiesatz** *(Visantia). Wisinacha* 1139/Ahr wie *Isinacha!*

Weslarn nö. Soest, alt *Wes-lere,* gehört zu den uralten N. auf *-lar,* die sämtlich auf Gewässer Bezug nehmen, wie *Canlere, Marlere, Replere, Curlare, Coslar, Roslar, Waslar* (von Brabant bis Westfalen). Zu *Wesnon* 1150 vgl. als Synonym *Asnon:* **Assen, Wessen,** zur **Wesmecke** b. Attendorn die *Asmecke* i. W., zu **Wesuwe**/Ems: Betuwe, Flotuwe, Woluwe, Veluwe, Aruwe, Zwaluwe.

Wesseln südöstl. Hildesheim (d. i. *Wes-lohun)* entspricht Gesseln, Hesseln, Asseln, Usseln, lauter „sumpfig-modrige Gehölze". So auch **Wesseloh** a. Wümme, **Wessel** b. Werne i. W. (890 *Weslaon,* analog zu *Hurlaon, Dungalahon, Werlahon),* Wesselage i. W., vgl. auch *Wesheim:* **Wessum**/ Holld. Ein Kollektiv ist *Wessithi* 890: **West** Kr. Münster. **Wessenstedt** nö. Ülzen entspricht Toppenstedt, Schöppenstedt, Adenstedt, Gadenstedt, Hollenstedt. *Wessungen* lautet heute „verhochdeutscht" **Wechsungen** b. Nordhausen (wo auch Bodungen, Schiedungen, Holungen, Rüstungen, Faulungen als sinnverwandt begegnen). Zu **Weßmar** a. Elster ö. Merseburg vgl. Wißmar b. Gießen. Ein *Wessa-Gau* einst um Bielefeld. Siehe auch Wessobrunn sowie Weslarn und die Wesmecke!

Wessobrunn zw. Lech und Ammer/Bayern hieß urkdl. *Wessin-, Wessinesbrunno,* mit pseudopersonalem Fugen *-s-* wie *Padresbrunno* neben *Padrabrunno*: Paderborn, wo *pad* „Sumpf" meint. Daß ein Gewässername *(Wissina, Wessina)* zugrunde liegt, kann also nicht bezweifelt werden, vgl. die Parallele *Wissanesdorf* um 1050/Bayern (wie *Isanes-:* Eisesdorf am Bache *Isana:* Isen sowie *Wissinesheim* um 850: Wisselsheim/Wetterau); nicht zuletzt *Wesseno* 1075: **Wesseling** b. Bonn.

Wessum, Wessenstedt siehe Wesseln!

Westarp b. Telgte ö. Münster, wo auch Natarp, liegt a. d. Werse, daher urkdl. *Wersetorp.*

Westungen/Thür. entspricht den zahlreichen thür.-hess. Namen auf *-ungen,* denen durchweg Gewässernamen zugrunde liegen. (Näheres darüber vom Verf. im Nd. Korresp.-Blatt 1961 unter „Teistungen"). Vgl. Teistungen Gerstungen, Wechsungen, Faulungen, Holungen, Bodungen, Madungen usw. *west* (vgl. *wes* „Moder") begegnet auch im Bachnamen **Weste** b. Warstein i. W. und im Flurnamen „Im West" südl. der Lippe (mit gr. Wald). Auch der alte Gauname **Westrich**/Pfalz hat seine Entsprechung im alten Gaunamen **Destrich** ebenda, womit der Begriff „Moder, Moor" gegeben ist! So dürfte auch der sonst sinnlose Name des Westerwaldes verständlich werden (man denke an seine Hochmoore). *Westupa* wie Werdupa!

Wesuwe/Ems siehe Weslarn!

Wethen b. Warburg a. Diemel wird deutlicher durch *Wetmoor, Wetecumb*/England (vgl. engl. *wet* „feucht, modrig", zu idg. *wed*). Dazu die Lange **Weth** b. Goslar (eine Anhöhe) und der **Weth**-Berg ebda (analog zum Fachberg, Gleichberg, Schleifberg, Röttberg, Rettberg, Lettberg, Ruschberg usw.); **Weetfeld** *(Wetvelde)* b. Hamm.

Wett(e)bach, mehrfach Bachname in Württ., auch **Wettenbach** (zur Lein/Kocher u. zur Wutach), meint sumpfiges Gewässer *(wet* = idg. *wed)*. Dazu **Wettenhausen** b. Günzburg/Donau (wie Betten-, Dettenhausen), **Wettstetten** nö. Ingolstadt (wie Heuch-, Lein-, Rohrstetten), **Wettelbrunn**/Breisgau wie Bettel-, Dettel-, Ettelbrunn.

Wettensen a. Leine b. Alfeld stellt sich zu Brunkensen, Wallensen, Ammensen, Ockensen im selben Raum, lauter Synonyma auf -husen. Siehe Wettebach! Wettmar! Ein **Wetten** b. Kevelaer a. Niers.

Wetter, Hauptfluß der **Wetterau** (vom Vogelsberg her wie die Nidda, die Nidder und die Horloff zum Main hin fließend), ist wie die Nidda, die Lahn, die Kinzig usw. ein prähistor.-vorgermanisches Relikt, ursprünglich in der Form *Wedara* oder *Wedra* (vgl. keltoligur *Cucra, Locra!*), 772 *Wetteraha,* mit angehängtem dt. -aha „Wasser, Bach". Idg. *wed* meint „Wasser, Sumpf". Siehe auch Wettebach, Wetten, Weischer u. ä. r-Suffix zeigen auch Wetteren a. Schelde, Wetersele a. Leie/Flandern, **Wettringen** b. Rheine. Dazu **Wetter** mehrfach: b. Marburg, b. Melle, a. Ruhr, eine *Wetter* auch zur Twiste/Diemel. **Wettersbach** (1250 *Wedersbach*)/Baden.

Wettesingen b. Warburg/Diemel *(Witisunga)* entspricht Natzungen *(Natesunga):* zugrunde liegen somit prähistor. Gewässernamen: *Witesa, Natesa!* Vgl. die *Wetisapa:* Wetschaft (unter Wetzlar)!

Wettmar im Raum Hannover entspricht **Bettmar** und **Rethmar** ebenda: *mar* deutet stets auf Sumpf. Zu *wet* (idg. *wed)* siehe Wetter, Wettrup, Wettebach, Wettensen usw. Ein **Wethmar** *(890 Wedmeri)* auch in Westf.

Wettrup im Moorgebiet der Hase ö. LingenEms (wo als sinnverwandt auch Andrup und Handrup sowie Settrup) hieß 890 *Wethonthorp:* zu *wed, wet* siehe Wettmar, Wetter! Ein *Wediche* lag 893 b. Geldern. Keltisch ist *wed* in *Wediscara:* Weischer i. W. (siehe dies!) und in *Weddeman* (anderer Name der Notreff im Kaufunger Walde).

Wetzlar ist benannt nach der **Wetz** (Zufluß der Lahn, der keltoligur. *Logana)*, die urkdl. als *Wetifa* (also als alter *apa*-Name) begegnet, noch erhalten im N. des Dorfes **Wetfe** ebda (neben Ndr- u. Ober-Wetz: aus *Wetisa).* Auch eine **Wetschaft** fließt zur Lahn, entstellt aus *Wetisapa, -afa,* mit vorgerm. s-Suffix!

Wewelsfleth, Wewelsburg siehe Wiebelsbach!

Wewer b. Paderborn siehe Wabern! *Weverbach* b. Rhaden s. Wabern!

Weyhausen b. Gifhorn am Barnbruch (!), auch b. Lüß, siehe Wega (Weye)!

Wichte a. d. Wichte, Zufluß der Fulda b. Morschen (!) südl. Melsungen, ist vergleichbar der **Ichte**/Thür. und der **Lichte**/Thür., lauter prähistor. Bachnamen: *wik-to, ik-to, lik-to* beziehen sich auf sumpfiges Wasser. Eine Wichte auch im Rhld. Ein Ort **Wichtenbeck** w. Ülzen. Vgl. auch Weichtungen im Grabfeld. Zu *wik, wich* vgl. *Wic-horn:* Wichern und *Wichbeke:* Weibeck i. W., *Wichmond* (wie Ecmond)/Holland.

Wichterich b. Euskirchen entspricht Setterich b. Jülich, Metterich b. Bitburg, **Richterich** b. Aachen u. ä., so daß ein Wassername zugrunde liegen muß; vgl. auch *Wichtr-aha* 790 in Baden! Eine **Wichte** (s. diese!) fließt zur Fulda. Ein fluvius *Victium* einst b. Vercellae. Die *Victuali* (Holder: kelt.).

Wickede a. Ruhr nebst Holzwickede ö. Dortmund, ein Kollektiv auf -ithi, -ede, entspricht Bleckede, Vesede, Dingede, Meschede, Leschede, enthält somit ein (dem Wb. unbekanntes) Wasserwort, bezeugt mit dem **Wickebach,** Zufluß der Hase — deutlich auch in *Wickeland* 1538 b. Melle, in *Wickesford:* Wixforth b. Gütersloh und *Wickanaveld* (Wiesen a. Leine/Weser) und bestätigt durch **Wickerath** (-rode) a. Niers analog zu Bickerath b. Aachen, Möderath, Randerath, Greimerath, alle auf Moor, Moder deutend! Desgl. durch **Wickstadt**/Wetterau wie Mockstadt, Ockstadt ebda. Dazu **Wickhausen** wie Horhausen (hor „Sumpf") b. Wissen a. Sieg, **Wickenrode** (Kaufunger Wald), **Wickensen** (-husen) am Hils (wo auch Brunkensen, Wallensen, Ammensen, lauter Sinnverwandte!). **Wicker** ö. Mainz (927 *Wickara)* zeigt undeutsches r-Suffix (nach Arnold keltisch!), vgl. kelt. *Vocara:* Wochern/Saar. Ebenso *Wicra* 1115 in Limburg.

Widdig b. Bonn, Widdendorf/Köln siehe Wied!

Wiebelsbach, Zufluß der Murg/Baden, auch im Bienwald, und ON. im Odenwald u. b. Dieburg, nebst **Wiebelsheim** w. Bacharach, bisher ungedeutet, enthalten ein (dem Wb. unbekanntes) Wort für sumpfig-schmutziges Wasser, deutlich in *Wivels-combe, Wivels-lake* in England, auch *Wiefelspütz!* Dazu **Wiefelstede** i. O., *Wivelsleben:* **Wefensleben** a. Aller ö. Helmstedt (nebst Morsleben!), die *Wevelsbeke* 15. Jh. b. Dortmund, **Wefelen** nö. Aachen. Auch Wiebelskirchen/Saar, **Wieblingen** am Neckar nö. Hdlbg. Vgl. auch *wiv* unter Weibern! *Wiveleshole* 1170/Gladb.

Wiechs am Randen (nebst Schlatt am Randen) nö. Schaffhausen, auch im Hegau und b. Schopfheim/Baden, sowie **Weichs** a. Glonn/Bayern (807 *Wihse)* und a. Laaber ebda, bisher ungedeutet, dürften schon der Form wegen vorgerm. Herkunft sein; vgl. dazu lettisch *viks* „Riedgras" (slaw. viš), was dem Realbefund durchaus entsprechen würde! Auch **Hör-Weichs** in Ö. bestätigt es.

Wied, Nbfl. des Rheins vom Westerwald her, mündend b. Neuwied, urkdl. *Wida,* gehört wie die sinnverwandte und formgleiche **Nied** *(Nida),* zu den vielen prähistor.- vorgerm. Flußnamen dieses Raumes. Dasselbe *wid* (mit kurzem *i)* begegnet in **Wiedenest** westl. Olpe, das durch *Apenest/* Apulien, *Niconast* fons in Frkr., *Rupenest, Dodenest* in Belgien als Relikt aus ältester Vorzeit erwiesen wird (mit venet.-illyr. *st*-Suffix)! Alle deuten auf Sumpf- und Moorwasser! Ebenso das vorgerm. *Withusti* 890 b. *Werne* i. W. analog zu *Segusti* (Segeste/Leine), *Tricusti*/Thür., *Argeste* (Ergste/Ruhr), *Plegeste*/Zwolle, lauter Synonyma!

Daß *wid* ein Wasserwort ist (also nicht mit altdt. *widu* „Wald" in Widukind verwechselt werden darf!), ergibt sich auch aus den Flußnamen *Widapa* b. Werden/Ruhr, *Widele*/Holland, *Wida:* Wied, *Wideme, Widumanios*/Brit., *Vidua*/Irland, *Vidus:* Void/Frkr., *Vidula:* Vèsle/Frkr. (wie Bretula: Brèsle) nebst ON. *Viduca* wie Veruca, *Vidubium* wie Verubium, Fl. *Widrus*/Holld; *Widrodun, Wediris-hem, -leg.* In E. sind beweisend: *Wide-marsh, -pol, -slade, -combe, -mere; Wideney* (wie Sidney: sid „Moder"). Auch die *Widi-varii* auf den Inseln der Weichselmündung gehören hierzu, entsprechend den *Amsivarii* a. d. Ems (Amisia), vgl. Schönfeld, Völkernamen S. 264! *Wedreke*/Wesel wie *Medreke.*

Wiegleben nö. Gotha entspricht (im selben Raum) Trügleben, Siebleben, Tüttleben, Molschleben, Ülleben, Nottleben, auch **Wegeleben** (Harz). *wig* ist somit ein Gewässerterminus (wie *weg, wag!),* bestätigt durch **Wiegede** b. Schwelm/Ruhr (ein Kollektiv wie Rahmede, Wickede, Meschede), durch *Wigene* b. Nimwegen und — deutlich genug — durch *Wiggena palus* b. Celle: *wig* also = „Sumpf". Dazu *Wyggendyck* „Sumpfteich" b. Melle, die **Wiggengründe** (nebst Röschengrund!) südl. Detmold, **Wiggenbrok** (!) in Lippe, auch *Wig(g)enhale, Wiggewelle, Wig(g)emore, Wigeley* in England. — Vorgerm. ist der fluvius *Wigeren*/Schweiz entsprechend dem kelt. Flußn. *Vigora:* Voire/Frkr. wie Liger: Loire (bzw. Wyre/E.), vgl. auch *Vigor(n)a* ceastre 779: Worcester.

Wiehe im (einst sumpfigen) Unstruttal, der **Wiehengrund** (mit den Ruschen) w. Hameln und das **Wiehengebirge** w. Minden deuten auf sumpfiges Gelände: auch **Wiehenkamp** mehrfach. Ein Bach **Wiehoft** fließt zur Ems/Nassau, urspr. *Wi-afa* (wie die Matzoft: Mat-afa). Vgl. *Wia* 850 (Wije): „marécageuse"! (P. Lebel 1956). *Viaca*/Korsika; Fl. *Viana, Viarus!*

Wiehl im Bergischen liegt a. d. *Wila* (1137), ein prähistor. Bachname, wie die *Wilina:* **Weil,** siehe diese! Ein *Wylbach* 1513 (Weilbach) b. Lenningen/Württ. Ein **Wielenbach** im Ammertal.

Wiembeck in Lippe ist assimiliert aus *Winebeke* wie Wahmbeck aus *Wanebeke: win, wan* = Sumpf. Siehe Weinheim! Desgl. **Wienhausen** b. Celle und **Winsen** *(Winhusen* 1150) a. Luhe und **Wiensen**/Solling.

Wien, Wienen siehe Weinheim!

Wiera a. Wiera, Zufluß der Schwalm (Swalmana) b. Treysa, ist eine prähistor. *Wira: wir, wer, war* meinen Wasser, Sumpf. Vgl. Fluß *Wir* 720 (Wear) in England nebst ON *Wirhale, Wireleg, Wireswelle,* und Fluß Wirange/Lit. (wie *Wadange*/Ostpr.: wad = Sumpf!). Dazu (mit -apa „Bach" erweitert) die *Wirefe:* **Wirft** b. Adenau/Eifel, vgl. die Erft (Arnefe). Eine **Wirmecke** b. Korbach/Waldeck. Wierborn in Lippe. *Wirscheid* b. Koblenz. *Wirehuvel:* **Werfel** b. Mettmann/Ruhr entspricht Hol-, Mus-, Net-, Schmer-, Water-huvel: -hövel, lauter moorige Anhöhen. **Wieringhof** i. W. hieß im 9. Jh. *Wyrun!* Ein pagus *Wiron* lag in Holland: mit der Insel **Wieringen!** Auch **Wehrheim**/Taunus enthält einen alten Bachnamen: 1046 *Wirena,* 1372 *Weren* (wie Wehren b. Fritzlar). Zu **Wierthe** *(Wirete)* b. Brschwg u. **Wirthe** i. W. vgl. als synonym Lehrte *(Lerete),* Heerte *(Herete),* Deerte *(Derete).* — Auf kelt. Boden vgl. die Flüsse *Vire* u. *Vere* (Vière) in Frkr. und ON. wie *Viriacum:* Viry, *Virodunum:* Verdun wie *Lugudunum:* Lyon, Leiden, *Tarodunum:* Zarten, lauter „Sumpfburgen". Eine Völkerschaft *Viruni* erwähnt Ptolemäus an der Elbe („könnte keltisch sein", meinte Schönfeld, Völkernamen S. 266).

Wiese *(Wisa),* vom Schwarzwald (Hohe Möhr!) durch Lörrach zum Rhein fließend, ist wie die Wieslauf, die Wieseck, die Wiesatz prähistorischer Herkunft: siehe unter Weser *(Wisura)!* Auf keltoligur. Boden begegnet *wis* in den Flußnamen *Visona, Viserna, Visruna, Visusia, Visera, Visontia.*

Wiesatz (1484 *Wisentz),* Zufluß der Steinlach/Neckar b. Stockach/Tübingen, deutet auf eine vorgerm.-kelt. *Visantia, Visontia* (vgl. die *Visance*/Frkr.!) analog zur **Echatz** *(Achenze: Acantia; Acontia,* so in Spanien). Zu *wis* siehe Weser, Wiese, Wieslauf!

Wiesede (mit Wieseder Fehn und Meer!) b. Wiesmoor i. O. entspricht **Osede** b. Osn., **Hüsede, Vesede** usw., alle auf Moor u. Sumpf bezüglich, mit dem altsächs. Kollektivsuffix -ithi, -ede. Vgl. *Wisa* 1000: Weese i. W. und die *Wisapa* z. Maas: *wis* = Sumpf, -apa = Bach. Siehe Wiese, Wieslauf, Weser! Auf ON. *Wis(e)ner* beruht der Hohe **Meißner!**

Wieseck (alt *Wiseche),* Zufluß der Lahn b. Gießen, verrät sich durch das k-Suffix als vorgermanisch: zu *Wiseca* vgl. die *Reneca:* Rench, auch *Conteca, Blandeca, Ardeca* (Ardèche, Zufl. der Rhone). Zu *wis „Sumpf"* siehe Wiese, Wieslauf, Wiesatz, Weser! Auch *Wisandra:* Weseldern i. W.

Wieslauf, Nbfl. der Rems/Neckar, hieß 1027 *Wisilaffa* und noch 1515 *Wislaff,* entspricht somit der formal und begrifflich zugehörigen **Erla(u)f,** Zufluß der Donau b. Pöchlarn/Ö., die urkdl. *Ar(e)lape* hieß, was an *Tergolape* in Noricum (Kärnten) erinnert: *wis, ar, terg* sind verwandte Termini für Wasser und Sumpf. Siehe unter Erlauf. Zur Not lassen sich *Wisil-affa* und *Ar(e)l-apa* als versprengte N. auf *-apa* „Bach" auffassen. *wis-l* hat natürlich nichts mit dt. „Wiesel" zu tun (so Springer u.Dittmaier!), sondern ist mit l-Formans erweitertes *wis.* Vgl. auch die Braunlauf *(Brunafa).* Eine *Arla* fl. in Ö., ein *Arlebach* i. Württ.

Wieste am Hümmling siehe Wissen!

Wieter, Bergwald nö. Göttgn, entspricht dem Selter, dem Heber usw.: *wit* meint „Moor" wie in *Wietlache* a. Weser w. Verden u. *Wietmarschen!* S. Witten! — **Wieve-siek** siehe Weibern! Desgl. **Wiewen** b. Gesmold.

Wiggenbrok siehe Wiegleben!

Wildungen a. Eder, Mündung der Wilde, entspricht Bodungen a. Bode, Heldrungen a. Heldra usw. *wild* meint nicht dt. „wild", sondern *wil-d* „Sumpf, Moor", analog zu *mil-d:* die Milde! Vgl. *Wildo a. d. Wildia* 9. Jh. bei Drongen.

Willwerath b. Prüm entspricht Kolverath, Möderath, Randerath: siehe Welver! **Willsbach** a. Sulm hieß 1254 *Wilersbach,* vgl. *Solersbach: wil, sol* = Sumpf! *Wilrike* 1003 wie *Calrike! Wileke:* **Willich**/Ndrh.

Wilpe *(Wilepe),* Zufluß der Twiste, siehe Weil *(Wilina)!* Wilsede!

Wilsede (Naturschutzgebiet in der Heide) gehört zu den Kollektiven auf altsächs. -ithi, -ede, wie Vesede, Ösede, Isede, Holvede, Remsede usw. Ebenso **Welsede** b. Rinteln u. Hameln und **Walsede** am Wümme-Moor. *wil-s, wel-s, wals* meint ohne Zweifel „Moor, Sumpf". Vgl. auch Wilsenroth b. Limburg/Lahn (wie Elkenroth, Eppenroth, Wallmenroth im selben Raum). Eine **Welse** fließt zur Delme im Moorgebiet westl. Bremen! **Wilsum, Welsum, Walsum** am Ndrhein beruhen auf *Wiles-, Weles-, Wales-heim,* mit Fugen-*s.* Auch **Wilstedt** b. Bremen u. Hbg. (neben Walstedt) enthält dasselbe Sumpfwort *wil,* vgl. die *Wilepe:* **Wilpe** in Waldeck,

Wil-slade/England: mit dem deutlichen Zusatz *slade* „sumpfige Stelle, Röhricht"! Weiteres unter Weil! *Wilre:* Wildern wie *Gelre:* Geldern!

Wilster mit der Wilster Marsch in Stormarn erinnert an **Alster, Elster, Ulster,** lauter prähistorische Gewässernamen mit str-Suffix, zu den Grundwörtern *wil, al, el, ul.* Siehe unter Wilsede!

Wiltrop b. Soest entspricht **Waltrop, Hiltrop** usw., -trop = -dorp „Dorf". Zu *wil* siehe Wilsede, Wilster, Wilpe, Weil.

Wimbach b. Adenau/Eifel ist assimiliert aus *Winebach* bzw. *Windebach.* Vgl. **Limbach, Rimbach, Wembach. Wimmer** i. W.: vgl. die *Wimbria*/Belg.

Wimsheim ö. Pforzheim, urkdl. *Wiminisheim,* entspricht formal u. begrifflich **Gimbsheim, Gambsheim, Nambsheim:** zugrunde liegt wie bei **Wimmenau**/Saar u. Wimmenum/Holland der vorgerm. Bachname *Wimina!* Eine *Vimina* z. B. bei Namur. Auch die **Wümme** (z. Weser), ein Moorbach, hieß *Wimene.* Ein *Viminiacum* in Spanien. Siehe auch Wemme!

Wimpfen a. Neckar *(Wimpina* 856) erweist sich durch *Vimpiacus*/Gallien als keltisch. Vgl. dazu **Rumpfen** im Odenwald u. Rumpen b. Aachen. *wimp* dürfte sich zu *wip* „Moder, Moor" verhalten wie *rump* zu *rup: rump* wird durch *Rumpevenne* in England als Moorbezeichnung deutlich. So kann auch *wimp* nichts anderes meinen. *Vimpiacum* hat denn auch ein Vipiacum neben sich! Ein *Wimpel* in Belgien.

Windach, Nbfl. der Ammer *(Ambra)* in Bayern, wo kindliche Gemüter an eine sich „windende" dachten, enthält ein prähistor. Wort für Wasser, Sumpf, Moor, das schon Humboldt erkannt hat: *wind* (als Variante zu *wend, wand;* siehe unter **Wende, Wande**)! Die Windach kehrt auch als **Schwindach** (zum Isen/Bayern) wieder, die ebenso wenig eine „schwindende" meint! So entspricht auch der **Windelbach** (zur Vers b. Marburg) dem *Swindila-bach* 914 in Bayern. Zum Wechsel *w: sw* vgl. auch Le Mans, das bei Ptol. *Vindinum* heißt, bei Valesius aber *Suindinum!* Zum Windelbach vgl. auch den **Sindelbach** (zur Enz)! Auch den *Windel-Brook*/E. (mit *Windels-ore:* Windsor und *Windergh* wie Mosergh). Deutlich ist *Windebroch:* **Windebruch** b. Olpe. Dazu **Windrath** (-rode)/Ndrhein wie Randerath, Möderath, Benrath — alle auf Moor, Moder deutend. Eine **Winde** fließt in Nassau wie in Brabant (zur Geete: get = Moder, Moor), eine Winde mit Ort Windau auch in Kurland. Zu **Windecken** a. Nidda vgl. Leihdecken ebda; zu *Windon:* Winnen und *Windingen* 962: **Winningen** a. Mosel (assimiliert wie Lendingen: Lenningen) vgl. Binningen, Büdingen, Olingen, Lüttingen (Lutiacum!) im Moselraum. Ein *Wendeca* (wie Blandeca) a. Schelde.

Auf kelt. bzw. ligur. Boden begegnet *wind* (bisher mit kelt. *gwyn*

„weiß" verwechselt! So Gröhler, Dauzat) in *Vindonissa:* **Windisch** a. d. Aar (wie *Tvetonissa,* Bach b. Bilbilis/Spanien), *Vindobona:* Wien; in Frkr.: *Vindomagus* (wie Lindomagus: lind „Sumpf"!), *Vindoilum:* Vendeuil, *Vinda(na), Vindosca, Vindupalis* (Fluß); in Irland: Fluß *Vinderios* (wie der *Volerius*/Korsika: vol = Sumpf); in Schottland: *Vindogara (Vandogara);* in Brit.: *Vindonium.* Vgl. auch *Vindia, Vindiniaca* 674: Woinville/Meuse. Im Lechfeld saßen die kelt. *Vindelici* m. d. Hauptstadt (röm.) Augusta Vindelicorum = Augsburg. *wind* wie *ind:* n-Infix!

Wingst, Moorort in Hadeln, und die Wingst b. Hbg werden deutlicher bei Vergleich mit der **Winge,** Zufluß der Dijle b. Löwen, und *Wingene*/Flandern, auch *Winge-lo* in Westf. (wie *Ringe-lo: wing, ring* sind prähistorische, dem Wb. unbekannte) Wörter für Moor, wie auch der Zusatz *lo* bestätigt). Vgl. die Variante *weng* unter Wengerohr! Ein *Winge* um 1150 b. Hildesheim. *Wingefeld* 1035 in E. *Wingeberne:* **Wimbern**/Ruhr.

Winkum/Hase: vgl. Ankum, Wachtum ebda, lauter „Moororte", desgl. Winkheim b. Groningen. Auf kelt. Boden: *Vincenna, Vinciacum:* Vincy (öfter).

Winnen (Westerwald, Marburg), 879 *Windon,* wie **Winningen** a. Mosel (962 *Windingun)* siehe Windach! Vgl. *Vinda* (Vendes) und *Vindana*/Frkr.

Winsen a. Luhe und a. Aller ist verschliffen aus *Win-husen:* siehe *Winenheim:* Weinheim!

Wintel *(Wint-lo)* a. Ems entspricht **Lintel** *(Lint-lo)* a. Delme und **Rintel(n)** *(Rint-lo)* a. Weser: *wint, lint, rint* sind Synonyma für sumpfig-mooriges Wasser, bestätigt durch den Zusatz *lo* „feuchte Niederung". Dazu in England: *Wintewurth, Winteneia* (Wintney), *Wintan-ceastre* (Winchester). Auf kelt. Boden vgl. *Vintium:* Vence/Rhône. Siehe auch Wintrich!

Wintrich a. Mosel beruht auf altkelt. *Vintriacum,* wie **Altrich** auf *Altriacum* und **Bertrich** auf *Bertriacum: wint, alt, bert* sind prähistor.-kelt. Termini für Wasser, Sumpf, Moor. Zu *Vintriacum* vgl. das synonyme *Sintriacum* 993/Lothr. So wird auch (Königs-)**Winter** b. Bonn verständlich als keltisches *Vintra,* analog zu *Sintere:* Sinthern b. Köln. Ein Wald *Wintre* b. Calais. Vgl. auch **Winterbach** (Saar, Pfalz), **Winterscheid** (Sieg, Schwalm).

Winterthur ist das keltische *Vitodurum,* analog zu *Salodurum* (Solothurn), *Divodurum* (Metz), *Ganodurum, Bragodurum* (βράγος „Sumpf").

Winzenbach, -heim/Elsaß entspricht Kinzenbach, -hurst: zu *wint* (wie *kint)* siehe Wintel!

Wipper: Die geogr. Verbreitung dieses Flußnamens vom Rhein über Westfalen, Thüringen, Harz bis Pommern und Polen wie auch das r-Suffix dulden keinen Zweifel an prähistor.-alteuropäischer Herkunft. Die seltsame Vorstellung eines „wippenden“ Baches (so einst Leithäuser S. 172 und sogar Müllenhoff II 215) gehört zu den Verstiegenheiten unmethodischer Forschung: *Wip-ra:* **Wipper** (Wipfra) entspricht deutlich der *Kupra:* **Kupfer**, Zufluß des Kochers, wo *kup* nur das idg.-lett. Wort für „Moder“ sein kann. *wip* begegnet sonst nur auf keltoligur. Boden: vgl. kelt. *Vipiacum* (Vichy b. Paris) wie *Clipiacum* (Clichy): *klip* = *klep* „Nässe“, und ligur. *Vipasca* wie Salasca, Selasca, Penasca, Camasca, womit auch für *wip* der Begriff des Sumpfigen, Modrigen gegeben ist (vgl. auch *wep:* mhd. verwepfen, „schimmelig werden“, Wepstedt; und *wap* „Sumpf“: Wapel usw.).

Auch die **Wupper** (zum Rhein) hieß einst *Wipper,* noch ersichtlich aus **Wipperfürth** und **Wippern** an ihr. Bekannt ist die **Wipper** im Harzvorland bzw. in Nordthüringen: die eine zur Saale, die andere zur Unstrut fließend (mit der Horla: hor = „Sumpf, Schmutz“). Eine **Wipfra** fließt südl. Erfurt, eine **Weper** vom Solling zur Leine *(e* ist wohl ndd. für *i).* Dazu der Wipperbach im Siegkr. und b. Osn.

Wirft *(Wirefe)* siehe Wiera! **Wirfus** *(Werwis)* b. Cochem s. Werbe!

Wirges im Westerwald und **Würges** im Taunus beruhen urkdl. auf *Widergis,* einem prähistor.-vorgerm. Bachnamen wie *Navi-gis.* Vgl. Fl. *Widrus!*

Wirmingen/Lothr. (nebst Germingen, Mörchingen usw.) siehe Würm!

Wirscheid/Koblenz, **Wirthe**/Westf. siehe Wiera!

Wispe, Zufluß der Leine, stellt eine prähistorische *Wisapa* (Zufl. der Maas) dar, d. i. „Sumpfwasser“. Eine **Wisper** fließt vom Westerwald zum Rhein b. Lorch. *Wispe-lar* 1154/Belg. erweist auch *wis-p* als Synonym, analog zu *Aspelar (as-p,* wie *cas-p, cus-p, cles-p)!*

Wissen a. Wisse (Siegerland) ist prähistor. Flußname wie die *Wissene* in England und die **Wisse** in Polen! Dazu Wissenbach b. Dillenburg, Wissingen a. Hase ö. Osnabrück, *Wissidi:* Wieste am Hümmling, *Wissinesheim:* **Wisselsheim**/Wetterau. **Wißmar** b. Gießen *(Wisemar)* entspricht Weimar, Wittmar, Wechmar, Villmar usw., siehe Wiese, Wieslauf usw.

Witten a. Ruhr (auch Holland) entspricht **Schwitten**/Ruhr, **Schmitten** im Taunus und **Britten** im Saarland, lauter Sinnverwandte: *wit* (nicht zu verwechseln mit ndd. witt „weiß“!) verrät sich als Bezeichnung für „Moor, Sumpf“ durch die Zusätze *mar, lar, lo* usw., so in **Wittmar** *(Witmeri)* b. Wolfenbüttel (wie Wettmar, Bettmar, Rettmar, im selben Raum), **Wittlaer** *(Wite-lere)* a. Rhein b. Düsseldorf, **Wittel** *(Wit-lo,* wie Wissel: Wis-lo) nö. Herford, **Wittlage** ö. Osnabrück (wie Hettlage, Rettlage, Schnetlage), **Wittelte**/Holland (wie Hasselte, Havelte, mit Dentalsuffix), **Wittstedt** b. Zeven (Moorort) wie Wistedt, Wilstedt, Deinstedt, Granstedt,

Rockstedt im selben Moorgebiet, **Witterda** nö. Erfurt (wie Engerda, Sömmerda, Cliverde, Elverde, Stelerde, alle auf Moor bezüglich), mit Kollektiv-Suffix -idi, -ede, der Stamm mit *r* erweitert. Vgl. auch **Witterschlick** b. Bonn. — In England vgl. *Witcombe* (nebst Wetcombe), *Witehale, Witley, Witney* (Gelling falsch: „Witt's island")! Wie *Witcombe: Wetcombe* so auch **Witten: Wetten; Wittmar: Wettmar!**

Wittig, Zufluß der Tauber (mit Wittighausen), ist wie die Tauber *(Dubra)* vorgerm.-keltischer Herkunft: sie entspricht der **Mittich** und der **Mattig/**Inn, alt *Matucha,* beruht also auf *Wituca* bzw. *Widuca* (vgl. *Viduca* in Frkr.). Zu *wit* vgl. kelt. *Vitodurum:* Winterthur (wie *Salodurum:* Solothurn, *Ganodurum* ebda, *Divodurum:* Metz, lauter Sinnverwandte: Orte an sumpfig-moorigen Gewässern). Zu *wid* vgl. die Flüsse *Vidua*/Irland, *Vidus* (Void/Frkr.), *Vidula* (Vèsle), die *Wida: Wied* (siehe diese). Nur so werden auch auf obd. Boden verständlich: **Wittenbach** (Thurgau, Baden: mehrere Wittenbächle), wie der *Bittenbach* u. *Littenbach,* **Wittelbach** b. Lahr, Wittenschwand b. Todtmoos, Wittenhofen im Linzgau, Wittenheim/Elsaß, Wittenweiler wie Littenweiler/Baden, Wittlingen (Baden, Württ.), **Wittnau** (Baden, Schweiz, wie Bittnau, Brettnau, Todtnau). Vgl. **Wittlich**/Mosel wie *Wideliac*/Belgien, *Witeka*/Calais.

Witzerath b. Aachen entspricht Lutzerath, Matzerath usw., mit hochdt. *tz* für *t:* lauter N. auf -rode, auf Moor und Moder bezüglich. Siehe Witten! Ebenso **Witznau**/Baden: wie **Wittnau** ebenda. Siehe Wittig!

Witzenhausen a. Werra *(Witesen-)* siehe Wettesingen!

Witzhelden *(With-selden!)*/Rh. wie *Sik-, Vink-selden* „Moorort"!

Wöbbel in Lippe ist bis zur Unkenntlichkeit entstellt aus *Wegballithi* 1015, *Wicbilethe,* 1350 *Webbelde,* also eines der vielen Kollektiva auf altsächs. *-ithi, -ede* wie *Sulithi* (Söhlde), *Palithi* (Pöhlde), *Sinethi* (Senne). *Weg-* meint zusätzlich „feucht": Es entspricht somit dem einfachen *Bal(l)ithi:* **Belle,** gleichfalls b. Detmold, siehe dies *(bal* = Sumpf)!

Wochern b. Merzig/Saar ist keltisches *Vocara* und entspricht **Nochern** *(Nocara)* ö. St. Goar u. **Kochern** *(Cocara)* in Lothr. Zu *woc (wac)* „Moor, Sumpf" vgl. die *Vocates* u. die *Vocontii*/Rhone! Aquae *Voconae*/Span.

Wocklum b. Menden a. Ruhr erinnert an **Roklum, Lucklum, Adlum** b. Brschwg, die urkdl. als *Rokenem, Lukenem, Adenem* (-em = -heim) bezeugt sind: zu *rok, luk, ad* „Sumpfwasser". Nichts anderes kann *Wokenem* (so 1394) meinen: ein keltoligurisches Sumpfwort *wok* begegnet in **Wochern** *(Vocara),* s. dies! Zu **Wocklum** vgl. als Synonym im Ruhr-Lippe-Raum auch Vinnum, Pelkum, Mussum. **Waukemicke** *(Wokenbeke)*/Olpe.

Wöddelbek, Zufluß der Alster nö. Hamburg, meint „sumpfiger, schmutziger Bach", zu *wod, wud, wed* siehe Wohnste bzw. Weddelbrock!

Woffleben *(Waflica!)*, **Woffelsbach** am Kermeter s. Waffensen, Wabe *(Wavene)!*

Wohnbach/Wetterau steht mundartlich für älteres *Wahnbach, Wanebach,* d. i. „Sumpfbach", siehe Wanfried, Wanne! Vgl. auch Wohnfeld, Wohnrod, Wohnroth.

Wohnste (urkdl. *Wodenestede)* siehe Hatzte! Zu *wod* „Wasser, Sumpf, Moor" (vgl. Wodka!) gehören auch *Wodina* 9. Jh./Thür., *Wodfurt* 9. Jh./ Krefeld. Auf kelt. Boden: *Vodanum, Vodenoilum* (Vouneuil) in Frkr., *Vodiae* (Volk in Irland). *Wodinga* 903/Lux. wie *Odinga* 768/Lux.

Wohra, Zufluß der *Amana:* Ohm/*Logana:* Lahn, im Mittelalter mehrfach als *Wara* bezeugt, entspricht der *Vara,* Zufluß der Magra in Ligurien! Auch *Amana* und *Logana* sind keltoligur. Flußnamen! *war, am, log* meinen Wasser, insonderheit sumpfiges. Vgl. auch die *Warapa:* Warpe. Zu *war* s. Warendorf a. Ware!

Wolbek (Wohlbek), Zufluß der Wietze (Moorgegend!), hieß 990 *Wulbeki: wol, wul* ist ein prähistor. Wort für „Sumpf", vgl. auch *wal, wel, wil!* Daher **Wollscheid** neben Welscheid, Walscheid, und *Wulepe* neben *Walepe, Welepe, Wilepe.* Siehe auch **Wollmar! Wöllstadt!** Woluwe! Auf kelt.-ligur. Boden vgl. *Voliba*/Brit., Fluß *Volerius*/Korsika, *Volana*/ Samnium, *Volesma:* Voullême/Frkr. Ein **Wöl-Berg** (+ Lattbg) b. Oeynh.

Wolfach, Zufluß der Kinzig, auch b. Passau, um 800 *Wolfaha, Woluahe,* ist zu beurteilen wie die übrigen Bachnamen auf *-aha* „Bach" im Schwarzwald: so Schiltach, Brettach, Linach, Hausach, Bulach, Teinach, Gutach, Wutach, M(a)uchach, Maisach, Münzach, von denen auch nicht einer etwas anderes bezeichnet als die Beschaffenheit des Wassers, vielfach aus prähistor. Zeit. Der „Wolf" kommt also nicht in Frage, schon aus prinzipiellen Gründen nicht: denn in so früher Zeit wurden Bäche nicht nach Tieren benannt! Auch aus Formgründen nicht (vgl. den Wolfenbach/Württ.). Eine **Wolfig** fließt zur Unteren Murg. Es muß vielmehr Umdeutung vorliegen aus einem Wort für „Moor": Dieser Wortsinn liegt deutlich zutage in *Wolvengoor*/Holland analog zu *Gebbengoor!* Vgl. in Württ. den *Wolfenbach* und den *Gebenbach!* Auch in **Wolferen** in der Betuwe/Holland (673 *Wulfara)* nebst *Wolferveen;* analog zu Kolveren *(Colvara),* Balveren *(Balvara)* u. ä., lauter uralte Bachnamen mit r-Suffix: *col-v, bal-v* sind Erweiterungen zu *col, bal* „Sumpf, Moder", so also auch *wul-v (wol-v),* denn *wul, wol* meint dasselbe! Weiteres Beweisende unter **Wülfte, Wulfen!** In der Schweiz südl. Basel liegen außer **Wolfwil** a. Aar auch Morschwil, Mutzwil, Bretzwil, Beinwil, Erschwil beieinander — alle auf Moder und Moor deutend! — **Wölfterode** siehe Welferode!

Wolken w. Koblenz unweit der Mosel stellt sich deutlich zu **Alken, Kerben,** Karden, Müden, Klotten, Könen, Nehren, Kahren, Schoden, Leuken, Lehmen, lauter Sinnverwandten entlang der Mosel und Saar aus vorgerm. Zeit, auf Sumpf, Moor und Moder deutend. Zu *wolk* vgl. die *Volcae!* Fl. *Volcos*/Illyrien! *Wolkesmere* i. W. (Wercesmere/E.)!

Wollmar (779 *Wolemare)* nö. Marburg entspricht Villmar, Weimar, Wechmar, Wittmar, Bettmar, Wettmar, Alkmar, Geismar, Germar, Schötmar usw., alle höchst altertümlich und verklungene Wörter für Sumpf, Moder enthaltend: *mar* meint etwa „sumpfbildender Quellbezirk". Zu *wol, wul* siehe Wolbek! **Wöllstadt**/Wetterau hieß um 800 *Wullenestat* (vgl. Wullenstetten/Donau wie Geibenstetten: geib = „Aas"); ein *Wullinebach* 810 (heute Wülbernbach) fließt ö. Erbach im Odenwald, ein Wollenbach (nebst Wagenbach) zur Elsenz. Deutlich ist **Wollomoos** ö. Augsburg. Dazu **Woll-, Wüllscheid** im Rhld. In England sind bestätigend für den Wortsinn: *Wulle-cumbe, Wulle-wurth:* Woolcumbe, Woolworth! (Vgl. auch *Wulve-mere:* Woolmer usw. unter Wülfte!). In Brabant fließt eine **Woluwe** (entsprechend der Weluwe, Veluwe, Wesuwe usw.). **Wölpe** s. Welpe!

Wommen b. Herleshausen a. Werra siehe **Wemme,** Wümme!

Wonsheim, Wonshausen siehe Wanfried!

Woppenroth b. Kirn a. Nahe stellt sich zu Wicken-, Sargen-, Toden-, Gödenroth im selben Raum: *wop* für *wap (Vapincum, Wapeium)* siehe Wapel! — **Worbscheid** b/Valbert s. Worblingen, Worms!

Worblingen im Hegau liegt an einer **Worblen** (vgl. Werbeln): ein vorgerm. Bachname, erinnernd an ligur. **Worbis**/Eichsfeld u. **Worms** *(Borbeto-, Bormeto-): w* beruht somit auf urspr. *b.* Vgl. *Worwo* 1261/Schweiz.

Worfelden in der wasserreichen Rhein-Main-Ebene w. Darmstadt meint Wasser- oder Sumpffeld, wie **Mörfelden** ebda. Zu *wor* siehe Worringen!

Worm, Wormbach, Wormstedt siehe Wormeln!

Wormeln b. Warburg (Mündung der Twiste in die Diemel) hieß 1020 *Wurmlah(un),* analog zu *Dungalahun, Weslahun, Werlahun, Hurlahun, Aflahun* (Affeln), *Nutlahun* (Nutteln), *Giflahun* (Giffeln), Ammeln, Ummeln usw., lauter feuchte, modrige oder sumpfige Gehölze *(loh, lah,* Dativ plur. *lohun, lahun).* So kann auch *wurm, worm* nichts anderes meinen: denn jede abstrahierende Vorstellung, also auch die von „wurmartig sich hinschlängelnden" Gewässern (ein Schreibtischprodukt!), ist mit der Namenschöpfung der Vorzeit unvereinbar. wie schon Marjan (Kelt. ON., 1880, S. 15) erkannt und betont hat. Komposita wie *Wurmlah,* auch

Worm-goor/Holland (wie Sichtgoor, Gebbengoor), *Worm-salt* 870 b. Aachen (Wor-selden: Würselen), *Wormbrook, Wurmehale, Wurmeleg*/England beweisen vielmehr, daß *wor-m, wur-m* als m-Erweiterung zu *wor, wur* „Wasser, Sumpf" aufzufassen ist, genau wie *stor-m, stur-m* zu *stor, stur* „Moder, Moor" und *gor-m, gur-m* zu *gor, gur* „Schlamm, Morast"; vgl. auch *wer-m, war-m* unter Warme! Eine **Wurm** (1018 **Worm**) fließt an der holld. Grenze von Aachen her zur Roer (mit ON. Würm). Dazu **Wormbach** a. Lenne (Rothaar), *Wormbeke* b. Lüdenscheid, **Wurmscheid** b. Erkrath (auch *scheid* tritt grundsätzilch an Gewässerbegriffe!). Im Harz ein Wurmbach und **Wurm-Berg;** Wurmberge auch in Württ. Siehe auch unter **Würm!**

Wörmke *(Wermana)* siehe Warme!

Worms a. Rhein ist das kelto-ligurische *Borbeto-magus*, urspr. wohl ligur. *Bormeta*, zum Wasserwort *borm*, das wiederholt im ligur. Raume bezeugt ist. Auch *Bormio* im Veltlin lautet deutsch Worms!

Worpswede (nebst Worphausen u. Wörpedorf) am Teufelsmoor nö. Bremen enthält den Namen der dortigen **Wörpe,** Zufluß der Wümme (Wimene), urspr. wohl *Wor-apa* „Sumpf-, Moorwasser", ablautend zur *Werapa:* Werpe (z. Lenne). Zu *worp* aber vgl. *Worpenberg; Worpesdun*/E.

Worringen b. Köln am Rhein-Ufer entspricht Fuhlingen (ebda), Solingen, Quettingen, Ürdingen (Bach Urda!): zu idg.-kelt. *wor* vgl. in Frkr. *Vorocio* (Vouroux) und *Voracum* (Vorey, einst marécageux „sumpfig"). Siehe auch Würrich. Worringen hieß um 300 *Wurunc*, 1209 Worinc.

Wrexen a. Diemel *(Wrek-husen):* vgl. *Wrechewik* 1211/E. u. *Wreocen-setun* 855: *wrek, wrik* wohl „Moor". Ein *Wrekkenhusen* 1120 b. Wolfh.

Wrachtrup i. W. (2 mal) s. Wrexen! Vgl. *Wragmire*/E.

Wülfte nö. Brilon nahe der Möhne (auch b. Höxter) ist altes *Wulfete*, mit Dental-Suffix wie *Culete:* Külte b. Warburg, *Colete:* Köhlte i, W., *Lerete:* Lehrte, *Ulvete:* Ulft/Holland, lauter Sinnverwandte, zu Moor- und Sumpfbezeichnungen, sodaß auch *wulf (wulv)* — vgl. *welv* — Synonym sein muß! Vgl. die **Wölfte** b. Hüddingen w. Wildungen/Eder. Gleiches ergibt sich aus **Wulfelade** a. Leine unweit des Toten Moores, alt *Wulfelage* (wie die Amlage, die Harplage: lage = feuchte Niederung), aus **Wolferen**/Betuwe (673 *Wulfara)* analog zu **Kolveren** *(Colvara)*, **Balveren** *(Balvara)*, alle auf Sumpf und Moor bezüglich! (Siehe unter Wolfach!). Desgl. ist beweisend *Wolfenni* 889: **Wulften** a. Oder südl. Osterode/Harz analog zu *Huvenni* 890: Hüven am Hümmling, *Havenni, Hevenni* 890: Heven/Ruhr, *Baginni:* Hogen-Bägen/Vechta, vgl. *Wulvenne:* **Wulven**/Prov. Utrecht und Moorort **Wulfen** b. Dorsten a. Lippe. Ein **Wülfer** in Lippe.

Zu Wülfrath vgl. die Synonyma *Mödrath, Schelmerath, Kolverath* usw. — In England sind eindeutig: *Wulve-mere* (970), *Wulveleg, Wuvedene, Wulvepit:* heute Woolmer usw., der Schwund des *v* deutet auf seine Stimmhaftigkeit: = *w,* wie in *Wulvenesheim* 1074, jetzt Wilwisheim a. Zorn/Elsaß (wie *Ulvenesheim:* Ilvesheim/Alzey). Zu *Wulveleg* vgl. das sinngleiche *Calveleg,* d. i. „sumpfige Wiese"! Zu *Wulveton:* als sinngleich *Welveton, Calveton;* zu *Wulvara* vgl. *Calvara* (Bachname!).

Wüllen b. Ahaus (Moorgegend) wie **Wullen** Kr. Hörde siehe Wollmar! Desgl. *Wullinebach* im Odenwald und *Wullinestat:* **Wöllstadt**/Wetterau, auch **Wüllscheid** b. Honnef, **Wollscheid** b. Mayen. Vgl. auch *Wolon:* **Wohlen**/Aargau und die *Wolenbäche* in Bayern/Schwaben (Lech, Regen).

Wümme, Nbfl. der Weser, durch moorige Niederungen fließend und nö. Bremen mündend, urkdl. *Vimene* (wie die *Wimene* in Brab.!), mit der **Veerse,** alt *Versene,* verrät sich schon durch die Endung *-ana, -ina* als prähistor. analog zur *Versene, Bilene* (Bille), *Travene* (Trave), *Bomene* (Böhme) usw., lauter Sinnverwandte! *wim* ist also Moorbezeichnung. Siehe auch Wemme! An der Wümme liegt **Wümmingen.**

Wupper siehe Wipper!

Würges *(Widergis)* siehe Wirges!

Würm, Nbfl. der Amper/Bayern (mit dem Würm-See = Starnberger See), hieß 1056 *Wirmina,* ist somit prähistor.-vorgermanisch, wie die Endung lehrt; eine **Würm** (urkdl. *Wirme)* auch zur Nagold b. Pforzheim, eine Wirma auch in Litauen! Über die *Wermana* **(Wörmke)** b. Lügde siehe **Warme!** — zur *Worm, Wurm* siehe Wormeln! *wir-m, wer-m, wor-m* sind erweiterte Formen von *wir, wer, wor* „Wasser, Sumpf, Moor"!

Würrich b. Bullay a. Mosel entspricht Körrig, Serrig, Bruttig, Kettig usw., lauter altkeltische Ableitungen von Gewässernamen. Vgl. **Worringen.**

Würselen nö. Aachen entspricht Porselen, Winselen: urkdl. *Wor(m)-selden* a. Würm! wie *Sik-, Vink-, With-selden.* Vgl. Worfelden, Worringen!

Württemberg, entstellt aus urkdl. *Wirteneberg,* ungedeutet, ist gebildet wie Binzen-, Rechen-, Retten-, Rotten-, Schragen-, Welchenberg, alle auf Sumpf, Ried, Röhricht deutend. Derselbe Wortsinn für *wirt* ergibt sich aus *Wirtinsteten* analog zu Geiben-, Neren-, Rechten-, Scharen-, Wegenstetten! Zu *Wirtinstein* vgl. Horgen-, Schmittenstein. Eine Alpe *Virtneren* nennt Hubschmid.

Würzburg am Main, urkdl. *Wirziburg,* hat mit Gewürz oder Wurzel natürlich nichts zu tun: wie der **Würzbach** (zur Enz w. Calw), auch b/Zweibrücken und **Wurzach** am Wurzacher Ried(!) eindeutig lehren, ist *wurz* *(wirz)* ein Wasserwort im Sinne von ahd. *wirz:* Vergorenes, Most. Zur Wurzach vgl. im selben Raum die **Scherzach**, die **Stunzach**, die **Speltach**, die **Seckach** usw., lauter Sinnverwandte. Auch **Wurzweiler**/Rheinpfalz bestätigt *wurz* als Wasserbezeichnung (analog zu Aßweiler, Eßweiler, Maßweiler usw.). Ein *Wirtzfeld* a. Maas. Siehe auch *Werte!*

Wutach, so schon 796, Schwarzwaldfluß, vom Titi-See her (wo sie die **Gutach** empfängt) durch den Klettgau (mit der Schlücht) zum Oberrhein fließend, ist natürlich kein „wutbringendes" Wasser (wie noch E. Schröder S. 118/119 meinte). Der Name ist prähistorisch und kehrt in Thüringen mit **Wutha** (am Erbsstrom u. Hörsel zw. Eisenach u. Gotha) wieder. Auch in **Gude,** 960 *Wudaha,* Ort u. Bach (z. Fulda) steckt derselbe Bachname, später in *Gudaha* abgeändert: zu *wud* (= wod, wed, wid, wad) „Wasser, Sumpf" (deutlich in *Wude-mare* b. Weimar!) siehe unter Gude!

Eine zweite **Gutach** fließt zur Elz (1111 rivus dictus *Wuta!),* eine dritte zur Kinzig b. Triberg. Als Grundform hat für sie alle *Wudaha* zu gelten, entsprechend der *Gardaha* **(Gartach)** und der *Werdaha* **(Wertach),** die gleichfalls aus der Vorzeit stammen.

X, Y, Z

Xanten am Niederrhein, im Nibelungenliede als Heimat Siegfrieds „ze *Santen*" genannt, wird nach kirchlicher Tradition wegen des Märtyrertodes St. Viktors und seiner christl. Gefährten Anno 302 als „ad Sanctos" = „zu den Heiligen" aufgefaßt. In Wirklichkeit hat der Ort natürlich schon zur Zeit der Römer, die dort ihr Castra Vetera errichteten, einen Namen gehabt — naturgemäß einen keltischen, wie man längst vermutet hat: etwa *Santunum, Santona* o. ä., worauf auch das benachbarte *Bertunum:* **Birten** deutet, analog auch zu *Lodonum, Modunum* (Meudon), womit auch der Wortsinn gegeben wäre, nämlich „Ort am Sumpfwasser", zumal vor den Toren ein Sumpf lag (im Mittelalter „Maar" genannt). Zu *sant (sent, sunt)* vgl. die kelt. *Santones* und den eingedeutschten *Sanzenbach!* (Siehe diesen!). Dazu Fluß *Santernus* u. ON. wie *Santria, Santonicum, Santis* polis keltiké!

Yach, Zufluß der Elz/Baden (vom Rohrhards-Berg her!), mit gleichn. Ort, siehe Eyach!

Zaber, Nbfl. des Neckars b. Lauffen, entspricht dem Fluß *Taber* in Spanien, stammt also (wie der Neckar) aus vorgerm. Zeit. Zur Deutung siehe Taben! Das urkdl. *in Zabernachgouue* 793 u. ö. deutet auf urspr. *Taberna,* mit derselben (im Keltischen beliebten) Endung *-rn-* wie die *Bilerna* **(Bühler)** in Württ., *bil* = Sumpf.

Zahmen am Osthang des Vogelsberges, an e. Zufluß der Lüder, deutet wie das benachbarte Jossa (Jassafa) auf einen prähistor. Gewässernamen, analog zu **Zwehren** und **Züschen** im Raum Kassel/Fritzlar, deren Z- urkundl. auf T- zurückgeht. Vgl. die *Tamina*/Schweiz/Belg. *Tamesa:* die Themse, *Tameworth, Tame(n)horn*/England. Eine **Zama** aber fließt zur Warthe! **Zahren(hu)sen** wie Sitten-, Pattensen; vgl. **Zahrenholz!**

Zähringen b. Freiburg, 1008 *Zaringen,* liegt unweit von Zarten (dem kelt. *Tarodunum),* so daß auch hier das idg.-kelt. Wasserwort *tar-* zugrunde liegen dürfte. Vgl. **Mähringen**/Württ.: zu *mar* „Quellsumpf". Zum Anlaut *T: Z* vgl. auch die **Zaber** für *Taber(na),* **Zoller(n)** für *Tolra.*

Zainbach (z. Rot/Kocher) lehrt, daß auch **Zainen** w. Calw und **Zainingen** s. ö. Stuttgart nebst Zeiningen w. Säckingen ein Wasserwort zur Grundlage haben, ebenso **Zeinried**/Oberpfalz. Vgl. dazu ahd. *zeinach* „Röhricht" *(zein* „Rute"). Ein *Zeinisbach* in Vorarlberg.

Zarten a. Dreisam (der kelt. *Treisama)* im Breisgau (Schwarzwald) ist das altkeltische *Tarodunum* (nach Ptolemäus II 11, 15), um 800 villa *Zartuna,* d. h. „Feste am Wasser *Tara*", dem heutigen Zartenbach, wie *Tascodunum* am *Tasco,* und ebenso *Lugudunum:* Lyon, *Virodunum:* Verdun usw., lauter Festungen an sumpfigen Gewässern! Zu *tar* siehe Theres *(Tarissa).*

Zeilbach in der Schwalm und **Zeilfeld** bei den Gleichbergen/Südthüringen sind schon geographisch als uralt erkennbar: mehrere *Zilbäche* im Fuldaer Raum, ON. Zillbach b. Schmalkalden. **Zeilen** im Hegau: 965 *Zila.* **Zeil** *(Zile* 1172) b. Leutkirch. Vgl. *Tilslat: Zihlschlacht.* Siehe Tilbeck!

Zeiningen, Zeinried siehe Zainbach! **Zeisenried, -matt:** *zeis =zein!*

Zeltingen a. Mosel hieß urkdl. *Celtang,* analog zu **Ehrang** *(Irang)* a. Mosel/Kyll b. Trier, **Maring** *(Maranc* 1157) a. Mosel, Talling: *Talanc* usw., lauter keltoligur. Namen, erkennbar an der Endung *-anc* (Almancum a. d. Alma!) und an den zugrunde liegenden Wörtern für Sumpf, Moor u. ä. Zu *celt* vgl. im kelt. England: *Celta* 695, *Celtanham* 803.

Zembs, Flüßchen im Elsaß, stellt eine vorgerm.-keltische *Semisa* dar, mit Z-Anlaut für das stimmlose *S-*, analog zur **Zorn** ebda für kelt. *Sorna* 724, während M. Förster die Zembs irrig für eine Tamisa: Themse hielt. *sor* wie *sem* meint sumpfiges Wasser; siehe unter Semen!

Zenn, Nbfl. der Regnitz westl. Nürnberg, mit dem Fennbach „Moorbach", stammt wie die Nachbarflüsse Aisch, Bibert, Rednitz usw. aus vorgerm. Zeit: urspr. wohl *Ten(n)a;* siehe Zennern!

Zennern b. Fritzlar (urkdl. *Cenre)* entspricht dem benachbarten **Wabern,** formal und zweifellos auch begrifflich, insofern Wabern auf sumpfiges Gewässer deutet. Das Anlaut *Z-* dürfte auf urspr. *T-* zurückgehen wie in **Züschen** ebda, in **Zahmen** und in **Zwehren.** Vgl. die Flüsse *Tenera*/Brabant, *Tenaro*/Ligurien, *Tena*/Gallien; zum Wortsinn vgl. griech. τέναγος „Sumpfland"! Zum prähistor. r-Suffix vgl. Gönnern, Gommern, Sömmern, Ammern, Artern usw.

Zerf (Nieder-Zerf) b. Trier entspricht Cierfs/Schweiz, dem keltoligur. *Cervium!* Vgl. *Cervo*/Piemont usw. Siehe Kervenheim!

Zersen, Bachort am Süntel nö. Hameln, urkdl. *Cersne,* bezieht sich auf sumpfiges Wasser oder Gelände: vgl. mittelengl. *kers* „Marsch", in *Cersewelle, Cersentune:* Carsington. Deutlich ist *Kers-siepen.* Eine *Kersenbeke* (Kirsmecke) fließt zur Lenne. *Z-* für *K-* beruht auf Zetazismus wie in **Zeven** für Keven (durch stark palatale Aussprache des *k* vor i-haltigem Vokal).

Zetel, Moorort b. Varel am Jadebusen, beruht auf *Set-la* wie **Varel** auf *Vor-la,* Scharrel auf *Scor-la,* lauter Synonyma: zu *set, vor, scor* „Moder, Moor". Zu *set* siehe Seeth!

Zeutern nö. Bruchsal im Kraichgau macht undeutschen Eindruck: *zut* für *tut* siehe Zuzenau und *Zutestat:* Zottelstedt! Zu *Zeutern(heim)* vgl. *Gadern(heim):* z. Fluß *Gadra!* Zu *Zubetes-:* **Zeuzheim** vgl. *Aubeta* „Kot".

Zeven im Moorgebiet der Oste ö. Bremen beruht infolge von Zetazismus auf *Keven.* Siehe **Kevelaer!**

Zeyer *(Sevira* 844), Flüßchen in Österreich, gehört der vorgerm. Zeit an: wie schon das r-Suffix verrät: vgl. die *Seva* (See) in Frkr. und die *Sevaces* an der Inn-Mündung (wie die *Levaces* a. Leva/Belgien), auch die *Savara* (Sèvre) in Frkr. Siehe Seeve, Seffern und bes. Saffig!

Ziegenhain a. Schwalm entspricht Gleimen-, Herchen-, Udenhain im selben Raum, so daß zweifellos Umdeutung aus *Siegenhain* vorliegt, zumal noch um 1700 ausgesprochen „morastige" Lage des Ortes bezeugt ist! Vgl. Siegenbeck i. W., Siegenbach in Baden. Siehe Sieg! **Ziehner** s. Zinse!

Zier (Nieder- u. Ober-Zier) b. Düren a. Rur entspricht **Thier** b. Waldbroel und **Pier**/gleichfalls b. Düren! (Siehe dies). Zu *tir* „Moder" siehe Thyra!

Zierenberg a. d. Warme (Wermena!) w. Kassel ist bis um 1300 als *Tyrenberg* bezeugt — das Z- beruht also auf Verhochdeutschung (durch die Kanzlei) wie in Züschen, Zahmen u. ä. Zu *tir* „Moder" siehe Thyra; vgl. auch **Zier!**

Zihlschlacht/Thurgau ist entstellt aus urkdl. *Til-slat* wie Degerschlacht/ Württ. aus *Tegir-slat:* slât deutet auf sumpfiges Gelände; zum Sumpfwort *til* siehe Tilbeck! Vgl. auch **Ziller** *(Tiluris)* mit derselben Verhochdeutschung des Anlauts, **Zillham** am See b. Wasserburg (nebst Aham, Meisham), **Zillhausen** b. Balingen.

Ziller, Zillbach siehe Zeilbach, Tilbeck! **Zimmern** s. Timmern!

Zinse, Zufluß der Rösepe (ros „Sumpf"!) am Rothaar (mit Ort Zinse) beruht auf *Sin(i)sa* (s. Sinn!) wie **Zinsdorf** i. W. auf *Sinestorp* (9.). „Sumpfwasser" meint auch die **Zinsel** im Elsaß (mit **Zinsweiler:** 742 *Cincines wilare)* wie die Zembs u. die Zorn/Elsaß. **Zingsheim**/Eifel (893 *Cinesheim)* zeigt rhein. Guttural; ein *Cinescheid* 1130 ebda. Auf ligur. Boden vgl. *Zinasco*/Ob.-It. (wie die Synonyma Livrasco, Tarasco, Cimasco, Marasco).

Zirl am Inn westl. Innsbruck, urkdl. *Teriol,* deutlich vorgermanisch, bezieht sich auf Moder oder Faulwasser, vgl. mlat. *terilis* „faul", *tiredo* „Moder", lit.-lett. desgl.; auch in Flußnamen wie *Terebris*/Spanien (wie Contobris/ Sp., Triobris/Frkr.) oder *Tirette*/Frkr., dazu ON. *Terina*/It. Siehe auch Thyra! **Zissen**/Rhld: vgl. *Zussen: tis, tus* „Moder". *Tissenbach!*

Zitter-Wald, bewaldeter Höhenzug in der Eifel, siehe Sitter!

Zoller(n): um 1100 *Zolre, Zoler,* bewaldeter Berg in der Schwäbischen Alb, nach dessen Burg sich das Geschlecht der Hohenzollern nennt, verrät sich durch das r-Suffix als vorgermanisch. Ausgangsform dürfte ein kelto-ligurisches *Tolra* gewesen sein; *tol* ist als Gewässerbezeichnung mehrfach belegt: vgl. *Tolosa* (Toulouse), wie Lutosa (lutum „feuchter Schmutz") *Tolerium* in Latium, *Toleno,* Fluß in Sabinum, *Tolenza:* Tölz/Bayern (wie *Solenza:* Sulz, *sol* = Sumpf, Suhle) und nicht zuletzt die Parallele *Tol-ra:* **Zoller** — *Solra:* **Soller** (Berg im Aargau), womit der Wortsinn von *tol* geklärt ist! Vgl. zur Bestätigung auch *Tol-ven, Tol-pit, Tol-puddle, Toleslund* in England, in denen das kelt.-britische *tol* durch *venn* usw. als „Moor, Moder" verdeutlicht wird.

Zons am Rhein b. Düsseldorf siehe Sonsbeck/Kevelaer unter Sonscheid!

Zorge, Harzflüßchen, siehe Sorge!

Zorn, Flüßchen im Unter-Elsaß, von den Vogesen her zum Rhein fließend 724 *Sorna,* ein kelt. Name wie die brit. *Sora (sor* = Sumpfwasser), siehe **Zembs.** *Z-* steht für das stimmlose fremde *S-*.

Zottelstedt (alt *Zutestat)* nö. Apolda entspricht dem nahen **Hottelstedt** nö. Weimar: *zut, zot* und *hut, hot* meinen schmutzig-sumpfiges Wasser. Siehe Zeutern! Züttlingen!

Zotzenbach (877 *Zozunbach),* Zufluß der Weschnitz ö. Heppenheim/Weinheim, wird verständlich im Rahmen der benachbarten *Lörzenbach, Laudenbach, Mörlenbach, Ulfenbach,* die sämtlich auf sumpfig-schmutzige Wasser deuten (zu *lort, lud, mor-l, ulv).* Gleiche Bedeutung für *zuz, zo: (tut, tot)* ergibt sich aus **Zuzwil**/Thurgau analog zu *Uzwil, Mutzwil, Morschwil, Bütschwil, Zetzwil* usw. Zu *zotz* vgl. auch *motz, blotz!* Dazu auch **Zotzenheim** b. Kreuznach wie Bretzenheim ebda, das 752 *Brittenheim* hieß: *brit* und *tut* bestätigen sich gegenseitig als Synonyma! Ein *Zuzenheim* 784 b. Zabern. **Zoznegg** nö. Stockach.

Zülpich w. Euskirchen ist das keltische *Tolbiacum, Tulbiacum*; vgl. *Tulbata* Tulpental/Thurgau, Thulbing/Ö., **Thulba** a. d. Thulba/Südrhön! — womit *tul-b* als Wasserbezeichnung erwiesen ist.

Zundelbach (zur Scherzach/Württ.: *Zunderbach* 1155) meint „Moderbach" wie *Zundernhard* „Moderwald". Siehe *Tundern!*

Zunzingen/Baden siehe Tuntingen!

Zürich a. d. Limmat (kelt. *Lindomagus)* Zufluß des Züricher Sees, ist das keltische *Turicum: tur* ist Wasserwort wie in *Turiacum* (46 mal in Frkr.) *Turobriga*/Spanien (wie Cato-, Bruto-briga, wo *cat, brut* = Schmutzwasser, Moder), *Turoni,* kelt. Volk; *Tures-mere* (Wercesmere).

Zurzach am Rhein (Aargau): 950 Zurziacum, beruht auf kelt. *Turtiacum* wie **Zurten**/Graubdn auf dem Bachn. *Turtana,* vgl. *Turtenaha* 1170,

Enns, in Brit.: *Torteworth, Tortington. tur-t* wie *ur-t (Urtana).* Siehe Zürich!

Zusam, Nbfl. der Donau, m. d. Laugna durchs Donau-Ried fließend (was schon auf den Wortsinn hindeutet), um 1280 *Zus(i)me,* entspricht der *Rotteme:* **Rottum,** der *Metteme:* **Mettma (Mettum)** und der **Dreisam** *(Treisima* um 900) im Schwarzwald, lauter vorgerm. Flußnamen mit m-Suffix, schon geogr. als keltisch erkennbar: Der Z-Anlaut beruht auf urspr. *T-: Tusama* dürfte also die Ausgangsform sein (während Krahe, wie Holder u. Springer — lautlich unmöglich — an Togisama denkt), analog zu *Treisama, Medama, Rodama,* lauter Sinnverwandte! Vgl. aber auch *Zusi-dava* analog zu *Comidava, Argidava, Utidava, Singidava* im kelt. Dakien/Mösien, lauter Ableitungen von Gewässernamen (dava = Dorf). Nicht zuletzt schwäb. *Zusenlin* „Brühe"!

Züschen am Kahlen Asten und am Elbe-Bach nö. Fritzlar (wo auch Wehren, Maden, Wellen, Elben a. Elbe, Zennern, Zwehren usw., die sämtlich prähistor. sind und auf Gewässer Bezug nehmen) beruht urkdl. auf *Tiuschinun,* wie **Zwehren** b. Kassel auf *Tweriun: tusc* und *twer* sind auf kelt. Boden (auch Hessen gehörte einst dazu!) als Wassertermini nachweisbar, vgl. *Tusciacum* (Thoissey) und Fluß *Tuerobis* in Wales! Vgl. auch die *Tusci* (in der Toscana). *Tusklar* 1088 Kr. Beckum u. **Tüschenbroich** b. Erkelenz (wie Korschenbroich ebda: kelt. *kors* „Sumpf, Sumpfgras"!) lassen am Wortsinn keinen Zweifel; vgl. auch engl. *tusc* „Binsenbüschel". Dazu auch **Tüschen** Kr. Mettmann/Ruhr (am Zs.fluß der Sülzbäche!) und **Züsch** b. Hermeskeil, also auf altkelt. Boden. Obendrein fließt eine **Tüske** im Moorgebiet von Diepholz (zur Aue). *Tusc-husen* 1155 i. W.

Züttlingen/Württ. *(Zuteningen):* siehe *Zutestat:* Zottelstedt!

Zuzenau, eine Insel b. Straßburg, entspricht der Ulvenau b. Lorsch, der Bitenau in Württ., Bottenau, Brettenau, alle auf Wasser u. Sumpf bezüglich. Zu *zuz* (für urspr. *tut)* siehe *Zuzen-:* Zotzenbach! Dazu *Zuzenheim* 784 b. Zabern, Zotzenheim b. Kreuznach, Zuz(en)wil/Thurgau, Zuzenhausen/Kraichgau, Zuzzes/Graubdn. Vgl. mit urspr. T-Anlaut: Fluß *Tutia;* die *Tutini* in Kalabrien; auch *Tutenhale*/England (wie Taten-, Baten-, Catenhale: „feuchte, sumpfige Wiesen"!) u. *Tutentun:* Tuttington (wie Eddington, Liddington am Liddon, Washington usw., lauter Sinngleiche). *Zutestat:* Zottelstedt.

Zweckel *(Swec-lo)* bei Bottrop/Gladbeck siehe Schweckhausen!

Zwehren (Nieder-Zwehren) beiKassel, 1224 *Tweren,* und **Zwergen** ö. Warburg/Diemel (urkdl. *Tueriun, Twergen),* aus dem Deutschen nicht erklärbar, gehören wie **Züschen** b. Fritzlar und **Zahmen** am Vogelsberg zweifellos der Vorzeit an, als noch (bis um 300 v. Chr.) Kelten im Lande saßen! *twer* begegnet denn auch auf kelt. Boden in Wales mit dem Fluß *Tuerobis!* Im altkelt. Schwarzwald vgl. den *Twerenbach* 1111, heute **Zweribach** (zur Gutach/Elz), auch den **Zwerenbach** (zur Wutach) und den *Twerenbrunnen* 1149/Schwäb. Alb; zum Wortsinn vgl. schwäb. zwähr „Teig, klebriger Kot". Dazu auch **Zwerenberg,** womit sich die übliche Deutung als „quer gelegen" (so noch 1953 A. Bach § 315) — eine an sich schon abgeschmackte Vorstellung bei einem Gewässer! — von selber erledigt.

Zweifelscheid/Eifel (b. Neuerburg) läßt, da *scheid* (im Sinne von Waldbezirk) nur an Gewässertermini tritt, auf ein verklungenes Wasserwort *twivel, zwivel* schließen, wie es auch **Zweifelbach** in Thür. (w. Kahla) und *Zwivels* 1284 a. d. Lüder (Vogelsberg) nahelegen; desgl. **Zweiflingen** ö. Heilbronn, wo Züttlingen, Möglingen, Heuchlingen auf Moder oder Moor deuten! Ihm entspricht **Twieflingen** südl. Helmstedt, wo Süpplingen, Kneitlingen, Cremlingen Sinnverwandte sind. *Twivel-dunc* 1160/Holld bestätigt es aufs beste, analog zu *As-, Lin-, Til-dunc!*

Zwergen ö. Warburg a. Diemel (urkdl. *Twergen, Tueriun: g* ist lediglich Gleitlaut) siehe **Zwehren** (1224 *Tweren)* b. Kassel! Desgl. **Zweribach, Zwerenberg.**

Zwesten a. d. Schwalm südl. Wildungen hieß 1425 *Twesten,* aus dem Deutschen nicht deutbar; es erinnert an die gleichfalls vorgerm. *Twistina* 890: die **Twiste,** Zufluß der Diemel (vorgerm. *Timella). twes-t, twis-t* ist zweifellos Variante zu prähistor.-kelt. *twes, twis:* vgl. Fluß *Tuesis* in Schottland, dazu die *Twesini* sowie die *Twisi* (Kelten) am Ebro/Sp. *Tweß-siepen* b. Meschede (wie Ell-, Hüll-, Schade-, Schmiesiepen) weist deutlich auf den Wortsinn „Sumpf"! Ein **Twiß**-Bach fließt durch Moor zur Weser, eine **Twißmecke** zur Lenne. Vgl. Twistringen! Ebenso **Twießel**/Hase *(Twis-lo* 1234) wie Twyzel/Holld.

Zwieten/Holstein *(Suetan* 10. Jh.) ist kein „Grenzort" (so A. Bach), sondern „Moorort": siehe *Schwethagen!*

Zyfflich westl. Kleve, urkdl. *Sevelica,* ist an der Endung als undeutsch erkennbar, analog zu *Puflica*/Holland, *Abelica* (Fluß Albe/Saar), *Budelica* (die Büdelich b. Trier): zugrunde liegt somit das prähistor. Wasserwort *sav (sev),* wie in Save, Seeve, siehe dies!

Verzeichnis
der suhrkamp taschenbücher

Eine Auswahl

Achternbusch: Alexanderschlacht 61
– Der Depp 898
– Servus Bayern 937
Adorno: Erziehung zur Mündigkeit 11
– Versuch, das ›Endspiel‹ zu verstehen 72
Alain: Die Pflicht, glücklich zu sein 859
Anders: Erzählungen. Fröhliche Philosophie 432
Ansprüche. Verständigungstexte von Frauen 887
Artmann: How much, schatzi? 136
– The Best of H. C. Artmann 275
Bachmann: Malina 641
Ball: Hermann Hesse 385
Ballard: Der ewige Tag 727
– Das Katastrophengebiet 924
Barnet: Der Cimarrón 346
Becher, Martin Roda: An den Grenzen des Staunens 915
Becker, Jurek: Irreführung der Behörden 271
– Jakob der Lügner 774
Beckett: Das letzte Band (dreisprachig) 200
– Endspiel (dreisprachig) 171
– Mercier und Camier 943
– Warten auf Godot (dreisprachig) 1
Bell: Virginia Woolf 753
Benjamin: Deutsche Menschen 970
– Illuminationen 345
Bernhard: Das Kalkwerk 128
– Frost 47
– Salzburger Stücke 257
Bertaux: Hölderlin 686
Bierce: Das Spukhaus 365
Bioy Casares:
– Die fremde Dienerin 962
– Morels Erfindung 939
Blackwood: Besuch von Drüben 411
– Das leere Haus 30
Blatter: Zunehmendes Heimweh 649
– Love me tender 883
Böni: Ein Wanderer im Alpenregen 671
Brasch: Der schöne 27. September 903
Braun, J. u. G.: Conviva Ludibundus 748
– Der Irrtum des Großen Zauberers 807
Braun, Volker: Das ungezwungene Leben Kasts 546
– Gedichte 499
Brecht: Frühe Stücke 201
– Gedichte 251
– Gedichte für Städtebewohner 640
– Geschichten von Herrn Keuner 16
– Schriften zur Gesellschaft 199
Brecht in Augsburg 297
Bertolt Brechts Dreigroschenbuch 87
Brentano: Theodor Chindler 892
Broch, Hermann: Werkausgabe in 17 Bdn.,
Buch: Jammerschoner 815
Carossa: Ungleiche Welten 521
– Der Arzt Gion 821

2/1/6.84

2/2/6.84

2/3/6.84

2/4/6.84

2/5/6.84

2/6/6.84